Michael Schwessinger
Thomas Schürmann
Karin Süßer

**Vieweg Software-Trainer
Word für Windows 2.0**

Aus dem Bereich Computerliteratur

MS-DOS 5.0
von van Wolverton (Ein Microsoft Press / Vieweg-Buch)

Quattro Pro 3.0 – Einsteigen leichtgemacht
von Gerhard Sielhorst und Jutta Rehr

Paradox 3.5 – Einsteigen leichtgemacht
von Andreas Maslo

Vieweg Software-Trainer Harvard Graphics 3.0
von Ernst Tiemeyer

Word 5.5 Makrotechnik
von Klaus P. Greis

Vieweg Software-Trainer Windows 3.1
von Jürgen Burberg

**Vieweg Software-Trainer
Word für Windows 2.0**
von Michael Schwessinger, Thomas Schürmann
und Karin Süßer

Vieweg Software-Trainer Word WordPerfect für Windows
von Dagmar Sieberichs und Hans-Joachim Krüger

Vieweg Software-Trainer MS-DOS 5.0
von Bernd Kretschmer und Michael Gerding

Desktop Publishing mit Word 5.5
Hrsg.: Detlef Krusekopf und Birgit Pastuschka
bearbeitet von Holger Taday

Arbeiten mit Excel 3.0
von The Cobb Group (Ein Microsoft Press / Vieweg-Buch)

Harvard Project Manager
von Thore Rudzki

Vieweg

Michael Schwessinger
Thomas Schürmann
Karin Süßer

VIEWEG SOFTWARE-TRAINER WORD FÜR WINDOWS 2.0

Die Deutsche Bibliothek – CIP-Einheitsaufnahme

Schwessinger, Michael:
Vieweg-Software-Trainer Word für Windows 2.0 /
Michael Schwessinger; Thomas Schürmann; Karin Süsser. –
Braunschweig; Wiesbaden: Vieweg, 1992
    ISBN 978-3-322-96370-3   ISBN 978-3-322-96369-7 (eBook)
    DOI 10.1007/978-3-322-96369-7
NE: Schürmann, Thomas:; Süsser, Karin:

Dieses Buch ist keine Original-Dokumentation zur Software der Microsoft GmbH. Sollte Ihnen dieses Buch anstelle der Original-Dokumentation zusammen mit Disketten verkauft worden sein, welche die entsprechende Microsoft-Software enthalten, so handelt es sich wahrscheinlich um eine Raubkopie der Software. Benachrichtigen Sie in diesem Fall umgehend Microsoft GmbH, Edisonstr. 1, 8044 Unterschleißheim. Auch die Benutzung einer Raubkopie kann strafbar sein.

Verlag Vieweg und Microsoft GmbH

Das in diesem Buch enthaltene Programm-Material ist mit keiner Verpflichtung oder Garantie irgendeiner Art verbunden. Die Autoren und der Verlag übernehmen infolgedessen keine Verantwortung und werden keine daraus folgende oder sonstige Haftung übernehmen, die auf irgendeine Art aus der Benutzung dieses Programm-Materials oder Teilen davon entsteht.

Umschlaggestaltung: Schrimpf & Partner, Wiesbaden

Gedruckt auf säurefreiem Papier

ISBN 978-3-322-96370-3

Vorwort

Das Wachstum des Marktes für PC-Standardsoftware erhielt mit dem
Erscheinen von Windows 3.0 im letzten Jahr einen neuen Schub. Inner-
halb von nur einem Jahr erschienen auf dem Weltmarkt über 1000 An-
wendungsprogramme für diese grafische Betriebssystemerweiterung für
IBM-kompatible PC´s. Textverarbeitungssysteme nehmen hier eine
Schlüsselposition ein.

Seit der Einführung des Apple Macintosh sind grafische Benutzeroberflächen die effizienteste und am leichtesten zu erlernende Mensch-Maschine Schnittstelle, sie setzen sich im europäischen MS-DOS Compu-
termarkt allerdings erst seit dem Erscheinen von Windows 3.0 wirklich
durch. Windows 3.0 für MS-DOS und der Presentation Manager für das
Multitasking-Betriebssystem OS/2 haben sich als Grafik-Standard mittlerweile fest etabliert. Die Vorteile der grafischen Benutzeroberfläche
Windows zeigen sich nicht nur in der wesentlich einfacheren Bedienung,
sondern insbesondere in der Tatsache, daß der Mensch durch die intuiti-
ven Wahrnehmungen von Grafiksymbolen seine Verarbeitungsge-
schwindigkeit um den Faktor 20 steigern kann. Der hohe Verbreitungs-
grad dieser Oberflächen zeigt sich in der betrieblichen Praxis auch durch
Desktop-Publishing Systeme, die für viele Unternehmungen nicht nur in
den betrieblichen Funktionsbereichen Marketing und Vertrieb wesentliche Kosteneinsparungen mit sich gebracht haben.

Der Wunsch nach einer echten WYSIWYG-Benutzeroberfläche (What
You See Is What You Get) insbesondere für Textverarbeitungssysteme
verhallte bei den MS-DOS-Softwareherstellern immer wieder scheinbar
ungehört. Jahrelang mußten sich Sekretärinnnen und Autoren sogar mit
umständlichen Punktbefehlen herumschlagen. Auf eine reale Bildschirmdarstellung unterschiedlicher Schriftgrößen und -arten <u>während</u>
der Texterstellung mußten MS-DOS-Anwender sogar bei neueren Textverarbeitungen noch verzichten. Mit dem Erscheinen von Word für

Windows lag dagegen ein Dokumentverarbeitungssystem vor, das leistungsfähige Textverarbeitungsfunktionen mit den Vorteilen von Windows 3.0 verband und nahezu keine Wünsche mehr offen ließ. Mit der neuen Windows-Version 3.1 ist man dem WYSIWYG-Prinzip durch die neue TRUE-TYPE-Schriftentechnologie noch einen wesentlichen Schritt näher gekommen.

Die Zukunft der Mensch-Maschine Benutzerschnittstelle liegt bei vernetzten Rechnersystemen mit unterschiedlichen Betriebssystemen zweifelsohne in Systemen, die der Anwender aufgrund einheitlicher Bedienungsstandards nicht mehr zu unterscheiden vermag. Zeit- und kostenintensive Einarbeitungen und Schulungen verlieren durch die intuitive Arbeitsweise mit grafischen Oberflächen zunehmend an Bedeutung, die Arbeit an Computern zeichnet sich durch spielerischen Umgang und zielgerichteten Einsatz von Standardsoftware aus. Der Kreativität und der Individualität der Mitarbeiter wird wesentlich mehr Spielraum verschafft, so daß benutzerfreundliche Softwaresysteme bei der Humanisierung der Arbeitswelt eine bedeutende Rolle spielen. Das nagelneue Windows 3.1 und der Presentation Manager besetzten hierbei eine der Schlüsselpositionen.

Das vorliegende Buch soll Ihnen ermöglichen, die Zukunft der Software nicht nur kennenzulernen, sondern souverän zu beherrschen. Uns hat das Arbeiten mit Word für Windows soviel Spaß gemacht, daß wir dieses Buch komplett damit geschrieben haben. Dabei haben wir uns bemüht, nicht nur reine Funktionsbeschreibungen zu liefern, sondern Ihnen insbesondere die Philosophie von Word für Windows und die Vielfalt der Nutzungsmöglichkeiten in der praktischen Arbeit näherzubringen.

Hannover, Stuttgart und   Michael Schwessinger
München im Januar 1992   Thomas Schürmann
                                           Karin Süßer

Inhaltsverzeichnis

Anhang A

Anhang B

Sachverzeichnis

Wie man dieses Buch am besten benutzt

Das vorliegende Buch besteht aus 6 Teilen, von denen sich der 1. und
2. Teil vorwiegend mit den Grundlagen von Windows 3.1 und Word für
Windows beschäftigen. Während Sie in diesen beiden Teilen in Ruhe
"stöbern" und sich einen ersten Eindruck von dem Funktionsumfang und
der Arbeitsweise mit diesen beiden Programmen verschaffen können,
sind die nachfolgenden Teile 3, 4 und 5 als Lehr- und Übungskapitel
konzipiert. Im 6. und letzten Teil werden schließlich die neuen Zusatzprodukte von Word für Windows 2.0 erläutert.

Wenn Sie sich vor dem Arbeiten mit Word für Windows zunächst einmal
einen Überblick über die Funktionsweise von Windows 3.1 verschaffen
möchten, so können Sie dies im 1. Teil des Buches tun. Sollten Sie dagegen bereits Erfahrung im Umgang mit Windows 3.1 haben und lediglich Word für Windows auf Ihrem Computersystem neu installiert haben,
so können Sie theoretisch die ersten beiden Teile des Buches überfspring-
gen und sich in Form eines Schnelleinstiegs mit dem 3. Teil und den
Grundlagen der Dokumenterstellung in Word für Windows vertraut
machen. Sind Sie dagegen Anfänger im Umgang mit Windows und
Word für Windows, so sollten Sie sich zunächst im 1. und 2. Teil mit den
Grundlagen dieser beiden Programme beschäftigen. Im übrigen haben
wir uns bemüht, dem Anwender von Windows 3.1 in dem recht umfangreichen ersten Teil einige wertvolle Hinweise zu der neuen Version auch
im Hinblick auf die neue TrueType Schriftentechnologie zu geben, die
über das unbedingt notwendige Basiswissen hinausgehen.

Teil 1, - Die Basis: Einstieg in Windows 3.1

Wir erläutern im 1. Teil des Buches die historische Entstehung von Windows von den Kinderschuhen bis zur heutigen Version 3.1 und versuchen, Ihnen dabei die Philosophie der Windows-Technologie noch
näherzubringen. Auch dann, wenn Sie mit der Windows-Arbeitsweise

schon vertraut sind und von einer älteren Windows-Version auf Windows 3.1 umgestiegen sind, erfahren Sie interessante Details und erhalten einen Überblick über die Neuerungen von Windows 3.1. Die wichtigsten Merkmale und Grundlagen für das Arbeiten mit Schriftarten und Druckern werden eingehend erläutert, im letzten Kapitel dieses Teiles besprechen wir anhand eines Beispieles, wie man Drucker und Schriftarten richtig installiert.

Teil 2, - Grundlagen von Word für Windows

Im 2. Teil des Buches erläutern wir zunächst, welche Voraussetzungen ihr Computersystem erfüllen muß, damit Sie mit Word für Windows arbeiten können. Anschließend erklären wir, wie man Word für Windows richtig installiert. Sie lernen dann Grundlegendes zur Arbeitsweise mit Tastatur und Maus und erhalten einen Überblick über den Grundaufbau des Word für Windows Bildschirmes. Abschließend geben wir eine kurze Einführung in die Hilfefunktionen und das Lernprogramm von Word für Windows 2.0.

Teil 3, - Erstellung von Dokumenten

Im dritten Teil des Buches besprechen wir die grundlegenden Funktionen, die man bei der Dokumenterstellung in Word für Windows benötigt. Das Formatieren von Zeichen und Absätzen wird eingehend erläutert und anhand zahlreicher Tips und Tricks besprochen. Der Dokumentspeicherung und der Dateiorganisation wurden vor dem Hintergrund wachsender Archivierungsprobleme in der Anwendungspraxis von Textverarbeitungssystemen eigene Kapitel gewidmet. Als Umsteiger auf Word für Windows erfahren Sie desweiteren, wie Sie Ihre alten Dateien mit Word für Windows weiterverarbeiten können. Zum Schluß des 3. Teiles beschreiben wir die verschiedenen Arten der Bildschirmdarstellung und das Drucken von Dokumenten.

Teil 4, - Weiterführende Funktionen

Als fortgeschrittener Anwender, der seine ersten "Gehversuche" mit Word für Windows bereits erfolgreich absolviert hat, können Sie im 4. Teil schließlich nachlesen, wie man mit den erweiterten Funktionen von Word für Windows arbeitet. Das Bewegen im Text sowie das Suchen und Ersetzen bilden dabei den Einstieg. Sie können nachlesen, wie man Druckformate erstellt und werden mit dem Einsatz von Textbausteinen und Tabulatoren vertraut gemacht. Die Anwendung von Dokument-Vorlagen wird in einem eigenen Kapitel vertiefend behandelt. Sie lernen das Rechnen im Text, das Erstellen von Gliederungen sowie alle besonderen Merkmale für den Einsatz von Word für Windows in der Gruppenarbeit kennen. Zum Schluß erfahren Sie, wie man die Grundkonfiguration von Word für Windows 2.0 an eigene Bedürfnisse anpassen kann und außerdem die Grundlagen der Makro-Programmierung mit Hilfe von WordBasic kennenlernen.

Teil 5, - Gestaltung von Dokumenten

Im 5. Teil haben wir den Schwerpunkt auf alle Merkmale der Dokumentgestaltung gelegt. Neben der Dokument- und Abschnittsformatierung für Mehrspaltensatz besprechen wir Kopf- und Fußzeilen und den Einsatz von Fußnoten. Den neuen Tabellenfunktionen und dem Mischen von Text und Grafik wurde ein jeweils eigenes Kapitel gewidmet, - insbesondere der kombinierte Einsatz von Excel-Tabellen und Excel-Grafiken mit Word für Windows wird in allen wichtigen Details durchgearbeitet. Den Abschluß dieses Teiles bildet die Beschreibung des Thesaurus, der Trennhilfe sowie der Rechtschreibkontrolle.

Teil 6, - Word für Windows Zusatzprogramme

In letzten Teil erläutern wir die neuen Zusatzprogramme von Word für Windows 2.0. Sie erlernen die Grundlagen des Zeichnens mit Microsoft Draw, das Erstellen von einfachen Businessgrafiken mit WinGraph, das professionelle Erzeugen mathematischer und wissenschaftlicher Formeln und Gleichungen mit dem Formel-Editor sowie das Gestalten von Schriftarten und das Erzeugen von Schrifteffekten mit WordArt.

Alles in Allem ...

Auch wenn Sie bereits fortgeschrittener Anwender von Word für Windows sind, eignet sich dieses Buch sehr gut zum Nachschlagen einer bestimmten Funktion. Ein alphabethisches Befehlsverzeichnis und ein umfangreiches Sachwortverzeichnis am Ende des Buches sind beim schnellen Finden eines Begriffes behilflich. Als fortgeschrittener Anwender werden Sie darüberhinaus aber auch eine Reihe nützlicher Tips und Tricks finden. Die Anfänger unter Ihnen sollten jedoch eines nicht erwarten: Nach dem Durcharbeiten des Buches werden Sie leider nicht alle Funktionen von Word für Windows beherrschen, denn Word für Windows ist so mächtig, daß man selbst nach zwei Jahren täglicher Arbeit damit immer wieder neue Kniffe und Tricks für noch geschicktere Anwendungen herausfindet. Die immense Vielfalt der Funktionen und unser Wunsch nach einer klaren Buchstruktur waren somit auch ausschlaggebend für unsere Entscheidung, der Beschreibung von Feldern, Feldtypen und Makrofunktionen sowie der Programmiersprache Word-Basic ein detaillierteres zweites Buch zu widmen, mit dessen Hilfe Sie dann zu einem echten Voll-Profi in der Anwendung von Word für Windows 2.0 werden können.

Symbole, die in diesem Buch benutzt werden

Wenn Sie dieses Symbol am Seitenrand entdecken, findet sich ein wichtiger Hinweis oder die Beschreibung einer Vorgehensweise. Es weist zugleich auf Hintergrundeinstellungen des Programms hin, die für die aktuell beschriebene Lösung unbedingte Voraussetzung sind.

Immer, wenn Sie dieses Symbol am Seitenrand finden, wird eine Übung durchgearbeitet. Vollziehen Sie die beschriebene Vorgehensweise Stück für Stück nach und Sie erzielen als Ergebnis die exakte Lösung einer zuvor beschriebenen Problemstellung.

Mit diesem Symbol wird ein Querverweis auf ein anderes Kapitel des Buches markiert. Die Beschreibung einer wichtigen Technik oder Vorgehensweise, die Voraussetzung für eine gerade beschriebene Funktion oder Lösungsmöglichkeit ist, erfolgt ausführlich an der im Querverweis genannten Stelle des Buches.

Tips und Tricks für schnelles und effizientes Arbeiten verraten wir, wenn Sie den symbolischen Zauberhut am Seitenrand entdecken. Gleichzeitig erinnern wir damit von Zeit zu Zeit an bestimmte, besonders trickreiche Funktionen, die bereits an anderer Stelle des Buches besprochen worden sind.

Neuerungen und veränderte Verfahrensweisen von Word für Windows 2.0 gegenüber Word für Windows 1.0 oder 1.1 kennzeichnen wir mit diesem Symbol. Sofern sich ein Verfahren grundsätzlich geändert hat, wird auf die entsprechende Stelle des Buches verwiesen, an der das neue Verfahren erläutert wird.

Schreibweisen und Verfahren

Zugunsten der Übersichtlichkeit und um Ihnen die Arbeit mit diesem Buch zu erleichtern, verwenden wir zur Darstellung von Befehlen oder Beispieltexten Schrifttypen, die sich vom übrigen Text abheben. Alle Beschreibungen für ein bestimmtes Vorgehen oder eine Arbeitsweise setzen dabei voraus, daß Sie mit den vollständigen Befehlsmenüs arbeiten, die Sie über den Befehl **ANSICHT GANZE MENÜS** aktivieren können.

Menübezeichnungen und Menübefehle erscheinen im Text in Fettschrift und mit großen Buchstaben in der Schriftart Helvetica. Beispiel: "Text können Sie mit dem Befehl **FORMAT ZEICHEN** formatieren."

Bei der Beschreibung eines Befehls oder einer Tastenkombination, die zur Ausführung eines Befehls zu drücken ist, bedeutet ein Pluszeichen (+) zwischen zwei Tasten, daß Sie diese beiden Tasten gleichzeitig drücken müssen. Ein Komma (,) zwischen zwei Tasten bedeutet dagegen, daß die Tasten nacheinander gedrückt bzw. die Befehle nacheinander ausgeführt werden müssen.

Die Bezeichnungen für Tasten, die zu drücken sind, erscheinen entweder als Abbildung oder in Kapitälchen-Schreibweise. Beispiel: "Drücken Sie ⇧ + F3 " oder "Benutzen Sie dazu den Befehl **DRUCKFORMAT ZUORDNEN** mit den Tasten Strg + C ". Bei den Abbildungen der Tasten gehen wir stets davon aus, daß Sie mit einer deutschsprachigen Tastatur arbeiten.

Beispiele finden Sie in Form der Schriftart Helvetica in kursiver Darstellung. Ein Beispiel wäre Text, zu dessen Eingabe Sie bei einer Übung aufgefordert werden: "Geben Sie *Datum* ein." Wir haben uns bemüht, zu jeder Befehls- oder Leistungsbeschreibung ein Beispiel mit Ihnen durchzuarbeiten. Nicht immer können wir dabei jede Einzelheit der Eingabe mit Ihnen durchspielen, d.h. ein Teil der Eingaben erfolgt nach Ihren persönlichen und individuellen Vorstellungen. Zum Beispiel werden Sie bestimmt eigene Dateinamen vergeben, wenn Sie ein Dokument abspeichern. Für diese Fälle verwenden wir im Text einen allgemeinen Begriff, den wir in der Schriftart Helvetica und kursiv darstellen. Beispiel: "Benutzen Sie dazu das zuvor erstellte Druckformat *Druckformatname*."

Übungen, die Sie im Verlauf des Buches durcharbeiten können, erkennen Sie zum einen an dem Sinnbild für Übungen in der Marginalie und zum anderen an einem linken Einzug des Absatzes von 1 cm sowie der Schriftart Times Roman mit dem Schriftgrad 9 Punkt. Im Verlauf des Textes wird auch immer wieder auf bestimmte Dateinamen verwiesen. Sie erkennen einen DATEINAMEN an der abgesetzten Schriftart Times Roman und der Schreibweise in Versalien (Großbuchstaben).

Word für Windows besitzt besondere Feld-Funktionen, mit denen wir Sie im Verlauf des Buches und der Übungen bekannt machen werden. Felder haben verschiedene Namen, mit denen Sie dann arbeiten können. Diese Feldnamen stellen wir im Text in Großbuchstaben und der Schriftart Helvetica dar. Beispiel: "INDEX". Wenn Sie beim Durcharbeiten einer Übung ein Feld eingeben müssen, wird darauf z.B. mit Strg + F9 , {FELDNAME *Variable*} hingewiesen. Hierbei ist FELDNAME eine bestimmte Feldart und *Variable* ein von Ihnen frei oder individuell einzugebender Text wie z. Beispiel das Tagesdatum, eine mathematische Gleichung oder der Name eines Freundes. Eine Feldart ist ein eindeutiges Schlüsselwort zur Identifizierung einer Aktion, die Word für Windows ausführen soll. Sie müssen deshalb stets darauf achten, daß die Feldnamen richtig geschrieben sind, sonst funktioniert ein bestimmtes Vorgehen wahrscheinlich nicht. Durch Drücken der Tasten Strg + F9 werden dabei die geschweiften Klammern gesetzt, also <u>nicht</u> durch die Zeichen auf Ihrer Tastatur. Die Arbeit mit Feldern werden Sie im Verlauf der Beispiele und Übungen stufenweise erlernen.

Word für Windows stellt Befehle auch in Form von Dialogboxen zur Verfügung, in denen Sie zwischen verschiedenen Optionen auswählen können. Die dazugehörigen Befehlsnamen sowie die Optionen selbst stellen wir im Text fett und in der Schriftart Helvetica dar. Beispiel: "Benutzen Sie die Option **Maßeinheit Punkte** des Befehls **EXTRAS EINSTELLUNGEN**."

in

TEIL 1

Windows 3.1

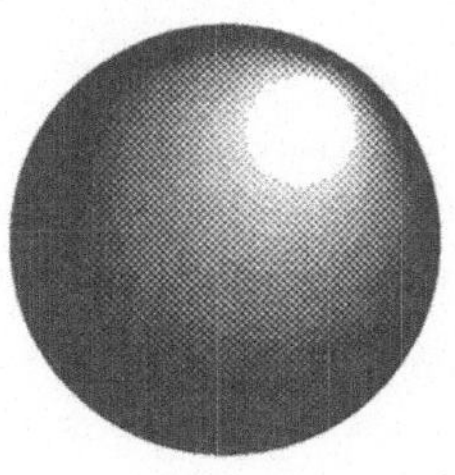

Kapitel 1

die entstehung
von windows

Wie alles begann...

Die Geschichte von Windows beginnt bereits 1962 in Cambridge, Massachusetts. Der Doktorand Ivan Sutherland entwickelte für seine Dissertation am Massachusetts Institute of Technology (MIT) ein Zeichenprogramm namens Sketchpad. Sketchpad ermöglichte das Erstellen von geometrischen Formen mit Hilfe eines Lichtgriffels, die man verändern, bewegen, ziehen und aneinanderhängen konnte. Das besondere an diesem Programm war, daß sich die grafische Darstellungsweise und die interaktive Betriebsart dieses Programms grundlegend von den üblichen Programmen an TTY-Terminals unterschied, die ihre Anweisungen von gestanzten Karten erhielten und die Ergebnisse auf dem Bildschirm ausgaben. Bereits 1964 folgte am Stanford Research Institute (SRI), Kalifornien ein weiterer Schritt für die interaktive Bedienung eines Programmes, als Douglas Engelbart den *X-Y-Positionszeiger* für ein Bildschirmsystem, den Vorläufer unserer heutigen Maus, erfand. Die Geburt der Maus war ein Teil der SRI-Forschung über Büroautomatisierungssysteme, die Zeigergeräte und besondere Funktionstasten zur Erteilung von Befehlen benutzten, während die eigentliche Tastatur zur Eingabe von Informationen diente.

Diese beiden Konzepte waren es, die Computerwissenschaftler wie Alan Kay und den Hardwaredesigner Edward Cheadle bei der Entwicklung des ersten DeskTop-Computers mit der Bezeichnung FLEX inspirierten. Diese Maschine arbeitete bereits 1969 mit Fenstertechnik, einem Zeigergerät und Grafiken.

Design von Benutzerschnittstellen

Der ALTO-Computer und der XEROX-STAR waren Meilensteine der PARC-Forschung über die Mensch-Maschine-Interaktion, aus deren Forschungsergebnissen sich verschiedene Grundsätze für das Design zukünftiger Software ableiteten. Einer dieser Grundsätze lautete, daß ein Computeranwender sich Befehle nicht merken oder diese eintippen soll, sondern sie aus sogenannten Pull-Down- oder Pop-Up-Menüs auswählen kann. Ein anderes Prinzip besagt, daß der Anwender erst selektiert und dann agiert. Ob das Bearbeiten von Text, das Löschen von Dateien oder das Aufrufen von Programmen, der Anwender soll erst die Information oder das Objekt auswählen, mit dem er oder sie arbeiten möchte, und dann dem Rechner oder dem Programm sagen, was damit zu geschehen sei. Eine weitere Vorschrift besagt, daß Programme keine verschiedenen Arbeitsmodi haben sollten. Statt in einem bestimmten Modus zu arbeiten und zwischen den verschiedenen Modi hin- und her schalten zu müssen (Editiermodus, Eingabemodus, Druckmodus usw. wie z.B. bei dem Betriebssystemeditor vi in UNIX) sollte der Anwender die Möglichkeit haben, jede Programmeigenschaft zu jedem Zeitpunkt nutzen zu können. Die Menschen arbeiten im Büroalltag normalerweise auch nicht in verschiedenen Modi, eine solche Anforderung im Umgang mit Computern stellt ein Hindernis auf dem Weg zur schnellen und einfachen Handhabbarkeit einer Maschine dar.

```
Microsoft(R) MS DOS(R) Version 4.01
        (C)Copyright Microsoft Corp 1981-1989

C:\WIN30D>
```

Abb. 1.1.1: Die Festplattenanzeige von MS-DOS und ...

Weil die Entwickler sicher waren, daß Computeranfänger das Erteilen von Kommandos und das Anschauen von Text auf dem Bildschirm für wenig vertraut halten würden, bahnten die PARC-Forscher den Weg zur Verwendung hochauflösender Grafiken, um Bilder und Sinnbilder am Bildschirm darzustellen. Sinnbilder repräsentieren dabei auf bildhafte Weise Programmfunktionen oder Rechnerkomponenten. Ein ikonischer Ansatz ersetzt abstraktes Handeln, wie z.B. das Eingeben eines Befehles zur Anzeige eines Festplattenverzeichnisses durch das einfache Zeigen auf ein Laufwerkssymbol, wie es mit Abbildung 1.1.2 demonstriert wird.

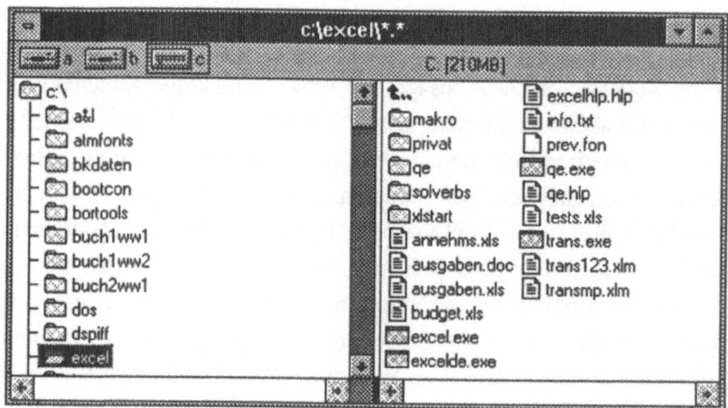

Abb.1.1.2: ... von der grafischen Oberfläche bei Windows 3.1

Hochauflösende Grafiken zeigen Text und Grafik ähnlich wie auf dem Papier, - ein weiterer Ansatzpunkt, um den Computer zu einem weniger fremden Wesen zu machen. Bestimmend war auch, daß Menschen z.B. im Büroalltag stets mit verschiedenen Schriftstücken parallel konfrontiert sind und ihre Arbeit immer wieder hin- und herschieben. Man kam bei PARC zu der Ansicht, daß der Computeranwender in der Lage sein sollte, mit zahlreichen Dateien gleichzeitig zu arbeiten, wobei jede Datei ihren eigenen Sichtbereich bzw. ein Fenster zur Verfügung hat.

Die Windows Herausforderung

Die Forschungen der PARC-Gruppe waren die Initialzündung für die Computerentwicklung bei APPLE, denn die Umsetzung und Bedeutsamkeit der Ergebnisse konnte man kurze Zeit später an der legendären Lisa und später auch am APPLE Macintosh bewundern. Der 10000 Dollar Computer LISA wurde der Öffentlichkeit bereits 1983 vorgestellt und besaß eine Bedieneroberfläche mit Sinnbildern für die Datei- und Festplattenverwaltung, bei der man z.B. Dateien löschen konnte, in dem man sie einfach in einen symbolischen Abfalleimer schob. Überlappende Fenster und ein Multitasking-Betriebssystem erlaubten am Bildschirm die Simulation einer Schreibtischoberfläche, auf der man mit mehreren Dokumenten und Anwendungsprogrammen gleichzeitig arbeiten konnte. Weil die APPLE-Lisa mit 10.000 Dollar für einen breiten Absatzmarkt noch zu teuer war, folgte nur ein Jahr später der APPLE Macintosh, der sich in seinen Nachfolgevarianten bis heute eine starke Marktposition erhalten konnte.

Neben APPLE arbeiteten aber auch andere Softwarehäuser an der Entwicklung einer grafischen Benutzeroberfläche. Microsoft kündigte am 10. November 1983 die Entwicklung der grafischen Oberfläche Windows an. Die zentralen Leistungsmerkmale standen relativ früh fest und beinhalteten zum Beispiel, daß Windows multitaskingfähig sein sollte. Man sollte mit mehreren Programmen gleichzeitig arbeiten können. Die Hardware, für die Windows entwickelt wurde, kam von IBM. Der IBM Personal Computer XT bzw. IBM AT (Advanced Technology) hatte sich innerhalb kürzester Zeit als Industriestandard etabliert und wurde mit allen seinen Nachbauversionen weltweit über 25 Mio. Mal verkauft. Die Vielzahl der zu erwartenden Peripheriegeräte wie Bildschirme und Drucker führte bei Microsoft zu der Überlegung, daß nur eine standardisierte Softwareschnittstelle den Programmieraufwand aller weltweit tätigen Entwickler in Grenzen halten konnte. Es war das Ziel, eine Geräteschnittstelle zu schaffen, die es den Anwendungsprogrammen erlauben sollte, auf bereits vorhandene Schnittstellen zugreifen zu können und auf diese Weise einen einheitlichen Ausgabestandard für Bildschirm und Drucker zu schaffen.

Eine mit dieser Geräteschnittstelle verbundene einheitliche Benutzeroberfläche versprach mehrere Vorteile: der PC-Anwender sieht sich einer einheitlichen Bedieneroberfläche gegenüber, die trotz verschiedener Programme von unterschiedlichen Softwarehäusern stets auf die gleiche Weise zu bedienen ist. Daneben benutzen alle Programme denselben Ausgabestandard auch für den Computerausdruck, denn die Druckausgabe sollte von Anfang an von Windows gesteuert werden. Diese beiden Eigenschaften versprachen eine hohe Attraktivität für die Entwicklung von Windows-Programmen, denn die zeitaufwendigen Programmierungen für Bildschirm- und Druckerausgabe würden auf ein Minimum zusammenschrumpfen.

Als PC-Anwender kann man heute diese Vorteile nachvollziehen, wenn man einmal den Lieferumfang von Word für DOS und Word für Windows miteinander vergleicht. Während bei Word 5.0 für die zeichenorientierte Oberfläche von MS-DOS alleine 6 (!) Disketten mit Druckertreibern ausgeliefert wurden (und man weitere bei Microsoft anfordern konnte), enthält Word für Windows nur einige wenige Dateien mit zusätzlichen Druckertreibern, die bisher von Windows nicht unterstützt wurden (einige wenige Matrixdrucker). Alle anderen Programme, die heute für die Windows-Oberfläche ausgeliefert werden, beinhalten keinerlei Druckertreiber mehr im Lieferumfang, sondern halten sich an den einheitlichen Ausgabestandard von Windows. Ein Vorteil, der vor allem von den Druckerherstellern (als den Produzenten der Druckertreiberprogramme) geschätzt wird, denn wer hat schon Spaß daran, für jedes Softwarepaket einen anderen Druckertreiber zu produzieren?

Als weiteres Ziel hatte man sich bei Microsoft gesetzt, daß auch andere Softwareprogramme, die nicht für die grafische Oberfläche Windows produziert worden waren, unter Windows ablauffähig sein sollten. Wie sich im Laufe der Entwicklungen herausstellte, war diese Forderung eines der schwerwiegendsten Hindernisse auf dem Weg zur Verwirklichung der "Windows-Vision". Gravierend waren die Einschränkungen, die seitens der Hardware und der Betriebssystemumgebung auf die Microsoft-Entwickler zukamen: zwar kannte man sich als Entwickler von DOS bestens auf der Betriebssystemebene aus, aber das Singletasking des damals noch aktuellen 8088er Intel-Prozessors des IBM XT ohne Grafikunterstützung und die 640 KB-Grenze von DOS, die nicht aufgehoben werden konnte, ohne eine Vielzahl von Anwendungsprogrammen unbrauchbar zu machen, erwiesen sich als Hürden, die lange Zeit nicht so leicht zu umschiffen sein sollten.

Dennoch machte man sich bei Microsoft unverzüglich an die aggressive Vermarktung des Produktes heran und bereits ein halbes Jahr später hatte man mit einer Reihe von Hardwareherstellern Vereinbarungen für den Vertrieb von Windows unterzeichnet. Ein erster Prototyp von Windows konnte bereits auf der großen Soft- und Hardware Herbstmesse in den USA - der November-Comdex 1983 - gezeigt werden. Obwohl es sich nur um einen Prototyp handelte, fand Windows breite Zustimmung bei Entwicklern und Anwendern, so daß man bei Microsoft voll motiviert an die Weiterentwicklung gehen konnte. Die Auslieferung der ersten Windows Versionen hatte Microsoft für den Mai 1984 versprochen, aber die Vielzahl der bereits beschriebenen Hindernisse verzögerte die Auslieferung immer weiter: vom Mai auf den November 1984, vom November auf den Juni 1985. Die Endkundenversion gelang schließlich im November 1985 auf den Markt. Wenngleich man diese Verzögerungen in der Presse und in der Industrie heftig kritisierte, waren die "Unkenrufe" schnell wieder verstummt, denn man hatte bei Microsoft eine Grafikumgebung von hohem Niveau geschaffen, deren hohe Qualität die Verzögerungen zu rechtfertigen schien.

Windows und Standardprogramme

Ein unabdingbares Muß für eine MS-DOS Benutzeroberfläche ist es, daß nicht nur Programme mit der Windows-Oberfläche, sondern auch vorhandene Standardprogramme wie Lotus 1-2-3 oder Multiplan von Windows aus gestartet werden können. Mit jeder neuen Version von Windows verbesserten sich diese Fähigkeiten, denn z.B. auch die Programmierer anderer Softwarehersteller mußten akzeptieren, daß immer mehr Hardwarehersteller ihre Computer standardmäßig mit Windows als Benutzeroberfläche auslieferten und von daher die Fähigkeit gegeben sein mußte, daß auch jedes Programm von Windows aus gestartet werden kann. Das bekannteste Beispiel für diese Entwicklung dürfte Sidekick von Borland sein, daß trotz einer speicherresidenten Arbeitsweise sogar mit Windows 2.xx kooperiert.

Die Problematik unterschiedlicher Benutzeroberflächen wird bei Windows umgangen, in dem Programminformationsdateien (PIF-Dateien) bereitgestellt werden, die Windows die notwendigen Informationen zum Programmstart zur Verfügung stellen. Wird ein Standardanwendungsprogramm gestartet, sucht Windows nach der PIF-Datei der Anwendung im Anwendungsverzeichnis. Die PIF-Datei (z.B. MP.PIF für Multiplan) versorgt Windows mit den notwendigen Informationen zum Programmbetrieb. Die meisten Programme enthalten in ihrem Lieferumfang eine solche PIF-Datei, die dieses Programm für den Betrieb mit Windows vorbereitet. Windows selbst enthält ebenfalls PIF-Dateien für die gängigsten Programme im Lieferumfang. Findet Windows beim Aufruf eines Standardprogrammes die notwendige PIF-Datei nicht, erscheint eine Meldung mit der Frage, ob Windows die Standardeinstellungen für eine PIF-Datei verwenden soll, um das Programm trotzdem zu starten. Soll Windows das Programm unter diesen Annahmen laufen lassen, muß man nur mit **OK** bestätigen. Bestätigt man die Schaltfläche **Abbrechen**, startet Windows das Programm nicht.

Findet sich eine PIF-Datei oder arbeitet man mit den Standardeinstellungen, tritt eine besondere Windows-Datei in Aktion. Diese Datei schiebt den Code von Windows und laufenden Windows-Programmen aus dem Arbeitsspeicher auf die Festplatte und macht so den Speicher für die Standardanwendung frei. Wenn die Standardanwendung, wie z.B. Multiplan oder Project, in einem Fenster laufen kann, erzeugt diese Datei ein Windows-Fenster für die Anwendung und startet dann das Programm. Das Steuerungsmenü für ein Standardanwendungsprogramm enthält zusätzliche Befehle - **MARKIEREN, KOPIEREN** und **EINFÜGEN** - die aus solchen Programmen heraus für den begrenzten Zugang zur Windows-Zwischenablage sorgen.

Läuft ein Standardprogramm, das den gesamten Bildschirm benötigt, lädt Windows zusätzlich eine zweite Datei. Diese Datei erlaubt Windows das Speichern und Wiederherstellen des Programmbildes, wenn dieses weg- oder zugeschaltet wird. Die Datei enthält auch die Software, die es erlaubt, den Bildschirminhalt einer Vollbild-Standardanwendung festzuhalten (und in der Zwischenablage zu plazieren). man muß dazu die Tastenkombination [Alt] + [Druck] bzw. [Alt] + [*] des numerischen Tastaturfeldes benutzen.

Wenn man aus einer Standardanwendung zurück zu Windows schaltet, holt sich die Datei den notwendigen Windows-Code von der Festplatte zurück in den Arbeitsspeicher und befördert stattdessen den Code der Standardanwendung zurück auf die Festplatte. Die Zeitdauer dieses *Swapping* genannten Verfahrens hängt von der Größe des Anwendungsprogrammes und des Arbeitsspeichers sowie von der Arbeitsgeschwindigkeit des Computers und seiner Festplatte ab.

Der lange Weg zu Windows 3.x

Das Problem, zeichenorientierte MS-DOS Programme ebenfalls unter der grafischen Oberfläche von Windows lauffähig zu machen, bereitete den Entwicklern wohl das meiste Kopfzerbrechen. Zu den Schwierigkeiten eines Klassifizierungssystems für Standard-Programme bezüglich der Multitasking-Steuerung, das es ermöglichen sollte, zwischen verschiedenen MS-DOS-Programmen hin- und herzuschalten, hatte sich während der Entwicklung das Problem der Programmierung von Windows selbst gestellt. Die Anfänge von Windows waren in Pascal programmiert worden, später wechselte man auf Lattice C, um schließlich mit dem Microsoft C-Compiler die letzten Versionen zu vervollständigen. Da der Microsoft C-Compiler aber selbst noch in der Entwicklung war, kochte man sozusagen "Konfitüre aus Himbeerblüten".

Software-Entwickler konnten seit dem Februar 1984 an der Programmierung von Windows-Applikationen arbeiten, so daß man bei Microsoft relativ frühzeitig Rückmeldungen über Schwachstellen und Verbesserungsmöglichkeiten berücksichtigen konnte. Die frühen Auslieferungen dieser Entwicklerpakete sorgten schließlich auch dafür, daß nach der Endkundenauslieferung relativ schnell die ersten Anwendungsprogramme unter Windows zu erhalten waren. Während in den USA das Zeichenprogramm In-A-Vision von Micrografx zu den Vorreitern einer ganzen Serie von Windows-Applikationen gehörte, gelang in Deutschland eigentlich erst 1987 mit dem Erscheinen des DeskTop Publishing-Programms PageMaker von ALDUS der endgültige Durchbruch von Windows. Windows war mittlerweile zur Version 2.xx aufgestiegen und lag zusätzlich in einer speziellen Version für den 386er PC vor, die mit sogenannten "virtuellen DOS-Maschinen" arbeiten konnte und einen ersten "echten" Multitasking-Betrieb von MS-DOS PC's zuließ. Langsam, aber stetig verschaffte sich Windows eine wachsende Gemeinde von begeisterten Anhängern.

Da aber im Verhältnis zur zeichenorientierten MS-DOS Oberfläche
immer noch recht wenig Programme am Markt erhältlich waren, die sich
voll in die Windows-Umgebung einfügten, entschloß man sich bei
Microsoft, die eigenen Standardanwendungen auf die Windows-Oberfläche zu portieren. Die Tabellenkalkulation Excel, die sich bereits in der
Macintosh-Welt einen festen Spitzenplatz erobert hatte, erschien in einer
Windows-Version. Aber nicht nur Microsoft selbst erweiterte die Palette
an Windows-Applikationen, bereits im Frühjahr 1989 bezeugte das Windows Applikationsverzeichnis, daß allein im deutschsprachigen Raum
mittlerweile über 120 verschiedene Windows-Programme erhältlich
waren.

Die breite Anwendergruppe von PC-Textverarbeitungssystemen konnte
sich in der Windows-Welt aber immer noch nicht recht zu Hause fühlen.
Zwar erschien im Sommer 1989 mit Amí Professional ein Textverarbeitungssystem der oberen Leistungsklasse, aber insgeheim warteten immer
noch viele auf das Erscheinen einer Word 5.0 Version unter Windows.
Erst im Frühjahr 1990 sollte sich das lange Warten der Windows-
Freunde gelohnt haben. Word für Windows erschien, allerdings nicht als
portiertes Duplikat von Word 5.0, sondern vielmehr als das Äquivalent
der ebenfalls erfolgreichen Word 4.0 Version des APPLE Macintosh.
Mit ihm erhielten zwei weitere hochklassige Microsoft Anwendungsprogramme den echten Zugang in die Windows-Welt: Das Projektplanungs-
system Project aus der MS-DOS-Welt und das Präsentationspaket
PowerPoint aus der Macintosh-Welt.

Nur zwei Monate später präsentierte Microsoft am sogenannten *Dub-
bleju-Day*, dem 23. Mai 1990 weltweit zugleich die Windows-Version 3.0, eine Multitasking Betriebssystemerweiterung mit einer völlig
überarbeiteten Oberfläche und einem vollkommen neuen Speichermanagement. Allgemeine Begeisterung fand sich in der Fachwelt, eine neue
Ära des MS-DOS PC´s schien angebrochen.

Im Frühjahr 1992 schließlich erschien die Windows-Version 3.1, die neben erheblichen Geschwindigkeits- und Verbesserungen im Speichermanagement die neue TrueType- Schriftentechnologie, einen erheblich besseren Datei-Manager, einige weitere Zusatzprogramme und die vollständige Unterstützung des 'Object Linking und Embedding' enthielt. Wir hoffen, daß es uns gelingt, Ihnen Windows 3.1 und Word für Windows 2.0 näherzubringen und daß Ihnen die beiden Programme in der Handhabung genauso viel Spaß machen wie uns bei der Erstellung dieses Buches, das übrigens von der ersten bis zur letzten Seite in Word für Windows geschrieben und dann als Laser-Ausdruck im Offsetverfahren produziert wurde.

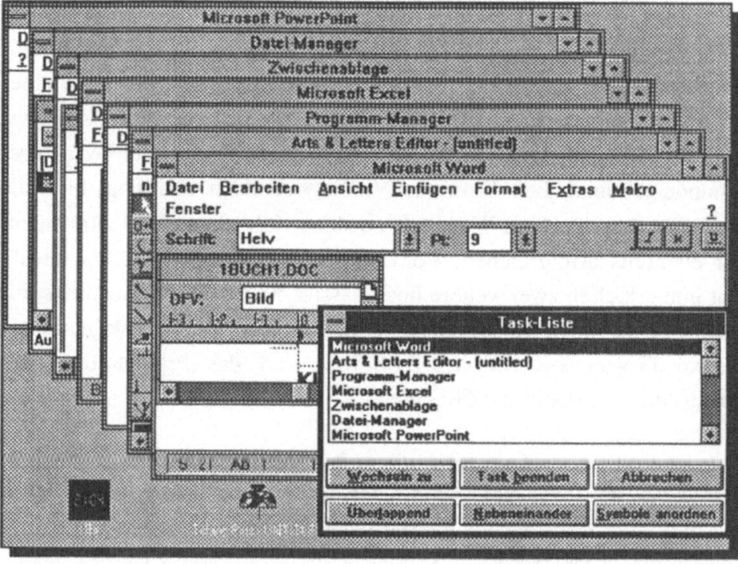

Abb.1.1.3: Arbeiten mit mehreren Programmen in Windows 3.1

Kapitel 2

funktionsumfang von windows 3.1

In diesem Kapitel stellen wir sowohl dem Windows-Anfänger als auch dem Umsteiger von Windows 2.xx auf Windows 3.x die Grundfunktionen der derzeit aktuellen Version 3.1 von Windows vor. Wir geben einen Überblick darüber, welche Funktionalitäten Windows 3.1 von Haus aus besitzt und welchen Arbeitsanforderungen man durch den Einsatz von Windows 3.1 gerecht werden kann. Im ersten Abschnitt "Einführung in Windows 3.1" kann sich der Anfänger, der noch keine Erfahrung im Umgang mit grafischen Benutzeroberflächen hat, einen Überblick über die Arbeitsweise dieser grafischen Betriebssystemerweiterung verschaffen. Im zweiten Abschnitt "Neue Merkmale von Windows 3.1" kann sich der etwas erfahrenere PC-Anwender darüber informieren, was Windows 3.1 im einzelnen an besonderen Funktionalitäten zu bieten hat. Wir stellen dort die wesentlichen Merkmale von Windows 3.1 vor und verschaffen Ihnen Einblicke in das Innenleben.

Einführung in Windows 3.1

Windows 3.1 ist zunächst einmal eine grafische Benutzeroberfläche für MS-DOS PC´s. Sie ermöglicht, die verschiedenen Aufgaben, die man als Anwender mit seinem PC erledigt, einfacher auszuführen, als das von der Betriebssystemoberfläche aus möglich wäre. Daneben stellt Windows 3.x wesentlich mehr Arbeitsspeicher zur Verfügung, als MS-DOS von Haus aus unterstützt. Sie können mehrere Programme gleichzeitig arbeiten lassen, also z.B. ein Arbeitsblatt Ihrer Tabellenkalkulation im Hintergrund ausdrucken lassen, während Sie im Vordergrund schon wieder ein anderes Dokument mit der Textverarbeitung erstellen. Sie nutzen erst damit die Leistungsfähigkeit Ihres Rechners vollständig aus, denn mit Windows 3.1 wird auf dem DOS-PC die Welt des Multitasking geöffnet.

Als Neuling werden Sie feststellen, daß Sie alle Ihre Anwendungsprogramme mit Windows 3.1 leichter starten und ausführen können. Sie können mit mehreren Programmen gleichzeitig arbeiten, Daten von einem Programm in ein anderes übertragen oder aber Windows 3.1 einfach nur als Organisator für Ihre Dateien und Programme benutzen.

Mit Windows 3.1 arbeiten

Wenn Sie Windows aufgerufen haben, befinden Sie sich auf der Windows 3.1 Betriebssystemebene, wie mit nachstehender Abbildung gezeigt wird.

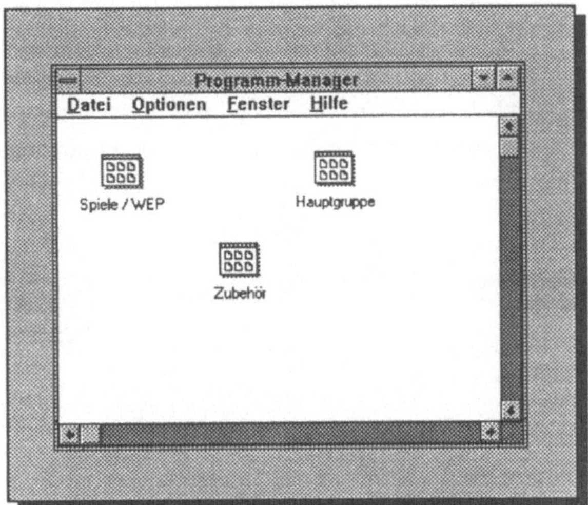

Abb.1.2.1: Das Kontrollzentrum von Windows 3.1:
Der Programm Manager

Der Bildschirm von Windows 3.1 wird als DeskTop bezeichnet. Auf dem DeskTop lassen sich alle Programme und Dateien (also alle Arbeiten, die Sie ausführen) in eigenen rechteckigen Bereichen darstellen, die als Fenster bezeichnet werden. Fenster lassen sich auf dem Bildschirm beliebig anordnen und überlagern, weshalb man den DeskTop auch als Schreibtisch ansehen kann. So, wie auf Ihrem Schreibtisch immer das gerade zu bearbeitende Dokument oben liegt, erscheint auch auf dem Windows-DeskTop immer das gerade aktuelle Fenster im Vordergrund. Wenn Sie zwei Dokumente gleichzeitig einsehen möchten, können Sie auf dem Windows-DeskTop die entsprechenden Fenster nebeneinander so anordnen, daß die benötigten Daten gleichzeitig nebeneinander eingesehen werden können.

So, wie Sie auf Ihrem Schreibtisch ein gerade nicht benötigtes Dokument einfach zur Seite legen, können Sie in Windows ein Fenster als sogenanntes Anwendungssymbol ablegen, damit es auf dem DeskTop nicht zuviel Platz in Anspruch nimmt. Beachten Sie aber, daß eine Datei oder ein Fenster, das als Anwendungssymbol zur Seite gelegt wurde, nicht beendet oder geschlossen ist, sondern lediglich am unteren Rand des DeskTops "ruht", bis Sie es wieder auf Fenstergröße zurückrufen (siehe Abbildung 1.2.2). Der ursprünglich von diesem Programm in Anspruch genommene Arbeitsspeicher ist also bei einer Verkleinerung als Anwendungssymbol nach wie vor belegt und steht für andere Programme erst dann wieder zur Verfügung, wenn das Programm beendet bzw. geschlossen wurde.

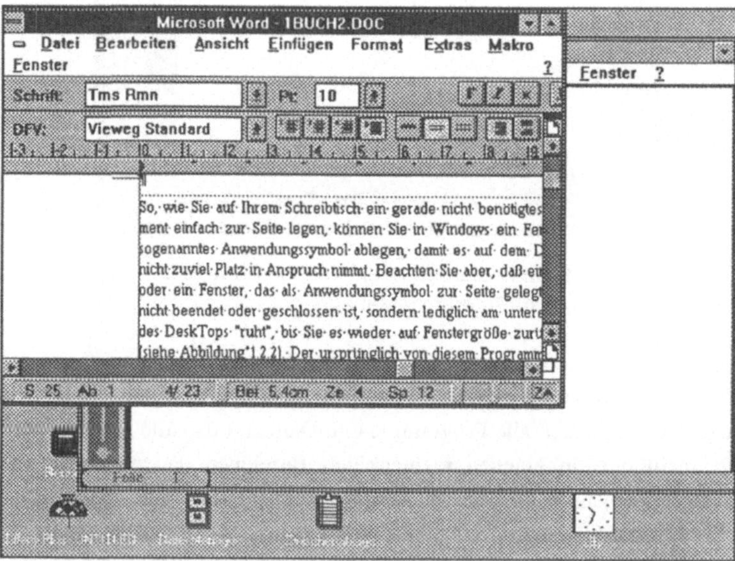

Abb.1.2.2: Programme als Anwendungssymbole und als Fenster

Die besondere Leistungsfähigkeit von Windows liegt darin verborgen, daß Sie mehrere Programme gleichzeitig im Arbeitsspeicher halten und mit nur einem Befehl von einem Programm zum anderen wechseln können. Das erspart ihnen die oft langen Wartezeiten für das Beenden des einen Programmes und das erneute Starten des anderen Programmes. Darüberhinaus können Sie durch die Fenstertechnik sehr einfach Daten von einem Programm in ein anderes übertragen, unabhängig davon, ob diese Programme für die Windows-Oberfläche programmiert worden sind und mit der Windows-Fenstertechnik arbeiten oder ob sie im Vollbildmodus von MS-DOS arbeiten. Ein einfaches DOS-Programm starten Sie lediglich von Windows aus und können dann durch Betätigen der Tasten `Alt` + `→` oder `Strg` + `Esc` jederzeit zurück zu Windows wechseln.

Wenn Sie Daten von einem Programm in ein anderes übertragen möchten, so markieren Sie einfach mit der Maus die entsprechenden Daten, schneiden diese aus oder kopieren Sie über den Windows-Standardbefehl **BEARBEITEN KOPIEREN** (der in jedem Windows Programm vorhanden ist) in die Windows-Zwischenablage. Anschließend aktivieren Sie das Ziel-Programm und fügen die zuvor kopierten Daten über den Befehl **BEARBEITEN EINFÜGEN** ein. Auf diese einfache Art und Weise können Sie die in verschiedenen Anwendungsprogrammen erstellten Elemente, wie z.B. Zeichnungen, Grafiken oder Texte sehr einfach und komfortabel in einem einzigen Dokument zusammenfassen.

Im Lieferumfang von Windows 3.1 sind standardmäßig eine Reihe von Anwendungsprogrammen enthalten, die auch auf jedem Schreibtisch zu finden sind: Eine Uhr, ein Terminkalender mit Weckerfunktion, ein Taschenrechner, ein Notizblock und ein Karteikasten. Ein Makrorekorder ermöglicht Ihnen das Aufzeichnen von Tastaturanschlägen, so daß die immer wiederkehrenden Arbeiten automatisiert werden können und mit nur einem Befehl abrufbar sind.

In Teil 1 Kapitel 3 wird praxisnah besprochen, wie Sie mit den Programmen unter Windows 3.1 arbeiten können.

Daneben findet sich das Textverarbeitungsprogramm Write, das Malprogramm Paintbrush sowie ein Terminal, mit dem Sie über eine serielle Datenleitung oder ein Modem die Kommunikation zu anderen Rechnern oder zu externen Datenbanken aufnehmen können.

Auch an Entspannung und Pausen haben die Windows-Entwickler gedacht, - in der Programmgruppe Spiele finden sich das Patience-Kartenspiel Solitaire und das Brettspiel Reversi.

Programm-Manager und Datei-Manager
von Windows 3.1

Das sogenannte MS-DOS-Fenster älterer Windows 2.xx-Versionen gibt es in dem überarbeiteten Programmdesign von Windows 3.1 nicht mehr. In früheren Windows Versionen waren die Funktionen der Datei- und Programmübersicht sowie das Starten von Programmen in dem sogenannten MS-DOS-Fenster vereinigt. Diese Funktionen sind aufgrund der Multitasking-Fähigkeiten von Windows 3.1 und wegen der besseren Übersichtlichkeit auf zwei separate Fenster verteilt worden. Das alte MS-DOS-Fenster wird aber nach wie vor mitgeliefert und kann als Programm MSDOS.EXE im Verzeichnis WINDOWS ganz normal aufgerufen werden.

Das Start-Fenster von Windows ist der Programm Manager, der die zentrale Steuerung und damit das Kontrollzentrum von Windows 3.1 darstellt (siehe Abbildung 1.2.1). Von hier aus können die einzelnen Anwendungsprogramme, die in funktionsorientierten Gruppen zusammengefaßt sind, gestartet werden. Die Zusammensetzung der einzelnen Programmgruppen kann jeder Anwender nach eigenen Interessen und Aufgabenbereichen gestalten, wobei jede Programmgruppe genauso wie jedes Anwendungsprogramm selbst benannt werden kann.

Der Großteil der MS-DOS-Fenster-Funktionen wurde bei Windows 3.1 in das zweite wichtige Anwendungsfenster - den Datei-Manager - verlagert, der in der Hauptgruppe als Anwendungssymbol bereitsteht (siehe Abbildung 1.2.3). Mit der insgesamt vorgenommenen Aufteilung der verschiedenen Funktionen und Fenster hat man eine nahezu vollständige Konsistenz zwischen der Windows-Oberfläche und dem Presentation Manager von OS/2 verwirklicht.

Programme starten in Windows 3.1

Um ein Programm zu starten, haben Sie in Windows 3.1 verschiedene
Möglichkeiten. Der bequemste Weg besteht aus einem Maus-Doppelklick auf das entsprechende Programmsinnbild in einem der verschiedenen Fenster des Programm-Managers. In den einzelnen Gruppen
lassen sich alle Windows- und Nicht-Windows-Anwendungsprogramme
als Sinnbild ablegen. Der etwas umständlichere Weg erfolgt über den
Datei-Manager von Windows 3.1 und entspricht dem Programmaufruf in
älteren Windows-Versionen.

Programmstart im Datei-Manager

Um ein Programm über den Datei-Manager aufzurufen, wechseln Sie in
die Hauptgruppe, indem Sie den Mauszeiger auf das Sinnbild HAUPT-
GRUPPE führen und das Fenster mit einem Doppelklick der linken
Maustaste öffnen. Mit einem weiteren Doppelklick auf das Symbol des
Datei-Managers wird das Fenster des Datei-Managers geöffnet. Der
Datei-Manager enthält links im Startfenster eine baumartige Darstellung
(Verzeichnis-Baum) aller Verzeichnisse, die sich auf Ihrer Festpatte
befinden. Computer-Anfänger können sich ein Verzeichnis wie einen
großen Aktenschrank vorstellen, in dem weitere Ordner oder Unterverzeichnisse aufbewahrt werden. Existiert auf einem PC nur ein logisches
Laufwerk, so stellt dieses Laufwerk bzw. die Festplatte *C:* in der Ver-
zeichnis-Hierarchie das Hauptarchiv bzw. das Hauptverzeichnis dar.
Wird der Mauszeiger auf eines der aufgelisteten Verzeichnisse geführt
und ein Klick mit der linken Maustaste ausgeführt, so erscheinen im
rechten Teil des Fensters alle Dateien dieses Verzeichnisses sowie
eventuell hierarchisch tieferliegende Verzeichnisse.

*Achten Sie darauf, auf
den Buchstabenbereich
zu klicken. Wenn Sie auf
das davorstehende Sym-
bol klicken (Plus- oder
Minuszeichen), so öffnet
oder schließt sich ledig-
lich der Baum für die
darunterliegenden
Verzeichnisse.*

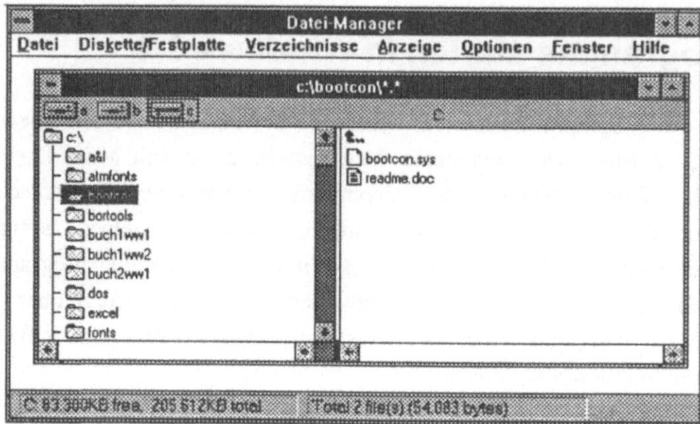

Abb.1.2.3: In neuen Datei-Manager von Windows 3.1 erscheint
links der Verzeichnisbaum und rechts die Dateien und
Unterverzeichnisse des markierten Verzeichnisses.

Wenn Sie aus dem Datei-Manager heraus ein Anwendungsprogramm
wie Word für Windows starten möchten, so markieren Sie im linken Teil
zunächst das entsprechende Verzeichnis (z.B. WINWORD) und starten
dann mit einem Doppelklick der linken Maustaste auf der Datei WIN-
WORD.EXE das Programm. Sollte die Datei WINWORD.EXE nicht auf
Anhieb in dem Fenster zu sehen sein, kann man mit den Richtungstasten
(Cursortasten) durch das Fenster rollen oder mit der linken Maustaste auf
die kleinen Pfeile am linken oder rechten Ende des Laufbalkens, der sich
am unteren Rand des Fensters befindet, klicken. Einem alten Windows-
Anwender dürfte dieses Vorgehen noch aus dem MS-DOS-Fenster
bekannt sein.

Programmstart im Programm-Manager

Sehr viel komfortabler lassen sich Anwendungsprogramme unter Windows 3.1 über den Programm Manager starten bzw. in einer Programmgruppe zusammenfassen. Programme liegen dort als Ikonen bzw. Sinnbilder bereit, so daß sie mit einem Maus-Doppelklick auf die Ikone
direkt gestartet werden können, ohne daß man in den Datei-Manager
wechseln muß.

Die Zusammensetzung der einzelnen Gruppen können Sie selbst bestimmen. In der Grundkonfiguration, in der Windows ausgeliefert wird,
finden Sie zunächst vier verschiedene Gruppen-Fenster.

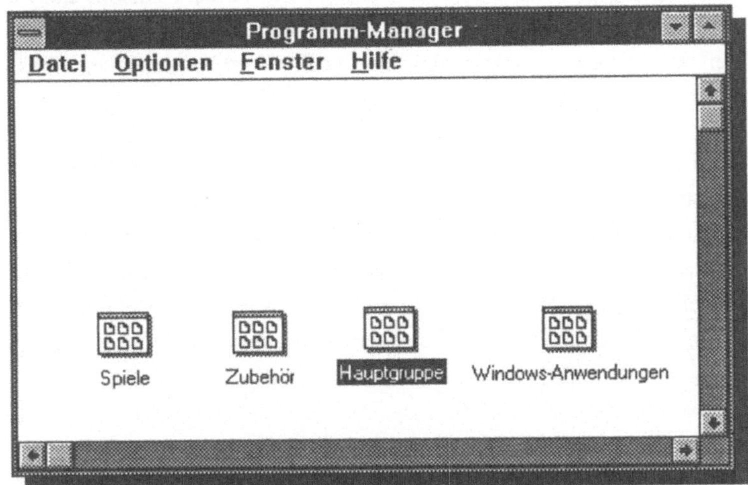

Abb.1.2.4: Die Standard-Programm-Gruppen von Windows 3.1

In der Hauptgruppe finden Sie den Datei-Manager von Windows 3.1, die
Systemsteuerung für die Einstellung von Farben, Druckern, Ländern
usw., den Druck-Manager, der für die Abarbeitung von Druckaufträgen
verantwortlich ist, die Zwischenablage, über die der Datenaustausch
erfolgt, die DOS-Eingabeaufforderung, über die Sie einen normalen
DOS-Bildschirm anfordern können und das Windows-Setup. Mit dem
Windows-Setup können Sie die Grundeinstellungen von Windows bzgl.
der von Ihnen verwendeten Grafikkarte oder Maus verändern. Daneben
ermöglicht Ihnen das Setup, die Festplatte auf bereits vorhandene Programme zu durchsuchen und diese für den Programmaufruf von Windows aus vorzubereiten. In der Gruppe Zubehör finden Sie die zum
Lieferumfang von Windows 3.1 gehörenden Anwendungsprogramme
wie zum Beispiel das Malprogramm Paintbrush, die Textverarbeitung
Write, den Notizblock, den Terminkalender, die Uhr usw..

Zusätzlich richtet Windows bei der Installation eine Gruppe für die Spiele sowie eine Gruppe für andere Windows-Anwendungsprogramme ein. Sollten Sie bei der Installation veranlaßt haben, daß die Festplatte auf vorhandene Programme durchsucht wird, so finden Sie unter Umständen auch ein Fenster mit der Bezeichnung Andere Anwendungen. Hier befinden sich alle Programme, die nicht speziell für die Windows-Oberfläche programmiert worden sind (z.B. Word 5, Multiplan, dbase etc.).

Stören Sie sich nicht an der Zusammensetzung der Fenster. Innerhalb kürzester Zeit werden Sie die Gruppen nach Ihren eigenen Vorstellungen gestalten und vielleicht sogar dokument- oder aufgabenorientiert selbst gestalten. Windows 3.1 ist in der Zusammensetzung dieser Gruppen sehr flexibel und jeder Anwender kann sich die Zusammensetzung der Programm-Manager-Gruppen nach eigenen Wünschen gestalten.

Wichtige Merkmale von Windows 3.1

Microsoft hatte sich nach dem Erscheinen der Windows 2.xx Versionen bzgl. der Weiterentwicklung von Windows lange Zeit in Schweigen gehüllt. Erst im Winter 1989/90 erschienen erste "Vorab-Berichte" in der Fachpresse, die aber keine wesentlichen Aussagen über den Leistungsumfang der damals neuen Version 3.0 enthielten.

Die Spannung wuchs bis in den Mai 1990, - erst dann konnte man sich als Endanwender einen Eindruck davon verschaffen, was das wirklich Neue an Windows 3.0 war. Die neue Version zeigt sich auf den ersten Blick nur als eine normale Weiterentwicklung der bekannten Windows-Oberfläche, denn die Fenster-Technik der früheren Windows-Versionen gab es natürlich nach wie vor. Auch die Dialogboxen, Pull-Down-Menüs und ein Großteil der mitgelieferten Programme erscheinen - zwar modifiziert - aber doch noch erkennbar ähnlich. Nur das, was sich im Hintergrund, also auf der Hauptspeicherebene abspielte, das hatte sich grundlegend geändert.

Wer bereits mit einer älteren Windows-Version gearbeitet hatte, konnte feststellen, daß sich die Gestaltung des DeskTops grundlegend geändert hatte. Neben einem neuen Standard-Farbschema fand sich jetzt z.B. Proportionalschrift in den Menüs und den Dialogboxen.

Die neue Optik

Während die Windows-Versionen 2.xx mit einer *MS-DOS-Fenster* genannten Verzeichnis-Struktur arbeiteten, in der jeweils das aktuelle Verzeichnis aufgelistet war und über die Menüleiste das Abrufen von Befehlen für das Kopieren oder Löschen von Dateien erfolgte, präsentierte sich Windows 3.0 mit einer völlig neuen Oberflächenstruktur. Wie Sie in Abbildung 1.2.5 sehen können, arbeitete Windows 3.0 fortan mit dreidimensionalen Tastensymbolen, die bei einer Betätigung sogar optisch "in die Bildschirmoberfläche gedrückt" werden.

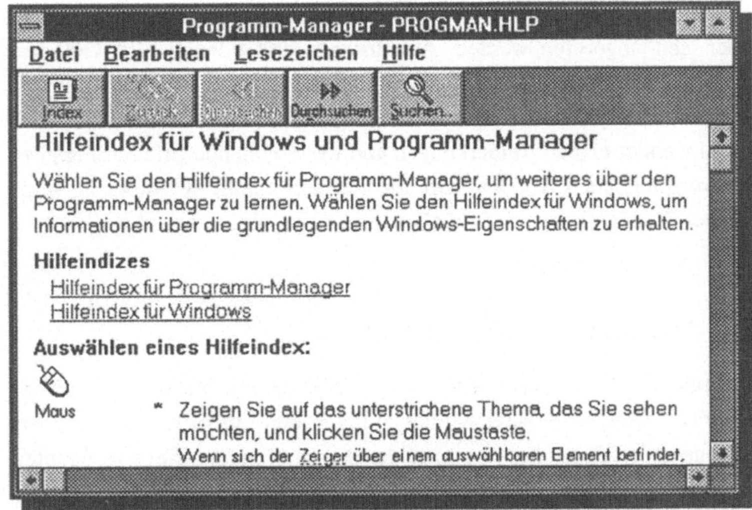

Abb.1.2.5:   Die neue dreidimensionale Optik mit symbolischen
              großen Tasten am Bildschirm

Als weitere optische Neuerung zeigte sich die Farbsteuerung von Windows 3.0. Gemessen an der vorherigen Version ließen sich nun vielfältige, "farbechte" Varianten über eine umfangreiche Dialogbox fast jedem einzelnen Punkt des Bildschirmes zuordnen. Auch hier zeigten sich wesentliche Erweiterungen: Man konnte aus den bestehenden Grundfarben neue Farben selbst zusammenmischen.

Windows 3.x-Standardprogramme

Im Lieferumfang von Windows 3.0 fanden sich drei neue "Management-Dienste": der Programm-Manager, der Datei-Manager und die sogenannte Task-Liste. Mit diesen drei Programmen können Aufgaben wie das Starten von Programmen, die Verwaltung von Dateien und Verzeichnissen sowie der Wechsel von laufenden Anwendungsprogrammen zu einem anderen besonders schnell und unkompliziert durchgeführt werden. Eine umfangreiche Hilfefunktion beinhaltete nahezu das gesamte Handbuch, - aus ihr können direkt umsetzbare Informationen zu verschiedenen Merkmalen und Anwendungsfällen von Windows 3.0 zu jeder Zeit abgerufen werden. Als Besonderheit können alle Teile der Hilfefunktion in die Zwischenablage und damit in andere Anwendungsprogramme kopiert oder aber direkt ausgedruckt werden. Man kann sich als Anwender eigene Anmerkungen und weitergehende Erläuterungen zu den verschiedenen Hilfekapiteln erstellen und damit Windows an seine eigenen Bedürfnisse auch bezüglich der Online-Hilfe anpassen.

Ein Jahr später: Windows 3.1

Im Frühjahr 1992 erschien nun eine neue Windows Version 3.1 mit erheblichen Geschwindigkeitsverbesserungen und einem neuen Speichermanagement. Ebenfalls neu sind in dieser Version die sogenannten TrueType Schriften, die sowohl am Bildschirm als auch auf dem Drucker frei skalierbar, d.h. auf eine beliebige Punktgröße einstellbar sind. Neben dieser nahezu revolutionären Veränderung enthält Windows 3.1 einen neuen Datei-Manager, dessen Funktionalität Sie eben bereits kennenlernen konnten sowie die vollständige Unterstützung des sogenannten

Object Linking und Embedding in allen Windows Standardprogrammen. Mit dieser Funktion können Objekte aus einem Programm in eine Datei eines anderes Programmes fest eingebunden werden, wobei der Knüller ist, das sich das Programm, in dem das Element ursprünglich einmal erstellt wurde, automatisch öffnet, wenn man einen Doppelklick auf dem Objekt ausführt. Wenn Sie also beispielsweise eine Zeichnung aus Paintbrush in eine Write-Datei einfügen, so reicht ein Doppelklick auf der Zeichnung in Ihrer Write Datei aus, um Paintbrush mit dieser Zeichnung zu starten. Hier können Sie nun die Zeichnung verändern und modifizieren. Wenn Sie Paintbrush schließen, erscheint die veränderte Zeichnung in Ihrer Write-Datei, ohne daß die ursprüngliche Original-Zeichnung aus Paintbrush verändert wurde.

Neben diesen wirklich neuen Funktionalitäten enthält Windows 3.1 eine Reihe von Kleinigkeiten, die verbessert wurden. So kann man beispielsweise mit einem HOTKEY zwischen den Programmen wechseln oder aber Objekte, die über OLE in ein anderes Programm eingefügt wurden, mit einem Symbol versehen und so den Programmstart aus einem Programm heraus noch einfacher gestalten.

Speicher: Jenseits von 640 KB

Für das "normale" Arbeiten unter MS-DOS ist die Arbeitsspeichergrenze von 640 KB ohne Zusatzprogramme nicht zu überwinden. Für Windows 3.1 und Windows 3.1 Anwendungsprogramme gilt die MS-DOS Speichergrenze dagegen nicht. Während die Adressierung des Speicherraums oberhalb 640 KB ohne Windows 3.1 nur über sogenannte EMS-Treiber-Programme möglich ist, kann Windows 3.1 diesen Speicherraum jetzt direkt als Erweiterungsspeicher (und nicht über den Umweg des Expansionsspeichers) linear bis zu 16 MB adressieren. Hierzu nutzt Windows 3.1 einfach den Modus aus, der die Prozessorklasse 80286/386 von der alten 8086/88-Prozessorklasse unterscheidet. Die 286er und 386er PC´s können nämlich im sogenannten Protected Mode betrieben werden, - einer Betriebsart, die es einer 16 Bit Basis-Technologie ermöglicht, bis zu 16 MB als Hauptspeicher zu adressieren.

Was bisher nur OS/2 vorbehalten schien - nämlich einen Rechner im Protected Mode zu betreiben - wird mit Windows 3.1 auch unter MS-DOS ermöglicht. Diese Betriebsart hat eine deutlich höhere Geschwindigkeit zur Folge, eine der auffälligsten Neuerungen gegenüber den Vorgängerversionen von Windows. Desweiteren führt diese Betriebsart dazu, daß die Meldung aus Abbildung 1.2.6 längst nicht mehr so häufig erscheint wie früher (den "alten" Windows 2.xx - Anwendern ist sie sicherlich gut bekannt):

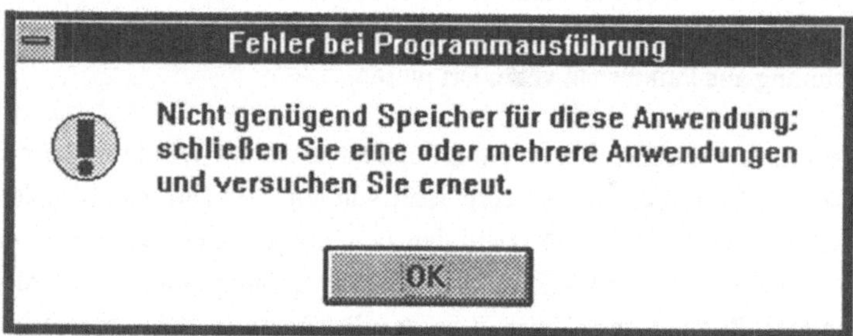

Abb.1.2.6: Eine altbekannte Meldung in Windows 2.xx

Die Betriebsarten von Windows 3.1

Da sich bei Endanwendern stets unterschiedliche Computer im Einsatz befinden, hat man bei der Entwicklung von Windows 3.1 im Hinblick auf vorhandene Programme und die "alte" XT-Technologie mit 8086er und 8088er Prozessoren der Kompatibilität höchste Aufmerksamkeit geschenkt. Windows 3.0 konnte deshalb in 3 verschiedenen Betriebs-arten gestartet werden. Je nach PC oder dem zur Verfügung stehenden Speicherraum konnten Sie zwischen dem Real Mode, dem Standard-Mode und dem erweiterten Modus für 386er auswählen.

Legte man bei Windows 3.0 noch Wert auf die Kompatibilität mit alten Windows-Programmen, so spielte ein Jahr später diese Kompatibilität keine große Rolle mehr, weil mittlerweile alle Softwarehäuser Updates

Ihrer Programme herausgebracht hatten, die in der Lage waren, im Protected Mode von Windows 3.x zu arbeiten. Die aktuelle Windows-Version 3.1 läßt sich aufgrund der Geschwindigkeitsprobleme auch nicht
mehr im REAL-Mode, sondern nur noch im Standard-Modus und im erweiterten Modus für 386er betreiben.

Um festzustellen, in welcher Betriebsart Sie gerade arbeiten, gibt es im
Programm-Manager den Befehl **HILFE INFO ÜBER PROGRAMM-
MANAGER**: Es öffnet sich eine Dialogbox, in der Sie Informationen über
die momentane Betriebsart und den noch zur Verfügung stehenden
freien Speicherraum finden. Wenn Sie Windows in einer anderen Betriebsart starten möchten, so müssen Sie Windows zunächst verlassen
und mit einem der alternativen Startparameter erneut aufrufen.

Windows 3.1 Standard-Mode

Der Standard-Modus ist die normale Betriebsart von Windows 3.1 auf
Rechnern mit einem 286er Prozessor. In diesem Modus können Sie direkt auf vorhandenen Erweiterungsspeicher zugreifen und damit zwischen verschiedenen Programmen schneller umschalten bzw. mit mehreren Programmen gleichzeitig arbeiten. Achten Sie allerdings darauf, daß
sich kein Expansionsspeichertreiber in der DOS-Konfigurationsdatei
CONFIG.SYS befindet. Hat nämlich ein solcher Treiber den vorhandenen Erweiterungsspeicher in Expansionsspeicher umgewandelt, so
können Sie diesen natürlich im Standard-Modus oder im erweiterten
Modus für 386er nicht mehr als Erweiterungsspeicher ansprechen. Sie
starten Windows im Standard-Modus durch die Eingabe von *win/s* an
der DOS Eingabeaufforderung.

Erweiterter Modus für 386er

Durch den Protected-Mode und durch eine weitere Besonderheit der
386er PC´s hat sich das Problem des zu knappen Speichers weitgehend
gelöst. Eine zusätzliche Besonderheit der 386er Prozessortechnologie ist
der sogenannte *virtuelle Speicher*. Die Definition virtuellen Speichers

ermöglicht es Windows 3.1, einen bestimmten Bereich der Festplatte als Arbeitsspeicher zusätzlich zum tatsächlich vorhandenen Arbeitsspeicher zu definieren. Auf einem System, das "nur" über einen physikalischen Arbeitsspeicher von beispielsweise 2 MB verfügt, können dadurch plötzlich 16 MB und mehr Hauptspeicher gemeldet und benutzt werden.

Dieser zusätzliche Arbeitsspeicher wird von Windows 3.1 im erweiterten Modus für 386er als Auslagerungsbereich genutzt. Sind die physikalischen 2 MB RAM vollständig ausgenutzt, beginnt Windows 3.1, die nicht benötigten Programmteile aus dem Hauptspeicher auszulagern. Wie Windows 3.1 entscheidet, was ausgelagert werden soll und was nicht, ist zu schön, als daß man es nicht in aller Kürze beschreiben könnte.

Windows 3.1 versieht alles, was sich im Speicher befindet, mit Attributen. Diejenigen Programmbereiche, auf die nicht zugegriffen wird, erhalten kein Attribut, die, auf die nur Lesezugriffe stattgefunden haben, ein *Lese*-Attribut und diejenigen, auf die Schreibzugriffe stattgefunden haben, ein *Schreib*-Attribut. Wird nun der Arbeitsspeicher knapp und eine Auslagerung in den virtuellen Speicher nötig, beginnt ein maximal dreifach wiederholter Durchlauf. Im ersten Durchlauf sucht Windows 3.1 alle Bereiche, die ohne Attribut versehen sind und lagert sie aus, wobei es gleichzeitig jene mit *Lese*-Attribut mit einem *ohne-* und diejenigen mit *Schreib-* mit einem *Lese*-Attribut versieht. Wenn der erste Durchlauf nicht genug Speicher frei gemacht hat, werden beim zweiten Durchlauf die jetzt auf *ohne* gesetzten Bereiche ausgelagert und die nunmehr mit *Lese*-Attribut versehenen ihrerseits mit dem *ohne-*Attribut versehen. Beim dritten Durchlauf - falls er nötig ist - können nun auch noch die letzten Bereiche ausgelagert werden. Bei dieser Arbeitsweise, die im Fach-Chinesisch als *Demand-Paging* bezeichnet wird und sich grundsätzlich vom alten *Swappen* in Windows 2.xx unterscheidet, werden nicht mehr starre 64 KB-Blöcke ausgelagert, sondern - je nach Anforderung - Blöcke in variabler Größe von maximal 4 KB. Das erklärt die Geschwindigkeitssteigerung, die Windows 3.x gegenüber seinen Vorgängerversionen hat.

Der erweiterte 386er Modus ermöglicht darüberhinaus eine wesentlich bessere Steuerung von "normalen" DOS-Anwendungsprogrammen. Die meisten DOS-Programme können in dieser Betriebsart in eigenen Windows-Fenstern ablaufen und werden somit auch bei den DeskTops von Windows 3.1 unterstützt. Wenn Sie Windows im erweiterten Modus für 386er starten möchten, so geben Sie an der DOS Eingabeaufforderung einfach *win/3* ein, sofern Sie über einen 386er Computer verfügen.

Gesteigerter System-Komfort

Neben dem Speichermanagement hat sich die Bedienbarkeit der Oberfläche und das Management der Windows-Grundkonfiguration um Faktoren verbessert. Als kleines Beispiel wollen wir Ihnen den System-Editor vorstellen. Er wird von Windows nicht automatisch installiert, sondern muß nachträglich einer Gruppe zugeordnet werden, wenn man mit ihm arbeiten möchte. Mit dem folgenden kleinen Beispiel können Sie das Erzeugen einer Programmstart-Ikone für diesen Editor gleich einmal praktisch üben.

Während bei Windows 3.0 die Betriebsart für 386er noch etwas langsamer als die Betriebsart STANDARD war, gilt diese Einschränkung in Windows 3.1 nicht mehr, weil man nicht mehr auf Real Mode Rücksicht nehmen muß.

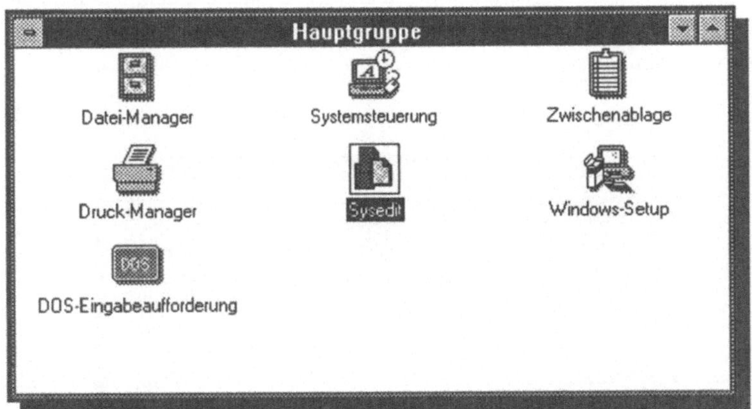

Abb.1.2.7:   Den System-Editor muß man nachträglich installieren

Um den System-Editor in die Hauptgruppe aufzunehmen, aktivieren Sie diese als Fenster und wählen **DATEI NEU** über [Alt] + [D], [N]. In der folgenden Dialogbox lassen Sie den Markierungspunkt auf der Einstellung **Programm** und bestätigen mit **OK**. Die nächste Dialogbox ermöglicht es, den Namen und Pfad der auszuführenden Programm-Datei (meistens mit der Endung .COM oder .EXE) direkt einzutippen. Wenn Sie die genaue Bezeichnung der Programmdatei nicht mehr wissen, können Sie über die Option **Durchsuchen** eine Suche auf der Festplatte veranlassen. Markieren Sie im Verzeichnisfeld das Windows-Unterverzeichnis System und klicken Sie dort die Datei SYSEDIT.EXE an. Bestätigen Sie die folgenden Abfragen einfach mit **OK**. Der System-Editor wird der Hauptgruppe zugefügt. Sein Symbol sehen Sie in Abb. 1.2.7.

Wenn Sie nun die Ikone des Systemeditors anklicken, werden hintereinander vier Fenster geöffnet (Abbildung 1.2.8), in denen die vier, für Windows wichtigen System-Dateien bearbeitet werden können: Die Betriebssystem-Dateien CONFIG.SYS und AUTOEXEC.BAT sowie die Windows 3.1 Steuerungsdateien WIN.INI und SYSTEM.INI. Windows 2.xx - Anwender, die viel Zeit mit der stufenweisen Optimierung ihrer Systemdateien über den Windows 2.xx Notizblock verbracht haben, werden von diesem neuen Komfort begeistert sein. Anfänger seien dagegen gewarnt vor Veränderungen an diesen Dateien, denn sie können dazu führen, daß Windows oder Ihr gesamter PC nicht mehr gestartet werden kann!

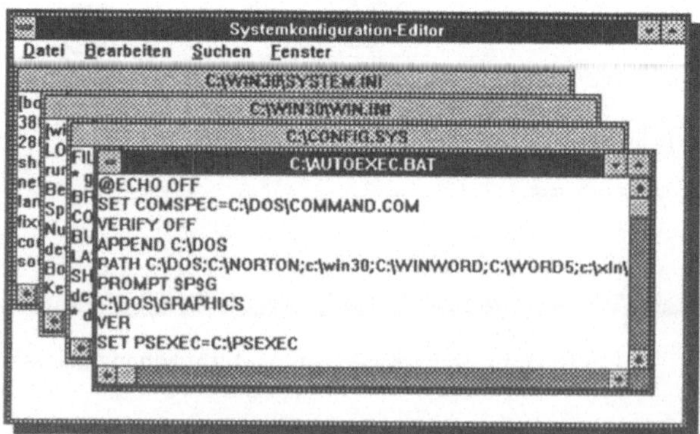

Abb.1.2.8: Der System-Editor bietet neuen Komfort

Die Neuerungen in Kurzform

Mit den vorhergehenden Erläuterungen haben wir die bedeutsamsten
Veränderungen in Windows 3.x vorgestellt, - die gesamte Bandbreite
aller Änderungen möchten wir nun noch einmal in Kurzform zusammenfassen.

Eine begrüßenswerte Neuerung von Windows 3.1 ist der Datei-Manager.
Er ermöglicht als eigenständiges Programm das Verschieben, Kopieren
und Löschen Ihrer Dateien - kurzum - er ist die Zentrale für die Organisation und Pflege von Festplatten und Disketten. Im Funktionsumfang ist
er gegenüber dem früheren MS-DOS-Fenster wesentlich erweitert worden, - er kann problemlos mit allen gängigen Betriebssystem-Ober-
flächen konkurrieren. Ihnen gegenüber hat er sogar wesentliche Vorteile,
denn man kann z.B. mit der Maus eine Datei anklicken und einfach auf
eine Diskette in einem der Laufwerke oder auf ein Netzwerklaufwerk
verschieben. Sie können mit einem einfachen Mausklick auch die gesamte Verzeichnisstruktur umorganisieren. Während einer Arbeits-
sitzung mit Windows läßt sich über den Datei-Manager eine Verbindung
zu einem Netzwerkserver herstellen und wieder trennen.

*Mit dem Windows 3.1
Datei-Manager beschäfti-
gen wir uns intensiv im
Teil 1, Kapitel 4*

Das Setup-Programm arbeitet zu 70 % unter der grafischen Oberfläche
von Windows und ist um Funktionen erweitert worden, die es Ihnen
erlauben, die Grundeinstellungen jederzeit auch nachträglich zu ändern.
So können Sie z.B. auch nachträglich eine andere Grafikkarte einbauen,
ohne Windows neu installieren zu müssen.

Die Systemsteuerung ermöglicht es Ihnen, Netzwerkanschlüsse anzu-
steuern oder zusätzliche Anschlüsse einzurichten. Sie können die
DeskTops für echtes Multitasking im erweiterten 386er Modus verän-
dern und die Benutzeroberfläche des DeskTops nach Ihren eigenen
Wünschen verändern. So läßt sich z.B. der Bildschirmhintergrund des
DeskTops mit Ihrem Firmenlogo hinterlegen.

Die neue Windows-Version 3.1 enthält darüberhinaus einen Bildschirm-
schoner, der sich sogar mit einem Passwort hinterlegen läßt. Wenn Sie
also mal kurz von Ihrem Bildschirm aufstehen, können Sie beruhigt den

Raum verlassen, - wer das Passwort nicht kennt, kann auch Ihren Rechner nicht benutzen, ohne vorher einen Warmstart durchführen zu müssen.

Der Druck-Manager und die Druckerinstallation wird in Teil 1, Kapitel 5 ausführlich besprochen.

Auch die Installation von Druckern ist in Windows 3.x sehr viel komfortabler und einfacher geworden. Ein überarbeitetes Spoolprogramm - der Druck-Manager -, liefert Ihnen zusätzliche Informationen zu den einzelnen Druckaufträgen. Sie können die Reihenfolge der Druckaufträge auch nachträglich noch verändern und sich Netzwerkwarteschlangen anzeigen lassen. Auch die Druckerunterstützung selbst ist um Dimensionen verbessert worden. So startet der Druck-Manager jetzt unmittelbar nach Erhalt der ersten Seite eines Dokumentes und bietet eine wesentlich bessere Unterstützung von Postscript und HP/PCL-Druckern.

Das Malprogramm Paint aus früheren Windows-Versionen ist durch eine Windows-Version des erfolgreichen Grafikpaketes Paintbrush ersetzt worden, mit dem Sie sehr komfortabel und einfach farbige Grafiken und Bilder erstellen können. Mit Paintbrush können Sie sich selbst Bilder für den Bildschirmhintergrund des DeskTops erstellen.

Ein Makrorecorder ermöglicht Ihnen, auf der Windows-Betriebssystemebene Folgen von Tastaturanschlägen und Mausbewegungen zu speichern und diese dann mit einem Tastendruck abzurufen, wenn dieselbe Handlung wiederholt werden soll. Sie können also jetzt auch auf dieser Ebene, wie schon in Word für Windows und Excel, für Windows Makros erstellen und beliebig oft ablaufen lassen.

Als letzte wesentliche Bereicherung wäre noch das Datenübertragungsprogramm von Windows 3.1 zu nennen, - das Terminal. Es unterstützt neue Terminalemulationen wie z.B. DEC VT100, sowie das Datenübertragungsprotokoll Kermit. Zusätzlich können die Funktionstasten selbst belegt und mit eigenen Stapelverarbeitungsdateien hinterlegt am Bildschirm mit der Maus angesteuert werden.

Zusammenfassung

In diesem Kapitel haben wir die Grundfunktionen von **Windows 3.1**
vorgestellt und ihnen einen Überblick darüber gegeben, welche wesentlichen Erweiterungen Windows 3.0 und Windows 3.1 gegenüber den
Vorgängerversionen bietet. Im Abschnitt "Einführung in Windows 3.1"
konnten Sie sich als Anfänger im Umgang mit grafischen Benutzeroberflächen über die Arbeitsweise von Windows 3.1 informieren. Im zweiten
Abschnitt haben wir für den erfahrenen PC-Anwender die wesentlichen
Neuerungen in Kurzform zusammengefaßt und die verschiedenen Betriebsarten von Windows 3.1 besprochen.

Kapitel 3

In diesem Kapitel führen wir den Windows 3.1-Anfänger in die Arbeit mit Windows-Fenstern über Tastatur und/oder Maus ein. Sie lernen, wie man zwischen verschiedenen, gleichzeitig geladenen Programmen umschalten kann und wie sich Fenster verkleinern, vergrößern oder als Programmsymbol am unteren Bildschirmrand ablegen lassen. Wir besprechen ausführlich, wie man mit Pull-Down-Menüs und Dialogboxen arbeitet und welche Bedeutung die einzelnen Befehle in den Standardmenüs von Windows haben. Sie lernen, was ein **SYSTEMMENÜ** ist und welche Aktionen und Handlungen sich mit den Befehlen der verschiedenen Menüs ausführen lassen. Wir besprechen, wie man in Windows 3.1 ein Programm starten kann und wie der Datenaustausch zwischen Windows-Programmen funktioniert. Wir erläutern, wie die Zwischenablage von Windows 3.1 arbeitet und besprechen das Arbeiten mit Bildschirmkopien. Abschließend geben wir einen Überblick über andere Möglichkeiten des Datenaustausches über Konvertierungsroutinen, dynamischen Datenaustausch und Druckdateien.

Arbeiten mit Windows-Fenstern

Eine Grundregel bei der Arbeit mit Windows besagt, daß man das Element, mit dem man etwas machen möchte, immer erst auswählen bzw. markieren muß. Wenn Sie also ein Fenster aktivieren möchten, weil sich darin eine Ikone (Sinnbild) für ein Programm befindet, müssen Sie zunächst dieses Fenster mit einem Mausklick aktivieren und mit dem Betätigen von ⏎ das jeweilige Programm starten. Diesen Vorgang kann man allerdings mit der Maus wesentlich abkürzen, und zwar mit dem berühmten Maus-Doppelklick. Sie können also z.B. ein Fenster mit einem Doppelklick der linken Maustaste unmittelbar öffnen und sich dadurch das Drücken von ⏎ ersparen. Als Anfänger muß man sich an die Arbeitsweise von Windows erst einmal ein wenig gewöhnen, aber wenn Sie sich merken, daß sich Befehle und Handlungen immer auf das ausgewählte Element auswirken, ist alles halb so schwer und Sie werden sich schnell einarbeiten.

Ein Fenster, in dem Sie gerade arbeiten, wird als aktives Fenster bezeichnet. Um ein Fenster zu aktivieren, klicken Sie mit der linken
Maustaste einfach auf eine beliebige Stelle innerhalb des Fensters, nur
nicht auf die Schaltflächen **SYMBOL** oder **VOLLBILD**, die sich ganz
oben rechts in der Titelleiste befinden. Diese beiden Symbole haben
nämlich eine spezielle Aufgabe, die Sie gleich noch kennenlernen werden.

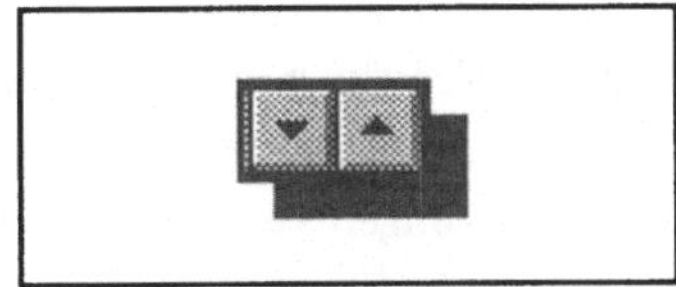

Abb.1.3.1: Mit diesen Symboltasten läßt sich die
Fensterdarstellung bestimmen

Ein aktiviertes Fenster wird stets in den Vordergrund des DeskTops
gebracht. Die Titelleiste des aktiven Fensters wird farbig oder schwarz
hervorgehoben, - die Bildlaufleisten und andere Elemente werden sichtbar. Sie können über die Tastatur mit den Tasten ⎡Alt⎤ + ⎡Esc⎤ alle geöffneten Anwendungsfenster nacheinander in den Vordergrund des
DeskTops rufen und auf diese Weise bis zum gewünschten Anwendungsfenster gelangen. Wenn Sie mit einem Anwendungsprogramm
arbeiten, das das gleichzeitige Bearbeiten mehrerer Dokumente in verschiedenen Fenstern erlaubt, können Sie mit ⎡Strg⎤ + ⎡F6⎤ durch die verschiedenen Dokumentfenster wandern.

Wenn Sie im Programm-Manager ein Symbol aktivieren möchten, so
positionieren Sie die Spitze des Mauszeigers auf dem Symbol und klikken einmal mit der linken Maustaste. Das Symbol wird aktiviert und die
Titelleiste des Fensters erscheint unterhalb des Symboles in verkleinerter
Form. Sie können über die Tastatur mit den Tasten ⎡Alt⎤ + ⎡Esc⎤ aber
nicht nur zwischen geöffneten Anwendungsfenstern, sondern auch zwischen den verschiedenen Programmgruppen-Symbolen des Programm-
Managers wandern.

Fenster, Symbole und Dialogfelder auf dem DeskTop verschieben

Anwendungsfenster, Dokumentfenster und jedes Dialogfeld, das mit einer Titelleiste versehen ist, lassen sich auf dem DeskTop beliebig verschieben. Um ein Programmsymbol zu verschieben, klicken Sie mit der linken Maustaste auf das Symbol oder in die Titelleiste des Fensters und halten die Maustaste gedrückt. Wenn Sie jetzt die Maus auf dem Tisch verschieben, so verschieben Sie auch das Fenster oder das Dialogfeld am Bildschirm. Während des Verschiebens der Maus sehen Sie am Bildschirm den Umriß des jeweiligen Elementes, das sich auf dem DeskTop analog zu Ihren Mausbewegungen verschiebt. Wenn Sie die Maustaste loslassen, bleibt das aktivierte Element an dieser Stelle des DeskTops stehen. Sollten Sie sich geirrt haben und ein Element soll doch nicht verschoben werden, so drücken Sie einfach die [Esc]-Taste, bevor Sie die linke Maustaste loslassen.

Die soeben vorgestellten Bildschirmelemente lassen sich auch ohne die Maus über Tastaturbefehle verschieben. Sie müssen dazu nur das jeweilige Element aktivieren und das sogenannte **SYSTEMMENÜ** öffnen. Um das **SYSTEMMENÜ** eines Programmfensters zu öffnen, müssen Sie lediglich die Tasten [Alt]+[Leert.] drücken. Mit den Tasten [Alt]+[-] öffnen Sie dagegen das **SYSTEMMENÜ** eines Dokumentfensters. Wenn Sie in diesem Menü den Befehl **VERSCHIEBEN** wählen, so ändert sich der Mauszeiger in einen Vierfachpfeil. Sie können nun das Symbol, das Fenster oder ein Dialogfeld einfach mit den Richtungstasten (Cursortasten) verschieben. Drücken Sie die [◄─┘]-Taste, so bleibt das Element an der zuvor umrissenen Position stehen.

Ändern der Fensterdarstellung

Manchmal ist es praktisch, die Größe und Form der offenen Fenster auf Ihrem DeskTop zu ändern. Um zum Beispiel den Inhalt zweier Dokumente zu vergleichen, können Sie beide Dokumentfenster so weit verkleinern, daß sie nebeneinander auf den Bildschirm passen. Manche Anwendungsfenster wie z.B. Dokumentfenster von Word für Windows lassen sich allerdings nur bis zu einer bestimmten Mindestgröße verkleinern und auch nicht als Symbol am unteren Bildschirmrand ablegen.

Um die Fenstergröße mit der Maus zu ändern, wählen Sie das Fenster aus, dessen Größe Sie ändern wollen und führen den Mauszeiger auf eine Ecke oder den Rahmen des Fensters. Sie müssen sich langsam mit der Maus bewegen, denn nur in einem kleinen Bereich sehen Sie, daß sich der Mauszeiger in einen Zweifachpfeil verwandelt. Drücken Sie nun die linke Maustaste und halten diese gedrückt. Ziehen Sie dann den Rahmen oder die Fensterecke mit der Maus solange an eine andere Position, bis das Fenster die gewünschte Größe hat und lassen Sie die Maustaste erst dann wieder los. Wenn Sie an der Seite oder am oberen Rand eines Fensters ziehen, ändert sich nur die horizontale oder vertikale Größe des Fensters. Ziehen Sie dagegen an einer Fensterecke, so werden die zwei damit verbundenen Kanten des Fensters gleichzeitig verändert.

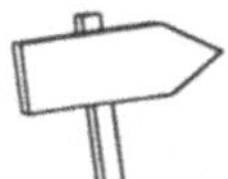

Sie können sich einen Überblick über die verschiedenen Mauszeigerformen im Anhang dieses Buches verschaffen.

Die Größe eines Fensters läßt sich auch über die Tastatur ändern, und zwar mit dem Befehl **GRÖSSE ÄNDERN** aus dem **SYSTEMMENÜ**. Nach dem Aufruf dieses Befehles kann man die Größe eines Fensters mit den Richtungstasten ändern. Dies funktioniert allerdings nur, wenn Sie mit einem Programm nicht im Vollbildmodus arbeiten, denn dann ist dieser Befehl im **SYSTEMMENÜ** grau hinterlegt und somit nicht ausführbar.

Unter dem *Vollbildmodus* versteht man die Vergrößerung eines Anwendungsfenster auf den gesamten Bildschirm bzw. das gesamte DeskTop. Ein Programm im Vollbildmodus ist durch die fehlenden Rahmen nicht mehr als eigenes Fenster zu erkennen. In manchen Anwendungsprogrammen wie z.B. Word für Windows lassen sich auch Dokumentfenster soweit vergrößern, daß sie als eigenständige Fenster nicht mehr zu erkennen sind. Trotzdem bleibt das **SYSTEMMENÜ** für ein Fenster im Vollbildmodus erhalten, so daß Sie jederzeit die Fensterdarstellung mit dem Befehl ⌊Alt⌋+⌊−⌋, **WIEDERHERSTELLEN** oder ⌊Strg⌋+⌊F5⌋ wiederherstellen können.

Mit der Maus ist die Umschaltung zwischen den Fenstern noch einfacher. Sie müssen lediglich einmal mit der linken Maustaste auf die Schaltfläche **VOLLBILD** - den nach oben zeigenden Pfeil ganz rechts in der Titelleiste des Fensters - klicken. Über die Tastatur können Sie die maximale Fenstergröße mit dem Befehl `Alt` + `Leert.` bzw. `Alt` + `–` VOLLBILD erreichen. Das Fenster wird vergrößert und die Schaltfläche **VOLLBILD** wird durch die Schaltfläche **WIEDERHERSTELLEN** (einen Doppelpfeil nach oben und unten) ersetzt. Wenn Sie in einem Anwendungsprogramm wie Word für Windows ein Dokumentfenster vergrößern, überlagert dieses sämtliche anderen Dokumentfenster und sein Name erscheint nach dem Programmnamen in der Titelleiste.

Arbeiten mit Programm-Symbolen

Wenn Sie ein Programm gerade nicht benötigen, aber zu einem absehbar späteren Zeitpunkt wieder damit arbeiten wollen, so empfiehlt es sich, das Programm nicht vollständig zu beenden, sondern es stattdessen vorübergehend auf ein Symbol (Ikone) zu verkleinern. Das Programm bleibt in diesem Fall im Arbeitsspeicher und man kann es durch ein einfaches Doppelklicken wieder aktivieren. Dadurch spart man sich die oft lästigen Wartezeiten, die mit dem erneuten Aufrufen eines Programmes verbunden sind. Um ein Programm als Ikone zur Seite zu legen, klicken Sie einfach mit der linken Maustaste auf die Schaltfläche **SYMBOL**, den nach unten zeigenden Pfeil rechts in der Titelleiste des Fensters.

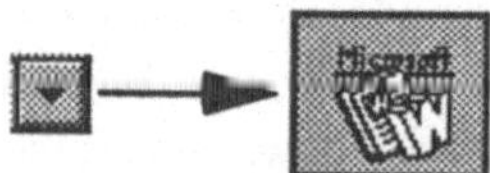

Abb.1.3.2: Mit dem nach unten zeigenden Pfeil in der
Titelleiste erzeugen Sie ein Programm-Symbol

Sie können ein Fenster auch über die Tastatur mit dem **SYSTEMMENÜ** auf Symbolgröße verkleinern. Drücken Sie dazu `Alt` + `Leert.` oder

⎡Alt⎤ + ⎡−⎤ und wählen Sie den Befehl **SYMBOL**. Übrigens lassen sich auch Programmsymbole durch Anklicken und Festhalten der linken Maustaste auf dem DeskTop verschieben.

Schließen von aktiven Fenstern

Wenn Sie Ihre Arbeit mit einem Programm dagegen endgültig beendet haben, so sollten Sie das Fenster richtig schließen, damit der durch das Programm belegte Arbeitsspeicher für andere Anwendungsprogramme wieder zur Verfügung stehen kann. Der reguläre Weg hierzu besteht in der Anwendung des Befehls **BEENDEN** aus dem Menü **DATEI** eines Anwendungsprogrammes.

Schneller können Sie ein Programm oder ein Dokument mit einem Doppelklick der linken Maustaste auf dem **SYSTEMMENÜFELD** (der symbolische Leertaste) schließen. Dieser Doppelklick ist die verkürzte Form des Befehls **SCHLIEßEN** aus dem **SYSTEMMENÜ**. Sie können stattdessen aber auch einfach die Tasten ⎡Alt⎤ + ⎡F4⎤ betätigen.

Wenn Sie seit dem letzten Speichern Ihres Dokuments Änderungen an einem noch aktiven Dokument gemacht haben sollten, so vergessen Sie nicht, diese Änderungen vor dem Schließen des Fensters zu speichern.

Arbeiten mit Bildlaufleisten

In vielen Fenstern und Anwendungsprogrammen finden Sie sogenannte Bildlaufleisten (siehe Abbildung 1.3.3), mit deren Hilfe Sie Informationen sichtbar machen können, die nicht mehr in den durch ein Fenster zur Verfügung stehenden Bildschirmraum passen. Sie können mit Hilfe dieser Bildlaufleisten durch die in einem Fenster angezeigten Informationen oder Dokumentinhalte sozusagen hindurchrollen. Bildlaufleisten lassen sich per Tastatur oder per Maus bedienen, - mit der Maus können Sie in den Bildlaufleisten so arbeiten, wie in der nachstehenden Tabelle 1.3.1 beschrieben.

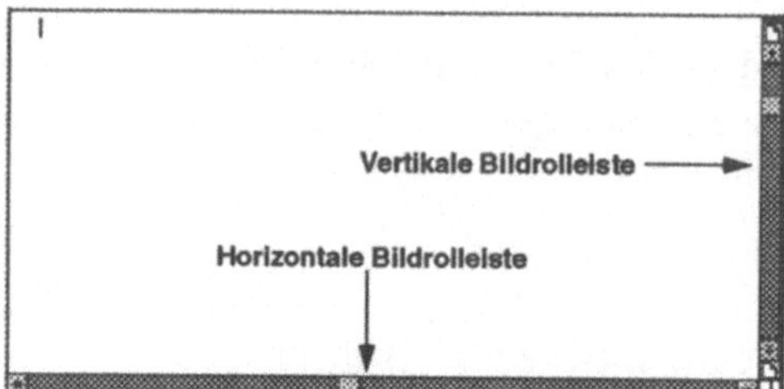

Abb.1.3.3:   In Fenstern gibt es horizontale
und vertikale Bildlaufleisten

Für einen Bildlauf um ...	... gehen Sie wie folgt vor:
eine Zeile	Klicken Sie einmal mit der linken Maustaste auf einen der Bildlaufpfeile.
ein Fenster	Klicken Sie auf die Bildlaufleiste unterhalb oder oberhalb des "Fahrstuhles" bei den vertikalen Bildlaufleisten bzw. links oder rechts des "Fahrstuhles" bei den horizontalen Bildlaufleisten.
Kontinuierlich	Zeigen Sie auf einen der Bildlaufpfeile und halten Sie die linke Maustaste fest, bis die gewünschten Informationen sichtbar werden.
Beliebige Position	Ziehen Sie den "Fahrstuhl" mit niedergedrückter linker Maustaste nach oben oder nach unten bis zur gewünschten Stelle.

Tab.1.3.1: Arbeiten mit der Maus in den Bildlaufleisten

Die Windows 3.1 Pull-Down-Menüs

Ein Windows-typisches Merkmal sind die sogenannten Pull-Down-Menüs, die durch Anklicken bzw. Drücken von [Alt] + dem, im Menübefehl unterstrichenen Buchstaben aktiviert werden (siehe Abb.1.3.4).

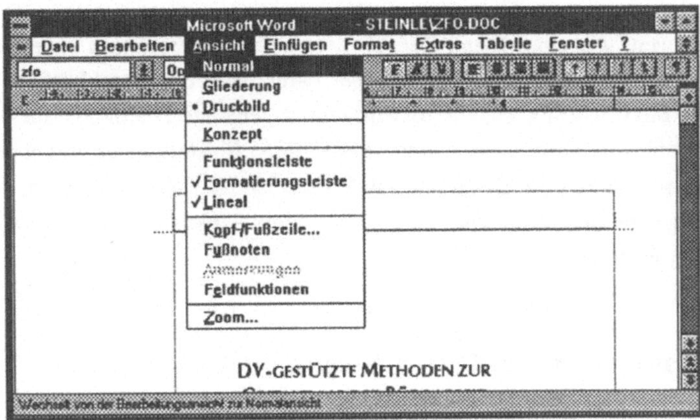

Abb.1.3.4: Dieses Pull-Down-Menü läßt sich z.B. mit ALT+A öffnen

In den aufgeklappten Pull-Down-Menüs gibt es drei verschiedene weitere Befehlsarten. Die erste Menüart - im Menü **ANSICHT** zum Beispiel der Befehl **KONZEPT** - ist ein Schaltbefehl. Über einen Schaltbefehl wird immer eine bestimmte Betriebsart an- oder ausgeschaltet. Je nach Status erscheint vor dem Befehl ein kleines Häkchen, das Auskunft darüber gibt, ob der Modus gerade angeschaltet ist oder nicht.

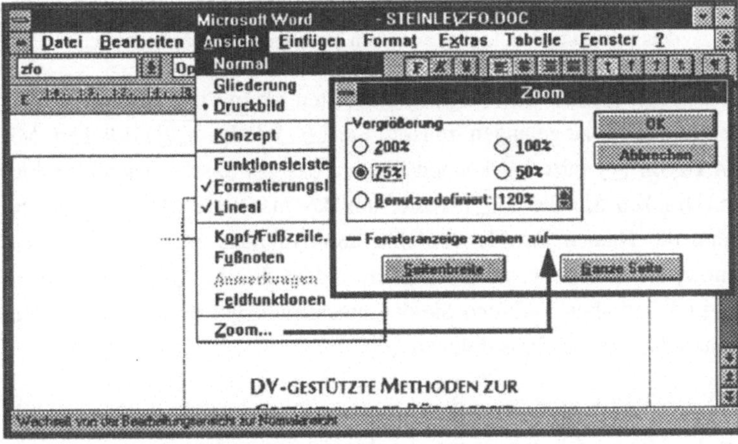

Abb.1.3.5: Ein Menübefehl mit Pünktchen öffnet eine Dialogbox

Die zweite Art eines Menü-Befehls wird sofort und meistens ohne eine Vorwarnung ausgeführt. Ein Beispiel dafür wäre der Befehl **SCHLIE-ßEN**. Bei der dritten Befehlsart wird eine sogenannte Dialogbox auf den Bildschirm gerufen, in der dann verschiedene Einstellungen vorgenommen werden können. Diese dritte Befehlsart ist dadurch zu erkennen, daß hinter dem Befehl im Pull-Down Menü drei Pünktchen zu sehen sind (siehe Abbildung 1.3.5).

Arbeiten mit Pull-Down-Menüs

Alle Befehle, die Ihnen in Windows und Windows-Anwendungsprogrammen zur Verfügung stehen, werden in den Pull-Down Menüs zusammengefaßt. Jedes Programm hat seine eigenen Programm-Pull-Down Menüs sowie ein **SYSTEMMENÜ**, das bei allen Anwendungen fast gleich ist. Die Pull-Down Menüs eines Anwendungsprogrammes befinden sich in der sogenannten Menüleiste eines Anwendungsfensters. Um eine Handlung auszuführen, markieren Sie folglich zunächst ein Menü und wählen anschließend einen Befehl aus dem Menü aus.

> Wenn Sie ein Menü mit der Maus öffnen möchten, führen Sie den Mauszeiger auf den Namen des Menüs in der Menüleiste und klicken mit der linken Maustaste. Sie können die linke Maustaste auch festhalten und den schwarzen Auswahlbalken im Menü nach unten ziehen, wenn Sie besonders schnell und zielsicher zu einem Menübefehl gelangen wollen.

Das Anwählen eines Menüs mit F10 entspricht den IBM SAA/CUA-Konventionen und damit auch dem Arbeiten im Presentation-Manager von OS/2.

Etwas beschaulicher und langsamer arbeiten Sie mit der Tastatur: Um in die Menüleiste zu gelangen, müssen Sie ⌐Alt⌐ (oder ⌐F10⌐) drücken. Mit den Tasten ⌐←⌐ oder ⌐→⌐ können Sie nun das gewünschte Menü markieren. Drücken Sie die ⌐←┘⌐-Taste, um das markierte Menü zu öffnen. Wenn die Namen für Menübefehle unterstrichene Buchstaben haben, können Sie das Menü auch anwählen, indem Sie die ⌐Alt⌐-Taste drücken und festhalten, während Sie den unterstrichenen Buchstaben in dem Namen des Menübefehls drücken.

Wenn Sie ein Pull-Down Menü wieder schließen möchten, klicken Sie mit der Maus noch einmal auf den Menünamen oder aber auf eine beliebige Stelle außerhalb des Menüs. Über die Tastatur können Sie ein

Menü durch nochmaliges Drücken von [Alt] (oder [F10]) oder durch Drücken von [Esc] schließen.

Ausführen von Menübefehlen

Die meisten Elemente in einem Pull-Down Menü sind Befehle. Es können aber auch einfach nur bestimmte Merkmale sein, die sich Grafiken oder Texten zuweisen lassen (wie z.B. fett oder zentriert). In neueren Windows-Programmen können es auch Listen offener Fenster bzw. Dateien oder aber die Namen verschachtelter Menüs (Menüs, die andere Menüs enthalten) sein (siehe Abbildung 1.3.6).

Um ein Element aus einem markierten Menü auszuwählen, klicken Sie mit der linken Maustaste auf den Befehl oder den Elementnamen. Wenn Sie mit der Tastatur arbeiten, brauchen Sie einfach nur den unterstrichenen Buchstaben des Befehles oder des Elementnamens einzugeben. Sie können auch mit den Tasten [↑] oder [↓] arbeiten, um das gewünschte Element zu markieren, durch Drücken von [←] können Sie dann den Befehl ausführen.

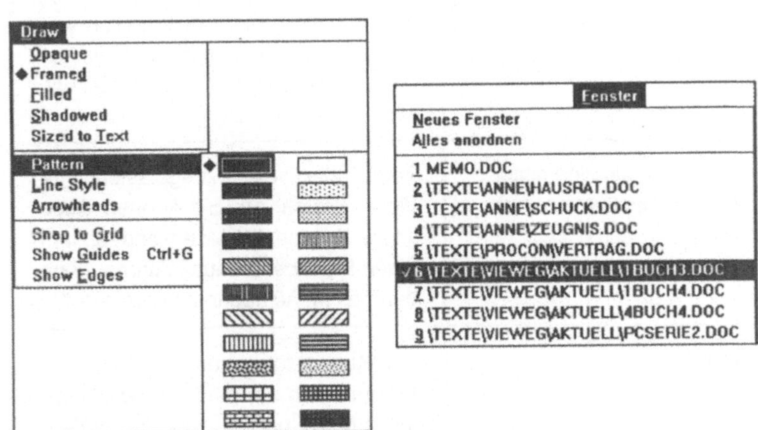

Abb.1.3.6: Verschachtelte Menüs in neueren Windows-
Programmen oder Fensterlisten

In der nachfolgenden Tabelle 1.3.2 haben wir die wesentlichen Befehlsarten und Hinweise zu deren Bearbeitung noch einmal für Sie zusammengefaßt.

Menü-Erscheinungsmerkmal	Bedeutung
Abgeblendetes, grau hinterlegtes Menü-Element	Der Befehl ist zu diesem Zeitpunkt nicht verfügbar. Möglicherweise müssen Sie etwas markieren oder eine bestimmte Voreinstellung vornehmen, bevor Sie den Befehl ausführen können.
Drei Auslassungspunkte (...)	Beim Auswählen des Befehls erscheint ein Dialogfeld, das Sie zur Eingabe von Informationen auffordert, die in dem jeweiligen Programm zur Ausführung des Befehls benötigt werden.
Häkchen	Das Häkchen zeigt an, daß die Einstellung dieses Befehles aktiv ist. Das Häkchen wird bei Befehlen verwendet, die es erlauben, zwischen zwei Zuständen hin- und herzuschalten.
Tastenkombination hinter dem Elementnamen oder Befehl	Zeigt die Abkürzungstasten für diesen Befehl an. Sie können diese Tastenkombination verwenden, um einen Menübefehl auszuführen, ohne daß das Menü geöffnet werden muß.
Karo	Das Karo zeigt in neueren Windows-Programmen an, daß ein verschachteltes Menü nachgelagert ist, in dem sich zusätzliche Befehle befinden.

Tab.1.3.2: Verschiedene Menübefehle und ihre Bedeutungen

Arbeiten mit den Systemmenüs

In Programm- und Dokumentfenstern aber auch in Programm- und Gruppensymbolen sowie in einigen Dialogfeldern findet sich ein Pull-Down Menü, das Sie bereits kenngelernt haben, - das sogenannte **SYSTEMMENÜ (STEUERUNGSMENÜ)**. Die Art und Weise, mit der Sie ein **SYSTEMMENÜ** öffnen, ist je nach gerade aktiviertem Bildschirmelement unterschiedlich.

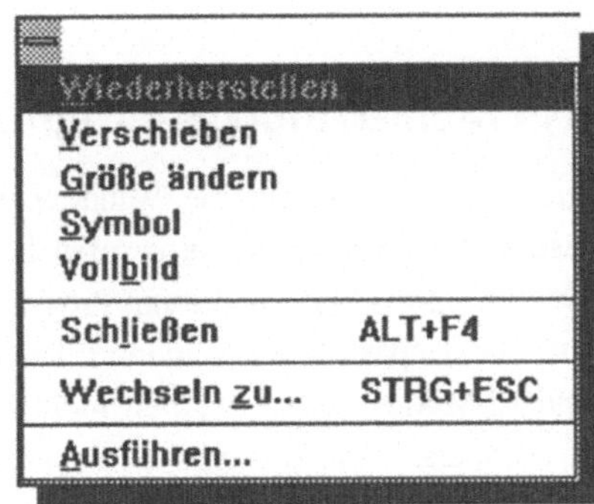

Abb.1.3.7: Ein Programm-Systemmenü

Systemmenüs von Windows-Programmen

Wenn Sie das **SYSTEMMENÜFELD** eines Programmfensters oder eines Programm-Symbols mit der Maus öffnen möchten, so klicken Sie mit der linken Maustaste in oberen linken Ecke des Fensters auf die symbolische Leertaste. Liegt das Programm als Ikone (Symbol) auf dem DeskTop, so reicht es aus, einfach auf das Symbol zu klicken. Achten Sie darauf, daß Sie keinen Doppelklick ausführen, denn sonst wird das Fenster geschlossen bzw. das Programm gestartet. Über die Tastatur können Sie ein **SYSTEMMENÜ** öffnen, indem Sie [Alt] + [Esc] solange drükken, bis das Anwendungsfenster markiert ist. Wenn Sie dann [Alt] + [Leert] drücken, öffnet sich das **SYSTEMMENÜ**.

Systemmenüs in Dokumentfenstern

Um das **SYSTEMMENÜ** eines Dokumentfensters mit der Maus zu öffnen, klicken Sie einfach mit der linken Maustaste auf den symbolischen Bindestrich in der linken oberen Ecke eines Fensters. Achten Sie aber auch hier darauf, daß Sie keinen Doppelklick ausführen, denn sonst wird das Fenster bzw. die Datei geschlossen. Über die Tastatur können Sie mit den Tasten Strg + F6 zwischen geöffneten Dokumenten wandern. Um das **SYSTEMMENÜ** mit der Tastatur zu öffnen, brauchen Sie lediglich Alt + − zu drücken.

Systemmenüs in Nicht-Windows-Programmen

Wenn Sie ein Programm, das nicht für die Windows-Oberfläche programmiert worden ist, von Windows aus aufgerufen haben, so können Sie durch Drücken von Alt + Esc von diesem Programm aus zu Windows zurückschalten. Nicht speziell für Windows konzipierte Anwendungen, die im Standard-Modus laufen, werden nicht in Anwendungsfenstern ausgeführt, sondern beanspruchen den ganzen Bildschirm, haben aber trotzdem ein **SYSTEMMENÜ**, das von Windows aus zur Verfügung gestellt wird. Sie können ein solches **SYSTEMMENÜ** öffnen, indem Sie zu Windows zurückschalten, wobei dieses (nicht speziell für Windows konzipierte) Programm auf ein DOS Programm-Symbol verkleinert wird. Hier auf dem DeskTop können Sie nun das **SYSTEMMENÜ** dieses Anwendungssymbols ansprechen. Klicken Sie einfach mit der linken Maustaste einmal auf das Symbol, um das **SYSTEMMENÜ** zu öffnen.

Manche Programme erlauben es auch, daß das **SYSTEMMENÜ** angesprochen werden kann, während das Programm im Vollbild arbeitet, obwohl es nicht für Windows programmiert wurde. Sollte das der Fall sein, so können Sie Daten von Nicht-Windows-Programmen sehr einfach in die Zwischenablage von Windows und damit in ein anderes Windows-

Programm übertragen. Testen Sie diese Möglichkeit bei dem jeweiligen Programm, indem Sie einfach die ⸢Alt⸥ -Taste drücken. Wenn das Programm diese Arbeitsweise unterstützt, müßte dadurch das **SYSTEM-MENÜ** herunterklappen.

Im erweiterten Modus für 386er PC's können viele Programme auch in einem Fenster von Windows arbeiten. In diesem Fall finden Sie immer ein **SYSTEMMENÜ** (siehe Abbildung 1.3.8), mit dessen Befehlen Sie den Programmablauf unter Windows steuern können.

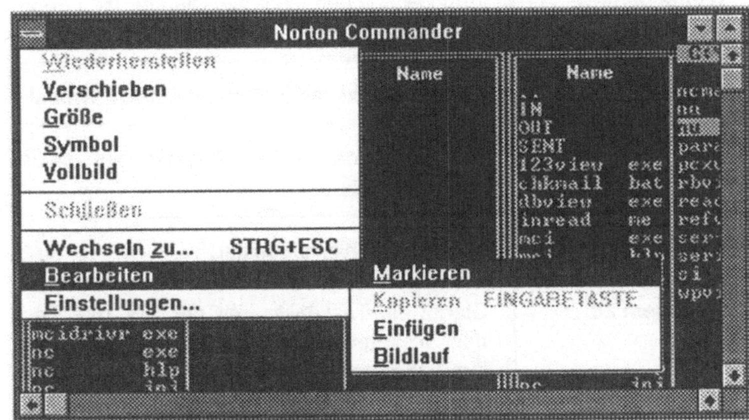

Abb.1.3.8: Auch Nicht Windows-Programme
          haben ein Windows-Systemmenü

In der folgenden Tabelle 1.3.3 haben wir die wichtigsten **SYSTEM-MENÜ**-Befehle von Standard-Windows-Programmen noch einmal für Sie zusammengefaßt. Sie sollten bei der Aufstellung aber beachten, daß nicht alle Befehle bei jedem Programm benutzt werden können. In der Tabelle 1.3.4 finden Sie die erweiterten Befehle eines **SYSTEMMENÜS**, das Ihnen zur Verfügung steht, wenn Sie ein nicht speziell für Windows konzipiertes Programm von Windows aus starten.

Befehl	Wirkung des Befehls
Wiederherstellen	Stellt das Fenster in seiner vorherigen Größe wieder her, nachdem es vergrößert oder auf ein Symbol verkleinert wurde.
Verschieben	Ermöglicht Ihnen, über die Tastatur das aktive Fenster an eine andere Stelle des DeskTops zu verschieben.
Größe ändern	Ermöglicht Ihnen, über die Tastatur die Größe des aktiven Fensters zu ändern.
Symbol	Verkleinert das aktive Fenster auf ein Symbol.
Vollbild	Vergrößert das aktive Fenster auf seine maximale Größe.
Schließen	Schließt das aktive Fenster.
Wechseln zu	Startet die Task-Liste, mit der Sie zwischen den gestarteten Programmen wechseln und ihre Fenster und Symbole auf dem DeskTops neu anordnen können.
Nächstes	Ermöglicht den Wechsel zwischen den geöffneten Dokumentfenstern und Symbolen. (Nur für Dokumentfenster verfügbar.)

Tab.1.3.3: Die Befehle eines Standard-Windows-Systemmenüs

Befehl	Wirkung des Befehls
Bearbeiten	Zeigt ein überlappendes Menü mit vier zusätzlichen Befehlen an. Dieses Menü ist nur für nicht speziell für Windows konzipierte Anwendungen verfügbar, die im erweiterten Modus für 386-PCs ausgeführt werden. Um das überlappende Menü zu öffnen, klicken Sie auf Bearbeiten. Sie können es auch mit den Tasten ⟶ oder ⟵ öffnen.
Markieren	Ermöglicht Ihnen, die Tastatur zum Markieren von Text, den Sie in die Zwischenablage stellen möchten, zu verwenden.
Einfügen	Kopiert Text aus der Zwischenablage in das aktive Dokument, wobei der Text an der aktuellen Cursorposition eingefügt wird.
Kopieren	Kopiert den markierten Text in die Zwischenablage.
Bildlauf	Ermöglicht Ihnen, Informationen anzuzeigen, die gegenwärtig im Fenster nicht sichtbar sind.
Einstellungen	Zeigt ein Dialogfeld an, in dem Sie Einstellungen über Multitasking-Optionen (wie z.B. Vordergrund- oder Hintergrundoperation) oder über die Zuordnung von Systemressourcen bei Ausführung der Anwendung vornehmen können.

Tab.1.3.4: Erweiterte Befehle eines Systemmenüs von
Nicht-Windows-Programmen im 386er Modus

Die Windows 3.1 Dialogboxen

In allen Dialogboxen von Windows und Windows-Anwendungsprogrammen gibt es verschiedene Elemente (siehe Abbildung 1.3.9), die in ihrer Art aber in allen Anwendungsprogrammen einheitlich sind. Zunächst einmal gibt es sogenannte Optionsfelder (auch Auswahlfelder genannt), in denen stets mehrere Optionen zur Verfügung stehen. Aus einer Gruppe von Optionsfeldern kann aber immer nur eine Option ausgewählt werden. Diese Einzel-Optionen sind mit einem runden Optionsschalter versehen. Daneben gibt es eckige Optionsfelder, die auch Kontrollfelder oder Auswahllisten genannt werden und später in diesem Kapitel näher beschrieben werden. Bei eckigen Optionsfeldern können mehrere Optionen gleichzeitig an- und ausgeschaltet werden.

Desweiteren gibt es in Dialogboxen die Schaltflächen **OK** oder **Abbrechen** sowie Verzeichnisfelder (Listenfelder). In diesen erscheint eine Liste verschiedener Möglichkeiten in einem kleinen Fenster, das durch Anklicken des nach unten gerichteten Pfeiles nach unten aufgeklappt wird. Je nach Umfang der Liste gibt es auch in diesen kleinen Fenstern Bildlaufleisten. Als letztes Standard-Element in Dialogboxen finden Sie Eingabefelder, in die Sie Text oder Zahlenwerte eingeben können. Das Schließen einer Dialogbox erfolgt, indem man mit der Maus auf die Schaltfläche **Abbrechen** klickt oder [Esc] drückt.

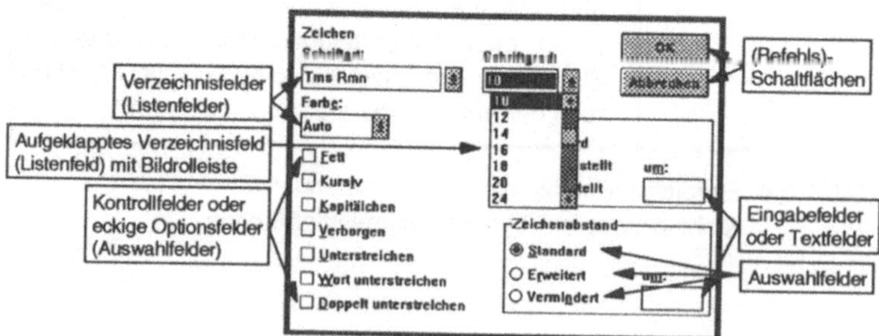

Abb1.3.9: Die Elemente einer Dialogbox

Arbeiten mit Dialogboxen

In den Dialogboxen läßt sich sehr komfortabel mit der Maus arbeiten,
denn man muß immer nur die gewünschte Option durch einfaches Anklicken aktivieren bzw. mit der Einfügemarke des Mauszeigers in ein
entsprechendes Eingabefeld klicken. Man kann aber auch mit der Tasta-
tur von Option zu Option wandern, indem man einfach die $\boxed{\rightarrow\!|}$-Taste
betätigt. Eine bestimmte Option läßt sich auch direkt anspringen, indem
man die $\boxed{\text{Alt}}$-Taste drückt, festhält und den jeweils unterstrichenen
Buchstaben des Befehles oder der Option zusätzlich drückt. Innerhalb
einer Optionsgruppe kann man sich mit den Richtungstasten von einer
Option zur nächsten bewegen und so eine bestimmte Einstellung verändern.

Wenn Sie sich in einer Dialogbox bewegen, um verschiedene Einstellungen vorzunehmen, so wird die aktuelle Option stets durch den sogenannten Balken-Cursor (ein gestricheltes Kästchen) gekennzeichnet, der
um den Namen der Option herumläuft.

Kontrollfelder

Kontrollfelder finden sich in Dialogboxen meistens neben einer Liste
verschiedener Optionen, die gleichzeitig ein- bzw. ausgeschaltet werden
können (siehe Abbildung 1.3.10). In den meisten Fällen können Sie so
viele Kontrollfeldoptionen wie gewünscht markieren, in dem Sie das
Kästchen oder die Buchstaben einfach mit der linken Maustaste anklikken. Wenn eine Option markiert ist, so enthält das Kästchen ein Kreuz,
sonst ist es leer. Es kann aber in manchen Programmen durchaus vorkommen, daß sich Optionen gegenseitig ausschließen, die nicht verfügbaren Optionen sind dann meistens grau abgeblendet.

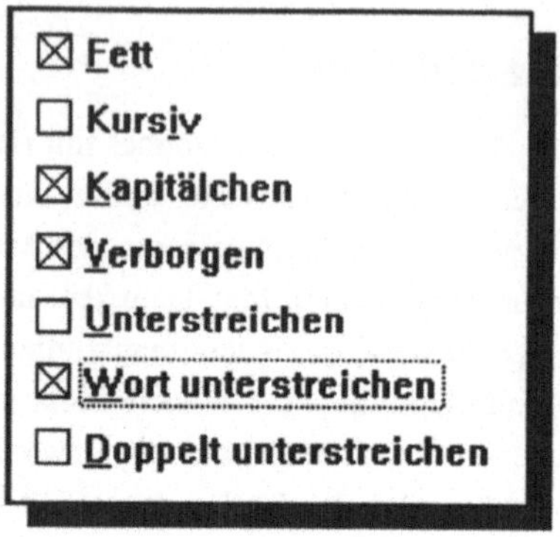

Abb.1.3.10: Kontrollfelder haben eine
Schalterfunktion

Kontrollfelder arbeiten wie ein Schalter, d.h. Sie können eine Kontroll-
feldoption mit der linken Maustaste einschalten und durch nochmaliges
Klicken wieder ausschalten. Wenn Sie lieber mit der Tastatur arbeiten,
so drücken Sie die ⟶-Taste, bis Sie das gewünschte Kontrollfeld erreicht haben. Mit der Leert. können Sie die Option einschalten, durch
erneutes Drücken der Leert. schalten Sie die Option wieder aus.

Befehlsschaltflächen

Neben Kontrollfeldern gibt es in Dialogboxen graue, dreidimensional
wirkende Befehlsschaltflächen, die eine Handlung immer sofort ausführen. Die verschiedenen Schaltflächen und deren Wirkung haben wir in
der folgenden Tabelle 1.3.5 für Sie zusammengestellt.

Um eine Befehlsschaltfläche zu betätigen, müssen Sie einfach nur mit
der linken Maustaste darauf klicken. Wenn Sie lieber mit der Tastatur
arbeiten, so drücken Sie die ⟶-Taste, bis Sie an der gewünschten
Befehlsschaltfläche angelangt sind und dann die ⟵-Taste, um den
Befehl der Schaltfläche auszuführen.

Darstellung der Schaltfläche	Wirkung
Dunkler Rahmen	Die gegenwärtig ausgewählte Standardschaltfläche.
Abgeblendete Schaltfläche (hellgrau hinterlegt)	Die Schaltfläche ist momentan nicht verfügbar.
Drei Auslassungspunkte(...)	Öffnet eine andere Dialogbox, damit Sie weitere Einstellungen vornehmen können.
Doppelte Eckklammer (>>)	Erweitert die Dialogbox, um Ihnen weitere Optionen anzuzeigen.

Tab.1.3.5: Schaltflächen und deren Wirkung

Einzeilige Listenfelder (Verzeichnisfelder)

Einzeilige Listenfelder sind ein relativ junges Element in Windows-Programmen. Als eine der ersten Anwendungen zeigte sich Word für Windows mit diesen Elementen z.B. in der Zeichenleiste für die Auswahl von Schriftarten oder des Schriftgrades (siehe Abbildung 1.3.11). Einzeilige Listenfelder werden typischerweise in Dialogboxen verwendet, die zu klein für offene Listenfelder sind. Sie erscheinen stets zunächst als ein rechteckiges Feld mit einem kleinen, nach unten zeigenden Pfeil rechts daneben. Klickt man diesen Pfeil mit der linken Maustaste einmal an, so öffnet sich nach unten ein Listenfeld mit den verschiedenen verfügbaren Optionen.

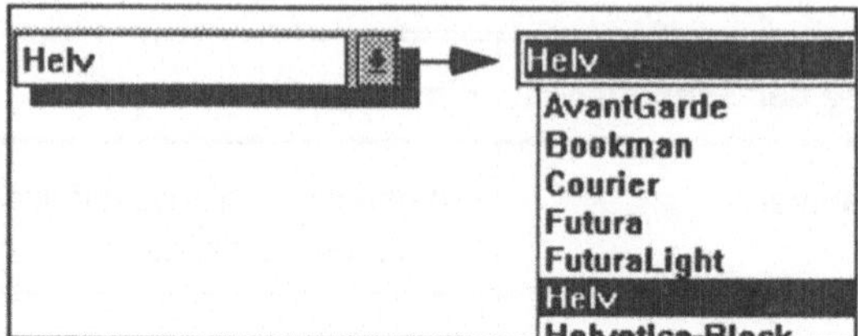

Abb.1.3.11: Einzeilige Listenfelder am Beispiel der
Schriftarten von Word für Windows

Offene Listenfelder

Offene Listenfelder fassen eine Gruppe verschiedener Optionen zusammen. Sind in einem offenen Listenfeld zuviele Optionen verfügbar, so ermöglichen Bildlaufleisten das Rollen durch die gesamte Liste (siehe Abbildung 1.3.12). Normalerweise können Sie immer nur ein Element (wie z.B. eine Schriftart) auf einmal aus der Liste auswählen. Es gibt in manchen Programmen aber auch Listenfelder, bei denen eine Mehrfachauswahl möglich ist.

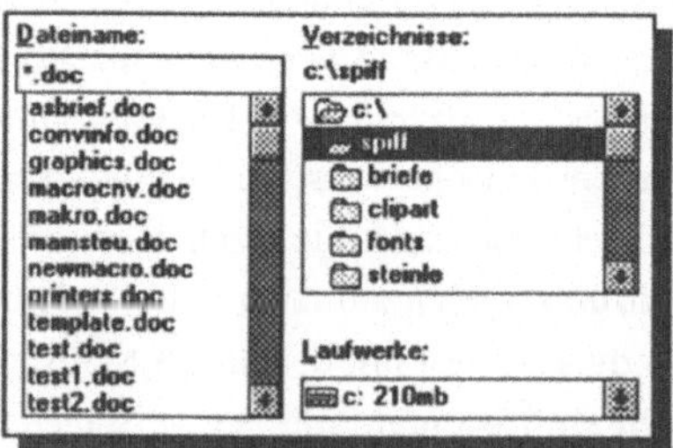

Abb.1.3.12: Offene Listenfelder mit Bildlaufleisten

Um mit der Maus ein Element aus einem Listenfeld auszuwählen, klikken Sie einmal auf das Element (z.B. den Dateinamen) und betätigen anschließend die entsprechende Befehlsschaltfläche (z.B. **OK**). Sie können auch einen Doppelklick mit der linken Maustaste auf dem Element durchführen und sich dadurch das Betätigen von **OK** sparen.

Optionsfelder

Runde Optionsfelder in Dialogboxen finden sich meist bei einer Liste von sich gegenseitig ausschließenden Elementen (siehe Abbildung 1.3.13). Bei runden Optionsfeldern können Sie immer nur eine Option auf einmal markieren. Die ausgewählte Option erhält dann einen schwarzen Punkt, die Kreisflächen der anderen Optionsfelder sind frei.

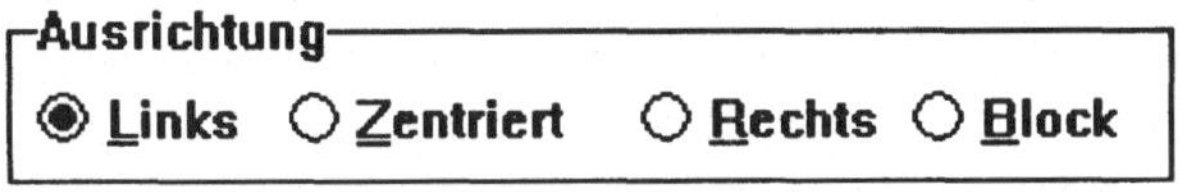

Ausrichtung
⦿ Links   ○ Zentriert   ○ Rechts   ○ Block

Abb.1.3.13: Optionsfelder gestatten immer
nur eine Einfachauswahl

Wenn Sie mit der Tastatur arbeiten, so müssen Sie zunächst mit der ⟶-Taste bis zu der jeweiligen Optionsgruppe wechseln. Mit den Richtungstasten können Sie zwischen den Optionsfeldern wechseln und durch Betätigen der ⟨Leert⟩ läßt sich die Option aktivieren.

Textfelder (Eingabefelder)

Dialogboxen enthalten auch sogenannte Textfelder, in die Informationen über die Tastatur frei eingegeben werden können. Die Textfelder selbst erscheinen dabei als ein rechteckiger Bereich (siehe Abbildung 1.3.14). Wenn Sie in ein leeres Textfeld gelangen, so erscheint eine Einfügemarke auf der linken Seite des Feldes. Der Text, den Sie eingeben, beginnt direkt an der Einfügemarke. Wenn das Feld bereits Text enthält, so ist dieser Text automatisch markiert. Wenn Sie die Markierung stehen lassen und einfach losschreiben, so wird der vorhandene Text komplett ersetzt, - Sie müssen vorhandenen Text also nicht erst löschen. Wenn Sie Text nur an bestehenden Text anhängen wollen, so drücken Sie erst einmal ⟨→⟩, damit der bestehende Text nicht gelöscht wird. Markierter Text läßt sich komplett löschen, indem man einfach die ⟨Entf⟩-Taste oder die ⟨←⟩-Taste drückt.

Verzeichnis-Liste:

```
\TEXTE\VIEWEG\AKTUELL
```

Abb.1.3.14: In Textfeldern können freie
Eintragungen gemacht werden

Wenn sich in einem Textfeld bereits Text befindet, so läßt sich dieser wie ganz normaler Text bearbeiten und mit der Maus markieren. Um den Text in einem Textfeld zu markieren, brauchen Sie also lediglich den Mauszeiger mit festgehaltener linker Maustaste über den Text zu ziehen oder über ein Doppelklicken der linken Maustaste den Text wortweise zu markieren. Wenn Sie mit der Tastatur arbeiten, so können Sie mit den Richtungstasten die Position der Einfügemarke in dem Textfeld verändern. Wenn Sie dabei die ⇧-Taste gedrückt halten so können Sie einen Textblock individuell markieren. Wenn Sie die Tasten ⇧ + Pos1 drükken, erweitern Sie die Markierung von der aktuellen Position der Einfügemarke bis zum ersten Zeichen in dem Textfeld, drücken Sie ⇧ + Ende, so erweitern Sie die Markierung bis zum letzten Zeichen im Textfeld.

Schließen von Dialogboxen

Eine Dialogbox schließt sich in den meisten Fällen automatisch, sobald Sie eine Befehlsschaltfläche betätigen oder ⏎ drücken. Dabei werden die Einstellungen ausgeführt, die Sie zuvor in der Dialogbox vorgenommen haben. Denken Sie daran, daß Sie im Falle des versehentlichen Schließens einer Dialogbox fast immer alle vorgenommenen Einstellungen rückgängig machen können, wenn Sie direkt im Anschluß den Befehl **BEARBEITEN RÜCKGÄNGIG** ausführen. Über die Tastatur läßt sich eine Dialogbox durch Drücken der Esc -Taste oder durch Drücken von Alt + F4 schließen (falls in einer Dialogbox die Schaltfläche **Abbrechen** einmal nicht enthalten ist).

Arbeiten mit Windows-Programmen

Starten von Programmen

Für das Starten von Programmen bietet Windows verschiedene Methoden an:

➪	In einem Gruppenfenster im Programm-Manager einen Doppelklick mit der linken Maustaste auf dem Programmsymbol durchführen.

➪	Im Datei-Manager einen Doppelklick mit der linken Maustaste auf einer Programmdatei (oder einer Datei mit der Endung .PIF) durchführen.

➪	In der Dialogbox des Befehls **DATEI AUSFÜHREN** im Programm-Manager oder im Datei-Manager eine ausführbare Programmdatei (mit Pfadangabe) eintragen.

Programmstart im Programm-Manager

Die einfachste Startmethode eines Programmes besteht darin, einen Doppelklick mit der linken Maustaste auf dem jeweiligen Programmsymbol auszuführen. Eine Besonderheit von Windows 3.1 ist dabei, daß sich mit einem Programmsymbol auch direkt eine Datei verknüpfen läßt. Wurde eine solche Verknüpfung vorgenommen, so führt ein Doppelklick auf diesem Symbol dazu, daß das Programm direkt mit der entsprechenden Datei gestartet wird.

Das direkte Starten von Dokumenten wird in Teil 1, Kapitel 4 besprochen.

Programmstart im Datei-Manager

Im Datei-Manager von Windows 3.1 läßt sich ein Programm auch so starten, wie es im MS-DOS-Fenster von Windows 2.xx-Versionen gemacht wurde, und zwar indem ein Maus-Doppelklick auf der jeweiligen

Eine ausführliche Besprechung des Datei-Managers von Windows erfolgt in Teil 1, Kapitel 4

Programmdatei ausgeführt wird. Programmdateien sind Dateien mit den Erweiterungen .COM, .EXE, .PIF oder .BAT. Wenn Sie einen Doppelklick auf einer Programmdatei ausführen, die kein Windows-Programm enthält, so wird das Fenster des Datei-Managers durch die Vollbildschirmdarstellung des jeweiligen Programmes ersetzt.

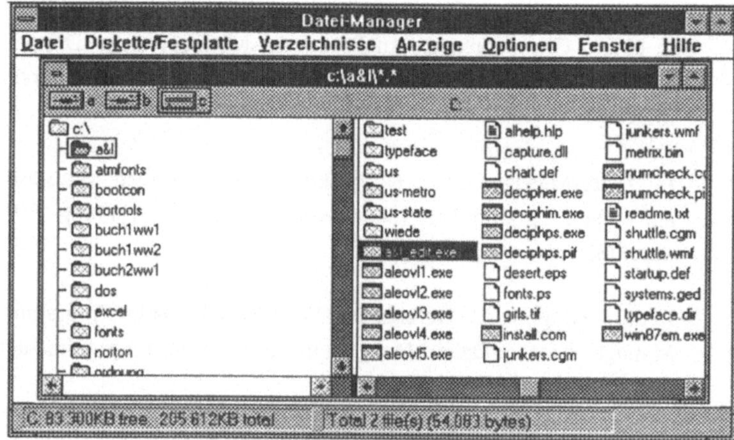

Abb.1.3.15: Auch im Datei-Manager lassen sich Programme
mit einem Doppelklick starten

Um mit der Maus ein Programm im Datei-Manager zu starten, markieren Sie im linken Fenster des neuen Datei-Managers das entsprechende Verzeichnis und klicken dann im rechten Teil mit einem Doppelklick (Inhalt des markierten Verzeichnisses) auf den Programm-Dateinamen.

Programmstart mit dem Befehl DATEI AUSFÜHREN

Programme, die Sie nur gelegentlich ausführen und deshalb nicht im Programm-Manager als Programmsymbol ablegen möchten, können Sie auch über den Befehl **DATEI AUSFÜHREN** im Programm- oder im Datei-Manager starten. Dieser Befehl ist auch dann nützlich, wenn Sie zu

einem besonderen Zeitpunkt gleichzeitig mit einem Programm eine ganz
bestimmte Datei öffnen möchten. Im neuen Windows 3.1 müssen Sie
dabei auch nicht mehr den genauen Pfadnamen der Programmdatei (und
des Dokumentes) kennen, denn der Befehl **Blättern** ermöglicht Ihnen, in
einer Dialogbox durch Ihre Verzeichnisse zu wandern und das entsprechende Programm dort auszuwählen.

Um ein Programm in der beschriebenen Art zu starten, wählen Sie den
Befehl **AUSFÜHREN** aus dem Menü **DATEI** im Programm- oder im Datei-Manager. Klicken Sie in der Dialogbox auf die Schaltfläche **Blättern**
und wählen Sie dann aus der Liste Ihre Programmdatei aus. Sie können
auch direkt eine Datei anklicken, sofern eine Datei-Programmverknüp-
fung existiert, ohne daß der Programmname angegeben werden muß.

Programmstart in der DOS-Box

Ein gutes Hilfsmittel, um ein nicht speziell für Windows konzipiertes
Programm wie z.B. ein MS-DOS-Dienstprogramm von Windows aus zu
starten, ist der MS-DOS-Befehlsinterpretierer von Windows 3.1. Er liegt
mit der Bezeichnung DOS-Eingabeaufforderung im Hauptgruppenfenster des Programm-Managers. In dieser DOS-Box können Sie DOS-
Befehle genau so eingeben, als ob Windows nicht ausgeführt würde und
damit auch andere Programme starten. Der DOS-Bildschirm kann auf
Rechnern mit einem 386er Prozessor im Fenster laufen, auf anderer
Hardware "zieht" sich Windows zurück und Sie erhalten den gewöhnlichen DOS-Bildschirm. Erst nach Beenden der DOS-Sitzung durch die
Eingabe von *EXIT* und [←┘] wird Windows wieder aktiviert.

Bei der Verwendung der DOS-Box gibt es allerdings ein paar Einschränkungen. Einige DOS-Befehle oder auch DOS-Programme, die
versehentlich gelöschte Dateien wieder hervorholen oder die Festplatte
komprimieren bzw. optimieren (z.B. Compress von PCTools) sollten Sie
in der DOS-Box nicht aufrufen. Wenn Sie mit solchen Programme arbeiten müssen, sollten Sie Windows vorher zuerst beenden.

*CHKDSK /F und andere
MS-DOS-Befehle, die
u.U. FAT-Tabellen modi-
fizieren, werden von
Windows aus nicht ord-
nungsgemäß ausgeführt.
(CHKDSK ohne den /F-
Parameter funktioniert
einwandfrei.)*

Arbeiten mit der DOS-Box

Um die DOS-Box mit der Maus zu öffnen, führen Sie einen Doppelklick auf dem Programm-Symbol DOS-Eingabeaufforderung im Hauptgruppenfenster aus. Jetzt können Sie Befehle so wie auf der DOS-Ebene eingeben (z.B. auch eine alte Windows 2.xx-Version aufrufen).

Um die DOS-Box wieder zu schließen, geben Sie *exit* ein und drücken ⏎ . Sie können die DOS-Box natürlich auch im Hintergrund weiterlaufen lassen und mit Strg + Esc zwischenzeitlich zum Windows-DeskTop zurückkehren. Wenn Sie im erweiterten Modus für 386er PC´s arbeiten, können Sie z.B. im Hintergrund Disketten formatieren lassen, während Sie im Vordergrund an Ihrem Dokument weiterarbeiten. Sie müssen lediglich bei den **EINSTELLUNGEN** des **SYSTEMMENÜS** der DOS-Box (das **SYSTEMMENÜ** erreichen Sie durch Drücken von Alt + Leert. in der DOS-Box) die Option **Hintergrund** aktivieren, damit der Befehl **FORMAT** im Hintergrund abgearbeitet werden kann. Während diese Art des Multi-Tasking unter Windows 3.0 allerdings noch etwas langsam war, bricht Windows 3.1 hier alle Geschwindigkeitsrekorde. Eine Hintergrundpriorität von 75 formatiert bequem eine Diskette oder berechnet eine LOTUS-Tabelle, während Sie im Vordergrund die nächste Datei z.B. mit Word für Windows bearbeiten.

Eine wesentliche Erweiterung bieten Windows 3.0 und Windows 3.1 auch bei der Unterstützung speicherresidenter Programme wie z.B. SideKick. Wenn Sie in der DOS-Box ein speicherresidentes Programm aufgerufen haben und die DOS-Box durch Eingabe von *Exit* verlassen möchten, so erhalten Sie eine Meldung, die darauf hinweist, daß das Programm genauso benutzt bzw. aktiviert werden kann, als ob Sie ohne Windows arbeiten (siehe Abbildung 1.3.18).

MICROSOFT WINDOWS - UNTERSTÜTZUNG FÜR SPEICHERRESIDENTE PROGRAMME

Ihr speicherresidentes Programm wurde geladen, und Sie können es wie gewohnt aktivieren. Wenn Sie es nicht mehr benutzen möchten, beenden Sie es und drücken STRG+C, um zu Windows zurückzukehren.

Abb.1.3.16: Speicherresidente Programme können von Windows aus in der DOS-Box gestartet werden und bleiben aktiv

Zwischen Programmen wechseln

Auf Ihrem DeskTop werden sicherlich häufig mehrere Programme oder Fenster gleichzeitig geöffnet sein. Immer das Fenster, an oder in dem Sie gerade arbeiten, wird als das _aktive_ Fenster bezeichnet. Wenn Sie mit einem anderen Programm arbeiten wollen, brauchen Sie lediglich dieses Fenster zu markieren und es zum aktiven Fenster zu machen. Damit Sie ein aktives Fenster leichter von inaktiven Fenstern unterscheiden können, erscheint die Titelleiste des aktiven Fensters stets in einer anderen Farbe oder höheren Intensität.

Um mit der Maus ein Fenster zu aktivieren, brauchen Sie nur auf eine beliebige Stelle des Fensters oder auf die Titelleiste zu klicken. Arbeiten Sie mit der Tastatur, so drücken Sie einfach solange $\boxed{\text{Alt}} + \boxed{\text{Esc}}$, bis das gewünschte Fenster aktiv ist.

Programmwechsel mit der Task-Liste

Während der praktischen Arbeit mit Windows werden Sie wahrscheinlich mehrere Programme gleichzeitig ausführen, wobei einige der geöffneten Fenster unter Umständen nicht sichtbar sind. In solchen Fällen ist die Task-Liste (die dem Task-Manager von OS/2 entspricht) ein wertvoller Helfer, denn mit ihrer Hilfe kann man besonders leicht von einem Programm zum anderen wechseln.

Um die Task-Liste zu aktivieren, haben Sie verschiedene Möglichkeiten. Mit der Maus führen Sie einen Doppelklick auf einem freien Raum des DeskTop aus. In einem **SYSTEMMENÜ** können Sie den Befehl **WECHSELN ZU** benutzen. Bei der Arbeit mit der Tastatur drücken Sie einfach $\boxed{\text{Strg}} + \boxed{\text{Esc}}$.

DeskTop-Anordnung von Programmfenstern

Die Task-Liste ermöglicht Ihnen durch die Befehle **ÜBERLAPPEND** und **NEBENEINANDER**, alle geöffneten Programmfenster mit nur einem Befehl auf dem DeskTop anzuordnen. Sie ist damit nicht nur das

"Gehirn" von Windows, sondern hat auch eine "Aufräumfunktion" für den DeskTop. Durch den Befehl **ÜBERLAPPEND** werden die Fenster so überlagert, daß immer nur die Titelleiste jedes geöffneten Fensters sichtbar ist. Durch den Befehl **NEBENEINANDER** werden die offenen Fenster nebeneinander in einer Fensterbreite angeordnet, bei der alle Fenster auf den DeskTop passen.

Arbeiten mit Dokumenten und Dateien

In nahezu allen Windows-Anwendungsprogrammen können Sie Dokumente öffnen, indem Sie den Befehl **ÖFFNEN** aus dem Menü **DATEI** des Programmes betätigen. In der sich öffnenden Dialogbox wechseln Sie zunächst zu dem offenen Listenfeld **Verzeichnisse** und führen einen Maus-Doppelklick auf dem **Verzeichnis** aus, das die gewünschte Datei enthält. Sie sehen nun alle Dateien dieses Verzeichnisses in dem Listenfeld **Dateien**. Wechseln Sie zu diesem Listenfeld und markieren Sie die zu öffnende Datei durch einen einfachen Mausklick. Bei einigen Programmen ist noch ein Kontrollfeld vorhanden, mit dem Sie eine Datei schreibgeschützt öffnen können. Wenn Sie dieses Kontrollfeld aktivieren, können Sie keine Änderungen an der Datei vornehmen, sondern diese lediglich einsehen. Sie öffnen die Datei schließlich durch Betätigen von **OK**.

Wenn Sie an einer langen Datei von Sitzung zu Sitzung häufig Änderungen vornehmen, sollten Sie diese Datei von Zeit zu Zeit unter einem anderen Namen speichern und dann mit der neuen Datei weiterarbeiten. Sie verkleinern dadurch den Speicherbedarf einer Datei auf der Festplatte oder Diskette

Speichern von Dokumenten und Dateien

Bei fast allen Windows-Programmen enthält das Menü **DATEI** zwei verschiedene Befehle zum Speichern von Dateien: **SPEICHERN** und **SPEICHERN UNTER**. Den Befehl **SPEICHERN** können Sie verwenden, um Änderungen an einer bestehenden Datei zu speichern. Den Befehl **SPEICHERN UNTER** benutzen Sie dagegen, um eine Datei neu zu benennen und zu speichern bzw. um eine bestehende Datei unter einem anderen Namen noch einmal zu speichern. Dank dieses Befehles können Sie z.B. Änderungen an einer bestehenden Datei vornehmen, ohne das Original zu verändern. Der Befehl erlaubt Ihnen aber auch, eine auf der

Festplatte vorhandene Datei unter einem anderen oder dem gleichen Namen auf einer Diskette in einem der Diskettenlaufwerke (a: oder b:) zu speichern. Anders gesagt, bewirkt der Befehl **SPEICHERN UNTER**, daß Sie eine Kopie der ursprünglichen Datei speichern und dieser Kopie einen anderen Namen geben.

Um eine geöffnete Datei unter einem neuen Namen zu speichern, wählen Sie den Befehl **SPEICHERN UNTER** aus dem Menü **DATEI**. In dem offenen Listenfeld **Verzeichnisse** markieren Sie zunächst das Verzeichnis, in dem Sie die Datei speichern wollen. In dem Textfeld **Dateiname** geben Sie den Namen (mit maximal 8 Zeichen) ein, den die Datei erhalten soll. Nach dem Dateinamen können Sie durch einen Punkt getrennt eine Dateinamenserweiterung (max. 3 Zeichen) vergeben. Wenn Sie keine Erweiterung vergeben, erhalten die meisten Dateien von ihrem Programm automatisch eine anwendungsspezifische Erweiterung. Beispielsweise erhalten Word für Windows Standard-Dateien automatisch die Erweiterung .DOC. Wenn Sie eine Dateinamenserweiterung selbst vergeben, so hat diese Vorrang vor den automatisch hinzugefügten Erweiterungen. Es kann allerdings sein, daß Sie diese Dateien dann bei Ausführung des Befehls **DATEI ÖFFNEN** nicht mehr automatisch angezeigt bekommen, weil die von Ihnen vergebene Erweiterung nicht mehr mit der automatischen Anzeige zusammenpaßt.

Datenaustausch mit der Zwischenablage

Der einfachste Weg, Daten zwischen Windows-Programmen auszutauschen, ist der Weg über die Zwischenablage von Windows. Sie können sich die Zwischenablage als einen Speicherplatz vorstellen, der immer nur zeitweise, - nämlich dann, wenn Daten ausgetauscht werden sollen -, belegt wird. Die Befehle **BEARBEITEN AUSSCHNEIDEN, BEARBEITEN KOPIEREN** und **BEARBEITEN EINFÜGEN** sind in den meisten Windows-Anwendungen vorhanden und ermöglichen es, Daten innerhalb eines Dokumentes, zwischen verschiedenen Dokumenten oder zwischen verschiedenen Programmen auszutauschen, indem Sie auf die Zwischenablage zugreifen, ohne daß der Anwender dies bemerkt.

Wenn Sie in einem Anwendungsprogramm ein Element markieren und über den Befehl **BEARBEITEN** aus dem Dokument **AUSSCHNEIDEN** oder in die Zwischenablage **KOPIEREN**, so wird ein entsprechender Speicherplatz "temporär" mit den ausgeschnittenen oder kopierten Daten belegt. Der Speicherplatz bleibt solange belegt, bis er mit neuen Daten bzw. Elementen überschrieben oder über einen separaten Befehl geleert wird. Dadurch haben Sie die Möglichkeit, Daten, die Sie einmal in die Zwischenablage kopiert oder übertragen haben, an beliebigen Stellen und so oft, wie Sie wollen, wieder einzufügen. Sie können während der Ausführung eines Anwendungsprogrammes Daten aus der Zwischenablage über den Befehl **BEARBEITEN EINFÜGEN** in jedes gerade aktive Dokument integrieren.

Arbeiten mit der Zwischenablage

Das Arbeiten mit der Zwischenablage ist sehr einfach. Sie brauchen lediglich die gewünschten Informationen mit der Maus zu kopieren und den Befehl **BEARBEITEN KOPIEREN** aufzurufen, wenn eine Kopie dieser Daten in der Zwischenablage abgelegt werden soll. Wenn die Informationen aus dem Anwendungsprogramm entfernt, aber in der Zwischenablage gespeichert werden sollen, so wählen Sie den Befehl **BEARBEITEN AUSSCHNEIDEN**.

Die Zwischenablage von Windows ist ein eigenes Programm, das genauso wie jedes andere Programm aufgerufen und beendet werden kann. Das Programmsymbol für die Zwischenablage befindet sich normalerweise in der Hauptgruppe. Wenn Sie Daten aus einem Programm mit Hilfe der Befehle **BEARBEITEN KOPIEREN** oder **BEARBEITEN AUS-SCHNEIDEN** in die Zwischenablage übertragen, braucht die Zwischenablage keineswegs vorher gestartet worden zu sein. Die Zwischenablage arbeitet automatisch und vollständig im Hintergrund, - als Anwender braucht man sich um den Programmablauf überhaupt nicht zu kümmern.

Um Daten der Zwischenablage nun in ein Zieldokument oder in ein anderes Windows-Programm zu integrieren, plazieren Sie die Einfüge marke bzw. den Mauszeiger an der Position des Dokumentes oder Programmes, an der die Daten erscheinen sollen. Wählen Sie dann den Befehl **EINFÜGEN** aus dem Menü **BEARBEITEN**.

Die Zwischenablage kann Daten, die in ihr abgelegt werden, in verschiedenen Formaten anzeigen. Da der Inhalt der Zwischenablage so lange erhalten bleibt, bis ein neues Element in die Zwischenablage kopiert wird oder Sie den Rechner ausschalten, kann die Arbeitsgeschwindigkeit von Windows oder Windows-Programmen beeinträchtigt werden, wenn der Inhalt der Zwischenablage sehr groß ist. Da dieser Hintergrund-"Ballast" nicht mehr nötig ist, nachdem Sie die Daten in das Zielprogramm eingefügt haben, ist es manchmal sinnvoll, die Zwischenablage manuell zu leeren. Dafür stellt Ihnen die Zwischenablage den Befehl **BEARBEITEN LÖSCHEN** zur Verfügung. Sie brauchen lediglich die Zwischenablage in der Hauptgruppe des Programm-Managers zu starten und den Befehl **LÖSCHEN** aus dem Menü **BEARBEITEN** auszuführen.

Arbeiten mit der Zwischenablage bei Nicht-Windows-Programmen

Auch wenn Sie ein Nicht-Windows-Programm (z.B. Word 5) von Windows aus aufgerufen haben, können Sie entweder einen mit der Maus markierten Bereich, das Fenster oder den gesamten Bildschirm dieses Programmes in die Zwischenablage kopieren. Dabei spielt es allerdings eine Rolle, in welcher Betriebsart Sie mit Windows arbeiten. Denken Sie bitte daran, daß Nicht-Windows-Programme nur dann in einem Windows-Fenster laufen können, wenn Sie im erweiterten Modus für 386er PC´s arbeiten (siehe Abbildung 1.3.17). Wenn Windows im Standard- oder Real-Modus ausgeführt wird, kann ein Nicht-Windows-Programm nur in der Vollbildanzeige ausgeführt werden. In diesem Fall können Sie nur den gesamten Bildschirm über die Tastenkombination ⌈Alt⌉+⌈Druck⌉ (bzw. ⌈Alt⌉+⌈*⌉ bei älteren Tastaturen) in die Zwischenablage kopieren.

Bildschirm-Kopien

Windows 3.1 erlaubt das Erstellen von sogenannten Bildschirmkopien. Bildschirmkopien sind nichts anderes als eine exakte Kopie dessen, was Sie am Bildschirm sehen. Sie sind ein nützliches Hilfsmittel vor allem bei der Erstellung von Dokumentationen (wie z.B. diesem Buch) aber auch beim schnellen Erstellen und Bearbeiten von Dokumenten. Dabei kennt Windows 3.1 zwei Arten von Bildschirmkopien, - die Kopie eines Windows-Fensters und die Kopie des gesamten Bildschirmes. Um ein Fenster in die Zwischenablage zu kopieren, brauchen Sie lediglich Alt + Druck zu betätigen. Um den gesamten Bildschirm zu kopieren, betätigen Sie die Druck-Taste allein. Bei Nicht-Windows-Programmen funktioniert das Erstellen von Bildschirmkopien allerdings nur, wenn diese im sogenannten Textmodus und nicht in einem Grafikmodus arbeiten.

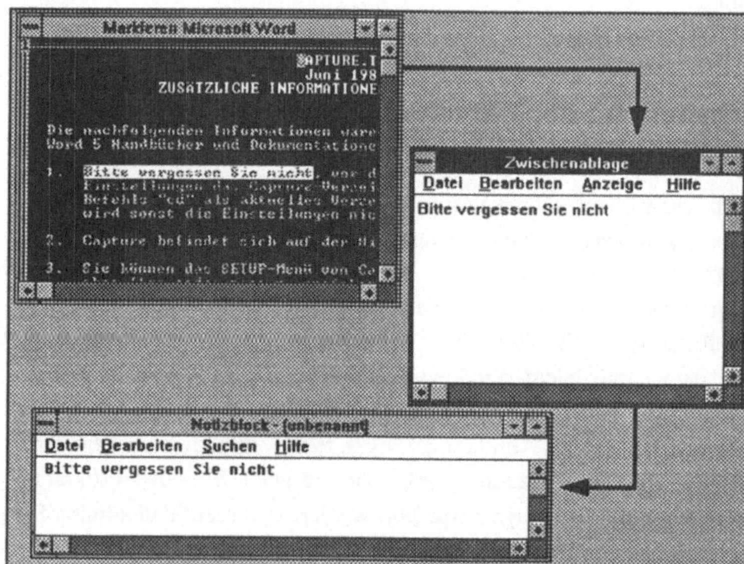

Abb.1.3.17:   Das Prinzip des Datenaustausches mit einem Nicht-Windows-Programm

Datenübertragung an Vollbild-Programme

Sie können Daten aus der Windows-Zwischenablage auch in Programme
einfügen, die im Standardmodus von Windows als eine Vollbildanwen-
dung laufen. Da Sie in der Vollbildansicht bei den meisten Programmen
allerdings keinen Zugriff auf das **SYSTEMMENÜ** und damit auf die Befehle **EINFÜGEN** oder **KOPIEREN** haben, müssen Sie einen kleinen
Umweg vornehmen. Kopieren Sie zunächst die einzufügenden Daten in
die Zwischenablage und starten Sie dann das Vollbildprogramm, in das
die Daten eingefügt werden sollen. Bewegen Sie die Einfügemarke an
die Stelle, an der die Informationen erscheinen sollen. Wechseln Sie mit
Alt + Esc zu einer anderen Windows-Anwendung oder zur Windows-Oberfläche. Öffnen Sie das **SYSTEMMENÜ** aus dem Symbol des
Programmes, in das die Daten eingefügt werden sollen. Benutzen Sie
dann den Befehl **EINFÜGEN** aus dem **SYSTEMMENÜ**, um die Daten aus
der Zwischenablage in das Programm einzufügen. Wenn Sie im erweiterten Modus für 386-PCs arbeiten, müssen Sie hierfür den Befehl **BEAR-
BEITEN EINFÜGEN** benutzen.

*Daten lassen sich auch
an Nicht-Windows-
Programme übergeben.*

Speichern und Öffnen von
Zwischenablage-Dateien

In der Zwischenablage von Windows 3.1 lassen sich die Inhalte der Zwischenablage als Datei mit der Endung .CLP abspeichern und damit zu
einem späteren Zeitpunkt wieder aufrufen. Das Arbeiten mit gespeicherten Zwischenablage-Dateien kann dann sinnvoll sein, wenn Sie einzelne
Elemente aus verschiedenen Anwendungsprogrammen in einem Endbericht zusammenfassen möchten, aber noch nicht sagen können, mit
welchem Programm der Endbericht erstellt werden soll. Sie brauchen
lediglich die einzelnen Elemente aus den unterschiedlichen Anwendungsprogrammen in die Zwischenablage zu kopieren und jeweils
nacheinander z.B. mit durchnumerierten Dateinamen zu speichern. Später brauchen Sie nur noch nacheinander die Dateien aufzurufen und die
jeweiligen Inhalte in das Programm einzufügen, mit dem Sie den Endbericht erstellen.

Um einen aktuellen Inhalt der Zwischenablage zu speichern, starten Sie
die Zwischenablage in der Hauptgruppe, nachdem Sie das gewünschte
Element in die Zwischenablage kopiert haben, und wählen dann den
Befehl **SPEICHERN UNTER** aus dem Menü **DATEI** der Zwischenablage.
Wechseln Sie ggfs. in das Verzeichnis, in dem die Datei gespeichert
werden soll, und vergeben Sie einen Dateinamen. Bestätigen Sie mit **OK**.

Ähnlich einfach lassen sich Zwischenablagedateien öffnen: starten Sie
wie gehabt einfach die Zwischenablage und betätigen Sie den Befehl
ÖFFNEN aus dem Menü **DATEI** der Zwischenablage. Wählen Sie aus der
Dateiliste die zu öffnende Datei aus und bestätigen Sie mit **OK**. In der
folgenden Tabelle 1.3.6 haben wir die Tastenkombinationen, die die
Zwischenablage von den meisten Windows-Programmen aus ansprechen, noch einmal übersichtlich für Sie zusammengefaßt.

Taste(n)	Funktion
⇧ + Entf	Schneidet einen markierten Bereich aus einer Windows-Anwendung aus und stellt diesen in die Zwischenablage.
Strg + Einfg	Kopiert einen markierten Bereich aus einer Windows-Anwendung und stellt diesen in die Zwischenablage.
⇧ + Einfg	Fügt den Inhalt der Zwischenablage in ein Windows-Dokument ein.
Entf	Löscht den Inhalt der Zwischenablage, wenn die Zwischenablage das aktive Fenster ist.
Druck	Kopiert den gesamten Bildschirm in die Zwischenablage.
Alt + Druck	Kopiert das aktive Fenster in die Zwischenablage.

Tab.1.3.6: Die Windows-Tastenschlüssel für das
Arbeiten mit der Zwischenablage

Datenaustausch über
Import- und Exportfunktionen

Der Datenaustausch über die Zwischenablage funktioniert nicht immer bei der Arbeit mit den vielen verschiedenen Windows-Programmen, die mittlerweile erhältlich sind. Es kann vorkommen, daß Programme ein eigenes Format für das Ablegen von Daten in der Zwischenablage benutzen. Wenn Sie z.B. mit dem PageMaker arbeiten, erscheinen die in die Zwischenablage kopierten Daten im "PageMaker Internen Format". Dieses Format ist kein Standardformat der Windows-Zwischenablage und wird deshalb von anderen Programmen meist nicht verstanden. Aus diesem Grund können Sie z.B. Elemente aus dem PageMaker nicht über die Zwischenablage in ein anderes Programm von Windows übertragen.

Programme, die ein eigenes Zwischenablageformat benutzen, bieten deshalb häufig andere Wege an, um Daten exportieren zu können. Im PageMaker können Sie z.B über den Befehl **ÜBERTRAGEN** Text im Word-Dateiformat ablegen. Andere Programme erlauben einen Dateiexport im Format *WINDOWS-METAFILE (WMF)*, *TIF* oder auch *EPS* (Encapsulated Postscript). Wenn Sie in einem Windows-Anwendungsprogramm eine Datei in einem fremden Format erzeugt haben, so läßt sich die so erzeugte Datei in das andere Programm importieren, sofern ein Importfilter für dieses Dateiformat zur Verfügung steht.

Hierzu ein kleines Beispiel: Wenn Sie im PageMaker Text erstellt haben, können Sie diesen nicht in einem Standardformat, das von anderen Programmen verstanden wird, in der Zwischenablage ablegen. Stattdessen können Sie den Textbereich markieren und über den Befehl **DATEI ÜBERTRAGEN** in einer Datei mit dem Word für DOS Format speichern. Diese Datei können Sie dann in Word für Windows 1.1 oder Word 5 einfach über den Befehl **DATEI ÖFFNEN** bzw. **ÜBERTRAGEN LADEN** öffnen. In Word für Windows würde automatisch eine Konvertierung des Word für DOS-Dateiformates in das Word für Windows Standardformat vorgenommen.

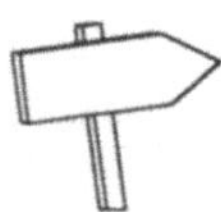

*In Teil 3, Kapitel 7 wird besprochen, welche Im- und Exportfilter Word für Windows für Textformate zur Verfügung stellt.
In Teil 5, Kapitel 6 werden die verschiedenen Word für Windows-Filter für Grafik-Dateiformate besprochen.*

Dieses Beispiel macht das Prinzip eines Datenaustausches über ein anderes Dateiformat deutlich. Aus einem Programm werden Daten exportiert, indem Sie mit Hilfe einer Konvertierungsroutine in einem anderen Format gespeichert werden. In das andere Programm wird die neu erzeugte Datei importiert, wobei auch hier wieder eine Konvertierungsroutine für die Umsetzung in das richtige Dateiformat sorgt. In 90% aller Datenaustauschprobleme gibt es ein Format, das von beiden betroffenen Programmen unterstützt wird (wie z.B. das Format *WINDOWS META-FILE*), aber Sie können sich sicher vorstellen, das sich durch die doppelt notwendige Konvertierung nur allzu gerne Fehler einschleichen. Auch wir können keine Wunderlösung bieten, sondern ihnen nur den Rat geben, die verschiedenen Import- und Exportmöglichkeiten unterschiedlicher Formate für das konkrete Problem nacheinander durchzutesten.

Dynamischer Datenaustausch (DDE)

DDE (Dynamic Data Exchange) ist eine Funktion von Windows 3.1, die es erlaubt, Daten automatisch oder halbautomatisch von einem Programm zu einem anderen übertragen zu lassen. Durch die DDE-Funktion von Microsoft Windows 3.1 ist es möglich, Daten, die Sie in ein Dokument eingefügt haben, mit den Ursprungsdaten seiner Erstellung zu verknüpfen. Ändern sich die Ursprungsdaten in dem Quellprogramm, so ändern sich automatisch auch die über DDE verknüpften Daten in dem Programm, in das diese eingefügt wurden. Beide Programme, die auf diese Weise verknüpft worden sind, müssen die Funktion DDE unterstützen.

Wenn Sie also z.B einen Bericht über die Umsatzentwicklung des letzten Quartals schreiben und ein Diagramm aus Microsoft Excel in diesen Bericht einfügen möchten, so können Sie das Diagramm auch über eine DDE-Verknüpfung in das Dokument integrieren. Während Sie an Ihrem Bericht schreiben, könnte ein anderer Mitarbeiter an der dem Diagramm zugrundeliegenden Excel-Tabelle die Verkaufszahlen für eine bestimmte

Region aktualisieren. Hätten Sie keine DDE-Verknüpfung geschaffen, würden Sie Ihren Bericht mit einem falschen Diagramm erstellen. Dank der DDE-Verknüpfung wird das Diagramm aber automatisch aktualisiert und Ihr Bericht ist immer auf dem neuesten Stand.

Voraussetzung für eine permanente Aktualisierung ist allerdings, daß beide Programme, für die eine DDE-Verknüpfung besteht, gestartet worden sind. Wenn Sie eine DDE-Verknüpfung mit Programmen erstellen, die auf einem PC und nicht auf verschiedenen PC´s in einem Netzwerk bereitliegen, muß dieser genügend Arbeitsspeicher zu Verfügung stellen, wenn der Datenaustausch schnell und einwandfrei funktionieren soll.

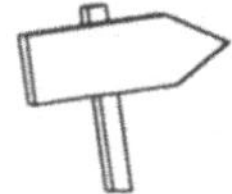

Ein Beispiel für DDE zwischen Word für Windows und Excel wird in Teil 5, Kapitel 6 besprochen.

Die meisten Programme arbeiten so, daß beim Öffnen eines Dokumentes, in das eine DDE-Verknüpfung eingefügt wurde, zunächst geprüft wird, ob das Quellprogramm der DDE-Verknüpfung bereits läuft. Ist das nicht der Fall, erfolgt automatisch eine Abfrage, ob dieses Programm gestartet werden soll, damit die Daten aktualisiert werden können. Das Erstellen einer DDE-Verknüpfung kann in den meisten Programmen entweder über eine Makro-Programmiersprache, über Feldfunktionen oder über die Zwischenablage erfolgen. So kann man z.B. häufig (nicht immer) Daten aus der Zwischenablage in ein Dokument **VERKNÜPFEN UND EINFÜGEN**, indem man vor der Anwahl des Befehles **BEARBEITEN** die ⬆-Taste drückt und festhält. Die DDE-Verknüpfung wird in diesem Fall also einfach über die Zwischenablage durch das zusätzliche Drücken einer Taste erstellt.

Datenaustausch über Druckdateien

Das Erzeugen von Druckdateien wird in Teil 1, Kapitel 5 und in Teil 3, Kapitel 9 besprochen.

Als letzte Möglichkeit möchten wir an dieser Stelle den Datenaustausch über Druckdateien vorstellen. Sehr viele Programme sind in der Lage, Druckdateien zu erstellen. Eine Druckdatei ist nichts anderes, als der Name schon sagt, - der Druck in eine Datei. Wenn man eine Druckdatei erstellt, fängt man die für den Druck mit einem bestimmten Ausgabegerät aufbereiteten Daten ab, bevor diese an die Druckerschnittstelle gelangen und leitet diese auf die Festplatte in eine Datei um. Man erhält auf diese Weise eine Datei mit allen Druckersteuerzeichen, die für die optisch richtige Darstellung auf dem Papier notwendig sind.

Auf der Beispieldiskette finden Sie eine CAD-Zeichnung im HPGL-Format, die Sie einfach über den Befehl EINFÜGEN GRAFIK in Word für Windows einlesen können.

Bei dem Druck in eine Datei muß ebenfalls ein Ausgabegerät benannt werden, nur der Datenfluß wird umgeleitet. Eine große CAD-Zeichnung wird z.B. meistens über einen Plotter im sogenannten *HPGL-Format* ausgegeben. Druckt man also eine CAD-Zeichnung mit einem HP-Plotter als Ausgabegerät in eine Datei, so erhält man eine Datei im *HPGL-Format*. Viele DTP-Systeme oder Textverarbeitungsprogramme können Dateien im *HPGL-Format* importieren, so daß man über den Umweg einer Druckdatei z.B. auch große CAD-Zeichnungen, die mit einem Programm eines anderen Betriebssystems erstellt worden sind, in eine Dokumentation, die mit Hilfe eines Windows-Programmes erstellt wird, integrieren kann. Auch von Windows aus kann man Druckdateien erstellen, - sie sind gerade im ingenieurtechnischen Bereich ein häufig genutzter Weg des Datenaustausches.

Zusammenfassung

In diesem Kapitel haben wir für Neulinge im Umgang mit Windows eine Einführung in die Arbeit mit den Windows-Fenstern gegeben. Man konnte lernen, wie zwischen verschiedenen, gleichzeitig geladenen Programmen umgeschaltet wird und wie sich **Fenster verkleinern, vergrößern** oder als **Programmsymbol** am unteren Bildschirmrand ablegen lassen. Wir haben ausführlich besprochen, wie man mit **Pull-Down-Menüs** und **Dialogboxen** arbeitet und welche Bedeutung die einzelnen Befehle in den Standardmenüs von Windows haben. Sie konnten lernen, was ein **SYSTEMMENÜ** ist, welche Aktionen und Handlungen sich mit den Befehlen der verschiedenen Menüs ausführen lassen und wie man in **Windows 3.1 Programme starten** und **Dokumente öffnen** bzw. **speichern** kann.

Sie wurden dann mit dem Datenaustausch unter Windows-Programmen vertraut gemacht. Wir haben erläutert, wie die **Zwischenablage** arbeitet und welche Funktionen die Zwischenablage von Windows 3.1 bietet. Dabei haben wir nicht nur das Arbeiten mit "Bildschirmkopien" unter Windows 3.1 vorgestellt, sondern auch einen Überblick über andere Möglichkeiten des Datenaustausches wie z.B. das Nutzen von **Konvertierungsroutinen**, des **dynamischen Datenaustauschs (DDE)** und das Arbeiten mit **Druckdateien** gegeben.

Kapitel 4

der windows 3.1
datei-manager

In diesem Kapitel erfahren Sie, wie der neue Datei-Manager von Windows 3.1 arbeitet. Wir stellen die grundlegenden Neuerungen vor und besprechen, wie man den Datei-Manager als Betriebssystemoberfläche benutzen kann. Sie werden lernen, wie man Dateien elegant und einfach sichert und/oder wie man mit nur wenigen Befehlen oder Mausklicks Ordnung auf seiner Festplatte schaffen kann.

Funktionen des Datei-Managers

Der Datei-Manager (siehe Abbildung 1.4.1) stellt neben der TrueType-Schriftentechnologie die wohl grundlegendste Neuerung in Windows 3.1 dar. Er ermöglicht es, eine ganze Reihe von MS-DOS-Befehlen auf elegante Art mit der Maus auszuführen und ist dabei extrem schnell geworden. Die häufig benutzten Befehle wie *cd* (change directory) und *dir* (Befehl zum Anzeigen eines Verzeichnis-Inhaltes) ließen sich ja schon in den Vorgängerversionen recht handlich durchführen. Der Datei-Manager von Windows 3.1 erlaubt nun aber das Anzeigen verschiedener Verzeichnisbäume in nebeneinanderliegenden Fenstern und natürlich das Verschieben von Dateien oder auch ganzen Verzeichnissen mit der Maus.

Beachten Sie aber bitte, daß dieses Buch hauptsächlich Word für Windows gewidmet ist und deshalb die Erklärungen zum Datei-Manager relativ kurz gehalten wurden.

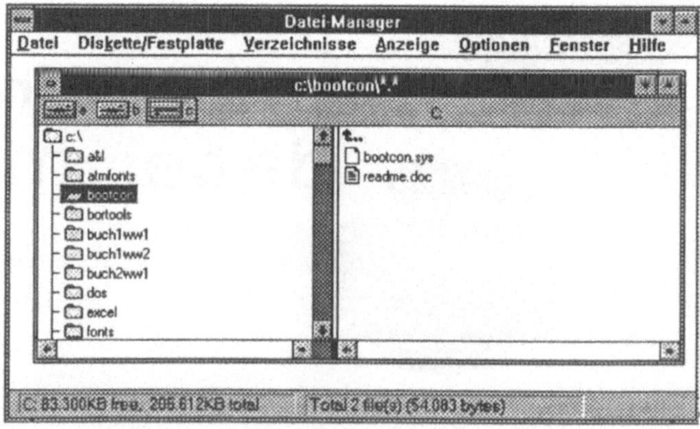

Abb. 1.4.1: Der neue Datei-Manager von Windows 3.1

Menübefehle zum Formatieren einer Diskette, die Suche nach bestimmten Dateien und die Möglichkeit, Dateien mit Attributen zu versehen
(z.B. "Versteckt", "Schreibgeschützt" usw.) fanden sich bereits im Datei-Manager von Windows 3.0. Der neue Datei-Manager bietet allerdings
einen wesentlich höheren Bedienungskomfort, den wirklich jeder Anwender ohne großen Lernaufwand in Anspruch nehmen kann.

Grundlagen des Datei-Managers

Markieren eines Laufwerks

Links oben im Verzeichnisfenster des Datei-Managers finden Sie die
Symbole für die Laufwerke in Ihrem System. Um die Verzeichnisstruktur eines Laufwerks zu sehen, klicken Sie einfach mit der Maus auf das
entsprechende Symbol (siehe Abbildung 1.4.2) oder drücken [Strg] + den
jeweiligen Laufwerksbuchstaben. Mit der [→] -Taste können Sie zwischen dem oberen Laufwerkssymbol und den beiden Teilen des Verzeichnisfensters wechseln. Mit den Richtungstasten können Sie sich
jeweils von einem Laufwerk, einem Verzeichnis oder einer Datei zur
nächsten bewegen.

Abb. 1.4.2: Die Laufwerksymbole vom Datei-Manager

Die Verzeichnisbaumstruktur

In den meisten Fällen weist die Festplattenorganisation eine Baumstruk-
tur auf, d.h. ein Verzeichnis auf der sogenannten Hauptverzeichnisebene
(C:\) hat weitere Unterverzeichnisse. Wenn Sie die Unterverzeichnisse
eines Verzeichnisses einblenden möchten, so können Sie im linken Teil
des Verzeichnisfensters einen Doppelklick auf dem Verzeichnisnamen
ausführen. Das Pluszeichen ändert sich dann in ein Minuszeichen (-). Ein

Pluszeichen zeigt Ihnen stets an, daß ein Verzeichnis weitere Unterverzeichnisse beinhaltet (siehe Abbildung 1.4.3). Sollte das Pluszeichen nicht zu sehen sein, so führen Sie den Befehl **VERZEICHNIS ANZEIGEN ERWEITERBARER ZWEIGE** aus.

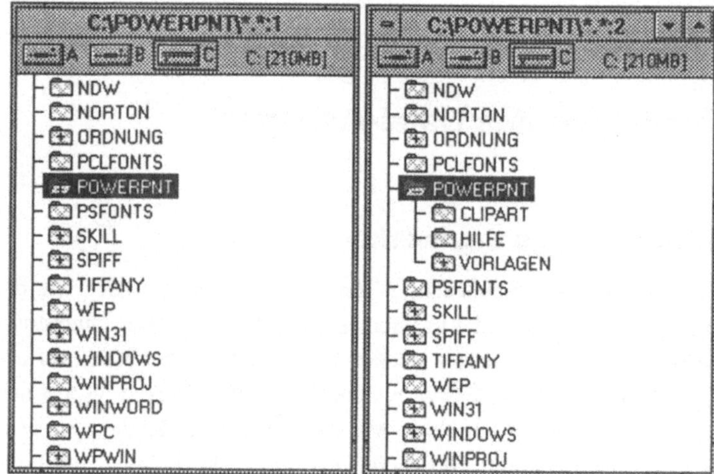

Abb. 1.4.3:   Die Verzeichnisstruktur kann mit (rechts) und ohne Unterverzeichnisse (links) angezeigt werden.

Arbeiten mit Verzeichnisfenstern

Im neuen Datei-Manager von Windows 3.1 sehen Sie im rechten Teil des Verzeichnisfensters den jeweiligen Inhalt eines im linken Teil markierten Verzeichnisses. Das besondere am Datei-Manager von Windows 3.1 ist nun, daß mehrere Verzeichnisstrukturen gleichzeitig geöffnet sein können. Dadurch können Sie sehr schnell und einfach Einblick in verschiedene Verzeichnisse bzw. Laufwerke nehmen (siehe Abbildung 1.4.4). Das jeweilige Laufwerk und der Verzeichnispfad eines Fensters werden in der Titelleiste des jeweiligen Fensters angezeigt.

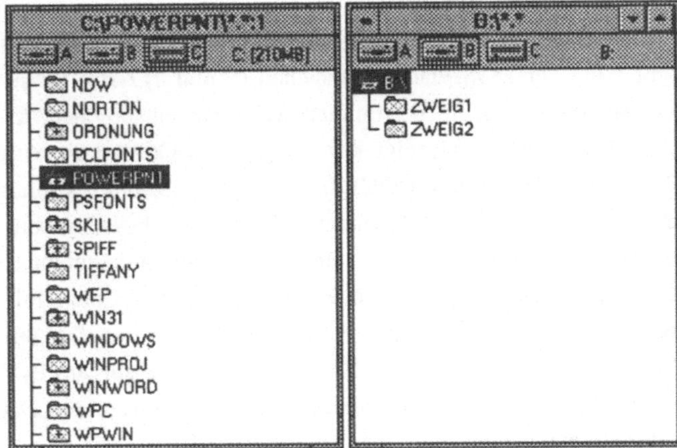

Abb. 1.4.4: Im neuen Datei-Manager von Windows 3.1 kann man
gleichzeitig mehrere Verzeichnisstruktruren sehen

Das "Layout" des Bildschirms

Da sich im Datei-Manager über den Befehl **FENSTER NEUES FENSTER**
bis zu 83 Fenster öffnen lassen, kann man bei vielen geöffneten Fenstern
natürlich auch mal den Überblick verlieren. Um das zu verhindern, bietet
der Befehl **ÜBERLAPPEND** aus dem Menü **FENSTER** die Möglichkeit,
alle geöffneten Fenster hintereinander und überlappend wie Karteikarten
anzuordnen, mit dem Befehl **NEBENEINANDER** werden die Fenster sy-
stematisch in nebeneinanderliegenden Fenstern angeordnet.

Veränderungen der Fensterinhalte

In der Standardeinstellung sehen Sie im rechten Teil eines Verzeichnisfensters stets alle Dateien, die sich in dem links markierten Verzeichnis
befinden. Über das Menü **ANZEIGE** können Sie im neuen Datei-Manager
mit dem Befehl **ANGABEN AUSWÄHLEN** eine Dialogbox öffnen, in der
Sie individuell bestimmen können, welche Dateien im rechten Teil eines
Fensters angezeigt werden sollen.

In der Dialogbox **ANGABEN AUSWÄHLEN** dient das Textfeld **Name** dazu, mit Hilfe der DOS-Platzhalterzeichen (* und ?) dafür zu sorgen, daß nur Dateien, die einem bestimmten Kriterium entsprechen, in dem gerade aktiven Fenster angezeigt werden (z.B. *.DOC für die Anzeige aller Dateien mit der Endung DOC). Im Dialogfeld **Dateityp** können Sie die Anzeige vereinfacht auf bestimmte Dateitypen beschränken. Die Option **Verzeichnisse** zeigt alle in dem Verzeichnis enthaltenen Unterverzeichnisse, während die Option **Programme** alle Dateien mit den Erweiterungen .EXE, .COM oder .BAT zeigt. Die Option **Dokumente** zeigt alle Textdateien an. Wenn Sie die Option **Versteckte/Systemdateien anzeigen** ankreuzen, werden außerdem alle versteckten Dateien sowie Systemdateien angezeigt.

Schließen von Verzeichnisfenstern

*Der Befehl ALLE VER-
ZEICHNISSE SCHLIE-
ßEN, schließt alle
Fenster auf einmal.*

Wenn Sie ein aktives Verzeichnisfenster wieder schließen möchten, führen Sie einen Doppelklick auf dem **SYSTEMMENÜFELD** ganz oben links in dem jeweiligen Verzeichnisfenster aus oder Sie drücken [Alt] + [–] und wählen den Befehl **SYSTEMMENÜ SCHLIEßEN**.

Sortieren von Dateien und Verzeichnissen

Die in einem Fenster angezeigten Dateien oder Verzeichnisse lassen sich nach den verschiedensten Kriterien sortieren und ordnen. Im Menü **ANZEIGE** befinden sich die dazu notwendigen Befehle **SORTIERT NACH NAME, SORTIERT NACH TYP, SORTIERT NACH GRÖSSE** und **SORTIERT NACH DATUM**. Der Befehl **NACH NAME** ordnet die Dateien alphabetisch. Der Befehl **NACH TYP** zeigt in alphabetischer Reihenfolge nach der Dateinamenserweiterung (z.B. .BAT, .COM, .EXE) zunächst alle Programmdateien und dann alle Dokument-Dateien.

Durch den Befehl **SORTIERT NACH GRÖSSE** wird nach der Dateigröße sortiert, wobei mit den größten Dateien begonnen wird, mit dem Befehl **SORTIERT NACH DATUM** werden die Dateien nach dem Datum der letzten Bearbeitung sortiert, beginnend mit den neuesten Dateien.

Veränderungen des Datei-Anzeigeformats

Mit den Befehlen **ALLE DATEIANGABEN** und **BESTIMMTE DATEIAN-GABEN** können Sie das Anzeigeformat für die Dateien festlegen. Mit dem Befehl **ALLE DATEIANGABEN** werden Name, Größe, Datum der letzten Bearbeitung sowie die jeweiligen Dateiattribute angezeigt. Wenn Sie den Befehl **BESTIMMTE DATEIANGABEN** wählen, öffnet sich eine Dialogbox, in der Sie andere Kriterien bestimmen können, nach denen die Dateien angezeigt werden sollen.

Mit diesem Befehl können Sie bestimmen, ob Sie die **Größe** jeder Datei in Byte sehen möchten, das **Datum der letzten Bearbeitung**, die **Uhrzeit der letzten Bearbeitung** oder die **Dateiattribute**. Die Attributbuchstaben (A, S, H, oder R) kennzeichnen Dateien als Archiv, System, Versteckt oder Schreibgeschützt.

Arbeiten mit Dateien in Verzeichnisfenstern

Dateien in Verzeichnisfenstern können Sie verschieben, kopieren, um-benennen oder löschen. Um eine dieser Aktionen mit Dateien ausführen zu können, müssen Sie die einzelne Datei oder eine Gruppe von Dateien aber immer zunächst markieren. Klicken Sie dazu entweder mit der Maus auf den Dateinamen oder den Verzeichnisnamen oder verwenden Sie eine der Tastenkombinationen aus Tabelle 1.4.1.

Um mehrere Dateien oder Verzeichnisse, die hinter- bzw. untereinander stehen, zu markieren, klicken Sie mit der linken Maustaste auf die erste Datei, halten die ⇧-Taste gedrückt und klicken dann auf die letzte Datei, die markiert werden soll. Alle Dateien, die zwischen der ersten und der letzten Datei stehen, werden dann markiert. Wenn Sie zwei Dateien markieren möchten, die nicht hinter- bzw. untereinanderstehen, halten Sie einfach die Strg-Taste gedrückt, und klicken nacheinander auf die gewünschten Dateien.

Drücken Sie	Für folgende Auswahl
⬆/⬇	Eine Datei oder ein Verzeichnis über oder unter der aktuellen Auswahl.
Bild ⬆	Die Datei oder das Verzeichnis ein Fenster über der aktuellen Auswahl.
Bild ⬇	Die Datei oder das Verzeichnis ein Fenster unter der aktuellen Auswahl.
Ende	Die letzte Datei oder das letzte Verzeichnis in der Liste.
Pos1	Die erste Datei oder das erste Verzeichnis in der Liste.
Buchstabentaste	Die nächste Datei oder das nächste Verzeichnis, deren bzw. dessen Name mit dem angegebenen Buchstaben beginnt.

Tab.1.4.1:   Tastenkombinationen zum Markieren von Dateien oder Verzeichnissen in einem Verzeichnisfenster

In Windows 3.0 mußten Sie STRG+SHIFT,# drücken, um alle Dateien eines Fensters zu markieren.

Wenn Sie alle Dateien in einem Verzeichnisfenster markieren möchten, können Sie auch den Befehl **DATEI AUSWÄHLEN** benutzen. In dieser Neuen Dialogbox können Sie z.B. durch Eingabe von *.doc alle Dateien mit der Endung DOC markieren. Über **MARKIERUNG AUFHEBEN** können Sie eine beliebige Markierung von Dateien wieder aufheben.

Der Datei-Manager als Betriebssystemoberfläche

Erstellen neuer Verzeichnisse

Der Datei-Manager von Windows 3.1 ersetzt im Prinzip vollständig die Betriebssystemoberfläche von DOS. Wenn Sie z.B. ein neues Verzeichnis erstellen möchten, markieren Sie im linken Teil eines geöffneten

Verzeichnisfensters das Verzeichnis, in dem ein neues Unterverzeichnis erstellt werden soll oder aber Sie markieren das C:\ des Hauptverzeichnisses im Verzeichnisstrukturfenster, wenn Sie ein Verzeichnis auf der Hauptverzeichnisebene erstellen möchten. Führen Sie nun den Befehl **VERZEICHNIS ERSTELLEN** aus dem Menü **DATEI** aus und geben Sie den Namen des neuen Verzeichnisses ein. Ein Verzeichnisname kann aus acht Buchstaben, einem Punkt und drei Erweiterungszeichen bestehen.

Löschen von Dateien oder Verzeichnissen

Sie können im Datei-Manager von Windows 3.1 sehr einfach und komfortabel Verzeichnisse löschen, auch wenn sich darin noch Dateien befinden. Wenn Sie Verzeichnis markieren und die Taste [Entf] drücken, löscht der Datei-Manager alle Dateien und Verzeichnisse innerhalb des ausgewählten Verzeichnisses. Wenn Sie allerdings die Option **Beim Löschen bestätigen** in der Dialogbox **BESTÄTIGEN** des Menüs **OPTIONEN** angekreuzt haben, werden Sie bei jeder Datei gefragt, ob Sie diese wirklich löschen möchten. Schalten Sie die Option dagegen aus, so löscht der Datei-Manager ohne Vorwarnung alle Dateien in dem ausgewählten Verzeichnis und fragt lediglich für den Verzeichnisnamen nach, ob dieser gelöscht werden soll.

Gelöschte Dateien und Verzeichnisse können in Windows ohne Zusatzprogramme nicht wiederhergestellt werden.

Mit dem Befehl **BESTÄTIGEN** können Sie Warnmeldungen und Sicherheitsabfragen dieser oder ähnlicher Art unterdrücken oder aktivieren. In der Dialogbox dieses Befehls können Sie bestimmen, bei welchen Aktionen welche Abfrage erfolgen soll. Neu ist in dieser Dialogbox des Datei-Managers von Windows 3.1 das Dialogfeld **Festplattenbefehle**, mit dem Sie bestimmen können, ob beim Formatieren oder Kopieren einer Diskette oder Festplatte eine Sicherheitsabfrage erfolgen soll oder nicht.

Festlegen von Dateiattributen

Mit Hilfe des Befehls **ALLE DATEIANGABEN** im Menü **ANZEIGE** können Sie bestimmen, daß in einem Verzeichnisfenster alle Datei-Informationen - einschließlich der sogenannten Dateiattribute - angezeigt werden. Die Attribute einer Datei lassen sich natürlich auch ändern. Dazu müssen Sie zunächst die Datei markieren und dann den Befehl **DATEI ATTRIBUTE ÄNDERN** wählen. In der Dialogbox (siehe Abbildung 1.4.9) können die nachfolgend genannten Dateiattribute gesetzt werden.

⇨ Archiv
Kennzeichnet, daß eine Datei modifiziert wurde. Der Buchstabe *A* erscheint in der Attributspalte im Verzeichnisfenster. Er wird ausgeschaltet, wenn Sie Sicherungskopien Ihrer Dateien mit DOS-Dienstprogrammen wie Backup und Xcopy erstellen.

⇨ System
Kennzeichnet die Datei als DOS-Systemdatei. Der Buchstabe *S* erscheint im Verzeichnisfenster. Dieses Attribut verhindert, daß eine Datei im Verzeichnisfenster erscheint. Die Datei erscheint nur, wenn Sie **Unsichtbare/Systemdateien anzeigen** im Dialogfeld **ANGABEN AUSWÄHLEN** über das Menü **ANZEIGE** ausgewählt haben.

⇨ Versteckt
Verhindert, daß eine Datei im Verzeichnisfenster erscheint. Der Buchstabe *H* erscheint in der Attributspalte des Verzeichnisfensters. Die Datei erscheint nur, wenn Sie **Versteckte/Systemdateien anzeigen** im Dialogfeld **ANGABEN AUSWÄHLEN** über das Menü **ANZEIGE** ausgewählt haben.

⇨ Schreibgeschützt
Verhindert, daß eine Datei geändert werden kann. Der Buchstabe *R* erscheint in der Attributspalte des Verzeichnisfensters. Eine solche Datei kann zwar gelesen, aber nicht verändert werden.

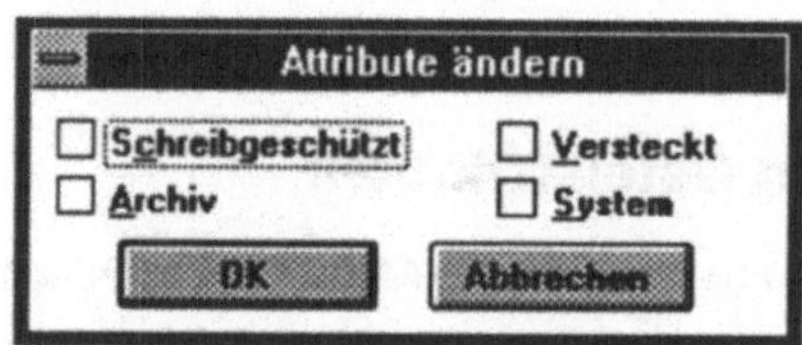

Abb. 1.4.5: Ändern von Datei-Attributen

Formatieren von Disketten

Vom Datei-Manager aus können Sie sehr einfach und komfortabel Disketten formatieren. Legen Sie einfach die zu formatierende Diskette in eines Ihrer Diskettenlaufwerke ein und rufen Sie den Befehl **DISKETTE FORMATIEREN** aus dem Menü **DISKETTE/FESTPLATTE** auf. Sie können dann den Buchstaben für das Laufwerk auswählen, das die Diskette enthält sowie das Speicherformat der Diskette .

Sie können das Format der Diskette bestimmen und zusätzlich die neue Funktion **Schnellformatierung** anfordern. Diese Option ermöglicht es, Disketten, die schon einmal formatiert worden sind, besonders schnell zu formatieren, indem einfach deren Inhalt gelöscht wird. Wenn Sie die Option **System-Diskette** ankreuzen, können Sie sich eine DOS-Systemdiskette erstellen, mit deren Hilfe Sie einen PC von Diskette aus hochfahren (booten) können. Dieses sollte im Normalfall nur notwendig sein, wenn Ihre Festplatte oder das darauf gespeicherte Betriebssystem aus irgendeinem Grunde defekt ist.

Nachdem eine Diskette formatiert wurde, gibt es ohne Zusatzprogramme keine Möglichkeit, vorher auf der Diskette gespeicherte Informationen wiederherzustellen.

Kopieren von Disketten

Wenn Sie eine Originalkopie einer Diskette anfertigen wollen, können Sie dies ebenfalls vom Datei-Manager aus tun. Legen Sie dazu die Quelldiskette mit den Originaldaten in ein Diskettenlaufwerk ein und - falls Sie einen Computer mit zwei Laufwerken haben - die Zieldiskette in das andere Laufwerk. Benutzen Sie nun den Befehl **DISKETTE KOPIEREN** aus dem Menü **DISKETTE/FESTPLATTE**, markieren Sie in der nachfolgenden Dialogbox das Ziel- und das Quellaufwerk und bestätigen Sie dann mit **OK**.

Wenn Ihr Computer nur ein Diskettenlaufwerk hat, so tragen Sie in beide Felder das gleiche Laufwerk ein. Nach kurzer Zeit meldet Ihnen eine Dialogbox, daß der Bearbeitungsvorgang gestartet wird. Bei ca. 49% der Bearbeitung werden Sie aufgefordert, die Zieldiskette in das Laufwerk einzulegen, in dem bisher die Quelldiskette lag. Durch Bestätigen von **OK** wird der Kopiervorgang fortgesetzt.

*Sie können eine Diskette nur auf eine andere Diskette mit derselben Kapazität kopieren. Wenn Sie die Informationen von einer Diskette auf eine Diskette mit einer anderen Kapazität kopieren wollen, wählen Sie den Befehl KOPIEREN aus dem Menü DATEI und verwenden Sie die Platzhalterzeichen *.*, um alle Dateien zu kopieren.*

An diesem Befehl sehen Sie sehr schön, wie Windows 3.1 den Arbeitsspeicher verwaltet, denn anders als auf der DOS-Ebene brauchen Sie im erweiterten Modus für 386er nur ein einziges Mal die Quell- und die Zieldiskette einzulegen, vorausgesetzt, Ihr Computer hat genügend Arbeitsspeicher. Der geplagte DOS-Anwender weiß sehr wohl, daß bei einem DISKCOPY-Befehl im Normalfall ca. 5-6 mal die Disketten gewechselt werden müssen.

Drucken von Dateien

Die Installation von Druckern wird in Teil 1, Kapitel 5 beschrieben.

Sie können vom Datei-Manager aus Textdateien mit dem in der Systemsteuerung eingestellten Standarddrucker ausdrucken lassen. Um eine Datei zu drucken, markieren Sie zunächst die Datei und rufen dann den Befehl **DRUCKEN** aus dem Menü **DATEI** auf. Beachten Sie aber, daß Sie nur reine Textdateien von hier aus drucken sollten. Wenn Sie zum Beispiel ein Word für Windows-Dokument von hier an den Drucker senden, werden alle Word für Windows-Formatierungen im Ausdruck ignoriert.

Praktische Arbeit mit dem Datei-Manager

Suchen nach Dateien oder Verzeichnissen

Der Datei-Manager ist ein hevorragendes Werkzeug, um schnell und komfortabel nach Dateien oder Verzeichnissen zu suchen. Sie müssen dazu lediglich das Laufwerk markieren, auf dem die Datei gesucht werden soll und danach das Verzeichnis, in dem die Datei gesucht werden soll. Wenn Sie kein Verzeichnis markieren, sondern nur das C:\ des Hauptverzeichnisses im linken Teil des Verzeichnisfensters, so wird die gesamte Festplatte durchsucht.

Nach dem Markieren rufen Sie den Befehl **SUCHEN** aus dem Menü **DATEI** auf. Geben Sie in das Textfeld **Suchen nach** den Namen der Datei ein, die gesucht werden soll. Bei der Suche können Sie auch die DOS-Platzhalterzeichen (* oder ?) verwenden, um nach einer Gruppe von Dateien mit ähnlichen Namen oder gleichlautenden Datei-Endungen zu suchen. In dem Textfeld **Startverzeichnis** können Sie eintragen, in welchem Verzeichnis mit der Suche begonnen werden soll. Durch Bestätigen mit **OK** wird die Suche gestartet Die gefundenen Dateien werden anschließend in einem eigenen Fenster angezeigt.

Suchergebnis : C:*.doc		
c:\bootcon\readme.doc	9935	----A
c:\buch1ww1\2buch2.doc	171783	----A
c:\buch1ww1\2buch3.doc	1099289	----A
c:\buch1ww1\2buch4.doc	695588	----A
c:\buch1ww1\3buch1.doc	414305	----A
c:\buch1ww1\3buch2.doc	608347	----A
c:\buch1ww1\3buch3.doc	526104	----A
c:\buch1ww1\3buch3a.doc	587686	----A
c:\buch1ww1\3buch4.doc	600526	----A
c:\buch1ww1\3buch5.doc	485291	----A
c:\buch1ww1\3buch6.doc	369096	----A

Abb. 1.4.6: Das Suchergebnis erscheint in einem eigenen Fenster

Aus dem Suchergebnis-Fenster lassen sich auch Programme starten

Die Suche-Funktion eignet sich z.B. gut dazu, um nach einer Datei zu suchen und das dazugehörige Programm mit einem einfachen Doppelklick auf dem Dateinamen direkt zu starten, sofern eine bestimmte Dokumentart (erkennbar an der Datei-Endung) mit dem dazugehörigen Programm verknüpft ist. Diese Verknüpfung erfolgt im Normalfall automatisch bei der Neuinstallation eines Programmes. Wenn Sie z.B. zunächst Windows 3.1 installieren und danach Word für Windows, werden alle Dateien mit der Endung *.DOC automatisch mit Word für Windows verknüpft.

In dem Suchergebnis-Fenster können Sie außerdem alle Befehle des Menüs **DATEI** verwenden und somit gefundene Dateien umbenennen, kopieren oder verschieben. Im neuen Datei-Manager von Windows 3.1 können Sie auch die Anzeige der Datei-Informationen z.B. über Größe und Datei-Attribute mit den Befehlen des Menüs **ANSICHT** verändern.

Das Suchergebnisfenster wird nach jeder Kopier- oder Verschiebeaktion mit Dateien automatisch aktualisiert.

Verknüpfen von Dokumenten und Programmen

In Windows können Dokumente mit Anwendungen verknüpft werden, sodaß beim Klicken auf ein Dokument die entsprechende Anwendung automatisch gestartet wird. Dokumente werden in Windows unter Verwendung der Dateinamenserweiterung verknüpft. Sie können zum Beispiel die Erweiterung .TXT mit der Anwendung Notizblock verknüpfen, sodaß Windows den Notizblock automatisch startet, wenn Sie ein .TXT-Dokument anklicken.

Die Verknüpfung von Programmen und Dateien wird in der Datei WIN.INI festgehalten und kann über den System-Editor auch von Hand vorgenommen werden

Um Dateien mit einem Anwendungsprogramm zu verknüpfen, müssen Sie eine Datei markieren und dann den Befehl **VERKNÜPFEN** aus dem Menü **DATEI** ausführen. Benutzen Sie den Befehl **DURCHSUCHEN**, um durch die Verzeichnisse zu blättern und die gefundene Datei mit einem Programm zu verknüpfen. Ein Dokument muß nicht unbedingt mit der Anwendung verknüpft werden, in der es erstellt wurde. Sie können z.B. auch eine Textdatei, die mit dem Notizblock oder einem anderen Editor erstellt wurde, mit einem Textverarbeitungsprogramm verknüpfen.

Öffnen eines Dokuments

Markieren Sie ein Dokument und ziehen Sie es mit der Maus auf den Dateinamen des Anwendungsprogrammes, mit dem Sie das Dokument bearbeiten wollen.

Ein Dokument muß nicht unbedingt mit der betreffenden Anwendung verknüpft worden sein, wenn man es automatisch mit einem Anwendungsprogramm starten möchte. Eine andere Möglichkeit besteht nämlich darin, das Dokument mit niedergedrückter Maustaste auf den Dateinamen des Anwendungsprogrammes zu ziehen, mit dem das Dokument bearbeitet werden soll.

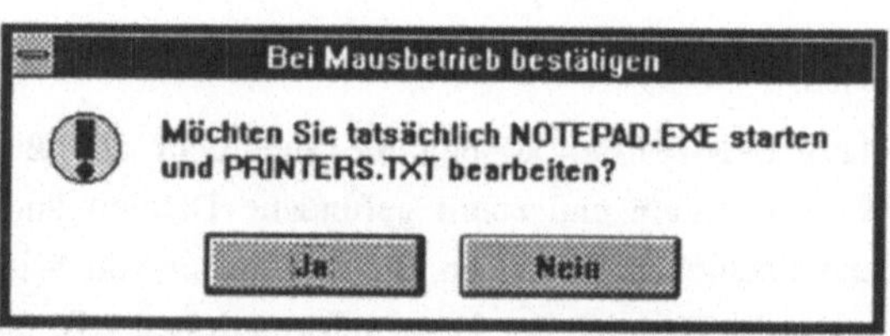

Abb. 1.4.7:   Dokumente können mit einem Programm geöffnet werden.

Es erscheint die Meldung aus Abbildung 1.4.7, die durch ein Bestätigen von **OK** das betreffende Anwendungsprogramm startet und das zuvor markierte Dokument öffnet, sofern sich diese Datei mit diesem Programm bearbeiten läßt.

Kopieren von Dateien oder Verzeichnissen

Ganz besonders elegant und einfach ist in Windows 3.1 das Kopieren und Verschieben einer oder mehrerer Dateien. Insbesondere mit der Maus können Sie Dateien oder Verzeichnisse sehr elegant in andere Verzeichnisse oder auf andere Laufwerke kopieren oder auch verschieben.

Wenn Sie ein Verzeichnis kopieren, werden auch alle seine Dateien und Unterverzeichnisse mit kopiert.

Für das Kopieren einer Datei oder eines Verzeichnisses mit der Maus sollten sowohl Symbole des Quell- als auch des Zielverzeichnisses am Bildschirm sichtbar sein. Sie brauchen dann lediglich die Datei im Quellverzeichnis zu markieren und die Strg-Taste gedrückt zu halten. Ziehen Sie nun die Datei oder das Verzeichnis mit niedergedrückter linker Maustaste zum Zielverzeichnis oder aber einfach auf eines der Laufwerkssymbole unter der oberen Menüleiste des Datei-Managers. Wenn Sie die Option **Bei Mausbetrieb bestätigen** in der Dialogbox **BESTÄTIGEN** des Menüs **OPTIONEN** angekreuzt haben, erhalten Sie bei der Arbeit mit der Maus eine Sicherheitsabfrage, ob Sie den Arbeitsgang auch wirklich ausführen möchten. Wenn das Zielverzeichnis eine Datei mit demselben Namen wie die zu kopierende Datei enthält, fragt Sie der Datei-Manager außerdem, ob Sie die bestehende Datei ersetzen wollen.

Im neuen Datei-Manager von Windows 3.1 erfolgt vor dem Überschreiben einer Datei eine Sicherheitsabfrage, die Ihnen auch gleich die Größe und das Erstellungsdatum beider Dateien anzeigt

Verschieben von Dateien oder Verzeichnissen

Genauso, wie Sie Verzeichnisse oder Dateien kopieren können, können Sie diese auch verschieben. Dazu müssen die Symbole des Quell- und Zielverzeichnisses gleichzeitig sichtbar sein. Ziehen Sie nun die Datei oder das Verzeichnis mit niedergedrückter linker Maustaste zum Zielverzeichnis, oder halten Sie die Alt-Taste gedrückt, und ziehen Sie die

Wenn Sie ein Verzeichnis verschieben, werden auch alle seine Dateien und Unterverzeichnisse mitverschoben.

Datei oder das Verzeichnis zu einem Laufwerkssymbol. Wenn das Zielverzeichnis eine Datei mit demselben Namen wie die zu verschiebende
Datei enthält, fragt Sie der Datei-Manager, ob Sie die bestehende Datei
ersetzen wollen.

Umbenennen von Dateien oder Verzeichnissen

Um eine Datei oder ein Verzeichnis umzubenennen, müssen Sie diese(s)
zunächst markieren. Wählen Sie dann einfach den Befehl **UMBENEN-
NEN** aus dem Menü **DATEI** und geben Sie in das untere der beiden
Textfelder den neuen Datei- oder Verzeichnisnamen ein. Bestätigen Sie
den Auftrag mit **Umbenennen**. Falls Sie einen Namen für Ihre Datei gewählt haben, der bereits existiert, fragt der Datei-Manager an, ob Sie die
bestehende Datei durch die neue Datei ersetzen wollen.

Sie können auch mehrere Dateien, die eine bestimmte Erweiterung haben, mit einem Befehl umbenennen bzw. mit einer neuen Endung versehen. Verwenden Sie dazu in der Dialogbox **UMBENENNEN** die DOS-
Platzhalterzeichen. Sie können z.B. in das obere Textfeld *.TXT und in
das obere Textfeld *.DOC eingeben, um alle Dateien mit der Endung
 TXT mit der Endung .DOC zu versehen.

Zusammenfassung

In diesem Kapitel haben Sie erfahren, wie der **Windows 3.1 Datei-
Manager** arbeitet und welche neuen Funktionen er gegenüber dem
Datei-Manager von Windows 3.0 bietet. Nach den Grundlagen haben wir
besprochen, wie man den Datei-Manager als Betriebssystemoberfläche
benutzen kann. Abschließend wurde erklärt, wie man Dateien elegant
und einfach sichern kann und/oder mit nur wenigen Befehlen oder
Mausklicks Ordnung auf seiner Festplatte und seinen Disketten schaffen
kann.

Kapitel 5

schriftarten
und
druckersteuerung

Das Drucken aus einem Anwendungsprogramm wie Word für Windows behandeln wir im Teil 3, Kapitel 9.

In diesem Kapitel erfahren Sie etwas über die Windows- Schriftarten und die Druckersteuerung. Wir gehen dabei zunächst auf die allgemeine Druckersteuerung in Windows 3.1 ein. Nehmen Sie sich ruhig etwas Zeit, um dieses Kapitel zu studieren, denn das Arbeiten mit Zeichensätzen fällt sehr viel leichter, wenn man die grundlegende Philosophie einmal verstanden hat. Wir geben Ihnen in diesem Kapitel zunächst einen Überblick über Bildschirm- und Druckerzeichensätze, weisen in die Arbeit mit ladbaren Zeichensätzen (Softfonts) ein und erklären dann, wie man einen Drucker installiert. Abschließend erläutern wir die Funktionen des Druck-Managers von Windows 3.1.

Schriftarten in Windows

Unter einem Zeichensatz oder auch FONT versteht man alle Buchstaben, Zahlen, Interpunktions- und Sonderzeichen für eine bestimmte Schriftart und -größe und einen Schriftstil (z.B. *Helvetica, Kursiv, 12 Punkt)*. Durch seine grafische Benutzeroberfläche gibt Ihnen Windows beim Einsatz von Schriftarten in Ihren Dokumenten große Flexibilität. Sie können zwischen verschiedenen Schriftarten aussuchen, die Punktgröße jedes Buchstabens ändern oder die Farbe ändern. In den verschiedenen Windows Anwendungen erfolgt dies über unterschiedliche Menüs bzw. Befehle, wobei es sich meistens um den **FORMAT**-Befehl handelt. Im folgenden erläutern wir grundlegendes zu den Bildschirm- und Druckerzeichensätzen und machen Sie vertraut mit der Arbeitsweise von Windows beim Druck einer Datei.

Bildschirmzeichensätze

Bei einem normalen Bildschirmzeichensatz wird die Anordnung der Rasterpunkte oder auch Pixel definiert, die Windows zur Anzeige der jeweils eingegebenen Zeichen verwenden soll und kann. Microsoft Windows 3.1 wird mit verschiedenen Bildschirmschriftsätzen ausgeliefert.

Schriftart	Beschreibung
Helv	Proportionalschrift (unterschiedliche Zeichenbreite) ohne Serifen ("sans serif")
Tms Rmn	Proportionalschrift mit Serifen
Courier	Schriftart mit festem Zeichenabstand (gleichmäßige Zeichenbreite) und Serifen
Σψμβολ (Symbol)	Προπορτιοναλσχηριφτ φ∣ρ ματηεματισχηε Σψμβολε (Proportionalschrift für mathematische Symbole)
Roman	Proportionalschrift mit Serifen
Modern	Proportionalschrift ohne Serifen
Script	Proportionalschrift mit schräggestellten Zeichen, ähnlich einer Handschrift

Tab.1.5.1: Einige Schriftarten von Windows 3.x

Bei Bildschirmzeichensätzen kann es sich entweder um sogenannte Raster-Zeichensätze (Matrixschriften) oder um Strich- (Vektor-) Zeichensätze handeln. Strich-Zeichensätze wie die Schriftarten *Modern*, *Roman* und *Script* müssen für die Bildschirmanzeige stets in Raster-Schriftsätze umgewandelt werden. Diese haben gegenüber Strichschriftarten den Vorteil, daß sie sich auf dem Bildschirm programmiertechnisch betrachtet schneller und leichter in der Größe anpassen lassen.

In der Praxis kommt es nun häufiger vor, daß man eine Schriftgröße auswählt, für die Windows keinen entsprechenden Bildschirmzeichensatz hat. Windows hilft sich dann dadurch, daß es das neue Pixelmuster zur Anzeige des Zeichens berechnet (allerdings nur bei Pixelgrafik-Bildschirmzeichensätzen). Da eine Bildschirmauflösung aber in der Anzahl der Pixel genau festgelegt ist, kann ein Teil-Pixel nicht auf dem Bildschirm angezeigt werden. Das jeweilige Anwendungsprogramm muß folglich ganze Pixel entweder hinzufügen oder entfernen. Es kann deshalb durchaus dazu kommen, daß eine Schrift mit einer nicht vorhandenen Bildschirmschriftgröße weniger glatt aussieht, als es der Fall wäre, wenn Sie eine verfügbare Größe verwenden würden. Sie können aber trotzdem eine Schrift für den Druck wählen, auch wenn kein Bildschirmzeichensatz dafür installiert ist. Für die Bildschirmdarstellung setzen die Anwendungsprogramme wie z.B. Word für Windows automatisch einen möglichst ähnlichen Zeichensatz ein.

Durch eine von Ihnen ausgewählte Schrift und die Einstellung der Anzeige wird auch vorbestimmt, welchen Bildschirmzeichensatz Windows zur Anzeige der Zeichenbreite verwendet. Auch hier kann es vorkommen, daß eine angeforderte Schriftgröße nicht dargestellt werden kann. Windows oder das Windows- Anwendungsprogramm versucht dann, eine möglichst ähnliche Schriftgröße für die Bildschirmanzeige zu verwenden. Wandelt man z.B. einen 10 Punkt Zeichensatz in einen 12 Punkt Zeichensatz um, so wird eine Bildschirmanzeige von 120% verwendet, die im Normalfall auch keine Probleme verursacht, da 12-Punkt Schriftgrößen fast überall verfügbar sind. Soll jedoch eine 10 Punkt Schriftgröße in eine 8,5 Punkt Größe - also eine 85 % Bildschirmanzeige - gebracht werden, so wäre ein 8,5 Bildschirm-Zeichensatz erforderlich. Dieser ist aber in der Standardversion von Windows für die Normalschriften nicht verfügbar und deshalb runden die Anwendungsprogramme auf den nächsten verfügbaren Bildschirmzeichensatz, in diesem Fall die 8 Punkt-Größe.

In der Zeichenhöhe sehen Sie möglicherweise eine kleine Schriftart, - wenn Sie aber das Wort markieren, erkennen Sie an der Markierung, daß ein größerer Raum für die Zeichenhöhe freigehalten wird. Insofern kommt es also immer dann zu Abweichungen vom WYSIWYG-Prinzip, wenn Sie keine Standardschriftarten- und größen von Windows verwenden. Die Abweichung in der Zeichenbreite wird dadurch kompensiert, daß die Leerstellen zwischen den Wörtern für die Bildschirmausgabe variiert werden. Am Zeilenumbruch entsteht damit auch in der Bildschirmausgabe keine Verfälschung und das WYSIWYG-Prinzip kann durch diesen Trick weitgehend eingehalten werden. Am Bildschirm sieht es zwar manchmal so aus, als ob die Wörter zu eng zusammengerückt

Zusatzprogramme wie Bitsream Facelift oder der Adobe Type Manager sind für Windows 3.x heute am Markt erhältlich. Sie erlauben die Darstellung von Schriftgrad - Zwischengrößen am Bildschirm

oder zu weit auseinandergezogen wären, der Ausdruck erfolgt jedoch stets korrekt, soweit der angeschlossene Drucker den geforderten Zeichensatz unterstützt. Word für Windows z.B. versucht stets, die Zeilenlänge entsprechend dem tatsächlichen Ausdruck auch in der Bildschirmdarstellung beizubehalten.

Ist ein Zeichen nicht im Bildschirmzeichensatz enthalten, so wird es durch ein anderes Zeichen oder Symbol dargestellt. Außerdem gilt die Regel: Je mehr Bildschirmzeichensätze installiert sind, desto geringer ist die verbleibende Speicherkapazität zur Ausführung von Programmen.

Windows-Schriftarten und Matrixdrucker

Bei den meisten Matrixdruckern wird die Schriftgröße horizontal (Zeichenbreite) in *Zeichen per Zoll* gemessen. Windows mißt Bildschirmschriftarten aber nach der Punktgröße, einem Maß, das auf der Zeichenhöhe beruht. Bei einigen Matrixdruckern wird die Größe der Bildschirmschriftarten aus diesem Grund nicht geändert, wenn Sie das CPI-Maß ändern. Lediglich die Zeichenpositionen auf der Seite und die Zeilenumbrüche werden geändert, damit sie der gedruckten Ausgabe entsprechen. Bei Anwendungen, die über ein Zeilenlineal verfügen, gibt es in einer solchen Situation Unterschiede zwischen gewünschter und im Zeilenlineal angezeigter Zeichenbreite und/oder -höhe. Die Gründe für solche Unterschiede liegen in dem beschriebenen Größenunterschied zwischen Bildschirm- und Druckerschriftart.

Die meisten Matrixdrucker verwenden für die Schriftgrößen die Maßeinheit *Teilung* (die Breite des Zeichens in Bezug auf die Anzahl Zeichen pro Zoll). Im allgemeinen haben diese Schriftarten die gleiche Höhe, aber unterschiedliche Breiten. Es gibt Windows-Anwendungsprogramme wie z.B. PowerPoint, bei denen die Teilungsgrößen für Matrixdruckerschriftarten direkt bei dem Schriftartnamen aufgelistet werden. In PowerPoint können Sie - genauso wie in Word für Windows (wenn auch nicht in diesem Ausmaß) - beispielsweise die nachfolgenden Schriftarten im Dialogfeld **Schriftarten** sehen.

Courier	Roman 20cpi
Courier 10cpi	Roman 5cpi
Courier 12cpi	Roman 6cpi
Courier 15cpi	Roman PS
Courier 20cpi	Sans Serif 10cpi
Courier 5cpi	Sans Serif 12cpi
Courier 6cpi	Sans Serif 15cpi
DIGITAL	Sans Serif 20cpi
Futura	Sans Serif 5cpi
FuturaLight	Sans Serif 6cpi
√ Helv	Sans Serif PS
Helvetica-Black	Script 10cpi
Modern	Script 12cpi
Prestige 10cpi	Script 15cpi
Prestige 12cpi	Script 20cpi
Prestige 20cpi	Script 5cpi
Prestige 5cpi	Script 6cpi
Prestige 6cpi	Symbol
Preview	System
Roman	Terminal
Roman 10cpi	Tms Rmn
Roman 12cpi	ZapfDingbats
Roman 15cpi	

Abb.1.5.1: Die Schriftenpallette aus MS-PowerPoint
für einen Nadel-Drucker

Unabhängig von der Schriftartbezeichnung können Sie bei den meisten
Matrixdruckern trotzdem einen anderen Schriftgrad einstellen. Lassen
Sie sich nicht von den Unterschieden zwischen den Maßeinheiten *Teilung* des Matrixdruckers und *Punkt* von Windows verwirren, probieren
Sie stattdessen am besten einfach aus, ob Ihr Drucker die angeforderte
Schriftart beherrscht.

Druckerzeichensätze

Drucker benutzen in der Regel zwei Zeichensatzarten, nämlich Grafik-
zeichensätze und bereits eingebaute Druckerzeichensätze. Ein Grafikzeichensatz ist nichts anderes als ein Abruf oder eine Anordnung von
Pixeln. Ein Druckerzeichensatz besteht dagegen aus bereits zusammengestellten Pixeln, die schon im Drucker selbst gespeichert sind. Stellen

Sie sich vor, daß die Speicherung in einer mechanischen Einrichtung im Drucker erfolgt, von der aus die Schrift dann zu Papier gebracht wird.

Pixelgrafik-Zeichensätze sind entweder genaue Duplikationen des Zeichensatzes, der auf dem Bildschirm angezeigt wird oder aber hochauflösende Versionen des Bildschirmschriftsatzes. Matrixdrucker verwenden im allgemeinen niedrigauflösende Pixelgrafik-Schriftsätze (in manchen Fällen auch sogenannte Outline-Schriftsätze, die in ein Pixelgrafikbild umgewandelt worden sind).

Outline-Zeichensätze liegen in Form einer mathematischen Beschreibung vor, in der die Umrisse jedes Zeichens festgehalten werden. Im Gegensatz zu Pixelgrafik-Zeichensätzen können solche Silhouetten-Zeichensätze in Bezug auf die Größe sehr viel einfacher angepaßt werden. Es muß folglich im Drucker nicht für jede Schriftgröße eine eigene Beschreibung vorhanden sein. Die Beschreibung des Umrisses wird in Form von Vektoren gespeichert und nicht als pixelgrafische Beschreibung jedes Punktes, aus dem das Zeichen besteht. Outline-Zeichensätze beanspruchen auch weniger Speicherkapazität als Pixelgrafiksätze.

Wenn ein Drucker einen Grafikzeichensatz verwendet, übernimmt er vom Computer die Anweisung, einen Buchstaben zu drucken. Dann muß das Pixelgrafikbild eines jeden Buchstabens während des Drucks abgerufen werden. Dieser Vorgang kann unter Umständen sehr viel Speicherkapazität in Anspruch nehmen. Im Falle von Outline-Zeichensätzen muß der Drucker die Umrisse, die im Druckerspeicher enthalten oder vom Computer geladen worden sind, in ein hochauflösendes Pixelgrafikbild umwandeln. Alle Laserdrucker drucken als endgültiges Bild eine Pixelgrafik aus, wobei die Auflösung bei einigen (z.B. bei einer Bildsetzmaschine) so fein ist, daß kein Unterschied mehr zu perfekt gezeichneten Buchstaben erkennbar ist.

Die meisten Laserdrucker verwenden zur Erstellung der Druckerausgabe Outline-Zeichensätze oder Pixelgrafik-Zeichensätze. Wenn ein gewählter Bildschirmzeichensatz im Drucker nicht verfügbar ist, verwendet der Drucker in den meisten Fällen einfach einen anderen, ähnlichen Zeichensatz.

Word für Windows benötigt zum Beispiel zur korrekten Formatierung des Dokumentes auf dem Bildschirm und für die Druckausgabe Angaben darüber, welcher Drucker verwendet wird. Aus dieser Angabe in der Windows Systemsteuerung erkennt Word für Windows dann automatisch, welche Zeichensätze dieser Drucker unterstützt und stellt auch nur diese für die Formatierung zur Verfügung. Die Angaben über den Drucker und damit die Anzahl der verfügbaren Zeichensätze lassen sich in der Systemsteuerung aber jederzeit verändern.

Wenn Sie feststellen, daß die eingebauten Zeichensätze in Ihrem Drucker nicht ausreichen, können Sie zusätzliche Zeichensätze verwenden, die entweder über eine Software geladen werden oder für manche Druckermodelle auch als Zeichensatzkassetten erworben werden können.

Ladbare Zeichensätze

Zeichen, die nicht in Ihrem Drucker eingebaut sind, sind unter Umständen als ladbare Zeichensatzdatei (Softfonts) verfügbar, die sich als Softwareprodukt in den Arbeitsspeicher Ihres PC´s laden lassen. Die dazugehörigen Dateien sind meist auf der Festplatte des Computers abgespeichert und werden nach Bedarf geladen und an den Drucker übertragen. Wenn Sie solche Zeichensätze verwenden, sollten Sie daran denken, daß die geladenen Zeichensatz-Beschreibungen nur so lange im Speicher verbleiben, bis der Drucker ausgeschaltet wird oder Sie den Speicher für andere Zeichensätze freimachen, in dem Sie die zuerst geladenen Zeichensätze aus dem Speicher löschen. Lassen Sie daher Vorsicht walten, wenn Sie verschiedene Zeichensätze auf derselben Seite verwenden. Zum Drucken von grafisch komplexen Seiten mit vielen verschiedenen Schriftarten ist es unter Umständen erforderlich, die Speicherkapazität des Druckers zu erweitern.

Sie werden ladbare Zeichensätze in den meisten Fällen automatisch bei der Benutzung von Windows installieren wollen. Für die Installation dieser Softfonts müssen Sie die Windows Initialisierungsdatei WIN.INI verändern bzw. durch das bei den Softfonts mitgelieferte Installationsprogramm modifizieren lassen.

Die TrueType Schriften von Windows 3.1

Die zuvor aufgezeigten Möglichkeiten der Schriftenbearbeitung mit der grafischen Betriebssystemerweiterung Windows stellen trotz der erwähnten Hindernisse gegenüber der zeichenorientierten Oberfläche von DOS immer noch eine wesentliche Erweiterung dar. Dank Windows war es erstmals möglich, Schriften überhaupt annähernd zu ihrem tatsächlichen Aussehen am Bildschirm darzustellen. Die soeben vorgestellte Technologie von Windows 2.x und Wndows 3.0 machte aber auch deutlich, daß mit dem echten WYSIWYG noch erhebliche Probleme für den professionellen Anwender verbunden waren. Um unter Windows 3.0 mit echtem WYSIWYG arbeiten zu können, braucht man theoretisch eine Unmenge von Bitmap-Schriftarten, denn für jede gewünschte Schriftgröße und jede verwendete Bildschirmauflösung muß eigentlich auch eine eigene Schriftartdatei vorhanden sein. Ist das nicht der Fall, so werden die nicht vorhandenen Schriftgrößen aus kleineren interpoliert, was in der Praxis dazu führt, daß Zwischengrößen wie Helvetica 68 PT eher aussehen wie Treppenkonstruktionen als wie druckreife Schriftarten.

Die Lösung für dieses Problem wurde schon im vergangenen Jahr von verschiedenen Softwarehäusern angeboten. Der Adobe Type Manager ermöglichte es, genauso wie Bitstream Facelift bereits unter Windows 3.0, Schriften in beliebigen Schriftgrößen am Bildschirm darzustellen und auch zu Papier zu bringen. Einziger Haken an diesen überaus leistungsfähigen Programmen war, daß man diese eben separat käuflich erwerben mußte. Dennoch bieten Sie den nicht von der Hand zu weisenden Vorteil, daß alle heute mittlerweile als Standard anerkannten Adobe-Schriftarten damit problemlos unter Windows benutzt werden können.

Die Lizenzgebühren, der erst sehr spät zugänglich gemachte Programmcode für die PostScript-Schriftsteuerung und Geschwindigkeitsprobleme waren es wohl, die Microsoft und Apple schließlich dazu veranlaßt haben, eigene PostScript- kompatible Schriften für die Bildschirm- und Druckersteuerung zu entwickeln. Diese Schriften können am Bildschirm und Drucker frei skaliert werden und werden je nach den Möglichkeiten des Druckers im Grafikmodus als Bitmaps oder als sogenannte Softfonts ausgegeben. Größter Vorteil dieser Schriften: Sie stimmen mit den

PostScript-Schriften überein. Man kann also Texte und Druckschriften auf einem billigen System erstellen und die endgültige Ausgabe dann später extern auf einem Laserdrucker oder einem Fotosatzbelichter durchführen.

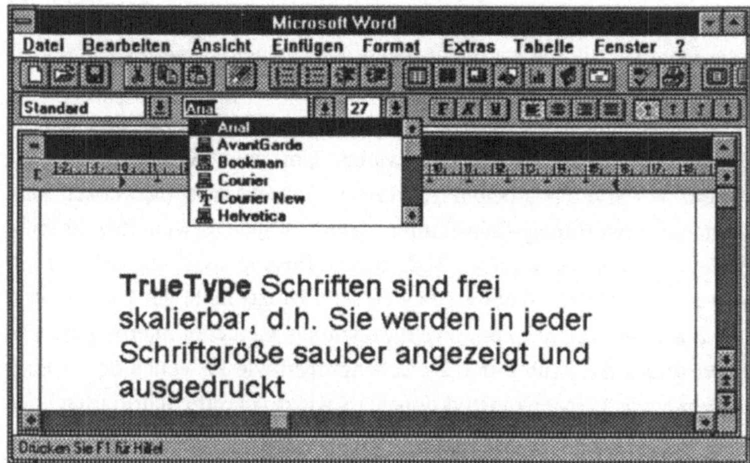

Abb.1.5.2:   TrueType Schriften von Windows 3.1
              in Word für Windows 2.0

Windows 3.1 ist nun die erste Version von Windows, die mit TrueType Schriften ausgeliefert wird. Die TrueType Schriften lassen sich in den Windows Programmen von anderen Schriftarten durch Grafiksymbole unterscheiden. Während TrueType Schriften mit einem doppelten T gekennzeichnet sind, erhalten die Vektor- oder Bitmap-Schriftarten einen kleinen Bildschirm als Kennzeichen (siehe Abbildung 1.5.2). Sie als Anwender können mit den TrueType-Schriften genauso arbeiten wie mit allen anderen Schriftarten auch, d.h. die TrueType-Schriften lassen sich z.B. in Word für Windows im Menü Schriftarten genauso ansprechen wie alle Ihnen bereits bisher bekannten Schriftarten. Unterschiede werden Sie lediglich bemerken, wenn Sie für eine Schriftart eine hohe

Schriftgröße benutzen. Während eine Standardschriftart wie Times-Roman in einer 73 PT-Zwischengröße am Bildschirm eher einem Baukastensystem gleicht, sieht die TrueTypeSchriftart Times New Roman in 73 PT dem späteren Druckbild erheblich ähnlicher, wenn Sie nicht sogar nahezu identisch erscheint.

Bei der Ausgabe eines Textes mit TrueType-Schriften auf einem Post-Script-Drucker haben Sie als Anwender die Möglichkeit auszuwählen, ob die TrueType Schriften, die Sie am Bildschirm verwendet haben, auch beim Ausdruck benutzt werden sollen, oder ob die TrueType-Schriften vom Bildschirm beim Druck in einen ähnlichen Zeichensatz umgesetzt werden sollen, den Ihr Drucker nach konventioneller Technik beherrscht. Insgesamt sind die Möglichkeiten von TrueType-Schriften allerdings viel zu umfangreich, als daß wir an dieser Stelle vertiefend darauf eingehen können, - uns bleibt an dieser Stelle leider nur übrig, Ihnen zu diesem Thema das Studium weiterführender Literatur zu empfehlen.

Schriftarteninstallation in Windows 3.1

Das Arbeiten mit der grafischen Benutzeroberfläche Windows ermöglicht das Erstellen von Dokumenten nach dem WYSIWYG-Prinzip (What You See Is What You Get). Windows wird mit einer breiten Palette der verschiedensten Schriftarten ausgeliefert, deren Verwendung jedoch von dem jeweils benutzten Drucker abhängig ist. Wenn Sie z.B. einen 24-Nadel Matrixdrucker für den Ausdruck Ihrer Dokumente benutzen, stehen Ihnen andere Schriftarten zur Verfügung als bei der Verwendung eines PostScript-Laserdruckers. Die in einem Anwendungsprogramm wie Word für Windows zur Verfügung stehenden Schriftarten sind also von dem benutzten und eingestellten Drucker abhängig.

Die hohe Flexibilität von Windows erlaubt es nun, zusätzliche Schriften einzeln zu erwerben und für die Dokumenterstellung zu verwenden. Für die Verwendung in Windows-Programmen müssen allerdings zunächst zusätzliche Schriftarten installiert werden. Wenn die Installation von Windows 3.1 und Word für Windows nicht zeitgleich erfolgt ist oder aus irgendeinem anderen Grund nicht alle vorhandenen Schriftarten in der Konfigurationsdatei WIN.INI eingetragen sind, muß eine gewünschte Schriftart unter Umständen nachträglich installiert werden. Dazu führt man den Mauszeiger auf das Sinnbild der Systemsteuerung in der Hauptgruppe des Programm-Managers und öffnet diese mit einem Doppelklick auf der linken Maustaste. In dieser Programmgruppe, die mit Abbildung 1.5.3 dargestellt wird, befinden sich nun die verschiedenen Anwendungsprogramme für das Anpassen der Windows-Oberfläche und der Grundeinstellungen von Windows.

In der Windows Systemsteuerung lassen sich neben der Druckereinstellung die verschiedensten Grundeinstellungen von Windows 3.1 und Windows-Anwendungsprogrammen verändern, variieren und anpassen.

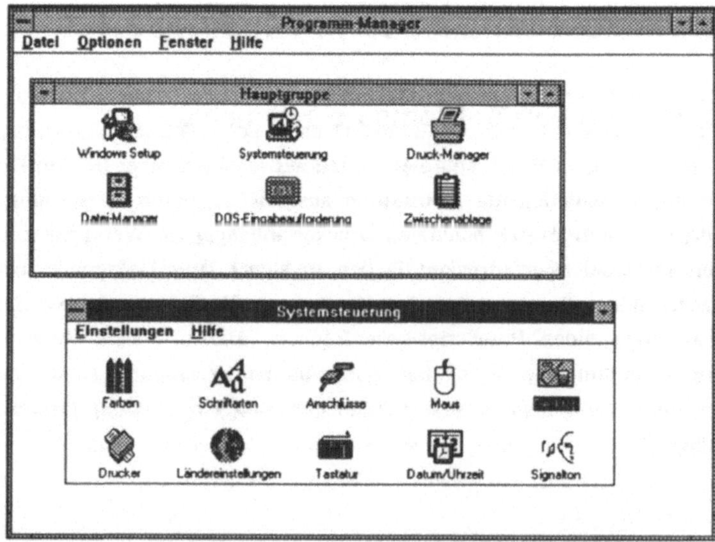

Abb.1.5.3:   Die Systemsteuerung befindet sich in der Hauptgruppe

➪ Einstellungen für international unterschiedliche
Konventionen z.B. für Währungsformate,

➪ Bildschirmfarben und Hintergrund der
Windows-Arbeitsfläche,

➪ Datum und Uhrzeit sowie

➪ Schriftarten und Druckereinstellungen.

Um eine Schriftart hinzuzufügen oder zu löschen, öffnet man mit einem
Doppelklick der linken Maustaste das Programm Schriftarten. In der
Dialogbox führt man einen Mausklick auf das Optionsfeld **Hinzufügen**
aus und kann in der sich anschließenden Dialogbox die gewünschte
Schriftart-Datei auswählen.

Wechseln Sie ggfs. in dem Verzeichnisfeld **Verzeichnisse** mit einem
Doppelklick auf die beiden Punkte zunächst in das Hauptverzeichnis *c:*
und dann zum Beispiel in das Verzeichnis *C:\fonts*.Mit einem Doppelklick auf die entsprechende Schriftartdatei (*SCHRIFT.FON*) in dem
Verzeichnisfeld **Schriftarten** wird die Schriftart installiert.

Verwenden von Softfonts beim Drucken

Wenn Sie Softfonts beim Drucken verwenden möchten, so muß Windows dies wissen. Die hierzu notwendige Information holt sich Windows
aus der Datei WIN.INI. In dieser Datei befindet sich z.B. für HP/PCL-
Drucker ein Abschnitt, der alle notwendigen Druckinformationen enthält. Nicht immer wird dieser Abschnitt automatisch aktualisiert, wenn
Sie nachträglich Softfonts erwerben oder installieren. Sollten Sie Probleme beim Drucken von Softfonts auf einem HP-Laserdrucker haben, so
überprüfen Sie Ihre Datei WIN.INI auf die Einträge im Abschnitt PCL.
In Abbildung 1.5.4 finden Sie Beispieleinträge für die Verwendung des
Softfonts SYMBOL von Word für Windows für die Verwendung auf
einem PCL-Drucker.

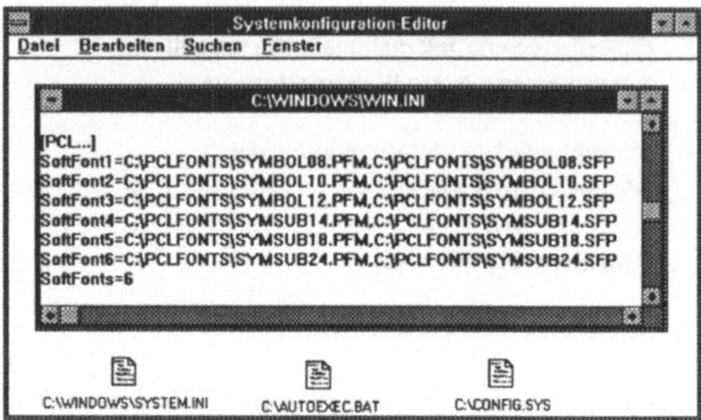

Abb.1.5.4:   Softfonts im Abschnitt des zu verwendenden
                 Druckers in der Datei WIN.INI

Entfernen von Schriftarten

Jede installierte Schriftart beansprucht Arbeitsspeicher. Wenn Sie eine Schriftart nicht verwenden, können Sie diese löschen, um Speicher für Anwendungsprogramme freizugeben. Sie benötigen auch dazu die Windows Systemsteuerung. Um nun eine Schriftart zu entfernen, aktivieren Sie mit einem Doppelklick auf der linken Maustaste das Schriftarten-Symbol aus dem Systemsteuerungs-Fenster. Die in Windows installierten Schriftarten werden im Feld **Installierte Schriftarten** aufgelistet. Markieren Sie die Schriftart, die Sie entfernen wollen und betätigen Sie den Schaltfläche **Löschen**. Gelöschte Schriftarten werden für die Verwendung mit Windows 3.1 gesperrt, die Schriftartdatei bleibt jedoch noch auf Ihrer Festplatte erhalten, so daß die Schriftart nachträglich jederzeit wieder installiert werden kann.

Die Schriftart *Helv* wird für die meisten Windows-Dialogfelder als Standardschriftart verwendet. Sie sollten deshalb diese Schriftart möglichst nicht entfernen. Tun Sie es trotzdem, wird der Text der Dialogfelder oder die Systemschriftart ziemlich schwer zu lesen sein, wie die nachfolgende

Abbildung 1.5.5 unschwer erkennen läßt. Sie demonstriert unseres Erachtens anschaulich, daß man sich mit Windows erst ein wenig beschäftigt haben sollte, bevor man Schriftarten entfernt.

Wenn Sie die Schriftart trotzdem einmal gelöscht und keine Sicherungskopie der Datei WIN.INI angelegt haben, so benutzen Sie am besten auf der Betriebssystemebene DOS einen Editor (z.B. EDIT aus DOS 5.0), um in die Datei WIN.INI die Zeile mit der Schriftart *Helv* wieder einzufügen. Sie sollten dieses auf der Betriebssystemebene vornehmen, da Windows nach dem Löschen der Helvetica-Schriftgrößen 8 bis 24 als Systemschriftart unter Umständen Helvetica in der Schriftgröße 36 benutzt. Die Verwendung dieser Schriftart bewirkt, daß Sie aufgrund der hohen Speicheranforderungen kein Windows-Programm mehr aufrufen können und deshalb möglicherweise die Datei WIN.INI auch nicht mit dem Konfigurationseditor Sysedit oder dem Notizblock reparieren können.

Machen Sie sich stets eine Sicherungskopie der Datei WIN.INI, bevor Sie eine Schriftart löschen. So vermeiden Sie das unter Umständen mühselige Nacheditieren und Reparieren, wenn Sie aus Versehen die Systemschriftart HELV gelöscht haben.

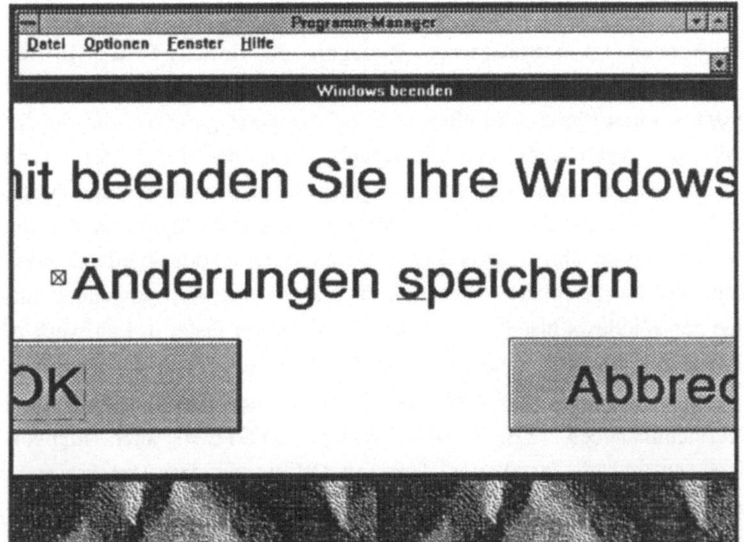

Abb.1.5.5:   Das kann Ihnen passieren, wenn Sie
               die Schriftart Helvetica 8-24 löschen

Druckerinstallation in Windows 3.1

Auch für das Wechseln oder Installieren von Druckern steht ein eigenes Programm in der Hauptgruppe des Programm-Managers zur Verfügung. Mit einem Doppelklick auf das Sinnbild Drucker wird die Dialogbox **Drucker** geöffnet. In dem Verzeichnisfeld **Installierte Drucker** sind alle während der aktuellen Sitzung benutzbaren Drucker aufgelistet. Das Dialogfeld **Status** zeigt an, ob der mit einem schwarzen Balken hinterlegte Drucker **aktiv** oder **inaktiv** ist. Will man einen anderen Drucker für die Druckausgabe einsetzen, so markiert man den aktiven Drucker in dem Verzeichnisfeld **Installierte Drucker** mit einem Mausklick und stellt den **Status** auf **inaktiv**. Danach markiert man den für die Ausgabe gewünschten Drucker und stellt dessen **Status** auf **aktiv**.

Wenn man dagegen mit einem Drucker arbeiten möchte, den man sich erst nach der Anschaffung von Windows zugelegt hat und den man deshalb in der Vorauswahl bei der Installation von Windows 3.1 nicht ausgewählt hatte, so muß man diesen bzw. die entsprechende Druckertreiberdatei zunächst in Windows installieren. Die Installation eines neuen Druckers erfolgt ebenfalls in der Dialogbox des Befehls **DRUCKER** der Systemsteuerung. Mit einem linken Maustastenklick auf dem Befehl **Drucker hinzufügen** wird eine weitere Dialogbox geöffnet, die die Installation zusätzlicher Drucker erlaubt. Aus der Liste der hierin angezeigten Drucker wählt man das gewünschte Modell aus und startet die Installation mit dem Befehl **Installieren**. Windows nimmt an, daß die für den ausgewählten Drucker notwendige Druckertreiberdatei noch nicht auf der Festplatte vorhanden ist und fordert den Anwender auf, eine der Windows Installationsdisketten mit dieser Datei in Laufwerk *a:* einzulegen. Wenn sich die Druckertreiberdatei bereits auf der Festplatte in einem anderen Verzeichnis befindet, kann man den entsprechenden Verzeichnisnamen (z.B. *C:\WINDOWS\ SYSTEM*) auch manuell eintragen und die Installation dann mit **OK** starten. Der Drucker steht danach für die Druckausgabe in Windows zur Verfügung und muß nur noch für spezielle Druckausgaben konfiguriert werden.

Druckeranschlüsse und Konfiguration

Die Konfiguration eines Drucker sowie das Bestimmen der Computer-
schnittstelle (seriell oder parallel) erfolgt ebenfalls in der Dialogbox des
Programms Drucker über den Befehl **Konfigurieren**. Mit [Alt]+[K]
wird eine Dialogbox geöffnet, in der man bestimmen kann, welche
Schnittstelle für die Druckausgabe mit dem aktuellen Drucker verwendet
werden soll. Im Normalfall ist dies die parallele Schnittstelle LPT1.

Die eigentliche Konfiguration des Druckers erfolgt nun über den Befehl
Installieren bzw. [Alt]+[I]. In der sich öffnenden Dialogbox kann man
mit [Alt]+[D] oder einem Mausklick auf den kleinen Pfeil rechts neben
dem Verzeichnisfeld das genaue Modell des Druckers bestimmen. Darunter bestimmt man die Art der Papierzuführung sowie die Papiergröße
nach DIN- oder US-Normen. Das Format der Druckausgabe läßt sich in
den Feldern **Format** (Hoch- oder Querformat) und bei PostScript-Druk-
kern auch in der Skalierung (Größe des Ausdruckes in Prozent) bestimmen. Will man z.B. eine Verkleinerung der Druckausgabe seines Dokumentes erzielen, wechselt man mit [Alt]+[N] in das Dialogfeld **Skalierung** und trägt den gewünschten Verkleinerungsgrad in Prozent ein (z.B.
90%). Benötigt man mehrere Kopien seines Ausdrucks, so wechselt man
mit [Alt]+[P] in das Dialogfeld **Kopien** und gibt die gewünschte Anzahl der Kopien ein.

Weitere Feinabstimmungen zum Beispiel für das Einstellen eines
Handshakes oder das Herunterladen eines PostScript Headers lassen sich
dann noch mit dem weiter verzweigenden Befehl **Optionen** vornehmen.
Für den Normalfall sind die hier vorgenommenen Standardeinstellungen
jedoch immer ausreichend, sodaß einer erfolgreichen Druckausgabe
nichts mehr im Wege steht. Man bestätigt die Einstellungen dreimal mit
OK und kann dann die Systemsteuerung sowie die Hauptgruppe **schließen**, um den Ausdruck aus einem Anwendungsprogramm heraus zu
starten.

Der Druck-Manager von Windows 3.1

Nachdem Sie nun gelernt haben, wie man einen Drucker installiert und aktiviert und auch einiges über Schriftarten am Bildschirm und im Ausdruck erfahren haben, werden Sie sicher an den Ausdruck eines Dokumentes gehen. Obwohl Windows´ wesentlicher Vorteil die einheitliche Benutzeroberfläche mit einer zentralen Ausgabesteuerung ist, kann es beim Ausdrucken eines Dokumentes doch von Anwendungsprogramm zu Anwendungsprogramm geringfügige Unterschiede geben. Informieren Sie sich daher stets in den Anleitungen des jeweiligen Programmes über Besonderheiten.

Wenn Sie aus einem Windows-Anwendungsprogramm heraus einen Ausdruck starten, wird von dem Programm eine Druckdatei erstellt und an den Druck-Manager von Windows übergeben. Der Druck-Manager übernimmt das eigentliche Drucken der Datei, er schafft also freien Speicherraum für Ihr Anwendungsprogramm, weil er sich mit der Steuerung des Druckens beschäftigt, während Sie schon wieder an einem anderen Dokument weiterarbeiten können. Da der Druck-Manager ein Windows-Programm ist, übernimmt er die Druckersteuerung für alle Windows-Programme. Er arbeitet aufgrund der Multi-Taskingfähigkeit von Windows mit einer sogenannten Warteschlange, d.h. er arbeitet alle Druckaufträge, die von den Anwendungsprogrammen bei ihm ankommen, der Reihe nach ab.

Wenn Sie nun einen Ausdruck starten, benötigt Windows zwei Programme bzw. Dateien. den Druck-Manager und eine sogenannte Treiberdatei für den angesteuerten Drucker. Die Treiberdatei befindet sich bereits von der Installation her auf Ihrem System, d.h. durch die Einstellungen der Systemsteuerung brauchen Sie sich um diese Datei nicht mehr zu kümmern. Der Druck-Manager wird automatisch aufgerufen, sobald von irgendeinem Anwendungsprogramm ein Druckauftrag abgesandt wird. Der Druck-Manager, den man sich wie ein Tonband vorstellen kann und der früher auch Spooler oder Spulprogramm genannt wurde, ist ein eigenes Windows-Programm und hat mit dem Druckerspooler von MS-DOS nichts zu tun.

Der Druck-Manager arbeitet stets im Hintergrund, d.h. während er einen Druckauftrag abarbeitet, können Sie getrost mit einem anderen Windows-Anwendungsprogramm weiterarbeiten, indem Sie mit [Alt] + [→|] z.B. in den Programm-Manager wechseln und von dort aus ein anderes Programm starten. Bei mehreren Druckaufträgen erstellt der Druck-Manager eine Warteschlange, d.h. eine Art "Wartezimmer", in dem sich alle für den Ausdruck vorgesehenen Dateien befinden.

Wenn Sie einen Ausdruck starten, öffnet sich der Druck-Manager als ein Symbol am unteren Bildschirmrand, das Sie aber nicht unbedingt sehen. Wenn Sie das Symbol zu einem Fenster vergrößern, so sehen Sie die Druckerwarteschlange mit den zu druckenden Dateien und zwar jeweils eine eigene für jeden aktiven Drucker, der an das System angeschlossen ist. Sie können in diesem Fenster allerhand machen, nämlich z.B. einen Druckauftrag kurzzeitig unterbrechen oder komplett abbrechen, sich über den jeweiligen Druckstatus eines Dokumentes informieren oder einen unterbrochenen Druck fortsetzen. Damit der Druck-Manager arbeiten und beim Ausdruck von Dateien benutzt werden kann, muß er immer zuerst aktiviert worden sein. Im Normalfall geschieht das automatisch. Sollte der Druck-Manager bei Ihnen aus irgendwelchen Gründen nicht arbeiten, so vergewissern Sie sich in der Systemsteuerung, ob die Verwendung des Druck-Managers aktiviert worden ist. Starten Sie dazu die Systemsteuerung und wählen Sie das Drucker-Symbol. Schalten Sie das Kontrollfeld **Druck-Manager verwenden** ein und bestätigen Sie mit **OK**.

Abbrechen eines Druckvorganges

Um eine Datei aus der Druckwarteschlange zu löschen, markieren Sie einfach die Informationszeile mit der Datei und wählen **Beenden** aus dem Menü **Optionen**. Bestätigen Sie den Löschvorgang mit **OK**. Wenn Sie den Druck einer Datei abbrechen, die im Grafikmodus ausgedruckt wird, werden Sie danach wahrscheinlich erst einmal den Druckerspeicher durch Aus- und Einschalten des Druckers freimachen müssen, bevor Sie einen neuen Ausdruck starten können.

Anhalten und Fortsetzen eines Druckvorganges

Im Gegensatz zu Windows 2.xx, bei dem ein Druckvorgang meistens automatisch fortgesetzt wurde, wenn z.B. Probleme mit dem Drucker aufgetreten sind, müssen Sie in solchen Fällen bei Windows 3.1 den Druckvorgang mit der Schaltfläche **Fortsetzen** immer wieder neu aktivieren. Um einen Druckvorgang von Hand anzuhalten, markieren Sie zunächst die Datei in der Drucker-Warteschlange. Betätigen Sie dann die Schaltfläche **Anhalten** oder drücken Sie [Alt] + [P]. In der markierten Informationszeile wird angegeben, daß der Druckvorgang angehalten wurde. Um den Druckvorgang fortzusetzen, klicken Sie einfach auf die Schaltfläche **Fortsetzen** oder drücken [Alt] + [R].

Probleme beim Drucken

Microsoft Windows 3.1 unterstützt sehr viele Druckermodelle und deshalb kann es mit jedem Drucker immer mal Probleme geben. Bei manchen Druckermodellen muß man sich aber einfach nur an ganz bestimmte Vorgehensweisen halten, um ein Problem zu vermeiden. Um Sie vor einigen Probleme zu bewahren, geben wir Ihnen im folgenden Tips, die sich auf bestimmte Druckermodelle und Drucktechniken (z.B. bei Matrix- oder bei Laserdruckern) beziehen.

Drucken des erweiterten Ansi-Zeichensatzes

In Windows wird der ANSI-Zeichensatz verwendet. Zusätzlich zu den "normalen" 128 Zeichen, die Sie über die Tastatur eingeben können, können Sie auch erweiterte oder internationale Zeichen eingeben. Obwohl Sie in Ihrem Anwendungsprogramm erweiterte Zeichen eingeben und diese auf dem Bildschirm sehen können, ist es möglich, daß Ihr Drucker diese Zeichen nicht ausdrucken kann. Diese Einschränkung bezieht sich aber nur auf die Hardware-Schriftarten des Druckers; die Raster-Schriftarten von Windows können auch erweiterte ANSI-Zeichen auf jedem Drucker (als Grafik) ausgeben.

Wenn Windows eine Datei druckt, wird jedes von Ihnen eingegebene Zeichen durch die ANSI-Zeichensatztabelle in das für Ihren Drucker notwendige Zeichen übersetzt. Wird das betreffende Zeichen vom Drukker unterstützt, erscheint es im Ausdruck. Wird es nicht unterstützt, sehen Sie möglicherweise einen Punkt oder ein anderes Füllzeichen. Aufgrund der Vielzahl am Markt erhältlicher Drucker können wir Ihnen bzgl. Druckerproblemen aber in unserem Buch leider auch keinen anderen Tip geben, als im Handbuch Ihres Drucker nachzusehen oder einfach mit Ihrem Drucker zu experimentieren, um herauszufinden, welche erweiterten Zeichen unterstützt werden.

Bei EPSON-Druckern gilt, daß Sie die erweiterten ANSI-Zeichen (Zeichen mit Werten zwischen 128 und 255) nur auf den folgenden Epson LQ Druckern ausdrucken können: dem LQ-500, dem LQ-2500, dem LQ-850 und dem LQ-1050. Andere Epson LQ-Drucker unterstützen diese Zeichen nicht in Form einer Hardwareschriftart, die Zeichen sind also für Windows beim Drucken mit den Hardware-Schriftarten des Druckers nicht verfügbar. Bedenken Sie, daß diese Begrenzung nur die Hardware-Schriftarten des Druckers betrifft, bei Rasterschriftarten (Modern etc.) von Windows werden auch die erweiterten ANSI-Zeichen (höher als 128) ausgedruckt.

Druckausgabe in eine Datei

Es kann gelegentlich notwendig sein, eine Datei aus der Tabellenkalkulation oder Ihrer Textverarbeitung in eine Datei zu drucken anstatt sie gleich an den Drucker zu senden. Die Ausgabedatei können Sie dann später mit einem anderen Dokument zusammenführen oder auch zu einem anderen Zeitpunkt an einem anderen Ort drucken.

Um in eine Datei zu drucken, wählen Sie zunächst die Systemsteuerung aus dem Fenster Hauptgruppe aus oder vergrößern das Symbol Systemsteuerung, falls sie mit dieser bereits gearbeitet haben. Wählen Sie das Symbol **Drucker** aus und in der sich öffnenden Dialogbox in dem Feld **Installierte Drucker** den Namen des Druckers, mit dem Sie drucken möchten.

Da Windows den Ansi-Zeichensatz verwendet und diesen für die Druckausgabe in den Code umwandelt, den Ihr Drucker versteht, können Sie die erzeugte Datei im Normalfall nicht als Textdatei bearbeiten, denn alle Druckersteuerzeichen werden in der Datei ebenfalls aufgelistet. Wenn Sie die Druckdatei als Textdatei bearbeiten möchten, müssen Sie den Druckertreiber *Standard/Nur Text* verwenden.

Wählen Sie also aus der Liste den Drucker (bei gewünschter Textdatei für eine spätere Bearbeitung den Drucker *Standard/Nur Text*) aus, der für die Druckdateiausgabe verwendet werden soll. Anschließend stellen Sie als Ausgabeeinheit über den Befehl **Konfigurieren** den Anschluß *FILE* im Feld Anschlüsse. Wählen Sie **Installieren**, um zu überprüfen, ob alle Druckoptionen richtig eingestellt sind. Sie müssen nicht mehr wie in Windows 2.xx einen Dateinamen in die Windows-Konfigurationsdatei WIN.INI eintragen, sondern werden später bei der Druckausgabe zur Dateinamensvergabe aufgefordert. Abschließend bestätigen Sie dreimal mit **OK**, um zum Fenster Systemsteuerung zurückzukehren. In Ihrem Anwendungsprogramm müssen Sie nun nur noch den Drucker als Ausgabegerät aktivieren (im Normalfall über den Befehl **DATEI DRUCKEREINRICHTUNG**) und die Druckausgabe in eine Datei kann gestartet werden.

Wenn Sie als Anschluß *FILE* angegeben haben, werden Sie beim Starten des Ausdrucks vom Druck-Manager zunächst aufgefordert, einen Dateinamen anzugeben, zusätzlich zum Dateinamen können Sie auch ein Laufwerk und ein Verzeichnis angeben, in dem die Datei gespeichert werden soll. Tragen Sie den Dateinamen ein und bestätigen Sie mit **OK**, um den Ausdruck zu starten.

Zum Ausdrucken von Word für Windows Dokumenten in eine Datei finden Sie ergänzende Tips und Tricks in Teil 3, Kapitel 9.

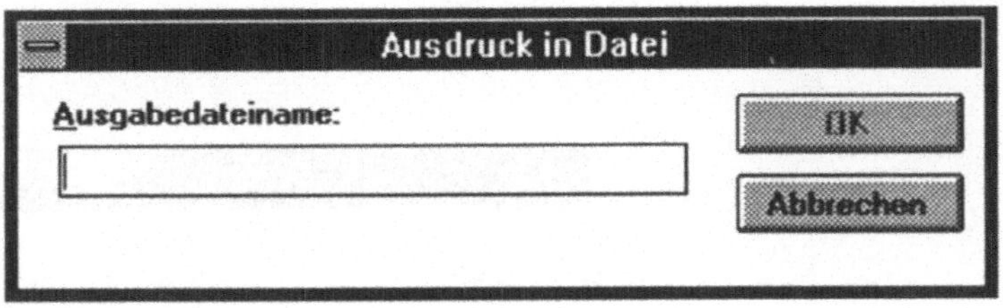

Abb.1.5.6:   Der Druck-Manager fordert zur
              Eingabe eines Dateinamens auf

Drucken mit PostScript Kassetten

Um PostScript-Zusatzkassetten eines Nicht-PostScript-Druckers mit
Windows verwenden zu können, müssen Sie in Windows einen Post-
Script Druckertreiber installieren. Sie können beispielsweise den Apple
Laserwriter Plus [PostScript] aus der Liste der Druckermodelle auswäh-
len, in den meisten Fällen funktioniert der Ausdruck mit diesem Druk-
kertreiber problemlos.

Zusammenfassung

In diesem Kapitel haben Sie etwas über die **Windows Schriftarten** und
die allgemeine **Druckersteuerung von Windows 3.1** erfahren. Wir
haben Ihnen einen Überblick über die Unterschiede zwischen Bild-
schirm- und Druckerzeichensätzen gegeben und Sie in die Arbeit mit
ladbaren Zeichensätzen (Softfonts) eingewiesen. Dabei wurde die **Installation eines Druckers** sowie die Funktionen des Windows 3.1 **Druck-
Managers** erläutert. Zum Abschluß gaben wir Ihnen Tips und Hinweise
zum Drucken von erweiterten ANSI- oder internationalen Zeichen sowie
zur Druckausgabe in eine Datei und zur Benutzung von Windows 3.1 bei
verschiedenen Druckern.

Einführung in

Word für

Windows 2.0

2

Kapitel 1

textverarbeitung mit
word
für windows 2.0

In diesem Kapitel beschreiben wir die Leistungsmerkmale und den Funktionsumfang von Word für Windows. Wir erläutern dabei auch die Unterschiede zwischen den Word für Windows-Versionen 1.0 und 1.1 und stellen abschließend die wesentlichen Neuerungen der Version 2.0 vor.

Funktionsumfang von Word für Windows

In der neuen Version 2.0 sind ein ganze Reihe von Grafikfiltern (z.B. DRAW Perfect) und anderen Importfiltern (z.B. Windows Works) dazu gekommen.

Word für Windows ist ein Textverarbeitungsprogramm aus dem Hause Microsoft, das mittlerweile wohl fast allen Windows 3.0 PC-Anwendern bekannt sein dürfte. Während sich in den späten 80er Jahren die DOS-Version dieses Programmes (auch bekannt als Word 5 oder Word 5.5) eine zentrale Stellung im Markt der Textverarbeitungssysteme auf dem PC erobert hatte, handelte es sich bei Word für Windows nicht um den Nachfolger des DOS-Klassikers Word, sondern um die auf Windows für die 286er, 386er und 486er INTEL-Prozessortechnologien portierte Word-Version vom Apple-Macintosh: Ein von Grund auf neues Programm-Design ermöglicht das grafisch-intuitive Arbeiten mit den bewährten Leistungsmerkmalen des Word-Klassikers unter der grafischen Oberfläche Windows 3.0 und enthält zusätzliche neue Funktionen, mit denen Word für Windows auf dem besten Weg ist, als die Textverarbeitung der neunziger Jahre in die Softwaregeschichte einzugehen.

Schon während der Installation von Word für Windows fallen zwei wesentliche Funktionen ins Auge: Die Integration von Grafiken ist direkt über Grafikformatfilter oder über die Windows-Zwischenablage möglich und es sind automatische Konvertierungen für andere Textverarbeitungsformate enthalten. Die Grafikformatfilter sind für gescannte Vorlagen (TIFF-Dateiformat), Lotus-PIC-Dateien, HPGL, CGM, AutoCAD ADI binär, AutoCAD ADI ASCII, MIRAGE IMA, PCX-Paintbrush, Videoshow NAPLPS, und Windows Draw! verfügbar. Bestechend einfach und gut zu handhaben sind die integrierten Konvertierungsroutinen für andere Textformate: Dateiformate von RFT-DCA, Text (ASCII), Word für Macintosh, INTERLEAF, Word für DOS, WordPerfect, MultiMate und

MultiMate Advantage, MultiMate Advantage II und WordStar können von Word für Windows gelesen und geschrieben werden. Außerdem lassen sich Dateien im Excel-Format BIFF, Windows Write-, Works-, Multiplan-, WKS- und WKI-Format (Lotus) und neuerdings auch dbase direkt einlesen.

Um dem Anwender eines anderen Textverarbeitungsprogrammes den Programmwechsel zu erleichtern, enthält Word für Windows ein integriertes Hilfeprogramm, das die Befehle aus IBM PCText 4, Word für DOS, WordPerfect und WordStar mit den entsprechenden Word für Windows-Befehlen am Bildschirm gegenüberstellen kann. Für andere Textverarbeitungssysteme wird ein separates Handbuch mitgeliefert. Wer trotzdem Umgewöhnungsprobleme hat und die Tastaturschlüssel seiner alten Textverarbeitung weiterbenutzen möchte, kann sich die Tastaturbelegung und die Menüs von Word für Windows in einer Dialogbox so verändern, daß die Tastenschlüssel seiner alten Textverarbeitung auch in Word für Windows weiterhin zur Verfügung stehen. Flexibilität und Variabilität sind bei Word für Windows ein zentrales Leistungsmerkmal.

Eine kleine mausgesteuerte Entdeckungsfahrt durch die von Windows bekannten Pull-Down-Menüs zeigt, was Word für Windows zu bieten hat: Makrorekorder und Makro-Programmiersprache, Windows-Fenstertechnik für das gleichzeitige Bearbeiten mehrerer Dokumente, Grafikintegration, Gliederungsfunktion, Datei-Manager, Anmerkungen, Fußnoten, Kopf- und Fußzeilen, Textmarken für Querverweise, automatische Erstellung von Index und Inhaltsverzeichnis, integriertes Arbeiten mit Tabellen sowie Rechnen im Text und über Zellreferenzen in Tabellen. Darüberhinaus kann man sich die Menü- und Tastaturbelegung und damit praktisch die gesamte Benutzeroberfläche von Word für Windows für unterschiedliche Anforderungen verschiedener Arbeitsplätze selbst zurechtschneidern.

Textformatierungen wie z.B. Schriftgrößen und Schriftarten werden in Word für Windows durch die Windows-Oberfläche schon bei der Texterstellung am Bildschirm dargestellt. Das Schreiben macht mehr Spaß, denn man kann von Anfang an intuitiv gestalten. Formatierungen müssen nicht über Punktbefehle oder verschachtelte Untermenüs durchgeführt werden, durch einfaches Anklicken von Sinnbildern am oberen Bildschirmrand werden Schriftarten und -größen sowie Druckformate zugeordnet. Seiten- und Papierränder verschaffen am Bildschirm den richtigen Eindruck vom Layout eines Dokumentes.

Eine wirkliche Hilfe bei der Formatierung ist eine an- und abschaltbare Formatierungsleiste, über die man z.B. Schriftarten, Fettdruck und Unterstreichungen schnell und gezielt zuordnen kann. Gleiches gilt für ein Lineal, in dem man Tabulatoren setzen und Absatzeinzüge formatieren kann. Komfortabel ist das Definieren von Druckformaten: das einmal erzeugte Format eines Absatzes kann direkt beim Schreiben als Druckformat festgehalten und dann z.B. mit einem Mausklick abgerufen werden. Jedes Druckformat läßt sich frei benennen, es kann auf seine Inhalte in einer Dialogbox überprüft und auch nachträglich verändert werden. Sehr einfach ist das Verändern von Standard-Druckformaten z.B. für Seitenzahlen, Fußnoten und Fußnotentrennstrichen oder Zeilennummern.

Durch die Windows-Oberfläche und die integrierten Grafik- und Textfilter können Word für Windows-Dokumente mit anderen Windows-Elementen wie z.B. Abbildungen, Grafiken, Kalkulationsblättern und Diagrammen, aber auch mit Kalkulationsblättern und Datenbanken kombiniert und verknüpft werden. Jedes Element kann als ein Objekt oder aber mit seinen Ursprungsdaten (Source Code) über eine automatische DDE-Verbindung (Dynamischer Datenaustausch) in ein Word für Windows-Dokument eingefügt werden.

Genug Speicher vorausgesetzt (2 MB empfohlen, wenn mehrere Programme gleichzeitig geöffnet sind), läßt sich über eine doppelte DDE-Verknüpfung z.B. das Erscheinungsbild eines Excel-Diagrammes, das in Word für Windows importiert wurde, direkt von Word für Windows aus verändern, ohne daß man Word für Windows verlassen muß. Absätze, Bilder und Tabellen können frei und auf zehntel Millimeter genau auf der Seite positioniert werden, Fließtext um Grafiken oder andere fest positionierte Absätze ist ebenfalls möglich. Grafiken werden als Absätze im Text behandelt und können ebenso wie Textblöcke mit der Maus verschoben werden.

Word für Windows stellt verschiedene Ansichten eines Dokumentes zur Verfügung: In der Standardeinstellung wird geschrieben und formatiert, in der **Gliederungs**ansicht erhält man einen Überblick über die Struktur des Dokumentes durch eine auf Gliederungsebenen bezogene Darstellungsweise, mit der **Konzept**ansicht läßt sich die WYSIWYG-Darstellung vollständig abschalten, so daß man besonders schnell schreiben kann. In der **Druckbild**ansicht werden Textelemente und Grafiken druckfertig am Bildschirm aufbereitet. Eine abschließende Kontrolle des Layouts und Veränderungen von Seitenrändern kann man in der **Seitenansicht** vornehmen. Die Version 2.0 ermöglicht darüberhinaus das stufenlose Zoomen am Bildschirm zwischen 25 % und 200 %.

Wer mit den Druckformatvorlagen von Word für DOS gearbeitet hatte, mußte in Word für Windows etwas umdenken. In Word für Windows gibt es Druckformate für <u>absatz</u>orientierte Zeichen-, Absatz- und Tabulator-Formatierungen, - alle anderen dokumentbezogenen Formatierungskennzeichen werden in sogenannten Dokumentvorlagen abgelegt. Eine Dokumentvorlage in Word für Windows ist eine Art Master-Datei, die man sich als Modelldokument oder Formblatt vorstellen kann. Das besondere an diesem Konzept ist, daß jede Datei als Dokumentvorlage abgespeichert werden kann und man gleichzeitig jede Dokumentvorlage wie eine ganz normale Textdatei bearbeiten kann. Der gesamte Funktionsumfang von Word für Windows steht folglich auch in Dokumentvorlagen zur Verfügung. In Verbindung mit der Makrosprache ergeben sich durch die sachliche Trennung von Druckformaten und Dokumentvorlagen ähnlich wie in Excel ungeahnte Möglichkeiten für das Erstellen benutzerindividueller Anwendungen.

Wer viel mit tabellarischen Aufstellungen arbeiten muß, findet in den Tabellenfunktionen von Word für Windows einen wertvollen Helfer. Mit einem einzigen Befehl bzw. Mausklick wird lediglich die Anzahl der Spalten und Zeilen festgelegt und die Tabelle ist fertig. Spaltenbreiten und Zeilenhöhen sind variabel und können auch mit der Maus verändert werden. Spalten und Zeilen lassen sich mit Inhalten verschieben und der Textumbruch in den Zellen einer Tabelle erfolgt automatisch.

Auch bei der Arbeit mit Tabellen zeigt sich die hohe Flexibilität von Word für Windows, denn man kann bereits geschriebenen Text nachträglich in eine Tabelle und umgekehrt auch Tabellen in normalen Text verwandeln. Sogar Abbildungen und Felder lassen sich in die Zellen integrieren, darüberhinaus gibt es Feldfunktionen, die das Arbeiten mit Zellreferenzen wie in einer Tabellenkalkulation erlauben.

Das neuartige Konzept von Word für Windows wird mit den Feldfunktionen besonders deutlich. Durch Felder können über verschiedene Feldtypen z.B. automatische Numerierungen, DDE-Verknüpfungen mit anderen Windows-Programmen und -Dateien, Inhalts- und Sachverzeichnisse, PostScript-Befehle für eine spezielle Druckersteuerung, Autorenname, die aktuelle Versionsnummer des Dokumentes und vieles andere mehr in ein Dokument automatisch mit den jeweils aktuellen Werten integriert werden. Besonders interessant sind dabei die Felder, mit denen sich Schaltflächen für die Maus innerhalb eines Dokumentes realisieren lassen. So ist es zum Beispiel möglich, daß Sie mit einem Mausklick im Text ein anderes Programm starten oder eine Komplettformatierung Ihres Dokumentes nach Ihren zuvor zusammengestellten Vorstellungen ausführen.

PC-Anwender aus dem Bereich der Wissenschaft können im WYSIWYG-Verfahren mathematische Formeln wie z.B. Integrale am Bildschirm erzeugen und darstellen. Besonderheit hierbei: Formeln werden argumentativ in Syntaxform oder menügesteuert in einer Dialogbox zusammengestellt, wobei für jedes einzelne Formelement der komplette Formatierungsumfang von Word für Windows zur Verfügung steht. Einzelne Formelemente lassen sich wie Standardtexte und Grafiken als Textbaustein in einer dokumentspezifischen oder allgemein verfügbaren Textbausteinbibliothek ablegen und mit einem Tastendruck abrufen.

Gliederungsfunktionen sind in vielen Textverarbeitungssystemen in der Regel zwar sehr leistungsfähig, aber aufgrund komplizierter Bedienungsschritte arbeiten nicht sehr viele Anwender damit. In Word für Windows verhilft nicht nur die grafische Oberfläche zu mehr "Durchblick" beim Gliedern: Durch ein spezielles Absatzlineal kann man in der Gliederungsansicht mit einem Mausklick seitenlange Manuskripte sehr einfach organisieren, Gliederungsebenen umstellen oder einzelne Gliederungspunkte mit dem dazugehörigen Text auf den Bildschirm zoomen und in WYSIWYG-Darstellung bearbeiten.

Für Autoren und Schriftsteller ist Word für Windows aber nicht nur deshalb gut geeignet, sondern auch, weil sich Querverweise zu anderen Textabschnitten oder bereits vorhandenen Abbildungen sowohl innerhalb eines Dokumentes als auch zwischen verschiedenen Dateien erstellen lassen. Seitenzahlen in Querverweisen passen sich automatisch an, wenn man nachträglich Text einfügt oder neu schreibt.

Wie in Word für DOS steht ein integriertes Rechtschreib-Prüfprogramm sowie ein Thesaurus zur Verfügung. Die Serienbrieffunktion mit vordefinierten Dokumentvorlagen für den Adressetikettendruck fehlt ebenfalls nicht. Adressdateien lassen sich in Tabellenform sehr übersichtlich gestalten und es können auch Excel-Tabellen oder dbase-Dateien als Steuerdatei für Serienbriefe verwendet werden.

Für die Anwendung von Word für Windows in Unternehmungen lassen sich Dokumente so sperren, daß ein nachfolgender Bearbeiter nur Kommentare oder Anmerkungen hinzufügen kann, während der Text selbst vor Veränderungen geschützt ist. Ein Manuskript kann auf diese Weise von anderen Mitarbeitern überarbeitet werden, wobei veränderte Textstellen unterschiedlich markiert werden. Später kann man über einen Versionsvergleich den überarbeiteten Text und den Original-Text in zwei Fenstern miteinander vergleichen. Word für Windows markiert automatisch die unterschiedlichen Textstellen in den beiden Dateien.

Über den Datei-Manager von Word für Windows können bestimmte Dokumente schnell wiedergefunden bzw. gesucht werden und zwar nach den verschiedensten Kriterien. Die Suche nach Titel, Thema, oder Schlüsselwörtern einer Datei ist genauso möglich wie die Suche nach Textbestandteilen (Volltextrecherche) oder dem Erstellungs- und/oder Speicherdatum. Die Datei-Recherche kann in mehreren Verzeichnissen und Laufwerken gleichzeitig erfolgen, eine Sortiermöglichkeit der gefundenen Dateien nach einzelnen Suchkriterien ist in den Datei-Manager integriert.

Genauso wie in Excel setzt sich in Word für Windows die Technologie der Makrosprachen fort, Makros können selbst programmiert oder mit einem Makrorekorder aufgezeichnet werden. In der Basic-ähnlichen Makrosprache sind mächtige Windows-Funktionen verankert, so daß sogar das Erstellen eigener Dialogboxen oder die Steuerung anderer Programme möglich ist. Auch innerhalb von Makros lassen sich Menüs und Tastaturbelegungen verändern, was das Erstellen eigener Anwendungen nahelegt.

Word für Windows 1.1 wurde wegen des Erscheinens von Windows 3.0 nicht mehr mit einer Windows-Laufzeitversion ausgeliefert, man mußte eine vollständige Windows-Version besitzen. Word für Windows 1.1 unterstützte dabei die Benutzeroberfläche von Windows 3.0 mit den 3-dimensionalen Tasten und Laufbalken. Die Veränderungen fanden sich in der Zeichenleiste, im Absatzlineal, in der Statuszeile und in den Dialogboxen. Die Version 1.1a hatte einen zusätzlichen Grafikfilter für farbige Paintbrush PCX-Dateien, der die zu importierenden Paintbrush-Dateien in graustufige Abbildungen umwandelte. Der Grafikfilter für Dateien im HPGL-Format war verbessert worden, so daß unter Windows 3.0 Dateien in Word für Windows eingelesen werden konnten, die größer als 64 KB waren. Auch die Import- und Exportfilter von Word Perfect 5.1 und Dateien im DCA-Format waren verbessert und erweitert worden.

Mitgeliefert wurde auch ein Datei-Filter für MacWord Dateien, so daß ein direkter Datenaustausch zwischen Word für Windows und Word 4 für den Macintosh möglich war. Der Filter konnte zwar keine Grafiken übertragen, aber Druckformatvorlagen wurden in beiden Richtungen übersetzt. Ebenfalls mitgeliefert wurde ein neuer ASCII-Filter, der es erleichterte, Word für Windows als Medium für "electronic mail-Systeme" zu nutzen. Der Filter übersetzte Absatzränder und Tabulatoren in das ASCII-Format. Der Import-/Exportfilter für Word für DOS-Dateien war überarbeitet worden, so daß auch Druckformatvorlagen und Textbausteine in beiden Richtungen übersetzt werden konnten.

18 Monate später: Word für Windows 2.0

Mächtigkeit und Leistungsumfang in der soeben bereits dargestellten
Vielfältigkeit verschafften Word für Windows schon kurze Zeit nach der
Markteinführung im Jahr 1990 die Spitzenposition unter den Windows-
Textsystemen. Doch "Konkurrenz belebt das Geschäft" sagt man und so
stellte Microsoft nach einem relativ kurzen "Boxenstop" eine neue Version 2.0 des Windows-Textsystems mit einer Vielzahl von Verbesserungen vor.

Begeisterungsrufe aus den Reihen professioneller Nutzer über die
enorme Funktionstiefe und -breite der Version 1.0 bzw 1.1 machten es
dem Entwicklerteam von Word für Windows nicht leicht, dieses mächtige Textverarbeitungssystem weiterzuentwickeln. Man definierte daher
als Hauptziel, daß die nächste Version vor allem schneller und erheblich
einfacher in der Bedienung sein sollte bei gleichzeitiger Ausnutzung des
vollen Potentials von Windows 3.0 mit den neuen OLE-Funktionen
(Object Linking und Embedding).

Als wesentliche Neuerung sticht sofort ins Auge, daß Word für Windows 2.0 extrem schnell geworden ist. Vor allem im Hinblick auf den
Bildschirmaufbau bei einem Dokument mit integrierten Grafiken in der
Layoutansicht hat sich einiges getan. Selbst bei am Bildschirm sichtbaren Grafiken braucht Word für Windows 2.0 den Vergleich mit Word
5.5 für DOS nicht mehr zu scheuen.

In gänzlich neuem Outfit präsentieren sich die Funktionen der Zeichenleiste und des Absatzlineals. Die Formatierungsfunktionen dieser Bild-
schirmhelfer wurden in einer neuen Formatierungsleiste   zusammengefaßt. Aus dem Absatzlineal wurde ein echtes Lineal, alle Symboltasten
(z.B. für das Einstellen des Zeilenabstandes oder des Absatzabstandes)
wurden daraus entfernt. Die häufig benutzten Symboltasten aus dem
alten Absatzlineal (z.B. Tabstopp-Ausrichtung und Abruf von
Druckformaten) finden sich nun mit den wichtigsten Funktionen der
alten Zeichenleiste in der neuen Formatierungsleiste. Da sich nicht alle
Funktionen hier unterbringen ließen, hat man die weniger häufig genutz

ten Symboltasten (Kapitälchen, Wort unterstrichen, Doppelt unterstrichen und Hoch/Tiefstellung) zunächst entfallen lassen. Als angenehme Begleiterscheinung fällt auf, daß sowohl Formatierungsleiste als auch Lineal etwas verkleinert wurden, so daß nun mehr Raum für die Darstellung des eigentlichen Dokumentes verbleibt.

Wer die entfallenen Funktionen aus Zeichenleiste und Absatzlineal häufig benutzt hat, steht in Word für Windows 2.0 aber keineswegs "im Regen". Die Entwickler von Word für Windows haben mit der neuen Funktionsleiste ein äußerst mächtiges Instrument geschaffen. Ähnlich wie in Excel 3.0 sind hier die wichtigsten Befehle im wahrsten Sinne des Wortes "auf Knopfdruck" abrufbar. Zusätzlicher Knüller: die neue Funktionsleiste kann man sehr einfach selbst zusammenstellen.

In der Standardversion der Funktionsleiste finden sich Symbole zum Kopieren in und Einfügen aus der Zwischenablage, zum Erstellen eines neuen Dokumentes, zum Drucken und zum Sichern. Ohne umständlich zu bedienende Pull-Down-Menüs kann man von hier aus die Ansicht verändern (Zoomen) und Tabellen einfügen, wobei sich die Zeilen- und Spaltenanzahl sogar grafisch mit der Maus bestimmen läßt. Absätze lassen sich auf Knopfdruck ausrichten, numerieren oder mit einem frei wählbaren Gedankenpunkt aus der Vielfalt der Zapf-Dingbats-Zeichen versehen. Ebenfalls auf Knopfdruck lassen sich Zeichnungen aus den neuen Word für Windows 2.0 Zusatzprogrammen Microsoft Draw oder WinGraph einfügen. Nützlich für den Büroalltag: Auf Mausklick läßt sich spielend einfach das Layout für den Druck von Briefumschlägen erstellen.

Allen Symboltasten in der neuen Funktionsleiste lassen sich eigene Makros oder aber andere Word für Windows-Befehle zuordnen. Darüberhinaus ist immer noch Platz genug vorhanden, um zusätzliche Symboltasten in die Funktionsleiste zu integrieren, die mit anderen Word für Windows-Befehlen oder eigenen Makros hinterlegt werden können.

Gestrafft und verbessert wurde in der neuen Version auch die Menüstruktur. Die Anordnung der verschiedenen Befehle und Funktionen ist jetzt sehr viel strukturierter und deutlicher. Für Tabellen wurde ein eigenes Menü in der Menüzeile verankert, in dem alles, was mit Tabellen zu tun hat, zusammengefaßt ist. So muß man beispielsweise nicht mehr zwischen den Menüs **BEARBEITEN** und **FORMAT** hin- und herspringen, wenn eine Tabellenzeile eingefügt und neu formatiert werden soll. Auch das Festlegen individueller Grundeinstellungen erfolgt nun über einen Befehl und nicht mehr wie in früheren Versionen verteilt in den Befehlen **BEARBEITEN DATEI-INFO, EXTRAS EINSTELLUNGEN** und **MAKRO TASTENBELEGUNG** bzw. **MAKRO MENÜBELEGUNG.** Der ambitionierte Benutzer muß zwar etwas umdenken, aber auch er kommt schon nach kurzer Zeit mit der neuen Struktur besser und schneller zurecht.

Ausgedient hat in der neuen Version das "absolute Positionieren" über abstrakte Zahlenwerte. Mit der neuen Version wurden leistungsfähige Textverarbeitungsfunktionen mit den grafischen Fähigkeiten von Windows gekoppelt. Es gilt das Motto: Grafik einfügen, anklicken und beliebig auf der Seite verschieben. Alle eingefügten Objekte wie Abbildungen, Formeln und Grafiken usw. lassen sich nun in der **ANSICHT DRUCKBILD** einfach mit der Maus verschieben, die Layoutkontrolle der Seitenansicht dient wirklich nur noch der abschließenden Kontrolle vor dem Ausdruck.

Eine eingefügte Grafik kann man deshalb durch einfaches Klicken und Ziehen mit der Maus verschieben, weil durch das bloße Anklicken und Bewegen der Maus jedem Objekt ein zunächst unsichtbarer Rahmen zugeordnet wird, der automatisch die Kontrolle über die absolute Position eines Objektes übernimmt. Vor allem in Verbindung mit der neuen stufenlosen Zoomfunktion macht es nun auch in Word für Windows wirklich Spaß, Text und Grafik innerhalb eines Dokumentes zu gestalten.

Der absolute Knüller in der neuen Version ist aber, daß man nicht nur Grafiken mit der Maus verschieben kann, sondern auch beliebige Textteile. Ein markierter Textbereich kann durch einfaches Klicken und Ziehen an eine beliebige Stelle verschoben werden, eine absolute Neuheit im Bereich von Textverarbeitungssystemen, die ohne Zweifel neue Maßstäbe setzen wird.

Mit den Tabellenfunktionen von Word für Windows 1.x beschritt Microsoft neue Wege in der Textverarbeitung. Nicht nur beim Erstellen von Listen jeglicher Art, sondern auch bei der Formulargestaltung zeigte sich hier eine Flexibilität, die man selbst mit DTP-Systemen nicht erreichen konnte. Die neue Version 2.0 hat an Flexibilität noch einmal gewonnen, denn Tabellen sind jetzt direkt mit der Maus manipulierbar. Einzelne Zellen oder auch ganze Spalten lassen sich direkt mit der Maus in der Breite verändern. Ganze Baukastensysteme werden mit der Maus einfach und komfortabel zusammengestellt und formatiert.

Textverarbeitungssysteme erhielten in den letzten Jahren immer häufiger Einzug in die Büros von Sachbearbeitern. Eilige Berichte, die heute wie früher meist erst im letzten Moment verfasst werden, schreibt man heute direkt in den PC, um sich langwierige Dienst-Korrekturwege zu ersparen. Aufzählungen spielen in derartigen Berichten häufig eine große Rolle und genau in diesem Punkt versagen die meisten Textsysteme ihre Dienste aufgrund ihrer zu umständlichen Handhabung. Die Entwickler von Word für Windows haben diesen Mangel erkannt und deshalb in die Funktionsleiste Symboltasten integriert, mit denen Absätze schnell und elegant durchnumeriert oder durch eines der vielen Zapf-Dingbats-Zeichen vom übrigen Text abgesetzt werden können. Besonders komfortabel ist dabei, daß die Zapf-Dingbats-Zeichen ohne lästige, auf dem Schreibtisch herumfliegende Zeichensatztabellen direkt am Bildschirm gesichtet und aus einer Tabelle heraus abgerufen werden können.

Vor allem bei Vielschreibern hat das systematische Archivieren und das komfortable Wiederauffinden von Dateien eine hohe Bedeutung erlangt. Schon in den frühen Versionen von Word für DOS gab es deshalb einen Datei Manager, der das Wiederauffinden von Dateien nach verschiedenen Suchkriterien erlaubte, Word für Windows 1.x glich in dieser Hinsicht dem DOS-Bruder. Richtig komfortabel und benutzbar ist der Datei Manager aber erst jetzt geworden. Während man im alten Datei-Manager auf die Beschlagwortung der Dokumente angewiesen war, erhält man in der Dialogbox des neuen Datei-Managers gleich einen Einblick in die verschiedenen Dateien. Durch dieses visuelle Arbeiten ist der Datei-Manager ein wirklich brauchbares Instrument geworden, zumal das Durchsuchen einer gefüllten 210 MB-Festplatte nach Word-Dateien auf einem 386er mit 20 Mhz nur noch 2 Sekunden dauert !

Bedienungskomfort zeigt sich in der neuen Version 2.0 aber nicht nur im Datei-Manager, sondern auch in vielen anderen Kleinigkeiten. Das Windows WYSIWYG-Prinzip ließ in Word für Windows 1.x z.B. beim Arbeiten mit kursiven Schriften in der Druckbildansicht zu wünschen übrig. In der neuen Version wird auch der Cursor kontextsensitiv kursiv, wenn mit kleinen, kursiven Schriftarten gearbeitet wird. Mehr Durchblick gibt es von nun an auch in den verschiedenen Dokument-Ansichten. Die Layoutansicht (Druckbild) der neuen Version läßt sich stufenlos zwischen 25 und 200 % zoomen, d.h. vergrößern oder verkleinern. Die Ansicht einer Seite mit 25% entspricht dabei ungefähr der Ganzseitenansicht, bietet dabei aber den Vorteil, daß man den Text weiterhin editieren kann.

Sehr nützlich ist auch ein anderes kleines Detail in der Wysiwyg-Philisophie von Word für Windows 2.0, dessen Vorteile vor allem beim Arbeiten in der Konzeptansicht zum Tragen kommen. Da man in der Konzeptansicht die meisten Zeichenformatierungen nicht am Bildschirm überprüfen kann, ist es z.B. für den Neuling im Umgang mit der Schriftenvielfalt von Windows nicht ganz einfach, immer gleich die richtige Schriftart zu treffen. Im alten Word für Windows 1.x mußte man entweder mit der Zeichenleiste arbeiten oder aber die Dialogbox **FORMAT ZEICHEN** mehrfach öffnen, um die verschiedenen Schriften ausprobieren zu können. In der neuen Version 2.0 gibt es in den Dialogboxen nun einen Monitor, in dem jede Formatierung sofort dargestellt wird. In der praktischen Anwendung erweist es sich als äußerst komfortabel, wenn man eine Zeichenformatierung komplett in der Dialogbox vornehmen kann und erst dann mit **OK** bestätigt, wenn die Formatierung den endgültigen Vorstellungen entspricht.

Eine letzte "Kleinigkeit" sei an dieser Stelle ebenfalls noch genannt: Die Gliederungsansicht kann man jetzt sehr komfortabel dazu benutzen, um sich in langen Dokumenten gezielt zu bewegen. Schaltet man von der Gliederungsansicht in die Druckbild-Ansicht zurück, so "landet" man bei dem Gliederungspunkt, der in der Gliederungsansicht markiert war.

Die Handhabung von Druckformaten ist sehr viel einfacher geworden. Zum Beispiel kann man jedem Druckformat bereits bei der Definition ohne umständliche Umwege über den Makrorecorder ein Tastaturkürzel zuordnen, um es auch ohne den Griff zur Maus schnell und unmittelbar auf den aktuellen Text anwenden zu können.

Ein weiteres Extra findet sich schließlich in Punkto Datensicherheit, denn genauso wie in Excel 3.0 können einzelne Dateien jetzt mit einem Paßwort versehen werden, unberechtigte Benutzer haben also auf Wunsch keinen Zugriff mehr auf sensible Dokumente mit Inhalten, die nicht jeden etwas angehen. Beachtenswert: Die so geschützten Dateien werden beim Speichern verschlüsselt und können auch mit einem DOS-Editor nicht mehr gelesen werden.

Probleme mit der Word für Windows 1.x - Dokumentstruktur hatten die früheren Word für DOS-Anwender. War es in Word für DOS möglich, innerhalb eines Dokumentes den Seitenrand abschnittsweise zu verändern, so versagte Word für Windows 1.x in diesem Punkt den Dienst. In der neuen Version können nun Hoch- und Querformate genauso wie in Excel 3.0 unabhängig von der Systemsteuerung angefordert werden. Darüberhinaus lassen sich nun auch unterschiedliche Seitenformate innerhalb einer Datei verwirklichen. Seitenränder können entweder für das gesamte Dokument, den aktuellen Abschnitt, einen markierten Textbereich oder ab der aktuellen Cursorposition für den nachfolgenden Text gesetzt werden.

Das echte automatische Speichern eines Dokumentes im Hintergrund war aufgrund erhöhter Anforderungen an das Speichermanagement in Word für Windows 1.x nicht möglich. Dieser kleine Schönheitsfehler gehört nun der Vergangenheit an, denn die automatische Speicherung im Hintergrund erfolgt ab jetzt in frei wählbaren Speicherintervallen. Als Anwender wird man durch einen Signalton und ein kurzes Aufblinken der Windows-Sanduhr dezent auf den Speichervorgang hingewiesen.

Viele Word für Windows 1.x-Benutzer vermißten ein Standard-Leistungsmerkmal nahezu aller Windows-Programme, das Hinterlegen von Absätzen, Tabellen oder Grafiken mit einer graustufigen Schattierung.

Word für Windows 2.0 zeigt sich in diesem Punkt identisch mit den Schattierungsmöglichkeiten von Excel 3.0. 12 Graustufen und 12 verschiedene Schattierungsarten werden zur Verfügung gestellt, wobei die Schattierungsart auch farb-individuell vorgenommen werden kann. Individualität zeigt sich auch in den Rahmenarten für Absätze - mit der Maus kann in der Dialogbox **FORMAT ABSATZ** jedem Rand eine andere Strichstärke bzw. Rahmenart zugeordnet werden.

Object Linking und Embedding ist eine neu entwickelte Methode, die äußerst flexible, aber vor allem dynamische Verknüpfungen zwischen einzelnen Dokumenten erlaubt. Den DDE-Anwendern (Dynamischer Datenaustausch) unter Windows erscheint das als nichts Neues, konnte man doch ein Excel-Diagramm in ein Word für Windows-Dokument einfügen und verknüpfen. Über DDE wurde eine feste Verknüpfung zischen den Dokumenten geschaffen, d.h. wenn sich die Ursprungsdaten in der Excel-Tabelle änderten, so wurde auch das Diagramm in dem Word für Windows-Dokument angepasst, sofern sich beide Programme im Arbeitsspeicher befanden. OLE treibt diese dynamische Philosophie nun noch etwas weiter: Ein über OLE eingefügtes Diagramm (es kann auch eine Tabelle, eine mathematische Formel oder eine Zeichnung sein) kann man nämlich mit einem Doppelklick ansprechen und damit Programme starten oder aktivieren, mit denen die Elemente bearbeitet werden können oder in denen die Elemente erstellt worden sind. Für das Element wird in der Quell-Applikation ein eigenes Fenster geöffnet und nun lassen sich beliebige Veränderungen und Formatierungen an diesem Objekt vornehmen, ohne daß man das Original verändern muß!

Das Arbeiten mit OLE ist dem Büro-Alltag noch näher als DDE und verwirklicht nun auch in der DOS-Welt ein Konzept, daß auch in Mainframe-Bürosystemen genutzt wird. Erst durch OLE entstehen nämlich echte zusammengesetzte Dokumente (Compound Documents), deren Entstehungsweg auch nachträglich jederzeit zurückverfolgt werden kann. Der Vorteil liegt auf der Hand, denn ein zusammengesetztes Dokument läßt sich auf diese Weise einfach und komfortabel auch nach einem längeren Zeitraum noch nachträglich bearbeiten. Word für Windows 2.0 ist neben PowerPoint, Works für Windows 2.0 und Excel 3.0 das vierte Microsoft-Programm, das die OLE-Schnittstelle von Windows

3.0 bzw. 3.1 unterstützt. Eindrucksvoll veranschaulichen kann man sich OLE mit Hilfe der neuen Word für Windows 2.0 Zusatzprogramme Formel-Editor, Microsoft Draw, WordArt und WinGraph.

Mit Word für Windows 2.0 hat sich Microsoft nun endlich eines Themas angenommen, daß bisher immer etwas stiefmütterlich behandelt wurde. Serienbriefe spielen in den USA nicht so eine große Rolle wie in der Bundesrepublik, was wohl als Grund dafür gilt, daß das Erstellen von Serienbriefen zwar immer möglich war, aber nie besonders komfortabel in der Benutzerschnittstelle. Ab jetzt gibt es in Word für Windows den "Seriendruck-Manager", der das Erstellen von Serienbriefen bzw. Steuer- und Datendateien extrem einfach gestaltet. Über nur einen Menübefehl wird man komfortabel beim Erstellen der Dokumente unterstützt. Auch hierbei ist das Hilfesystem von Word für Windows erheblich ausgebaut worden, an jeder Stelle weisen Fehlermeldungen oder Dialogboxen auf mögliche Inkonsistenzen hin, so daß eigentlich nichts mehr schief gehen kann.

Vollständig erneuert wurde in Version 2.0 die Rechtschreibprüfung. Das alte Modul wurde komplett gegen ein neues ausgetauscht, das insbesondere für den europäischen Binnenmarkt 1992 interessante Möglichkeiten eröffnet. Ohne daß man eigenständige Versionen eines Softwarepaketes in verschiedenen Sprachen erwerben muß, kann nämlich ein mehrsprachiges Dokument durch eine Sprach-Textformatierung multilingual in der Rechtschreibung überprüft werden. Ein separat erwerbbarer Multi-Speller überprüft gleichzeitig die Rechtschreibung in Englisch, Französisch, Deutsch, Niederländisch, Spanisch, Portugiesisch, Schwedisch, Dänisch, Finnisch, Italienisch und Norwegisch. Gänzlich erneuert wurde in der Version 2.0 auch die Silbentrennung, die jetzt nämlich während der Trennung Rechtschreibkorrekturen vornimmt: ein getrenntes **ck** erscheint im Ausdruck als **k-k**. Die amerikanische Version von Word für Windows 2.0 beinhaltet außerdem sogar schon eine Grammatikprüfung. Man markiert einen Satz und Word für Windows überprüft diesen auf korrekte Syntax, richtige Anwendung von Singular und Plural sowie Zeichensetzung.

Insgesamt kann man sagen, daß die Neuerungen der Version 2.0 Word für Windows zu einem Spitzenpaket in der Textverarbeitung machen. Die Funktionen sind nicht nur vielfältiger, sondern vor allem sehr viel handhabbarer und wesentlich einfacher in der Anwendung und Bedienung gemacht worden, so daß nun auch der Anfänger mit diesem überaus mächtigen Paket gut zurechtkommt. Mit den Object Linking und Embedding Funktionen dürfte sich Word für Windows sehr schnell als zentrales Anwendungspaket für zusammengesetzte Dokumente (Compound Documents) und Schriftstücke in der Windows-Welt etablieren.

Die Positionierung als DTP-Textverarbeitungssystem rundet Microsoft dadurch ab, daß eine ganze Palette von Zusatzprogrammen mitgeliefert wird. So gehört zum Lieferumfang von Word für Windows 2.0 jetzt das vektororientierte Zeichenprogramm MS-DRAW und das Businessgrafikprogramm MS-WinGraph, mit dem z.B. Säulen-, Balken-, Kreis- und Flächendiagramme erstellt werden können. Ein besonderen Leckerbissen hält Microsoft für die Wissenschaftler bereit, denn ein Ableger des bereits bekannt leistungsfähigen Programmes MathType zum Erstellen mathematischer Formeln und Gleichungen gehört als Formel-Editor ebenfalls zum Lieferumfang. Formeln für Integrale oder Summen müssen also nicht mehr über Felder erstellt werden, sondern können über den Formel-Editor als "Embedded Objects" in Word für Windows 2.0-Dokumente eingebunden werden.

Im DTP-Bereich läßt sich das Zusatzprogramm WordArt positionieren, mit dem beliebige Textbereiche optisch aufgemöbelt werden können. WordArt stellt 20 zusätzliche Schriftarten zur Verfügung und erlaubt es, Texte in 45 Grad-Schritten schrägzustellen oder z.B. in Glockenform auszurichten. Schließlich und endlich werden sich die WordBasic-Programmierer über den neuen Dialogbox-Editor freuen, der echte Zeitersparnisse bei der Makro-Programmierung bringt. Insgesamt läßt sich festhalten, daß Microsoft mit der Version 2.0 von Word für Windows ein rundum starkes Paket gelungen ist, das die Konkurrenz zweifellos zum Nachdenken bringen wird.

Zusammenfassung

In diesem Kapitel wurde der **Funktionsumfang von Word für Windows** 1.0 und 1.1 dargestellt. Sie konnten sich einen Gesamt-Überblick über die Word für Windows-Leistungsmerkmale verschaffen und sich dann mit den wesentlichen **Neuerungen der Version 2.0** von Word für Windows vertraut machen.

Kapitel 2

word für
windows 2.0
installieren
und starten

In diesem Kapitel erfahren Sie, welche Voraussetzungen Ihr Computersystem erfüllen muß, damit Sie mit Word für Windows 2.0 unter Windows 3.1 arbeiten können, wie Sie Word für Windows 2.0 ordnungsgemäß installieren und wie man Word für Windows 2.0 in Windows 3.1 startet und wieder beendet. Nach der Beschreibung der erforderlichen Installationsschritte folgt ein Überblick über die Grundlagen, deren Kenntnis Voraussetzung für das Arbeiten mit Word für Windows ist.

Hardwarevoraussetzungen

Microsoft Word für Windows 2.0 läuft mit Windows 3.1 und Windows 3.0 auf IBM Personalcomputern des Typs IBM AT, IBM PS/2 ab Modell 30/286, Compaq Deskpro und 100% kompatiblen Geräten mit mindestens 1 MB Hauptspeicher, was bei Geräten der Rechnerklasse mit 80286er Prozessoren allerdings mittlerweile Standardausstattung sein dürfte. Windows 3.1 läuft nicht mehr auf Geräten mit 8086 und 8088er Prozessoren und weniger als 1 MB Hauptspeicher, weil mit diesen Geräten keine akzeptablen Geschwindigkeiten erzielt werden können.

Wenn Sie genügend Speicher haben und mit mehreren Windows Programmen arbeiten möchten, sollten Sie immer erst die anderen Windows-Programme aufrufen.

Je mehr Speicherkapazität Ihr Rechner besitzt, umso besser läßt sich mit Word für Windows 2.0 arbeiten. Dazu gleich ein Tip: Wenn Sie genügend Speicher haben und mit mehreren Windows-Programmen arbeiten möchten, sollten Sie immer erst die anderen Windows-Programme aufrufen. Beim Starten schaut Word für Windows nämlich nach, wieviel Speicher auf dem System frei ist und stellt sich selbst einen bestimmten Speicherbereich zur Verfügung. Wenn Sie z.B. 2 MB Speicher besitzen und noch kein anderes Programm geladen haben, belegt Word für Windows mehr Hauptspeicher, als wenn Ihnen nur 1 MB Speicher zur Verfügung steht und Sie bereits mit einem anderen Windows-Programm arbeiten. Als Betriebssystem Ihres Rechners muß MS-DOS oder PC-DOS Version 3.1 oder höher vorhanden sein.

Bei IBM Personalcomputern und kompatiblen Geräten werden alle gängigen Bildschirmadapter unterstützt: CGA, EGA mit hochauflösender

Farbanzeige, EGA mit hochauflösender Monochromanzeige, Hercules mit hochauflösender Monochrom Anzeige, VGA Farbe und Monochrom, IBM 8514a High-Resolution Display, IBM MCGA, Olivetti/AT&T Monochrome- oder PVC-Anzeige, Olivetti OEC Farbanzeige oder AT&T VDC750, Compaq Portable 386 Plasma-Anzeige, Video Seven mit 512 KB RAM sowie alle 100% kompatiblen Karten, die Treiber für Microsoft Windows ab Version 3.0 sind im Lieferumfang enthalten.

Der eingesetzte Personal-Computer muß darüberhinaus mit mindestens einem doppelseitigen Diskettenlaufwerk (5,25 Zoll mit 1,2 MB oder 3,5 Zoll) und einer ausreichend großen Festplatte ausgestattet sein. Für den schnellen und sinnvollen Betrieb benötigt allein Windows 3.1 ca. 8-10 MB Festplattenkapazität, Word für Windows 2.0 belegt bei vollständiger Installation mit allen Zusatzprogrammen ca. 14,5 MB der Speicherkapazität auf Ihrer Festplatte.

Word für Windows eignet sich gut für den Einsatz in PC-Netzwerken. Als Hardware für den Einsatz von Windows 3.1 in Netzwerken werden die folgenden Produkte unterstützt: 3Com3+Share , 3Com +Open Lan Manager, Banyan Vines 4.0, Microsoft Networks (MS-NET), Microsoft Lan Manager 1.0, Microsoft Lan Manager 2.0, Novell NetWare 2.10 oder höher sowie Novell NetWare 386.

Installation von Word für Windows

Bevor Sie mit Word für Windows 2.0 arbeiten können, müssen Sie das Programm auf Ihrer Festplatte installieren. Die Installation von Word für Windows ist sehr einfach, da in der Regel alle erforderlichen Einstellungen für Grafikkarten oder andere Systemkomponenten bereits in Windows vorkonfiguriert sind. Die Installation von Word für Windows 2.0 erfolgt relativ schnell, da Sie nicht mehr so viele Disketten geliefert bekommen und außerdem die Installation von Windows aus vornehmen können. Alle Dateien liegen auf den Disketten in komprimierter Form vor. Sie können die Dateien auf den Disketten also keinesfalls einfach

Wenn Sie genügend Platz auf der Platte haben, sollten Sie zunächst alle Disketten in ein Verzeichnis der Festplatte kopieren. (Legen Sie sich dazu bspw. ein Verzeichnis namens INST an). Die Installation erfolgt dann wesentlich schneller und Sie brauchen nicht "DISK-Jockey" zu spielen.

auf die Festplatte kopieren und sofort damit arbeiten, alle Dateien müssen zunächst von der Installationsroutine dekomprimiert werden. Vor der Installation sollten Sie sich mit Hilfe des DOS-Programmes Diskcopy eine Sicherungskopie der Original-Programmdisketten anfertigen, damit Sie für den Fall der Fälle immer noch eine komplette Programmversion zur Verfügung haben.

Um die Installation zu starten, gehen Sie wie folgt vor: Schalten Sie Ihren PC wie gewöhnlich ein und starten Sie Windows 3.1 (in der Regel durch die Eingabe von *win*). Legen Sie die Installationsdiskette in das Laufwerk A: (in der Regel ein 5,25" Laufwerk) oder in das Laufwerk B (auf vielen Rechnern das 3,5" Laufwerk) ein. Rufen Sie nun im Programm-Manager den Befehl **DATEI AUSFÜHREN** auf und klicken Sie in der Dialogbox auf die Schaltfläche **Durchsuchen**. Wählen Sie nun aus dem kleinen Pull-Down-Menü **Laufwerke** unten rechts in der Dialogbox das Laufwerk aus, in dem sich die Word für Windows Installationsdiskette 1 befindet. Führen Sie nun in dem Listenfeld **Dateiname** einen Doppelklick mit der linken Maustaste auf der Datei *setup.exe* aus, um das Installationsprogramm zu starten.

Ab jetzt brauchen Sie nur noch die Hinweise des Installationsprogrammes zu befolgen. In der Regel können Sie die Fragen des Installationsprogrammes einfach mit ⏎ bestätigen. Word für Windows 2.0 erkennt automatisch, ob bereits eine "alte" Word für Windows-Version auf Ihrem Computersystem vorhanden ist und schlägt zunächst vor, die alten Dateien zu überschreiben. Sollten Sie genügend Platz auf Ihrer Festplatte haben, können Sie auch ein anderes Verzeichnis bestimmen und Ihre alte Word für Windows-Version zunächst auf der Festplatte lassen (Beachten Sie aber die Lizenzbestimmungen!).

Nachdem Sie bestimmt haben, in welchem Verzeichnis Word für Windows installiert werden soll, können Sie auswählen, ob eine vollständige oder eine minimale Installation erfolgen soll oder aber über **OPTIONEN** bestimmen, welche Funktionen installiert werden sollen (siehe Abbildung 2.2.1).

Die Installation von Word für Windows 2.0 erfolgt ausschließlich von Windows aus.

Abb.2.2.1: Über OPTIONEN kann man bestimmen,
welche Funktionen installiert werden sollen.

In der Dialogbox können Sie nun individuell ankreuzen, welche Funktionen installiert werden sollen. Während Sie im linken Teil der Dialogbox durch Ankreuzen bestimmen, ob z.B. die Konvertierung generell installiert werden soll, können Sie über die Schaltfläche im rechten Teil der Dialogbox weitere Dialogboxen öffnen. Hier läßt sich dann z.B. bestimmen, ob alle Konvertierungsroutinen oder nur ganz bestimmte installiert werden. Konvertierungsprogramme sind Umwandlungsprogramme, die es Ihnen ermöglichen, formatierte Texte aus anderen Textverabeitungssystemen oder aber Grafiken aus anderen Programmen automatisch in das Word für Windows Dateiformat umsetzen zu lassen. Im Zweifelsfall sollten Sie alle Konvertierungsprogramme installieren. Wenn Ihnen die Dateien zu viel Speicherplatz (pro Dateiformat ca. 100 KB) in Anspruch nehmen sollten, können Sie die nicht benötigten Routinen später auch wieder löschen. Das gleiche gilt für die mitgelieferten Grafikformatfilter, mit deren Hilfe Sie Grafiken aus anderen Programmen ohne den Umweg über die Windows Zwischenablage direkt in Word für Windows 2.0 importieren können.

Im unteren Teil der Dialogbox wird in Abhängigkeit von den ausgewählten Optionen angezeigt, wieviel Platz Sie noch auf Ihrer Festplatte zur Verfügung haben und wieviel Platz die Installation mit den ausgewählten Optionen in Anspruch nehmen würde.

Sehr hilfreich ist auch, daß im unteren Teil der Dialogbox in Abhängigkeit von den ausgewählten Optionen immer angezeigt wird, wieviel Platz Sie noch auf Ihrer Festplatte zur Verfügung haben und wieviel Platz die Installation mit den ausgewählten Optionen in Anspruch nehmen würde. Wenn Sie im Umgang mit Textverarbeitungsprogrammen wenig Erfahrung haben, sollten Sie übrigens auch das Lernprogramm von Word für Windows 2.0 installieren, es nimmt ca. 1,2 MB Speicherkapazität auf der Festplatte in Anspruch. Während der Installation werden Sie auch gefragt, ob die Systemdateien von MS-DOS aktualisiert werden sollen. Sie sollten hier mit **JA** bestätigen, damit Word für Windows einwandfrei arbeiten kann.

Die Installationsroutine von Word für Windows 2.0 legt sich übrigens selbständig ein eigenes Gruppenfenster mit der Bezeichnung **Word für Windows 2.0** an, so daß Sie sich das Anlegen des Programm-Sinnbildes für Word für Windows in einem Fenster des Programm-Managers sparen können.

Nach der Installation sollten Sie Windows beenden und mit Hilfe der Tasten [Ctrl] + [Alt] , [Entf] oder mit der Reset-Taste Ihres PC's einen Systemstart durchführen, damit die Änderungen in den Systemdateien AUTOEXEC.BAT und CONFIG.SYS aktiviert werden. Word für Windows hat sich in dem Verzeichnis WINWORD (oder dem von Ihnen während der Installation gewählten Verzeichnis) automatisch installiert.

Word für Windows starten

Damit Sie nun einen Text mit Word für Windows erstellen können, muß Word für Windows 2.0 natürlich erst einmal aufgerufen werden. Um Word für Windows in Windows 3.1 zu starten, brauchen Sie lediglich das Gruppenfenster von Word für Windows zu öffnen und einen Doppelklick mit der linken Maustaste auf dem Programmsymbol auszuführen. Bei der Installation haben Windows und Word für Windows bereits alle nötigen Voreinstellungen in den MS-DOS-Dateien AUTOEXEC. BAT und CONFIG .SYS sowie in der Datei WIN.INI vorgenommen.

Mit dem Doppelklick startet Word für Windows und richtet sich automatisch ein Dokument bzw. eine Datei mit der Bezeichnung *Dokument1* an. Bei der Installation wurden Sie von Word für Windows nach Ihrem Namen gefragt. Die hier vorgenommenen Eintragungen werden von Word für Windows 2.0 in dem Suchfeld AUTOR im Datei-Manager automatisch für jede erstellte Datei benutzt sowie als Absender für den Druck von Briefumschlägen, wenn Sie den Benutzernamen nicht über den Befehl **EXTRAS EINSTELLUNGEN Benutzer-Info** geändert haben.

Alle Word für Windows-Grundeinstellungen - wie zum Beispiel der Benutzer - werden in der Datei WINWORD.INI festgehalten. Sie können diese Datei jederzeit löschen, beim nächsten Aufruf startet Word für Windows in der Original-Grundeinstellung der Auslieferung.

Word für Windows beenden

Wenn Sie Anfänger im Umgang mit Word für Windows sind und das Programm mit den vorherigen Anweisungen gestartet haben, sollten Sie natürlich auch wissen, wie man Word für Windows wieder beendet, denn mit dem eigentlichen Arbeiten in Word für Windows beginnen wir erst im nächsten Kapitel. Es gibt mehrere Möglichkeiten, Word für Windows zu beenden. Sie können einen Doppelklick auf dem ganz oben in der linken Ecke stehenden Symbol durchführen, oder Sie drücken [Alt] + [Leert], um das **SYSTEMMENÜ** zu öffnen, in dem Sie den Befehl **SCHLIEßEN** auswählen. Sie können aber auch ganz einfach [Alt] + [D], [B] oder [Alt] + [F4] drücken. Sie sehen, die Vielfalt von Word für Windows beginnt schon in den Details.

Zusammenfassung

In diesem Kapitel haben wir erklärt, welche Hardwarevoraussetzungen Ihr Computersystem erfüllen muß, damit Sie mit Word für Windows 2.0 unter Windows 3.1 arbeiten können. Wir haben besprochen, wie Sie **Word für Windows 2.0** ordnungsgemäß **installieren** und wie man Word für Windows 2.0 unter Windows 3.1 **startet** und wieder **beendet**.

Kapitel 3

grundaufbau von
word für windows 2.0

In diesem Kapitel erhalten Sie eine grundlegende Einweisung in den Bildschirm von Word für Windows 2.0. Sie lernen die wichtigsten Elemente des Eingangsbildschirmes kennen und erfahren etwas über deren Bedeutung und Funktion. Sie lernen, wie man eine Bildschirmdarstellung ändert und wie die Grundelemente des Word für Windows-Fensters genannt werden, und Sie können das Arbeiten mit dem Programm-Fenster und den Dokumentfenstern von Word für Windows üben. Wir erläutern die Funktionen der Statuszeile und nennen die Voraussetzungen, die erfüllt sein müssen, damit alle Optionen dieses nützlichen Hilfsmittels angezeigt werden. Sie lernen die Befehle des **PROGRAMM-STEUE-RUNGS-** und des **DATEI-STEUERUNGSMENÜS** kennen und erhalten eine Einführung in die Arbeitsweise mit dem Lineal, der Formatierungsleiste sowie der neuen Funktionsleiste.

Der Start-Bildschirm

Wenn Sie Word für Windows aufrufen, erscheint das Word für Windows-Fenster sowie der Textausschnitt (Dokument1) mit den typischen Merkmalen der grafischen Betriebssystemerweiterung Windows.

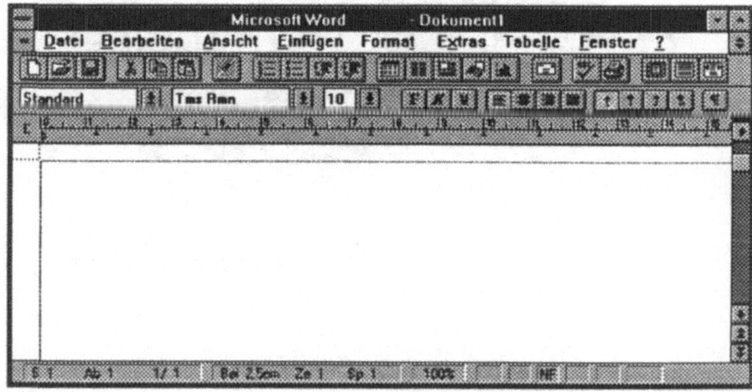

Abb.2.3.1: Der Word für Windows 2.0 Eingangs-Bildschirm

Nach dem Start von Word für Windows können Sie stets sofort mit der Texteingabe beginnen. Die eingegebenen Zeichen werden unmittelbar an die Stelle geschrieben, an der sich der blinkende Cursor bzw. die Einfügemarke befindet, der nach dem Start in der linken oberen Ecke des Bildschirms bzw. des zu erstellendes Dokumentes steht. Sobald ein Zeichen eingegeben wird, erscheint dieses auf dem Bildschirm, und gleichzeitig bewegt sich die Einfügemarke um eine Position nach rechts. Der eingegebene Buchstabe wird Teil Ihres Dokumentes bzw. der Datei, die Sie mit Hilfe von Word für Windows erstellen.

Die doppelte Fenstertechnik

Word für Windows arbeitet mit einer sogenannten doppelten Fenstertechnik (MDI=Multiple Document Interface). Während das Hauptfenster das Programmfenster von Word für Windows darstellt, das mit dem Programmstart in der Regel den gesamten Bildschirm beansprucht, können innerhalb des Programmfensters weitere Fenster für die einzelnen Dokumente geöffnet werden. Bis zu neun weitere Datei-Fenster können Sie öffnen, d.h. Sie können mit bis zu neun Dateien gleichzeitig arbeiten.

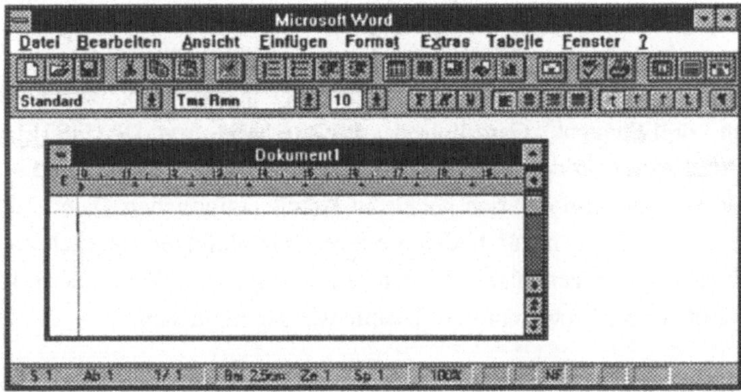

Abb.2.3.2.: Die doppelte Fenstertechnik von Word für Windows

Die einzelnen Dokumentfenster lassen sich beim Programmstart allerdings nicht gleich erkennen, denn das Fenster für *Dokument1* startet - wie Word für Windows auch - als Vollbild. Wenn Sie den Befehl **FENSTER ALLES ANORDNEN** aufrufen, erhalten Sie ein Bild der doppelten Fenstertechnik, wie es mit Abbildung 2.3.2 dargestellt ist. Statt über den Befehl **FENSTER ALLES ANORDNEN** können Sie aber auch einfach mit der Maus auf den nach oben und nach unten zeigenden Doppelpfeil klicken, der sich ganz rechts in der Menüzeile befindet. Dieser Pfeil ist neu in Word für Windows 2.0 und dient der vollständigen Konsistenz bzgl. der Fenstertechnik in den verschiedenen Windows-Programmen. Sie können diese Fensterdarstellung wieder rückgängig machen, indem Sie mit der linken Maustaste auf den in der rechten oberen Ecke des Dokumentfensters stehenden nach oben zeigenden Pfeil klicken.

Das Word für Windows Programm-Fenster

Die Titelleiste

Die Funktionen der Sinnbildfelder und das generelle Arbeiten mit Programm-Fenstern haben wir bereits in Teil 1, Kapitel 3 ausführlich besprochen.

Die Titelleiste ist die schwarze Leiste am oberen Rand des Programm- und des Dateifensters. Sie kennen sie bereits aus der Einführung in die Arbeit mit Windows. Sie enthält - wie jedes andere Windows-Fenster auch - drei Elemente: Ganz links das **PROGRAMM- bzw. DATEISTEUERUNGSMENÜ**, in der Mitte den Programm- oder Dateinamen und - je nach Ansichtsform der sich gerade in Arbeit befindlichen Datei - den Dateinamen. Ganz rechts finden Sie zwei Sinnbildfelder mit nach oben und nach unten gerichteten Pfeilen, die das schnelle Verkleinern und Vergrößern des Programm-bzw. Dateifensters ermöglichen.

Die Titelleiste dient hauptsächlich dazu, ein Anwendungsprogramm oder die Datei zu aktivieren. Ist ein Programm bzw. eine Datei aktiv, erscheint die Titelleiste schwarz, inaktive Programme und Dateien erscheinen stattdessen mit einer grauen bzw. hell hinterlegten Titelleiste (siehe Abbildung 2.3.4).

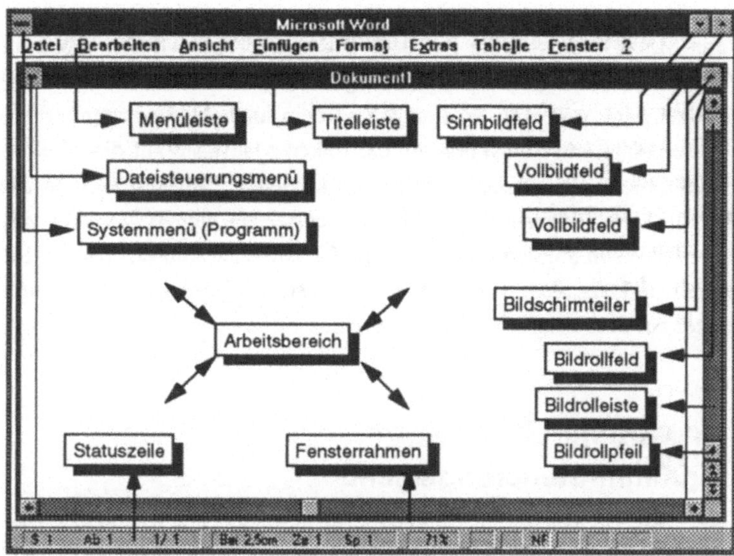

Abb.2.3.3: Das Word für Windows 2.0 Programm-Fenster

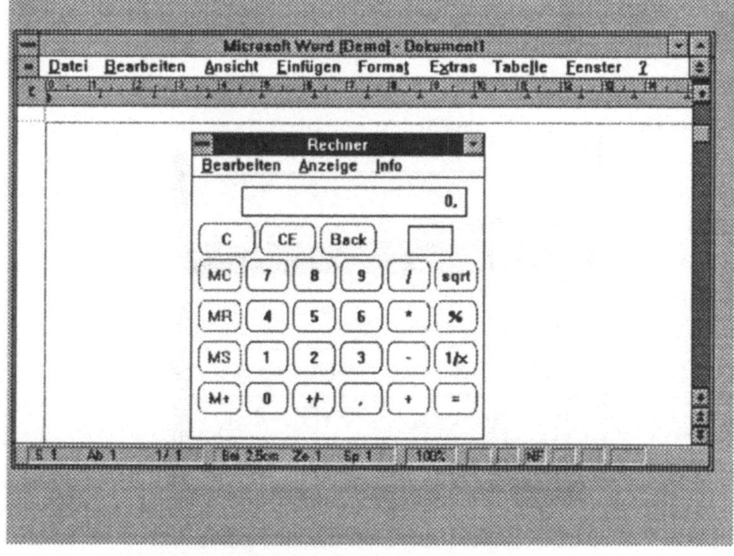

Abb.2.3.4: Aktive und inaktive Programme lassen
sich an der Titelleiste unterscheiden

Wenn Sie z.B. gleichzeitig mit dem Taschenrechner und mit Word für Windows arbeiten, ist jeweils das Programm gerade aktiv, dessen Titelleiste schwarz erscheint. Wollen Sie zu dem anderen Programm wechseln, so genügt ein Mausklick mit der linken Maustaste auf die Titelleiste des anderen Programms, um es zu aktivieren. Daneben können Sie mit Hilfe der Titelleiste ein Programm-Fenster auf dem Bildschirm verschieben. Wenn Sie den Mauszeiger in die Titelleiste führen, können Sie mit der linken, niedergedrückten Maustaste das gesamte Programm-Fenster auf dem Bildschirm verschieben.

Das Word für Windows Programm-Steuerungsmenü

Links oben in der Programm-Titelleiste befindet sich das sogenannte **PROGRAMM-STEUERUNGSMENÜ**. Der horizontale Strich soll eine Leertaste darstellen, - Sie können dieses Menü also auch mit den Tasten [Alt] + [Leert.] öffnen. Wenn Sie mit der linken Maustaste zweimal schnell hintereinander auf dieses Symbol klicken, wird Word für Windows geschlossen. Sollten Sie eine Datei bearbeitet haben, erfolgt vor dem Schließen eine Sicherheitsabfrage, ob die Änderungen an der zuletzt bearbeiteten Datei gespeichert werden sollen.

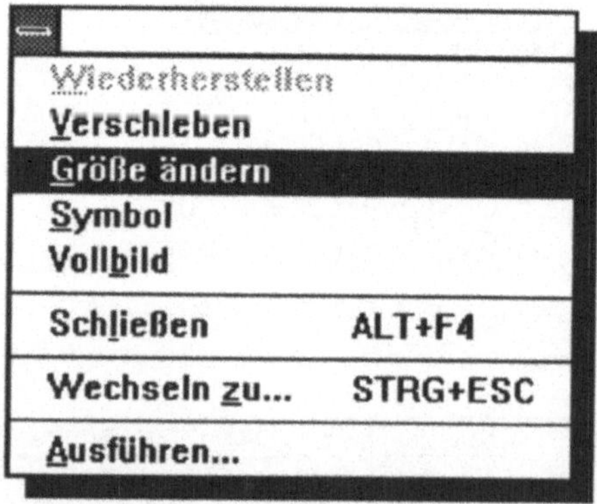

Abb.2.3.5: Das Programm-Steuerungsmenü

Dieses Menü ist in nahezu allen Anwendungsprogrammen unter Windows identisch (siehe Abbildung 2.3.5). Mit Hilfe der Befehle dieses Menüs können Sie die Fenstergröße ändern, das Programm als Sinnbild ablegen oder zum Vollbild machen, das Programmfenster verschieben, oder das Programm beenden. Mit dem Befehl **WECHSELN ZU** läßt sich die Task-Liste von Windows 3.1 aufrufen, die das schnelle Wechseln zu anderen Anwendungsprogrammen ermöglicht.

Als Besonderheit des Word für Windows **PROGRAMM-STEUERUNGS-MENÜS** können Sie über den Befehl **AUSFÜHREN** die Zwischenablage und/oder die Systemsteuerung von Windows 3.1 aufrufen (siehe Abbildung 2.3.6).

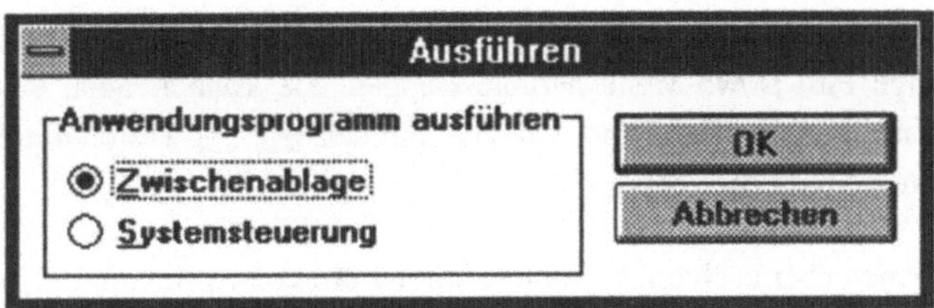

Abb.2.3.6:   Zugriff auf Zwischenablage und Systemsteuerung
             über das Steuerungsmenü

Die Menüleiste

In der gleich unter der Titelleiste stehenden Menüleiste finden Sie das Befehlsmenü für das Anwendungsprogramm. Je nach Anwendungsprogramm gibt es hier natürlich Unterschiede, weitgehend identisch sind jedoch in fast allen Windows Anwendungsprogrammen die Befehle der Menüs **DATEI, BEARBEITEN** und **HILFE** bzw. **?**.

In Word für Windows gilt jedoch die Besonderheit, daß Sie sich die Menüleiste sehr einfach komplett verändern können. Sie können die Benennung der Menüs in der Menüleiste verändern (jedoch nicht ergän-

Das Verändern der Menüleiste und der Menübefehle wird in Teil 4, Kapitel 12 ausführlich besprochen.

zen) oder die Befehle in den Menüs mit neuen Befehlen oder eigenen Makros belegen. Da Sie diese Veränderungen auch unterschiedlich für verschiedene Dokumentvorlagen (Masterdateien) vornehmen können, lassen sich je nach Einsatzgebiet und Anwendungsfall ganz individuelle Arbeitsumgebungen schaffen. Wenn Sie z.B. an dem Jahresbericht Ihres Konzerns arbeiten, könnten Sie in die Menüs Befehle integrieren, mit denen verschiedene Diagramme aus Excel direkt abrufbar sind. Sie können auch Textbausteinnamen in ein Menü integrieren und auf diese Weise beim Schreiben eines Briefes aus dem Menü heraus die verschiedenen Textbausteine direkt in den Brief einfügen.

Wenn Sie die Taste ⎡Alt⎤ drücken, aktivieren Sie den ersten Befehl der Menüleiste, das sogenannte **STEUERUNGSMENÜ** des Dokumentfensters. Mit den ⎡←⎤, ⎡→⎤ Tasten können Sie jetzt von Menübefehl zu Menübefehl wechseln und mit der ⎡↓⎤-Taste oder der ⎡←┘⎤-Taste das jeweilige Pull-Down-Menü herunterklappen. Sie können auch erst ein Menü nach unten öffnen und sich dann mit den ⎡←⎤, ⎡→⎤ Tasten durch die einzelnen Menüs bewegen.

Sie können aber auch ein bestimmtes Menü direkt anspringen, indem Sie die ⎡Alt⎤-Taste in Verbindung mit dem unterstrichenen Buchstaben des jeweiligen Menüs drücken. Wollen Sie also beispielsweise das Menü **FORMAT** öffnen möchten, so drücken Sie einfach ⎡Alt⎤+⎡T⎤. Schließen können Sie ein Menü, indem Sie ⎡Esc⎤ drücken.

Achten Sie darauf, daß die Spitze des Mauszeigers maßgebend für den auszuführenden Befehl ist

Mit der Maus können Sie ein Menü dadurch öffnen, daß Sie den Mauszeiger auf den jeweiligen Menübefehl führen und einmal mit der linken Maustaste klicken. In dem geöffneten Menü können Sie den jeweils gewünschten Befehl wieder durch Drücken der linken Maustaste ausführen, wenn der Mauszeiger über dem Befehl steht. Um ein Menü mit der Maus zu schließen, klicken Sie entweder noch einmal auf den Menünamen (also z.B. **FORMAT**) oder an eine beliebige Stelle außerhalb des Pull-Down-Menüs.

Das Word für Windows Datei-Steuerungsmenü

Das **DATEI-STEUERUNGSMENÜ** erscheint ganz links in der Menüleiste und ist das erste Menü, das durch das Drücken der Tasten $\boxed{\text{Alt}}$ + $\boxed{\downarrow}$ aktiviert wird. Der etwas kürzere horizontale Strich soll einen Bindestrich darstellen, d.h. Sie können diesen Befehl auch über $\boxed{\text{Alt}}$ + $\boxed{-}$ aktivieren.

Wiederherstellen	**Strg+F5**
Bewegen	Strg+F7
Größe ändern	Strg+F8
Vollbild	Strg+F10
Schließen	**Strg+F4**
Nächstes Fenster	**Strg+F6**
Teilen	

Abb.2.3.7: Das Datei-Steuerungsmenü

Die ersten vier Befehle dieses Menüs ermöglichen die Steuerung des Dokumentfensters, - wenn Sie den Befehl **WIEDERHERSTELLEN** wählen, können Sie aus der Vollbildansicht heraus in die Fensteransicht des Dokumentes umschalten. Mit den nächsten drei Befehlen **BEWEGEN**, **GRÖßE ÄNDERN** und **VOLLBILD** können Sie die Fensterposition verkleinern oder auf dem Bildschirm verschieben. Über $\boxed{\text{Strg}}$ + $\boxed{\text{F4}}$ oder **SCHLIEßEN** verlassen Sie das aktive Dokument. Mit $\boxed{\text{Strg}}$ + $\boxed{\text{F6}}$ oder dem Befehl **NÄCHSTES FENSTER** läßt sich in weitere geöffnete Dokumente wechseln. Drücken Sie mehrmals hintereinander $\boxed{\text{Strg}}$ + $\boxed{\text{F6}}$, so wechseln Sie von einem geöffneten Dokument zum nächsten.

Das Arbeiten mit dem Bildschirmteiler wird in diesem Kapitel im Abschnitt Bildrolleisten detailliert erläutert.

Über das Arbeiten mit Formatierungsleiste und Lineal finden Sie ausführliche Informationen in Teil 3, Kapitel 3.

Die Zuordnung von Druckformaten erfolgt in Version 2.0 nicht mehr über STRG+C, sondern über STRG+Y.

Der letzte Befehl - **TEILEN** - verwandelt den Mauszeiger in einen Bildschirmteiler, den Sie nun mit den Cursortasten auf dem Dokumentfenster verschieben können. Durch den Bildschirmteiler wird es möglich, zwei Teile eines Dokumentes gleichzeitig einzusehen.

Die Statuszeile

Am unteren Bildschirmrand sehen Sie unterhalb der horizontalen Bildlaufleiste (sofern Sie diese eingeschaltet haben) eine schmale Zeile mit zahlreichen Abkürzungen und Zahlen. Diese Zeile nennt man Statuszeile, denn hier können Sie den Programmstatus ablesen. Sie finden hier z.B. Angaben über die aktuelle Position des Cursors oder eine aktuelle Meldung zu einem ausgeführten Befehl. Die Statuszeile kann je nach Programmzustand ein anderes Aussehen annehmen.

Wenn ein Menü aktiviert worden ist, sehen Sie in der Statuszeile eine kurze Meldung, die anzeigt, welche Funktionen Sie mit dem gerade hinterlegten Befehl ausführen können. In Word für Windows können Sie fast alle Befehle auch über Tastaturkürzel erreichen. Wenn Sie z.B. ohne Ansicht des Lineals arbeiten, können Sie ein Druckformat auch über die Tasten Strg + Y zuordnen. Da Word für Windows mit diesem Tastenkürzel aber noch nicht weiß, welches Druckformat Sie zuordnen möchten, erscheint in diesem Fall in der Statuszeile die Frage: **Welches Druckformat?**. Die dritte Funktion übt die Statuszeile aus, wenn Sie eine länger andauernde Aktion wie Drucken, Ersetzen oder eine automatische Numerierung angefordert haben. In diesen Fällen gibt die Statuszeile Informationen über den Zustand des Programmes aus, indem z.B. eine Meldung der folgenden Art angezeigt wird: **Ersetzen läuft, nn% beendet, ESC, um abzubrechen**.

Damit Sie die Möglichkeiten der Statuszeile voll ausschöpfen können, müssen allerdings einige Voraussetzungen erfüllt sein. Die Statuszeile gibt Informationen an, die abhängig vom Umfang des gesamten Dokumentes sind. Deshalb müssen für die Anzeige aller Optionen folgende Kriterien erfüllt sein:

➪ Der Bildschirm darf nicht im Konzeptmodus arbeiten (im Menü **ANSICHT** darf vor der Option **KONZEPT** kein Häkchen sein. Falls es doch so ist, klicken Sie einfach darauf. Auf diese Weise wird dieser Modus abgeschaltet).

➪ Der automatische **Seitenumbruch im Hintergrund** in der Dialogbox **EXTRAS EINSTELLUNGEN ALLGEMEIN** muß eingeschaltet sein.

➪ Sie müssen in der **ANSICHT DRUCKBILD** oder der **ANSICHT NORMAL** arbeiten.

➪ Im Menü **EXTRAS EINSTELLUNGEN ANSICHT** muß die Option **Statuszeile** angekreuzt sein.

Wenn Sie diese Voraussetzungen in Ihrer Einstellung von Word für Windows erfüllt haben, müßten Sie eine Statuszeile am unteren Bildschirmrand sehen, die in etwa der folgenden Abbildung entspricht (siehe Abbildung 2.3.8).

Abb. 2.3.8: Die Statuszeile

Die Kürzel in der Statuszeile haben natürlich auch eine Bedeutung, - in Tabelle 2.3.1 haben wir die jeweiligen Bedeutungen für Sie zusammengestellt.

Kürzel	Bedeutung
S 16	Seitenzahl der aktuellen Seite
Ab 1	Abschnitt des Dokumentes, in dem sich Ihr Cursor (Einfügemarke) befindet
16/17	Aktuelle(r) Seite/Umfang des gesamten Dokumentes
Bei 29,2cm	Die aktuelle Position der Einfügemarke, gemessen vom oberen Rand der Seite
Ze 32	Die Einfügemarke befindet sich in Zeile 32 der aktuellen Seite
Sp 1	Nummer der Spalte, in der die Einfügemarke steht. Die Spaltennummer errechnet sich aus der Anzahl der Zeichen zwischen Einfügemarke und dem linken Rand.
90 %	Größe der aktuellen Zoomfunktion
MA	Der Makro-Rekorder ist eingeschaltet
ER	Der Erweiterungsmodus von F8 ist eingeschaltet, - die Spaltenanzeige wird ausgeschaltet
SM	Die Spaltenmarkierung ist eingeschaltet
ÜB	Der Überschreib-Modus ist durch die Taste Einfg eingeschaltet worden
KM	Der Überarbeitungsmodus des Befehls **EXTRAS ÜBERARBEITEN** ist eingeschaltet
UF	Großschreibung über **CAPS LOCK** ist eingeschaltet (Versalien)
NF	Der numerische Ziffernblock ist über **NUM** eingeschaltet, die Cursortastenfunktion dieses Tastaturbereiches ist außer Betrieb

Tab.2.3.1: Die Bedeutungen der Statuszeilenkürzel

Die Funktionsleiste

Ein vollkommen neues Element aus Word für Windows 2.0 ist die sogenannte Funktionsleiste (siehe Abbildung 2.3.9). Ähnlich wie in der Symbolleiste von Excel 3.0 sind hier die wichtigsten Befehle quasi "auf
Knopfdruck" abrufbar. Ein besonderer Leckerbissen ist hierbei, daß man
die Funktionen und das Erscheinungsbild der Funktionsleiste selbst bestimmen und zusammenstellen kann.

Abb.2.3.9:   Die neue Funktionsleiste von Word für Windows 2.0

In der Standardversion finden sich Symbole zum Kopieren in und Einfügen aus der Zwischenablage, zum Erstellen eines neuen Dokumentes,
zum Drucken und zum Sichern. Ohne umständlich zu bedienende Pull-
Down-Menüs kann man von hier aus die Ansicht verändern (Zoomen)
und Tabellen einfügen, wobei sich die Zeilen- und Spaltenanzahl sogar
grafisch mit der Maus bestimmen läßt. Absätze lassen sich auf Knopfdruck ausrichten, numerieren oder mit einem frei wählbaren Zapf-Dingbats-Zeichen versehen. Ebenfalls auf Knopfdruck lassen sich Zeichnungen aus den Word für Windows 2.0 Zusatzprogrammen Microsoft Draw
oder Microsoft Graph einfügen. Nützlich für den Büroalltag ist, daß man
auf Mausklick spielend einfach das Layout für den Druck von Briefumschlägen erstellen kann.

Allen Symboltasten in der neuen Funktionsleiste lassen sich eigene Makros oder aber andere Word für Windows-Befehle zuordnen. Darüber
hinaus ist immer noch Platz genug vorhanden, um zusätzliche Symboltasten in die Funktionsleiste zu integrieren, die mit anderen Word für
Windows-Befehlen oder eigenen Makros hinterlegt werden können. Der
nachfolgenden Tabelle 2.3.2 können Sie die Bedeutung der Symboltasten in der Standardversion entnehmen.

*Das Arbeiten mit der
Funktionsleiste und die
Veränderungsmöglich-
keiten erläutern wir in
Teil 3, Kapitel 4*

Symbol	Bedeutung
	Erstellt ein neues Dokument auf Basis der Vorlage NORMAL.DOT
	Öffnet eine bereits bestehende Datei oder Vorlage
	Sichert die aktive Datei oder Vorlage
	Schneidet ein markiertes Objekt (Text oder Grafik) aus und stellt es in die Zwischenablage
	Kopiert ein markiertes Objekt (Text oder Grafik) und stellt es in die Zwischenablage
	Fügt den Inhalt der Zwischenablage an der Position der Einfügemarke ein
	Macht die letzte Aktion rückgängig
	Numeriert die markierten Absätze nach den Voreinstellungen im Menü
	Kennzeichnet die markierten Absätze mit einem frei wählbaren Symbol
	Versetzt den linken Absatzeinzug zum vorherigen Tabstopp
	Versetzt den linken Absatzeinzug zum nachfolgenden Tabstopp
	Ermöglicht das Einfügen und die Größenbestimmung einer Tabelle mit der Maus
	Ermöglicht das Einstellen der Spaltenanzahl des aktiven Abschnittes mit der Maus
	Erstellt einen Positionsrahmen um das markierte Objekt, der es erlaubt, das Objekt mit der Maus beliebig auf der Seite zu verschieben
	Startet das Zusatzprogramm Microsoft DRAW zum Erstellen einer Zeichnung
	Startet das Zusatzprogramm Microsoft Graph zum Erstellen eines Geschäftsgrafikdiagrammes
	Erstellt einen Briefumschlag und fügt das Layout zum aktiven Dokument hinzu

Symbol	Bedeutung
	Startet die Rechtschreibprüfung im aktiven Dokument
	Sendet das aktive Dokument zum Drucker
	Verkleinert die Ansicht des Dokumentes auf ca. 30% zur Kontrolle des Seitenlayouts, wobei Text weiterhin bearbeitbar ist
	Schaltet in die normale Bearbeitungsansicht (ohne Seitenränder) und 100 % Ansicht
	Vergrößert oder verkleinert die Ansicht so, daß die Seite in der gesamten Breite sichtbar wird

Tab.2.3.2:   Die Bedeutung der Symbole in der neuen Funktionsleiste

Die Formatierungsleiste

Die neue Formatierungsleiste von Word für Windows 2.0 finden Sie direkt unter der Funktionsleiste am oberen Bildschirmrand. Sie entspricht in etwa der "alten" Zeichenleiste früherer Word für Windows Versionen, ist aber um Funktionen des alten Absatzlineals ergänzt worden. Da sie genauso wie die Funktionsleiste zu den allgemeinen Funktionen von Word für Windows gehört, ist sie für alle geöffneten Dokumentfenster gleichzeitig gültig, d.h. sie ist nur einmal am Bildschirm sichtbar. Im Gegensatz dazu bezieht sich die Darstellung des Lineals (das frühere Absatzlineal) immer auf das gerade aktive Dokumentfenster. Sind mehrere Dokumentfenster geöffnet, so erhält jedes Dokumentfenster ein eigenes Lineal.

Die Formatierungsleiste ist ein neues Element von Word für Windows 2.0. Sie ist eine Kombination aus Funktionen des "alten" Absatzlineals und der "alten" Zeichenleiste

Abb.2.3.10:   Mit der neuen Formatierungsleiste läßt sich die Zeichen- und Absatzformatierung durchführen

Die Formatierungsleiste ist eine Bildschirmleiste mit Sinnbildern und Pull-Down-Menüs für die Zeichen- und Absatzformatierung. Sie ist vor allem für Maus-Anwender eine große Hilfe, denn mit ihr können Sie die am häufigsten auftretenden Formatierungen vornehmen, ohne daß Sie den Umweg über das Menü **FORMAT ZEICHEN** oder **FORMAT ABSATZ** gehen müssen. Sie können die Formatierungsleiste über den Befehl **ANSICHT FORMATIERUNGSLEISTE** an- und ausschalten. Von links beginnend finden Sie zunächst die Verzeichnislistenfelder für die Zuordnung von Druckformaten, Schriftarten und die Schriftgrade. Rechts daneben befinden sich Schalter für Fettdruck **F**, Kursivdruck **I** und Kapitälchen **K**. Es folgen Symboltasten für die linksbündige, rechtsbündige, zentrierte oder Blocksatz-Absatzausrichtung sowie Symboltasten für die Ausrichtung von Tabstopps. Die ganz rechte Symboltaste mit der Absatzendemarke entspricht dem Sternchen früherer Word für Windows-Versionen. Mit dieser Taste läßt sich die Darstellung der Sonderzeichen (Absatzendemarken und Leerstellen) an- und ausschalten.

Die Symboltasten des Lineals können optisch "in den Bildschirm gedrückt" werden. Erscheint z.B. die Symboltaste mit dem "F" hellgrau, so ist diese Option aktiv, d.h. der markierte oder zu schreibende Text wird fett formatiert. Es kann aber auch vorkommen, daß Symboltasten hellgrau "durchsichtig" erscheinen. Diese Art der grauen Hinterlegung zeigt an, daß ein markierter Textblock verschiedene Absatzformatierungen umfaßt. Wenn Sie z.B. zwei Absätze markieren, von denen einer linksbündig und der andere zentriert formatiert ist, sind die Ausrichtungs-Sinnbilder in der Sinnbildzeile des Lineals grau hinterlegt. Im Normalfall können Sie an den in den Bildschirm gedrückten Symboltasten aber immer genau die gerade aktive Absatzformatierung erkennen.

Die Bildrolleisten

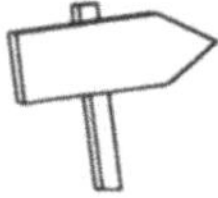

Die Arbeitsweise der Bildrolleisten, die auch Laufbalken, Laufleisten oder Bildlaufleisten genannt werden, haben Sie ja bereits in Teil 1, Kapitel 3 bei der Einführung in das Arbeiten mit Windows erlernt. Wir möchten deshalb an dieser Stelle auf einige kleine Besonderheiten dieser Laufbalken in Word für Windows hinweisen.

Beim Aufruf von Word für Windows 2.0 beinhaltet das Dokumentfenster die vertikale und die horizontale Bildrolleiste. Beide Bildlaufleisten können aber jederzeit an- und abgeschaltet werden. Wählen Sie dazu den Befehl **EXTRAS EINSTELLUNGEN** und markieren Sie das Symbol **Ansicht**, indem Sie in der Bildrolleiste, die sich links in der Dialogbox befindet, nach unten rollen. Wenn das Symbol **Ansicht** markiert ist, aktivieren Sie in der Dialogbox durch einfaches Ankreuzen der entsprechenden Kästchen die Ansicht der horizontalen oder der vertikalen Bildrolleiste.

Eine weitere Besonderheit liegt am oberen Rand der vertikalen (senkrechten) Bildrolleiste verborgen, - der sogenannte Bildschirmteiler. Oberhalb des nach oben zeigenden Pfeiles der vertikalen Bildrolleiste sehen Sie einen etwas dickeren schwarzen Strich. Wenn Sie mit dem Mauszeiger hierauf klicken und den Mauszeiger festhalten, läßt sich durch das Herunterziehen des nun aktivierten Bildschirmteilers der Bildschirm in zwei Ausschnitte teilen. Der Mauszeiger nimmt dabei die Form des Bildschirmteilersymboles an. An der Stelle, an der Sie die linke Maustaste loslassen, wird der Bildschirm geteilt.

Über die Tastatur können Sie den Bildschirm mit Hilfe von `Alt` + `-`, `T` in zwei Ausschnitte teilen. Durch Drücken von `⏎` plazieren Sie den Bildschirmteiler an der entsprechenden Position. Mit der Funktionstaste `F6` können Sie nun von Ausschnitt zu Ausschnitt wechseln. Wenn Sie den Bildschirmteiler nicht mehr benötigen, können Sie ihn entweder mit der Maus nach oben oder unten aus dem Dokumentfenster herausschieben oder aber durch nochmaliges Aktivieren des Bildschirmteilers über die Tastatur mit `Alt` + `-` und den Cursortasten ebenfalls aus dem Bereich des Dokumentfensters herausschieben. Befindet sich der Bildschirmteiler dann am oberen oder unteren Dokumentfensterrand, so müssen Sie das Entfernen lediglich noch mit `⏎` bestätigen.

Nach einer Teilung sehen Sie in beiden Bildschirmausschnitten dieselbe Datei, können dann aber in beiden Ausschnitten getrennt den Bildschirm rollen (siehe Abbildung 2.3.11). Diese Funktion kann dann nützlich sein, wenn Sie z.B. das Inhaltsverzeichnis am Anfang der Datei einsehen müssen, während Sie am Ende des Dokumentes in einem zweiten Bildschirmausschnitt neuen Text erfassen.

In Word für Windows 2.0 sind alle Optionen zur Bildschirmdarstellung in einer "Wechsel"-Dialogbox zusammengefaßt.

Innerhalb des Dokumentfensters kann der Mauszeiger noch andere Formen annehmen. Die verschiedenen Formen werden in Anhang B erläutert.

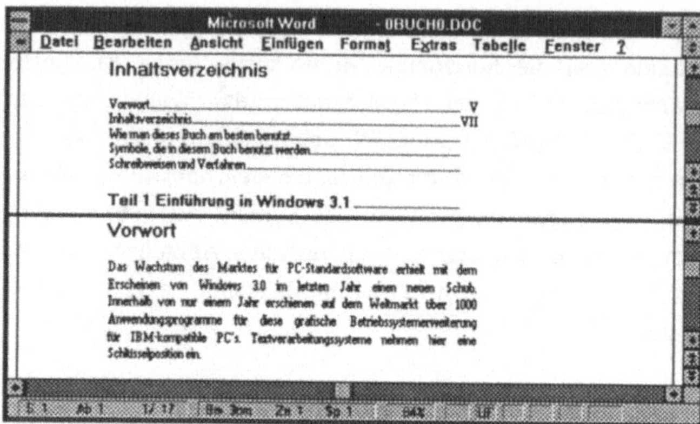

Abb.2.3.11: Der Bildschirmteiler ermöglicht, verschiedene Bereiche des Dokumentes gleichzeitig in einem Fenster einzusehen.

Das Dokumentfenster

Innerhalb eines Word für Windows-Dokumentfensters gibt es ebenfalls einige besondere Bildschirmbereiche, die im folgenden näher besprochen werden sollen.

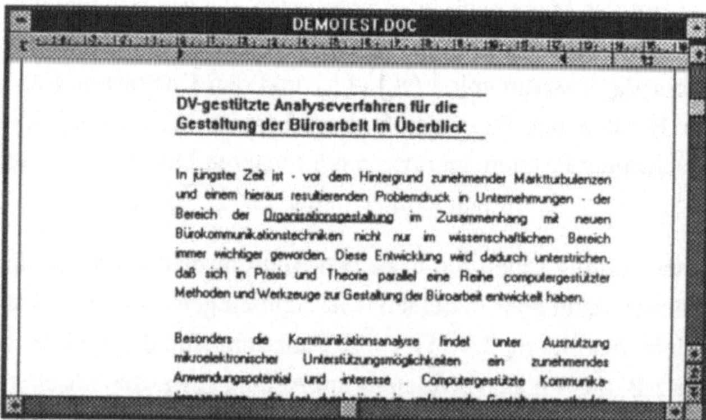

Abb.2.3.12: Das Dokumentfenster für die Texterfassung und -darstellung

Das Lineal

Während Sie die neue Formatierungsleiste vorwiegend für Funktionen
der Zeichenformatierung nutzen werden, beinhaltet das neue Lineal, das
trotz seines veränderten Aussehens in etwa dem alten Absatzlineal früherer Word für Windows-Versionen entspricht, einen Großteil der Funktionen zur Absatzformatierung. Das neue Lineal befindet sich bei Vollbild-
darstellung eines Dokumentes direkt unter der Formatierungsleiste und
bei der Fensterdarstellung am oberen Rand des Dokumentfensters. Ohne
das Menü heranziehen zu müssen, können Sie mit dem Lineal schnell
und einfach Absätze mit Hilfe der Maus formatieren. Die Ansicht des
Lineals läßt sich mit dem Befehl **ANSICHT LINEAL** oder Alt + A ,
L ein- und ausschalten.

Die Zuordnung des Lineals zum Dokumentfenster hat zur Folge, daß Sie
bei mehreren geöffneten Dokumentfenstern mit mehreren Linealen, aber
immer nur mit einer Formatierungsleiste arbeiten. Sind mehrere Dokumentfenster geöffnet, so können Sie die Anzeige des Lineals für jedes
Dokumentfenster getrennt einstellen.

Abb.2.3.13: Das Lineal gehört zum Dokumentfenster

Das Lineal ermöglicht Ihnen z.B. die schnelle und bequeme Formatie-
rung von Absätzen oder das Festlegen von Seitenrändern mit Hilfe der
Maus. Sie können das Lineal für die Absatzformatierung, die Ausrich-
tung von Spalten in Tabellen und für die Seitenrandfestlegung nutzen.
Mit der Maus kann man über das Lineal Absatz-Einzüge festlegen und
Tabstopps setzen. Besonders schnell und einfach ist das Festlegen der
Spaltenbreite in Tabellen und das Verändern der Seitenränder.

Die Markierungsleiste

Die Markierungsleiste ist eine schmale, unsichtbare Spalte am linken
Bildschirmrand des Dokumentfensters, also links neben dem Text. Sie

*Obwohl das neue Lineal
sein Aussehen stark ver-
ändert hat, können fast
alle Funktionen zur Ab-
satzformatierung damit
ausgeführt werden.*

*Eine genaue Beschrei-
bung des Lineals erfolgt
in Teil 3, Kapitel 3.*

*Das Markieren von Text
und Grafik über Markie-
rungsleiste und Maus
wird in Teil 3, Kapitel 2
ausführlich besprochen.*

dient dem schnellen Markieren von Zeilen und Absätzen mit Hilfe des Mauszeigers, der im Bereich der Markierungsleiste die Form eines nach rechts oben gerichteten Pfeiles annimmt.

Abb.2.3.14: Der nach rechts oben zeigende Mauszeiger
verrät die Markierungsleiste

Textdarstellung im Dokumentfenster

Schreiben Sie einen beliebigen Satz, indem Sie einfach die entsprechenden Zeichen über die Tastatur eingeben. Drücken Sie jetzt die Tasten Strg + ⇧, * . Sie sehen, wie plötzlich eine ganze Reihe neuer Zeichen zwischen den Wörtern und am Ende Ihres Textes erscheinen. Sie können diese Darstellung wieder zurückschalten, indem Sie dieselben Tasten noch einmal drücken.

Anhand dieser kleinen Übung sollten Sie erkennen, daß Word für Windows für die korrekte Formatierung intern und (fast) unsichtbar eine Reihe von Sonderzeichen benutzt. Diese Sonderzeichen können Sie am Bildschirm sichtbar machen, sie werden aber nie gedruckt. Das Sichtbarmachen der Sonderzeichen kann bei der Kontrolle von Formatierungen oder von evtl. zuviel eingegebenen Leerzeichen sehr hilfreich sein. Jedes Leerzeichen erscheint als ein schwebender Punkt zwischen den Wörtern. Beachten Sie, daß sich bei der Darstellung der Sonderzeichen der Zeilenumbruch zwar am Bildschirm, <u>nicht</u> jedoch im Ausdruck ändert.

Die Absatzendemarke

Jedesmal, wenn Sie beim Schreiben eines Textes ⏎ drücken, erscheint eine neue Absatzendemarke auf dem Bildschirm, vorausgesetzt die Anzeige der Sonderzeichen ist aktiv. Die Absatzendemarke kennzeichnet das Ende eines Absatzes und hat im Hinblick auf die vielfälti-

Auf die verschiedenen Sonderzeichen wird in Teil 3, Kapitel 8 ausführlich eingegangen.

gen absatzbezogenen Formatierungsmöglichkeiten von Word für Windows eine besonders hohe Bedeutung. Wichtig zu wissen ist, daß eine Absatzendemarke von Word für Windows wie ein ganz normales Zeichen bzw. ein Buchstabe behandelt wird (und auch so gelöscht werden kann), daß aber mit einer Absatzendemarke die vielfältigen Formatierungsinformationen eines Absatzes gespeichert werden.

Die Endemarke

Am Ende eines jeden Dokumentes befindet sich ganz automatisch die sogenannte Endemarke. Die Endemarke ist ein waagerechter Strich und kennzeichnet für Word für Windows immer das Ende eines Dokumentes. Die Endemarke kann nicht gelöscht werden.

Zusammenfassung

Sie haben die Grundbegriffe des Word für Windows-Fensters kennengelernt und konnten das Arbeiten mit dem **Programm-Fenster** und den **Dokumentfenstern** von Word für Windows üben. Sie kennen nun die hohe Bedeutung der Statuszeile und wissen dieses nützliche Hilfsmittel bei der praktischen Arbeit zu nutzen. Die Befehle des **PROGRAMM-STEUERUNGS-** und des **DATEI-STEUERUNGSMENÜS** wurden vorgestellt und es wurde in die Arbeitsweise mit der neuen **Funktionsleiste,** dem **Lineal** und der **Formatierungsleiste** eingeführt. In den Grundzügen wissen Sie auch bereits, wie man sich die Bildschirmansicht an eigene Bedürfnisse anpassen kann.

Kapitel 4

hilfefunktionen und
lernprogramm

In diesem Kapitel stellen wir die integrierten Hilfefunktionen vor und geben einen kurzen Einblick in das Lernprogramm von Word für Windows. Sie erfahren, wie Sie die kontextsensitive Hilfe zu einem bestimmten Menübefehl ansprechen können und wie Sie das Hilfeprogramm von Word für Windows nutzen können, um sich Klarheit über die Arbeitsweise zu verschaffen. Gleichzeitig stellen wir die Neuerungen des vollkommen überarbeiteten Hilfesystems der Version 2.0 vor.

Hilfefunktionen in Word für Windows

Immer wenn Sie zu einem Themengebiet, einem Befehl oder einer Word für Windows-Funktion Fragen haben, können Sie Word für Windows um Hilfe bitten. Sie können sich das vollständige Hilfeprogramm mit einem Index aufrufen, indem Sie die Tastenkombination ⟨Alt⟩ + ⟨⇧⟩ + ⟨?⟩ , ⟨I⟩ drücken oder mit der Maus das Menü **?** öffnen und dann den Befehl **INDEX** wählen.

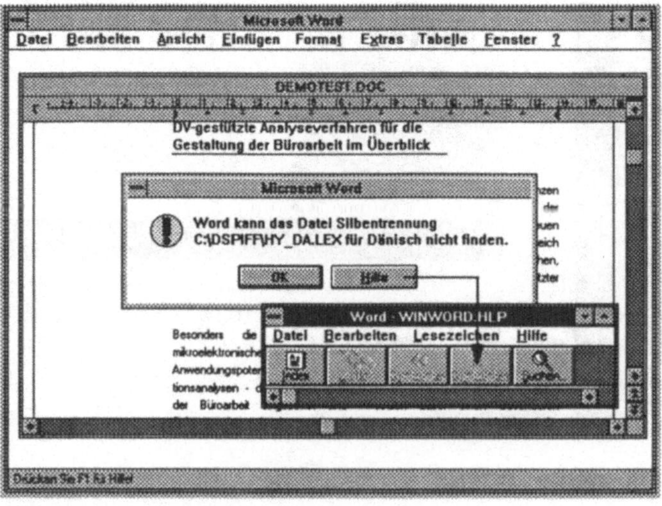

Abb.2.4.1:   Zu jeder Fehlermeldung kann
             direkt Hilfe angefordert werden

Über diese Funktionen hinaus ist die Hilfefunktion von Windows 3.1 und auch von Word für Windows 2.0 wesentlich erweitert worden. So erscheint jetzt z.B. in jeder Dialogbox, die eine Fehlermeldung enthält, ein zusätzlicher Button **HILFE**, mit dem Sie Hilfefunktionen zum gerade ausgeführten Befehl direkt ansprechen können.

Generell können Sie aber stets Informationen zu einem ganz speziellen Themengebiet anfordern, z.B. wenn Sie gerade nicht wissen, wozu der Befehl **DATEI SPEICHERN UNTER** dient. Um Hilfe zu dem Befehl **DATEI SPEICHERN UNTER** zu erhalten, können Sie vorgehen wie in der nachfolgenden Übung beschrieben.

Die Hilfefunktionen können jetzt aus jeder Dialogbox mit einer Fehlermeldung direkt angesprungen werden.

> Öffnen Sie das Menü **DATEI** und markieren Sie mit der Richtungstaste (Cursortaste) den Befehl **SPEICHERN UNTER**. Drücken Sie die Tastenkombination ⇧ + F1 oder die Funktionstaste F1 allein, wenn ein Befehl, ein Dialogfeld oder eine Word für Windows-Meldung aktiv - also schwarz hinterlegt - erscheint. Word für Windows öffnet das Hilfe-Programm, und zwar in unserem Beispiel direkt mit Erläuterungen zu dem Befehl **DATEI SPEICHERN UNTER**.

Das Hilfefenster läßt sich behandeln wie jedes andere Windows-Fenster. Die Hilfefunktion unterstützt Sie sehr, wenn Sie bei der Bearbeitung eines Textes irgendwo steckenbleiben, jedoch nicht gleich zum Handbuch greifen wollen.

Nehmen wir nur ein kleines Beispiel. Stellen Sie sich vor, Sie sind ein Anfänger im Arbeiten mit Word für Windows und fragen sich, was z.B. die senkrechten und waagerechten grauen Balken am rechten und unteren Bildschirmrand bzw. in dem Word für Windows-Fenster zu bedeuten haben. Um nun etwas über die Bedeutung dieser Balken zu erfahren, drücken Sie einfach ⇧ + F1 . Der Mauszeiger verwandelt sich in ein Fragezeichen, das Sie auf dem Bildschirm bewegen können. Führen Sie das Fragezeichen einfach auf einen der beiden Balken und klicken Sie einmal mit der linken Maustaste. Das Hilfeprogramm startet automatisch mit den Erläuterungen zu dem Bildschirmbereich, zu dem Sie Fragen hatten, in diesem Fall zu den Bildlaufleisten. Diese Arbeitsweise des Hilfeprogramms nennt man *kontextsensitive Hilfe*, weil die Hilfeerläuterungen immer genau zum aktuellen Kontext, also in unserem Fall zu dem Bildschirmbereich der Laufbalken passen.

Das Hilfeprogramm beinhaltet Erklärungen zu fast allen Befehlen und Funktionen von Word für Windows und hat gegenüber dem Handbuch einen entscheidenden Vorteil: Man kann gezielt und sehr viel schneller auf bestimmte Themengebiete zugreifen und über integrierte Querverweise - die sogenannten *Hypertext*-Funktionen blitzschnell zu einem ähnlichen oder auch anderen Themengebiet wechseln. Außerdem können Sie das Arbeiten mit Word für Windows nach Funktionsbereichen Stück für Stück erlernen. Sie müssen sich also nicht durch das alphabetisch geordnete Handbuch arbeiten, sondern werden Schritt für Schritt in das Arbeiten mit Word für Windows eingeführt.

Besonders angenehm ist an dem Hilfeprogramm auch, daß Sie die Erklärung bestimmter Funktionen am Bildschirm in dem Hilfe-Fenster stehenlassen können und in einem zweiten Originalfenster von Word für Windows eine im Hilfe-Fenster beschriebene Vorgehensweise direkt ausprobieren können.

Die Hilfefunktion von Word für Windows 2.0 wurde komplett überarbeitet und ist jetzt an das Hilfesystem von Windows 3.0 bzw. 3.1 angepaßt worden.

Sie können die Hilfeinformationen über den Befehl **DATEI ERLÄUTERUNG DRUCKEN** ausdrucken lassen und sich damit ein eigenes Handbuch erstellen, in dem Sie dann genau die Kommandos und Abläufe nachlesen können, die Ihnen vielleicht immer wieder Schwierigkeiten bereiten. Wenn Sie die Schaltfläche **INDEX** anklicken, gelangen Sie in das Inhaltsverzeichnis der Hilfefunktion und können von dort aus zu anderen Themengebieten wechseln.

Der ungeheuer große Umfang des Hilfeprogrammes hat aber auch einen kleinen Nachteil. Man verliert gerade als Anfänger möglicherweise schnell die Lust am Arbeiten mit dem Hilfeprogramm, weil es sehr viele Querverweise und Wechselfunktionen enthält und man deshalb relativ schnell meint, den Überblick verloren zu haben. Dieser Eindruck entsteht vor allem deshalb, weil man sich an jeder Stelle des Hilfeprogrammes Erläuterungen zu ähnlichen Themengebieten anzeigen lassen kann bzw. sogar durch einen Mausklick zu dem anderen Thema wechseln kann. In den Hilfetexten sind verschiedene Worte schwarz hinterlegt bzw. durchgehend unterstrichen. Diese Worte bezeichnen eigene Themengebiete und Erläuterungen zu diesen. Durch Anklicken dieser unterlegten Begriffe mit der Maus können Sie sich die Erläuterungen zu dem jeweiligen Thema anzeigen lassen.

Andere Begriffe sind mit einer gepunkteten Linie unterlegt, durch Klikken auf einen solchen Begriff und Festhalten der linken Maustaste oder durch Festhalten der ⏎ -Taste können Sie sich die Bedeutung bzw. Definition dieses Begriffes in einem eigenen kleinen Fenster erklären lassen.

Damit Sie sich in dem Hilfesystem nicht hoffnungslos verlaufen, steht Ihnen die Schaltfläche **Zurückverfolgen** zur Verfügung. Sie ermöglicht Ihnen, alle nacheinander aufgerufenen Erläuterungen Schritt für Schritt wieder zurück zu verfolgen. Die beiden Schaltflächen **Durchsuchen** erlauben Ihnen, nach einem hierarchischen Prinzip die verwandten Themengebiete nacheinander zu durchlaufen, d.h. zu nachgeordneten und vorgeschalteten Themengebieten Hilfe anzufordern.

Wenn Sie eine Erläuterung oder Erklärung aus der Hilfefunktion in Ihren Text übernehmen wollen, können Sie diese zunächst mit **BEARBEITEN KOPIEREN** bzw. Alt + B , K in die Zwischenablage kopieren und dann über den Befehl **BEARBEITEN EINFÜGEN** in Ihr Dokument einfügen. Diese Funktion ist besonders interessant für Mitarbeiter, die mit der Ausarbeitung von Schulungsunterlagen beauftragt sind. Es gilt allerdings zu beachten, daß dabei die Formatierungen aus der Hilfefunktion verloren gehen und Abbildungen ebenfalls nicht kopiert werden.

Da das Hilfeprogramm sehr umfangreich ist, glaubt man, wie gesagt, schnell, die Orientierung zu verlieren. Das gilt vor allem dann, wenn man eine bestimmte Erläuterung gefunden hat, nach dem Schließen des Hilfeprogrammes in Word für Windows weiterarbeitet und nach ein oder zwei Stunden dieselbe Erläuterung im Hilfeprogramm noch einmal aufsuchen möchte. "Wo stand das denn noch?" wird man sich sicherlich fragen.

Die Informationstabellen für Tastaturbefehle in anderen Textverarbeitungen und deren Äquivalent in Word für Windows gibt es in Version 2.0 nicht mehr.

Um dieses Problem zu meistern, können Sie sich in dem Hilfeprogramm bis zu 200 Lesezeichen bzw. Textmarken definieren. Wenn Sie ein bestimmtes Thema im Hilfeprogramm schnell wiederfinden möchten, definieren Sie sich einfach eine Textmarke dafür. Schlagen Sie dazu die entsprechende Erläuterung oder Seite im Hilfetext auf und definieren Sie über den Befehl **LESEZEICHEN** eine Textmarke. Word für Windows schlägt die Überschrift oder das Hauptstichwort der aufgeschlagenen Seite als Textmarke vor. Sie können diesen Vorschlag überschreiben und mit einer eigenen Bezeichnung versehen. Für jede selbst definierte Textmarke wird das Menü **LESEZEICHEN** ergänzt, so daß Sie beim nächsten Mal über nur einen Menübefehl und Ihre Textmarke Ihr bestimmtes Themengebiet gezielt anspringen können, ohne sich erst durch den Haupt-Index "hindurchhangeln" zu müssen (siehe Abbildung 2.4.2).

Abb.2.4.2:   Das Menü LESEZEICHEN kann
              individuell ergänzt werden

Bis zu 9 Lesezeichen können Sie auf diese Weise direkt in das Menü **LESEZEICHEN** integrieren, - für alle weiteren selbst definierten Textmarken wird bei der späteren Anwendung über den Befehl **LESEZEICHEN WEITER** eine Dialogbox geöffnet, in der Sie die anzuspringende Textmarke in einem Verzeichnisfeld auswählen können.

Wenn Sie ein ganz bestimmtes Themengebiet suchen, können Sie dieses Gebiet auch über die Schaltfläche **SUCHEN** anspringen. Klicken Sie auf die Schaltfläche **SUCHEN** und tragen Sie ein Schlüsselwort bzw. einen Begriff ein, zu dem Sie Erläuterungen wünschen oder wählen Sie eine der vordefinierten Schlüsselbegriffe aus und klicken Sie in der Dialogbox auf die Schaltfläche **SUCHEN**. Wenn sich zu einem Schlüsselbegriff

Der Menübefehl BLÄTTERN in der Hilfe von Word für Windows 1.1 wurde in Version 2.0 durch die Schaltfläche SUCHEN ersetzt.

Themen in der Hilfe finden, so sehen Sie die Themen im unteren Teil der
Dialogbox. Sie brauchen hier nun lediglich Ihr gewünschtes Themengebiet zu markieren und dann auf die Schaltfläche **GEHEZU** zu klicken, um
die Hilfetexte und Erläuterungen zu diesem Thema am Bildschirm angezeigt zu bekommen.

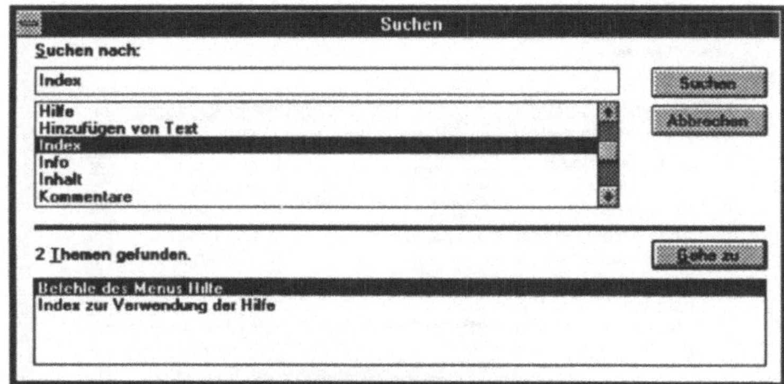

Abb.2.4.3:   Durch eine komfortable Suche nach
             Schlüsselwörtern findet man schnell Hilfe

Um das Hilfeprogramm zu beenden, führen Sie einen Doppelklick mit
der linken Maustaste auf dem **SYSTEMMENÜ** links oben in der Titelleiste aus, oder Sie drücken ⌈Alt⌉+⌈Leert.⌋ und bestätigen den Befehl
SCHLIEßEN oder drücken ⌈Esc⌉.

Das Lernprogramm

*Das Lernrogramm von
Word für Windows 2.0
wurde komplett neu ge-
staltet, arbeitet jetzt sehr
viel schneller und führt
anhand komfortabler
Übungen in die Bedie-
nung ein.*

Neben dem Durchblättern der Hilfefunktionen haben Sie aber noch eine
andere Möglichkeit, um den Umgang mit Word für Windows zu erlernen. Word für Windows 2.0 stellt ein vollkommen überarbeitetes integriertes Lernprogramm zur Verfügung, mit dem Sie das Programm
Schritt für Schritt erlernen können. Im Dialog führt Sie das Lernprogramm durch einzelne Lektionen, in denen Sie die Grundkenntnisse
lernen, die Sie für den Einsatz des Programmes benötigen. Sie erreichen

das Lernprogramm über den Befehl **HILFE LERNPROGRAMM**, sofern Sie es bei der Installation von Word für Windows mit installiert haben.

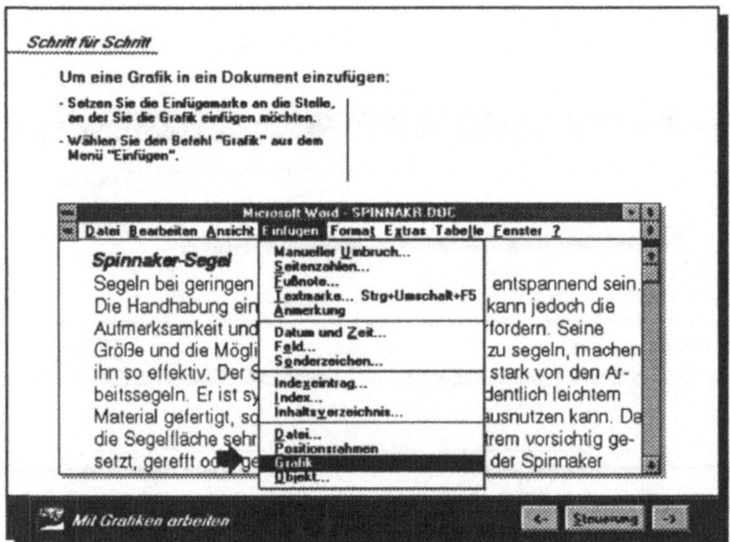

Abb.2.4.4:   Das Lernprogramm von Word für
Windows 2.0 wurde neu konzipiert

Nach dem Aufruf des Lernprogrammes werden alle aktuell geöffneten Dateien von Word für Windows geschlossen (nach einer Sicherungsabfrage). Sie werden aber von Word für Windows gesondert abgelegt und nach dem Verlassen des Lernprogrammes wieder in der Konstellation aufgerufen, in der Sie diese verlassen haben.

Da Sie mit dem neuen Lernprogramm wirklich alle Funktionen von Word für Windows erlernen können, ist das Programm selbst ungeheuer umfangreich geworden. Aus diesem Grund hat man das Lernprogramm in zwei Teile aufgeteilt. In dem Menü **HILFE** finden Sie zum einen den Befehl **ERSTE SCHRITTE** und zum zweiten den Befehl **LERNPRO-GRAMM**. Während Sie mit dem Befehl **ERSTE SCHRITTE** ein Programm aufrufen, in dem alle Bildschirmbereiche und die grundlegenden Funktionen von Word für Windows erläutert werden, gelangen Sie mit dem Befehl **LERNPROGRAMM** in ein echtes Lernprogramm. Innerhalb des Lernprogrammes können Sie verschiedene Lektionen durcharbeiten, d.h. bestimmte Arbeitsweisen werden zunächst erläutert und im Anschluß an die Erläuterung können Sie das zuvor Erklärte direkt selbst üben. Die Bedienung des Lernprogrammes ist so selbsterklärend und einfach, daß wir an dieser Stelle auf weitere Erklärungen verzichten können, wagen Sie am besten auf eigene Faust eine kleine Entdeckungsreise durch die vorgestellten Bildschirm-Hilfefunktionen.

Zusammenfassung

In diesem Kapitel lernten Sie, wie man die **Hilfefunktionen** von Word für Windows benutzt. Wir haben das **Lernprogramm** vorgestellt und demonstriert, wie man sich als Umsteiger den Einstieg in die Word für Windows Befehlsstruktur erleichtern kann. Sie haben erfahren, wie Sie sich die sogenannte **kontextsensitive Hilfe** zu einem bestimmten Menübefehl auf den Bildschirm holen und das Hilfeprogramm nutzen können, um sich Klarheit über die Arbeitsweise von Word für Windows zu verschaffen. Gleichzeitig haben wir die Neuerungen des vollkommen überarbeiteten Hilfesystems der Version 2.0 vorgestellt.

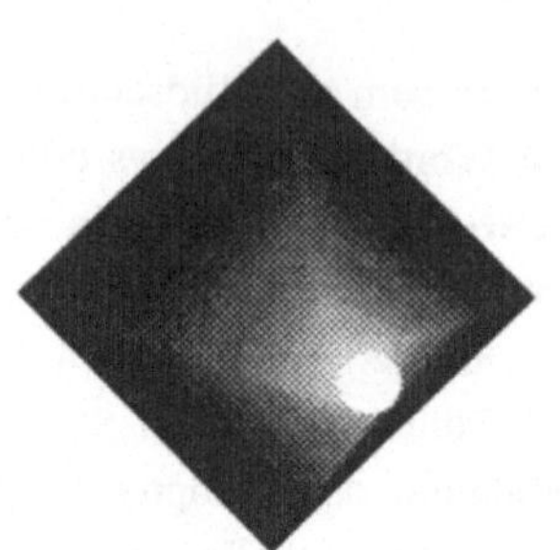

Word

für

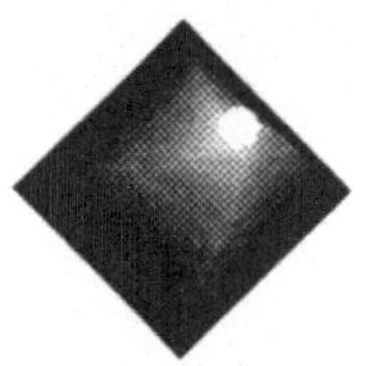

Teil 3

Windows Techniken

Kapitel 1

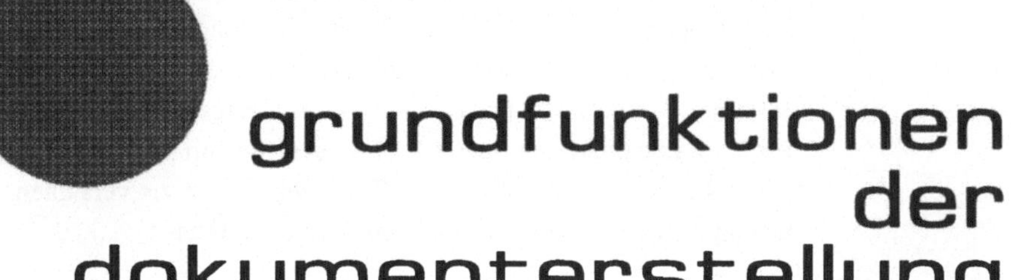

grundfunktionen der dokumenterstellung

Nach der Einführung in Windows 3.1, den Erläuterungen zur Word für Windows 2.0 Installation und den Einweisungen in den Bildschirmaufbau geht es nun an die praktische Arbeit der Texterstellung. Sie lernen anhand einer Übung zunächst alle Grundfunktionen kennen, die Sie für die Erstellung Ihres ersten Dokumentes benötigen. Anschließend erfahren Sie etwas über die Formatierung und den Aufbau der Formatierungshierarchie von Word für Windows. Gleichzeitig lernen Sie, wie man sich in einem Dokument mit der Tastatur oder der Maus bewegen kann. Zum Abschluß des Kapitels besprechen wir die Funktionen zum Speichern und Verlassen eines Dokumentes.

Erstellen eines Dokumentes

Da Sie über den Grundaufbau von Word für Windows und die Tastatur- und Mausfunktionen in den Kapiteln 3 und 4 von Teil 2 bereits einiges gelernt haben, wollen wir nun gemeinsam an die Texterstellung gehen. Den in der nachfolgenden Übung zugrunde gelegten Text können Sie je nach Lust und Laune abschreiben oder von der beigelegten Diskette einlesen. Wenn es sich jedoch um Ihre erste Begegnung mit einem Textverarbeitungsprogramm handelt, so sollten Sie den Text abschreiben, um die Arbeitsweise von Word für Windows besser zu verstehen. In der Übung erstellen Sie ein Angebot für ein Softwarehaus.

Dokumentvorlagen werden in Teil 3, Kapitel 6 besprochen. Die Datei-Info spielt bei der Arbeit mit dem Datei-Manager, der in Teil 3, Kapitel 5 besprochen wird, eine Rolle.

Nach dem Aufruf erstellt Word für Windows 2.0 immer zunächst ein Dokument mit der Bezeichnung *Dokument1*. Wenn Sie eine bereits erstellte Datei über den Befehl **DATEI ÖFFNEN** bearbeiten möchten, so schließt sich die Datei *Dokument1* automatisch. Das gleiche passiert, wenn Sie mit ⌨Alt + ⌨D , ⌨N oder **DATEI NEU** ein neues Dokument erstellen möchten. In einer Dialogbox können Sie dann z.B. auswählen, ob Sie eine neue Datei oder eine Dokumentvorlage - ein sogenanntes *Master-Dokument* - erstellen möchten oder bestimmen, daß eine bereits vorhandene Dokumentvorlage benutzt werden soll.

Als Anfänger sollten Sie alle Einstellungen der Voreinstellung übernehmen und einfach mit [⏎] bestätigen. Word für Windows schließt
nun die Datei mit der Bezeichnung *Dokument1* und erstellt automatisch
eine Datei mit der Bezeichnung *Dokument2*. Sie sehen, solange Sie
keinen eigenen Dateinamen vergeben, numeriert Word für Windows die
zu erstellenden Dokumente automatisch durch, aber nur das *Dokument1*
wird automatisch geschlossen. Sie können bis zu 9 Dateien auf diese
Weise erstellen und gleichzeitig bearbeiten, wobei jede Datei bzw. jedes
Dokument in einem Fenster erscheint, vorausgesetzt, Sie arbeiten mit der
Fensterdarstellung. Tun Sie das nicht, so wählen Sie einfach den Befehl
FENSTER ALLES ANORDNEN oder [Alt] + [F], [L] . Wie Sie in Abbildung 3.1.1 erkennen, werden in dem Menü **FENSTER** alle gerade geöffneten Dateien angezeigt, wobei die gerade aktive Datei ein kleines Häkchen erhält.

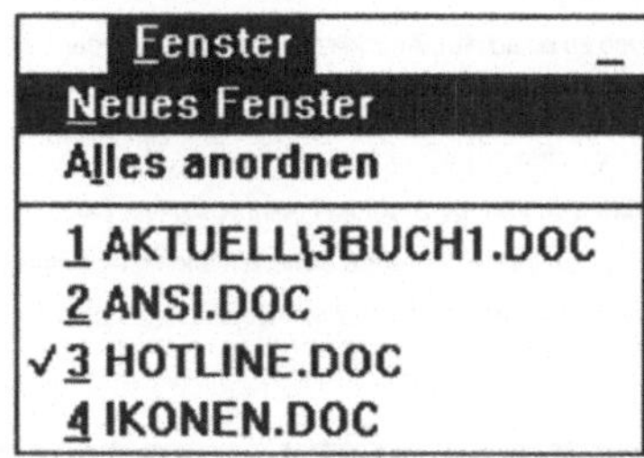

Abb.3.1.1: Über FENSTER können Sie
geöffnete Dateien steuern

Plazieren Sie die Einfügemarke in dem neuen oder in einem der geöffneten Dokumente und beginnen Sie mit der Übung. Es soll der folgende
Angebotstext erstellt werden, wobei zu beachten ist, daß der Text so ab-
geschrieben werden sollte, wie er in der nachstehenden Abbildung dargestellt ist. Verwenden Sie die Taste [←] (Backspace oder auch Rück-
schritt), wenn Sie sich verschrieben haben.

Drücken Sie die Return-Taste (zu erkennen an diesem Zeichen: ¶) immer nur am Ende eines Absatzes - NICHT am Ende einer Zeile!

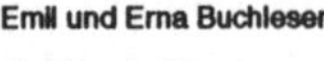

Emil und Erna Buchleser

Steinbruch 12

2232 Eberjagdhausen 75

Software & Co.

Speicherplatz 40

4000 Köln

Sehr geehrte Damen und Herren,

wir stehen vor einem echten Problem und bitten um Ihre Hilfe bzw. ein Angebot von Ihnen, das sich an

unseren langjährigen Geschäftsbeziehungen orientieren sollte. Es handelt sich um Software.

Was unsere Hardware anbelangt, haben wir einen TÜV-geprüften Turbo 386 Sx mit 5 MB RAM und

einer 150 MB Festplatte. Als Bildschirm dient ein MUNDIG -PLASMA-Multi-Video, mit dem sich auch

alle Kabel-Sender problemlos empfangen lassen.

In jüngster Zeit stehen wir vor dem Problem, das Adress-Material, das wir dem elektronischen BTX-

Telefonbuch entnehmen, für die Gründung eines Bundesverbandes der MUNDIG-PLASMA-Multi-

Video-Nutzer zu sammeln und zu speichern. Anschließend möchten wir dann eine Serienbrief-Aktion

loslassen.

Wir hoffen, Ihnen unser Problem deutlich gemacht zu haben und bitten Sie, uns Informationen über

Datenbanken für IBM PC/AT zuzusenden. Gut wäre sicherlich auch gleich eine Textverarbeitung,

damit sich die Briefe erstellen lassen. Wir danken für Ihre Bemühungen und verbleiben

mit freundlichen Grüßen

Abb. 3.1.2: Beispieltext für das Erlernen von Grundfunktionen

Wenn Ihnen das Abtippen des Beipieltextes zu mühselig ist, finden Sie das Beispieldokument auch auf der beiliegenden Diskette. Sollten Sie Anfänger im Umgang mit einer Textverarbeitung sein, ist es aber besser, wenn Sie den Text abschreiben, denn dadurch bekommen Sie ein Gefühl für das Arbeiten mit Word für Windows.

Am Anfang Ihres noch leeren Dokumentes finden Sie zunächst die Ende-Marke in Form eines waagerechten Balkens. Dieser Balken wird stets vor dem eingegebenen Text hergeschoben und markiert das Dateiende - Sie können dieses Zeichen nicht bearbeiten oder löschen. Der blinkende senkrechte Strich ist die sogenannte Einfügemarke, die Sie mit Hilfe der Richtungs- oder Cursortasten steuern können. Wenn Sie nun mit der Texterfassung beginnen, sehen Sie, daß der Text am Ende der Zeile automatisch umbricht, also in die nächste Zeile fließt.

Der automatische Zeilenumbruch ist in der Textverarbeitung eines der zeitsparendsten Merkmale. Sobald der von Ihnen eingegebene Text den rechten Zeilenrand erreicht, bricht Word für Windows die Zeile automatisch um, denn das Programm berechnet während der Texterstellung, wieviel Zeichen in eine Zeile passen. Das letzte Wort wird also immer dann in die nächste Zeile gerückt, wenn es für die vorherige Zeile zu lang ist. Sie können sich damit das Drücken von ⏎ sparen (auch "carriage return" oder "Wagenrücklauf" genannt), das man von der Schreibmaschine her kennt. Der wesentliche Vorteil des automatischen Zeilenumbruches ist, daß man beim Schreiben nicht ständig den Bildschirm beobachten muß. Werden Textabschnitte eingefügt oder gelöscht, berechnet Word für Windows den Zeilenumbruch für den gesamten Text automatisch neu.

Wenn Sie einen Zeilenumbruch aber unbedingt an einer ganz bestimmten Stelle herbeiführen möchten, so drücken Sie ⇧+⏎ . Word für Windows beginnt jetzt eine neue Zeile, ohne eine Absatzendemarke zu setzen. Es hat zwar zunächst den Anschein, als ob Sie mit der Taste ⏎ allein den gleichen Effekt erzielen würden, es gibt aber einen gravierenden Unterschied zwischen diesen beiden Tastenkombinationen. Drücken Sie bitte einmal Strg+⇧+* . Sie sehen jetzt eine Reihe von sogenannten Sonderzeichen am Bildschirm, die Sie durch einfaches nochmaliges Betätigen dieser Tasten wieder ausschalten können. Die "schwebenden" Punkte zwischen den Wörtern bezeichnen z.B. eine Leerstelle. Wenn Sie die Anzeige der Sonderzeichen aktiviert haben, erkennen Sie den formalen Unterschied, der mit Abbildung 3.1.3 dargestellt ist. Die Tastenkombination ⇧+⏎ für den einfachen Zeilenumbruch wird als Return-Zeichen Ihrer Tastatur dargestellt, während die Taste ⏎ allein als eine Art PI-Zeichen dargestellt wird. Dieses Zeichen markiert für Word für Windows das Ende eines Absatzes. Im folgenden werden wir besprechen, was es mit *Absatzendemarken* und *Zeilenumbrüchen* auf sich hat und welche Rolle diese in Word für Windows spielen.

Word für Windows benutzt intern Sonderzeichen, die Sie zwar sichtbar machen können, die aber niemals ausgedruckt werden. Diese Sonderzeichen spielen für die Formatierung eine besondere Rolle.

In der Regel betätigt man ⏎ am Ende eines Absatzes zweimal, da auf diese Weise eine zusätzliche Leerzeile zwischen den Absätzen eines Textes eingefügt wird. Beachten Sie aber jetzt schon, daß dies in Word für Windows <u>nicht</u> nötig ist, da der Abstand eines Absatzes vom vorherigen Absatz mit Hilfe von Druckformaten sehr viel einfacher bestimmt werden kann. Wir werden später darauf zurückkommen.

Genauso wie den automatischen Wortumbruch in den Zeilen sollte man auch den Seitenwechsel automatisch vom Programm vornehmen lassen. Im Gegensatz zur Schreibmaschine brauchen Sie bei Word für Windows nicht mehr darauf zu achten, wann das Seitenende erreicht ist, da Word für Windows automatisch einen Seitenumbruch vornimmt, wenn die Seite voll ist. Word für Windows achtet sogar darauf, daß Absätze nicht an ungünstigen Stellen auseinandergerissen werden, so daß z.B. eine einzelne Zeile nicht auf die nächste Seite geschoben wird. Word für Windows teilt die Absätze automatisch so, daß ein vernünftiges Erscheinungsbild Ihres Schriftstückes sichergestellt wird. Soll allerdings zwingend eine neue Seite erzeugt werden, so können Sie das durch das Drücken der Tasten [Ctrl] + ⏎ erreichen.

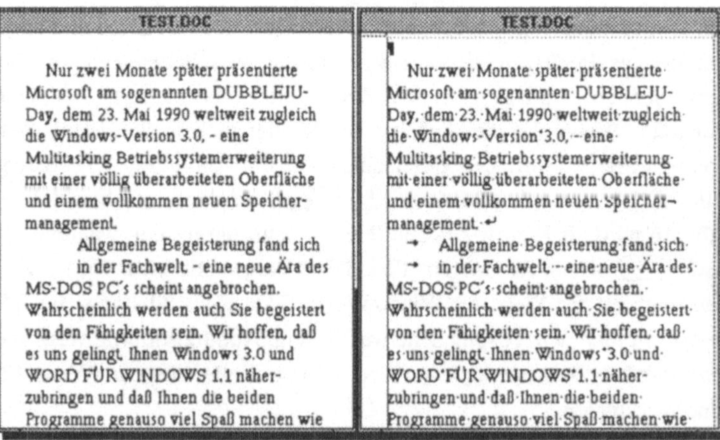

Abb.3.1.3:   Die Anzeige der Sonderzeichen mit
             CONTROL und SHIFT, STERNCHEN

Formatierung mit Word für Windows

In einer Textverarbeitung wie Word für Windows wird der eingegebene Text nach verschiedenen Kriterien aufgeteilt. Es gibt Zeichen, Absätze und Abschnitte und - als alles übergreifende Ebene - das Dokument.

Zeichen

Als **Zeichen** gilt zunächst einmal alles, was Sie über die Tastatur eingeben können. Man unterscheidet allerdings zwischen Sonderzeichen wie Tabulatoren [→] oder Absatzendemarken [←] und Textzeichen, die hauptsächlich aus von Ihnen eingegebenen Buchstaben bestehen. Sonderzeichen gehören nicht zum eigentlichen Textkörper, sondern dienen zur Steuerung der Textformatierung, also des Aussehens Ihres Textes. Sonderzeichen können am Bildschirm dargestellt und formatiert werden, erscheinen aber nie im Ausdruck eines Dokumentes.

Absatz

Das Ende eines **Absatzes** wird durch eine Absatzendemarke gekennzeichnet. Jedesmal, wenn Sie [←] drücken, erscheint eine neue Absatzendemarke auf dem Bildschirm und die Einfügemarke steht am Beginn einer neuen Zeile. Den Text zwischen dieser Absatzendemarke und der nächsten Absatzendemarke betrachtet Word für Windows als einen zusammenhängenden Absatz. Diese Absätze dienen Ihnen zunächst einmal dazu, ein Dokument grob inhaltlich zu strukturieren. Derartige Absätze haben aber noch eine zusätzliche Bedeutung. Bestimmte Formatierungen können nämlich einem ganzen Absatz zugeordnet werden und Ihnen so eine Menge Arbeit abnehmen. Wenn Sie z.B. möchten, daß die erste Zeile eines Absatzes links am Seitenrand beginnt und die nachfolgenden Zeilen des Absatzes ca. 3 cm vom linken Seitenrand entfernt, so können Sie das in Word für Windows dank der Absatzendemarken mit einem einzigen Befehl veranlassen.

Achtung ! Die Bestimmung, in wievielen Spalten ein Text in einem Abschnitt erscheinen soll, erfolgt jetzt in Version 2.0 über den eigenen Befehl FORMAT SPALTEN.

Abschnitt

Um ein Dokument besser in einzelne Teile gliedern zu können, gibt es in Word die Dokumentunterteilung nach **Abschnitten**. Mit Hilfe von Abschnitten können beispielsweise Unterteilungen nach Kapiteln vorgenommen werden. Eine typische Abschnittsformatierung finden Sie in diesem Buch z.B. darin, daß jedes Kapitel (also jeder Word für Windows-Abschnitt) auf einer ungeraden Seite beginnt.

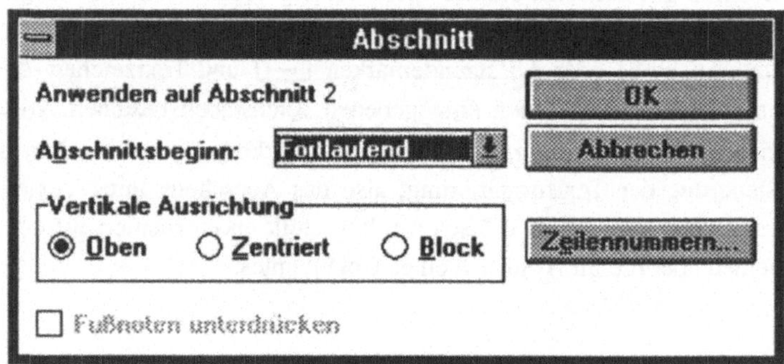

Abb. 3.1.4: Die Beispiel-Dialogbox FORMAT ABSCHNITT

Seiten des Dokumentes einrichten

Als letzte, alles umfassende Ebene gibt es in Word für Windows die **Dokument**-Formatierung. Hier lassen sich Merkmale festlegen, die das ganze Dokument betreffen, wie z.B. Seitenlänge und -breite. Man kann es auch so formulieren: Eine Anzahl von Zeichen bilden bis zu einer Absatzendemarke einen Absatz, mehrere Absätze können zu einem Abschnitt zusammengefaßt werden (beispielsweise als Kapitel), und ein Dokument kann aus mehreren Abschnitten bestehen.

Wenn Sie in der Menüzeile den Befehl **FORMAT** anklicken, sehen Sie, daß es für jede der soeben vorgestellten Ebenen einen eigenen Menübefehl mit einer nachgeordneten Dialogbox gibt. In der Beispiel-Dialogbox aus Abbildung 3.1.4 können Sie z.B. die Formatierung von Abschnitten vornehmen.

Zu beachten ist allerdings, daß die klare Vierteilung der Formatierung in **ZEICHEN, ABSATZ, ABSCHNITT** und **DOKUMENT** in Version 2.0 nicht mehr vorhanden ist. Die Befehle des Befehles **FORMAT ABSCHNITT** aus Version 1.1 sind jetzt aufgeteilt worden auf die Befehle **FORMAT ABSCHNITT** und **FORMAT SPALTE** und der Befehl **FORMAT DOKUMENT** hat sich mit wesentlich mehr Möglichkeiten gewandelt in den Befehl **FORMAT SEITE EINRICHTEN** (siehe Abbildung 3.1.5)

Abb.3.1.5: Das Menü FORMAT wurde in Version 2.0 neu aufgeteilt

Kommen wir zurück zu unserem Beispiel. Sie haben den Text eingegeben und dabei ⏎ nur dann gedrückt, wenn Sie einen neuen Absatz begonnen haben.

Korrigieren von Schreibfehlern

Was können Sie eigentlich tun, wenn Sie sich vertippt haben? Zunächst einmal gibt es zwei Tasten, mit denen sich Schreibfehler entfernen lassen. Die ⟵-Taste wird verwendet, um das jeweils <u>links</u> neben der Einfügemarke stehende Zeichen zu löschen. Die Entf-Taste löscht dagegen das Zeichen <u>rechts</u> der Einfügemarke. Sowohl die ⟵-Taste, als auch die Entf-Taste löschen einen Textbereich, den Sie zuvor mit Hilfe der ⇧-Taste und den Richtungstasten markiert haben.

Sollten Sie einen Fehler im vorhergehenden Wort entdecken, oder gar in einer Zeile oberhalb der Einfügemarke, verwenden Sie die Richtungstasten ← und →, um vor oder zurück zu gehen, oder ↑ und ↓, um eine Zeile nach oben oder unten zu wandern. Sie können dann die falsch geschriebenen Zeichen mit einer der beschriebenen Tasten löschen. Eine andere Möglichkeit besteht darin, ein ganzes Wort oder einen ganzen Satz erst zu markieren und dann zu löschen. Dazu müssen Sie das Wort oder den Satz erst markieren und dann löschen.

Überschreiben von Text

Auf eine dritte Möglichkeit der Textkorrektur möchten wir an dieser Stelle ebenfalls noch hinweisen. Wenn Sie ein bereits geschriebenes Wort korrigieren möchten, weil Sie z.B. einen Buchstaben vergessen haben, so werden Sie merken, daß Word für Windows einen neuen Buchstaben stets einfügt, d.h. den alten, der Position der Einfügemarke nachfolgenden Text vor sich herschiebt. In der Praxis kommt es allerdings häufig vor, daß man ein Wort oder einen Buchstaben durch ein anderes Wort oder einen Buchstaben ersetzen möchte, also der bereits vorhandene Text überschrieben werden soll.

Sie haben in Word für Windows die Möglichkeit dazu, indem Sie die Taste Einfg drücken. Diese Taste funktioniert wie ein Schalter, der zwischen dem sogenannten Überschreib-Modus und dem Einfüge-Modus von Word für Windows hin- und herschaltet. In welchem Modus Sie sich gerade befinden, können Sie der Statuszeile entnehmen. Wenn

Sie einmal Einfg drücken, so erscheinen in der Statuszeile im zweiten
Feld von rechts die Buchstaben **ÜB**, sie zeigen - wie z.B. in Abbil-
dung 3.1.6 -, daß der Überschreib-Modus aktiv ist. Drücken Sie die Taste
Einfg noch einmal, so verschwinden die Buchstaben und der Einfüge-
Modus ist wieder aktiv.

Abb. 3.1.6: Die Buchstaben ÜB zeigen den Überschreib-Modus an

Zwischen diesen beiden Korrektur-Wegen gibt es auch noch eine
Mischung. Im Menü **EXTRAS EINSTELLUNGEN Allgemein** finden Sie
die Option **Überschreiben einer Markierung**, die es ermöglicht, lediglich den Textbereich, der zuvor markiert worden ist, durch einfaches Eingeben von neuem Text zu überschreiben. Wenn Sie diese Einstellung
aktivieren und einen Textbereich überschreiben wollen, so brauchen Sie
diesen Bereich nur zu markieren und mit dem Schreiben des neuen
Textes zu beginnen. Der markierte Textbereich wird gelöscht und durch
den Text, den Sie eingeben, ersetzt.

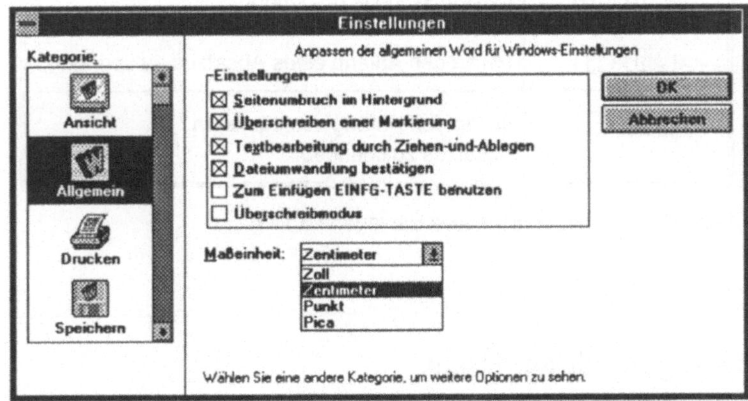

Abb.3.1.7: Die Dialogbox EXTRAS EINSTELLUNGEN ALLGEMEIN

Bewegen der Einfügemarke

Bewegen mit der Tastatur

Wenn Sie Ihren Text geschrieben haben, werden Sie diesen sicherlich noch einmal durchlesen und auf Tippfehler überprüfen. Da sich die Einfügemarke aber nach der Texterfassung am Ende des Textes befindet, müssen Sie sich zunächst zum Anfang Ihres Textes begeben, um dort mit dem Korrekturlesen zu beginnen. Nach den beiden Verfahren, die Sie eben kennengelernt haben, benutzen Sie dazu wahrscheinlich die Maus oder die Richtungstasten. Bei längeren Texten kann das Wandern mit den Richtungstasten aber unter Umständen sehr langwierig sein, Word für Windows stellt deshalb einige spezielle Tastenkombinationen zur Verfügung, mit denen Sie sich in einem Text schneller und eleganter bewegen können.

Tasten	Aktionen
Ctrl + ←	um ein Wort zurückzuspringen,
Ctrl + →	um ein Wort vorzuspringen,
Ctrl + ↑	um an den Anfang eines Absatzes zu springen,
Ctrl + ↓	um an den Anfang des nächsten Absatzes zu springen.

Tab.3.1.1: Tasten für schnelles Bewegen im Text

Eine der typischen Eigenschaften von Windows ist die leichte Bedienbarkeit mit der Maus. Über die grundlegende Arbeit mit der Maus in Menüs und Dialogboxen haben Sie sich ja schon im Teil 2, Kapitel 3 dieses Buches informiert.

Bewegen mit der Maus

Das Bewegen im Text kann mit der Maus in bestimmten Fällen leichter und schneller sein als mit der Tastatur. Sie bewegen nämlich einfach den Mauszeiger an die entsprechende Stelle und klicken einmal mit der linken Maustaste. Schon haben Sie die Einfügemarke an der gewünschten Stelle positioniert und können dort weiter arbeiten.

Speichern und Schließen eines Dokumentes

Wenn Sie den Text eingegeben und korrigiert haben, geht es nun daran, das Dokument zu speichern, um einen eventuellen Datenverlust zu verhindern. Was Sie bisher auf dem Bildschirm sehen, befindet sich ja nur im sogenannten Arbeitsspeicher des Computers. Wenn Sie jetzt zum Beispiel den Stecker herausziehen würden, wäre Ihre ganze Arbeit umsonst gewesen, denn der Inhalt des Arbeitsspeichers wird ohne Strom nicht festgehalten. In Word für Windows gibt es zum Speichern den Befehl **DATEI SPEICHERN**, auch mit ⎡Alt⎤+⎡D⎤,⎡P⎤ zu erreichen. In der Dialogbox geben Sie Ihrem Text einen Namen, um ihn bei einer späteren Bearbeitung auch wiederfinden zu können.

Wählen Sie den Befehl **DATEI SPEICHERN** ⎡Alt⎤+⎡D⎤,⎡P⎤ und vergeben Sie einen Namen, beispielsweise *Angebot*. Denken Sie daran, daß unter MS-DOS ein Dateiname stets nur aus max. 8 Buchstaben bestehen darf, den Trennungspunkt und die Dateiendung (.DOC) vergibt Word für Windows selbständig. Nachdem Sie mit **OK** bestätigt haben, erscheint eine weitere Dialogbox, die sogenannte **Datei-Info-Box**, in der Sie zusätzliche Informationen zu Ihrem Dokument unterbringen können. Verzichten Sie an dieser Stelle zunächst darauf, die einzelnen Felder auszufüllen und übergehen Sie sie bitte, indem Sie einfach ⎡↵⎤ drücken. Nachdem Sie das Dokument gespeichert haben, schließen Sie es bitte mit dem Befehl **DATEI SCHLIEßEN**.

Wären Sie in umgekehrter Reihenfolge vorgegangen und hätten vor dem Speichern den Befehl zum Schließen des Dokumentes gewählt, hätte Word für Windows automatisch eine Abfrage danach durchgeführt, ob Sie Änderungen und damit das Dokument speichern wollen oder nicht. Diese Abfrage dient als Sicherung, damit Sie nie aus Versehen Word für Windows bzw. eine Datei schließen, ohne Ihre Arbeit zunächst gesichert

Auf die DATEI-INFO werden wir im Teil 3, Kapitel 5 bei der Besprechung des Datei-Managers vertieft eingehen.

zu haben. Wenn die Datei noch keinen Dateinamen hat, wird eine Dialogbox geöffnet, in der Sie einen Dateinamen vergeben können.

Nach dem Schliessen der Datei haben Sie einen leeren Bildschirm vor sich. In der Menü-Leiste sind nur noch die Befehle **DATEI** und **HILFE** aktiv und die neue Funktionsleiste ist zu sehen. Nachdem wir diesen Punkt gemeinsam erreicht haben, können Sie getrost eine Pause einlegen. Wenn Sie Word für Windows verlassen möchten, wählen Sie den Befehl **DATEI BEENDEN** über [Alt] + [F4] oder [Alt] + [D] , [B] .

Da die Funktionsleiste auch vorhanden ist, wenn alle Dateien geschlossen sind, können Sie auch mit den Symbolen Dateien öffnen oder neu erstellen.

Zusammenfassung

In diesem Kapitel haben Sie alle Grundfunktionen kennengelernt, die Sie bei der Erstellung Ihres ersten Dokumentes benötigen. Sie haben etwas über die **Formatierung** und den Aufbau der Formatierungshierarchie von Word für Windows erfahren und die ersten Bewegungen in einem Dokument mit Hilfe von Tastatur und Maus vollzogen. Abschließend haben wir Sie mit den Grundfunktionen zum **Speichern** und **Verlassen eines Dokumentes** vertraut gemacht.

Kapitel 2

dokumentbearbeitung

In diesem Kapitel können Sie lernen, wie man Texte an andere Stellen eines Textes oder in andere Dokumente kopiert oder verschiebt. Wir erklären, wie man Texte besonders schnell und einfach mit der Tastatur oder mit der Maus markieren kann. Mit dem Durcharbeiten der Übungen werden Sie mit Word für Windows sehr viel schneller arbeiten können und sich sicherer im Umgang mit dem Produkt fühlen.

Texte markieren, kopieren, einfügen, verschieben und löschen

Nachdem wir uns im letzten Kapitel der Erstellung eines neuen Dokumentes gewidmet haben, wollen wir nun daran gehen, dieses Dokument zu bearbeiten. Falls Ihnen das Eingeben des Textes im letzten Kapitel zu mühselig war, können Sie die Datei *Angebot* wieder von der beiliegenden Diskette laden.

Die Geschwindigkeit, die notwendig ist, damit das Doppelklicken funktioniert, können Sie in der Systemsteuerung von Windows unter der Option MAUS einstellen.

Wählen Sie für das Laden der Datei bitte **DATEI ÖFFNEN** über `Alt` + `D`, `F` und klicken Sie in dem Verzeichnis der Dialogbox das Laufwerk **a:** an, sofern ihr Diskettenlaufwerk diese Bezeichnung hat. Öffnen Sie die Datei *Angebot.doc* entweder über die Maus mit einem Doppelklick auf den Dateinamen oder markieren Sie die Datei mit der Tastatur (`→` , `↓`) und bestätigen Sie mit **OK**.

In dieser Datei finden Sie die Anforderung des Angebotes aus dem letzten Kapitel. Anhand dieser Datei können Sie nun die ersten Schritte der Dokumentbearbeitung üben. Stellen Sie sich vor, daß außer den Informationen über Datenbanken noch detaillierte Informationen über Tabellenkalkulationen angefordert werden sollen. Natürlich liegt es auf der Hand, daß Sie den neuen Text einfach hinzufügen und nicht den gesamten Brief neu schreiben. Als Anfänger im Umgang mit einer Textverarbeitung benötigen Sie allerdings vorher Antworten auf die folgenden Fragen:

⇨ Wie bewegt man sich möglichst
schnell in einem vorhandenen Dokument?

⇨ Wie fügt man Text an einer bestimmten Stelle ein?

Bewegen in Dokumenten

Um sich in einem längeren Dokument zu bewegen, gibt es in Word für Windows verschiedene Tastatur- und Mausbefehle. Neben den im vorherigen Kapitel beschriebenen Tastenfolgen können Sie sich mit nur einem Tastendruck gezielt zum Anfang oder zum Ende des Dokumentes bewegen oder aber auch jeweils eine Bildschirmseite vor oder zurück blättern. Sehen Sie sich dazu die Tabelle 3.2.1 an, eine Liste, in der die gesamten Tastatur-Kommandos aufgezählt werden, mit denen Sie die Einfügemarke im Text bewegen können.

Sie können sich zeilen- und absatzweise so bewegen, wie wir es bereits in Teil 3, Kapitel 1 beschrieben haben.

Um in unserem Beispiel dem Brieftext noch etwas hinzuzufügen, blättern Sie bitte mit den Tasten ⌨Ctrl⌨ + ⌨Bild↓⌨ eine Bildschirmseite weiter. Nun suchen Sie den Satz *...und bitte Sie, mir Informationen über Datenbanken für IBM PC/AT zuzusenden.* Bewegen Sie die Einfügemarke hinter den Punkt und fügen Sie den Satz ein: *Da wir uns gegenwärtig überlegen, ob nicht eine Komplettlösung sinnvoll wäre, bitten wir Sie, uns ebenfalls Daten über Tabellenkalkulationen, die mit Datenbankprogrammen und Textverarbeitungssystemen korrespondieren, zukommen zu lassen.*

Bewegen mit der Maus

Natürlich bietet Ihnen auch hier wieder die Maus effiziente Möglichkeiten, im Text zu blättern. Am einfachsten geht es mit der Bildlaufleiste am rechten Bildschirmrand. Klicken Sie mit der linken Maustaste in den Bereich unterhalb des grauen Kästchens (siehe Abbildung 3.2.1.). Sie sehen, daß Word für Windows um eine Bildschirmseite nach unten blättert.

Das Arbeiten mit den Bildlaufleisten haben Sie in Teil 1, Kapitel 3 bereits gelernt.

Die Symbole zum Seitenwechsel wurden in Word für Windows 2.0 untereinander angeordnet.

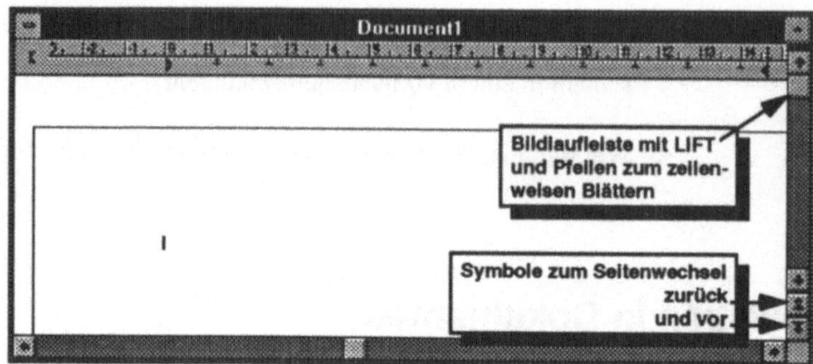

Abb. 3.2.1: Bewegen im Dokument mit Bildlaufleiste und Maus

Im Lieferumfang von Word für Windows ist auch eine Tastaturschablone, auf der alle Tastenschlüssel aufgelistet sind.

Taste(n)	Einfügemarke bewegen
←, ↑	Um ein Zeichen oder eine Zeile
Strg + ←	Um ein Wort nach links
Strg + →	Um ein Wort nach rechts
Strg + ↑	Um einen Absatz nach oben
Strg + ↓	Um einen Absatz nach unten
Pos1	Zum Zeilenanfang
Ende	Zum Zeilenende
Strg + Pos1	Zum Dokumentanfang
Strg + Ende	Zum Dokumentende
Bild ↑	Um ein Fenster nach oben
Bild ↓	Um ein Fenster nach unten
Strg + Bild ↑	Zum oberen Fensterende
Strg + Bild ↓	Zum unteren Fensterende

Tab. 3.2.1: Die Tastenkombinationen zum Bewegen im Text

Dieses Kästchen in der Bildlaufleiste, das manchmal auch *Lift* genannt wird, hat zwei Funktionen. Zum einen gibt es Ihnen Auskunft darüber, wo Sie sich ungefähr in Ihrem Dokument befinden und zum anderen können Sie es verschieben und sich so durch den Text bewegen. Dazu klicken Sie es mit der Maus an, halten die linke Taste gedrückt und bewegen es nach oben oder unten. Zeilenweise können Sie mit der Maus den Text ebenfalls über die Bildlaufleiste weiterblättern, indem Sie einfach in die kleinen Pfeile oben bzw. unten in der Bildlaufleiste klicken. Mit der Tastatur erreichen Sie dasselbe, indem Sie die Einfügemarke in die jeweils erste bzw. letzte Zeile auf dem Bildschirm setzen und dann die Tasten ⬆ bzw. ⬇ drücken.

In der oben stehenden kleinen Liste (siehe Tabelle 3.2.1) haben wir die einzelnen Bewegungs-Operationen noch einmal übersichtlich zusammengefaßt.

Markieren von Textteilen

Im Gegensatz zu Textsystemen, in denen Sie Formatierungen beispielsweise in Form von Steuerzeichen vor und hinter den zu formatierenden Text setzen müssen, verfolgt Word für Windows wie auch schon Word für DOS eine andere Philosophie. In beiden Microsoft-Programmen markieren Sie immer zunächst das Element, das Sie formatieren wollen (ein Zeichen, ein Wort oder einen Satz) und führen <u>danach</u> die Formatierung z.B. über den Befehl **FORMAT** durch. Das gleiche gilt auch für Operationen wie das Löschen oder Kopieren von Textteilen.

Probieren Sie das anhand unseres Beispieltextes aus. Nehmen wir an, Sie möchten die Schlußformel *... und verbleiben mit freundlichen Grüßen* löschen und durch ein einfaches *Hochachtungsvoll* ersetzten. Sie müssen erst die Schlußformel markieren, mit ⌨Entf oder ⌨← entfernen und können nun den neuen Text eingeben.

Markieren mit der Tastatur

Das Markieren eines Textes ist denkbar einfach. Sie bewegen die Einfügemarke an den Anfang des zu markierenden Textes, drücken die ⟨⇧⟩-
Taste und bewegen sich dann bei immer noch niedergedrückter ⟨⇧⟩-
Taste mit ⟨Ctrl⟩ + ⟨→⟩ wortweise weiter, bis sie das Wort *Grüße* erreicht
haben (ohne ⟨Ctrl⟩ wird die Markierung nur zeichenweise weiter-
bewegt). Die oben aufgelisteten Tasten-Schlüssel zum Bewegen im Text
werden also für das Markieren von Text einfach durch Drücken der ⟨⇧⟩-
Taste ergänzt!

Bewegen Sie die Einfügemarke an den Anfang des zu markierenden Textes, drücken Sie ⟨⇧⟩ und erweitern Sie dann mit ⟨Ctrl⟩ + ⟨→⟩ die Markierung wortweise, bis Sie das Wort *Grüße* erreicht haben.

Die Funktionstaste ⟨F8⟩

Eine andere Möglichkeit, einen Textbereich mit der Tastatur zu markieren, bietet die Funktionstaste ⟨F8⟩. Mit ihr können Sie in den sogenannten Erweiterungsmodus schalten. Das bedeutet, daß nach dem einmali-
gen Drücken der ⟨F8⟩-Taste jede Bewegung der Einfügemarke mit den
Cursortasten die Textmarkierung erweitert. Wenn Sie sich also mit den
Cursortasten um zwei Zeichen nach rechts bewegen, werden diese beiden Zeichen markiert, ebenso wie die obere oder untere Zeile, wenn Sie
mit der Einfügemarke nach unten oder nach oben gehen. Die ⟨F8⟩-Taste
erspart Ihnen also bei gleichem Ergebnis das Festhalten der ⟨⇧⟩-Taste,
wenn Sie Text mit den Cursortasten markieren möchten. Nach dem
Drücken der ⟨F8⟩-Taste erscheint unten in der Statuszeile die Meldung
⟨ER⟩. Sie verschwindet erst, wenn Sie den Einfügemodus mit ⟨Esc⟩
wieder verlassen haben.

Wenn Sie einen Teil des Textes markiert haben und nun vielleicht das
letzte Wort oder den letzten Absatz doch nicht in die Markierung mit
einbeziehen wollen, müssen Sie nicht von vorne beginnen. Gehen Sie
einfach mit niedergedrückter ⟨⇧⟩-Taste wieder zurück. Wenn Sie mit

F8 die Markierung erweitert haben, genügt es, sich mit den Cursor-tasten zurück zu bewegen. Die Markierung wird dann für diesen Bereich wieder aufgehoben.

> Setzen Sie die Einfügemarke mitten in einen Absatz hinein und drücken Sie zuerst einmal die F8-Taste. Drücken Sie die F8-Taste weitere Male, bis die Erweiterung das von Ihnen gewünschte Ausmaß hat. Drük-ken Sie ⇧ + F8 , um die Markierung schrittweise zu verkleinern.

Die F8-Taste hat noch eine weitere Funktion, die Sie an dieser Stelle ausprobieren sollten. Setzen Sie die Einfügemarke mitten in einen Ab-satz hinein und drücken Sie einmal die F8-Taste. Diesen Effekt kennen Sie schon. Unten in der Statuszeile erscheint das Kürzel ER für Erweite-rungsmodus. Sobald Sie nun aber ein weiteres Mal die F8-Taste drücken, können Sie die Zusatz-Funktion der F8-Taste beobachten. Beim zweiten Drücken wird das Wort rechts der Einfügemarke markiert (nur, wenn sich kein Leerzeichen zwischen Cursor-Taste und Wort befindet!), beim dritten Mal der ganze Satz, beim vierten Mal der kom-plette Absatz und schließlich beim fünften Mal das gesamte Dokument. Durch das gleichzeitige Drücken der ⇧-Taste und der F8-Taste können Sie diese Erweiterung der Markierung schrittweise wieder rück-gängig machen.

Markieren mit der Maus

Um einen Textbereich mit der Maus zu markieren, müssen Sie die Ein-fügemarke vor dem ersten Buchstaben des Textes positionieren und dann - mit gedrückter linker Maustaste - den Mauszeiger über den zu markie-renden Text ziehen. Dabei spielt es keine Rolle, ob Sie die Maus nach unten oder nach oben führen. Diese Form der Markierung ist wohl die bekannteste Arbeitsform der Textmarkierung mit der Maus.

Die Markierungsmöglichkeiten mit der Maus reichen in Word für Win-dows aber noch sehr viel weiter. Möchten Sie z.B. ein ganzes Wort markieren, brauchen Sie lediglich den Mauszeiger auf das gewünschte

Wort zu führen und zweimal mit der linken Maustaste zu klicken. Wenn ein danebenstehendes Wort in diese Markierung mit aufgenommen werden soll, brauchen Sie nur die ⇧-Taste zu drücken und mit der linken Maustaste einmal auf das gewünschte Wort klicken.

> Drücken Sie Ctrl und klicken Sie mit der linken Maustaste an den Anfang des ersten Satzes *wir stehen vor einem echten Problem...* Halten Sie die Maustaste gedrückt und ziehen Sie den Zeiger nach unten bis zum Ende des Briefes.

Wenn Sie mit der Maus einen Satz markieren möchten, so brauchen Sie lediglich die Ctrl -Taste gleichzeitig mit der linken Maustaste zu drücken. Wenn Sie nun die Maus mit niedergedrückter Maustaste nach unten bewegen, wird die Markierung um die (den) nachfolgenden Sätze (Satz) erweitert.

Mausoperationen können Sie auch mit der ⇧-Taste (Umschalt) kombinieren. Gehen Sie mit Ctrl + Bild↓ an das Ende des Textes und positionieren sie die Einfügemarke dort. Jetzt drücken Sie ⇧ und klicken irgendwo am oberen Bildschirmrand in den Text. Die Markierung wird von der unteren Position der Einfügemarke bis zum Zielort des Mauszeiger-Klicks erweitert.

Die Markierungsleiste

Weil Windows für die Arbeit mit der Maus konzipiert wurde, gibt es in jedem Dokumentfenster eine besondere Stelle, die das Markieren eines Textbereiches enorm erleichtert. Um beispielsweise einen Absatz zu markieren, brauchen Sie zunächst nur den Mauszeiger links neben den Absatz in die sogenannte Markierungsleiste zu führen.

Sie werden feststellen, daß aus dem Mauszeiger ein nach <u>rechts</u> oben zeigender Pfeil geworden ist. Wenn Sie nun einen Doppelklick mit der linken Maustaste durchführen, wird der gesamte Absatz markiert. Klicken Sie dagegen nur einmal, markieren Sie die Zeile, auf deren Höhe sich die Mauszeigerspitze befindet.

Word für Windows orientiert sich bei der Markierung von Sätzen an den Satzzeichen Punkt, Fragezeichen und Ausrufezeichen. Achten Sie darauf, wenn in ihrem Text z.B. ein Datum steht. Hier würde Word für Windows jede Zahl, der ein Punkt folgt, als Satz interpretieren!

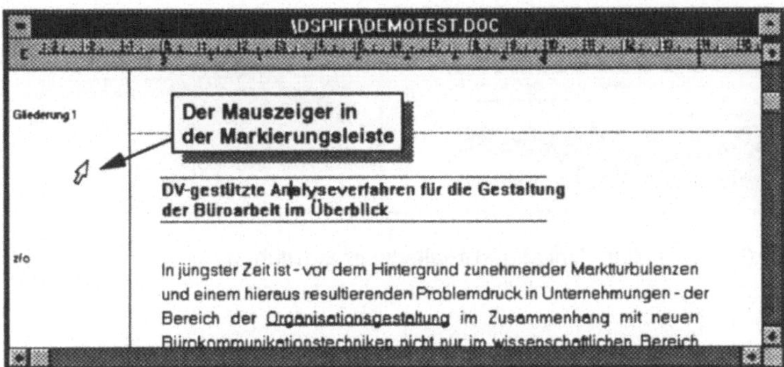

Abb.3.2.2:   Die Markierungsleiste links neben dem Text
             erleichtert das Markieren von Text mit der Maus

Sehr komfortabel ist auch das Markieren des gesamten Dokumentes über die Markierungsleiste. Drücken Sie dazu die [Strg] -Taste, halten Sie diese gedrückt und klicken Sie mit der linken Maustaste in die Markierungsleiste.

Spalten-Markierung

Bis zu dieser Stelle haben wir immer betont, daß Sie die linke Maustaste betätigen sollten. Es gibt jedoch auch noch eine Markierungsfunktion mit der <u>rechten</u> Maustaste. Wie Sie in den vorangegangenen Übungen bemerken konnten, können Sie mehrere Zeilen eines Dokumentes mit der Maus einfach dadurch markieren, daß Sie den Mauszeiger nach oben oder nach unten führen (siehe Abbildung 3.2.3). Mit der rechten Maustaste können Sie einen Textbereich aber auch spaltenweise markieren. Als Spalte wird dabei in Word für Windows immer der Raum bezeichnet, den ein Zeichen benötigt. Bei der Markierung eines Textbereiches mit der rechten statt der linken Maustaste geht die Markierung nur über den Bereich, über den Sie den Mauszeiger ziehen (siehe Abbildung 3.2.3) und nicht bis zum Ende der Zeile. Diese Markierungsmöglichkeit ist vor allem dann sehr nützlich, wenn Sie in einer Aufzählung z.B. die erste Spalte einer Liste löschen möchten.

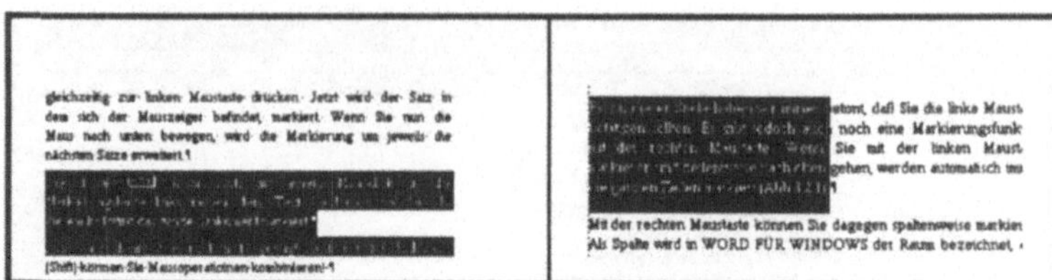

Abb.3.2.3:   Zeilen- (links) und spaltenweises (rechts)
Markieren mit linker und rechter Maustaste

Natürlich können auch Benutzer, die nicht gerne mit der Maus arbeiten, spaltenweise markieren. Drücken Sie einfach $\boxed{\text{Ctrl}}$ + $\boxed{⇧}$ + $\boxed{\text{F8}}$ und bewegen Sie danach die Einfügemarke mit den Cursor-Tasten über den zu markierenden Bereich.

Löschen, Kopieren und Einfügen

Nachdem wir uns ausgiebig dem Markieren von Textelementen gewidmet haben, können Sie anhand des Beispieldokumentes im folgenden üben, diese Techniken effizient einzusetzen. Wir werden mit den Funktionen **LÖSCHEN** und **KOPIEREN** gemeinsam erarbeiten, wie sich Dokumente umgestalten lassen.

In unserem Beispielbrief sollen zunächst die Angaben über die vorhandene Hardware den tatsächlichen Gegebenheiten angepasst werden. Unsere *Buchlesers* haben nämlich Bedenken bekommen, weil Sie in Wirklichkeit nur über einen einfachen 286er Computer mit 1 MB RAM und einer Festplatte von 40 MB verfügen. Mit Ihren neuen Kenntnissen über das Markieren von Textbereichen ist es nun besonders leicht, den Fehler der *Buchlesers* zu korrigieren. Sie markieren einfach den entsprechenden Teil des Textes und löschen ihn dann mit der Taste $\boxed{\text{Entf}}$.

Setzen Sie dazu die Einfügemarke in den Satz *Was unsere Hardware anbelangt...* und drücken Sie dreimal $\boxed{\text{F8}}$. Wenn Sie mit der Maus arbeiten, drücken Sie $\boxed{\text{Ctrl}}$ und die linke Maustaste. Dann betätigen Sie die Taste $\boxed{\text{Entf}}$ und schreiben den Satz mit den entsprechenden Korrekturen über die Hardware neu. Sollten Sie im Menü **EXTRAS EINSTEL-LUNGEN ALLGEMEIN** die Option **Überschreibmodus** eingeschaltet haben, können Sie sich das Drücken von ⌞Entf⌟ sparen und einfach losschreiben.

Bei genauerem Hinsehen fällt nun auch auf, daß der gesamte Text nicht sehr geschickt zusammengestellt, geschweige denn gestaltet ist. Besser wäre es z.B., wenn die Angaben zur Hardware nach der Auflistung der Anforderungen für die Software stehen würden. Um das zu verbessern, könnten Sie natürlich den Teil des Textes einfach löschen und dann an der vorgesehenen Stelle neu schreiben. In Word gibt es aber eine bessere, eigens dafür vorgesehene Funktion. Markieren Sie deshalb den Absatz mit den Hardware-Angaben mit einem Doppelklick der linken Maustaste in der Markierungsleiste neben dem Absatz. Entfernen Sie ihn dann mit dem Befehl **BEARBEITEN AUSSCHNEIDEN** oder über die Tastatur mit ⌞Alt⌟ + ⌞B⌟ , ⌞A⌟ . Wie der Befehl selbst schon sagt, wird der Text nicht gelöscht, sondern aus dem Dokument wie mit einer Schere ausgeschnitten und in der Zwischenablage von Windows im Arbeitsspeicher "zwischengelagert".

Im Menü **BEARBEITEN** gibt es neben dem Befehl **AUSSCHNEIDEN** auch den Befehl **EINFÜGEN**. Elemente, die man in der Zwischenablage gelagert hat, kann man über diesen Befehl stets dort wieder einfügen, wo sich die Einfügemarke befindet. Bewegen Sie also den Cursor mit ⌞Ctrl⌟ + ⌞↓⌟ oder mit der Maus an den nächsten Absatz und führen Sie den Befehl **BEARBEITEN EINFÜGEN** mit ⌞Alt⌟ + ⌞B⌟ , ⌞I⌟ aus.

Da diese Befehlsfolge im Alltag mit einer Textverarbeitung sehr häufig vorkommt, haben die Software-Entwickler von Word für Windows für diese Funktionen spezielle Tastenkombinationen - sogenannte *Hot-Keys* - entwickelt, die denselben Vorgang ohne den Umweg über die Menüs noch schneller ermöglichen. Wenn Sie das Menü **BEARBEITEN** öffnen, sehen Sie hinter den Befehlen die Tastenkombinationen, mit denen diese ausgeführt werden können, in unserem Fall für **BEARBEITEN AUS-SCHNEIDEN** die Tasten ⌞⇧⌟ + ⌞Entf⌟ und für **BEARBEITEN EINFÜGEN** die Tasten ⌞⇧⌟ + ⌞Einfg⌟ .

Über den Befehl EXTRAS EINSTELLUN-GEN ALLGEMEIN können Sie in Word für Windows 2.0 jetzt auch einstellen, daß zum Einfügen die Taste INS bzw. EINFG statt UMSCHALT + EINFG genommen werden kann.

Noch einfacher funktioniert das Kopieren eines Textbereiches in der Version 2.0 mit der Maus, denn jetzt lassen sich Textbereiche ganz einfach mit der Maus kopieren. Sie müssen dazu z.B. lediglich ein Wort mit einem Doppelklick markieren und dann den Mauszeiger auf die Markierung zu bewegen. Drücken Sie nun die ⟦Strg⟧-Taste und drücken Sie gleichzeitig die linke Maustaste. Sie sehen nun, wie der Mauszeiger am unteren Rand einen kleinen Rahmen erhält, der Ihnen andeuten soll, daß Sie den markierten Textbereich bewegen können. Ziehen Sie nun den Mauszeiger bei niedergedrückter Maustaste an die Stelle, an die der Text kopiert werden soll und lassen Sie dann einfach die Maustaste und die ⟦Strg⟧-Taste los. Der zuvor markierte Text wurde an die ausgewählte Stelle kopiert.

Verschieben von Textbereichen

Für das Verschieben von Textteilen gibt es in Word für Windows auch eine Funktion, die ohne die Zwischenablage von Windows arbeitet, und zwar mit der Funktionstaste ⟦F2⟧. Anhand der folgenden Übung können Sie nachvollziehen, wie sich damit arbeiten läßt.

Markieren Sie den Textteil, den Sie verschieben wollen und drücken Sie die Taste ⟦F2⟧. Wenn Sie jetzt eine der Cursortasten benutzen, werden Sie feststellen, daß die Einfügemarke nicht mehr das gewohnte Erscheinungsbild als schwarzer Balken hat, sondern daß diese als eine dünne, durchbrochene Linie erscheint. Gleichzeitig finden Sie in der Statuszeile die Frage: **Wohin verschieben?** Als Antwort auf diese Frage brauchen Sie lediglich die Einfügemarke mit den Richtungstasten an die gewünschte Stelle zu bewegen und ⟦←┘⟧ zu drücken. Der zuvor markierte Text erscheint an der neuen Stelle.

Die Funktionstaste ⟦F2⟧ entspricht damit in der Wirkung dem Befehl **BEARBEITEN AUSSCHNEIDEN**, hat aber den Vorteil, daß nicht mit der Zwischenablage gearbeitet wird. Das bedeutet, daß der Inhalt der Zwischenablage unangetastet bleibt, wenn Sie einen Textbereich mit der Funktionstaste ⟦F2⟧ verschieben.

Genauso, wie es als Ergänzung des Befehls **BEARBEITEN AUS-SCHNEIDEN** den Befehl **BEARBEITEN KOPIEREN** gibt (der markierte Textbereich wird nicht entfernt, sondern lediglich kopiert), gibt es auch bei der Funktionstaste F2 eine Ergänzung. Mit der Tastenkombination ⇧ + F2 kann ein Textbereich kopiert und (nach dem Bewegen der Cursortasten) durch Drücken von ← an anderer Stelle des Dokumentes zusätzlich eingefügt werden. Auch bei dieser Arbeitsweise bleibt der Inhalt der Zwischenablage unangetastet.

Verschieben mit der Maus

Genauso einfach wie in der Version 2.0 das Kopieren eines Textbereiches mit der Maus funktioniert, gestaltet sich das Verschieben. Sie müssen dazu z.B. lediglich ein Wort mit einem Doppelklick markieren und dann den Mauszeiger an den unteren Rand der Markierung bewegen. Klicken Sie nun mit der linken Maustaste auf das Wort. Wenn Sie nun noch einmal auf das Wort klicken und die Maustaste dabei festhalten, sehen Sie, wie der Mauszeiger am unteren Rand einen kleinen Rahmen erhält, der Ihnen andeuten soll, daß Sie den markierten Textbereich bewegen können. Ziehen Sie nun den Mauszeiger bei niedergedrückter Maustaste an die Stelle, an die der Text verschoben werden soll und lassen Sie dann einfach die Maustaste los. Der zuvor markierte Text wurde an die ausgewählte Stelle verschoben.

Kopieren von Textblöcken

Wie bereits gesagt, handelt es sich bei dem Befehl **BEARBEITEN KOPIEREN** um eine ähnliche Funktion wie bei dem Befehl **BEARBEI-TEN AUSSCHNEIDEN**. Der Befehl **BEARBEITEN KOPIEREN** bewirkt, daß der zuvor markierte Textbereich nicht von seinem Ursprungsplatz verschwindet, sondern nur in den Arbeitsspeicher (bzw. die Zwischenablage von Windows) kopiert wird. Er kann dann von hier aus mit dem Befehl **BEARBEITEN EINFÜGEN** an jeder anderen Stelle des Dokumenttes oder in einem anderen Programm mehrmals und solange eingefügt werden, bis die Zwischenablage durch den Befehl **BEARBEITEN KOPIE-REN** einen neuen Inhalt erhält.

Zusammenfassung

In diesem Kapitel haben Sie einen großen Teil der grundlegenden Techniken in Word für Windows kennengelernt. Sie wissen nun, wie Sie sich **in einem Text bewegen** können und wie Sie **Textteile markieren**. Außerdem können Sie **Text kopieren, löschen** und sogar mit denkbar wenig Aufwand von einer Stelle zur anderen kopieren. Sie haben gelernt, wie Sie mit und ohne Windows-Zwischenablage Textbereiche von einer Stelle zur anderen bewegen oder kopieren können. Zwischendurch wurden die **neuen Verschieben- und Kopieren-Funktionen** für Textbereiche mit der Maus erläutert, die in der Version 2.0 zur Verfügung stehen.

zeichen- und absatzformatierung

Kapitel 3

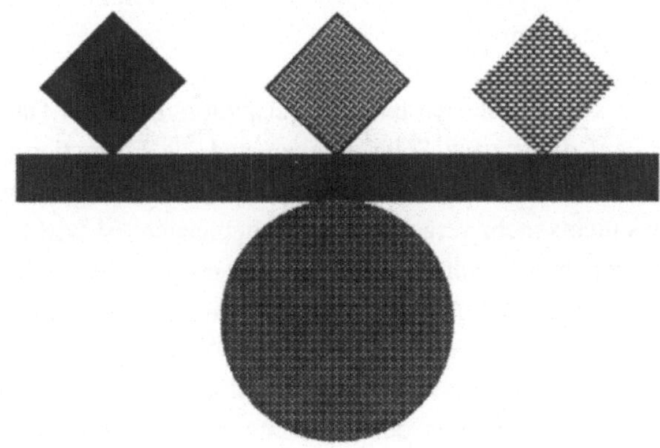

In diesem Kapitel lernen Sie, wie man einfache Formatierungen an einem Dokument vornimmt. Anhand des Beispieldokumentes aus dem letzten Kapitel geht es nun an die optische Verfeinerung von Dokumenten. Sie erfahren, wie Sie die Ansicht Ihres Dokumentes verändern können und lernen dann, wie man einzelne Zeichen über das Menü oder über die Formatierungsleiste z.B. in der Schriftart und/oder Schriftgröße verändern, d.h. formatieren kann. Im Anschluß daran sprechen wir durch, wie sich Absätze über das Befehlsmenü oder über das Lineal von Word für Windows formatieren lassen.

Zoomen der Seitenansicht

Durch die neue Zoomfunktion von Word für Windows 2.0 müssen Sie nicht mehr in die Seitenansicht schalten, wenn Sie einen Überblick über Ihr Dokument erhalten wollen.

In Word für Windows 2.0 haben Sie neben einer Seitenansicht zur Layoutkontrolle die Möglichkeit, die Ansicht auf Ihr Dokument stufenlos zwischen 25% und 200% zu zoomen. Während die Layout-Kontrolle über den Befehl **DATEI SEITENANSICHT** wirklich nur noch der letzten Kontrolle vor dem Ausdruck dient, bietet die Zoomfunktion den Vorteil, daß Sie selbst in der 25% Verkleinerung Ihren Text noch bearbeiten, d.h. editieren können. In der Seitenansicht setzt Word für Windows 2.0 dagegen nur noch das gesamte Dokument für eine Simulation der Druckausgabe am Bildschirm um.

In der Seitenansicht können Sie sich unseren Beispielbrief aus der Datei *ANGEBOT.DOC* auf der ganzen Seite ansehen und die Formatierung im Groben kontrollieren. Bis auf das Verschieben von Seitenrändern läßt sich hier allerdings nichts mehr verändern. Die Seitenansicht ist wirklich nur als Kontrolle vor dem Ausdruck gedacht, Änderungen im Layout können am besten in der **ANSICHT DRUCKBILD** vorgenommen werden.

Wenn Sie während des Schreibens kurz mal einen Eindruck davon erhalten möchten, wie Ihr Dokument in der Ganzseitenansicht aussieht, so können Sie über die Symbolleiste sehr schnell und komfortabel die Ansicht auf Ihr Dokument wechseln. Die nachfolgende Abbildung 3.3.1 zeigt Ihnen die drei Tasten der Funktionsleiste, die für das Ändern der Ansicht zuständig sind.

Abb.3.3.1: Tasten der Symbolleiste zum Ändern der Ansicht

Die Ansicht der Funktionsleiste können Sie durch den Befehl **ANSICHT FUNKTIONSLEISTE** an- und ausschalten. Wenn Sie dann mit der Maus auf die linke der drei Symboltasten klicken, wird die Ansicht des Dokumentes auf ca. 30% verkleinert, so daß Sie die gesamte aktuelle Seite ansehen können. In dieser Ansicht können Sie im Gegensatz zur **DATEI SEITENANSICHT** Texte und Grafiken ganz normal bearbeiten, d.h. Sie können Absätze und Texte markieren, kopieren und verschieben und auch nachträglich noch Abbildungen einfügen und manipulieren.

Mit der mittleren der drei Tasten schalten Sie die Druckbildansicht ab und gelangen in die normale Bearbeitungsansicht, d.h. die Ansicht, in der Sie keine Textbegrenzungen mehr sehen. Klicken Sie dagegen auf die rechte der drei Tasten, so schaltet Word für Windows in die Druck-bildansicht und berechnet automatisch, welche Zommansicht auf ihrem System am besten geeignet ist, um eine Seite Ihres Dokumentes in der Seitenbreite genau auf Ihre Bildschirmbreite hin auszurichten.

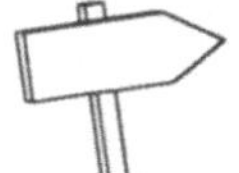

Die Zoomfunktion be-sprechen wir ausführlich in Teil 3, Kapitel 8.

In der verkleinerten Seitenansicht (30%) unseres Beispielbriefes können Sie deutlich sehen, daß sich an der Formatierung noch einiges verbessern läßt. Um diese Verbesserungen vorzunehmen, klicken Sie am besten auf die rechte der drei Symboltasten, damit Sie den Text am Bildschirm le-sen können und dabei Ihr Dokument in der gesamten Seitenbreite sehen. Bevor es nun aber daran geht, die Fehler zu verbessern, müssen wir noch einen kleinen Ausflug in die Formatierungshierarchie von Word für Windows unternehmen.

Die Formatierungsebenen

In Word für Windows gibt es, was die Formatierung anbetrifft, mehrere Ebenen. Die kleinste Ebene betrifft die Zeichen. Hier werden Schriftar-ten festgelegt sowie Schriftmerkmale für den Fettdruck oder die kursive

Zeichendarstellung. Zeichen bilden Worte, Worte bilden Sätze und Sätze werden auf der nächsten Ebene zu Absätzen zusammengefaßt. Mehrere Absätze bilden einen Abschnitt, beispielsweise als Kapitel eines größeren Dokumentes. Die letzte und umfassendste Ebene ist das gesamte Dokument. Hier legen Sie die Seitenränder fest oder das Seitenformat, in dem Sie drucken wollen (z.B. DIN A3 oder DIN A4). Auf jeder der vorgestellten 4 Ebenen (Zeichen, Absatz, Abschnitt und Dokument) stehen Ihnen verschiedene Format-Befehle zur Verfügung. Lassen Sie uns die beiden ersten und am häufigsten benötigten Ebenen nun anhand unseres Beispieldokumentes näher betrachten und zunächst die Zeichenformatierung besprechen.

Die Formatierung von Zeichen

Die Zeichenformatierung bezieht sich, wie der Name schon sagt, immer auf Zeichen. Als Zeichen gelten in Word für Windows aber nicht nur Buchstaben, sondern auch Leerzeichen sowie die Abstände zwischen den Buchstaben. Word für Windows kennt grundsätzlich zwei verschiedene Wege bei der Formatierung. Die erste - konventionelle - Art ist der Weg über das Befehlsmenü.

Zeichenformatierung über das Menü

Die Dialogbox FORMAT ZEICHEN ist in Version 2.0 über einige Funktionen erweitert worden und zeigt in einem "Monitor" jetzt direkt die ausgewählte Formatierung.

Markieren Sie bitte die erste Zeile in dem Brief und öffnen Sie das Menü **FORMAT ZEICHEN** mit ⌊Alt⌋+⌊T⌋, ⌊Z⌋. Word für Windows öffnet jetzt eine Dialogbox (siehe Abbildung 3.3.2), in der alle Formatierungsarten für Zeichen einstellbar sind. Mit Hilfe der Optionen dieser Dialogbox können Sie die Schriftarten, -größen und -farben, die Auszeichnung (d.h. alle Merkmale der Schrift wie kursiv, fett usw.), den Grad der Hoch- oder Tiefstellung sowie den Zeichenabstand (z.B. für gesperrte Schrift) festlegen. Kurz gesagt läßt sich mit diesem Menü das gesamte Schriftbild - auf die Schriftzeichen bezogen - festlegen. Bevor wir mit unserem Beispiel fortfahren, lassen Sie uns die einzelnen Optionen dieser Dialogbox besprechen.

Die Schriftarten

Bei der Installation von Word für Windows bzw. Windows wurden Sie
aufgefordert, anzugeben, welche Drucker installiert werden sollen. Das
Installationsprogramm hat entsprechend Ihrer persönlichen Vorauswahl
die für Ihren Drucker notwendige Druckertreiberdatei auf die Festplatte
kopiert.

Abb.3.3.2: Die Dialogbox FORMAT ZEICHEN

Die Anzahl und Art der Schriftarten, zwischen denen Sie in Word für
Windows bei der Zeichenformatierung wechseln können, ist von dem
eingestellten bzw. aktiven Drucker abhängig. Je nach den Fähigkeiten
Ihres Druckers werden in dem Dialogfeld **Schriftarten** die von dem
Drucker unterstützten Schriften aufgelistet. Natürlich "können" beispielsweise PostScript-Drucker mehr Schriftarten als ein 9-Nadel-Ma-
trixdrucker. Sie sollten sich deshalb auch nicht wundern, wenn Sie in
unseren Beispielen möglicherweise Schriftarten finden, die bei Ihnen
nicht verfügbar sind. Der Grund dafür ist schlicht und ergreifend, daß bei
Ihnen ein anderer Drucker aktiviert ist.

*Word für Windows ver-
wendet als Standard-
schriftart die Schriftart
Times Roman. Sie kön-
nen die Standardschrift-
art verändern, indem Sie
das Druckformat STAN-
DARD ändern. Das Ar-
beiten mit Druckformaten
beschreiben wir in Teil 4,
Kapitel 3.*

Die Schriftarten, die so gut wie jeder Drucker beherrscht, sind Helvetica, Times Roman (Tms Rmn), Roman, Courier, Modern und Script. Unter Windows 3.1 finden Sie neben den genannten Schriften in den Auswahldialogboxen außerdem noch die neuen TrueType-Schriften, die am Bildschirm und auf PostScriptdruckern sowie HP-PCL-Druckern frei skalierbar, d.h. in jeder beliebigen Schriftgröße darstellbar sind.

Schriftarten lassen sich allgemein in zwei Hauptgruppen unterteilen: die Schriften mit Serifen (Abschluß- und Endstrich eines Buchstabens) und diejenigen ohne Serifen (siehe Abbildung 3.3.3).

Wenn Sie mehr über Schriftarten am Bildschirm und beim Drucken erfahren wollen, schlagen Sie bitte in Teil 1, Kapitel 5 nach.

| **Telefon** | **Telefon** |

Abb.3.3.3: Links eine Serifenlose-, rechts eine Serifenschrift

Da der Umgang mit verschiedenen Schriftarten für die Anfänger unter Ihnen nicht gerade alltäglich sein dürfte, finden Sie in der Tabelle 3.3.1 die Schriftbilder der gängigsten Schriftarten.

Avantgarde 12 Punkt

Bookman 12 Punkt

Courier 12 Punkt

Helvetica (Helv) 12 Punkt

Palatino 12 Punkt

Times Roman (TmsRmn) 12 Punkt

Roman 12 Punkt

Script 12 Punkt

Modern 12 Punkt

Tab.3.3.1: Gängige Standardschriftarten von Windows 3.1

Um eine bestimmte Schriftart einzustellen, müssen Sie in der Dialogbox **FORMAT ZEICHEN** das Verzeichnisfeld mit den Schriftarten entweder öffnen, indem Sie mit der Maus auf den nach unten gerichteten Pfeil neben dem Feld klicken oder mit [Ctrl]+[A] das Verzeichnisfeld aktivieren. Mit [Alt]+[↓] können Sie nun das Verzeichnisfeld aufklappen. Eine Schriftart kann mit Hilfe der Richtungstasten oder durch Anklicken mit der Maus ausgewählt werden. Drücken Sie aber nach einer Auswahl nicht gleich [←┘], denn sonst schließt sich die gesamte Dialogbox. Besser ist, wenn Sie stattdessen das Listenfeld mit einem nochmaligen [Alt]+[↓] wieder schließen.

Schriftgrößen

Die Schriftgröße oder ein Schriftgrad gibt an, in welcher Höhe und Breite die Schrift gedruckt wird. Als Maßeinheit ist die Einteilung in *Punkt* (Pt) üblich, wobei 3 Pt etwa 1 Millimeter entsprechen. Die wohl gängigste Schriftgröße dürfte 10 Pt (Punkt) sein. Word für Windows gibt diesen Schriftgrad auch in der Standardschriftart Times Roman vor.

Ebenso wie die Anzahl und die Art der Schriftarten von Ihrem Drucker abhängig ist, sind auch die Möglichkeiten für verschiedene Schriftgrade von dem installierten Druckertreiber abhängig. Wenn Sie in der Dialogbox **FORMAT ZEICHEN** das Verzeichnisfeld **Schriftgröße** öffnen, sehen Sie die Schriftgrade, die Ihnen Ihr Drucker anbietet.

Wenn Sie mit der Maus auf den kleinen Pfeil neben dem Verzeichnisfeld klicken, können Sie einen der vorgegebenen Werte für den Schriftgrad auswählen oder auch einen Wert frei eintragen. Wenn Ihr Drucker einen eingegebenen Schriftgrad nicht drucken kann, verwendet Word für Windows automatisch die nächstliegende Schriftgröße. Nur bei Druckern, die Schriften frei skalieren, d.h. beliebig vergrößern oder verkleinern können - wie z.B. PostScript-Drucker - werden frei eingegebene Werte richtig umgesetzt.

Unabhängig von ihrem tatsächlich angeschlossenen Drucker können Sie jederzeit auch andere Druckertreiber installieren. Das empfiehlt sich besonders, wenn Sie die Möglichkeit haben, später auf einem höherwertigen Drucker an einem anderen System auszudrucken.
Wie Sie dazu vorgehen müssen, erfahren Sie in Teil 3, Kapitel 8.

Auszeichnung von Schriften

Als Auszeichnung einer Schrift bezeichnet man ihre Formatierungsmerkmale, also z.B. Kursiv- oder Fett-Druck. Unten in der Dialogbox des Befehles **FORMAT ZEICHEN** finden Sie Schalter für **Fett**- und *Kursiv*druck, KAPITÄLCHEN (Großbuchstaben in der Höhe von Kleinbuchstaben), verborgene Zeichenformatierung und verschiedene Unterstreichungsarten. Die ersten vier Optionen der Optionsliste können Sie beliebig miteinander kombinieren, d.h. Sie können einem Zeichen gleichzeitig die Merkmale fett, kursiv und Kapitälchen zuweisen.

Textbereiche lassen sich nun als Großbuchstaben fest formatieren.

Neu ist bei den Optionen zur Auszeichnung von Schriften die Option **Großbuchstaben**. Während Sie dieses Formatierungsmerkmal einem Text in Version 1.1 nicht fest zuweisen konnten, sondern nur direkt im Text mit Hilfe der Tasten ⇧ + F3 die Schreibweise wechseln konnten, ist es in Version 2.0 nun möglich, Buchstaben fest als Versalien zu formatieren. Die Tasten ⇧ + F3 haben auf eine so vorgenommene Formatierung keinen Einfluß mehr.

Für Unterstreichungen, die Sie nun über das kleine Pull-Down-Menü vornehmen können, gibt es sinnvollerweise nur eine Möglichkeit, da diese sich gegenseitig ausschließen. Eine Unterstreichung kann nur entweder einfach oder doppelt sein, beides zusammen würde keinen Sinn machen. Beim wortweisen Unterstreichen werden lediglich die einzelnen Wörter, nicht jedoch die Leerzeichen dazwischen unterstrichen.

Die Option **Verborgen** lassen sich in einem Buch leider nicht so praxisnah demonstrieren wie die anderen Auszeichnungen (z.B. **Fett**). Sie können die Option **Verborgen** wählen, wenn ein Text nicht ausgedruckt werden soll, - bei der Bearbeitung der Datei aber am Bildschirm sichtbar sein soll. Diese Funktion eignet sich z.B. für Kommentare oder Passagen im Text, die für einen bestimmten Kollegen nicht ausgedruckt werden sollen, für die CHEF-Version aber wieder verfügbar sein müssen. Verborgen formatierte Zeichen werden solange nicht gedruckt, solange nicht ein ausdrücklicher Befehl dazu gegeben wird. Sie sind nur dann auf dem Bildschirm sichtbar, wenn Sie über den Befehl **EXTRAS EINSTELLUNGEN ANSICHT** die Option **Verborgener Text** eingeschaltet haben.

Hoch- und Tiefstellung

Rechts neben den Schrift-Auszeichnungen finden Sie die Optionen
Hochgestellt und **Tiefgestellt**. Hier können Sie relativ zur Zeilengrund-
linie ein oder mehrere Zeichen nach oben bzw. nach unten verschieben,
wobei Sie zusätzlich auch den Grad der Stellung festlegen können. Die
Standardeinstellung beträgt 3Pt, sie können diesen Wert aber sowohl bei
Hoch- als auch bei Tiefstellung zwischen 0Pt und 63,5Pt frei bestimmen.
Da die Hoch- oder Tiefstellung von Zeichen meistens bei Angaben wie
z.B. Quadratmeter (2 m^2) benutzt wird, sollten Sie darauf achten, daß Sie
bei Anwendung dieser Funktion stets auch gleich den Schriftgrad des
entsprechenden Zeichens anpassen.

*Den Wert für die Hoch-
oder Tiefstellung können
Sie jetzt mit der Maus
durch die beiden Lauf-
Pfeile im Feld UM: aus-
wählen, d.h. Sie müssen
ihn nicht mehr über die
Tastatur in das Feld ein-
tragen.*

Zeichenabstand (Kerning)

Eine ganz ähnliche Funktion steht auch mit der letzten Optionsgruppe
zur Veränderung des Zeichenabstandes zur Verfügung. Hier können Sie
den Abstand zwischen einzelnen Zeichen festlegen und auf diese Weise
Wörter beispielsweise komprimieren oder auch auseinanderziehen. Als
Standardvorgabewert für "E r w e i t e r t " benutzt Word für Windows
3 Punkte, für "vermindert" 1,5 pt.

Kehren wir nun zurück zu unserem Beispieldokument. Sie hatten die
Absenderzeile in dem Beispielbrief markiert, bevor Sie die Dialogbox
geöffnet haben. Bestimmen Sie nun als Schriftart für den Absender *Helv*
(Helvetica), *Fett* im Schriftgrad *12 pt*.

Klicken Sie in das Verzeichnisfeld für Schriftarten und markieren Sie mit
[Alt] + [↓] *Helv* aus der Schriftartenliste, die Sie mit [Alt] + [A] auf-
geklappt haben oder überschreiben Sie mit *helv* die gerade aktuelle
Schriftart. Klicken Sie *Fett* mit der Maus an oder drücken Sie [Alt] +
[F] . Klicken Sie nun in das Verzeichnisfeld für Schriftgrad und wählen
Sie den Schriftgrad *12* mit [Alt] + [G] und [Alt] + [↓] aus oder tippen
Sie *12* ein. Bestätigen Sie mit **OK** bzw. [←] .

Als Neuerung in Word für Windows 2.0 finden Sie innerhalb der Dialogbox den sogenannten "Monitor".

Neu in der Dialogbox des Befehls Format Zeichen ist auch die Schaltfläche ALS STANDARD BENUTZEN

Als Neuerung in Word für Windows 2.0 finden Sie innerhalb der Dialogbox den sogenannten "Monitor". Während Sie in den alten Word für Windows-Versionen die Dialogbox immer erst mit **OK** verlassen und in die Druckbildansicht schalten mußten, um eine ausgewählte Schriftart am Bildschirm im WYSIWYG sehen zu können, sehen Sie in Word für Windows 2.0 die WYSIWYG-Formatierung eines Textes direkt in der Dialogbox. Diese nützliche kleine Hilfe erspart Ihnen eine Menge Zeit, denn Sie können schon in der Auswahl-Dialogbox sehen, wie eine Schrift im Ausdruck erscheint.

Wenn Sie die Formatierung mit **OK** bestätigt haben, sehen Sie die ausgewählte Schriftart auch auf dem Bildschirm. Ist dies nicht der Fall, so müssen Sie die Bildschirmansicht über den Befehl **ANSICHT KONZEPT** in die normale Bearbeitungsansicht umschalten oder aber auf die mittlere der drei Ansichtstasten in der neuen Funktionsleiste klicken.

Ebenfalls neu in der Dialogbox des Befehls **FORMAT ZEICHEN** ist die Schaltfläche **Als Standard benutzen**. Viele Anwender von Word für Windows 1.1 stellten immer wieder die Frage, warum Word für Windows bei jedem neuen Dokument automatisch die Schriftart Times Roman verwendet und ob sich das nicht umstellen liesse. Es ließ sich umstellen, aber dazu mußte man in Word für Windows 1.1 das Druckformat STANDARD in der Dokumentvorlage NORMAL.DOT verändern. Diesen etwas umständlichen Weg hat man in Word für Windows 2.0 vereinfacht: Man muß lediglich einmal auf die Schaltfläche **Als Standard benutzen** klicken und nach einem Bestätigen der Sicherheitsabfrage verändert Word für Windows 2.0 automatisch das Druckformat STANDARD nach den zuvor vorgenommenen Einstellungen in der Dialogbox.

Nach dieser eher "konventiellen" Art der Zeichenformatierung kommen wir nun zu schnelleren Wegen der Zeichenformatierung, der Anwendung der Formatierungsleiste.

Zeichenformatierung mit der Formatierungsleiste

Um mit der Formatierungsleiste arbeiten zu können, müssen Sie zunächst im Menü **ANSICHT** die Option **Formatierungsleiste** anschalten. Die Formatierungsleiste erscheint nun am oberen Bildschirmrand (siehe Abbildung 3.3.5). Sie ist vor allem für Maus-Anwender eine große Hilfe, denn mit ihr können Sie die am häufigsten auftretenden Formatierungen vornehmen, ohne den Weg über das Menü gehen zu müssen. Die Listenboxen für Schriftart und -grad sind hier ebenso vorhanden wie Schalter für Fett- und Kursivdruck und das Unterstreichen.

Während es in Version 1.1 eine Zeichenleiste für die Zeichenformatierung und ein Absatzlineal für die Absatzformatierung gab, sind die wichtigsten Funktionen dieser beiden Elemente in der Version 2.0 in einer sogenannten Formatierungsleiste zusammengefaßt worden

Abb.3.3.4:   Die Formatierungsleiste

Am besten probieren Sie das Formatieren über die Formatierungsleiste gleich praktisch anhand einer Übung aus. Markieren Sie die Adresse des Software-Hauses im Brief und formatieren Sie die Schriftart auf *Tms Rmn, 12 pt, fett* und *unterstrichen*.

Markieren Sie mit der Maus den Text und klicken Sie auf den kleinen Pfeil neben dem Schriftartenfeld. Klicken Sie auf die Schriftart *Tms Rmn*. Führen Sie dann den Mauszeiger auf den kleinen Pfeil neben dem Verzeichnisfeld PT: wählen Sie den Schriftgrad *12* aus. Klicken Sie danach die Symboltasten **F** und **U** an.

Wenn Sie lieber mit der Tastatur arbeiten, so drücken Sie [Strg] + [A], um in das Verzeichnisfeld für die Schriftarten zu gelangen. Öffnen Sie die Liste mit [Alt] + [↓] und wählen Sie die Schriftart *Tms Rmn* aus. Gehen Sie dann mit der [→] Taste zur nächsten Option und tippen Sie *12* ein. Bestätigen Sie mit [↵]. Drücken Sie nun [Strg] + [F] für Fett, und [Strg] + [U] für Unterstrichen.

Formatieren mit Tastatur-Kürzeln

Neben diesen beiden Arten der Zeichenformatierung gibt es in Word für Windows noch eine dritte - sehr schnelle - Möglichkeit zur Formatierung. Besonders eilige Anwender werden den Weg der Tastatur-Kürzel am häufigsten benutzen.

Alle Formatierungen der Formatierungsleiste lassen sich nämlich auch über die Tastatur direkt abrufen. Sie müssen z.B. `Ctrl`+`P` drücken, um in das Feld zur Bestimmung der Schriftgrade zu gelangen sowie `Ctrl`+`A`, um die Schriftarten auswählen zu können. Sind Sie mit einem dieser beiden Tastenschlüssel in die Formatierungsleiste gelangt, können Sie auch mit der `→|` Taste zwischen den beiden Listenboxen hin- und herschalten.

Um die Auszeichnung (Fett oder Unterstrichen) über einen Tastenschlüssel ein- oder auszuschalten, drücken Sie `Ctrl` und den jeweiligen Buchstaben, der in dem Symbol der Formatierungsleiste steht, also `F` für Fett, `U` für Unterstrichen usw. Das Schöne an dieser Arbeitsweise ist, daß die Formatierungsleiste dazu nicht eingeschaltet sein muß. Auch ohne die eingeschaltete Ansicht der Formatierungsleiste können Sie beispielsweise mit `Ctrl`+`I` eine kursive Auszeichnung ein- und ausschalten.

Was aber, wenn Sie bei ausgeschalteter Formatierungsleiste ein Tastaturkürzel für eine Option wählen, die nicht einfach nur an- oder ausgeschaltet werden kann, sondern in der Sie eine Auswahl (z.B. für die Schriftart oder die Schriftgröße) vornehmen können? Bei eingeschalteter Formatierungsleiste benötigen Sie normalerweise die Listenbox zum Auswählen. Wenn Sie bei ausgeschalteter Leiste `Ctrl`+`P` drücken, erscheint am unteren Rand des Bildschirmes in einer zusätzlichen Statuszeile die Frage: **Welcher Schriftgrad?** und die Einfügemarke blinkt dahinter. Sie können nun den Schriftgrad eintippen, oder aber durch nochmaliges Drücken von `Ctrl`+`P` die Dialogbox für die Zeichenformatierung anfordern und den gewünschten Schriftgrad dort einstellen.

In der Tabelle 3.3.2 haben wir alle Tastenschlüssel für die Zeichenformatierung mit Tastaturkürzeln für Sie zusammengefaßt.

Tastenschlüssel	Funktion
Ctrl + A	Formatiert die **Schriftart** des markierten Textes. Die Liste in der Formatierungsleiste zeigt nur Schriftarten, die der installierte Drucker "kann".
Ctrl + P	Formatiert die **Schriftgröße** des markierten Textes. Die Liste zeigt nur Schriftgrößen an, die der installierte Drucker "kann".
Ctrl + F	Formatiert **Fettdruck.**
Ctrl + I	Formatiert **Kursivdruck.**
Ctrl + K	Formatiert **Kapitälchen**
Ctrl + U	Formatiert **Unterstrichen.**
Ctrl + W	Formatiert **Wort Unterstrichen**
Ctrl + D	Formatiert **Doppelt unterstrichen**
Ctrl + H	Formatiert **Hochgestellt.**
Ctrl + T	Formatiert **Tiefgestellt.**
Ctrl + ⇧ , *	Schaltet alle **Sonderzeichen** auf sichtbar oder unsichtbar

Tab.3.3.2:   Die Tastenschlüssel zur Zeichenformatierung

Trotz dieser Möglichkeiten empfehlen wir Ihnen, die Formatierungsleiste zumindest am Anfang Ihrer Arbeit mit Word für Windows eingeschaltet zu lassen. Der Grund dafür liegt darin, daß die Formatierungsleiste in der **ANSICHT KONZEPT** als Kontrollinstrument vortreffliche Dienste leistet. Jedesmal, wenn Sie die Einfügemarke auf ein Zeichen bewegen, können Sie oben in der Formatierungsleiste ablesen, welche Schriftart, welchen Schriftgrad und welche Auszeichnung das Zeichen an der Position der Einfügemarke hat. Diese Kontrollmöglichkeit ist vor allem dann wertvoll, wenn Sie in der **ANSICHT KONZEPT** arbeiten, denn in dieser Ansicht besteht ja keine WYSIWYG-Darstellung Ihres Textes.

Wenn kein Dokument geöffnet ist, erscheinen die Funktionen bzw. Symboltasten der Formatierungsleiste grau bzw. schwarz hinterlegt. Sie sind auch dann grau, wenn Sie einen Textbereich markieren, in dem mehrere verschiedene Formatierungen vorgenommen wurden, können aber trotzdem benutzt werden. Wenn Sie z.B. zwei Wörter markieren, von denen eines fett und das andere kursiv formatiert ist, sind die Sinnbilder für Fett (**B**) und Kursiv (I) grau bzw. inaktiv. Da die Sinnbilder ja auch der Kontrolle von Zeichenformatierungen dienen, kann in einem solchen Fall die Formatierung durch die Symbole nicht angezeigt werden.

Absatzformatierung

Die Bedeutung der Absatzendemarke haben wir bereits in Teil 3, Kapitel 1 besprochen.

Kommen wir nun zur Formatierung der Absätze. Wie Sie ja schon aus Teil 3, Kapitel 1 wissen, wird durch jedes Betätigen der Taste ⏎ eine Absatzendemarke erzeugt. Diese Absatzendemarke signalisiert Word für Windows, daß ein neuer Absatz beginnt, der möglicherweise mit anderen Zeileneinzügen oder -abständen arbeitet. Im folgenden Abschnitt sollen anhand unseres Beispielbriefes die Möglichkeiten der Absatzformatierung besprochen werden.

Absätze formatieren über das Menü

Um die Möglichkeiten der Absatzformatierung an einem Beispiel kennenzulernen, markieren Sie bitte in dem Beispieldokument zunächst den ersten Absatz unter der Anrede. Rufen Sie dann den Befehl **FORMAT ABSATZ** mit ⌊Alt⌋ + ⌊A⌋ auf. Es erscheint die Dialogbox aus Abbildung 3.3.5.

Auch bei dieser Dialogbox soll zunächst auf die verschiedenen Optionen eingegangen werden, bevor Sie konkret - anhand des Beispiels - Absatzformatierungen vornehmen.

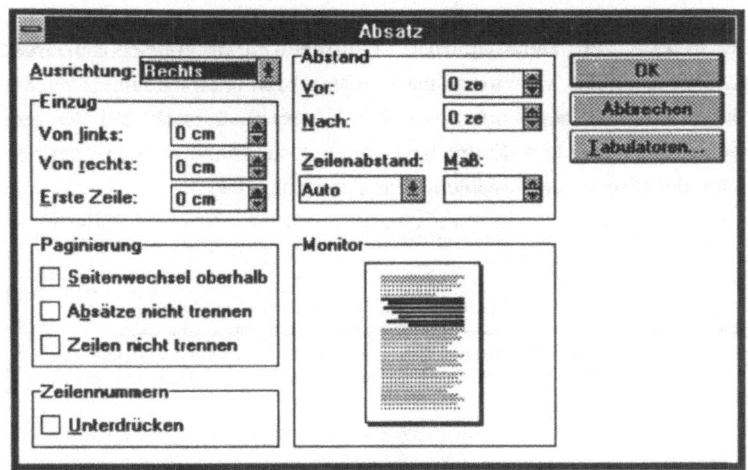

Abb.3.3.5:   Die Dialogbox Format Absatz

Ausrichtung (Justierung) eines Absatzes

Ganz oben links in der Dialogbox finden Sie zunächst die Option **Ausrichtung**. Die Ausrichtung (Justierung) eines Absatzes legt fest, ob der Text im Blocksatz oder in einem entsprechend ausgerichteten Flattersatz formatiert werden soll.

Blocksatz ist im allgemeinen üblich bei Publikationen, also bei Artikeln, Büchern und anderen Veröffentlichungen. Alle Zeilen werden hier rechts und links an der Absatzeinzugslinie bündig ausgerichtet, wobei entstehende Lücken zwischen den Wörtern gleichmäßig über die gesamte Zeile verteilt werden.

Sie können sich in Word für Windows 2.0 direkt in der Dialogbox **FORMAT ABSATZ** einen Eindruck davon verschaffen, wie ein Absatz im Blocksatz aussehen würde, denn auch hier steht Ihnen ein sogenannter Monitor als Beispiel einer Absatzformatierung zur Verfügung. Klicken Sie einfach auf den kleinen Pfeil des Dialogfeldes **Ausrichtung** und wählen Sie aus dem kleinen Pull-Down-Menü die Option **Block** aus. In dem Dialogboxbereich **Beispiel** sehen Sie nun, wie ein Absatz im Blocksatz auf der Seite erscheinen würde.

Das Pendant zum Blocksatz ist der **Flattersatz**. Hier werden die Zeilen nur zu einer Seite hin bündig ausgerichtet. Man unterscheidet zwischen rechts- und linksbündigem sowie zentriertem Flattersatz. Bei der zentrierten Ausrichtung wird der Text orientiert an der Mittelachse der Seitenränder (Spalte) ausgerichtet (siehe Abbildung 3.3.6).

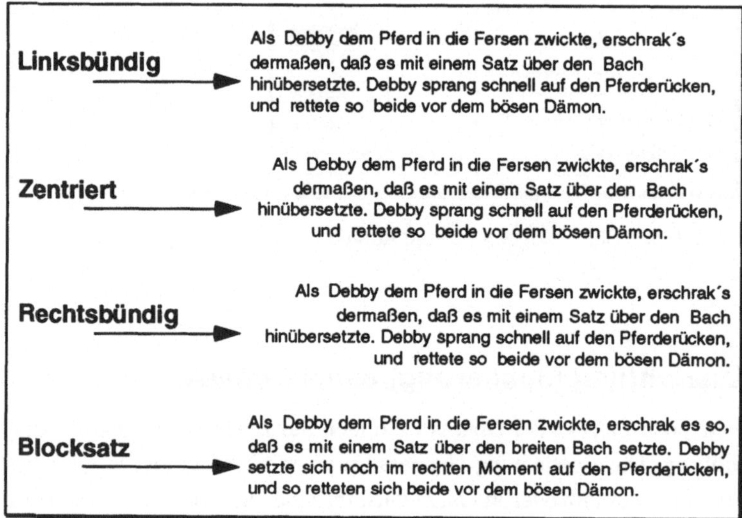

Abb.3.3.6:   Die verschiedenen Absatzausrichtungen

Seitenränder und ihre Formatierung werden in Teil 5, Kapitel 1 ausführlich behandelt.

Einzüge von Absätzen

Eine weitere Möglichkeit der Absatzformatierung besteht im Bestimmen von **Absatzeinzügen**. Absatzeinzüge sind ein beliebtes Mittel zum optischen Abheben eines Textbereiches. Sie bestimmen den Abstand der Zeilen eines Absatzes vom rechten und linken Seitenrand, der wiederum im Menü **FORMAT SEITE EINRICHTEN Seitenränder** festgelegt ist. Ein Einzug von *0 cm* bedeutet, daß die Absatzränder mit den Seitenrändern übereinstimmen. In Abbildung 3.3.7 können Sie sich das verdeutlichen.

Während Sie die gewünschten Einzüge in Version 1.1 noch "von Hand" in die Dialogfelder eintragen mußten, können Sie in Version 2.0 die gewünschten Werte mit den Pfeiltasten auswählen. Die Maßeinheit in den Dialogfeldern ist vorgegeben, Word für Windows benutzt dazu das gewünschte Maß, das in der Systemsteuerung von Windows unter der Option **Ländereinstellungen** eingestellt ist. Sie können aber auch eine andere Maßeinheit eingeben, also z.B. *0,5pt* (Punkt). Word für Windows rechnet den Wert automatisch in die Standardeinheit um. Wenn bei der Arbeit mit Word für Windows eine andere Maßeinheit benutzt werden soll als in Ihren anderen Windows-Programmen, so können Sie die Maßeinheit für Word für Windows im Menü **EXTRAS EINSTELLUN-GEN Allgemein** unter der Option **Maßeinheit** jederzeit verändern.

Sie können für Absätze linke und rechte Einzüge definieren sowie unterschiedlich dazu den Einzug der ersten Zeile. Unter Erstzeileneinzug versteht man den Unterschied, den der Einzug der ersten Zeile zum Rest des Absatzes besitzt. Häufig werden Absätze so formatiert, daß die erste Zeile ein Stück weiter nach innen gerückt ist als die folgenden.

Der Wert für den Einzug der ersten Zeile wird relativ zum linken Einzug des Absatzes eingegeben. Ein Absatz, der insgesamt 1 cm Abstand zum linken Seitenrand haben soll, seine erste Zeile aber 1,5 cm, muß demnach mit einem linken Einzug von 1 cm und einem Erstzeileneinzug von 0,5 cm formatiert werden. Man kann es auch anders formulieren: Bei einem Absatz mit einem linken Einzug von 1 cm und einem Erstzeileneinzug von 0,5 cm beginnt die erste Zeile demnach 1,5 cm vom Seitenrand, während der Rest des Absatzes einen Abstand von 1 cm zum Seitenrand hat.

Wenn Sie mehrere Absätze markiert haben, gilt der Erstzeilen-Einzug für jeden markierten Absatz. Das bedeutet, daß bei jedem einzelnen Absatz die erste Zeile um das von Ihnen angegebene Maß verschoben wird !

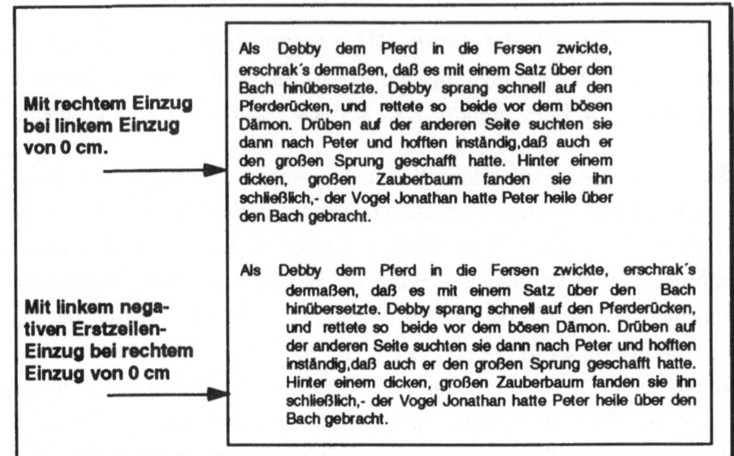

Abb.3.1.7:   Absatz- und Erstzeileneinzüge

Negativer Erstzeileneinzug

Sie können für einen Erstzeileneinzug auch einen negativen Wert bestimmen. Ein negativer Wert bewirkt, daß die erste Zeile um den angegebenen Wert weiter links beginnt als der übrige Absatz. Solch einen Einzug nennt man auch *hängenden Einzug*. Sie werden ihn vor allem bei Auflistungen gebrauchen, bei denen z.B. die Numerierung links aus dem Textbereich herausragen soll (siehe Abbildung 3.3.8).

Abb.3.3.8:   Hängende Einzüge werden häufig
bei Aufzählungen benötigt

Hängende Einzüge bieten folglich den Vorteil, daß man nicht in jeder Zeile erneut die ⟶❙-Taste drücken muß, wenn der Text nicht am lin ken Seitenrand beginnen soll. Man definiert stattdessen einen negativen Erstzeileneinzug relativ zum festgelegten Absatzeinzug und positioniert für die erste Zeile einen Tabstopp in Höhe des Absatzeinzuges.

Abstände zwischen Absätzen

Die Optionen **Abstand vor** und **Abstand nach** in der Dialogbox **FOR-MAT ABSATZ** bestimmen, welche Abstände zwischen zwei aufeinander-folgenden Absätzen vorhanden sein sollen. Wenn Sie beispielsweise er-reichen möchten, daß der nachfolgende Absatz eine Zeile weiter unten beginnt, so tragen Sie in das Dialogfeld der Option **Abstand nach** eine *1* ein. Daraufhin wird der Absatzabstand nach unten um eine Zeilenhöhe erweitert.

Durch eine derartige Absatzformatierung brauchen Sie zwischen zwei Absätzen beim Schreiben keine Leerzeile bzw. Absatzmarke mehr ein-zufügen, denn die Absatzabstände können auf diese Weise automatisch reguliert werden. Die Standard-Maßeinheit bei der Werteingabe ist *Zeilen*, - Sie können aber auch einen Wert in *Punkt* (Pt), *Inch* (in oder ") oder in *Zentimetern*, also z.B. *1,5cm* eingeben. Stören Sie sich bei der Eingabe Ihrer Werte und Maßeinheiten aber nicht daran, daß Word für Windows die Maßeinheiten intern in eigene Werte umsetzt. Es kann nämlich vorkommen, daß bei einem nochmaligen Aufruf der Dialogbox in den Optionsfeldern nicht mehr die ursprünglich von Ihnen eingegeben Maßeinheiten stehen.

Die Anfangs- und End-abstände von Absätzen addieren sich. Wenn Sie mehrere Absätze markie-ren und einen Anfangs- und einen Endabstand von je einer Zeile einge-ben, beträgt der Abstand zwischen den markierten Absätzen zwei Zeilen.

Zeilenabstände

Der Abstand zwischen den Zeilen ist ein sehr wichtiger Bereich in der Textverarbeitung bzw. im Bereich der Textgestaltung. Im Druckgewerbe spricht man auch vom *Durchschuss*, wenn man die effektive Zeilen-höhe meint. Der Durchschuss setzt sich zusammen aus der Schrifthöhe und dem Abstand, der zwischen der Oberkante der Schrift und der Un-terkante der darüberliegenden Zeile liegt. Im Normalfall beträgt der Durchschuß 120% der Schrifthöhe. Bei einer Schrift von 10 Pt würde ein

"normales" Schriftbild also eine Zeilenhöhe von 12 Pt haben müssen, damit man einen Durchschuß von 120% erreicht.

Wenn Sie die Dialogbox **FORMAT ABSATZ** öffnen, erscheint in dem Textfeld der Option **Zeilenabstand** der Standardvorgabewert *Auto*. *Auto* bedeutet, daß Word für Windows automatisch die Zeilenhöhe an die höchsten Zeichen in der Zeile anpaßt. Wenn Sie z.B. ein Zeichen oder ein Wort durch einen größeren Schriftgrad hervorheben, wird automatisch die Zeilenhöhe an die Höhe dieses Zeichens angepaßt.

In Version 1.1 mussten Sie negative Werte eingeben, um einen festen Zeilenabstand zu erhalten, dies ist in Version 2.0 nicht mehr möglich.

Sie können den Zeilenabstand eines Absatzes willkürlich ändern, indem Sie aus dem kleinen Pull-Down-Menü einer der Optionen **Genau** oder **Mindestens** auswählen. In den Dialogfeldern **Mass** können Sie nun mit Hilfe der Pfeiltasten den Zeilenabstand einstellen. Wenn Sie die Option **Mindestens** auswählen und z.B. *2 Ze* auswählen, so bedeutet das, daß der Mindest-Zeilenabstand zwei Zeilen beträgt, nur <u>ein</u> Zeichen in einer Zeile muß diese Höhe überschreiten, damit die gesamte Zeile in der Höhe automatisch angepaßt wird.

Wenn Sie die Option GENAU einstellen, hat das zur Folge, daß der Abstand zwischen den Zeilen sich immer an den von Ihnen eingegebenen Wert hält, ungeachtet der Schriftgrade, die in den Zeilen vorkommen.

Sie haben in Word für Windows auch die Möglichkeit, einen absoluten Zeilenabstand festzulegen, der <u>keinesfalls</u> verändert wird, indem Sie einfach die Option **Genau** auswählen und dann in dem Dialogfeld **Mass** einen Wert einstellen. Die Option **Genau** hat zur Folge, daß der Abstand zwischen den Zeilen sich immer an den von Ihnen eingegebenen Wert hält, ungeachtet der Schriftgrade, die darin vorkommen. Überschreitet ein Zeichen die vorgegebene Höhe, wird es beim Drucken in die darüberliegende Zeile geschrieben. Auf dem Bildschirm wird es an der Oberkante der Zelle abgeschnitten. Ein Beispiel für die beiden Zeilenabstand-Arten finden Sie in Abbildung 3.3.9.

Kommen wir nun zu den letzten Funktionen in der Dialogbox **FORMAT ABSATZ**. Die Optionen **Absätze nicht trennen**, **Zeilen nicht trennen** und **Seitenwechsel oberhalb** hängen eng mit dem automatischen Seitenumbruch von Word für Windows zusammen.

<table>
<tr><td>

Sie können für Absätze linke und rechte Einzüge definieren sowie unterschiedlich dazu den Einzug der ersten Zeile. **Unter** Erstzeilen-Einzug versteht man den Unterschied, den der Einzug der ersten Zeile zum Rest des Absatzes besitzt.

</td><td>

Häufig werden Absätze so formatiert, daß die erste Zeile ein Stück **weiter** nach links gerückt ist als die folgenden.

</td></tr>
</table>

Abb.3.3.9:   Links ein Zeilenabstand mit der Option MINDESTENS, rechts ein Zeilenabstand mit der Option GENAU

Die Optionen Mit Folgendem zusammenhalten und Absatz zusammenhalten aus Version 1.1 wurden leicht verändert.

Wenn Sie Text eingeben, brauchen Sie sich normalerweise um die Seitenumbrüche keine Gedanken zu machen. Ist eine Seite voll, "erzeugt" Word für Windows automatisch eine neue Seite. In der Praxis kommt es aber häufiger vor, daß man einen Seitenumbruch in einem bestimmten Teil des Textes nicht gebrauchen kann - sei es, weil ein Umbruch den Sinnzusammenhang zerstören würde oder sei es auch nur aus optischen Gründen. Die Option **Zeilen nicht trennen** bewirkt, daß innerhalb eines Absatzes ein automatischer Seitenumbruch in jedem Fall verhindert wird. Ist diese Option angekreuzt, so werden Seitenumbrüche nur vor bzw. nach dem Absatz, der vor dem Aufruf der Dialogbox markiert worden ist, durchgeführt.

Die Option **Absätze nicht trennen** erweitert diesen Schutz noch auf den nächsten Absatz und läßt den markierten Absatz mit dem darauffolgenden Absatz immer auf ein und derselben Seite erscheinen. Das Ankreuzen der Option bewirkt also, daß der vor dem Aufruf der Dialogbox markierte Absatz auf jeden Fall mit dem nachfolgenden Absatz zusammengehalten wird.

Mit der letzten Option **Seitenwechsel oberhalb** erreichen Sie, daß der zuvor markierte Absatz in jedem Fall am Anfang der nächsten Seite erscheint.

Die Möglichkeit, Absätze mit Rahmen zu versehen, ist in Version 2.0 ein ganz eigener Menüpunkt geworden und kann jetzt über den Befehl **FORMAT RAHMEN** angefordert werden. Druckformate und Rahmen können einem Absatz in Version 2.0 nicht mehr über die Dialogbox **FORMAT ABSATZ** zugeordnet werden. Die Zuordnung von Druckformaten erfolgt ab jetzt über den Befehl **FORMAT DRUCKFORMAT** oder über die Formatierungsleiste.

Absatzformatierung mit der Formatierungsleiste

In der bisherigen Ausführungen haben Sie die Formatierungsleiste bereits als einen sehr nützlichen Helfer für die Zeichenformatierung kennengelernt. Ähnlich nützlich ist die Formatierungsleiste aber auch für die Absatzformatierung, denn über die Formatierungsleiste lassen sich in Word für Windows 2.0 Druckformate zuordnen sowie Absatz- und Tabstoppausrichtungen bestimmen. In Version 1.1 mußte die gesamte Absatzformatierung über das sogenannte Absatzlineal vorgenommen werden, wobei dieses sehr viel größer war als das neue Lineal. In Version 2.0 wurde das Lineal verkleinert und die wichtigen Funktionen für die Absatzformatierung finden sich stattdessen in der neuen Formatierungsleiste.

Zuordnen von Druckformaten

In der praktischen Arbeit kommt es häufig vor, daß ein Text bestimmte Formatierungen bzgl. der Zeichen- und der Absatzmerkmale enthalten soll. Beispielsweise kann es vorkommen, daß ein Absatz mit der Schriftart *Helvetica 12* (**FORMAT ZEICHEN**) und gleichzeitig im *Blocksatz* (**FORMAT ABSATZ**) ausgerichtet sein soll. Um sich die zweistufige Zeichen- und Absatzformatierung zu erleichtern, gibt es in Word für Windows sogenannte Druckformate, die sich einem Absatz in Word für Windows 1.1 über ein Verzeichnislistenfeld in der Dialogbox des Befehls **FORMAT ABSATZ** zuordnen liessen. Die Zuordnung von Druckformaten ist in Version 2.0 aber nicht mehr in der Dialogbox des Befehls **FORMAT ABSATZ** möglich, sondern muß über den Befehl **FORMAT DRUCKFORMAT** oder über die Formatierungsleiste erfolgen.

Das Element *Druckformate* haben die Entwickler von Word für Windows geschaffen, damit vielschichtige Formatierungen an Dokumenten in der täglichen Praxis nicht zu viel Zeit in Anspruch nehmen. Druckformate sind gewissermaßen Formatierungs-Stapel, in denen eine ganze Reihe verschiedener Befehle zusammengefaßt sind, die das Format eines Absatzes und der darin enthaltenen Zeichen betreffen.

Stellen Sie sich vor, Sie wollen einen Absatz mit der Zeichenformatierung *Kursiv*, der Schriftart *Helv 12* und der Absatzformatierung *Blocksatz* bei gleichzeitigem Einzug von links *2,3 cm* und rechts *2,5 cm* versehen. Bei dem konventionellen Vorgehen, das wir auf den letzten Seiten mit Ihnen besprochen haben, müßten Sie zwei Dialogboxen öffnen und die verschiedenen Formatierungsmerkmale in zwei Dialogboxen nacheinander bestimmen.

Druckformate ersparen Ihnen bei einer solchen Formatierung viel Arbeit. Sie als Anwender definieren eine "Sammelformatierung", in der all diese Merkmale festgehalten werden und benennen diese z.B. mit dem Druckformatnamen *MeinDruckformat*. Um nun diese Sammelformatierung mit einem einzigen Befehl abzurufen, können Sie einfach über den Befehl **FORMAT DRUCKFORMATE** mit Strg + C dem Text das Druckformat *MeinDruckformat* zuweisen. Der Text wäre durch einen einzigen Befehl mit allen zuvor gewünschten Merkmalen versehen, also in *Helv 12, kursiv, Blocksatz* und mit den genannten *linken* und *rechten Einzügen*. Durch die Anwendung eines Druckformates brauchen Sie also nur einen einzigen Befehl auszuführen, bei der konventionellen Art und Weise wären stattdessen insgesamt 6 Schritte nötig, um zu der gewünschten Formatierung zu gelangen.

Das Erstellen von Druckformaten bietet den Vorteil, daß Sie sich nur einmal die Arbeit der Zeichen- und Absatzformatierung machen müssen und diese Sammelformatierung später durch nur einen Befehl abrufen können. Darüber hinaus arbeiten Sie sehr viel effizienter, denn einmal erstellte Druckformate lassen sich fest in Word für Windows speichern. Der dritte - nicht zu unterschätzende - Vorteil besteht darin, daß durch Druckformate eine Einheitlichkeit Ihrer Formatierungen im Sinne eines *Corporate Design* möglich wird, die sich über alle ihre Dokumente erstrecken kann, aber nicht muß.

Druckformate zu erstellen ist genauso einfach wie die Zeichen- oder Absatzformatierung. Sie brauchen nur einen Absatz nach Ihren Wünschen zu formatieren und Word für Windows den Befehl zu geben, sich diese Absatzformatierung als Druckformat zu merken.

Markieren Sie einen beliebigen Absatz. Formatieren Sie ihn nach Ihrem Geschmack. Klicken Sie mit der Maus in das Druckformatfeld des Lineals oder drücken Sie [Ctrl] + [C]. Tippen Sie einen beliebigen Namen ein. Word für Windows fragt, ob Sie das Druckformat neu definieren wollen. Bestätigen Sie mit **OK** oder [←]. Um das Druckformat nun auf andere Absätze anzuwenden, gehen Sie einfach den umgekehrten Weg. Markieren Sie einen Absatz, der alle Formatierungsmerkmale des selbstdefinierten Druckformates aufweisen soll. Öffnen Sie das Verzeichnislistenfeld **DFV** in der Formatierungsleiste und klicken Sie einfach auf Ihren Druckformatnamen. Der von Ihnen markierte Absatz ist nun mit den zuvor als Druckformat festgehaltenen Formatierungen versehen.

Absatz- und Tabstoppausrichtungen

Neben den Elementen für die Zeichenformatierung finden Sie in der Formatierungsleiste auch Symboltasten für die Absatzformatierung. Die mit den Linien versehenen Symboltasten dienen dabei der **Ausrichtung** von Absätzen. Die Ausrichtung (Justierung) eines Absatzes legt fest, ob ein Absatz im Blocksatz oder in einem entsprechend ausgerichteten Flattersatz formatiert werden soll.

Im **Blocksatz** werden alle Zeilen rechts und links an der Absatzeinzugslinie bündig ausgerichtet, wobei entstehende Lücken zwischen den Wörtern gleichmäßig über die gesamte Zeile verteilt werden.

Das Pendant zum Blocksatz ist der **Flattersatz**. Hier werden die Zeilen nur zu einer Seite hin bündig ausgerichtet. Man unterscheidet zwischen rechts- und linksbündigem sowie zentriertem Flattersatz. Bei der zentrierten Ausrichtung wird der Text orientiert an der Mittelachse der Seitenränder (Spalte) ausgerichtet. Wenn Sie die Ausrichtung eines Absatz ändern möchten, brauchen Sie lediglich mit der Maus auf die entsprechende Symboltaste zu klicken, wenn sich die Einfügemarke irgendwo innerhalb dieses Absatzes befindet .

Ähnlich wie Sie einen Absatz mit der Maus ausrichten können, können Sie ebenfalls mit der Maus die Ausrichtung eines Tabstopps bestimmen. Tabstopps lassen sich mit der Maus sehr einfach im Lineal setzen. Die Ausrichtung eines dort gesetzten Tabstopps spielt wiederum eine Rolle, wenn ein an einem Tabstopp beginnender Text z.B. zentriert oder rechtsbündig an dem Tabstopp ausgerichtet werden soll. Für die Tabstoppausrichtung ist insbesondere die letzte Symboltaste von hoher Bedeutung, denn mit ihr können Tabstopps an einem Dezimalzeichen ausgerichtet werden. Wenn Sie bspw. eine Rechnung schreiben, können Sie mit dieser Tabstoppausrichtung erreichen, daß die DM-Beträge der Einzelpositionen rechtsbündig am <u>Komma</u> des Betrages ausgerichtet werden. Die Tabstoppausrichtung müssen Sie stets <u>vor</u> dem Setzen eines Tabstopps bestimmen, d.h. Sie müssen erst auf die entsprechende Symboltaste klicken und können dann den so ausgerichteten Tabstopp im Lineal setzen.

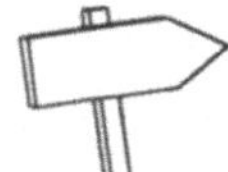

Das Arbeiten mit Tabstopps wird noch einmal ausführlich in Teil 4, Kapitel 3 behandelt.

Absatzformatierung mit dem Lineal

Das Lineal ist eine Sinnbildleiste, die am oberen Rand des Dokumentfensters liegt und in der Sie - ohne das Menü heranziehen zu müssen - schnell und einfach Absatzformatierungen vornehmen können (siehe Abbildung 3.3.10). Mit dem Befehl **ANSICHT LINEAL** können Sie das Lineal ein- und ausschalten. Das Lineal erscheint optisch zwar unterhalb der Formatierungsleiste, ist aber dem Dokumentfenster zugeordnet. Diese Zuordnung hat zur Folge, daß Sie bei mehreren geöffneten Do-

kumentfenstern mit mehreren Linealen arbeiten können, während für alle Dokumentfenster dieselbe Formatierungsleiste verwendet wird.

Abb.3.3.10: Das neue Lineal von Word für Windows 2.0

Sie können das neue Lineal von Word für Windows 2.0 für die Ausrichtung von Tabellenspalten, die Festlegung von Seitenrändern und Absatz-Einzügen und das Setzen von Tabstopps benutzen. Das Lineal hat verschiedene Ansichtsformen, - die **Absatzansicht**, die **Spaltenansicht** und die **Seitenrandansicht** (siehe Abbildung 3.3.11 bis 3.3.13).

In der normalen Absatzansicht kann die Formatierung eines Absatzes vorgenommen werden. Die Spaltenansicht des Lineals ist nur dann anwählbar, wenn Sie mit einer Tabelle arbeiten. Jede Spaltenbegrenzungslinie ist bei dieser Ansicht im Lineal mit einem fetten **T** gekennzeichnet. Wenn diese T´s zu sehen sind, können Sie mit der Maus die Breite der Spalten in Tabellen bestimmen.

Schließlich und endlich kann man das Lineal auch in eine Seitenrandansicht umschalten und dann mit der Maus den linken und rechten Seitenrand eines Dokumentes verändern.

Abb.3.3.11: Das Lineal mit den Absatzmarken (Absatz-Ansicht)

Abb.3.3.12: Das Lineal mit den **T**-Fassern (Spaltenansicht)

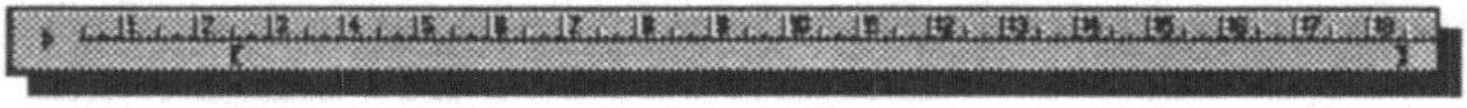

Abb.3.3.13: Das Lineal in der Seitenrandansicht

Das Umschalten der Ansicht des Absatzlineals erfolgt in Version 2.0 jetzt mit einem einfachen Klikken der linken Maustaste auf das linke Ende des Lineals.

Die Lineal-Symboltaste, die in Word für Windows 1.1 für das Umschalten der Ansicht des Absatzlineals zuständig war, gibt es in Word für Windows 2.0 nicht mehr. Das Umschalten erfolgt jetzt mit einem einfachen Klicken der linken Maustaste auf das linke Ende des Lineals. Welche Ansicht gerade aktiv ist, erkennen Sie an dem dort stehenden Symbol, eine eckige Klammer signalisiert, daß die Seitenrandansicht aktiv ist, und zwei übereinanderliegende Dreiecke dokumentieren, daß die Absatzansicht aktiv ist. Sofern sich in einem gerade geöffneten Dokument eine Tabelle befindet, können Sie mit einem weiteren Klicken in die Spaltenansicht umschalten, auf die durch ein großes T hingewiesen wird.

Die Funktionen des Lineals sind am einfachsten mit der Maus abzurufen, können aber auch durch Tastaturbefehle erreicht werden. Mit dem Tastenschlüssel [Ctrl] + [⇧] + [F10] können Sie bspw. das Lineal aktivieren und dann über bestimmte Tastenschlüssel Absatzeinzüge verändern oder Tabstopps setzen. Nach dem Aktivieren erscheint in der unteren Zeile des Lineals eine dunkelgraue Box - der sogenannte Linealcursor (siehe Abbildung 3.3.14). Dieser Linealcursor läßt sich mit der linken und rechten Richtungstaste [←], [→] bewegen: Durch das Drücken verschiedener Tastenkombinationen lassen sich nun Tabstopps einfügen und löschen, die Tabstopp-Ausrichtung verändern oder auch Absatzeinzüge bestimmen.

Abb.3.3.14: Der dunkelgraue Linealcursor kann zum Setzen von
Tabstopps über die Tastatur benutzt werden

Im folgenden soll anhand eines weiteren Beispieltextes die Formatierung
über das Lineal geübt werden. Dabei werden wir die Funktionen dieses
überaus nützlichen Helfers erläutern. Laden Sie dazu bitte die Datei
Antwort1.DOC von der beiliegenden Diskette mit dem Befehl **DATEI
ÖFFNEN** (Alt + D , F). Bei dieser Datei handelt es sich um einen
Antwortbrief auf die Anfrage der beiden *Buchlesers*, die in den Kapi-
teln 1, 2 und 3 von einem Softwarehaus ein Angebot für Datenbank- und
Textverarbeitungs-Software angefordert hatten.

Sie sehen, daß der Antwortbrief des Software-Hauses von uns reichlich
unformatiert geliefert wurde. Ihre Aufgabe wird es nun sein, diesem Text
ein briefwürdiges Aussehen zu verleihen. Für diese Arbeit werden Sie
bis auf wenige Ausnahmen ausschließlich das Lineal und die Formatierungsleiste benutzen. Damit Sie einen besseren Überblick über die notwendigen Formatierungen erhalten, sollten Sie sich den Brief am besten
erst einmal mit einem Klick auf die linke der drei Funktionsleisten-Sym-
boltasten zur Veränderung der Ansicht anschauen. Das Dokument entspricht ungefähr der Abbildung 3.3.15.

Sicherlich werden Sie mit uns hinsichtlich verschiedener Kritikpunkte
übereinstimmen:

    ⇨ Die Adresse der *Buchlesers* sitzt viel zu hoch
       und das Datum steht am linken Seitenrand

    ⇨ Der Briefkörper ist durch den Flattersatz sehr unübersichtlich

    ⇨ Die Tabelle, in der die Programme aufgelistet
       werden, ist etwas unübersichtlich.

In unserer Übung sollen deshalb entsprechende Verbesserungen vorgenommen werden.

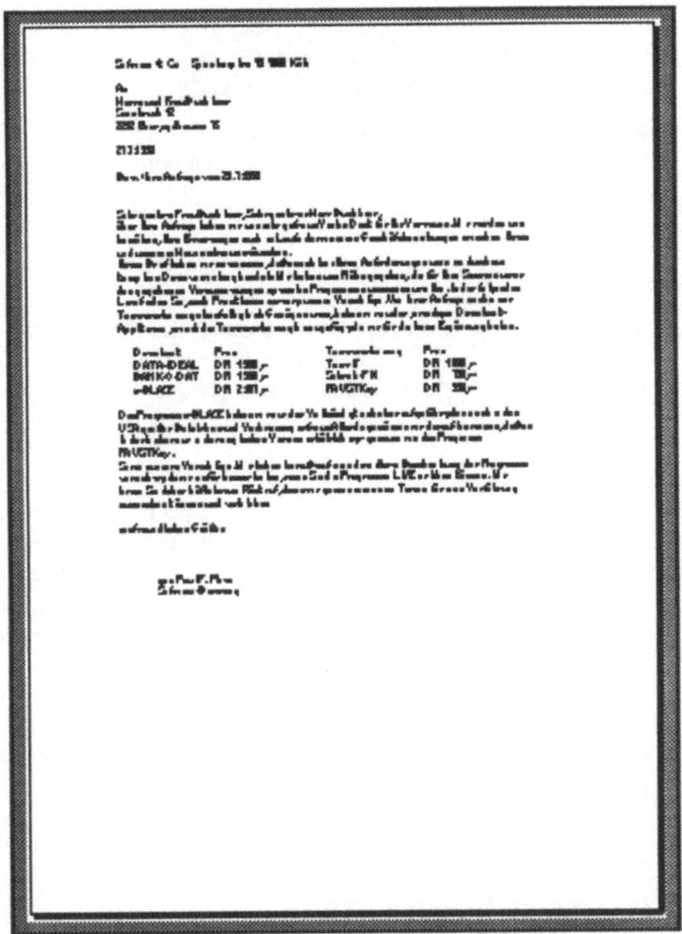

Abb. 3.3.15:   Die Seitenansicht des Beispielbriefes

Praktische Absatzformatierung

Anhand praktischer Übungen soll es nun im folgenden daran gehen, die aufgelisteten Kritikpunkte zu entkräften. Die dazu benötigten Funktionen der Formatierungsleiste sind in Abbildung 3.3.16 noch einmal für Sie zusammengestellt.

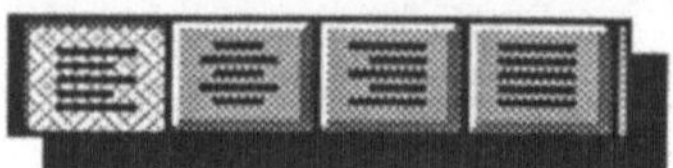

Abb.3.3.16: Die für die Übung notwendigen
            Symboltasten der Formatierungsleiste

Als erstes soll die zu hoch sitzende Adresse an die richtige Position gebracht werden. Setzen Sie die Einfügemarke vor das Wort *An* und achten
Sie darauf, daß Sie in der Ansicht Druckbild arbeiten. Drücken Sie einfach einige Male ⎰⎱ und behalten Sie die Statuszeile im Auge. In einem Standardbrief sollte die Adresse des Empfängers bei ca 5,5 cm vom
oberen Seitenrand liegen. Wenn diese Position erreicht ist, stoppen Sie.

Als nächstes widmen wir uns dem Datum, das bisher noch am linken Seitenrand liegt. Um das Datum vom linken an den rechten Seitenrand zu
bekommen, müssen Sie es zunächst markieren (es genügt auch, die Einfügemarke irgendwo innerhalb dieses Absatzes zu positionieren). Im Lineal sehen Sie nun, daß das Symbol für linksbündige Ausrichtung markiert ist. Klicken Sie nun auf das Symbol für rechtsbündige Ausrichtung
oder drücken Sie Ctrl + R . Markieren Sie nun den eigentlichen Textkörper des Briefes und drücken Sie Strg + B oder klicken auf die
Symboltaste mit den gleichmäßig langen Zeilen, damit der Brieftextkör-
per im Blocksatz erscheint.

Tabulatoren im Lineal setzen

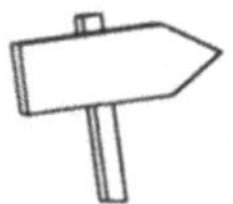

*Über das Arbeiten mit
Tabulatoren finden Sie
weitere Informationen in
Teil 4, Kapitel 3.*

Nach dieser ersten Übung kommen wir nun zum ersten besonders interessanten Teil bei der Anwendung des Lineals, zum Setzen von Tabulatoren. Markieren Sie dazu in unserem Beispielbrief die erste Zeile mit
dem Absender und aktivieren Sie über den Befehl **EXTRAS EINSTEL-
LUNGEN Ansicht** die Option **Tabulatoren**. Um Ihnen die Arbeit etwas
zu erleichtern, haben wir in dieser Zeile die Tabulatortaste bereits einige
Male für Sie gedrückt. Sie erkennen das an den Pfeilen zwischen Firma
und Strasse sowie zwischen Strasse und Ort.

Aktivieren Sie das Lineal mit ⇧ + Ctrl , F10 . Es erscheint ein dunkelgrauer Cursor im Lineal, die Linealmarke. Bewegen Sie die Linealmarke mit → oder ← an die gewünschte Stelle, in unserem Fall auf die Position von 5,5 cm und drücken Sie Einfg . Führen Sie dann den Linealcursor mit der Cursortaste auf die Position von *11 cm* und drücken Sie noch einmal Einfg , um den Ort des Absenders nach der Tabstopp-Position auszurichten. Wenn Sie alle Tabulatoren gesetzt haben, drücken Sie bitte ⏎ . Sollten Sie sich vertan haben, gehen Sie noch einmal mit ⇧ + Ctrl , F10 in das Lineal, bewegen die Linealmarke auf den falsch gesetzten Tabstopp und löschen diesen mit Entf . Neue Tabstopps können Sie wieder mit Einfg setzen.

Als mausorientiertes Programm bietet Word für Windows dem Anwender eine geradezu luxuriöse Tabstopp-Handhabung über die Maus. Führen Sie einfach die Mauszeigerspitze auf die genannten Positionen im Lineal und klicken Sie einmal mit der linken Maustaste. Falls Sie sich geirrt haben, klicken Sie den falschen Tabstopp mit der Mauszeigerspitze an und halten die linke Maustaste gedrückt, um ihn dann mit der Maus an die richtige Stelle zu ziehen. Wollen Sie einen Tabstopp löschen, so klicken Sie diesen an, halten die linke Maustaste gedrückt und führen den Tabstopp einfach nach oben oder nach unten aus dem Lineal hinaus.

Wenn Sie mit der Maus arbeiten, können Sie Tabstopps immer nur im Abstand von 0,25 cm bewegen, genauere Plazierungen müssen Sie über FORMAT TABULA-TOREN vornehmen.

Festlegen von Absatzeinzügen

Bleiben wir noch bei unserem Beispieldokument und widmen uns dem zweiten, besonders interessanten Bereich bei der Arbeit mit dem Lineal, dem Festlegen von Absatzeinzügen.

Sie können den linken Einzug eines gesamten Absatzes mit Hilfe der Maus festlegen, indem Sie das untere der beiden Dreiecke links im Lineal anklicken, die linke Maustaste festhalten und nun die Maus um z.B. einen halben Zentimeter nach links ziehen. Wie Sie sehen, werden beide Dreiecke auf einmal verschoben. Würden Sie nur das obere Dreieck anklicken, könnten Sie damit den Einzug der ersten Zeile bestimmen; das untere Dreieck - zuständig für den Einzug des gesamten Absatzes - bliebe dann stehen.

Wenn Sie nur das untere Dreieck bewegen, also den gesamten Absatzeinzug, ohne die bestehende Position der ersten Zeile verändern zu wollen, drücken Sie SHIFT, während Sie das untere Dreieck anklicken und verschieben.

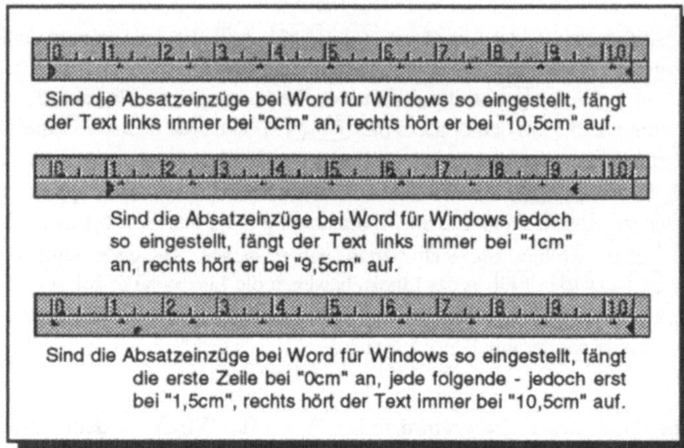

Abb.3.3.17: Absatzeinzüge lassen sich schnell mit der Maus ändern

Das obere Dreieck, zuständig für den Erstzeileneinzug, läßt sich also unabhängig vom unteren bewegen. Das untere Dreieck hingegen zieht das obere Dreieck immer mit sich mit, da ein Erstzeileneinzug immer relativ zum Einzug des gesamten Absatzes festgelegt wird.

> Sie können das praktisch ausprobieren, indem Sie den ersten Absatz in unserem Brief markieren. Verschieben Sie nun den linken Einzug des Absatzes auf *1,5 cm*. Klicken Sie mit der linken Maustaste auf das untere der beiden linken Dreiecke und ziehen es mit niedergedrückter Maustaste nach rechts bis zum Wert von *1,5 cm* im Lineal. Klicken Sie nun das obere der beiden Dreiecke an und verschieben Sie es um *0,5 cm* nach links. Sie sehen, daß der ganze Absatz nun einen Einzug von *1,5 cm* und einen negativen Erstzeileneinzug von *0,5 cm* hat.

Mit einem Doppelklick der linken Maustaste im Lineal können Sie die Dialogbox FORMAT ABSATZ öffnen.

Im Lineal sehen Sie rechts außen noch ein weiteres - nicht geteiltes - Dreieck. Dieses Dreieck ist für die rechte Absatzbegrenzung zuständig, wobei auch hier gilt: Anklicken, Maustaste festhalten und verschieben. Wenn Sie nun die Dialogbox für die Absatzformatierung mit **FORMAT ABSATZ** aufrufen, können Sie sich das Ergebnis unserer Übung in Zahlenwerten ansehen (siehe Abbildung 3.3.18).

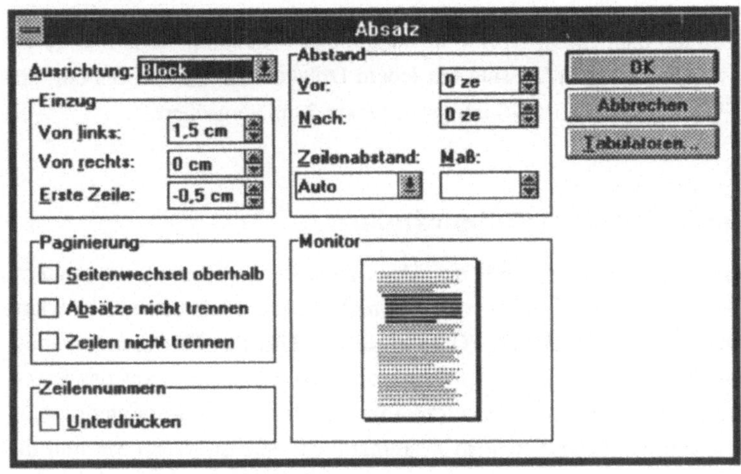

Abb.3.3.18:   In Format Absatz können Sie die Werte
               für Absatzeinzüge manuell korrigieren

Sie können die Einzüge eines Absatzes im Lineal auch verändern, ohne die Maus zu benutzen. Aktivieren Sie dazu zunächst das Lineal mit ⟨⇧⟩ + ⟨Ctrl⟩ + ⟨F10⟩ . Bewegen Sie dann die Linealmarke mit den Richtungstasten auf den Punkt *0,5*. Wenn Sie nun z.B. das ⟨L⟩ drücken, legen Sie an dieser Position den linken Einzug des markierten Absatzes fest. Mit der folgenden kleinen Übung können Sie das Festlegen von Absatzeinzügen im Lineal mit der Tastatur üben.

Markieren Sie die Adresse in dem Beispielbrief durch einen Doppelklick auf die linke Maustaste links neben dem Absatz in der Markierungsspalte. Aktivieren Sie mit ⟨⇧⟩ + ⟨Ctrl⟩ + ⟨F10⟩ das Lineal. Bewegen Sie jetzt die Linealmarke um *0,5 cm* nach rechts und drücken Sie ⟨L⟩ für *Linker Einzug*. Gehen Sie nun zurück auf die 0 und drücken Sie ⟨E⟩ für *Erstzeilen-Einzug*. Wenn Sie noch einen rechten Einzug festlegen möchten (was in diesem Fall keinen Sinn macht), so bewegen Sie die Linealmarke auf z.B. *12 cm* und drücken Sie ⟨R⟩ für *Rechter Einzug*. Wie Sie sehen, wird auf jeder der Positionen die gewünschte Einzugsmarke positioniert. Wenn Sie nun mit ⟨←⟩ bestätigen, sind die Einzüge festgelegt.

Noch ein kleiner Tip: Wenn Sie sich mit den Richtungstasten im Lineal bewegen, bewegen Sie sich mit jedem Drücken auf → um 0,5 cm; mit Ctrl + → , werden die Sprungschritte auf 2 cm vergrößert.

Verändern von Seitenrändern

Im Lineal können Sie mit der Maus auch die Seitenränder verändern, und zwar so komfortabel, daß Sie nicht in die Ganzseitenansicht umschalten oder den Befehl **FORMAT SEITE EINRICHTEN** aufrufen müssen. Dazu müssen Sie lediglich mit der linken Maustaste auf das jeweilige Symbol am linken Ende des Lineals klicken, bis die Seitenrandansicht mit den beiden eckigen Klammern aktiviert ist. Wenn Sie nun die linke eckige Klammer anklicken und die Maustaste festhalten, können Sie den linken Seitenrand verändern, indem Sie einfach die Maus an die gewünschte Position ziehen. Lassen Sie die Maustaste los, wenn der gewünschte Seitenrand eingestellt ist.

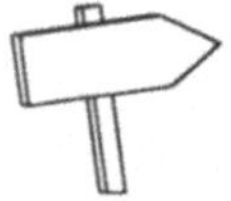

Die Formatierung von Tabellen wird ausführlich in Teil 5, Kapitel 8 besprochen.

In Version 2.0 brauchen Sie die Spaltenbreite nicht mehr unbedingt über das Lineal zu verändern, Sie können auch direkt in der Tabelle mit der Maus die Breite einer Spalte verändern.

Verändern von Spaltenbreiten in Tabellen

Auch die Spaltenbreite von Tabellen kann man mit der Maus im Lineal verändern. Dazu müssen Sie die Einfügemarke innerhalb einer Tabelle positionieren bzw. die Tabelle markieren und dann mit der linken Maustaste das Symbol ganz links im Lineal solange anklicken (max. zweimal), bis die Spaltenbegrenzungslinien für Tabellen mit den sogenannten **T-Fassern** sichtbar sind.

Denken Sie daran, daß die Spaltenbegrenzungslinien nur aktiviert werden können, wenn sich die Einfügemarke in einer Tabelle befindet. Sie lassen sich mit der Maus an die gewünschte Position ziehen, indem Sie den Mauszeiger an die entsprechende Begrenzungslinie bewegen, auf die linke Maustaste drücken und diese festhalten. Bewegen Sie nun den Mauszeiger und damit die Begrenzung nach links oder rechts und lassen Sie die Maustaste los, wenn die gewünschte Position erreicht ist.

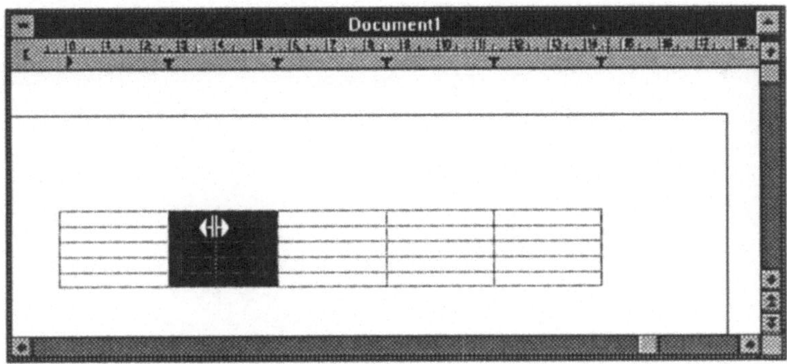

Abb.3.3.19:   In Word für Windows 2.0 lassen sich Spaltenbreiten
              auch direkt mit der Maus manipulieren

Zusammenfassung

In diesem Kapitel haben Sie gelernt, wie man einfache **Formatierungen
an Zeichen und Absätzen** vornimmt. Mit der ausführlichen Erörterung
aller Funktionen der **Formatierungsleiste** und des **Lineals** wurden die
Voraussetzungen für die optische Auffrischung Ihrer Dokumente gelegt,
dieses Auffrischen konnten Sie anhand eines Beispieldokumentes üben.
Sie wissen nun, wie man das Lineal und die Formatierungsleiste über die
Tastatur und/oder die Maus bedienen kann. Zwischendurch haben wir
eine kurze Einführung in die Benutzung von Druckformaten gegeben
und Ihnen gezeigt, wie man die Seitenbreite sowie die Spaltenbreite in
Tabellen über das Lineal verändern kann.

Kapitel 4

die funktionsleiste

In diesem Kapitel lernen Sie die neue Funktionsleiste von Word für Windows 2.0 kennen. Wir besprechen die einzelnen Funktionen der Standard-Symboltasten und erklären, wie man die Funktionsleiste verändern und mit eigenen Makros oder anderen Befehlen hinterlegen kann. Sie finden eine Aufstellung über die Symboltasten, die Ihnen beim Verändern der Funktionsleiste zur Verfügung stehen und erfahren, wie Sie die Zoomfunktion durch die Zuordnung eines speziellen Befehles komfortabel mit der Maus aus der Funktionsleiste heraus steuern können.

Die Funktionsleiste

Ein vollkommen neues Element aus Word für Windows 2.0 ist die sogenannte Funktionsleiste (siehe Abbildung 3.4.1). Ähnlich wie in der Symbolleiste von Exel 3.0 sind hier die wichtigsten Befehle quasi "auf Knopfdruck" abrufbar. Man kann auch die Funktionen und das Erscheinungsbild dieser Leiste selbst bestimmen und zusammenstellen.

Abb.3.4.1:   Die neue Funktionsleiste von Word für Windows 2.0

In der Standardversion finden sich Symbole zum Kopieren in und Einfügen aus der Zwischenablage, zum Erstellen eines neuen Dokumentes, zum Drucken und zum Sichern. Ohne Umwege über Dialogboxen kann man von hier aus die Ansicht verändern (Zoomen) und Tabellen einfügen, wobei sich die Zeilen- und Spaltenanzahl sogar grafisch mit der Maus bestimmen läßt. Absätze lassen sich auf Knopfdruck ausrichten, numerieren oder mit einem frei wählbaren Zapf-Dingbats-Zeichen versehen. Ebenfalls auf Knopfdruck lassen sich Zeichnungen aus den Word für Windows 2.0 Zusatzprogrammen Microsoft Draw oder Microsoft Graph einfügen. Nützlich für den Büroalltag ist, daß man auf Mausklick spielend einfach das Layout für den Druck von Briefumschlägen erstellen kann. Der nachfolgenden Tabelle 3.4.1 können Sie die Bedeutung der Symboltasten in der Standardversion entnehmen.

	Erstellt ein neues Dokument auf Basis der Vorlage NORMAL.DOT
	Öffnet eine bereits bestehende Datei oder Vorlage
	Sichert die aktive Datei oder Vorlage
	Schneidet ein markiertes Objekt (Text oder Grafik) aus und stellt es in die Zwischenablage
	Kopiert ein markiertes Objekt (Text oder Grafik) und stellt es in die Zwischenablage
	Fügt den Inhalt der Zwischenablage an der Position der Einfügemarke ein
	Macht die letzte Aktion rückgängig
	Numeriert die markierten Absätze nach den Voreinstellungen im Menü
	Kennzeichnet die markierten Absätze mit einem frei wählbaren Symbol
	Versetzt den linken Absatzeinzug zum vorherigen Tabstopp
	Versetzt den linken Absatzeinzug zum nachfolgenden Tabstopp
	Ermöglicht das Einfügen und die Größenbestimmung einer Tabelle mit der Maus
	Ermöglicht das Einstellen der Spaltenanzahl des aktiven Abschnittes mit der Maus
	Erstellt einen Positionsrahmen um das markierte Objekt, der es erlaubt, das Objekt mit der Maus beliebig auf der Seite zu verschieben
	Startet das Zusatzprogramm Microsoft DRAW zum Erstellen einer Zeichnung
	Startet das Zusatzprogramm Microsoft Graph zum Erstellen eines Geschäftsgrafikdiagrammes
	Erstellt einen Briefumschlag und fügt das Layout zum aktiven Dokument hinzu
	Startet die Rechtschreibprüfung im aktiven Dokument

	Sendet das aktive Dokument zum Drucker
	Verkleinert die Ansicht des Dokumentes auf ca. 30% zur Kontrolle des Seitenlayouts, wobei Text weiterhin bearbeitbar ist
	Schaltet in die normale Bearbeitungsansicht (ohne Seitenränder) und 100 % Ansicht
	Vergrößert oder verkleinert die Ansicht so, daß die Seite in der gesamten Breite sichtbar wird

Tab.3.4.1:   Die Bedeutung der Symbole in der neuen Funktionsleiste

Arbeiten mit der Funktionsleiste

Die Ansicht der Funktionsleiste kann man mit Hilfe des Befehls **ANSICHT FUNKTIONSLEISTE** ein- und ausschalten. Nicht nur für den Anfänger empfiehlt es sich jedoch, die Funktionsleiste angeschaltet zu lassen, denn sie ist in der Praxis eine große Hilfe, - vor allem, wenn man viel mit der Maus arbeitet.

Zum Kennenlernen und Einprägen der Bedeutungen der verschiedenen Symboltasten sollte man bei jedem Klicken auf eines der Symbole die Statuszeile im Auge behalten.

Um einen Befehl aus der Funktionsleiste abzurufen, brauchen Sie lediglich den Mauszeiger auf die Funktionsleiste zu führen und mit der linken Maustaste auf das jeweilige Symbol zu klicken. Wenn Sie mit der Maustaste klicken und die Maustaste gedrückt halten, können Sie unten in der Stauszeile lesen, welche Funktion mit der gedrückten Symboltaste ausgeführt wird. Wenn Sie hierdurch erkennen sollten, daß Sie die falsche Symboltaste ausgewählt haben, führen Sie einfach den Mauszeiger bei nach wie vor gedrückter Maustaste von der ausgewählten Symboltaste weg und lassen dann die Maustaste los.

Besonders deutlich wird dieses Prinzip bei den beiden Symboltasten für das Einfügen einer Tabelle und das Einfügen von Spalten. Bei diesen beiden Tasten klappt nämlich ein kleines Pull-Down-Menü herunter, in dem Sie mit gedrückter Maustaste grafisch die Spaltenanzahl bzw. die

Tabellengröße bestimmen können, indem Sie einfach den Mauszeiger entsprechend weit ziehen. In den beiden Menüs wird Ihnen die jeweils ausgewählte Größe in Worten bzw. Zahlen angezeigt (z.B. 3x3 oder 2 Spalten). Wenn Sie mit dem Mauszeiger aus dem Pull-Down-Menü heraus geraten, erscheint das Wort **Abbrechen**, was bedeutet, daß Sie die ausgewählte Funktion ohne Ausführung beenden.

Verändern der Funktionsleiste

Allen Symboltasten in der neuen Funktionsleiste lassen sich eigene Makros oder aber andere Word für Windows-Befehle zuordnen. Darüberhinaus ist immer noch Platz genug vorhanden, um zusätzliche Symboltasten in die Funktionsleiste zu integrieren, die mit anderen Word für Windows-Befehlen oder eigenen Makros hinterlegt werden können.

Das Verändern der Funktionsleiste erfolgt über den Befehl **EXTRAS EINSTELLUNGEN Funktionsleiste** (siehe Abbildung 3.4.2) oder durch einen Maus-Doppelklick in einem der freien Räume in der Funktionsleiste. Klicken Sie in der Dialogbox auf den kleinen Pfeil rechts neben dem Verzeichnisfeld **Zu änderndes Symbol** und wählen Sie durch einen Mausklick aus der Liste den Befehl bzw. das Symbol aus, das Sie ändern möchten (z.B. *DateiNeuStandard*). Wählen Sie dann mit der Maus aus der Liste **Symbole** das gewünschte Symbol aus, das anstelle des bisherigen Symboles verwendet werden soll und klicken Sie dann auf die Schaltfläche **Ändern**. In dem Verzeichnislistenfeld **Zu änderndes Symbol** und auch in der Original-Funktionsleiste sehen Sie nun, wie das neue Symbol anstelle des alten Symbols eingesetzt wurde.

Den Befehl EXTRAS EINSTELLUNGEN Funktionsleiste können Sie direkt durch einen Maus-Doppelklick in einem der freien Räume in der Funktionsleiste aufrufen.

Wie Sie ein zusätzliches Symbol in die Funktionsleiste aufnehmen können, entnehmen Sie bitte der nächsten Übung. Ein denkbares Anwendungsbeispiel wäre, den Thesaurus in die Funktionsleiste aufzunehmen, damit man mit einem Mausklick schnell einmal ein Synonym für einen bestimmten Begriff nachschlagen kann.

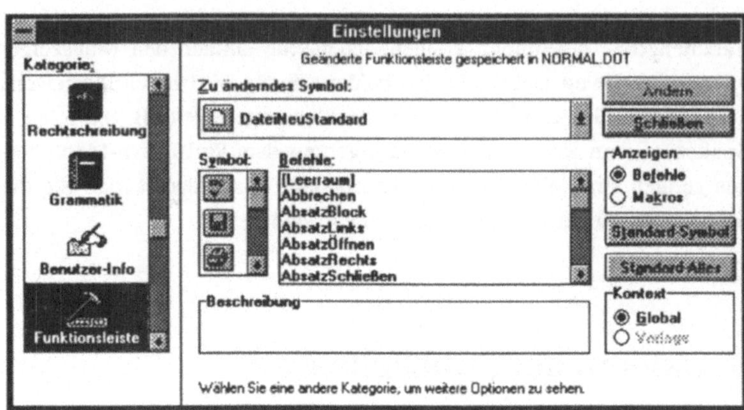

Abb.3.4.2: Das Verändern der Funktionsleiste erfolgt über den Befehl
EXTRAS EINSTELLUNGEN FUNKTIONSLEISTE

Wählen Sie den Befehl **EXTRAS EINSTELLUNGEN FUNKTIONS-
LEISTE**. Klicken Sie nun auf den kleinen Pfeil rechts neben dem Verzeichnisfeld **Zu änderndes Symbol** und wählen Sie durch einen
Mausklick aus der Liste den Befehl für einen Leeraum zwischen zwei
Symbolen aus. (z.B. zwischen Einzug und Tabelle TabelleEinfügen).
Wählen Sie dann mit der Maus aus der Liste **Symbole** ein Symbol aus,
das für Ihre neue Symboltaste verwendet werden soll. Wählen Sie dann
aus der Liste **Befehle** einen Befehl aus, der mit der Anwendung der
neuen Symboltaste ausgeführt werden soll (z.B. ExtrasThesaurus). Klikken Sie dann mit der linken Maustaste auf die Schaltfläche **Ändern**. In
dem Verzeichnislistenfeld **Zu änderndes Symbol** und auch in der Original-Funktionsleiste sehen Sie nun, wie das neue Symbol in die Funktionsleiste an der gewünschten Stelle aufgenommen wurde.

Wenn Sie eine Veränderung der Symboltasten in der Funktionsleiste
wieder rückgängig machen möchten, so können Sie sich die beiden
Schaltflächen **Standard-Symbol** und **Standard-Alles** zunutze machen.
Soll nur ein einzelnes Element aus der Funktionsleiste entfernt werden
oder bei einem veränderten Symbol wieder das Originalsymbol eingesetzt werden, so markieren Sie einfach das gewünschte Symbol und klikken Sie dann auf die Schaltfläche **Standard-Symbol**. Sollen dagegen alle
Veränderungen der Funktionsleiste entfernt werden, so klicken Sie auf
die Schaltfläche **Standard-Alles**. Mit diesem Befehl wird die Original-

Funktionsleiste von Word für Windows wieder eingesetzt und alle individuellen Veränderungen werden entfernt.

Sofern Sie einen individuellen Makro in die Funktionsleiste aufnehmen wollen, müssen Sie in der Optionsbox **Anzeigen** die Option **Makros** einschalten. Je nachdem, in welchem **Kontext** Sie arbeiten, werden Ihnen alle selbst erstellten Makros in der Standard-Dokument-Vorlage NORMAL.DOT oder in der gerade aktuellen selbsterstellten Vorlage angezeigt. Soll nun einer der angezeigten Makros in die Funktionsleiste aufgenommen werden, so können Sie ganz genauso vorgehen, als wenn Sie einen der Standardbefehle zusätzlich in die Funktionsleiste aufnehmen bzw. eine der vorhandenen Symboltasten mit einem anderen Befehl hinterlegen.

Ändern der Zoomfunktion in der Funktionsleiste

In der Grundeinstellung ermöglichen Ihnen ganz rechts in der Funktionsleiste 3 Symboltasten das Verändern der Ansicht Ihres Dokumentes. Die mittlere der drei Symboltasten schaltet dabei die Ansicht in 100 %. Hinter dieser Symboltaste liegt in der Standardeinstellung der Befehl **AnsichtZoom100%**. Neben diesem Befehl stellt Word für Windows aber auch den Befehl **ANSICHT ZOOM** zur Verfügung, der unseres Erachtens ein noch komfortableres Arbeiten ermöglicht. Wenn Sie die mittlere Symboltaste mit diesem Befehl hinterlegen, können Sie nämlich mit Hilfe der Maus jede Ansicht zwischen 25 % und 200 % einstellen.

Der Befehl ANSICHT ZOOM bietet noch höheren Komfort als der Befehl ANSICHTZOOM 100%.

Wenn Sie diese Symboltaste dauerhaft verändern wollen, d.h. die Arbeitsweise der Symboltaste in allen Standard-Dokumenten gleich sein soll, so öffnen Sie ein Dokument, das auf der Dokument-Vorlage NORMAL.DOT basiert. Wählen Sie dann den Befehl **EXTRAS EINSTELLUNGEN** und dort die Option **Funktionsleiste**. Markieren Sie in dem Verzeichnisfeld **Zu änderndes Symbol** die Symboltaste mit dem Befehl **AnsichtZoom100%**. In dem Verzeichnisfeld **Befehle** markieren Sie nun den Befehl **AnsichtZoom**. Klicken Sie dann mit der linken Maustaste auf die Schaltfläche **Ändern** und beenden Sie die Einstellungen mit einem Mausklick auf der Schaltfläche **Schließen**.

Wenn Sie jetzt auf die mittlere der drei Symboltasten in der Funktionsleiste klicken und die Maustaste gedrückt halten, öffnet Word für Windows ein kleines Pull-Down-Menü in Form eines grafischen Pfeiles (siehe Abbildung 3.4.3). Wenn Sie den Mauszeiger nach unten ziehen, sehen Sie, wie sich durch das Bewegen der Maus eine entsprechende Stufe der Vergrößerung einstellen läßt. Sie können den Mauszeiger herunterziehen, bis der Grad der Vergößerung z.B. 110 % beträgt und dann den Mauszeiger loslassen, Word für Windows vergrößert nun die Ansicht entsprechend Ihrer Anforderung auf 110 %.

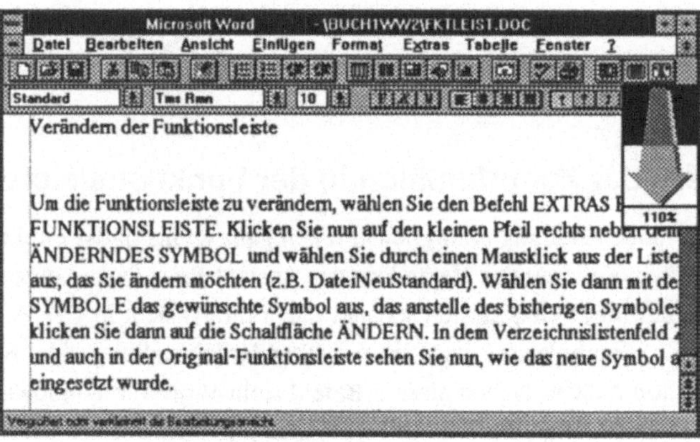

Abb.3.4.3: Die Zoomfunktion läßt sich über die Funktionsleiste
sehr komfortabel mit der Maus steuern

Verwendbare Symboltasten

Wie wir bereits erläutert haben, können Sie über den Befehl **EXTRAS EINSTELLUNGEN Funktionsleiste** die Funktionsleiste beliebig verändern. Dabei lassen sich sowohl die Standard-Symbole gegen andere Symbole austauschen als auch andere Befehle oder aber eigene Makros mit eigenen Symboltasten versehen. In der Tabelle 3.4.2 finden Sie alle Symboltasten, die Ihnen für die Veränderung der Funktionsleiste zur Verfügung stehen.

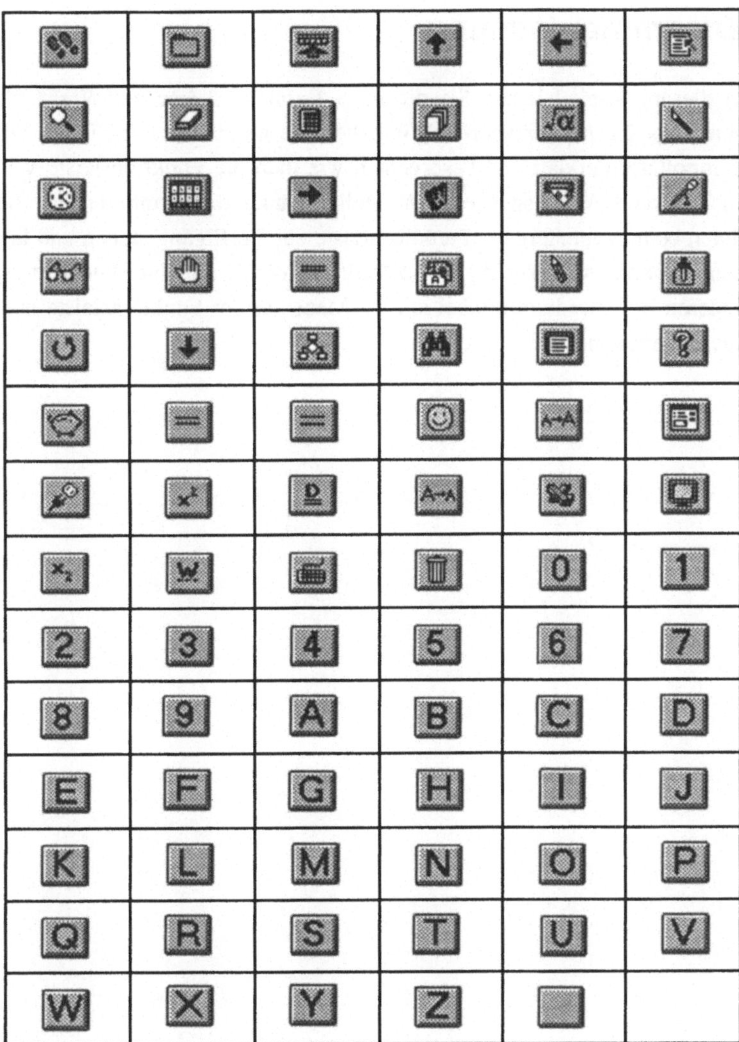

Tab. 3.4.2:   Die verwendbaren Symbole der neuen Funktionsleiste

Zusammenfassung

In diesem Kapitel haben Sie die neue **Funktionsleiste** von Word für Windows 2.0 kennengelernt. Wir haben die einzelnen Funktionen der Symboltasten erklärt und besprochen, wie man die Funktionsleiste verändern kann. Wir gaben eine Aufstellung über die Symboltasten, die Ihnen beim Verändern der Funktionsleiste zur Verfügung stehen und haben erläutert, wie man die **Zoomfunktion** durch die Zuordnung eines anderen Befehles komfortabel mit der Maus aus der Funktionsleiste heraus steuern kann.

Kapitel 5

speichern
und
dateiorganisation

In diesem Kapitel erläutern wir, wie Sie Dateien speichern können, wie man Sicherungskopien anlegt und wie man Dateien mit einem anderen Namen versieht. Sie lernen, wie man mit dem neuen Datei-Manager von Word für Windows 2.0 umgeht und diesen zur Organisation von Dateien und Dokumenten effizient einsetzen kann. Abschließend zeigen wir Ihnen, wie man Dateien ausdrucken kann, ohne daß diese erst geöffnet werden müssen.

Speichern von Dateien

Wenn Sie das Buch bis zu dieser Stelle durchgearbeitet haben, werden Sie feststellen, daß Sie sich vorwiegend um Formatierungen und die Texteingabe, aber noch nicht so richtig um das Speichern eines Dokumentes gekümmert haben. Speichern ist nichts anderes als das Festhalten der vorher eingegebenen Daten unter einem bestimmten Datei-Namen auf einem magnetischen Medium, sei es nun die Festplatte oder Diskette.

Man benutzt dazu den Menü-Befehl **DATEI SPEICHERN** oder die Tastenkombination ⇧ + F12 . Wenn das Dokument bis zum Aufruf dieses Befehls noch keinen Namen hatte, erscheint die in Abbildung 3.5.1 dargestellte Dialogbox. Sie finden dort ein Textfeld, in das Sie einen maximal 8 Zeichen langen Dateinamen eintragen können sowie ein Verzeichnisfeld, das Ihnen ermöglicht, Ihr Dokument in einem bestimmten Verzeichnis (Ordner) abzulegen.

Über das Listenfeld **Laufwerke** können Sie bestimmen, auf welchem Laufwerk Ihre Datei gespeichert werden soll. Soll eine Datei in einem anderen Format für die Weiterverarbeitung mit einem anderen Programm abgelegt werden, so können Sie das Dateiformat über das Listenfeld **Dateityp** auswählen. Als konvertierbare Dateitypen finden Sie in Version 2.0 eine ganze Reihe neuer Dateitypen wie z.B. das dbase-Format oder Works für Windows. Auf diese Weise können Sie z.B. eine Adressendatei, die Sie in Word für Windows erstellt haben, so abspeichern, daß Sie diese problemlos mit dem integrierten neuen Programmpaket Works für Windows weiterverarbeiten können. Einige der Konvertierungsfilter (z.B. für dbase oder Lotus 1-2-3) erlauben aber nur das Einlesen der Dateien, d.h. Sie können eine Word für Windows-Datei leider (noch) nicht direkt im dbase-Format abspeichern.

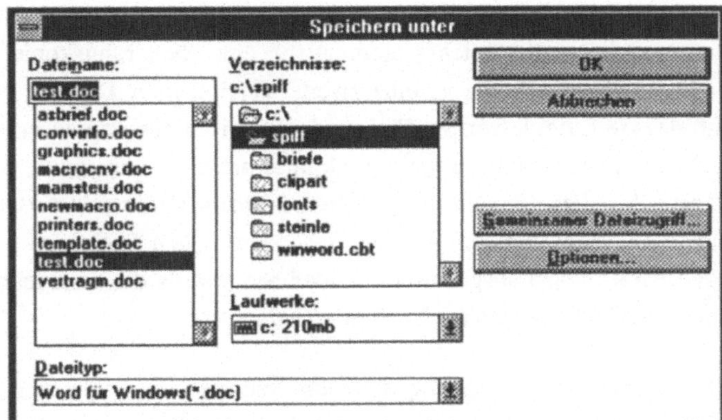

Abb. 3.5.1: Die Dialogbox SPEICHERN UNTER

Falls Sie den Umgang mit den Windows-Verzeichnissen noch nicht beherrschen, lesen Sie bitte in Teil 1, Kapitel 4 nach.
Zur Zusammenarbeit zwischen anderen Textsystemen und Word für Windows finden Sie Informationen in Teil 3, Kapitel 7.

Gegenüber der Version 1.1 finden sich in der Dialogbox aber noch einige andere Veränderungen. Durch einen Mausklick auf die Schaltfläche **Gemeinsamer Dateizugriff** öffnet sich eine kleine Dialogbox, in der Sie die jeweils aktuelle Datei für Anmerkungen sperren können oder aber mit einem Passwort belegen können. **Datei für Anmerkungen sperren** ist eine Möglichkeit, anderen Benutzern <u>nur</u> das Zufügen von Anmerkungen zu erlauben,- alle Befehle außer **EINFÜGEN ANMERKUNG** sind für alle Benutzer außer für den Autoren selbst gesperrt. Anmerkungen sind Kommentare, die nicht im Text auftauchen, sondern - bildhaft gesehen - an einem Notiz-Zettel an die Datei geheftet werden. Im Text selbst stehen nur die Anmerkungsmarken jeweils an der Stelle, wo ein Kommentar abgegeben wurde. Wenn Sie ein Dokument durch das Ankreuzen dieser Option sperren, so können nur Sie als Autor den Originaltext verändern, anderen Benutzern bleibt (theoretisch) nur die Möglichkeit, ihre Kommentare dazu abzugeben, ohne den Text selbst beeinflussen zu können.

In Version 2.0 können Dateien mit einem Passwortschutz versehen werden.

Ebenfalls neu ist die Schaltfläche **Optionen**. Wenn Sie auf diese Schaltfläche klicken, wird die Dialogbox des Befehls **EXTRAS EINSTELLUNGEN Speichern** geöffnet. In dieser Dialogbox können Sie zunächst bestimmen, ob für Ihre Dateien beim Speichern stets automatisch eine Sicherungskopie erzeugt werden soll.

Wenn Sie mit Word für Windows speichern, so wird nicht - wie in anderen Programmen meist üblich - automatisch eine Sicherungskopie erstellt. Eine Sicherungskopie ist eine zweite Version Ihrer Datei in dem Format, das sie hatte, bevor Sie Ihre Änderungen vorgenommen haben. Wenn Sie die Option **Sicherungskopie immer erstellen** ankreuzen, wird eine Kopie der alten Version mit gleichem Namen, aber mit der Dateiendung .BAK (engl. backup) erstellt. Bei jedem neuen Speichern wird auch die .BAK- Kopie ausgetauscht, so daß Sie jeweils die zwei letzten Versionen des Dokumentes zur Verfügung haben.

Die Option **Schnellspeicherung zulassen** reduziert den Speichervorgang auf die letzten Änderungen. Es wird also keine Gesamtspeicherung vorgenommen, sondern nur das, was Sie seit dem letzten Speichern geändert haben, wird zu der Datei hinzugeschrieben. Wenn Sie allerdings sehr viel verändert haben, schaltet Word für Windows automatisch in den Normalmodus zum Speichern um und führt eine Gesamtspeicherung durch.

Aufpassen sollten Sie, wenn Sie mit der automatischen Sicherung (Menü EXTRAS EINSTELLUNGEN) arbeiten. Bei jeder automatischen Sicherung der Hauptdatei wird auch die Sicherungsdatei automatisch überschrieben.

In den OPTIONEN kann man jetzt eine echte automatische Speicherung in einem individuellen Intervall bestimmen.

Abb.3.5.2:   Über Optionen gelangt man zum Befehl
EXTRAS EINSTELLUNGEN SPEICHERN

Mit der Option **Automatische Anfrage für Datei-Info** können Sie bestimmen, ob beim Speichern der Datei die zusätzliche Dialogbox angezeigt werden soll, in der Sie weitergehende Datei-Informationen festhalten können. In dem Listenfeld der Option **Automatisches Speichern alle nn Minuten** können Sie ein Minuten-Intervall einstellen, in dem Word für Windows Ihre Datei automatisch und im Hintergrund speichern soll.

Die Datei-Information

Nachdem Sie ein Verzeichnis ausgewählt, den Datei-Namen festgelegt und alle anderen Einstellungen mit **OK** bestätigt haben, erscheint im Normalfall eine weitere Dialogbox, in der Sie die sogenannten **DATEI-INFORMATIONEN** festhalten können (siehe Abbildung 3.5.3).

Diese Dialogbox ist äußerst nützlich für die Organisation Ihrer Dokumente. Da MS-DOS nicht mehr als 8 Zeichen für Datei-Namen erlaubt, kommt es in der täglichen Anwendung nämlich ziemlich schnell zu einem undurchschaubaren "Wirrwar" von Abkürzungen bei der Dateinamensgebung. Das gilt insbesondere für Rechner, auf denen mehrere Personen arbeiten oder dann, wenn Word für Windows im Netzwerk betrieben wird. Stellen Sie sich vor, Ihr Mitarbeiter ist im Urlaub und Sie müssen aus den Kürzeln, mit denen er seine Dokumente benannt hat, schlau werden, Sie hätten unzweifelhaft Schwierigkeiten.

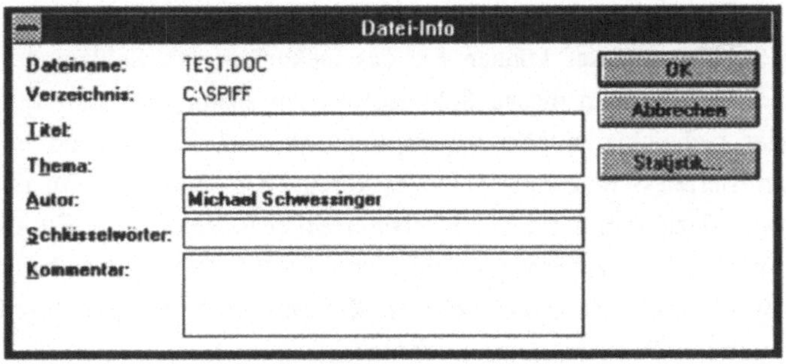

Abb.3.5.3:   Die Dialogbox DATEI-INFORMATION

Läßt man dagegen ein wenig Selbstdisziplin walten und erzieht sich selbst dazu, die Datei-Informationen für jede Datei auch tatsächlich auszufüllen, so eignen sich die eingetragenen Schlüsselwörter und Kommentare hervorragend für eine Datei-Recherche mit dem Datei-Manager. Sie können in der Datei-Info eine Reihe von Zusatz-Informationen festhalten, die Sie über den Datei-Manager jederzeit einsehen können, ohne daß das Dokument gleich vollständig geöffnet werden muß.

Jedes Feld in der DATEI-INFO darf bis zu 255 Zeichen beinhalten.

Unter **Titel** vergeben Sie einen richtigen Titel, der völlig anders lauten darf als der Datei-Name und bis zu 255 Zeichen lang sein kann. Es ist durchaus sinnvoll, hier schon eine Art Beschreibung des Dokumentes einzutragen, also *Brief an yxz* oder ähnliches, denn die hier eingetragenen Stichwörter können Sie in der Listenanzeige der Dialogbox Datei-Manager immer unmittelbar einsehen.

Unter der Option **Thema** können Sie das Dokument einem bestimmten Themenbereich zuordnen und dadurch z.B. eine Zusammenfassung nach Sachgebieten schaffen.

Der **Autor** wird von Word für Windows zunächst einmal automatisch eingetragen. Hier erscheint der Name desjenigen, der Word für Windows installiert bzw. zum ersten Male aufgerufen hat (Sie erinnern sich sicher, daß beim ersten Starten von Word für Windows eine Dialogbox erschien, in der Sie aufgefordert wurden, Ihren Namen einzugeben). Dieses Feld können Sie in der Datei-Info getrost überschreiben oder aber zuvor die Grundeinstellung des Autors in der Dialogbox **EXTRAS EINSTELLUNGEN Benutzerinfo** ändern.

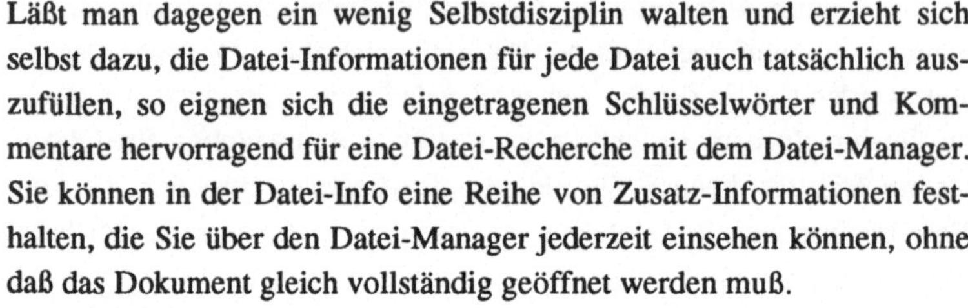

Mehr zum Thema Recherche mit dem Datei-Manager erfahren Sie an späterer Stelle in diesem Kapitel.

Unter **Schlüsselwörter** können Sie das Dokument mit Schlagwörtern belegen. Da Sie nach diesen Schlüsselwörtern später über den Datei-Manager recherchieren können, empfiehlt es sich, hier anhand eines standardisierten Schlagwort-Kataloges vorzugehen. Sonst kommt es in der Praxis dazu, daß der eine Mitarbeiter beispielsweise nach *Bauplan* sucht, während ein anderer als Schlagwort *Baupläne* vergeben hat. Im Feld **Kommentar** schließlich können Sie den Text mit erläuternden Hinweisen und Bemerkungen versehen.

In der Dialogbox ist aber noch eine weitere Option zu sehen, die **Statistik**. Wenn Sie diese Schaltfläche anklicken, erscheint die Info-Box aus Abbildung 3.5.4 auf dem Bildschirm.

Dokument-Statistik		
Dateiname:	TEST.DOC	OK
Verzeichnis:	C:\SPIFF	Aktualisieren
Dokumentvorlage:	C:\DSPIFF\NORMAL.DOT	
Titel:		
Erstellt:	08.12.91 10:58	
Zuletzt gespeichert:	08.12.91 11:08	
Zuletzt gespeichert von:	Michael Schwessinger	
Version:	5	
Zuletzt gedruckt:		
Nach der letzten Bearbeitung:		
Seitenanzahl:	1	
Wortanzahl:	0	
Zeichenanzahl:	0	

Abb.3.5.4: Die Statistik-Informationen werden automatisch erstellt

In dieser Dialogbox finden Sie Daten des Dokumentes, die Word für Windows selbständig festhält. Wenn Sie diese Statistik zu einer gerade geöffneten Datei ansehen, ist die **Wortanzahl** zumeist grau, also nicht aktuell. Klicken Sie einmal auf **Aktualisieren** oder drücken die Tasten Alt + A, um den aktuellen Stand zu erfahren.

In Version 1.1 wurde in der Statistik-Box außerdem noch die Bearbeitungszeit eines Dokumentes angezeigt. In Version 2.0 wird diese Anzeige unterdrückt, - offensichtlich haben die Betriebsräte in der Bundesrepublik Deutschland Angst vor einer Leistungskontrolle der bundesdeutschen Sekretärinnen. Wer die Bearbeitungszeit eines Dokumentes trotzdem wissen möchte, kann sie aber weiterhin über das Feld BEARBZEIT abrufen. Dieses muß allerdings manuell eingefügt werden, es wird bei den Feldtypen des Befehls **EINFÜGEN FELD** nicht angezeigt.

*Siehe hierzu auch Teil 3,
Kapitel 9: Drucken mit
Word für Windows.
Zu den Feldarten finden
Sie Informationen in
Teil 4, Kapitel 10.*

Alle Zusatz-Informationen werden zusammen mit der Textdatei abgespeichert. Sie lassen sich aber separat ausdrucken, so daß man sich einen Katalog über alle bisher erstellten Dokumente sowie den damit verbundenen Arbeitsaufwand erstellen kann. Die meisten Zusatz-Informationen sind außerdem als Feldarten innerhalb eines Dokumentes sowohl abruf- als auch veränderbar.

Sobald Sie die Datei-Infobox mit **OK** schließen, erscheint unten in der Statuszeile die Meldung: **Speichern von "Namexy.doc", n% beendet**, wobei die Zahl **n** anwächst, bis die Speicherung zu 100% fertig ist. Dann ist der Speichervorgang beendet und alle Daten des Dokumentes sind zusammen mit den Datei-Informationen gesichert.

Speichern unter einem anderen Namen, Umbenennen von Dateien

Was können Sie tun, wenn Sie den Namen einer Datei ändern möchten? Die Dialogbox, in der Sie den Namen vergeben, erscheint ja nur beim ersten Mal, - alle weiteren Speicheraufrufe werden ohne eine Eingriffsmöglichkeit durchgeführt. Wenn Sie erneut **DATEI SPEICHERN** befehlen, werden ja einfach die letzten Änderungen, die Sie in dem Text vorgenommen haben, auf die Festplatte geschrieben.

Wenn Sie den Namen der Datei oder das Verzeichnis, in dem die Datei gespeichert ist, ändern wollen, können Sie dies z.B. über den Befehl **DATEI SPEICHERN UNTER** mit `Alt` + `n`, `i` tun. Sie können der Datei mit diesem Befehl einen neuen Namen geben. Beachten Sie aber bitte, daß jedesmal, wenn Sie über **DATEI SPEICHERN UNTER** ein Dokument neu benennen, eine neue Datei mit demselben Inhalt unter einem anderen Namen erstellt wird. Auf Ihrer Festplatte befinden sich also zwei Versionen derselben Datei mit verschiedenen Namen. Dasselbe gilt, wenn Sie mit diesem Befehl das Verzeichnis ändern. Sie würden in diesem Fall den Namen bestehen lassen, in das Verzeichnisfeld klicken und in das gewünschte Verzeichnis wechseln. Mit diesem Vorgehen erzeugen Sie einfach nur eine gleichnamige Datei, die in dem anderen Verzeichnis abgelegt wird.

Arbeiten mit dem Datei-Manager

Im Laufe eines Jahres erstellen Sie mit Ihrem PC eine Reihe von Briefen, Ausarbeitungen, Berichten, Rechnungen und anderen Dokumenten. Irgendwann stehen Sie vor der Aufgabe, ein bestimmtes Dokument wiederzufinden, um etwas nachzuschlagen, einige Textteile oder Grafikelemente noch einmal zu benutzen oder sich einen Überblick über Ihre verschiedenen Dokumente zu verschaffen.

Word für Windows stellt Ihnen für diese Aufgabe einen eigenen Datei-Manager (über den Befehl **DATEI DATEI-MANAGER**) zur Verfügung, der es Ihnen ermöglicht, Dokumente nach verschiedenen Suchkriterien wiederzufinden. Dabei werden Ihnen verschiedene Funktionen zur Verfügung gestellt, die wir mit nachfolgender Übersicht zusammengestellt haben:

⇨ Sie können in einem oder in mehreren Verzeichnissen und Laufwerken suchen und sich als Suchergebnis eine Liste derjenigen Dokumente zusammenstellen, die Ihren speziellen Suchkriterien entspricht. Suchkriterien können ein beliebiger Textteil innerhalb Ihres Dokumentes (Volltextrecherche), der Titel, das Thema, der Autor, der Bearbeiter (**Gespeichert von**) Schlüsselwörter, Erstellungsdatum und Speicherdatum sein, wobei in der Volltextrecherche sogar unterschieden werden kann zwischen Groß- und Kleinschreibung.

⇨ Mit dem Datei-Manager lassen sich Recherchen nach beliebig kombinierten Suchkriterien anstellen. Es wäre beispielsweise denkbar, dem Datei-Manager folgende Aufgabe zu stellen: Zu suchen sind alle Dateien, die zwischen dem 3.6. 89 und dem 4.12.89 von Herrn YX oder Frau ZZ erstellt wurden und in denen das Wort *Abflußrohre* vorkommt.

⇨ Sie können vom Datei-Manager aus eines oder auch mehrere Dokumente drucken lassen, ohne daß die Dateien geöffnet werden müssen.

⇨ Alle Datei-Informationen und Statistik-Informationen zu den gefundenen Dateien lassen sich von hier aus ansehen und sogar bearbeiten.

⇨ Suchergebnisse können Sie nach Dateinamen, Autor, Erstellungs- und/oder Speicherdatum, Bearbeitern oder nach der Dateigröße sortieren lassen.

⇨ Jedes im Suchergebnis enthaltene Dokument kann von hier aus zur Bearbeitung geöffnet werden.

⇨ Sie können direkt im Datei-Manager den Inhalt von Word für Windows-Dokumenten und auch Grafik-Dateien oder Exel-Tabellen einsehen.

Word für Windows speichert bei jedem Dokument nicht nur die Datei-Informationen (**DATEI-INFO**), sondern automatisch auch eine Reihe von sogenannten Statistik-Informationen. Statistik-Informationen und Datei-Informationen sind bei disziplinierter Arbeitsweise ein mächtiges Instrument, wenn Sie eine bestimmte Datei oder Ausarbeitungen zu einem bestimmten Thema suchen oder aber einen Überblick über bisher erstellte Dokumente wünschen. Sie ersetzen im Prinzip ein Dokumentverwaltungssystem, denn auch im Netzwerk können Sie in allen Laufwerken und Verzeichnissen recherchieren, für die Ihnen der Netzwerkverwalter Zugriffsberechtigungen erteilt hat.

Das Aufrufen des Datei-Managers ist in Version 2.0 erheblich schneller geworden.

Aufruf des Datei-Managers

Um mit dem Datei-Manager zu arbeiten, rufen Sie einfach den Befehl **DATEI DATEI-MANAGER** mit [Alt] + [D] , [M] auf. Wenn Sie den Befehl das erste Mal aufrufen, erstellt Word für Windows automatisch eine Liste aller Dateien in allen Verzeichnissen des aktuellen Laufwerkes. (siehe Abbildung 3.5.5)

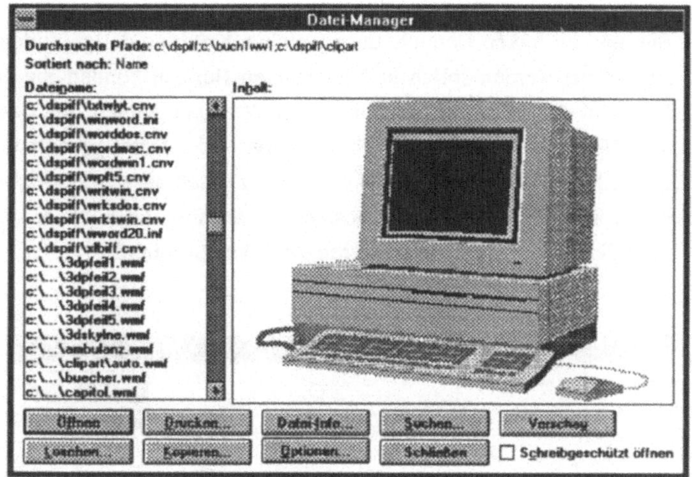

Abb. 3.5.5: Die Dialogbox des Datei-Managers

Auch die Inhalte von Grafikdateien können im Datei-Manager von Word für Windows 2.0 eingesehen werden.

Die Dialogbox des Datei-Managers hat sich in der Version 2.0 vollständig verändert. Links in der Box sehen Sie in einer Verzeichnisliste alle Dateinamen, nach denen Word für Windows die Suche vorgenommen hat. In dieser Liste gibt es zwei Arten von Dateien, - Dateien mit einem Stern und Dateien ohne Stern. Eine Datei, die im **Schnellspeicherung-Modus** abgespeichert wurde, ist in der Dateiliste mit diesem Platzhaltersternchen (Asterisk) (*) gekennzeichnet. Für diese Dateien sind die Möglichkeiten des Datei-Managers etwas eingeschränkt. Wenn Sie z.B. in Ihren Dokumenten häufig nach bestimmten Textbestandteilen suchen, so machen Sie es sich zur Regel, die Option **Schnellspeicherung** in der Dialogbox **EXTRAS EINSTELLUNGEN Speichern** auszustellen, da bei Dateien, die im Schnellspeichermodus gespeichert wurden, eine Volltextrecherche nicht immer 100 % sicher durchgeführt werden kann.

Anzeige-Optionen und Sortierkriterien

Im rechten Bereich der Dialogbox sehen Sie einen großen Rahmen. Was in diesem Rahmen angezeigt wird, können Sie selbst über die Schaltfläche **Optionen** bestimmen. In der Dialogbox dieses Befehls bestim-

men Sie nun im linken Bereich, nach welchen Kriterien die gefundenen Dateien sortiert werden sollen und im rechten Bereich können Sie einstellen, ob in der Haupt-Dialogbox neben den Dateinamen die **Datei-Info**, der **Titel**, die **Statistik** oder aber der **Inhalt** der Datei gezeigt wird (siehe Abbildung 3.5.6). Sofern Sie die Option **Inhalt** ausgewählt haben, sollten Sie beachten, daß Sie die gesamte Datei ansehen können, denn ein Laufbalken ermöglicht Ihnen, durch die Datei zu rollen!

Die Sortierfunktion hat sich in Version 2.0 ebenfalls verändert.

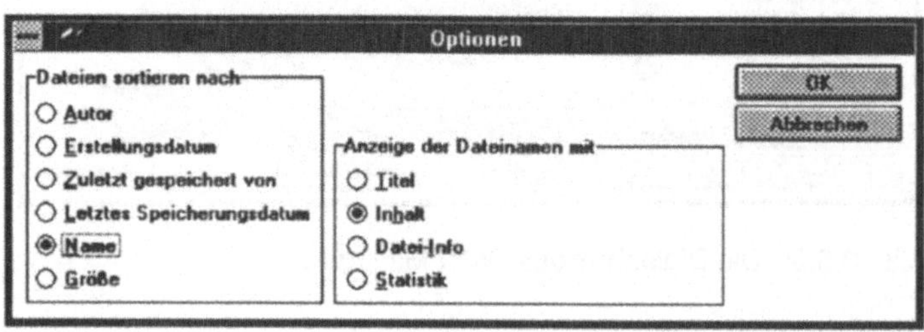

Abb.3.5.6: Über Optionen können Sie die Anzeige-Optionen einstellen

Word für Windows bietet Ihnen die Möglichkeit, die Suchergebnisliste nach verschiedenen Kriterien sortieren zu lassen. Wenn Sie beim Sortieren auf **Zuletzt Gespeichert von** umschalten, können Sie schnell feststellen, wer die gefundenen Dateien zuletzt bearbeitet hat und danach entscheiden, welche der gefundenen Dateien nun die wirklich wichtige bzw. richtige ist. Um die Suchergebnisliste sortieren zu lassen, wählen Sie aus den Kriterien Ihr Sortierkriterium aus und bestätigen mit **OK**.

Wenn Sie in der System-steuerung als Dezimal-zeichen ein Komma gewählt haben, benutzten Sie ein Semikolon als Trennzeichen. Wenn Sie einen Punkt als Dezimal-zeichen festgelegt haben, benutzen Sie ein Komma als Trenn-zeichen.

Suchen mit dem Datei-Manager

Der Datei-Manager sucht bei seinem Aufruf stets in den Laufwerken und Verzeichnissen, die bei der letzten Suche verwendet worden sind. Wenn Sie eine gesuchte Datei in der Liste nicht finden, so können Sie den "Suchraum" des Datei-Managers verändern. Klicken Sie dazu auf die Schaltfläche **Suchen** mit [Alt] + [U] . In der sich öffnenden Dialogbox (siehe Abbildung 3.5.7) können Sie jetzt Ihre Suchkriterien eingeben.

Abb.3.5.7:   Das Such-Fenster des Datei-Managers

Die Festlegung des Suchpfades ist im neuen Datei-Manager sehr komfortabel geworden. Wenn Sie z.B alle Dateien im Verzeichnis *C:\EXCEL* sehen möchten, so klicken Sie einfach auf die Schaltfläche **Suchpfad bearbeiten** und markieren in dem Verzeichnisfeld **Verzeichnisse** das Verzeichnis *C:\EXCEL*. Klicken Sie dann auf die Schaltfläche **Hinzufügen**. Weitere Suchkriterien können Sie in die anderen Textfelder eintragen. Wenn Sie alle Suchkriterien eingetragen haben, klicken Sie auf die Schaltfläche **Schließen**. Wenn Sie nun auf **Suche beginnen** klicken, so durchsucht der Datei-Manager das hinzugefügte Verzeichnis und berücksichtigt dabei auch Ihre möglichen anderen Suchkriterien.

Sollten Sie sich in einem Unterverzeichnis befinden, so klicken Sie auf das C:\ im Listenfeld VERZEICHNISSE, um in das Hauptverzeichnis zu gelangen. Von hier aus können Sie dann das gewünschte Verzeichnis aufsuchen.

In den einzelnen Feldern der Dialogbox **SUCHEN** können Sie für die Recherche eine Reihe von Sonderzeichen benutzen, die sich auch miteinander kombinieren lassen. Wenn Sie z.B. eine Datei suchen, von der Sie nur wissen, daß der zweite Buchstabe des Dateinamens ein *B* sein muß, so geben Sie in das Feld **Dateiname** die folgenden Zeichen ein: *?b*.**. In der nachfolgenden Tabelle 3.5.1 haben wir alle Sonderzeichen, die Sie bei der Dateisuche einsetzen können, für Sie zusammengefaßt.

Voraussetzung für eine erfolgreiche Suche ist natürlich, daß Sie die entsprechenden Felder (z.B. **Thema, Titel,** oder **Schlüsselwörter)** in den Datei-Informationen Ihrer Dateien auch ausgefüllt haben, - sonst werden Sie auch bei einer Suche mit diesen Kriterien zwangsläufig keine Datei finden. Für die Eintragung von Suchkriterien in den Datum-Textfeldern sollten Sie außerdem die folgenden Hinweise berücksichtigen.

Das Feld **Erstellungsdatum von** können Sie leerlassen, wenn Sie nach allen Dateien suchen möchten, die vor dem in **Erstellungsdatum bis** festgelegten Datum erstellt wurden. Das Feld **Erstellungsdatum bis** können Sie leerlassen, wenn Sie nach allen Dateien suchen, die nach dem in **Erstellungsdatum von** festgelegten Zeitpunkt erstellt wurden. Das gleiche gilt für eine Suche nach dem Kriterium **Speicherdatum**.

Denken Sie immer daran, daß Ihre Suchkriterien ausschließend arbeiten. Alle Dateien, die irgendeinem Ihrer Kriterien nicht entsprechen, werden von Word für Windows in der Suchergebnisliste nicht aufgeführt.

Sonderzeichen	Bedeutung
? (Fragezeichen)	Entspricht einem beliebigen einzelnen Zeichen.
***** (Sternchen)	Entspricht einer beliebigen Anzahl Zeichen.
^ (Zirkumflex)	Behandelt das folgende Sonderzeichen als ein reguläres Zeichen.
; (Semikolon)	Logisches ODER - die Datei-Informationen können mit einem - oder allen Elementen in der Liste übereinstimmen, müssen aber mit mindestens einem Element übereinstimmen.
& (Kaufmänn. Und)	Logisches UND - die Datei-Informationen müssen mit allen Elementen in der Liste übereinstimmen.
~ (Tilde)	Logisches NICHT - die Datei-Informationen dürfen mit diesem Element nicht übereinstimmen.

Tab. 3.5.1: Die möglichen Operatoren im Datei-Manager

Ein kleines Beispiel für die Datei-Suche soll die Möglichkeiten des Datei-Managers mit dem Einsatz von Sonderzeichen verdeutlichen. Mit den Kriterien in der Beispiel-Dialogbox aus Abbildung 3.5.9 würde wie folgt gesucht werden: Es sollen alle Dateien gefunden werden, bei denen im Titel das Wort *Bericht* in einer beliebigen Kombination vorkommt (z.B. Berichtsjahr, Berichtsheft etc.). In dem Textfeld **Thema** sollen in jedem

Fall die Wörter *Forschung* und *Datenbank* zusammen enthalten sein. Die Datei muß von *Anne Meier* erstellt worden sein und zwar an irgendeinem Tag in den Monaten *Januar oder Februar 1989*. Die gesuchte Datei kann entweder von *Anne Meier* oder von *Ingrid Schmidt* zuletzt gespeichert worden sein, muß aber als Schlüsselwörter in jedem Fall die Wortkombination *Forschung: Expertensystem* enthalten. Auf keinen Fall darf innerhalb des gesuchten Textes die Wortkombination *Forschung: 4GL* vorkommen. Außerdem muß die gesuchte Datei an irgendeinem Tag in den Monaten *Mai oder Juni 1989* bearbeitet bzw. gespeichert worden sein.

Eine weitere Neuerung findet sich in der Dialogbox mit dem Listenfeld **Optionen**. In diesem Listenfeld können Sie auswählen, ob alle ausgewählten Verzeichnisse auf Ihre Suchkriterien hin erneut durchsucht werden sollen (**Neue Liste erstellen**) oder ob die zusätzlich gefundenen Dateien an die bereits bestehende Liste angehängt werden sollen (**Übereinstimmungen der Liste hinzufügen**). Befinden sich bereits eine ganze Reihe möglicher Dateien in der Liste und Sie möchten nur die Auswahl weiter einschränken, so kann es auch empfehlenswert sein, die Option **Nur Liste durchsuchen** auszuwählen. Mit dieser Option werden nur die bereits gefundenen Dateien auf Ihre weiter einschränkenden Suchkriterien durchforstet, so daß die Suche sehr beschleunigt werden kann.

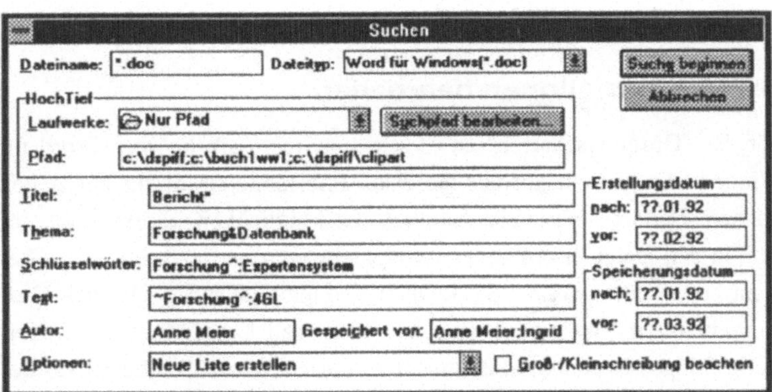

Abb. 3.5.8: Beispieleinträge für eine Suche mit dem Datei-Manager

Sie können über den Datei-Manager von Word für Windows auch eine Volltextrecherche durchführen, d.h. nach einem beliebigen Textbestandteil in Ihren Dateien suchen lassen. Wenn Sie das Stichwort kennen, brauchen Sie es lediglich in das Textfeld **TEXT** einzutragen. Die Suche nach diesem Stichwort, das Bestandteil eines Ihrer Dokumente ist, wird dann in allen Dateien durchgeführt, die sich in den Verzeichnissen befinden, die Sie unter der Option **Suchpfad** ausgewählt haben. Beachten Sie bei der Volltextrecherche aber, daß diese in Dateien, die im Schnellspeichermodus (Dateien, die mit einem * gekennzeichnet sind) gesichert wurden, nicht immer 100% sicher ausgeführt werden kann.

Dokumente zur Bearbeitung öffnen

Sie können direkt vom Datei-Manager aus Dokumente zur Bearbeitung öffnen. Wenn Sie mit der Tastatur arbeiten, können Sie die entsprechende Datei markieren, indem Sie die ⇧ -Taste festhalten, während sie mit den Cursortasten nach oben oder unten rollen und bei der entsprechenden Datei die Leert. drücken. Wenn Sie mehrere Dokumente mit der Maus markieren möchten, drücken Sie die ⇧ -Taste und klikken mit der linken Maustaste alle Dateien an, die geöffnet werden sollen. Denken Sie aber daran, daß nicht mehr als 9 Dokumente gleichzeitig bearbeitet werden können. Sie öffnen die markierten Dokumente durch einen Mausklick auf die Schaltfläche **Öffnen** oder mit Alt + F .

Datei-Informationen bearbeiten

Für das "Ordnungschaffen" ist es sehr nützlich, daß Sie vom Word für Windows-Datei-Manager aus die Datei-Informationen direkt bearbeiten können. Dadurch bietet sich nämlich die Möglichkeit, direkt Änderungen an den Datei-Informationen vorzunehmen, ohne daß Sie ein Dokument erst öffnen müssen. Sie können also auch nachträglich noch Ordnung in Ihren Dateien schaffen, um dann den Datei-Manager als leistungsfähiges Recherche-Instrument zu nutzen. Wenn Sie innerhalb des

Datei-Managers die Datei-Informationen einer Datei einsehen oder bearbeiten möchten, so markieren Sie das entsprechende Dokument mit der ⌊Leert⌉ oder mit der Maus. Klicken Sie dann auf die Schaltfläche **Datei-Info** oder drücken Sie ⌊Alt⌉ + ⌊I⌉ .

Kopieren und Löschen im Datei-Manager

Während Sie das Löschen von Dateien auch schon im Datei-Manager von Version 1.1 vornehmen konnten, ist das Kopieren von Dateien im Datei-Manager eine neue Option von Version 2.0. Sie können nun eine Datei im linken Teil der Dialogbox markieren und durch ein Klicken auf die Schaltfläche **Kopieren** in ein anderes Verzeichnis, eine andere Festplatte oder Diskette oder unter einen anderen Dateinamen kopieren. Beachten Sie, daß Sie mehrere markierte Dateien nicht in eine einzige andere Datei, sondern nur in ein anderes Verzeichnis oder eine andere Festplatte/Diskette kopieren können.

Mit der Option **Kopieren** ist der Datei-Manager von Word für Windows 2.0 fast leistungsfähiger als der Datei-Manager von Windows 3.1, denn in diesem haben Sie nicht die Möglichkeit, Dateien "mal eben" einzusehen, bevor Sie sie in ein anderes Verzeichnis kopieren oder gar löschen. Es scheint also fast so, als ob es kaum ein geeigneteres Instrument als den neuen Datei-Manager von Word für Windows 2.0 gibt, wenn es darum geht, Ordnung auf Ihrer Festplatte zu schaffen.

Drucken mit dem Datei-Manager

Besonders hilfreich ist der Datei-Manager, wenn es darum geht, eine größere Anzahl bestimmter Dokumente nach bestimmten Suchkriterien zusammenzustellen und dann mit einem Befehl drucken zu lassen. Sie müssen dazu lediglich die Suchkriterien in die entsprechenden Textfelder der Option **Suche** eintragen, danach im Suchergebnisfenster die

Das Kopieren von Dateien war im Datei-Manager von Version 1.1 nicht möglich.

Um mehrere Dateien zu markieren, halten Sie die STRG-Taste gedrückt und klicken Sie die Dateien mit der linken Maustaste an.

Mehr zum Thema Drucken von Word für Windows Dokumenten finden Sie in Teil 3, Kapitel 9.

Dateien, die gedruckt werden sollen, durch Drücken und Festhalten der Strg -Taste und einem Klicken der linken Maustaste zu markieren und dann auf die Schaltfläche **Drucken** zu klicken. Die Dialogbox **DRUK-KEN** wird geöffnet, Sie bezieht sich jetzt aber auf alle zuvor im Suchergebnisfenster markierten Dateien.

Beachten Sie, daß die unter **Drucken Optionen** festgelegten Bestimmungen für alle zuvor markierten Dateien gelten. Wenn Sie also dort als Druckbereich die Seiten 3 bis 6 angeben, werden von allen in diesem Druckvorgang zusammengefaßten Dateien jeweils nur die Seiten 3 bis 6 gedruckt.

Zusammenfassung

In diesem Kapitel haben wir erläutert, wie Sie Dokumente mit den Befehlen **DATEI SPEICHERN** und **DATEI SPEICHERN UNTER** sichern können, wie man **Sicherungskopien** anlegt und wie man Dateien von Word für Windows aus mit einem anderen Namen versehen bzw. umbenennen kann. Sie haben gelernt, wie man mit dem **Datei-Manager** von Word für Windows umgeht und diesen für die Suche von Dateien, die bestimmte Merkmale erfüllen, einsetzen kann. Abschließend haben wir erklärt, wie Sie eines oder mehrere Dokumente drucken können, ohne daß diese geöffnet werden müssen.

einführung in dokumentvorlagen

Kapitel 6

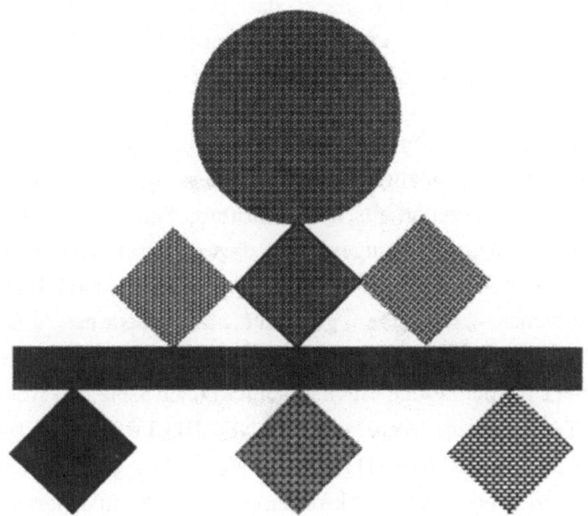

In diesem Kapitel lernen Sie, wie man Dokumentvorlagen erstellt und wozu man diese einsetzen kann. Wir erklären, wie man sich aus einem vorhandenen Dokument eine Dokumentvorlage ableiten kann und worauf man dabei achten muß. Sie lernen den besonderen Vorteil von Dokumentvorlagen anhand eines einfachen Beispieles der Textbausteinerstellung kennen. Zwischendurch geben wir Hinweise darauf, was sich an der Arbeitsweise mit Dokumentvorlagen in Version 2.0 geändert hat.

Einführung in die "Philosophie" von Dokumentvorlagen

Setzt Word für Windows in einigen Bereichen neue Maßstäbe für die Textverarbeitung, so gilt das besonders für die Dokumentvorlagen. Mit ihnen verfolgen die Entwickler ein Konzept, das schon aus dem Bereich des DeskTop-Publishing bekannt ist, sich aber bei Textverarbeitungssystemen erst in jüngster Zeit durchzusetzen beginnt.

Wenn Sie in einer herkömmlichen Textverarbeitung ein neues Dokument erstellen, geht das Programm bezüglich der Formatierung im Normalfall von gewissen Standard-Vorgaben aus. Als Schriftart, Seitengröße usw. werden bestimmte Vorgabewerte eingestellt, - diese müssen von Ihnen im nachhinein so verändert werden, daß die jeweiligen Zeichen Ihren Wünschen entsprechen. Dasselbe gilt für Textbausteine oder Druckformatvorlagen, soweit sie wie z.B. bei Word 5 für DOS in separaten Dateien abgelegt werden. Ohne einen ausdrücklichen Befehl werden bei Word 5 die Textbausteine der Datei STANDARD.TBS sowie die Druckformate der Datei STANDARD.DFV zur Verfügung gestellt. Um an die anderen Textbausteine und Druckformatvorlagen, die in separaten Dateien abgespeichert sind, heranzukommen, müssen Sie die entsprechenden Dateien extra öffnen.

Word für Windows geht hier einen ganz anderen Weg. Sicher ist Ihnen schon aufgefallen, daß jedes Mal, wenn Sie ein neues Dokument erstellen wollen, eine Dialogbox auftaucht, in der unter anderem nach einer Dokumentvorlage gefragt wird (siehe Abbildung 3.6.1).

Das Prinzip, das dahinter steckt, ist folgendes: Jedes Dokument in Word für Windows basiert auf einer Dokumentvorlage. Eine Dokumentvorlage ist eine Art Beispieldokument, an Hand dessen Grundeinstellungen und Standards vorgegeben werden können, die dann in jedem Text, der auf dieser Dokumentvorlage basiert, gelten. Auch dann, wenn Sie bei dem Befehl **DATEI NEU** keine Dokumentvorlage zuordnen, ordnet Word für Windows automatisch eine Dokumentvorlage zu, und zwar die Dokumentvorlage bzw. Datei NORMAL.DOT. Die Einstellungen der Datei NORMAL.DOT entsprechen den gewöhnlichen Standard-Einstellungen, wie sie z.B. in Word für DOS verwendet werden, jedoch mit dem Unterschied, daß alle Elemente jederzeit beliebig verändert werden können.

Sie können sich in Word für Windows eigene Dokumentvorlagen erstellen und diese als Grundlage für Ihre Texte benutzen. Außerdem werden mit Word für Windows eine ganze Reihe von Dokumentvorlagen für die verschiedensten Zwecke mitgeliefert.

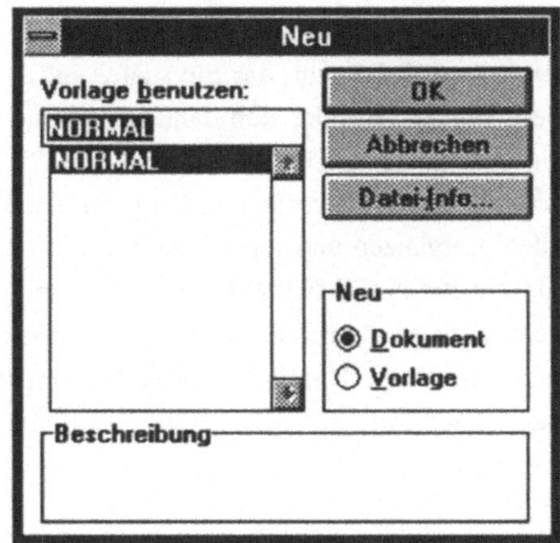

Abb.3.6.1: Die Dialogbox beim Öffnen einer Datei

Dokumentvorlagen sollen aber noch mehr leisten, als nur die Vorabeinstellungen zu liefern. Sie ermöglichen es, komplette Arbeitsumgebungen zu definieren, mit Textbausteinen, Druckformaten, Formatierungen, Makros, Menü-Änderungen und Tastatur-Umbelegungen sowie Standard-Texten und Grafiken, die hier zusammengefaßt abgelegt werden können.

Jedes Mal, wenn ein neues Dokument auf Basis einer Dokumentvorlage erstellt wird, werden alle dort definierten Textbausteine, Druckformate, Makros usw. zur Verfügung gestellt. Wenn Sie beispielsweise einen Vertrag ausarbeiten wollen, greifen Sie einfach auf Ihre persönliche Dokumentvorlage für Verträge zu, in der Sie zuvor alle Textbausteine, Druckformate usw., die insbesondere und vielleicht nur bei Verträgen benötigt werden, zusammengefaßt haben.

Gehen wir von einem einfachen Beispiel einer Dokumentvorlage aus. Normalerweise schreiben Sie z.B. ihre Briefe so, daß Sie bei jedem Brief den Briefkopf neu eingeben, also Ihren Namen, Adresse, Anschrift usw. in der Kopfzeile eintippen und dann erst mit dem eigentlichen Brieftext beginnen. In Word für Windows können Sie stattdessen die Möglichkeit nutzen, in Dokumentvorlagen auch Standard-Text festhalten zu können. Sie erstellen eine Dokumentvorlage, in der Sie quasi das Briefpapier gestalten. In jedem neuen Dokument, das Sie später auf der Basis dieser Dokumentvorlage erstellen, befindet sich dann genau an der von Ihnen bestimmten Stelle bereits Ihr persönlicher Briefkopf. Sie können sich also Ihr Briefpapier als Dokumentvorlage selbst gestalten und als individuellen Brief beliebig ergänzen und reproduzieren. Sie brauchen nichts anderes zu tun, als den Befehl **DATEI NEU** zu wählen und die von Ihnen definierte Dokumentvorlage für Briefe als Basis für das neu zu erstellende Dokument zu markieren. Durch die Basis-Dokumentvorlage wird Ihnen in der neuen Datei dann automatisch Ihr Briefpapier zur Verfügung gestellt.

Das ist aber nicht der einzige Vorteil von Dokumentvorlagen. Sie können nicht nur Ihren Briefkopf dort hinterlegen, sondern z.B. auch das Papierformat und die Seitengröße darin festhalten. Nehmen wir an, Sie würden Ihre Briefe immer auf einem DIN A4 Bogen schreiben, mit bestimmten Seitenrändern und standardisierten Absatz-Einzügen. Alles, was Sie tun müssen, ist, diese Vorgaben einmal in der Dokumentvorlage zu definieren. Nachdem Sie die Dokumentvorlage entsprechend formatiert und gespeichert haben, wird jedes neue Dokument, das auf dieser Dokumentvorlage beruht, mit den dort definierten Format-Standards versehen.

Natürlich müssen Sie die Grundeinstellungen einer Dokumentvorlage nicht in jedem Folge-Dokument akzeptieren. Sie können jedes Dokument umformatieren. Es handelt sich bei den Vorgaben der Dokumentvorlagen lediglich um Einstellungen, die automatisch beim Erstellen der neuen Datei durchgeführt werden, aber jederzeit reversibel sind.

Eine einmal erstellte Dokumentvorlage läßt sich in Word für Windows jederzeit beliebig verändern und ausbauen. In ihr könnten z.B. spezifische Druckformate abgelegt werden, die nur im Zusammenhang mit Briefen benötigt werden (z.B. für die Formatierung von Adressfeldern). Oder Sie legen sich ständig wiederholende Floskeln wie *Sehr geehrte...* oder *Mit freundlichen Grüßen* als Textbausteine in der Dokumentvorlage ab und verringern so den Speicherbedarf der Standard-Dokumentvorlage NORMAL.DOT (dieser erhöht sich ja mit jedem Element, daß in der Vorlage NORMAL.DOT gespeichert wird).

Ein solches Vorgehen bietet den Vorteil, daß die ausgewählten Druckformate und Textbausteine nur im Zusammenhang mit Briefen auftauchen und Sie sonst nicht behindern (Sie können auch Druckformate aus anderen Dokumentvorlage-Dateien verwenden).

Mehr zum Thema Druckformate finden Sie in Teil 4, Kapitel 3.

Die Leistungsfähigkeit von Dokumentvorlagen reicht noch weiter. Wie Sie wissen, können Sie sich in Word für Windows die Menüs und die Tastatur-Befehle selbst zurechtschneidern. Auch das könnten Sie über Dokumentvorlagen tun. Auf diese Weise lassen sich spezielle Arbeitsumgebungen schaffen, die Ihnen nur bei Anwendung der jeweiligen Dokumentvorlage zur Verfügung gestellt wird: Textbausteine, Druckformate, Formatierungen, ein vorformatiertes Briefpapier und Menü-Änderungen, die direkt an die Bedürfnisse beim Briefschreiben angepaßt sind.

Erstellen einer Dokumentvorlage

Mit der folgenden kleinen Übung können Sie anhand eines einfachen Beispieles das Erstellen und Bearbeiten von Dokumentvorlagen üben. Erstellt werden soll eine Dokumentvorlage für Briefpapier, die die Absenderzeile und andere Standard-Elemente des Briefbogens bereits enthält.

Rufen Sie den Befehl **DATEI NEU** auf (Alt + D , N). In der geöffneten Dialogbox (siehe Abbildung 3.6.1) wählen Sie bitte die Option **Vorlage** und bestätigen mit **OK**. Sie erhalten ein Dokument, daß sich lediglich durch die Titelleiste von einem herkömmlichen Dokument unterscheidet, - in der Titelleiste steht *Vorlage1* statt *Dokument1*. Geben Sie nun in die erste Zeile des Dokumentes Ihren Namen und Ihre Adresse ein und formatieren Sie die Absenderzeile nach Ihren Vorstellungen. Speichern Sie die Datei mit dem Befehl **DATEI SPEICHERN** und vergeben Sie einen Namen wie z.B. *BRFPAP* (vermeiden Sie bitte *Brief*, da sich im Lieferumfang von Word für Windows bereits eine so benannte Vorlagendatei befindet). Schließen Sie die Dokumentvorlagendatei mit dem Befehl **DATEI SCHLIESSEN** (Alt + D , S).

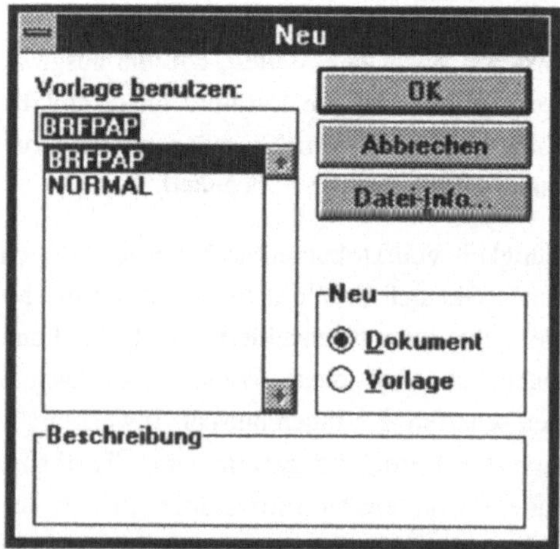

Abb.3.6.2: Die neue Datei wird auf Basis
von BRFPAP.DOT erstellt

Wie Sie sicherlich bemerkt haben, wird die Dokumentvorlage automatisch im Verzeichnis WINWORD gespeichert. Sie können eine Dokumentvorlage nur in einem anderen Verzeichnis speichern, wenn Sie den kompletten Pfadnamen in das Textfeld **Speichern Dateiname** eintragen. Wenn Sie das tun, beachten Sie bitte, daß Ihnen die Dokumentvorlage nicht als Basis angeboten wird, wenn Sie über den Befehl **DATEI NEU** ein Dokument auf Basis einer Dokumentvorlage erstellen möchten. Auf Dokumentvorlagen in anderen Verzeichnissen können Sie lediglich dann zugreifen, wenn Sie einen entsprechenden DOT-PATH in der Datei WIN.INI festgelegt haben.

Sie können diese Dokumentvorlage gleich einmal ausprobieren, indem Sie den Befehl **DATEI NEU** aufrufen ([Alt] + [D] , [N]). In der Optionsgruppe **Neu** mit den Optionen **Datei** und **Vorlage** lassen Sie - wie von Word für Windows vorgeschlagen - die Option **Datei** angekreuzt. Suchen Sie nun im Dialogfeld **Vorlage benutzen** Ihre Dokumentvorlage (*BRFPAP)* aus und bestätigen mit **OK** (siehe Abbildung 3.6.2). In dem neuen Dokument erscheint in der ersten Zeile die Absenderzeile so, wie Sie sie in der Dokumentvorlage erstellt haben (siehe Abbildung 3.6.3).

Wenn Sie sich das Erstellen der Dokumentvorlage sparen möchten, so kopieren Sie sich die Dokumentvorlage (BRFPAP. DOT) von der Beispieldiskette in Ihr Verzeichnis WINWORD.

Das Anlegen eines DOT-Pfades in der Datei WIN. INI werden wir in Teil 4, Kapitel 4 besprechen.

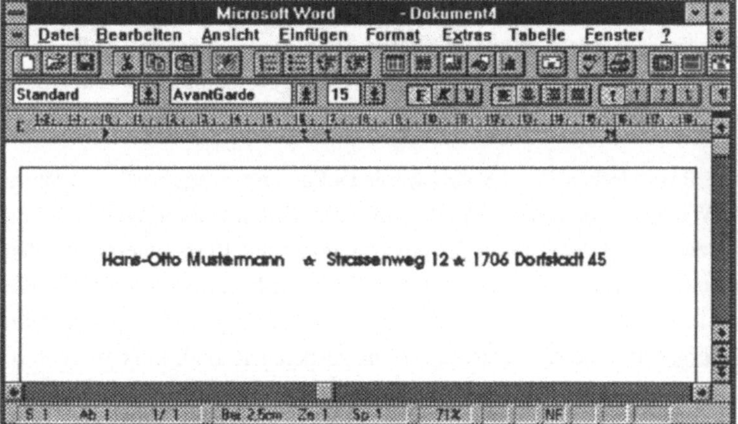

Abb.3.6.3: Ein Dokument mit der Dokumentvorlage
BRFPAP.DOT als Basis

Wie Sie bereits wissen, können Sie auch Textbausteine so erstellen, daß Sie nur bei Verwendung einer bestimmten Dokumentvorlage zur Verfügung stehen. Das Erstellen eines Dokumentvorlagen-spezifischen Textbausteines können Sie anhand der folgenden Übung ausprobieren.

Schreiben Sie irgendwo in ihrem Dokument *Sehr geehrte Damen und Herren*, und markieren Sie den Textbereich. Rufen Sie nun den Befehl **BEARBEITEN TEXTBAUSTEIN** auf (Alt + B , T). Es erscheint eine Dialogbox (siehe Abbildung 3.6.4), in der Sie in dem Textfeld **Textbausteinname** einen Namen für den zu erstellenden Textbaustein vergeben können. Nennen Sie Ihren Textbaustein z.B. SGDH und klicken Sie auf die Schaltfläche **Definieren.**

In Version 2.0 erfolgt die Zuordnung von Textbausteinen zu Dokumentvorlagen in einer eigenen Dialogbox.

Während es in Version 1.1 nicht immer ganz einfach war, Textbausteine dem richtigen Dokument zuzuordnen (meistens landeten alle Textbausteine in der Standard-Dokumentvorlage NORMAL.DOT), bietet Version 2.0 jetzt einige Verbesserungen. Wenn Sie nämlich in einem Dokument arbeiten, daß mit der Standard-Dokumentvorlage NORMAL.DOT arbeitet, werden alle Textbausteine automatisch in dieser Dokumentvorlage gespeichert. Arbeiten Sie dagegen mit einer selbst erstellten Vorlage (wie z.B. mit BRFPAP.DOT in unserer Übung), so erscheint nach dem Klicken auf die Schaltfläche **Definieren** eine Dialogbox, in der Sie gefragt werden, ob dieser Textbaustein in der Standard-Dokumentvorlage NORMAL.DOT oder in der aktuellen, selbsterstellten Dokumentvorlage gespeichert werden soll.

Eine Besonderheit bei der Arbeit mit Dokumentvorlagen ist, daß Word für Windows im Prinzip immer mit zwei Dokumentvorlagen arbeitet, und zwar auch dann, wenn Sie ein Dokument auf Basis einer speziellen Dokumentvorlage erstellt haben. Die Standard-Dokumentvorlage ist die Datei NORMAL.DOT, - sie arbeitet zusätzlich in jedem Dokument im Hintergrund. Alle Elemente, die in ihr gespeichert sind, können auch in spezifischen Dokumentvorlagen abgerufen und benutzt werden. Solange Elemente von zwei gleichzeitig aktiven Dokumentvorlagen (z.B. BRFPAP.DOT und NORMAL.DOT) sich nicht widersprechen, ergänzen sie einander. Erst wenn die Befehle oder Elemente gegensätzlich sind (also z.B ein Standardeinzug von 5 cm links bei der Standard-

Dokumentvorlage NORMAL.DOT und von 7 cm links bei der von Ihnen definierten Dokumentvorlage) erhält die Formatierung oder die Anweisung der speziellen Dokumentvorlage den Vorzug.

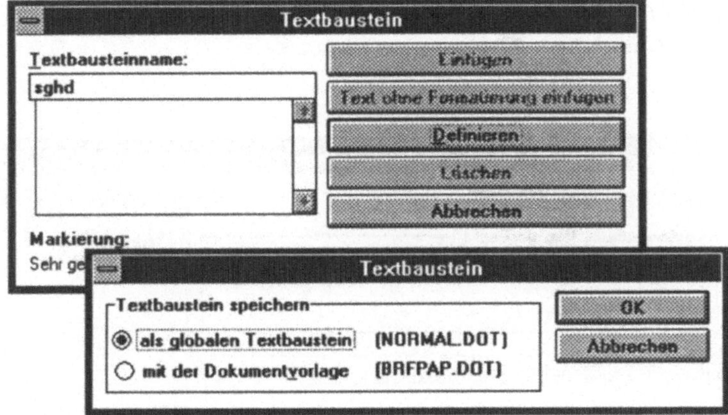

Abb.3.6.4:   Die Dialogbox zum Definieren und Einfügen von Textbausteinen

Mehr über die Arbeit mit Textbausteinen erfahren Sie in Teil 4, Kapitel 2. Druckformate werden in Teil 4, Kapitel 3 behandelt.

Ähnlich wie das Erstellen von Dokumentvorlagen-spezifischen Textbausteinen funktioniert auch die Zuordnung von Druckformaten zu Dokumentvorlagen. Wie Sie die Formatierung des Briefkopfes als ein Druckformat festhalten, das nur bei Verwendung dieser Dokumentvorlage verfügbar ist, lernen Sie in der folgenden kleinen Übung.

Markieren Sie in dem Dokument, das Sie auf Basis der Dokumentvorlage erstellt haben, den Briefkopf am Anfang des Dokumentes. Rufen Sie den Befehl **FORMAT DRUCKFORMAT** auf. In der Dialogbox (siehe Abbildung 3.6.5) geben Sie in das Textfeld **Druckformatname** den Namen ein, unter dem Sie das Druckformat ablegen möchten (beispielsweise *Briefkopf)*. Klicken Sie auf die Schaltfläche **Definieren.** In der Erweiterung der Dialogbox kreuzen Sie die Option **Zur Vorlage hinzufügen** an und klicken Sie dann auf die Schaltfläche **Ändern.** Schließen Sie die Dialogbox durch Klicken auf die Schaltfläche **Anwenden.**

Hinsichtlich des Aufrufens von Druckformaten wurde in Version 2.0 die Tastenbelegung geändert! Druckformate werden nicht mehr mit STRG+C, sondern mit STRG+Y aufgerufen.

Um zu testen, ob das Druckformat funktioniert, erstellen Sie einen kleinen - durch eine Absatzendemarke von der Absenderzeile getrennten - Textbereich und markieren diesen. Rufen Sie den Befehl **FORMAT DRUCKFORMAT** (Alt + T , D)auf und drücken Sie ↓ . Wählen Sie dann mit der Maus oder den Richtungstasten das zuvor definierte Druckformat *Briefkopf*. Wenn Sie nun ↵ drücken, wird es auf den markierten Textbereich bzw. Absatz angewendet.

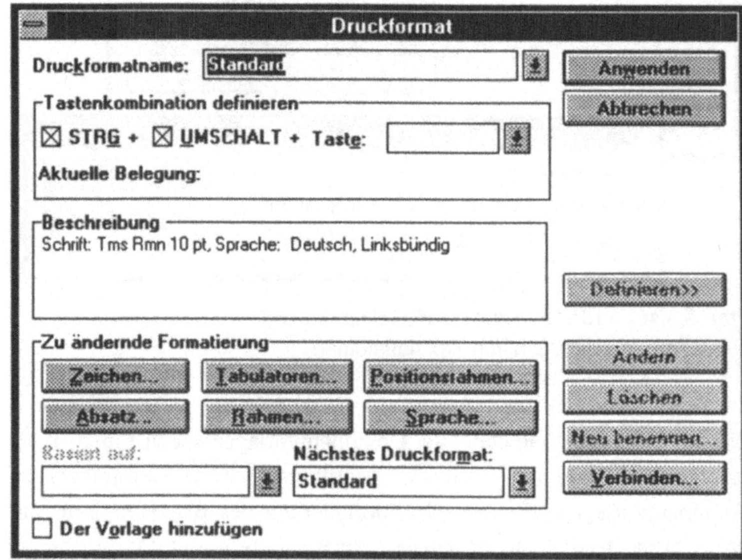

Abb.3.6.5:   Die Dialogbox zum Definieren von Druckformaten

Ableiten von Dokumentvorlagen

Mit den soeben durchgeführten Übungen haben Sie gelernt, wie man sich mit einer Dokumentvorlage eigenes Briefpapier für Bildschirm und Drucker erstellen kann. Wenn Sie Ihre Korrespondenz aufteilen möchten in private und geschäftliche Briefe, bietet es sich natürlich an, zwei verschiedene Dokumentvorlagen zu verwenden, wovon die eine als Briefpapier für private und die andere für geschäftliche Briefe dient. Wahrscheinlich können Sie das Seitenformat, das Druckformat und den Textbaustein, den Sie in der Dokumentvorlage BRFPAP.DOT erstellt haben, aber auch bei geschäftlichen Briefen gut gebrauchen.

Nun wäre es müßig, eine komplett neue Dokumentvorlage für geschäftliche Briefe zu erstellen. Einfacher ist es, eine neue Dokumentvorlage aus der bereits vorhandenen abzuleiten. Um das zu tun, laden Sie einfach die erste Dokumentvorlage als Datei (*BRFPAP.DOT*). Rufen Sie dazu den Befehl **DATEI ÖFFNEN** auf wählen Sie bei der Option **Aufzulistender Dateityp** den Typ **Dokumentvorlage** (siehe Abbildung 3.6.6). Achten Sie darauf, daß Sie sich im Verzeichnis WINWORD befinden, denn dann erhalten Sie die komplette Liste aller in diesem Verzeichnis vorhandenen Dokumentvorlagen. Markieren Sie nun unter der Option **Dateiname** die gewünschte Dokumentvorlage (BRFPAP.DOT) und öffnen Sie diese durch Bestätigen mit **OK**.

In Version 2.0 müssen Sie nicht mehr die Dateiendung von Hand einsetzen, sondern können über AUFZULISTENDER DATEITYP die Dateianzeige auf Dokumentvorlagen einschränken.

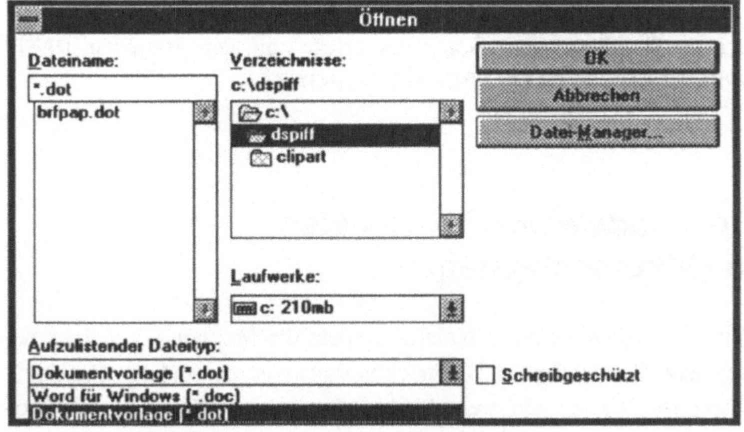

Abb.3.6.6: Das Öffnen einer Dokumentvorlage erfolgt genauso wie das Öffnen von Textdateien

Die geöffnete Dokumentvorlage können Sie nun nach ihren Wünschen verändern und z.B. neue Textbausteine, Druckformate und Absenderzeilen erstellen. Andere Elemente, die Sie in der neuen Dokumentvorlage nicht mehr gebrauchen können, löschen Sie einfach. Speichern Sie dann die veränderte Dokumentvorlage mit dem Befehl **DATEI SPEICHERN UNTER** unter einem anderen Namen, indem Sie in das Textfeld **Speichern Dateiname** einfach einen anderen Dateinamen eintragen (z.B. *FABRFPAP.DOT*).

Neben der Möglichkeit, eine Dokumentvorlage zu öffnen und nach den notwendigen Veränderungen einfach unter einem anderen Namen zu speichern, bietet Word für Windows noch einen komfortableren Weg, um eine Dokumentvorlage aus einer vorhandenen Dokumentvorlage abzuleiten. Rufen Sie dazu den Befehl **DATEI NEU** auf. Wenn Sie in der Optionsgruppe **Neu** die Option **Vorlage** ankreuzen, erstellen Sie eine neue Dokumentvorlage auf der Basis derjenigen Dokumentvorlage, die in dem Listenfeld **Vorlage benutzen** markiert ist. In der Praxis erweist sich dieser Weg als sehr funktionell und zeitsparend. Wenn Sie die Dokumentvorlage BRFPAP markieren, erhalten Sie nach dem Bestätigen mit **OK** eine neue, unbenannte Dokumentvorlage, die alle Merkmale der Basis-Dokumentvorlage (BRFPAP) enthält. Sie können nun darangehen, die Dokumentvorlage nach Ihren Vorstellungen zu ändern. Anschließend sichern Sie diese neue Dokumentvorlage mit den Befehlen **DATEI SPEICHERN** oder **DATEI SPEICHERN UNTER**.

Umwandeln von Textdateien in Dokumentvorlagen

Word für Windows bietet Ihnen außerdem die Möglichkeit, bereits bestehende Textdateien in Dokumentvorlagen umzuwandeln. Das kann besonders hilfreich sein, wenn Sie beispielsweise ein Formular als Textdatei erstellt haben und Ihnen nach einiger Zeit klar wird, daß sich diese Textdatei auch hervorragend als Dokumentvorlage eignen würde.

Sie brauchen in einem solchen Fall nichts weiter zu tun, als die entsprechende Textdatei über den Befehl **DATEI ÖFFNEN** zu laden. Um diese Datei nun als Dokumentvorlage zu speichern, brauchen Sie lediglich die

Datei unter einem entsprechenden Dateinamen (mit der Datei-Endung .DOT) und mit dem Datei-Format *Dokumentvorlage* zu speichern. Das Speichern unter dem Dateiformat *Dokumentvorlage* können Sie mit der folgenden Übung nachvollziehen.

Rufen Sie den Befehl **DATEI SPEICHERN UNTER** (Alt + D , U oder F12) auf. Klicken Sie auf das Verzeichnisfeld **Dateityp** (siehe Abbildung 3.6.7) und wählen Sie aus dem Pull-Down-Menü den Typ Dokumentvorlagen aus. Vergeben Sie nun noch einen Dateinamen. Nach dem Bestätigen mit **OK** speichert Word für Windows die Datei automatisch als *Dokumentvorlage* ab.

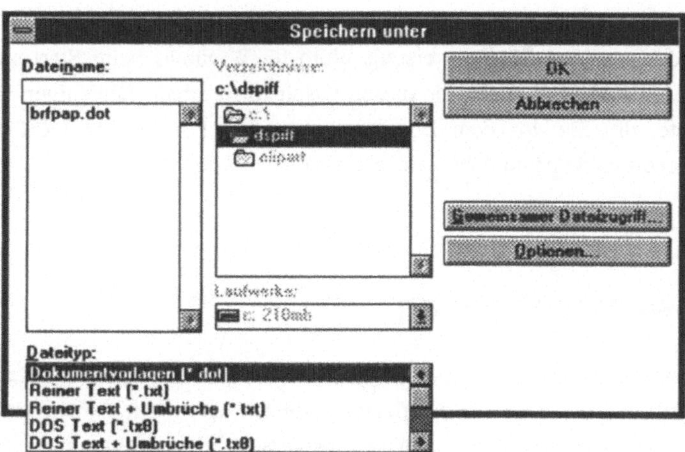

Abb. 3.6.7: Speichern als Dokumentvorlage

Auf eine Besonderheit müssen Sie allerdings achten: Wenn Sie eine bereits erstellte Text-Datei mit der Endung *.DOC zu einem späteren Zeitpunkt in eine Dokumentvorlage umwandeln, ändert Word für Windows nicht automatisch die Datei-Endung. Da jedoch bei Dokumentvorlagen die Datei-Endung *.DOT benötigt wird, müssen Sie das *C* in der Endung des Dateinamens durch ein *T* ersetzen (das T steht für Template - im Englischen heißen Dokumentvorlagen *document template*).

*Achten Sie auf die richtige Dateinamens-Endung, Dokumentvorlagen müssen immer die Endung *.DOT haben !*

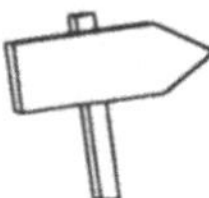

Nach diesen kleinen Übungen wissen Sie etwas mehr über die Philosophie von Dokumentvorlagen. Da die Möglichkeiten von Dokumentvorlagen noch vielfältiger sind, als wir es hier vorgestellt haben (z.B. durch Änderungen der Menü-Struktur und der Tastaturbelegung oder den Einsatz von Makros), finden Sie in unserem Buch ein weiteres Kapitel, in dem wir die Anwendung von Dokumentvorlagen vertiefend besprechen. Im Teil 4, Kapitel 4 gehen wir auf diese Techniken sowie einige Besonderheiten der Anwendung von Dokumentvorlagen ein.

Als Grundregel sollten Sie aus dem Kapitel mitnehmen, daß Sie keine Datei erstellen können, ohne daß diese auf einer Dokumentvorlage beruht. Auch wenn Sie keine spezielle Dokumentvorlage benutzen, wird eine Dokumentvorlage benutzt und zwar die Standard-Dokumentvorlage NORMAL.DOT. Wenn Sie die Datei NORMAL.DOT aus dem Winword-Verzeichnis löschen, erstellt Word für Windows beim Start automatisch eine neue Datei, die diesen Dateinamen erhält. Diejenigen Elemente, die Sie vor dem Löschen in der Datei NORMAL.DOT gespeichert hatten, sind dann natürlich verloren.

Zusammenfassung

In diesem Kapitel haben Sie gelernt, wie man **Dokumentvorlagen** erstellt und wie man diese effizient einsetzen kann. Wir haben erklärt, wie man aus einem vorhandenen Dokument eine Dokumentvorlage ableiten kann und worauf man dabei achten muß. Sie erhielten eine Übersicht darüber, wozu sich Dokumentvorlagen einsetzen lassen und haben die besondere Vorteilhaftigkeit anhand eines einfachen Beispieles der Textbausteinerstellung kennengelernt. Dabei wurden die Befehle **DATEI SPEICHERN, BEARBEITEN TEXTBAUSTEIN, FORMAT DRUCKFORMAT** sowie **DATEI ÖFFNEN** im Hinblick auf Dokumentvorlagen besprochen.

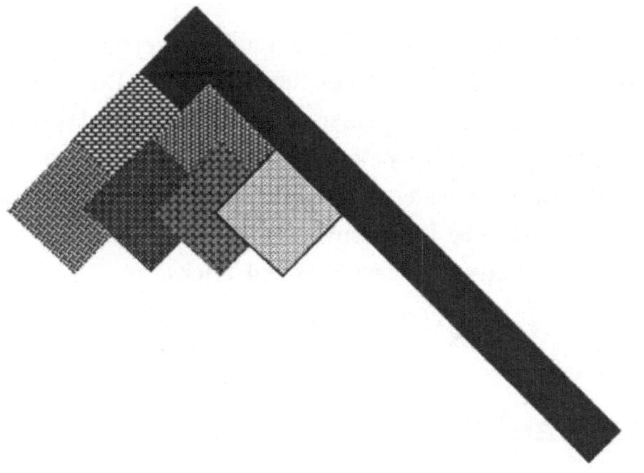

Kapitel 7

andere
textsysteme in
word für windows

In diesem Kapitel geben wir eine Einführung in diejenigen Hilfsprogramme von Word für Windows, die es Ihnen erlauben, Dokumente, die mit anderen Textverarbeitungssystemen erstellt wurden, in das Word für Windows Dateiformat umzuwandeln oder aber Word für Windows Dokumente im Format eines anderen Textverarbeitungssystems abzuspeichern. Für die automatische Dateikonvertierung mit Word für Windows geben wir Ihnen ein Reihe nützlicher Tips und Tricks.

Umsteigen auf Word für Windows

Nachdem die Textverarbeitung als solche nun schon seit geraumer Zeit Einzug in Büros und Schreibzimmer gehalten hat, sehen sich die Entwickler eines neuen Textverarbeitungsprogrammes mit einem großen Problem konfrontiert, daß vor allem bei Anwendern anderer Textverarbeitungssysteme zutage tritt. Was macht der Umsteiger auf Word für Windows mit den Dateien, die mit Hilfe eines anderen Programmes erstellt wurden? Wenn der Umstieg auf eine neue Textverarbeitung gleichbedeutend wäre mit einer vollständigen Neuerfassung der Daten, würde sicher kaum jemand auf eine neue Textverarbeitung umsteigen.

In Word für Windows ging man auf diese Problemstellung mit einer ganzen Bandbreite von integrierten Textkonvertierungsmöglichkeiten für fremde Textverarbeitungs-Dateiformate ein. Eine hohe Anzahl von Konvertier-Routinen macht es Umsteigern beispielsweise von Word für DOS oder Word Perfect einfach, ihre alten Dateien weiterhin zu verwenden. Mehr noch, sie erlauben es, Word für Windows-Dateien in einem anderen Format (wie z.B. WordStar) abzuspeichern und so dem Benutzer eines anderen Textsystems zur Verfügung zu stellen. Der Anwender hat z.B. die Möglichkeit, eine MultiMate-Datei in Word für Windows zu bearbeiten und anschließend im Format von IBM PCText4 abzuspeichern, ohne das Textverarbeitungsprogramm verlassen zu müssen, um ein externes Konvertierprogramm aufzurufen.

Fremd-Dateiformate einlesen

Für den Anwender, der sich dank der Hilfefunktion bereits an neue Befehle oder eine etwas andere Tastaturbelegung gewöhnt hat, stellt sich im Anschluß an die Umgewöhnung das Problem der Weiterverarbeitung von alten Dateien. Die dafür notwendigen Konvertierungsroutinen sind bei Word für Windows direkt in das Programm integriert, d.h. man kann die Fremddateien über den Befehl **DATEI ÖFFNEN** direkt einlesen. Einzige Voraussetzung: Man muß die Konvertierungsroutinen bei der Installation von Word für Windows ausgewählt haben bzw. die entsprechenden Einträge in der Datei WIN.INI vorgenommen haben.

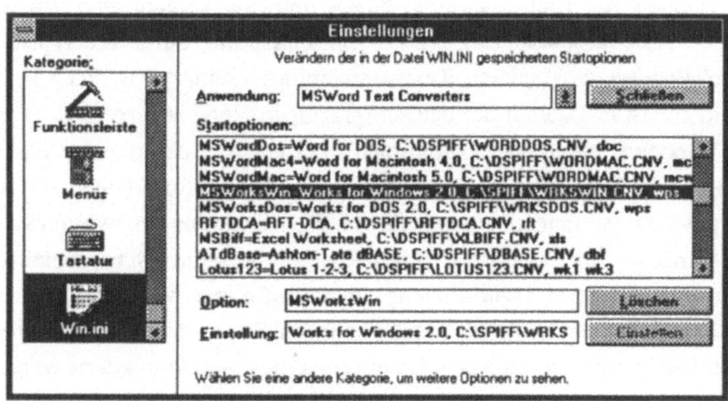

Abb. 3.7.1: Die WIN.INI kann jetzt über EXTRAS
EINSTELLUNGEN bearbeitet werden

Über die Initialisierungsdatei WIN.INI kann man die Konvertierungen auch nachträglich noch installieren: Man kopiert einfach die entsprechende Konvertierungsdatei (Dateien mit der Bezeichnung CONV-???.CNV) auf die Festplatte und teilt Word für Windows das Vorhandensein dieser Datei durch einen Eintrag in der Datei WIN.INI mit. Die entsprechenden Einträge in der WIN.INI müssen nicht mehr über den Notizblock von Windows oder dem Programm SYSEDIT.EXE vorgenommen werden, sondern können über **EXTRAS EINSTELLUNGEN**

Die WIN.INI kann jetzt direkt in Word für Windows bearbeitet werden. Konvertierungsdateien haben nicht mehr die Endung DLL, sondern CNV.

WIN.INI jetzt direkt in Word für Windows vorgenommen werden. Wie der entsprechende Abschnitt in der Datei WIN.INI aussehen muß, wenn Konvertierungen installiert sind, läßt sich der Abbildung 3.7.1 entnehmen. Word für Windows 2.0 kann von Haus aus mehr als ein Dutzend verschiedene Dateiformate lesen bzw. schreiben, unter anderem jetzt auch Ashton-Tate dbase und Works für Windows.

Über die Option AUFZU-LISTENDER DATEITYP können Sie bestimmen, welche Dateien in der Dateiliste angezeigt werden sollen.

Wenn die entsprechenden Routinen ordnungsgemäß installiert sind, benutzen Sie einfach den Befehl **DATEI ÖFFNEN** über [Alt]+[D] , [F] , um eine fremde Datei zu konvertieren bzw. zu laden. Schreiben Sie den Dateinamen oder wechseln Sie zunächst in das Verzeichnis, in dem sich die gewünschte Datei befindet. Word für Windows schränkt die Auswahl für Dateien von Haus aus durch *.DOC ein. Sie können aber mit der Option **Aufzulistender Dateityp** die Einschränkung durch die typische Datei-Endung des anderen Textverarbeitungssystems (z.B. *.TXT für Word für DOS Dateien der deutschsprachigen Version) ersetzen. Word für Windows erkennt das Dateiformat Ihrer Datei in den meisten Fällen selbst und bietet in dem sich öffnenden Dialogfeld (siehe Abbildung 3.7.2) das richtige Format für die Konvertierung an. Wenn Word für Windows ein Dateiformat aufgrund eines speziellen Sonderzeichens oder einer eigenen Datei-Endung (wie häufig bei WordStar-Dateien üblich) nicht richtig erkennen kann, müssen Sie in der Dialogbox manuell bestimmen, aus welchem Dateiformat die Datei konvertiert werden soll. Aus der Liste in der Dialogbox können Sie das entsprechende Dateiformat auswählen. Die mit **OK** gestartete Konvertierung nimmt etwas Zeit in Anspruch, in der Statuszeile am unteren Bildschirmrand gibt eine Meldung Auskunft darüber, wieviel Prozent der Konvertierung bereits abgeschlossen sind.

Wenn Sie noch mit Windows 3.0 arbeiten sollten, sollten Sie bei der Konvertierung einer Datei darauf achten, daß Windows nicht im Real Modus läuft. Es gibt zwar Fälle, in denen die Konvertierung trotzdem funktioniert, bei sehr großen Dateien oder umfangreichen Konvertierungen kann es aber passieren, daß die Konvertierung nicht erfolgreich verläuft. Sofern Sie mit Windows 3.1 arbeiten, können Sie sowieso nur im Standardmodus oder im erweiterten Modus für 386er arbeiten (*win/s* oder *win/3*).

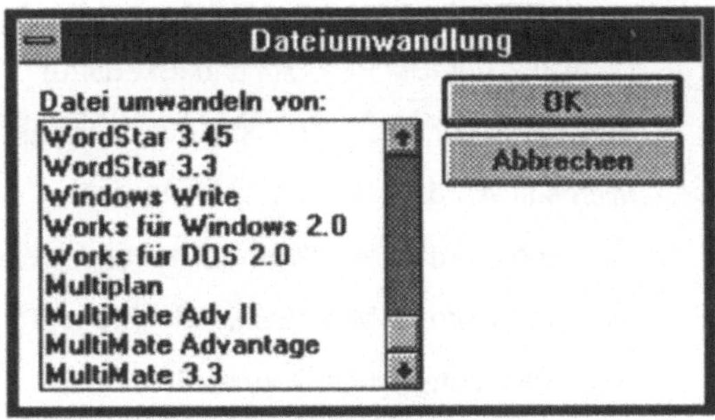

Abb.3.7.2:   Aus der Formatliste läßt sich eines
der Dateiformate auswählen

Achten Sie darauf, daß in der WIN.INI der Eintrag bezüglich der Konvertierungs-Programme die richtige Endung beinhaltet. Beachten Sie auch, daß Word für Windows bei der Installation einen kleinen Fehler begeht: Die Endung der Dateien aus Word für DOS wird mit .DOC angegeben. Word für DOS benutzt im Deutschen jedoch die Endung TXT, lediglich in der englischen Version ist die Endung .DOC üblich. Eine weitere Irritation könnte das Handbuch bieten, nach dem sich die Dialogbox (s. Abbildung 3.7.2) abschalten lassen soll. Unserer Erfahrung nach ist das nicht möglich, sie erscheint immer, auch wenn das Format und die Endung eindeutig in der Dialogbox definiert sind. In diesem Falle allerdings springt die Markierung in der Auswahl-Liste direkt auf das korrekte Format, Sie brauchen nur noch mit **OK** zu bestätigen. 

Nach der Konvertierung zeigt Word für Windows die Datei im aktiven Dokumentfenster mit dem alten Dateinamen an und erhält auch zunächst das alte Datei-Format. Erst beim Speichern muß man sich entscheiden, ob das alte Fremd-Format beibehalten, oder die bearbeitete Datei im Word für Windows-Format überschrieben werden soll. Sollten Sie sich entscheiden, die Datei im Word für Windows-Format abzuspeichern, beachten Sie, daß die Datei die Endung .DOC erhält, sonst haben Sie später evtl. Schwierigkeiten, die Datei auf Anhieb wiederzufinden. In der Datei-Liste des Menüs **DATEI ÖFFNEN** ist die Anzeige in der Grundeinstellung nämlich zunächst immer auf Dateien mit der Endung *.DOC beschränkt. Welche Fremd-Dateiformate sich in das Word für Windows-Format umwandeln lassen, können Sie der Tabelle 3.7.1 entnehmen.

*Die Umwandlungspro-
gramme für Microsoft
Works für DOS, Microsoft
Works für Windows,
Microsoft Windows Write,
Multimate Versionen 3.3,
3.6, Advantage und Ad-
vantage II und Microsoft
Multiplan Versionen 2.0,
3.0, 4.0, und 4.2 können
Sie anfordern, indem Sie
den dem Programmpaket
beigefügten Coupon an
Microsoft senden.*

⇨   DCA/RFT (für IBM PCText4 und IBM 5520).

⇨   BIFF (Microsoft Excel 2.0 und 3.0 Arbeitsblätter)

⇨   Microsoft Word für DOS (alle Versionen)

⇨   Microsoft Word für Windows 1.0, 1.1 und 1.1a

⇨   Microsoft Word für Macintosh, Vers. 4.0 und 5.0

⇨   RTF (Microsoft-Standardformat für

Dokumentaustausch)

⇨   Nur Text (ANSI), Nur Text ohne Zeilenumbrüche

⇨   Nur Text (DOS), Zum Lesen von unformatierten

Textdateien, die mit einem DOS-

Programm erstellt wurden -- z.B.

Microsoft Word für DOS oder WordPerfect.

⇨   Text mit Layout (ANSI), Liest den Text mit der

Absatzformatierung einschließlich Einzügen und

Absatzabstand in Word für Windows ein.

⇨   Text mit Layout (DOS), Zum Lesen von

unformatierten Textdateien, die mit einem DOS-

Anwendungsprogramm erstellt wurden -- z.B.

Microsoft Word für DOS oder WordPerfect.

⇨   WordPerfect 4.1, 4.2, 5.0 und 5.1

⇨   WordStar 3.3, 3.45, 4.0, 5.0 und 5.5

⇨   DBase, Versionen II, III und IV

⇨   Lotus 1-2-3 Arbeitsblätter (WK1- und WK3)

Tab.3.7.1:   In Word für Windows standardmäßig
             einlesbare Datei-Fremdformate

Eine kleine Besonderheit gilt es bei der Dateikonvertierung von ASCII-Dateien zu beachten: Word für Windows liest Dateien im ASCII-Format (reiner Text) und im IBM-ASCII-Sonderformat (PC-8). Wenn Sie eine ASCII-Datei mit Umlauten in Word für Windows importieren möchten, sollten Sie stets die Konvertierroutine PC-8 verwenden, damit die Umlaute sichtbar werden. Word für Windows-Dateien können Sie auf dem gleichen Weg im ASCII-Format abspeichern. Beim Speichern gibt es aber zusätzlich die Möglichkeit, reinen Text mit Umbrüchen und PC-8-Text mit Umbrüchen zu erzeugen. Wenn Sie dieses Format wählen, fügt Word für Windows am Ende jeder Zeile des Dokumentes einen erzwungenen Zeilenumbruch (carriage Return) hinzu.

Fremd-Dateiformate abspeichern

Um Dateien, die Sie mit Word für Windows erstellt haben, in einem anderen Format abspeichern zu können, steht Ihnen der Befehl **DATEI SPEICHERN UNTER** zur Verfügung. In vielen Fällen werden allerdings nicht alle der Formatierungen in anderen Dateiformaten abgespeichert werden können, da es einige der Word für Windows-Formatierungsmöglichkeiten in anderen Textsystemen nicht gibt (man denke an Grafiken, Abbildungen, Felder usw.).

Wenn Sie eine Datei aus Word für Windows heraus in einem Fremdformat abspeichern möchten, so wählen Sie den Befehl **DATEI SPEICHERN UNTER** mit $\boxed{\text{Alt}}$, $\boxed{\text{D}}$, $\boxed{\text{U}}$. Vergeben Sie in dem Dialogfeld **Dateiname** einen Dateinamen und wählen Sie aus der Liste **Dateityp** das gewünschte Format aus. Nun brauchen Sie lediglich noch mit **OK** zu bestätigen. Beachten Sie aber, daß sich Word für Windows-Dateien trotz der Anzeige verschiedener anderer Dateitypen nur in den mit Tabelle 3.7.2 aufgelisteten Fremdformaten abspeichern lassen.

Die Umwandlungsprogramme für Microsoft Works für DOS, Microsoft Works für Windows, Microsoft Windows Write, Multimate Versionen 3.3, 3.6, Advantage und Advantage II und Microsoft Multiplan Versionen 2.0, 3.0, 4.0, und 4.2 können Sie anfordern, indem Sie den dem Programmpaket beigefügten Coupon an Microsoft senden.

> ⇨ DCA/RFT, IBM PCText4 und IBM 5520
>
> ⇨ Word für Windows Dokumentvorlage (.DOT)
>
> ⇨ Microsoft Word für Windows, Versionen 1.0, 1.1 und 1.1a
>
> ⇨ Microsoft Word für DOS, alle Versionen
>
> ⇨ Rich Text Format (.RTF) Microsoft-Standardformat für den Dokumentaustausch
>
> ⇨ Nur Text (ANSI)
>
> ⇨ Nur Text ohne Zeilenumbrüche
>
> ⇨ Nur Text (DOS) zum Speichern von unformatierten Textdateien, die von einem DOS-Anwendungsprogramm gelesen werden sollen -- z.B. Microsoft Word für DOS oder WordPerfect.
>
> ⇨ Text mit Layout (ANSI); erstellt eine Textdatei unter Beibehaltung von Spalten, Zeilenabstand, Tabulatoren, Textpositionsrahmen, Absatzabstand, Einzügen und Tabellen.
>
> ⇨ Text mit Layout (DOS) zum Speichern von unformatierten Textdateien, die von einem DOS-Anwendungsprogramm gelesen werden sollen -- z.B. Microsoft Word für DOS oder WordPerfect.
>
> ⇨ Nur Text + Umbrüche (ANSI); fügt am Ende jeder Zeile ein Wagenrücklaufzeichen ein.
>
> ⇨ Nur Text + Umbrüche (DOS); zum Speichern von unformatierten Textdateien, die von einem DOS-Anwendungsprogramm gelesen werden sollen -- z.B. Microsoft Word für DOS oder WordPerfect.
>
> ⇨ Microsoft Word für den Macintosh, Versionen 4.0 und 5.0
>
> ⇨ WordPerfect, Versionen 4.1, 4.2, 5.0 und 5.1
>
> ⇨ WordStar, Versionen 3.3, 3.4, 4.0, 5.0 und 5.5

Tab.3.7.2:   Fremd-Dateiformate, in denen Word für Windows abspeichern kann

Word für Windows und fremde Textformate

Word für Windows und Word für DOS

Bei der Konvertierung in und aus Word für DOS ist es nützlich, wenn man über einige verschiedene Besonderheiten bereits vor der Konvertierung unterrichtet ist, was wir hiermit tun wollen. Kopf- und Fußzeilen stehen in einem Word für DOS-Dokument am Anfang eines Bereiches bzw. des Dokumentes. Wenn eine Kopfzeile in Word für DOS so formatiert ist, daß sie auf ungeraden oder geraden Seiten und der ersten Seite vorkommt, werden durch die Konvertierung in der Word für Windows-Datei zwei Kopfzeilen mit dem gleichen Text erzeugt. Die erste Kopfzeile wird als "Gerade/ungerade Seiten unterschiedlich" und die zweite Kopfzeile als "Erste Seite anders" formatiert.

Kopf- und Fußzeilen werden in Word für Windows so erstellt, daß ein nachfolgender Abschnitt automatisch die Kopfzeile des vorhergehenden Abschnittes erhält. In Word für DOS gelten Kopf- und Fußzeilen dagegen immer nur für einen Abschnitt, ein nachfolgender Abschnitt erhält keine Kopie der Kopf- oder Fußzeile des vorhergehenden Abschnittes. Wenn Sie also eine Word für DOS-Datei konvertieren, in der der erste Abschnitt eine Kopfzeile hat, der zweite Abschnitt ohne Kopfzeile ist und der dritte Abschnitt eine Kopfzeile mit neuem Inhalt hat, so erhalten Sie in Word für Windows eine Datei, bei der die Kopfzeile des ersten Abschnittes auch für den zweiten Abschnitt als Kopie übernommen wird und erst mit dem dritten Abschnitt der Inhalt des dritten Abschnittes des Word für DOS-Dokumentes beginnt. Sie müssten also die Einfügemarke in den zweiten Abschnitt des Word für Windows-Dokumentes bewegen und den Inhalt der Kopfzeile des zweiten Abschnittes löschen, wenn die beiden Dateien identisch sein sollen.

Unterschiedlich arbeiten Word für DOS und Word für Windows in Bezug auf Druckformatvorlagen. Druckformatvorlagen, wie sie dem Anwender von Word für DOS bekannt sind, gibt es in Word für Windows nicht. Druckformate sind in Word für Windows fest an das Dokument gebunden, während Dokumentvorlagen dazu dienen, Makros, Tastatur- und Menüveränderungen oder feste Textbestandteile zu verwalten und zu speichern. Da Dokumentvorlagen in Word für Windows wie ganz normale Textdateien bearbeitet werden können, können aber auch Dokumentvorlagen eigene Druckformate haben, die dann in allen Dokumenten, die auf der Vorlage beruhen, verwendet werden können. Die aus einer Dokumentvorlage verwendeten Druckformate werden aber in der Text-Datei und ohne besondere Anforderungen nicht in der Dokumentvorlage gespeichert bzw. dieser hinzugefügt. Diese Arbeitsweise hat den Vorteil, daß man ein Dokument ausdrucken oder bearbeiten kann, ohne daß die zugeordnete Dokumentvorlage auf dem Rechner vorhanden sein muß. Bei Verwendung einer Druckformatvorlage in Word für DOS muß man dagegen immer auch eine zugeordnete Druckformatvorlage zur Verfügung haben, wenn die Text-Datei bearbeitet werden soll.

Man kann bei der Konvertierung eines Word für Windows Dokumentes automatisch eine neue Druckformatvorlage für Word für DOS erstellen. Will man eine Word für DOS-Datei mit Druckformaten in das Word für Windows-Format umwandeln, so sucht das Konvertierungsprogramm nach der Druckformatvorlage, die mit dem Originaldokument verbunden war. Wenn diese gefunden wird, werden ihre Informationen in das Word für Windows-Dokument konvertiert. Wird die Druckformatvorlage nicht gefunden, so erfolgt eine Aufforderung zur Eingabe ihres Pfads und des Dateinamens. Falls keine Druckformatvorlage verbunden wird (oder die Druckformatvorlage mit den Druckformat-Informationen im Word für DOS-Dokument nicht übereinstimmt), wird Text, der im Word für DOS-Dokument über eine Druckformatvorlage formatiert wurde, in direkt formatierten Text in dem Word für Windows-Dokument konvertiert. Das bedeutet, daß alle Formatierungen, die über ein Druckformat vorgenommen worden sind, verlorengehen, während alle direkten Formatierungen konvertiert werden. Das ist dann der Fall, wenn Sie die Dialogbox für das Zuordnen einer Druckformatvorlage einfach durch den Befehl **Ignorieren** übergehen.

Will man umgekehrt eine Word für Windows-Datei in dem Word für DOS-Format abspeichern, so fordert das Konvertierungsprogramm Sie auf, einen Dateinamen für eine zu erstellende Druckformatvorlage zu bestimmen. In dieser Datei werden die notwendigen Informationen aus der Originaldatei und der zugeordneten Dokumentvorlage bzw. Druckformate gespeichert. Falls Sie keine Druckformatvorlage verbinden oder statt der Druckformate des Word für Windows Dokumentes eine bereits vorhandene Word für DOS-Druckformatvorlage verwenden wollen, die allerdings mit den Druckformat-Informationen im Word für Windows-Dokument nicht übereinstimmt, wird Text, der im Word für Windows-Dokument über Druckformate formatiert wurde, in direkt formatierten Text im Word für DOS-Dokument konvertiert. Auch das bedeutet, daß alle direkt vorgenommenen Formatierungen konvertiert werden, während alle Formatierungen, die über Druckformate zugeordnet worden sind, verlorengehen.

Word für DOS-Dateien mit Grafiken

Word für DOS fügt eine Grafik ein, indem ein verborgenes Grafikkennzeichen (z.B. *.Z.* bei Word 5.0) und der Pfadname der betreffenden Grafikdatei in das Dokument eingetragen wird. In Word für Windows werden Grafiken entweder über die Zwischenablage oder über ein Import-Feld eingefügt. Enthält ein Word für DOS-Dokument eine Grafik, nutzt Word für Windows für die Konvertierung die Word für Windows-Feldfunktionen.

Bezüglich Word 5.0 Dateien mit einer importierten Grafik und dem Steuerzeichen für Grafiken *.Z.* gilt es zu beachten, daß Word für Windows in der deutschen Version dieses Zeichen als einen Inhaltsverzeichnis-Eintrag interpretiert und entsprechend in ein Inhalt-Feld umsetzt. Wird das Grafik-Zeichen in Word für DOS in ein *.G.*, das Grafik-Zeichen der Word für DOS-Version 4.0, umgeschrieben, klappt die Sache problemlos.

Beim umgekehrten Weg werden Word für Windows-Importfelder mit Grafiken in Word für DOS 4.0 Grafikkennzeichen konvertiert (*.G.*). Sie müssen also in Word für DOS 5.0 nachträglich das *.G.*-Grafikkennzeichen in *.Z.* umwandeln. Bei diesem Weg ist außerdem zu beachten, daß die in einem Word für Windows-Dokument gespeicherten Bitmap-Abbildungen (Abbildungen, die über die Zwischenablage von Windows eingefügt worden sind) und Windows-Metadateien nicht konvertiert werden können. Grafiken in Word für Windows-Dokumenten müssen mit einem IMPORT-Feld eingefügt worden sein, damit in der Word für DOS-Datei ein entsprechendes Steuerzeichen erscheint. Wenn Sie in Word für Windows beim Einfügen einer Grafik über den Befehl **EINFÜGEN GRAFIK** die Option **Datei verknüpfen** eingeschaltet haben, so wird die Grafik automatisch in einem IMPORT-Feld positioniert.

Die neuen Tabellenfunktionen von Word für Windows stehen in Word für DOS nicht zur Verfügung, Tabellen aus Word für Windows werden deshalb in Word für DOS in nebeneinander stehende Absätze konvertiert. Beide Programme kennen aber den Begriff der absolut positionierten Elemente, so daß sich Objekte dieser Art in beide Richtungen konvertieren lassen.

Word für DOS kennzeichnet Steuerungsfelder für Serienbriefe bzw. Verbindungsanweisungen mit zwei nach links und rechts zeigenden Größerzeichen («» bzw. `Ctrl`+`A` und `Ctrl`+`S`). Standardmäßig werden bei der Konvertierung von Word für DOS in Word für Windows diese Zeichen (ASCII 174 und 175) als Teil der Verbindungsanweisungen betrachtet und "richtig" in Word für Windows {REF}-Felder umgesetzt. Sollte dieses nicht der Fall sein, müssen Sie Ihre WIN.INI-Datei auf den folgenden Eintrag prüfen.

[PCWordConv]
ConvertMerge=YES

Fehlt dieser Eintrag, so fügen Sie ihn manuell mit Hilfe des Windows-Notizblockes oder des Systemeditors hinzu und starten Sie Windows neu, damit die Änderungen aktiviert werden. Wenn entsprechend den vorstehenden Zeilen der Eintrag ConvertMerge auf "No" gesetzt wird, konvertiert Word für Windows alle Zeichen ASCII 174 und 175 in normale ASCII-Zeichen. Die Konvertierung einfacher Serientexte (mit STEUERDATEI- und NÄCHSTER-Feldern) wird in beide Richtungen unterstützt. Sonstige Verbindungsanweisungen (WENN, BESTIMMEN, FRAGE usw.) werden bei der Konvertierung ignoriert.

Auch bei den Serienbrieffeldern müssen Sie beachten, daß die Konvertierung in Version 2.0 teilweise leider immer noch auf die Zusammenarbeit zwischen dem englischen Word für DOS und dem deutschen Word für Windows zugeschnitten ist. Es kommt deshalb zu einigen Phänomenen, die sich allerdings durch entsprechende Vorbereitungen vermeiden lassen.

Bei der Konvertierung von Word für Windows in Word für DOS wird ein Steuerdatei-Feld in die englische Word für DOS Steuerdateianweisung DATA übersetzt, Sie müssen die Bezeichnung DATA nachträglich in STEUERDATEI umwandeln. Desweiteren kann es zu Problemen kommen, weil in Word für Windows bei den Pfadnamen für das Auffinden der Steuerdatei ein doppelter Backslash verwendet wird (c:\\windows\\ ...). In Word für DOS steht nach den DOS-Konventionen jedoch nur ein einfacher Backslash im Pfadnamen, Sie müssen daher in Word für DOS einen Backslash löschen, wenn Sie ein Dokument von Word für Windows in Word für DOS konvertieren. Nicht konvertieren können Sie Steuerdateien von Word für Windows nach Word für DOS, wenn diese in Word für Windows die Adressen bzw. Steuersätze in Form von Tabellen enthalten. Am besten ändern Sie die Tabelle in Word für Windows, indem Sie die gesamte Tabelle markieren und in Text umwandeln, bei dem die Tabellenfelder durch ein Semikolon voneinander getrennt sind.

Wenn Sie eine Word für DOS-Steuerdatei in das Word für Windows-Format übersetzen, so werden die Anweisungen für Steuerdatei und Adressfelder ebenfalls nur fast richtig konvertiert. Bei der Verwendung des deutschen Word für DOS, Version 5.0 und der deutschen Word für Windows-Version wird in den Word für Windows Pfadnamen kein doppelter Backslash gesetzt, diesen müssen Sie nachträglich berichtigen. Auch die Verwendung der Anweisung *Steuerdatei* in dem Word für DOS-Dokument bereitet Probleme, denn Word für Windows macht daraus ein TEXTMARKEN-Feld, d.h. vor das Wort *Steuerdatei* wird ebenfalls ein REF\ gesetzt.

Sie haben zwei Möglichkeiten, dieses Problem zu umgehen: Entweder löschen Sie alle REF\-Einträge in den Word für Windows-Feldern und aktualisieren alle Felder durch Drücken der Funktionstaste F9 oder Sie ersetzen vor der Konvertierung im Word 5.0-Dokument die Anweisung Steuerdatei durch die englische Bezeichnung für Steuerdatei: DATA. Bei Beachtung dieses kleinen Tricks erfolgt die Konvertierung richtig. Sie müssen lediglich in Word für Windows noch den doppelten Backslash im Pfadnamen für die Steuerdatei einsetzen und das Feld wiederum einmal mit F9 aktualisieren.

Word für DOS-Textbausteine

Mit Version 2.0 werden verschiedene Textbausteindateien für die Textbaustein-Konvertierung aus den verschiedenen Word für DOS-Versionen geliefert.

Die Word für DOS-Textbausteine können über verschiedene Makros, die in den Word für DOS-Textbausteindateien 40UMWAND.TBS, 50UMWAND.TBS und 55UMWAND.TBS enthalten ist, in Word für Windows konvertiert werden. Diese Dateien werden mit Word für Windows ausgeliefert und erlauben Ihnen, die mit Word für DOS erstellten Textbausteindateien auch in Word für Windows verwendbar zu machen. Word für Windows enthält außerdem eine Dokumentvorlage, mit der die Funktionstastenbelegung von Word für DOS 5.5 in Word für Windows emuliert werden kann.

Um eine Word für DOS-Textbausteindatei in Word für Windows verwenden zu können, starten Sie die jeweilige Word für DOS-Version mit einem leeren Dokument. Wählen Sie zum Laden der jeweiligen .TBS-Datei den Befehl **ÜBERTRAGEN TEXTBAUSTEINE LADEN**. Geben Sie in das leere Dokument *Textbaustein_Umwandeln* ein, und drücken Sie danach die Taste F3. Word für DOS fordert Sie zur Eingabe eines Textbaustein-Dateinamens auf, konvertiert die Textbausteindatei und speichert sie in einer Datei, die den gleichen Namen, jedoch die Erweiterung .CVT hat. Wenn Word für DOS mit der Konvertierung fertig ist, teilt eine Meldung mit, wo diese Datei zu finden ist. Starten Sie nun Word für Windows. Wählen Sie den Befehl **DATEI NEU** und dann im Verzeichnis **Vorlage benutzen** die Option **MSWORD** aus und bestätigen Sie mit **OK**.

Öffnen Sie nun über den Befehl **DATEI ÖFFNEN** die zuvor in Word für DOS konvertierte Textbausteindatei mit der Erweiterung .CVT. Word für Windows fragt, ob die Textbausteine dem **Kontext Gesamt** oder **Vorlage** zugeordnet werden sollen, d.h. ob die Textbausteine generell oder nur in Dokumenten, die mit einer bestimmten Dokumentvorlage verknüpft sind, zur Verfügung stehen sollen. Wählen Sie den von Ihnen gewünschten Kontext aus und bestätigen Sie mit **OK**. Wenn Sie die Option **Vorlage** wählen, fragt der Makro nach einem Vorlagen-Dateinamen. Geben Sie in diesem Fall einen neuen Namen oder den Namen einer vorhandenen Vorlage ein und bestätigen Sie mit **OK**. Der Makro bereitet die Textbausteine auf und speichert anschließend automatisch die Dokumentvorlage. Jetzt können Sie die Word für DOS-Textbausteine in Ihren Word für Windows-Dokumenten verwenden. Sie sollten sich vor der Konvertierung mit den TBS-Dateien unbedingt eine Sicherungskopie der benutzten TBS-Datei anlegen, denn es kann passieren, daß nach der Konvertierung die benutzte TBS-Datei automatisch gelöscht wird.

Konvertierungen mit Word für Windows

Im allgemeinen sind die Textverarbeitungs-Konvertierungsfilter von Word für Windows stark überarbeitet und verbessert worden. Dennoch gibt es bei den einzelnen Konvertierungen hier und da Unwägbarkeiten, die aber in der Natur der Sache liegen. Jedes Textverarbeitungssystem hat andere Stärken und Schwächen, und wenn z.B. in einem Programm Grafiken aus dem Designer eingefügt werden können und im anderen nicht, so kann auch eine Konvertierung zwischen diesen beiden Programmen nicht hundertprozentig funktionieren.

Da die zu beachtenden Kleinigkeiten bei den einzelnen Konvertierungsroutinen so vielfältig sind, findet sich im Lieferumfang von Word für Windows die Datei UMWINFO.DOC, die Informationen über Beschränkungen und Optionen bei der Umwandlung zu und aus den verschiedenen Dateiformaten enthält. Diese Datei können Sie wie ein ganz normales Dokument laden und dort im einzelnen noch vertiefend nachlesen, welche Besonderheiten bei Konvertierungen für verschiedene Textsysteme zu beachten sind.

Zusammenfassung

In diesem Kapitel haben wir eine Einführung in die **automatische Konvertierung von Word für Windows** gegeben, die es Ihnen erlaubt, Dokumente, die mit anderen Textverarbeitungssystemen erstellt wurden, in das Word für Windows Dateiformat umzuwandeln oder aber Word für Windows Dokumente im Format eines anderen Textverarbeitungssystems abzuspeichern. Insbesondere bzgl. der automatischen Dateikonvertierung mit Word für Windows und Word für DOS gaben wir Ihnen zusätzliche Tips und Tricks.

bildschirmansichten in word für windows

Kapitel 8

In diesem Kapitel erfahren Sie, welche verschiedenen Bildschirmansichten Word für Windows zur Verfügung stellt. Sie lernen die Unterschiede zwischen den Ansichten **KONZEPT, GLIEDERUNG** und **DRUCKBILD** sowie die Layoutkontrolle und die Zoomfunktion kennen. Wir erläutern, wie man die Bildschirmansicht verändern kann und wie Sie einzelne Elemente des Dokumentes ein- oder ausblenden können.

Bildschirmdarstellungen in Word für Windows

Wie wir schon erwähnt haben, handelt es sich bei Word für Windows um eine Textverarbeitung, die das vielgerühmte WYSIWYG (What You See Is What You Get) bietet. Natürlich verlangt alles seinen Preis, und nicht umsonst empfiehlt man bei Microsoft als Minimal-Konfiguration einen 80286er AT mit 1-2 MB Arbeitsspeicher. Word für Windows 1.1 war deshalb auch langsamer als sogenannte "zeichenorientierte" Programme wie Word 5 oder WordPerfect, was den Bildaufbau und das Blättern im Text anging. Es gilt zu bedenken, daß Word für Windows unter der vollgrafischen Windows-Oberfläche den Bildschirm in einzelnen Punkten aufbauen muß und nicht wie Word 5.5 im schnellen Textmodus ohne Grafik arbeitet. Nutzt man alle Vorteile der grafischen Oberfläche vollständig aus, so kostet das natürlich Arbeitsspeicherkapazität und Prozessorleistung.

Word für Windows 2.0 ist sehr viel schneller geworden, - stellt aber trotzdem noch die verschiedenen Betriebsarten zur Verfügung.

Word für Windows 2.0 ist gegenüber Word für Windows 1.1 sehr viel schneller geworden. Dennoch hat man auch Word für Windows 2.0 mit mehreren "Betriebsarten" für die Bildschirmdarstellung ausgestattet, die - orientiert man sich an den jeweiligen Anforderungen der gerade zu erledigenden Arbeit - die jeweils größtmögliche Geschwindigkeit erlauben sollen. Im Menü **ANSICHT** können Sie zwischen den möglichen Ansichten wählen. Die Arbeitsweise der einzelnen Menübefehle ist in Version 2.0 gegenüber Version 1.1 allerdings etwas verändert worden.

Die normale Bearbeitungsansicht

Die normale Bearbeitungsansicht (siehe Abbildung 3.8.1) ist die Standardeinstellung von Word für Windows, in der Sie die Schriftarten, die Schriftgrade und alle Attribute von *fett* bis *doppelt unterstrichen* am Bildschirm darstellen können. Auch Grafiken, die Sie importieren, werden dargestellt. Lediglich Mehrspaltensatz (außer über die Tabellenfunktion) und absolute Positionierungen von Objekten sowie die Seiten- und Papierränder werden nicht angezeigt.

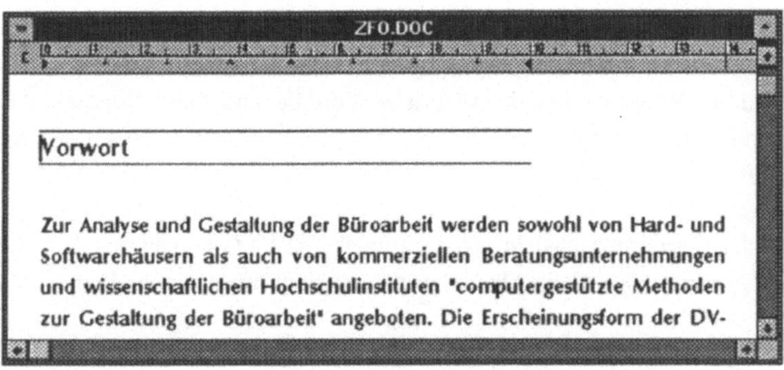

Abb.3.8.1:   Die normale Bearbeitungsansicht (Standardansicht)

Die Ansicht KONZEPT kann zu den Ansichten GLIEDERUNG und NORMAL hinzugeschaltet werden, KONZEPT und DRUCKBILD schließen sich gegenseitig aus.

Die ersten drei Befehle des Menüs **ANSICHT** werden im Menü durch einen Punkt gekennzeichnet. Dieser Punkt kennzeichnet eine Wechselschalterfunktion, d.h. immer nur eine der Einstellungen kann zu einem Zeitpunkt aktiv sein. Durch einen Strich im Menü abgesetzt ist die Ansicht **KONZEPT,** - sie wird durch ein Häkchen gekennzeichnet und kann im Gegensatz zu den anderen zu den Ansichten **NORMAL** und **GLIEDERUNG** hinzugeschaltet werden. Die Hinzuschaltung funktioniert nicht mit den Ansichten **DRUCKBILD** und **KONZEPT,** - diese schließen sich logischerweise gegenseitig aus.

Das Arbeiten mit der Gliederungs-Funktion wird in Teil 4, Kapitel 9 beschrieben.

Die Ansicht Gliederung

Die zweite Ansichtsform im Menü **ANSICHT** ist die Gliederungsansicht (siehe Abbildung 3.8.2). In dieser Ansicht sehen Sie alle Überschriften eines Dokumentes, die mit einem der Standard-Druckformate *Gliederung 1* bis *Gliederung 9* versehen worden sind. Am oberen Dokument-Fensterrand finden Sie die Symboltasten 1 bis 9, mit denen Sie die jeweilige Gliederungsebene aktivieren können. Mit der Schaltfläche **Alles** läßt sich auch das gesamte Dokument in der Gliederungsansicht bearbeiten. Hier können Sie auch nachträglich noch sehr komfortabel mit der Maus Gliederungsebenen bzw. Druckformate für Gliederungsüberschriften zuordnen und so ihrem Dokument die richtige Ordnung verleihen. Die automatischen Druckformate und die Gliederungsansicht von Word für Windows bieten erhebliche Vorteile und Geschwindigkeitseinsparungen und ermöglichen Ihnen z.B. das komfortable Erstellen von Inhaltsverzeichnissen.

Mit der Gliederungsansicht läßt sich im WYSIWYG und in der Ansicht *Konzept* arbeiten, - sie ist also in zwei Ansichtsformen verwendbar.

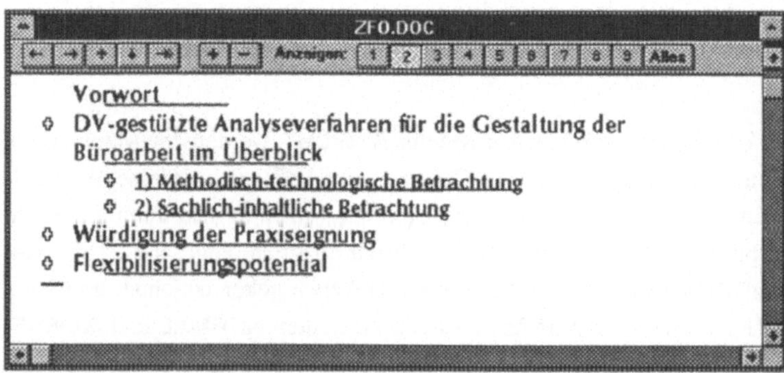

Abb.3.8.2: Die Gliederungsansicht

Die Ansicht Druckbild

Eine weitere Betriebsart des Menüs **ANSICHT** ist die **ANSICHT DRUCK-BILD**. In dieser Ansichtsform wird das gesamte Dokument mit den Seiten- und Papierrändern auf dem Bildschirm im WYSIWYG-Verfahren dargestellt (siehe Abbildung 3.8.3).

Sie können die Seiten Ihres Dokumentes mit den Papierrändern am Bildschirm betrachten, in dem Sie mit den Tasten `Bild ↑` bzw `Bild ↓` bis zum oberen oder unteren Rand der Seite wandern. Für die horizontale Bewegung benutzen Sie am besten `Pos1` bzw. `Ende`. Mit der Maus klicken Sie einfach in die waagerechte oder senkrechte Bildlaufleiste. Jeder Klick in die kleinen Pfeile oben oder unten (bzw. links oder rechts) führt zu einem einfachen Zeilensprung in die jeweilige Richtung, - ein Klicken unter- oder oberhalb (bzw. links oder rechts) des "Aufzugs" führt zu einem Weiterblättern um eine Bildschirmseite nach unten oder oben.

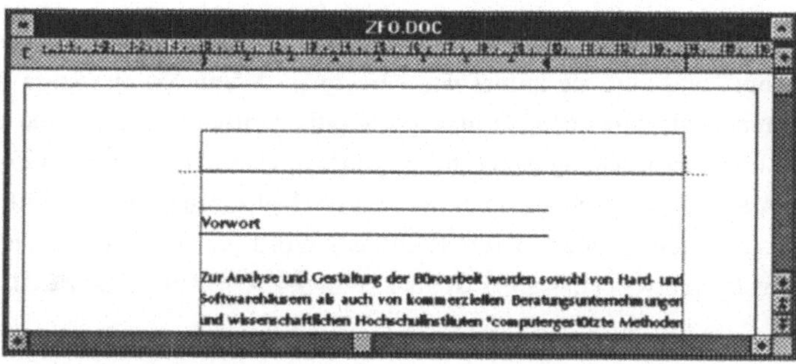

Beide Seitensymbole zum Blättern sind in Version 2.0 am unteren Rand der vertikalen Bildlaufleiste.

Abb. 3.8.3: Die Druckbildansicht

In der **ANSICHT DRUCKBILD** verändert sich die Bildlaufleiste und er-möglicht ihnen durch zwei zusätzliche kleine Symbol am unteren Ende der vertikalen Bildlaufleiste - den Seitensymbolen - in Ihrem Dokument jeweils um eine Seite zurück - oder vorzublättern.

Die **ANSICHT DRUCKBILD** zeigt Ihnen neben sämtlichen Formatierungen auch noch Kopf- und Fußzeilen sowie Fußnoten und Seitennumerierungen an der echten Position an. Sie arbeiten also mit einer nahezu identischen Darstellung Ihres späteren Ausdruckes in einer Vergrößerung von etwa 3:1. Mit dem Erscheinen von Windows 3.1 können alle Schriftgrößen originalgetreu am Bildschirm dargestellt werden.

Durch den hohen Komfort der WYSIWYG-Bildschirmdarstellung muß Ihr Prozessor jedoch einiges an Arbeit leisten, zumal die Intel-Prozessoren nicht mit den grafischen Fähigkeiten eines Apple-Macintosh ausgestattet sind. Mit jedem Einfügen eines neuen Absatzes muß das gesamte Dokument neu umbrochen werden. Ist außerdem noch die Statuszeile eingeschaltet (in der die genaue Position der Einfügemarke angegeben wird), sehen Sie bei jeder Bewegung der Einfügemarke, was Word für Windows in dieser Ansichtsform alles zu berechnen hat: Zeilen-, Spalten- und Seiten-Position sowie den Abstand des Cursors vom oberen Seitenrand, die Anzahl der Seiten insgesamt und möglicherweise auch die Nummer des aktuellen Absatzes.

Alle diese Daten hat Word für Windows in dieser Ansichtsform ständig "im Kopf" und muß sie immer neu berechnen. Wenn Sie in dieser Ansicht nun noch eine speicherintensive Grafik einfügen, die ja eine ungleich höhere Auflösung hat (gemessen in dpi, also der Punkte pro Zoll), fordern Sie ihrem Rechner schon einiges ab. Mit diesem Wissen fällt es Ihnen sicherlich leichter zu verstehen, daß Word für Windows in dieser Ansichtsform etwas langsamer ist als z.B. in der **ANSICHT KONZEPT**.

Die Ansicht Konzept

Wenn Sie im Konzeptmodus arbeiten, empfiehlt es sich, das Lineal und die Formatierungsleiste eingeschaltet zu haben. So können Sie die jeweiligen Formatierungen in der Formatierungsleiste und im Lineal immer gut kontrollieren.

Eine weitere Ansichtsform im Menü **ANSICHT** ist die Ansicht **KONZEPT**. Diese Ansichtsform ist die weitaus schnellste Betriebsart, die Word für Windows zu bieten hat. In dieser Betriebsart wird auf das WYSIWYG und damit auf die Darstellung sämtlicher Schriftattribute außer Unterstreichung, Hoch- und Tiefstellung, Farbgebung (sofern Sie über einen Farbbildschirm verfügen) sowie veränderte Zeichenabstände verzichtet (siehe Abbildung 3.8.4).

Abb.3.8.4: Das schnellste Arbeiten ermöglicht die Konzeptansicht

Wenn Sie in dieser Ansichtsform arbeiten, erscheinen am Bildschirm alle Schriftarten in der Systemschriftart und auf Formatierungen wie *fett*- oder *Kursivdruck* wird nur durch eine Unterstreichung hingewiesen. Absatzformatierungen bleiben aber zum größten Teil weiterhin sichtbar (außer Mehrspaltensatz und direkte Positionierung von Absätzen).

Die Seitenansicht

Eine weitere Ansichtsform von Word für Windows befindet sich nicht im Menü **ANSICHT**, sondern im Menü **DATEI**. Die Entwickler von Word für Windows haben diese Ansichtsform deshalb in das Menü **DATEI** verlegt, weil es die einzige Ansichtsform ist, bei der die Textzeichen eines Dokumentes nicht bearbeitet werden können. Ein weiterer Grund ist wohl darin zu sehen, daß der Vorgang, ein Dokument in der Ganz-Seitenansicht zu überprüfen, allein vom logischen Arbeiten her näher beim Druckvorgang liegt als beim Bearbeiten des Dokumentinhaltes.

Um die Seitenansicht zu aktivieren, rufen Sie einfach den Befehl **DATEI SEITENANSICHT** auf (Alt + D , T) (siehe Abbildung 3.8.5).

In dieser Ansicht können Sie durch einen Mausklick auf die Schaltfläche **BEGRENZUNGEN** die Seitenränder verändern. Die vertikale Bildlaufleiste dient hier zum seitenweisen Umblättern Ihres Dokumentes. Interessant ist, daß Sie z.B. genauso blättern können, wie in einem aufgeschlagenen Buch, wenn Sie in **FORMAT DOKUMENT** die Option **Ränder spiegeln** eingeschaltet haben.

In Teil 5, Kapitel 1 gehen wir auf das Arbeiten in der Ganz-Seitenansicht noch intensiver ein.

In Version 1.1 konnten Sie in der Seitenansicht Grafiken mit der Maus verschieben. In Version 2.0 können Sie dies in der stufenlos zoombaren Druckbildansicht.

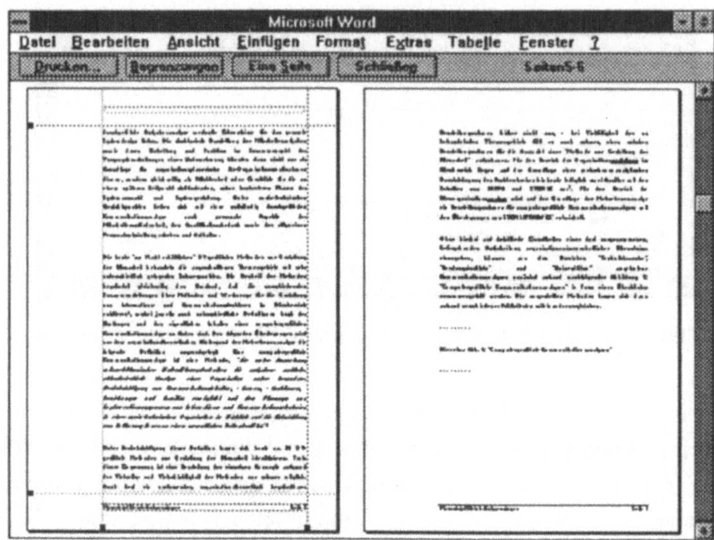

Abb. 3.8.5: Die Ganz-Seitenansicht

Die Zoomfunktion

Neu und heiß ersehnt ist die stufenlose Zoomfunktion in Word für Windows 2.0. Sie ermöglicht es, die Ansicht auf das bearbeitbare Dokument zwischen 25 % und 200 % zu variieren. Neben einer eigenen Dialogbox, in der man die gewünschte Größe anfordern kann, gibt es auch in der Funktionsleiste Symboltasten, mit denen man schnell und gezielt zwischen verschiedenen Dokumentgrößen umschalten kann.

Die Zoomfunktion ist denkbar einfach zu bedienen. Über den Befehl **ANSICHT ZOOM** öffnen Sie eine Dialogbox, in der Sie die gängigsten Ansichtsformen direkt auswählen können (siehe Abbildung 3.8.6)

Die gängigsten Vergrößerungen können Sie anfordern, indem Sie einfach eine der verschiedenen Optionen (200%, 100%, 75% und 50%) ankreuzen. Mit **Benutzerdefiniert** können Sie durch Klicken auf die beiden kleinen Pfeile oder durch direktes Eintragen der Werte die Ansicht stufenlos zoomen. Im unteren Teil der Dialogbox finden Sie außerdem noch zwei Schaltflächen, - **Seitenbreite** und **Ganze Seite**. Mit diesen beiden Schaltflächen können Sie die Anzeige so verändern, daß ohne viel Mühe entweder die ganze Seite angezeigt wird oder aber diejenige Vergrößerung ausgewählt wird, bei der genau eine Seitenbreite auf den Bildschirm passt. Word für Windows verändert die Ansicht dabei in Abhängigkeit von der eingestellten Papiergröße. Wenn Sie also in einem Dokument mit 16 cm Papierbreite arbeiten, wird die Ansicht auf ca. 130% vergrößert und wenn Ihr Papier 21 cm breit ist, auf ca. 110 %.

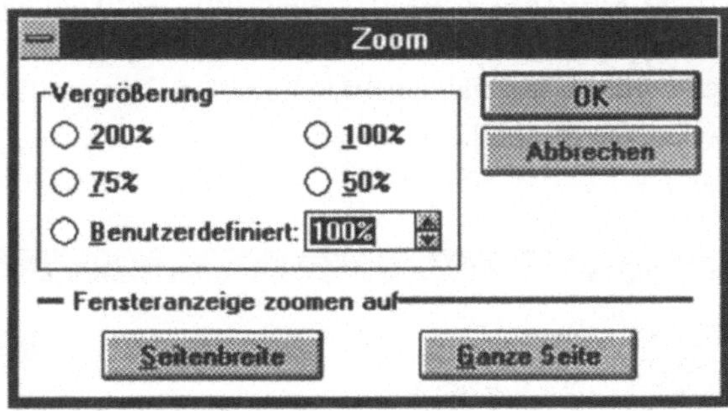

Abb.3.8.6: Die Ansicht kann stufenlos gezoomt werden

Sie können die Zoomfunktion in der Funktionsleiste so verändern, daß Sie die gewünschte Ansicht mit der Maus grafisch einstellen können. In Teil 3, Kapitel 4 können Sie nachlesen, wie man die Funktionsleiste entsprechend verändert.

Neben der Dialogbox gibt es drei Symboltasten in der Funktionsleiste, die Einfluß auf die Dokumentansicht haben (siehe Abbildung 3.8.7).

Abb.3.8.7: Symboltasten der Zoomfunktion
in der Formatierungsleiste

Das besondere an der Zoomfunktion ist, daß Sie das Dokument in jeder Ansicht bearbeiten können. Eine Verkleinerung auf 35% entspricht ungefähr der Ganz-Seitenansicht, wobei Sie in der Verkleinerung mit der Zoomfunktion Ihren Text weiterhin bearbeiten können.

Wenn Sie mit der linken Maustaste auf die ganz linke Taste klicken, erscheint die gesamte Seite Ihres Dokumentes bis zu einer maximalen Höhe von ca. 35 cm. Die mittlere der drei Tasten vergößert bzw. verkleinert die aktuelle Ansicht auf 100 %, d.h. auf Originalgröße. Die rechte der drei Tasten hat die gleiche Funktion wie die Schaltfläche **Seitenbreite** in der Dialogbox **ANSICHT ZOOM**, sie schaltet die Ansicht so, daß die gesamte Seitenbreite Ihres Dokumentes am Bildschirm sichtbar wird.

Bildschirmanzeige von Sonderzeichen

Die Optionen des alten Befehls ANSICHT BILDSCHIRMANZEIGE finden sich in Version 2.0 im Befehl EXTRAS EINSTELLUNGEN ANSICHT.

Neben den Befehlen des Menüs **ANSICHT** gibt es noch einen weiteren Befehl, der für die Bildschirmdarstellung eine wichtige Rolle spielt, den Befehl **EXTRAS EINSTELLUNGEN Ansicht**. Mit den Optionen dieser Dialogbox können Sie eine Reihe von Einstellungen vornehmen, die zu teilweise vollkommen veränderten Bildschirmdarstellungen führen. Die Dialogbox sehen Sie in Abbildung 3.8.8.

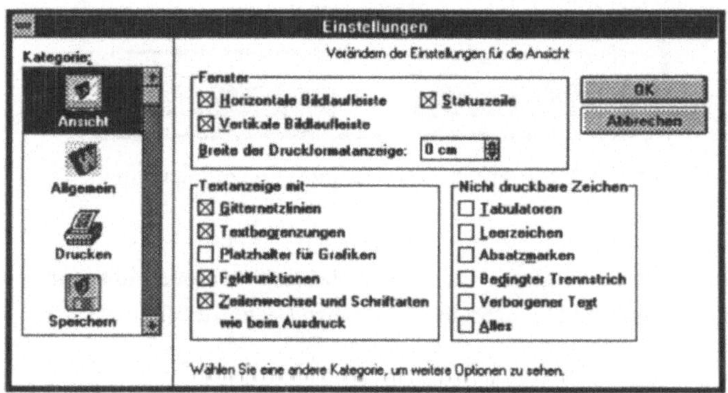

Abb.3.8.8: Die Dialogbox Extras Einstellungen Ansicht

Bei den meisten Optionen handelt es sich um Ein- und Ausschalter für die Darstellung von Sonderzeichen. Als Sonderzeichen gelten in Word für Windows Zeichen, die nicht Elemente des Textkörpers sind, sondern lediglich zur Formatierung und Gestaltung dienen. Wir werden die verschiedenen Optionen der Dialogbox und deren Wirkungen nun im einzelnen besprechen.

Tabulatoren

Tabulatoren oder auch Tabstopps sind Steuerzeichen, um innerhalb einer Zeile oder eines Absatzes Text an Stellen zu positionieren, die einen festen Abstand vom Seitenrand haben. Um zu bewirken, daß Text an einem Tabstopp ausgerichtet wird, setzt man einen Tabulator mit der ⊡ -Taste. Tabulatoren werden normalerweise nicht am Bildschirm angezeigt. Erst wenn Sie die Option **Tabulatoren** in der Dialogbox ankreuzen, sehen Sie Pfeile als Platzhalter für Tabulatoren am Bildschirm. Das Einschalten dieser Option empfiehlt sich hauptsächlich dann, wenn Sie in einem Text mehrere Tabstopps gesetzt haben und eine bessere Übersicht über die Ausrichtung Ihres Textes haben möchten.

In Teil 4, Kapitel 3 gehen wir auf die Arbeit mit Tabulatoren ausführlich ein.

Leerzeichen

Normalerweise erscheinen Leerzeichen, erzeugt durch die Taste ⊡Leert⊡, am Bildschirm als Zwischenraum zwischen zwei Wörtern. Da in der *normalen Bearbeitungsansicht* und in der *Ansicht Druckbild* bei manchen Schriftarten (vor allem bei sehr kleinen Schriftgrößen oder Kursivschrift) die Zwischenräume zwischen den einzelnen Wörtern nur sehr schwer zu erkennen sind, eignet sich diese Option besonders für die nachträgliche Bearbeitung von Texten mit einer kleinen Schriftart. Aber auch bei der Kontrolle eines Textkörpers kann die Anzeige von Leerzeichen wertvolle Dienste leisten. Insbesondere bei Texten, die im Blocksatz verfaßt sind, erleichtert das Einschalten der Option die Kontrolle, da im Blocksatz die Abstände zwischen den Wörtern auseinandergezogen werden, um die Zeilen rechts- und linksbündig auszurichten. Mit der Option **Leerzeichen** können Sie in einem solchen Fall aber sehr gut überprüfen, ob es sich bei einer größeren Lücke vielleicht um mehrere versehentlich gesetzte Leerzeichen handelt. Jedes Leerzeichen wird durch einen schwebenden kleinen Punkt in der Mitte der Zeilenhöhe dargestellt (siehe Abbildung 3.8.9).

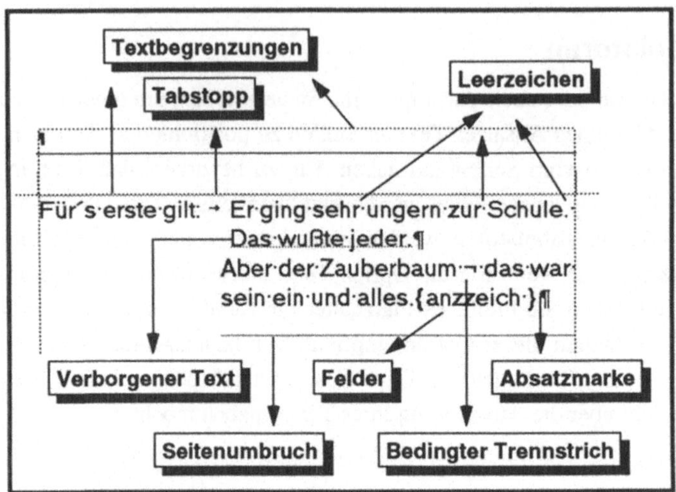

Abb.3.8.9:   Die verschiedenen Sonderzeichen

Absatzende- und Zeilenschaltungsmarken

Wie Sie bereits wissen, wird durch jedes Drücken der Taste ⏎ eine neue Absatzmarke erzeugt. Vor allem dann, wenn es zu überprüfen gilt, ob ein größerer Abstand zwischen zwei Absätzen durch eine Absatzendemarke oder durch vergrößerte Anfangs- oder Endabstände der jeweiligen Absätze verursacht wurde, ist das Einschalten dieser Option eine wertvolle Hilfe. Wenn die Option **Absatzmarken** eingeschaltet ist, werden gleichzeitig auch Zeilenschaltungszeichen am Bildschirm dargestellt. Zeilenschaltungszeichen sind immer dann notwendig, wenn Sie mit ⇧ + ⏎ einen willkürlichen Zeilen-Umbruch herbeiführen möchten, z.B. weil Sie keinen Absatzwechsel (durch einfaches Drücken von ⏎) gebrauchen können (siehe Abbildung 3.8.9).

Bedingter Trennstrich

Word für Windows kennt als weiteres Sonderzeichen den bedingten Trennstrich. Bedingte Trennstriche werden bei der Trennhilfe von Word für Windows gesetzt, können aber auch manuell erzeugt werden, wichtig ist es allerdings, daß sie sich von einfachen Bindestrichen unterscheiden. Einfache Bindestriche bleiben auf jeden Fall in einem Wort erhalten (im Ausdruck) und zwar auch dann, wenn später weitere Wörter in den Text eingefügt werden und dadurch das getrennte Wort in die Mitte der Zeile gerät. Um diesen vielleicht ungewollten Effekt umgehen zu können, gibt es in Word für Windows den *bedingten Trennstrich*. Er wird durch [Ctrl] + [−] erzeugt und nur dann aktiv (d.h. ausgedruckt), wenn die Trennung des Wortes am Zeilenende tatsächlich erfolgt. Am Bildschirm ist er durch ein kleines, nach unten gerichtetes Häkchen am normalen Bindestrich zu erkennen, sodaß er sich vom herkömmlichen Bindestrich unterscheiden läßt (siehe Abbildung 3.8.9).

Die Darstellung dieses bedingten Trennstriches am Bildschirm kann mit der Option **bedingter Trennstrich** im Menü **ANSICHT BILDSCHIRM-ANZEIGE** an- und ausgeschaltet werden.

Verborgener Text

In Word für Windows gibt es die Möglichkeit, einen Text *verborgen* zu formatieren. Wenn Sie einen Textbereich verborgen formatieren, wird er im Normfall nicht ausgedruckt, es sein denn, Sie fordern dieses ausdrücklich an. Auch für die Bildschirmanzeige können Sie mit der Option **verborgener Text** in der Dialogbox **EXTRAS EINSTELLUNGEN Ansicht** frei entscheiden, ob Text, der verborgen formatiert wurde, angezeigt werden soll oder nicht.

Es gibt in Word für Windows Textbereiche, die automatisch mit dem Attribut *verborgen* versehen werden. Anmerkungszeichen oder Begriffe, die in einen automatischen Index aufgenommen werden sollen, werden bspw. *verborgen* formatiert. Wenn Sie die Option **verborgener Text** einschalten, so wird verborgener Text (also auch Anmerkungszeichen oder Indexverweise) am Bildschirm sichtbar gemacht. Damit er vom übrigen Text unterschieden werden kann, wird er durch eine Unterstreichung aus Pünktchen gekennzeichnet (siehe Abbildung 3.8.9).

Die Bildschirmansicht im Druckbild entspricht exakt der späteren Druckausgabe. Sie können mit Word für Windows Encapsulated PostScript-Dateien und damit über einen Laserbelichter direkt Druckvorlagen erzeugen.

Druckbild in der Ansicht Normal

In Teil 3, Kapitel 3 haben wir bei der Zeichenformatierung besprochen, daß Word für Windows Ihnen ermöglicht, ein Dokument auch unabhängig vom gerade physikalisch angeschlossenen Drucker zu formatieren. Wenn Sie ein Dokument so formatieren, bedeutet das, daß Sie in Ihrem Text auch Schriftarten verwenden können, die Ihr physikalisch angeschlossener Drucker eigentlich nicht zur Verfügung stellt. Im Normalfall arbeiten Sie so, wenn die Datei später auf einem höherwertigen Drucker ausgegeben werden soll. Das Einschalten der Option **Zeilenwechsel und Schriftarten wie beim Ausdruck** ermöglicht Ihnen, ein Dokument unabhängig vom gerade eingestellten Drucker so am Bildschirm darzustellen, wie es ihren Formatierungsvorgaben entspricht. Sie können dann auch Schriftgrade (oder naheliegende Schriftgrade) am Bildschirm darstellen, die der gerade angeschlossene Drucker gar nicht erzeugen kann und die ihnen deshalb unter der Option **Schriftgrad** nicht angeboten werden.

Grafik

Durch die grafische Oberfläche ist es sehr einfach und komfortabel, Grafiken irgendwo in den Text einzubinden und Text und Grafik zusammen am Bildschirm anzuzeigen und zu bearbeiten. Text-/Grafik-Mischdokumente benötigen jedoch eine höhere Speicherkapazität als reine Textdokumente. Ein Dokument mit vielen Grafiken kann daher zu Zeitverzögerungen bei der Arbeit führen. Um dies zu vermeiden, besteht die Möglichkeit, die Grafikanzeige am Bildschirm für die Zeit der Textbearbeitung zu unterdrücken, sodaß nicht mit jedem Zeilenwechseln die Grafik neu am Bildschirm aufgebaut werden muß. Mit der Option **Grafik** aus dem Menü **EXTRAS EINSTELLUNGEN Ansicht** kann man die Darstellung von Grafiken am Bildschirm ein- und ausschalten. Ist sie ausgeschaltet, werden Grafiken im Dokument durch leere Rahmen in der Größe der Grafiken ersetzt. Es empfiehlt sich, diese Option auszuschalten, wenn Sie einen Text mit vielen Grafiken bearbeiten. In der **ANSICHT KONZEPT** bleibt diese Option ohne Wirkung, da in dieser Betriebsart Grafiken sowieso nur als leere Rahmen auf dem Bildschirm angezeigt werden.

Textbegrenzungen

Die Option **Textbegrenzungen** ist nur in der **ANSICHT DRUCKBILD**
von Bedeutung, gerade dort bietet sie aber wichtige Vorteile. Insbesondere für diejenigen Funktionen, die eigentlich in den Bereich des
DeskTop-Publishing hineinreichen (wie z.B. das absolute Positionieren
von Text oder Grafiken) ist die Option **Textbegrenzungen** sehr hilfreich.
Word für Windows erstellt für Textbereiche oder Grafiken, die fest auf
einer Seite bzw. an einer bestimmten Stelle positioniert werden, immer
einen definierten Absatz oder Bereich, dessen Größe nicht unbedingt mit
der Grafik oder dem Absatz übereinstimmt. Um Formatierungen an fest
definierten Textbereichen oder Grafiken besser und genauer vornehmen
zu können, gibt es mit der Option **Textbegrenzungen** die Möglichkeit,
Seitenränder, Absatzränder oder Begrenzungslinien von Kopf- und Fußzeilen als optische Hilfslinien am Bildschirm anzeigen zu lassen (siehe
Abbildung 3.8.9).

Vertikale und horizontale Bildrolleiste

Die Optionen **Vertikale Bildrolleiste** und **Horizontale Bildrolleiste** beziehen sich nicht auf Hilfen bei der Dokumentdarstellung, sondern auf
die Bildschirmdarstellung des Word für Windows-Dokumentfensters.
Um mehr Platz für die Textdarstellung am Bildschirm zu erhalten, kann
es insbesondere für Anwender, die nur mit der Tastatur arbeiten, sinnvoll
sein, die horizontale, die vertikale oder beide Bildrolleisten auszuschalten.

Gitternetzlinien

Die Option **Gitternetzlinien** ist für die Tabellenfunktion von Word für
Windows von Bedeutung. Für das Arbeiten mit Tabellen, die nicht als
Tabellen im Dokument erkennbar sein sollen (also ohne Rahmen for-
matiert werden), können optische Hilfslinien hinzu- oder weggeschaltet
werden. Diese Gitternetzlinien kennzeichnen nur am Bildschirm die
Rahmen der einzelnen Zellen, sie werden aber nicht ausgedruckt (siehe
Abbildung 3.8.10).

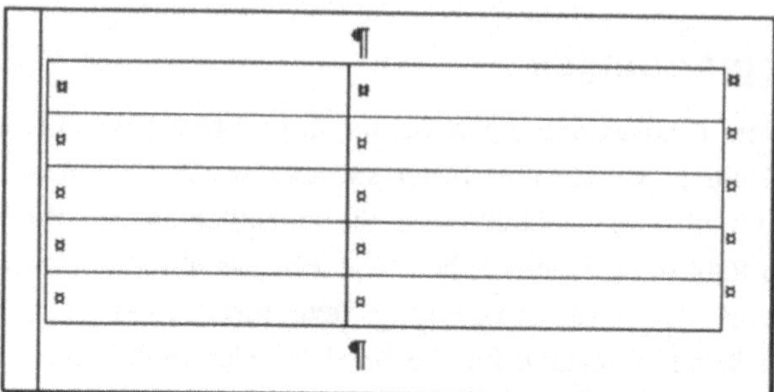

Abb.3.8.10: Die Gitternetzlinien einer Tabelle

Die Druckformatspalte

Die letzte Option der Dialogbox hat eine Ein-/Ausschalterfunktion, die kombiniert ist mit einem Textfeld. Sobald Sie einen Wert in das Textfeld **Breite der Druckformatspalte** eintragen, wird am linken Rand des Dokumentfensters eine sogenannte Druckformatspalte in der Breite des eingetragenen Wertes geöffnet. Voraussetzung dafür ist allerdings, daß Sie nicht in der **ANSICHT DRUCKBILD** arbeiten.

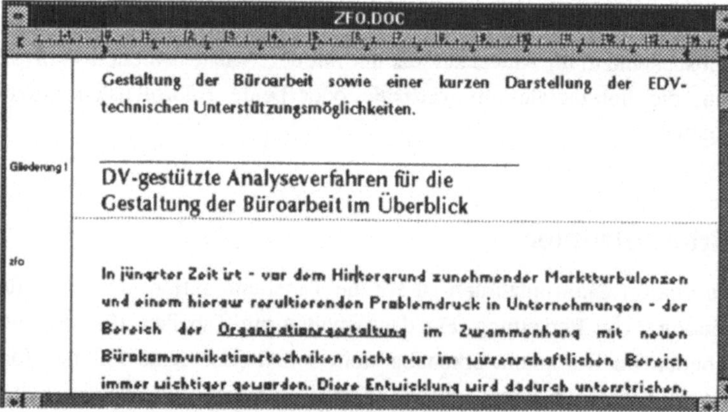

Abb.3.8.11: Links werden die Druckformate angezeigt

Für die Kontrolle, welche Druckformate den verschiedenen Absätzen zugeordnet sind, leistet die Druckformatspalte wertvolle Dienste, denn in der Formatierungsleiste wird ja immer nur das Druckformat desjenigen Absatzes angezeigt, in dem sich die Einfügemarke befindet. Die Druckformatspalte am linken Bildschirmrand zeigt dagegen neben jedem Absatz das dazugehörige Druckformat (siehe Abbildung 3.8.11). Die Breite dieser Spalte können Sie durch einen Wert im Textfeld bestimmen oder aber am Bildschirm mit der Maus nach links und rechts verändern.

Alles anzeigen

Die Option **Alles** hat die gleiche Wirkung wie das Drücken der Symboltaste mit der Absatzendemarke in der Formatierungsleiste. Sie bewirkt, daß alle Sonderzeichen auf einen Schlag aktiviert werden. Diese Aktivierung sehen Sie allerdings nicht durch Kreuze bei den einzelnen Optionen, sondern nur durch die eingeschaltete Option **Alles**. Beim Einschalten dieser Option wird zusätzlich die **ANSICHT FELDFUNKTIONEN** so geschaltet, daß im Text nicht die Feldergebnisse, sondern die Feldinhalte - also die Feldcodes - angezeigt werden (siehe Abbildung 3.8.9). Denken Sie bei der Arbeit mit Feldern daran, daß Sie in die Ansicht der Feldergebnisse nur dann (mit $\boxed{\Uparrow} + \boxed{F9}$) schalten können, wenn diese Option ausgeschaltet ist.

Das Sternchen der ganz rechten Symboltaste in der Zeichenleiste in Version 1.1 ist durch ein Absatzzeichen ersetzt worden.

Zusammenfassung

In diesem Kapitel haben Sie erfahren, welche Arten der **Bildschirmansicht** Word für Windows zur Verfügung stellt. Wir haben die Unterschiede zwischen den Ansichten *Normal, Gliederung, Druckbild* und *Konzept* sowie die Möglichkeiten der *Layoutkontrolle* erklärt und die Optionen des Menüs **EXTRAS EINSTELLUNGEN Ansicht** erläutert. Gleichzeitig haben wir Sie mit der neuen Zoomfunktion von Word für Windows 2.0 vertraut gemacht und Ihnen erläutert, worauf man achten muß, um die Ansicht von Feldinhalten bzw. -ergebnissen zu aktivieren.

drucken mit word für windows

In diesem Kapitel wird das Drucken von Dokumenten in Word für Windows beschrieben. Wir erläutern, wie man den Papierrand einstellt und die Druckereinrichtung in Word für Windows vornimmt und besprechen das Zusammenspiel zwischen Systemsteuerung und Word für Windows. Wir besprechen die nachträgliche Installation der Schriftart Symbol für HP/PCL-Drucker, geben einen kurzen Überblick über den neuen Seriendruck-Manager der Version 2.0 und behandeln das Drucken von Anmerkungen, Druckformaten und anderen Dokumentbestandteilen.

Vorbereitungen zum Drucken

Der Befehl FORMAT DOKUMENT ist durch FORMAT SEITE EIN-RICHTEN ersetzt worden und um eine Reihe von Funktionen erweitert worden.

Die Möglichkeiten zum Drucken von Dokumenten sind in Word für Windows besonders vielfältig. Wenn Sie ein Dokument ausdrucken lassen wollen, können Sie nämlich wählen, welche Teile oder besonderen Bestandteile (z.B. Anmerkungen, Tastenbelegung oder Druckformate) ausgedruckt werden sollen. Die meisten der dazu notwendigen Voreinstellungen nehmen Sie in der Dialogbox **DATEI DRUCKEN** vor. Vor allen Druckaufträgen werden allerdings immer zunächst die Seitenrand- und Dokumentformatierungen, die Sie über den Befehl **FORMAT SEITE EINRICHTEN** vorgenommen haben und einige andere Grundeinstellungen in Druckanweisungen umgesetzt. Die vor dem Ausdruck vorzunehmenden Einstellungen sollen deshalb den Anfang dieses Kapitels bilden.

Seitenumbruch von Dokumenten

Vor dem Drucken eines Dokumentes empfiehlt es sich stets, zunächst die Seitenumbrüche positioniert bzw. kontrolliert zu haben. In der Standardeinstellung nimmt Word für Windows den Seitenumbruch im Hintergrund, d.h. selbständig vor. Da diese Option rechenintensiv ist, schalten manche Anwender den Seitenumbruch im Hintergrund aus und arbeiten in der Konzeptansicht. In der Konzeptansicht und in der normalen Bearbeitungsansicht wird der Seitenumbruch dann nur noch auf Anforderung durch den Befehl **EXTRAS SEITENUMBRUCH** durchgeführt oder aber dann, wenn Sie in die **ANSICHT DRUCKBILD** oder die **DATEI SEITENANSICHT** wechseln. Ein Seitenumbruch wird in der **ANSICHT KONZEPT** und in der normalen Bearbeitungsansicht als eine einfache graue horizontale Linie im Dateifenster dargestellt.

Sie können den Seitenumbruch im Hintergrund für die Ansicht **KONZEPT** und die normale Bearbeitungsansicht durch den Befehl **EXTRAS EINSTELLUNGEN Allgemein** aktivieren. Schalten Sie in der Dialogbox einfach die Option **Seitenumbruch im Hintergrund** ein und bestätigen Sie mit **OK**. Nun können Sie sich auch in der **ANSICHT KONZEPT** und in der normalen Bearbeitungsansicht vor dem Ausdruck einen Eindruck davon verschaffen, an welchen Stellen im gedruckten Dokument ein Seitenumbruch erfolgen wird.

Die allgemeinen Grundeinstellungen sind unter einer eigenen Option in EXTRAS EINSTELLUNGEN zusammengefaßt worden.

Seiten- und Papierformate

Vor dem Aufrufen des Befehls **DATEI DRUCKEN** sollten Sie das Seitenformat Ihres Word für Windows-Dokumentes und das Papierformat des zu benutzenden Druckers aufeinander abstimmen. Die Werte für die Drucker-Papiergröße in der Dialogbox **DATEI DRUCKEREINRICHTUNG Einrichtung** und für die Papiergröße von Word für Windows in der Dialogbox **FORMAT SEITE EINRICHTEN** sollten im Normalfall aufeinander abgestimmt sein. Beachten Sie bitte, daß durch eine Änderung der Seitengröße (z.B. von DIN A4 auf DIN A5) in der Dialogbox **FORMAT SEITE EINRICHTEN** nicht automatisch die Seitengröße in der Druckereinrichtung von Windows 3.1 geändert wird. Wenn Sie in Word für Windows eine Seitengröße gewählt haben, die nicht innerhalb der möglichen Seitengröße liegt, die für den Drucker in der Systemsteuerung konfiguriert wurde, wird beim Starten des Ausdrucks in Word für Windows eine entsprechende Warnmeldung gegeben.

Sie können direkt in Word für Windows 2.0 Druckereinstellungen vornehmen, die ohne Einfluß auf die Einstellungen der Systemsteuerung sind, beim Drucken aber trotzdem berücksichtigt werden.

Über den Befehl **FORMAT SEITE EINRICHTEN** können Sie unter der Option **Größe und Ausrichtung** das Papierformat einstellen (siehe Abbildung 3.9.1). Wenn Sie auf den kleinen Verzeichnislistenpfeil rechts neben der Option **Papiergröße** klicken, können Sie aus der Liste das gewünschte Papierformat auswählen. Sollte in der Liste das von Ihnen

Durch ein Klicken auf die Schaltfläche ALS STAN-DARD BENUTZEN können Sie die gewünschten Einstellungen für alle in der Zukunft mit der Stan-dard-Dokument-Vorlage NORMAL.DOT zu erstellenden Dokumente festschreiben.

gewünschte Format nicht enthalten sein, so können Sie auch ein individuelles Papierformat bestimmen, indem Sie in den Feldern **Breite** und **Höhe** mit Hilfe der beiden kleinen Pfeile das Papierformat auf das von Ihnen gewünschte Format bringen.

Hochformat und Querformat

Sie können in Word für Windows bzw. Windows 3.1 ein Dokument auch im Querformat ausdrucken. Ausdrucken im Querformat bedeutet, daß das aktuelle Seitenformat während des Druckes einfach um 90° gedreht wird. Wenn Sie mit einem Matrixdrucker arbeiten, brauchen Sie also keineswegs Ihr Papier im Drucker zu drehen. Spannen Sie Ihr DIN-A4 Blatt genauso wie sonst auch im Hochformat ein. Der Text wird beim Ausdruck automatisch so gedreht, daß er im Querformat auf der Seite erscheint.

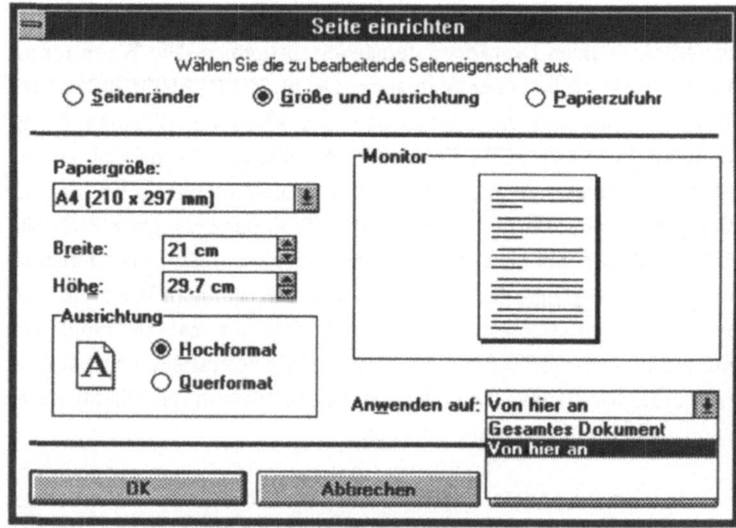

Abb.3.9.1:   Das Einrichten der Seite beinhaltet jetzt auch das Einstellen des Papierformates

Eine Änderung des Papierformates auf Querformat müssen Sie nicht mehr unbedingt mit dem Befehl **DATEI DRUCKEREINRICHTUNG** vornehmen. Dokumentbreite und Seitenhöhe lassen sich jetzt nämlich auch unabhängig von den Einstellungen in der Systemsteuerung im Menü **FORMAT SEITE EINRICHTEN** einstellen. Wenn Sie beim Umstellen auf Querformat die Option **Von hier an** auswählen, ist es sogar möglich, Hoch- und Querformate innerhalb eines Dokumentes miteinander zu kombinieren (siehe Abbildung 3.9.1).

Sie können Hoch- und Querformate in Version 2.0 auch innerhalb eines Dokumentes wechseln lassen.

Einstellen der Papierzufuhr

Der Befehl **FORMAT SEITE EINRICHTEN** erlaubt Ihnen unter der Option **Papierzufuhr** auch, die Papierzufuhr im Drucker zu regeln. Wenn Sie zum Beispiel mit einem Zweischacht-Drucker arbeiten, könnten Sie bestimmen, daß das erste Blatt Ihres Dokumentes aus dem ersten Schacht und die nachfolgenden Blätter aus dem zweiten Schacht gezogen werden sollen. Mit Hilfe der Option **Manueller Einzug** bzw. **Briefumschlag** schalten Sie vor den Ausdruck der ersten Seite eine Dialogbox, mit der Sie aufgefordert werden, das Papier einzulegen. Durch Bestätigen von **OK** können Sie dann den Ausdruck nach dem Einlegen des Einzelblattes bzw. Briefumschlages starten.

Schriftarten aktivieren

Wenn Sie die in Windows installierten Schriftarten ändern, müssen Sie diese Änderung auch einmal Word für Windows mitteilen. Hierfür rufen Sie den Befehl **DATEI DRUCKEREINRICHTUNG** auf, wählen den entsprechenden Drucker aus und bestätigen mit **OK**. Der Drucker ist mit den neuen Schriftarten dann auch in Word für Windows aktiviert.

Sie sollten vor dem erneuten Aufruf von Word für Windows die Datei WINWORD.INI löschen.

Layout-Gestaltung vor dem Druck

Vor dem Ausdruck eines Dokumentes kann man sich in Word für Windows einen Eindruck vom Layout des auszudruckenden Dokumentes mit

Hilfe des Befehls **DATEI SEITENANSICHT** oder aber mit der neuen ZOOM-Funktion verschaffen.

Sie können auch in der Seitenansicht eine Dokument-Formatierung über den Befehl **FORMAT SEITE EINRICHTEN** oder aber etwas komfortabler mit der Maus vornehmen. Wenn Sie die Schaltfläche **Begrenzungen** mit `Alt` + `⇧` , `G` einschalten, werden auf der Seite die Seitenränder als gestrichelte Linien dargestellt. Mit Hilfe der Eckanfasser am unteren oder linken Seitenrand können Sie horizontale und vertikale Seitenränder mit der Maus verschieben. Dabei können Sie die genaue Position der Seitenränder in der oberen Menüzeile kontrollieren, solange Sie die linke Maustaste gedrückt halten.

Bitte beachten Sie beim Setzen der Seitenränder, daß manche Drucker zusätzlich einen Bereich auf der Seite sperren, der nicht bedruckt werden kann. Diesen Bereich müssen Sie beim Setzen des Seitenrandes im Menü **FORMAT SEITE EINRICHTEN** berücksichtigen. Ein NEC P6 arbeitet beispielsweise druckerintern beim Einzelblatteinzug mit einem automatischen Seitenvorschub von 2,5 cm sowie einem Bereich von 2,5 cm unten auf der Seite, der nicht bedruckt werden kann. Dieser Seitenrand kann mit dem Windows-Druckertreiber für den NEC P6 nicht vorkonfiguriert werden, was zur Folge hat, daß bei einem am Bildschirm dargestellten Seitenrand von 2,5 cm der tatsächliche Seitenrand von oben 5 cm beträgt. Wenn also im Ausdruck der Text bei 2,5 cm Seitenrand von oben beginnen soll, müssen Sie den Seitenrand für dieses Dokument in Word für Windows auf 0 cm setzen.

Etwas anders verhält es sich z.B. bei Laserdruckern. Die meisten Laserdrucker können einen Bereich von ca. 1 cm rund um die Seite nicht bedrucken. Diesen Umstand brauchen Sie aber beim Setzen des Seitenrandes nicht zu berücksichtigen, denn eine Vorschubautomatik kommt dabei nicht zum Tragen. Beachten Sie lediglich, daß der Seitenrand einen Mindestabstand von 1 cm vom Papierrand einhält, damit nicht Teile Ihres Dokumentes im Ausdruck plötzlich verschwunden sind. Für den Ausdruck von Text- und Grafik-Mischdokumenten ist zu beachten, daß ein Element, das relativ zum Seitenrand positioniert wurde, in der

Seitenansicht vielleicht nicht angezeigt wird, weil es sich auf einem Teil der Seite befindet, den der Drucker nicht bedrucken kann.

Hurenkinder und Schusterjungen

Arbeitet man viel in der Konzeptansicht, dann kommt es häufig vor, daß man beim Drucken des Dokumentes unschöne Überraschungen erlebt. Eine dieser Überraschungen ist auch das Drucken von sogenannten Hurenkindern und Schusterjungen. Ein Hurenkind ist die letzte Zeile eines Absatzes, die nach einem Seitenumbruch als erste und einzige Zeile des Absatzes allein und verloren auf der neuen Seite steht. Das genaue Pendant dazu bilden Schusterjungen. Bleibt die erste Zeile eines Absatzes als einzige Zeile auf einer Seite stehen, während der gesamte Rest des Absatzes auf der neuen Seite steht, so bezeichnet man dieses als einen Schusterjungen.

Standardmäßig verhindert Word für Windows das Drucken von Hurenkindern und Schusterjungen. Da Sie die Grundeinstellungen von Word für Windows aber bekanntlich nach eigenen Wünschen frei gestalten können, kann es vorkommen, daß es im Ausdruck zu Schusterjungen und/oder Hurenkindern kommt. Um Hurenkinder und Schusterjungen zu verhindern, wählen Sie den Befehl **EXTRAS EINSTELLUNGEN Drukken**, schalten die Option **Absatzkontrolle** ein und bestätigen mit **OK**. Neu ist in Version 2.0 dabei auch, daß die Absatzkontrolle immer nur für das jeweils aktuelle Dokument gilt.

Die Absatzkontrolle wurde in Version 2.0 aus dem Befehl FORMAT DOKUMENT in EXTRAS EINSTELLUNGEN DRUCKEN verlegt.

Eine andere Möglichkeit, Hurenkinder und Schusterjungen zu verhindern, besteht darin, bei der Dokumenterstellung darauf zu achten, daß innerhalb von Absätzen keine Seitenumbrüche erfolgen. Um einen Seitenumbruch innerhalb eines Absatzes zu verhindern, müssen Sie den Absatz, der nicht getrennt werden soll, markieren und den Befehl **FORMAT ABSATZ** aufrufen. Schalten Sie die Option **Zeilen nicht trennen** ein und bestätigen Sie mit **OK**. Sollte in diesem Absatz bereits ein Seitenumbruch mit [Strg] + [←] erzwungen worden sein, so müssen Sie diesen natürlich zunächst löschen.

Druckposition für Fußnoten festlegen

Wenn Sie in Ihrem Dokument Fußnoten verwendet haben, können Sie bestimmen, ob der Fußnotentext am unteren Ende der jeweiligen Seite des Fußnotenzeichens, direkt im Anschluß an den Text, am Ende von Abschnitten oder am Ende des Dokuments gedruckt wird. Der Unterschied zwischen den Optionen **Textende** und **Seitenende** besteht darin, daß Fußnotentext bei der Option **Textende** direkt im Anschluß an den Textkörper einer Seite gedruckt wird, während bei der Option **Seitenende** der Fußnotentext am unteren Seitenende erscheint.

Alle Einstellungen für Fußnoten wurden in Version 2.0 im Befehl EINFÜGEN FUßNOTE zusammengefaßt.

Die Druckposition des Fußnotentextes können Sie mit dem Befehl **EINFÜGEN FUßNOTE Optionen** bestimmen. Im Textfeld **Position** können Sie dann die Position auswählen, an der die Fußnoten gedruckt werden sollen.

Das Druckformat für Fußnoten und Fußnotentext läßt sich über FORMAT DRUCKFORMAT selbst bestimmen.

Wichtig für das Drucken von Fußnoten ist neben den Einstellungen im Menü **EINFÜGEN FUßNOTE** auch ein Eintrag im Menü **FORMAT AB-SCHNITT**, wenn Sie mit mehreren Abschnitten arbeiten. Wenn Sie mit Abschnitten arbeiten, sollten Sie darauf achten, daß in diesem Menü die Option **Fußnoten unterdrücken** nicht eingeschaltet ist. Word für Windows hält die Fußnoten nämlich so lange fest, bis es an einen Abschnitt gelangt, bei dem die Option **Fußnoten unterdrücken** nicht eingeschaltet ist. Wenn diese Option bei jedem Abschnitt eingeschaltet ist, werden die Fußnoten logischerweise erst am Ende des Dokumentes gedruckt.

Drucken mit Word für Windows

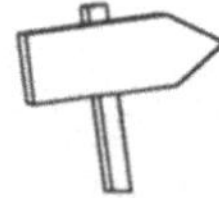

Das Installieren eines Druckers in der Systemsteuerung von Windows wird in Teil 1, Kapitel 5 beschrieben.

Wenn Sie den Befehl **DATEI DRUCKEN** aufrufen, öffnet sich die Dialogbox aus Abbildung 3.9.2. Diese Dialogbox läßt sich neben dem Tastenschlüssel [Alt]+[D],[D] auch mit der Tastenkombination [Strg]+[⇧],[F12] aufrufen. Ganz oben in der Dialogbox zeigt Ihnen Word für Windows an, welcher Drucker momentan für die Druckausgabe aktiviert ist. Sollte dort kein Drucker angezeigt werden, so müssen Sie über die Systemsteuerung zunächst einen Drucker installieren. Die Systemsteue-

rung können Sie im **PROGRAMM-SYSTEMMENÜ** über den Befehl
[Alt] + [Leert.] , [A] , [S] direkt von Word für Windows aus aufrufen.

Durch die Eingabe einer entsprechenden Zahl in das Textfeld **Exemplare**
können Sie bestimmen, wieviele Exemplare des Dokumentes gedruckt
werden sollen.

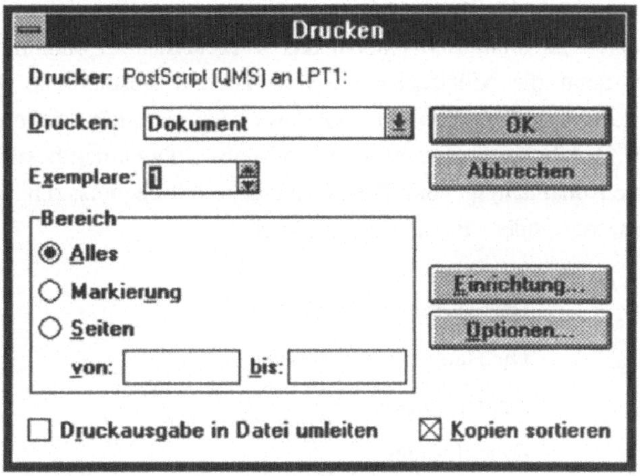

Abb.3.9.2: Die Dialogbox DATEI DRUCKEN

Wenn Sie mit zwei verschiedenen Druckern arbeiten, erlaubt Word für
Windows, zwischen diesen beiden Druckern zu wechseln. Mit dem Befehl **DATEI DRUCKEREINRICHTUNG** können Sie den zu benutzenden
Drucker auswählen, indem Sie einfach den zu benutzenden Drucker markieren und die Aktivierung mit **OK** bestätigen. Der Wechsel ist allerdings nur dann möglich, wenn sich die beiden Drucker an verschiedenen
Schnittstellen Ihres Computers befinden oder es sich bei einem der beiden Drucker um einen Netzwerkdrucker handelt. Wollen Sie kurzfristig
einen Drucker benutzen, der einen bisher eingestellten Drucker an der
Standardschnittstelle (z.B. LPT1) ersetzt, so müssen Sie diesen Drucker
zunächst über die Systemsteuerung von Windows 3.1 an diese Schnittstelle anschließen, denn an einer Schnittstelle kann sich auch in der Win-
dows-Logik zur selben Zeit immer nur ein Drucker befinden.

Bestimmen der zu druckenden Elemente

Nach diesen Vorbereitungen können Sie nun an das Drucken des Dokumentes gehen und den Befehl **DATEI DRUCKEN** aufrufen. In dem Verzeichnisfeld **Drucken** können Sie durch einen Mausklick auf den rechts neben dem Feld stehenden Pfeil auswählen, welcher Bestandteil des Dokumentes ausgedruckt werden soll. Im Normalfall soll das Dokument, also der Textkörper mit Abbildungen und/oder Tabellen ausgedruckt werden, weshalb die Voreinstellung in diesem Verzeichnisfeld *Dokument* lautet. Es lohnt sich jedoch, das Verzeichnisfeld einmal aufzuklappen, denn die Möglichkeiten, verschiedene Bestandteile separat auszudrucken, sind in Word für Windows sehr vielfältig (siehe Abbildung 3.9.3). Die folgenden Word für Windows Dokumentbestandteile lassen sich unabhängig vom Textkörper des Dokumentes, d.h. also in einer entweder - oder - Beziehung, ausdrucken.

⇨   Das gesamte Dokument,

⇨   Die Datei-Informationen,

⇨   Anmerkungen,

⇨   Druckformate,

⇨   Textbausteine und die

⇨   Tastenbelegung.

Auch die verschiedenen Gliederungsebenen eines Dokumentes lassen sich separat ausdrucken. Wenn Sie in die ANSICHT GLIEDERUNG schalten und sich z.B. die Ansicht aller Gliederungspunkte der Ebene 2 aktivieren, so erhalten Sie nach dem Ausführen des Befehls DATEI DRUCKEN einen Ausdruck aller Gliederungspunkte bis Ebene 2.

Drucken separater Datei-Bestandteile

Um Datei-Bestandteile separat auszudrucken, wählen Sie den Befehl **DATEI DRUCKEN** und in dem Verzeichnisfeld **Drucken** eine der Optionen **Dokument**, **Datei-Info**, **Anmerkungen**, **Druckformate** (druckt Beschreibungen von Druckformaten), **Textbausteine** oder **Tastenbelegung** aus und bestätigen mit **OK**. Zu beachten ist dabei, daß mit den Optionen **Tastenbelegung** und **Druckformat** immer nur die von Ihnen selbst definierten Tastenbelegungen und Druckformate ausgedruckt werden, - d.h. also nicht die Standard-Tastaturbelegung oder die Standard-Druckformate von Word für Windows. Word für Windows ist allerdings so schlau, daß es erkennt, wenn Sie ein Standard-Druckformat verändert haben, so daß auch dieses ausgedruckt wird, wenn Sie die Option **Druckformate** für den Ausdruck bestimmen.

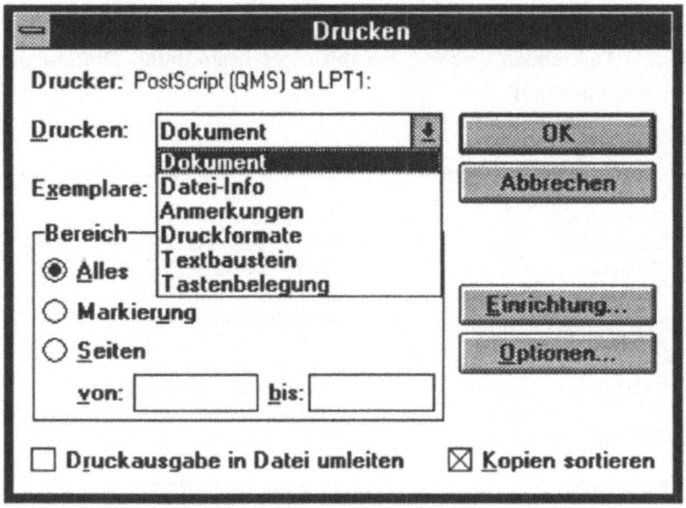

Drucken
Drucker: PostScript (QMS) an LPT1:
Drucken: Dokument
Dokument
Datei-Info
Anmerkungen
Bereich
Druckformate
Alles
Textbaustein
Tastenbelegung
Markierung
Seiten
von: bis:
OK
Abbrechen
Einrichtung...
Optionen...
Exemplare:
Druckausgabe in Datei umleiten
Kopien sortieren

Abb.3.9.3:   Diese Teile können separat ausgedruckt werden

Wenn das Dokument selbst gedruckt werden soll, wählen Sie den Befehl **DATEI DRUCKEN** und stellen als Option in dem Verzeichnisfeld **Drukken** die Option **Dokument** ein. Sie können dann in der Optionsgruppe **Seiten** bestimmen, ob das gesamte Dokument (**Alles**), ein zuvor markierter Textkörper (**Markierung**) oder nur bestimmte Seiten (**von: bis:**) ausgedruckt werden sollen.

Wenn Sie die Option **Datei Info** markieren, werden anstelle des Dokumentes die Datei-Informationen der aktuellen Datei ausgedruckt. Ein Ausdruck der Datei-Info könnte sich wie in Abbildung 3.9.4 gestalten.

Das Drucken der Datei-Info ist vor allem vom Datei-Manager aus sinnvoll, weil von dort aus mehrere Dateien oder deren Bestandteile mit nur einem Befehl gedruckt werden können, ohne daß die Dateien zuvor geöffnet werden müssen. Sie können die Datei-Informationen sehr gut dazu benutzen, um sich außerhalb des Computers einen Katalog Ihrer mit Word für Windows erstellten und bearbeiteten Dateien zu erstellen. Als Profi können Sie die Datei-Info auch in eine Datei drucken lassen und die verschiedenen Datei-Informationen in einer Datenbank ablegen. Eine solche Datenbank könnte Ihnen dann Datei-Recherchen erlauben, die mit dem Datei-Manager von Word für Windows nicht möglich sind (z.B. alle Dokumente suchen, die mit einer bestimmten Dokumentvorlage verbunden sind).

<pre>
Dateiname: 3BUCH1.DOC
Verzeichnis: C:\MICHAEL\MS\BUCH\AKTUELL
Vorlage: C:\WINWORD\VIEWEG2.DOT
Titel: Grundfunktionen der
                                  Dokumenterstellung
Autor: Thomas Schürmann /
                                  Michael Schwessinger
Thema: Grundlegende WORD FÜR
                                  WINDOWS Techniken
Schlüsselworter: Dokumenterstellung, Datei Öffnen,
                                  Bewegen im Text
Kommentar: In dieser Datei erfolgt die
                                  grundlegende Einführung in
                                  Word für Windows
Erstelldatum: 17.08.90 23:55
Version: 3
Datum des letzten Speicherns: 18.08.90 00:00
Zuletzt gespeichert von: Michael Schwessinger
Zuletzt gedruckt:
Nach letztem vollständigen Druck
     Seitenanzahl: 19 (ca.)
     Wortanzahl: 3.260 (ca.)
     Zeichenanzahl: 18.608
</pre>

Abb.3.9.4:　　Ausdruck einer Datei-Info

Das Drucken vom Datei-Manager aus und das Drucken in eine Datei wird in diesem Kapitel an späterer Stelle beschrieben.

Mit der Option **Druckformate** können Sie sich eine Übersicht darüber ausdrucken lassen, welche Druckformate Sie individuell erstellt oder verändert haben. Es werden immer die Druckformate der aktuellen Datei gedruckt. Auch bei der Option **Tastenbelegung** werden nur die Tastenschlüssel gedruckt, die Sie individuell selbst erstellt haben.

Wenn Sie die Option **Textbausteine** markieren, werden die Textbausteine der aktuellen Datei gedruckt. Ist die aktuelle Datei mit einer Dokumentvorlage verknüpft, so werden zunächst die Textbausteine der zu dem Dokument gehörigen Dokumentvorlage gedruckt und im Anschluß daran alle global verfügbaren Textbausteine.

Wenn Sie als Option **Anmerkungen** einstellen, werden die Anmerkungen der aktuellen Datei gedruckt. Der Ausdruck zeigt Ihnen durch die Angabe von Seitenzahlen genau an, auf welcher Seite die verschiedenen Anmerkungen gemacht worden sind. Das Druckformat (Schriftart, Schriftgrad etc.) des Anmerkungstextes und der Anmerkungszeichen können Sie bestimmen und verändern, indem Sie über den Befehl **FORMAT DRUCKFORMAT** die gewünschten Formatierungen vornehmen.

Das Druckformat für Anmerkungszeichen und Anmerkungstext läßt sich über FORMAT DRUCK-FORMAT individuell bestimmen.

Drucken eines markierten Bereiches

Mit den Einstellungsmöglichkeiten der Optionsgruppe **Bereich** können Sie bestimmen, welcher Bereich des Dokumentes gedruckt werden soll. Wenn Sie die Option **Bereich Alles** ankreuzen, wird das gesamte Dokument ausgedruckt. Wenn Sie vor dem Aufrufen des Befehles einen Teil des Dokumentes mit der Maus markiert hatten, so erscheint als zweite Option die Option **Markierung.** Mit ihr bestimmen Sie, daß nur der Teil des Dokumentes ausgedruckt wird, den Sie vor dem Aufrufen des Befehles mit der Maus markiert haben. Sie können durch eine Mausmarkierung den Text ab der Mitte von Seite 1 bis einschließlich des obersten Drittels der Seite 3 drucken. Hatten Sie vor dem Aufrufen des Befehles keinen Textbereich markiert, so erscheint anstelle der Option **Markierung** die Option **Aktuelle Seite**.

Man kann in Version 2.0 einen markierten Bereich oder auch die aktuelle Seite ausdrucken lassen.

Mit den Optionen **von:** und **bis:** bestimmen Sie genau, welche Seiten des Dokumentes gedruckt werden sollen. In das Textfeld **Von:** tragen Sie die erste Seitenummer ein, die gedruckt werden soll. In das Textfeld **Bis:** tragen Sie die letzte Seitenzahl ein, die gedruckt werden soll.

Um in einem Dokument mit mehreren Abschnitten bestimmte Seiten ausdrucken zu können, müssen Sie in den Textfeldern **von:** und **bis:**

Zum Drucken von Seiten in einem bestimmten Abschnitt eines Dokumentes muß man die Abschnittsnummer der Seitenzahl nachstellen.

nicht nur die Seitenzahl angeben, sondern auch die Abschnittsnummer. Um z.B. die Seiten 1 bis 3 im 4. Abschnitt eines Dokumentes auszudrucken, müssen die Einträge wie in Abbildung 3.9.5 lauten.

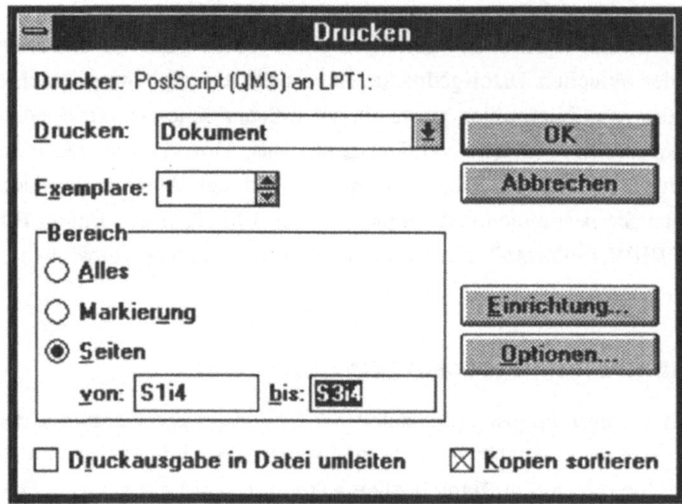

Abb.3.9.5:   Auch auf bestimmte Seiten eines bestimmten Abschnittes kann man zugreifen

Datei-Bestandteile als Anhang drucken

Neben diesem separaten Ausdruck verschiedener Dateibestandteile können Sie auch bestimmen, daß bestimmte Bestandteile als Anhang des Dokumentes ausgedruckt werden. Sie müssen dafür in der Dialogbox **DATEI DRUCKEN** auf die Schaltfläche **Optionen** klicken, mit der Sie in die Dialogbox des Befehls **EXTRAS EINSTELLUNGEN Drucken** wechseln.

In Version 2.0 können Sie die Datei-Info auch im Anschluß an eine einzelne Seite drucken.

In dieser Dialogbox können Sie bestimmen, daß Bestandteile wie z.B. Anmerkungen oder die Datei-Info als Anhang des Dokumentes ausgedruckt werden. Sie müssen z.B. lediglich die Option **Datei-Info** ankreuzen, wenn die Datei-Informationen im Anschluß an das aktive Dokument ausgedruckt werden sollen. In Version 2.0 können Sie die Datei-Info auch im Anschluß an bestimmte Seiten (durch die Eingabe von Seitenzahlen in den Textfeldern **von:** und **bis:**) ausdrucken.

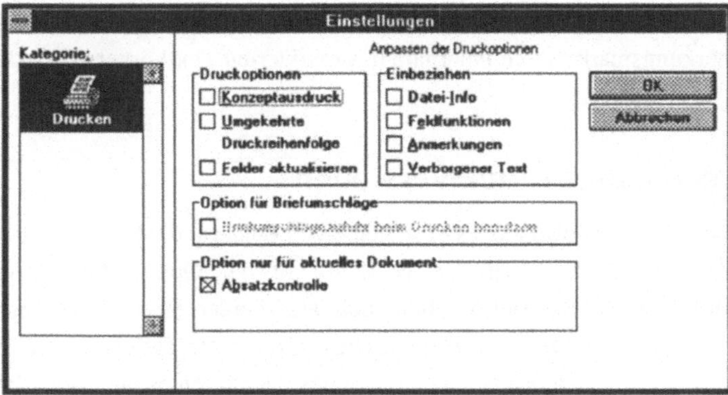

Abb.3.9.6:   Die Schaltfläche OPTIONEN öffnet den Befehl
             EXTRAS EINSTELLUNGEN DRUCKEN

Wenn Sie die Option **Anmerkungen** ankreuzen, werden im Anschluß an das Dokument evtl. vorhandene Anmerkungen ausgedruckt. Mit der Option **Verborgener Text** bestimmen Sie, daß Texte, Tabellen und Grafiken, die als verborgener Text formatiert sind, trotzdem ausgedruckt werden. Mit der Option **Feldfunktionen** können Sie bestimmen, daß anstatt der Feldergebnisse die Feldcodierungen Ihres Dokumentes ausgedruckt werden.

Wenn Sie Anmerkungen als Anhang eines Dokumentes ausdrucken möchten, so gilt es, einige Feinheiten zu berücksichtigen. Stutzen Sie bitte nicht, wenn durch das Ankreuzen der Option **Anmerkungen** auch automatisch die Option **Verborgener Text** angekreuzt wird. Anmerkungsmarken werden automatisch von Word für Windows als *verborgener Text* formatiert. Deshalb muß auch *verborgener Text* ausgedruckt werden, wenn die Anmerkungen ausgedruckt werden. Wenn Sie neben Anmerkungen auch anderen Text als verborgenen Text formatiert haben, so wird dieser natürlich ebenfalls ausgedruckt.

Auch ist zu beachten, daß im Normalfall alle Anmerkungen eines Dokumentes ausgedruckt werden, auch dann, wenn Sie den Druck z.B. auf die Seiten 1 bis 3 beschränken. Wenn Sie dagegen mit der Maus einen Textbereich markieren und in der Dialogbox **DATEI DRUCKEN** mit der Option **Markierung** bestimmen, daß nur der zuvor markierte Text ausgedruckt werden soll, so werden nur die Anmerkungen ausgedruckt, deren Anmerkungsmarken sich innerhalb des markierten Textkörpers befinden.

Verschiedene Druck-Versionen

In Word für Windows gibt es eine Reihe von Feldern, die beim Ausdruck nicht automatisch aktualisiert werden. Mit der Option **Feldaktualisierung** können Sie sicherstellen, daß alle Felder eines Dokumentes beim Ausdruck aktualisiert werden. Diese Option ermöglicht Ihnen aber auch, zwei verschiedene Versionen eines Dokumentes auszudrucken, indem Sie zunächst eine Version ohne Feldaktualisierung drucken lassen und anschließend einen Druck mit Feldaktualisierung laufen lassen. Eine Übersicht darüber, welche Felder beim Drucken automatisch aktualisiert werden und welche nicht, finden Sie entweder in dem Word für Windows Handbuch Technical Reference oder unserem zweiten Word für Windows-Band über Makroprogrammierung und Felder.

Beachten Sie, daß die Ergebnisse einiger Felder bildlich sind (sogenannte *Darstellungsergebnisse*). Hierzu gehören z.B. die Felder IMPORT und FORMEL. Verschachteln Sie diese Felder oder fügen sie zur Serienbrieferstellung in eine Steuerdatei ein, zeigt das ausgedruckte Dokument kein Feldergebnis an. Achten Sie daher darauf, daß die Ergebnisse dieser Felder nicht in einem anderen Feld verschachtelt werden.

Viele Druckermodelle werfen die Blätter mit der bedruckten Seiten nach oben aus. Das hat den Nachteil, daß Sie bei einem mehrseitigen Dokument erst den gesamten Papierstapel umsortieren müssen, denn die erste Seite des Dokumentes liegt ganz unten im Stapel. Um das zu vermeiden, können Sie die Option **Umgekehrte Druckreihenfolge** ankreuzen, denn dadurch wird das Dokument von hinten nach vorne ausgedruckt, d.h. der Ausdruck beginnt mit der letzten Seite des Dokumentes.

Die Option **Konzept** ermöglicht Ihnen, einen Text ohne Rücksicht auf Formatierungen, Seitenumbrüche oder eingebundene Grafiken und Felder zu drucken. In diesem Modus nimmt Word für Windows keine Mikroschrittjustierung - also einen optimierten Zeichenabstand - vor und druckt Grafiken lediglich als leere Rahmen. Ein Konzeptdruck ist wesentlich schneller als ein normaler Ausdruck, sodaß Sie ihn gut dazu benutzen können, um z.B. ein Manuskript "mal eben schnell ausdrucken zu lassen".

Druckauftrag für mehrere Dateien

In Word für Windows steht Ihnen eine sehr komfortable Funktion zur Verfügung, um mehrere Dateien oder Dokumente mit nur einem Befehl ausdrucken zu lassen. Sie können nämlich einen Druckauftrag auch vom Word für Windows Datei-Manager aus starten, was den Vorteil hat, daß die zu druckenden Dateien nicht erst geöffnet werden müssen.

Der Ausdruck vom Word für Windows Datei-Manager eignet sich z.B. hervorragend, um sich einen Überblick über alle auf der Festplatte oder einer Diskette vorhandenen Dateien zu verschaffen, wenn Sie einfach alle Dateien markieren und sich die Datei-Informationen dieser Datei ausdrucken lassen.

Wählen Sie dazu den Befehl **DATEI DATEI-MANAGER**. Halten Sie die ⌨Strg⌨ -Taste gedrückt, und klicken Sie mit der Maus nacheinander auf die gewünschten Dateinamen. Klicken Sie nun auf die Schaltfläche **Drucken**, um die Dialogbox **DRUCKEN** aufzurufen und wählen Sie die gewünschten Druckoptionen aus. Wenn Sie einen bestimmten Bereich von Seiten angeben, so werden genau diese Seiten für jede der in der Dialogbox **DATEI DATEI-MANAGER** ausgewählten Dateien gedruckt. Sie starten den Druck durch Klicken auf **OK**.

Seriendruck

Die neue Seriendruckfunktion in Word für Windows ist in der Bedienung wesentlich einfacher geworden. Die Serienbrieffunktion arbeitet so, daß die Daten von zwei bzw. drei Dateien zusammengefaßt werden. Wenn Sie beispielsweise Serienbriefe oder Adressaufkleber erstellen, so mischen Sie den Formtext einer Serientextdatei mit den Datensätzen einer Steuerdatei. Die Zuordnung einer Steuerdatei zu einer Serientext-

Das Erstellen von Serienbriefen wird detailliert in Teil 4, Kapitel 14 besprochen.

datei erfolgt über den Befehl **DATEI SERIENDRUCK** mit [Alt]+[D],
[K]. Bei Aufrufen des Druckes über eine spezielle Funktionsleiste der
Seriendruckfunktion können Sie bestimmen, ob alle Datensätze (z.B.
Adressen) mit dem Formbrief kombiniert werden sollen, also für jeden
Datensatz ein Exemplar des Formbriefes ausgedruckt wird. Mit den
Optionen **Von/Bis** können Sie aber auch die Nummer des ersten und des
letzten Datensatzes einer Gruppe bestimmen, die für den Serienbrief ver-
wendet werden sollen.

Formatierung beim Seriendruck

Eine Besonderheit muß beim Seriendruck bzgl. der Zeichenformatierungen in den beiden Dateien, die für den Seriendruck benutzt werden,
beachtet werden. Wenn Sie eine Serientextdatei mit einer Steuerdatei
verbinden, gilt für die variablen Daten der Steuerdatei zunächst auch die
Zeichenformatierung der Steuerdatei. Das bedeutet, daß in dem zusammengesetzten Dokument z.B. die Adressen so formatiert werden wie die
einzelnen Adressen in der Steuerdatei. Sie müssen also die einzelnen
Steuersätze in der Steuerdatei so formatieren, wie Sie in den gedruckten
zusammengesetzten Dokumenten erscheinen sollen. Um sicherzugehen,
daß Ihre fertigen Serienbriefe einheitlich formatiert sind, sollten Sie zum
einen die Feldfunktionen so formatieren wie das Ergebnis formatiert sein
soll, und außerdem am Ende des Feldes den Schalter * Zeichenformat
hinzugefügt haben.

Wissenwertes rund um´s Drucken

Die Bedeutung von Druckertreibern

Die heute am Markt verfügbaren Drucker unterscheiden sich darin, wie
sie verschiedene Schriftarten, Grafiken, Zeichenabstände, Textausrichtungen und Zeichenformate in Windows am Bildschirm verwenden können. Das Erscheinungsbild eines Word für Windows Dokumentes am

Bildschirm hängt also von Ihrem Drucker ab und kann sich von Druk-
kermodell zu Druckermodell stark unterscheiden. Word für Windows
bietet Ihnen z.B. bei der Zeichenformatierung zusätzlich zu den True-
Type-Schriften von Windows 3.1 immer diejenigen Schriftarten an, die
der gerade in der Systemsteuerung aktivierte Drucker zur Verfügung
stellt. Benutzen Sie die True-Type-Schriften, so werden diese in Abhängigkeit von Ihrer Windows-TrueType-Konfiguration ggfs. in ähnlich
aussehende Schriften umgewandelt. Unabhängig davon können Sie aber
auch andere Schriftarten am Bildschirm formatieren und anwenden und
das Dokument dann später auf einem Drucker ausgeben, der andere
Schriftarten und Formatierungsmerkmale unterstützt bzw. umsetzen
kann.

Word für Windows verwendet als Bindeglied zwischen dem Dokument
und dem Drucker sogenannte Druckertreiber, die als Dateien auf der
Festplatte vorhanden sind. Diese Dateien werden allerdings standardmäßig nicht von Word für Windows, sondern von Windows 3.1 zur Verfügung gestellt, denn einer der Vorteile von Windows 3.1 ist ja, daß
nicht jedes Programm eigene Druckertreiber verwenden muß. Beim Kauf
eines Druckers müssen Sie also darauf achten, daß Windows 3.1 (und
nicht das jeweilige Anwendungsprogramm) diesen Drucker unterstützt.

Ein Druckertreiber enthält wichtige Informationen für das jeweilige Anwendungsprogramm, wie z.B. Einzelheiten über die Konfiguration der
Druckerschnittstelle oder über bestimmte Schriftarten. Wenn Windows
3.1 einen Druckertreiber für Ihr Druckermodell enthält, so haben Sie
diesen wahrscheinlich bei der Installation von Windows 3.1 bereits für
die Verwendung mit Windows 3.1 Anwendungsprogrammen vorkonfiguriert. Während der Arbeit mit Windows können Sie ja über die
Systemsteuerung stets den Drucker wechseln oder die Konfiguration
ändern.

Wenn Sie mit Word für Windows arbeiten möchten, aber einen Drucker
verwenden, der von Windows 3.1 noch nicht unterstützt wird, können
Sie Ihre Dokumente trotzdem drucken. Verwenden Sie dazu einen der
Standardtreiber (Beachten Sie hierbei, daß möglicherweise nicht alle
Formatierungen berücksichtigt werden).

Drucken in Dateien

Es kann gelegentlich notwendig sein, eine Datei aus einer Tabellenkalkulation oder Ihrer Textverarbeitung in eine Datei zu drucken, anstatt sie gleich an den Drucker zu senden. Eine auf diese Weise erzeugte Ausgabedatei könnten Sie z.B später mit einem anderen Dokument zusammenführen oder auch zu einem anderen Zeitpunkt an einem anderen Gerät durch einen einfachen COPY-Befehl drucken (z.B. beim Drucken einer Encapsulated PostScript-Datei (EPS) für eine Fotosatzbelichtung mit einer Linotronic).

Um in eine Datei zu drucken, rufen Sie zunächst die Systemsteuerung aus der Hauptgruppe auf. Wählen Sie das Symbol Drucker aus und in der sich öffnenden Dialogbox **DRUCKER** in dem Feld **Installierte Drucker** den Namen des Druckers, mit dem Sie drucken möchten.

Da Windows den Ansi-Zeichensatz verwendet und diesen für die Druckausgabe in den Code umwandelt, den Ihr Drucker versteht, können Sie die erzeugte Datei im Normalfall nicht als Textdatei bearbeiten, denn alle Druckersteuerzeichen werden in der Datei ebenfalls aufgelistet. Wenn Sie die Druckdatei als Textdatei bearbeiten möchten, müssen Sie den Druckertreiber **Standard/Nur Text** verwenden, der sich auf einer der Windows 3.1 Installationsdisketten befindet.

Wählen Sie also aus der Liste den Drucker aus, der für die Druckdateiausgabe verwendet werden soll. Anschließend stellen Sie als Ausgabeeinheit über den Befehl **Konfigurieren** den Anschluß **File** im Feld **Anschlüsse** ein. Wählen Sie **Installieren**, um zu überprüfen, ob alle Druckoptionen richtig eingestellt sind. Sie müssen nicht mehr wie in Windows 2.xx einen Dateinamen in der Windows Konfigurationsdatei WIN.INI eintragen, sondern werden später bei der Druckausgabe zur Dateinamensvergabe aufgefordert. Abschließend bestätigen Sie dreimal mit **OK**, um zum Fenster Systemsteuerung zurückzukehren. In Ihrem Anwendungsprogramm müssen Sie nun nur noch den Drucker als Ausgabegerät aktivieren (im Normalfall über den Befehl **DATEI DRUKKEREINRICHTUNG**) und die Druckausgabe in eine Datei kann gestartet werden.

Wenn Sie als Anschluß **File** angegeben haben, werden Sie beim Starten des Ausdrucks vom Druck-Manager mit der in Abbildung 3.9.7 dargestellten Dialogbox immer zunächst aufgefordert, einen Dateinamen anzugeben, zusätzlich zum Dateinamen können Sie auch ein Laufwerk und ein Verzeichnis angeben, in dem die Datei gespeichert werden soll. Tragen Sie den Dateinamen ein und bestätigen Sie mit **OK**, um den Ausdruck zu starten.

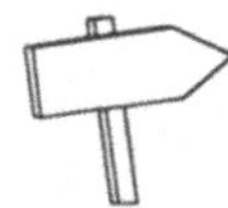

Zum Ausdrucken in eine Datei finden Sie weitere Hinweise in Teil 1, Kapitel 5.

Abb.3.9.7:   Der Druck-Manager fordert zur
             Eingabe eines Dateinamens auf

Plotten mit Word für Windows

Ein besonderes Merkmal von Windows ist, daß Dateien und Dokumente auch über einen Plotter ausgegeben werden können. Da Word für Windows auf die Druckertreiber von Windows 3.1 zurückgreift und Windows 3.1 auch Plotter unterstützt, können Sie die Plottertreiber folglich auch für Word für Windows Dokumente benutzen. Das kann dann sinnvoll sein, wenn Sie z.B. Plakate mit besonders großen Buchstaben in einer hohen Qualität mit Word für Windows erstellen möchten. Dabei gibt es allerdings bei bestimmten Plottern kleine Unzulänglichkeiten zu berücksichtigen. So kann z.B. der Plottertreiber für Plotter der Firma Hewlett Packard (HP-Plotter) mit den von Word für Windows Version 1.00 erstellten Rahmen nichts anfangen. Diese werden deshalb beim Plotten einfach ausgelassen.

Doppeltes Unterstreichen

Bei einigen Druckern ist es erforderlich, folgende Zeile in den Abschnitt [Microsoft Word] Ihrer WIN.INI-Datei einzufügen (siehe Abbildung 3.9.8), damit die Zeichenformatierungen *Unterstreichen, Wort unterstreichen, Doppelt unterstreichen* oder *Durchstreichen* richtig gedruckt werden.

UnderlineMode=1

Weil durch diese Zeile der Druckvorgang verlangsamt wird, sollten Sie diese allerdings nur einfügen, wenn Ihr Drucker das Unterstreichungszeichen nicht richtig druckt.

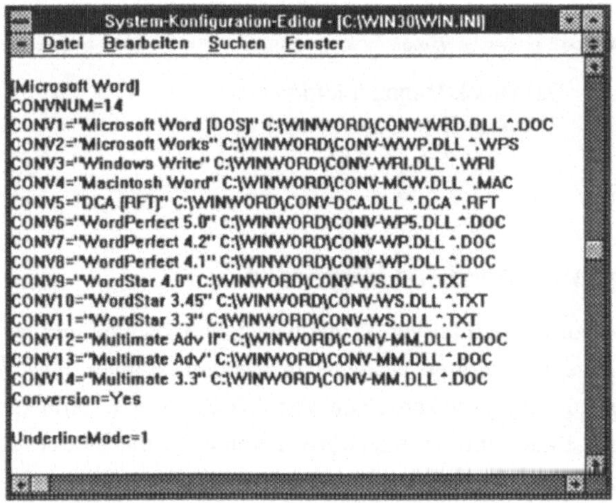

```
System-Konfiguration-Editor - [C:\WIN30\WIN.INI]
 Datei   Bearbeiten   Suchen   Fenster

[Microsoft Word]
CONVNUM=14
CONV1="Microsoft Word [DOS]" C:\WINWORD\CONV-WRD.DLL *.DOC
CONV2="Microsoft Works" C:\WINWORD\CONV-WWP.DLL *.WPS
CONV3="Windows Write" C:\WINWORD\CONV-WRI.DLL *.WRI
CONV4="Macintosh Word" C:\WINWORD\CONV-MCW.DLL *.MAC
CONV5="DCA [RFT]" C:\WINWORD\CONV-DCA.DLL *.DCA *.RFT
CONV6="WordPerfect 5.0" C:\WINWORD\CONV-WP5.DLL *.DOC
CONV7="WordPerfect 4.2" C:\WINWORD\CONV-WP.DLL *.DOC
CONV8="WordPerfect 4.1" C:\WINWORD\CONV-WP.DLL *.DOC
CONV9="WordStar 4.0" C:\WINWORD\CONV-WS.DLL *.TXT
CONV10="WordStar 3.45" C:\WINWORD\CONV-WS.DLL *.TXT
CONV11="WordStar 3.3" C:\WINWORD\CONV-WS.DLL *.TXT
CONV12="Multimate Adv II" C:\WINWORD\CONV-MM.DLL *.DOC
CONV13="Multimate Adv" C:\WINWORD\CONV-MM.DLL *.DOC
CONV14="Multimate 3.3" C:\WINWORD\CONV-MM.DLL *.DOC
Conversion=Yes

UnderlineMode=1
```

Abb.3.9.8: Für manche Drucker muß zum doppelten Unterstreichen ein Eintrag in die Datei WIN.INI gemacht werden

Im Lieferumfang von Word für Windows 2.0 ist die HP/PCL-Schriftart Symbol nur noch für Windows 3.x und nicht mehr für Windows 2.xx vorhanden.

Schriftart Symbol für HP/PCL-Drucker

Word für Windows wird mit der programmierbaren Schriftart Symbol für Hewlett-Packard PCL Laserdrucker geliefert. Bei der Installation sieht das Installationsprogramm aber in Ihrer Systemkonfiguration nach, ob Sie einen solchen Drucker verwenden. Tun Sie das nicht, wird auch die

PCL-Schriftart Symbol von Word für Windows nicht installiert. Wenn Sie also nachträglich einen solchen Drucker verwenden möchten, müssen Sie diese Schriftart von Ihren Word für Windows-Disketten nachträglich installieren, denn die Word für Windows Schriftart Symbol für HP/PCL-Drucker gehört nicht zum Lieferumfang von Windows 3.1. Hierzu gehen Sie folgendermaßen vor:

Wechseln Sie in den Datei-Manager von Windows 3.1 und erstellen Sie sich ein Verzeichnis (z.B. mit der Bezeichnung *Test*). Öffnen Sie das Fenster dieses Verzeichnisses und wechseln Sie danach im Verzeichnisstrukturfenster auf das Diskettenlaufwerk. Legen Sie die Diskette mit den Symbol-Schriftarten in das Laufwerk ein. Kopieren Sie sich nun die Dateien aus dem Verzeichnis PCLFONTS sowie das Dekomprimierungsprogramm DECOMP.EXE in das neu erstellte Verzeichnis Ihrer Festplatte. Die Schriftartdateien sind aus Kapazitätsgründen in einer komprimierten Version auf der Word für Windows-Diskette vorhanden, so daß Sie diese zunächst mit dem Dekomprimierungsprogramm DECOMP.EXE wieder auf die volle Länge bringen müssen.

Wechseln Sie zu diesem Zweck in den Programm-Manager und starten Sie die DOS-BOX. Dort wechseln Sie durch die Eingabe von *cd\ IhrVerzeichnisname* in das neu erstellte Verzeichnis und starten das Programm DECOMP.EXE. Dekomprimieren Sie nach und nach die einzelnen Dateien (Vgl. für die notwendige Befehlseingabe die Abbildung 3.9.9) und verlassen Sie danach die DOS-Box durch die Eingabe von *Exit*. Nun müssen Sie im Datei-Manager von Windows 3.1 nur noch die neuen Schriftartdateien in das Verzeichnis PCLFONTS verschieben und Windows 3.1 neu starten, um die Schriftart Symbol für PCL-Drucker in Windows 3.1 verwenden zu können.

Es kann Ihnen passieren, daß Sie nach der Installation des HP/PCL Drucker-Treibers für die Symbol-Schriftart unter Schriftarten in Word für Windows plötzlich zweimal die Schriftart TmsRmn vorfinden, wobei bei einer davon auf dem Bildschirm der Symbol-Zeichensatz dargestellt wird. Dies kommt daher: Bei der Installation der Symbol-Schriftart hat Word für Windows diese irrtümlich als Times-Roman erkannt. Die Symbol-Schriftart ist aber trotzdem vorhanden, Sie brauchen Sie lediglich umzubenennen. Gehen Sie dazu folgendermaßen vor:

Beachten Sie, daß auch in der Datei WIN.INI Softfont-Eintragungen notwendig sind, wenn Sie programmierbare Schriften im Ausdruck verwenden wollen. Hinweise hierzu finden Sie in Teil 1. Kapitel 5.

```
C:\TEST>decomp
Microsoft (R) Char-Setup Toolkit Dekomprimierungs-Programm - Version 1.00
Copyright (c) Microsoft Corp 1989.  Alle Rechte vorbehalten.

Verwendung:    decomp [-fq] Quelldatei [Zieldatei]
          -f überschreibt die Zieldatei, falls diese bereits existiert.
            (Eingabe- und Ausgabedateien müssen anders benannt sein.)
          -q wird die dekomprimierte Dateilänge berechnen (keine Ausgabe).

          Falls der Dateikopf der komprimierten Datei einen Stamm und/oder eine
          Erweiterung enthält, können Sie statt einer Zieldatei einen Pfad
          angeben.
          Falls nur ein Teil des Dateinamens im Dateikopf zur Verfügung steht,
          wird der Stamm oder die Erweiterung der Quelldatei für die fehlenden
          Teile verwendet.

C:\TEST>decomp symbol08.pf$ symbol08.pfm
Microsoft (R) Char-Setup Toolkit Dekomprimierungs-Programm - Version 1.00
Copyright (c) Microsoft Corp 1989.  Alle Rechte vorbehalten.

    Schreibt   721 Bytes in die Ausgabedatei 'SYMBOL08.PFM'

C:\TEST>
```

Abb.3.9.9:   Mit DECOMP.EXE werden in der
             DOS-Box PFM-Dateien dekomprimiert

Rufen Sie die Systemsteuerung von Windows auf und starten Sie das Unterprogramm DRUCKER. Markieren Sie den entsprechenden Drucker (PCL/HP LaserJet) und klicken Sie auf die Schaltfläche **Konfigurieren**. Klicken Sie dann auf die Schaltfläche **Installieren**. Klicken Sie dann in der sich öffnenden Dialogbox auf die Schaltfläche **Schriftarten**.

Mit der sich öffnenden Dialogbox wird Ihnen ermöglicht, Schriftarten für den HP-Laser-Jet nachträglich in Windows zu installieren oder zu verändern. Um die Times-Roman-Schriftart umzubennnen, brauchen Sie in dem linken Rechteck (siehe Abbildung 3.9.10) lediglich die erste Times-Roman-Schriftart zu markieren und im unteren Bereich der Dialogbox nachzusehen, welcher Schriftarten-Name ihnen dazu angezeigt wird. Sollte hier der Schriftarten-Name *Symbol* auftauchen, haben Sie die erste Symbol-Schriftart gefunden, die nun lediglich noch in *Symbol* umbenannt werden muß (wird hier der Name Times-Roman angezeigt, so handelt es sich um eine korrekt benannte Times-Roman-Schriftart und Sie können die nächste Times-Roman-Schriftart markieren).

Klicken Sie nun auf die Schaltfläche **Bearbeiten** (siehe Abbildung 3.9.10) und überschreiben Sie in dem Textfeld **Name** die Bezeichnung *TmsRmn* mit *Symbol*. Markieren Sie bei der Optionsgruppe **Gruppe** außerdem die Option **Decorative**. Bestätigen Sie Ihre Eingabe mit ⬅ und suchen Sie die nächste Times-Roman-Schriftart. Sobald im unteren Bereich des Fensters wieder als Schriftarten-Name *Symbol* erscheint, verfahren Sie wie oben beschrieben. Wenn Sie alle Bezeichnungen für Times-Roman-Schriftarten überprüft und gegebenenfalls umbenannt haben, löschen Sie die Datei WINWORD.INI (Sie finden diese im Winword-Verzeichnis) und starten Windows neu, damit die Änderungen aktiv werden können.

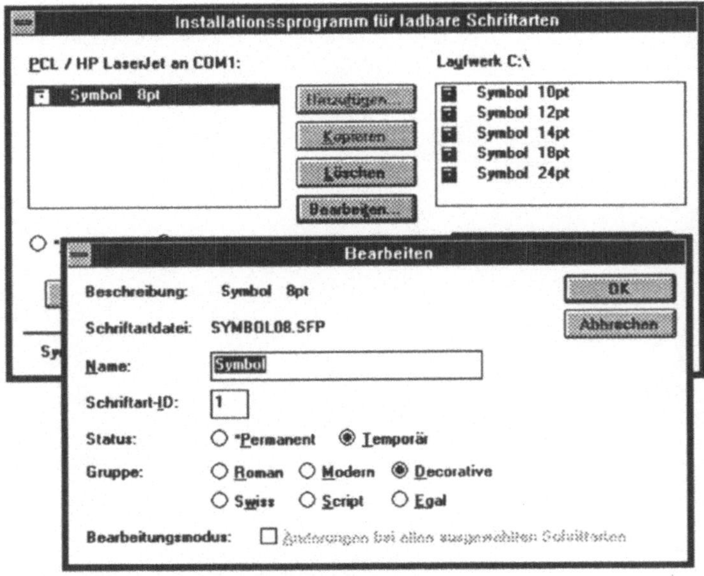

Abb.3.9.10: Schriftarten können für den HP-Laser-Jet
umbenannt werden

Zusammenfassung

In diesem Kapitel haben wir das **Drucken von Dokumenten** in Word für Windows beschrieben. Wir haben erläutert, wie man den Papierrand einstellt und die **Druckereinrichtung von Word für Windows** vornimmt. Zusätzlich wurde das Zusammenspiel zwischen Systemsteuerung und Word für Windows besprochen. Der **Seriendruck** und das Drucken von Anmerkungen, Druckformaten und anderen Dokumentbestandteilen wurden erläutert und abschließend haben Sie erfahren, welche Besonderheiten bzgl. der Schriftart **Symbol** für HP/PCL-Drucker in Windows 3.x zu beachten sind.

von

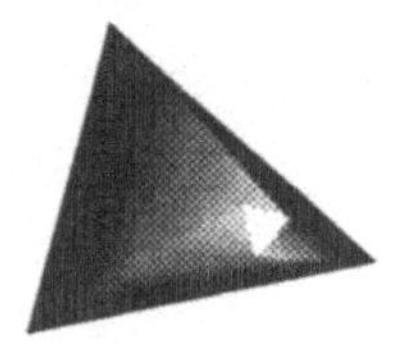

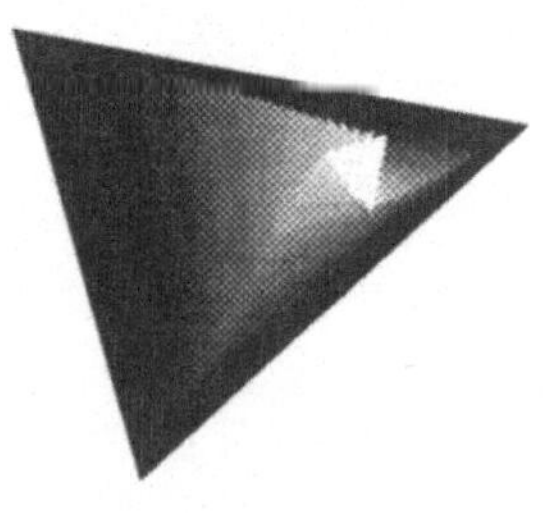

Dokumenten

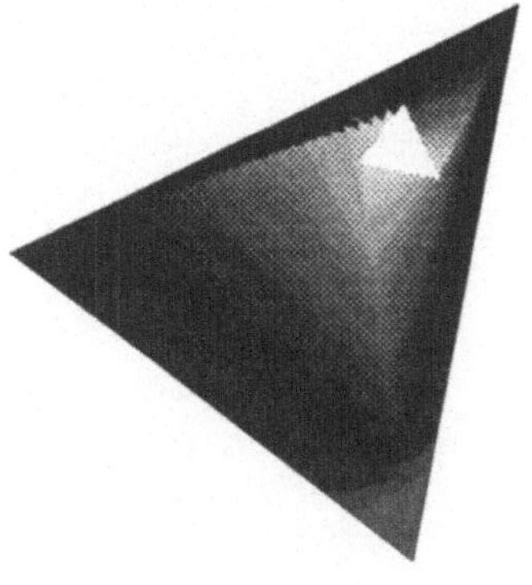

TEIL 4

bewegen im text

▶ Kapite 1

In diesem Kapitel erfahren Sie, wie man sich innerhalb eines Dokumentes gezielt und schnell bewegen kann. Sie lernen, wie man mit den Funktionen **SUCHEN** und **ERSETZEN** umgeht und wie man diese für das Überarbeiten von Texten effizient nutzen kann. Abschließend erfahren Sie, wie man sich "Lesezeichen" mit Hilfe von Textmarken erstellen kann und sich damit in einem umfangreichen Dokument einfacher zurechtfinden kann.

Bewegen im Text

Der Vorteil eines Textverarbeitungssystems liegt vor allem darin, daß man Texte und einmal erstellte Dokumente speichern und damit beliebig oft wiederverwenden kann. Sie werden in der täglichen Praxis selbst merken, daß Sie ein bereits erstelltes Dokument aufrufen, darin jedoch lediglich an einer bestimmten Stelle arbeiten, d.h. einen Absatz ändern oder neuen Text einfügen. Insbesondere bei langen Dokumenten verliert man an dem kleinen Bildschirm schnell den Überblick darüber, wo man sich befindet oder an welcher Stelle ein bestimmter Absatz denn nun stand.

Die naheliegendste Art und Weise, nach bestimmten Stellen im Text zu suchen, wäre natürlich das seitenweise Durchblättern und sorgfältige Durchlesen des Textes, eine bei längeren Dokumenten nicht gerade elegante Lösung des Problems. Word für Windows bietet Ihnen mehrere Funktionen an, die die Suche in einem Dokument erleichtern.

Wir wollen diese Techniken im folgenden intensiv mit Ihnen durcharbeiten und stellen dazu zunächst die Funktionen **SUCHEN** und **ERSETZEN** sowie **GEHE ZU** vor.

Das Bewegen in einem Dokument mit Hilfe der Richtungstasten, den Bildrolleisten und den BILD NACH UNTEN bzw. BILD NACH OBEN-Tasten haben wir bereits im Teil 3, Kapitel 2 ausführlich behandelt.

Die Suchen-Funktion

Suche nach Dokumenten und Dokumentbestandteilen

In Word für Windows steht Ihnen eine komfortable Suche-Funktion zur Verfügung, mit der Sie bestimmte Textbestandteile automatisch von Word für Windows suchen lassen können. Generell lassen sich in Word für Windows zwei Arten der Suche unterscheiden: die Suche nach verschiedenen Zeichen innerhalb eines Dokumentes und die Suche von verschiedenen Dokumenten mit Hilfe des Datei-Managers. Sie können in Word für Windows nach den folgenden Elementen suchen:

Das Arbeiten mit dem Datei-Manager haben wir bereits im Teil 3, Kapitel 5 ausführlich besprochen.

⇨ Nach Text und Formatierungen innerhalb eines Dokumentes mit dem Befehl **BEARBEITEN SUCHEN**.

⇨ Nach Dokumenten, die einen bestimmten Textkörper oder festgelegte Schlüsselwörter beinhalten, mit dem Befehl **DATEI DATEI-MANAGER**.

⇨ Nach bestimmten Druckformaten innerhalb eines Dokumentes mit dem Befehl **BEARBEITEN SUCHEN**.

⇨ Nach Seitenumbrüchen, Abschnittsmarken, Zeilennummern, Fußnoten oder Anmerkungen mit den Befehlen **BEARBEITEN GEHE ZU** und **BEARBEITEN SUCHEN**.

⇨ Nach Text in einer bestimmten Formatierung innerhalb des Dokumentes mit dem Befehl **BEARBEITEN SUCHEN**.

⇨ Nach Überarbeitungsmarken mit dem Befehl **BEARBEITEN SUCHEN** oder **EXTRAS ÜBERARBEITEN**.

⇨ Nach Text(passagen), der (die) bestimmten Formatierungsmerkmalen *nicht* entspricht mit dem Befehl **BEARBEITEN SUCHEN**

Die Suche-Funktion im Dokument

Der Befehl **BEARBEITEN SUCHEN** ermöglicht es, nach Text, nach bestimmten Textformatierungen oder nach einem speziell formatierten Textbestandteil - also einer Kombination dieser beiden Kriterien - zu suchen. Die Suche-Funktion von Word für Windows ist so flexibel, daß Sie damit Text finden können, der der bestimmten Schreibweise eines Suchbegriffes exakt entspricht, so daß also auch die Groß- und Kleinschreibung genau beachtet wird. Sie können aber Word für Windows auch nach bestimmten Wortformen oder auch nur nach bestimmten Teilen eines Wortes suchen lassen.

Wenn Sie sich nicht mehr an die Schreibweise oder gar an das Wort selbst erinnern, jedoch genau wissen, daß Sie ein bestimmtes Druckformat oder eine bestimmte Formatierung angewendet haben, können Sie die Suche-Funktion auch für die Suche nach Druckformaten einsetzen.

Die Suche kann in Ihrem Dokument nach oben oder nach unten durchgeführt werden, d.h. Sie können von jeder Stelle im Dokument eine Suche durch das gesamte Dokument starten. Sollte das Dokument sehr lang sein, läßt sich die Suche auch auf einen markierten Textteil beschränken, d.h. Sie markieren einen Teil Ihres Dokumentes mit der Maus oder der Tastatur, und Word für Windows recherchiert nach dem Suchbegriff nur in dem markierten Bereich. Die Dialogbox des Befehls **BEARBEITEN SUCHEN** sehen Sie in Abbildung 4.1.1. Wir werden die verschiedenen Möglichkeiten der Suche nun im einzelnen durchsprechen.

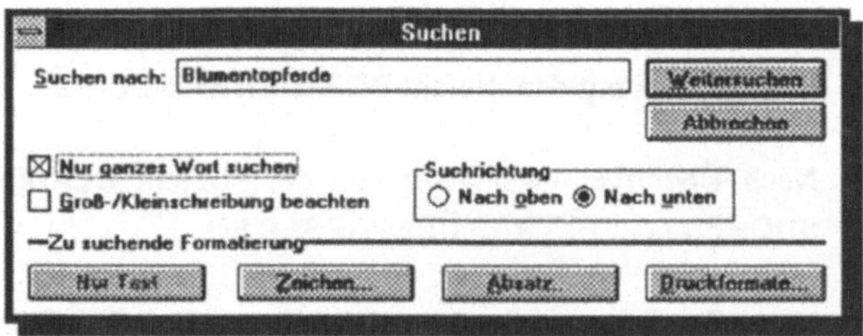

Abb.4.1.1:   Der Befehl BEARBEITEN SUCHEN

Eine Zeichenkombinationen suchen

Wenn Sie einen bestimmten Begriff oder ein Wort in Ihrem Dokument suchen lassen möchten, so gibt es prinzipiell zwei Möglichkeiten, die Suche zu starten. Die erste Möglichkeit besteht darin, den Befehl **BEARBEITEN SUCHEN** mit `Alt` + `B`, `S` aufzurufen und in das Feld **Suchen nach** Ihren Suchbegriff einzutragen. Die andere Möglichkeit besteht in der Nutzung der Zwischenablage von Windows.

Stellen Sie sich vor, Sie schreiben an einer Reportage über die Verschmutzung des Wattenmeeres und es fiele Ihnen nach 30 Seiten auf, daß Sie am Anfang des Dokumentes ein falsches Datum für die Gründung des Nationalparks angegeben haben. Sie haben gerade wieder vom Nationalpark geschrieben und keine Lust, dieses etwas längere Wort für die Suche-Funktion erneut einzutippen. Um sich das Neuschreiben zu ersparen, können Sie in Word für Windows einfach das Wort *Nationalpark* markieren und mit **BEARBEITEN KOPIEREN** oder `Strg` + `Einfg` in die Zwischenablage kopieren. Rufen Sie nun mit `Alt` + `B`, `S` die Dialogbox **SUCHEN** auf, und drücken Sie `⇧` + `Einfg`, um den Inhalt der Zwischenablage und damit das Wort *Nationalpark* in das Dialogfeld **Suchen nach** einzutragen. Mit einem einfachen Bestätigen von `⏎` starten Sie dann die Suche nach diesem Wort.

Mit Hilfe der Funktionen der Zwischenablage können Sie insbesondere lange Wörter, die Sie schon einmal geschrieben haben, in die SUCHEN-Dialogbox einfügen und sich so überflüssiges Eintippen ersparen.

Noch ein kleiner Hinweis auf das Kopieren aus der Zwischenablage in die Dialogbox des Befehls **BEARBEITEN SUCHEN**. Wenn Sie einfach einen Absatz markieren und ihn dann in die Dialogbox als Suchkriterium einfügen, wird er im Normalfall abgeschnitten, und zwar meistens auf die Länge einer Zeile. Sie können die Anzahl der Zeichen, die Sie in das Eingabefeld kopieren können, erhöhen, indem Sie den Schriftgrad des kopierten Textes verkleinern.

Groß-/Kleinschreibung beachten

Mit dieser Option können Sie den Suchbegriff noch weiter einengen. Stellen Sie sich vor, Sie schreiben ein Buch über Word für Windows und möchten in Ihrem Text *das Schreiben von Text* durch *das Verfassen von Text* ersetzen. Da in diesem Beispiel nur die Substantive (das Schreiben), aber nicht Verben (schreiben) ersetzt werden sollen, können Sie durch das Ankreuzen der Option **Groß-/Kleinschreibung beachten** erreichen, daß nur die Textpassagen gefunden werden, in denen das Wort *Schreiben* groß geschrieben wurde.

Die Option *Nur Wort*

Vor allem in der deutschen Sprache existieren eine ganze Reihe von Wörtern mit Buchstabenkombinationen, die selbst eigenständige Wörter oder Teile anderer Wörter sind. Der Artikel *der* ist beispielsweise genauso Bestandteil des Wortes *Bruder* wie auch des Adjektives *derbe*. Möchten Sie nun alle Vorkommnisse des Wortes *der* in Ihrem Dokument suchen, gleichzeitig aber vermeiden, daß die Suche-Funktion an allen Stellen des Dokumentes anhält, an denen sie die Kombination *der* findet, kreuzen Sie einfach die Option **Nur Wort** an.

Mit den Optionen **Nach oben/Nach unten** können Sie die Suchrichtung in ihrem Dokument bestimmen. Mit **Nach oben** wird von der aktuellen Position der Einfügemarke in Richtung Textanfang, mit der Option **Nach unten** in Richtung Textende gesucht. Wird bei der Suche das Textende oder der Anfang erreicht und die Einfügemarke befand sich beim Start der Suche nicht an einer der beiden Positionen, so erscheint eine Dialogbox, die abfragt, ob die Suche am Anfang/Ende des Dokumentes fortgesetzt werden soll (siehe Abbildung 4.1.2).

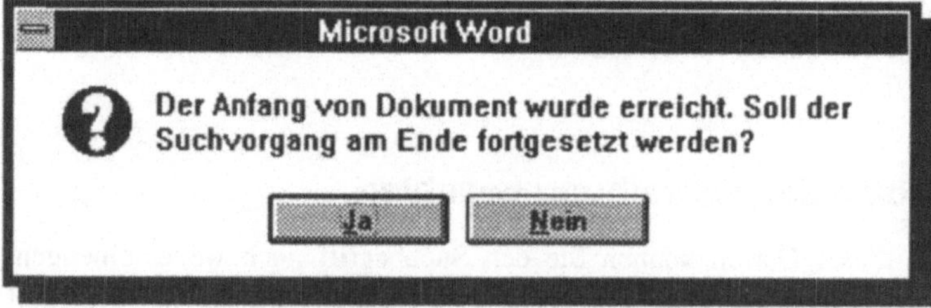

Abb. 4.1.2: Sie Suche-Funktion läuft vorwärts und rückwärts

Die Suche-Funktion gibt Ihnen also hohe Flexibilität. Wollen Sie beispielsweise nur auf den letzten drei Seiten des Dokumentes suchen, so positionieren Sie die Einfügemarke oben auf der ersten dieser drei Seiten und wählen Sie die Suchrichtung **nach unten**. Die Suche beginnt an der Position der Einfügemarke und wird fortgeführt, bis das Ende des Dokumentes erreicht wird. Durch die o.g. Dialogbox können Sie nun die Suche am Anfang des Dokumentes fortsetzen, ohne daß Sie die Einfügemarke am Anfang des Dokumentes neu positionieren müssen.

Suchen in Fußnoten und Anmerkungen

Die Suche-Funktion durchsucht weder die Kopfzeilen noch den Fußnoten- oder Anmerkungstext, wenn Sie die Suche in dem eigentlichen Dokument-Textkörper gestartet haben. Um in Fußnoten einen bestimmten Begriff zu finden, muß die Einfügemarke zuerst innerhalb eines Fußnotentextes plaziert werden. Wenn Sie Kopf- oder Fußzeilen nach einem Begriff durchsuchen möchten, muß die Einfügemarke zuvor innerhalb der Kopf/Fußzeile plaziert werden. Das gleiche gilt für Anmerkungen. Hier muß der Anmerkungsausschnitt geöffnet und die Einfügemarke darin positioniert sein.

Die Suche-Funktion durchsucht weder die Kopfzeilen noch den Fußnoten- oder Anmerkungstext, wenn Sie die Suche in dem eigentlichen Dokument-Textkörper gestartet haben.

Suchen nach Sonderzeichen

Wie Sie vielleicht schon bemerkt haben, ist es nicht ganz einfach, Tabulatoren, Absatzendemarken oder Seitenumbrüche zu suchen. Diese Zeichen müssen mit speziellen Sonderzeichen gesucht werden und können in der Dialogbox **BEARBEITEN SUCHEN** nicht über Normalzeichen der Tastatur eingegeben werden.

Um nach bestimmten Zeichen wie z.B. Absatzendemarken oder Tabstopps in Ihrem Dokument suchen zu können, müssen Sie in das Feld **Suchen nach** ganz bestimmte Zeichenkombinationen eintragen, die in der folgenden Tabelle 4.1.1 aufgelistet sind. Durch diese Sonderzeichen können Sie ein Dokument beispielsweise auf das Ende von Abschnitten oder das Vorkommen von geschützten Trennstrichen hin durchsuchen.

Die Suche-Funktion für Sonderzeichen ist besonders beim Ersetzen hilfreich, wir werden weiter unten in diesem Kapitel noch darauf zurückkommen.

Die Möglichkeiten, die sich durch die Suchmöglichkeit nach Sonderzeichen ergeben, sind umfangreich. Eine häufig gebrauchte Option ist beispielsweise das Suchen bzw. Ersetzen von Absatzendemarken durch Zeilenumschalt-Zeichen.

Um eine Absatzendemarke durch ein Zeilenschaltungszeichen zu ersetzen, müssen Sie nach einer Absatzendemarke suchen (Schreiben Sie in der Dialogbox **BEARBEITEN ERSETZEN** in das Textfeld **Suchen nach** *^a*) und diese Zeichen durch eine Zeilenschaltung ersetzen (Schreiben Sie in das Textfeld **Ersetzen durch** *^n*). Beachten Sie bei der Eingabe von *^a*, daß Sie nach dem Drücken der ⌃-Taste erst einmal die ⌊Leert.⌋-Taste drücken müssen, sonst wird das "Hütchen" über das *a* gesetzt und nicht das *a* hinter das "Hütchen", wie es für die Suche nach einer Absatzendemarke notwendig ist.

Wiederholen der Suche

Damit Sie den Befehl BEARBEITEN SUCHEN beim Finden der falschen Stelle nicht noch einmal aufrufen müssen, bleibt die Dialogbox SUCHEN im Falle eines Sucherfolges geöffnet.

In früheren Versionen von Word für Windows hat Sie die Suche-Funktion immer direkt in den Text geführt, d.h. die Einfügemarke wurde im Dokument positioniert und die Dialogbox der Suche-Funktion wurde geschlossen. In Word für Windows 2.0 bleibt die Dialogbox dagegen auch nach erfolgreicher Suche geöffnet, denn es kann ja durchaus vorkommen, daß ein zu suchendes Wort mehrmals in Ihrem Dokument vorkommt, wobei Sie aber eine ganz bestimmte Stelle suchen. Damit Sie den Befehl **BEARBEITEN SUCHEN** beim Finden der falschen Stelle nicht noch einmal aufrufen müssen, bleibt die Dialogbox **SUCHEN** im Falle eines Sucherfolges geöffnet. Da im Hintergrund der Dialogbox immer der Begriff in seinem aktuellen Kontext angezeigt wird, sehen Sie ganz genau, welche Stelle die Suche-Funktion in ihrem Dokument aufgesucht hat. Wenn die gefundene Stelle die Richtige ist, klicken Sie auf die Schaltfläche **Schließen,** wurde der falsche Kontext gefunden, klicken Sie einfach auf die Schaltfläche **Weitersuchen.**

Tasten	Sonderzeichen
?	Ein unspezifisches Zeichen (z.B.:Geben Sie "?ot" ein um "rot" und "tot" gleichzeitig zu suchen
^?	Ein Fragezeichen
^n	Ein Zeilenschaltungszeichen
^t	Ein Tabstopp Zeichen
^a	Eine Absatzmarke
^14	Spaltenumbruch
^b	Eine Abschnittsmarke, einen harten Seitenumbruch
^l	Einen Leerschritt
^-	Einen bedingten Trennstrich
^_	Einen geschützten Trennstrich
^^	Das Zeichen ^
^nnn	Ein ANSI-Zeichen mit der Nummer nnn
^1	eine Grafik
^2	Fußnotenzeichen
^5	Anmerkungen
^19	Feldanfangszeichen
^21	Feldendezeichen
^f	Druckformatnamen

Tab.4.1.1: Suchschlüssel für die Suche nach Sonderzeichen

Besonders nützlich ist beim **SUCHEN** und **ERSETZEN** die Funktionstastenkombination ⇧ + F4 . Wenn Sie beispielsweise ein Sonderzeichen nur in einem markierten Bereich gesucht und die Dialogbox **Suchen** bereits geschlossen haben, so können Sie die Suche in einem anderen Bereich noch einmal starten, indem Sie die Tasten ⇧ + F4 zum Wiederholen der letzten Suche drücken. Die Tastenkombination ruft die letzte durchgeführte Suche noch einmal auf, wobei der Inhalt der Suche über mehrere andere Befehle hinweg gespeichert wird, während mit F4 immer der jeweils zuletzt ausgeführte Befehl wiederholt wird.

Suchen von Feldern, Fußnoten- oder Anmerkungszeichen

Sie können nach Feldern mit "^19" und "^21", nach Fußnoten mit "^2" und nach Anmerkungen mit "^5" suchen.

Sie können die Suche-Funktion auch dazu einsetzen, um nach Feldern, Fußnoten oder Anmerkungen zu suchen, indem Sie spezielle Sonderzeichen benutzen. Wie Sie der oben stehenden Tabelle entnehmen können, läßt sich z.B. durch den Suchbegriff ^1 nach einer Grafik suchen. Die *1* steht für den Dezimalcode des ANSI-Zeichens *1* (siehe Zeichensatztabelle ANSI). Word für Windows benutzt dieses Sonderzeichen intern, um darauf hinzuweisen, daß es sich um eine Grafik handelt. Auch für die interne Markierung von Feldern, Fußnoten und Anmerkungen werden derartige Sonderzeichen benutzt.

Man kann auch mit STRG+F11 von Feld zu Feld springen.

Um z.B. ein Fußnotenzeichen zu suchen, müssen Sie als Suchbegriff ^2 in das Feld **Suchen nach** eintragen. Um Anmerkungen zu suchen, verwenden Sie bitte ^5. Um ein Feldanfangszeichen *{* zu suchen, können Sie ^19 benutzten, für das Feldendezeichen *}* ^21. Mit Hilfe eines kleinen Tricks haben Sie sogar die Möglichkeit, eine ganz bestimmte Feldart zu finden. Wenn Sie als Suchbegriff z.B. ^19Thema ^21 eintragen, wird in Ihrem Dokument nach einem Feld mit der Feldart THEMA gesucht. Würden Sie lediglich ^19 oder ^21 eingeben, würden sämtliche Felder im Dokument der Reihe nach gesucht werden. Bei der Suche nach bestimmten Feldern müssen Sie allerdings ganz genau darauf achten, daß auch die in einem Feld evtl. vorhandenen Leerzeichen im Suchbegriff der Dialogbox **BEARBEITEN SUCHEN** eingetragen werden.

Abb.4.1.3:   Suchen nach speziellen Feldern über Sonderzeichen

Suchen nach Formatierungen

Word für Windows ermöglicht es, bestimmte Formatierungen oder Druckformate zu suchen bzw. zu suchen und durch andere Formatierungen oder Druckformat zu ersetzen. Sie können sowohl nach Zeichenformatierungen als auch nach Absatzformatierungen sowie nach Druckformaten suchen.

In Version 2.0 ist das Suchen nach Formatierungen und Druckformaten erheblich komfortabler in der Anwendung geworden. In den Dialogboxen **SUCHEN** und **ERSETZEN** finden sich jetzt die Schaltflächen **Zeichen**, **Absatz** und **Druckformat**. Wenn Sie z.B. nach einer ganz bestimmten Zeichenformatierung wie *fett* und *kursiv* suchen möchten, klicken Sie einfach auf die Schaltfläche **Zeichen** und wählen dort die gewünschte Zeichenformatierung aus. Da es sich um die Dialogbox des Befehls **FORMAT ZEICHEN** handelt, können Sie nach allen anwendbaren Zeichenformatierungen suchen. Sobald Sie diese Dialogbox mit **OK** schließen, erscheint die gesuchte Formatierung unter der Eingabezeile in der Dialogbox **SUCHEN**. Mit einem Klicken auf die Schaltfläche **Weitersuchen** beginnt dann die Suche nach diesen Formatierungsmerkmalen.

Wenn Sie bereits Profi in der Anwendung von Word für Windows sind, können Sie auf das Öffnen der Dialogbox **FORMAT ZEICHEN** verzichten und direkt in der Dialogbox **BEARBEITEN SUCHEN** die Tastaturschlüssel drücken, die Sie auch für die Zuweisung einer Formatierung im

In Version 2.0 ist das Suchen nach Formatierungen erheblich komfortabler in der Anwendung geworden.

Dokument benutzen würden (z.B. ⌈Ctrl⌋ + ⌈F⌋ für Fettdruck). Für einige Formate gelten hier allerdings besondere Tastenschlüssel. Eine Auflistung der Tastenschlüssel, die Sie für die Suche von Formatierungen benutzen können, finden Sie in Tabelle 4.1.2.

Sie können eine Suche nach einer bestimmten Zeichenfolge auch mit der Suche nach bestimmten Formatierungen verbinden. Wenn Sie beispielsweise nach dem Wort *Gummibärchen* suchen wollen, das kursiv gesetzt ist, geben Sie zuerst *Gummibärchen* in das Textfeld **Suchen nach** ein. Danach drücken Sie die Tastenkombination für Kursiv-Schrift, ⌈Ctrl⌋ + ⌈K⌋ oder Sie wählen die Formatierung über die Schaltfläche **Zeichen** aus (siehe Abbildung 4.1.4).

Abb.4.1.4:   Die Schaltflächen öffnen identische Dialogboxen aus dem Menübefehl FORMAT

Sie können auch nach mehreren Formatierungen gleichzeitig suchen, also beispielsweise kursiv und unterstrichen, indem Sie beide Tastenschlüssel hintereinander drücken bzw. die entsprechenden Optionen anklicken. Die grau hinterlegten Optionen in der Dialogbox haben dabei die neue Funktion der Nicht-Ausschließlichkeit, auf die wir im folgenden noch eingehen werden.

Tasten- kombination	Format
Strg + F	Fett
Strg + D	Doppelt unterstrichen
Strg + T	Tiefgestellt, nur 3 Punkte
Strg + H	Hochgestellt, nur 3 Punkte
Strg + A	Schriftartbezeichnung; bei jedem Drücken wird die nächste Bezeichnung in der Liste der im Dokument verwendeten Schriftarten angezeigt
Strg + O	Verborgen
Strg + K	Kursiv
Strg + Q	Kapitälchen
Strg + P	Schriftgröße in Punkten; bei jedem Drücken wird die nächste vorhandene Schriftgröße in Punkten, von 4 bis 127 Punkten, in Halbpunktschritten angezeigt
Strg + Leert.	Zeichenformatierung des Suchbegriffes aufheben
Strg + U	Unterstreichen
Strg + W	Wort unterstreichen
Strg + N	Großbuchstaben
Strg + M	gelöscht (nur gelöschte Zeichen aus Überarbeiten-Funktion)
Strg + G	nur neue Zeichen aus Überarbeiten-Funktion

Tab.4.1.2: Suchschlüssel für Zeichen-Formatierungen

Tastenkombination	Format
Strg + 1	Einfacher Zeilenabstand
Strg + 2	Doppelter Zeilenabstand
Strg + 5	Eineinhalbfacher Zeilenabstand
Strg + 9	Abstand vor 1 ze
Strg + O	Abstand davor 0 ze
Strg + E	Zeilen zentriert
Strg + B	Zeilen in Blocksatz
Strg + L	Zeilen links ausgerichtet
Strg + R	Zeilen rechts ausgerichtet
Strg + S	Absatzformatierung des im Dialogfeld bestimmten Suchbegriffes aufheben

Tab.: 4.1.3: Suchschlüssel nach Absatzformatierungen

Formatierungen bei der Suche ausschließen

In der neuen Version 2.0 können Sie bestimmte Formatierungen auch von der Suche ausschließen.

Sie können sich sicherlich vorstellen, daß es in der täglichen Praxis auch Fälle gibt, bei denen Sie einen bestimmten Begriff nur in einem bestimmten Zusammenhang suchen. Sofern Sie für die verschiedenen Zusammenhänge eines zu suchendes Begriffes unterschiedliche Formatierungen benutzt haben, werden Sie von Word für Windows 2.0 bei der Suche der richtigen Zusammenhänge unterstützt. Wenn Sie beispielsweise das Wort *Rübezahl* nur in den Überschriften *Fett* formatiert haben und *Rübezahl* zwar im Text, aber nicht in den Überschriften suchen möchten, dann wäre es ja schön, wenn Sie sagen könnten: "Such mir den Rübezahl, aber nicht, wenn er in einer Überschrift steht". Mit der neuen Version von Word für Windows wird

Ihnen diese ausschließende Suche ermöglicht. Da der *Rübezahl*, der nicht gefunden werden soll, in der Überschrift immer fett formatiert ist, suchen wir nur noch nach *Rübezahl*, der nicht fett ist (siehe Abbildung 4.1.5).

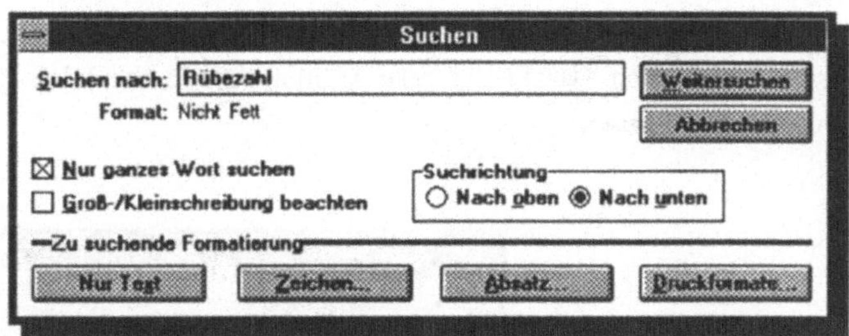

Abb. 4.1.5: Das Ausschließen von Formatierungen ist möglich

Das Ausschließen von Formatierungen können Sie über die Tastatur anfordern, indem Sie zweimal hintereinander den Tastenschlüssel für Fettdruck (Strg + F) anfordern. Über die Schaltfläche **Zeichen** schließen Sie eine Formatierung aus, indem Sie die Option **Fett** erst einmal aktivieren und dann wieder ausschalten, d.h. Sie müssen die graue Markierung der Option **Fett** entfernen. Die Ausschließung läßt sich mit allen Formatierungen durchführen, nicht jedoch mit Schriftarten, Schriftgrößen, Schriftfarben, Zeichenabständen und Hoch- oder Tiefstellungen.

Suchen nach Druckformaten und Formatierungen

Das Suchen nach Druckformaten ist genauso einfach wie das Suchen nach bestimmten Zeichenformatierungen, Sie müssen dazu lediglich auf die Schaltfläche **Druckformate** klicken. In der Dialogbox können Sie aus allen Druckformaten auswählen, die im aktuellen Dokument zur Verfügung stehen. Das Auswählen eines zu suchendes Druckformates erfolgt dabei im Prinzip genauso wie das Suchen nach einer bestimmten Zeichenformatierung.

Richtig interessant wird es aber, wenn Sie nach einer individuellen, "von Hand" angeforderten Zeichenformatierung innerhalb eines Druckformates suchen möchten. Sie können nämlich ohne weiteres die Suche nach *Rübezahl* mit dem Druckformat *Märchenüberschrift* und der Zeichenformatierung *Fett* kombinieren. Geben Sie dazu in das Textfeld zunächst den Begriff *Rübezahl* ein und wählen Sie dann über die Schaltfläche **Druckformat** das Druckformat *Märchenüberschrift* aus. Drücken dann die Tastenkombination [Ctrl] + [F] oder wählen *fett* in der Dialogbox der Schaltfläche **Zeichen**.

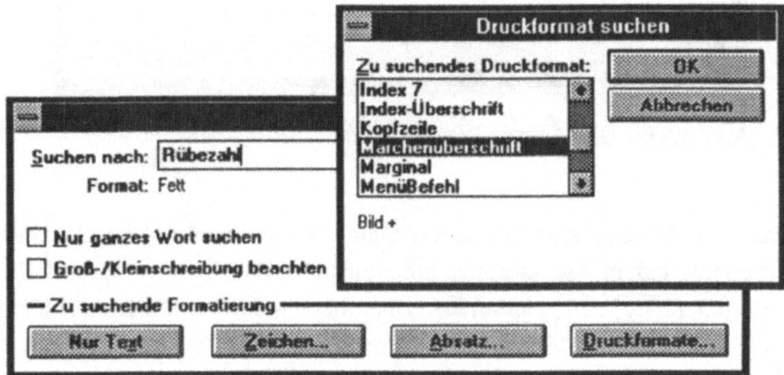

Abb. 4.1.6:   Auch die Suche nach Formatierungen in Druckformaten ist möglich

Suchen und Ersetzen

Suchen und Ersetzen von Textteilen und/oder Formatierungen

Stellen Sie sich vor, Sie haben in einem Dokument das Wort *Telefonladen* an manchen Stellen kursiv geschrieben und an anderen nicht. Sie möchten nun alle kursiven Schreibweisen von *Telefonladen* nachträglich in *Telefonshop* ändern und die Zeichen als Kapitälchen formatieren, alle anderen *Telefonläden* sollen dagegen unberührt bleiben. Der Befehl **BEARBEITEN ERSETZEN** erlaubt Ihnen nicht nur das Ersetzen eines bestimmten Begriffes durch einen anderen, sondern auch das Ersetzen einer Formatierung durch eine andere. Er ist im Prinzip eine Erweiterung der Suche-Funktion, da zunächst bestimmte Begriffe gesucht werden und alle gefundenen Suchbegriffe gegen einen vorher festgelegten neuen Begriff (oder eine Formatierung) ausgetauscht (oder auch ergänzt) werden können.

Um einen bestimmten Begriff durch einen anderen Begriff ersetzen zu lassen, wählen Sie den Befehl **BEARBEITEN ERSETZEN** mit ⎡Alt⎤ + ⎡B⎤, ⎡E⎤. Geben Sie als erstes in das Feld **Suchen nach** den zu suchenden Text und evtl. den Tastenschlüssel für die zu suchende Formatierung ein. Wechseln Sie in das Feld **Ersetzen durch** mit ⎡→⎮⎤ und schreiben Sie den Text, der anstelle des Suchbegriffes eingesetzt werden soll. Wenn Sie einfach nur ein Wort aus dem Text entfernen wollen, so lassen Sie das Feld **Ersetzen durch** einfach leer. Auch hier können Sie die Tastenkombination für eine bestimmte Formatierung drücken, oder Sie wählen das Format über die Schaltflächen **Zeichen**, **Absatz** oder **Druckformat** aus.

Nach dem Auswählen der zu suchenden Formatierungen können Sie durch ein Klicken auf die Schaltfläche **Weitersuchen** zunächst den Begriff oder die Formatierung suchen. Jedesmal, wenn die zu suchende Formatierung gefunden wurde, stoppt die Ersetzen-Funktion und durch Klicken auf die Schaltfläche **Ersetzen** wird die Formatierung oder der Begriff ersetzt. Durch nochmaliges Anklicken der Schaltfläche **Weitersuchen** springen Sie zur nächsten Fundstelle. Diese Arbeitsweise empfiehlt sich, wenn Sie bzgl. der zu ersetzenden Formatierungen nicht ganz sicher sind. Sind Sie dagegen sicher, daß alle vorkommenden Begriffe und/oder Formatierungen ersetzt werden sollen, so klicken Sie einfach auf die Schaltfläche **Alles Ersetzen**. Nach einem Ersetzen-Lauf wird in der Statuszeile angezeigt, wieviele Suchbegriffe ersetzt wurden.

Die Option BESTÄTIGEN aus Version 1.1 wurde in Version 2.0 durch die Schaltfläche ALLES ERSETZEN ausgetauscht.

Während des Suchen und Ersetzen-Vorganges empfiehlt es sich, nicht im Druckbild-Modus zu arbeiten. Im Druckbild-Modus arbeitet die Ersetzen-Funktion nämlich etwas langsamer als im Normal-, bzw. Konzept-Modus, weil im Hintergrund der Dialogbox **ERSETZEN** stets der aktuelle Kontext des gefundenen Begriffes im Druckbild angezeigt werden muß, wobei der Bildschirmaufbau logischerweise mehr Zeit benötigt als eine Darstellung in der **ANSICHT KONZEPT**.

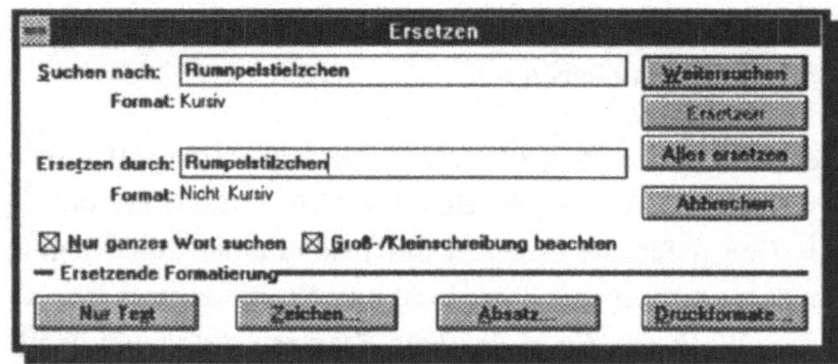

Abb.4.1.7:   Die Dialogbox ERSETZEN

Mit dem Sonderzeichen "^z" können Sie den Inhalt der Zwischenablage zum Ersetzen von Suchbegriffen verwenden.

Der Inhalt der Zwischenablage muß einmal in dem Dokument vorhanden gewesen sein, wenn ein anderer Begriff durch ihn ersetzt werden soll.

Suchen und Ersetzen von mehr als 256 Zeichen

Normalerweise gelten in allen Dialogboxen bestimmte Beschränkungen für die Anzahl der Zeichen, die eingegeben werden können. Auch bei der Suchen und Ersetzen-Funktion ist dies so. Mit Hilfe eines Kniffes gelingt es aber, diese Begrenzungen zu umgehen, man muß dazu die Möglichkeiten der Zwischenablage ausnutzen. Da man mit diesem Trick die Leistungsfähigkeit der Ersetzen-Funktion noch erheblich steigern kann, besprechen wir die Funktion hier etwas ausführlicher, denn leider ist der Kniff im Handbuch etwas versteckt dokumentiert.

Ähnlich wie es Sonderzeichen für Abschnittsumbrüche oder Absatzendemarken gibt, existiert auch ein Sonderzeichen für den Inhalt der Zwischenablage. Wenn Sie z.B. ein bestimmtes Wort durch eine Grafik oder aber eine besonders lange Textpassage mit mehr als 256 Zeichen, die sich in der Zwischenablage befindet, ersetzen möchten, so müssen Sie in das Textfeld **Ersetzen durch ^z** eintragen. Mit diesem Sonderzeichen wird der zuvor eingetragene Suchbegriff durch den Inhalt der Zwischenablage ersetzt. Allerdings muß sich der Inhalt der Zwischenablage vor dem Ersetzen-Lauf einmal im Dokument befunden haben, sonst funktioniert das Ersetzen nicht. Wenn Sie also Text durch eine Grafik aus Paintbrush ersetzen möchten, so müssen Sie die Grafik einmal in das Word für Windows-Dokument einfügen und dann wieder in die Zwischenablage kopieren oder ausschneiden. Hierzu eine kleine Übung.

Kopieren Sie eine Grafik, einen Textblock oder eine Kombination daraus in die Zwischenablage (Element markieren und Strg + Einfg). Wählen Sie den Befehl **BEARBEITEN ERSETZEN** mit Alt , B , E . Schreiben Sie den Text, nach dem gesucht werden soll, in das Feld **Suchen nach**. Wechseln Sie in das Feld **Ersetzen durch** mit der →| - Taste. Schreiben Sie ^z, um den Ersetzen-Begriff durch den Inhalt der Zwischenablage zu ersetzen. Sie können den Begriff ^z sogar mit beliebigen anderen Zeichen (auch mit einer Formatierung) kombinieren. Bestätigen Sie mit **OK**, um den Vorgang zu starten.

Beibehalten und Ergänzen des Suchbegriffes

Eine weitere Funktion stellt in diesem Zusammenhang das Sonderzeichen ^S zur Verfügung. Es ersetzt den zu suchenden Text nicht durch einen neuen Begriff oder eine neue Formatierung, sondern fügt den Ersetzen-Begriff vor oder hinter dem gefundenen Suchtext an. ^S stellt also quasi eine Variable dar, die bei der Eingabe des Ersetzen-Begriffes wertvolle Dienste leistet.

Ein Beispiel: Sie haben in einem Dokument bestimmte Begriffe kursiv geschrieben. Nach Abschluß der Arbeit fällt Ihnen ein, daß Sie diese Begriffe lieber in Kapitälchen und eingeklammert haben würden. Über die normale Ersetzen-Funktion könnten Sie das nicht vornehmen, da Sie ja unterschiedliche Begriffe um Klammern ergänzen möchten. Hier kommt die Variable ^S richtig zum Einsatz. Sie schreiben in die Dialogbox **ERSETZEN** als Suchtext nichts, sondern suchen nur nach kursivem Text mit Ctrl , K . Als Text zum Ersetzen geben Sie ein: (^S) und drücken Ctrl , q für "Kapitälchen", sowie zweimal Ctrl + K für "nicht kursiv" (siehe Abbildung 4.1.8).

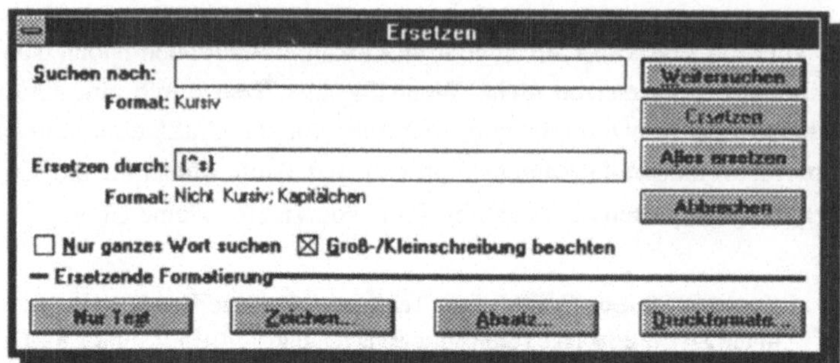

Abb.4.1.8:   ^s fügt beliebige Formatierungen und Zeichen hinzu, ohne dabei den Suchbegriff selbst "richtig" auszutauschen

Wahlweises Ersetzen eines Suchbegriffes

Im Zusammenhang mit dem Ersetzen ist die Version 2.0 von Word für Windows um weitere Funktionen ergänzt worden, denn nunmehr ist es möglich einen gesuchten Begriff wahlweise durch verschiedene Ersatzbegriffe auszutauschen. Stellen Sie sich vor, Sie möchten den Begriff *wollen* wahlweise gegen *möchten* und *wünschen* austauschen. Ein Weg des wahlweisen Ersetzens wäre, bei jedem Sucherfolg in dem Textfeld **Ersetzen durch** das bereits eingetragene Wort (z.B. *wünschen*) durch ein anderes (z.B. *möchten*) zu überschreiben. Der zweite, einfachere Weg findet sich in einer Art Schalterfunktion, mit der Sie einfach zwischen zwei verschiedenen Begriffen hin- und herschalten können.

Bleiben wir bei dem Beispiel und stellen uns vor, Sie hätten jetzt einmal den Suchbegriff *wollen* durch *wünschen* ersetzt. Nach dem Klicken auf die Schaltfläche **Weitersuchen** wird *wollen* zum zweiten Mal gefunden. Markieren Sie nun den Ersetzen-Begriff *wünschen* und drücken Sie `Ctrl` + `X` . Wie Sie sehen, ist der Begriff verschwunden und das Textfeld **Ersetzen durch** ist frei. Nun tragen Sie den Begriff *möchten* ein und klicken auf **Ersetzen**. Klicken Sie nun auf **Weitersuchen**. Wenn der Suchbegriff erneut gefunden wird und Sie möchten statt *möchten, wünschen* als Begriff verwenden, so müssen Sie lediglich `Ctrl` + `Z` drükken, um den vorherigen Begriff *wünschen* wieder einzufügen.

Die Funktionen **SUCHEN** und **ERSETZEN** bieten also neben den Möglichkeiten der einfachen Suche nach Zeichenkombinationen oder Formatierungen eine ganze Palette zusätzlicher Kniffe, die das Bearbeiten
und Modifizieren von Dokumenten in der Praxis ganz erheblich erleichtern.

Anspringen von Textteilen mit GEHE ZU

Abgesehen von den Funktionen **SUCHEN** und **ERSETZEN** bietet Word
für Windows noch eine weitere Möglichkeit, um sich gezielt und schnell
durch ein Dokument zu bewegen: die Gehe zu-Funktion. Als Ziel der
Gehe zu-Funktion können bestimmte Seiten im Dokument, Zeilennummern, Anmerkungsnummern, Fußnotennummern, Textmarken und Ab-
schnittsnummern angegeben werden.

Die Funktion **GEHE ZU** kann zum einen über den herkömmlichen Weg
des Menüs **BEARBEITEN GEHE ZU** mit [Alt] + [B] , [G] aufgerufen
werden und zum anderen über das Tastatur-Kürzel [F5] . Wird sie einmal
gedrückt, erscheint unten auf dem Bildschirm in der Statuszeile die Abfrage **Gehe zu:** und Sie können das Ziel hier eintragen. Drücken Sie ein
zweitesmal [F5] , so erscheint die **GEHE ZU**- Dialogbox.

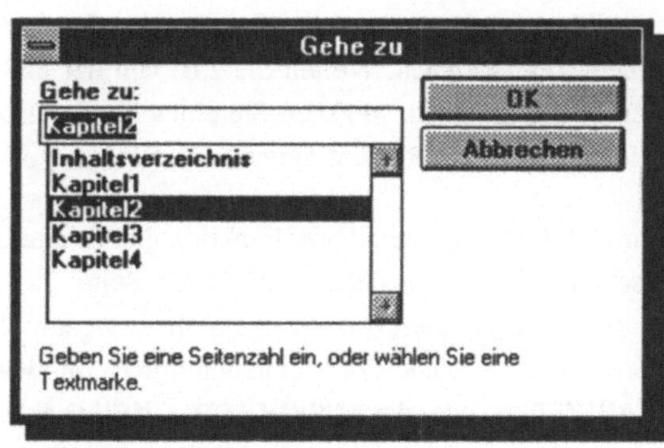

Abb.4.1.9: Die Dialogbox GEHE ZU

Wie so oft, gibt es hier für
Mausbenutzer einen
kleinen Zaubertrick:
Wenn Sie doppelt auf
die Statuszeile unten am
Bildschirmrand klicken,
wird sofort die Dialogbox
GEHEZU eingeblendet.

Diese Dialogbox ist sehr hilfreich, wenn Sie eine Textmarke (auf Textmarken werden wir weiter unten in diesem Kapitel noch ausführlich eingehen) anspringen wollen, denn in ihr sind sämtliche in diesem Dokument vergebenen Textmarken aufgelistet. Sie müssen aber nicht auf eine der Textmarken zugreifen, sondern können auch eine Zielstelle direkt in das Textfeld eintragen. Im folgenden besprechen wir, welche Eintragungen Sie in der Dialogbox vornehmen können und an welche Stellen des Dokumentes Sie dadurch gelangen.

Eine bestimmte Seite aufsuchen

Die meist gebrauchte Form der **GEHE ZU** Anweisung ist das Springen auf eine bestimmte Seite. Geben Sie dazu die Zahl ein, also *5* für *Seite 5* usw. Sie können auch *S5* eingeben, dies ist jedoch allenfalls nötig, wenn Sie die verschiedenen Zielmöglichkeiten miteinander kombinieren. Beachten Sie bei der Eingabe einer Seitenzahl, daß Word für Windows von der Anzahl der Seiten in dem aktuellen Dokument ausgeht, nicht von ihrer individuellen Seitennumerierung. Word für Windows kann ja angewiesen werden, die Seitennumerierung bei *Seite 25* beginnen zu lassen, so daß ein 25-seitiges Dokument z.B. mit *Seite 25* beginnen und mit *Seite 50* endet. Der Befehl: **GEHE ZU: Seite 50** würde hier fehlschlagen, da nur die physikalisch tatsächlich vorhandenen Seiten als Sprungadressen zugelassen sind.

Sie können allerdings auch relativ vom Standort der Einfügemarke aus gesehen in einem Text springen. Wollen Sie z.B. von der aktiven Seite aus fünf Seiten weiter springen, so geben Sie einfach *+5* ein. Alternativ dazu geben Sie bitte *-5*, wenn Sie fünf Seiten zurückgehen wollen.

Für das ordnungsgemäße Arbeiten dieser Funktion gibt es allerdings eine Grundvoraussetzung. Um den Befehl **GEHE ZU Seite** ausführen zu können, muß die Datei paginiert (in einzelne Seiten umgebrochen) worden sein. Dazu muß entweder der Seitenumbruch im Hintergrund **(EXTRAS BEARBEITEN)** oder die **ANSICHT DRUCKBILD** aktiviert sein. Ist beides nicht der Fall, muß zunächst über **EXTRAS SEITENUMBRUCH** ein Seitenumbruch durchgeführt werden.

Einen Abschnitt aufsuchen

Das Springen zu bestimmten Abschnitten im Dokument erfolgt nach denselben Regeln wie das Springen zu einer bestimmten Seite. Anders als bei der Seitenzahl müssen Sie allerdings immer das Zeichen für einen Abschnitt, das *i*, eingeben. Wenn Sie zum Beispiel *i3* eingeben, springt Word für Windows zum Abschnitt Nummer *drei* im aktuellen Dokument. Geben Sie *i+2* oder *i-2* ein, geht Word für Windows von der Position der Einfügemarke aus zwei Abschnitte vor oder zurück.

Eine bestimmte Zeile aufsuchen

Wollen Sie zu einer bestimmten Zeile gehen, so geben Sie ein *z* und die Zeilennummer ein. Vor allem bei Dokumenten, die noch nicht paginiert sind und nicht werden sollen, stellt diese Funktion eine gute Möglichkeit dar, um sich innerhalb eines Dokumentes sehr schnell zu bewegen.

Auch hier gelten die gleichen Regeln wie bei den Abschnitten. Wollen Sie eine bestimmte Zeilennummer erreichen, geben Sie *zn* ein. Wollen Sie eine bestimmte Anzahl von Zeilen vor oder zurück springen, so geben Sie *Z+n* bzw. *z-n* ein.

Einen Dokument-Prozentsatz aufsuchen

Diese Funktion bietet die Möglichkeit, an eine Stelle im Text zu springen, die sich - vom Anfang des Dokumentes gerechnet - bei ca. *n%* des Gesamtumfanges der Datei befindet. Geben Sie bspw. *50%* (Es ist auch die Schreibweise: *%50* erlaubt) bei einem Text mit 20 Seiten ein, so landen Sie höchstwahrscheinlich auf Seite 10. Die Prozentangabe und der Sprung hängt aber davon ab, wie die Seiten gefüllt sind. Fügen Sie z.B. sieben leere Seiten ein und wiederholen das Ganze, so landen Sie anstatt auf *Seite 13* oder *Seite 14*, wie das bei einer rein seitenorientierten Berechnung der Fall sein müßte, trotzdem wieder auf *Seite 10*.

Eine Anmerkung aufsuchen

Anmerkungen werden in Word für Windows durchnumeriert, und zwar in der Form *xyn*, wobei *xy* die Initialen des jeweiligen Autors darstellen und *n* die Anmerkungsnummer. Bei der Gehe zu-Funktion ist eine hierarchische Gliederung nach Initialen leider nicht möglich, denn die Anmerkungen werden nur nach Nummern adressiert. Sie können also lediglich zu *Anmerkung 7* springen, ohne dabei den Autor mit zu nennen. Um eine bestimmte Anmerkung anzuspringen, geben Sie bitte *an* ein, wobei *n* wieder als Platzhalter für eine bestimmte Anmerkungsnummer steht. Um zwei Anmerkungen weiter oder zurück zu springen, geben Sie bitte *a+2* oder *a-2* ein. Wenn Sie lediglich *a* eingeben, so springen Sie eine Anmerkung weiter.

Eine Fußnote aufsuchen

Auch bei Fußnoten werden - wie bei den Anmerkungen - alle im Dokument befindlichen Fußnoten durchgezählt und in dieser Reihenfolge adressiert. Geben Sie *fn* ein, springt Word für Windows zur *n ten* Fußnote im Text. Auch hier können Sie mit *f+n* oder *f-n* um eine bestimmte Anzahl von Fußnoten vor oder zurück springen oder mit der einfachen Eingabe von *f* zur nächsten Fußnote gehen.

Gerade bei Fußnoten wird eine Besonderheit der Gehe zu-Funktion sehr interessant, nämlich die Möglichkeit, verschiedene Sprungziele miteinander zu kombinieren. Hierbei gelten jedoch einige Einschränkungen, denn nicht alles ist erlaubt. Versuchen Sie beispielsweise, als Ziel *a1f3* (*Anmerkung 1, Fußnote 3*) einzugeben, so erhalten Sie eine Fehlermeldung (siehe Abbildung 4.1.10).

Einleuchtenderweise lassen sich Anmerkungen, Fußnoten und Zeilenangaben nicht miteinander kombinieren. Andere Kombinationen dagegen sind durchaus erlaubt und auch sehr hilfreich.

Fußnoten können in der Art und Weise numeriert werden, die dazu führt, daß mit jedem Abschnitt eine neue Folge, beginnend bei 1, begonnen wird. Es könnte sich dann durchaus anbieten, im dritten Abschnitt zur vierten Fußnote zu springen: *i3f4*. In der folgenden Tabelle (siehe Tabelle 4.1.4) finden Sie alle möglichen Kombinationen der Gehe zu-Zielangaben.

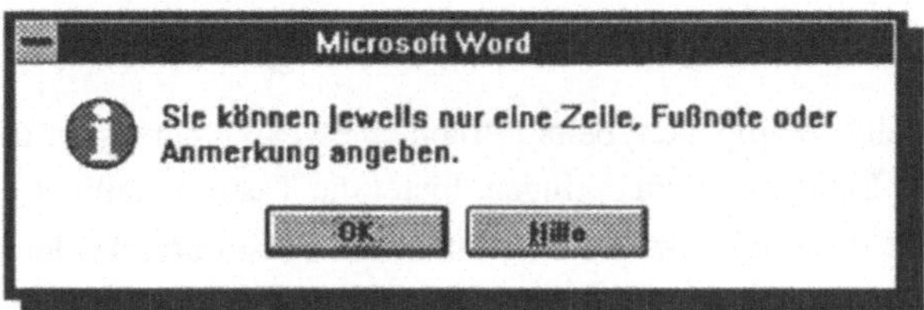

Abb.4.1.10: Nicht alle Ziele lassen sich kombinieren

i	Abschnitt	s	Seite
is	Abschnitt/Seite	sz	Seite/Zeile
iz	Abschnitt/Zeile	sf	Seite/Fußnote
ia	Abschnitt/Anmerkung		
if	Abschnitt/Fußnote		
isa	Abschnitt/Seite/Anmerkung	z	Zeile
isz	Abschnitt/Seite/Zeile	f	Fußnote
isf	Abschnitt/Seite/Fußnote	a	Anmerkung

Tab.4.1.4:   Die möglichen Kombinationen der Gehe zu - Zielangaben

Aufsuchen einer Textmarke

Als letzte Möglichkeit der Gehe zu-Anweisung bleibt nun noch das direkte Adressieren von Textmarken zu nennen. Wenn Sie F5 einmal drücken, können Sie in der Statuszeile den Namen der Textmarke eingeben. Falls Sie den Namen nicht mehr wissen, können Sie durch nochmaliges Drücken der Taste F5 oder auch über das Menü **BEARBEITEN**

Das Erstellen von Textmarken wird auf den nächsten Seiten beschrieben.

GEHE ZU mit ⟨Alt⟩ + ⟨B⟩, ⟨G⟩ die Dialogbox anfordern. In ihr sind alle im Dokument vorhandenen Textmarken aufgelistet. Klicken Sie die gewünschte Textmarke an und bestätigen Sie mit ⟨←⟩.

Eine schnelle Möglichkeit, beim Öffnen eines Dokumentes an die Stelle der letzten Bearbeitung zu springen, bietet die Tastenkombination ⟨↑⟩ + ⟨F5⟩.

Aufsuchen der letzten Bearbeitungsstellen

Eine schnelle Möglichkeit, beim Öffnen eines Dokumentes an die Stelle der letzten Bearbeitung zu springen, bietet die Tastenkombination ⟨↑⟩ + ⟨F5⟩. Word für Windows speichert intern die Positionen der letzten drei Bearbeitungsstellen innerhalb eines Dokumentes ab. Durch mehrmaliges Drücken der Tasten ⟨↑⟩ + ⟨F5⟩ gelangen Sie nacheinander an die Stelle der letzten, vorletzten und der vorvorletzten Bearbeitung. Beim vierten Drücken gelangen Sie wieder zum Ausgangspunkt des Gehe zu-Aufrufes zurück.

Sinnvoll ist es auch, sich die Makro-Befehle Datei1, Datei2, Datei3 und Datei4, die das schnelle Öffnen einer der letzten vier bearbeiteten Dateien aus dem Menü **DATEI** erlauben, so zu modifizieren, daß immer an die Stelle gesprungen wird, an der diese zuletzt bearbeitet worden sind. Sie erreichen das, indem Sie die Zeile *ZurückEinfügemarke* in den Makro integrieren. Der vollständige Makrocode lautet dann z.B.:

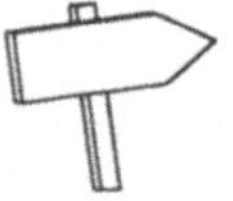

Das Erstellen und Bearbeiten eines Makros wird in Teil 4, Kapitel 13 beschrieben.

```
Sub MAIN
Super Datei1
ZurückEinfügemarke
End Sub
```

Textmarken

Angenommen, Sie möchten innerhalb eines Dokumentes bestimmte Passagen auf irgendeine Weise kennzeichnen. Das können Sie natürlich über eine spezielle Formatierung (beispielsweise rote Zeichen) tun. Word für Windows hat für diesen Fall aber auch eine Funktion parat, die sich sehr vielfältig nutzen läßt. Mit Textmarken können Sie einen be-

stimmten Bereich kennzeichnen, indem Sie ihm quasi einen Namen geben. Z.B. ließen sich in einem langen Dokument die Kapitel mit der Bezeichnung *Kapitel n* benennen. Diese Textmarken könnten dann mit der
Gehe zu-Funktion gezielt angesprungen werden, Textmarken lassen sich
aber auch zur Erstellung von Inhaltsverzeichnissen oder Indizes oder
aber zur Erstellung von Querverweisen verwenden.

Eine Textmarke vergeben

Um eine Textmarke zu vergeben, markieren Sie zuerst den betreffenden
Textteil. Dann wählen Sie den Befehl **EINFÜGEN TEXTMARKE** und
vergeben in der Dialogbox (siehe Abbildung 4.1.11) einen beliebigen
Namen. Dieser Name darf bis zu 20 Zeichen lang sein und muß zusammenhängen, d.h. er darf keine Leerzeichen enthalten. Außerdem muß er
mit einem Buchstaben beginnen und man darf nur alphanumerische Zeichen verwenden. Nach dem Bestätigen mit **OK** hat Ihre Textpassage die
soeben vergebene "Hausnummer" und Sie können in der Funktion **GEHE
ZU** jederzeit genau an diese Stelle springen, in dem Sie einfach F5
drücken, die "Hausnummer" eintragen und mit **OK** bestätigen.

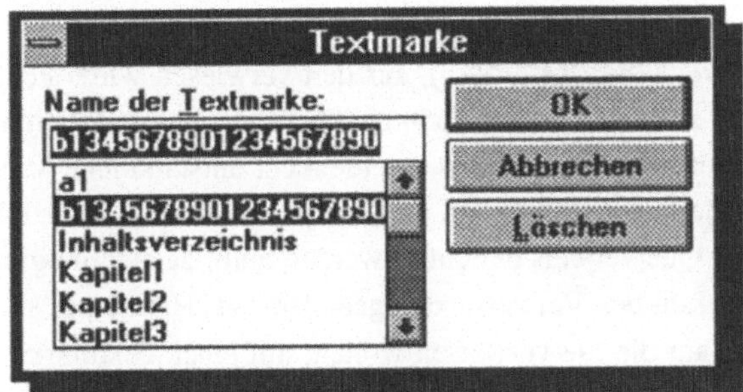

Abb.4.1.11: Die Dialogbox zur Bearbeitung von Textmarken

In der Dialogbox zur Bearbeitung von Textmarken (siehe Abbildung 4.1.11) können Sie Textmarken auch löschen. Markieren Sie dazu
die betreffende Textmarke und wählen Sie die Option **Löschen** .

Textmarken dürfen sich überlappen. Sie können beispielsweise einen Abschnitt mit der Textmarke *Kapitel4* belegen, Textteile innerhalb dieses Abschnittes aber zusätzlich auch mit einer anderen Textmarke. Was nicht funktioniert, ist das mehrmalige Anwenden ein- und derselben Textmarke auf verschiedene Passagen des selben Dokumentes. Diese Einschränkung hat ihren guten Grund. Wenn Sie ein Inhaltsverzeichnis oder einen Index erstellen, können Sie als Einträge dieser Verzeichnisse Textmarkennamen verwenden. Es wäre in diesem Fall aber Unfug, wenn mehrere Passagen mit der gleichen Textmarke versehen wären.

Querverweise mit Textmarken

Eine der wichtigsten Funktionen von Textmarken ist die Möglichkeit, mit ihnen Querverweise zu erstellen. Ein Querverweis ist ein Hinweis, daß in einem Dokument zu einem bestimmten Thema weitere Informationen zu finden sind. In diesem Buch finden Sie z.B. an den Seitenrändern immer wieder Querverweise auf andere Kapitel. Im Normalfall sehen Querverweise etwa so aus:

> *Siehe auch Seite 22: Die Untergrabung der öffentlichen Moral im spätantiken Rom.*

Der Titel (*Die Untergrabung...*), auf den verwiesen wird, steht in diesem Beispiel auf Seite 22. Sie könnten die Seitenzahl natürlich auch von Hand eingeben, was aber zum einen eine recht umständliche Methode ist und zum anderen zur Folge hat, daß bei jedem Einfügen oder Löschen von Text der Querverweis berichtigt werden muß, da sich möglicherweise die Seitenzahl des Verweistextes geändert hat. Haben Sie stattdessen die Passage, auf die Sie verweisen wollen, mit einer Textmarke gekennzeichnet, so erfolgt die Aktualisierung der Querverweise automatisch. Word für Windows bietet dazu eine bestimmte Feld-Art an, das Feld SEITENREF. Dieses Feld beinhaltet die "Adresse" der Textmarke und übernimmt für Sie das Nachschlagen der Seite, auf der sich die Adresse im Moment befindet. Auf diese Weise haben Sie immer die aktuelle Seitenangabe, auch wenn Sie die Passage, auf die verwiesen wird, auf eine andere Seite des Dokumentes kopieren.

Mehr über Felder erfahren Sie in Teil 4 Kapitel 10.

Ein Querverweis-Feld fügen Sie mit dem Befehl **EINFÜGEN FELD** ein. In der Dialogbox (siehe Abbildung 4.1.12) können Sie sich die Feldtypen anzeigen lassen und aus der rechten Verzeichnisliste die notwendigen Feldanweisungen auswählen. Für Querverweise wird das SEITENREF-FELD benötigt.

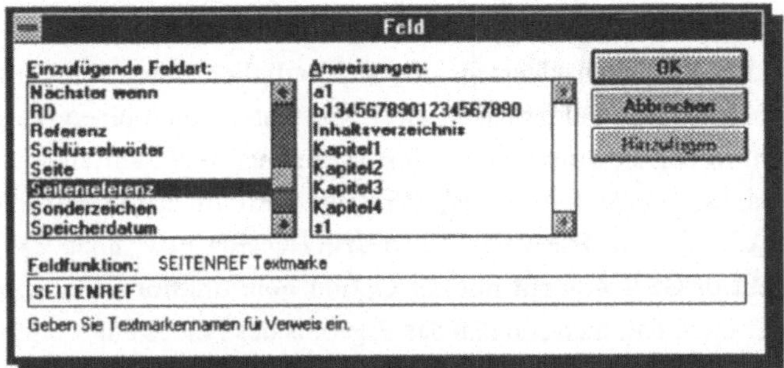

Abb.4.1.12: Die Dialogbox zum Einfügen des Seitenreferenz-
Feldes.In dem rechten Verzeichnisfeld werden die
im Dokument vorhandenen Textmarken aufgelistet

Bei dem Beispiel der *antiken Untergrabung* können Sie sich vorstellen, daß die Passage die Textmarke *Kapitel2* bekommen hat. Um den Querverweis wie oben zu erstellen, müssen Sie wie folgt vorgehen:

Tippen Sie den Text des Querverweises aus unserem obigen Beispiel bis auf die numerische Zahl hinter *Seite* ab. Bewegen Sie die Einfügemarke hinter das Wort *Seite,* und wählen Sie **EINFÜGEN FELD** mit [Alt] + [E], [E]. Markieren Sie in der darauf folgenden Dialogbox das Feld SEITENREF. In der rechten Liste erscheinen nun die im Dokument vorhandenen Textmarken. Markieren Sie die gewünschte Textmarke "Kapitel2" und klicken Sie auf **Hinzufügen** ([Alt] + [H]). Die Textmarke wird nun automatisch in die Feldcodezeile eingetragen. Bestätigen Sie mit **OK** ([↵]).

Das Ergebnis, das Sie auf Ihrem Bildschirm sehen, kann zwei Ansichtsformen haben, je nachdem, ob Sie die Feldfunktionen mit **ANSICHT FELDFUNKTIONEN** ein- oder ausgeschaltet haben:

1. *Siehe auch Seite {SEITENREF Kapitel2} Die Untergrabung der öffentlichen Moral im spätantiken Rom*

2. *Siehe auch Seite 22 Die Untergrabung der öffentlichen Moral im spätantiken Rom*

Mehr zu Feldern erfahren Sie in Teil 4, Kapitel 10.

Die beiden Versionen unterscheiden sich lediglich durch die verschiedene Ansichtsform. Felder haben zwei "Gesichter", zum einen die Feldfunktion, in der die Anweisung selbst codiert ist, und zum anderen das Ergebnis, das von der Anweisung produziert wird. Im ersten Fall sind die Feldfunktionen mit **ANSICHT FELDFUNKTIONEN** bzw. über **EXTRAS EINSTELLUNGEN Ansicht** mit der Option **Feldfunktionen** eingeschaltet, im zweiten Fall nicht, so daß das Ergebnis des Feldes angezeigt wird.

Das Ergebnis des Feldcodes ändert sich bei jeder Seitenverschiebung der Textmarke innerhalb des Textes. Da Felder aus speichertechnischen Gründen nicht permanent aktualisiert werden können, müssen Sie allerdings - um den jeweils neuesten Stand zu erfahren - das Feld markieren und die Aktualisierungstaste F9 drücken. Allerdings werden SEITEN-REF.-Felder jedesmal beim Drucken automatisch aktualisiert.

Zusammenfassung

In diesem Kapitel haben Sie gelernt, wie man sich innerhalb eines Dokumentes gezielt und schnell bewegt. Wir haben erklärt, wie man die Funktion **SUCHEN** und **ERSETZEN** für das Überarbeiten von Texten effizient nutzt und wir haben besprochen, wie man die **Zwischenablage** beim Suchen und Ersetzen **benutzen** kann. Sie haben gelernt, wie Sie mit Hilfe von Sonderzeichen Absatzendemaken oder ganz bestimmte Felder suchen kann und wie man Textpassagen automatisch durch Grafiken ersetzen lassen kann.

Im Anschluß daran haben wir die Funktion **GEHE ZU** vorgestellt und besprochen, welche Teile eines Dokumentes man damit anspringen kann bzw. wie sich die einzelnen Sprungkriterien miteinander kombinieren lassen. Daneben wurden Beispiele durchgearbeitet, mit denen Sie lernen konnten, wie man sich **Lesezeichen mit Hilfe von Textmarken** erstellt und sich diese für das gezielte "Navigieren" in einem Dokument zunutze machen kann. Schließlich haben wir gezeigt, wie **Textmarken erstellt** und **genutzt** werden und wie Sie automatische **Querverweise innerhalb eines Dokumentes erstellen** können.

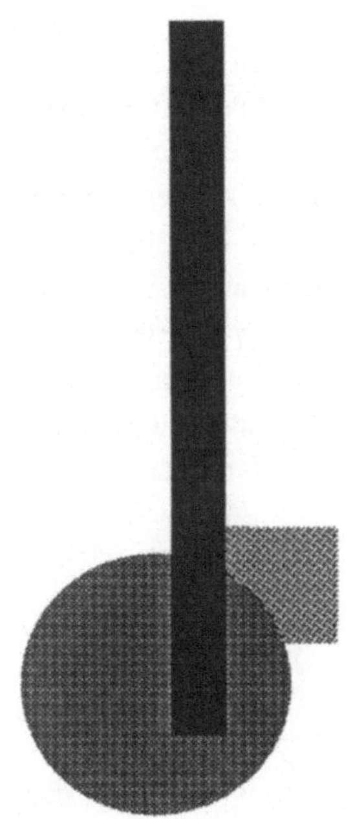

textbausteine

Kapitel 2

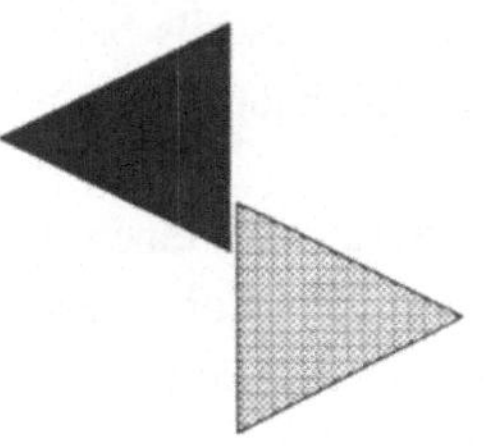

In diesem Kapitel lernen Sie, wozu sich Textbausteine in einem Textverarbeitungssystem einsetzen lassen. Wir erklären, wie man mit Textbausteinen in Word für Windows arbeitet und machen Vorschläge, wie man das Arbeiten mit Textbausteinen organisieren kann. Die Art der Speicherung von Textbausteinen, die in Word für Windows eine besondere Rolle spielt, wird in ihrem Zusammenhang mit Dokumentvorlagen erläutert. Nach dem Durcharbeiten des Kapitels wissen Sie, wo Textbausteine gespeichert werden und aus welchen Dokumenten die verschiedenen Textbausteine abrufbar sind. Wir erklären, wie man Textbausteine drukken kann, und erläutern schließlich den besonderen Textbaustein "Sammlung".

Arbeiten mit Textbausteinen

Fast alle in Büro und Verwaltung anfallenden Texte wiederholen sich entweder in ihrer Gesamtheit oder in einzelnen Textausschnitten. Wenn man hier mit einer Textverarbeitung arbeitet, kann man sich die Arbeit der Texterstellung wesentlich erleichtern. Zum einen kann man ganze Dateien abspeichern und durch Archivierung auf Datenträgern für jedermann verfügbar machen oder sich einzelne Textabschnitte als Textbaustein anlegen, die dann durch einen einfachen Tastendruck direkt in einem neu zu erstellenden Dokument abrufbar sind. Das Arbeiten mit Textbausteinen bietet erhebliche Vorteile, und zwar deshalb, weil man eine bereits geöffnete Datei nicht verlassen muß, um einen anderen Text zu öffnen, sondern den jeweils benötigten Baustein immer dann direkt abrufen kann, wenn man ihn gerade benötigt.

Sobald ein Textbestandteil einen immer wiederkehrenden Charakter aufweist (z.B. die Floskel *Sehr geehrte Damen und Herren*), bietet es sich an, diese Floskel als Textbaustein anzulegen. Wenn Sie später diese Floskel benötigen, genügt ein einfacher Tastendruck und sie wird in das Dokument eingefügt. Die Nutzung von Textbausteinen bietet sich z.B. für die Speicherung und den Zugriff auf häufig benutzte Adressen, bei der Nennung von Warenzeichen mit Urheberrechtsangaben (die ja

meistens recht umständlich über Sonderzeichen dargestellt werden), zum
Einfügen Ihres Firmenlogos, bei der Erstellung von Verteilerlisten in
größeren Organisationen, bei der Bearbeitung von Schreibaufträgen in
Schreibbüros, bei langen Literaturhinweisen in Fußnoten, bei besonders
langen und kompliziert zu schreibenden Produktbezeichnungen oder
einfach bei der Erstellung von Formbriefen an, die ja voll sind von Floskeln wie *Sehr geehrte Damen und Herren* oder *mit freundlichen
Grüßen* usw..

Die Grundidee der Textbausteinverarbeitung besagt, daß man sein bisher
vorhandenes Schriftgut auf häufig wiederkehrende Textbestandteile
analysiert und die einzelnen Phrasen, Floskeln oder Standardtexte als
Textbausteine unter einem Kürzel abspeichert. Steht man dann vor der
Aufgabe, einen Schriftsatz zu erstellen, so ruft man die benötigten Phrasen oder Standardtexte einfach durch die Eingabe des Kürzels (und das
Drücken einer Taste) aus dem Textbausteinverzeichnis ab.

Anders als in dem Textsystem Word für DOS werden Textbausteine in
Word für Windows nicht in einer vollkommen selbständigen Textbausteindatei (in Word für DOS *XYZ.TBS*), sondern in der jeweils aktuellen
bzw. dem Dokument zugeordneten Dokumentvorlage gespeichert. In den
Dokumentvorlagen von Word für Windows kann eine beliebig große
Zahl von Textbausteinen gespeichert werden, wobei Textbausteine nicht
nur Text, sondern auch Grafikelemente, Felder, oder sogar ganze Tabellen enthalten können. Beispielsweise sind die Sinnbilder für Tastatur-
Kommandos in diesem Buch allesamt über Textbausteine eingefügt
worden. Wir haben lediglich *ctrl* getippt, nach dem Drücken von F3
wurde das Bildchen Ctrl automatisch eingefügt.

Um die Übersicht über seine Textbausteine nicht zu verlieren, können
sie verschiedenen Dokumentvorlagen zugeordnet werden. Durch die
Zusammenarbeit von Dokumentvorlagen und Textbausteinen haben Sie
die Möglichkeit, sich mehrere eigenständige Textbaustein-Verzeichnisse
für bestimmte Kategorien von Dokumenten zu erstellen, z.B. eines für
immer wiederkehrende Textteile in Geschäftsbriefen und ein anderes für
technische oder medizinische Fachausdrücke, die Sie lediglich beim
Erstellen von Fachaufsätzen oder Abhandlungen benötigen. Darüber

*Mehr zu Dokumentvorla-
gen erfahren Sie in
Teil 3, Kapitel 6 und in
Teil 4, Kapitel 4.*

hinaus bietet das Arbeiten mit Dokumentvorlagen den Vorteil, daß Sie sich die Arbeit auch im Hinblick auf den Einsatz von Textbausteinen immer auf die jeweilige Benutzerumgebung anpassen können. Für das Erstellen von Formbriefen können Sie sich z.B. eine Dokumentvorlage erstellen, die es ermöglicht, die jeweiligen Textbausteine aus einem Pull-Down-Menü direkt abzurufen, sodaß Ihnen das Eingeben der Abkürzungen für das Abrufen der Textbausteine erspart bleiben würde (siehe Abbildung 4.2.1).

Wie Textbausteine anhand von Makros direkt über das Menü zugänglich gemacht werden, zeigen wir in Teil 4, Kapitel 12 und 13.

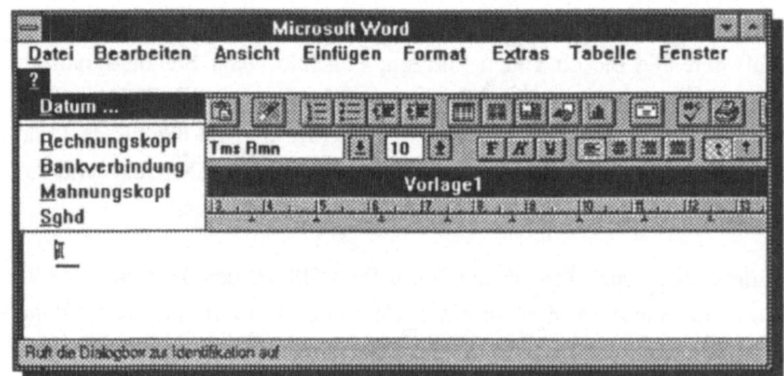

Abb.4.2.1:   Der Abruf von Textbausteinen läßt sich einfach
in ein neubenanntes Menü einbauen

Wenn Sie das Erstellen von Textbausteinen und das Einbinden von Textbausteinen in ein Menü lernen möchten, sollten Sie die nachfolgenden Beschreibungen und Übungen durchgehen. Wir werden zunächst das Erstellen eines Textbausteines üben und dann erklären, wie man Textbausteine in ein Menü einbindet bzw. Menüs von Word für Windows neu benennen kann.

Erstellen eines Textbausteines

Wenn Sie einen Textbereich als Textbaustein festhalten möchten, müssen Sie zunächst den Text schreiben, den Sie als Textbaustein festhalten möchten und diesen dann markieren. Anschließend rufen Sie den Befehl

BEARBEITEN TEXTBAUSTEIN auf bzw. drücken $\boxed{\text{Alt}}$ + $\boxed{\text{B}}$, $\boxed{\text{T}}$. Die Dialogbox für das Bearbeiten von Textbausteinen öffnet sich (siehe Abbildung 4.2.2). In das Textfeld **Textbausteinname** tragen Sie einen Namen für Ihren Textbaustein ein (z.B. *SGDH* als Kürzel für den Textbereich *Sehr geehrte Damen und Herren*). Textbausteinnamen können bis zu 31 Zeichen lang sein und dürfen auch Leerzeichen enthalten.

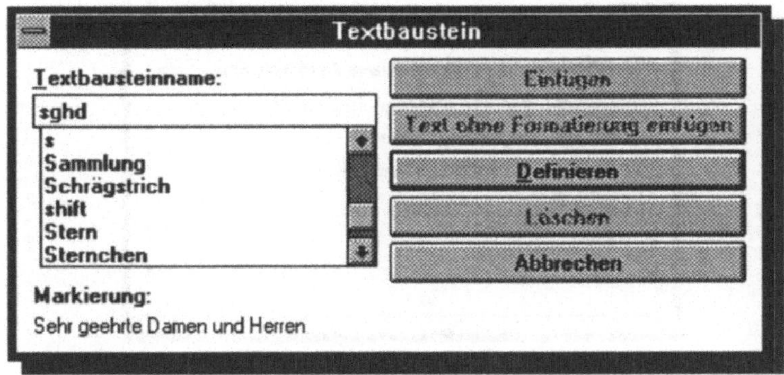

Abb.4.2.2:   Die Dialogbox zeigt unter MARKIERUNG den
             Beginn des markierten Textbausteines

Die Speicherung eines Textbausteines hängt nun davon ab, welche Dokumentvorlage dem aktuellen Dokument gerade zugeordnet ist. Ist das Dokument mit keiner Vorlage bzw. mit der Standard-Dokumentvorlage NORMAL.DOT verbunden, wird der Textbaustein automatisch im Kontext **Gesamt** abgespeichert, d.h. er ist immer und von jedem Dokument aus zugänglich. Wurde das aktuelle Dokument jedoch auf Basis einer individuellen Dokumentvorlage erstellt, so können Sie auswählen, ob der Textbaustein global in der Standard-Dokumentvorlage NOR-MAL.DOT oder nur im Zusammenhang mit der eigenen Dokumentvorlage abrufbar sein soll.

Im Menü **DATEI DOKUMENTVORLAGE** können Sie festlegen, ob Makros und Textbausteine automatisch global der Standard-Dokumentvorlage NORMAL.DOT oder Ihrer eigenen Dokumentvorlage zugeordnet

*Im Menü DATEI DOKU-
MENTVORLAGE können
Sie festlegen, ob Makros
und Textbausteine auto-
matisch der Standard-
Dokumentvorlage NOR-
MAL.DOT oder Ihrer ei-
genen Dokumentvorlage
zugeordnet werden sol-
len.*

werden sollen (siehe Abbildung 4.2.3). Als dritte Option können Sie festlegen, daß Sie bei jedem Textbaustein und Makro, das Sie anlegen, in einer Dialogbox gefragt werden, wo der Textbaustein oder der Makro gespeichert werden soll.

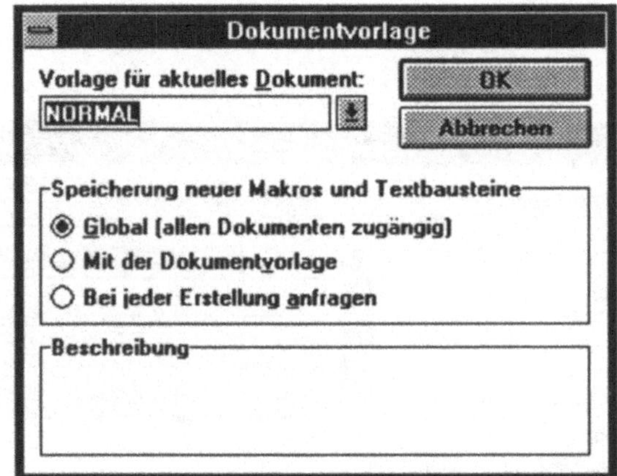

Abb. 4.2.3: In DATEI DOKUMENTVORLAGE können Sie festlegen,
wo Textbausteine und Makros gespeichert werden

Sie sollten sich stets gut überlegen, ob Ihr Textbaustein in der Standard-Dokumentvorlage NORMAL.DOT (Alt + G) oder in der aktuellen, von diesem Dokument benutzten Dokumentvorlage (Alt + V) gespeichert werden soll. Bedenken Sie hierbei, daß an bestimmte Dokumentvorlagen gebundene Textbausteine nur in jenen Dokumenten, die auf dieser Vorlage basieren, zur Verfügung stehen, während auf Textbausteine, die unter der Standard-Dokumentvorlage NORMAL.DOT abgelegt werden, von jedem Dokument aus zugegriffen werden kann.

Abrufen von Textbausteinen

Um einen Textbaustein in ein Dokument einzufügen bzw. ihn aus der Textbausteinverwaltung abzurufen, gibt es zwei Möglichkeiten. Die erste ist sinnvoll, wenn Sie den Namen oder Inhalt des Textbausteins nicht mehr genau im Kopf haben. Rufen Sie den Befehl **BEARBEITEN TEXTBAUSTEIN** auf (Alt + B , T) und schreiben Sie den Namen des einzufügenden Textbausteines, oder markieren Sie den gewünschten Textbaustein in dem Textbaustein-Listenfenster. Beachten Sie bitte, daß am unteren Rand der Dialogbox jeweils der Anfang des Textbausteines angezeigt wird. Fügen Sie dann den Baustein durch Anklicken der Schaltfläche **Einfügen** oder durch Drücken von Alt + E in Ihren Text ein. In Version 2.0 ist man dazu übergegangen, Textbausteine mit ihrer Formatierung abzuspeichern, über die Dialogbox haben Sie aber die Möglichkeit, Textbausteine auch unformatiert abzurufen. Durch Klicken auf die Schaltfläche **Text ohne Formatierung einfügen** wird der Text ohne seine Formatierung eingefügt.

Die zweite Möglichkeit bietet sich an, wenn Ihnen der Name des Textbausteins noch gegenwärtig ist bzw. Sie den Namen auswendig wissen. Schreiben Sie in diesem Fall einfach den Namen des Textbausteines (z.B. *SGDH*) direkt in Ihren Text an die Stelle, an der später der Inhalt des Textbausteines stehen soll. Jetzt brauchen Sie lediglich die Taste F3 zu drücken, um den Textbaustein einzufügen.

Durch Schreiben des Textbausteinnamens im Text und Drücken von F3 können Sie einen Textbaustein direkt abrufen, ohne das Menü öffnen zu müssen.

Löschen von Textbausteinen

Im Laufe der Jahre werden sich auch bei Ihnen eine ganze Reihe von Textbausteinen ansammeln, deshalb sollten Sie wissen, wie man einen Textbaustein wieder löschen kann. Um einen Textbaustein zu löschen, brauchen Sie ebenfalls nur den Befehl **BEARBEITEN TEXTBAUSTEIN** durch Alt + B , T aufzurufen. Schreiben Sie den Namen des zu löschenden Textbausteines in das Textfeld **Textbausteinname** oder markieren Sie den Namen in der Liste. Sie löschen den Textbaustein durch Anklicken der Schaltfläche **Löschen** oder durch Drücken von Alt + L . Beim Speichern der Datei werden Sie später noch einmal gefragt, ob auch die Textbausteinveränderungen in der entsprechenden Vorlagen-Datei gespeichert werden sollen. Erst wenn Sie hier mit **OK** bestätigen, werden die entsprechenden Textbausteine endgültig gelöscht.

Drucken von Textbaustein-Verzeichnissen

Word für Windows bietet die Möglichkeit, die Textbausteine einer Datei separat als Liste ausdrucken zu lassen. Rufen Sie dazu einfach den Befehl **DATEI DRUCKEN** (Alt + D , D) auf. Wenn Sie nun in dem Verzeichnisfeld **Drucken** die Option **Textbaustein** wählen und mit **OK** bestätigen, werden zunächst die Textbausteine der aktuellen Dokumentvorlage ausgedruckt, gefolgt von denen der allgemeinen Dokumentvorlage NORMAL.DOT.

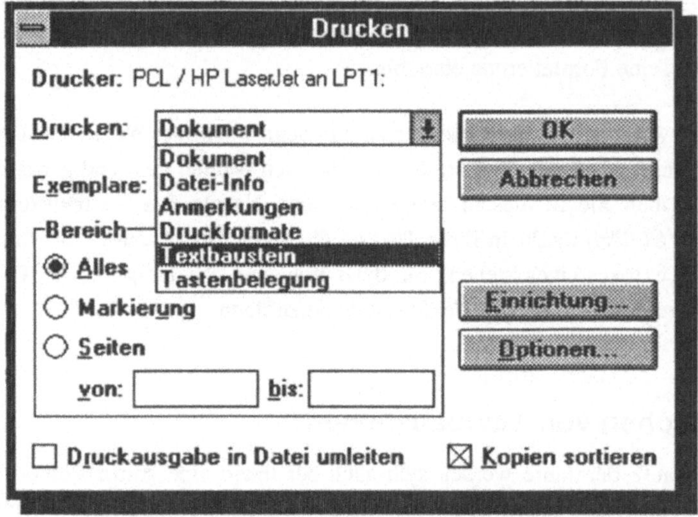

Abb. 4.2.4: Die Textbausteine können auch ausgedruckt worden

Der Textbaustein Sammlung

Eine Sonderstellung nimmt in Word für Windows die Funktion **Sammlung** ein, die im Grunde auch nichts anderes ist als ein Textbaustein. Die **Sammlung** ist aber kein "richtiger" Textbaustein, da sie dem Anwender keine Möglichkeit gibt, mit Namen oder Verzeichnissen zu arbeiten.

Trotz dieser Einschränkung werden die Textteile, die über die **Samm-lung** zusammengestellt wurden, als Textbaustein abgelegt.

Die Überlegung, die hinter der **Sammlung** steckt, ist sehr einfach. In der Praxis kommt es häufig vor, daß Sie ein Dokument nur auszugsweise weiterverwenden wollen, wobei die benötigten Textteile in einer be-stimmten Reihenfolge stehen sollen. Für solche Fälle bietet sich die Verwendung der Funktion **Sammlung** an, denn Sie können durch das Markieren eines Textbereiches und das Aufrufen des Befehls **SAMM-LUNG** (Ctrl + F3) einfach die benötigten Teile in der für Sie richtigen Reihenfolge aus dem Dokument herausschneiden und in einer Art Pa-pierkorb ablegen, den Sie später in dem Dokument wieder entleeren. Word für Windows benutzt für die Sammlung nicht die Zwischenablage, (die ja von jedem neuen Begriff überschrieben würde), sondern legt die markierten Begriffe durch Absätze getrennt in einem Textbaustein ab, der mit jedem weiteren Aufruf des Befehls **SAMMLUNG** (Strg + F3) ergänzt wird.

Word für Windows er-leichtert durch die Samm-lung insbesondere das Zusammenstellen von Textbereichen in einer bestimmten Reihenfolge.

Wenn Sie Funktion **Sammlung** verwenden, um sich ein neues Doku-ment aus Teilen eines anderen Dokumentes zusammenzustellen, erspa-ren Sie sich außerdem das zeitraubende Hin- und Herschalten zwischen zwei Dokumenten mit dem wiederholten Abrufen des Inhaltes der Zwi-schenablage. Das Aufrufen der Befehle **BEARBEITEN AUSSCHNEIDEN** bzw. **BEARBEITEN EINFÜGEN** wäre in einem solchen Anwendungsfall zum einen recht zeitaufwendig und zum anderen auch recht umständlich, denn Sie müssen für jeden Textbereich, der benötigt wird, das zu bear-beitende Dokument wechseln.

Der "Textbaustein" Sammlung ist immer glo-bal verfügbar, d.h. er wird nicht an die Dokument-vorlage gebunden.

Wenn Sie alle Textteile, die Sie weiterverwenden möchten, mit der Funktion **Sammlung** eingesammelt haben, öffnen Sie ein neues Doku-ment und leeren den "Eimer" mit ⇧ + Ctrl + F3 . Sie können auch die Sammlung über **BEARBEITEN TEXTBAUSTEIN** einfügen - dort taucht jetzt als neuer Textbausteinname der Name *Sammlung* auf. Das hat den Vorteil, daß sich auf diese Weise der Textbaustein beliebig oft einfügen läßt, im Gegensatz zu der Vorgehensweise mit ⇧ + Ctrl + F3 , bei der der Inhalt des "Eimers" endgültig "ausgeleert" wird und danach nicht mehr zur Verfügung steht. Die einzelnen Gegenstände der Sammlung

In Version 2.0 werden die Formatierungsmerkmale des eingesammelten Textes mit gespeichert.

erscheinen - durch Absätze getrennt - in der eingesammelten Reihenfolge in dem neuen Dokument. Beim Arbeiten mit der Funktion Sammlung sollten Sie allerdings auf folgendes achten:

⇨ Wenn Sie Word für Windows verlassen, ohne die Sammlung geleert zu haben, werden Sie von Word für Windows automatisch zum Speichern der Textbausteine aufgefordert. Speichern Sie hier unbedingt ab, wenn Sie den Inhalt der Sammlung später noch benötigen.

⇨ Der Inhalt der Sammlung kann mit ⟨⇧⟩ + ⟨Ctrl⟩ + ⟨F3⟩ nur ein einziges Mal geleert werden. Ist die Sammlung geleert, hat ein Drücken von ⟨⇧⟩ + ⟨Ctrl⟩ + ⟨F3⟩ kein Ergebnis, d.h. der "Papierkorb" ist leer. Der Inhalt bleibt nur erhalten, wenn Sie zum Einfügen den Befehl **BEARBEITEN TEXTBAUSTEIN** benutzen.

Zusammenfassung

In diesem Kapitel haben Sie gelernt, wozu sich **Textbausteine** in einem Textverarbeitungssystem einsetzen lassen. Wir haben erklärt, wie man mit Textbausteinen in Word für Windows arbeitet und Vorschläge gemacht, wie man das Arbeiten mit Textbausteinen organisieren kann. Die Art der **Speicherung von Textbausteinen**, die in Word für Windows eine besondere Rolle spielt, wurde in der Zusammenarbeit mit Dokumentvorlagen erläutert. Es wurde besprochen, wo Textbausteine gespeichert werden, aus welchen Dokumenten Textbausteine abrufbar sind und wie man **Textbausteine drucken** kann. Zum Abschluß haben Sie den besonderen **Textbaustein Sammlung** und seine Arbeitsweise kennengelernt.

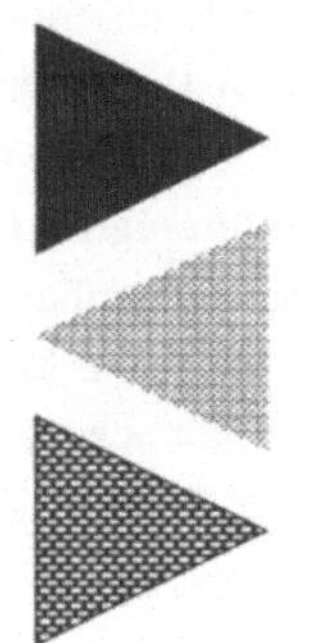

druckformate und tabulatortechnik

Kapitel 3

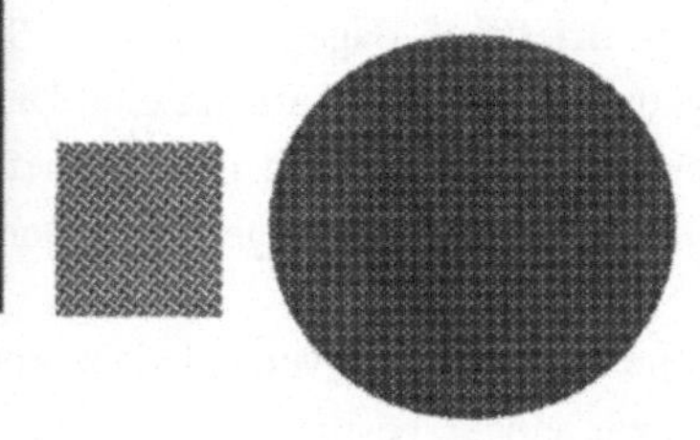

In diesem Kapitel behandeln wir das Erstellen von Druckformaten sowie das Arbeiten mit Tabulatoren. Wir erklären zunächst, was Druckformate sind, und welche Vorteile Sie bei der täglichen Arbeit durch die Anwendung von Druckformaten haben. Nach einer Einführung in die Grundlagen von Druckformaten lernen Sie, welcher Zusammenhang zwischen Druckformaten und Dokumentvorlagen besteht, und wie Sie Druckformate aus verschiedenen Dateien zusammenführen können. Wir erläutern, wie Sie Word für Windows veranlassen können, daß einem Druckformat automatisch ein anderes Druckformat folgt, und wie Sie Druckformate voneinander ableiten können. Zum Abschluß des Kapitels lernen Sie das Arbeiten mit Tabulatoren im Lineal und über den Befehl **FORMAT TABULATOREN**. Wir erläutern, wie Tabulatoren gesetzt werden können und was es mit linksbündigen, rechtsbündigen, zentrierten sowie dezimalen Tabulatoren auf sich hat.

Einführung in Druckformate

In der täglichen Arbeit mit einem Textverarbeitungssystem tauchen gleiche oder zumindest ähnliche Formatierungen immer wieder auf. So werden Sie beispielsweise für Brieftext im allgemeinen immer dieselbe Formatierung wählen, beispielsweise als Schrift *Helvetica 10* und einen *1,5 zeiligen* Zeilenabstand. Im Briefkopf dagegen werden Sie eine andere Formatierung wählen, genauso wie in der Adresszeile. Diese drei verschiedenen Bereiche müßten Sie nun bei jedem neuen Brief erneut formatieren und auf Dauer ist das natürlich eine lästige Angelegenheit.

Die Idee, die hinter Druckformaten steht, ist, daß verschiedene Formatierungen zusammengefaßt und unter einem bestimmten Namen gespeichert werden. Damit ist es nicht mehr notwendig, nacheinander eine Zeichenformatierung und dann eine Absatzformatierung vorzunehmen, denn es genügt ein einziger Befehl, um alle Formatierungen auf einmal durchzuführen.

Ein Druckformat ist eine Zusammenfassung von Absatz-, Tabulator-, Positions- und/oder Zeichenformatierungen, die Sie auf einen Absatz mit einem einzigen Befehl anwenden können. Um die Anwendung eines Druckformates so einfach wie möglich zu machen und dem Anwender den Überblick über alle erstellten Druckformate zu erleichtern, wird jedes Druckformat mit einem Namen versehen, den man als Anwender frei vergeben kann. Soll ein Textabschnitt (für Druckformate müssen dies Absätze sein) ein bestimmtes Erscheinungsbild haben, so ordnen Sie ihm einfach ein bestimmtes Druckformat zu, dessen Formatierungsmerkmale Sie zuvor definiert haben.

Druckformate bieten den Vorteil, daß die verschiedenen Absätze eines Dokumentes oder auch ganze Dokumente sehr viel einfacher und schneller formatiert werden können. Zusätzlich stellen Sie durch die Anwendung von Druckformaten sicher, daß Ihre verschiedenen Dokumente ein einheitliches Erscheinungsbild haben. Wenn Sie das Erscheinungsbild eines Dokumentes oder eines Textabschnittes ändern möchten, brauchen Sie dem Abschnitt lediglich ein anderes Druckformat zuzuordnen. Wenn Sie ein Druckformat auf einen oder mehrere Absätze anwenden, so wird stets der gesamte Absatz mit den Formatierungsmerkmalen des Druckformates ausgestattet - auch dann, wenn Sie nur einen Teil des Absatzes (z.B. ein Zeichen) markiert haben.

Arbeiten mit Druckformaten

Erstellen eines Druckformates

Um ein Druckformat zu erstellen, haben Sie prinzipiell zwei Möglichkeiten.

1. Sie formatieren einen Absatz nach Ihren Wünschen und halten dieses Druckformat fest, indem Sie ⌷Strg⌷ + ⌷Y⌷ drücken und einen Namen für Ihr Druckformat vergeben.

Sie können nicht mehr als 220 Druckformate in einem Dokument erstellen.

2.   Sie erstellen sich eine Reihe individueller Druckformate über das Menü **DRUCKFORMATE DEFINIEREN** und wenden diese dann nachträglich auf einen Textbereich (Absatz) an.

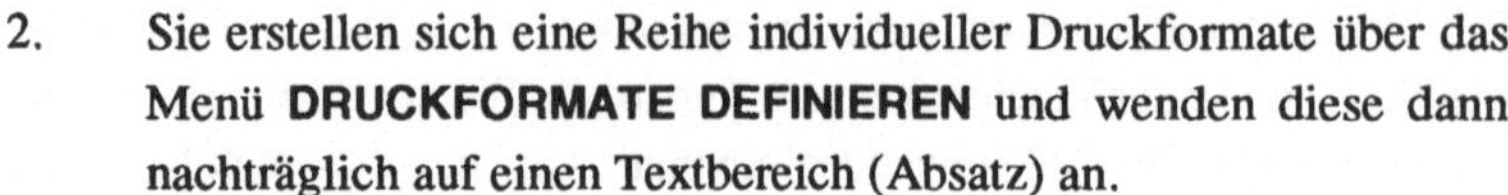

Ein Druckformatname kann bis zu 20 Zeichen lang sein und Leerzeichen beinhalten.

Auf dem zweiten Weg lassen sich Druckformate sozusagen "abstrakt" erstellen, indem Sie den Befehl **FORMAT DRUCKFORMAT** (Alt + T , D) aufrufen und auf die Schaltfläche **Definieren** klicken. Tragen Sie in das Textfeld **Druckformatname** nun einen individuellen Druckformatnamen ein und klicken Sie dann auf eine der Schaltflächen **Zeichen, Absatz, Tabulator, Rahmen, Sprache** und/oder **Positionsrahmen**. Wenn Sie z.B. auf die Schaltfläche **Zeichen** klicken, so öffnet sich die Dialogbox des Befehles **FORMAT ZEICHEN** und Sie können die Zeichenformatierung für das zu definierende Druckformat festlegen.

Die einzelnen Dialogboxen entsprechen genau den im Menü FORMAT zu findenden Formatierungsbefehlen. Mehr zur Vorgehensweise ind diesen Dialogboxen entnehmen Sie bitte den entsprechenden Kapiteln.

Mit der Schaltfläche **Absatz** können Sie die Absatzformatierungen des Druckformates festlegen und mit der Schaltfläche **Tabulator** Tabstopps setzen. Mit der Schaltfläche **Positionsrahmen** können Sie eine feste Seitenposition für den Absatz bestimmen, auf den das Druckformat später angewendet wird. Eine Positionierung von Absätzen über Druckformate bietet sich z.B. für die Erstellung von Marginalien an, wie Sie sie auch in diesem Buch finden. Mit der Schaltfläche **Sprache** legen Sie die Sprache fest, in der die Zusatzprogramme Rechtschreibung und Thesaurus den Text überprüfen. Mit der Schaltfläche **Rahmen** können Sie eine Rahmenformatierung des Absatzes sowie eine Hintergrundschattierung in dem Druckformat festhalten.

Sie können auch direkt die Tastaturkürzel für die gewünschten Formatierungen drücken.

Sie müssen nicht unbedingt auf die Schaltflächen klicken, um eine bestimmte Formatierung anzufordern, sondern können auch direkt in der Dialogbox die Tastaturkürzel für die gewünschten Formatierungen drücken. Wenn Sie also bspw. ein Druckformat für *Fettdruck* in der Schriftart *Helvetica* festhalten, brauchen Sie lediglich Alt + T , D für **FORMAT DRUCKFORMAT** zu drücken und dann nacheinander Strg + F für Fettdruck und solange Strg + A zu drücken, bis die gewünschte Schriftart im unteren Teil der Dialogbox erscheint.

Tastaturkürzel

In Word für Windows 2.0 können sehr komfortabel Tastatur-Kürzel zum Abruf eines Druckformates zugeordnet werden. Klicken Sie in der Dialogbox die Optionen **STRG** bzw. **UMSCHALT** an, und wählen Sie dann aus dem danebenstehenden Listenfeld eine der angeboteten Tasten aus. Haben Sie hier für ein Druckformat z.B. $\boxed{\Uparrow}$ + $\boxed{\text{Ctrl}}$ + $\boxed{\text{F10}}$ gewählt, können Sie dieses Druckformat später im Text mit diesem Tasten-Kürzel auf einen markierten Text anwenden.

In Word für Windows 2.0 können Tastatur-Kürzel zum Abruf eines Druckformates zugeordnet werden.

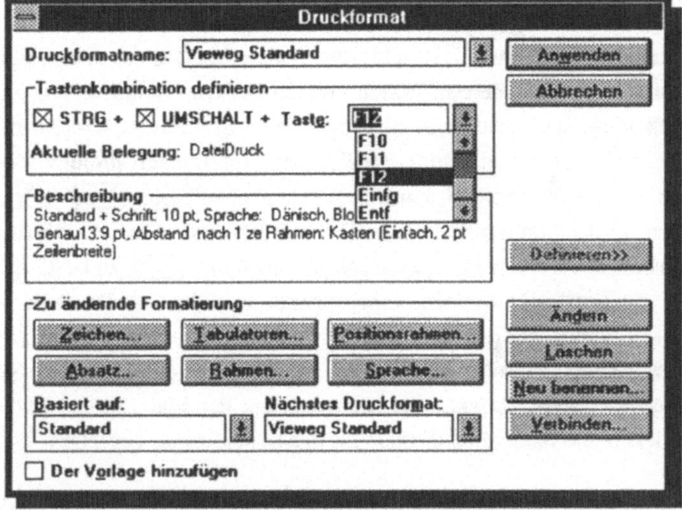

Abb.4.3.1:   In der Dialogbox FORMAT DRUCKFORMAT
DEFINIEREN lassen sich auch Tastenkürzel vergeben.

Beim Zuordnen eines Tastenkürzels müssen Sie allerdings darauf achten, daß Sie nicht eventuell bestehende Tastaturschlüssel für andere Befehle durch den Abruf Ihres Druckformates überschreiben. Damit dies nicht so schnell passieren kann, können Sie bei der Zuordnung eines Tastenschlüssels in der Dialogox unterhalb des Feldes, in dem Sie die Tastenschlüssel bestimmen können, unter dem Stichwort **aktuelle Belegung** die gegenwärtige Aufgabe des Tastenschlüssels ablesen. In unserem Beispiel, also bei ⇧ + Ctrl + F10 , taucht hier im Falle der Standard-Tastenbelegung von Word für Windows der Befehl **Lineal** auf. Bis zu diesem Zeitpunkt war dieser Tastenschlüssel folglich für die Aktivierung des Lineals zuständig. Wenn Sie nun die Dialogbox mit **Anwenden** verlassen würden, würde diese Funktion (Springen in das Lineal) ersetzt durch die neue Funktion, nämlich den Abruf des zuvor definierten Druckformates.

Formatierungen als Druckformat festhalten

Der Tastenschlüssel für den Abruf bzw. die Definition von Druckformaten wurde in Version 2.0 auf STRG+Y geändert.

Der andere Weg, um ein Druckformat zu definieren, ist der weitaus komfortablere. Sie können nämlich einfach bei der Texterfassung eine manuell vorgenommene Formatierung eines Absatzes als Druckformat festhalten. Sie brauchen also lediglich einen Absatz nach Ihren Vorstellungen zu formatieren und dann die Druckformat-Taste Strg + Y zu drücken. In der Statuszeile können Sie nun einfach einen Druckformatnamen eintragen. Sie brauchen danach nur noch mit ⏎ zu bestätigen. Sofern die Formatierungsleiste eingeschaltet ist, führt das Drücken von Strg + Y dazu, daß das Listenfeld für Druckformate aktiviert wird und Sie nun einfach einen Namen für das Druckformat tippen können. Statt des Tastenschlüssels können Sie aber auch mit der Maus in das Listenfeld klicken und dann einen Namen für das Druckformat vergeben.

Statt den oben beschriebenen Vorgehensweisen können Sie auch den Befehl **FORMAT DRUCKFORMAT** aufrufen, nachdem Sie einen Absatz formatiert und markiert haben. Tragen Sie nun in das Textfeld **Druckformatname** einen neuen Druckformatnamen ein und bestätigen Sie mit ⏎ . Das Druckformat wird dann automatisch neu definiert.

Anwenden eines Druckformates

Wenn Sie ein bereits definiertes Druckformat auf einen Absatz Ihres Dokumentes anwenden möchten, brauchen Sie nichts weiter zu tun, als die Einfügemarke irgendwo innerhalb des Absatzes zu positionieren.

Rufen Sie dann den Befehl **FORMAT DRUCKFORMAT** (Alt + T , D) auf, und wählen Sie das anzuwendende Druckformat aus der Verzeichnisliste aus. Sobald Sie mit **OK** bestätigen, erscheint der Absatz formatiert mit dem ausgewählten Druckformat.

Ein anderer Weg besteht darin, die **Druckformat**-Taste Strg + Y zu drücken. In der Statuszeile erscheint die Frage, welches Druckformat Sie anwenden möchten, so daß Sie lediglich den Namen des gewünschten Druckformates eintippen müssen. Wenn Sie den Namen des Druckformates nicht mehr kennen, drücken Sie einfach noch einmal Strg + Y , um die Dialogbox des Befehls **FORMAT DRUCKFORMAT** zu öffnen. Nun können Sie in der Verzeichnisliste **Druckformatname** das gewünschte Druckformat auswählen. Wenn Sie mit **OK** bestätigen, erscheint der Absatz im ausgewählten Druckformat.

Mit der Maus können Sie das Druckformat aus dem Listenfeld für Druckformate ganz links aus der Formatierungsleiste abrufen. Der schnellste Abruf von Druckformaten erfolgt aber unzweifelhaft direkt über Tastaturkürzel, die Sie in Word für Windows 2.0 jedem Druckformat zuordnen können. Auch hier genügt es, wenn sich die Einfügemarke irgendwo in dem Absatz befindet, den Sie formatieren möchten. Wenn Sie nun die Tastenkombination drücken, die Sie dem entsprechenden Druckformat zugeordnet haben, so wird das entsprechende Druckformat unmittelbar und ohne Warnung zugeordnet.

Eine hilfreiche Funktion der Formatierungsleiste ist, daß die jeweils verwendeten Druckformate angezeigt werden. Jedesmal, wenn Sie die Makierung auf einen Absatz bewegen, der mit einem anderen Druckformat formatiert ist, ändert sich hier entsprechend die Anzeige und der zu dem aktuellen Absatz gehörende Druckformatname wird angezeigt.

Die Druckformatspalte

Das Arbeiten mit Druckformaten kann allerdings unübersichtlich werden, wenn Sie ohne Formatierungsleiste und im Bildschirmmodus **ANSICHT KONZEPT** arbeiten. Damit Sie nicht den Überblick verlieren, können Sie sich auf dem Bildschirm am linken Rand eine Spalte für die Anzeige der Druckformatnamen für die sichtbaren Absätze anzeigen lassen. Die Breite dieser Druckformatanzeige kann individuell mit der Maus verändert werden. Nicht zu sehen ist die Druckformatspalte in der **ANSICHT DRUCKBILD.** In den anderen Ansichten können Sie dagegen die Breite der Spalte mit der Maus ändern, indem Sie einfach die Mauszeigerspitze auf der rechten Begrenzungslinie der Drucformatspalte positionieren, die linke Maustaste drücken und festhalten und die Maus verschieben (siehe Abbildung 4.3.2).

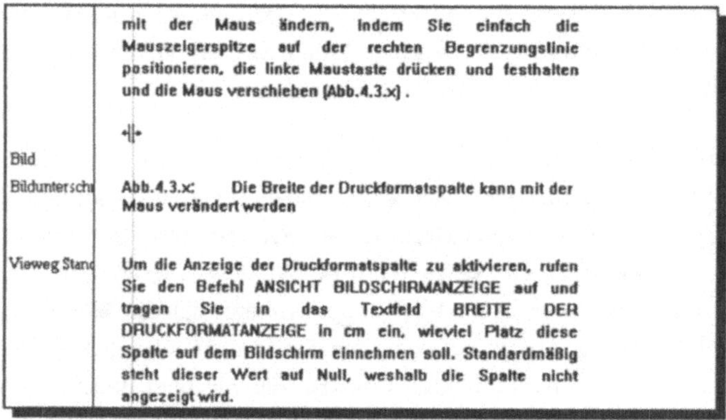

Abb.4.3.2:   Die Breite der Druckformatspalte kann
mit der Maus verändert werden

Um die Anzeige der Druckformatspalte zu aktivieren, rufen Sie den Befehl **EXTRAS EINSTELLUNGEN** auf und wählen die Option **Ansicht**. Hier tragen Sie in das Textfeld **Breite der Druckformatanzeige** in cm ein, wieviel Platz diese Spalte auf dem Bildschirm einnehmen soll. Steht dieser Wert auf Null, wird die Spalte nicht angezeigt.

Ändern von Druckformaten

Um Druckformate zu ändern, haben Sie verschiedene Möglichkeiten. Der einfachste Weg besteht darin, den Absatz, dem das entsprechende

Druckformat zugeordnet ist, nach ihren Wünschen umzuformatieren und das geänderte Druckformat daraus abzuleiten. Sie brauchen dazu lediglich den entsprechenden Absatz neu zu formatieren und Strg + Y zu drücken. Tippen Sie den Namen des Druckformates, das geändert werden soll oder wählen Sie den Druckformatnamen aus der Liste in der Formatierungsleiste aus und bestätigen Sie mit ←┘ . Mit einer Sicherheitsabfrage werden Sie gefragt, ob das Druckformat des Absatzes mit den geänderten Formatierungen neu definiert werden soll. Um das Druckformat mit neuen Merkmalen zu speichern, bestätigen Sie die Abfrage einfach mit **JA**. Wenn Sie auf die Schaltfläche **Nein** klicken, wird dem markierten Absatz das alte Druckformat zugeordnet und Ihre individuellen Formatierungen sind verloren.

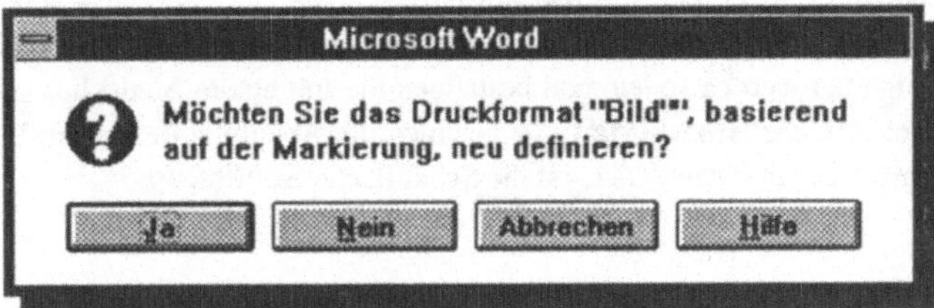

Abb.4.3.3:   Druckformate können sehr einfach geändert werden

Sie können auch Druckformate umdefinieren, ohne vorher im Text einen Absatz umformatiert zu haben. Wählen Sie dazu **FORMAT DRUCK-FORMAT Definieren** und klicken Sie in der Liste das Druckformat an, das Sie ändern wollen. Nachdem Sie die Formatierung über die einzelnen Schaltflächen entsprechend verändert haben, klicken Sie auf die Schaltfläche **Ändern,** woraufhin das Druckformat mit den neuen Formatierungsmerkmalen gespeichert wird.

Druckformate aus Druckformaten ableiten

Eine besonderer Vorteil bei der Arbeit mit Druckformaten ist, daß man sich Druckformate erstellen kann, indem man sie einfach aus bereits vorhandenen Druckformaten ableitet. Wenn Sie also z.B. ein Druckfor-

Druckformate dürfen nur bis zu 10 Ebenen ineinander verschachtelt werden; wobei zu beachten ist, daß jedes Druckformat auf dem Druckformat "Standard" basiert, sich also schon in der 2.Ebene befindet.

mat mit Fett- und Kursivdruck unter dem Namen *Adresse* erstellt haben, so können Sie daraus ganz einfach ein Druckformat mit den Merkmalen *Fett, Kursiv* und *Unterstrichen* ableiten, indem Sie ein neues Druckformat definieren und dieses auf dem Druckformat *Adresse* basieren lassen (siehe Abbildung 4.3.4). Mit folgender Übung können Sie nachvollziehen, wie man aus dem vorhandenen Druckformat *Gliederung 1* ein Druckformat mit dem Namen *Gliederung 10* ableiten kann.

Rufen Sie zunächst den Befehl **FORMAT DRUCKFORMAT** auf und klicken Sie **Definieren**. Tragen Sie in das Verzeichnisfeld **Definieren Druckformatname** einen neuen Namen (*Gliederung 10*) ein, und positionieren Sie dann die Einfügemarke in dem Verzeichnisfeld **Basiert auf**. Wählen Sie aus der Liste das Druckformat *Gliederung 1* aus. Ändern Sie nun über die Schaltflächen **Zeichen, Absatz, Tabulator, Rahmen** oder **RahmenPosition** diejenigen Formatierungsmerkmale, die aus den Elementen des basierenden Druckformat entfernt oder hinzugefügt werden sollen, und bestätigen Sie mit einem Mausklick auf die Schaltfläche **Hinzufügen**. Sie beenden die Ableitung des neuen Druckformates mit einem Klick auf die Schaltfläche **Schließen**.

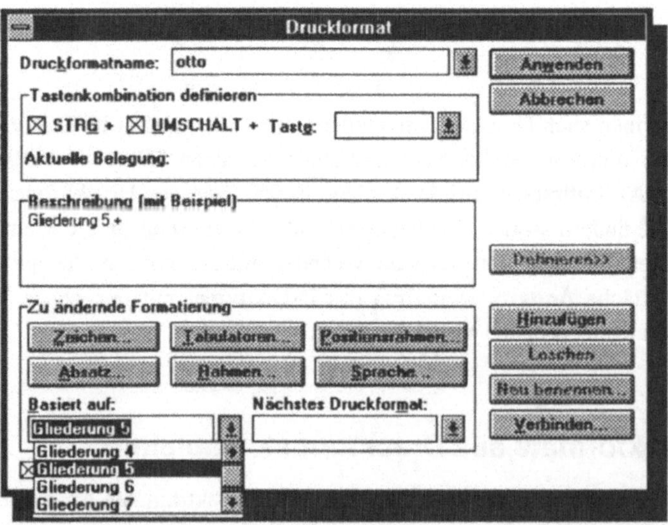

Abb.4.3.4: Druckformate können auf vorhandenen Druckformaten basieren

Automatisches Aufeinanderfolgen von Druckformaten

Eine erhebliche Zeitersparnis bei der Anwendung von Druckformaten bietet die Option **Nächstes Druckformat** unter den Optionen des Befehls **FORMAT DRUCKFORMAT Definieren**. Mit dieser Option können Sie festlegen, welches Druckformat der nachfolgende Absatz erhalten soll, wenn Sie den aktuellen Absatz durch Drücken von ⏎ verlassen

Wenn Sie beispielsweise in Ihrem Text eine Gliederungsüberschrift erfaßt haben und dieser das Druckformat *Gliederung 1* zugeordnet haben, so wissen Sie eigentlich schon im voraus, daß Sie nach einer Überschrift für den normalen Text z.B. stets das Druckformat *Standard* verwenden. Wenn Sie also für das Druckformat *Gliederung 1* festlegen, daß das **Nächste Druckformat** *Standard* sein soll, so brauchen Sie später nach der Texterfassung der Gliederungsüberschrift und der Druckformatanwendung von Gliederung 1 lediglich noch ⏎ zu drücken. Word für Windows verwendet dann nach dem Drücken von ⏎ automatisch als **Nächstes Druckformat** das Druckformat *Standard*.

Um einem Druckformat ein anderes Druckformat automatisch folgen zu lassen, wählen Sie zunächst den Befehl **FORMAT DRUCKFORMAT** (Alt + T , D) und klicken Sie auf **Definieren** (Alt + F). Wählen Sie das Druckformat (z.B. *Gliederung 1*), dem ein bestimmtes Druckformat (z.B. *Standard*) folgen soll, aus der Verzeichnisliste **Druckformatname** aus. Wechseln Sie dann in das Verzeichnisfeld **Nächstes Druckformat**, und wählen Sie das Druckformat aus, das dem oberen Druckformat folgen soll. Klicken Sie auf die Schaltfläche **Ändern** und schließen Sie die Dialogbox mit **Schließen**.

Umbenennen von Druckformaten

Alle Druckformate, die Sie selbst erstellt und definiert haben, können auch nachträglich umbenannt werden. Sie brauchen lediglich den Befehl **FORMAT DRUCKFORMAT** aufzurufen, auf die Schaltfläche **Definieren** zu klicken und in dem Verzeichnisfeld **Druckformatname** das Druckformat zu markieren, das einen neuen Namen erhalten soll. Klicken Sie nun auf die Schaltfläche **Neu Benennen**, und vergeben Sie in der Dialogbox (siehe Abbildung 4.3.5) einen neuen Druckformatnamen.

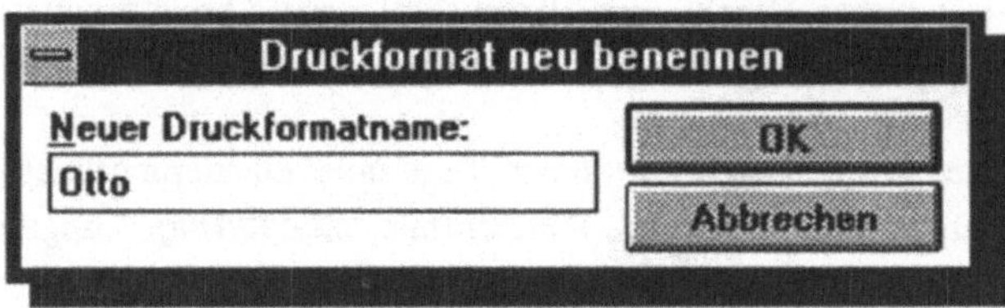

Abb.4.3.5: Druckformate können auch
nachträglich umbenannt werden

Löschen von Druckformaten

Alle Druckformate, die Sie selbst erstellt haben, können Sie nachträglich auch wieder löschen. Rufen Sie dazu den Befehl **FORMAT DRUCKFORMAT** auf und klicken Sie auf die Schaltfläche **Definieren**. Markieren Sie nun mit der Maus in dem Verzeichnisfeld **Druckformatname** den Namen des Druckformates, das Sie löschen möchten, und klicken Sie auf die Schaltfläche **Löschen**. Es erscheint eine Sicherheitsabfrage, ob Sie das markierte Druckformat tatsächlich löschen möchten. Wenn Sie mit **OK** bestätigen, wird das Druckformat gelöscht.

Druckformate und manuelle Formatierungen

Wenn Sie ein Druckformat zuordnen, werden alle zuvor direkt vorgenommenen Absatzformatierungen eines Absatzes entfernt und durch die Formatierungsmerkmale des Druckformates ersetzt. Wenn Sie nachträglich einen Textteil formatieren, dem bereits ein Druckformat zugewiesen wurde, so können Sie die nachträglichen Absatzformatierungen ganz einfach löschen, indem Sie das Druckformat neu zuordnen. Sie brauchen dazu lediglich die Einfügemarke in dem Absatz zu positionieren und

[Strg] + [Y] zu drücken. Schreiben Sie den Namen des Druckformates, das Sie neu zuordnen möchten, und bestätigen Sie mit **OK**. Wenn Word für Windows Sie fragt, ob Sie das Druckformat neu definieren möchten, wählen Sie **NEIN**.

Jede direkte Zeichenformatierung, die Sie an einem Textabschnitt vornehmen, bleibt allerdings bis zu einer durchgehenden Zeichenlänge von 50 Zeichen auch dann erhalten, wenn Sie ein Druckformat zuweisen. Wenn Sie z.B. ein bestimmtes Wort in einem Absatz kursiv formatieren, bleibt es unabhängig von den Vorgabewerten für Zeichenformatierungen in dem Druckformat, das Sie zuordnen, kursiv.

Direkte Zeichenformatierungen bleiben bis zu 50 durchgehenden Zeichen auch dann erhalten, wenn Sie ein Druckformat zuordnen.

Standard-Druckformate von Word für Windows

Word für Windows kennt eine Reihe von sogenannten automatischen Druckformaten, die im Standardbetrieb verwendet werden. Wenn Sie auf einen Absatz eines dieser Druckformate anwenden, so werden diejenigen Zeichen- und Absatzformatierungen verwendet, die in der Tabelle 4.3.1 zusammengestellt sind. Die Vorteile dieser Standard-Druckformate liegen darin, daß Sie sofort damit arbeiten können und sie trotzdem nach Ihren Wünschen verändern können. Wenn Sie bspw. einen Drucker verwenden, der die Standard-Schriftart von Word für Windows (*Times Roman*) nicht unterstützt, so können Sie sich das Druckformat *Standard* so verändern, daß darin eine Schriftart benutzt wird, die auch von Ihrem Drucker unterstützt wird.

Sie können sich die Standardschriftart Times Roman ändern, indem Sie das Druckformat STANDARD ändern.

Wie Sie der Tabelle entnehmen können, hat Word für Windows eine Reihe automatischer Druckformate z.B. für Gliederungsüberschriften, Inhaltsverzeichnisse oder Fußnoten. Sie können diese automatischen Druckformate zwar neu definieren, aber nicht umbenennen oder löschen. Automatische Druckformate sind fest verbunden mit der Standard-Dokumentvorlage (NORMAL.DOT) und werden automatisch aktiviert, wenn Sie eine neue Dokumentvorlage erstellen.

Nicht alle Standard-Druckformate erscheinen von Anfang an in den Auswahllisten. Sie müssen eines der angezeigten Druckformate (z.B. Gliederung 1) erst angewendet haben.

Druckformatname	Definition und Festlegung
Standard	Times Roman 10, Linksbündig, Sprache: Deutsch
Standardeinzug	Standard und linker Einzug 1,27 cm
Anmerkungszeichen	Standard und Schriftgrad 8 Punkt
Anmerkungstext	Standard und Schriftgrad 10 Punkt
Fußzeile	Standard und Tabstopps bei 7,5 cm zentriert und 15 cm rechtsbündig
Fußnotenzeichen	Standard und Schriftgrad 8 Punkt, Hochgestellt 3 Punkt
Fußnotentext	Standard und Schriftgrad 10 Punkt
Kopfzeile	Standard und Tabstopps bei 7,5 cm zentriert und 15 cm rechtsbündig
Gliederung 1	Standard und Schriftart: Helvetica Fett 12 Punkt, Unterstrichen, Absatzfreiraum vorher: 1 ze; Nachfolgendes Druckformat: Standard
Gliederung 2	Standard + Schrift: Helv 12pt, Fett, Absatzfreiraum vorher: 0,5 ze Nachfolgendes Druckformat: Standard
Gliederung 3	Srandard und Schriftart Times Roman Fett 12 Punkt, Einzug. links 0,00 cm; Nachfolgendes Druckformat: Standardeinzug
Gliederung 4	Standard und Schriftart Times Roman 12 Punkt; unterstrichen, Einzug: links 0,63 cm; Nachfolgendes Druckformat: Standardeinzug
Gliederung 5	Standard und fett, Einzug: links 1,27cm; Nachfolgendes Druckformat: Standardeinzug

Druckformatname	Definition und Festlegung
Gliederung 6	Standard und unterstrichen, Einzug: links 1,27cm; Nachfolgendes Druckformat: Standardeinzug
Gliederung 7-9	Standard und kursiv, Einzug: links 1,27cm; Nachfolgendes Druckformat: Standardeinzug
Index Unterteilung	Standard, nächstes Druckformat: Index 1
Index 1-7	Standard; Ab Ebene 2 mit linkem Einzug bei 0,5 cm, der sich mit jeder Ebene um 0,5 cm erhöht
Zeilennummer	Standard
Inhaltsverzeichnis Ebene 1 **(Verzeichnis 1)**	Standard und rechter Einzug bei 1,5 cm; Tabstopps bei 15 cm mit Füllzeichen Punkt und bei 15,24 cm rechtsbündig, nächstes Druckformat: Standard
Inhaltsverzeichnis Ebene 2-9 **(Verzeichnis 2-8)**	Standard mit linkem Einzug bei 1,25 cm und rechtem Einzug bei 1,5 cm; Linker Einzug beginnt bei Ebene 2 und erhöht sich mit jeder höheren Ebene ebenfalls um 1,25 cm; Tabstopps bei 15 cm mit Füllzeichen Punkt und bei 15,24 cm rechtsbündig

Tab.4.3.1:   Die automatischen Druckformate von Word für Windows

Ändern von Standard-Druckformaten

Alle Standard-Druckformate können genauso wie die individuell erstellten Druckformate beliebig geändert und an eigene Bedürfnisse angepaßt werden. Um ein Standarddruckformat zu ändern, rufen Sie den Befehl **FORMAT DRUCKFORMAT** (Alt + T , D) auf. Wählen Sie aus der Liste den Namen des Druckformates aus, das Sie ändern wollen, klicken Sie auf **Definieren** und nehmen Sie über die Schaltflächen **Zeichen,**

Absatz, Rahmen, Sprache, Tabulator und/oder **Rahmenposition** die gewünschten Änderungen in der Definition des Druckformates vor. Anstatt des Anklickens der Schaltflächen können Sie auch direkt in der Dialogbox die Tastaturkürzel für die entsprechenden Formatierungen drücken (z.B. Strg + K für Kursiv). Wenn Sie mit ⏎ bestätigen oder auf **Ändern** klicken, werden die Änderungen unter dem zuvor markierten Druckformatnamen gespeichert.

Druckformate und Dokumentvorlagen

Zu Dokumentvorlagen finden Sie weitere Hinweise in Teil 3, Kapitel 6 und Teil 4, Kapitel 4.

Druckformate in Dokumentvorlagen speichern

In der Praxis kommt es häufig vor, daß man sich bestimmte Druckformate in verschiedenen Dateien erstellt hat und diese nun in einer Dokumentvorlage zusammenfassen möchte, damit sie in nachfolgenden Dokumenten zur Verfügung stehen. Im folgenden werden wir den Zusammenhang zwischen Druckformaten und Dokumentvorlagen näher erläutern, damit Sie lernen, wie man sich die Arbeit mit Druckformaten am besten organisiert.

Druckformate beinhalten die Formatierung für Absätze mit zusätzlichen Zeichenformatierungen, Positionsangaben und Definitionen von Tabstopps. Den Druckformaten sind Dokumentvorlagen übergeordnet, wobei eine Dokumentvorlage außerdem noch immer wiederkehrenden Text, Textbausteine, Makros sowie Menü- und Tastenbelegungen beinhalten kann. Zur Erstellung einer Dokumentvorlage müssen Sie den Befehl **DATEI NEU Vorlage** aufrufen. In diesem Dokument müssen Sie nun die einzelnen Druckformate bzw. andere Bestandteile speichern, indem Sie den Befehl **DATEI SPEICHERN (UNTER)** anwenden und einen entsprechenden Namen vergeben. Achten Sie beim Speichern darauf, daß unter der Option **Datei-Typ** das Datei-Format: **Dokumentvorlage** angezeigt wird. Die Datei wird dann mit der Dateiendung *.DOT gespeichert.

Wenn Sie jetzt eine neue Datei erstellen, können Sie auswählen, welche Dokumentvorlage Sie für dieses Dokument benutzen wollen. Nach Auswahl der Dokumentvorlage stehen Ihnen alle dort definierten Druckformate sowie alle anderen Elemente der Dokumentvorlage zur Verfügung.

Neu definierte Druckformate gelten in Word für Windows immer im gerade aktuellen Dokument. Anders als z.B. in Word für DOS werden die Druckformate nicht in einer eigenen Druckformatvorlage bzw. Datei gespeichert. Wenn Sie in einem Text-Dokument ein Druckformat erstellen, so gilt dieses automatisch in dem gerade aktiven Dokument. Sofern Sie nichts anderes definiert haben, ist das Druckformat standardmäßig nur in dem Dokument und nicht in der Dokumentvorlage vorhanden. In einer Dokumentvorlage wird ein neu definiertes Druckformat nur gespeichert, wenn Sie die Option **Der Vorlage hinzufügen** in der Dialogbox **FORMAT DRUCKFORMAT Definieren** ankreuzen.

Ein kleines Beispiel soll den Zusammenhang verdeutlichen: Stellen Sie sich vor, Sie schreiben gerade einen Brief. Sie möchten nun die Formatierung der Anrede als Druckformat festhalten und dieses Druckformat auch gleich in der zugeordneten Dokumentvorlage BRIEF.DOT speichern, damit es auch in Zukunft beim Erstellen von Briefen zur Verfügung steht. Sie markieren also die Anrede, formatieren sie und tragen für den markierten Absatz über den Befehl **FORMAT DRUCKFORMAT Definieren** in dem Textfeld **Druckformatname** einen Namen ein. Um das neu erstellte Druckformat auch in der Dokumentvorlage zu speichern, klicken Sie auf die Option **Zur Vorlage hinzufügen**. Betätigen Sie nun die Schaltfläche **Ändern** und bestätigen Sie mit **Schließen**.

Über die zuvor beschriebenen Wege ist es auch möglich, Druckformate aus verschiedenen Dokumentvorlagen miteinander zu kombinieren. Rufen Sie dazu den Befehl **FORMAT DRUCKFORMAT Definieren** auf, und klicken Sie auf die Schaltfläche **Verbinden** (siehe Abbildung 4.3.6). Über die Schaltflächen **Zu Vorlage** können Sie in die gerade aktuelle Dokumentvorlage Druckformate einfügen. Über **von Vorlage** werden in die aktuelle Dokumentvorlage Druckformate aus der Dokumentvorlage, die Sie in dem Verzeichnisfeld **Datei** markiert haben, integriert.

Seit der Version 2.0 können Sie einem Dokument über den Befehl DATEI DOKUMENTVORLAGE auch nachträglich eine Dokumentvorlage zuordnen.

Beachten Sie zum VERBINDEN VON DRUCKFORMATEN auch die Hinweise in Teil 4, Kapitel 4.

Beim Verbinden von Druckformaten zwischen Dokumentvorlagen werden immer alle Druckformate übertragen. Alle bereits vorhandenen Druckformate werden dabei einmal überschrieben.

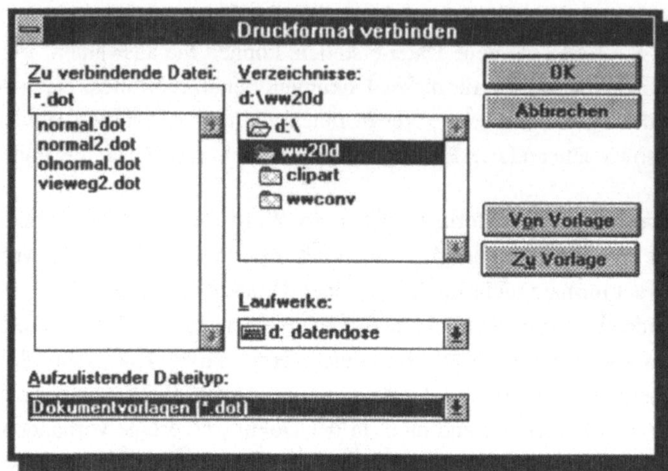

Abb. 4.3.6: Über VERBINDEN ist der Austausch von
Druckformaten zwischen Dateien möglich

Beachten Sie bitte, daß Änderungen an Druckformaten, die Sie in einer Dokumentvorlage vornehmen, sich nicht automatisch in allen Dateien zeigen, die mit dieser Dokumentvorlage bereits verbunden sind. Sie müssen immer den Befehl **FORMAT DRUCKFORMAT Definieren Verbinden** anwenden, wenn Sie Änderungen an den Druckformaten einer Dokumentvorlage gemacht haben und diese in einem bereits erstellten Dokument nachträglich benutzen wollen.

Grundregeln für das Arbeiten mit Druckformaten

Das Arbeiten mit Druckformaten ist insbesondere für den Anfänger nicht immer einfach. Die Vielzahl von Möglichkeiten, die sich dem Anwender mit Word für Windows-Druckformaten eröffnen, erscheinen vor allem am Anfang sehr komplex und nur schwer beherrschbar. Wir haben deshalb im folgenden versucht, einige Grundregeln aufzustellen, die Ihnen das Arbeiten mit Druckformaten gerade zu Beginn erleichtern können.

⇨   Wenn Sie sich Druckformate erstellen, so tun Sie dies in Dokumentvorlagen. Das Arbeiten mit Dokumentvorlagen hat den Vorteil, daß jedes Dokument, das mit dieser Dokumentvorlage verbunden wird, automatisch diese Druckformate benutzen kann.

⇨   Versuchen Sie in Ihren Dokumenten Regeln dafür aufzustellen, welche Druckformate aufeinanderfolgen. Beispielsweise folgt einer Bildunterschrift in fast allen Fällen wieder Normaltext (Druckformat *Standard*). Speichern Sie bei einem Druckformat deshalb möglichst auch das **Nächste Druckformat**. Das Speichern nachfolgender Druckformate hat den Vorteil, daß durch einfaches Drücken von ⏎ nach der Anwendung eines Druckformates bereits während des Schreibvorganges automatisch das nächste Druckformat richtig zugeordnet wird.

⇨   Vergessen Sie nicht, daß Sie die Druckformate Ihrer verschiedenen Dokumentvorlagen und Dokumente untereinander kombinieren können bzw. Druckformate aus einer Dokumentvorlage in eine andere überführen können. Das ist z.B. sinnvoll, wenn Sie ein Druckformat, daß Sie zu einem anderen Zeitpunkt bereits einmal erstellt haben, jetzt auch in Ihrem aktuellen Dokument benutzen wollen. Sie können aber auch genauso gut ein neu erstelltes Druckformat einer bereits fertigen Dokumentvorlage oder einem Dokument zuordnen. Benutzen Sie für das Austauschen von Druckformaten den Befehl **FORMAT DRUCKFORMAT Definieren Verbinden**.

⇨   Lassen Sie Druckformate aufeinander aufbauen. Benutzen Sie bereits fertige Druckformate als Basis, wenn Sie ein neues Druckformat erstellen. Das hat den Vorteil, daß Sie sich die Definition der gleichen Elemente eines Druckformates sparen können. Wenn Sie ein Basisdruckformat ändern, so ändern sich automatisch die Druckformate, die auf diesem Druckformat basieren. Sie können ein Basisdruckformat auch nachträglich entfernen und ein neues zuordnen. Wenn Sie dies tun, so ändern sich die Basiselemente, während alle nachträglichen Druckformatelemente erhalten bleiben.

⇨ Der mit Sicherheit schnellste Weg, einem Text ein Druckformat zuzuweisen, sind die Tastaturschlüssel. Beachten Sie hierbei aber, daß Sie nicht nur für Druckformate Tastenschlüssel benötigen und versuchen Sie, Tastenschlüssel freizuhalten für Makros und andere Befehle, die Sie mit Hot-Keys abrufen wollen.

Tabstopps in Word für Windows

Tabulatoren oder Tabstopps bereiten vielen Benutzern von Textverarbeitungsprogrammen immer wieder Probleme, obwohl das Arbeiten damit im Prinzip recht einfach ist. Ein Tabulator ist nichts anderes als eine Art Leerzeichen, das in der Länge frei definierbar ist und dessen Ende über das Tabstoppzeichen festgelegt wird. Da aber nicht das Drücken der Leertaste, sonder nur das Drücken der Tabulatortaste an das definierte Tabstoppzeichen führt, ist ein Tabstopp richtigerweise kein Leerzeichen, sondern eine horizontale Zeilen-Sprungmarke, die beliebig zwischen den Seitenrändern positioniert werden kann und bewirkt, daß der Text nach dem Drücken der Tabulatortaste an dieser Position beginnt.

Tabstopps gelten immer von einer Absatzende-marke bis zur nächsten, deshalb müssen Sie stets auf die Position der Einfügemarke achten, wenn Sie Tabstopps setzen oder über prüfen wollen.

Am einfachsten ist das Arbeiten mit Tabstopps zu erlernen, wenn Sie das Lineal mit **ANSICHT LINEAL** einschalten. Sie sehen (siehe Abbildung 4.3.7), daß unterhalb der cm-Angaben im Lineal eine Zeile vorhanden ist, in der die Absatz- und Zeileneinzüge festgelegt werden. In dieser Zeile werden auch die im gerade markierten Absatz gültigen Tabstopps gezeigt. Tabstopps gelten immer von einer Absatzendemarke bis zur nächsten, deshalb müssen Sie stets auf die Position der Einfügemarke achten, wenn Sie Tabstopps setzen oder überprüfen wollen.

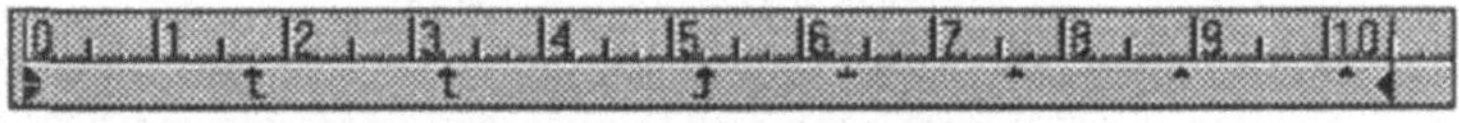

Abb.4.3.7: Tabstopps lassen sich im Lineal überprüfen

Standard-Tabulatoren

Word für Windows hat in jedem Absatz von Haus aus eigene Tabulatoren gesetzt, die Sie im Lineal an den ganz kleinen umgekehrten **T**´s am oberen Rand der Zeile für Absatzeinzüge erkennen. Die Word für Windows eigenen Tabstopps bewirken, daß Sie einen Textbereich hinter der Einfügemarke mit jedem Drücken der ⟶ -Taste um 1,25 cm weiter nach rechts verschieben.

Wollen Sie das vorgegebene Maß der Standard-Tabulatoren ändern, rufen Sie bitte den Menübefehl **FORMAT TABULATOREN** (Alt + T , T)auf. In der Dialogbox (siehe Abbildung 4.3.8) finden Sie ein Listenfeld, in dem Sie das Maß der Standard-Tabulatoren zwischen 0cm und 55,87 cm ändern können. Wenn Sie eigene Tabstopps definieren, so werden diese zusätzlich zu den bereits vorhandenen eingefügt. Die vordefinierten Tabstopps werden immer dann außer Kraft gesetzt, wenn sich hinter einem selbst definierten Tabstopp ein weiterer, ebenfalls selbst definierter Tabstopp befindet.

Arbeiten mit Tabstopps

Wenn Sie einen Tabstopp über den Menübefehl **FORMAT TABULATO-REN** setzen möchten, sollten Sie zunächst im Text einmal die ⟶ -Taste gedrückt haben, damit sich der Text des aktuellen Absatzes daran ausrichten kann. Rufen Sie nun den Befehl **FORMAT TABULATOREN** mit Alt + T , T auf. Im Textfeld **Tabstopposition** brauchen Sie nun lediglich einen Wert in der aktuellen Maßeinheit (z.B. *cm*) einzugeben, um eine Tabstopp-Position zu bestimmen. Sie können die Ausrichtung des aktuellen Tabstopps in der Optionsgruppe **Ausrichtung** sowie ein Füllzeichen (Leerzeichen, Punkt, Trennstrich oder Unterstrich) für den entstehenden Wortzwischenraum bestimmen. Drücken Sie Alt + E , oder klicken Sie auf die Schaltfläche **Setzen**, um den Tabulator zu definieren und das Textfeld **Tabstopposition** für die weitere Definition von Tabstopps freizumachen. Alle Tabstopps, die Sie setzen, werden in diesem Verzeichnisfeld angezeigt. Wenn Sie die Dialogbox mit **OK** schließen, so werden die definierten Tabstopp-Positionen im Lineal angezeigt.

Sie können in einem Absatz nicht mehr als 50 Tabulatoren setzen.

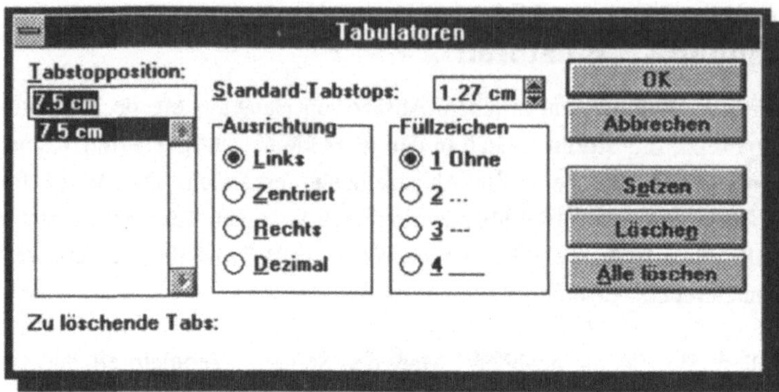

Abb.4.3.8:   Die Dialogbox FORMAT TABULATOREN

Setzen von Tabstopps mit dem Lineal

Statt über die Dialogbox können Sie Tabstopps auch über das Lineal mit der Tastatur positionieren. Schalten Sie dazu zunächst das Lineal mit **ANSICHT LINEAL** ein. Drücken Sie dann $\boxed{\text{Strg}}+\boxed{\Uparrow}+\boxed{\text{F10}}$, um die Einfügemarke in das Lineal zu versetzen. Den auf diese Weise entstandenen Lineal-Cursor können Sie nun mit den Richtungstasten im Lineal verschieben. Mit den numerischen Tasten $\boxed{1}$, $\boxed{2}$, $\boxed{3}$ und $\boxed{4}$ können Sie dann die Ausrichtung eines Tabstopps, den Sie setzen möchten, bestimmen. Die *1* erzeugt einen *linksbündig* ausgerichteten Tabstopp, die *2* einen *rechtsbündig* ausgerichteten Tabstopp, die *3* einen *zentrierten* Tabstopp und die *4* einen *dezimal* ausgerichteten Tabstopp. Durch Drucken der Taste $\boxed{\text{Einfg}}$ wird der Tabstopp positioniert.

Am einfachsten ist das Setzen eines Tabstopps mit der Maus. Bei eingeschaltetem Lineal brauchen Sie lediglich die Mauszeigerspitze in das Lineal unterhalb der Maßeinheiteneinteilung an die Stelle zu führen, an der ein Tabstopp positioniert werden soll und auf die linke Maustaste zu drücken. Wenn der zu setzende Tabstopp eine bestimmte Ausrichtung haben soll, müssen Sie allerdings <u>vor</u> dem Setzen des Tabstopps die Ausrichtung bestimmt haben, in dem Sie den entsprechenden Ausrichtungsschalter in der Formatierungsleiste betätigt haben.

Beim Bewegen der Richtungstasten im Lineal können Sie auch die STRG-Taste in Kombination mit den Richtungstasten benutzen, um das Bewegen des Lineal-Cursors zu beschleunigen. Mit den Tasten END und POS1 springen Sie zum Ende bzw. zum Anfang der Seitenränder.

Wenn Sie viel mit Tabstopps arbeiten, bietet es sich an, bestimmte Tabstoppositionen einfach als Druckformat im **Kontext: Gesamt** zu speichern. Die Definition als Druckformat hat den Vorteil, daß Sie nicht jedesmal von neuem die einzelnen Tabstopps setzen müssen, sondern beim
Schreiben nur noch die entsprechenden Sprungstellen mit der Tabulatortaste anfordern müssen. Anschließend ordnen Sie dem Absatz einfach
mit [Strg] + [Y] oder der Tastenkombination, die Sie dem Druckformat
zugewiesen haben, das zuvor definierte Druckformat zu und der Textblock wird automatisch nach den im Druckformat definierten Tabstopps
ausgerichtet.

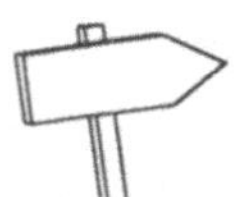

*Das Arbeiten mit Druck-
formaten haben wir am
Anfang dieses Kapitels
beschrieben.*

Um Tabstoppositionen in einem Druckformat abzuspeichern, müssen Sie
den Befehl **FORMAT DRUCKFORMAT Definieren** aufrufen. Vergeben
Sie einen neuen Druckformatnamen in dem Verzeichnisfeld **Druckformatname** (z.B. Tabs) oder markieren Sie eines der bereits vorhandenen
Druckformate in der Liste. Über die Schaltfläche **Tabulatoren** haben Sie
nun Zugriff auf die Dialogbox des Befehls **FORMAT TABULATOREN**
und können Tabstopps nach Ihrer Wahl setzen. Nach dem zweimaligen
Bestätigen mit **OK** werden Sie gefragt, ob das Druckformat neu definiert
werden soll. Um das Druckformat mit den gesetzten Tabstopp-Positionen nun anzuwenden, müssen Sie lediglich [Strg] + [Y] drücken, wenn
sich die Einfügemarke in dem Absatz befindet, in dem Sie die Tabstopps
anwenden möchten und das selbst definierte Druckformat abrufen (z.B.
Tabs). Der gerade aktuelle Absatz wird automatisch an den im Druckformat festgehaltenen Tabstopp-Positionen ausgerichtet.

Ausrichtung von Tabstopps

Word für Windows kennt verschiedene Ausrichtungen von Tabulatoren,
die linksbündige Ausrichtung, die rechtsbündige Ausrichtung, die zentrierte Ausrichtung und die Ausrichtung nach Dezimalzeichen, die insbesondere beim Arbeiten mit Währungsformaten eine wichtige Rolle
spielt. Die unterschiedlichen Ausrichtungen können Sie zum einen in der
Formatierungsleiste an den Tabulator-Einstellungen am rechten Rand
erkennen (siehe Abbildung 4.3.9) und zum anderen in der Dialogbox
FORMAT TABULATOREN überprüfen.

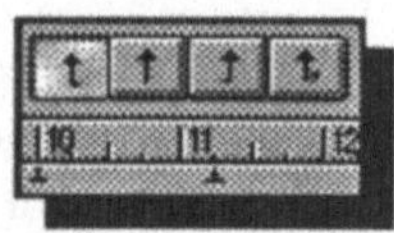

Abb.4.3.9: In der Formatierungsleiste kann die Ausrichtung
eines Tabstopps bestimmt werden

*Denken Sie daran, daß
ein Tabstopp ignoriert
wird, wenn die Abstände
zwischen den Tabstopps
zu kurz sind bzw. der
Text zwischen den
Tabstopps zu lang.*

Eine linksbündige Ausrichtung bedeutet, daß der Text nach dem Tabulatorzeichen (Drücken der ⊡-Taste) an der definierten Position des Tabstopps beginnt. Eine rechtsbündige Ausrichtung bedeutet, daß der Text nach dem Tabulatorzeichen des Tabstopps endet. Die zentrierte Ausrichtung bedeutet, daß sich die Mitte des Textes an der Position des Tabstopps ausrichtet. Eine Dezimal-Ausrichtung bedeutet, daß Dezimalzeichen, die im Text enthalten sind, untereinander an der Position des Tabstopps stehen. Die Anzahl von Nachkommastellen spielt dabei keine Rolle. Sollten sich keine Dezimalzeichen (Komma oder Punkt) in dem Text befinden, so wird der Text rechtsbündig statt dezimal ausgerichtet.

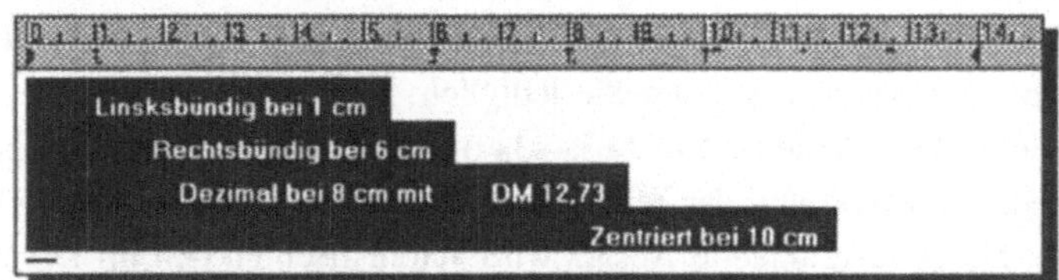

Abb.4.3.10: Tabulatoren lassen sich unterschiedlich ausrichten

Wenn Sie einen Tabstopp über das Lineal positionieren möchten, müssen Sie immer <u>erst</u> auf das entsprechende Tabstopp-Symbol in der Formatierungsleiste klicken und dann in der Zeile unterhalb des Lineals den Tabstopp mit der Maus positionieren. Möchten Sie den Tabstopp über **FORMAT TABULATOREN** setzen, so rufen Sie diese Dialogbox auf und bestimmen Sie in dem Verzeichnisfeld **Tabstoppposition** den Ort des Tabulators und danach mit ⊡Alt+L, ⊡Alt+Z, ⊡Alt+R oder ⊡Alt+D die jeweilige Ausrichtung. Mit **OK** ist der Tabstopp gesetzt.

Positionierung von Tabstopps

Sehr elegant lassen sich in Word für Windows die Positionen von Tabulatoren insbesondere dann verändern, wenn Sie mit eingeschaltetem Lineal und der Maus arbeiten. Positionsveränderungen mit der Maus haben den Vorteil, daß ein definierter Tabstopp nicht gelöscht und neu gesetzt werden muß. Achten Sie nun darauf, daß sich die Einfügemarke im richtigen Absatz befindet. Bewegen Sie dann die Mauszeigerspitze auf den Tabstopp, dessen Position Sie verändern möchten, drücken Sie die linke Maustaste und halten Sie diese gedrückt. Nun können Sie den Tabstopp mit der Maus in Schritten von 0,25 cm nach links oder nach rechts verschieben. Dort, wo Sie die Maustaste loslassen, wird der Tabstopp neu positioniert.

Wenn Sie die Position eines Tabstopps über das Menü verändern möchten, ist es etwas umständlicher, denn Sie können nicht einfach die Position eines Tabstopps ändern, sondern müssen einen gesetzten Tabstopp zunächst löschen, um dann einen neuen zu setzen. Wenn Sie bspw. einen Tabstopp von *1,5 cm* auf *2 cm* über den Menübefehl **FORMAT TABU-LATOREN** verschieben wollen, so rufen Sie zunächst mit ⎡Alt⎤+⎡T⎤, ⎡T⎤ diese Dialogbox auf. Markieren Sie in dem Verzeichnisfeld **Tab-stopposition** den Tabstopp bei *1,5 cm*, und drücken Sie ⎡Alt⎤+⎡N⎤, um ihn zu löschen. Schreiben Sie nun in dasselbe Verzeichnisfeld *2 cm*, und drücken Sie ⎡Alt⎤+⎡E⎤, um einen neuen Tabulator zu setzen. Sobald Sie die Dialogbox mit **OK** schließen, werden die Veränderungen aktiv.

Das Ändern der Ausrichtung von schon gesetzten Tabstopps ist auf zwei Arten möglich. Zum einen können Sie den Tabstopp löschen und einen neuen mit einer anderen Ausrichtung an seine Stelle setzen. Viel eleganter und schneller geht es allerdings, wenn Sie die Maus verwenden. Klicken Sie einfach auf den zu ändernden Tabstop mit einem Doppelklick und schon erscheint die Dialogbox von **FORMAT TABULATOREN** mit dem markierten Tabstopp. Hier ändern Sie einfach die Ausrichtung im Optionsfeld **Ausrichtung** und schließen die Dialogbox mit **OK**.

Formatierung von Tabstopps

Tabstopps lassen sich in Word für Windows insofern formatieren, als daß man bestimmen kann, wie der Wortzwischenraum, der durch das Setzen eines Tabulators entsteht, gefüllt werden soll. Wenn Sie nichts anderes bestimmen, bleibt der Zwischenraum in der Standardeinstellung leer. Über die Option **Füllzeichen** des Befehls **FORMAT TABULATOREN** können Sie jedoch zwischen verschiedenen Füllzeichen auswählen. Zur Auswahl stehen Punkte, Trennstriche und Unterstriche. Insbesondere Punkte werden z.B. häufig bei Inhaltsverzeichnissen benutzt, um einen Textbereich mit Seitenzahlen, die durch große Tabstoppabstände voneinander getrennt werden, übersichtlicher zu gestalten. Auch Word für Windows verwendet Punkte als Tabstopp-Füllzeichen, wenn man ein automatisches Inhaltsverzeichnis erstellen läßt. In Abbildung 4.3.11 finden Sie die verschiedenen Anwendungen von Füllzeichen bei Tabulatoren.

A.	Leerzeichen als Füllzeichen	S.2
B.	Punkte als Füllzeichen	S.4
C.	Trennstriche als Füllzeichen --------------	S.6
D.	Unterstriche als Füllzeichen__________	S.8

Abb.4.3.11: Mögliche Tabstopp-Füllzeichen

Löschen von Tabstopps

Wenn Sie in einem Textbereich Tabstopps wieder löschen möchten, müssen zunächst einmal wieder daran denken, daß sich die Definition von Tabstopps immer auf einen Absatz bezieht. Um einen Tabstopp löschen zu können, muß sich folglich die Einfügemarke in dem betreffenden Absatz befinden. Rufen Sie nun den Befehl **FORMAT TABULATOREN** auf oder drücken Sie die Tasten [Alt]+[T],[T]. In dem Verzeichnislistenfeld **Tabstopposition** finden Sie alle Tabulatoren, die in diesem Absatz gesetzt worden sind. Markieren Sie den Tabstopp, den Sie löschen möchten, und drücken Sie ⎣Alt⎦+⎣N⎦ bzw. klicken Sie auf die Schaltfläche **Löschen**. Der zu löschende Tabstopp wird in der Dialogbox beim Textfeld **Zu Löschen** angezeigt. Wenn Sie die Dialogbox mit **OK** schließen, wird er aus dem Absatz entfernt. Mit der Schaltfläche **Alle löschen** können Sie auch alle Tabstopps des aktuellen Absatzes auf einmal löschen.

Bei eingeschaltetem Lineal können Sie einen Tabstopp auch löschen, ohne die Dialogbox **FORMAT TABULATOREN** öffnen zu müssen. Achten Sie dazu auf die korrekte Position der Einfügemarke, und drücken Sie ⎣Strg⎦+⎣⇧⎦+⎣F10⎦, um die Einfügemarke im Lineal zu positionieren. Die einzelnen Tabstopps erreichen Sie mit Hilfe der Cursortasten. Um nun einen Tabstopp zu entfernen, müssen Sie nur noch ⎣Entf⎦ drücken, nachdem Sie ihn mit der jeweiligen Richtungstaste angesprungen haben.

Am einfachsten können Sie Tabstopps bei eingeschaltetem Lineal mit der Maus löschen. Führen Sie die Mauszeigerspitze auf den Tabstopp, den Sie löschen möchten, und drücken Sie die linke Maustaste. Halten Sie die Maustaste gedrückt, und ziehen Sie den Mauszeiger bzw. den Tabstopp nach oben oder nach unten aus dem Lineal heraus. Der Tabstopp wird dadurch aus diesem Absatz entfernt.

Tabstopps in Tabellen

Alternativ zu den Tabulatoren kann man die tabellarische Anordnungen von Textbereichen in Word für Windows auch über die Word für Windows-Tabellen erreichen. Mit Tabellen erzielen Sie insbesondere bei Aufstellungen oder z.B. beim Schreiben von Rechungen sogar eine bessere Wirkung als mit Tabulatoren, denn tabellen können auch mit Rahmen und Schattierungen versehen werden, wobei Sie jede Zelle unterschiedlich gestalten können.

Das Arbeiten mit Tabellen wird in Teil 5, Kapitel 8 besprochen.

Da der Arbeit mit Tabellen ein eigenes Kapitel gewidmet ist, wollen wir an dieser Stelle nicht vertiefend auf die Tabellen eingehen, sondern nur einen Sonderfall besprechen, das Setzen von Tabulatoren innerhalb einer

Tabelle. In der Praxis kann es vorkommen, daß auch innerhalb einer Tabelle Tabulatoren gesetzt werden müssen und zwar z.B. dann, wenn mehrere Beträge innerhalb der Zelle ausgerichtet werden müssen. Die Arbeit mit Tabulatoren folgt innerhalb von Tabellen aber etwas anderen Gesetzen als außerhalb. Da das Drücken der Taste ⎯⏎ innerhalb von Tabellen lediglich einen Sprung in die nächste Zelle bewirkt, müssen Tabulator-Sprungmarken in einer Tabellenzelle anders gesetzt werden, und zwar mit der Tastenkombination Ctrl und ⎯⏎ .

Auch innerhalb einer Tabellenzelle können Sie natürlich mit dem Lineal arbeiten und dort mit der Maus die Position eines Tabstopps bestimmen. Allerdings müssen Sie dazu die Ansichtsform des Lineal entsprechend umstellen. Wenn Sie mit der Einfügemarke in einer Tabelle stehen, ist im Lineal standardmäßig die Tabellenversion aktiviert, die es mit der Maus ermöglicht die Breite einer Spalte zu ändern. Wenn Sie Tabstopps setzen möchten, müssen Sie das Lineal in die Absatzversion umschalten, indem Sie ganz links im Lineal solange klicken, bis das T sichtbar wird (siehe Abbildung 4.3.12). Nun können Sie mit dem Lineal und der Maus Absatzformatierungen vornehmen und damit auch Tabstopps setzen und deren Position bestimmen.

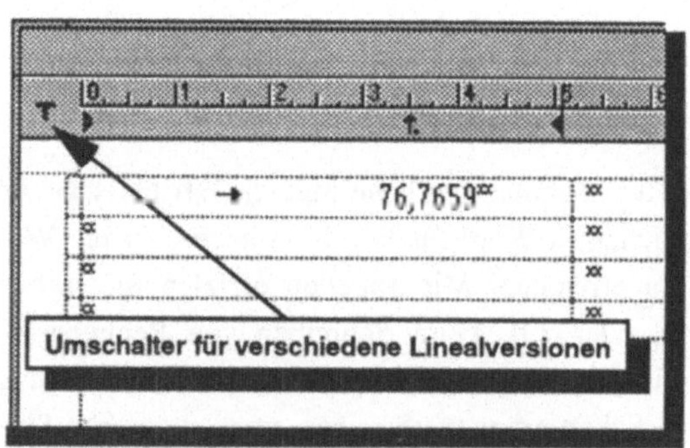

Abb.4.3.12: Um Tabstopps im Lineal innerhalb einer Tabelle zu setzen, müssen Sie die Absatzversion der Linealanzeige aktivieren

Zusammenfassung

In diesem Kapitel haben wir das **Erstellen von Druckformaten** sowie das **Arbeiten mit Tabulatoren** behandelt. Wir haben zunächst erklärt, was Druckformate sind, und welche Vorteile Sie bei der täglichen Arbeit durch die Anwendung von Druckformaten haben können. Nach einer Einführung in die Grundlagen von Druckformaten haben Sie gelernt, welcher Zusammenhang zwischen Druckformaten und Dokumentvorlagen besteht, und wie Sie Druckformate aus verschiedenen Dateien zusammenführen können. Wir haben erläutert, wie Sie Word für Windows veranlassen können, daß einem Druckformat automatisch ein anderes Druckformat folgt, und wie Sie Druckformate voneinander ableiten können. Zum Abschluß des Kapitels haben Sie das Arbeiten mit Tabulatoren im Lineal und über den Befehl **FORMAT TABULATOREN** gelernt. Dabei haben wir erläutert, wie Tabulatoren gesetzt werden können, und was es mit linksbündigen, rechtsbündigen, zentrierten und dezimalen Tabulatoren auf sich hat.

anwendung von dokumentvorlagen

In diesem Kapitel besprechen wir, wie Sie die Vorteile von Dokumentvorlagen für Ihre Anwendungen am besten ausnutzen können. Sie lernen, wie Sie die Tastaturbelegung von Word für Windows spezifisch für eine Dokumentvorlage ändern können und welche Besonderheiten für das Anwenden von Druckformaten aus Dokumentvorlagen zu beachten sind. Wir erklären, wie Sie sich einen Suchpfad für die vorhandenen Dokumentvorlagen anlegen können, und zeigen Ihnen anhand eines Beispieles, wie Sie Dokumentvorlagen zusammen mit Feldern für die Formularerstellung benutzen können.

Dokumente und Dokumentvorlagen

Dokumentvorlagen stellen eine neue Technik dar, die in dieser Form erstmals in Word für Windows eingesetzt wird. Das Arbeiten mit Dokumentvorlagen unterscheidet sich erheblich von der Arbeit mit Druckformatvorlagen, wie sie vielleicht mancher Anwender von Word für DOS her kennen mag. In Word für Windows wird zwischen Druckformaten und Dokumentvorlagen streng unterschieden. Druckformate beziehen sich in Word für Windows ausschließlich auf die Absatzformatierung, während Dokumentvorlagen eigenständige Dateien sind, in denen alle Arten der Basisformatierung für eine gewisse Dokumentart bereits enthalten sind. Dokumentvorlagen können zwar auch selbstdefinierte Druckformate beinhalten. Daneben enthalten Sie aber vielmehr auch ganze Texte, Zeichenformatierungen, Kopf- und Fußzeilen, Grafiken und andere Standardvorgaben. Sogar Tastatur- und Menübelegungen können sich in einem Dokument, daß auf einer bestimmten Dokumentvorlage basiert, vollständig von den Original-Vorgaben von Word für Windows unterscheiden, wenn man die Tastatur- oder Menübelegung der Dokumentvorlage geändert hat.

Während Sie in Word für DOS ein Dokument auch erstellen können, ohne mit den Druckformatvorlagen zu arbeiten, ist das Arbeiten in Word für Windows anders. Jedes neue Dokument basiert von Haus aus auf der Standard-Dokumentvorlage NORMAL.DOT (auch wenn das nicht unbedingt für den Anwender sichtbar ist). Die Dokumentvorlage stellt die Arbeitsumgebung für das neue Dokument ein, wobei aber nicht wie bei Word für DOS eine Verknüpfung zwischen der Dokumentvorlage und dem aktuellen Dokument entsteht.

Sie können in Word für Windows zwar alle Druckformate, Makros oder Textbausteine anwenden, die sich in der Basis-Dokumentvorlage befinden, aber eine aktive Verknüpfung besteht nicht. Im Klartext bedeutet das, daß eine nachträgliche Änderung der Dokumentvorlage keine Auswirkungen auf Dateien hat, die vor der Änderung auf der Grundlage der vorherigen Definition der Dokumentvorlage erstellt worden sind. Erst in Dateien, die nach der Änderung der Dokumentvorlage auf der Basis dieser Dokumentvorlage neu erstellt werden, werden die Veränderungen wirksam.

Dieser Zusammenhang ist auch dann bedeutsam, wenn Sie eine Dokumentvorlage aus einer anderen Dokumentvorlage ableiten. Nehmen Sie nachträglich Änderungen an der Basis-Dokumentvorlage vor, so sind diese keineswegs automatisch in den abgeleiteten Dokumentvorlagen vorhanden.

Auch für die Anwendung von Druckformaten einer Dokumentvorlage ist dieser Zusammenhang wichtig. Wenn Sie nämlich ein Dokument erstellen und individuelle Absatz- oder Zeichenformatierungen über Druckformate vornehmen, die auf einem bestimmten Druckformat basieren (im Normalfall *Standard*), so hat ein nachträgliches Zuordnen einer anderen Dokumentvorlage (in der das Druckformat *Standard* vielleicht anders definiert ist) keine Auswirkungen auf Ihre individuellen Formatierungen.

Das liegt daran, daß Druckformate einer Dokumentvorlage nicht automatisch mit der nachträglichen Anwendung der Dokumentvorlage neu zugeordnet werden, sondern nur dann, wenn man ausdrücklich anfordert, daß die Druckformate des Dokumentes durch die Druckformate der Dokumentvorlage ersetzt werden sollen. Dieses Thema wird uns an späterer Stelle in diesem Kapitel noch beschäftigen

Ähnliches gilt z.B. für Kopf- und Fußzeilen oder Seitenränder. Wenn Sie nachträglich eine Dokumentvorlage über den Befehl **DATEI DOKU-MENTVORLAGE** zuordnen, so heißt das noch lange nicht, daß automatisch alle Formatierungen oder Vorgabewerte im Dokument durch die Vorgabewerte der neuen Dokumentvorlage ersetzt werden. Wenn Sie diesen Effekt erreichen wollen, sollten Sie sich einfach eine neue Datei auf Basis der gewünschten Dokumentvorlage erstellen und die zu ändernde Datei über den Befehl **EINFÜGEN DATEI** in die neue Datei (die jetzt ja auf der gewünschten Dokumentvorlage basiert) einlesen. Nur über diesen Weg können Sie <u>nachträglich</u> das Erscheinungsbild eines Dokumentes einer vorhandenen Dokumentvorlage anpassen.

Tastatur- und Menüanpassung mit Dokumentvorlagen

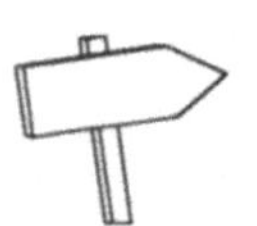

Das Verändern eines Menü besprechen wir in Teil 4, Kapitel 13.

Während wir in dem einen oder anderen Kapitel bereits das Verändern und Anpassen der Tastaturbelegung besprochen haben, möchten wir nun versuchen, die Techniken der Anpassung von Tastatur und Menüs im Zusammenhang mit Dokumentvorlagen deutlich zu machen. Für jeden Anwender, der nicht so gerne mit der Maus arbeitet oder aber mit der Tastatur viel schneller ist, bieten sich durch die Möglichkeiten der Tastaturanpassung gerade in Verbindung mit Dokumentvorlagen teilweise erhebliche Geschwindigkeitsvorteile.

Jede Textverarbeitung bietet für die am meisten verwendeten Befehle auch sogenannte *Hot-Keys* an. *Hot-Keys* sind bestimmte Tastenkombinationen, die den schnellen Abruf eines Befehles ermöglichen, ohne daß man den Weg über ein Menü gehen muß. In Word für DOS kann man beispielsweise mit [Strg] + [F10] speichern, ohne daß man das Menü **ÜBERTRAGEN SPEICHERN** aufrufen muß. Die Anwendung eines solchen *Hot-Keys* setzt allerdings voraus, daß man die Tastenkombination im Kopf hat. In Word für Windows gibt es bereits standardmäßig eine ganze Reihe sogenannter *Hot-Keys*. Sie stehen in den Menüs rechts neben den entsprechenden Befehlen (beispielsweise [Strg] + [⇧] + [F12]

für **DATEI DRUCKEN** (siehe Abbildung 4.4.1). Alle *Hot-Keys* können
Sie sich jedoch ganz nach Ihren Wünschen beliebig zusammenstellen. Es
lassen sich sogar die Standardtastenbelegungen (z.B. Strg + F12 für
DATEI ÖFFNEN) in den Menüs durch selbstdefinierte Tastenbelegungen
ersetzen.

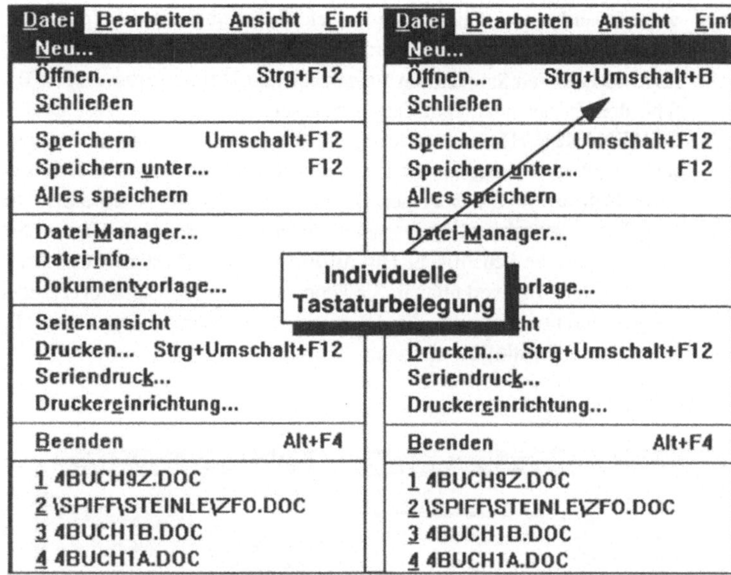

Abb.4.4.1: Hinter den Menü-Befehlen stehen Standard-
         oder auch selbstdefinierte Hot-Keys

Das Ändern von Tastenbelegungen sollte stets über Dokumentvorlagen
erfolgen, damit Sie sich nicht die Original-Tastenbelegung von Word für
Windows, die in der Standard-Dokumentvorlage NORMAL.DOT gespeichert ist, verändern. Mit der folgenden Übung können Sie das Verändern der Tastaturbelegung in einer Dokumentvorlage nachvollziehen.

Erstellen Sie sich zunächst eine neue Dokumentvorlage über den Befehl
DATEI NEU, wobei bei der Option **Neu: Vorlage** angekreuzt sein
sollte. Speichern Sie die Dokumentvorlage gleich wieder (als Kopie von
NORMAL.DOT) über den Befehl **DATEI SPEICHERN** mit der Option
Datei-Format Dokumentvorlage, und merken Sie sich den Datei-

namen (z.B. NORMAL2.DOT). Rufen Sie nun den Befehl **DATEI NEU** auf und bestimmen Sie als **Vorlage** die soeben selbsterstellte Vorlage (NORMAL2.DOT). Rufen Sie nun den Befehl **Extras Einstellungen** (Alt + X , E) auf. In der folgenden Dialogbox (siehe Abbildung 4.4.2) finden unter der Option **Tastatur** alle Word für Windows-Befehle, sowie die Tastaturbelegung. Markieren Sie zunächst als **Kontext** die Option **Vorlage**, damit Word für Windows weiß, daß die Tastenkombination nur im Zusammenhang mit der aktuellen Vorlage verwendet werden soll. Klicken Sie im Feld **Anzeigen** auf die Option **Befehle**, um alle Befehle, die Word für Windows verwendet, anzeigen zu lassen. Markieren Sie dann im Verzeichnisfeld **Makronamen** einen Befehl, dem bisher noch kein Tastenschlüssel zugeordnet ist (z.B. **DATEI SEITENANSICHT**), und drücken Sie die gewünschte neu zu definierende Tastenkombination. Sie können auch im Feld **Tastenkombination definieren** die einzelnen Optionen mit der Maus anwählen. Im Feld **Tastenkombination** erscheint nun der neue *Hot-Key*. Klicken Sie nun noch auf die Schaltfläche **Hinzufügen,** um den Tastenschlüssel fest mit dem Befehl zu verknüpfen. Sie können nun weitere Tastaturveränderungen durchführen oder die Dialogbox mit einem Klicken auf die Schaltfläche **Schließen** verlassen.

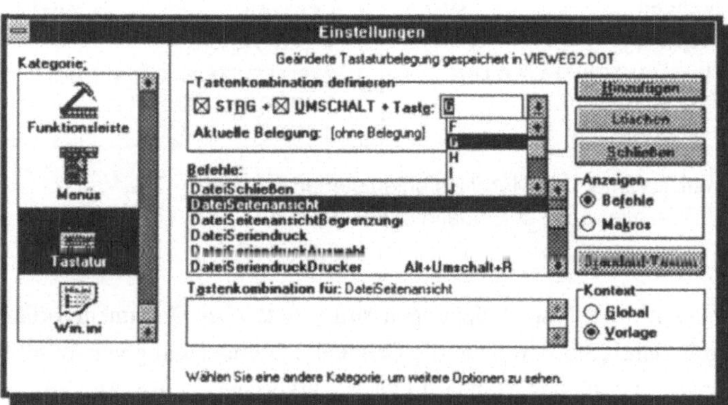

Abb. 4.4.2: Die Dialogbox zum Festlegen von Hot-Keys

Bei der Definition eigener Tastaturschlüssel gibt es allerdings einige Regeln zu beachten. Es ist natürlich nicht möglich, für mehrere Befehle oder Makros den gleichen *Hot-Key* zu vergeben. Desweiteren kann die

Taste [Alt] nicht als Kombinationstaste für einen Befehl benutzt werden, da sie innerhalb der Dialogbox für das Anspringen von Optionen zuständig ist und außerdem für den Menü-Aufruf reserviert ist. Das gleiche gilt für die Richtungstasten. Interpunktionszeichen (? ! usw.) sind nicht zugelassen und die mathematischen Zeichen (+,-* und /) können nur im abgesetzten numerischen Tastaturblock benutzt werden. Die Funktionstasten [F1] bis [F12] können vierfach belegt werden, und zwar allein, in Kombination mit [⇧], in Kombination mit [Strg] sowie mit [⇧] + [Strg]. Alle anderen Tasten können nur in Verbindung mit [Strg] bzw. einer Kombination aus [⇧] und [Strg] vergeben werden.

Suchpfad für Dokumentvorlagen

Beim Anlegen einer neuen Datei haben Sie in der Dialogbox **DATEI NEU** die Möglichkeit, eine Dokumentvorlage zu bestimmen, auf der das neu zu erstellende Dokument basieren soll. Dabei wird in dem Verzeichnisfeld **Vorlage benutzen** immer nur der Name der Dokumentvorlage angezeigt und nicht der volle Dateiname. Wie Sie hieran sehen, nimmt Word für Windows die Verwaltung der Dokumentvorlagen zwar selbständig vor, Sie haben aber trotzdem die Möglichkeit, einen Dateinamen für die zu benutzende Dokumentvorlage durch eine Texteingabe selbständig zu bestimmen. (Tippen Sie z.B. *c:\Word\Vorlage.dot*).

In Word für Windows ist es möglich, eine Dokumentvorlage so zu erstellen, als sei sie eine normale Datei, d.h. Sie können Dokumentvorlagen prinzipiell mit eigenen Datei-Endungen versehen und sie auch in eigenen Verzeichnissen speichern. Tun Sie das, so werden Dokumentvorlagen allerdings in dem Verzeichnisfeld der Dialogbox **DATEI ÖFFNEN** nicht mehr angezeigt. In diesem Verzeichnisfeld werden nämlich standardmäßig nur diejenigen Dateien angezeigt, die mit der Endung *.DOT in dem Verzeichnis *Winword* liegen.

Sie können sich allerdings auch Dokumentvorlagen in anderen Verzeichnissen in dem Verzeichnisfeld anzeigen lassen, indem Sie sich einen sogenannten DOT-Path anlegen. Ein DOT-Path ist ein Suchpfad für Dokumentvorlagen, den Sie dem Windows-System mitteilen müssen.

Sie können die WIN.INI auch direkt in Word für Windows über den Befehl EXTRAS EINSTELLUNGEN WIN.INI ver ändern.

Sie tun das, indem Sie einen Eintrag in der Windows-Initialisierungsdatei WIN.INI vornehmen.

Den Eintrag in der WIN.INI können Sie entweder über den Systemkonfigurationseditor SYSEDIT im Fenster der Datei WIN.INI oder über den Befehl **EXTRAS EINSTELLUNGEN WIN.INI** ändern. Im Systemkonfigurationsseditor müssen Sie mit Hilfe der Bildlaufleisten den Abschnitt von Microsoft Word suchen und die Einfügemarke hinter dem Abschnitt der *Conversions* positionieren. Sie können jetzt eine Zeile für den *Dot-Path* einfügen, dem Word für Windows dann später entnimmt, daß die Dokumentvorlagen in diesem Verzeichnis zu finden sind und nicht in dem Standardverzeichnis *Winword*. Sie können allerdings nicht mehrere Suchpfade angeben (z.B. *c:\winword;c:\ windows;c:\excel*), sondern stets nur ein Verzeichnis, das aber beliebig tief geschachtelt sein darf. Wenn Sie nun den Systemkonfigurationseditor schließen und die Änderungen speichern, müssen Sie anschließend auch Windows schließen und erneut aufrufen, damit die Änderungen in der WIN.INI aktiviert werden.

Man kann auch Zeilen einfügen, wenn man die WIN.INI aus Word für Windows heraus ändert.

Über den Befehl **EXTRAS EINSTELLUNGEN WIN.INI** können Sie den DOT-PATH ändern, indem Sie im Verzeichnisfeld **Anwendung** die Option **Microsoft Word 2.0** markieren und dann die Einfügemarke im Textfeld **Option**. Tragen Sie hier einfach *DOT-PATH* ein und positionieren Sie dann die Einfügemarke im Textfeld **Einstellung**. In dieses Feld tragen Sie nun Ihren DOT-PATH (z.B. *c:\texte*) ein und klicken anschließend auf die Schaltfläche **Einstellen**. Der DOT-PATH wurde dadurch in die WIN.INI eingefügt (siehe Abbildung 4.4.3)

Beim Aufruf von Word für Windows und dem Befehl **DATEI NEU** werden nun in dem Verzeichnisfeld **Vorlage benutzen** alle Dokumentvorlagen angezeigt, die sich in dem spezifizierten *Dot-Path* Verzeichnis der Datei WIN-INI befinden. Alle Dokumentvorlagen in dem Verzeichnis *Winword* werden ignoriert mit Ausnahme der Dokumentvorlage NORMAL.DOT. Diese kann Word für Windows immer benutzen.

Mit einem weiteren Eintrag in der Datei WIN.INI können Sie außerdem festlegen, daß in dem Verzeichnislistenfeld Dokumentvorlagen mit einer anderen Datei-Endung als DOT angezeigt werden. Wenn Sie den Eintrag *Dot-Extension=Ggg* vor die Zeile mit dem *Dot-Path* setzen, so werden später in dem Verzeichnislistenfeld nur noch Dokumentvorlagen angezeigt, die die Datei-Endung GGG statt DOT haben, wobei auch hier die Standard-Dokumentvorlage NORMAL.DOT wieder eine Ausnahme bildet.

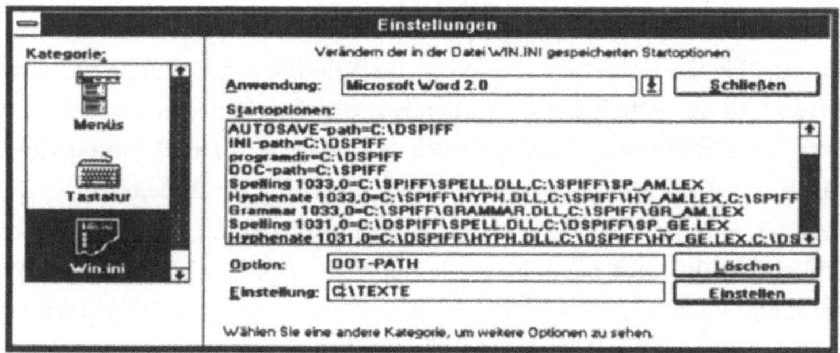

Abb.4.4.3:   Ändern der WIN.INI aus Word für Windows 2.0 heraus

Austauschen von Druckformaten

Wie bereits erwähnt, besteht ein besonderer Zusammenhang zwischen Dokumentvorlagen und Druckformaten. Viele Anwender verwechseln die Dokumentvorlagen von Word für Windows immer noch mit Druckformatvorlagen aus Word für DOS. Die Arbeitsweise von Druckformaten ist in Word für Windows jedoch gänzlich anders. Sowohl Dokumente als auch Dokumentvorlagen können eigene Druckformate besitzen, aber auch dann, wenn ein Dokument auf einer Dokumentvorlage basiert, werden die Druckformate stets in der Dokument-Datei und nicht (unbedingt) in der Dokumentvorlage gespeichert.

Die Arbeit mit Druck formaten haben wir in Teil 4, Kapitel 3 erläutert.

Wenn Sie in Word für DOS mit Druckformaten gearbeitet haben, so wurden dort die Druckformate in einer eigenen Datei gespeichert. Wollten Sie eine Datei auf einem anderen Rechner ausdrucken, so war es notwendig, daß sich auch die Druckformatvorlage auf dem Rechner befand, sonst meldete Word für DOS einen Fehler und die Formatierungen aus den Druckformaten wurden ignoriert. In Word für Windows erscheint zwar auch eine Fehlermeldung, wenn eine zugeordnete Dokumentvorlage nicht zu finden ist. Dieses hat aber keine Auswirkung auf die angewendeten Druckformate, denn diese sind in der Originaldatei und nicht in der Dokumentvorlage gespeichert.

Hat man dieses Vorgehen von Word für Windows erst einmal verstanden, so fällt das Arbeiten mit Dokumentvorlagen schon sehr viel leichter. Etwas verwirrend mag dann nur noch sein, daß man Druckformate spezifisch für eine Dokumentvorlage erstellen kann. Die Arbeitsweise von Word für Windows wird aber dann wieder verständlich, wenn man sich deutlich macht, daß beim Neuerstellen einer Datei, die auf einer bestimmten Dokumentvorlage basiert, quasi eine Kopie der Druckformate aus der Dokumentvorlage in der Originaldatei abgelegt wird. Gerade weil mit dieser Art von Kopien gearbeitet wird, besteht auch keine feste Verknüpfung zwischen Dokumentvorlagen und Text-Dateien und genau deshalb wird in einem Dokument auch nichts geändert, wenn sich z.B. ein Druckformat einer zugrundeliegenden Dokumentvorlage im Nachhinein ändert. Nur über spezielle Befehle kann man Druckformate zwischen verschiedenen Dateien und Dokumentvorlagen auch im Nachhinein noch austauschen.

Wenn Sie in einem Dokument, das auf einer Dokumentvorlage basiert, eine bestimmte Formatierung als Druckformat festhalten, so gilt dieses Druckformat folglich nur in diesem Dokument und noch nicht in der gerade zugeordneten Dokumentvorlage. Erst wenn Sie einen zusätzlichen Befehl betätigen, erscheint das Druckformat auch in der Dokumentvorlage.

In Word für DOS ist die Arbeitsweise anders. Jede Änderung an einem Druckformat wird automatisch in die Druckformatvorlage (.DFV) geschrieben und wirkt sich auf <u>alle</u> Texte bzw. Dateien aus, die dieses

Druckformat benutzen. Sie ändern also mit der Änderung eines Druckformates möglicherweise unbeabsichtigt andere Dokumente. Wollen Sie
gezielt in einem einzelnen Dokument das Aussehen ganzer Textpassagen
ändern, denen ein Druckformat zugeordnet ist, so müssen Sie diese
Textbereiche quasi "zu Fuß" einzeln umformatieren.

Wie bereits angedeutet, können Sie in Word für Windows aber ein
Druckformat in einer Datei auch so ändern, daß es (zusätzlich) in der
Dokumentvorlage vorhanden ist. In der Dialogbox **FORMAT DRUCK-
FORMAT Definieren** gibt es zu diesem Zweck die Möglichkeit, Druck-
formate verschiedener Datei oder Dokumentvorlagen miteinander zu
verbinden (siehe Abbildung 4.4.4).

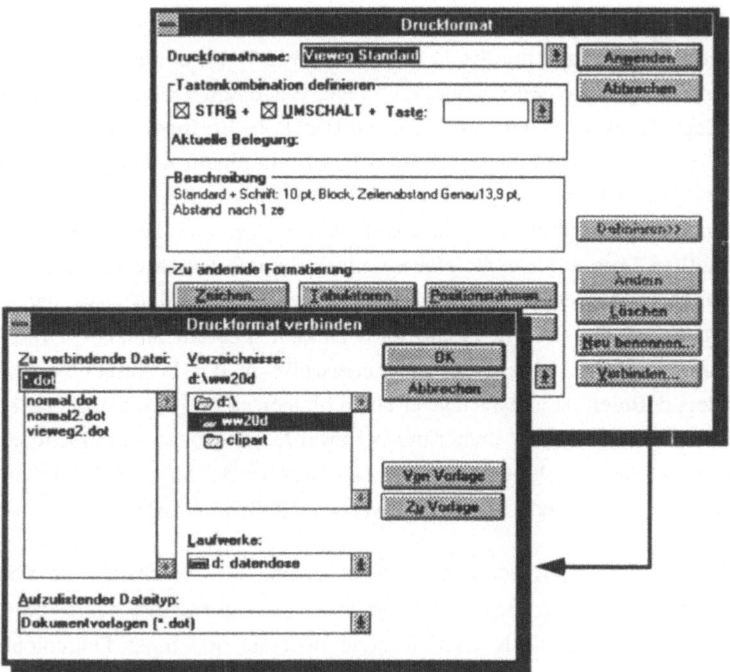

Abb.4.4.4:   Über VERBINDEN können Druckformate zwischen
             Dokumentvorlagen ausgetauscht werden

Die Option ZUR VOR-LAGE HINZUFÜGEN unter den Optionen des Menüs DRUCKFOR-MATE DEFINIEREN sorgt beim Erstellen eines einzelnes Druckformates dafür, daß dieses auch in der Dokument-vorlage gespeichert wird.

Diese Vorgehensweise können Sie sich an einem kleinen Beispiel verdeutlichen. Stellen Sie sich vor, Sie haben ein Dokument auf Basis der Dokumentvorlage VERTRAG.DOT erstellt. In diesem Dokument haben Sie sich nachträglich Druckformate erstellt, die in der Dokumentvorlage nicht enthalten waren. Beim Erstellen des Druckformates haben Sie in der Dialogbox **DRUCKFORMATE DEFINIEREN** versäumt, die Option **Zur Vorlage hinzufügen** anzukreuzen, die ja beim Erstellen eines Druckformates bereits dafür sorgen kann, daß ein einzelnes neu erstelltes Druckformat auch in der Dokumentvorlage gespeichert wird.

Über die Schaltfläche **Verbinden** unter den Optionen des Befehls **DRUCKFORMATE Definieren** bietet sich aber auch nachträglich noch die Möglichkeit, alle neuen Druckformate mit nur einem Befehl in der Dokumentvorlage zu speichern. Rufen Sie dazu den Befehl **FORMAT DRUCKFORMAT Definieren** auf. Klicken Sie auf die Schaltfläche **Verbinden**, und markieren Sie in dem Listenfeld **Datei** die aktuelle Dokumentvorlage bzw. die Dokumentvorlage, die Ihrem Dokument zugrundeliegt. Klicken Sie nun auf die Schaltfläche **Zu Vorlage**, aber beachten Sie dabei, wie Word für Windows vorgeht. Mit einem Klicken auf diese Schaltfläche werden alle Druckformate der aktiven Datei in die Dokumentvorlage kopiert. Im Klartext bedeutet das, daß auch die zuvor erstellten Druckformate der Dokumentvorlage mit den Druckformate des aktiven Dokumentes überschrieben werden! Sie sollten also darauf achten, daß Sie nicht innerhalb Ihres Dokumentes ein Standard-Druckformat verändert haben, das möglicherweise in der Dokumentvorlage anders definiert ist und auch so erhalten bleiben soll. Die Schaltfläche **Zu Vorlage** ist im übrigen immer nur bei zwei Dateien bzw. Dokumentvorlagen aktivierbar. Der Dokumentvorlage, auf der das aktuelle Dokument basiert und der Standard-Dokumentvorlage NORMAL.DOT.

Oberhalb der Schaltfläche **Zu Vorlage** finden Sie die Schaltfläche **Von Vorlage**. Mit dieser Schaltfläche eröffnet sich genau der umgekehrte Weg. Sie können mit ihr Druckformate aus einer beliebigen Dokumentvorlage in das aktuelle Dokument kopieren. Auch hier gilt es allerdings, zu beachten, daß bei dem Kopierformat alle gleichnamigen Druckformate im aktiven Dokument durch die Druckformate der in der Dialogbox markierten Dokumentvorlage ersetzt bzw. überschrieben werden.

Dokumentvorlagen und Formulare

Abgesehen von den Erleichterungen, die Dokumentvorlagen im allgemeinen Gebrauch der Textverarbeitung bedeuten, sind sie geradezu prädestiniert für die Erstellung von Formularen. Im folgenden soll anhand des Beispiels einer Reisekostenabrechnung die Erstellung eines Formulares über eine Dokumentvorlage erläutert werden. Sie finden das Beispielformular auf der Beispieldiskette unter dem Namen REISKOST.DOT.

Im Prinzip ist die Erstellung eines solchen Formulares denkbar einfach. Zunächst erstellen Sie sich eine neue Dokumentvorlage mit dem Namen REISKOST.DOT (**DATEI NEU Vorlage**). In diese Dokumentvorlage fügen Sie nun eine Tabelle ein, die Sie wie in der Beispiel-Datei mit dem gewünschten Formular-Text ausfüllen und entsprechend formatieren. Bis dahin ist es genau dasselbe, als wenn Sie die Reisekostenabrechnung in Tabellenform in einem normalen Text-Dokument erfassen würden. Da Sie das Formular aber öfter verwenden wollen und das Ausfüllen des Formulars so komfortabel wie möglich sein soll, bietet es sich an, das Ausfüllen der Dokumentvorlage über den Einsatz von Feldern noch einfacher zu gestalten. Stellen Sie sich vor, Sie erstellen eine neue Datei auf Basis der Dokumentvorlage REISKOST.DOT und werden in komfortabel auszufüllenden Dialogboxen einfach zur Eingabe der entsprechenden Beträge aufgefordert (siehe Abbildung 4.4.5). Sie würden die Einzelbeträge Ihrer Reisekosten in die Dialogboxen eingeben, und Word für Windows würde die Werte in die entsprechenden Zellen der Tabelle für Sie einsetzen und zum Abschluß automatisch die Summe des zu erstattenden Betrages ausrechnen.

Nachdem Sie die Tabelle erstellt und formatiert haben, fügen Sie einfach Felder, die zur Eingabe von Text in eine Dialogbox auffordern, in die entsprechenden Zellen ein. Im folgenden finden Sie noch einmal in aller Kürze die Beschreibung einer einfachen Methode, um diese Eingabefelder zu erstellen.

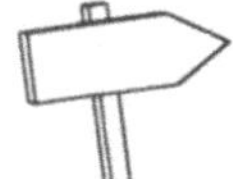

Das Formatieren einer Tabelle wird in Teil 5, Kapitel 7 besprochen.

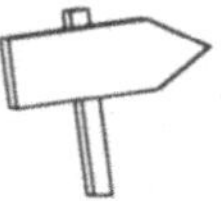

Mehr über Felder erfahren Sie in Teil 4, Kapitel 10.

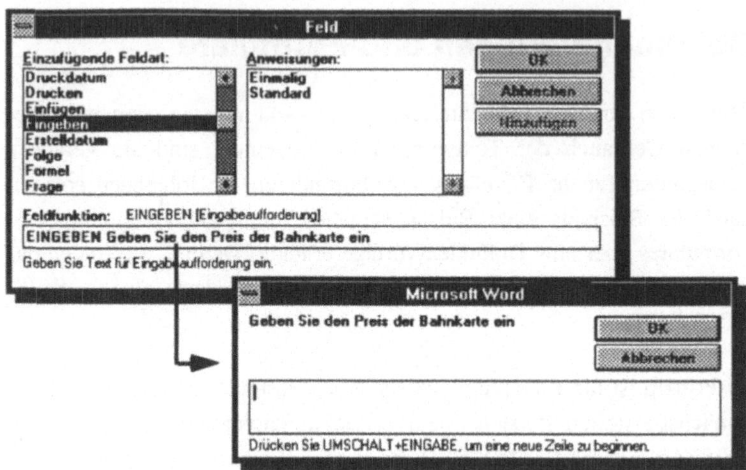

Abb.4.4.5:   Eine selbsterstellte Eingabeaufforderung über ein Feld

Rufen Sie den Befehl **EINFÜGEN FELD** (Alt + E , E) auf und wählen Sie in der sich öffnenden Dialogbox das Feld **Eingeben** aus. In dem unteren Textfeld **Feldfunktion** geben Sie nun in Anführungsstrichen die Eingabeaufforderung ein, also beispielsweise *"Geben Sie bitte das Datum der Abreise ein!"*. Sobald Sie mit ⏎ bestätigt haben, wird die so definierte Dialogbox angezeigt. Bestätigen Sie einfach erneut mit ⏎. Diesen Vorgang wiederholen Sie für jedes Eingabefeld des Reisekostenformulars. Ebenfalls automatisieren können Sie das Eintragen des Erstellungsdatums der Reisekostenabrechnung. Fügen Sie einfach in die Zelle, in der das aktuelle Datum erscheinen soll, das Feld AKTUALDAT ein (**EINFÜGEN FELD, Feldart** AKTUALDAT).

Mit diesen wenigen Eingaben haben Sie im Prinzip schon alles getan, um sich die Erstellung einer maschinengeschriebenen Reisekostenabrechnung zu vereinfachen. Wenn Sie die Dokumentvorlage jetzt speichern (Achten Sie beim **DATEI SPEICHERN** unter **Optionen** darauf, daß als Datei-Format **Dokumentvorlage** eingestellt ist) und mit dem Befehl **DATEI NEU** als Basis-Vorlage die Dokumentvorlage *Reiskost* bestimmen, brauchen Sie lediglich mit Strg + 5 (numerischer Tastaturblock) den ganzen Text zu markieren und mit der Funktionstaste F9 eine Aktualisierung aller Felder zu veranlassen. Dadurch werden nacheinander alle Felder vom Typ EINGEBEN aufgerufen, und Sie brauchen nur noch die individuellen Werte in die Dialogboxen einzutragen.

Natürlich läßt sich auch diese Arbeit über ein Makro noch vereinfachen. Beispielsweise bietet es sich auch hier an, im Programm-Manager ein eigenes Icon für Reisekostenabrechnungen anzulegen, das automatisch eine neue Datei mit dieser Dokumentvorlage als Basis aufruft, den Dokumenttext markiert und das Drücken von F9 für Sie übernimmt.

Das Aufrufen eines Makros über ein Icon im Programm-Manager wird in Teil 4, Kapitel 8 beschrieben.

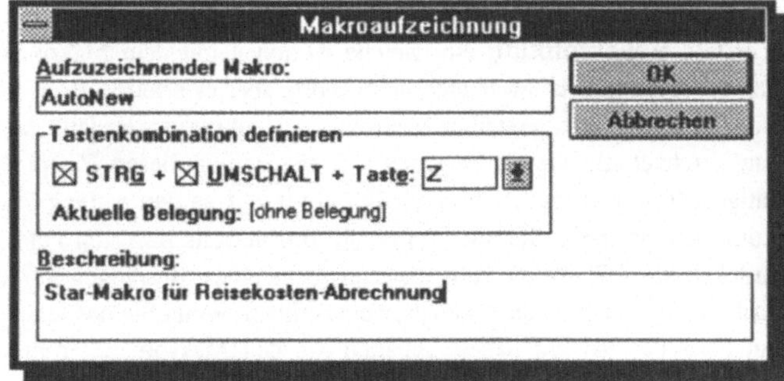

Abb.4.4.6:   AUTONEW-Makros erleichtern die
Anwendung von Dokumentvorlagen

Das Erstellen eines solchen Makros können Sie im folgenden Abschnitt nachvollziehen. Dort besprechen wir, wie man sich einen AUTONEW-Makro in einer Dokumentvorlage erstellt.

Makros und Dokumentvorlagen

In Word für Windows gibt es Makros, die automatisch beim Öffnen oder Erstellen einer Datei ablaufen, die sogenannten AUTO-Makros. Speziell ausgerichtet auf die Zusammenarbeit von Textdateien und Dokumentvorlagen ist dabei das Makro AUTONEW (siehe Abbildung 4.4.6). Dieser Makro ist von Haus aus nicht in der Makro-Liste verfügbar. Word für Windows erkennt aber diesen Makro, sobald Sie ihn erstellt haben und

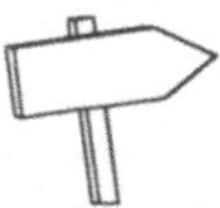

Das Erstellen von Makros wird in Teil 4, Kapitel 13 beschrieben.

führt damit dann spezielle Aktionen aus. Wenn Sie in einer Dokumentvorlage einen AUTNEW-Makro erstellen, hat das zur Folge, daß dieser Makro abgearbeitet wird, sobald Sie sich ein neues Dokument auf Basis dieser Dokumentvorlage erstellen. Mit der folgenden Übung erlernen Sie das Erstellen eines spezifischen AUTONEW- Makros für Dokumentvorlagen.

> Stellen Sie zunächst sicher, daß Sie sich in der Dokumentvorlage REISKOST.DOT befinden. Schalten Sie nun den Makrorecorder ein (Alt + M , A), und vergeben Sie als Makronamen AUTONEW. Kreuzen Sie unbedingt den **Kontext Vorlage** an, und tragen Sie in das Textfeld **Beschreibung** ein, welche Aktionen mit dem Makro ausgeführt werden (das ist zwar nicht notwendig, aber es erleichtert die Nachvollziehbarkeit selbsterstellter Makros). Der Makrorecorder läuft nun mit und zeichnet alle Tastatureingaben auf, die Sie von diesem Zeitpunkt an tätigen. Bewegen Sie sich nun mit Strg + Pos1 an den Anfang des Dokumentes. Springen Sie mit ⇧ + F11 zum jeweils nächsten Feld,, und drücken Sie F9 für die Aktualisierung des Feldes. Bestätigen Sie jedesmal mit ↵ , ohne die Dialogbox auszufüllen. Wenn Sie das letzte Feld im Formular erreicht haben, schalten Sie den Makrorecorder mit **EXTRAS MAKRO AUFZEICHNUNG BEENDEN** (Alt + M , A) wieder ab. Speichern, schließen die Dokumentvorlage, und beantworten Sie die Sicherheitsabfrage, ob Änderungen an der Dokumentvorlage gespeichert werden sollen mit **JA**.

Wenn Sie nun eine neue Datei auf Basis dieser Dokumentvorlage (REISKOST.DOT) erstellen, läuft automatisch das AUTONEW-Makro ab, das Sie zuvor aufgezeichnet haben. Nun können Sie mit minimalem Aufwand Ihre Reisekostenabrechnung erstellen. Der Makro nimmt Ihnen das Anspringen und Aktualisieren der einzelnen Felder ab,und Sie müssen sich auch nicht mehr mühsam mit den Richtungstasten durch das Formular bewegen, um die einzelnen Positionen auszufüllen.

Zusammenfassung

In diesem Kapitel haben wir besprochen, wie Sie die Vorteile von **Dokumentvorlagen** für Ihre Anwendungsfälle am besten ausnutzen können. Sie haben gelernt, wie Sie die **Tastaturbelegung** von Word für Windows spezifisch für eine Dokumentvorlage ändern können, und welche Besonderheiten für das Anwenden von Druckformaten aus Dokumentvorlagen zu beachten sind. Zwischendurch haben wir erklärt, wie Sie sich einen Suchpfad für die vorhandenen Dokumentvorlagen anlegen können und anhand eines Beispieles demonstriert, wie Sie Dokumentvorlagen zusammen mit Feldern für die Formularerstellung benutzen können.

numerierung und aufzählungspunkte

In diesem Kapitel lernen Sie, wie man Absätze, Kapitel und/oder Gliederungen bzw. Inhaltsverzeichnisse automatisch numerieren lassen kann. Wir erklären, wie man mit Version 2.0 von Word für Windows Textteile mit sogenannten Aufzählungspunkten versehen kann und damit Absätze mehr betonen kann. Es werden die Unterschiede zwischen einer manuellen und einer automatischen Numerierung besprochen und die Zusammenhänge zwischen verborgenem Text und Numerierungen erläutert. Außerdem stellen wir die verschiedenen Formatierungsmöglichkeiten automatischer Numerierungen vor und bringen Ihnen dabei das Erstellen von automatischen Numerierungen für Abbildungen, Tabellen und/oder anderen Verzeichnissen bei.

Aufzählungspunkte - Blickfang und Organisationsmittel

In der Praxis der Texterstellung kommt es eigentlich in fast jedem Dokument vor, daß bestimmte Textbestandteile optisch hervorgehoben werden sollen. Das optische Hervorheben empfiehlt sich vor allem bei Auflistungen mehrerer Absätze und Gliederungszeichen, kurzum gesagt, bei Listen, die durch besonders auffallende Zeichen am Zeilenanfang hervorgehoben werden sollen (siehe Abbildung 4.5.1).

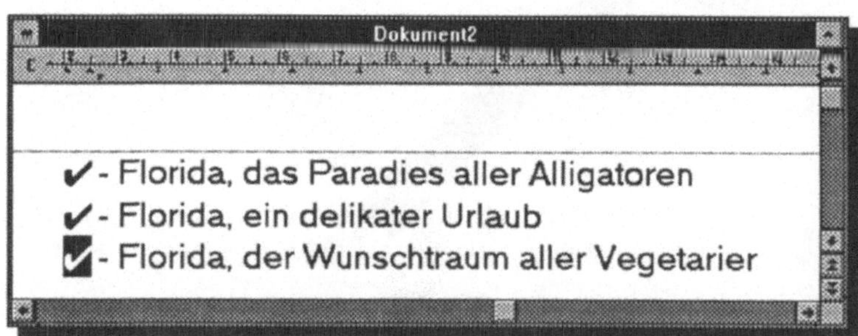

Abb.4.5.1:   Betonung einer Aufzählung mit Sonderzeichen

Betonungen mit Sonderzeichen

In Word für Windows gibt es die Möglichkeit, auf einen reichen Schatz von Sonderzeichen zurückzugreifen. Sonderzeichen wie das Copyright- oder Trademark-Zeichen stehen dabei genauso zur Verfügung wie Sterne, Karos, Herzchen oder Pfeile und schattierte Kästchen.

Sonderzeichen können besonders gut anstelle von Gedankenstrichen oder -punkten in Auflistungen verwendet werden. Während Sie in Version 1.x von Word für Windows eine ANSI-Codezeichenkombination verwenden mußten, um ein bestimmtes Zeichen zu erzeugen, können Sie in Version 2.0 alle Sonderzeichen wie z.B. mathematische Symbole oder schattierte Kästen und Kreise direkt aus einer Dialogbox grafisch abrufen. Voraussetzung dafür ist allerdings, daß die Schriften Symbol und/ oder ZapfDingbats zum einen als Druckschriftarten in Ihrem System vorhanden sind und zum anderen möglichst auch als Bildschirmschriftarten installiert sind, damit Sie die Zeichen am Bildschirm so sehen können, wie sie später ausgedruckt werden.

Sonderzeichen können aus verschiedenen Zeichensätzen in einer Dialogbox abgerufen werden.

Arbeiten mit Sonderzeichen

Sonderzeichen können jederzeit an beliebiger Stelle in den Text eingefügt werden. Mit dem Befehl **EINFÜGEN SONDERZEICHEN** öfnnet sich eine Dialogbox, in der Sie aus dem üppigen Angebot per Mausklick auswählen können (siehe Abbildung 4.5.2).

Abb. 4.5.2: Der Sonderzeichenabruf erfolgt aus einer Dialogbox

In der Standardeinstellung werden in der Dialogbox alle Sonderzeichen der Schriftart *Symbol* angezeigt, Sie können aber über das Listenfeld **Sonderzeichen der Schriftart** jederzeit eine andere Schriftart wählen, wobei die Auswahl zwischen verschiedenenen Schriftarten wie Zapf-Dingbats oder Fences von Ihrem in der Systemsteurung von Windows eingestellten Schriftart abhängig ist.

Da die Darstellung der Sonderzeichen in der Dialogbox relativ klein ist, haben ihnen die Entwickler von Word für Windows die Möglichkeit gegeben, einfach mit der Maus auf das Symbol zu klicken und durch das Festhalten der Maustaste das jeweilige Symbol zu vergrößern (siehe Abbildung 4.5.3). Wenn Sie sich für eines der Sonderzeichen entschieden haben, genügt ein Doppelklick darauf oder das Markieren des Zeichens und das Bestätigen mit **OK,** um das Zeichen in Ihr Dokument einzufügen.

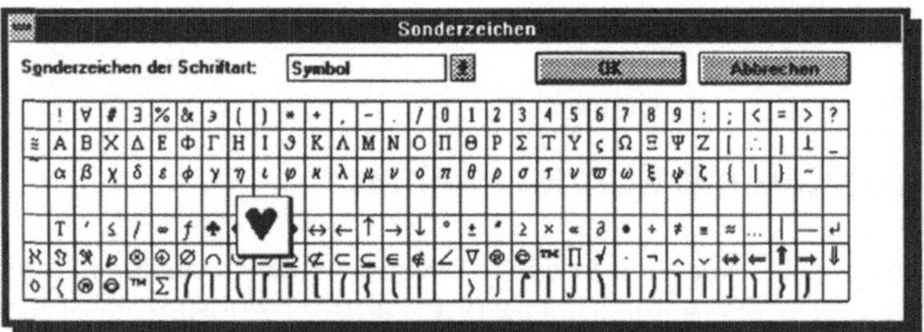

Abb. 4.5.3: Die Sonderzeichen können gezoomt betrachtet werden

Beachten Sie aber bitte, daß die Qualität der angebotenen Zeichen naturgemäß vom eingestellten Drucker abhängig sind. Wenn Sie also ein Dokument auf einem Computer erstellen, an dem als Drucker ein PostScript-Drucker installiert ist, können Sie mit der Schriftart *ZapfDingbats* arbeiten. Versuchen Sie allerdings, den Text an einem anderen System mit einem Nadeldrucker auszudrucken, so wird die Qualität der Drucker- und Bildschirmdarstellung nachlassen.

Wenn Sie ein Sonderzeichen in Ihr Dokument eingefügt haben, können Sie es jederzeit sehr einfach und komfortabel in ein anderes Zeichen ändern. Es genügt ein Doppelklick mit der linken Maustaste auf das Zeichen und schon können Sie in der Dialogbox (siehe Abbildung 4.5.2) ein anderes Zeichen auswählen.

Bildschirmdarstellung der Sonderzeichen

Wenn Sie ein Sonderzeichen eingefügt haben, sehen Sie am Bildschirm das ausgesuchte Zeichen, sofern Sie nicht die **ANSICHT FELDFUNK-TIONEN** eingeschaltet haben. Ist die **ANSICHT FELDFUNKTIONEN** dagegen eingeschaltet, so sehen Sie am Bildschirm lediglich den Feldcode, der das Zeichen generiert. Das Einfügen von Sonderzeichen über Felder hat den Vorteil, daß Sie ein Zeichen mit einem einfachen Doppelklick dann über eine Dialogbox ändern können. Sollten Sie also statt Ihres ausgewählten Zeichens am Bildschirm nur Feldklammern und den Feldcode **Sondzeichen xxx** sehen, so müssen Sie die **ANSICHT FELD-FUNKTIONEN** ausschalten, um das Sonderzeichen an Bildschirm zu sehen. Für den Ausdruck hat die Bildschirmansicht keine Bedeutung, gedruckt wird immer das ausgewählte Zeichen.

Mehr über Felder erfahren Sie in Teil 4, Kapitel 10.

An dem folgenden Beispielfeld können Sie sich die Arbeitsweise von Word für Windows-Sonderzeichen verdeutlichen. Wenn Sie das Zeichen "✱" aus der ZapfDingsbats-Tabelle auswählen, und dann **ANSICHT FELDFUNKTIONEN** einschalten, erscheint das Feld wie folgt:

{SONDERZEICHEN 107 \f "ZapfDingbats"}

Im Prinzip steht hier nichts anderes als die Steueranweisung "Generiere an dieser Stelle das Sonderzeichen 107 des ANSI-Zeichensatzes und formatiere es in der Schriftart *ZapfDingsbats*". Das gleiche Ergebnis, nämlich das Zeichen "✱", würden Sie auch erzielen, wenn Sie den Code für das ANSI-Zeichen direkt über Alt +107 eintippen und das so erstellte Zeichen mit der Schriftart ZapfDingsbats formatieren würden. Allerdings würde dann ein Doppelklick auf das Zeichen lediglich das Zeichen markieren und nicht die Dialogbox aufrufen.

Das Formatieren von Sonderzeichen

Sonderzeichen können wie alle anderen Zeichen auch formatiert werden. Sie brauchen nur das Zeichen zu markieren und über den Befehl **FORMAT ZEICHEN** eine andere Schriftgröße, Farbe usw. auszuwählen. Solange das Sonderzeichen über ein Feld eingefügt worden ist, ist eine Formatierung in einer anderen Schriftart völlig sinnlos, da in der Steueranweisung des Feldes die Schriftart *ZapfDingbats* festgelegt ist. Alle anderen Formatierungen wie Fett, unterstrichen, hochgestellt usw. können Sie selbstverständlich anwenden.

Auf eine Besonderheit ist im Zusammenhang mit Sonderzeichen allerdings noch hinzuweisen. Da Sonderzeichen oft größer formatiert werden als gewöhnliche Buchstaben, droht die Gefahr, daß sie das Zeilengefüge auseinandersprengen und zu unerwünscht vergrößerten Zeilenabständen führen. Um dies zu vermweiden, können Sie einen kleinen Trick anwenden, der von Word für Windows auch bei den Auflistungszeichen verwendet wird. Wird der Feldschalter \h am Ende des Feldes gesetzt, so kann das Zeichen so groß sein, wie es will, es sprengt die Zeilenhöhe nicht mehr. Der Feldcode sieht dann wie folgt aus:

{SONDERZEICHEN 107 \f "ZapfDingbats"\h}

Betonen von Absätzen mit Aufzählungszeichen

Statt einfachen Numerierungen können Sie in Version 2.0 für Absätze auch verschiedene Sonderzeichen als Gedankenpunkte anwenden.

Die Anwendung der Sonderzeichen bzw. Aufzählungszeichen ist in der Regel verbunden mit dem Wunsch, eine Reihe von (eingerückten) Absätzen besonders zu betonen. In diesem Falle dienen die Sonderzeichen des Befehls **EINFÜGEN SONDERZEICHEN** als Aufzählungs- oder Gedankenpunkte, mit denen die Aufmerksamkeit auf bestimmte Teile eines längeren Textes gelenkt werden soll.

Wenn Sie mehrere Absätze an ihrem Zeilenanfang mit einem Sonderzeichen versehen möchten, müssen Sie dafür nicht jeden Absatz einzeln anfassen und jedesmal den Befehl **EINFÜGEN SONDERZEICHEN** aufrufen. Viel einfacher und komfortabler gestaltet sich die Arbeit, wenn Sie die Absätze ihrer Liste markieren und den Befehl **EXTRAS NUMERIE-**

RUNG/AUFZÄHLUNG aufrufen. In der Dialogbox dieses Befehles (siehe
Abbildung 4.5.4.) haben Sie nun die verschiedensten Einstellungs- und
Formatierungsmöglichkeiten, um Absätze und Listen zu betonen bzw. zu
numerieren.

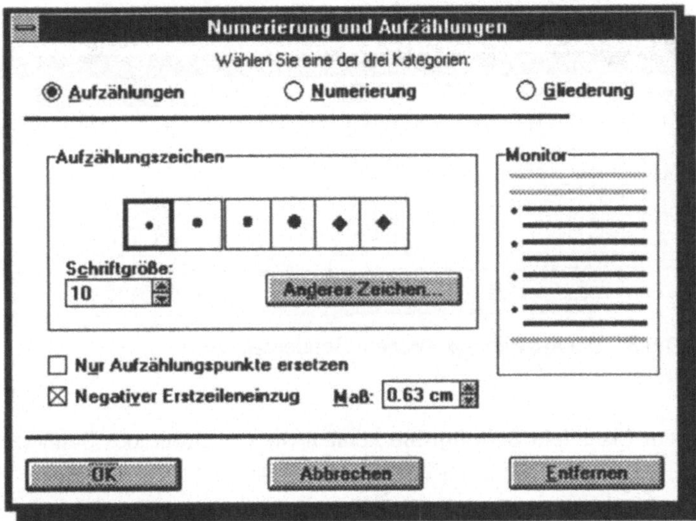

Abb.4.5.4:   Die Dialogbox EXTRAS NUMERIERUNG/AUFZÄHLUNGEN

Im oberen Teil der Dialogbox finden Sie drei Kategorien, aus denen Sie
wählen können, ob die Betonung durch eine Numerierung, durch Aufzählungszeichen oder in Form einer Gliederung erfolgen soll. Die oberen
drei Optionen ermöglichen Ihnen, zwischen den Kategorien zu wechseln.
Je nach angeklickter Option ändert sich der Inhalt der Dialogbox und Sie
können spezifisch die verschiedenen Formatierungen vornehmen. Im folgenden wollen wir uns zunächst mit den Möglichkeiten der Aufzäh-
lungspunkte beschäftigen.

In der Kategorie **Aufzählungen** gestattet Ihnen das Ansichtsfeld in der
Mitte die Auswahl der Aufzählungszeichen. Aus diesem Feld können Sie
das Sonderzeichen auswählen, das für Ihre Liste verwendet werden soll.
Sind Sie mit dem standardmäßigen Angebot der sechs vorgegebenen

Zeichen nicht zufrieden, so klicken Sie einfach auf **Andere Zeichen**. Die
Schaltfläche öffnet die Dialogbox **SONDERZEICHEN**, in der Sie wieder
auf den gesamten Bestand an Sonderzeichen Zugriff haben.

Abb. 4.5.5:   Die Auswahlbox für mehr Sonderzeichen

Mit dem Listenfeld **Schriftgröße** können Sie die Größe des Sonderzeichens bestimmen. Natürlich könnte die Größe nach dem Einfügen des
Zeichens auch über den Befehl **FORMAT ZEICHEN** verändert werden.
Diese Vorgehensweise hätte aber den Nachteil, daß Sie, sobald Sie später
einmal für den ganzen Absatz die Schriftgröße verändern möchten, mit
dem gesamten Absatz auch die Größe dieses Sonderzeichens verändern
würden. Die Schriftgröße, die Sie dagegen in der Dialogbox **SON-
DERZEICHEN** festgelegen, wird direkt in dem Sonderzeichen verankert
und damit bei Formatänderungen der umliegenden Zeichen nicht mit
verändert.

Aufzählungszeichen werden, wie gesagt, häufig für Listen benutzt, die
dabei meistens einen negativen Erstzeileneinzug im Vergleich zum vor-
und nachstehenden Text aufweisen. Aus diesem Grund finden Sie in der
Dialogbox auch ein Feld, mit dem Sie den negativen Erstzeileneinzug
festlegen können. Falls sie keinen Erstzeileneinzug wünschen, so de-
aktivieren Sie einfach die Option, indem Sie das Kreuzchen durch ein
Klicken mit der Maus entfernen.

Sofern Sie einen negativen Erstzeileneinzug festlegen, setzt Word für Windows hinter dem Auflistungszeichen automatisch einen Tabulator. Sie erkennen das, wenn Sie über **EXTRAS EINSTELLUNGEN Ansicht** die Option **Alles** oder die Option **Tabulatoren** eingeschaltet haben. Der Tabulator sorgt dafür, daß der Text nach dem Auflistungszeichen bündig mit dem übrigen linken Rand des Absatzes ausgerichtet wird .

*Mehr über negative Erst-
zeileneinzüge und Tabu-
latoren finden Sie in Teil
3, Kapitel 3 und Teil 4,
Kapitel 3.*

Ersetzen oder Entfernen bestehender Aufzählungspunkte

Der letzte Punkt in der Dialogbox setzt voraus, daß in einem Dokument bereits Aufzählungen vorhanden sind. Stellen Sie sich vor, Sie hätten ein Dokument erstellt, in dem einige, mit Aufzählungspunkten versehene Bereiche vorkommen. Einige Tage nach der Erstellung überarbeiten Sie diesen Text und stellen fest, daß ein anderes Zeichen als Gedankenpunkt besser aussehen würde. In einem solchen Fall genügt es, das gesamte Dokument zu markieren und in der Dialogbox die Option **Nur Aufzäh-lungspunkte ersetzen** anzuklicken. Sie bewirkt, daß Änderungen bzgl. der Art des Aufzählungspunktes lediglich auf die Absätze angewandt werden, die bereits vorher mit einem Aufzählungspunkt bzw. Sonderzeichen versehen waren.

Die Schaltfläche **Entfernen** bewirkt, daß alle Sonderzeichen und evtl. Tabulatoren in Bereichen mit negativen Erstzeileneinzügen aus dem gesamten Textbereich, der vor dem Aufrufen der Dialogbox markiert war, entfernt werden.

Ändern einzelner Aufzählungspunkte

Wie bereits angedeutet wurde, können Sie ein einzelnes Aufzählungszeichen ändern, indem Sie einfach den Mauszeiger darauf führen und einen Doppelklick darauf ausführen. Durch den Doppelklick erscheint automatisch die Dialogbox für die Auswahl eines Aufzählungszeichens.

Denken Sie bitte daran, daß Sie die Größe des Sonderzeichens über den Feldcode verändern sollten (der Schalter \s *nnn* ist zuständig für die Größe des Zeichens). Über den Befehl **FORMAT ZEICHEN** läßt sich die Schriftgröße nur verändern, wenn Sie den Schalter \s *nnn* aus dem Feldcode entfernen.

Um den Schalter entfernen zu können, müssen Sie die Ansicht der Feldfunktionen einschalten (**ANSICHT FELDFUNKTIONEN**). Da Sie nun die Steueranweisung am Bildschirm sehen können, die das Aufzählungszeichen erzeugt, brauchen Sie lediglich den Schalter \s *nnn* aus der Steueranweisung zu entfernen und die Ansicht der Feldfunktionen wieder abzuschalten (**ANSICHT FELDFUNKTIONEN**). Das Sonderzeichen reagiert nun auf den Befehl **FORMAT ZEICHEN** wie jedes andere Zeichen auch.

Sonderzeichen aus der Funktionsleiste

Besonders schnell können Sie einen Textbereich mit Aufzählungspunkten über die Funktionsleiste versehen. Die Funktionsleiste erleichtert Ihnen die Arbeit erheblich, weil Sie lediglich den gewünschten Textbereich markieren und in der Funktionsleiste auf das Symbol für Aufzählungen klicken müsssen (siehe Abbildung 4.5.6).

Abb. 4.5.6.: Das Symbol für Auflistungen
erleichtert die Eingabe

Mit dem Klicken auf die Symboltaste werden die markierten Absätze mit dem ersten Aufzählungszeichen versehen, daß in der Dialogbox **EXTRAS NUMERIERUNG/AUFZÄHLUNG** markiert bzw. vorhanden ist und zusätzlich mit einem negativen Erstzeileneinzug ausgerichtet.

Die 6 Standard-Vorgabezeichen für Aufzählungspunkte in der Dialogbox **EXTRAS NUMERIERUNG/AUFZÄHLUNG** sind, wie Sie wissen, nicht fest vorgegeben, sondern können beliebig verändert werden. Wenn Sie die Dialogbox **EXTRAS NUMERIERUNG/AUFZÄHLUNGEN** aufrufen, ist immer das erste Zeichen in der Angebotsliste markiert. Wenn Sie nun auf die Schaltfläche **Andere Zeichen** klicken und ein anderes Symbol aussuchen, so wird dieses an der Stelle des ersten Zeichens gesetzt. Der gleiche Ersetzen-Vorgang gilt auch für die anderen fünf Zeichen in der Dialogbox. Sie können die fünf Vorgabewerte nach Belieben an Ihre Wünsche anpassen, indem Sie einfach vor dem Klicken auf die Schaltfläche **Andere Zeichen** das jeweilige Zeichen anklicken, das geändert werden soll.

Numerieren von Absätzen

Bei der Erstellung von Dokumenten kommt es häufig vor, daß verschiedene Elemente numeriert werden sollen. Listen, Absätze, Gliederungsüberschriften in verschiedenen Hierarchien oder aber auch Abbildungen und Tabellen. Word für Windows kann derartige Numerierungen automatisch vornehmen, sodaß Ihnen das Risiko des Verzählens abgenommen wird.

Ein häufiger Anwendungsfall von automatischen Numerierungen ist das Numerieren abgesetzter Textbereiche wie z.B. Bildunterschriften oder Aufzählungen. Für Word für Windows sollten Textbereiche, die numeriert werden sollen, Absätze sein. Sie können in Word für Windows selbst bestimmen, bei welchem Absatz eine Numerierung mit welcher Ziffer beginnen soll und wo die Numerierung enden soll. Zusätzlich läßt sich das Format der Numerierung verändern und selbst bestimmen (also bspw. ein Dezimalformat, ein selbsterstelltes Numerierungsformat, das Numerierungsformat der Gliederungsfunktion oder einfach eine Numerierung nach der vorgefundenen Reihenfolge der Absätze).

Word für Windows kennt zwei verschiedene Arten der Numerierung, die sogenannte manuelle und die automatische Numerierung. Die manuelle Numerierung unterscheidet sich von der automatischen Numerierung dadurch, daß keine automatische Aktualisierung der Ziffern erfolgt, wenn Sie einen der numerierten Absätze löschen oder einen weiteren hinzufügen.

Manuelle Numerierung von Absätzen

Um eine Folge von Absätzen manuell zu numerieren, müssen Sie zunächst alle betroffenen Absätze mit der Maus oder der Tastatur markieren. Wählen Sie dann den Befehl **EXTRAS NUMERIERUNG/AUF-ZÄHLUNGEN** und wählen Sie die zweite Kategorie, die **Numerierung**.

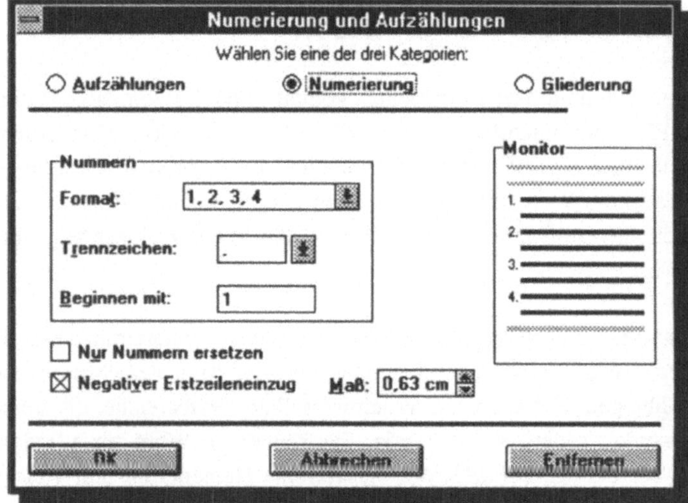

Abb.4.5.7: Mit der Option NUMERIERUNG in EXTRAS NUMERIERUNG/AUFZÄHLUNGEN werden Nummern als Text vor den Absätzen positioniert

Die manuelle Numerierung unterscheidet sich von der automatischen dadurch, daß die Ziffern der Numerierung als Text eingesetzt werden und damit auch als Zeichen behandelt werden müssen, während bei der automatischen Numerierung Felder für die Numerierung verwendet werden. Besonders schnell geht die manuelle Numerierung über das zugehörige Symbol in der Funktionsleiste. Auch hier gilt: den betroffenen Textbereich markieren und dann auf die Symboltaste klicken. Auch hier wird automatisch die Standardeinstellung der Dialogbox **EXTRAS NUMERIERUNG/AUFZÄHLUNGEN** für die Numerieung verwendet.

Sie können mit der manuellen Numerierung beim Erstellen von Texten insofern besonders effektiv arbeiten, als daß Sie vor diejenigen Absätze, die Sie später numerieren lassen möchten, beim Schreiben einfach eine beliebige Ziffer setzen (z.B. immer eine *1*). Wenn Sie den gesamten Text erfaßt haben, markieren Sie das gesamte Dokument mit Strg + 5 num und rufen einfach den Befehl **EXTRAS NUMERIERUNG/AUFZÄHLUN-GEN** auf. Schalten Sie nun die Optionen **Numerierung** und **Nur Nummern ersetzen** ein und bestätigen Sie mit **OK**. Word für Windows erkennt nun die Ziffern der Absätze, sofern Sie eine Leerstelle oder einen Tabstopp zwischen Ziffer und Text gesetzt haben und numeriert alle "numerierten" Absätze der Reihenfolge nach durch.

Wollen Sie aber als Numerierungszeichen einen Buchstaben verwenden, müssen Sie hinter den Buchstaben einen Punkt setzen, z.B. *A.*, da Word für Windows diesen sonst nicht als Basis für die Numerierung erkennt.

Da Numerierungen fast immer in Listenform benutzt werden, werden Sie häufig mit negativem Erstzeileneinzug arbeiten. Aus diesem Grund finden Sie in der Dialogbox auch ein Feld, das den negativen Erstzeileneinzug festlegt. Falls sie diesen nicht wünschen, klicken Sie einfach auf das Kreuzchen, das die standardmäßige Voreinstellung bezeichnet. Der negative Erstzeileneinzug wird damit deaktiviert. In dem Feld daneben können Sie das Ausmaß des Erstzeileneinzuges festlegen. Entscheiden Sie sich für einen negativen Erstzeileneinzug, so wird hinter jeder Nummer auch noch ein Tabulator eingefügt. Der Tabulator sorgt dafür, daß der Text nach dem Auflistungszeichen bündig mit dem übrigen linken Rand des Absatzes formatiert wird.

Die Nummernformate

Word für Windows erlaubt auch bei der manuellen Numerierung verschiedene Formate. In dem Optionsfeld **Formate** der Dialogbox **EXTRAS NUMERIERUNG/AUFZÄHLUNG** kann aus fünf verschiedenen Formaten ausgewählt werden: Arabischen Ziffern, großen Römischen Ziffern, kleinen römischen Ziffern sowie kleinen und großen Buchstaben.

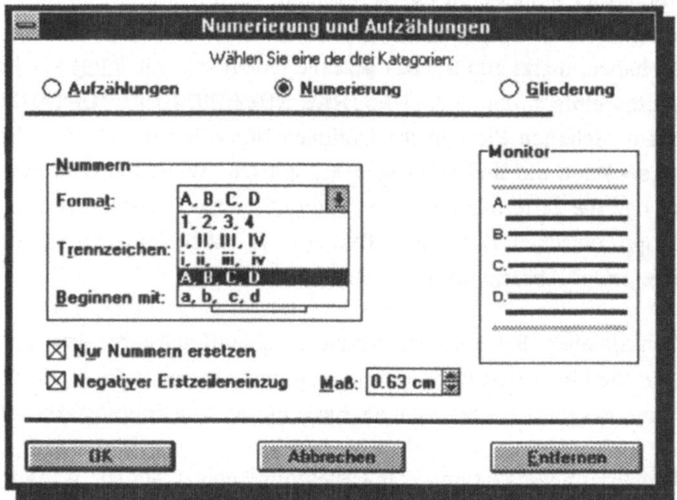

Abb. 4.5.8:   Es stehen verschiedene Nummernformate zur Auswahl

In Version 2.0 können Sie das Trennzeichen zwischen Zahl der Numerierung und Textbereich individuell auswählen.

Das Trennzeichen

Wollen Sie ein anderes Trennzeichen als den allgemein gebräuchlichen Punkt verwenden (z.B. *1.*), so öffnen Sie das Listenfeld darunter. Hier finden Sie eine Vielzahl an Trennzeichen, mit denen Sie ihre Zahl vom

Rest des Textes abgrenzen können, eine Klammer *1)*, einen Doppelpunkt *3:*, eine eckige Klammer *4]*, zwei Klammern *(5)*, zwei eckige Klammern *[6]*, oder die Zahl zwischen zwei Spiegelstrichen *-7-*. Natürlich können Sie auch auf jedes Trennzeichen verzichten, in diesem Fall wählen Sie die Option **Keine**.

Auswahl der beginnenden Zahl

Manchmal ist es notwendig, eine Numerierung nicht bei *1*, sondern vielleicht erst bei *6* beginnen zu lassen. In diesem Falle klicken Sie mit der Maus in das Feld **Beginnen bei** (oder aktivieren es über `Alt` + `B`) und geben dort den Wert ein, bei dem das Numerieren beginnen soll.

Word für Windows verhält sich hier sehr hilfsbereit. Jedesmal, wenn Sie die Dialogbox **EXTRAS NUMERIERUNG/AUFZÄHLUNGEN** mit der Kategorie **Numerierung** aufrufen, wird der jeweils nächste Wert hier eingeblendet. Wenn Sie also beim erstenmal den Startwert *5* festgelegt haben, steht beim nächsten Aufruf des Befehls die *6* in dem Feld **Beginnen bei**.

Bei dieser Funktion muß allerdings beachtet werden, daß sich Word für Windows nicht darum kümmert, an welcher Stelle des Textes Sie gerade stehen. Wenn Sie also vor dem zweiten Aufrufen des Befehles die Einfügemarke <u>vor</u> die erste Nummer (also die *5*) gesetzt haben, schlägt Word hier immer noch die *6* vor, obwohl hier ja eher die *4* angebracht wäre. Dennoch können Sie auch tricksen, indem Sie einfach die Nummer einfügen lassen und dann später, wenn Sie mit der Arbeit fertig sind, den gesamten Text markieren und dann wieder mit **EXTRAS NUMERIE-RUNG/AUFZÄHLUNGEN** und der Option **Nur Nummern ersetzen** Ordnung in die Aufzählung bringen. Eine zweite Möglichkeit wäre der Weg über eine automatische Numerierung, die wir etwas später in diesem Kapitel besprechen.

Löschen von Numerierungen

Unabhängig davon, ob Sie eine Folge von Absätzen manuell oder automatisch numeriert haben, können Sie Numerierungen von Absätzen über den Befehl **EXTRAS NUMERIERUNG/AUFZÄHLUNGEN** mit der Option **Entfernen** wieder löschen. Das Löschen von Ziffern oder bezifferten Buchstaben funktioniert im übrigen unabhängig davon, ob Sie eine Numerierung über den Befehl **EXTRAS NUMERIERUNG/AUFZÄHLUNGEN** vorgenommen haben oder ob Sie die Ziffern bzw. Buchstaben von Hand vor den Absätzen eingegeben haben.

Definieren eigener Numerierungsformate

Das Numerierungsformat der Absätze können Sie in Word für Windows auch selbst definieren. Sie müssen dazu vor den ersten Absatz eine Zahl oder einen Buchstaben oder eine Kombination aus beidem in dem von Ihnen gewünschten Format eingeben (z.B. *B.y.1.*), dann die zu numerierenden Absätze markieren und in der Dialogbox **EXTRAS NUMERIE-RUNG/AUFZÄHLUNGEN** die Kategorie **Gliederungen** wählen. Wählen Sie hier in dem Feld **Format** das Format **Übernahme aus Markierung** ein, und bestätigen Sie mit **OK**. Word für Windows numeriert nun alle markierten Absätze automatisch in dem Format, das Sie in dem ersten markierten Absatz festgelegt hatten.

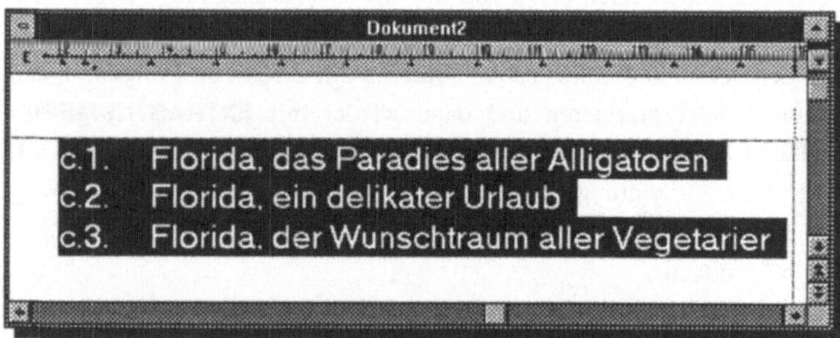

Abb.4.5.9:   Das Format von Numerierungen läßt sich individuell festlegen

Wenn man eine Numerierung mit einem selbst erstellten Format anwenden möchte, muß man allerdings darauf achten, daß sich zwischen der Nummer und dem beginnenden Text zumindest eine Leerstelle befindet, sonst erkennt Word für Windows das gewünschte Numerierungsformat nicht. Beachten Sie auch, daß die Option **Nur Nummern ersetzen** nicht eingestellt ist, denn sonst wird nur der erste Absatz numeriert (wegen der automatischen Vorgabe der Option **Nur Numerierte**).

Die manuelle Numerierung mit eigenen Numerierungsformaten ist in Word für Windows so leistungsfähig, daß man auch Buchstaben und Zahlen für gemischte Numerierungen kombinieren kann. Wenn man Buchstaben und Zahlen kombiniert (also z.B. *1.C.5.*), muß man darauf achten, daß sich ein Punkt, Doppelpunkt oder Semikolon zwischen den Ebenen befindet, sonst interpretiert Word für Windows die folgenden Buchstaben als Textkörper und nicht als Format der Numerierung.

Bei eigenen Numerierungsformaten wird von Word für Windows immer auf der letzten Ebene numeriert, d.h. wenn Sie als erstes Format z.B. *1.AA.X* einstellen, so werden die Absätze auf der letzten Ebene dieses Formates römisch durchnumeriert (z.B. *1.AA.XI, 1.AA.XII, 1.AA,XII* usw.). Wie Sie an diesem Beispiel bereits sehen können, kann Word für Windows auch römisch numerieren. Schon wenn Sie bei einem Nummernformat ein *x* schreiben, nimmt Word für Windows an, daß Sie römisch numerieren wollen.

Word für Windows kann auch römisch durchnumerieren.

Schreibt man andere Buchstaben, so werden die Buchstaben nach Ihrer Rangfolge im Alphabet durchgezählt, d.h. in dem Textfeld **Beginnen bei** der Dialogbox **EXTRAS NUMERIERUNG/AUFZÄHLUNGEN** wird bspw. *1.3* angezeigt, wenn Sie als erstes Nummernformat *1.c* angegeben haben. Unabhängig von der Anzeige in der Dialogbox erfolgt die Numerierung aber trotzdem mit den gewünschten Buchstaben.

Nicht übernommen werden bei selbst festgelegten Numerierungsformaten Zeichenformatierungen. Wenn Sie also bspw. ihrer eigenen Nummer das Zeichenformat *Fettschrift* im Schriftgrad *18Pt* zuweisen, so wird diese Zeichenformatierung bei einer manuellen Formatierung ignoriert.

Das gleiche gilt leider auch für Versuche, als Numerierungszeichen griechische Symbole zu verwenden, in dem die verwendeten Zeichen mit der Schrift **Symbol** formatiert.

Automatische Numerierung von Absätzen

Automatische Numerierungen funktionieren im Prinzip genauso wie manuelle. Der Unterschied besteht darin, daß die Nummern immer auf dem aktuellsten Stand sind. Kopieren Sie beispielsweise einen Absatz mit der Nummer *10* an den Beginn des Dokumentes, so bekommt er automatisch die Nummer *1* zugewiesen, wobei die anderen, folgenden Absätze entsprechend neu numeriert werden.

Felder werden in Teil 4, Kapitel 10 besprochen.

Automatische Nummern werden mit Hilfe von Feldern erzeugt. Am Bildschirm sehen Sie jedoch "normale" Zahlen oder Buchstaben, bis Sie über das Menü **Ansicht** die **Feldfunktionen** einschalten. In diesem Fall sehen Sie den Steuercode, der die automatische Numerierung erzeugt. Unabhängig von der Bildschirmanzeige erscheint der Steuercode ohne spezielle Anweisung aber nicht im Ausdruck.

Wenn Sie einen Textbereich markiert haben und die Absätze über die Dialogbox **EXTRAS NUMERIERUNG/AUFZÄHLUNGEN** mit der Kategorie **Gliederung** automatisch durchnumerieren lassen, so werden vor die Absätze Felder in einer bestimmten Feldart gesetzt.

Erstellen einer automatischen Numerierung

Um einen Textbereich bzw. eine Folge von Absätzen automatisch zu numerieren, müssen Sie zunächst den betroffenen Textbereich markieren und dann den Befehl **EXTRAS NUMERIERUNG/AUFZÄHLUNGEN** aufrufen.

Wenn vor dem Aufrufen des Befehls kein Textbereich markiert worden ist, so wird lediglich der Absatz, in dem sich momentan die Einfügemarke befindet, mit einer Nummer versehen. Haben Sie vorher einen bestimmten Textbereich markiert, so bezieht sich der Befehl auf alle Absätze innerhalb des markierten Bereichs. Schalten Sie in der Dialogbox (siehe Abbildung 4.5.7) die Option **Automatische Aktualisierung** ein, und wählen Sie eines der Formate für die Numerierung in der Optionsgruppe **Format** aus. Wenn Sie mit **OK** bestätigen, wird die automatische Numerierung anhand Ihrer Einstellungen vorgenommen. Die Formate, zwischen denen Sie auswählen können, sind in Tabelle 4.5.1 zusammengefaßt.

Format	Numerierung
Dezimal	1.2, 1.3, usw.
Gliederung	, A., 1., a. usw.
Reihenfolge	, 2., 3. usw.

Tab.4.5.1: Auswählbare Formate bei der
automatischen Absatznumerierung

Nachdem Sie mit **OK** bestätigt haben, fügt Word für Windows vor jedem (markierten) Absatz ein Feld mit einem der drei Feldtypen

AUTONRDEZ,
AUTONRGLI oder
AUTONR

ein. Welches dieser drei Felder eingefügt wird, hängt davon ab, welches Format Sie in der Dialogbox eingestellt hatten. Die Feldart AUTONRDEZ wird beim Numerierungsformat *Dezimal* verwendet, die Feldart AUTONRGLI bei dem Numerierungsformat *Gliederung* und die Feldart AUTONR bei dem Numerierungsformat *Reihenfolge*. Zwischen den verschiedenen Ansichtsformaten des Feldes können Sie mit Hilfe des Befehles **ANSICHT FELDFUNKTIONEN** oder mit den Tasten ⇧ + F9 hin- und herschalten.

*Mehr über das Arbeiten
mit Feldern finden Sie in
Teil 4, Kapitel 10.*

Die Aktualisierung von Feldern mit einer dieser drei Feldarten erfolgt stets automatisch, d.h. ein Drücken von F9 zum Aktualisieren des Feldes hat keine Wirkung. Die Felder für automatische Numerierungen können auch nicht durch Ihre Feldergebnisse ersetzt werden (Ersetzen des Feldcodes durch seinen Inhalt mit Strg + ⇧ + F9). Wenn Sie diese Tasten drücken, wird stattdessen das gesamte Feld gelöscht. Auch die allgemeinen Feldschalter haben auf diese drei Feldarten keine Wirkung.

Numerierung bei AUTONR	Numerierung bei AUTONRDEZ
1.	1.1.
2.	1.2.
2.	2.
1.	2.1.
2.	2.2.
1.	2.2.1.
2.	2.2.2.
3.	2.2.3.
3.	2.3.

Tab.4.5.2:   Verschiedene Numerierungsarten

Die beiden weiteren Formate, die in der Kategorie **Gliederungen** anwählbar sind, können nicht im Zusammenhang mit der automatischen Aktualisierung vergeben werden. Beide - also sowohl das Format **Übernahme aus Markierung** als auch die **Ausführliche Gliederung** - stehen nur zur Verfügung, wenn die Option **Automatische Aktualisierung** abgeschaltet ist. Das Übernehmen einer selbsterstellten Numerierung haben wir weiter oben schon beschrieben.

Das Format **Ausführliche Gliederung** arbeitet genauso wie das Format **Gliederung** mit dem einzigen Unterschied, daß auf jeder Ebene das Numerierungsformat vollständig dargestellt wird (siehe Abbildung 4.5.10).

<table>
<tr><td>

A.   Große Ereignisse

      1.große Ereignisse

          a.   Sehr große Ereignisse

B.   Kleine Ereignisse

      1.Viel zu kleine Ereignisse

          a.   Sehr kleine Ereignisse

</td><td>

A.   Große Ereignisse

      A. 1   große Ereignisse

          A.1.a.Sehr große Ereignisse

B.   Kleine Ereignisse

      B.1.   Viel zu kleine Ereignisse

          B.1.a.Sehr kleine Ereignisse

</td></tr>
</table>

Abb 5.4.10: Die Gliederungsnumerierung normal und vollständig

Tips und Tricks zur Numerierung

Wenn Sie einen Absatz als verborgenen Text formatieren und in **EX-TRAS EINSTELLUNGEN Ansicht** die Option **Verborgener Text** angekreuzt haben, so wird auch der (am Bildschirm sichtbare) Absatz mit durchnumeriert. Haben Sie dagegen die Option ausgeschaltet, sodaß verborgen formatierter Text nicht am Bildschirm angezeigt wird, so wird der entsprechende Absatz auch nicht in die Numerierung einbezogen. Sie können also durch das Verbergen von Texten bzw. Absätzen mehrere Absätze mit einer fortlaufenden Numerierung versehen, die physikalisch gesehen aber nicht unmittelbar hintereinander im Text stehen. Wie auch bei der Gliederungsansicht zu sehen, numeriert Word für Windows nämlich immer nur das, was am Bildschirm sichtbar ist.

Entfernen einer Numerierung

Automatische oder manuelle Numerierungen können Sie jederzeit wieder rückgängig machen. Markieren Sie dazu die entsprechenden Absätze, und wählen Sie den Befehl **EXTRAS NUMERIERUNG/AUFZÄH-LUNGEN**. Jetzt klicken Sie bitte auf die Schaltfläche **Entfernen**.

Wenn Sie mehrere Absätze automatisch numeriert haben, können Sie die Numerierung auch nur aus einzelnen Absätzen nachträglich entfernen. Markieren Sie dazu die Absätze, bei denen die Numerierung gelöscht werden soll, und rufen Sie den Befehl **EXTRAS NUMERIERUNG/AUF-ZÄHLUNGEN** mit der Option **Entfernen** auf. Die nicht markierten Absätze werden dann automatisch neu numeriert. Diese Arbeitsweise ist aber nur möglich, wenn die Absätze zuvor automatisch numeriert worden sind. Absätze, die manuell numeriert worden sind, werden nicht automatisch in der Numerierungsreihenfolge angepaßt.

Numerieren von Gliederungsüberschriften

Das Arbeiten mit der Gliederungsfunktion wird in Teil 4, Kapitel 9 besprochen.

Die automatische Numerierung ist besonders vorteilhaft, wenn die zu numerierenden Absätze mit einem Druckformat für Gliederungen versehen worden sind. Arbeiten Sie in der Gliederungsansicht, so können Sie die Absätze oder Gliederungsüberschriften numerieren, die gerade am Bildschirm sichtbar sind und es wird jeder Ebene eines Gliederungsformates ein spezielles Numerierungsformat zugewiesen. Sie können maximal neun Gliederungsebenen zuweisen. Die erste Ebene wird z.B. immer mit Ziffern numeriert, während die zweite Ebene mit großen Buchstaben versehen wird. Die verschiedenen Numerierungsformate der einzelnen Gliederungsebenen finden Sie in Tabelle 4.5.3.

Ebene der Gliederung	Format der Numerierung
	II, III, ...
2	A., B., C., ...
3	1., 2., 3., ...
4	a), b), c), ...
5	(1), (2), (3), ...
6	(a), (b), (c), ...
7	(i), (ii), (iii), ...
8	(a), (b), (c), ...
9	(i), (ii), (iii), ...

Tab.4.5.3:   Die Numerierungsformate der Gliederungsebenen

Die Aktualisierung eines Feldes mit der Feldart für die automatische Numerierung im Gliederungsformat (AUTONRGLI) erfolgt stets automatisch, d.h. ein Drücken von [F9] zum Feldaktualisieren hat keine Wirkung. Ein solches Feld kann auch nicht durch sein Feldergebnis ersetzt werden (Ersetzen des Feldcodes durch seinen Inhalt mit [Strg] + [⇧] + [F9]). Wenn Sie diese Tasten drücken, wird stattdessen das gesamte Feld gelöscht. Auch die allgemeinen Feldschalter haben auf diese Feldart keine Wirkung.

Automatisches Numerieren von Abbildungen und Tabellen

Eine interessante Form der automatischen Numerierung ergibt sich vor allem auch in Verbindung mit Abbildungen oder Tabellen, die eine fortlaufende, jedoch voneinander getrennte Numerierung erhalten sollen. Sie können z.B. alle Abbildungen eines Dokumentes fortlaufend und beginnend bei *1* numerieren und alle Tabellen ebenfalls. Eine automatische Numerierung dieser Elemente bietet den Vorteil, das alle Elemente automatisch neu numeriert werden, wenn ein Element eingefügt oder gelöscht wird. Für derartige Numerierungen benutzt Word für Windows Felder, und zwar Felder mit der Feldart SEQ.

Immer dann, wenn Word für Windows auf ein Feld der Feldart {SEQ} stößt, wird der Wert des letzten {SEQ}-Feldes ermittelt. Wenn das letzte Feld den Wert 2 hatte, so erhält das nächste Feld automatisch den nächsthöheren Wert, also in diesem Beispiel den Wert 3. Wollen Sie in einem Dokument mehrere, voneinander unabhängige "Sequenzen" erzeugen, so müssen die Felder für die jeweilige Sequenz durch ein eindeutiges Identifizierungsmerkmal von Feldern anderer Sequenzen unterschieden werden. Ein solches Unterscheidungsmerkmal kann ein beliebig lautender Name (Textmarke) oder aber auch eine der 9 Gliederungsebenen von Word für Windows sein.

Um die Numerierung einer bestimmten Sequenz von Word für Windows automatisch durchführen zu lassen, müssen Sie zunächst den Text schreiben, der vor der jeweiligen Seriennummer erscheinen soll (also z.B. *Abbildung*), und dahinter ein Leerzeichen setzen. Fügen Sie nun ein Feld durch den Befehl **EINFÜGEN FELD** und dann die Option **Folge** oder durch einfaches Drücken von [Strg]+[F9] ein und bestimmen Sie als Feldart SEQ. Wenn Sie das Feld über das Menü einfügen, können Sie die Feldart in der linken Verzeichnisliste der Dialogbox auswählen (siehe Abbildung 4.5.11) und die Textmarke in der Eingabezeile festlegen.

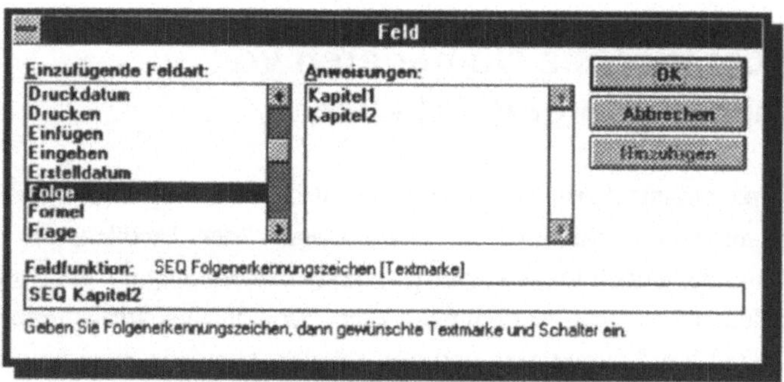

Abb.4.5.11: Die Bezeichnung FOLGE ersetzt die aus der Version 1.x bekannte Bezeichnung SEQ

Beim Arbeiten mit [Strg]+[F9] müssen Sie die Feldart SEQ von Hand eingeben und einmal [F9] drücken, damit Word für Windows die Feldart erkennen kann. Bewegen Sie nun die Einfügemarke in das Feld hinter die Feldbezeichnung SEQ, geben Sie ein Leerzeichen sowie eine eindeutige Identifikation für diese Sequenz (z.B. *Abbildung*) ein. Das Feld sieht in der **ANSICHT FELDFUNKTIONEN** nun wie folgt aus:

{SEQ *Abbildung*}

Wenn Sie das Feld mit [Strg]+[F9] eingegeben und SEQ sowie *Abbildung* von Hand geschrieben haben, müssen Sie das Feld noch ein weiteres Mal mit [F9] aktualisieren, damit Word für Windows die verän-

Ein Feld für die Sequenznumerierung können Sie auch einfach als Textbaustein speichern.

derten Feldinhalte erkennen kann. Bei jeder weiteren Abbildung, die in Ihrem Dokument nun automatisch numeriert werden soll, brauchen Sie stets nur noch ein solches Feld einzufügen. Die Numerierung erfolgt dann automatisch. Wenn Sie sich die Arbeit erleichtern wollen, so speichern Sie das Feld und den Vorspann *Abbildung* einfach als Textbaustein ab, den Sie dann jeweils durch Drücken von [F3] abrufen können.

Wenn Sie die korrekte Numerierung am Bildschirm überprüfen möchten, müssen Sie darauf achten, daß die **ANSICHT FELDFUNKTIONEN** bzw. im Menü **EXTRAS EINSTELLUNGEN Ansicht** die Option **Alles anzeigen** ausgeschaltet ist. Sie können zwischen den beiden Ansichtsformen von Feldern auch mit den Tasten [⇧]+[F9] hin- und herschalten. In den zwei Ansichtsformen würde sich eine automatische Numerierung von Abbildungen z.B. wie in Abbildung 4.5.12 gestalten.

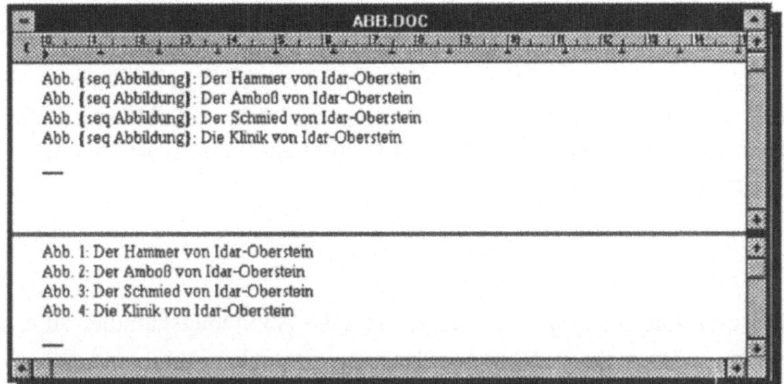

Abb.4.5.12: Die beiden Ansichtsformen einer automatischen Numerierung von Abbildungen, oben als Feld-Code, unten als Ergebnis

Wenn Sie in einem Textkörper auf eine Abbildung verweisen möchten, so gibt es für die Feldart SEQ einen nützlichen Helfer, den Schalter \c. Wenn Sie diesen Schalter in der Form

siehe Abb. {seq Abbildung \c}

Mehr über die Arbeit mit Textbausteinen erfahren Sie in Teil 4, Kapitel 2.

positionieren, so stellt dieses einen Verweis auf die letzte Abbildung dar, bei der das SEQ-Feld verwendet wurde. Der Schalter \c bewirkt, daß die Numerierung nicht fortgeführt, sondern der letzte Zähler noch einmal verwendet wird, d.h. die fortlaufende Numerierung wird angehalten.

Mit dem Schalter \c können Sie immer nur auf das letzte vorhergehende SEQ-Feld verweisen. Wenn Sie also bspw. ein Dokument erstellen, bei dem die Abbildungen zusammengefaßt am Ende erscheinen, können Sie im Dokumenttext mit diesem Schalter nicht auf eine Abbildung verweisen. Aber auch für diesen Fall hält Word für Windows eine Lösung bereit. Ordnen Sie dem jeweiligen Feld, auf das verweisen werden soll, einfach eine neue Textmarke zu, und nehmen Sie in dem Feld, das im Text erscheint, auf diese Textmarke Bezug. Hierzu ein kleines Beispiel.

Am Ende eines Dokumentes befindet sich eine Abbildung, die wie folgt numeriert worden ist:

Abb. {seq Abbildung}: Der Hammer von Idar-Oberstein

Am Anfang des Dokumentes möchten Sie auf diese Abbildung mit der zu diesem Zeitpunkt gerade aktuellen Abbildungsnummer in der folgenden Form Bezug nehmen:

siehe dazu Abb.?

Um nun statt des Fragezeichens die aktuelle Abbildungsnummer zu erhalten, müssen Sie zunächst zu der entsprechenden Abbildung gehen, das SEQ-Feld markieren und den Befehl **EINFÜGEN TEXTMARKE** aufrufen. Vergeben Sie für das Feld eine eindeutige Textmarke (z.B. *Hammer*), und bestätigen Sie mit ⏎ . Gehen Sie nun zu der Stelle im Dokument, an der auf die Abbildung verwiesen werden soll, und plazieren Sie dort für das Fragezeichen ein Feld mit dem folgenden Feldcode:

siehe dazu Abb.{seq Abbildung HAMMER}

Wenn Sie dieses Feld nun einmal mit F9 aktualisieren, und mit ⇧ + F9 in die Ansicht für Feldergebnisse umschalten, so wird genau auf die richtige Abbildungsnummer verwiesen. Auch wenn Sie nachträglich eine Abbildung löschen, paßt sich die Numerierung der Abbildung sowie auch die des Verweises auf die Abbildung nach dem Aktualisieren mit F9 automatisch an die neue Numerierungsreihenfolge an. Markieren Sie zu diesem Zweck das gesamte Dokument mit Strg + 5 num, und drücken Sie F9, um alle Feldinhalte auf einmal zu aktualisieren. Wenn Sie anschließend mit ⇧ + F9 in den Ansichtsmodus der Feldergebnisse umschalten, sehen Sie, daß alle Numerierungen wieder auf dem neuesten Stand sind.

Mit einem anderen Schalter können Sie den Beginn einer Numerierung wieder auf den Anfangswert *1* zurücksetzen. Das kann dann sehr nützlich sein, wenn Sie in einem Dokument mit mehreren Abschnitten arbeiten, in denen die Abbildungen jeweils von neuem durchnumeriert werden sollen. Sie erreichen das Zurücksetzen durch den Schalter \r, wobei Sie sogar durch die Angabe einer Zahl bestimmen können, mit welcher Zahl die Numerierung beginnen soll. Wenn Sie also beispielsweise ein Feld in der Art

{seq Abbildung \r7}

positionieren, so bedeutet der Schalter \r7, daß die Numerierung von Abbildungen von neuem bei *7* beginnt. Vergessen Sie auch bei einem solchen Feld nicht, das Feld einmal zu aktualisieren, wenn Sie es über die Tastatur mit Strg + F9 eingegeben haben.

Ein weiterer Schalter ist der Schalter \h. Er dient dazu, eine versteckte Numerierung durchzuführen. Alle SEQ-Felder, die mit diesem Schalter versehen werden, werden verborgen formatiert, also nicht ausgedruckt. Das ist dann sinnvoll, wenn Sie beispielsweise in einem Querverweis auf ein Kapitel verweisen wollen, jedoch vermeiden möchten, daß in dem Kapitel selbst irgendwo die Kapitelnummer auftaucht.

Zusammenfassung

In diesem Kapitel haben Sie gelernt, wie einzelne Absätze mit sogenannten Gedankenpunkten oder **Aufzählungszeichen** versehen werden und wie man Absätze, Kapitel und/oder Gliederungen bzw. Inhaltsverzeichnisse in Word für Windows automatisch numerieren lassen kann. Wir haben die Unterschiede zwischen einer **manuellen und einer automatischen Numerierung** besprochen, und die Zusammenhänge zwischen verborgenem Text und Numerierungen erläutert. Sie haben die verschiedenen Formatierungsmöglichkeiten automatischer Numerierungen kennengelernt, und sind in das Erstellen von **automatischen Numerierungen von Abbildungen, Tabellen und/oder anderen Verzeichnissen** eingewiesen worden.

rechnen im text

Kapitel 6

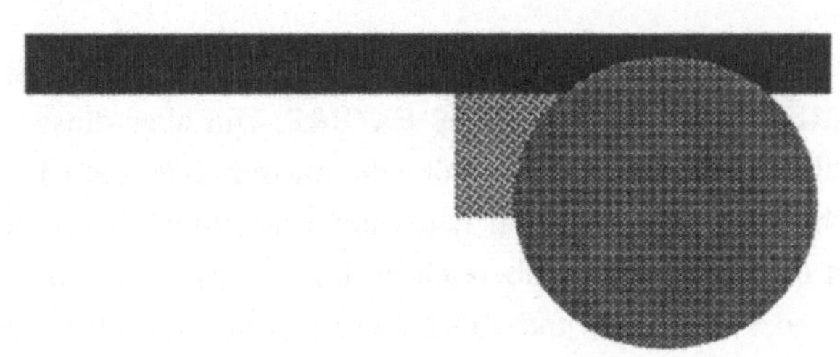

In diesem Kapitel beschreiben wir, wie und nach welchen Regeln Word für Windows innerhalb von Text Berechnungen zuläßt. Sie lernen, welche mathematischen Grundregeln dabei zu beachten sind, und welche Voraussetzungen ein markierter Textkörper erfüllen muß, damit Word für Windows fehlerlos rechnet. Zum Schluß des Kapitels erläutern wir, wie man das Ergebnis einer Formel berechnen lassen kann, und wie man in Word für Windows mit Währungsformaten rechnet.

Rechnen im Text

Obwohl in einer Textverarbeitung gemeinhin überwiegend Text be- und verarbeitet wird, unterstützen die meisten Textsysteme zusätzlich die vier Grundrechenarten. Auch Word für Windows unterstützt das Rechnen im Text und zwar mit den folgenden Rechenarten: Addition, Subtraktion, Multiplikation, Division, Prozentrechnung, Potenzrechnung und Wurzelziehen. Word für Windows stellt für das Rechnen im Text zwei Funktionen zur Verfügung.

⇨ Das Rechnen mit Feldern bzw. Feldfunktionen

⇨ Das Berechnen von Zahlen, die zusammen mit Operatoren (z.B. Plus- und Minuszeichen) im Text stehen, über den Befehl **EXTRAS BERECHNEN**.

Zum Rechnen in Feldern bzw. Tabellen schlagen Sie bitte in Teil 4 Kapitel 10 (Einführung in Felder) oder in Teil 5 Kapitel 7 (Tabellentechnik) nach.

Am einfachsten ist das Rechnen im Text in Word für Windows über den Befehl **BERECHNEN** aus dem Menü **EXTRAS**. Um über diesen Befehl eine Berechnung vornehmen zu können, müssen Sie zunächst einen Textbereich markieren und dann den Befehl aufrufen. Word für Windows sucht daraufhin den Textbereich nach Zahlenwerten und Operatoren (+, /,^ oder *) durch und führt die angeforderten Berechnungen durch. Wenn Word für Windows die Zahlenwerte und Operationen im Text berechnet hat, wird das Ergebnis in der Statuszeile angezeigt. Sie finden dort z.B. die Meldung: **Das Ergebnis der Rechnung ist: yxz.**

Dieses Ergebnis befindet sich physikalisch gesehen in der Zwischenablage von Windows und kann nun über den Befehl **BEARBEITEN EINFÜGEN** an einer beliebigen Stelle im Text eingefügt werden. Das Ergebnis selbst besteht aber aus einem Textelement, d.h. es wird nicht automatisch aktualisiert, wenn sich die der Berechnung zugrundeliegenden Zahlenwerte ändern. Sie müssen eine Berechnung noch einmal durchführen, wenn Sie mit dem Befehl **EXTRAS BERECHNEN** gearbeitet haben und sich die Basiswerte der Berechnung ändern.

In einem markierten Textabschnitt werden die angeforderten Rechenoperationen in der Reihenfolge durchgeführt, in der Zahlen bzw. Operatoren gefunden werden. Angenehm ist aber, daß für eine Berechnung ein beliebig langer Textabschnitt markiert werden kann. Alle Buchstaben werden bei dem Rechenvorgang ignoriert. Man muß allerdings beachten, daß sich in einem markierten Textabschnitt, in dem Zahlen berechnet werden, kein Ausrufezeichen befindet, da dies das Ergebnis einer Berechnung verfälschen kann (siehe Abbildung 4.6.1) Auch Bindestriche im Textkörper können fatale Auswirkungen haben, denn Word für Windows wird diese bei einer Berechnung als Minuszeichen interpretieren.

Beim Rechnen über den Befehl EXTRAS BERECHNEN darf im markierten Text kein Ausrufezeichen stehen.

Abb. 4.6.1: Fehlermeldung in der Statuszeile, falls ein Ausrufezeichen im berechneten Text steht

Einen markierten Textteil berechnen

Um aus Zahlenwerten innerhalb eines Textkörpers ein Ergebnis berechnen zu lassen, müssen Sie zunächst den Text markieren, der die Zahlenwerte enthält. Wählen Sie dann im Menü **EXTRAS** den Befehl **BERECHNEN** mit [Alt] + [X], [C], und fügen Sie das Ergebnis (das auch unten in der Statuszeile sichtbar ist) aus der Zwischenablage mit [⇧] + [Einfg] an der gewünschten Stelle ein.

Natürlich gelten für die Berechnungen bestimmte Regeln, denn für jede Berechnung muß Word für Windows ja wissen, welche Rechenart gefordert wird. Wollen Sie bspw. ausschließlich addieren, so muß sich innerhalb des zuvor markierten Textkörpers kein Operator befinden. Es genügt, die Zahlen oder den Textteil, der die Zahlen enthält, zu markieren und dann **EXTRAS BERECHNEN** aufzurufen. Ein Beispiel:

Die Uhr läutete um 5 Uhr, dann wieder 3 Std. später.

Ergebnis*: Jetzt ist es 8 Uhr.*

Um die Zahl *8* als Ergebnis einer Berechnung einzufügen, müssen Sie wie in Abbildung 4.6.2 zunächst den ersten Satz markieren, dann den Befehl **EXTRAS BERECHNEN** aufrufen und anschließend die Einfügemarke dort positionieren, wo das Ergebnis erscheinen soll. Das Ergebnis befindet sich ja in der Zwischenablage, so daß Sie lediglich ⇧ + Einfg drücken müssen, um die *8* im zweiten Satz einzufügen.

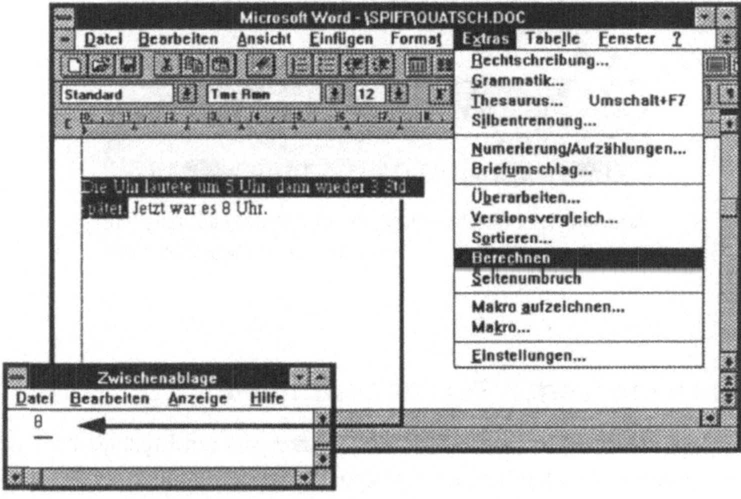

Abb.4.6.2: Das Ergebnis einer Berechnung befindet sich in der Zwischenablage

Grundregeln für das Rechnen im Text

Für das Rechnen im Text müssen einige Grundregeln, wie z.B. "Punkt-
rechnung geht vor Strichrechnung", beachtet werden. Die Grundregeln
können Sie sich an folgendem Beispiel verdeutlichen:

1013,58
/29
-416,45
**40*

Das Berechnen dieser Zahlenkolonne sollte eigentlich bewirken, daß
1013,58 durch *29 geteilt* wird, *416,45 subtrahiert* wird und das
Ergebnis anschließend mit *40 multipliziert* wird. Das Ergebnis wäre
dann -*15259,9586*. Wenn Sie aber diesen Zahlenblock markieren und
berechnen lassen, gibt Word für Windows als Ergebnis -*16623,05* aus,
einen Wert, der von dem vielleicht gewünschten Ergebnis abweicht. Die
Grundregel "Punkt- vor Strichrechnung", die Word für Windows einhält,
bewirkt nämlich in diesem Fall, daß erst *1013,58* durch *29* geteilt wird
und danach von diesem Zwischenergebnis das Ergebnis des Produktes
aus *416,45* und *40* abgezogen wird. Um dieser Grundregel Rechnung zu
tragen, müssen Sie also entsprechend den mathematischen Regeln Klammern setzen.

*(1013,58 / 29 - 416,45) *40 = -15259,96*

Wie Sie aus dem obigen Beispiel sehen können, rundet Word für Windows bei der Berechnung auf oder ab und zeigt das Ergebnis in diesem
Fall auf zwei Stellen nach dem Komma genau. Die Rundung begründet
sich darauf, daß in diesem Beispiel alle der Berechnung zugrundeliegenden Zahlenwerte maximal zwei Stellen nach dem Komma haben. Würde
die erste Zahl beispielsweise *1013,3456* lauten, so hätte auch das Ergebnis der Berechnung vier Stellen nach dem Komma.

Eine weitere Regel besagt, daß negative Zahlen immer in Klammern
dargestellt werden müssen, d.h. wenn Sie einen einzelnen Wert in Klammern setzen, so ist dieser für Word für Windows negativ.

(23) ist also -23

Mit dem Berücksichtigen von negativen Werten (oder einer Subtraktion) in einer Berechnung ist es in Word für Windows also vor allem dann nicht ganz einfach, wenn die Zahlenwerte, die der Berechnung zugrundeliegen, im Textkörper erhalten bleiben sollen. Es nützt nämlich leider nichts, wenn Sie die Operatoren (ein Minuszeichen oder eine Klammer) als verborgenen Text formatieren, denn verborgen formatierter Text wird bei dem Befehl **EXTRAS BERECHNEN** ignoriert.

Die Reihenfolge der Rechenoperationen über den Befehl **EXTRAS BERECHNEN** ist folgende: Zuerst erfolgen Wurzel- und Potenzrechnungen ($\wedge$), dann Multiplikationen und Divisionen (Punktrechnungen mit / und *) und als letztes Additionen bzw. Subtraktionen (Strichrechnungen mit + und -). Die für die verschiedenen Berechnungen einsetzbaren Operatoren können Sie der Tabelle 4.6.1 entnehmen.

Funktion	Operator	Beispiel	mathem. Schreibweise
Potenz	$\wedge$	3^3	3^3
Quadratwurzel	^0,5	9^0,5	$\sqrt{9}$
Kubikwurzel	^(1/3)	27^(1/3)	$\sqrt{3,27}$
Multiplikation	*	23*24	23 * 24
Division	/	3/4	$\frac{3}{4}$
Addition	+	3+4	3 + 4
Subtraktion	-	7-6	7 - 6

Tab.4.6.1:   Die verschiedenen Operatoren zum Rechnen im Text

Darstellen und Berechnen einer Formel

Einfach und komfortabel ist in Word für Windows auch das Darstellen und Berechnen von Formeln wie z.B. der *Kubikwurzel* aus *27*. Um diese Formel zunächst zu erstellen, führen Sie den Befehl **EINFÜGEN FELD** aus und wählen als Feldart FORMEL aus. In dem rechten Verzeichnisfeld der Dialogbox **EINFÜGEN FELD** markieren Sie die Anweisung **Wurzel** und klicken mit der linken Maustaste auf die Schaltfläche **Zufügen**. Nun wechseln Sie in das Textfeld **Feldfunktion** und ergänzen die Klammer um die Werte, die berechnet werden sollen (*3* vor dem Semikolon und *27* danach). Klicken Sie auf die Schaltfläche **OK**, um die Formel einzufügen (siehe Abbildung 4.6.3).

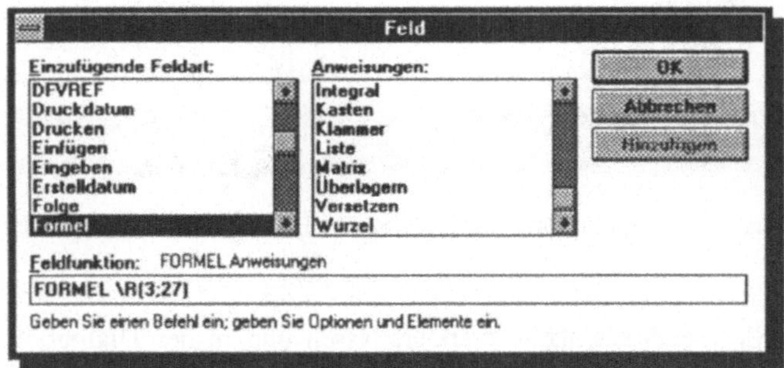

Abb.4.6.3:   So erstellen Sie eine Formel in Word für Windows

Sie müssen nun darauf achten, daß Sie in der normalen Bearbeitungsansicht oder in der Druckbildansicht arbeiten, um das Ergebnis des Formelfeldes sehen zu können. Außerdem muß die **ANSICHT FELDFUNKTIO-NEN** ausgeschaltet sein, denn sonst sehen Sie die Syntax der Feldart am Bildschirm und nicht die eigentliche Formel.

Das Ergebnis dieses Feldes können Sie nun über die Funktion **EXTRAS BERECHNEN** von Word für Windows berechnen lassen. Gehen Sie dazu hinter das Feld und schreiben Sie ein Gleichheitszeichen, dem Sie die Zeichenkette

27^(1/3)

folgen lassen. Diese Zeichenkette müssen Sie nun markieren und dann die Tasten $\boxed{\text{Alt}}$ + $\boxed{\text{X}}$, $\boxed{\text{C}}$ drücken, um das Ergebnis in die Zwischenablage schreiben zu lassen (siehe Abbildung 4.6.4).

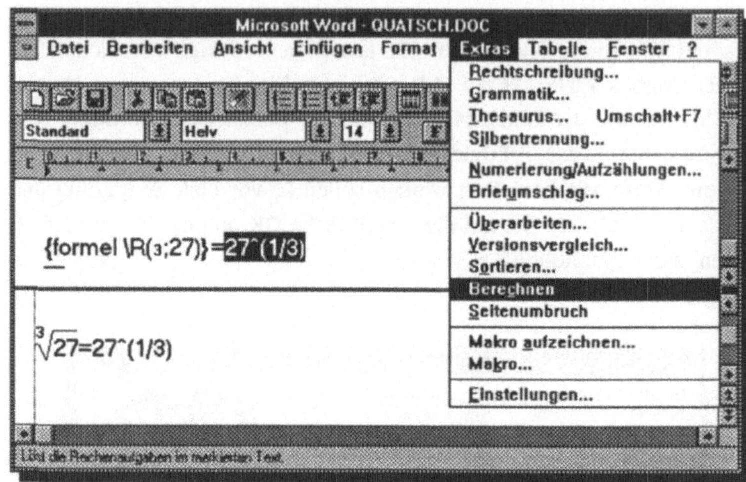

Abb.4.6.4:   Beispiel für eine Formel und das Berechnen des Ergebnisses

Wenn Sie die Zeichenkette markiert lassen und in der Dialogbox **EX-TRAS EINSTELLUNGEN** unter der Option **Allgemein** die Option **Überschreiben einer Markierung** eingeschaltet haben, brauchen Sie lediglich noch ⬆ + Einfg für das Einfügen aus der Zwischenablage zu drücken, um die Berechnungsgrundlage durch das Ergebnis zu ersetzen. Das endgültige Ergebnis würde dann wie folgt aussehen:

$$\sqrt[3]{27} = 3$$

Rechnen mit Währungsformaten

Ein weitere Erleichterung bei der Rechenfunktion über den Befehl **EXTRAS BERECHNEN** ist, daß Word für Windows auch mit Währungsformaten rechnen kann. Diese Funktion ist insbesondere bei der Rechnungs- oder Angebotserstellung sehr nützlich und zeitsparend.

Stellen Sie sich vor, Sie schreiben eine Rechnung mit mehreren Einzelpositionen und möchten nicht erst zum Taschenrechner greifen, um die einzelnen Positionen aufzuaddieren.

Die Rechnung gestaltet sich vielleicht wie in Abbildung 4.6.5. Um nun den Gesamtpreis der einzelnen Positionen zu berechnen, markieren Sie mit der <u>rechten</u> Maustaste die Spalte mit den Einzelpreisen, drücken [Alt] + [X] , [C] , um den Befehl **EXTRAS BERECHNEN** auszuführen, und bewegen dann die Einfügemarke dorthin, wo der Gesamtpreis stehen soll. Das Ergebnis der Berech-nung befindet sich ja in der Zwischenablage, so daß Sie lediglich [⇧] + [Einfg] drücken müssen, um den von Word für Windows errechneten Endbetrag in Ihre Rechnung einzufügen.

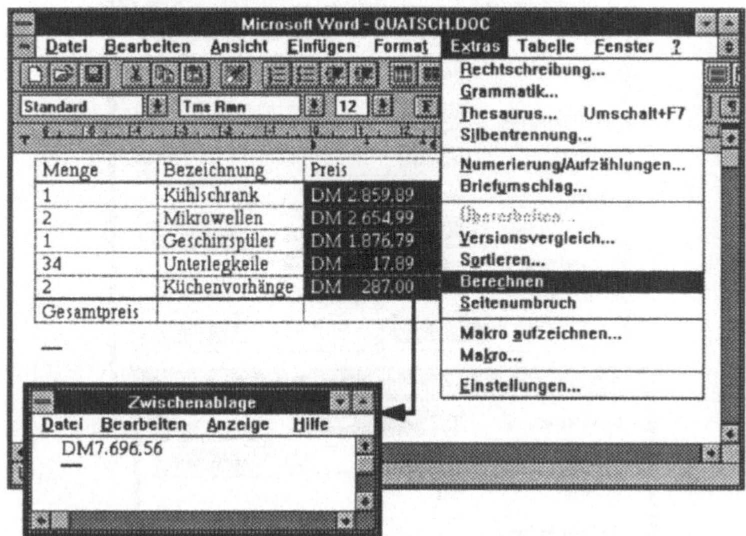

Abb.4.6.5:   Word für Windows kann mit Währungsformaten rechnen

Das Ergebnis wird automatisch mit dem Währungsformat zusammengesetzt. Die automatische Berücksichtigung des Währungsformates ist allerdings von ihrer Windows-Konfiguration abhängig. In Windows kann man unter der Option **LÄNDEREINSTELLUNGEN** in der Systemsteuerung (siehe Abbildung 4.6.6) Einfluß auf die Behandlung von Währungsformaten nehmen und z.B. einstellen, ob Währungsformate den Zahlenwerten vorangestellt oder nachgestellt werden sollen. Wenn dort eingestellt ist, daß das Währungsformat den Zahlenwerten vorangestellt werden soll, so muß das Währungsformat auch in dem für die Berechnung markierten Textbereich den Zahlenwerten vorangestellt sein. In der Systemsteuerung können Sie sogar bestimmen, ob Minuszeichen vor dem Währungsformat oder nach dem Währungsformat berücksichtigt werden sollen, was z.B. beim Abzug von Rabatten in einer Rechnung eine Rolle spielen kann. Auf unser Beispiel bezogen, würde sich auch die Berechnung der Umsatzsteuer und der Abzug von 3% Rabatt sehr einfach gestalten.

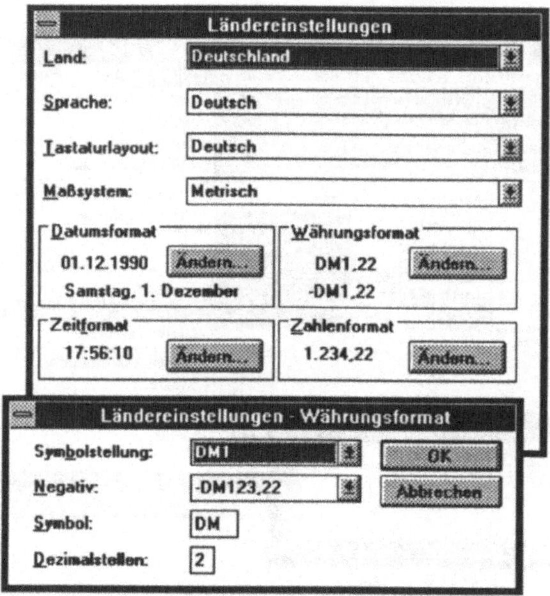

Abb.4.6.6: In der Systemsteuerung kann die Position
der Währungsformate eingestellt werden

Um den Umsatzsteuerbetrag auszurechnen, markieren Sie die errechnete Gesamtsumme, drücken `Strg` + `Einfg`, bewegen dann die Einfügemarke eine Zeile tiefer und drücken `⇧` + `Einfg`. Schreiben Sie nun hinter den Betrag die Berechnungsgrundlagen für *14 %* wie folgt:

  zzgl. 14 % MwSt DM 7.408,57*0,14

Markieren Sie den Textbereich von *DM* bis *0,14* (einschließlich) und drücken Sie [Alt] + [X], [C]. Lassen Sie den Textbereich markiert, und drücken Sie [⇧] + [Einfg], um die zuvor markierte Berechnungsgrundlage durch das Ergebnis zu ersetzen (dazu muß in **EXTRAS EINSTELLUNGEN Ansicht** die Option **Überschreiben einer Markierung** eingestellt sein). Die Addition des Gesamtpreises und der Umsatzsteuer nehmen Sie auf dieselbe Art vor wie zuvor bei der Addition der Einzelpositionen.

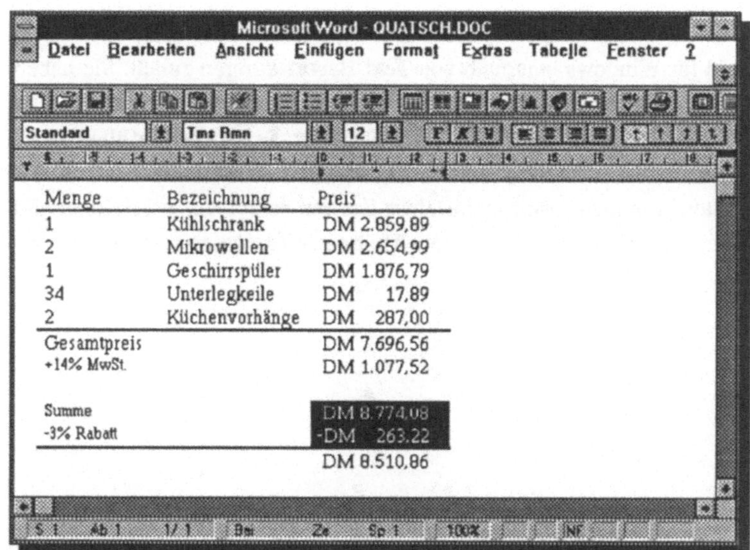

Abb.4.6.7: Je nach Einstellung in der Systemsteuerung muß das Minuszeichen vor oder nach dem Währungssymbol stehen.

Um jetzt *3%* Rabatt abzuziehen, kopieren Sie zunächst wieder die zuvor errechnete Summe, fügen Sie sie in der Zeile ein, in der der Rabattbetrag erscheinen soll und ergänzen den Betrag mit den Berechnungsgrundlagen (*0,03*). Verfahren Sie dann genauso wie bei der Errechnung des Umsatzsteuerbetrages. Nun ergänzen Sie diesen errechneten Betrag um ein Minuszeichen, das Sie vor den DM-Betrag schreiben, markieren die

beiden Zahlenwerte spaltenweise (mit der rechten Maustaste) und errechnen mit ⟨Alt⟩+⟨X⟩,⟨C⟩ den Rechnungsendbetrag (siehe Abbildung 4.6.7). Sie sehen, daß das Erstellen und Berechnen einer Rechnung
mit Word für Windows wirklich sehr einfach ist, wenn man die Grundkonfiguration von Windows in der Systemsteuerung beachtet.

Zusammenfassung

In diesem Kapitel haben wir beschrieben, wie und nach welchen Regeln
Word für Windows innerhalb von Text **Berechnungen** zuläßt. Sie haben
gelernt, welche **mathematischen Grundregeln** dabei zu beachten sind
und welche Voraussetzungen ein markierter Textkörper erfüllen muß,
damit Word für Windows fehlerlos rechnet. Abschließend haben wir
erläutert, wie man das Ergebnis einer **Formel** berechnen lassen kann und
wie man in Word für Windows mit **Währungsformaten** rechnet.

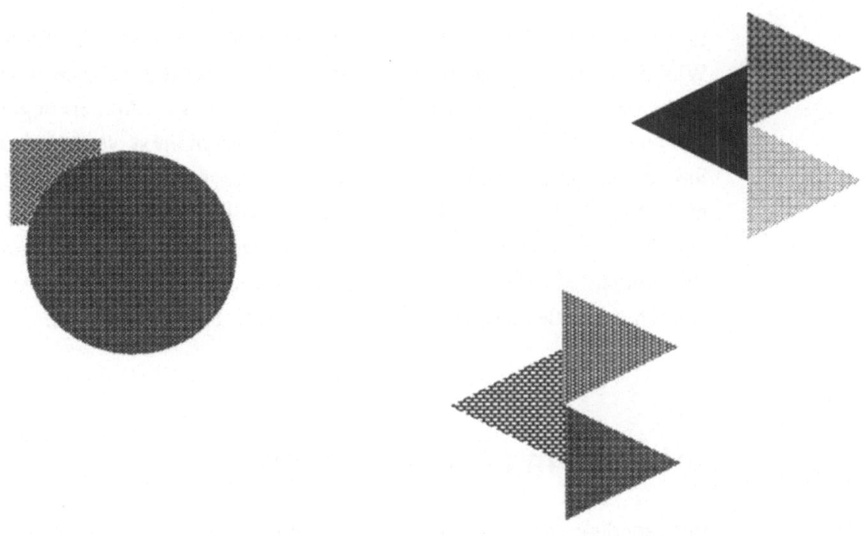

Kapitel 7

anmerkungen

In diesem Kapitel können Sie lernen, mit welchen Funktionen Word für Windows die Gruppenarbeit unterstützt. Wir besprechen, wie man als Autor seine Datei so vorbereiten kann, daß Kollegen Anmerkungen im Dokument machen können, ohne daß der Originaltext verändert wird. Sie lernen, wie Sie Anmerkungen besonders schnell finden können, wenn Sie als Autor eine Datei von einem Kollegen zurückerhalten und wie Sie als Bearbeiter überhaupt Anmerkungen in ein Dokument einfügen können. Zum Schluß des Kapitels besprechen wir, wie man Anmerkungen am Ende eines Dokumentes oder auch separat ausdruckt.

Arbeiten mit Anmerkungen

Insbesondere, wenn in einer Unternehmung Dokumente in Gruppenarbeit erstellt werden, kommt es häufig vor, daß ein Originaldokument einem Mitarbeiter zur Durchsicht oder mit der Bitte um Kommentierung gegeben wird. Während bei dieser Arbeitsweise im Normalfall das Dokument ausgedruckt und dann diesem Mitarbeiter zur Verfügung gestellt wird, stellt sich die Erledigung dieser Aufgabe mit Word für Windows sehr viel einfacher dar. Sie geben ihrem Mitarbeiter die Dokumentdatei auf Diskette oder senden Sie ihm über Ihr Netzwerk. Ihr Mitarbeiter bearbeitet die Datei mit Word für Windows und nutzt dabei die Funktion **EINFÜGEN ANMERKUNG**, um seine Kommentare festzuhalten. Die Funktion Anmerkungen arbeitet dabei ganz ähnlich wie die Fußnoten-Funktion. Sie bietet jedoch den Vorteil, daß sich Anmerkungen eines Dokumentes bspw. separat ausdrucken lassen oder eine Datei für andere Bearbeiter mit einem Paßwort so gesperrt werden kann, daß lediglich Anmerkungen gemacht werden können.

Diese Sperre soll kein richtiger Schutz vor unbefugtem Zugriff sein, sondern lediglich eine Hilfe, daß nicht aus Versehen Daten gelöscht oder verändert werden können. Wollen Sie einen richtigen Zugriffsschutz über eine Datei legen, so müssen Sie die Datei über den Befehl **DATEI SPEICHERN UNTER Gemeinsamer Dateizugriff** mit einem Paßwort versehen und die Option **Sperren für Anmerkungen** nicht ankreuzen.

Anmerkungen sind Kommentare, die mit den Initialen des Bearbeiters versehen sind und der Reihe nach durchnumeriert werden. Sie erscheinen am Bildschirm in einem eigenen Textausschnitt und lassen den Originaltext stets unangetastet. Die Initialen des Bearbeiters werden an den entsprechenden Stellen im Dokument als verborgener Text formatiert und damit nicht ausgedruckt, sofern Sie das nicht ausdrücklich anfordern. Der Autor des Dokumentes kann die Anmerkungen dann aber je nach Bedarf löschen oder in den Text einfügen. Anmerkungen werden der Reihe nach durchnumeriert und zwar unabhängig davon, ob sie vom ersten oder von einem anderen Bearbeiter gemacht worden sind.

Eine Datei für Anmerkungen sperren

Wenn Sie sich als Autor, der eine Datei zur Kommentierung an einen Kollegen weitergibt, davor schützen möchten, daß der Originaltext zerstört wird, ermöglicht Ihnen Word für Windows, die Datei so zu schützen, daß nur Sie als Autor berechtigt sind, Änderungen am Originaltext vorzunehmen. Für jeden anderen Bearbeiter sind nach dem Öffnen Ihrer Datei nahezu alle Befehle gesperrt - sie oder er kann lediglich Anmerkungen einfügen.

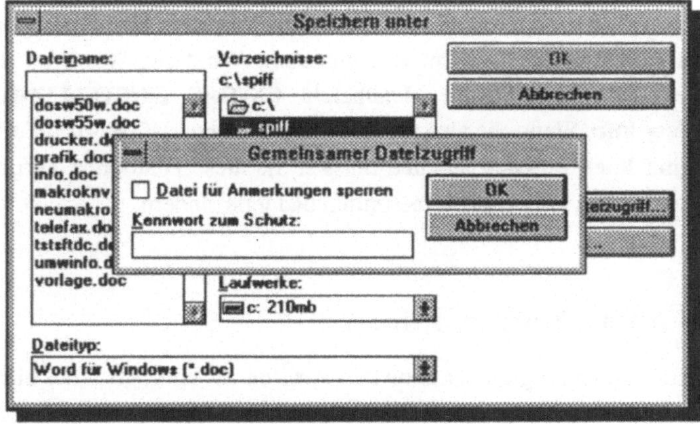

Abb.4.7.1:   Dateien lassen sich sperren, so daß ein
             Bearbeiter nur Anmerkungen einfügen kann

Wenn eine andere Person ein gesperrtes Dokument öffnet, so wird in der Statuszeile angezeigt, durch wen die Datei für Anmerkungen gesperrt worden ist.

Das Sperren einer Datei erfolgt mit Hilfe der Schaltfläche **Gemeinsamer Dateizugriff** im Befehl **DATEI SPEICHERN (UNTER)** (siehe Abbildung 4.7.1). Wenn Sie als Autor bei diesem Befehl die Option **Sperren für Anmerkungen** ankreuzen, so können andere Bearbeiter bei der Textbearbeitung lediglich den Befehl **EINFÜGEN ANMERKUNG** ausführen und die Datei mit den Anmerkungen speichern. Der Originaltext ist vor Veränderungen geschützt. Wenn eine andere Person ein gesperrtes Dokument öffnet, so wird in der Statuszeile angezeigt, durch wen die Datei für Anmerkungen gesperrt worden ist. Auch der Befehl **Gemeinsamer Dateizugriff** in der Dialogbox **DATEI SPEICHERN** erscheint grau hinterlegt. Ein anderer Bearbeiter kann diesen Datei-Schutz folglich nicht (ohne weiteres) aufheben.

Anmerkungen aus Sicht des Bearbeiters

Festlegen der Benutzer-Initialen

Wenn Sie als Bearbeiter eines Dokumentes eine Anmerkung über den Befehl **EINFÜGEN ANMERKUNG** machen möchten, so fügt Word für Windows automatisch Benutzer-Initialen in den Anmerkungsverweis ein. Der Autor kann dadurch stets feststellen, von wem eine Anmerkung gemacht worden ist. Die Initialen entnimmt Word für Windows dem Textfeld **Ihre Initialen** im Menübefehl **EXTRAS EINSTELLUNGEN Benutzer-Info**. Wenn Sie also sicherstellen möchten, daß Word für Windows mit Ihren Initialen arbeitet, müssen Sie diese Dialogbox aufrufen und den Eintrag für **Initialen** überprüfen und ggfs. ändern.

Eine Anmerkung zuordnen

Um eine Anmerkung an der aktuellen Position der Einfügemarke einzufügen, müssen Sie den Befehl **EINFÜGEN ANMERKUNG** aufrufen bzw. die Tasten $\boxed{\text{Alt}} + \boxed{\text{E}}, \boxed{\text{A}}$ drücken. Eine Anmerkung besteht aus den Initialen des Bearbeiters und einer Nummer in eckigen Klammern (z.B.

[RE8]), wobei beides als verborgener Text formatiert ist. Wenn die Option **Verborgener Text** im Menü **EXTRAS EINSTELLUNGEN Ansicht** nicht eingeschaltet ist, schaltet Word für Windows diese automatisch ein, wenn das sogenannte Textfenster für Anmerkungen geöffnet wird (siehe Abbildung 4.7.2).

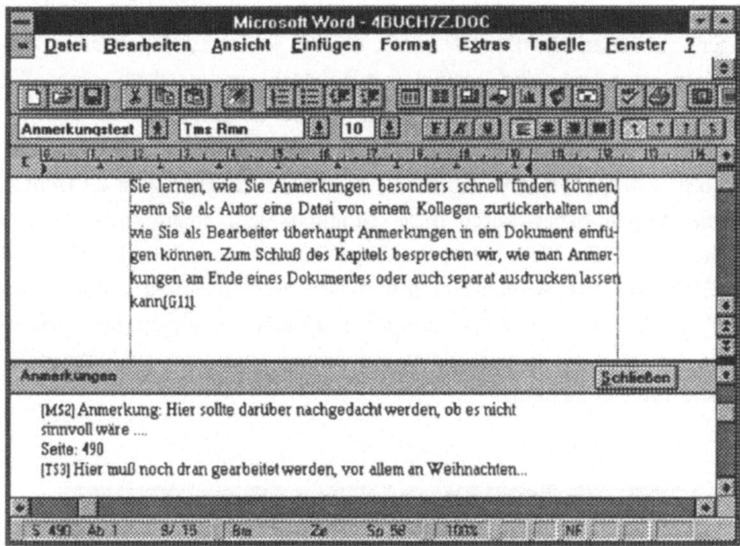

Abb.4.7.2:   Beim Einfügen einer Anmerkung wird der Bildschirm geteilt

Wenn Sie den Befehl **EINFÜGEN ANMERKUNG** aufrufen, teilt Word für Windows den Bildschirm in zwei Ausschnitte. Im unteren Ausschnitt können Sie den Anmerkungstext sehen und bearbeiten, während im oberen Ausschnitt der Dokumenttext mit dem gerade aktuellen Anmerkungszeichen zu sehen ist. Sind vor dem Aufruf des Befehls **EINFÜGEN ANMERKUNG** weitere Dokumentausschnitte geöffnet gewesen (z.B. für Fußnoten), so werden diese vom Ausschnitt für Anmerkungen stets überlagert.

Im dem unteren Ausschnitt können Sie als Bearbeiter nun eine Anmerkung von beliebiger Länge und in beliebiger Formatierung machen. Beachten Sie bitte, daß die Texte im Original-Dokumentfenster und im

Den Ausschnitt für Anmerkungen können Sie durch einen Doppelklick mit der Maus auf dem Anmerkungskürzel im unteren Ausschnitt elegant und schnell schließen.

Textfenster für Anmerkungen synchron rollen. Sie sehen im unteren Textfenster immer den Text derjenigen Anmerkung, deren Anmerkungszeichen im oberen Dokumentfenster sichtbar ist.

Druckformate für Anmerkungen

Es bietet sich an, die Textfarbe für Anmerkungszeichen bei der Arbeit mit Farbbildschirmen z.B. auf rot zu ändern.

Anmerkungszeichen und Anmerkungstext haben in Word für Windows eigene, automatische Druckformate, die bei jedem Einfügen einer Anmerkung standardmäßig benutzt werden. Insbesondere dann, wenn Sie mit Farb-Bildschirmen arbeiten, bietet es sich an, die Farbe der Anmerkungszeichen im Druckformat auf *rot* zu ändern, denn dann ist es für den Autoren des Dokumentes einfacher, die Anmerkungszeichen zu finden. Anmerkungen haben durch diese Möglichkeiten sogar einen großen Vorteil gegenüber der Überarbeitungsfunktion des Befehls **EXTRAS ÜBERARBEITEN**. Während man dort Druckformate nicht ändern kann und damit z.B. auch keine farblichen Unterscheidungen hervorrufen kann, lassen sich Anmerkungen individuell verändern und sogar im Druckformat verändern.

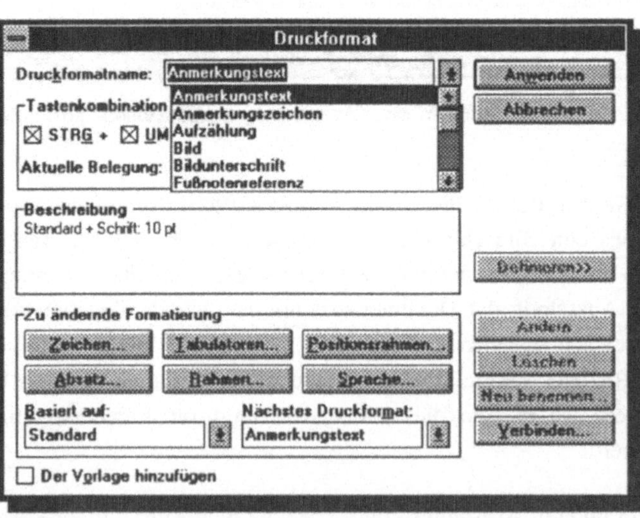

Abb.4.7.3:   Anmerkungen haben eigene Druckformate

Um das Druckformat von Anmerkungszeichen oder dem Anmerkungstext zu ändern, müssen Sie den Befehl **FORMAT DRUCKFORMATE definieren** aufrufen. In dem Verzeichnisfeld **Druckformatnamen** können Sie nun das Druckformat für Anmerkungszeichen oder für den Anmerkungstext markieren und dann über die Befehle **Zeichen, Absatz, Tabulator, Sprache, Rahmen** und **Rahmenposition** ihre gewünschten Formatierungsmerkmale einstellen (siehe Abbildung 4.7.3).

Das Arbeiten mit Druckformaten wurde ausführlich in Teil 4, Kapitel 3 beschrieben.

Anmerkungen aus Sicht des Autoren

Anmerkungen eines Dokumentes bearbeiten

Wenn Sie ein Dokument von einem Kollegen zurückerhalten haben und dieser darin Anmerkungen gemacht hat, möchten Sie in aller Wahrscheinlichkeit nicht das gesamte Dokument durcharbeiten und auf Anmerkungszeichen untersuchen, sondern stattdessen möglichst gezielt die Stellen aufsuchen, an der ihr Kollege etwas anzumerken hatte. Sie haben verschiedene Möglichkeiten, um sich einen Überblick über die vorgenommenen Anmerkungen zu verschaffen. Zum einen können Sie die Gehe zu-Funktion oder die Suche-Funktion benutzen, um direkt zu den einzelnen Anmerkungen zu springen. Zum anderen können Sie aber auch nur die Anmerkungen eines Dokumentes ausdrucken lassen und diesen Ausdruck benutzen, um dann z.B. den dazugehörigen Textkörper parallel am Bildschirm durchzuarbeiten.

Aufsuchen von Anmerkungen

Um eine Anmerkung anzuspringen, wählen Sie den Befehl **BEARBEITEN GEHE ZU** ($\boxed{\text{Alt}}$ + $\boxed{\text{B}}$, $\boxed{\text{G}}$) oder benutzen Sie die Funktionstaste $\boxed{\text{F5}}$. Geben Sie nun einfach ein *a* ein, um zur nächsten Anmerkung zu springen. Sie können auch eine bestimmte Anmerkung anspringen, indem Sie ein *a*, gefolgt von der Anmerkungsnummer eingeben (z.B. *a5*) und mit $\boxed{\longleftarrow}$ bestätigen. Die folgende Tabelle zeigt Ihnen die mögli-

Beachten Sie, daß Anmerkungen der Reihe nach durchnumeriert werden, unabhängig davon, ob sie vom ersten, vom zweiten oder vom dritten Bearbeiter gemacht worden sind.

chen Kombinationen, die Sie beim Anspringen von Anmerkungen mit der Gehe zu-Funktion benutzen können.

Sie können auch mit der Funktion BEARBEITEN SUCHEN arbeiten, wenn Sie nach dem Sonderzeichen ^5 suchen. Weitere Hinweise hierzu finden Sie in Teil 4, Kapitel 1.

Eingabe bei GEHE ZU	Zielort der GEHE ZU-Funktion
a	nächste Anmerkung
aNummer, z.B. a4	Nummer der Anmerkung im Text, z.B. Anmerkung Nr. 4
a+Nummer, z.B. a+3	Nummer der Anmerkung nach der Einfügemarke, z.B. 3 Anmerkungen weiter
a-Nummer, z.B. a-3	3. Anmerkungen vor der Einfügemarke

Tab.4.7.1:   Tastenkombinationen zum Anspringen von Anmerkungen

Besonders schnell wird die Gehe Zu-Funktion aktiviert, wenn Sie mit der Maus einen Doppelklick auf die Statuszeile ausführen.

Auch wenn die Option **Verborgener Text** im Befehl **EXTRAS EINSTEL-LUNGEN Ansicht** nicht angekreuzt sein sollte, bleibt die Einfügemarke trotzdem an der Position des Anmerkungszeichen stehen, wenn Sie nach Anmerkungen suchen. Sie können eine Anmerkung auch kombiniert mit den Abschnitts- oder Seitenzahlen des Dokumentes suchen, sodaß z.B. die *Seite 21 im 1. Abschnitt* und die *5. Anmerkung* angesprungen wird. Die Eingabe für dieses Beispiel müsste folgendermaßen lauten:

i1S21A5

Eine Anmerkung bearbeiten

Wenn Sie als Autor den Textkörper eines Anmerkungszeichens sehen möchten, so müssen Sie den Textausschnitt für Anmerkungen mit **AN-SICHT ANMERKUNGEN** öffnen. Sie können nun den Text genauso bearbeiten wie normalen Text. Zwischen den beiden Ausschnitten können Sie mit den Funktionstasten F5 bzw. F6 hin- und herwechseln.

Sie können aber auch weitaus schneller und eleganter mit der Maus arbeiten. Um den Anmerkungsausschnitt zu öffnen, klicken Sie einfach doppelt auf ein Anmerkungszeichen im Text. Sofort wird die entsprechende Anmerkung in dem Anmerkungsausschnitt angezeigt. Genauso einfach ist das Schließen des Anmerkungsausschnittes: ein Doppelklick mit der linken Maustaste auf dem Kürzel der Anmerkung im unteren Ausschnitt. Der Ausschnitt wird dann sofort geschlossen und die Einfügemarke wird auf das Anmerkungszeichen im Text gesetzt.

Anmerkungen in das Dokument integrieren

Manchmal kommt es vor, daß ein Kollege eine Anmerkung so gut formuliert hat, daß Sie als Autor den Inhalt der Anmerkung direkt in Ihren Text integrieren möchten und die Formatierung als Anmerkung dabei löschen wollen. Hier haben Sie dazu verschiedene Möglichkeiten.

Der erste Weg führt über die Zwischenablage von Windows. Sie müssen dazu einfach die Ansicht der Anmerkungen mit **ANSICHT ANMERKUN-GEN** aktivieren und den jeweiligen Anmerkungstext im unteren Textfenster mit der Maus oder der Tastatur markieren. Löschen Sie den Anmerkungstext nun mit **BEARBEITEN AUSSCHNEIDEN**. Wechseln Sie dann mit der Funktionstaste F5 in das Fenster, in dem sich der Originaltext befindet, oder positionieren Sie die Einfügemarke mit der Maus im Originaltext an der Stelle, an der Sie den Text einfügen möchten. Fügen Sie nun den Text über den Befehl **BEARBEITEN EINFÜGEN** ein .

Der zweite Weg führt über die zusätzliche Kopierfunktion von Word für Windows mit der Funktionstaste F2 , die ohne die Windows Zwischenablage arbeitet. Markieren Sie bei diesem Weg den einzufügenden Text und betätigen Sie die Funktionstaste F2 . Wechseln Sie mit der Funktionstaste F5 oder F6 in das Textfenster des Dokumentes, und bewegen Sie die Einfügemarke an die Stelle, an der der Anmerkungstext erscheinen soll. Um den Text einzufügen, brauchen Sie lediglich noch ⏎ zu drücken. Denken Sie daran, daß im Menü **ANSICHT** die Option **ANMERKUNGEN** eingeschaltet sein muß, damit Sie die Anmerkungen in einem eigenen Textausschnitt sehen und bearbeiten können.

Löschen einer Anmerkung

Wenn Sie eine Anmerkung aus dem Textkörper entfernen möchten, müssen Sie zunächst im Textkörper zu dem entsprechenden Anmerkungszeichen springen, dieses markieren und dann mit Entf löschen. Beachten Sie jedoch, daß in **EXTRAS EINSTELLUNGEN Ansicht** die Option **Verborgener Text** angekreuzt sein sollte, da sonst die Anmerkungszeichen im Textkörper nicht zu sehen ist.

Ausdrucken von Anmerkungen

Anmerkungen können über den Befehl **DATEI DRUCKEN** auch separat ausgedruckt werden (siehe Abbildung 4.7.5). Sie müssen lediglich über das Verzeichnislistenfeld **Drucken** die Option **Anmerkungen** auswählen (siehe Abbildung 4.7.4). Nach dem Bestätigen mit **OK** werden die Initialen des jeweiligen Bearbeiters, die Nummer der Anmerkung, der Text der Anmerkung sowie die Seitenzahl des Anmerkungszeichen im Originaltext gedruckt.

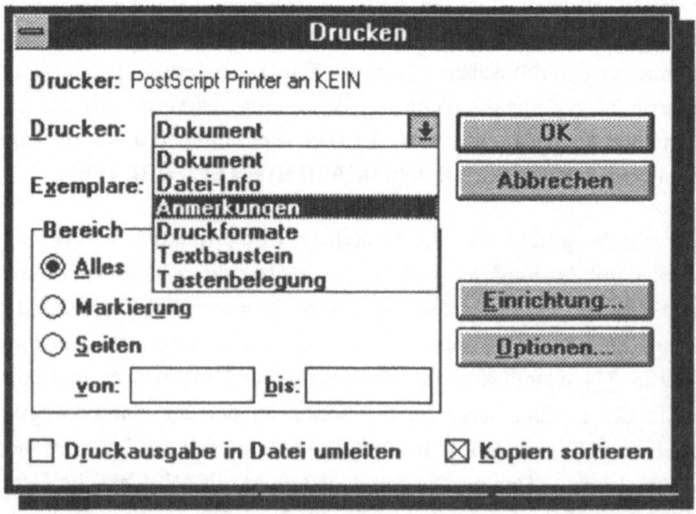

Abb.4.7.4:   Anmerkungen können separat ausgedruckt werden

Wenn Sie den gesamten Text mit Anmerkungszeichen sowie den Inhalt der Anmerkungen am Ende des gesamten Dokumentes ausdrucken wollen, so kreuzen Sie einfach die Optionen **Verborgener Text** und **Anmerkungen** im Dialogfeld **EXTRAS EINSTELLUNGEN Drucken** an. Gedruckt wird dann das Dokument mit den integrierten Anmerkungszeichen sowie der Text der Anmerkungen am Ende des Dokumentes.

```
Seite: 1
[MS1] Hier sollte noch eine kurze
Einführung erfolgen
Seite: 2
[MS2] Meinen Sie nicht, daß das
übertrieben ist ???
Seite: 5
[MS3] Machen Sie lieber keine
Anmerkungen zu diesem Thema ...
Seite: 6
[RT1] Verkaufszahlen sollten in der
Grafik nur vom Gebiet NORD erscheinen
```

Abb.4.7.5:   Ein separater Ausdruck von Anmerkungen

Mit diesen Ausführungen sollte deutlich geworden sein, daß die Funktion **ANMERKUNGEN** insbesondere in PC-Netzwerken z.B. mit dem Microsoft LAN-Manager 2.0 sehr gut im Rahmen von Gruppenarbeit genutzt werden kann. Wichtig ist für den Einsatz im Netzwerk lediglich, daß sichergestellt werden muß, daß jeder Benutzer mit einer eigenen WINWORD.INI-Datei arbeitet. Erst dann werden die Initialen des jeweiligen Benutzers stets richtig eingesetzt, und die Erstellung von Anmerkungen kann zurückverfolgt werden.

Zusammenfassung

In diesem Kapitel haben Sie erfahren, **mit welchen Funktionen Word für Windows die Gruppenarbeit unterstützt**. Wir haben besprochen, wie man als Autor seine Datei so vorbereiten kann, daß Kollegen **Anmerkungen** im Dokument machen können, ohne daß der Originaltext verändert wird. Sie haben gelernt, wie Sie Anmerkungen besonders schnell finden können, wenn Sie als Autor eine Datei von einem Kollegen zurückerhalten, und wie Sie als Bearbeiter überhaupt Anmerkungen in ein Dokument einfügen können. Zum Schluß des Kapitels wurde besprochen, wie man **Anmerkungen** am Ende eines Dokumentes oder auch separat **ausdrucken** lassen kann.

überarbeiten
und
versionsvergleich

In diesem Kapitel erfahren Sie, wie Sie selbst oder ein Kollege mit Hilfe der Funktion **EXTRAS ÜBERARBEITEN** ein Dokument verändern kann, ohne den ursprünglichen Text zu verlieren. Im Verlauf des Kapitels lernen Sie, wie das Erscheinungsbild der Änderungen variiert werden kann und welche Möglichkeiten Sie haben, um Änderungen in ein Dokument zu integrieren oder die Änderungsvorschläge zu verwerfen. Abschließend besprechen wir, wie Sie zwei Dateien miteinander vergleichen lassen können, und wie Word für Windows Unterschiede in den Dateien für Sie automatisch kennzeichnet.

Überarbeiten eines Dokumentes

An der Entstehung eines umfangreichen Dokumentes sind in vielen Fällen mehrere Personen beteiligt. Der Autor erstellt ein Manuskript und gibt ausgedruckte Versionen zur orthographischen Korrektur oder zur Prüfung auf sachliche Richtigkeit einem oder mehreren Mitarbeitern. Ein erheblicher Nachteil des Arbeitens mit ausgedruckten Versionen ist, daß bei umfangreichen Änderungen Doppelarbeit entsteht, denn alle Änderungsvorschläge müssen nun noch einmal mit Word für Windows für den Originaltext erfaßt werden. Ist ein Manuskript an mehrere Personen weitergegeben worden, verliert man möglicherweise sogar recht schnell den Überblick darüber, welche Änderungen denn nun bereits verarbeitet sind oder welche besser nicht berücksichtigt werden sollten.

Word für Windows bietet gerade dann erhebliche Produktivitätsvorteile, wenn alle beteiligten Personen den Text mit der Überarbeitungsfunktion redigieren. Jeder "Lektor" bearbeitet die Originaldatei mit der Funktion **EXTRAS ÜBERARBEITEN**. Als Autor bekommt man später seine Originaldatei zurück und kann nach Lust und Laune entscheiden, welche Änderungsvorschläge man annimmt und welche man ablehnt.

Wenn ein Dokument zum Korrekturlesen weggegeben wird, so bedienen sich die Lektoren meist verschiedener Korrekturzeichen. Der Absatz, in dem etwas geändert worden ist, wird mit einer Markierungsleiste bzw. einem senkrechten Strich am linken oder rechten Rand versehen. Meistens werden Worte, die aus dem Text herausfallen sollen, durchgestrichen und neu eingefügte Worte unterstrichen. Word für Windows unterstützt genau diese Arbeitsweise und bietet Ihnen darüber hinaus eine Vielzahl anderer Werkzeuge an, mit denen Sie sich Ihre Lektorentätigkeit erleichtern können.

Ein Dokument überarbeiten

Wenn Sie ein Dokument von einem Kollegen zur Überarbeitung erhalten, müssen Sie das Dokument zunächst öffnen und dann den Befehl **EXTRAS ÜBERARBEITEN** ausführen. Schalten Sie in der Dialogbox die Option **Änderungen markieren** ein, sonst bleibt die Überarbeitungsfunktion ohne sichtbare Wirkung. Wenn Sie häufig Dateien zur Überarbeitung erhalten, empfiehlt es sich, für diese Arbeitseinstellung ein eigenes Sinnbild im Programm-Manager von Windows anzulegen, der diese Einstellung automatisch für Sie vornimmt. Sie finden die Beschreibung zur Erstellung eines solchen Makros an späterer Stelle in diesem Kapitel.

In den anderen Optionsfeldern der Dialogbox können Sie nun bestimmen, wie Text, den Sie einfügen, vom Originaltext unterschieden werden soll. Text, den Sie aus dem Dokument löschen, wird allerdings stets durchgestrichen erscheinen, das Erscheinungsbild kann nicht geändert werden. Wenn Sie die gewünschten Einstellungen vorgenommen haben und mit **OK** bestätigen, ist der Überarbeitungsmodus aktiviert. Sie können das daran erkennen, daß in der Statuszeile das Kürzel **KM** erscheint. Text, den Sie ab jetzt schreiben, wird je nach vorgenommener Einstellung unterstrichen oder kursiv dargestellt, und alles, was Sie mit Hilfe von [Entf] oder [←] löschen, wird durchgestrichen.

Ein Dokument kann nur überarbeitet werden, wenn es nicht mit der Option FÜR ANMERKUNGEN SPERREN des Befehls DATEI SPEICHERN (UNTER) OPTIONEN versehen wurde.

Während der Überarbeitungsfunktion ist die Taste [Einfg] außer Funktion gesetzt. Das hat zur Folge, daß Sie Text nicht überschreiben können, denn beim Überarbeiten eines Manuskriptes soll der Originaltext ja unverändert bleiben. Achten Sie außerdem darauf, daß Sie möglichst nicht in der Ansicht Konzept arbeiten, denn sonst können Sie am Bildschirm nicht unterscheiden, ob ein bestimmter Text gelöscht oder eingefügt wurde. In der Konzeptansicht wird sowohl eingefügter als auch gelöschter Text unterstrichen dargestellt.

Die Funktion EXTRAS ÜBERARBEITEN hat keine Auswirkung auf Formatierungen.

Keine Auswirkung auf die Überarbeitungsfunktion haben Änderungen an der Formatierung eines Dokumentes. Wenn Sie also bspw. dem Autor vorschlagen möchten, daß ein bestimmtes Wort besser *fett* gedruckt werden sollte, so müssen Sie entweder das Wort löschen und mit der neuen Formatierung noch einmal einfügen oder aber mit der Funktion **EINFÜGEN ANMERKUNG** arbeiten.

Um den Überarbeitungsmodus auszuschalten, rufen Sie einfach den Befehl **EXTRAS ÜBERARBEITEN** erneut auf und schalten die Option **Änderungen markieren** aus.

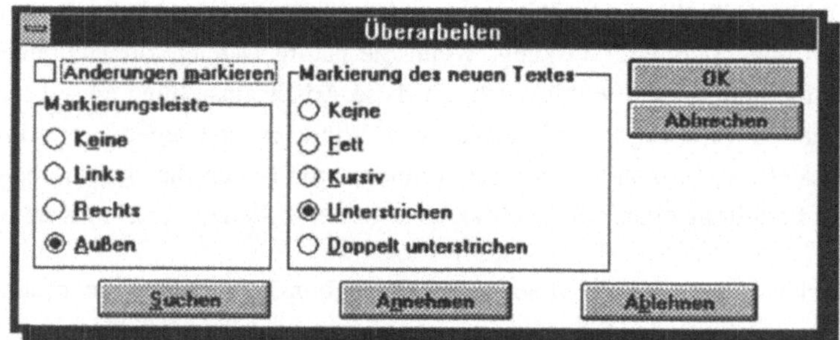

Abb.4.8.1:   Die Dialogbox EXTRAS ÜBERARBEITEN

Kennzeichnen des hinzugefügten Textes

Mit den Optionen der Optionsgruppe **Markierung des neuen Textes** können Sie bestimmen, wie Text markiert werden soll, der nachträglich in ein Dokument eingefügt wird. Wenn Sie die Option **Keine** ankreuzen, so wird eingefügter Text gar nicht markiert. Da jedoch keine Verbindung zur Markierungsleiste besteht, können Änderungen trotzdem noch anhand einer evtl. vorhandenen Markierungsleiste identifiziert werden. Kreuzen Sie die Option **Fett** an, erscheint hinzugefügter Text im Dokument fett. Kreuzen Sie dagegen **Kursiv** an, so wird hinzugefügter Text kursiv dargestellt und ausgedruckt. Durch die Option **Unterstrichen** bewirken Sie, daß hinzugefügter Text unterstrichen wird. Die Option **Doppelt unterstrichen** führt zu doppelt unterstrichenem Text.

Verändern der Markierungsleiste

Um Veränderungen an einem Dokument leichter ausmachen zu können, markiert Word für Windows hinzugefügten und gelöschten Text am linken oder rechten Seitenrand mit einer Markierungsleiste, sofern Sie die dazugehörige Option in der Dialogbox **EXTRAS ÜBERARBEITEN** ankreuzen. Die Markierungsleiste befindet sich jeweils in Höhe der Zeile, an der eine Veränderung am Originaltext vorgenommen wurde.

Sie können die Position dieser Markierungsleiste variieren oder aber bestimmen, daß die Markierungsleiste gar nicht erscheint. Wenn Sie in der Dialogbox **EXTRAS ÜBERARBEITEN** die Option **Markierungsleiste keine** ankreuzen, wird die Markierungsleiste nicht gezeigt bzw. gedruckt. Wenn Sie die Option **Links** ankreuzen, erscheint die Markierungsleiste am linken Rand des Textes. Wählen Sie die Option **Rechts,** so erscheint die Markierungsleiste am rechten Rand des Textes.

Die Position der Markierungsleiste läßt sich außerdem für Dokumente, die mit linken und rechten Seiten arbeiten, unterschiedlich einstellen. Wenn Sie die Option **Außen** ankreuzen, so erscheint die Markierungsleiste auf rechten Seiten (ungerade Seitenzahlen) am rechten Rand des Textes und auf linken Seiten (gerade Seitenzahlen) am linken Rand des Textes. Beim Ausdruck ist die Markierungsleiste dann stets am äußeren Rand des Textes, am Bildschirm erscheint sie allerdings immer links.

Ein Makro für häufiges Überarbeiten von Dokumenten

Wenn Sie häufig Dateien zur Überarbeitung erhalten, empfiehlt es sich, für die Grundkonfiguration **EXTRAS ÜBERARBEITEN** von Word für Windows ein eigenes Sinnbild im Programm-Manager von Windows anzulegen, der den Aufruf dieses Befehls automatisch beim Start von Word für Windows für Sie vornimmt.

Um sich einen solchen Makro mit Hilfe des Makrorecorders selbst zu erstellen, öffnen Sie zunächst Word für Windows und rufen den Befehl **EXTRAS MAKRO** auf und vergeben Sie in dem Textfeld **Makroname** einen Namen. Sobald Sie den Namen festgelegt haben, wird die Schaltfläche **Bearbeiten** aktiv. Unser Beispielmakro sollte als erstes dafür sorgen, daß der Befehl **DATEI ÖFFNEN** aufgerufen wird, damit man als Anwender gleich auswählen kann, welche Datei zur Überarbeitung geöffnet werden soll. Für diese Funktion gibt es in Word für Windows ja bereits einen Befehl, und zwar den Befehl **DATEI ÖFFNEN**. Da alle Befehle von Word für Windows auch als Makro vorhanden sind, bietet es sich an, die notwendige und bereits vorhandene Befehlsfolge zu benutzen. Wählen Sie also den Befehl **EXTRAS MAKRO** noch einmal und öffnen Sie den Makro *DateiÖffnen*, indem Sie ihn in der Liste auswählen und auf die Schaltfläche **Bearbeiten** klicken. Sollte sich der Makro nicht in der angezeigten Liste befinden, so müssen Sie in der Dialogbox unter **Anzeigen** die Option **Befehle** ankreuzen.

Bis auf die erste und letzte Zeile dieses Befehlscodes (**SUB MAIN** und **END SUB**) können Sie den Code dieses Makros nun mit dem Befehl **BEARBEITEN KOPIEREN** in die Zwischenablage kopieren und das Fenster dann schließen, denn der Originalbefehl **DATEI ÖFFNEN** wird nicht mehr benötigt. Wechseln Sie in das Fenster Ihres Makros (z.B. *Arbeit*), und positionieren Sie die Einfügemarke in der zweiten Zeile unter **SUB MAIN**. Fügen Sie nun den Inhalt der Zwischenablage durch ⇧ + Einfg ein. Der Grundstock Ihres Makros ist damit gelegt. Der Rest kann über den Makrorecorder erstellt werden.

Das Installieren des Makros AUFZEICHNEN NÄCHSTER BEFEHL wird in Teil 4, Kapitel 11 beschrieben.

Speichern Sie diesen Makro, und wechseln Sie in ein geöffnetes Dokumentfenster. Wählen Sie nun den Befehl **EXTRAS MAKRO AUFZEICHNEN**, vergeben Sie einen Makronamen nach Wunsch (z.B. *Zwischen*), und führen Sie nacheinander alle Befehle für die Grundkonfiguration für das Überarbeiten eines Dokumentes durch. Es bietet sich an, die Betriebsart von Word für Windows in die normale Bearbeitungsansicht zu bringen, d.h. Sie müssen nacheinander die Befehle **ANSICHT KONZEPT**, **ANSICHT DRUCKBILD** und **ANSICHT GLIEDERUNG** aufrufen. Im Makro kann nachher durch eine einfache Änderung eines Zahlenwertes dafür gesorgt werden, daß die richtige Ansicht erfolgt (Jede dieser Ansichten muß den Zahlenwert 0 erhalten). Auch das einmalige Aufrufen des Befehls **EXTRAS EINSTELLUNGEN Ansicht** kann nützlich sein, um sicherzustellen, daß Sie in der von Ihnen bevorzugten Bildschirmdarstellungsart arbeiten.

Führen Sie nun den Befehl **EXTRAS ÜBERARBEITEN** aus, und kreuzen Sie die Option **Änderungen markieren** an. Bestätigen Sie mit **OK**, und beenden Sie die Makroaufzeichnung mit dem Befehl **EXTRAS MAKRO AUFZEICHNUNG BEENDEN**. Als nächstes muß nun der mit dem Makrorecorder erzeugte Code mit dem Makrocode des zuvor erstellten Makros kombiniert werden. Öffnen Sie also nacheinander beide Makros (z.B. *Arbeit* und *Zwischen*) zur Bearbeitung und kopieren Sie den Inhalt des Makros *Zwischen* (ohne die Zeilen **SUB MAIN** und **END SUB**) in die Zwischenablage. Fügen Sie diesen Abschnitt mit **BEARBEITEN EINFÜGEN** in den ersten Makro nach dem Teil für das Öffnen der Dialogbox **DATEI ÖFFNEN** ein, und speichern Sie das Ganze. Der vollständige Makrocode sollte so lauten wie in Abbildung 4.8.2.

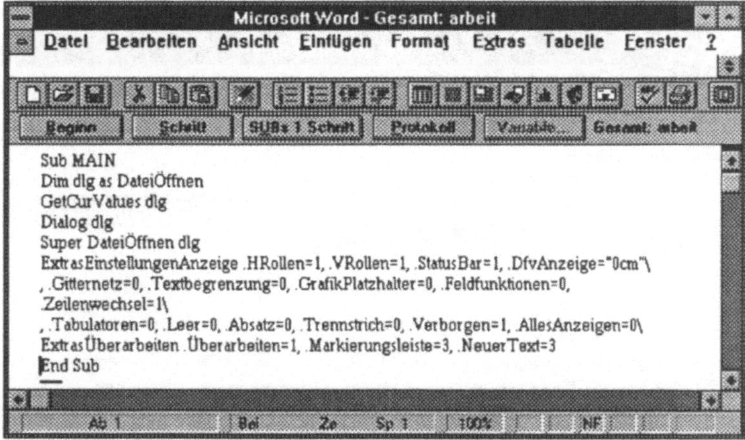

Abb.4.8.2: Eine Beispielmakro für das automatische Öffnen von Word für Windows, wenn man häufig Dokumente überarbeiten muß

Als letztes müssen sich für den automatischen Makrostart von Word für Windows noch ein Sinnbild im Programm-Manager von Windows anlegen. Beenden Sie dazu Word für Windows und wechseln Sie in den Programm-Manager. Öffnen Sie das Fenster der Programmgruppe, in der das Sinnbild für den Programmstart abgelegt werden soll und wählen Sie den Befehl **DATEI NEU**. Kreuzen Sie zunächst die Option **Programm** an, und vergeben Sie in der darauffolgenden Dialogbox einen Namen für das Sinnbild (siehe Abbildung 4.8.3). Mit Hilfe der Option **Durchsuchen** können Sie für das untere Textfeld den Pfadnamen der Word für Windows Programmdatei WINWORD.EXE suchen und automatisch in das untere Textfeld eintragen lassen. Wechseln Sie dann in das untere Textfeld, und schreiben Sie hinter die Programmdatei */mMAKRONAME* (z.B. *Arbeit*), wobei Sie vor dem Schrägstrich <u>unbedingt</u> eine Leerstelle und nach dem *m* <u>keine</u> Leerstelle lassen sollten. Wenn Sie nun mit **OK** bestätigen, wird das Sinnbild für den Start von Word für Windows mit dem selbst erstellten Makro für die Funktion **EXTRAS ÜBERARBEITEN** angelegt. Ein Doppelklick auf dieses Sinnbild startet Word für Windows, ruft die Dialogbox **DATEI ÖFFNEN** auf und nimmt dann alle notwendigen Einstellungen für die Betriebsart der Überarbeitung vor.

Abb.4.8.3:   Im Programm-Manager kann man sich ein Sinnbild für den Aufruf von Word für Windows in einer bestimmten Betriebsart anlegen

Nachbearbeiten eines überarbeiteten Dokumentes

Wenn Sie ein überarbeitetes Dokument von Ihren Kollegen zurückerhalten, haben Sie prinzipiell zwei Möglichkeiten, um die veränderten, neuen oder gelöschten Textstellen schnell und gezielt ausfindig zu machen. Sie können zum einen mit der Funktion **EXTRAS ÜBERARBEITEN** genau die veränderten Stellen anspringen und sich dann bei jeder geänderten Textstelle entscheiden, ob die Änderungen angenommen werden soll oder nicht. Zum anderen können Sie mit der Suche-Funktion des Befehls **BEARBEITEN SUCHEN** arbeiten. Mit diesem Befehl läßt sich jede Veränderung anspringen und erst einmal sichten.

Aufsuchen überarbeiteter Textstellen

Die einfachste und komfortabelste Art, die Überarbeitungen eines Dokumentes aufzusuchen und anzunehmen oder abzulehnen, besteht über den Befehl **EXTRAS ÜBERARBEITEN Suchen**. Die Option **Suchen** in dieser Dialogbox ermöglicht Ihnen, nach korrigierten Textteilen im Dokument zu suchen, und zwar unabhängig davon, ob Text gelöscht und hinzugefügt wurde. Nach Jedem Klicken auf die Schaltfläche **Suchen** sucht Word für Windows nach veränderten Textstellen und markiert die entsprechenden Stellen im Dokumenttext hinter der Dialogbox. Sie können sich nun entscheiden, ob Sie den Änderungsvorschlag annehmen oder ablehnen möchten. Auch diesen Suchlauf sollten Sie stets in der **ANSICHT NORMAL** oder in der **ANSICHT DRUCKBILD** vornehmen, da Sie in der **ANSICHT KONZEPT** nicht unterscheiden können, ob es sich um eingefügten oder gelöschten Text handelt.

Während des Suchlaufes bleibt die Dialogbox **EXTRAS ÜBERARBEITEN** geöffnet. Es handelt sich bei der Dialogbox aber um ein Fenster, das sich mit der Maus verschieben läßt. Sie können in die Titelleiste klicken und das Fenster mit der niedergedrückten linken Maustaste bewegen.

*Das Suchen nach For-
matierungen wird in
Teil 4, Kapitel 1
besprochen.*

Überarbeitete Textstellen können Sie zusätzlich auch über den Befehl **BEARBEITEN SUCHEN** ausfindig machen. Um gelöschten oder hinzugefügte Textpassagen zu finden, brauchen Sie lediglich die Einfügemarke im Textfeld **Suchen nach** zu positionieren und entweder Ctrl + G oder Strg + M zu drücken. Ctrl + G sucht nach neu eingefügtem Text, Ctrl + M sucht nach gelöschtem Text. Starten Sie die Suche dann durch Bestätigen mit **Weitersuchen**. Um die Suche zu wiederholen, brauchen Sie später, falls Sie Dialogbox verlassen haben, lediglich ⇧ + F4 zu drücken.

Annehmen oder Ablehnen von Überarbeitungen

In der Dialogbox **EXTRAS ÜBERARBEITEN** entfernen Sie mit den Optionen **Ablehnen** bzw. **Annehmen** Bearbeitungsmarken, die mit der Funktion **EXTRAS ÜBERARBEITEN** gesetzt worden sind. Das Ablehnen oder Annehmen bezieht sich immer auf den markierten Text, d.h. Text, der vor dem Aufruf des Befehls markiert worden ist. Wenn Sie vor dem Aufruf des Befehls keinen Text markiert hatten, wird das gesamte Dokument auf überarbeitete Stellen abgesucht.

Mit der Option **Ablehnen** entfernen Sie alle Änderungen aus einem markierten Text oder aber aus dem gesamten Dokument. Das Anklicken dieser Schaltfläche ist besonders sinnvoll, wenn während einer Überarbeitung Text gelöscht worden ist, der nun doch noch verwendet werden soll. Wenn der gesamte Text vor dem Aufrufen des Befehls **EXTRAS ÜBERARBEITEN** markiert war (mit Ctrl + 5 im numerischen Tastenfeld), so erfolgt das Ablehnen oder Annehmen ohne eine Meldung, war dagegen kein Text markiert, bringt Word für Windows eine Sicherheitsabfrage, ob alle Änderungen durchgeführt werden sollen.

Versionsvergleich von Dateien

In der Praxis läßt sich immer wieder beobachten, daß man eine vorhandene Datei aufruft, Änderungen daran vornimmt und diese Datei dann unter einem anderen Namen abspeichert. Aufgrund der DOS-Beschränkung, daß ein Dateiname nicht länger als 8 Zeichen lang sein darf, findet man dann meistens auf jedem Computer Dateien vor, die mit leicht veränderten Dateinamen (z.B. *BRIEF01.DOC, BRIEF02.DOC, BRIEF03. DOC* usw.) versehen worden sind. Word für Windows bietet eine komfortable Möglichkeit, um Dateien miteinander vergleichen zu können, ohne daß man die verschiedenen Dokumente erst durcharbeiten muß, um die Änderungen "zu Fuß" zu entdecken.

Um zwei Dateien miteinander vergleichen zu lassen, sollte zunächst die jüngste Datei (mit den meisten Veränderungen) geöffnet werden. Wählen Sie dann den Befehl **EXTRAS VERSIONSVERGLEICH**, wählen Sie mit Hilfe der Verzeichnisfelder **Verzeichnis** und **Datei** die Datei aus, mit der das zuvor geöffnete Dokument verglichen werden soll (siehe Abbildung 4.8.4). Starten Sie den Vergleich durch Bestätigen mit **OK**. Je nach der Länge der Datei benötigt Word für Windows einige Zeit, um alle Veränderungen und Unterschiede auszumachen, wobei der Grad der Fertigstellung aber in der Statuszeile verfolgt werden kann.

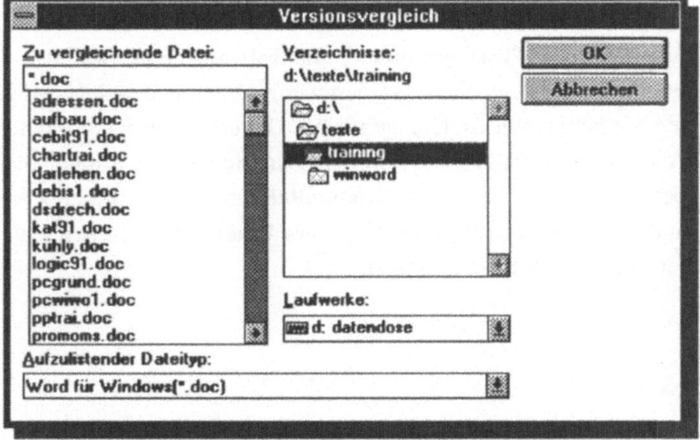

Abb.4.8.4: Mit dem Befehl EXTRAS VERSIONSVERGLEICH lassen sich Dateien komfortabel miteinander vergleichen

Nach erfolgreichem Vergleich sind in Ihrem Dokument alle Änderungen durch die Markierungsleisten der Funktion **EXTRAS ÜBERARBEITEN** kenntlich gemacht. Text, der in der Datei, mit der das geöffnete Dokument verglichen wurde, nicht vorhanden war, erscheint nun unterstrichen und Text, der im geöffneten Dokument vorhanden ist, aber nicht in der Datei, mit der das geöffnete Dokument verglichen wurde, erscheint durchgestrichen.

Um die Markierungen, die Word für Windows automatisch am geöffneten Dokument vorgenommen hat, wieder zu entfernen, können (oder müssen) Sie nun - wie auf den vorhergehenden Seiten beschreiben - mit den Funktionen des Befehls **EXTRAS ÜBERARBEITEN** jonglieren, d.h. Sie können die markierten Änderungsvorschläge für eingefügten (zusätzlichen) oder gelöschten (nicht vorhandenen) Text **Suchen, Ablehnen** oder **Annehmen**.

Zusammenfassung

In diesem Kapitel haben Sie erfahren, wie Sie mit Hilfe der Funktion **EXTRAS ÜBERARBEITEN** ein Dokument verändern können, ohne den ursprünglichen Text anzutasten. Sie haben gelernt, wie das Erscheinungsbild der Änderungen variiert werden kann und welche Möglichkeiten Sie haben, um Änderungen in ein Dokument zu integrieren oder die Änderungsvorschläge zu verwerfen. Zum Schluß des Kapitels haben wir besprochen, wie Sie **zwei Dateien miteinander vergleichen** können und auf welche Weise Word für Windows Unterschiede in den Dateien automatisch für Sie kennzeichnet.

gliederungen

Kapitel 9

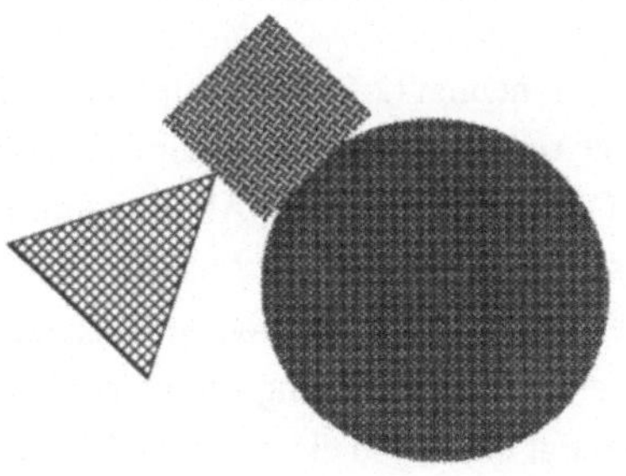

In diesem Kapitel lernen Sie, wie man mit der Gliederungsfunktion von Word für Windows arbeiten kann. Wir besprechen, wie Sie ihr Dokument in der Gliederungsansicht umorganisieren können, und wie Sie mit der Gliederungsansicht und der Textansicht in verschiedenen Dokumentfenstern arbeiten können. Am Ende erfahren Sie, welche Vorteile Ihnen die vordefinierten Druckformate *Gliederung 1* bis *9* bieten und wie Sie diese benutzen können, um in den verschiedenen Ansichten von Word für Windows noch besser und schneller arbeiten zu können.

Die Gliederungsfunktion

Immer dann, wenn Sie ein umfangreiches Dokument zu erstellen haben, ist der eigentliche Textkörper zunächst einmal von nachgeordnetem Interesse. Bevor Sie mit der Texterfassung am Computer beginnen können, müssen Sie sich im Normalfall erst einmal die Struktur des Textes überlegen und mit einer Stoffsammlung beginnen. Erst wenn die Struktur des gesamten Dokumentes einigermaßen klar ist - wenn also das inhaltliche Grundgerüst steht - widmen Sie sich der eigentlichen Texterfassung. Dabei wird im Normalfall so vorgegangen, daß man sich zwischendurch immer wieder an dem zuvor erstellten Konzept orientiert. Denkbar ist allerdings auch der umgekehrte Weg, bei dem man zunächst Textbereiche mit einfachen Absätzen als Überschriften erfaßt und die hierarchische Struktur des Dokumentes erst im Nachhinein festlegt. Word für Windows unterstützt beide Arbeitsweisen optimal.

Gerade bei sehr langen Dokumenten (z.B. einer Diplomarbeit) ist es sehr wichtig, die Struktur der gesamten Abhandlung beim Schreiben nicht aus den Augen zu verlieren. Die Gliederung einer Abhandlung ist dabei aber eigentlich nichts anderes als eine besondere Ansichtsform Ihres Dokumentes. Sie verschafft Ihnen den schnellen und umfassenden Überblick über die Anordnung und sinnvolle Beziehung der verschiedenen Kapitel zueinander und vernachlässigt dabei den eigentlichen Textkörper.

Die Gliederungsansicht in Word für Windows folgt genau diesem Arbeitsprinzip. Sie ist nichts anderes als eine besondere, verkürzte Ansicht des Dokumentes in seiner Gesamtstruktur. Aus diesem Grund wird die

Gliederung auch nicht in einer eigenständigen Datei erfaßt, was den Vorteil hat, daß alle Änderungen, die Sie in der Gliederungsansicht bzw. - bei der Gliederungsbearbeitung vornehmen, direkt in Ihrem Dokument vorgenommen worden sind. Es gibt aber eine ganze Reihe weiterer Vorteile, die für den Einsatz der Gliederungsfunktion sprechen.

Häufig bekommt man erst beim Erfassen des Textkörpers Ideen, wie welche Kapitel eines Dokumentes noch besser in eine sinnvolle Reihenfolge zu bringen sind. Die **ANSICHT GLIEDERUNG** ermöglicht Ihnen, die Struktur eines Dokumentes elegant und schnell zu ändern. Ganze Kapitel lassen sich mit nur wenigen Tastenkombinationen oder der Maus auf einfachste Art und Weise umstellen, indem Sie einfach die entsprechende Überschrift in der **ANSICHT GLIEDERUNG** umstellen.

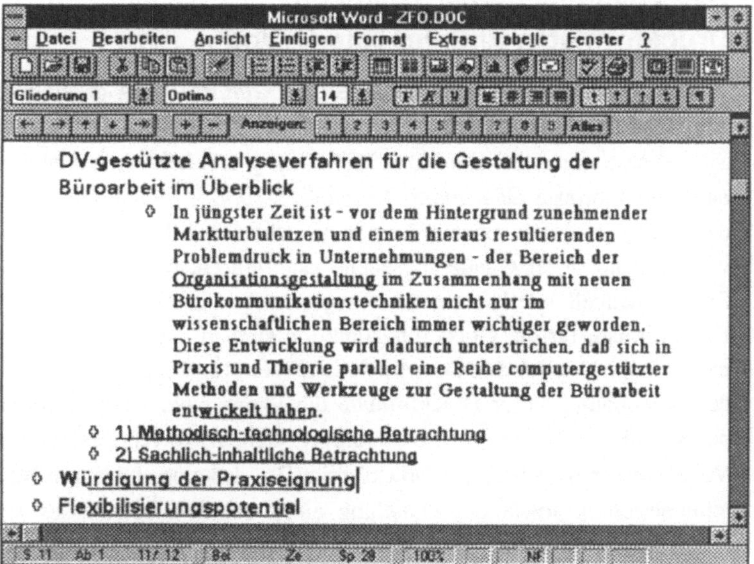

Abb.4.9.1:   Die Gliederungsansicht

Wenn Sie mit den Standard-Druckformaten arbeiten, können Sie ein anderes Druckformat in der Gliederungsansicht schneller zuordnen als in den anderen Dokumentansichten. Über die Gliederungsfunktion lassen sich außerdem sehr schnell und einfach Inhaltsverzeichnisse erstellen. Ein weiterer Vorteil liegt schließlich darin, daß sich die Überschriften mit dem Gliederungs-Druckformat sehr einfach automatisch numerieren lassen, wobei sich die Numerierung stets automatisch anpaßt, wenn Sie ein Kapitel umstellen oder einen Teil des Dokumentes löschen.

Einen Eindruck von der Gliederungsansicht erhalten Sie, wenn Sie die Datei GLIEDERN.DOC von der Beispieldiskette mit dem Befehl **DATEI ÖFFNEN** laden. Schalten Sie dann mit dem Befehl **ANSICHT GLIE-DERUNG** (Alt + A , G) in die Gliederungsansicht. Sie erhalten eine spezielle Ansicht dieses Dokumentes, in der das Absatzlineal durch die sogenannte Gliederungszeile ersetzt wird (siehe Abbildung 4.9.1).

Das Zusammenspiel zwischen Druckformaten und der Gliederung

Druckformate werden auch in Teil 4, Kapitel 3 besprochen.

Wenn Sie ein Dokument in der **ANSICHT GLIEDERUNG** organisieren bzw. die Struktur verändern wollen, so ist die Voraussetzung dafür, daß Sie mit bestimmten Standard-Druckformaten gearbeitet haben. Die Standard-Druckformate *Gliederung 1* bis *Gliederung 9* sorgen automatisch dafür, daß ihre Dokumentstruktur in verschiedenen Ebenen aufgebaut werden kann. Jeder Gliederungsebene kann ein entsprechendes Druckformat manuell oder automatisch zugewiesen werden. Die Standard-Druckformate für die Gliederungsfunktion sind in der Standard-Dokumentvorlage NORMAL.DOT gespeichert. Word für Windows erkennt an der Anwendung dieser Druckformate die Ebene einer Überschrift und benutzt diese Ebenen für die **ANSICHT GLIEDERUNG**. Ein weiterer Vorteil dieser vordefinierten Druckformate ist, daß eine abgestufte Kapitelnumerierung sowie die Erstellung eines Inhaltsverzeichnisses sehr komfortabel und einfach erreicht werden kann (siehe weiter unten).

Automatisch unterstützt Word für Windows 9 Gliederungsebenen (*Gliederung 1* bis *Gliederung 9*), die auch als Druckformate in der Standard-Dokumentvorlage NORMAL.DOT zur Verfügung stehen. Wenn Sie mit der Gliederungsfunktion arbeiten und alle Vorteile nutzen wollen, müssen Sie mit diesen vordefinierten Druckformaten arbeiten.

Denken Sie aber daran, daß Sie sich alle Formatierungsvorgaben (**ABSATZ, ZEICHEN, RAHMEN, RAHMENPOSITION, SPRACHE** und **TABULATOR**) der Druckformate über den Befehl **FORMAT DRUCK-FORMATE** an ihre Bedürfnisse anpassen können, wenn Sie in Ihren Dokumenten mit den vordefinierten Formatierungsvorgaben der Gliede-rungs-Druckformate nicht arbeiten wollen.

Wie Sie sicherlich schon bemerkt haben, wird das Lineal in der Gliede-rungsansicht durch eine neue Bildschirmhilfe, die sogenannte Gliede-rungszeile ersetzt. Prinzipiell spielt das Fehlen des Lineals keine Rolle, weil Sie es in der Gliederungsansicht im Normalfall auch gar nicht brau-chen. Während das fehlende Lineal in der Version 1.1 den Nachteil hatte, daß Sie das jeweils zugeordnete Druckformat nicht sehen konnten, lassen sich in der **ANSICHT GLIEDERUNG** jetzt über die Formatierungs-leiste Druckformate zuordnen. Sie können aber auch die Breite der Druckformatspalte über den Befehl **EXTRAS EINSTELLUNGEN Ansicht** auf *2* oder *3 cm* zu setzen. Sie sehen dann, ob den Gliederungsebenen die richtigen Druckformate zugeordnet worden sind und haben gleich-zeitig eine gute Kontrollmöglichkeit für alle Absätze, wenn Sie sich von jedem Absatz die erste Zeile am Bildschirm darstellen lassen (Alt + ⇧ , A und dann Alt + ⇧ , E) (siehe Abbildung 4.9.2).

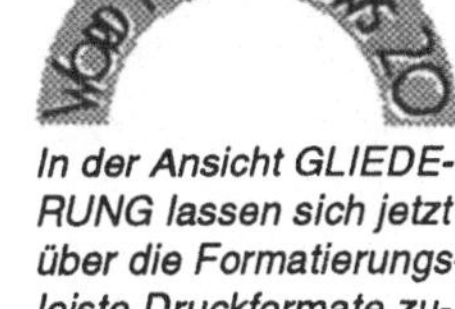

In der Ansicht GLIEDE-RUNG lassen sich jetzt über die Formatierungs-leiste Druckformate zu-ordnen.

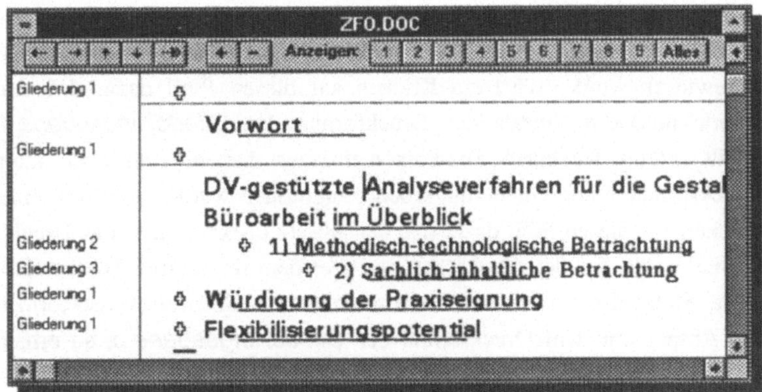

Abb.4.9.2:   In der Gliederungsansicht empfiehlt sich
             das Anschalten der Druckformatspalte

Die Gliederungszeile

Wie Sie sicherlich schon herausgefunden haben, können Sie mit dem Befehl **ANSICHT GLIEDERUNG** (Alt + A , G) in die Gliederungsansicht umschalten, der Befehl hat eine Ein-/Ausschalterfunktion. In dieser Ansicht sehen Sie am oberen Dokumentfensterrand eine spezielle Sinnbildzeile - die Gliederungszeile (siehe Abbildung 4.9.3), deren Symboltasten nun im folgenden näher besprochen werden sollen.

Abb.4.9.3:   Die Gliederungszeile erleichtert das
              Arbeiten mit der Gliederungsfunktion

Die Gliederungszeile erleichtert das Arbeiten mit der Gliederungsfunktion ganz erheblich. Durch eine Reihe von Symboltasten läßt sich zwischen den Ansichten verschiedener Gliederungsebenen schnell und komfortabel wechseln, und es ist extrem einfach, einem Absatz ein Gliederungs-Druckformat zuzuweisen oder zu entziehen.

Mit dem einfachen, nach links zeigenden Pfeil können Sie einem markierten Absatz, dem bereits ein Gliederungs-Druckformat zugewiesen wurde, das Druckformat der nächsthöheren Gliederungsebene zuweisen. Wenn einem Absatz bspw. das Druckformat der *Gliederungsebene 2* zugewiesen wurde, führt ein Klicken auf diesen Pfeil dazu, daß der gerade markierte Absatz das Druckformat der *Gliederungsebene 1* erhält. Wenn Sie einen Textkörper markiert haben, dem noch kein Druckformat einer Gliederungsebene zugordnet wurde, so führt eine Klicken auf diesen Pfeil dazu, daß der Absatz (Textbereich) das Druckformat erhält, das der Absatz hat, der über dem markierten Textbereich steht. Steht also vor einem Textbereich ohne Gliederungsdruckformat ein Absatz mit dem Druckformat der *Gliederungsebene 5*, so erhält auch der markierte Textbereich das Druckformat der *Gliederungsebene 5*, wenn man auf den nach links zeigenden Pfeil klickt.

Ein Klicken auf den nach rechts zeigenden Pfeil hat genau den entgegengesetzten Effekt. Der markierte Textbereich (Absatz) erhält das

Druckformat der nächst tieferliegenden Gliederungsebene. Steht also vor markierten Textbereich ein Absatz mit dem Druckformat der *Gliederungsebene 5*, so erhält der markierte Textbereich das Druckformat der *Gliederungsebene 6*. Sie können den Effekt des nach links bzw. des nach rechts zeigenden Pfeiles über die Tastatur erzielen, in dem Sie [Alt] + [⇧], [←] bzw. [→] drücken. Achten Sie aber darauf, daß die numerische Belegung des Ziffernblocks ausgeschaltet ist (Die NUM-Diode darf nicht leuchten).

Klickt man auf den doppelten Pfeil nach rechts, so wird einem markierten Textbereich das Druckformat der Gliederungsebenen entzogen, d.h. der markierte Bereich wird normaler Textkörper und erhält das Druckformat *Standard*. Sie können den Effekt des doppelten Pfeiles über die Tastatur erzielen, in dem Sie [Alt] + [⇧], [5] im numerischen Ziffernblock drücken. Achten Sie aber darauf, daß die numerische Belegung des Ziffernblocks ausgeschaltet ist (Die NUM-Diode darf nicht leuchten).

Ein Klicken auf den doppelten Pfeil nach rechts ordnet das Druckformat STANDARD zu. Das bedeutet, daß auch die vorherige Zuordnung eines selbst definierten Druckformates rückgängig gemacht bzw. ungültig wird.

Die beiden Symboltasten mit Pfeilen nach oben bzw. unten dienen als Organisationshilfe für ihr Dokument. Wenn Sie auf den Pfeil nach oben klicken, so verschieben Sie einen markierten Absatz über den vorhergehenden Absatz. Ein Klicken auf den Pfeil nach unten bewegt den (die) markierten Absatz (Absätze) unter den nachfolgenden Absatz. Dabei spielt es keine Rolle, ob Sie einen oder mehrere Textabsätze oder auch Absätze mit einem zugeordneten Gliederungs-Druckformat markiert haben. Immer der Bereich, der markiert worden ist, wird über den darüberstehenden Absatz verschoben. Sie können den Effekt des nach oben bzw. des nach unten zeigenden Pfeiles über die Tastatur erzielen, indem Sie [Alt] + [⇧], [↑] bzw. [↓] drücken.

Die Symboltasten *Plus* und *Minus* dienen dazu, die Ansicht auf den Textkörper, der unterhalb einer Gliederungsüberschrift steht, zu aktivieren oder auszuschalten. Wenn Sie eine Gliederungsüberschrift markieren und auf das *Plus-Zeichen* klicken, so wird die Ansicht bis auf die unterste Ebene des darunterliegenden Textkörpers erweitert. Wenn Sie also bspw. eine Überschrift in der *Gliederungsansicht 2* aktiviert bzw. markiert haben und auf das *Plus-Zeichen* klicken, so wird die Ansicht aller darunterliegenden Gliederungsebene (aber nur unter diesem Gliederungspunkt) sowie des Textkörpers geöffnet. Wenn Sie dagegen auf das

Für das Aktivieren der jeweiligen Gliederungsebene können nicht die Ziffern des numerischen Ziffernblocks, sondern nur die Ziffern oberhalb des Buchstabenbereiches der Tastatur benutzt werden.

Minus-Zeichen klicken, so wird die Ansicht des darunterliegenden Textkörpers (und der Überschriften) bis auf die Ebene desjenigen Absatzes reduziert, der vor dem Klicken markiert war.

Über die Tastatur erreichen Sie das Erweitern oder Reduzieren einer Gliederungsebene einfach dadurch, daß Sie die Einfügemarke in den jeweiligen Gliederungspunkt bewegen und *Plus* (Erweitern) oder *Minus* (Reduzieren) im numerischen, abgesetzten Ziffernblock drücken.

Wenn Sie eine der Symboltasten mit den Ziffern anklicken, so aktivieren Sie eine Ansicht auf die jeweilige Gliederungsebene (die Ziffern entsprechen den Gliederungsebenen). Wenn Sie auf die *1* klicken, sehen Sie alle Überschriften der *Gliederungsebene 1*, d.h. alle Absätze, denen das Druckformat *Gliederung 1* zugeordnet wurde. Sie können die jeweilige Gliederungsebene auch durch Drücken von $\boxed{\text{Alt}}$ + $\boxed{⇧}$,*Zahl* aktivieren.

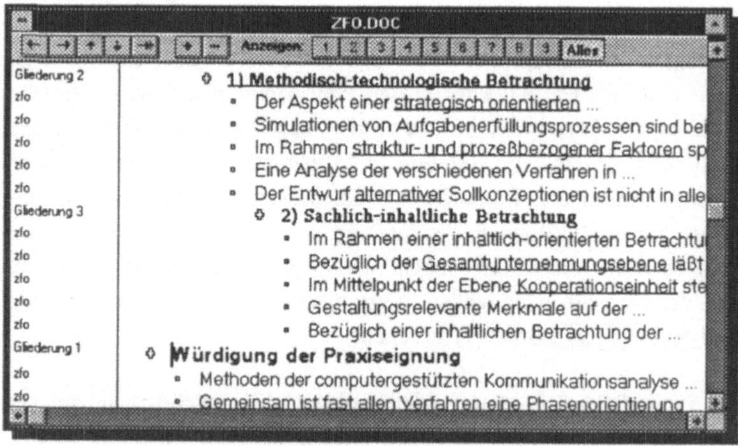

Abb.4.9.4:　In der ANSICHT ALLES wird die erste Zeile der Absätze des Textkörpers einblendet

Wenn Sie in die Ansicht ALLES geschaltet haben, können Sie mit ALT+ SHIFT+E alle Absätze der einzelnen Gliederungspunkte in ihrer vollen Länge einblenden.

Wollen Sie das gesamte Dokument (alle Gliederungsebenen und den Textkörper) in der Gliederungsansicht betrachten, so klicken Sie auf die Symboltaste **Alles**. Wenn bereits eine Ansicht auf das gesamte Dokument besteht, so wird die Ansicht auf den Textkörper entfernt, und Sie sehen alle Gliederungsüberschriften. Die Schaltfläche **Alles** (Alt + ⇧ , A) hat also eine Ein-/Ausschalterfunktion. Sobald Sie in die Ansicht **Alles** geschaltet haben, besteht eine Sonder-Tastenbelegung. Wenn Sie jetzt Alt + ⇧ , E drücken, sehen Sie nicht mehr nur die jeweils erste Zeile der Absätze unter den einzelnen Gliederungspunkten (siehe Abbildung 4.9.4), sondern die Absätze in ihrer vollen Länge.

Überschriften und Textkörper im Dokumentfenster

In der Gliederungsansicht wird deutlich, daß die Gliederung eines Textes aus Überschriften und Textkörper besteht. Eine Überschrift ist der Titel eines Textabschnittes. Der Textkörper ist der jeweilige Text unterhalb einer Überschrift. Sie können Absätze zu Überschriften umwandeln und umgekehrt Überschriften wieder in normalen Textkörper, indem Sie einfach das entsprechende Druckformat zuordnen (z.B. *Gliederung 3*, um eine Überschrift der *3.Gliederungsebene* zuzuordnen).

Jede Überschrift bzw. Ebene hat ein kleines Sinnbild links vom ersten Wort dieser Überschrift. Diese Sinnbilder zeigen die jeweilige Ebene der Überschrift an und können für das Umorganisieren von Gliederungen mit der Maus benutzt werden. Wenn sich unterhalb einer Überschrift Textbereiche auf niedrigerer Ebene befinden, so ist das Sinnbild ein *Plus-Zeichen*. Befinden sich keine niedrigeren Ebenen darunter, so ist das Sinnbild ein *Minus-Zeichen*. Absätze, die einfacher Textkörper sind, haben als Sinnbild ein einfaches kleines Kästchen.

Mit der Maus läßt sich nun die Ansicht auf den Textkörper, der unterhalb einer Gliederungsüberschrift steht, sehr einfach und komfortabel ein- und ausschalten. Sie brauchen lediglich mit der linken Maustaste einen Doppelklick auf dem Sinnbild (*Plus-Zeichen*) des entsprechenden Absatzes auszuführen (siehe Abbildung 4.9.5).

enn Sie die Ansicht auf den Textkörper, der sich unterhalb einer Gliederungsüberschrift befindet, wegschalten möchten, so führen Sie einfach mit der linken Maustaste einen Doppelklick auf dem Sinnbild (Minuszeichen) der Gliederungsüberschrift aus.

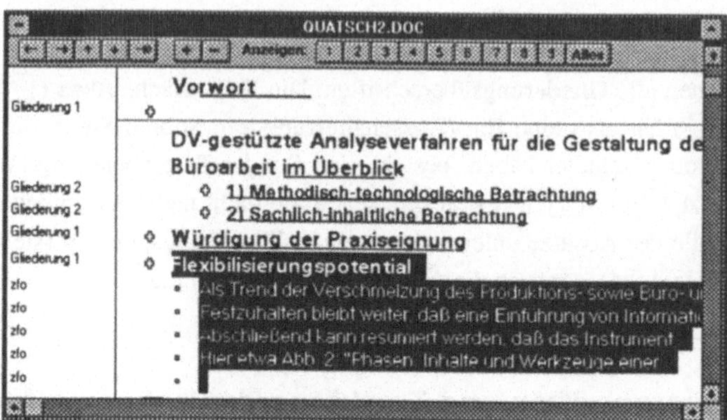

Abb.4.9.5:   Durch einen Maus-Doppelklick kann die Ansicht auf
den darunterliegenden Textkörper geöffnet werden

Wie Sie schon erfahren haben, können Sie in der Gliederungsansicht auch sehr einfach die Gliederungsebenen von Überschriften bestimmen und umsetzen. So läßt sich z.B. eine Überschrift um eine Ebene höher setzen, wenn Sie die Tasten $\boxed{\text{Alt}}$ + $\boxed{⇧}$ + $\boxed{←}$ drücken. Um eine Überschrift eine Ebene tiefer zu setzen, müssen Sie die Tasten $\boxed{\text{Alt}}$ + $\boxed{⇧}$ + $\boxed{→}$ drücken. Das Höher- oder Tiefersetzen einer Überschrift ändert automatisch das zugeordnete Druckformat.

Mit der Maus läßt sich eine Gliederungsüberschrift bzw. ein Absatz, dem ein Gliederungs-Druckformat zugewiesen wurde, auch relativ einfach wieder in normalen Textkörper (mit dem Druckformat *Standard*) verwandeln. Markieren Sie dazu die Gliederungsüberschrift, indem Sie mit der linken Maustaste links neben das Sinnbild der Gliederungsüberschrift in die Markierungsspalte klicken. Wenn Sie anschließend einfach in der Gliederungszeile auf die Symboltaste mit dem doppelten Pfeil nach links klicken, so wird der markierte Textbereich zu normalem Textkörper bzw. er erhält das Druckformat *Standard*.

In unserem Beispieldokument finden Sie alle Gliederungsüberschriften auf der zweiten Ebene. Mit der folgenden Übung sehen Sie, wie einfach es ist, die Ebene einer Gliederungsüberschrift zu ändern, indem Sie durch einfaches Ziehen der Maus ein anderes Druckformat zuordnen.

Aus der vorangegangenen Übung befinden Sie sich noch in der Gliederungsansicht des Beispieldokumentes GLIEDERN.DOC. Klicken Sie in der Gliederungszeile auf die Symboltaste mit der *2*, um die Ansicht auf alle Gliederungsüberschriften der *Ebene 2* zu beschränken. Um nun die Überschriften *Die Gliederungsfunktion* und *Arbeiten mit der Gliederungsfunktion* auf die erste Gliederungsebene zu bringen - also das Druckformat *Gliederung 1* zuzuordnen - brauchen Sie lediglich nacheinander den Mauszeiger auf das *Plus-Zeichen* links vor einer Überschrift zu führen. Wenn sich der Mauszeiger in den vierfachen Pfeil verwandelt, drücken Sie die linke Maustaste und halten diese fest. Bewegen Sie den Mauszeiger nach links, bis die durch das Ziehen entstehende Linie mit dem Kästchen am linken Seitenrand steht (siehe Abbildung 4.9.6). Wenn Sie die Maustaste loslassen, haben Sie der zuvor markierten Überschrift durch einfaches Ziehen der Maus das Druckformat der *Gliederungsebene 1* zugeordnet. Um diese Überschrift wieder auf die *Ebene 2* zu bringen, dürfen Sie den Mauszeiger nicht auf das *Plus-Zeichen* führen und die Überschrift nach rechts verschieben, denn dann geraten automatisch alle darunterliegenden Überschriften auf die *3.Gliederungsebene*. Markieren Sie stattdessen die einzelne Überschrift mit einem Doppelklick in der Markierungsleiste am linken Bildschirmrand, und klicken Sie in der Gliederungszeile einmal auf die Symboltaste mit dem einfachen Pfeil nach rechts. Sie erreichen so, daß nur die markierte Überschrift ohne die darunterliegenden Überschriften um eine Gliederungsebene zurückgesetzt wird.

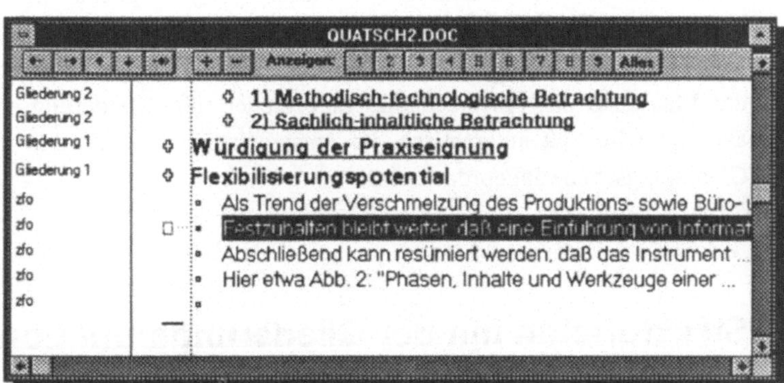

Abb.4.9.6:   Spezielle Linien erleichtern das
             Zuordnen von Gliederungsebenen

Besonderheiten bei der Textmarkierung

Das Markieren von Text ist in der Gliederungsansicht den besonderen Anforderungen der Gliederungsfunktion angepaßt. Im Endeffekt können Sie Text aber fast genauso wie in der normalen Bearbeitungsansicht markieren. Eine Besonderheit in der Gliederungsansicht ist aber, daß eine Textmarkierung automatisch auf den kompletten nächsten Absatz erweitert wird, wenn eine Absatzendemarke überschritten wird.

Wenn Sie einen Absatz markieren, indem Sie in der Markierungsleiste am linken Bildschirmrand einen Doppelklick mit der Maus ausführen, wird die Überschrift ohne den Untertext dieser Gliederungsebene markiert. Klicken Sie dagegen auf das jeweilige Sinnbild (*Plus*-oder *Minus-Zeichen*), so wird der gesamte Gliederungspunkt (Überschrift und Textkörper) markiert. Diese besondere Markierung erfolgt deshalb, weil Word für Windows im Standardfall davon ausgeht, daß auch der dazugehörige Text verschoben werden soll, wenn Sie eine Überschrift an eine andere Stelle setzen wollen. Sie können durch diese besondere Markierungsart ein Dokument sehr einfach und schnell umorganisieren.

Wenn Sie nun z.B. eine Gliederungsüberschrift eine Ebene tiefer setzen möchten, so markieren Sie die entsprechende Überschrift (mit dem darunterliegenden Textkörper), und ziehen Sie das Sinnbild dieser Überschrift nach rechts. Sie können den Mauszeiger jetzt genau um bis zu 9 Ebenen nach rechts bewegen, d.h. der Mauszeiger kann in 9 "Etappen" nach rechts wandern. Jede dieser "Etappen" bewirkt, daß beim Loslassen der Maustaste das entsprechende Etappenziel (die Gliederungsebene) aktiviert wird und automatisch das entsprechende Druckformat dieser Gliederungsebene zugeordnet wird.

Strukturieren mit der Gliederungsfunktion

Viele Leute glauben, daß das Erstellen einer Gliederung reine Zeitverschwendung ist und besser zum Schreiben des eigentlichen Textes verwendet werden könnte. Gerade in Word für Windows bietet die Gliederungsansicht aber sehr wertvolle und hilfreiche Unterstützung. Wenn der

Text einmal geschrieben ist, geben Ihnen die Funktionen der Gliederung nämlich Hilfsmittel an die Hand, die es ermöglichen, Ihren Text schnell und einfach zu organisieren.

Vor allem bei der nachträglichen Strukturierung eines Dokumentes können Sie mit Word für Windows sehr schnell arbeiten. Stellen Sie sich vor, sie haben ein Dokument erfaßt und jede Überschrift einfach als einzelnen Absatz erfaßt (d.h. ⏎ gedrückt). Wenn Sie nun den einzelnen Absätzen ein Gliederungs-Druckformat zuweisen möchten, positionieren Sie einfach die Einfügemarke innerhalb des Absatzes, drücken Strg + Y und schreiben *Gliederung 1*. Mit dem Drücken von ⏎ ist das Druckformat zugeordnet, und die Überschrift steht hierarchisch auf der ersten Ebene. Nun brauchen Sie nur noch die Einfügemarke in die anderen Absätzen zu verschieben und F4 (Wiederholen des letzten Befehles) zu drücken, um auch den anderen Überschriften bzw. Absätzen ein Gliederungs-Druckformat zuzuordnen.

Wie Sie nun die einzelnen Ebenen in eine hierarchische Ordnung bringen oder die Reihenfolge von Abschnitten innerhalb eines Dokumentes ändern, können Sie anhand der folgenden Übung nachvollziehen.

Durch STRG+Y und der Wiederholfunktion F4 können Sie einzelnen Absätzen sehr schnell z.B. Gliederungs-Druckformate zuordnen und dadurch ein Dokument nachträglich sehr komfortabel strukturieren.

> In unserem Beispieldokument soll der Abschnitt *Arbeiten mit verschiedenen Dokumentansichten* ganz an das Ende des Textes verschoben werden. Schalten Sie mit Alt + A , G in die Gliederungsansicht, und aktivieren Sie mit Alt + ⇧ + 2 die Ansicht der zweiten Gliederungsebene. Führen Sie nun den Mauszeiger auf das *Plus-Zeichen* vor der Überschrift *Arbeiten mit verschiedenen Dokumentansichten*. Klicken Sie mit der linken Maustaste, wenn der Mauszeiger die Form des doppelten Pfeilkreuzes annimmt, und halten Sie die Maustaste gedrückt. Bewegen Sie nun den Mauszeiger nach unten, bis die Linie mit dem Pfeil, die durch das Bewegen der Maustaste entsteht, unterhalb des letzten Gliederungspunktes am Ende des Dokumentes steht. Wenn Sie jetzt die Maustaste loslassen, haben Sie den gesamten Textabschnitt an das Ende des Dokumentes verschoben.

Genauso einfach wie Sie ganze Abschnitte einer Gliederungsüberschrift verschieben können, lassen sich auch einzelne Absätze in der Gliederungsansicht umstellen oder aus einem Gliederungspunkt heraus in einen anderen Gliederungspunkt verschieben. In unserem Beispieldokument sind die letzten drei Absätze des ersten Gliederungspunktes an die falsche Position geraten. Sie gehören nämlich eigentlich als die ersten drei Absätze unter den Gliederungspunkt *Die Gliederungszeile*. Vollziehen Sie deshalb mit der nachfolgenden Übung das Umstellen von Absätzen von einem Gliederungspunkt in einen anderen Gliederungspunkt nach.

> Stellen Sie sicher, daß Sie das Dokument GLIEDERN.DOC in der Gliederungsansicht bearbeiten. Aktivieren Sie die Ansicht **Alles** mit ⎡Alt⎤ + ⎡⇧⎤ + ⎡A⎤, und schalten Sie die Ansicht der Gliederung mit ⎡Alt⎤ + ⎡⇧⎤ + ⎡E⎤ so, daß immer die erste Zeile der Absätze unter den Gliederungspunkten zu sehen ist. Drücken Sie jetzt die ⎡⇧⎤-Taste und halten Sie diese fest. Klicken Sie nacheinander auf die letzten drei Absätze unter dem ersten Gliederungspunkt, um sie zu markieren. Wenn Sie auf den letzten Absatz *mit dem einfachen* klicken, halten Sie die Maustaste fest. Führen Sie jetzt den Mauszeiger nach unten unter die Gliederungsüberschrift *Die Gliederungszeile,* und lassen Sie die Maustaste los. Die drei Absätze sind nun zusammenhängend vom ersten Gliederungspunkt in den dritten Gliederungspunkt verschoben worden.

Wenn man mit der Maus mehrere Absätze eines Textkörpers umstellen möchte, muß man die aufeinanderfolgenden Absätze markieren, die ⎡⇧⎤-Taste drücken und festhalten und den letzten Absatz der Markierung mit der linken Maustaste anklicken. Wenn man jetzt die Absätze mit niedergedrückter ⎡⇧⎤-Taste und niedergedrückter Maustaste verschiebt, bleiben die 3 Absätze zusammen und werden dorthin verschoben, wo man die Maustaste losläßt.

Beziffern von Gliederungsebenen

Besonders komfortabel arbeitet Word für Windows, wenn es darum geht, die Überschriften einer Gliederung automatisch zu numerieren, denn es werden stets nur diejenigen Absätze numeriert, die am Bildschirm sichtbar sind. Vorteile der automatischen Numerierung bestehen aber nicht nur in der hierarchischen Strukturierbarkeit, sondern vor allem auch in der automatischen Numerierungsanpassung, wenn Sie Überschriften hinzufügen oder entfernen.

Die Standardnumerierung von Word für Windows (im Format *Gliede-rung*) folgt dem als Standard geltenden Schema der Universität Chicago, bei dem die erste Ebene römisch beziffert wird, die zweite Ebene mit Großbuchstaben, die dritte Ebene mit arabischen Ziffern und die vierte Ebene in Kleinbuchstaben. Sie können bei der automatischen Numerierung (über den Befehl **EXTRAS NUMERIERUNG/AUFZÄHLUNGEN** mit der Kategorie **Gliederung**) aber zwischen verschiedenen Numerierungsformaten wählen (siehe Abbildung 4.9.7).

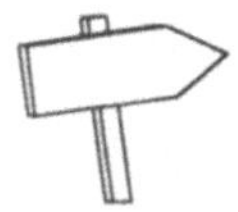

Weitere Hinweise zur automatischen Numerierung finden Sie in Teil 4, Kapitel 5.

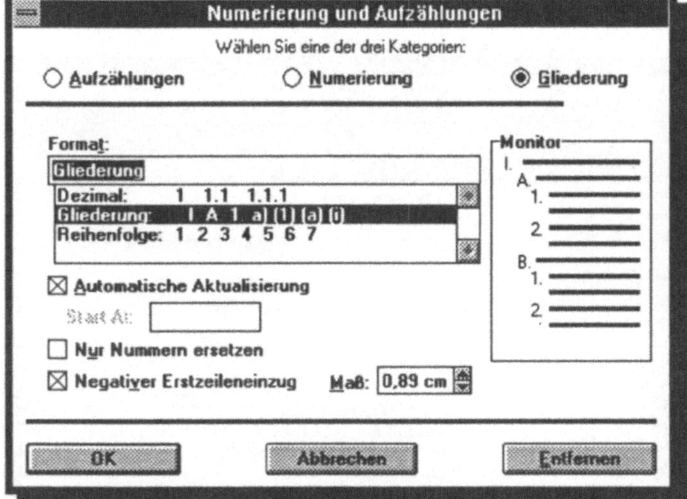

Abb. 4.9.7: Die Dialogbox EXTRAS NUMERIERUNG/AUFZÄHLUNGEN

In dieser Dialogbox haben Sie die Möglichkeit, neben verschiedenen Nummern-Formaten zu bestimmen, ob die Numerierung automatisch erfolgen soll. Wenn Sie **Automatische Numerierung** anklicken, werden Nummern eingefügt, die sich mit jeder Textumstellung, beim Einfügen von neuen, numerierten Absätzen genauso wie beim Löschen derselben jedesmal den neuen Umständen anpassen. Haben Sie also beispielsweise einen numerierten Text vor sich und verschieben dann den Absatz mit der Nummer *1* an die Stelle des dritten Absatzes, so bekommt er automatisch die richtige Nummer und alle anderen Absätze werden entsprechend neu numeriert. Klicken Sie dagegen diese Option nicht an, würde der Absatz auch an seinem neuen Platz immer noch die Nummer *1* haben und Sie müßten den ganzen Text neu numerieren lassen.

Unter der Option **Format** des Befehls **EXTRAS NUMERIERUNG/AUF-ZÄHLUNGEN** können Sie zwischen den Numerierungsarten **Reihenfolge, Dezimal** und **Gliederung** wählen, wobei die Auswirkungen der einzelnen Formate in Abbildung 4.9.8 deutlich werden. Mit der nachfolgenden Übung können Sie das Numerieren einer Gliederungsebene "am lebenden Objekt" ausprobieren.

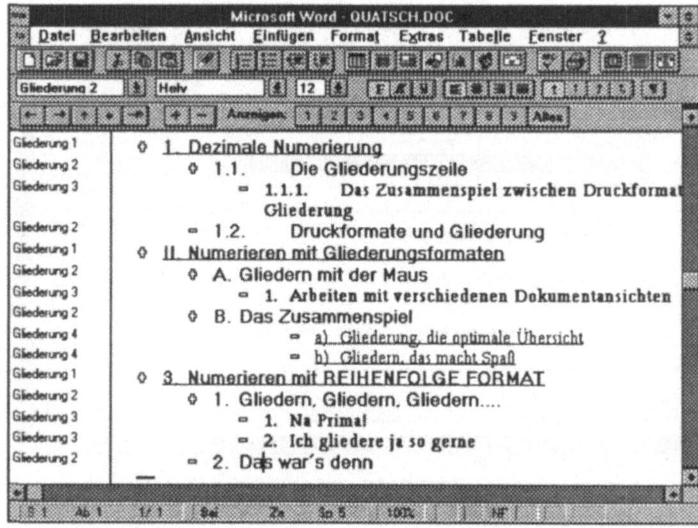

Abb.4.9.8:   Die verschiedenen Numerierungsformate

Schalten Sie in der geöffneten Beispieldatei GLIEDERN.DOC die Gliederungsebene 1 an (Alt + ⇧ + 1). Rufen Sie nun den Befehl **EXTRAS NUMERIERUNG/AUFZÄHLUNGEN** (Alt , X , N) auf, wählen Sie die Kategorie **Gliederung** und schalten Sie die Option **Automatische Aktualisierung** ein (Alt + A). Wählen Sie im Verzeichnisfeld **Format** das Numerierungsformat aus (z.B. **Dezimal**). Wenn Sie mit **OK** bestätigen, werden alle Absätze der zuvor aktivierten Gliederungsebene 1 automatisch in dem von ihnen gewählten Format numeriert.

Da die automatische Numerierung von Absätzen bzw. Gliederungsüberschriften über Felder vorgenommen wird, müssen Sie darauf achten, daß im Menü **ANSICHT** die Option **FELDFUNKTIONEN** eingeschaltet ist, wenn Sie die Feldergebnisse, also die tatsächliche Bezifferung sehen möchten. Wie Sie ja bereits aus vorhergehenden Kapiteln wissen, können Sie auch zwischen der Anzeige der Feldergebnisse und der Feldinhalte mit ⬆ + F9 oder mit dem Befehl **ANSICHT FELDFUNKTIONEN** (Alt + A , E) hin- und herschalten.

Um die Numerierung einer Gliederung zu löschen, rufen Sie den Befehl **EXTRAS NUMERIERUNG/AUFZÄHLUNGEN** auf und klicken auf die Schaltfläche **Entfernen**. Nun werden alle Felder der automatischen Numerierung auf einmal gelöscht. Wenn Sie eine bestehende Numerierung durch eine neue ersetzen wollen - vielleicht mit einem anderen Format oder durch eine nichtautomatische - können Sie die Option **Nur Nummern ersetzen** verwenden. Durch diese Option werden lediglich die Absätze, die schon mit Nummern versehen sind, mit der neuen Numerierung durchgezählt, gleichgültig, ob die alte Numerierung automatisch oder nichtautomatisch war.

Arbeiten mit verschiedenen Dokumentansichten

Die Gliederungsansicht ist vor allem bei sehr langen Dokumenten immer dann eine große Hilfe, wenn Sie sich schnell und gezielt durch ein Dokument bewegen möchten. Wenn Sie sich z.B. ganz am Anfang eines Dokumentes befinden, schalten Sie einfach in die **ANSICHT GLIEDERUNG**, aktivieren die erste Gliederungsebene (*Gliederung 1*) und positionieren die Einfügemarke in der Kapitelüberschrift, dessen Text Sie bearbeiten möchten. Um nun den Textkörper unterhalb dieser Gliederungsüberschrift bearbeiten zu können, führen Sie einen Doppelklick auf dem *Plus-Zeichen* vor dieser Gliederungsüberschrift aus.

Sie können nun den Textkörper dieses Gliederungspunktes in der Gliederungsansicht bearbeiten. Wenn Sie jetzt den Textkörper nicht in der **ANSICHT GLIEDERUNG** bearbeiten möchten, also diese ausschalten - befindet sich die Einfügemarke in demjenigen Textkörper, in dessen Überschrift sie sich in der **ANSICHT GLIEDERUNG** befand.

Ab Version 2.0 befindet sich die Einfügemarke beim Ausschalten der ANSICHT GLIEDERUNG an der Stelle im Text, an der sie sich in der ANSICHT GLIEDERUNG befand.

Damit ein synchrones Bearbeiten bzw. Wechseln zwischen den verschiedenen Ansichten möglich wird, müssen Sie sich in der **ANSICHT
GLIEDERUNG** zunächst den Bildschirm teilen, d.h. einen zweiten Dokumentausschnitt öffnen. Da sich in Word für Windows für verschiedene
Dokumentausschnitte verschiedene Ansichten einstellen lassen, können
Sie nun im oberen Dokumentausschnitt die **ANSICHT GLIEDERUNG**
bearbeiten und den unteren Dokumentausschnitt nach dem Positionieren
der Einfügemarke in die normale Bearbeitungsansicht schalten (siehe
Abbildung 4.9.9).

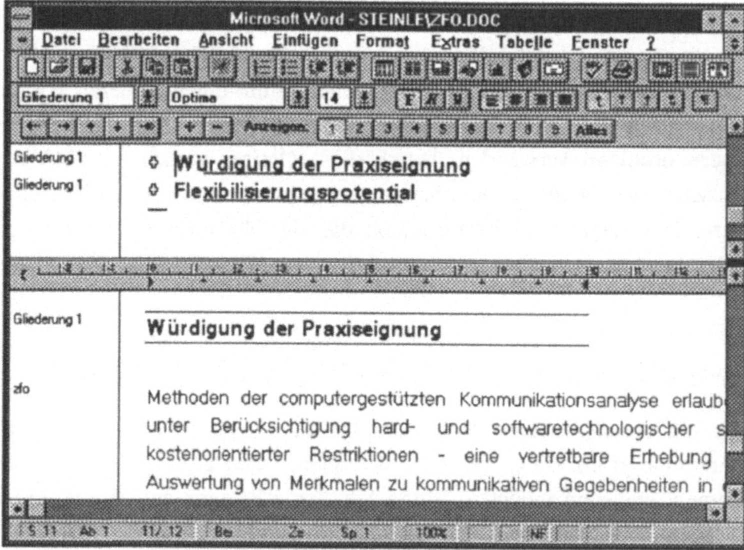

Abb.4.9.9:   Gliederungsausschnitt und Dokumentausschnitt
             bewegen sich gemeinsam

Wenn Sie jetzt in dem Ausschnitt mit der Gliederungsansicht die Einfügemarke bewegen, so bewegt sich automatisch auch der andere Ausschnitt mit der normalen Bearbeitungsansicht. Sie brauchen sich also nur
mit der Einfügemarke im Ausschnitt mit der Gliederungsansicht zu dem
Gliederungspunkt zu bewegen, den Sie bearbeiten möchten und dann die
Einfügemarke im anderen Dokumentausschnitt zu positionieren. Nun
können Sie den Ausschnitt mit der Gliederungsansicht getrost entfernen,

indem Sie einfach den Bildschirmteiler nach oben oder unten aus dem Dokumentfenster herausziehen. Die Einfügemarke befindet sich nun in dem Textkörper, den Sie zuvor in der Gliederungsansicht angesteuert haben, und der Text kann direkt bearbeitet werden.

Es gibt allerdings auch Fälle, bei denen die synchrone Bewegung von Gliederungsansicht und normaler Bearbeitungsansicht unerwünscht ist. Wenn Sie z.B. den Textkörper der Zusammenfassung eines Abschnittes bearbeiten möchten und dabei die Gliederung einsehen möchten, ist es nicht sinnvoll, mit zwei Dokumentausschnitten bzw. einem geteilten Bildschirm zu arbeiten. Um das synchrone Bewegen von Gliederung und Textkörper zu verhindern, öffnen Sie sich einfach über den Befehl **FENSTER NEUES FENSTER** (Alt + F , N) ein zweites Dokumentfenster anstatt den Bildschirm zu teilen. Ordnen Sie dann die beiden Fenster mit dem Befehl **FENSTER ALLES ANORDNEN** übereinander an, damit Sie beide Bereiche des Dokumentes gleichzeitig am Bildschirm sehen können (siehe Abbildung 4.9.10).

Wenn Gliederungsansicht und Textkörperansicht sich nicht synchron bewegen sollen, öffnen Sie sich ein zweites Dokumentfenster anstatt den Bildschirm zu teilen.

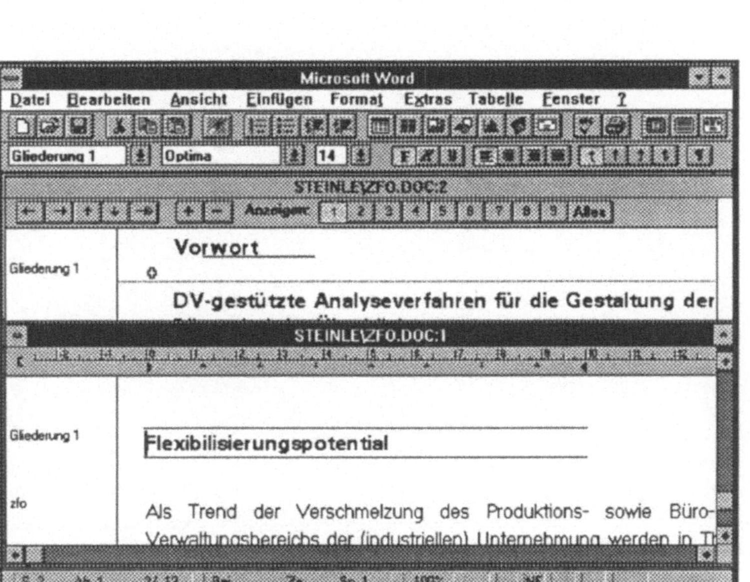

Abb.4.9.10: Wenn Sie mit zwei Dokument-FENSTERN arbeiten, rollen die Ansichten NICHT synchron

Zusammenfassung

In diesem Kapitel haben Sie gelernt, wie man mit der **Gliederungsfunktion** von Word für Windows arbeiten kann. Wir haben besprochen, wie Sie ihr Dokument in der Gliederungsansicht umorganisieren können, und wie Sie mit der Gliederungsansicht und der Textansicht in verschiedenen Dokumentfenstern arbeiten können. Sie wissen nun, welche Vorteile die vordefinierten **Druckformate *Gliederung*** bieten, und wie Sie diese benutzen können, um die verschiedenen Ansichten von Word für Windows noch besser und schneller nutzen zu können.

felder und feldfunktionen

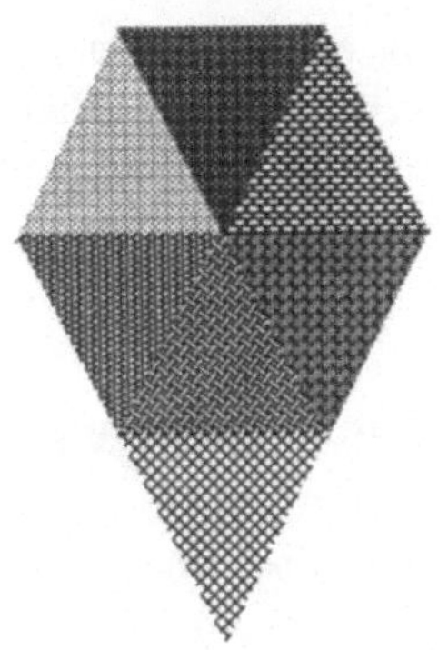

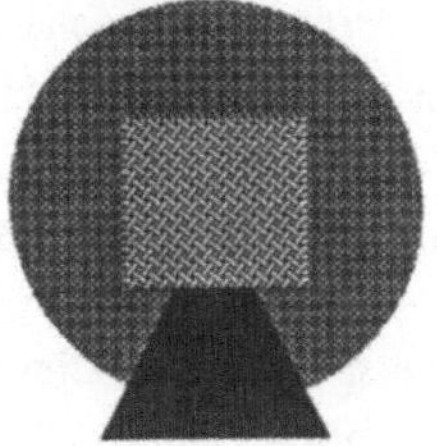

In diesem Kapitel besprechen wir die Felder von Word für Windows. Wir erläutern, wie man ein Feld erstellt und wie man mit Feldern in verschiedenen Ansichtsformen arbeitet. Sie erfahren, welche Felder sich zu welchem Zeitpunkt automatisch aktualisieren, und wann Felder manuell aktualisiert werden müssen. Sie lernen, wie man sich Feldfunktionen und Feldergebnisse gleichzeitig am Bildschirm anzeigen lassen kann, und wie sich Felder sperren bzw. Feldverknüpfungen lösen lassen. Im Anschluß daran besprechen wir die verschiedenen Feldarten.

Felder in Word für Windows

Eine der mächtigsten und flexibelsten, gleichzeitig aber auch eine der komplexesten Fähigkeiten von Word für Windows ist die Felder-Technik. Mit Feldern geht Word für Windows weit über das hinaus, was bisher in Textverarbeitungssystemen möglich war. Zwar kann eine Programm wie Word 5.0 für DOS mit Textbausteinen und Makrofunktionen ähnliche Flexibilität erlangen. Die Leistungsfähigkeit der Felder in Word für Windows wird damit jedoch nicht erreicht. Felder sind im Prinzip Steuerbefehle, die Word für Windows anweisen, an einer bestimmten Stelle oder auf Anforderung eine Aktion durchzuführen. Eine solche Aktion kann das Aufrufen einer Dialogbox, das Einfügen einer Variablen (z.B. Textbaustein, Datum, Datei oder Grafik) oder das Erstellen einer mathematischen Formel sein.

In Word für Windows 2.0 sind noch einige Feldtypen hinzugekommen.

Für die verschiedenen Aktionen, die Word für Windows 2.0 mit Feldern ausführen kann, werden 56 verschiedene Feldtypen benutzt. Fast alle Felder können ineinander verschachtelt werden, so daß sich eine ungeahnte Vielfalt an Einsatzmöglichkeiten bietet. Wir erläutern zunächst den grundsätzlichen Aufbau eines Feldes und besprechen dann alle Voraussetzungen, die zum Erstellen eines Feldes notwendig sind.

Ein einfaches Beispiel für den Einsatz eines Feldes ist das automatische Einfügen des aktuellen Datums. Während das Datum in Word für DOS über den Textbaustein *Datum* abgerufen wird, ist in Word für Windows dafür ein Feld mit der Feldart AKTUALDAT zuständig.

Ein anderes Beispiel für den Einsatz von Feldern kann man sich anhand eines Arbeitsblattes einer Tabellenkalkulation deutlich machen. Dort gibt es z.B. Formeln, die das Programm wie folgt anweisen: *Zeige an dieser Stelle den Wert aus der Zelle, die in Zeile 6, Spalte 4 steht und multipliziere ihn mit 23.* Der Anwender sieht an dieser Stelle nicht die Anweisung zur Berechnung, sondern das Ergebnis. In der Zelle selbst steht jedoch lediglich eine Art Code, z.B. *(=Z6S4*23)*. Diese allgemein formulierte Berechnungsanweisung hat den Vorteil, daß in Zeile 6, Spalte 4 jeder beliebige Wert eingetragen werden kann. Die Berechnungsformel aktualisiert das Ergebnis stets auf der Grundlage des in Zeile 6 Spalte 4 eingetragenen Wertes. Während also die Formel gleich bleibt, ändert sich das Ergebnis in Abhängigkeit von dem in Zeile 6, Spalte 4 eingetragenen Wert.

Wie die Formeln in einer Tabellenkalkulation bestehen Felder in Word für Windows aus einem Feldcode, der eine Steueranweisung für Word für Windows enthält. Die Feldcodes unterscheiden sich natürlich vom Ergebnis, das sie produzieren. Der Steuer-Code des Feldes, das Word für Windows zum Einfügen des Datums anweist, lautet beispielsweise:

{AKTUALDAT \@ tt.MMM.jj},

während sein Ergebnis so aussieht:

17. Aug. 91

Wie Sie an diesem Beispiel sehen können, haben Felder zwei verschiedene "Gesichter" bzw. Ansichtsformen. Die normale Darstellung eines Feldes am Bildschirm und im Ausdruck ist die Ansicht des Ergebnisses, in unserem Beispiel die Darstellung des Datums. Wenn Sie im Menü **ANSICHT** die **FELDFUNKTIONEN** einschalten (Alt + A , E), sehen Sie statt des Ergebnisses die Steuercodes oder Feldfunktionen eines Feldes. Wie Sie an dem obigen Beispiel ebenfalls sehen können, können Feldtypen (AKTUALDAT) aber auch mit zusätzlichen Parametern (*tt.MMM.jj*) ausgestattet sein. Solche Parameter oder auch Schalter beinhalten nähere Angaben zur Form oder Art des Feldergebnisses. In dem Beispiel des aktuellen Datums bestimmen die Parameter *MMM*, daß der Monat des Datums alphabetisch und abgekürzt geschrieben wird. Damit ein Feld ein bestimmtes Feldergebnis ordnungsgemäß produzieren kann, müssen die Feldinhalte also in einer bestimmten Form vorliegen, die man als die *Feldsyntax* bezeichnet. Auf die Syntax einer Feldanweisung werden wir später ausführlich eingehen.

Während das Feld AKTUALDAT immer das aktuelle Datum anzeigt, gibt es auch andere Felder, die nicht immer automatisch den gerade aktuellen Wert anzeigen. Einige Feldtypen beinhalten so komplexe Anweisungen, daß das dauernde Aktualisieren des Feldergebnisses die Kapazität Ihres Rechners so beanspruchen würde, daß Sie als Anwender keine Texterfassung mehr betreiben könnten. Aus diesem Grunde werden einige Felder erst beim Ausdruck oder aber manuell auf Anforderung aktualisiert.

Felder können - mit wenigen Ausnahmen - an beliebigen Stellen eines Dokumentes stehen. Kopf- oder Fußzeilen sind genauso geeignet wie Fußnotentextbereiche, Anmerkungen oder Textbausteine. Außerdem können Felder zu einem festen Bestandteil von Dokumentvorlagen gemacht werden, wo sie bei der Automatisierung von Dokumenten (z.B. beim automatisierten Erstellen einer Reisekostenabrechnung) wertvolle Dienste leisten.

In Teil 4, Kapitel 4 können Sie sich anhand des Beispieles einer Reisekostenabrechnung die Automatisierung von Dokumenten über den Einsatz von Feldern verdeutlichen.

Einfügen eines Feldes

Um ein Feld in den Text einzufügen, müssen Sie zuerst die Einfügemarke an die gewünschte Stelle bewegen. Rufen Sie nun den Befehl **EINFÜGEN FELD** ([Alt] + [E] , [E]) auf. In dem Verzeichnisfeld **Einzufügende Feldart** der Dialogbox (siehe Abbildung 4.10.1) können Sie nun Ihr gewünschtes Feld aus dem reichhaltigen Angebot von 56 verschiedenen Feldtypen auswählen.

In dem Verzeichnisfeld **Einzufügende Feldart** sind die verschiedenen Feldarten aufgelistet, die im folgenden noch explizit besprochen werden. In dem Verzeichnisfeld **Anweisungen** können für bestimmte Feldtypen sogenannte Feldanweisungen ausgewählt werden, die Sie z.B. als Parameter des Feldes DATUM bereits kennengelernt haben. Wenn Sie in dem Verzeichnisfeld **Einzufügende Feldart** das Feld AKTUALDAT markieren und ein bestimmtes Datumformat als Feldergebnis wünschen, brauchen Sie lediglich in dem Verzeichnisfeld **Anweisungen** das gewünschte Datumformat zu markieren und einmal auf die Schaltfläche **Hinzufügen** zu klicken, um den Feldcode um die entsprechenden Anweisungen zu ergänzen.

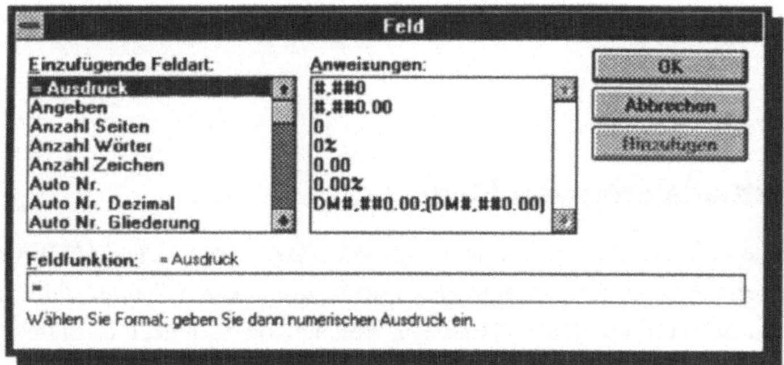

Abb.4.10.1: Die Dialogbox zum Auswählen der Felder

Die Art der Parameter, die in dem Verzeichnisfeld **Anweisungen** dargestellt wird, ist immer abhängig von der Feldart, die in dem Verzeichnisfeld **Einzufügende Feldart** gerade markiert ist. Natürlich gibt es auch Felder, bei denen das Verzeichnisfeld **Anweisungen** leer bleibt. In dem Textfeld **Feldfunktion:** können Sie den Code eines Feldes manuell bearbeiten. Positionieren Sie einfach die Einfügemarke darin und tragen Sie die gewünschten zusätzlichen Inhalte ein. Anhand der folgenden Übung zum Einfügen einer mathematischen Formel können Sie das Erstellen eines Feldes praktisch nachvollziehen.

Positionieren Sie die Einfügemarke in Ihrem Dokument dort, wo die Formel später erscheinen soll. Rufen Sie nun den Befehl **EINFÜGEN FELD** (Alt + E , E) auf, und markieren Sie in dem Verzeichnisfeld **Einzufügende Feldart** den Feldtyp FORMEL. Markieren Sie dann in dem Verzeichnisfeld **Anweisungen** den Parameter *Integral* und positionieren Sie anschließend die Einfügemarke in dem Textfeld **Feldfunk-**

tion. Bewegen Sie die Einfügemarke mit den Richtungstasten in die runde Klammer vor das erste Semikolon, und tragen Sie eine Zahl ein, die den unteren Grenzwert angibt. Hinter dem Semikolon tragen Sie eine Zahl ein, die den oberen Grenzwert angibt und hinter dem zweiten Semikolon die Gleichung (z.B. *f(x) dx*) ein. Wenn Sie nun mit **OK** bestätigen, wird das Feld zur Darstellung eines Integrales eingefügt. Der vollständige Feldcode könnte dann lauten: {FORMEL \I(1;2;f(x) dx)}, das Ergebnis müßte so aussehen:

$$\int_{1}^{2} f(x)\ dx$$

Aktualisieren von Feldern

An einem der Felder von Word für Windows - dem Feld {ANZWORT}, das die Anzahl der in einem Dokument vorhandenen Wörter zählt, kann man sich sehr gut deutlich machen, welche Konsequenzen es hätte, wenn alle Felder automatisch ständig auf dem neuesten Stand gehalten werden sollten. Mit jedem Wort, das Sie erfassen, müßte das Feldergebnis neu berechnet werden. Sie würden wahrscheinlich kaum noch zum Arbeiten kommen, da der Prozessor viel zu viel unnötige Rechenarbeit leisten müßte.

Aus diesem Grund haben die Entwickler von Word für Windows für Felder eine Aktualisierungs-Funktion eingebaut, die entweder beim Drucken oder aber auf Anforderung durch die Funktionstaste F9 aktiviert wird. Um sicher zu gehen, daß ein Feld das aktuelle Ergebnis liefert, muß man also lediglich das Feld markieren oder die Einfügemarke im Feldcode positionieren und F9 betätigen. Einige wenige Felder müssen allerdings nicht ständig aktualisiert werden. Sie sind stets auf dem neuesten Stand, weil sonst der Einsatz dieser Felder keinen Zeitvorteil mehr bringen würde. Felder zur automatischen Numerierung der Gliederung aktualisieren sich z.B. selbständig, sofern man nicht den Feldcode manuell geändert hat.

Wenn ein Feld bereits eingefügt wurde und der Feldcode nachträglich bearbeitet wird, so bleibt das ursprüngliche Feldergebnis solange erhal-

ten, bis eine Feldaktualisierung angefordert wird. Wenn Sie beispielsweise das Datumfeld *am 25.12.99* eingetragen haben, so bleibt das Feldergebnis solange auf dem *Datum 25.12.99* stehen, bis das Feld mit
F9 aktualisiert wird.

Die meisten Felder werden von Word für Windows beim Ausdruck automatisch aktualisiert. Es gibt aber auch Felder, die nicht automatisch
aktualisiert werden. Wenn man sicherstellen möchte, daß auch diese
Felder beim Drucken aktualisiert werden, so muß man über den Befehl
DATEI DRUCKEN Optionen bzw. **EXTRAS EINSTELLUNGEN Drucken**
sicherstellen, daß die Option **Felder aktualisieren** angekreuzt ist. Sie
sorgt dafür, daß bei einem Ausdruck wirklich alle Felder aktualisiert
werden (siehe Abbildung 4.10.2).

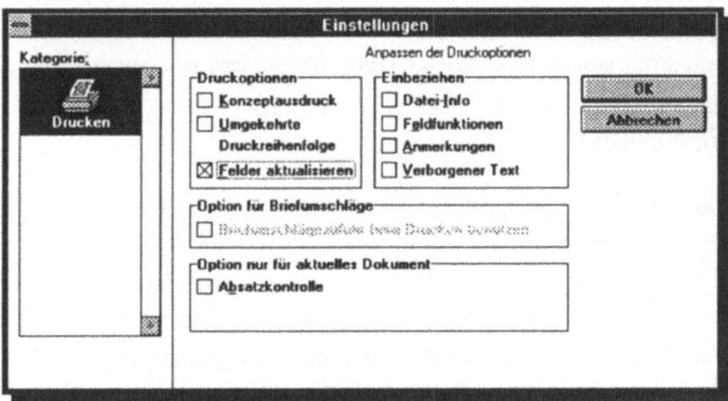

Abb.4.10.2: Bei den Druck-Optionen kann eine automatische
Aktualisierung der Felder an- und abgeschaltet werden.

Sperren der Feld-Aktualisierung

Bei der praktischen Arbeit mit Word für Windows kann es durchaus
vorkommen, daß man verhindern möchte, daß alle Felder in einem Dokument beim Ausdruck aktualisiert werden. Es gibt deshalb die Möglichkeit, Felder für die Aktualisierung zu sperren. Das Sperren eines

*Der Tastenschlüssel
STRG+F11 sorgt dafür,
daß ein Feld nicht mehr
aktualisiert wird, bis es
mit SHIFT+STRG+F11
wieder freigegeben wird.*

Feldes schließt dieses Feld solange von der Aktualisierung aus, bis die Sperre wieder aufgehoben wird. Mit dem Tastenschlüssel [Strg] + [F11] sperren Sie ein Feld, mit [⇧] + [Strg] , [F11] heben Sie die Sperrung wieder auf.

Ansichtsformen von Feldern

Wenn Sie ein Feld in Ihr Dokument eingefügt haben, sehen Sie am Bildschirm im Normalfall das Feldergebnis. Ist das nicht der Fall, sondern es erscheint statt des Feldergebnisses der Feldcode, so kann das zwei Gründe haben. Entweder haben Sie im Menü **ANSICHT** die **FELD-FUNKTIONEN** eingeschaltet oder unter **EXTRAS EINSTELLUNGEN Ansicht** ist die Option **Feldfunktionen** aktiviert. Um von der Ansicht eines Feldergebnisses in die Ansichtsform des Feldcodes umzuschalten, brauchen Sie lediglich im Menü **ANSICHT** die **FELDFUNKTIONEN** einzuschalten oder eben unter **EXTRAS EINSTELLUNGEN Ansicht** die **Feldfunktionen** anzukreuzen.

Um zwischen der Ansicht des Feldcodes und des Feldergebnisses umzuschalten, gibt es allerdings noch weitere Möglichkeiten. Während die eben beschriebenen Arten der Umschaltung jeweils alle Felder eines Dokumentes in der Ansicht umschalten, können Sie mit [⇧] + [F9] bewirken, daß stets nur in dem jeweils markierten Feld zwischen Feldergebnis und Feldcode gewechselt wird. Sie brauchen das umzuschaltende Feld dabei nicht komplett zu markieren. Es genügt, wenn Sie die Einfügemarke innerhalb des Feldcodes plazieren und [⇧] + [F9] drücken.

Die Beschränkung auf das jeweils aktuelle Feld gilt allerdings nur, wenn Sie nicht in der **ANSICHT DRUCKBILD** arbeiten. Ist diese aktiv, so werden auch mit [⇧] + [F9] alle im Dokument vorhandenen Felder in die jeweils andere Ansichtsform gebracht. Wenn Sie in einem Dokument mit vielen Feldern arbeiten, empfiehlt es sich, in der normalen Bearbeitungsansicht zu arbeiten, damit die Felder einzeln umgeschaltet werden können. Die Umschaltung zwischen Feldansichten kann vor allem bei sehr großen Dokumenten etwas länger dauern. Da Feldergebnisse und Feldfunktionen in einem Dokument unterschiedlich viel Raum beanspruchen, muß in der **ANSICHT DRUCKBILD** das gesamte Dokument neu umbrochen werden, was die Zeitverzögerungen bewirkt.

Gemeinsame Ansicht von Feldfunktion und Feldergebnis

Bei einigen Feldtypen (wie z.B. Formeln) kann es durch Formatierungen, die man an den Feldinhalten vornehmen muß, sehr lästig sein, wenn man immer wieder zwischen dem Feldergebnis und dem Feldcode hin- und herschalten muß. Für solche Fälle bietet es sich an, den Bildschirm in verschiedene Ausschnitte zu teilen. Eine Bildschirmteilung bewirkt, daß man in einem Bildschirmausschnitt das Feldergebnis sehen kann, während im anderen Ausschnitt der Feldcode zu sehen ist.

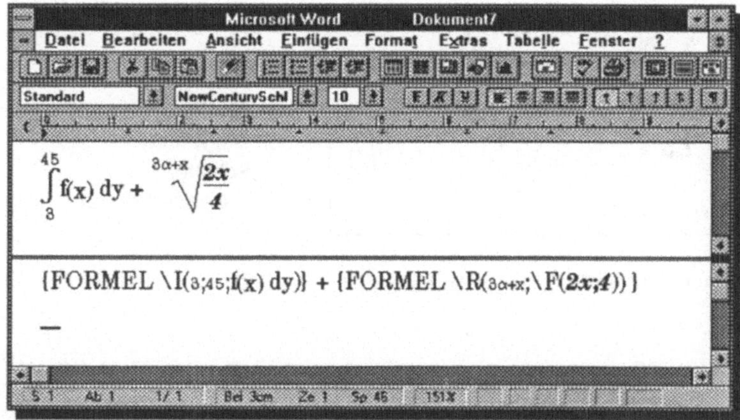

Abb.4.10.3: Beim Editieren der Feldcodes empfiehlt es sich, mit zwei Bildschirmausschnitten zu arbeiten

Das Teilen des Bildschirmes empfiehlt sich vor allem, wenn Sie an einem Feld über verschiedene Schalter bzw. Parameter Feineinstellungen zum Beispiel bzgl. der Formatierung vornehmen. Während Sie in einem der beiden Ausschnitte den Feldcode bearbeiten, sehen Sie im anderen Ausschnitt das jeweilige Ergebnis (siehe Abbildung 4.10.3).

Arbeiten mit Feldern

Grundaufbau von Feldern

Wie bereits erwähnt, haben Felder eine bestimmte Syntax. Wenn die Syntax eines Feldcodes nicht genau eingehalten wird, so wird als Feldergebnis eine Fehlermeldung ausgegeben. Sofern Sie die Felder über den Befehl **EINFÜGEN FELD** (Alt + E , E) erstellen, sorgt Word für Windows automatisch für die richtige Syntax. Erzeugen Sie jedoch ein leeres Feld mit Ctrl + F9 und geben den Feldcode manuell ein, so müssen Sie streng darauf achten, die Syntax einer Feldanweisung nicht zu verletzen.

Alle Felder haben, so verschieden sie auch aussehen mögen, eines gemeinsam: den grundsätzlichen Aufbau (siehe Abbildung 4.10.4).

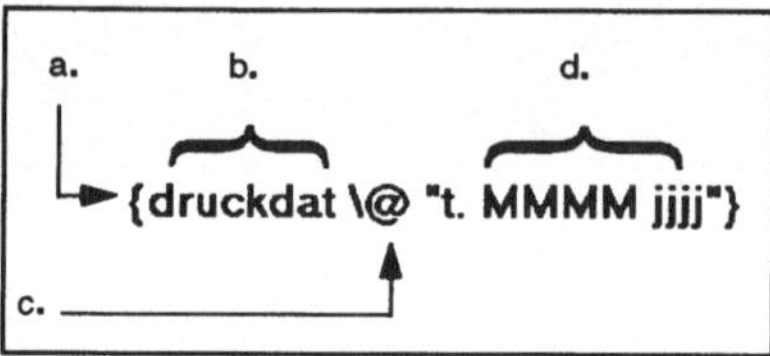

Abb.4.10.4: Der Aufbau der Felder

Die **Feldklammern** signalisieren Word für Windows, daß es sich bei dem Text, der zwischen den Klammern steht, um eine Steueranweisung handelt. Nochmals sei darauf hingewiesen, daß für die geschweiften Klammern <u>nicht</u> die normalen Tasten für geschweifte Klammern verwendet werden dürfen. Feldklammern können ausschließlich mit der Tastenkombination Ctrl + F9 erstellt werden!

Der **Feldtyp** bestimmt die jeweilige Art des Feldes bzw. des Feldergebnisses. Wie gesagt, stellt Word für Windows 56 verschiedene Feldtypen zur Verfügung, die auch ineinander verschachtelt werden können.

Feldschalter haben verschiedene Funktionen, die auch von der jeweiligen Feldart abhängig sind. Häufig dienen Schalter dazu, Formatierungen festzulegen. In einigen Fällen werden mit Hilfe von Feldschaltern aber auch bestimmte Funktionen des Feldes genauer spezifiziert. Zusammen mit Schaltern können auch Ausgabe-Formate für das spätere Ergebnis definiert werden. In dem Datumfeld AKTUALDAT kann mit dem Ausgabeformat beispielsweise bestimmt werden, daß der Monat der Datumsangabe ausgeschrieben wird.

Da der einfache Backslash (\) in Feldern schon für Schalter reserviert ist, muß bei Pfad-Angaben in Feldern der Backslash doppelt (" \\ ")gesetzt werden.

{AKTUALDAT \@ "tt. MMMM.jjjj"}

21. Februar 1992

Feldverknüpfungen lösen

Wie Sie an den Möglichkeiten zur Aktualisierung sehr schön erkennen können, ist ein Feldergebnis mit seinem Ursprung fest verknüpft. Wenn Sie bspw. eine Grafik über ein Feld importieren, so wird lediglich ein Verweis auf eine beim Ausdruck zu berücksichtigende Grafik festgehalten. Feldverknüpfungen lassen sich allerdings auch lösen, was bei einigen Feldern zur Folge hat, das das eigentliche Feld durch sein Feldergebnis ersetzt wird, so daß das Feld auch nicht mehr aktualisiert werden kann. Mit dem Tastenschlüssel ⇧+Ctrl, F9 wird der Feldcode gelöscht und im Text verbleibt nur noch das Ergebnis. Bei der Anwendung dieses Befehles ist allerdings Vorsicht geboten, denn das Lösen einer Feldverknüpfung ist endgültig. Eine Feldverknüpfung kann nachträglich nicht wiederhergestellt werden, sondern der Feldcode muß vollständig neu erstellt werden. Eine gelöste Feldverknüpfung kann nur direkt nach dem Drücken von ⇧+Ctrl, F9 mit dem Befehl **BEARBEITEN RÜCKGÄNGIG** (Alt + ←) widerrufen werden.

Das Lösen einer Feldverknüpfung ist aber nicht für alle Feldtypen möglich. Bestimmte Felder verweigern das Lösen der Verknüpfung. Das gleiche gilt für Formeln, die über FORMEL-Felder erstellt werden. Als Faustregel läßt sich sagen, daß alle Felder, die als Ergebnis Text produzieren, der bearbeitet werden kann, ein Auflösen der Verknüpfung vertragen, bei allen anderen Feldtypen ist Vorsicht geboten. Bei den

nachfolgenden Feldbeschreibungen finden Sie einen Vermerk, wenn das entsprechende Feld eine Auflösung der Verknüpfung nicht akzeptiert. Abschließend sind mit Tabelle 4.10.1 alle Tastenschlüssel aufgelistet, die für die Arbeit mit Feldern benutzt werden können.

Taste(n)	Aktion
F9	Feld aktualisieren
⇧ + F9	Umschalten zwischen Ergebnis und Feldcode
Strg + F9	Neues, leeres Feld einfügen
Strg + ⇧ + F9	Verknüpfung lösen, Feld wird durch das letzte Ergebnis ersetzt
F11	Zum nächsten Feld springen
⇧ + F11	Zum vorhergehenden Feld springen
Strg + F11	Feld sperren, keine Aktualisierungen
Strg + ⇧ + F11	Feldsperrung aufheben, Aktualisierung wieder möglich

Tab.4.10.1:   Tastenschlüssel für die Arbeit mit Feldern

Löschen von Feldern

Stehen zwei Felder direkt nebeneinander, so werden durch einen Doppelklick auf die Klammer eines Feldes beide Felder markiert.

Bevor ein Feld vollständig gelöscht werden kann, muß es komplett markiert worden sein. Positionieren Sie dazu die Einfügemarke links oder rechts neben dem Feld, und drücken Sie gleichzeitig ⇧ und die entsprechende Cursortaste, die die Markierung auf das Feld erweitert. Mit der Maus brauchen Sie nur über das Feld zu ziehen oder einen Doppelklick mit der linken Maustaste auf einer der geschweiften Feldklammern auszuführen, sofern die Ansicht der Feldfunktionen eingeschaltet ist. Sobald das gesamte Feld markiert ist, löschen Sie es mit Entf .

Das Löschen von Feldanweisungen funktioniert im Prinzip genauso wie das Löschen von normalem Text. Schalten Sie einfach die **ANSICHT FELDFUNKTIONEN** ein und positionieren Sie die Einfügemarke innerhalb der Feldklammern. Sie können nun mit ⌈Entf⌋ oder ⌈←⌋ Anweisungen des Feldcodes genauso löschen wie normalen Textkörper.

Bearbeiten des Feldergebnistextes

Sofern ein Feld als Feldergebnis Text produziert, können Sie auch diesen Text wie normalen Text bearbeiten. Schalten Sie dazu auf die Ansicht der Feldergebnisse um. Sie können sich nun mit der Einfügemarke zwischen den Feldgrenzen bewegen und Textbestandteile löschen wie in normalem Textkörper. Sobald Sie an die Feldgrenzen stoßen, meldet sich Word für Windows mit einem Warnton, und Sie können mit den Tasten ⌈Entf⌋ oder ⌈←⌋ in dieser Richtung nicht weiter löschen.

Sobald ein auf diese Weise bearbeitetes Feld aktualisiert wird, wird die Bearbeitung rückgängig gemacht. Sperren Sie also das Feld (STRG + F11), wenn Sie ein Aktualisieren verhindern wollen.

Allgemeine und spezielle Feld-Schalter

Um die Wirkungsweise eines Feldes zu verfeinern, können in den verschiedenen Feldtypen sogenannte Schalter gesetzt werden. Schalter werden durch <u>einen</u> Backslash (\) eingeleitet und hinter die allgemeinen Feldanweisungen gesetzt. Word für Windows unterscheidet dabei zwischen zwei verschiedenen Schalter-Formen.

Es gibt feldspezifische Schalter, die im folgenden bei den einzelnen Feldtypen erläutert werden, sowie allgemeine Schalter, die für jedes Feld verfügbar sind. Theoretisch können bis zu zehn Schalter dieser beiden Schalterarten für ein Feld vergeben werden. Diese allgemeinen Feldschalter werden ganz am Ende dieses Kapitels erläutert.

Systematisierung von Feldern

Da die Anzahl der verschiedenen Felder nicht klein ist und eine alphabetische Auflistung gerade für Ungeübte recht unübersichtlich ist, haben wir die Felder von Word für Windows zunächst nach inhaltlichen Gesichtspunkten für Sie systematisiert. Auf den folgenden Seiten finden Sie diese Übersicht über die verschiedenen Feldarten und deren Wirkung.

1. Datei-Info-Felder

Diese Gruppe von Feldern greift bei der Aktualisierung auf Daten aus der **Datei-Information** und der Datei-Statistik sowie der **Benutzer-Info** zu und fügt sie in das Dokument ein.

Feld	Aktion
ANZSEIT	Fügt die Anzahl der Seiten der aktuellen Datei ein.
ANZZEICH	Fügt die Anzahl der Zeichen der aktuellen Datei ein.
ANZWORT	Fügt die Anzahl der Wörter der aktuellen Datei ein.
AUTOR	Fügt den Namen des Autors aus der Datei-Information ein. Der Inhalt der Datei-Information kann mit dem Feld auch geändert und neu definiert werden.
BENUTZERADR	Fügt die Adresse des Benutzers aus der Benutzerinfo (**EXTRAS EINSTELLUNGEN Benutzerinfo**) ein.
BENUTZERINIT	Fügt die Initialen des Benutzers aus der Benutzerinfo (**EXTRAS EINSTELLUNGEN Benutzerinfo**) ein.
BENUTZERNAME	Fügt den Namen des Benutzers aus der Benutzerinfo (**EXTRAS EINSTELLUNGEN Benutzerinfo**) ein.
DATEINAME	Fügt den Namen der aktuellen Datei ein. Der Inhalt der Datei-Information kann mit dem Feld auch geändert und neu definiert werden.
INFO	Fügt die über die Feldanweisungen bestimmten Daten aus der Datei-Info ein. Der Inhalt der Datei-Information kann mit dem Feld auch geändert und neu definiert werden.
GESPEICHERTVON	Fügt den Namen des Autors ein, der den Text zuletzt gespeichert hat.
ERSTELLDAT	Fügt das Datum der Erstellung ein.
SCHLÜSSEL	Fügt die Schlüsselwörter aus der Datei-Information ein bzw. definiert sie neu.

Feld	Aktion
TITEL	Fügt den Titel aus der Datei-Information ein. Der Inhalt der Datei-Information kann mit dem Feld auch geändert und neu definiert werden.
SPEICHERDAT	Fügt das Datum des letzten Speichervorgangs ein.
VERSION	Fügt die Nummer der Datei-Version aus der Datei-Info ein.
THEMA	Fügt das Thema aus der Datei-Info ein. Neudefinition über dieses Feld möglich.
VORLAGE	Fügt den Namen der zur aktuellen Datei gehörenden Dokumentvorlage ein.

Tab.4.10.2: Feldbeschreibungen der Datei Info-Felder

2. Systemdaten-Felder

Diese Felder greifen auf die Systemdaten (Datum und Uhrzeit) zu, und fügen sie in das Dokument ein.

Feld	Aktion
AKTUALDAT	Dieses Feld dient als Platzhalter für das jeweilige aktuelle Datum.
ZEIT	Fügt aktuelle Uhrzeit ein.

Tab.4.10.3: Feldbeschreibungen der Systemdaten-Felder

3. Makro-Felder

Die Felder dieser Gruppe führen bestimmte Makro-Aktionen aus und können insbesondere bei der Automatisierung von Dokumenten wertvolle Dienste leisten.

Feld	Aktion
ANGEBEN	Fügt den Inhalt in nachstehenden Anführungsstrichen in die Datei beim Ausdruck ein. Mit diesem Feld können Sie einen Drucker, der bestimmte Zeichen nicht als normalen Zeichensatz verfügbar hat, anweisen, diese Zeichen als Sonderzeichen zu drucken.
AUTONR, AUTONRDEZ, AUTONRGLI	Automatische Numerierung von Absätzen im Dezimalformat (1.1;1.2;...2.2;2.2; ...), mit arabischen Ziffern (1.;2.;3. ...) oder im Gliederungsformat (für die verschiedenen Ebenen werden verschiedene Numerierungsformate gewählt).
TEXTBAUSTEIN	Fügt einen Textbaustein ein. Wird später im Textbausteinverzeichnis der Inhalt des Textbausteines neu definiert, ändert sich dementsprechend auch das Ergebnis dieses Feldes.
DRUCK	Mit diesem Feld können Druckersteuerungszeichen an einen PostScript-Drucker senden
DFVREF	Fügt den Text des nächstliegenden Absatzes mit dem angegebenen Druckformat ein.
EINGEBEN	Fordert zur Texteingabe in einer Dialogbox auf und fügt den dort eingegebenen Text in das Dokument ein.
MAKRO	Erstellt eine Anklickfläche (Text oder Grafik) für Makros. Sobald die Fläche angeklickt wird, wird der angegebene Makro ausgeführt.
SEITE	Fügt die aktuelle Seitennummer ein.
WENN	Fügt je nach Erfüllung der angegebenen Bedingung eines von zwei Ergebnissen ein.

Tab.4.10.3: Feldbeschreibungen der Makro-Felder

4. Felder für Textmarkendefinition oder -abfrage

Die Felder dieser Gruppe beziehen sich in der Hauptsache auf die Definition von Textmarken, die Ihnen wiederum das Erstellen von Querverweisen oder auch z.B. das Rechnen im Text erleichtern.

Feld	Aktion
BESTIMMEN	Ermöglicht das Definieren von Textmarken und ihrem Inhalt, ohne den Text vorher zu schreiben, zu markieren und dann über das Menü als Textmarke definieren zu müssen.
FRAGE	Fragt den Inhalt einer Textmarke in einer Dialogbox ab. Neudefinition der Textmarke.
GEHE ZU	Kleiner Bruder der Makro-Schaltfläche. Führt bei Aktivierung (Anklicken) einen Sprung zum angegebenen Ziel durch.
FUßNOTENZEICHEN	Ermöglich Querverweise auf Fußnoten sowie multiple Fußnoten
REF	Fügt den Text, der einer Textmarke zugeordnet ist, ein.

Tab.4.10.4: Feldbeschreibungen der Textmarkendefinitions-
oder -abfragen-Felder

5. Felder für Seriendokumente

In dieser Gruppe befinden sich alle Felder, die bei der Erstellung von Serienbriefen oder anderen Seriendokumenten benutzt werden können und spezielle Funktionen dafür bereithalten.

Feld	Aktion
NÄCHSTER	Liest nächsten Datensatz aus der Steuerdatei ein
NWENN	Liest nächsten Satz aus der Steuerdatei ein, sobald die definierte Bedingung erfüllt ist.
DATENSATZ	Fügt die Satznummer des aktuellen Datensatzes ein.
STEUERDATEI	Definiert die Steuerdatei für Serienbriefe und -ausdrucke
ÜBERSPRINGEN	Überspringt aktuellen Datensatz, wenn eine definierte Bedingung erfüllt ist.

Tab.4.10.5: Feldbeschreibungen der Felder für Seriendokumente

6. Verzeichnisfelder

Die folgenden Felder erleichtern das automatische Erstellen von Inhalts-,
Sach-, Abbildungs- oder Indexverzeichnissen.

Feld	Aktion
INDEX	Erstellt eine Stichwortliste (Index) aus "XE" -Feldern.
INHALT = VERZEICHNISEINTRAG	Erstellt ein Inhaltsverzeichnis oder z.B. auch Abbildungsverzeichnis mit eingegebenen Texten und Seitenzahlen.
RD	Verknüpft mehrere Word für Windows-Dateien zur Erstellung eines gemeinsamen Verzeichnisses.
SEQ = FOLGE	Fügt eine sequentielle Numerierung ein. Dieses Feld ermöglicht beispielsweise, mehrere verschiedene Abbildungsverzeichnisse in ein- und demselben Dokument zu führen. Ermöglicht ebenso Verweise auf Abbildungen.
SEITENREF	Zeigt die Seitennummer, auf der sich eine bestimmte Textmarke befindet
VERZEICHNIS	Feld zur Erstellung eines Inhaltsverzeichnisses aus Gliederungsüberschriften.
XE = INDEXEINTRAG	Definiert einen Index-Eintrag.

Tab.4.10.6: Feldbeschreibungen der Verzeichnisfelder

7. DDE - und Import - Felder

Diese Felder dienen dem Einfügen von Dateien oder bestimmten Teilen
aus Dateien, die in fremden Applikationen (Tabellenkalkulationen, Gra-
fikprogrammen usw.) erstellt wurden. DDE-Felder sorgen dafür, daß die
eingefügten Daten immer auf dem neuesten Stand sind, setzen dabei
allerdings voraus, daß die verknüpften Programme aktiv sind.

Feld	Aktion
DDE	Funktioniert nur mit der Vollversion von Windows. Importiert aus einem anderen Windows-Programm einen bestimmten Inhalt und stellt eine Verknüpfung der beiden Dateien her. Wenn die Quelle in dem fremden Programm aktualisiert wird, kann hier mit einem Tastendruck auch die Zieldatei in Word für Windows aufgefrischt werden.
DDEAUTO	Automatisiert die Verknüpfung aus obigem DDE-Feld, d.h. es ist kein Tastendruck mehr nötig, sondern es wird automatisch jede Änderung der Quelldatei in die Zieldatei übernommen. Speicherintensiv!
EINFÜGEN	Fügt den Inhalt einer Datei ein, wobei diese auch in anderen Programmen erstellt worden sein kann. Hat durch Aktualisierung mit F9 Ähnlichkeiten mit DDE-Feldern.
IMPORT	Importiert Grafik in bestimmten Formaten, wobei auch andere Formate als das Tiff-Format vorliegen können.
VERKNÜPFUNG	neues FELD, anstelle DDE

Tab.4.10.7: Feldbeschreibungen der DDE- und Import-Felder

8. Mathematische Felder

Die Felder dieser Gruppe eignen sich zum Rechnen im Text oder aber zur Erstellung mathematischer Formeln.

Feld	Aktion
=AUSDRUCK	Mit =AUSDRUCK können mathematische Berechnungen durchgeführt werden können. Es werden feste Konstanten berechnet ({= 3+354}) oder auf ständig wechselnde Werte im Text zugegriffen. In Tabellen lassen sich Zellinhalte adressieren (=summe[z1]:[S1]) sowie Zahlenwerte im Text, die mit einer Textmarke versehen wurden.

Feld	Aktion
FORMEL	Ermöglicht es, mathematische Formeln wie z.B. Integrale oder Brüche zu erzeugen.
SONDERZEICHEN	Ermöglicht es, je nach Drucker, mathematische, griechische, und wissenschaftliche Sonderzeichen und Symbole einzufügen

Tab.4.10.8: Feldbeschreibungen der mathematischen Felder

Die Word für Windows Feldtypen

Im folgenden möchten wir nun die Felder von Word für Windows im einzelnen besprechen und vorstellen Bei der Vorstellung der Feldtypen auf den nachstehenden Seiten sind die Feldarten stets fett gedruckt. Die obligatorischen Feldanweisungen sind kursiv dargestellt und die nicht obligatorischen Feldanweisungen erscheinen kursiv in eckigen Klammern.

Die 56 verschiedenen Felder von Word für Windows lassen sich im Hinblick auf das produzierte Ergebnis in unterschiedliche Feldkategorien einordnen. Die Zuordnung der verschiedenen Felder zu den einzelnen Kategorien erfolgt nach den folgenden Regeln.

⇨ Felder, die ein direkt sichtbares Ergebnis produzieren, werden in die Kategorie *Ergebnisfelder* eingeordnet

⇨ Felder, die eine bestimmte Aktion ausführen, ohne unbedingt ein sichtbares Ergebnis zu produzieren, werden als *Aktionsfelder* eingeordnet

⇨ Felder, die kein sichtbares Ergebnis und keine Aktion bewirken, werden der Kategorie *Markierungsfelder* zugeordnet. Diese Felder dienen nur dazu, daß andere Felder auf sie zugreifen können. Das XE-Feld bewirkt bspw. eine Zuordnung von Text für ein Stichwortverzeichnis, das wiederum durch das Index-Feld anhand der XE-Feldeinträge erstellt wird.

=(AUSDRUCK)

Syntax:	= AUSDRUCK
Kategorie:	Ergebnis
Aktualisierung:	F9 ; automatisch beim Seriendruck

Das Feld dient zur Berechnung von Aufgaben, die über die "normalen" Rechenfunktionen, wie sie mit dem Befehl **EXTRAS BERECHNEN** durchgeführt werden können, hinausgehen. Die Rechnung kann aus den folgenden Operatoren beliebig zusammengesetzt werden:

Operator	Beschreibung
+	Addition
-	Subtraktion
*	Multiplikation
/	Division
%	Prozent
^	Potenzen bzw. Wurzeln
=	Gleich
<	kleiner als
<=	kleiner oder gleich
>	größer als
>=	größer oder gleich
<>	ungleich

Tab. 4.10.9:   Logische Operatoren des Feldes "(=) Ausdruck"

So könnte bspw. eine Berechnung so aussehen: *{=15*3}*, ihr Ergebnis wäre *45*. Doch wäre es nicht berauschend, wenn diese Funktion sich darauf beschränken würde. Neben der Berechnung von Zahlen lassen sich auch Variablen verwenden, z.B. Felder. So könnte man, um die durchschnittliche Anzahl von Zeichen pro Seite in einem Dokument zu ermitteln, auch folgende Formel berechnen lassen:

{= {ANZZEICH}/{ANZSEIT} }

Hieraus können Sie ersehen, wie Felder ineinander verschachtelt werden können.

Word für Windows 2.0 bietet aber auch die Möglichkeit, Textmarken als Operanden zu verwenden. Haben Sie beispielsweise in einem Text eine Zahl mit der Textmarke *Umsatz* versehen und eine andere Zahl mit der Textmarke *Aufwendungen*, könnten Sie den Ertrag wie folgt ausrechnen lassen:

"Der Ertrag im Jahre 1991 betrug {= Umsatz - Aufwendungen}"

Wie bereits im Kapitel zum Rechnen im Text erläutert wurde, gelten in Word für Windows die üblichen Regeln: Punkt- vor Strichrechnung, Klammern. Das Berechnen einer Wurzel erfolgt mit dem Zeichen für Potenzrechnung "^", wobei man sich folgender Gleichung bedient:

$$\sqrt{n,x} = x\,\frac{1}{n}$$

Die Quadratwurzel einer Zahl ist das gleiche wie dieselbe Zahl hoch $\frac{1}{2}$.

Operand	Beschreibung
n	Beliebige Zahl
Textmarke	Name der Textmarke
[Z*n*S*n*]	"Adresse" einer Zelle in einer Tabelle (Zeile *n*, Spalte *n*)
[Z*n*]	Zeile in der aktuellen Tabelle
[S*n*]	Spalte in der aktuellen Tabelle
[Z*n*S*n* : Z*n*S*n*]	Matrix in einer Tabelle, Bereich von "Zeile*n*, Spalte*n* bis Zeile*n*, Spalte*n*"
Textmarke [Z*n*S*n*]	Zelle in der durch die *Textmarke* bestimmte Tabelle
Textmarke [Z*n*S*n* : Z*n*S*n*]	Matrix in der durch die *Textmarke* bestimmte Tabelle

Tab. 4.10.10: Die zugelassenen Operanden

In einer Tabelle können Sie mit Feldern des Typs AUSDRUCK ebenfalls rechnen, und zwar fast so elegant wie in einer Tabellenkalkulation. Wollen Sie beispielsweise in einer Tabelle die Summe der ersten Spalte errechnen, fügen Sie in ein beliebiges Feld der Tabelle folgende Formel ein,

{=summe([S1])}

wobei Sie hier auf eine der zur Verfügung stehenden Rechenfunktionen (siehe Tabelle 4.10.3) - die Summenfunktion - zugreifen. Die Summenfunktion kann mit ganzen Zeile oder ganzen Spalten arbeiten.

Beim Arbeiten mit den Rechenfunktionen ist allerdings Vorsicht geboten. Wenn das Feld, mit dem Sie bspw. Spalte 1 berechnen, in derselben Spalte steht, wird es sich ab dem zweiten Aktualisieren (F9) gnadenlos selbst mit in die Berechnung aufnehmen, so daß Sie nach einigen Aktualisierungen geradezu astronomische Werte erreichen.

Achten Sie darauf, daß bei der Summenfunktion das letzte Ergebnis des Feldes dazugezählt wird, also auch die Summe selbst, wenn das berechnende Feld in der gleichen Zeile/Spalte steht, deren Summe es berechnet.

In einer Tabelle können Sie aber auch mit genauen Zell-Adressen arbeiten, also z.B. eine Multiplikation der Zelle aus Zeile 1, Spalte 4 mit der Zelle aus Zeile4, Spalte 5 ausführen lassen.

{=produkt([Z1S4];[Z4S5])}

Genauso können auch ganze Bereiche einer Tabelle adressiert werden, als eine Matrix (rechteckiger Bereich). In diesem Fall müssen die Anfangszelle und die Endezelle angegeben und durch einen Doppelpunkt getrennt werden.

{=produkt([Z1S4]:[Z4S5])}

Als Adressen können schließlich und endlich auch Textmarken verwendet werden, und zwar unabhängig davon, ob sich die Textmarke innerhalb der Tabelle befindet.

{=Textmarke1 + Textmarke2}

Eine weitere Verwendung finden Textmarken dann, wenn Sie eine ganze Tabelle mit einer Textmarke markiert haben. In diesem Fall können ihre Zellen auch von außerhalb der Tabelle adressiert werden:

{=summe(Textmarke1[Z1S2];[Z3S5]

Funktion	Beschreibung
Summe()	addiert alle Zahlen eines definierten Bereiches
Produkt()	multipliziert alle Zahlen eines definierten Bereiches
Max()	ermittelt größte Zahl eines definierten Bereiches
Min()	ermittelt kleinste Zahl eines definierten Bereiches
Anzahl()	ermittelt Anzahl der Elemente eines definierten Bereiches
Mittelwert()	ermittelt Durchschnitt eines definierten Bereiches
Abs(x)	ermittelt den Absolutwert einer Zahl
Ganzzahl(x)	entfernt Kommastellen einer Zahl
Vorzeichen(x)	ermittlet Vorzeichen einer Zahl (-1, wenn $x < 0$, 1, wenn $x>0$, 0, wenn $x=0$)
Runden(x;y)	Rundet x auf y Nachkommastellen
Rest(x;y)	Rest der Division von x/y
Wenn (x;y;z)	Entscheidung nach drei Fällen
Und (x;y)	Und-Verknüpfung
Oder(x;y)	Oder-Verknüpfung
Nicht (x)	Umkehrung von x
Wahr	logische Konstante (1)
Falsch	logische Konstante (0)
Definiert(x)	gibt "wahr" zurück, wenn x eine Zahl ist, sonst "falsch"

Tab. 4.10.11: Die Funktionen des Feldes AUSDRUCK

AKTUELLES DATUM   ⇨   DATUM

Dieses Feld finden Sie ab der Version 2.0 unter einem anderen Namen.

ANGEBEN

Syntax:	{ANGEBEN *"Text"*}
Feldkategorie:	Ergebnis
Aktualisierung:	F9 ; automatisch vor dem Drucken, wenn Option **Feldaktualisierung** unter **DRUCK OPTIONEN** aktiviert ist; Seriendruck

Das ANGEBEN-Feld fügt wörtlichen Text ein, der in den optionalen
Feldcodebestandteilen eingegeben wird. Neben dieser banal erscheinen-
den Funktion dient das Feld vor allem dazu, Zeichen zu produzieren, die
nicht über die Tastatur, sondern nur über das entsprechende Ansi-Code-
Zeichen zu erreichen sind. Der darzustellende Text muß in Anführungsstrichen stehen.

Beispiel	**Ergebnis**
{ANGEBEN ""*191"Dies ist ein Text"191"*"}	¿Dies ist ein Text¿

Das Sonderzeichen "¿" muß - wie Sie an diesem Beispiel sehen - noch
einmal in separaten Anführungszeichen stehen, um als Sonderzeichen
erkennbar zu sein.

ANZAHL SEITEN

Syntax:	{ANZSEIT}
Feldkategorie:	Ergebnis
Aktualisierung:	F9 ; automatisch vor dem Drucken, wenn Option **Feldaktualisierung** unter **DRUCK OPTIONEN** aktiviert ist; Seriendruck

Dieses Feld fügt die gesamte Anzahl der Seiten der aktuellen Datei ein. Vor allem dann, wenn Sie eine Seitennumerierung gewählt haben, die für die verschiedenen Abschnitte Ihres Dokumentes die Seiten separat numeriert, ist dieses Feld sehr nützlich, denn es errechnet die Gesamt-Seitenzahl. Das Feld greift dabei auf die Statistik der Datei-Information zu.

ANZAHL WÖRTER

Syntax:	{ANZWORT}
Feldkategorie:	Ergebnis
Aktualisierung:	F9 ; automatisch vor dem Drucken, wenn Option **Feldaktualisierung** unter **DRUCK OPTIONEN** aktiviert ist; Seriendruck

Dieses Feld fügt die Anzahl der Worte der aktuellen Datei ein. Wenn Sie ein ANZWORT-Feld einfügen und mit F9 aktualisieren, wird allerdings nicht automatisch der absolut neueste Wert ermittelt. Word für Windows übernimmt vielmehr den Wert aus der Statistik der Datei-Info. Erst wenn Sie über die Option **Aktualisieren** in der Statistik-Dialogbox eine Neuberechnung der Wortanzahl veranlaßt haben, führt das Aktualisieren des Feldes (F9) zu einem aktuellen Ergebnis.

ANZAHL ZEICHEN

Syntax:	{ANZZEICH}
Feldkategorie:	Ergebnis
Aktualisierung:	F9 ; automatisch vor dem Drucken, wenn Option **Feldaktualisierung** unter **DRUCK OPTIONEN** aktiviert ist; Seriendruck

Mit diesem Feld können Sie die Anzahl der Zeichen in einer Datei abrufen. Die Anzahl der Zeichen wird wie oben aus der Datei-Information übernommen. Das Ergebnis dieses Feldes ist allerdings beim Aktualisieren mit F9 immer auf dem neuesten Stand.

AUTOMATISCHE NUMERIERUNG

Syntax:	{AUTONR}
Feldkategorie:	Ergebnis
Aktualisierung:	Eine Aktualisierung ist nicht nötig, da sich dieses Feld permanent automatisch aktualisiert

Das AUTONR-Feld erzeugt eine automatische Numerierung in arabischen Ziffern (1;2;3...). Es werden bei der Numerierung nur Absätze gezählt. Es hat also keinerlei Effekt, wenn mehrere AUTONR-Felder in einem Absatz untergebracht werden, sie würden alle dasselbe Ergebnis anzeigen. Wenn Sie innerhalb eines Absatzes verschiedene Objekte automatisch numerieren wollen, verwenden Sie bitte das SEQ-Feld.

Word für Windows numeriert die Absätze nach Gliederungsebenen. Das bedeutet, daß bei jeder neuen Gliederungsebene auch eine neue Numerierung beginnt. In jeder der einzelnen Gliederungsebenen wird getrennt numeriert. Als Textkörper definierte Absätze werden dabei als niedrigste Gliederungsebene behandelt. Liegt keine Gliederungsebene vor, werden alle vorhandenen Absätze gezählt.

     1. (1 Ebene)

        1. (2.Ebene)

        2. (2. Ebene)

    2. (1. Ebene)

        1. (2. Ebene)

        2. (2. Ebene)

Wenn ein Absatz gelöscht oder hinzugefügt wird, werden alle vorhanden Numerierungsergebnisse automatisch angepaßt. Das Feld AUTONR kann auch über das Menü **EXTRAS NUMERIEREN** erstellt werden. Das ist vor allem dann sinnvoll, wenn mehrere Absätze gleichzeitig numeriert werden sollen.

Mehr über das automatische Numerieren erfahren Sie in Teil 4, Kapitel 5.

Das AUTONR-Feld ist eines der Felder, das nicht mit ⬆+Ctrl, F9 durch sein Ergebnis ersetzt werden kann (Verknüpfung lösen). Versuchen Sie es trotzdem, führt das zum Löschen des gesamten Feldes.

AUTOMATISCHE NUMERIERUNG DEZIMAL

Syntax:	{AUTONRDEZ}
Feldkategorie:	Ergebnis
Aktualisierung:	Eine Aktualisierung ist nicht nötig, da sich dieses Feld permanent automatisch aktualisiert

Das AUTONRDEZ-Feld erzeugt eine automatische Numerierung im Dezimalformat. Word für Windows zählt bei der Numerierung nur Absätze. Wenn Sie innerhalb eines Absatzes verschiedene Dinge automatisch numerieren wollen, verwenden Sie bitte das SEQ-Feld.

Word für Windows numeriert die Absätze nach Gliederungsebenen. Das bedeutet, daß auf jeder neuen Gliederungsebene auch eine neue Numerierung beginnt. In jeder der einzelnen Gliederungsebenen wird getrennt numeriert. Allerdings (und das unterscheidet die AUTONRDEZ-Felder von den AUTONR-Feldern) werden auf den niedrigeren Ebenen die Nummern der übergeordneten höheren Ebenen "mitgeführt" (1.2; 1.3; 1.4;...2,2; 2,3; 2,4...). Als Textkörper definierte Absätze werden als niedrigste Gliederungsebene behandelt. Liegt keine Gliederungsebene mehr vor, so werden die Absätze durchgezählt.

1.(2.Ebene)

1.1(2.Ebene)

2.(1. Ebene)

2.1(2.Ebene)

2.2(2.Ebene)

Wird ein Absatz gelöscht oder hinzugefügt, ändern sich alle vorhanden Numerierungsergebnisse dementsprechend. Das Feld AUTONRDEZ kann auch über das Menü **EXTRAS NUMERIEREN** erstellt werden. Das ist vor allem dann sinnvoll, wenn mehrere Absätze gleichzeitig numeriert werden sollen.

Das AUTONRDEZ-Feld ist eines der Felder, das nicht mit ⇧+Ctrl, F9 durch seine Ergebnis ersetzt werden kann (Verknüpfung lösen). Versuchen Sie es trotzdem, führt das zum Löschen des gesamten Feldes.

AUTOMATISCHE NUMERIERUNG GLIEDERUNG

Syntax:	{AUTONRGLI}
Feldkategorie:	Ergebnis
Aktualisierung:	Eine Aktualisierung ist nicht nötig, da sich dieses Feld permanent automatisch aktualisiert

Das AUTONRGLI-Feld erzeugt eine automatische Numerierung im Gliederungsformat. Word für Windows zählt bei der Numerierung nur die mit diesen Feldern versehenen Absätze. Wenn Sie innerhalb eines Absatzes verschiedene Dinge automatisch numerieren wollen, verwenden Sie bitte das SEQ-Feld.

Word für Windows numeriert die Absätze nach Gliederungsebenen getrennt. Das bedeutet, daß bei jeder neuen Gliederungsebene auch eine neue Numerierung beginnt. In jeder der einzelnen Gliederungsebenen wird getrennt numeriert. Als Textkörper definierte Absätze werden als die niedrigste Gliederungsebene behandelt. Liegt keine Gliederungsebene vor, werden die Absätze einfach durchgezählt. Wird ein Absatz gelöscht oder hinzugefügt, ändern sich alle vorhanden Numerierungsergebnisse dementsprechend. Das Gliederungsformat weist jeder Ebene eine besondere Numerierung zu:

Ebene	Numerierung
1	I,II,III …
2	A., B., C. …
3	1., 2., 3., …
4	a), b), c) …
5	(1), (2), (3) …
6	(a), (b), (c)
7	(i), (ii), (iii)

Das AUTONRGLI-Feld ist eines der Felder, das nicht mit ⟨⇧⟩ + ⟨Strg⟩ + ⟨F9⟩ durch seine Ergebnis ersetzt werden kann (Verknüpfung lösen). Versuchen Sie es trotzdem, führt das zum Löschen des gesamten Feldes.

AUTOR

Syntax:	{AUTOR *(Neuer Name)*}
Feldkategorie:	Ergebnis
Aktualisierung:	⟨F9⟩ ; automatisch vor dem Drucken, wenn Option **Feldaktualisierung** unter **DRUCK OPTIONEN** aktiviert ist; Seriendruck

Dieses Feld fügt den Namen des Autors aus der Datei-Information ein. Für das Feldergebnis greift Word für Windows auf die Datei-Info zu. Wenn Sie in der optionalen Feldanweisung einen neuen Namen eintragen, ändert sich auch die Datei-Info entsprechend.

Beispiel	**Ergebnis**
{AUTOR "*Lene Lenkrad*"}	Lene Lenkrad

Zusätzlich zum sichtbaren Ergebnis im Text wird in der Datei-Information das Kriterium *Autor* in *Lene Lenkrad* geändert. Wird der neue Name in mehr als einem Wort angegeben, so muß er in Anführungszeichen stehen. Vergessen Sie diese, übernimmt Word für Windows nur das erste Wort des Namens.

BEARBEITUNGSZEIT

Syntax:	{BEARBZEIT}
Feldkategorie:	Ergebnis
Aktualisierung:	F9 ; automatisch vor dem Drucken, wenn Option **Feldaktualisierung** unter **DRUCK OPTIONEN** aktiviert ist; Seriendruck

Dies ist eines der Felder, die nur im Hintergrund in die Version 2.0 übernommen wurden. In Version 2.0 werden einige Felder der Version 1.1 nicht mehr in der Liste des Befehls **EINFÜGEN FELD** angeboten, Sie können aber trotzdem damit arbeiten. Auch dieses Feld kann nicht mehr über die Dialogbox **EINFÜGEN FELD** abgerufen werden, sondern muß "zu Fuß" erstellt werden, indem Sie mit Ctrl + F9 ein Paar Feldklammern einfügen lassen und die betreffenden Feldanweisungen eintragen. Das Feld fügt die Bearbeitungszeit des aktuellen Dokumentes ein. Der Wert wird in Minuten ausgegeben.

Dieses Feld aus Version 1.1. wird ab Version 2.0 nicht mehr unter EINFÜGEN FELD angeboten, Es kann aber trotzdem noch verwendet werden.

BENUTZERADRESSE

Syntax:	{BENUTZERADR (*Neue Adresse)*}
Feldkategorie:	Ergebnis
Aktualisierung:	F9 ; Automatisch vor dem Drucken, wenn Option **Feldaktualisierung** unter **DRUCK OPTIONEN** aktiviert ist; Seriendruck

Dieses Feld liest die Benutzeradresse aus der Dialogbox **EXTRAS EINSTELLUNGEN Benutzerinfo** und trägt sie in den Text ein. Wahlweise können Sie auch eine neue Adresse erzeugen lassen, indem Sie diese nach der Feldanweisung in das Feld eintragen. Sollte der neue Text mehr als ein Wort umfassen, so muß er in Anführungszeichen gesetzt werden, da Word für Windows sonst nur das erste Wort als Feldergebnis darstellt.

BENUTZERINITIALEN

Syntax:	{BENUTZERINIT (*Neue Initialen*)}
Feldkategorie:	Ergebnis
Aktualisierung:	F9 ; automatisch vor dem Drucken, wenn Option **Feldaktualisierung** unter **DRUCK OPTIONEN** aktiviert ist; Seriendruck

Dieses Feld liest die Benutzerinitialen aus der Dialogbox **EXTRAS EIN-STELLUNGEN Benutzerinfo** und trägt sie in den Text ein. Wahlweise können Sie auch neue Initialen erzeugen lassen, indem Sie diese nach der Feldanweisung in das Feld eintragen. Sollte der neue Text mehr als ein Wort umfassen, so muß er in Anführungszeichen gesetzt werden, da Word für Windows sonst nur das erste Wort als Feldergebnis darstellt.

BENUTZERNAME

Syntax:	{BENUTZERNAME (*Neue Initialen*)}
Feldkategorie:	Ergebnis
Aktualisierung:	F9 ; automatisch vor dem Drucken, wenn Option **Feldaktualisierung** unter **DRUCK OPTIONEN** aktiviert ist; Seriendruck

Dieses Feld liest den Namen des Benutzers aus der Dialogbox **EXTRAS EINSTELLUNGEN Benutzerinfo** und trägt ihn in den Text ein. Wahlweise können Sie auch einen neuen Namen erzeugen lassen, indem Sie diesen nach der Feldanweisung in das Feld eintragen. Sollte der neue Text mehr als ein Wort umfassen, so muß er in Anführungszeichen gesetzt werden, da Word sonst nur das erste Wort als Feldergebnis darstellt.

BESTIMMEN

Syntax:	{BESTIMMEN Textmarke *Textmarkeninhalt*}
Feldkategorie:	Markierung
Aktualisierung:	F9 ; Seriendruck

Dieses Feld weist der Textmarke einen bestimmten Inhalt zu. Es hat selbst kein Ergebnis, sondern kann von anderen Feldern abgefragt werden. Besteht der Textmarkeninhalt aus mehr als einem Wort, so muß er in Anführungszeichen stehen. Als Beispiel soll hier ein Text dienen, der die Textmarken *Produkt* und *Preis* enthält. Hier müßten zuerst die Textmarken bestimmt werden:

{BESTIMMEN Produkt "*Vierkantschrauben mit drehbaren Muttern*"}

{BESTIMMEN Preis "*14.40 DM*"}

Wenn in dem Text die Textmarken *{Preis}* und *{Produkt}* (beliebig oft) plaziert werden, so wird der Inhalt der Textmarken zum Beispiel bei einem Serienbrief stets neu abgefragt und das Ergebnis des BESTIMMEN-Feldes neu definiert. Hierbei ist allerdings eines zu beachten. Die BESTIMMEN-Anweisung muß zuerst im Dokument stehen und aktualisiert sein, bevor andere Felder auf sie zugreifen können. Das Feld BESTIMMEN darf nicht in Anmerkungen, Fußnoten sowie Kopf- oder Fußzeilen stehen.

DATENFELD

Syntax:	{DATENFELD *Datenfeldname*}
Feldkategorie:	Ergebnis
Aktualisierung:	F9 ; Automatisch vor dem Drucken, wenn Option **Feldaktualisierung** unter **DRUCK OPTIONEN** aktiviert ist; Seriendruck

Dieses Feld fügt den durch *Datenfeldname* bestimmten Inhalt eines Datensatzes aus der Steuerdatei in das Seriendokument ein. Wäre beispielsweise gerade der Datensatz von *Otto Müller* bei einem Seriendruck in Arbeit, würde das Datenfeld {DATENFELD Vorname} den Vornamen *Otto* erzeugen, sofern dieser unter der Rubrik *VORNAME* in der Steuerdatei eingetragen wäre.

DATENSATZ

Syntax:	{DATENSATZ}
Feldkategorie:	Ergebnis
Aktualisierung:	F9 ; Automatisch vor dem Drucken, wenn Option **Feldaktualisierung** unter **DRUCK OPTIONEN** aktiviert ist; Seriendruck

Fügt die Nummer des aktuellen Datensatzes in das Seriendokument ein. Die Zahl ändert sich entsprechend mit jeder Kopie des Serienbriefes.

DATEINAME

Syntax:	{DATEINAME }
Feldkategorie:	Ergebnis
Aktualisierung:	F9 ; Automatisch vor dem Drucken, wenn Option **Feldaktualisierung** unter **Druck Optionen** aktiviert ist

Dieses Feld fügt den Namen der aktuellen Datei in das Dokument ein. Sollte die Datei später umbenannt werden, so ist eine Aktualisierung des Feldes notwendig, um ein den neuen Umständen entsprechendes Feldergebis zu erzeugen.

DATUM

Syntax:	{AKTUALDAT *(Datumformat)*}
Kategorie:	Ergebnis
Aktualisierung:	F9 ; automatisch beim Drucken
Tastatur-Kürzel :	Alt + ⇧ + D

Dieses Feld dient als Platzhalter für das aktuelle Datum, wobei als Parameter das Format der Ausgabe festgelegt werden kann. Beachten Sie bitte, daß dieses Feld bei jedem Druckvorgang automatisch aktualisiert wird, auch wenn die **Feldaktualisierung** in den Druckoptionen nicht eingeschaltet ist. Sperren Sie also dieses Feld, wenn Sie eine Aktualisierung vermeiden wollen oder wählen Sie das Feld ERSTELLDAT.

Wenn Sie den optionalen Schalter für das Datumformat weglassen und als Feld lediglich {AKTUALDAT} bestimmen, wählt Word für Windows das Standard-Format *tt.MM.jj*, bei dem für den Tag *t*, den Monat *M* und das Jahr *j* jeweils zwei Stellen vergeben werden, was das folgende Ergebnis produziert:

17.08.90

Mit Hilfe anderer Feldschalter können allerdings die verschiedensten Formate bestimmt und auch selbst zusammengestellt werden. Um beispielsweise die Uhrzeit auszugeben, verwenden Sie einfach einen der Schalter, die unter dem Feldanweisungen angeboten werden (vorausgesetzt, sie fügen das Feld über den Befehl **EINFÜGEN FELD** (Alt + E , E) ein).

Beispiel:	**Ergebnis:**
{AKTUALDAT \@ "*tt.MM.jj HH:mm*"}	17.08.90 21:32

Achten Sie bei der Angabe des Ausgabeformates darauf, daß Sie das *M* für die Monate groß schreiben. Schreiben Sie es klein, bedeutet es für Word für Windows Minuten, und das führt zu manchmal recht eigenartigen - auf jeden Fall aber falschen Ergebnissen.

DDE

Syntax:	{DDE *ProgrammName DateiName* [Position]}
Feldkategorie:	Ergebnis
Aktualisierung:	F9 ; automatisch vor dem Drucken, wenn Option **Feldaktualisierung** unter **DRUCK OPTIONEN** aktiviert ist

Dieses Feld aus Version 1.1. wird ab Version 2.0 nicht mehr unter EINFÜGEN FELD angeboten, Es kann aber trotzdem noch verwendet werden.

Dies ist eines der Felder, die nur im Hintergrund in die Version 2.0 übernommen wurden. In Version 2.0 werden einige Felder der Version 1.1 nicht mehr in der Liste des Befehls **EINFÜGEN FELD** angeboten, Sie können aber trotzdem damit arbeiten. Auch dieses Feld kann nicht mehr über die Dialogbox **EINFÜGEN FELD** abgerufen werden, sondern muß "zu Fuß" erstellt werden, indem Sie mit Ctrl + F9 ein Paar Feldklammern einfügen lassen und die betreffenden Feldanweisungen eintragen.

Das Feld DDE öffnet einen DDE-(**D**ynamic **D**ata **E**xchange) Kanal zu einer anderen, durch den Parameter *ProgrammName* bezeichneten Windows-Applikation. Aus dieser fremden Applikation können nun über den geöffneten Kanal Daten einer mit *DateiName* spezifizierten Datei in Word für Windows übernommen werden. Der Parameter *Position* bietet dabei die Möglichkeit, innerhalb der zu imponierenden Datei einen bestimmten Bereich zu adressieren. Das "dynamische" an diesem Datenaustausch ist die Tatsache, daß dieser Kanal immer geöffnet ist und jegliche Änderung, die an der Quelle (bspw. in Excel) vorgenommen wird, sofort auch in dem Dokument, das das DDE-Feld enthält, sichtbar ist.

Der Unterschied zwischen dem DDE-Feld und dem Feld EINFÜGEN ist der, daß Daten, die über DDE eingefügt werden, eine permanente Verbindung zu ihrer Quelle haben (abgesehen von der Tatsache, daß das Feld EINFÜGEN auch Dateien von Nicht-Windows-Applikationen verarbeiten kann, während das Feld DDE ausschließlich mit Windows Applikationen kommunizieren kann) .

Das Feld DDE hält zwar stets den DDE-Kanal zu der anderen Windows-Applikation geöffnet, bildet ein neues Feldergebnis im Gegensatz zum DDEAUTO-Feld jedoch erst auf Anforderung, d.h. bei einer Aktualisierung ab. Das ist dann interessant, wenn der Speicherplatz knapp wird, da DDE eine der speicherintensivsten Operationen ist, die Windows durchführt.

DDEAUTO

Syntax:	{DDEAUTO *ProgrammName DateiName* [Position]}
Feldkategorie:	Ergebnis
Aktualisierung:	automatisch

Dies ist eines der Felder, die nur im Hintergrund in die Version 2.0 übernommen wurden. In Version 2.0 werden einige Felder der Version 1.1 nicht mehr in der Liste des Befehls **EINFÜGEN FELD** angeboten, Sie können aber trotzdem damit arbeiten. Auch dieses Feld kann nicht mehr über die Dialogbox **EINFÜGEN FELD** abgerufen werden, sondern muß "zu Fuß" erstellt werden, indem Sie mit Ctrl + F9 ein Paar Feldklammern einfügen lassen und die betreffenden Feldanweisungen eintragen.

Dieses Feld aus Version 1.1. wird ab Version 2.0 nicht mehr unter EINFÜGEN FELD angeboten, Es kann aber trotzdem noch verwendet werden.

Das Feld DDEAUTO öffnet einen DDE-(**D**ynamic **D**ata **E**xchange) Kanal zu einer anderen, durch den Parameter *ProgrammName* bezeichneten Windows-applikation. Aus dieser fremden Applikation können nun über den geöffneten Kanal Daten einer mit *DateiName* spezifizierten Datei in Word für Windows übernommen werden. Der Parameter *Position* bietet dabei die Möglichkeit, innerhalb der zu imponierenden Datei einen bestimmten Bereich zu adressieren. Das "dynamische" an diesem Datenaustausch ist die Tatsache, daß dieser Kanal immer geöffnet ist und jegliche Änderung, die an der Quelle (bspw. in Excel) vorgenommen wird, sofort auch in dem Word für Windows-Dokument, das das DDE-Feld enthält, sichtbar ist.

Der Unterschied zwischen dem Feld DDEAUTO und dem Feld EINFÜ-
GEN ist also der, daß Daten, die über DDE eingefügt werden, eine permanente Verbindung zu ihrer Quelle haben (abgesehen von der Tatsache, daß das Feld EINFÜGEN auch Dateien von Nicht-Windows-Applikationen verarbeiten kann, während das Feld DDEAUTO ausschließlich
mit Windows Applikationen kommunizieren kann). Das Feld DDEAUTO
bildet, im Gegensatz zum Feld DDE, jedes neue Feldergebnis sofort ab.
Eine Aktualisierung ist damit überflüssig.

DFVREF

Syntax:	{DFVREF Druckformat [Schalter] }
Feldkategorie:	Ergebnis
Aktualisierung:	F9 ; automatisch vor dem Drucken, wenn Option **Feldaktualisierung** unter **DRUCK OPTIONEN** aktiviert ist; Seriendruck

Mit diesem Feld kann der Inhalt des nächstliegenden Absatzes, der mit
dem benannten Druckformat formatiert wurde, wiedergegeben werden.
Dies ist z.B. bei der Erstellung von Lexika notwendig, bei denen häufig
in der Kopfzeile das erste und das letzte Stichwort aufgelistet werden
sollen, die auf der Seite beschrieben werden. Um einen solchen Effekt zu
erzielen, gibt man den Stichworten ein bestimmtes Druckformat und definiert dann in der Kopfzeile zwei Felder wie folgt:

{DFVREF *Druckformat*} - {DFVREF *Druckformat* \L}

Würden dann auf einer Seite die Stichworte *indifferent* bis *Induktion*
beschrieben werden, so würde das Ergebnis wie folgt aussehen:

indifferent - Induktion

Der Schalter "\L" kann nur in Kopfzeilen vergeben werden. Er bewirkt,
daß der Inhalt des letzten Absatzes auf der jeweiligen Seite wiedergegeben wird.

DRUCKDATUM

Syntax:	{DRUCKDAT}
Feldkategorie:	Ergebnis
Aktualisierung:	F9 ; automatisch vor dem Drucken, wenn Option **Feldaktualisierung** unter **DRUCK OPTIONEN** aktiviert ist; Seriendruck

Dieses Feld fügt das Datum des jeweils letzten Druckvorganges ein. Der Wert wird aus der Datei-Info entnommen.

Auf den ersten Blick könnte man annehmen, daß es sich bei diesem Datum um das aktuelle Druckdatum handelt. Vor allem Word 5 für DOS-Anwender werden stutzen, denn in Word für DOS gibt es einen Textbaustein mit diesem Namen, der das Datum des Drucktages einfügt. Das Word für Windows-Feld DRUCKDAT jedoch fügt das Datum des jeweils vorhergehenden Ausdruckes ein. Wollen Sie ein Datum mit dem Tag des aktuellen Ausdruckes als Feldergebnis, so verwenden Sie bitte das Feld AKTUALDAT.

EINBETTEN

Syntax:	{EINBETTEN *ApplikationsName* [Schalter]}
Feldkategorie:	Ergebnis
Aktualisierung:	F9 ; automatisch vor dem Drucken, wenn Option **Feldaktualisierung** unter **DRUCK OPTIONEN** aktiviert ist

Das Feld erstellt ein sogenanntes OLE (Objekt Linking and Embedding). Die besondere Eigenschaft dieses Feldes ist, daß sobald ein Doppelklick mit der Maus darauf ausgeführt wird, die im Feld angegebene Applikation aufgerufen wird, um das eingebettete Objekt zu bearbeiten.

Dieses Feld steht in der Dialogbox **EINFÜGEN FELD** nicht zur Verfügung und kann auch nicht über Ctrl + F9 (für das Erzeugen der beiden

Feldklammern) und manuelles Eintragen des Feldcodes erzeugt werden. Um dieses Feld erstellen zu können, müssen Sie den Menü-Befehl **EIN-FÜGEN OBJEKT** wählen. Das daraufhin eingefügte EINBETTEN-Feld können Sie dann nachträglich bearbeiten.

In diesem Feld stehen zwei Schalter zur Verfügung.

\s

Der Schalter "\s" ermöglicht es, das eingebettete Objekt in der Größe beliebig zu verändern.·

*VerbindungsFormat

Falls Sie ein eingebettetes Objekt in Größe und Ausschnitt verändert haben und es dann neu aktualisieren, sorgt der Schalter \Verbindungs-Format dafür, daß diese Veränderungen auch nach der Aktualisierung beibehalten werden.

EINFÜGEN

Syntax:	{EINFÜGEN *Dateiname* [Positionsangabe] [Schalter]}
Feldkategorie:	Ergebnis
Aktualisierung:	F9 ; automatisch vor dem Drucken, wenn Option **Feldaktualisierung** unter **DRUCK OPTIONEN** aktiviert ist; Seriendruck

Mit diesem Feld können Daten aus Textdateien oder Tabellenkalkulationsblätter in den aktuellen Text eingefügt werden. Der Reiz an diesem Feld ist, daß es nicht wie die DDE-Felder auf Windows-Programme beschränkt ist, sondern daß auch auf Daten aus DOS-Programmen zugegriffen werden kann. Beim Einsatz dieses Feldes kann die ganze Palette der Konvertierungsfähigkeiten von Word für Windows genutzt werden, so daß Dateien aus Fremdprogrammen damit importiert werden können.

Um Texte aus anderen Textverarbeitungen zu importieren, muß der Schalter "c" verwendet werden. Es ist ein feldspezifischer Schalter, d.h. er hat nur für <u>diese</u> Feldart Gültigkeit. Um beispielsweise eine Datei aus Microsoft Word für DOS zu importieren, geben Sie bitte den Schalter ein und schreiben Sie das Feld wie folgt:

{EINFÜGEN c:\\word5\\mega.txt \c *"Word für DOS"*}.

Beachten Sie bitte den doppelten Backslash (\\) in der Pfad-Angabe sowie die Anführungszeichen um *"Word für DOS"*. Wie immer in Feldern müssen Argumente in Feldanweisungen, die aus mehreren Wörtern bestehen, in Anführungszeichen gesetzt sein. Die Angabe des zu benutzenden Konvertierungsfilters muß in der gleichen Schreibweise erfolgen, wie er als Programmname unter dem Abschnitt *Conversions* in der Datei WIN.INI gespeichert wurde.

Beachten Sie bitte, daß durch die Aktualisierung die Datei jedesmal neu importiert wird. Wenn Sie nach dem Importieren der Datei die dem Feld zugrundeliegende Quell-Datei von der Festplatte löschen und danach eine Aktualisierung des Feldes veranlassen, so gibt Word für Windows die Fehlermeldung **"Fehler! Datei kann nicht geöffnet werden!"** aus, da die Datei nicht mehr gefunden wird. Weil die Datei nicht mehr vorhanden ist, führt die Aktualisierung dazu, daß der Inhalt der Datei, der vorher noch Bestandteil des aktuellen Textes war, gelöscht wird. Sie können die Aktualisierung nur unmittelbar nach dem Drücken von F9 durch den Befehl **BEARBEITEN RÜCKGÄNGIG** mit Alt + ← wieder rückgängig machen.

Durch die Angabe einer *Positionsangabe* ermöglicht dieses Feld, daß nur ein bestimmter Bereich der Quelldatei eingelesen wird. Handelt es sich bei der Quelldatei um eine Word für Windows-Datei, so können Sie hier den Namen einer Textmarke eintragen, mit der Sie in der Quelldatei einen Textbereich markiert haben. Falls die Quelldatei eine Excel-Datei ist, so können Sie hier einen Namen eintragen, mit dem Sie in Excel einen Tabellenbereich benannt haben.

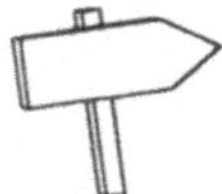

Zu den Konvertierungen finden Sie weitere Hinweise in Teil 3, Kapitel 7.

Um ein versehentliches Aktualisieren dieses Feldes zu vermeiden und Datenverlusten vorzubeugen, empfiehlt es sich also, das Feld mit STRG+F11 zu sperren.

EINGEBEN

Syntax:	{EINGEBEN ["*Eingabeaufforderung*"][Schalter]}
Feldkategorie:	Ergebnis
Aktualisierung:	F9 ; automatisch vor dem Drucken, wenn Option **Feldaktualisierung** unter **DRUCK OPTIONEN** aktiviert ist; Seriendruck

In vielen Dokumenten, die man erstellt, werden im Laufe der Zeit lediglich bestimmte Textteile geändert, wenn man das Dokument noch einmal verwendet. Formulare sind oft so aufgebaut, daß nur einige wenige Angaben gemacht werden müssen, um ein Dokument zu vervollständigen. Gerade für das Erstellen von Formularen ist das EINGEBEN-Feld ein große Hilfe.

In Teil 4, Kapitel 4 finden Sie ein Beispiel für die Erstellung eines Formulares mit EINGEBEN-Feldern.

Mit diesem Feld ist es möglich, eine Dialogbox aufzubauen, die den Anwender nach einer Eingabe abfragt und mit der der eingegebene Text als Feld-Ergebnis in das Dokument einfügt wird (siehe Abbildung 4.10.5). Mit dem Schalter "\d" kann ein Dialogboxeintrag festgelegt werden, der automatisch eingefügt wird, wenn die Dialogbox nicht individuell ausgefüllt wird, sondern der Anwender nur mit ⏎ bestätigt. Dieser Schalter ist auch in der Dialogbox von **EINFÜGEN FELD** zu erhalten. In dem Listenfeld **Anweisungen** finden Sie die beiden Möglichkeiten **Einmalig** und **Standard**. Der Schalter "\d" ist die Option **Standard**. Die Eingabeaufforderung aus Abbildung 4.10.5 wurde z.B. mit folgendem Feldcode erstellt:

{EINGEBEN "*Bitte geben Sie Ihren Vornamen ein*" \d "*Uwe*"}

Anstelle eines vorgegeben Wertes (Uwe) kann wiederum auch ein Feld verwendet werden. Das Feld AUTOR veranlaßt zum Beispiel das Einfügen des in der Datei-Information festgehaltenen Autoren, sofern die Dialogbox ohne eine individuelle Eingabe mit ⏎ bestätigt wird.

{EINGEBEN "*Geben Sie Ihren Namen ein*" \d "{AUTOR}"}

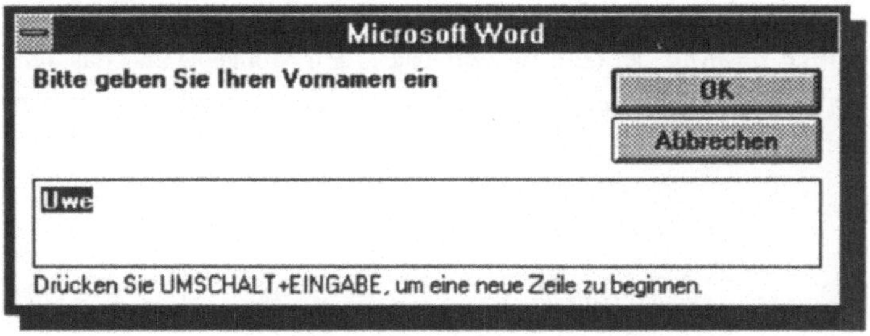

Abb.4.10.5: Beispiel-Dialogbox für das Feld EINGEBEN

\0

Ein weiterer Schalter, der Schalter "\0" hat nur in Serienbriefen Sinn. Wird er vergeben, so wird bei einem Seriendruck die Dialogbox des Feldes EINGEBEN nur ein einziges Mal eingespielt und der Wert dann für alle anderen Exemplare dieses Briefes übernommen. Sonst würde bei jedem einzelnen Brief diese Dialogbox erneut zum Ausfüllen eingespielt. Auch dieser Schalter ist in der Dialogbox **EINFÜGEN FELD** verfügbar. Er wird durch die Option **Einmalig** im Listenfeld für die Anweisungen eingefügt.

ERSTELLDAT

Syntax:	{ERSTELLDAT}
Feldkategorie:	Ergebnis
Aktualisierung:	F9 ; automatisch vor dem Drucken, wenn Option **Feldaktualisierung** unter **DRUCK OPTIONEN** aktiviert ist

Dieses Feld dient als Platzhalter für das Datum der Erstellung des Dokumentes, mithin also dem des ersten Speicherns, wobei als Parameter das Format der Ausgabe festgelegt werden kann. Wenn Sie den optionalen Schalter für das Datumformat weglassen und als Feld lediglich {ERSTELLDAT} bestimmen, wählt Word für Windows das Standard-

Format *tt.MM.jj*, bei dem für den Tag *t*, den Monat *M* und das Jahr *j* jeweils zwei Stellen vergeben werden, was das folgende Ergebnis produziert:

17.08.90

Mit Hilfe anderer Feldschalter können allerdings die verschiedensten Formate bestimmt und auch selbst zusammengestellt werden. Um beispielsweise die Uhrzeit auszugeben, verwenden Sie einfach einen der Schalter, die in der Feldanweisungs-Liste angeboten werden (vorausgesetzt, sie fügen das Feld über den Befehl **EINFÜGEN FELD** ($\boxed{\text{Alt}}$ + $\boxed{\text{E}}$, $\boxed{\text{E}}$) ein).

Beispiel:	**Ergebnis:**
{ERSTELLDAT \@ "tt.MM.jj HH:mm}	17.08.90 21:32

Achten Sie bei der Angabe des Ausgabeformates darauf, daß Sie das *M* für die Monate groß schreiben. Schreiben Sie es klein, bedeutet es für Word für Windows Minuten, und das führt zu manchmal recht eigenartigen - auf jeden Fall aber falschen Ergebnissen.

FNREF   ⇨   FUßNOTENZEICHEN

Dieses Feld finden Sie ab der Version 2.0 unter einem anderen Namen.

FOLGE

Syntax:	{SEQ *FolgenName* [Textmarke] [Schalter]}
Feldkategorie:	Ergebnis
Aktualisierung:	$\boxed{\text{F9}}$; automatisch vor dem Drucken, wenn Option **Feldaktualisierung** unter **DRUCK OPTIONEN** aktiviert ist; Seriendruck

Mit dem Feld SEQ bietet Word für Windows ein mächtiges Instrument zur automatischen Numerierung bestimmter Folgen. So ist es beispielsweise möglich, innerhalb eines Dokumentes eine Serie von Tabellen sowie eine Serie von Business-Charts getrennt voneinander automatisch durchzuzählen. Dazu müssen nur die SEQ-Felder vergeben werden. In einem Dokument könnte zum Beispiel unter jeder Tabelle das folgende Feld stehen:

Tab. {SEQ Tabelle}: *Die Ergebnisse des Vorjahres*

während unter jeder Businessgrafik das SEQ-Feld mit dem *Folgennamen Grafik* verwendet würde:

Grafik {SEQ Grafik}: *Die Ergebnisse in diesem Jahr*

Das Ergebnis der beiden Felder ist abhängig davon, wie viele SEQ-Felder mit dem gleichen *Folgennamen* bereits in das Dokument eingefügt wurden. Wären also vor unseren beiden Feldern oben bereits zwei Tabellen-Folgefelder eingefügt worden und vier Grafik-Folgefelder, so würde das Tabellen-Folgefeld die Zahl 3 produzieren, das Grafik-Folgefeld die Zahl 5. Jedes weitere eingefügte Feld mit demselben *Folgennamen* würde demnach eine Zahl hochzählen.

Allerdings ist es auch möglich, Querverweise auf numerierte Objekte zu erstellen. Um auf eine bereits bestehende Numerierung zu verweisen, müssen Sie dem betreffenden SEQ-Feld eine Textmarke zuweisen. Dann können Sie in einem weiteren SEQ-Feld nach dem Parameter *Folgenname* auf die Textmarke verweisen und als Ergebnis wird die Zahl erzeugt, die das besagte Objekt als Nummer hat. Hat z.B. eine Tabelle, die mit dem Feld SEQ numeriert wurde, die Textmarke *Ergebnis_91*, so können Sie an beliebiger Stelle mit folgendem Feld auf diese Tabelle verweisen:

Wie in Tabelle {SEQ *Tabelle Ergebnis_91*} ersichtlich ...

Das Ergebnis könnte dann so aussehen:

Wie in Tabelle 2 ersichtlich ...

Falls Sie bei diesem Vorgehen keine korrekten Ergebnisse erzielen, kann das unter Umständen daran liegen, daß die Textmarke nicht nur das SEQ-Feld der Tabelle, auf die verweisen werden soll, markiert, sondern auch noch ein Leerzeichen davor oder danach. Leerzeichen sollte man bei der Arbeit mit diesen Feldern nach Möglichkeit vermeiden.

Neben den soeben vorgestellten Tricks gibt es noch weitere Möglichkeiten, das Ergebnis eines SEQ-Feldes zu manipulieren und zwar mit Hilfe der spezifischen Feldschalter.

\c

Dieser Schalter bewirkt, daß als Ergebnis das Ergebnis des letzten SEQ-Feldes der gleichen Folge eingespielt wird, ohne dabei die laufende Folge weiter zu erhöhen. Es eignet sich also auch für Querverweise, solange kein neues SEQ-Feld der gleichen Folge dazwischen eingefügt wird.

\r

Dieser Schalter bewirkt, daß die Folge mit einem bestimmten Startwert beginnt. Der Startwert wird hinter den Schalter geschrieben:

{SEQ Tabelle \r \15}

Im obigen Fall würde die Folge von dieser Stelle an ab dem Wert *15* hochgezählt. Dieses Vorgehen bietet sich vor allem bei Dokumenten an, die über mehrere Dateien aufgeteilt wurden, denn man kann durch die Verwendung dieses Schalters eine durchgehende Numerierung erreichen. Seien Sie sich aber der Tatsache bewußt, daß mit dem Feld auch der Schalter verschoben wird, wenn Sie ein solches Feld innerhalb einer Datei verschieben. Wenn also die erste Tabelle in einer Datei den Startwert *15* bekommen hat und dann verschoben wird, wird die ganze Folge ab dem neuen Standort dieser Tabelle wieder von 15 hochgezählt. Vergessliche werden diese Tatsache nicht sonderlich populär finden und deshalb haben die Entwickler von Word für Windows den Schalter "\h" zugelassen, mit dem Sie derartige "Schönheitsfehler" mildern können.

\h

Mit dem Schalter "\h" wird ein Feld verborgen formatiert, während sie trotzdem die Folge weiter hochzählen. Das hat den Vorteil, daß, zusammen mit dem Schalter "\r" bei einem verborgenen formatierten SEQ-Feld, ein Startwert ganz am Anfang der Datei gesetzt werden kann. Mit diesem Trick läuft man nicht mehr Gefahr, durch Verschieben eines Feldes die Numerierung der gesamten Folge durcheinanderzubringen.

\n

Zu guter letzt gibt es noch einen unserer Ansicht nach herrlich sinnlosen Schalter, der Schalter "\n". Er veranlaßt Word für Windows genau das zu tun, was es ohne ihn auch täte, nämlich die nächste Nummer der Folge einzufügen. Schön, oder?

Formel

Syntax:	{Formel *Anweisung*}
Feldkategorie:	Ergebnis
Aktualisierung:	automatisch

Dieses Feld liefert eine mathematische Formel als Ergebnis und kann eigentlich als Überbleibsel der Version 1.1 gewertet werden. Die Formel-Darstellung ist mit der Version 2.0 durch das Zusatzprogramm FOR-MEL-EDITOR erheblich erleichtert worden. Allerdings gibt es das Feld FORMEL immer noch und wer nicht mit den Zeichensätzen des Formel-Editors arbeiten kann, ist mit der Anwendung dieses Feldes gut bedient. Die Grundsyntax des Feldes FORMEL kann mit verschiedenen Schaltern ergänzt werden, Anweisungen, die den genauen Typ der Formel bestimmen. Die einzelnen Schalter können Sie am leichtesten über die Dialogbox **EINFÜGEN FELD** siehe Abbildung 4.10.6) auswählen.

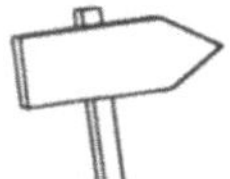

Mehr zu dem Formeleditor erfahren Sie in Teil 6, Kapitel 3.

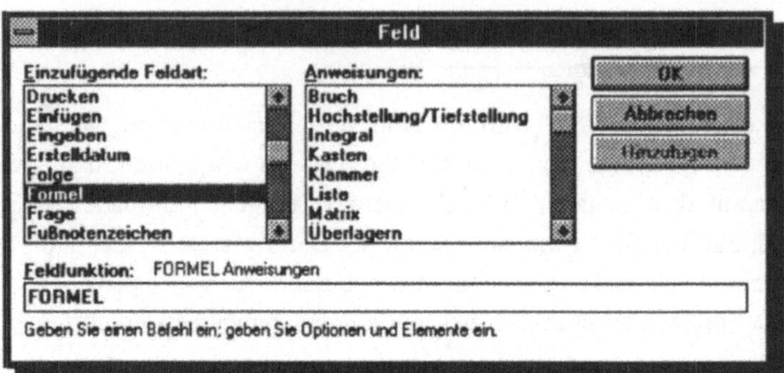

Abb. 4.10.6:   Aus dem Listenfeld ANWEISUNGEN werden
die Formel-Typen ausgewählt

In der Ansicht der Feldfunktionen besteht ein Formelfeld aus mehreren
Teilen. Zum Feldtyp Formel kommen noch die Anweisungen, die den
Formeltyp bestimmen, also festlegen, ob es sich bei der dargestellten
Formel um einen Bruch, Integral oder etwas anderes handeln wird. Dann
folgen Schalter, die die Formatierung dieses Formeltypes präzisieren.
Ein kleines Beispiel soll das verdeutlichen.

Die Formel "$f(x)_i$ " wird durch folgende Anweisung erzeugt:

$$f(x)\{ \text{ FORMEL } \backslash S \backslash DO4(i)\}$$

wobei *f(x)* einfach über die Tastatur eingegeben wird. Lediglich das
tiefgestellte *(i)* wird über das Formelfeld definiert. Die Anweisung "\S"
ist die Anweisung zum Tieferstellen desjenigen Wertes, der ganz am
Ende in Klammern angegeben wird. Das *(i)* wird also um 4 Punkt tiefergestellt (do = down). Grundsätzlich sei hier noch anzumerken, daß es in
vielen Fällen einfacher ist, eine Formel über einfache Zeichenformatierungen zu formatieren, als über die komplexen Anweisungen der FOR-
MEL-Feldschalter. Für eine Tiefstellung könnten Sie das gleiche Ergebnis erzielen, indem Sie auf die Ansicht der Feldfunktionen umschalten
(**ANSICHT FELDFUNKTIONEN** [Alt] + [A] , [A]). Nun markieren Sie das
Zeichen, das tiefergestellt werden soll und ändern es über **FORMAT ZEI-
CHEN** ([Alt] + [T] , [Z]) um in eine 4 Punkt tiefgestellte Schrift. Das Er-
gebnis ist das gleiche, nur die Vorgehensweise um einiges leichter.

Hierbei ist noch ein kleiner Kniff, der eingangs schon einmal erwähnt wurde, sehr hilfreich. Das Feld FORMEL gehört glücklicherweise zu denen, die sich automatisch aktualisieren. Wenn Sie also den Bildschirm teilen und im oberen Bereich umschalten auf Ansicht der Feldfunktionen, können Sie im unteren Ausschnitt zusehen, wie Ihre Formel entsteht oder wie sie sich ändert, wenn Sie sie überarbeiten. Erschrecken Sie nicht, wenn im Bearbeitungsvorgang anstelle eines Feldergebnisses die Meldung **Fehler in Formel** eingeblendet wird. Das ist nur solange der Fall, bis der Feldcode für die Erzeugung der Formel noch nicht vollständig eingegeben ist. Allerdings ist es auch möglich, daß Sie einen Fehler gemacht haben. Bei der Fehlersuche sollen Ihnen unsere folgenden Hinweise helfen.

\A (Matrix)

Eine Matrix ist ein rechteckiger Bereich, eine Liste von Zahlen, deren Dichte und Aussehen Sie mit einzelnen Parametern beeinflussen können

Parameter	Wirkung
\al	Spalten linksbündig
\ac	Spalten zentriert
\ar	Spalten rechtsbündig
\con	Anzahl (n) der Spalten
\vsn	vertikaler Abstand zwischen den Zeilen in n Punkten
\hsn	horizontaler Abstand zwischen den Spalten in n Punkten

Der Feld-Code

```
{FORMEL \a\ac\hs5\vs7\co2(\a\co2(1;5x;3;4);A)}
```

erzeugt zum Beispiel folgende Darstellung:

1,5,3,4,A

\b (Klammer)

Diese Anweisung dient dazu, ein einzelnes Element, das natürlich wieder ein Formelfeld sein kann, mit einem frei wählbaren Klammerpaar zu umgeben. Die Höhe der Klammern wird automatisch der Höhe des Elementes angepaßt, das sie umfassen. Es kann jedes Zeichen als Klammerzeichen verwendet werden. Wird kein besonderes Klammerzeichen definiert, so werden runde Klammern gesetzt. Mit den beiden Parametern für linkes bzw. rechtes Klammerzeichen können Sie bestimmen, daß lediglich ein Klammerzeichen dargestellt werden soll.

Parameter	Ergebnis
\lc\x	erstellt linkes Klammerzeichen mit dem durch x festgelegten Zeichen
\rc\	erstellt rechtes Klammerzeichen mit dem durch x festgelegten Zeichen
\bc\x	erstellt beide Klammerzeichen mit dem durch x festgelegten Zeichen

Ein kleines Beispiel soll die Anwendung dieses Schalters verdeutlichen. Wir nehmen als Element, das zu umklammern ist, die Matrize von oben.

$$\{\ 1{,}5{,}3{,}4{,}A\ \ ]$$

Die Formel für diese Umklammerung sieht so aus:

```
formel \b\lc\{\rc\](\a\ac\hs5\vs7\co2(\a\co2(1:5:3:4):A))
```

Lassen Sie sich durch die Länge dieses Steuercodes nicht verwirren, es sind schließlich zwei Felder, die ineinander verschachtelt wurden. Der unterstrichene Bereich ist die Formel für die Matrix innerhalb der Klammern.

\d (Versetzen)

Mit dieser Anweisung können Sie Elemente horizontal verschieben. Der Feldschalter ist so flexibel, daß Sie auch negative Werte verwenden können, eine Rückwärts-Verschiebung ist die Folge. Es gibt für diesen Schalter drei Parameter:

Parameter	Ergebnis
\fo	Verschiebung nach rechts um n Punkte
\ba$n$	Verschiebung nach links um n Punkte
\li$x$	zeichnet Linie vom versetzen Zeichen bis zum nächsten Zeichen

Wichtig ist bei diesem Feld, daß zwar Klammern gesetzt werden, diese jedoch <u>immer</u> leer bleiben. Wie Sie unten sehen können, stehen die beiden Elemente, die übereinandergeschoben werden, außerhalb der eigentlichen Anweisung, nämlich links und rechts davon.

Die Feldfunktion

{FORMEL  \d\ba30()}

führt zu dem Feldergebnis

Besonders geeignet ist dieses Feld zum genauen Übereinanderpositionieren von zwei Buchstaben oder anderen Elementen.

\f (Bruch)

Mit diesem Schalter lassen sich Brüche erzeugen, wobei Zähler und Nenner zentriert werden. Weitere Parameter für genauere Anweisungen gibt es bei diesem Feldschalter nicht. Die Anweisung muß zwei durch ein Semikolon voneinander getrennte Elemente enthalten, wobei das erste den Zähler, das zweite den Nenner darstellt.

Die Feldfunktionen

$$\{FORMEL \text{ \f(23;7)}\}$$

führen zu der Darstellung von

$$\frac{23}{7}$$

Bitte beachten Sie bei diesem Feld, daß Sie natürlich auch in den Brüchen auch Grafiken und Text in Zähler und Nenner übereinander anordnen können.

\I (Integral)

Für die Darstellung von Integralen und anderen Symbolen des gleichen Typs, wie z.B. das Summenzeichen können Sie auch ein beliebiges Zeichen definieren, über und unter dem Grenzwerte angeordnet werden sollen. Hierbei gibt es fünf verschiedene Parameter:

Parameter	Wirkung
\su	erzeugt großes Sigma (S)
\pr	erzeugt großes Pi (P)
\in	stellt Grenzwerte rechts neben dem Symbol dar
\fc\x	Stellt ein durch x definiertes Zeichen in fester Größe dar
\vc\x	Stellt ein durch x definiertes Zeichen in variabler Größe dar

Eine einfache Verwendung des Schalters "\I" wird aus dem folgenden Beispiel ersichtbar.

Die Feldanweisung

$$\{FORMEL\ f(x)\ \backslash I(0;\infty;3x(i))\}$$

führt als Feldergebnis zu der Formel

$$F(X)\ \int_{0}^{\infty}3x(i)$$

\L (Liste)

Die Anweisung LISTE faßt eine beliebige Menge von Elementen zu einer Liste zusammen, die dann wiederum als einzelnes Element verarbeitet werden kann. Alle Elemente, die Inhalt der Liste sind, werden durch Semikola von einander getrennt. Weitere Parameter gibt es nicht. Vor allem bei Indizierungen dienen Listen zur Vereinfachung, da mehrere Elemente zu einem einzigen zusammengefaßt werden können:

$$f(x)\ _{1,2,...}$$

Diese Formel wird erzeugt durch eine Kombination aus Listenfeld und Tieferstellung:

$$\{formel\ f(x)\ \backslash s\backslash do4(\backslash I\ (1;2;...))\}$$

d.h., daß die Liste (hier unterstrichen) um 4 Punkte tiefergesetzt wird, um die Indizierung zu ermöglichen.

\o (Überschreiben)

Diese Anweisung ermöglicht ein einfaches Übereinanderlegen von zwei Zeichen oder Elementen. Es gibt drei Parameter.

Parameter	Ergebnis
\al	Elemente werden linksbündig ausgerichtet
\ac	Elemente werden zentriert ausgerichtet
\ar	Elemente werden rechtsbündig ausgerichtet

Die Feldfunktion

$$\{FORMEL \backslash O(0;/)\}$$

erzeugt die Zeichen

$$0,/$$

\r (Wurzel)

Diese Anweisung erstellt eine Wurzel aus einem oder zwei Elementen. Arbeiten Sie mit einem Element, so wird eine normale Quadratwurzel erstellt. Arbeiten Sie mit zwei Elementen, wird das erste als Exponent über die Wurzel geschrieben, das zweite unter das Wurzelzeichen.

Anweisung	Ergebnis
{FORMEL \r(2)}	$\sqrt{2}$
{FORMEL \r(3;2)}	$\sqrt{3{,}2}$

\s (Hoch- bzw. Tiefstellung)

Mit dieser Anweisung kann die Hoch- oder Tiefstellung eines Zeichens genau definiert werden. Falls es sich um eine einfache Hoch/Tiefstellung handelt, können Sie diese leichter über den Befehl **FORMAT ZEICHEN** erreichen. Dazu müssen Sie jedoch in die Ansicht der Feldfunktionen umschalten und dann die Zeichen, die in einer Formel hoch- oder tiefgestellt werden sollen, einzeln markieren. Falls Sie mit mehr als einem Element arbeiten, werden diese untereinander dargestellt.

Anweisung	Beschreibung
\s\up$n$	hochgestellt um n Punkte
\s\do$n$	tiefgestellt um n Punkte

Wenn Sie mit zwei Elementen arbeiten, so wird das erste hoch-, und das zweite tiefgesetzt, und zwar so, daß beide übereinander stehen.

Beispiel	Ergebnis
{formel W\s(a;z)}	W^{a,z}

\x (Kasten)

Mit der Anweisung "\x" kann ein Rahmen um eines oder mehrere Elemente gezogen werden. Wenn die Anweisung ohne weitere Parameter verwendet wird, wird ein Kasten um das Element gezeichnet. Es können allerdings auch einfache Leisten links oder rechts bzw. oben oder unten erzeugt werden. Dazu verwenden Sie bitte die unten aufgelisteten Parameter. Diese Parameter können auch kombiniert werden, so daß man zum Beispiel eine Leiste links und oben erzeugen kann.

Parameter	Beschreibung
\to	Obere Linie
\bo	Untere Linie
\le	linke Linie
\ri	rechte Linie

FRAGE

Syntax:	{FRAGE *Textmarkenname [Eingabeaufforderung]* [Schalter]}
Feldkategorie:	Markierung
Aktualisierung:	automatisch vor dem Drucken, wenn Option **Feldaktualisierung** unter **DRUCK OPTIONEN** aktiviert ist; Seriendruck

Dieses Feld ist quasi ein Zusammenschluß der Felder BESTIMMEN und EINGEBEN und ein typisches SERIENDOKUMENT-Feld. Es ermöglicht, über eine Eingabe-Dialogbox den Inhalt einer Textmarke zu bestimmen. Der so bestimmte Inhalt der Textmarke wird dann in das Dokument geschrieben. Bei einem Serienbrief könnten Sie auf diese Weise variable Texte für jedes einzelne Exemplar oder aber auch für jeden Seriendruckvorgang erneut festlegen.

Bei der Anwendung dieses Feldes kommt der Schalter "\o" zum Einsatz. Wird er hinter die Feldanweisung geschrieben, so wird das Feld bei einem Seriendruck lediglich ein einziges Mal für alle Texte dieses Druckvorganges abgefragt. Läßt man den Schalter weg, wird bei jedem neuen Brief eine neue Abfrage gestartet. Der Schalter "\d" dient zur Definition eines Standard-Textes, der in der Dialogbox eingetragen sein soll. Sie geben ihn in Anführungszeichen hinter dem Schalter "\d" ein. Da das Feld FRAGE automatisch den letzten Inhalt der Textmarke in der Dialogbox wiedergibt, empfiehlt es sich manchmal, hier nur ein leeres Paar von Anführungszeichen zu setzten, um immer eine leere Abfrage-Dialogbox zu erzeugen.

Um die Definition der Textmarken mit dem Feld FRAGE immer erfolgreich verlaufen zu lassen, ist es ratsam, alle FRAGE-Felder an den Anfang des Dokumentes zu schreiben (genau wie auch alle Bestimmen-Felder dort am sinnvollsten aufgehoben sind). Alle Textmarken, die später auf diese Felder zugreifen und sich ihren Inhalt daraus ableiten, können nämlich nicht erfolgreich sein, wenn sie im Dokument vor den FRAGE-Feldern stehen.

In einem Serienbrief könnte beispielsweise, wenn eine variable Eingabe der Anredezeile notwendig ist, folgendes FRAGE-Feld positioniert sein:

{FRAGE Anrede "*Geben Sie bitte die Anredeform ein*" \d "*Sehr geehrte Damen und Herren,*"}

{FRAGE Produkt "*Geben Sie bitte das Produkt ein*" \o}

Später im Dokument könnte dann der Inhalt der Textmarke *Anrede* mit einem normalen TEXTMARKEN-Feld abgefragt werden.

Sehr geehrte{Anrede}

wie wir schon an anderer Stelle dargestellt haben, haben wir mit unserem neuen Produkt {Produkt}

Besonders interessant dürfte in diesem Zusammenhang auch die Möglichkeit sein, Felder zu verschachteln und so ein variables Feld STEUERDATEI zu erzeugen. Normalerweise ist dieses Feld ja nicht flexibel, sondern definiert bei jedem Serientext, aus welcher Datei die zu verwendenden Datensätze stammen sollen. Mit Hilfe des Feldes FRAGE kann hier eine Abfrage durchgeführt werden, die es erlaubt, einfach und unkompliziert bei jedem Seriendruck die Steuerdatei zu wechseln:

{FRAGE Datensätze "*Geben Sie bitte die Steuerdatei an!*"}

{STEUERDATEI {Datensätze}}

FUßNOTENZEICHEN

Syntax:	{FNREF *Textmarke*}
Feldkategorie:	Ergebnis
Aktualisierung:	F9 ; automatisch vor dem Drucken, wenn Option **Feldaktualisierung** unter DRUCK OPTIONEN aktiviert ist; Seriendruck

Oft kommt es vor, daß Sie auf ein und dieselbe Fußnote ein zweitesmal
verweisen wollen. Sie könnten den Verweis auf die Fußnote natürlich
von Hand eingeben, müßten aber bei jeder Änderung der Fußnoten-
Numerierung diesen Verweis erneut von Hand aktualisieren. Das Feld
FNREF ermöglicht es, multiple Fußnoten und Fußnotenverweise zu erstellen. Um einen einfachen Querverweis auf eine Fußnote zu erzeugen,
müssen Sie erst das entsprechende Fußnotenzeichen mit einer Textmarke
versehen. Im folgenden Beispiel wird auf eine Fußnote verweisen, die
mit der Textmarke *Otto* versehen wurde. Der Verweis sieht dann aus wie
folgt:

Siehe auch Fußnote {FNREF otto}: Siehe auch Fußnote 2

Sie können natürlich diesen Fußnotenverweis natürlich auch wie eine
weitere Fußnote verwenden:

Dieses Problem konnte schon 1989 zur Zufriedenheit alle Beteiligten gelöst
werden{FNREF otto}:

Dieses Problem konnte schon 1989 zur Zufriedenheit alle Beteiligten gelöst
werden[2]:

Der erste Fall unterscheidet sich von dem zweiten lediglich durch die
Hochstellung des gesamten Feldes, um auf diese Weise das Aussehen
eines Fußnotenzeichens zu erzielen.

Gehezu

Syntax:	{GEHEZU *Ziel Anzeige*}
Feldkategorie:	Makro
Aktualisierung:	Anklicken

Mit diesem Feld kann durch ein simples Anklicken mit der linken
Maustaste oder das Drücken der Tastenkombination Alt + ⇧ + F9
ein direkter Sprung zu einem angegebenen Ziel durchgeführt werden.
Wenn Sie mit der Maus im Text auf ein Fußnotenzeichen doppelklicken,

passiert ähnliches. Der Doppelklick darauf veranlaßt Word für Windows, zu der entsprechenden Fußnote zu gehen und sie anzuzeigen.

Das Feld GEHEZU kann alle Ziele anspringen, die auch mit der über das Menü aufrufbaren Befehl **BEARBEITEN GEHE ZU** zu erreichen sind. Das Feld selbst hat die Erscheinungsform, die Sie ihm mit dem Parameter *Anzeige* verordnen. Das kann beliebiger Text sein, genauso wie eine Grafik. Wenn Sie eine kleine Grafik einfügen, erzeugen Sie sich in Ihrem Dokument quasi eine Schaltfläche, mit der Sie durch einen Doppelklick zu einer bestimmten Textstelle springen können. Dazu ein kleines Beispiel:

Mehr über den Befehl GEHE ZU erfahren Sie in Teil 4, Kapitel 1.

In einem längeren Dokument ist eine bestimmte Textpassage mit der Textmarke *Kapitel5* markiert worden. Die entsprechende GEHEZU-Anweisung sähe dann so aus:

{GEHEZU *Kapitel5 Siehe auch Kapitel 5*}

Das Feldergebnis sähe zunächst ziemlich harmlos aus, nämlich:

"Siehe auch Kapitel 5".

Sobald man jedoch einen Klick darauf ausführt, springt Word für Windows sofort zu dem mit Kapitel 5 bezeichneten Textteil.

Das Feld GEHEZU ist als besonders geeignet für sogenannte "Hypertext"-Funktionen, wie Sie sie aus der Hilfe-Funktion vieler Windows-Programme kennen. Bestimmte Wörter sind etwas anders formatiert als gewöhnlich und ein Klicken darauf führt direkt zu dem jeweiligen Thema.

In der Version 1.x mußte noch ein Doppelklick auf das GEHEZU-Feld ausgeführt werden, um die Aktion auszulösen. Ab der Version 2.0 hat der Doppelklick jedoch auch die Aufgabe, über OLE eingefügte Grafiken (wie sie ja auch für diese Felder verwendet werden können), in ihrem Ursprungsprogramm zu bearbeiten. Beachten Sie also bitte, daß Sie ab Version 2.0 nur noch einen einfachen Mausklick ausführen müssen.

GESPEICHERT VON

Syntax:	{GESPEICHERTVON}
Feldkategorie:	Ergebnis
Aktualisierung:	F9 ; automatisch vor dem Drucken, wenn Option **Feldaktualisierung** unter **DRUCK OPTIONEN** aktiviert ist

Dieses Feld fügt den Namen der Person, die den Text zuletzt gespeichert hat, in das Dokument ein. Der Name wird der Dialogbox **DATEI DATEI-INFO Statistik** entnommen.

IMPORT

Syntax:	{IMPORT *Dateiname*}
Feldkategorie:	Ergebnis
Aktualisierung:	F9 ; automatisch vor dem Drucken, wenn Option **Feldaktualisierung** unter **DRUCK OPTIONEN** aktiviert ist; Seriendruck

Mehr über die Import-Filter erfahren Sie in Teil 5, Kapitel 6.

Mehr zu dem Zeichen-Programm Microsoft DRAW erfahren Sie Teil 6, Kapitel 1.

Mit diesem Feld können Sie Word für Windows dazu veranlassen, eine Grafik in das Dokument zu importieren. Die Grafik wird nach dem Import in niedriger Auflösung auf dem Bildschirm angezeigt, um Speicherplatz zu sparen. Erst wenn das Dokument gedruckt wird, wird die volle Auflösung verwendet. Falls der Importfilter das Format der Datei nicht erkennen kann, kann das daran liegen, daß die Formatierungsfilter in der WIN.INI nicht vollständig installiert sind.

Wenn Sie auf das IMPORT-Feld einen Doppelklick ausführen, wandelt Word für Windows Bilder in ein Microsoft-Draw-Objekt um und öffnet das Programm, damit Sie die Grafik darin bearbeiten können. Sie können die Grafik auch mit dem Word für Windows-Befehl **FORMAT GRAFIK** in der Größe und Ausschnitt bearbeiten. Im Gegensatz zur Version 1.x bleibt ein in der Größe umdefiniertes Bild auch nach einer Feldaktualisierung mit den von Ihnen geänderten Werten erhalten.

INDEX

Syntax:	{ INDEX *[Schalter]*}
Feldkategorie:	Ergebnis
Aktualisierung:	F9 ; automatisch vor dem Drucken, wenn Option **Feldaktualisierung** unter **DRUCK OPTIONEN** aktiviert ist

Das Feld INDEX sammelt alle Indexeinträge (durch XE-Felder gekennzeichnet) eines Dokuments und erstellt aus ihnen ein alphabetisch sor-
tiertes Verzeichnis mit Seitennummern. Wenn Sie das Feld INDEX ohne
weitere Schalter einfügen, wird der Index standardmäßig nach Haupt-
bzw. Untereinträgen sortiert. Die Untereinträge stehen in eigenen Zeilen
mit einem größeren linken Einzug von den Haupteinträgen abgesondert:

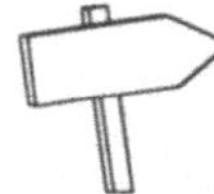

Mehr über das Erstellen und den Umgang mit In-dizes und Indexver-zeichnissen erfahren Sie in Teil 4, Kapitel 11.

    1. Haupteintrag (Seite n)

        1. Untereintrag (Seite n)

        2. Untereintrag (Seite n)

    2. Haupteintrag (Seite n)

Abb. 4.10.7:   Die Feldanweisungen zum INDEX-Feld

Es gibt allerdings eine ganze Reihe von Schaltern, die das Feldergebnis
beeinflussen. Da alle Schalter auch über die Dialogbox **EINFÜGEN
FELD** in der Listenbox **Anweisungen** abgerufen werden können, wird

im folgenden jeweils hinter dem Schalter die zugehörige Anweisung in Klammern angezeigt.

\b (Textmarke)

{INDEX \b *Textmarke*}

Wird das INDEX-Feld mit dem Schalter "\b" versehen, wird der Index für den über den Parameter *Textmarke* markierten Textbereich erstellt.

\e (Eintragstrennzeichen)

{INDEX \e ""}

Dieser Schalter bestimmt, durch welches Zeichen die Indexeinträge von den ihnen zugeordneten Seitenzahlen abgetrennt werden. Es sind maximal drei Zeichen möglich. Sollte das Eintragstrennzeichen Tabulatoren oder Leerzeichen enthalten, muß es in Anführungszeichen gesetzt werden. Wird der Schalter "\e" nicht vergeben, trennt Word die Einträge durch ein Komma und eine Leerstelle von den Seitenzahlen.

\g (Bereichstrennzeichen)

Taucht in dem Index, der erstellt wird, ein Bereich auf (*yxz: Seite x bis y*), so gibt dieser Feldschalter die Möglichkeit, zu bestimmen, durch was die beiden Zahlen, die den Seitenbereich angeben, getrennt werden. Hinter dem Schalter kann jedes beliebige Zeichen angegeben werden. Sollte das Trennzeichen Tabulatoren oder Leerzeichen enthalten, muß es in Anführungszeichen gesetzt werden.

\h (Buchstabe, Leerzeichen)

{INDEX \h "-A-"}

{INDEX \h " "}

Dieser Schalter bestimmt, welches Zeichen die Trennzeile enthalten soll, mit der die Buchstabengruppen eines Indexes voneinander getrennt werden sollen. Ohne Schalter "\h" listet das Feld INDEX die Buchstabengruppen ohne Trennzeile untereinander auf. Geben Sie als Trennzeichen einen Buchstaben ein, so schreibt Word für Windows vor der Gruppe mit den Einträgen, die mit *A* beginnen, eine Zeile mit einem *A*, vor die Gruppe, die mit *B* beginnen, eine mit *B* usf.. Soll die Trennzeile lediglich eine leere Zeile sein, so muß ein Leerzeichen in Anführungszeichen gesetzt werden. Sie können auch eine Trennlinie oder eine Zeile bestehend aus beliebigen Zeichen zwischen die einzelnen Buchstabengruppen einfügen lassen. Dazu schreiben Sie das Zeichen ihrer Wahl hinter den Schalter.

\l   Listentrennzeichen

{INDEX \l "; "}

Falls mehrere Seitenangaben zu einem Stichwort vorliegen, können Sie mit dem Schalter "\l" beeinflussen, wie die einzelnen Seitenzahlen voneinander getrennt werden sollen. Standardmäßig setzt Word für Windows ein Komma und eine Leerstelle zwischen die einzelnen Seitenzahlen. Soll die Trennung Tabstopps oder Leerzeichen enthalten, so muß ein Leerzeichen (oder ein Tabulator) in Anführungszeichen gesetzt werden.

\p   (Teilindex)

{INDEX \p A-K}

{INDEX \p L-Z}

Während Sie mit dem Schalter "\b" den Index auf einen bestimmten Textbereich beschränken können, können Sie mit dem Schalter "\p" den Index in Buchstabengruppen aufteilen. Mit diesem Schalter wird nur noch ein Index aller Indexeinträge beispielsweise mit den Anfangsbuchstaben *A-K* erstellt. Sie könnten also problemlos ein separaten, weiteren Index für die Buchstabengruppen *L-K* erstellen. Die Trennung eines

Indexes hat den Vorteil, daß Sie den Arbeitsspeicher bei einem umfangreichen Index entlasten.

\r   (Fortlaufender Index)

{INDEX \r)

Der Schalter "\r" veranlaßt Word für Windows, nicht für jeden Untereintrag eine neue Zeile aufzumachen. Vielmehr werden die Untereinträge
getrennt durch ein Semikolon und ein Leerzeichen direkt hinter die
jeweiligen Haupteinträge gereiht. Umfaßt die Kette aus Haupteintrag
und Untereinträgen mehr als eine Zeile, macht Word für Windows
selbstständig einen Zeilenumbruch.

\s   (Folge)

{INDEX \s Kapitel1}

Bei vielen Publikationen soll die Indexierung gleichzeitig auch noch die
jeweiligen Kapitel mitanzeigen, also z.B. *8-15* für einen Hinweis auf
Kapitel 8, Seite 15. Um diesen Effekt zu erzielen, muß allerdings erst
jedes Kapitel numeriert werden. Dazu verwenden Sie das Feld SEQ, das
am Anfang jedes Kapitels eingefügt werden muß, um jedes Kapitel automatisch fortlaufend hochzuzählen. SEQ-Felder können verschiedene
Zählfolgen in einem Dokument gleichzeitig verwalten, also eine eigene
Zählfolge für Bilder, eine eigene für Tabellen, eine eigene für Kapitel
usw.. Jede SEQ-Feldfolge erhält dabei eine eigene Bezeichnung. Bei
einer Kapitelnumerierung würde es sich anbieten, das Feld so zu nennen:
{SEQ Kapitel}.

Auf diese SEQ-Felder greift nun der Schalter "\s" zu. Er sieht nach, auf
welchem Stand die Numerierung gerade ist und nimmt die Kapitelnummer, auf der sich der Indexeintrag befindet, als Seitenzahl, die zu dem
indizierten Text gehört. Diese Zahl erscheint im Feldergebnis des Feldes
INDEX als erste Zahl und als zweite Zahl erscheint die jeweilige Seitenzahl.

\d   (Folgetrennzeichen)

{INDEX \s Kapitel \d " : "}

Aufbauend auf den Schalter "\s" dient der Schalter "\d" zur Bestimmung der Art und Weise, wie die Seitenzahlen (in unserem Beispiel) von den Kapitelnummern getrennt werden. In unserem Beispiel wird die Trennung durch einen Doppelpunkt vorgenommen. Auch hier gilt, daß Anführungsstriche gesetzt werden müssen, sobald Leerzeichen oder Tabulatoren Inhalt des Trennzeichens sein sollen.

INDEXEINTRAG

Syntax:	{XE *"Text"* [Schalter] }
Feldkategorie:	Markierung
Aktualisierung:	Automatisch

Dieses Feld definiert den mit dem Parameter *Text* definierten Inhalt als Indexeintrag. Es hat kein direktes Ergebnis, denn erst dann, wenn Sie das Feld INDEX (s.o.) verwenden, werden alle XE-Felder gelesen und zu einem gesamten Index zusammengefügt. XE-Felder werden automatisch verborgen formatiert. Der Parameter *Text* sollte in Anführungszeichen stehen. Indexeinträge können abgestuft werden, d.h. es können sogenannte Haupt- und Untereinträge erstellt werden:

Mehr zum Umgang mit Indexen und Indexeinträgen finden Sie in Teil 4, Kapitel 11.

    1. Haupteintrag (Seite n)

        1. Untereintrag (Seite n)

      2. Untereintrag (Seite n)

          1. "Unter-Unterein"trag (Seite n)

    2. Haupteintrag (Seite n)

Wenn Sie einen solchen Index erstellen möchten, müssen Sie den nachstehenden Feldcode eingeben. Der Haupteintrag muß in diesem Beispiel vom Untereintrag durch einen Doppelpunkt abgetrennt werden.

{XE *Haupteintrag:Untereintrag*}

Für weitere Raffinessen des XE-Feldes gibt es vier weitere Schalter. Auch hier gilt, daß alle Schalter ebenfalls über die Dialogbox des Befehls **EINFÜGEN FELD** in dem Listenfeld **Anweisungen** eingefügt werden können. Die dort gewählten Bezeichnungen stehen in den folgenden Unterteilungen in Klammern .

\r   (Bereich)

{XE *"Fauna und Flora in Usbekistan"* \r FF_Usbekistan}

Indexeinträge können für ganze Bereiche vergeben werden. Zu diesem Zweck muß für diesen Bereich allerdings eine Textmarke vergeben werden. Hinter dem Schalter "\r" kann nun der Name der Textmarke eingegeben werden, die den Bereich umfaßt, der in den Index aufgenommen werden soll. Das Ergebnis des obigen Beispiels nimmt Bezug auf die Textmarke *FF_Usbekistan* und wäre dann:

Fauna und Flora in Usbekistan 253 - 278

\t   (Text)

{XE *"Zeitungssatz"* \t *"siehe Mehrspaltiger Fließtext"*}

Anstelle einer Seitenzahl möchte manch einer im Index vielleicht einmal auf einen anderen Indexeintrag verweisen, unter dem der betreffende Begriff eher zu finden ist. Einen solchen Effekt kann man mit dem Schalter "\t" erzeugen. Er unterbindet die Seitenzahlen und erzeugt statt dessen den Verweistext. Das obige Beispiel würde den folgenden Index-Eintrag produzieren:

Zeitungssatz, siehe Mehrspaltiger Fließtext

\b   (Fett)

{XE "*Zeitungssatz*" \b}

Um bestimmte Indexeinträge als besonders bedeutend zu deklarieren, z.B. wenn sie einen Begriff grundlegend erläutern, können sie fett ausgegeben werden. Diesen Effekt veranlaßt der Schalter "\b". Mit diesem Schalter werden Indexeinträge von anderen, gleichlautenden Indexeinträgen abgehoben.

Zeitungssatz, 325, 366, 289, 366-399

Die beiden Schalter "\f" und "\i" können auch gemeinsam verwendet werden. Sie erzeugen dann fett <u>und</u> kursiv formatierte Indexeinträge.

INFO

Syntax:	{ INFO *Info-Typ [Neuer Wert]*}
Feldkategorie:	Ergebnis
Aktualisierung:	F9 ; automatisch vor dem Drucken, wenn Option **Feldaktualisierung** unter **DRUCK OPTIONEN** aktiviert ist

Dieses Feld fügt die durch den Parameter *Info-Typ* definierte Information in den Text ein. Alle Informationen stammen aus der Dialogbox **DATEI DATEI-INFO** und der daraus abrufbaren **Statistik.**. Sie können folgende Parameter benutzen, die sich auch als gleichnamige, für sich stehende Felder abrufen lassen.

Parameter	Wirkung
ANZSEIT	Anzahl der Seiten
ANZWORT	Anzahl der Worte
ANZZEICH	Anzahl der Zeichen
AUTOR	Erst-Speichernder
DATEINAME	Name des Dokumentes
DRUCKDAT	Datum des letzten Druckes
ERSTELLDAT	Erstellungsdatum
GESPEICHERTVON	Zuletzt-Speichernder
KOMMENTAR	Inhalt des "Kommentar"-Feldes der Datei-Info
SCHLÜSSEL	Inhalt des Feldes "Schlüsselwörter" der Datei-Info
SPEICHERDAT	Datum der letzten Speicherung
THEMA	Inhalt des "Thema"-Feldes der Datei-Info
TITEL	Inhalt des "Titel"-Feldes der Datei-Info
VERSION	Versionsnummer (Anzahl der gesamten Speicherungen, bei Namenwechsel min."2")
VORLAGE	Name der Vorlagen-Datei, mit der das Dokument verknüpft ist (falls vorhanden)

Die in der obigen Tabelle fett gedruckten Info-Typen können durch den Parameter *Neuer Info-Wert* abgeändert werden. Vorsicht ist aber deshalb geboten, weil sich nicht nur das Feldergebnis, sondern auch der Inhalt der Dialogbox **DATEI DATEI-INFO** ändert.

INHALT   ⇨ **VERZEICHNIS EINTRAG**

Dieses Feld finden Sie ab der Version 2.0 unter einem anderen Namen.

KOMMENTAR

Syntax:	{ KOMMENTAR *[Neuer Kommentar]*}
Feldkategorie:	Ergebnis
Aktualisierung:	F9 ; automatisch vor dem Drucken, wenn Option **Feldaktualisierung** unter **DRUCK OPTIONEN** aktiviert ist

Dieses Feld bildet den Kommentar-Inhalt der Dialogbox **DATEI DATEI-INFO** ab. Vergeben Sie über den Parameter *Neuer Kommentar* einen anderen Kommentar, so wird dieser in der **DATEI-INFO** erneuert. Wie (fast) immer in Feldanweisungen muß neuer Text, der mehr als ein Wort umfaßt, in Anführungszeichen gesetzt sein.

MAKRO

Syntax:	{ MAKRO *Makroname Anzeige*}
Feldkategorie:	Makro
Aktualisierung:	automatisch

Dieses Feld zeigt den durch den Parameter *Anzeige* bestimmten Text (oder die Grafik) als Ergebnis an. Sobald Sie darauf einen Doppelklick ausführen, wird der durch den Parameter *Makroname* bezeichnete Makro ausgeführt. Ebenso können Sie den Makro ausführen, indem Sie die Einfügemarke auf das Feld setzen und den Tastenschlüssel ⇧ + Alt + F9 drücken oder den Makro FELDAKTIONAUSFÜHREN ausführen.

Als *Makroname* kann jeder Word für Windows-Befehl, jeder der mitgelieferten Makros und jeder selbst definierte Makro angegeben werden. In der Dialogbox **EINFÜGEN FELD** werden in dem Listenfeld **Anzeige** werden alle verfügbaren Makros und Befehle angezeigt und können durch Anklicken ausgewählt werden. Der Parameter *Anzeige* kann beliebig gestaltet werden. Text, aber auch Grafiken können beliebig formatiert als Anzeige verwendet werden. Dazu ein kleines Beispiel:

{MAKRO DateispeichernUnter }

Dieses Feld erzeugt lediglich die Grafik als Ergebnis. Jeder Doppelklick auf die Grafik bewirkt aber den Start des Word für Windows-Befehls **DATEI SPEICHERN UNTER**.

NÄCHSTER

Syntax:	{NÄCHSTER}
Feldkategorie:	Markierung
Aktualisierung:	keine

Dieses Feld ist ein absolutes SERIENBRIEF-Feld. Es hat selbst keine Auswirkung, sondern bewirkt lediglich, daß der nächste Datensatz der Steuerdatei eingefügt wird. Die Felder vom Typ REF, die als Variable für die Steuerdaten dienen, haben nun den nächsten Wert. Eingesetzt wird das NÄCHSTER-Feld dann, wenn mehr als ein Datensatz in ein Dokument gedruckt werden soll, wie z.B. beim Erstellen von Adresslisten. Vor jedem neuen Abschnitt, der im Serientext mit neuen Daten aus der Steuerdatei gefüllt werden soll, muß das Feld plaziert werden.

{Nächster}
{Vorname} {Name}
{Straße}
{Plz} {Stadt}

NÄCHSTER-Felder dürfen nicht in Kopf- oder Fußzeilen stehen und nicht in Anmerkungen oder Fußnoten. Ebenso dürfen sie nicht in Dokumenten stehen, die als Steuerdatei verwendet werden. Eine Verschachtelung von NÄCHSTER-Feldern in anderen Feldern ist nicht möglich.

NÄCHSTER WENN

Syntax:	{NWENN *Bedingung* }
Feldkategorie:	Markierung
Aktualisierung:	keine

Auch dieses Feld steht nur bei Serientexten zur Verfügung. Wie oben beim Feld NÄCHSTER wird auch hier der nächste Datensatz in das Dokument eingefügt. Allerdings in diesem Falle nur dann, wenn die durch den Parameter *Bedingung* festgelegte Bedingung erfüllt ist. Eine Anweisung könnte beispielsweise lauten :

{NWENN Plz < 3000}

In diesem Beispiel würden nur Datensätze, die eine Postleitzahl kleiner als 3000 haben, eingefügt werden. Neben dem Operator *kleiner als* können aber auch andere Operatoren verwendet werden.

Operator	Beschreibung
<	kleiner als
>	größer als
=	gleich
<=	kleiner gleich
>	größer gleich
<>	ungleich

Genau wie beim Feld WENN müssen die beiden Ausdrücke und der Operator durch Leerzeichen voneinander getrennt sein. NWENN-Felder dürfen nicht in Kopf- oder Fußzeilen stehen und nicht in Anmerkungen oder Fußnoten. Ebenso dürfen sie nicht in Dokumenten stehen, die als Steuerdatei verwendet werden. Eine Verschachtelung dieses Feldes mit anderen Feldern ist nicht möglich.

RD

Syntax:	{ RD *Dateiname*}
Feldkategorie:	Markierung
Aktualisierung:	keine

Das RD-Feld dient dazu, Verzeichnisse aller Art über mehrere Dateien hinweg zu erstellen. Solange der Arbeitsspeicher ausreicht, empfiehlt es sich natürlich, mit dem EINFÜGEN-Feld Dateien zusammenzufügen. Allerdings kann es bei umfangreichen Dokumenten nötig werden, diese in mehreren verschiedenen Dateien abzuspeichern. Mit dem RD-Feld können Inhaltsverzeichnisse sowie Indexe aus mehreren Dateien gleichzeitig erstellt werden.

Um eine sinnvolles Feldergebnis zu erhalten, ist es notwendig, die einzelnen Dateien vorher zu paginieren, d.h. mit Seitenzahlen zu versehen. Außerdem müssen die Dateien bei mehreren RD-Feldern in der richtigen Reihenfolge aufgelistet werden, da Word für Windows die angebene Dateireihenfolge bei der Erstellung von Inhaltsverzeichnissen ({Verzeichnis}) einhält. Bei Indexen ({Index}) ist dies gleichgültig, da ein Index sowieso alphabetisch sortiert wird.

Am einfachsten ist es zur Erstellung eines Inhaltsverzeichnisses aus mehreren Dateien, dieses in einer neuen Datei erzeugen zu lassen. Falls Sie das nicht wünschen, müssen Sie es in der ersten Datei erstellen lassen, da Word für Windows automatisch die Verzeichniseinträge, die in der aktuellen Datei stehen, vorrangig bearbeitet. Eine Datei, in der ein Inhaltsverzeichnis für mehrere Teildateien erzeugt wird, könnte zum Beispiel nachstehenden Inhalt haben. Achten Sie bitte darauf, daß, wie immer in Feldern, Pfadangaben unbedingt in doppelten Backslashes (\\) stehen müssen.

{RD Datei1} {RD Datei2} {RD c:\\word\\Datei3}

{Verzeichnis}

{Index}

REFERENZ

Syntax:	{ [REF]*Textmarkenname*}
Feldkategorie:	Ergebnis
Aktualisierung:	[F9] ; automatisch vor dem Drucken, wenn Option **Feldaktualisierung** unter **DRUCK OPTIONEN** aktiviert ist; Seriendruck

Dieses Feld fügt den Inhalt einer Textmarke ein. Die Formatierung des Textmarkeninhaltes wird dabei berücksichtigt. Ändert sich der Inhalt der Textmarke, so müssen Sie durch Drücken der Aktualisierungstaste [F9] den neuen Textmarkeninhalt einlesen. Solange der Textmarkenname nicht identisch ist mit dem eines Feldes, kann das ganze Feld auch ohne den Parameter REF stehen. Der Parameter REF dient nur als Identifikation dafür, daß es sich bei dem folgenden Namen um den Namen einer Textmarke handelt.

In früheren Versionen von Word für Windows diente dieses Feld auch zum Import von Steuersätzen aus einer Steuerdatei für Serienbriefe. Wenn z.B. unter der Rubrik *NAME* alle Nachnamen einer Kunden-Datei standen, genügte in dem Serientext ein Feld {NAME}, damit an dieser Stelle bei einem Seriendruck jeweils der nächste Nachname eingefügt wurde.

Mehr über Serienbriefe erfahren Sie in Teil 4, Kapitel 14.

SATZNUMMER   ⇨   DATENSATZ

Dieses Feld finden Sie ab der Version 2.0 unter einem anderen Namen.

SCHLÜSSEL

Syntax:	{ SCHLÜSSEL *[Neue Schlüsselwörter]*}
Feldkategorie:	Ergebnis
Aktualisierung:	F9 ; automatisch vor dem Drucken, wenn Option **Feldaktualisierung** unter **DRUCK OPTIONEN** aktiviert ist

Dieses Feld greift auf Werte aus der Datei-Info zu, und zwar auf die Werte, die dort unter der Rubrik **Schlüsselwörter** eingetragen sind. Dieser Wert kann durch einen Wert für *Neue Schlüsselwörter* verändert werden.

SEITE

Syntax:	{SEITE}
Feldkategorie:	Ergebnis
Aktualisierung:	F9 ; automatisch vor dem Drucken

Dieses Feld fügt die Nummer der aktuellen Seite ein. Wird kein Schalter vergeben, so übernimmt das Feld das Seitennummernformat, welches bei den Kopf- und Fußzeilen unter der Option Seitenzahlen eingestellt ist. Es sind aber auch hier mittels der allgemeinen Formatschalter Möglichkeiten vorhanden, eine andere Formatierung zu wählen, ohne die Standardeinstellung zu beeinflussen. Die allgemeinen Formatschalter werden an späterer Stelle in diesem Kapitel beschrieben, deshalb finden Sie hier nur ein kleines Beispiel, wie es aussehen könnte:

{SEITE \ *alphabetisch }

Der Schalter "*alphabetisch" würde Seitenzahlen in alphabetischem Format und kleingeschrieben erzeugen:

"a, b, c, d ...."

SEITENREF

Syntax:	{ SEITENREF *Textmarke*}
Feldkategorie:	Ergebnis
Aktualisierung:	F9 ; automatisch vor dem Drucken, wenn Option **Feldaktualisierung** unter **DRUCK OPTIONEN** aktiviert ist

Dieses Feld dient zum Verweis auf Textpassagen, für die Textmarken vergeben wurden. Es produziert als Ergebnis die Seitennummer, auf der der Textmarkeninhalt steht. Mit diesem Feld ist es möglich, beispielsweise einen Querverweis auf eine Grafik vorzunehmen, die mit der Textmarke *Grafik1* versehen wurde. Der Querverweis sähe in diesem Fall wie folgt aus:

> Siehe auch die erläuternde Grafik auf Seite {SEITENREF Grafik1}

Dieses Feld würde nun, ganz gleich, wohin die Grafik bei weiteren Arbeiten verrutschen würde, jederzeit die korrekte Seitennummer angeben, auf der die Grafik sich tatsächlich befindet. Zur Aktualisierung dieses Feldes sei angemerkt, daß dieses Feld im Gegensatz zu den Feldern INDEX und VERZEICHNIS keinen Seitenumbruch des Dokumentes veranlaßt, wenn es aktualisiert wird. Das kann zur Folge haben, daß die Seitenzahl, die nach einer Aktualisierung wiedergegeben wird, nicht der Seitenzahl entspricht, auf der es später ausgedruckt würde, da vor dem Druck noch einmal ein endgültiger Seitenumbruch durchgeführt wird. Wenn Sie diesen "Fehler" vermeiden wollen, sollten Sie einen Seitenumbruch über **EXTRAS SEITENUMBRUCH** anfordern, da die Option **Seitenumbruch Im Hintergrund** des Menü-Befehls **EXTRAS EINSTEL-LUNGEN Allgemein** einen Seitenumbruch stets im Hintergrund und deshalb nur dann durchführt, wenn gerade genügend Speicherplatz vorhanden ist. Diese Arbeitsweise im Hintergrund kann bei großen Dateien dazu führen, daß Sie am Anfang etwas verändern, und das Feld am Ende erst nach einer gewissen Zeit vom Seitenumbruch "eingeholt" wird. Nur nach dem direkten Befehl **EXTRAS SEITENUMBRUCH** führt eine Aktualisierung der SEITENREF-Felder mit absoluter Sicherheit zu einem korrekten Ergebnis.

SEQ   ⇨   FOLGE

Dieses Feld finden Sie ab der Version 2.0 unter einem anderen Namen.

SONDERZEICHEN

Syntax:	{SONDERZEICHEN *Zeichen[-Nummer] [Schalter]* }
Feldkategorie:	Ergebnis
Aktualisierung:	automatisch

Mehr über das Einfügen von Sonderzeichen erfahren Sie auch in Teil 4, Kapitel 5.

Dieses Feld ermöglicht die Darstellung von Sonderzeichen, wie sie auch über den Menü-Befehl **EINFÜGEN SONDERZEICHEN** erzeugt werden können. Die verfügbaren Sonderzeichen hängen von den auf Ihrem Drucker installierten Schriftarten ab. Wenn Sie z.B. die Schriftart *Zapf-Dingsbats* nicht installiert haben, können Sie auf Sonderzeichen dieser Schriftart natürlich nicht zugreifen. Das Feld Sonderzeichen hat die angenehme Eigenschaft, daß, sobald man mit der Maus doppelt darauf klickt, die Dialogbox des Befehls **EINFÜGEN SONDERZEICHEN** aufgerufen wird und dann aus dem Angebot ausgewählt werden kann. Außerdem ist es genauso wie das Feld FORMEL ein selbstaktualisierendes Feld, ein Drücken der Taste F9 zum Zwecke der Aktualisierung ist folglich unnötig. Diese Feldart hat darüberhinaus den Vorteil, daß Sie den Bildschirm teilen können und in der einen Hälfte den Feldcode sehen, während Sie in der anderen Hälfte das Feldergebnis anzeigen lassen können (siehe Abbildung 4.10.8).

Sobald eine Änderung am Feldcode durchgeführt wird, wird das Feldergebnis im anderen Ausschnitt angezeigt. Ein Sonderzeichenfeld beschreibt zunächst das Zeichen, das erzeugt werden soll, mittels des Dezimalwertes, der ihm nach der ANSI-Tabelle zugeordnet ist. Das Feld {SONDERZEICHEN 174} würde das Zeichen ®erzeugen. Ebenso wie ein dezimaler Wert eingegeben werden kann, können auch Hexadezimal-Codes für Zeichen eingegeben werden (siehe Abbildung 4.10.8), wobei das Format "0Xnn" beachtet werden muß.

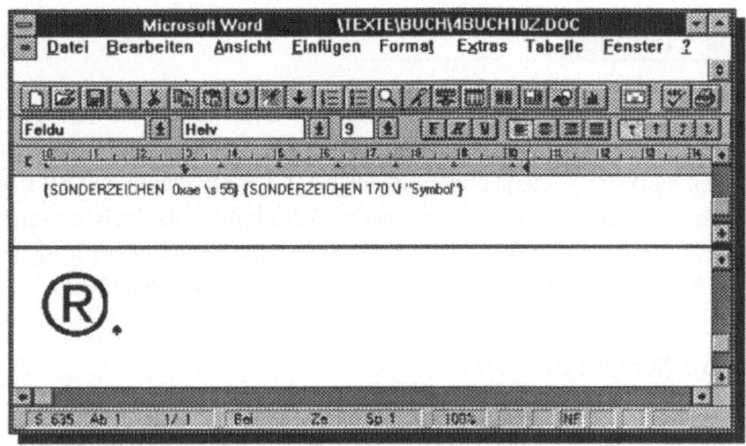

Abb. 4.10.8: Der geteilte Bildschirm erleichtert das Editieren der Feldcodes

\f (Schriftart)

Fügen Sie dieser Feldanweisung noch die Schriftart Symbol mit dem Schalter "\f symbol" hinzu, so passiert genau das gleiche, als ob Sie den ANSI-Code dieses Zeichens über die Tastatur eingegeben und dann das so erzeugte Zeichen mit der Schriftart Symbol formatiert hätten. Wenn nun allerdings ein Text, versehen mit einigen auf diese Art und Weise erstellten Zeichen, komplett in einer neuen Schriftart formatiert wird, werden auch diese Zeichen in dieser Schriftart formatiert und die Sucherei nach den einzelnen, ehemals in Symbol formatierten Zeichen kann beginnen. Der Vorteil, den demgegenüber Sonderzeichen, die über Felder formatiert wurden, haben liegt auf der Hand. Sobald mit dem Schalter "\f" eine Schriftart zugeordnet wurde, kann diese nur noch durch die Bearbeitung des Feldcodes verändert werden. Eine einfache Formatierung des Absatzes, in dem das Feld steht z.B. in der Schriftart Helv hat auf das SONDERZEICHEN-Feld keine Auswirkung.

\s   (Größe)

Genauso wie mit dem Schalter für Schriftarten verhält es sich auch mit dem Schalter "\s" für die Größe des Zeichens. Solange Sie ihn weglassen, kann das Feldergebnis "von außen" durch Markieren des gesamten Absatzes und Zuweisung einer neuen Schriftgröße manipuliert werden. Wurde jedoch vorher mit dem Schalter "\s" die Größe intern festgelegt, haben alle anderen, externen Anweisungen, keinen Einfluß mehr.

\h   (Höhe ignorieren)

Dieser Schalter ist ein wahrer Segen, wenn man mit festen (absoluten) Zeilenhöhen arbeiten muß. Absolute Zeilenhöhen entstehen, wenn Sie bei **FORMAT ABSATZ** unter **Zeilenabstand** die Option **Genau** gewählt haben. Mit dieser Option wird jedes Zeichen, das über die definierte Zeilenhöhe hinausgeht, am oberen Rand abgeschnitten. Es gibts allerdings Fälle, in denen nicht der ganze Absatz so formatiert sein darf, da es sonst zu Komplikationen mit anderen großen Zeichen (auch Grafiken sind in Word für Windows zunächst nur ein Zeichen) kommen kann. In diesen Fällen hilft der Schalter "\h". Er definiert das Sonderzeichen so, daß es seine eigene Größe ignoriert und nur das abbildet, was in seine Umgebung paßt, ohne dabei die Höhe der Zeile zu beeinflussen, in der es steht. Sie können folglich beim Einsatz von Feldern mit diesem Schalter den automatischen Durchschuß "austricksen".

SPEICHERDAT

Syntax:	{SPEICHERDAT}
Feldkategorie:	Ergebnis
Aktualisierung:	F9 ; automatisch vor dem Drucken, wenn Option **Feldaktualisierung** unter **DRUCK OPTIONEN** aktiviert ist; Seriendruck

Dieses Feld fügt das Datum der letzten Speicherung in das Dokument ein.

STEUERDATEI

Syntax:	{STEUERDATEI *Dateiname [Steuersatzdateiname]*}
Feldkategorie:	Ergebnis
Aktualisierung:	F9 ; automatisch vor dem Drucken, wenn Option **Feldaktualisierung** unter **DRUCK OPTIONEN** aktiviert ist; Seriendruck

Dieses Feld definiert die Steuerdatei, aus der Word für Windows beim Seriendruck die Daten (Adressen, Namen usw.) importiert. Der Dateiname kann ohne Endung eingegeben werden, solange die Steuerdatei die Endung .DOC hat. Sollte sich die Steuerdatei in einem anderen Verzeichnis als dem aktuellen befinden, muß ein Pfad eingegeben werden (z.B. *d:\\winword\\briefe\\steuer.doc*). Achten Sie dabei darauf, daß Pfadangaben mit doppelten Backslashes ("\\") versehen sein müssen, da Word für Windows in den Feldern den einfachen Slash als Schalter interpretiert. STEUERDATEI-Felder dürfen nicht in Fußnoten, Anmerken sowie Kopf/Fußzeilen stehen und müssen am Beginn des Serientextes stehen (zumindest vor dem ersten Feld, das Daten importiert).

Ausführlich werden Serienbriefe in Teil 4, Kapitel 14 besprochen.

TEXTBAUSTEIN

Syntax:	{BAUSTEIN *Textbausteinname*}
Feldkategorie:	Ergebnis
Aktualisierung:	F9 ; automatisch vor dem Drucken, wenn Option **Feldaktualisierung** unter **DRUCK OPTIONEN** aktiviert ist

Dieses Feld fügt den angegebenen Textbaustein ein. Im Gegensatz zur normalen Textbausteinfunktion, bei der die Textbausteine endgültig eingefügt werden können, kann mit diesem Feld ein Textbaustein aktualisiert werden. Wird diese Funktion verwendet, steht im Dokument nicht

der Inhalt des Textbausteines, sondern lediglich ein Verweis darauf.
Jedes Aktualisieren des Feldes führt zu einem erneuten Abruf des Textbausteines. Hat sich der Inhalt des Textbausteines zwischenzeitlich geändert, so erscheint nach dem Aktualisieren der neue Inhalt. Die Anwendung dieses Feldes empfiehlt sich, wenn Sie Textbausteine verwenden,
deren Inhalte sich möglicherweise durch andere Bearbeiter ändern.

Bei diesem Buch wurden zum Beispiel die Piktogramme der Marginalien
erst gegen Ende erstellt. Bis zu diesem Zeitpunkt wurde mit Vorabver-
sionen gearbeitet. Um nun nicht alle von Hand auszutauschen, wurden
die Piktogramme als Textbausteine abgelegt und diese wiederum mit
dem BAUSTEIN-Feld eingefügt. Als später die endgültigen Piktogramme
vorlagen, brauchten sie nur noch unter den schon verwendeten Textbausteinnamen abgespeichert zu werden. Beim Drucken sorgte die automatische Aktualisierung dann dafür, daß die neuen Piktogramme eingefügt
wurden.

THEMA

Syntax:	{THEMA *[Neues Thema]*}
Feldkategorie:	Ergebnis
Aktualisierung:	F9 ; automatisch vor dem Drucken, wenn Option **Feldaktualisierung** unter **DRUCK OPTIONEN** aktiviert ist; Seriendruck

Dieses Feld ermöglicht es, den Inhalt des Textfeldes **Thema** der Dialog-
box **DATEI DATEI-INFO** in das Dokument einfügen zu lassen. Mit dem
Parameter *NeuesThema* kann dieser Wert verändert werden. Sollte
"Neues Thema" Leerzeichen enthalten, muß es in Anführungszeichen
gesetzt werden. Beachten Sie bitte, daß durch das Feld auch die Datei-
Info verändert wird.

TITEL

Syntax:	{TITEL *[neuer Titel]*}
Feldkategorie:	Ergebnis
Aktualisierung:	F9 ; automatisch vor dem Drucken, wenn Option **Feldaktualisierung** unter **DRUCK OPTIONEN** aktiviert ist; Seriendruck

Dieses Feld ermöglicht es, den Inhalt des Textfeldes **Titel** der Dialogbox **DATEI DATEI-INFO** in das Dokument einfügen zu lassen. Mit dem Parameter *NeuerTitel* kann dieser Wert verändert werden. Sollte *Neuer Titel* Leerzeichen enthalten, muß er in Anführungszeichen gesetzt werden. Beachten Sie bitte, daß durch das Feld auch die Datei-Info verändert wird.

ÜBERSPRINGEN

Syntax:	{ÜBERSPRINGEN *Ausdruck Operator Ausdruck* }
Feldkategorie:	Ergebnis
Aktualisierung:	F9 ; automatisch vor dem Drucken, wenn Option **Feldaktualisierung** unter **DRUCK OPTIONEN** aktiviert ist; Seriendruck

Dieses Feld können Sie verwenden, wenn Sie innerhalb eines Seriendruckes einen oder mehrere Datensätze, die einer Bedingung nicht entsprechen, von der Verarbeitung ausschließen wollen. Das Feld zeigt kein eigenes Ergebnis an, sondern hat nur die Auswirkung, den nächsten Datensatz anzufordern, wenn die mit dem Parameter *Bedingung* gestellte Bedingung nicht erfüllt wird. Ein kleines Beispiel soll das verdeutlichen:

{ÜBERSPRINGEN PLZ < 5000}

Diese Anweisung veranlaßt Word für Windows, jeden Datensatz auszulassen, der eine Postleitzahl kleiner als 5000 hat. Die möglichen Operatoren entsprechen denen, die auch beim Feld WENN verwendbar sind:

Operator	Beschreibung
<	kleiner als
>	größer als
=	gleich
<=	kleiner gleich
>	größer gleich
<>	ungleich

DATENSATZ

Syntax:	{DATENSATZ}
Feldkategorie:	Ergebnis
Aktualisierung:	Seriendruck

In früheren Versionen von Word für Windows wurden Die Funktionen des Feldes DATENSATZ durch das Feld SATZNUMMER erfüllt. Dieses Feld fügt die Nummer des aktuellen Datensatzes bei der Serienbrieferstellung in das Dokument ein. Sobald eines der Felder STEUERDATEI, NÄCHSTER, oder NWENN aktualisiert wird, wird das Feldergebnis um einen Zähler erhöht.

VERKNÜPFUNG

Syntax:	{VERKNÜPFUNG *Typ Dateiname [Positionsbezug] [Formatschalter]*}
Feldkategorie:	Ergebnis
Aktualisierung:	F9 ; automatisch vor dem Drucken, wenn Option **Feldaktualisierung** unter **DRUCK OPTIONEN** aktiviert ist

Mehr zu OLE erfahren Sie in Teil 5, Kapitel 7.

Das Feld VERKNÜPFUNG ersetzt ab der Version 2.0 die alten Felder DDE und DDEAUTO. Diese beiden Felder können zwar immer noch benutzt werden, tauchen aber in der Auswahl-Liste der Dialogbox **EINFÜ-GEN FELD** nicht mehr auf. Am einfachsten läßt sich der Aufbau eines VERKNÜPFUNG-Feldes nachvollziehen, indem man ein Tabelle in Excel erstellt, sie bspw. unter dem Namen *Tab1.xls* abspeichert und dann den Zellbereich Z1S1:Z3S3 markiert und kopiert. Nachdem man in Word für Windows die Funktion **BEARBEITEN INHALTE EINFÜGEN** aufgerufen hat und dort die Option **RTF** oder **unformatierter Text** angegeben hat, wird nach der Betätigung der Schaltfläche **Verknüpfung einfügen** die Excel-Tabelle in das Dokument eingefügt, und zwar mit folgendem VERKNÜPFEN-Feld:

{VERKNÜPFUNG ExcelWorksheet C:\\EXCEL\\TAB1.XLS Z1S1:Z3S3 *
FormatVerbinden \r \a}

In diesem Beispiel ist zunächst der Parameter *Typ als ExcelWorksheet* ausgewiesen, dann wird der Parameter *Dateiname* mit *C:\\EXCEL\\ TAB1.XLS* bestimmt, der Parameter *Positionsbezug* ist der Bereich, der in der Excel-Tabelle markiert und kopiert wurde, nämlich Z1S1:Z3S3. Die beiden Formatschalter "\r" und "\a" am Ende der Anweisung bedeuten, daß der Inhalt aus Excel im RTF-Format eingefügt wurde und automatisch aktualisiert werden soll. Wenn Sie jetzt den Befehl **BEARBEITEN VERKNÜPFUNGEN** aufrufen, dort die eben eingefügte Verknüpfung markieren und dann auf die Schaltfläche **Verknüpfung ändern** klicken, zeigt die Dialogbox des Befehles die einzelnen Parameter der Verknüpfung (siehe Abbildung 4.10.9). In der Dialogbox können die Parameter weitaus komfortabler verändert werden als über die manuelle Feld-Manipulation des Feldes VERKNÜPFEN.

Das Feld VERKNÜPFUNG ermöglicht auch die Auswahl verschiedener Formate, in denen die ausgewählten Daten übernommen werden sollen. Daten aus Excel können z.B. auch im Format *unformatierter Text* eingefügt werden. Dieses Format würde jegliche Formatierungen der Excel-Tabelle vernachlässigen und lediglich die Zeichen einfügen. Da bei diesem Format auch die Tabellenstruktur vernachlässigt wird, erscheint in Word für Windows auch keine Tabelle, sondern die einzelnen Tabellenfelder werden lediglich durch Tabulatoren voneinander getrennt. Im Gegensatz hierzu werden beim RTF-Format nahezu alle Formatierungen aus der Excel-Tabelle übernommen.

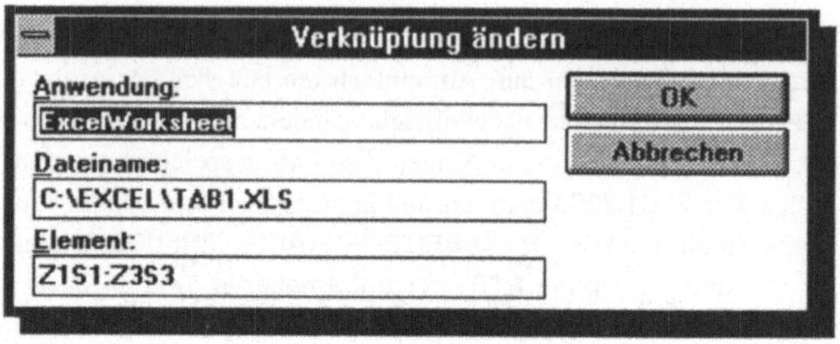

Abb. 4.10.9:   Die Dialogbox VERKNÜPFUNG ÄNDERN

Die beiden Formate *Grafik* und *Bitmap* erscheinen auf den ersten Blick ziemlich gleich. Beide fügen ein Bild der Tabelle ein. Wenn man dieses Bild jedoch in der Größe verändert, sieht man den Unterschied: Das Grafik-Format arbeitet "sauberer", während das Bitmap-Format doch eine etwas gröbere Auflösung hat und somit unschärfer wirkt. Beide haben jedoch die Eigenschaft, daß die Elemente als Objekt eingefügt werden und so die Möglichkeit bieten, mit einem Doppelklick die Quelldatei in Excel aufzurufen und weiter zu bearbeiten. Die verschiedenen Formate werden durch nachstehende Schalter bestimmt.

Formatschalter	Beschreibung
\t	Fügt das verknüpfte Objekt als Text ein
\r	Fügt das verknüpfte Objekt im RTF-Format ein
\p	Fügt das verknüpfte Objekt als Bild ein
\b	Fügt das verknüpfte Objekt als Bitmap ein

Der Schalter "\a" sorgt für eine automatische Aktualisierung des Feldes, d.h. die Aktualisierung muß nach einer eventuellen Änderung der Daten-Quelle nicht extra angefordert werden muß. Durch diesen Schalter erhält das Feld den Charakter des früheren DDE-Feldes.

VERSION

Syntax:	{VERSION}
Feldkategorie:	Ergebnis
Aktualisierung:	[F9] ; automatisch vor dem Drucken, wenn Option **Feldaktualisierung** unter **DRUCK OPTIONEN** aktiviert ist

Das Ergebnis dieses Feldes ist die Versionsnummer der aktuellen Datei, wie sie auch in der Dialogbox **DATEI DATEI-INFO Statistik** zu ersehen ist. Es handelt sich hierbei um einen Wert, der bei jedem Abspeichern des Dokumentes automatisch um eins erhöht wird. Wird die Datei unter einem anderen Namen abgespeichert, erhält sie wie jedes neue Dokument automatisch den Versions-Wert *2* (vor dem ersten Abspeichern eines neuen Dokumentes zeigt die Datei-Info den Versionswert *1* an und zählt dann nach dem ersten Speichern hoch auf *2*).

VERZEICHNIS

Syntax:	{VERZEICHNIS *[Schalter]* *[Textmarke]* *[Tabellenerkennungszeichen]*}
Feldkategorie:	Ergebnis
Aktualisierung:	[F9] ; automatisch vor dem Drucken, wenn Option **Feldaktualisierung** unter **DRUCK OPTIONEN** aktiviert ist; Seriendruck

Das Feld VERZEICHNIS erzeugt Inhalts- oder auch Abbildungsverzeichnisse. Verzeichnisse können aus Gliederungsüberschriften sowie aus sogenannten Verzeichniseinträgen erstellt werden. Wenn Sie das Feld VERZEICHNIS ohne jeglichen Schalter benutzen, erstellt Word für Windows automatisch ein Inhaltsverzeichnis aus den Gliederungsüberschriften. Mit einer Reihe von Schaltern kann auf das Ergebnis Einfluß

Ausführlich werden Inhaltsverzeichnisse in Teil 4, Kapitel 11 behandelt.

genommen werden. Im folgenden werden die Schalter im einzelnen aufgelistet und beschrieben, wobei jeweils derjenige Begriff neben den Schaltern aufgelistet ist, unter dem der Schalter in der Dialogbox **FELD EINFÜGEN** im Listenfeld **Anweisungen** abrufbar ist.

\b   (Textmarke)

{VERZEICHNIS \b *Textmarkenname*}

Dieser Schalter ermöglicht es, ein Inhaltsverzeichnis nur für einen Teil des Dokumentes, der durch eine Textmarke definiert ist, zu erstellen.

\f   (Feldeinträge)

{VERZEICHNIS \f }

Mit diesem Schalter wird bestimmt, daß das Inhaltsverzeichnis nicht aus Gliederungsüberschriften erstellt werden soll, sondern aus den Verzeichniseinträgen, die mit den Feld VERZEICHNISEINTRAG erstellt wurden. Im Zusammenhang mit diesem Schalter erhält der Parameter *Tabellenerkennungszeichen* ein besondere Bedeutung. Er sorgt dafür, daß ein Verzeichnis lediglich aus Verzeichniseinträgen erstellt wird, die mit einem bestimmten Zeichen gekennzeichnet wurden. Tragen Sie dieses Kennzeichen hinter dem Schalter "\f" ein, abgetrennt durch ein Leerzeichen.

\o   Gliederung

{VERZEICHNIS \o n-n}

Dieser Schalter weist Word für Windows an, lediglich bestimmte Gliederungsebenen zur Bildung des Inhaltsverzeichnisses heranzuziehen. Wenn Sie also ein Inhaltsverzeichnis von den ersten vier Gliederungsebenen

erstellen möchten, geben Sie *1-4* hinter dem Schalter "\o" ein. Hinter
dem Schalter "\o" sollten immer zwei Zahlen erscheinen, auch wenn man
das Verzeichnis lediglich aus einer Liste erstellen möchte.

{VERZEICHNIS \o 1-4}

\s   (Folge)

{VERZEICHNIS \s Folgen-Name}

Ähnlich wie beim Feld INDEX läßt sich auch beim Inhaltsverzeichnis
eine Art von Verzeichnis erstellen, bei denen die Kapitelnummern mit
den Seitenzahlen abgedruckt werden (z.B. 4 - 7). Dazu müssen allerdings die einzelnen Kapitel vorher mit dem Folgefeld SEQ durchgezählt
worden sein. Fügen Sie also am Anfang jedes Kapitels folgendes Feld
ein:

{SEQ Kapitel}

Auf die mit diesem Feld ermittelten Werte kann der Schalter "\s" zugreifen und schreibt immer diejenige Zahl vor die Seitenzahl, die bei dem
jeweils gültigen SEQ-Feld errechnet wird. Wollen Sie das standardmäßige Trennzeichen zwischen Kapitel- und Seitenzahl, den Bindestrich,
abändern, können Sie auf den Schalter "\d" zurückgreifen.

\d   (Folgetrennzeichen)

{VERZEICHNIS \s \d " / "}

Der Schalter "\d" bestimmt das Folgetrennzeichen, also das Zeichen,
durch das der durch den Schalter "\s" ermittelte Folgewert von der Seitenzahl abgetrennt wird. Geben Sie hier beliebige Zeichen (max. drei)
ein. Werden Leerzeichen verwendet, müssen alle Zeichen hinter dem
Schalter in Anführungszeichen stehen.

VERZEICHNISEINTRAG

Syntax:	{INHALT *"Text"* [Schalter]
	[Tabellenerkennungszeichen]}
Feldkategorie:	Ergebnis
Aktualisierung:	F9 ; automatisch vor dem Drucken, wenn Option
	Feldaktualisierung unter **DRUCK OPTIONEN**
	aktiviert ist; Seriendruck

Dieses Feld erstellt die Verzeichniseinträge, auf die das oben beschriebene Feld VERZEICHNIS zugreifen kann. Sehr geeignet sind diese Felder, um Verzeichnisse von Tabellen, Grafiken usw. zu erstellen, also Verzeichnisse, die parallel zu einem Inhaltsverzeichnis laufen sollen. Felder vom Typ INHALT werden automatisch verborgen formatiert. Um diese am Bildschirm sehen zu können, genügt also nicht nur das Umschalten auf **ANSICHT FELDFUNKTIONEN**, sondern es muß auch unter **EXTRAS EINSTELLUNGEN Ansicht** die Option **verborgener Text** eingeschaltet werden. Auch für dieses Feld gibt es verschiedene Varianten, die durch Schalter erzeugt werden können.

Wenn Sie einen Verzeichniseintrag für ein Inhaltsverzeichnis festhalten möchten, so geben Sie einfach den Feldcode INHALT ein, gefolgt von dem Text, der später im Verzeichnis stehen soll.

{INHALT *"Rote Rüben"*}

In dem Verzeichnis würde der Eintrag später wie folgt stehen:

Rote Rüben, 24

Wenn Sie ein vom Inhaltsverzeichnis getrenntes Verzeichnis erstellen möchten, können Sie den Schalter "\f " verwenden. Im folgenden werden die Schalter im einzelnen aufgelistet und beschrieben, wobei neben den

Schaltern jeweils derjenige Begriff steht, unter dem der Schalter in der Dialogbox **FELD EINFÜGEN** im Listenfeld **Anweisungen** abrufbar ist.

\f   (Tabellenerkennungszeichen)

{INHALT "*Rote Rüben*" \f z}

Der Schalter "\f" bewirkt, daß ein Verzeichniseintrag nur in einem Verzeichnis mit dem Tabellenerkennungszeichen *z* aufgenommen wird (siehe Erläuterungen zum Feld VERZEICHNIS).

\l   (Gliederung)

{INHALT "*Rote Rüben*" \l n}

Mit dem Schalter "\l" können Sie die Ebene des Verzeichniseintrages bestimmen. Die darauffolgende Nummer stellt die der Gliederungsebene für diesen Verzeichniseintrag dar.

VORLAGE

Syntax:	{VORLAGE}
Feldkategorie:	Ergebnis
Aktualisierung:	[F9] ; automatisch vor dem Drucken, wenn Option **Feldaktualisierung** unter **DRUCK OPTIONEN** aktiviert ist; Seriendruck

Dieses Feld fügt den Namen der Dokumentvorlage ein, mit der das aktuelle Dokument verknüpft ist. Ist allerdings die aktuelle Dokumentvorlage die Standard-Vorlage NORMAL.DOT, so wird ein "leeres" Feldergebnis angezeigt.

WENN

Syntax:	{WENN *Ausdruck Operator Ausdruck WennWahrText WennFalschText*}
Feldkategorie:	Ergebnis
Aktualisierung:	F9 ; automatisch vor dem Drucken, wenn Option **Feldaktualisierung** unter **DRUCK OPTIONEN** aktiviert ist; Seriendruck

Dieses Feld fragt zuerst die Bedingung *AusdruckOperatorAusdruck* ab und entscheidet dann, ob der *WennWahrText* oder der *WennFalschText* eingefügt wird. Insbesondere in Serienbriefen ist dieses Feld äußerst nützlich. Wollen Sie zum Beispiel bei einem Serienbrief allen Kunden, die im letzten Jahr mehr als 100.000 DM Umsatz bei Ihnen gemacht haben, eine extra freundliche Begrüßung zukommen lassen, könnte sich folgendes WENN-Feld empfehlen:

{WENN Umsatz > 100000 "*Allerhöchst geschätzter Geschäftsfreund,*"
"*Guten Tag auch,*"}

<u>Wenn</u> der Umsatz größer ist als 100000, <u>dann</u> erscheint als Anrede *Allerhöchst geschätzter Geschäftsfreund,,* <u>sonst</u>: erscheint *Guten Tag auch,*. Achten Sie bitte darauf, daß zwischen *Ausdruck Operator Ausdruck* jeweils ein Leerzeichen gesetzt wird. Die nachstehenden Operatoren können in dem Feld benutzt werden.

Operator	Beschreibung
<	kleiner als
>	größer als
=	gleich
<=	kleiner gleich
>	größer gleich
<>	ungleich

Die Parameter *Ausdruck* können Zahlen und /oder Text miteinander vergleichen. Hierbei werden Groß- oder Kleinschreibung unterschieden. Es können dabei auch die sogenannten Wildcards oder Jokerzeichen *?* und * verwendet werden. Die Bedingung

{WENN plz = 6??0 ...}

würde zum Beispiel alle Daten herausfiltern, deren Postleitzahl mit der Ziffer *6* beginnt, dann *zwei* beliebige Zeichen hat und am Ende die Ziffer *0*. Dagegen würde die Bedingung

{WENN plz = 6*0 ...}

alle Datensätze herausfiltern, deren Postleitzahl mit *6* beginnt und mit *0* endet. Die Anzahl der Zeichen, für die das Jokerzeichen * in der *Sonst*-Bedingung benutzt werden kann, darf 128 nicht überschreiten.

XE ⇨ INDEXEINTRAG

Dieses Feld finden Sie ab der Version 2.0 unter einem anderen Namen.

ZEIT

Syntax:	{ZEIT}
Feldkategorie:	Ergebnis
Aktualisierung:	F9 ; automatisch vor dem Drucken, wenn Option **Feldaktualisierung** unter **DRUCK OPTIONEN** aktiviert ist; Seriendruck

Das Feld vom Typ ZEIT erzeugt als Feldergebnis die aktuelle Uhrzeit. Dieser Wert wird von der Uhr des Rechners übernommen. Wenn Sie also die Uhrzeit mit der Systemsteuerung auf Sommerzeit umstellen, erscheint diese Uhrzeit als Feldergebnis. Wenn Sie keine zusätzlichen Schalter einsetzen, wird die Zeit gemäß dem unter Windows eingestellten Zeit-Format (bzw. dem Eintrag unter TIMEFORMAT = ... in Ihrer WIN.INI) eingefügt. Über die allgemeinen Feldschalter "Zeit/Datums-Formatbild" können Sie das Aussehen dieser Zeitangabe beeinflussen. Ein kleines Beispiel soll das verdeutlichen:

{ZEIT \@ h:mm}

hat das Ergebnis:

02:35

Das kleingeschriebene *h* bedeutet, daß es sich um eine einstellige (0 - 12) 12-Stunden-Darstellung handelt, ein großgeschriebenes *H* würde eine 24-Stunden-Darstellung erzeugen, wobei die Minuten *mm* zweistellig (00-59) ausgegeben werden. Beachten Sie bitte, daß ein großgeschriebenes *M* das Symbol für Monate ist und daß Sie deshalb bei der Eingabe von *MM* im Monat Dezember das Ergebnis *12* erhalten würden.

Allgemeine Feldschalter

Bei der Erläuterung der einzelnen Feldtypen haben wir bereits eine ganze Reihe feldspezifischer Schalter erläutert. Diese Schalter sind Schalter, die immer nur mit den dazugehörigen Feldern arbeiten können. Im Gegensatz dazu kennt Word für Windows noch die allgemeinen Feldschalter. Mit den allgemeinen Feldschaltern können Sie das Aussehen von fast allen (ausgenommen die unten aufgelisteten 10) Feldern beeinflussen. Die allgemeinen Feldschalter beziehen sich in der Regel auf Formatierungen. Sie können mit ihnen also das Ergebnis eines Feldes zum Beispiel im Hinblick auf Großbuchstaben oder Kleinbuchstaben steuern. Natürlich gibt es auch hierbei Grenzen: ein Zahlenformatschalter läßt sich nicht auf ein Textfeld anwenden und umgekehrt. Felder, die nicht über die allgemeinen Feldschalter manipuliert werden können, sind folgende:

✗ AUTONUM.   ✗ IMPORT
✗ AUTONUMDEZ.   ✗ INDEX-EINTRAG (XE)
✗ AUTONUMGLI   ✗ MAKRO
✗ FORMEL   ✗ RD
✗ GEHEZU   ✗ VERZEICHNISEINTRAG

An dieser Stelle sei auf die Möglichkeit hingewiesen, daß natürlich auch durch das Formatieren des Feldes das Aussehen des Feldergebnisses bestimmt werden kann. Allerdings gehen die Fähigkeiten der Format-schalter über das hinaus, was Sie mit der einfachen Formatierung errei-chen können. Bei den allgemeinen Feldschaltern gibt es vier Haupt-Typen, von denen fast alle noch eine Reihe von Unteranweisungen bereitstellen, um das Feldergebnis zu manipulieren.

Schalter	Beschreibung
*	Bestimmt Formatierungen wie *fett* oder *Großbuchstaben*
\#	Bestimmt Zahlenformate, z.B. Anzahl der Nachkommastellen
\@	Bestimmt Datums- oder Zeitangaben
\!	Sperrt verschachtelte Felder gegen Aktualisierung

* Format

* FormatName

Word kennt drei Kategorien von FormatNamen für diesen Schalter: *Groß/Kleinschrift*, *Zahlenformate* und *Zeichenformate*. Insgesamt sind es 14 *FormatNamen*, die Word für Windows hier zur Verfügung stellt.

* Groß/Kleinschrift

Die folgenden FormatNamen sind von der Kategorie *Groß/Kleinschrift*.

{EINGEBEN "*Geben Sie ihren Namen ein*" * Kleinschrift}

Dieses Feld hätte für Dagmar Dose als Bearbeiterin folgendes Ergebnis:

dagmar dose

Sie sehen an diesem Beispiel, daß Eingaben in Großschrift durch diesen Schalter unterdrückt werden. Der Formatschalter überlagert die Eingaben in Großschrift und führt dazu, daß das Feldergebnis nur noch in dem definierten Kleinschrift-Format wiedergegeben wird.

FormatName	Beschreibung	Beispiel
Großschrift	Großbuchstaben	DAGMAR DOSE
Kleinschrift	Kleinbuchstaben	dagmar dose
Initial	1. Zeichen des Textes groß, der Rest klein	Dagmar dose
Alleinitial	1. Zeichen jedes Wortes groß	Dagmar Dose

* Formate

Die folgenden FormatNamen sind von der Kategorie Formate. Wenn Sie möchten, daß die Wiedergabe von Zahlen einem bestimmten Format folgt, so können Sie dies mit dem entsprechenden FormatNamen in der Feldanweisung sicherstellen:

Dies ist die {EINGEBEN "*Geben Sie die Seitenzahl ein*" * OrdText} Seite.

Das obige Feld öffnet durch Drücken von F9 eine Dialogbox, in der Sie zur Eingabe einer Seitenzahl aufgefordert werden. Wenn Sie zum Beispiel die Zahl *8* eingegeben haben, erscheint als Feldergebnis:

Dies ist die achte Seite.

Gerade bei dem Schalter ORDTEXT müssen Sie allerdings beachten, daß bei der Übersetzung ins Deutsche ein kleiner Fehler unterlaufen ist.

Während die Eingabe von *17* noch zum Ergebnis *siebzehnte* führt, gibt es bei der Eingabe von *27* als Ergebnis *Siebundzwanzigste*.

FormatName	Beschreibung	Beispiel
Arabisch	Arabisch	1,2,3,4,5 37
Römisch	römische Zahlen	I, II, III, IV, V ... XXXVII
Alphabetisch	Buchstaben anstelle Zahlen	A, B, C, D, E ... KK
Hex	Umwandlung in Hexadezimalzahl	1, 2, 3, 4, 5 ... 25
Ordnungszahl	Ordnungszahl	1., 2., 3., 4., 5. ... 37.
Ordtext	Ordnungszahl als Zahlwort	Erste, zweite, dritte ... Siebunddreißigste
Grundtext	Zahl als Zahlwort	Eins, zwei, drei ... Siebunddreißig
Währungstext	Zahlwort + Bruchteil	Acht und 13/100

Die beiden Formatnamen *Alphabetisch* und *Römisch* können auch durch ihre Schreibweise das Feldergebnis beeinflussen. *römisch* erzeugt als Ergebnis "i, ii, iii, iv ..." , während *Römisch* als Ergebnis "I,II,III ..." erzeugt. Das gleiche gilt für *Alphabetisch* und *alphabetisch*. Andere Ergebnismanipulationen können durch Formatschalter wie z.B. * Kleinschrift erzeugt werden, wie das nachstehende Beispiel demonstriert.

Dies ist der {ANGEBEN "23" *Ordtext *Kleinschrift} von Hundert.

Der Schalter Währungstext dient zur Ausgabe von Zahlen mit Dezimalstellen. Die Zahl vor dem Komma wird als Zahlwort ausgegeben, die Stellen nach dem Komma in Hundertsteln berechnet und ausgegeben. Beispielsweise würde *24,4* wie folgt dargestellt:

Vierundzwanzig und 40/100

\ * Zeichenformate

Die folgenden Formatnamen dienen der gezielten Zeichenformatierung. Der Formatname Zeichenformat weist zum Beispiel an, das Ergebnis des Feldes in der Zeichenformatierung auszugeben, mit der das erste Zeichen nach der linken Feldklammer formatiert wurde. Das Feld

{TITEL *Zeichenformat}

führt zur Ausgabe des in der Datei-Info eingetragenen Titels *Ottos Mops* in Fett und kursiv, weil das erste Zeichen hinter der linken Feldklammer fett und kursiv formatiert ist:

Ottos Mops

Wenn Sie dem Feldcode eine weitere Formatierung beispielsweise für eine andere Schriftart nicht durch einen Schalter mitgeben, sondern die Formatierung z.B. über **FORMAT ZEICHEN** zuordnen, so würde diese Formatierung nach einer Aktualisierung wieder rückgängig gemacht werden. Der Schalter *Formatverbinden dient dazu, dieses zu verhindern:

{REF Textmarke *Formatverbinden}

Wenn Sie jetzt den Inhalt der Textmarke, also den Teil Ihres Dokumentes, für den die Textmarke vergeben wurde, in einer anderen Schriftart formatieren, hätte das auf das Feldergebnis keinen Einfluß. Der Feldschalter *Formatverbinden sperrt das Feld bzgl. der Formatierung bzw. er sorgt dafür, daß die Formatierung, die bei der Feldaktualisierung mit dem Schalter vorhanden war, für immer und ewig beibehalten wird.

\# - Zahlenformat

Dieser Schalter bestimmt, wie ein Feld eine Zahl ausgibt. Handelt es sich bei dem Ergebnis des Feldes nicht um eine Zahl, so ist der Schalter wirkungslos. Das Zahlenformat wird hinter dem Schalter eingegeben. Beinhaltet es Leerstellen, so muß das Argument in Anführungszeichen gesetzt werden.

Zahlenformat	Beschreibung	Beispiel	Ergebnis
0 (Null)	Platzhalter für Ziffern (immer)	{= 15,6 \# 000,000)}	015,600
#	Platzhalter für Ziffern (wenn nötig)	{= 15,6 \# ##0,###)}	15,6
x	Platzhalter zum Stellenabschneiden	{= 15,6 \# x)}	5
,	Dezimalkomma	{=43214 \# ##,0}	
.	Tausendertrenn-zeichen	{=43214 \# .##,0}	43.214,0
-	negatives Vorzeichen (nur wenn nötig)	{=4-5 \# -00,00}	-01,00
+	pos. /neg. Vorzeichen (immer)	{=4-5 \# +00,00} {=42-5 \# +00,00}	-01,00 +37,00
Format1/ Format2	negative Variante	{Gewinn \# "DM 0,00; (DM 0,00)"}	wenn Gewinn < 0: (DM 12,00), sonst : DM 12,00
Format1/ Format2/ Format3	vollständige Variante	{Gewinn \# "DM 0,00; (DM 0,00);'--'"}	wenn Gewinn = 0: -- sonst wie oben

Der Feldschalter kann mit drei hintereinanderstehenden Formaten verwendet werden. An dem Beispiel der vollständigen Variante in der obigen Tabelle können Sie sich dies verdeutlichen. Das erste Schalterargu-
ment gibt das Format für einen positiven Wert an, das zweite das Format
für einen negativen Wert und das dritte Format ist für den Fall vorhanden, daß das Feldergebnis Null ist. In dem Beispiel der obigen Tabelle
würden also positive Werte mit dem Währungsformat ausgegeben werden, negative Werte würden mit dem Währungsformat in Klammern
stehen und für den Fall, daß das Feldergebnis Null wäre, würde einfach

ein Bindestrich ausgegeben werden. Achten Sie bzgl. des Bindestriches darauf, daß dieser in Anführungsstrichen stehen muß, da er sonst als Minuszeichen interpretiert werden würde.

\@- Datums- und Zeitformat

Mit dem Schalter "\@" kann das Aussehen der Datums- und Zeitfelder beeinflußt werden. Allerdings können Sie auch eine Texteingabe, die dem Format Tag.Monat.Jahr folgt, formatieren. So würde beispielsweise das Feld

{EINGEBEN *"Geben Sie das betreffende Datum ein"*
\@ "tttt","T.MMMM JJJJ"}

zu dem nachstehenden Ergebnis führen, wenn der Anwender *25.3.61* in die Eingabe-Dialogbox tippen würde:

Samstag, 25.März 1961

Mit dieser Funktion läßt sich übrigens herausbekommen, was für ein Wochentag ein bestimmtes Datum war. Der Aufbau dieses Formatschalters ist recht einfach. Zuerst gelten für Tag, Monat, Jahr usw. verschiedene Variablen. Diese können dann durch Mehrfachvergabe in ihrer Ausführlichkeit gesteuert werden.

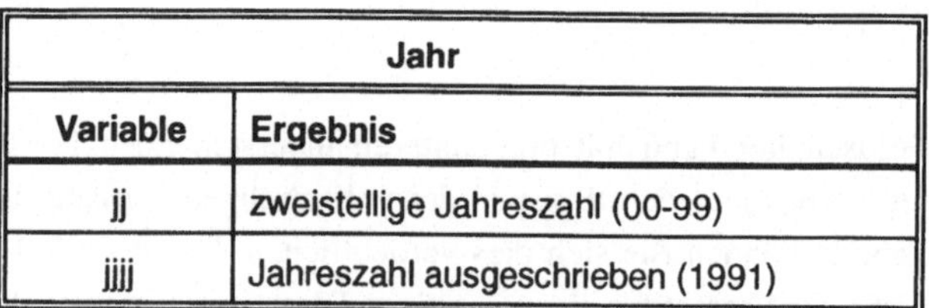

Jahr	
Variable	**Ergebnis**
jj	zweistellige Jahreszahl (00-99)
jjjj	Jahreszahl ausgeschrieben (1991)

Monat	
Variable	**Ergebnis**
M	Monat als Zahl ohne führende Null (1 - 12)

MM	Monat als Zahl, mit führender Null (01 - 12)
MMMM	Monatsname ausgeschrieben (Januar - Dezember)

Tag	
Variable	**Ergebnis**
t	Tag als Zahl ohne führende Null (1 - 31)
tt	Tag als Zahl, mit führender Null (01 - 31)
ttt	Tagesname abgekürzt (Son - Sam)
tttt	Tagesname ausgeschrieben (Sonntag - Samstag)

Minuten	
Variable	**Ergebnis**
m	Minute ohne führende Null (0-59)
mm	Minute mit führender Null (00-59)

Stunden	
Variable	**Ergebnis**
h	Stunde, ohne führende Null, 12 Stunden Darstellung (0-12)
hh	Stunde, mit führender Null, 12 Stunden-Darstellung (00-12)
H	Stunde, ohne führende Null, 24 Stunden-Darstellung (0-24)
HH	Stunde, mit führender Null, 24 Stunden-Darstellung (00-24)

AM/PM	
Variable	**Ergebnis**
a/p	"a" oder "p"
A/P	"A" oder "P"
am/pm	"am" oder "pm"
AM/PM	"AM" oder "PM"

\!   Ergebnis sperren

Mit dem letzten allgemeinen Feldschalter können Sie ein Feldergebnis, das zum Beispiel als Textmarke auf ein SEQ-Feld verweist, gegen eine Aktualisierung sperren. Dieser Feldschalter arbeitet nur in Feldern, die Teil eines Ergebnisses ist, d.h. im Zusammenhang mit Feldern, die "sich selbst hochzählen". Sie können den Feldschalter in einem Textmarkenfeld zum Beispiel dann gut benutzen, wenn Sie Ihre Abbildungen mit SEQ-Feldern durchnumeriert haben und im Text mit einem Textmarkenfeld arbeiten, das auf eine Abbildung verweist (z.B. siehe Abbildung {REF Abb4}, wobei Abb4 ein Textmarkenname für ein SEQ-Feld ist, das die Abbildung 4 numeriert).

Zusammenfassung

In diesem Kapitel haben wir die **Felder** von Word für Windows besprochen. Wir haben erklärt, wie man ein Feld erstellt, und wie man mit Feldern in verschiedenen Ansichtsformen arbeitet. Sie haben gelernt, welche Felder sich zu welchem Zeitpunkt automatisch aktualisieren, und wann Felder manuell aktualisiert werden müssen, und Sie wissen nun, wie man sich **Feldfunktionen** und **Feldergebnisse** gleichzeitig am Bildschirm anzeigen lassen kann. Abschließend haben wir besprochen, wie sich **Felder sperren** bzw. **Feldverknüpfungen lösen** lassen und einen die verschiedenen Feldtypen im einzelnen besprochen.

inhaltsverzeichnisse und indexierung

Kapitel 11

In diesem Kapitel wird auf die Möglichkeiten eingegangen, die Word für Windows bzgl. Indexierung, Abbildungs-, Inhalts- oder sonstigen Verzeichnissen bietet. Sie lernen, wie man in einem Dokument Einträge für alle Arten von Verzeichnissen festhalten kann und wie man am Ende das so zusammengestellte Verzeichnis in das Dokument einfügt.

Indexierung und Verzeichnisse

Jedes Verzeichnis, egal ob es sich um ein Inhaltsverzeichnis, ein Stichwortverzeichnis (Index) oder ein Abbildungsverzeichnis handelt, wird prinzipiell auf die gleiche Art erstellt: Zuerst werden die Verzeichniseinträge definiert, d.h. die Stichworte o.ä., die später mit der Seitenzahl im Verzeichnis aufgelistet werden sollen, und dann wird in einem weiteren Arbeitsgang das Verzeichnis selbst erstellt. Bei der Erstellung des eigentlichen Verzeichnisses wird das gesamte Dokument noch einmal durchsucht, findet alle Verzeichniseinträge und listet sie mit den dazugehörigen Seitenzahlen auf. Bei beiden Arbeitsgängen werden die Word für Windows-Felder benutzt.

Mehr über Felder erfahren Sie in Teil 4, Kapitel 10.

Felder sind prinzipiell nichts anderes als Variablen, die je nach Feldart und Feldschalter ein anderes Ergebnis produzieren. Zwischen der Ansicht dieser Variablen und der Ansicht des Feldergebnisses können Sie mit **ANSICHT FELDFUNKTIONEN** hin- und herschalten. Sind die Feldfunktionen eingeschaltet, wird der Feldcode (Steueranweisung) angezeigt. Sind die Feldfunktionen ausgeschaltet, wird das Feldergebnis angezeigt. Sie können sich durch folgendes Beispiel einer Indexierung die Arbeitsweise verdeutlichen. Im Beispiel werden zwei Begriffe in das Stichwortverzeichnis aufgenommen.

Felder {XE "Felder "}sind prinzipiell nichts anderes als Variablen, die je nach Lage der Dinge ein anderes Ergebnis produzieren. Das Beispiel eines Indexes {XE "Index "}soll das verdeutlichen. Im folgenden Absatz sind zwei Begriffe in das Stichwortverzeichnis aufgenommen worden.

Die XE-Felder (XE steht für Index-Entry=Indexeintrag) werden automatisch verborgen formatiert, d.h. Sie werden nur dann gedruckt, wenn unter den Druckoptionen die Option zum Drucken verborgener Zeichen eingeschaltet wurde.

Der Index selbst wird mit dem Feld {Index} erzeugt. In unserem Beispiel würden die beiden oben durch XE-Felder ausgewählten Begriffe in alphabetischer Reihenfolge im Stichwortverzeichnisses bzw. Index auftauchen. Die Verwendung von Feldern hat den unschätzbaren Vorteil, daß jedes Einfügen eines neuen Verzeichniseintrages durch einen einfachen Tastendruck (F9) zu einem neuen, aktuellen Index führt. Durch Drücken der Aktualisierungstaste F9 wird das gesamte Dokument noch einmal durchgegangen und der Index nach den neuen Vorgaben erstellt.

Die XE-Felder für die Verzeichniseinträge werden immer als verborgener Text formatiert. Um sie ansehen zu können, müssen Sie also erstens unter **EXTRAS EINSTELLUNGEN Ansicht** die Option **verborgener Text** aktiviert haben. Zweitens müssen Sie in unter **ANSICHT** die **FELD-FUNKTIONEN** eingeschaltet haben.

Über verschiedene sogenannte Feldschalter können Sie das INDEX-Feld bzw. das Ergebnis vielfältig variieren. So ist es zum Beispiel möglich, einen Feldschalter zu setzen, der nur einen Teilindex erzeugt. Der Schalter \p dient zum Definieren solcher Teil-Indexverzeichnisse. Er begrenzt den Index auf Einträge, die mit den genannten Buchstaben beginnen und ist vor allem dann sinnvoll einzusetzen, wenn zuwenig Speicherplatz verfügbar ist, um sofort einen vollständigen Index zu erstellen. Wenn Sie mehrere INDEX-Felder mit dem Schalter \p einfügen, können Sie die einzelnen Teile des Indexverzeichnisses nacheinander erstellen.

Mehr über Felder und die differenzierten Feldschalter des Feldes "INDEX" finden Sie in Teil 4, Kapitel 10.

Inhaltsverzeichnisse

In Word für Windows haben Sie zwei Möglichkeiten, um ein Inhaltsverzeichnis automatisch erstellen zu lassen. Der einfachste Weg ist es, die einzelnen Überschriften in Ihrem Text mit den vordefinierten Druckfor-

Die Gliederungsfunktion wurde ausführlich in Teil 4, Kapitel 9 besprochen.

maten für Gliederungsebenen zu versehen und aus diesen Überschriften
ein Inhaltsverzeichnis erstellen zu lassen. Es gibt aber auch Dokumente,
bei denen im Inhaltsverzeichnis Überschriften stehen sollen, die in dieser
Form als Gliederungsüberschrift im Dokument nicht auftauchen. Dann
können Sie sich Inhaltsverzeichniseinträge (als Felder) in Ihrem Text
definieren, die Word für Windows dann zu einem Inhaltsverzeichnis für
Sie zusammenstellt.

Inhaltsverzeichnisse aus der Gliederung

Die Überschriften einer Gliederung können dazu benutzt werden, um
schnell und einfach ein Inhaltsverzeichnis zu erstellen. Wenn Sie den
Befehl **EINFÜGEN INHALTSVERZEICHNIS** benutzen, können Sie die
Option **Aus Überschriften** einschalten und bestimmen, bis zu welcher
Ebene der Gliederung Word für Windows die Überschriften anwenden
soll, um daraus ein Inhaltsverzeichnis zu erzeugen. Jede dieser Über-
schriften - bis zur angegebenen Ebene - erscheint dann automatisch im
Inhaltsverzeichnis.

Um ein Inhaltsverzeichnis aus der Gliederung zu erzeugen, müssen Sie
lediglich die entsprechenden Überschriften Ihres Dokumentes mit den
Druckformaten für Gliederungsebenen versehen. Anschließend positionieren Sie die Einfügemarke dort, wo das Inhaltsverzeichnis erscheinen
soll. Rufen Sie den Befehl **EINFÜGEN INHALTSVERZEICHNIS** (Alt +
E , V), und markieren Sie die Option **Aus Überschriften** (Alt +
S) (siehe Abbildung 4.11.1). Soll das Inhaltsverzeichnis nicht aus
allen Gliederungsebenen erstellt werden, so können Sie durch Eingabe
der zu benutzenden Ebenen in den Textfeldern **von** und **bis** bestimmen,
welche Gliederungsebenen benutzt werden sollen (die Werte **von:** *1* und
bis: *4* erstellen z.B. ein Inhaltsverzeichnis aus den *Gliederungsebenen 1* bis *4*). Wenn Sie mit **OK** bestätigen, wird das Inhaltsverzeichnis
erstellt.

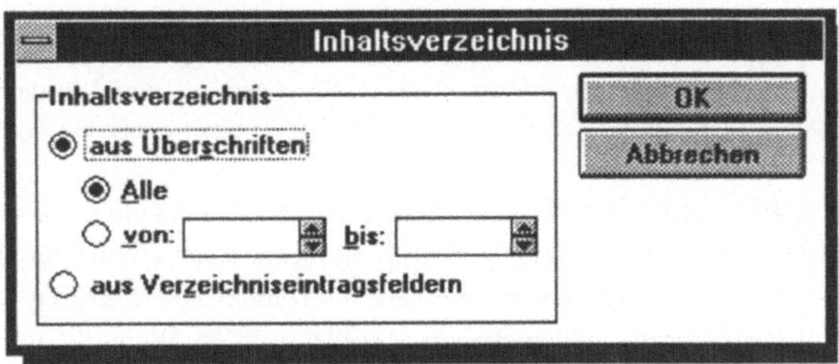

Abb.4.11.1:   Inhaltsverzeichnisse können sehr komfortabel über
              EINFÜGEN INHALTSVERZEICHNIS erstellt werden

Inhaltsverzeichnisse aus der Gliederung eines Dokumentes werden automatisch mit den entsprechenden Seitenzahlen der Gliederungsüberschriften und in bestimmten Druckformaten erzeugt. Die Druckformate des Inhaltsverzeichnisses (jede Ebene einer Gliederung hat ein eigenes Druckformat) können Sie über **FORMAT DRUCKFORMAT** jederzeit ändern und an Ihre Bedürfnisse anpassen. Ändern Sie dazu die Druckformate *Verzeichnis 1* bis *Verzeichnis 9*. Sie können die Formatierung des Feldergebnisses ohne eine vorherige Anpassung der Druckformate verändern. Allerdings führt jedes Drücken von F9 (Feld Aktualisieren) dazu, daß automatisch wieder die Druckformate *Verzeichnis 1* bis *Verzeichnis 9* angewendet werden. Die Aktualisierung können Sie verhindern, wenn Sie die feste Feldverknüpfung nach Abschluß aller Arbeiten durch Drücken von Strg + ⇧ + F9 lösen. Der Feldinhalt wird dann durch das Feldergebnis (hier das Inhaltsverzeichnis) ersetzt.

Die Druckformate des Inhaltsverzeichnisses können Sie über den Befehl FORMAT DRUCKFORMAT jederzeit ändern und an Ihre Bedürfnisse anpassen.

Inhaltsverzeichnisse aus Verzeichniseinträgen

Inhaltsverzeichnisse lassen sich auch aus Einträgen und Überschriften erzeugen, die nicht mit den Gliederungsüberschriften Ihres Dokumentes übereinstimmen. Sie müssen dazu lediglich die Inhaltsverzeichniseinträge als Felder in Ihrem Dokument plazieren. Später identifiziert die

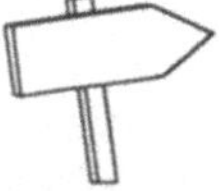

Mehr über Felder und die differenzierten Feldschalter des Feldes "INHALT" finden Sie in Teil 4, Kapitel 10.

Feldart VERZEICHNIS alle Inhaltsverzeichniseintragsfelder und teilt Word für Windows mit, welcher Text und welche Seitenzahl in dem zu erstellenden Inhaltsverzeichnis erscheinen soll.

Das später erzeugte Inhaltsverzeichnis selbst ist ebenfalls ein Feld. Wenn Sie ein Feld mit der Art VERZEICHNIS einfügen, erstellt Word für Windows ein Inhaltsverzeichnis, in dem Gliederungsüberschriften oder INHALTS-Felder als Feldergebnis ausgegeben werden. Wenn Sie weitere Inhaltsverzeichniseinträge in Ihrem Text vornehmen, können Sie Word für Windows jederzeit veranlassen, das Feld mit dem Inhaltsverzeichnis zu aktualisieren. Um ein Inhaltsverzeichnis aus selbst definierten Feldeinträgen zu erstellen, positionieren Sie die Einfügemarke dort, wo Sie einen Inhaltsverzeichniseintrag erstellen möchten. Prinzipiell könnten Sie ein solches Inhaltsverzeichnis auch "aus der hohlen Hand" erstellen. Das hätte allerdings den Nachteil, daß Sie die Seitenzahlen der entsprechenden Abschnitt in Ihrem Text manuell nachschlagen müßten.

Sinnvoller ist es, wenn Sie direkt auf den entsprechenden Seiten ein Feld mit dem Befehl **EINFÜGEN FELD** (Alt + E , E) positionieren. Stellen Sie als Feldart INHALT ein, und wechseln Sie in das Textfeld **Feldfunktion**, wobei Sie die Einfügemarke hinter dem Wort **Inhalt** positionieren. Drücken Sie die Leertaste, schreiben Sie den Text für den Inhaltsverzeichniseintrag in Anführungsstrichen (z.B. **Inhalt** *"Zusammenfassung und Schlußwort"*) und bestätigen Sie mit **OK**. Wiederholen Sie diese Schritte für jeden Inhaltsverzeichniseintrag. Wenn Sie auf allen Seiten des Dokumentes Ihre Inhalts-Felder positioniert haben, bewegen Sie die Einfügemarke dorthin, wo das Inhaltsverzeichnis erscheinen soll. Rufen Sie dann den Befehl **EINFÜGEN INHALTSVERZEICHNIS** (Alt + E , V) auf und markieren Sie die Option **Aus Verzeichniseintragsfeldern** (Alt + Z). Sobald Sie mit **OK** bestätigen, wird aus den Einträgen der INHALT-Felder automatisch ein Inhaltsverzeichnis erstellt.

Indexierung

Ein Stichwortverzeichnis (Index) wird von Word für Windows auf eine ähnliche Art erstellt wie ein Inhaltsverzeichnis. Mit dem Feld XE wird ein bestimmtes Stichwort in das Verzeichnis aufgenommen. An beliebiger Stelle (in der Regel am Ende des Dokumentes) kann über das Feld INDEX dann ein Verzeichnis dieser Einträge erzeugt werden. Sortiert werden diese Einträge, anders als beim Inhaltsverzeichnis, jedoch nicht nach Seitenzahlen, sondern sinnigerweise alphabetisch.

Um einen Begriff in das Verzeichnis aufzunehmen, markieren Sie diesen zunächst. Wählen Sie dann den Befehl **EINFÜGEN INDEXEINTRAG**. In der folgenden Dialogbox (siehe Abbildung 4.11.2) taucht der zuvor markierte Begriff in der Eingabezeile auf. Sie können den Begriff bearbeiten und verändern, klicken Sie dazu mit der Maus an die Stelle, die Sie verändern wollen und nehmen Sie die Korrektur vor. Sobald Sie mit **OK** bestätigen, wird dieser Begriff in den Index aufgenommen. Haben Sie den Befehl **EINFÜGEN INDEXEINTRAG** aufgerufen, ohne vorher Text zu markieren, ist die Dialogbox leer und Sie müssen/können den Indexeintrag "von Hand" eingeben.

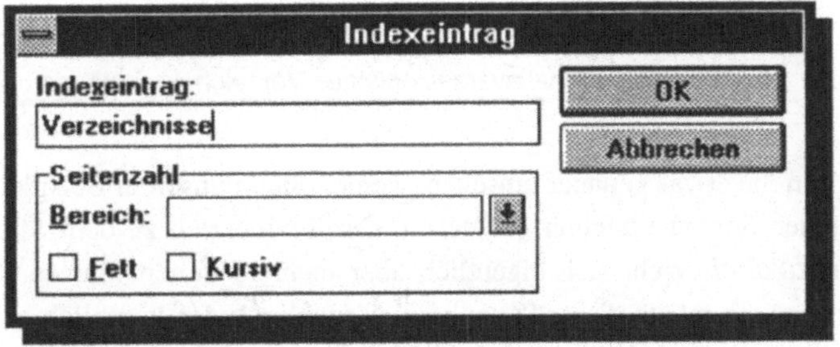

Abb. 4.11.2:   Die Dialogbox zum Vergeben der Indexeinträge

Indexe können auch gestaffelt erstellt werden. Sie können z.B. einen Indexeintrag als Haupteintrag definieren und "tieferliegende", aber logisch zuzuordnende Begriffe als Untereinträge formatieren, so daß im Index folgendes Bild entsteht:

```
Verzeichnisse 5
        Inhaltsverzeichnis 6
                automatisch 7
                aus Verzeichniseinträgen 15
```

Um dies zu erreichen, geben Sie in das Dialogfeld **Indexeintrag** der Dialogbox **EINFÜGEN INDEXEINTRAG** erst den Haupteintrag (in unserem Beispiel *Verzeichnisse*) ein, dem ein Doppelpunkt und der Untereintrag folgt. Natürlich können auch, wie im obigen Beispiel, mehrere Ebenen durch entsprechende Eintragung der tieferliegenden Untereinträge erzeugt werden. Im folgenden finden Sie die Indexeinträge, die für den oben abgebildeten Index notwendig sind:

```
Verzeichnisse
Verzeichnisse:Inhaltsverzeichnis
Verzeichnisse:Inhaltsverzeichnis:automatisch
Verzeichnisse:Inhaltsverzeichnis:aus Verzeichniseinträgen
```

Wenn Sie etwas genauer hinsehen, werden Sie in unserem Beispiel einen kleinen Schönheitsfehler entdecken. Der Textbereich zu dem Stichwort *Verzeichnis* zieht sich eigentlich über mehrere Seiten hinweg. Genau genommen müßte dieser Seitenbereich auch im Index kenntlich gemacht werden. Am besten wäre es, wenn der Index wie folgt aussehen würde:

```
Verzeichnisse 5 - 23
    Inhaltsverzeichnis 6
            automatisch 7
            aus Verzeichniseinträgen 15
```

Für diese Bereichsangabe gibt es in der Dialogbox **EINFÜGEN INDEX-
EINTRAG** die Option **Bereich**. Über diese Option kann auf einen mit einer Textmarke markierten Bereich zugegriffen werden. Wenn sich also
in einem Dokument ein Themenbereich über mehrere Seiten hinwegzieht
und Sie dieses Thema in den Index aufnehmen möchten, so vergeben Sie
zunächst eine Textmarke für den ganzen Bereich. Danach rufen Sie den
Befehl **EINFÜGEN INDEXEINTRAG** auf und benennen im Eingabefeld
Indexeintrag das Stichwort. Wählen Sie dann in dem Listenfeld **Bereich**
die zuvor benannte Textmarke aus.

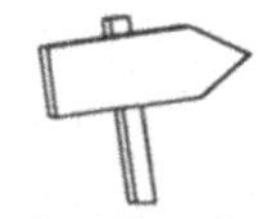

*Das Erstellen von Text-
marken wird in Teil 4,
Kapitel 1 besprochen.*

Formatierung der Seitenzahlen

In vielen Texten kommt es vor, daß ein Stichwort auf mehreren Seiten
auftaucht, jedoch nur auf einer wirklich eingehend erläutert wird. Wenn
genau diese Stelle auch im Index hervorgehoben werden soll, empfiehlt
es sich, für den Indexeintrag eine andere Formatierung zu wählen.

```
Verzeichnisse: 5, 7, 19 - 38
```

In dem obigen Beispiel wurde bei dem Verzeichniseintrag auf Seite *7* in
der Dialoxbox **Einfügen Indexeintrag** die Option **fett** gewählt. Denkbar
ist auch eine Formatierung in **kursiv**, was die Seitenzahl dieses Indexein-
trages dann in kursiver Schreibweise erscheinen lassen würde.

Nachträgliches Einfügen von
Einträgen in Verzeichnisse

Wenn Sie nachträglich einen weiteren Eintrag in ein Verzeichnis aufnehmen möchten, so müssen Sie lediglich an der gewünschten Stelle
über den Befehl **EINFÜGEN INDEXEINTRAG** ein weiteres Stichwort erstellen. Um das neue Stichwort auch im Index erscheinen zu lassen,
müssen Sie allerdings das Feld INDEX markieren und mit der Taste F9
eine Aktualisierung veranlassen. Word für Windows erstellt nun den
Index nach den neuen Vorgaben. Das gleiche gilt auch für Inhaltsverzeichnisse. Auch hier werden Änderungen nicht sofort im Verzeichnis

sichtbar, sondern erst nach der Aktualisierung des Feldes VERZEICHNIS mit der Taste [F9] . Beachten Sie aber auch, daß eine Feldaktualisierung automatisch bei jedem Ausdruck vorgenommen wird.

Indexeinträge und Inhaltsverzeichnisse werden ja, wie schon eingangs erwähnt wurde, über Felder erstellt. Neben den soeben besprochenen Möglichkeiten, die Feldergebnisse zu beeinflussen, können Sie die Ergebisse aber noch sehr viel individueller gestalten. Hierfür stehen Ihnen die sogenannten Feldschalter zur Verfügung. Da in diesem Kapitel jedoch lediglich das Erstellen von Indexierungen und Verzeichnissen über Menübefehle besprochen werden soll und wir in Teil 4, Kapitel 10 die Felder schon ausführlich besprochen haben, möchten wir Sie bitten, dort nachzuschlagen, falls Sie noch differenziertere Verzeichnisse erstellen möchten. Besonders interessant dürfte hierbei übrigens das Feld RD sein, mit dem sich Verzeichnisse auch über mehrere Dokumente hinweg erstellen lassen.

Zusammenfassung

In diesem Kapitel haben Sie gelernt, wie man **Inhaltsverzeichnisse** aus Überschriften und sogenannten Verzeichniseinträgen erstellt. Ferner haben wir beschrieben, wie ein Stichwortverzeichnis (Index) aus Indexeinträgen erstellt wird. Sie erhielten ein Eindruck von der vielfältigen Beeinflußbarkeit der Feldergebnisse von automatischen Verzeichnissen und Indexierungen und konnten dabei weitere Anregungen für den Einsatz von Feldern und Feldschaltern entgegennehmen.

anpassen der word für windows oberfläche

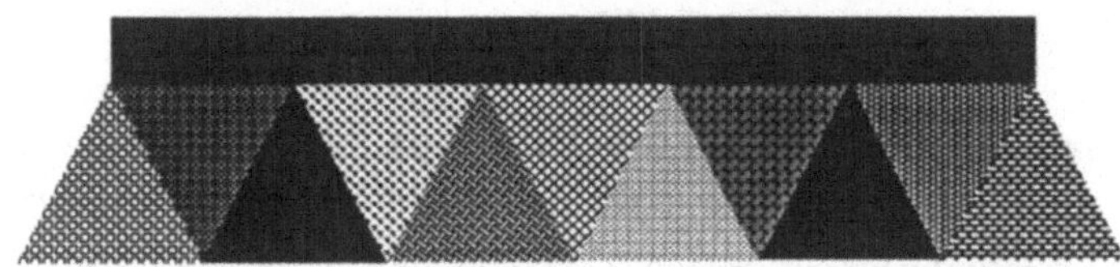

Kapitel 12

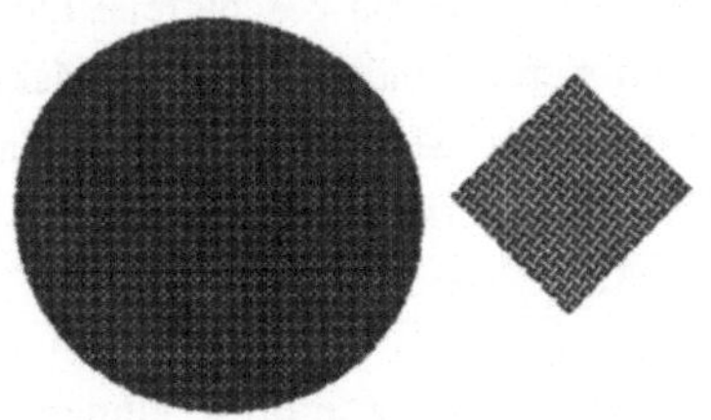

In diesem Kapitel beschreiben wir, wie man sich die Tastaturbelegung oder die Menübelegung von Microsoft Word für Windows 2.0 an seine eigenen Bedürfnisse anpassen kann. Sie lernen, wie man einem Befehl einen anderen Tastenschlüssel zuordnet und wie man eigene Makros in die Pull-Down-Menüs von Word für Windows integrieren kann. Dabei gehen wir auch auf das besondere Zusammenspiel zwischen Veränderungen der Tastatur oder der Menüs und Dokumentvorlagen ein. Abschließend beschreiben wir, wie Sie andere Symboltasten mit eigenen Makros in die neue Funktionsleiste von Word für Windows integrieren können.

Individuelle Bedienerführung

Seit dem Beginn der Windows 3.x-Ära ist auch der Anteil an Textverarbeitungen in der Programmvielfalt für die Windows-Oberfläche gestiegen. Mit der Vielfalt der Systeme stieg auch die Vielfalt der Funktionen und so wurde die einfache Bedienbarkeit zu einem immer wichtigeren Kriterium. Je einfacher die Bedienung, so die Philosophie der Marketing-Strategen, desto durchschlagender der Erfolg auf dem Markt. Und was wäre einfacher zu bedienen als ein Programm, das man sich als Anwender an seine persönlichen Präferenzen in der Bedienerführung anpassen kann?

Word für Windows hatte schon mit der ersten Version das Konzept der individuellen Gestaltung der Arbeitsumgebung verfolgt und deshalb die Möglichkeit der Anpassung der Tastatur- und Menübelegung gegeben. Ab der Version 2.0 kann auch die neu geschaffene Funktionsleiste individuell zusammengestellt werden und mit eigenen Makros und Befehlen hinterlegt werden. Tastatur- und Menübelegung und die Funktionsleiste können also über Dokumentvorlagen gesteuert für individuelle Arbeitsumgebungen frei gestaltet werden.

Das Anpassen der Tastaturbelegung eröffnet Ihnen die Möglichkeit, eigene Tastenschlüssel für bestimmte Funktionen von Word für Windows zu definieren. Gerade als Umsteiger aus einem anderen Textsystem werden Sie diese Möglichkeit zu schätzen wissen, denn Sie können Word für Windows quasi die Tastaturbelegung für Befehle eines anderen Textverarbeitungssystem zuordnen.

Durch den kombinierten Einsatz einer individuellen Tastaturanpassung und Dokumentvorlagen können Sie sich für jede Dokumentart eigene Arbeitsumgebungen schaffen. So könnte man sich zum Beispiel eine Umgebung für das Schreiben von Briefen vorstellen, die ein eigenes Menü für das Einfügen von Textbausteinen wie der Anrede oder dem Firmenlogo bereitstellt. Mit benutzerindividuellen Makros, die bestimmte Aktionen beim Schreiben eines Briefes ausführen, können Sie sich die Anpassung einer Arbeitsumgebung vervollkommnen.

Das Erstellen von und das Arbeiten mit Makros wird in Teil 4, Kapitel 13 besprochen.

Individualität durch Dokumentvorlagen

Jede Menü-, Tastatur- oder Funktionsleistenveränderung kann so vorgenommen werden, daß sie entweder in jedem Dokument oder nur in bestimmten Dokumenten, die mit speziellen Dokumentvorlagen verknüpft sind, zur Verfügung steht. Bei jeder Veränderung die Sie an einem dieser drei Elemente vornehmen, können Sie bestimmen, ob die Änderung in der bei jedem Dokument zur Verfügung stehenden Standard-Dokumentvorlage NORMAL.DOT betreffen soll oder in der jeweils aktuellen Dokumentvorlage abgespeichert werden soll. Letzteres kann natürlich nur geschehen, wenn das aktuelle Dokument mit einer anderen Dokumentvorlage verknüpft ist.

Dokumentvorlagen werden in Teil 3, Kapitel 6 und Teil 4, Kapitel 4 besprochen.

Jedes Dokument ist auf jeden Fall auch mit der Standard-Dokumentvorlage NORMAL.DOT verknüpft, gleich, ob Sie es an eine bestimmte Dokumentvorlage geknüpft haben oder nicht. Das bedeutet, daß alle Anpassungen, die Sie in der allgemeinen Umgebung NORMAL.DOT definiert haben, grundsätzlich in allen Dokumenten zur Verfügung stehen und zwar auch in denen, die die an eine spezielle Dokumentvorlage gebunden wurden. Erst, wenn die spezielle Dokumentvorlage Anweisungen enthält, die denen der Standardvorlage widersprechen, werden die Anweisungen der Standard-Dokumentvorlage "überstimmt" und es gelten die der speziellen Dokumentvorlage. Solange sich die Anweisungen nicht widersprechen, ergänzen sie sich.

Änderung der Tastaturbelegung

Sie können sich in Word für Windows die Tastaturbelegung nach Ihren
Wünschen gestalten. Wenn Sie z.B. die Funktion der Esc -Taste (Befehl **Abbrechen**) lieber mit Strg + C ausführen, so läßt sich dieser Tastenschlüssel dem Befehl über den Word für Windows-Befehl **EXTRAS
EINSTELLUNGEN Tastatur** zuordnen. Sie können sowohl die Word für
Windows-Befehle als auch Ihre eigenen Makros mit Tastaturschlüsseln
belegen, die jeweils aus einer Kombination aus der Strg -Taste und einem Buchstaben bzw. einer Funktionstaste oder aus der Strg -Taste, der
⇧ -Taste und einem Buchstaben bzw. einer Funktionstaste bestehen.

Abb.4.12.1: In EXTRAS EINSTELLUNGEN TASTATUR können Sie
die Tastaturbelegung von Befehlen und Makros ändern

Um die Tastatur mit eigenen Tastenschlüsseln zu belegen, gehen Sie am
besten wie folgt vor:

⇨   Rufen Sie den Befehl **EXTRAS EINSTELLUNGEN** auf.

⇨   Wählen Sie die Kategorie **Tastatur.**

⇨   Klicken Sie in der Optionsgruppe **Kontext** auf die Option **Vorlage**,
      sofern Sie mit einer eigenen Dokumentvorlage achten.

⇨ Klicken Sie nun in **Tastenkombination definieren** die Tasten an, die dem entsprechenden Befehl zugeordnet werden sollen.

Sie können auch, anstatt hier die einzelnen Tasten anzuklicken bzw. aus dem Listenfeld auszuwählen, den Tastenschlüssel direkt drücken, also bspw. ⇧ + Ctrl + F6 . Der Tastenschlüssel wird dann automatisch eingetragen. Beachten Sie dabei die untere Zeile in diesem Feld: **Aktuelle Belegung:**. Hier wird, falls vorhanden, der Befehl/Makro oder auch das Druckformat angezeigt, der oder das mit diesem Tastenschlüssel bisher verbunden ist.

⇨ Bestätigen Sie den gesamten Vorgang mit der Schaltfläche **Hinzufügen**.

⇨ Achten Sie auf das unterste Listenfeld in dieser Dialogbox mit der Überschrift **Tastenkombination für:**. Hinter dieser Überschrift wird der gerade aktuelle Befehl/Makro angezeigt und im Listenfeld selbst finden Sie die Tastenkombination/en, die mit diesem Befehl verknüpft sind.

⇨ Wiederholen Sie den Vorgang, um eine weitere Änderung der Tastenbelegung vorzunehmen oder verlassen Sie die Dialogbox mit der Schaltfläche **Schließen**.

Löschen von Tastenbelegungen

Um eine Tastenbelegung zu löschen, markieren Sie bitte im Listenfeld **Tastenkombination für:** den Tastenschlüssel, den Sie löschen möchten. Sobald das geschehen ist, wird die Schaltfläche **Löschen,** die bisher nicht bedienbar war, aktiv und Sie können darauf klicken, um die Tastenkombination zu löschen.

Nehmen wir den Fall an, Sie haben dem Befehl **FORMAT DRUCKFORMAT** den Tastenschlüssel Ctrl + F2 in einer speziellen Dokumentvorlage zugewiesen. In der Standard-Dokumentvorlage NORMAL.DOT (die ja stets im Hintergrund arbeitet) gilt für diesen Befehl der Tastenschlüssel Ctrl + Y . In der Dialogbox **EXTRAS EINSTELLUNGEN** Ta-

*Die Möglichkeit, die Tasten des numerischen Zehnerblocks alternativ zu den Zifferntasten im "normalen" Tastenfeld zu verwenden, besteht in Version 2.0 nicht mehr. Ebenso ist es nicht mehr möglich, die Num.- Zeichen "+, -, * " oder "/" zu verwenden.*

statur werden in dem Feld **Tastenkombination für:** beide Tastenschlüssel angezeigt, da sich die beiden ja nicht widersprechen. Erst wenn Sie den Tastenschlüssel, der von NORMAL.DOT definiert wird, in diesem Falle also [Ctrl] + [Y] markieren und dann auf die Schaltfläche **Löschen** klicken, wird Word für Windows angewiesen, diesen Tastenschlüssel im Zusammenhang mit dieser speziellen Dokumentvorlage zu ignorieren. Der Tastenschlüssel wird dabei nicht aus der NORMAL.DOT entfernt, sondern lediglich für Dokumente deaktiviert, die mit der speziellen Dokumentvorlage verknüpft sind.

Änderung der Menübelegung

Auch die Menübelegung können Sie sich in Word für Windows nach Ihren eigenen Wünschen gestalten. Wenn Sie z.B. den Befehl **DATEI SPEICHERN** lieber aus dem Menü **FENSTER** heraus ausführen möchten, so läßt sich dieser Befehl über den Word für Windows-Befehl **EXTRAS EINSTELLUNGEN Menü** in das Menü **Fenster** verlagern. Sie können sowohl die Word für Windows-Befehle als auch Ihre eigenen Makros beliebig in die Menüs integrieren.

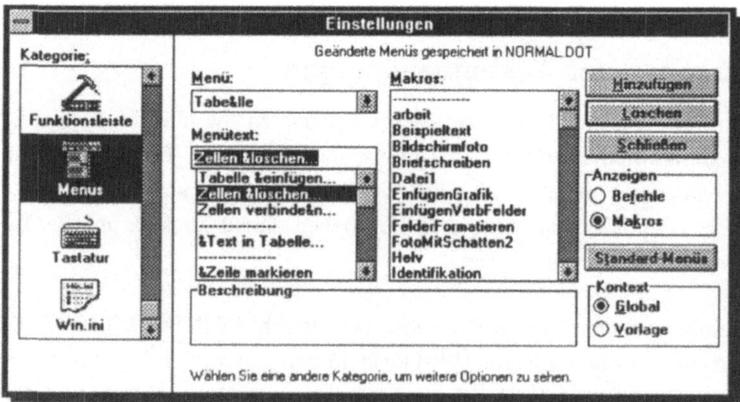

Abb. 4.12.2:   Das Ändern der Menübelegung erfolgt über den Befehl EXTRAS EINSTELLUNGEN mit der Kategorie MENÜ

Um einen neuen Befehl in ein Menü aufzunehmen, gehen Sie am besten
wie folgt vor.

⇨ Rufen Sie den Befehl **EXTRAS EINSTELLUNGEN** auf.

⇨ Wählen Sie die Kategorie **Menüs** (M)

⇨ Legen Sie als erstes in dem Auswahlfeld **Kontext** fest, ob die Änderungen allgemein (**global**) oder nur im Zusammenhang mit der aktuellen Dokumentvorlage (**Vorlage**) gültig sein sollen.

⇨ Geben Sie nun an, ob die Menüänderung einen Word für Windows-
Befehl oder einen **Makro** betreffen soll. Je nachdem, ob Sie in dem
Optionsfeld **Anzeigen** Befehle oder Makros anklicken, ändert sich
auch die Überschrift des links stehenden Listenfeldes, in dem die
Befehle bzw. Makros aufgelistet sind, in **Befehle** oder **Makros**.

⇨ Markieren Sie in dem Listenfeld **Befehle/Makros** den neuen Befehl
oder Makro, der in ein Menü aufgenommen werden soll. Um in einer langen Befehls- oder Makroliste einen Befehl oder Makro
schneller zu finden, können Sie auch einfach mit der Maus in das
Listenfeld klicken und dann den Anfangsbuchstaben des Be-
fehls/Makros tippen. Word für Windows springt dann in der alphabetisch sortierten Liste zum ersten Befehl/Makro, der/das mit dem
besagten Buchstaben beginnt.

⇨ Wählen Sie aus dem Verzeichnislistenfeld **Menü** das Menü aus, das
Sie ändern möchten. Ändern Sie ggfs. in dem Verzeichnislistenfeld
Menütext den Text des Menübefehles. Hier können Sie auch die
Position des kaufmännischen Und-Zeichens verändern, um die
Alt -Tastenkombination für den Befehl&/Makro festzulegen.

⇨ Klicken Sie auf die Schaltfläche **Hinzufügen**, um den Be-
fehl/Makro in das ausgewählte Menü zu integrieren.

⇨ Wiederholen Sie den Vorgang, um eine weitere Änderung der
Menübelegung vorzunehmen oder verlassen Sie die Dialogbox mit
der Schaltfläche **Schließen**.

Wie Ihnen sicher schon aufgefallen ist, werden die neuen Menübefehle standardmäßig an das Ende der Pull-Down-Menüs angehängt. Wenn ein neuer Befehl oder Makro am Beginn eines Pull-Down-Menüs stehen soll, so müssen Sie die Zusammensetzung des gesamten Menüs neu definieren. Löschen Sie also erst alle in dem Menü vorhandenen Befehle und fügen Sie dann die Befehle Schritt für Schritt in der gewünschten Reihenfolge wieder ein.

Löschen von Menübefehlen

Wenn Sie einen Menübefehl aus einem Menü entfernen möchten, wählen Sie zunächst aus dem Listenfeld **Menü** das Menü aus, in dem sich der Befehl/Makro befindet. Markieren Sie dann den Befehl in der Listenbox **Menütext**. Klicken Sie nun auf die Schaltfläche **Löschen**. Auch hier gilt natürlich, daß Sie zuerst festgelegt haben sollten, ob diese Änderung in der Standard-Dokumentvorlage NORMAL.DOT oder in der aktuellen Dokumentvorlage abgespeichert werden soll.

Tastenschlüssel für eigene Menübefehle

In der Standard-Tastaturbelegung von Word für Windows 2.0 können Sie jeden Menübefehl statt mit der Maus auch über die Tastatur ausführen. Wenn Sie zum Beispiel den Befehl **DATEI NEU** ausführen möchten, so brauchen Sie lediglich die [Alt]-Taste gedrückt zu halten und die Buchstaben [D] und [N] nacheinander zu drücken. In den Menübefehlen können Sie die Tasten, die für einen bestimmten Befehl gedrückt werden müssen, daran erkennen, daß die Buchstaben unterstrichen sind.

In der Dialogbox **EXTRAS EINSTELLUNGEN** sind nun genau diese unterstrichenen Buchstaben durch ein vorangestelltes kaufmännisches UND-Zeichen (&) markiert. Welcher Buchstabe nun bei einem Befehl oder Makro unterstrichen werden soll, bestimmen letztendlich Sie. In dem Feld **Menütext** kann der Buchstabe, mit dem der Befehl über die Tastatur aktiviert werden kann, durch das Zeichen & bestimmt werden.

Dieses Zeichen können Sie an beliebiger Stelle in diesen Eingabefeldern vor einem der Buchstaben des Befehls einfügen. Auch dann, wenn der Buchstabe schon bei einem anderen Befehl im gleichen Pull-Down-Menü verwendet worden sein sollte, hat das keine schwerwiegenden Konsequenzen. Das Drücken der Taste führt beim ersten Mal zu dem Befehl, der als erster in der Liste steht, bei einem weiteren Drücken der Taste springt die Markierung dann zum nächsten Befehl, der diesen Buchstaben als Kennung besitzt.

Ändern der Funktionsleiste

Allen Symboltasten in der neuen Funktionsleiste lassen sich eigene Makros oder aber andere Word für Windows-Befehle zuordnen. Darüberhinaus stehen sogenannte Leerräume zur Verfügung, in denen Sie zusätzliche Symboltasten in die Funktionsleiste integrieren können, die mit anderen Word für Windows-Befehlen oder eigenen Makros hinterlegt sind.

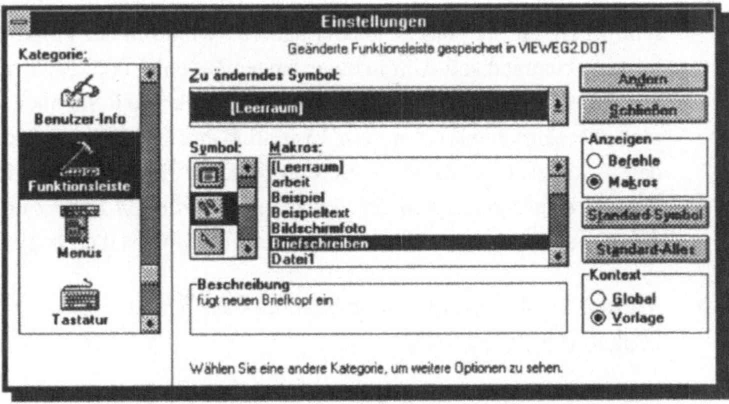

Abb.4.12.3: Über die Kategorie FUNKTIONSLEISTE des Befehls EXTRAS EINSTELLUNGEN können Sie die Funktionsleiste individuell gestalten

Das Verändern der Funktionsleiste erfolgt über den Befehl **EXTRAS EINSTELLUNGEN Funktionsleiste** oder durch einen Maus-Doppelklick in einem der freien Räume in der Funktionsleiste. Um die Funktionsleiste mit eigenen Makros oder anderen Befehlen und anderen Symboltasten zu versehen, gehen Sie am besten wie folgt vor:

⇨   Wählen Sie **EXTRAS EINSTELLUNGEN** und die Kategorie **Funktionsleiste.**

⇨   Legen Sie als erstes in dem Auswahlfeld **Kontext** fest, ob die Änderungen **allgemein (global)** in der Standard-Dokumentvorlage NORMAL.DOT oder nur im Zusammenhang mit der aktuellen Dokumentvorlage gültig sein sollen.

⇨   Geben Sie nun an, ob Sie einen Word für Windows-Befehl oder einen Makro mit einem neuen/anderen Symbol in der Funktionsleiste versehen wollen. Je nachdem, ob Sie in dem Optionsfeld **Anzeigen Befehle** oder **Makros** anklicken, ändert sich auch die Überschrift des links danebenstehenden Listenfeldes, in dem die Befehle bzw. Makros aufgelistet sind, in **Befehle:** oder **Makros:**.

⇨   Suchen Sie nun in dem Listenfeld **Befehle/Makros** den Befehl/Makro aus, der das neue oder andere Symbol in der Funktionsleiste bekommen soll. Um in einer langen Befehls- oder Makroliste einen Befehl oder Makro schneller zu finden, können Sie auch einfach die Einfügemarke in dem Listenfeld positionieren und dann den Anfangsbuchstaben des Befehls/Makros eintippen. Word für Windows springt dann in der alphabetisch sortierten Liste zum ersten Befehl/Makro, der/das mit dem besagten Buchstaben beginnt.

⇨   Klicken Sie nun im Listenfeld **Symbol** das Symbol an, das in der Funktionsleiste erscheinen soll.

⇨   Wählen Sie jetzt in dem Listenfeld **Zu änderndes Symbol:** die Stelle aus, an der das neue/geänderte Symbol in der Funktionsleiste stehen soll. Insgesamt stehen in der Funktionsleiste 30 Platzhalter für Symboltasten zur Verfügung.

⇨ Bestätigen Sie nun die Zuordnung bzw. Änderung durch einen Mausklick auf die Schaltfläche **Ändern**.

⇨ Achten Sie auf das unterste Listenfeld in der Dialogbox mit der Überschrift **Beschreibung:**. Hier wird eine kurze Beschreibung zu dem jeweils gewählten Befehl/Makro (sofern Sie zu dem Makro eine Beschreibung verfaßt haben) eingeblendet.

⇨ Wiederholen Sie den Vorgang, um weitere Änderungen an der Funktionsleiste vorzunehmen oder verlassen Sie die Dialogbox mit der Schaltfläche **Schließen**.

Symboltasten aus der Funktionsleiste entfernen

Um ein Symbol aus der Funktionsleiste zu entfernen, markieren Sie dieses bitte in dem Listenfeld **Zu änderndes Symbol**. Klicken Sie dann in das Listenfeld **Befehle** bzw. **Makros** und wählen den obersten Punkt **Leerraum**. Das bisherige Symbol wird nun durch einen Leerraum ersetzt.

Entfernen individueller Symboltasten

In jeder der drei bisher beschriebenen Dialogboxen finden Sie eine Schaltfläche, die mit **Standard-** beginnt. Bei der Tastenbelegung heißt sie **Standard-Tasten**, bei der Menübelegung **Standard-Menüs** und bei der Funktionsleiste **Standard-Symbol**. Wenn Sie ohne eine spezielle, eigene Dokumentvorlage arbeiten, also mit der Standard-Dokumentvorlage NORMAL.DOT, so führt das Drücken auf die Taste **Standard-N** dazu, daß alle von Ihnen erstellten Änderungen für den **Kontext: Global** rückgängig gemacht werden. Mit der Schaltfläche wird die Tastaturbelegung (oder die Menü- bzw. Funktionsleisten-Belegung) der ursprünglichen Auslieferungsversion von Word für Windows wiederhergestellt.

Zusammenfassung

In diesem Kapitel haben wir beschrieben, wie man sich die **Tastaturbelegung** oder die **Menübelegung** von Microsoft Word für Windows 2.0 an seine eigenen Bedürfnisse anpassen kann. Sie haben gelernt, wie man einem Befehl einen anderen Tastenschlüssel zuordnet und wie man eigene Makros in die **Pull-Down-Menüs von Word für Windows integrieren** kann. Dabei sind wir auch auf das besondere Zusammenspiel zwischen Veränderungen der Tastatur oder der Menüs und Dokumentvorlagen eingegangen. Abschließend haben wir beschrieben, wie Sie andere Symboltasten mit anderen Befehlen oder eigenen Makros in die neue Funktionsleiste von Word für Windows integrieren können.

Kapitel 13

einführung in makros

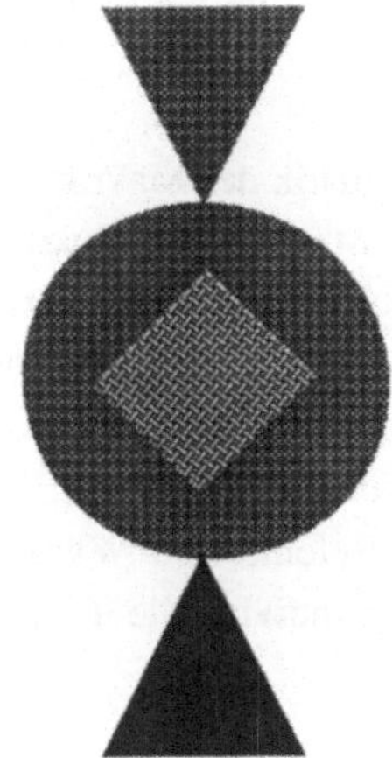

In diesem Kapitel führen wir Sie in die Makroprogrammierung ein. Wir besprechen, wie man sich Befehle verändert, und wie man den Makrorekorder benutzt, um eigene Makros aufzuzeichnen oder wie man über das Menü **MAKRO BEARBEITEN** Makros nachträglich verändert. Abschließend erläutern wir, wie man sich sogenannte AUTO-MAKROS anlegt, um bestimmte Aktionen z.B. beim Aufruf oder Beenden von Word für Windows oder von Dokumenten zu automatisch aktivieren, und wie der Befehl **Aufzeichnen nächster Befehl** als besonders nützlicher Helfer bei der Programmierung eingesetzt werden kann.

Arbeiten mit Makros

In diesem Buch war bereits an vielen Stellen von Makros die Rede, denn wir haben immer wieder Tips gegeben, wie sich alltäglich wiederkehrende Routinearbeiten durch diese kleinen Programme vereinfachen, wenn nicht gar ganz überflüssig machen lassen. Nun klingt schon der Name "Makros" für viele Anwender leicht abschreckend und läßt sie an Programmieren und einen Haufen unverständlicher Befehle denken. Diese Einschätzung ist allerdings nur die halbe Wahrheit. Makros können komplex sein wie ganze Programme und richtige Applikationen bilden, dann sind sie freilich nicht gerade kinderleicht zu erstellen. Sie können aber auch ganz einfache Auflistungen von Befehlen sein, simple Befehlsstapel, die "auf Knopfdruck" abzurufen sind - und die Erstellung dieser Makros ist wirklich kinderleicht.

Wir werden in diesem Kapitel langsam in die Thematik der Makroerstellung einführen, werden das Aufzeichnen von Makros per Rekorder beschreiben und erklären, wie man Makros ablaufen läßt. Dann werden wir etwas mehr in die Tiefe gehen und zeigen, wie ein Makro editiert werden kann, wie bestimmte Modifikationen durchgeführt werden können und wie sich mehrere Makros miteinander kombinieren lassen. Am Ende werden wir erläutern, wie sich sogar die Befehle von Word für Windows umgestalten lassen, so daß Sie sich ihre individuelle Textverarbeitung "zurechtschneidern" können.

Was dieses Kapitel nicht leisten kann, ist eine ausführliche Beschreibung der Makro-Sprache *WordBASIC*, die den Rahmen dieses Buches eindeutig sprengen würde. Allein die Auflistung und Beschreibung aller Befehle dieser Programmiersprache umfaßt ca. 300 Seiten.

Einsatzfelder von Makros

Bei Ihrer täglichen Arbeit mit Word für Windows werden Sie immer wieder feststellen, daß Sie bestimmte Tätigkeiten zum wiederholten Male ausführen, beispielsweise das Wechseln von Verzeichnissen beim Abspeichern, das Umformatieren von Dokumenten usw. usw... Für solche Routinetätigkeiten bietet sich der Einsatz von Makros an.

Makros sind zunächst nichts anderes als Stapel von Befehlen, die aufgezeichnet werden und dann an beliebiger Stelle wieder abgerufen werden. Wenn Sie bspw. Dateien nach Verzeichnissen sortiert haben, also Briefe im Verzeichnis *BRIEF*, Rechnungen im Verzeichnis *RECHNUNG* usw., müssen Sie beim Öffnen von Dateien ja immer zuerst in das jeweilige Verzeichnis wechseln und können erst dann die entsprechende Datei öffnen. Das kann bei tiefen Verzeichniszweigen eine recht lästige Wechselei sein. In diesem Falle könnte man sich die Arbeit erheblich erleichtern, wenn man den Verzeichniswechsel mit dem Makrorekorder aufzeichnet. Diesen Makro läßt man dann jedesmal ablaufen - ein Mausklick ersetzt eine ganze Menge von Befehlen. Makros sind also immer dann sinnvoll, wenn sich längere, immer wiederkehrende Befehlsketten zusammenfassen lassen zu einem einzigen Befehl.

Aufzeichnen von Makros

Aufzeichnen und als Makro ablaufen lassen können Sie alle Aktionen, die Sie in Word für Windows durchführen. Sie müssen nur, bevor Sie die Aktion durchführen, den Makrorekorder einschalten. Ab dem Zeitpunkt des Einschaltens werden alle Tastenanschläge und die Mausbewegungen in den Menüs und Dialogboxen mitgeschnitten und abgespeichert. Später kann dann durch den Abruf des Makros die ganze Folge von Befehlen und Tastenanschlägen mit einem einzigen Schritt ausgeführt werden.

Bevor Sie einen Makro aufzeichnen, sollten Sie zuerst alles so vorbereiten, wie es in den späteren Situationen auch der Fall sein wird. Wenn Sie die Befehlsfolge, die der Rekorder mitschneidet, damit beginnen, beispielsweise mit den Richtungstasten eine Zeile nach oben zu gehen, wird der Makro später mit eben diesem Schritt nach oben beginnen. Dem Makro ist es dabei sehr gleichgültig, ob der Zeilenwechsel nach oben gerade richtig ist oder nicht. Achten Sie also darauf, möglichst alles so vorzubereiten, daß der Makro auch unter verschiedenen Bedingungen die gleiche Auswirkung hat.

Um einen Makro aufzuzeichnen, rufen Sie **EXTRAS MAKRO AUFZEICHNEN** auf. Es erscheint eine Dialogbox (siehe Abbildung 4.13.1), in der Sie bestimmen können, welchen Namen der Makro bekommen soll.

Abb. 4.13.1:   Die Dialogbox zum Benennen der Makro-Aufzeichnung

Der Makroname wird in das Textfeld **Aufzuzeichnender Makro** geschrieben. Er darf bis zu 30 Zeichen lang sein und kann Buchstaben und Zahlen enthalten, jedoch keine Leerstellen und Sonderzeichen.

Wollen Sie den Makro später mit einer Tastenkombination aufrufen, so können Sie diese in dem Auswahlfeld **Tastenkombination definieren** festlegen. Falls Sie eine Tastenkombination ausgesucht haben, die schon für eine andere Aktion in Word für Windows zuständig ist, wird diese in dem darunterstehenden Feld **aktuelle Belegung** gezeigt.

In Version 2.0 können Sie einem Makro direkt bei der Definition einen Tastenschlüssel zuordnen.

In dem Textfeld **Beschreibung** schließlich können Sie eine kurze Erläuterung abfassen, die dem Makro zugeordnet wird. Diese Beschreibung ist nicht obligat, sie kann auch weggelassen werden. Es empfiehlt sich aber, jedem Makro eine kleine Beschreibung anzufügen, um später den Überblick nicht zu verlieren. Außerdem wird diese Beschreibung immer dann, wenn Sie den Makro ablaufen lassen oder aufrufen, in der Statuszeile angezeigt.

Das Einbinden von Makros und Befehlen in ein Menü wird in Teil 4, Kapitel 12 beschrieben.

Sie können einen Makro im Zusammenhang mit einer Dokumentvorlage so abspeichern, daß er nur dort zur Verfügung steht. Voraussetzung dafür ist allerdings, daß zum Zeitpunkt der Aufnahme die entsprechende Dokumentvorlage aktiv ist. Ist dies der Fall, erscheint nach dem Bestätigen mit **Ok** eine kleine Abfragebox, in der Sie bestimmen können, ob der Makro allgemein zugänglich ist (in der Standard-Dokumentvorlage NORMAL.DOT) oder ob er nur in Dokumenten verfügbar ist, die auf der speziellen Dokumentvorlage basieren (siehe Abbildung 4.13.2).

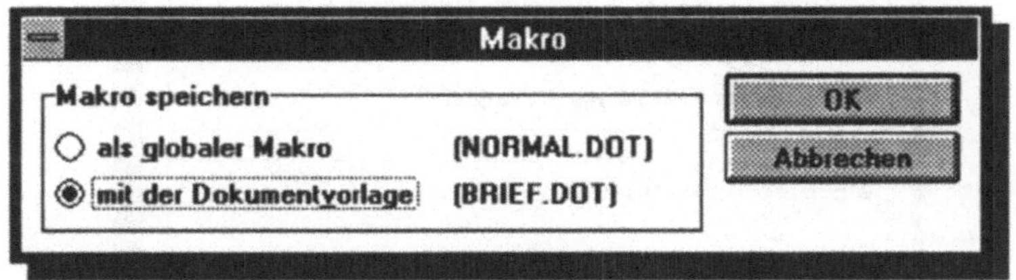

Abb. 4.13.2:   Makros können in verschiedenen
Dokumentvorlagen gespeichert werden

Die Abfrage erfolgt nur, wenn Sie unter **DATEI DOKUMENTVORLAGE** bestimmt haben, daß jedesmal nachgefragt werden soll, sobald ein neuer Textbaustein oder Makro erstellt wurde (siehe Abbildung 4.13.3).

Wenn Sie alle beschriebenen Aktionen vorgenommen haben und auch die Abfrage nach der Speicherung mit **Ok** bestätigt wurde, können Sie die Befehle und Aktionen durchführen, die mit dem Makrorekorder aufgezeichnet werden sollen. Der Makrorekorder läuft nun mit, was Sie auch aus der Anzeige **MA** unten in der Statuszeile ersehen können.

Beachten Sie bitte, daß Mausaktionen während der Aufzeichnung nur im Menü und in Dialogboxen möglich sind.

Bedenken Sie aber, daß Mausaktionen während der Aufzeichnung nur im Menü und in Dialogboxen möglich sind. Versuchen Sie beispielsweise einen Textbereich mit der Maus zu markieren, ertönt nur ein dünnes Piepsen als Warnton. So komplex die Makrosprache von Word für Windows auch ist, sie ist nicht in der Lage, Bewegungen der Maus im Dokumentbereich zu beschreiben. In den Menüs und Dialogboxen bewirken die Mausaktionen dagegen die Ausführung von Befehlen und diese können von WordBASIC auch beschrieben werden. Wenn Sie mit dem Aufzeichnen fertig sind, schalten Sie den Rekorder mit **EXTRAS AUFZEICHNUNG BEENDEN** wieder aus.

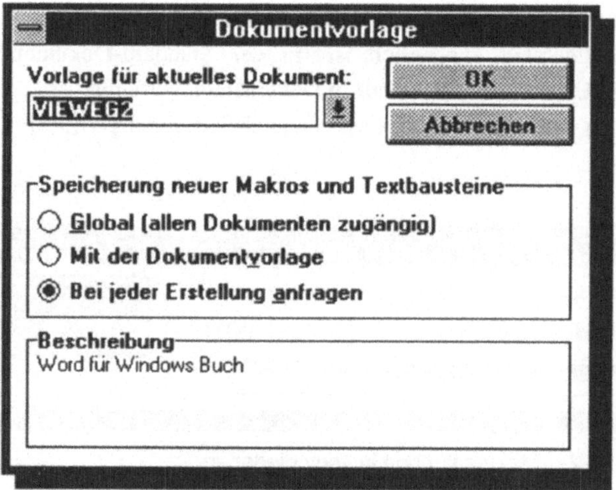

Abb. 4.13.3: Dialogbox zum Bestimmen, wo Textbausteine
und Makros abgespeichert werden

Ausführen von Makros

Um einen Makro auszuführen, können Sie entweder die Tastenkombination drücken, die Sie mit dem Makro verknüpft haben oder Sie rufen den Befehl **EXTRAS MAKRO** auf. Die diesem Befehl folgende Dialogbox dient sowohl der Bearbeitung als auch der Ausführung von Makros (siehe Abbildung 4.13.4).

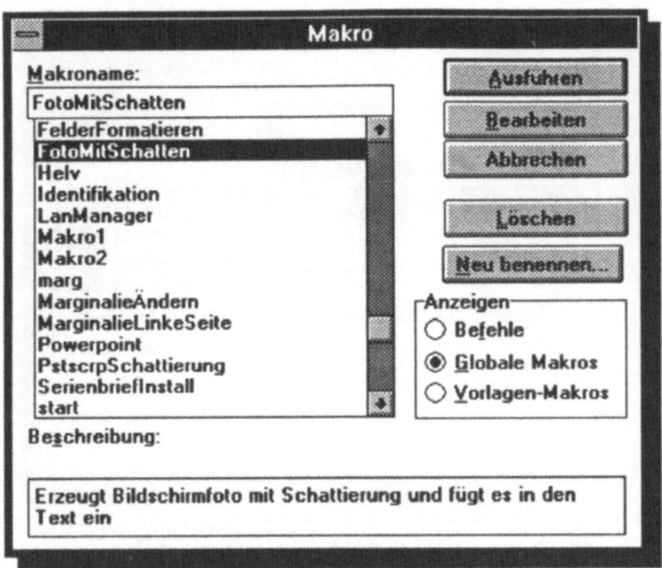

Abb. 4.13.4:   Die Dialogbox zur Verwaltung der Makros

Mit dieser Dialogbox werden alle Aktionen gesteuert, die mit der Verwaltung von Makros zu tun haben, ob es nun das Ausführen, das Bearbeiten, das Neubenennen, das Löschen oder Hinzufügen einer Beschreibung, oder das Löschen des ganzen Makros ist.

Um einen selbsterstellten Makro auszuführen, markieren Sie ihn in der
angezeigten Liste. Sollte er dort nicht stehen, liegt es wohl daran, daß in
dem Optionsfeld **Anzeigen** die falsche Option eingestellt ist (es werden
globale Makros angezeigt und Sie haben ihren Makro in der Dokumentvorlage gespeichert). Sobald Sie den Makro markiert haben, können Sie
ihn durch einen Klick auf die Schaltfläche **Ausführen** starten.

Umbenennen von Makros

Wollen Sie einem Makro einen neuen Namen geben, so markieren Sie
ihn in der Liste der Dialogbox und klicken Sie auf die Schaltfläche **Neu
benennen**. In der darauffolgenden Dialogbox (siehe Abbildung 4.13.5)
können Sie den neuen Namen eintragen.

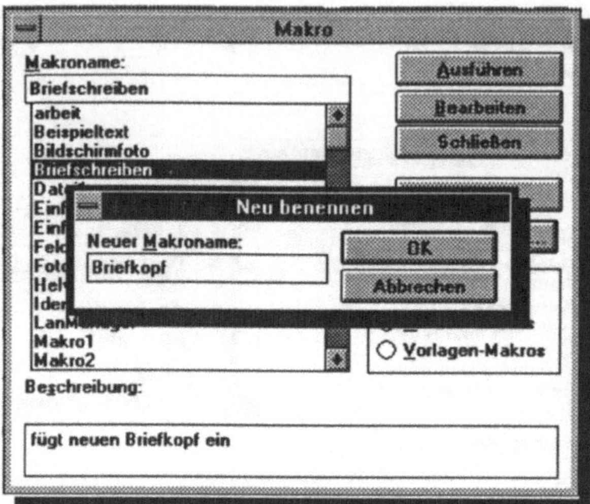

Abb. 4.13.5:   Die Dialogbox NEU BENENNEN

Ändern der Makro-Beschreibung

Wollen Sie die Beschreibung eines Makros ändern oder eine Beschreibung erstellen oder löschen, so können Sie dies in dem dafür vorgesehenen Textfeld tun. Klicken Sie mit der Maus in das Textfeld und löschen oder fügen Sie Text hinzu, wie Sie möchten. Sobald Sie eine der Schaltflächen **Ausführen, Löschen, Neu benennen** oder **Bearbeiten** betätigen, wird auch die neue oder geänderte Beschreibung gespeichert.

Modifizieren eines Makros

Jeder Makro liegt in einem Programmcode der Programmiersprache WordBASIC vor und kann nachträglich bearbeitet werden. Allerdings bedarf das Editieren von Makros ein wenig Erfahrung und Kenntnis der Makrosprache WordBASIC.

Um einen Makro zu editieren, gehen Sie genauso vor, als ob Sie ihn ausführen oder neu benennen möchten. Klicken Sie dazu in der Dialogbox des Befehls **EXTRAS MAKRO** auf die Schaltfläche **Bearbeiten**. Die

Schaltfläche öffnet ein neues Dokumentfenster, in dem der Makrocode besichtet und bearbeitet werden kann. In dem Dokumentfenster können Sie mit einer speziellen Schaltflächen-Leiste arbeiten, die nur für Makros zuständig ist (siehe Abbildung 4.13.6).

Abb. 4.13.6:   Für Makros gibt es eine eigene Schaltflächen-Leiste

Die Schaltflächen bieten Ihnen unter anderem die Möglichkeit, Makros testweise ablaufen zu lassen. Beachten Sie hierbei jedoch, daß im Makrofenster selbst sehr wenige Wordbefehle zur Verfügung stehen. Ist also das Dokumentfenster der Makrobearbeitung aktiv und Sie lassen einen Makro ablaufen, der zum Beispiel eine Zeichenformatierung durchführt, so werden Sie eine Fehlermeldung erhalten (siehe Abbildung 4.13.7).

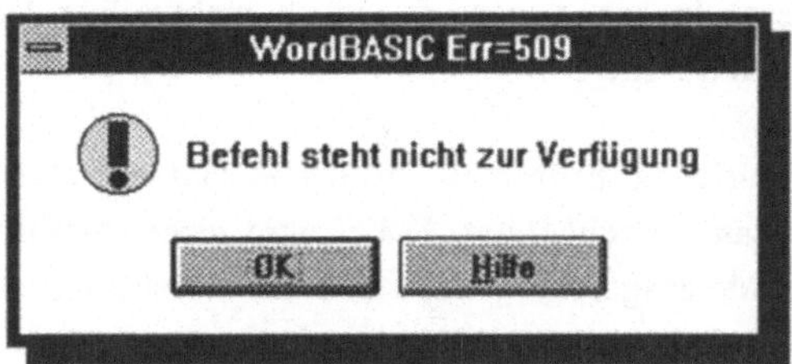

Abb. 4.13.7:   Eine WordBASIC-Fehlermeldung

Sie sollten deshalb bei der Makrobearbeitung sehr viel mit dem Befehl **FENSTER ALLES ANORDNEN** arbeiten, denn er ermöglicht es, die geöffneten Dokumentfenster nebeneinander zu stellen und vor dem Makrostart ein anderes Fenster aktiv zu schalten, so daß dann auch keine Fehlermeldung mehr produziert wird. Wenn Sie die Fensteranordnung anfordern, sehen Sie, daß die Schaltflächenleiste nicht verschwunden ist, sondern oberhalb des Absatzlineals (sofern eingeschaltet) eingeblendet wird. Sie können einen sichtbaren Makrocode also testen, obwohl ein anderes Dokumentfenster aktiv geschaltet ist. Außerdem bietet die Fensteranordnung den Vorteil, daß Sie gleichzeitig beobachten können, an welchem Teil des Makros Sie sich jeweils befinden. Sie brauchen zur Aktivierung des anderen Dokumentfensters lediglich einmal in dessen Titelzeile zu klicken. Klicken Sie nun auf die Schaltfläche **Protokoll** und schon können Sie im Dokumentfenster beobachten, was der Makro bewirkt, während in dem Makrofenster jeweils der aktuelle Makrobefehl von der Markierung hinterlegt wird.

Sie können die Befehle der Schaltflächenleiste auch mit der Tastatur anfordern. Datei müssen Sie aber eine kleine Besonderheit beachten und die Tastenkombination ⸤Alt⸥ + ⸤⇧⸥ mit dem unterstrichenen Buchstaben des jeweiligen Befehls betätigen. In der Schaltflächenleiste läßt die Schaltfläche **Beginn** den aktiven Makro ablaufen. Sie ändert sich in **Weiter** und ermöglicht Ihnen dann das Fortsetzen eines Makros nach einer Pause, die z.B. durch einen Programmstopp erzwungen wurde. Die Schaltfläche **Schritt** führt jeden Makrobefehl einzeln aus und stoppt dann. Wenn ein Makrobefehl stellvertretend für einen mehrzeiligen anderen Makro steht, so wird auch in dem anderen Makro jeder Befehl einzeln ausgeführt. Der Befehl **Subs Schritt** führt ebenfalls jeden Makrobefehl einzeln aus, behandelt jedoch mehrzeilige Untermakros als einen einzigen Schritt.

Mit der Schaltfläche **Protokoll** wird der Ablauf des aktiven Makros etwas verlangsamt durchgeführt. Dabei wird jeder Befehl bzw. jede Aktion, die gerade ausgeführt wird, im Makro-Befehlstext deutlich hervorgehoben. Mit der Schaltfläche **Variable** können Sie sich die Werte von eingesetzten Variablen zu verschiedenen Zeitpunkten ansehen, sofern Sie einen Makro schrittweise über die Schaltfläche **Schritt** ausführen. Die Textfelder **Gesamt/Vorlage** und **Name** zeigen Ihnen, ob der Makro einer Vorlage zugeordnet oder allgemein verfügbar ist sowie den Namen des gerade aktiven Makros. Innerhalb des Makrofensters stehen nur diejenigen Word für Windows-Befehle zur Verfügung, die im Zusammenhang mit Makros benötigt werden und Produktivitätsvorteile bringen. Das Ausführen von Formatierungen oder die Arbeit mit Fußnoten und Anmerkungen etc. ist nicht möglich. Dagegen können die Befehle **BEARBEITEN TEXTBAUSTEIN** oder **BEARBEITEN KOPIEREN** und **BEARBEITEN EINFÜGEN** benutzt werden. Wer viel mit Makros arbeitet, wird es vor allem zu schätzen wissen, das die Befehle **SUCHEN** und **ER-**

SETZEN ebenfalls benutzt werden können. Schließlich und endlich können Makros auch gedruckt werden.

Fehlermeldungen

Falls irgendein Befehl innerhalb eines Makros nicht durchführbar ist, erzeugt Word für Windows eine Fehlermeldung (siehe Abbildung 4.13.7), die zum einen eine kurze Beschreibung des Fehlers liefert, zum andern aber auch noch einen Fehlercode in der Titelzeile der Mitteilungsbox. Dort steht **WordBASIC Err=nnn**. Der Fehlertext zu diesem Fehlercode kann entweder im Handbuch nachgeschlagen werden oder aber einfach über die Taste F1 . Zu fast allen Fehlermeldungen existiert ein Hilfetext der Word für Windows-Hilfefunktion.

Automatische Makros

Word für Windows besitzt eine spezielle Kennung für Makros, deren Name mit AUTO beginnt. AUTO-Makros sind für bestimmte Situationen wie z.B. beim Erstellen einer neuen Datei bestimmt. Sie können diese Makros über die Befehle **MAKRO BEARBEITEN** und **MAKRO AUSFÜHREN** ganz normal bearbeiten und jede beliebige Befehlsfolge hinzufügen oder entfernen. Makros mit der Kennung AUTO existieren standardmäßig zunächst nicht, d.h. Sie finden diese nicht in den Verzeichnisfeldern der Makro-Dialogboxen. Wenn Sie mit diesen Makros arbeiten wollen, müssen Sie sich diese selbst erstellen. Wir werden in einer kleinen Übung einen solchen Makro gemeinsam erstellen.

Der Makro AUTONEW bezieht sich auf den Word für Windows-Befehl **DATEI NEU** und könnte jedesmal ablaufen, wenn Sie ein neues Dokument erstellen. Ein denkbares Anwendungsfeld für diesen Makro wäre, bei jedem Aufruf eines neuen Dokumentes eine Befehlsfolge ablaufen zu lassen, die die Dokumentvorlage MEMO aufruft und automatisch alle Felder, die in dieser Vorlage benutzt werden, aktualisiert. Der Makro AUTOOPEN könnte jedesmal ablaufen, wenn Sie ein Dokument über die Befehle **DATEI ÖFFNEN, DATEI DATEI-MANAGER** oder über einen der vier direkten Dokumentaufruf-Variablen des **DATEI**-Menüs öffnen.

Der Makro AUTOEXEC könnte jedesmal ablaufen, wenn Sie Word für Windows aufrufen. Mit diesem Makro lassen sich bestimmte Aktionen immer dann automatisch ausführen, wenn Sie Word für Windows starten. Dieser Makro kann z.B. sicherstellen, daß Word für Windows immer in einer bestimmten Grundeinstellung arbeitet. Sie können Word für Windows aber trotzdem jederzeit ohne den AUTOEXEC-Makro oder aber mit einem anderen Makro starten, indem Sie einfach den Parameter /m setzen (z.B. indem Sie Word für Windows mit *winword /m* oder *winword /mMakroname* starten). Das Setzen eines solchen Parameters beim Aufrufen von Word für Windows hat den Vorteil, daß Sie sich z.B. für verschiedene Dokumentvorlage eigene Sinnbilder anlegen können und den originären AUTOEXEC-Makro von Word für Windows unangetastet lassen können. Wie man sich mehrere, verschieden hinterlegte Icons in Windows 3.0 selbst erstellt, wird an späterer Stelle ausführlich beschrieben. Der Makro AUTOCLOSE läuft ab, wenn Sie ein Dokument über den Befehl **DATEI SCHLIEßEN** oder das Schließen des Dokumentfensters verlassen. Der Makro AUTOEXIT läuft dagegen immer dann ab, wenn Sie Word für Windows vollständig verlassen.

Einstieg in die Programmierung

Im folgenden soll nun ein Beispielmakro auf einem vielleicht etwas unkonventionellen Weg programmiert werden. Dieser Weg soll ihnen dabei helfen, Ideen für die effizienteste Ausnutzung aller Möglichkeiten von Word für Windows zu entwickeln. Der fertige Makro führt dazu, daß beim Erstellen einer neuen Datei über den Befehl **DATEI NEU** automatisch die Dialogbox des Befehls **EXTRAS EINSTELLUNGEN Drucker** aufgerufen wird.

Wählen Sie zunächst den Befehl **EXTRAS MAKRO**. Lassen Sie sich durch Anklicken der Option **Befehle** in der Optionsgruppe **Anzeigen** die Word für Windows-Befehle anzeigen. Wählen Sie dann in der Liste den Befehl *Userdialog* und klicken Sie auf die Schaltfläche **Bearbeiten**. Sie sehen nun den Programmcode für das Aufrufen einer Dialogbox in dem Textfenster für das Bearbeiten eines Makros. Markieren Sie den Programmcode vom Anfang der zweiten Zeile bis zum Ende der vorletzten Zeile, und kopieren Sie diesen Teil mit **BEARBEITEN KOPIEREN** in die Zwischenablage. Beenden Sie die Bearbeitung dieses Makros mit dem Befehl **DATEI SCHLIEßEN**.

Erstellen Sie sich nun einen Makro mit dem Namen AUTONEW, in dem Sie den Befehl **EXTRAS MAKRO** ausführen, als Makronamen AUTO-NEW eintragen und auf die Schaltfläche **Bearbeiten** klicken. Die Anfangs- und Endebefehle eines jeden Makros sind bereits eingetragen, so daß Sie die Einfügemarke nur noch am Anfang der zweiten Zeile positionieren müssen und den zuvor kopierten Programmcode mit **BEARBEITEN EINFÜGEN** in den neuen Makrocode einfügen müssen. Ersetzen Sie nun die Worte *UserDialog* in der zweiten Zeile durch *ExtrasEinstellungenDrucker*, wobei wiederum keine Leerstelle zwischen *Extras, Einstellungen* und *Drucker* stehen darf. Schließen Sie die Datei mit **DATEI SCHLIEßEN**. Der fertige Makro muß so aussehen wie in der nachstehenden Abbildung 4.13.8.

Sie haben sich nun einen Makro programmiert, der Ihnen beim Erstellen einer neuen Datei automatisch die Dialogbox des Befehles **EXTRAS EINSTELLUNGEN** mit der Kategorie **Drucker** öffnet. Probieren Sie es aus, in dem Sie mit dem Befehl **DATEI NEU** eine neue Datei erstellen. Sie werden sehen, daß sich automatisch die Dialogbox des Befehls **EX-TRAS EINSTELLUNGEN** mit der Kategorie **Drucker** öffnet.

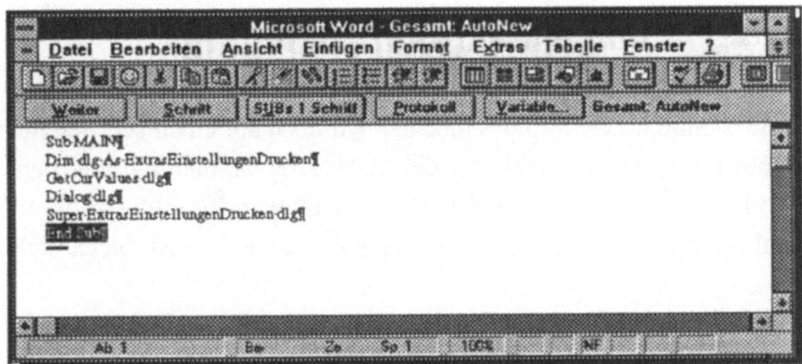

Abb.4.13.8:   Ein Makro, der EXTRAS EINSTELLUNGEN
              DRUCKER öffnet

Makros als Sinnbilder

Wie bereits vorhin angesprochen, kann es durchaus sinnvoll sein, einen AUTO-Makro mit dem Icon für den Word für Windows Programmstart im Windows Programm-Manager zu verknüpfen. Um einen Makro mit dem Word für Windows-Sinnbild im Programm-Manager zu verknüpfen, können Sie vorgehen, wie im folgenden beschrieben.

Beenden Sie Word für Windows und wechseln Sie in den Programm-Manager von Windows. Markieren Sie das Icon von Word für Windows, und wählen Sie den Befehl **DATEI EIGENSCHAFTEN**. In dem Feld **Befehlszeile** plazieren Sie die Einfügemarke hinter WINWORD.EXE und geben nach einer Leerstelle den Ausdruck */mMakroname* ein, wobei der Teil *Makroname* stellvertretend für Ihren individuellen Makronamen steht. Wichtig ist nur, daß zwischen dem */m* und dem Makronamen keine Leerstelle auftaucht.

Wenn Sie jetzt mit **OK** bestätigen, wird Word für Windows bei jedem Aufruf automatisch mit dem individuellen Makro gestartet. Interessant wird das ganze vor allem dann, wenn Sie sich einfach für alle Dokumentvorlagen und die damit verknüpften Makros eigene Sinnbilder für den mehrfach individualisierten Programmstart von Word für Windows in einer neuen Programmgruppe schaffen und damit Ihre Arbeit bereits auf der Windows-Ebene vorstrukturieren.

Professionelle Makroaufzeichnung

Zum Schluß dieses Kapitels möchten wir noch auf einen sehr nützlichen Word für Windows-Befehl für die Makroprogrammierung eingehen. Es handelt sich um den Befehl **Aufzeichnen nächster Befehl**. Da dieser Befehl bei jeder Makroprogrammierung äußerst nützlich ist, bietet sich an, ihn in das Menü **EXTRAS** fest zu integrieren. Wählen Sie also den Befehl **EXTRAS EINSTELLUNGEN Menüs**, und markieren Sie in der Listenbox **Menü** das Menü **&Extras**. Markieren Sie dann in der Listenbox **Befehle** den Befehl **Aufzeichnen nächster Befehl**, und klicken Sie auf die Schaltfläche **Hinzufügen**, um diesen Befehl in das Menü **EXTRAS** fest zu integrieren. Schließen Sie die Dialogbox durch Klicken auf die Schaltfläche **Schließen** oder **OK**.

Der Befehl **Aufzeichnen nächster Befehl** ermöglicht es Ihnen, in einen bestehenden Makrocode einen ausgeführten, aufgezeichneten Befehl automatisch einfügen zu lassen. Sie erkennen die Bedeutung am ehesten durch unser Beispielmakro: Der Befehl **EXTRAS EINSTELLUNGEN Benutzer** soll in den Makrocode in der dritten Zeile eingefügt werden. Positionieren Sie also die Einfügemarke am Anfang der Zeile, und führen Sie den Befehl **EXTRAS AUFZEICHNEN Nächster Befehl** aus, damit der nächste Befehl mitgeschnitten wird. Rufen Sie dann den Befehl **EXTRAS EINSTELLUNGEN Benutzer-Info** auf und schließen Sie die Dialogbox mit **OK**. Sie sehen, wie der soeben ausgeführte Befehl in den Makrocode automatisch eingefügt wird.

Wenn Sie diesen Makrocode nun individuell für unterschiedliche Benutzer verändern und jeweils unter verschiedenen Namen speichern, können Sie benutzerindividuelle Grundeinstellungen für Word für Windows mit verschiedenen Benutzer-Icons festlegen. Wenn Sie jeweils nur den Namen ändern möchten, löschen Sie einfach die anderen Einstellungen und lassen als Befehl lediglich den Ausdruck **ExtrasEinstellungenBenutzerInfo. Name="*IhrName*"** stehen. Mit dem kleinen Helfer **Aufzeichnen Nächster Befehl** wird die Makroprogrammierung in vielerlei Hinsicht sehr erleichtert, denn er hat den Vorteil, daß sich der Makrorekorder in den meisten Fällen im Gegensatz zum Tastaturbediener nicht verschreibt.

Zusammenfassung

In diesem Kapitel haben Sie eine Einführung in die **Makroprogrammierung** erhalten. Wir haben besprochen, wie man sich Befehle verändert, und wie man den Makrorekorder benutzt, um eigene **Makros aufzuzeichnen** oder wie man über das Menü **MAKRO BEARBEITEN** Makros nachträglich verändert. Abschließend haben wir erläutert, wie man sich sogenannte AUTO-Makros anlegt, um bestimmte Aktionen z.B. beim Aufruf oder Beenden von Word für Windows oder von Dokumenten zu aktivieren, und wie der Befehl **Aufzeichnen nächster Befehl** als besonders nützlicher Helfer bei der Programmierung eingesetzt werden kann.

serienbriefe
Kapitel 14

In diesem Kapitel werden Sie lernen, wie man in Word für Windows Adressdateien und Serienbriefe erstellen kann. Wir besprechen, was Serientextdateien und Steuerdateien sind, und geben dabei eine kurze Einführung in die Arbeit mit Tabellen. Sie lernen den neuen Serienbrief-Manager kennen und werden anhand von Beispielen an seine Arbeitsweise herangeführt. Außerdem besprechen wir anhand zahlreicher Beispiele, wie Sie bedingte Serienbriefe erzeugen können und wie Sie die Feldfunktionen für ausgeklügelte Serienbriefaktionen mit besonderen, benutzerindividuellen Abfragen einsetzen können.

Arbeiten mit Seriendokumenten

Das Arbeiten mit Seriendokumenten ist wohl, vor allem im Bürobereich, eine der häufigsten Aufgaben, die eine Textverarbeitung erledigen muß. Nötig wird ein Serienbrief immer dann, wenn ein Standardtext mit variablen Elementen gemischt werden soll, also bspw. dann, wenn eine Einladung an mehrere Empfänger verschickt werden soll. Anstatt diese Einladung für jeden einzelnen Empfänger extra zu erstellen, erfaßt man den immer wiederkehrenden Standardtext einmal und setzt überall dort, wo im Ausdruck eine Adresse oder eine Anrede erscheinen soll, Platzhalter bzw. Variablen in den Text ein (siehe Abbildung 4.14.1). Diese Variablen werden dann beim Ausdrucken mit den Namen und Adressen, die wiederum in einer anderen Datei, der Steuerdatei (siehe Abbildung 4.14.2) abgespeichert sind, ausgefüllt.

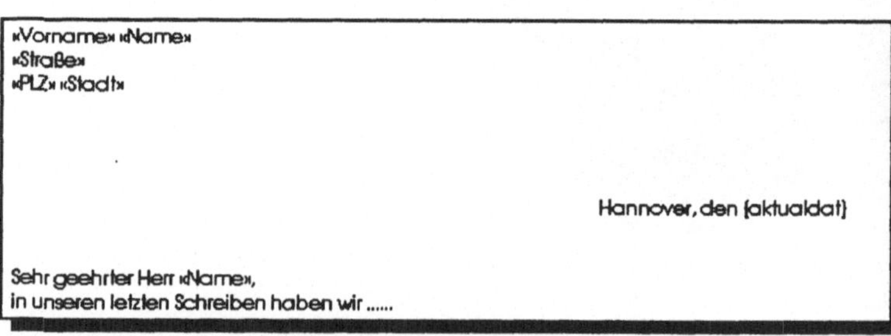

Abb. 4.14.1:   Ein Serientext mit Variablen

Ein Serienbrief stellt also eine Verknüpfung von zwei Dokumenten dar: dem Serientext (siehe Abbildung 4.14.1), der den Standardtext und die Variablen enthält und der Steuerdatei (siehe Abbildung 4.14.2), in der die Adressen, Namen usw. abgespeichert sind (Daten, die die Personen betreffen, an die der Serienbrief verschickt werden soll).

Name	Vorname	Straße	PLZ	Stadt
Müller	Egon	Arnulfstr. 12	8000	München
Maier	Otto	Skalitzer Str. 21⁢	1000	Berlin 36
Hübner	Friedolin	An der Bleiche 1:	6740	Landau /Pfalz

Abb. 4.14.2: Beispiel einer typischen Steuerdatei

Mit der Version 2.0 wurde Word für Windows in Sachen Serienbrief-Erstellung vollständig neu gestaltet. Die Erstellung von Serientexten und Steuerdateien sowie die Verknüpfung dieser beiden Dateien ist erheblich erleichtert worden. Um sich die neue Arbeitsweise zu verdeutlichen, können Sie das nachstehende Beispiel nachvollziehen. Es geht davon aus, daß weder ein Serientext und noch eine Steuerdatei vorhanden ist.

Um eine Serientextdatei zu erstellen, öffnen Sie zunächst ein neues Dokument. Der Einfachheit halber empfiehlt es sich, zunächst die Steuerdatei zu diesem neuen, noch leeren Serientext-Dokument zu erstellen.

Erstellen einer Steuerdatei

Um eine Steuerdatei zu erstellen, brauchen Sie lediglich den Befehl **DATEI SERIENDRUCK** aufzurufen. Wie Sie feststellen werden, sind in der Dialogbox (siehe Abbildung 4.14.3) lediglich zwei Schaltflächen aktiv, die Schaltflächen **Steuerdatei beifügen** und **Steuersatzdatei beifügen**. Der Unterschied zwischen Steuerdatei und Steuersatzdatei wird an späterer Stelle noch erläutert. Betrachten wir zunächst die Schaltfläche **Steuerdatei beifügen**.

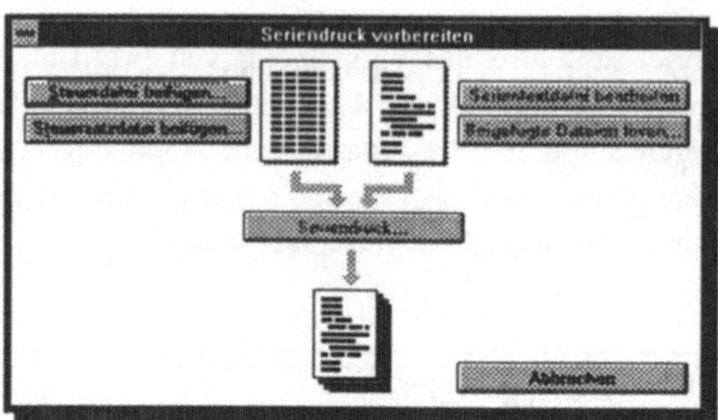

Abb. 4.14.3:   Die Dialogbox DATEI SERIENDRUCK

Wenn Sie auf die Schaltfläche **Steuerdatei beifügen** klicken, öffnet sich die Dialogbox des Befehles **DATEI ÖFFNEN**. Sofern Sie auf eine vorhandene Steuerdatei zugreifen möchten (z.B. eine Excel-Adressenkartei), können Sie diese aus dem entsprechenden Verzeichnis auswählen. Existiert noch keine Steuerdatei, so klicken Sie bitte auf die Schaltfläche **Steuerdatei erstellen**. Die Schaltfläche öffnet eine neue Dialogbox (siehe Abbildung 4.14.4), in die Sie die Feldnamen eintragen können, die als Variablen in dem Serientext verwendet werden sollen.

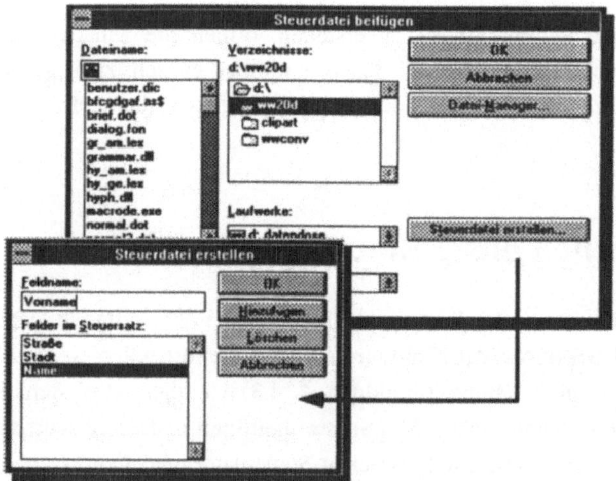

Abb. 4.14.4:   Die Dialogbox zum Einfügen der
Feldnamen in die Steuerdatei.

In dieser Dialogbox können Sie jetzt die Variablennamen erfassen, die
Sie im Serientext-Dokument als Platzhalter verwenden möchten (zum
Beispiel *Straße, Name, Plz, Stadt*). Klicken Sie nach jeder Variablen-
Eingabe auf die Schaltfläche **Hinzufügen**. Wenn Sie einen der Feldnamen wieder entfernen möchten, so klicken Sie auf die Schaltfläche **Löschen**, nachdem Sie den Feldnamen zuvor in der Liste markiert haben.
Nach der Erfassung der Feldnamen klicken Sie auf die Schaltfläche **OK,**
mit der Schaltfläche **Abbrechen** können Sie den gesamten Vorgang
rückgängig machen.

Nach dem Klicken auf **OK** fordert Word für Windows Sie in einer Dialogbox zum Speichern der Datei unter einem neuen Dateinamen auf.
Wenn Sie Namen und Verzeichnis festgelegt haben, erzeugt Word für
Windows automatisch eine neue Datei und erstellt in dieser eine Tabelle,
in der Sie ihre eben eingegebenen Feldnamen in der obersten Zeile
wiederfinden (siehe Abbildung 4.14.5).

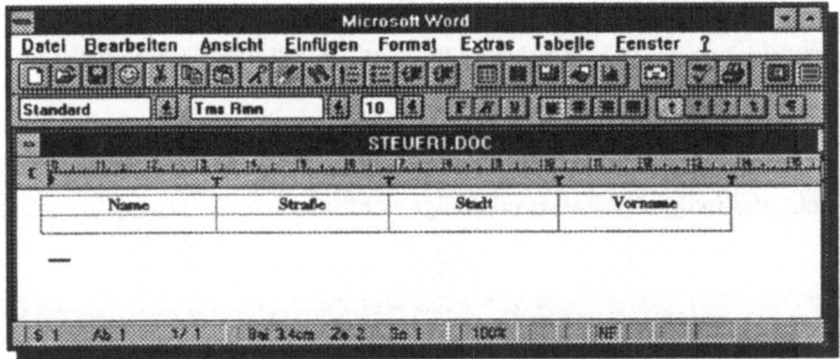

Abb. 4.14.5:   Die Steuerdatei wird automatisch erstellt

In dieser Tabelle können Sie nun unter den entsprechenden Feldnamen
die Daten erfassen. Geben Sie dabei jeder Person, die in diese Datei
aufgenommen wird, eine eigene Zeile. Nach der Datenerfassung holen
Sie sich bitte mit dem Befehl **FENSTER ALLES ANORDNEN** das ursprüngliche, noch leere Dokument wieder in den Vordergrund zur Bearbeitung, um die Feldnamen als Variablen einzutragen und den Standard-
Serientext zu erfassen.

Jedes Dokument, das in der oben beschriebenen Weise mit einer Steuer-datei verknüpft wurde, erhält eine neue Befehlsleiste (siehe Abbildung 4.14.6), in der einige Schaltflächen und Symbole untergebracht sind, die nur bei der Seriendruck-Funktion benötigt werden.

Abb. 4.14.6:　Die Befehlsleiste bei Serienbriefen

Datenfelder in den Serientext einfügen

Um ein Datenfeld (Variable) in den Serientext einzufügen, bewegen Sie die Einfügemarke an die Stelle, an der auch sein Ergebnis beim Drucken auftauchen soll. Klicken Sie dann auf die Schaltfläche **Datenfeld einfü-gen**. In der darauf folgenden Dialogbox (siehe Abbildung 4.14.7), finden Sie nun Ihre Feldnamen (*Straße, Stadt usw*) sowie einige Felder, die Word für Windows für die Serienbrief-Funktion mit bedingten Abfragen bereitstellt. Wir werden an späterer Stelle auf diese Felder zurückkom-men. Wählen Sie hier zunächst das entsprechende Datenfeld aus und bestätigen Sie mit **OK**. Verfahren Sie genauso mit jedem weiteren Daten-feld, das in den Serientext eingefügt werden soll.

Abb. 4.14.7:　Die Dialogbox zum Einfügen von Datenfeldern

Überprüfen des Serientextes

In der Befehlsleiste der Serienbrief-Funktion befindet sich auch ein kleines Symbol mit einem Häkchen. Sobald Sie dieses anklicken, wird automatisch eine Überprüfung des Serientextes auf Fehler vorgenommen. Falls Sie im Dokument "von Hand" einen Datenfeldnamen eingegeben haben, der nicht in der Steuerdatei vorhanden ist, erscheint eine entsprechende Fehlermeldung.

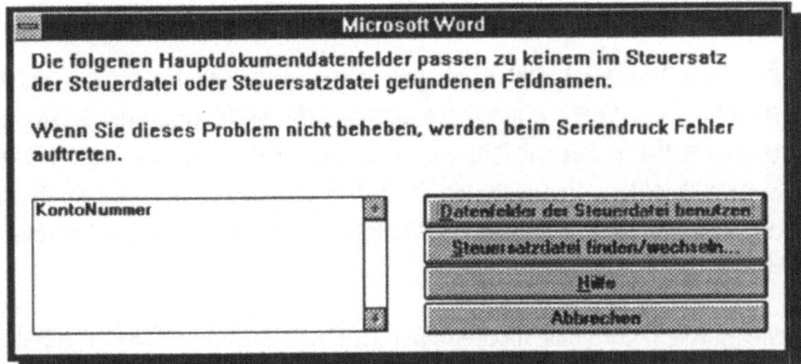

Abb.4.14.8:   Beispiel-Fehlermeldung der Serienbrief-Funktion

Sie können sich in der Dialogbox der Fehlermeldung entscheiden, ob Sie die Fehlermeldung ignorieren und mit den vorhandenen Werten fortfahren wollen (Schaltfläche **Datenfelder der Steuerdatei benutzen**) oder ob Sie die Steuerdatei selbst bearbeiten wollen (**Steuerdatei finden, wechseln**). Diese Dialogbox taucht übrigens auch auf, wenn Sie den Befehl zum Seriendruck geben und nicht übereinstimmende Datenfelder gefunden wurden. Nachdem die Überprüfung abgeschlossen ist, können Sie durch ein Klicken auf die Schaltfläche mit dem Drucker in der Schaltflächen-Leiste einen Seriendruck starten.

Zugriff auf die Steuerdatei

Sie können jederzeit aus dem Serientext heraus die Steuerdatei, mit der das Serientext-Dokument verknüpft ist, bearbeiten. Klicken Sie dazu auf die Schaltfläche **Steuerdatei bearbeiten** in der Serienbrief-Befehlszeile. Natürlich können Sie die Steuerdatei auch wie jede andere Datei über den Befehl **DATEI ÖFFNEN** laden, aber die Schaltfläche **Steuerdatei bearbeiten** dürfte eindeutig der schnellere Weg sein.

Ändern einer Steuerdatei

Sie können einem Serientext jederzeit eine andere Steuerdatei zuordnen. Betätigen Sie dazu die Schaltfläche **Steuerdatei beifügen** der Dialogbox **DATEI SERIENDRUCK Seriendruck** und wählen Sie die andere Datei einfach aus dem Verzeichnis aus. Natürlich können Sie hier auch über die Schaltfläche **Steuerdatei erstellen** eine neue Steuerdatei erzeugen, wie es bereits beschrieben wurde.

Sie müssen übrigens nicht immer den Menü-Befehl **DATEI SERIEN-DRUCK Seriendruck** ausführen, sondern Sie können auch einen Doppelklick auf den Bereich der Schaltflächen-Leiste der Serienbrief-Funktion ausführen, in dem sich die Namen der Steuerdatei und der Steuersatzdatei befinden.

Steuerdateien aus anderen Programmen

Als Steuerdatei für Serienbriefe können nicht nur Word für Windows-Dokumente verwendet werden, sondern auch Dateien aus anderen Programmen wie z.B. aus dBase oder Microsoft Excel. Dazu müssen Sie nach dem Befehl **Steuerdatei beifügen** (s.o.) in der Dialogbox erst in dem Listenfeld **Aufzulistender Dateityp** auf *.* klicken, um alle Dateien angezeigt zu bekommen. Sobald Sie Ihre Datei gefunden und markiert haben, wird diese zuerst in das Word für Windows-Format konvertiert. Achten Sie dabei darauf, daß Ihnen für die Konvertierung von dBase-Dateien genügend Arbeitsspeicher zur Verfügung steht. Word für Windows wandelt dBase-Dateien mit weniger als 32 Spalten und weniger als 100 Datensätzen in Word für Windows-Tabellen um. Bei größeren Datenbanken wird die Datenbank in Word als durch Kommas abgegrenzter Text, der in Anführungszeichen eingeschlossen ist, dargestellt. Solche Dateien müssen Sie mit der Ersetzen-Funktion für den Seriendruck entsprechend aufbereiten, d.h. Sie müssen die Kommata durch Semikola und die Anführungszeichen durch Leerstellen ersetzen.

Steuersatzdateien in Word für Windows 2.0

Wenn Sie die Dialogbox **DATEI SERIENDRUCK** aufrufen, gibt es auf der linken Seite zwei Schaltflächen: die Schaltfläche **Steuerdatei beifügen** und die Schaltfläche **Steuersatzdatei beifügen**. Mit der Schaltfläche **Steuersatzdatei beifügen** hat es folgendes auf sich. Es ist nicht notwendig, daß in einer Steuerdatei oberhalb der Datensätze die Feldnamen, also die Bezeichnungen der Datenfelder stehen. Sie können auch eine Tabelle lediglich mit Daten erstellen und eine separate Steuersatzdatei, in der diese Daten bestimmten Feldnamen zugewiesen werden. Das ist vor allem dann sinnvoll, wenn die Datensätze aus einem Fremdprogramm importiert werden, in dem die Feldnamen nicht oberhalb der Datensätze stehen (z.B. beim Import einer Personalstammdatei aus einer IBM AS/400-Datenbank).

Seriendruck in Test-Dateien

Vor dem endgültigen Ausdruck einer großen Serienbriefaktion, kann es ratsam sein, sich von dem Ergebnis der Verknüpfung zunächst am Bildschirm zu überzeugen. Damit kein Papier verschwendet werden muß, gibt es die Möglichkeit, den gesamten Seriendruck in eine Datei umzuleiten. In dieser Datei erscheinen die einzelnen Briefe, ergänzt mit den Daten aus der Steuerdatei hintereinander und durch Abschnittsumbrüche getrennt. Die Datei erhält von Word für Windows automatisch den Namen *SERIENBRIEFE n*. Mit jedem erneuten Druckdurchgang in eine

Datei wird die Zahl *n* um eins erhöht. Diese Seriensammel-Dokumente können Sie auch abspeichern und wie jedes andere Dokument weiterverarbeiten. Um einen Seriendruck in eine Datei zu veranlassen, geben Sie bitte den Befehl **Datei Seriendruck** ein. In der darauffolgenden Dialogbox können Sie dann den Druck in eine Datei veranlassen (siehe Abbildung 4.14.9).

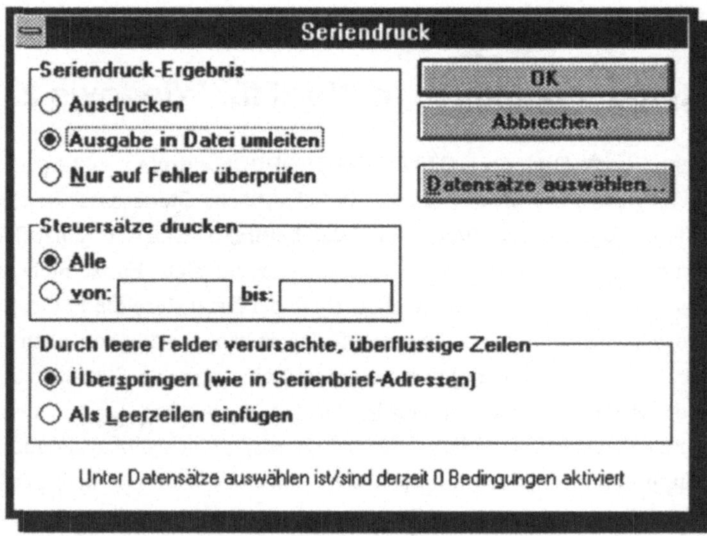

Abb. 4.14.9: In der Dialogbox kann der Seriendruck modifiziert werden

Unterdrücken von Leerzeilen

Unerwünschte Leerzeilen in Seriendokumenten können in Version 2.0 unterdrückt werden.

Im unteren Teil der Dialogbox des Befehls **Datei Seriendruck** finden Sie ein Auswahlfeld, in dem festgelegt wird, wie mit leeren Datensätzen umgegangen werden soll. In der Version 1.x war es noch so, daß jedes Datenfeld, das von dem Steuersatz nicht ausgefüllt wurde, eine Leerzeile erzeugte, wenn es alleine in einer Zeile stand. Bei der folgenden Datenfeld-Konfiguration bestand die Gefahr, daß die Zeile mit dem Datenfeld TITEL einfach als Leerzeile erschien, wenn eine Person, die in der Steuerdatei aufgenommen war, über keinen Titel verfügte.

{Name}
{Titel}
{Adresse}

Ab der Version 2.0 gibt es in der Dialogbox **DATEI SERIENDRUCK Seriendruck** die Möglichkeit, derartige Leerzeilen zu unterdrücken. In dem Auswahlfeld **Durch Leerfelder verursachte, überflüssige Zeilen** kann festgelegt werden, ob Zeilen ohne Feldergebnis übersprungen werden sollen oder aber als Leerzeilen beibehalten werden.

Formatieren von Feldergebnissen

Ein unerwünschtes Ergebnis in Serienbriefen ist gerade unter der Schriftenvielfalt von Windows immer wieder, daß die Adressen, die aus den Werten der Steuerdatei übernommen werden, im Ausdruck in einer anderen Schriftart erscheinen als der Text des Seriendokumentes. Da es sich bei den eingefügten Datenfeldern um richtige Word für Windows Felder handelt, die Sie sich mit dem Befehl **ANSICHT FELDFUNKTIO-NEN** am Bildschirm ansehen können, können Sie sich aber eines Feldschalters bedienen, mit dem sich sicherstellen läßt, daß die Schriftenformatierung aus der Serientextdatei verwendet wird und nicht die Formatierung aus der Steuerdatei.

Die Inhalte eines Textmarkenfeldes für die Übernahme von Feldbezeichnungen lassen sich relativ problemlos formatieren. Es reicht nämlich aus, wenn Sie das erste Zeichen des Feldes formatieren und einen Schalter setzen, der die Formatierung des ersten Zeichens für das gesamte Feld gelten läßt. Wollen Sie, wie im folgenden Beispiel, das Ergebnis des Feldes ORT fett formatieren, müssen Sie das erste Zeichen des Feldes (das **O**) fett formatieren und im Anschluß daran in das Feld den Feldschalter *ZEICHENFORMAT setzen. Das Feld würde dann wie folgt lauten:

{ORT *ZEICHENFORMAT}

Der Feldschalter *ZEICHENFORMAT hat insofern eine hohe Bedeutung, als daß er eine Vorrangschaltung der Feldformatierung bewirkt, die ge-

rade bei der Serienbrief-Erstellung wertvolle Dienste leisten kann. Wenn Sie den Schalter nicht setzen, hat die Formatierung des Feldes im Serientext-Dokument keine Auswirkung auf die zu druckenden Serienbriefe. Für die Platzhaltereinträge (*Adressen etc.*) wird die Zeichenformatierung übernommen, die die Feldeinträge in der Steuerdatei aufweisen. Wären die Datensätze in der Steuerdatei also bspw. in der Schriftart *HELV 14 Pt* formatiert, würden auch die Adressen in den gedruckten Serienbriefen mit dieser Schriftart ausgedruckt werden. Mit dem Feldschalter *ZEICHENFORMAT stellen Sie dagegen sicher, daß bei den ausgedruckten Serienbriefen die Zeichenformatierung des Serientext-Dokumentes gilt und nicht etwa unbeabsichtigt Zeichenformatierungen der Steuerdatei übernommen werden.

Ein weiterer Feldschalter, der Feldschalter *FORMATVERBINDEN bewirkt, daß diejenige Zeichenformatierung, die für den Ursprungstext galt, als das Feld das erste Mal aktualisiert wurde, zunächst einmal fest beibehalten wird, aber außerdem auch mit dem Zeichenformat des gesamten Feldcodes verbunden werden kann. Bei diesem Feldschalter müssen Sie beachten, daß eine nachträgliche Formatierung eines Textmarkeninhaltes keine Auswirkung auf das Feldergebnis hat. Die Zeichenformatierung, die für die Textmarke galt, als das Feld erstellt wurde, wird fest übernommen. Wenn Sie den Schalter nicht setzen, wird auch die Zeichenformatierung jedesmal aktualisiert, wenn Sie das Feldergebnis aktualisieren, wie das folgende Beispiel deutlich macht.

Mangold	➡	Dieses Wort hat die Textmarke *Frucht*
{REF Frucht}	➡	Feldergebnis: Mangold

Wenn Sie jetzt die Formatierung des Wortes *Mangold* ändern, ändert sich auch die Formatierung des Feldes mit der Textmarke *Frucht*, wenn Sie das Feld aktualisieren.

Mangold ➡ Geänderte Zeichenformatierung
für das Wort mit der Textmarke
Frucht

{ref Frucht} ➡ Feldergebnis nach Aktualisierung mit F9 : *Mangold*

Plazieren Sie dagegen ein Feld mit dem Feldschalter *FORMATVERBIN-
DEN, würde das Feldergebnis in der Zeichenformatierung nicht aktualisiert werden, sondern es würde die ursprüngliche Zeichenformatierung,
die vorlag, als das Feld erstellt wurde, beibehalten werden.

Mangold ➡ Formatierung bei Erstellung
des REF-Feldes

Mangold ➡ Nachträgliche Änderung der
Zeichenformatierung

{REF Frucht *Formatverbinden} ➡ Feldergebnis nach Aktualisierung mit F9 : Mangold

Mangold ➡ Zeichenformatierung bei
Erstellung des REF-Feldes

*{ref Frucht *Formatverbinden}*'➡ Nachträgliche Änderung der
Zeichenformatierung des gesam-
ten Feldcodes. Feldergebnis
nach Aktualisierung mit F9 :
Mangold

Mangold ➡ Nachträgliche Änderung der
Zeichenformatierung der zugrundeliegenden Textmarke

*{ref Frucht *Formatverbinden}*'➡ Feldergebnis nach Aktualisierung mit F9 : *Mangold*

Erweiterte Serienbrief-Funktionen

Verwendung selektierter Datensätze

In vielen Fällen ist es nicht erwünscht, daß alle Datensätze einer Steuerdatei gedruckt werden. In Word für Windows gibt es zwei Möglichkeiten, bestimmte Datensätze herauszufiltern. Davon ist eine sehr einfach, die andere etwas komplexer. Kümmern wir uns zuerst um die einfache Version. In der Dialogbox des Befehls **DATEI SERIENDRUCK Seriendruck** gibt es ein Auswahlfeld, in dem Sie festlegen können, daß z.B. nur die ersten 10 Datensätze aus der Steuerdatei verwendet werden sollen. Dazu geben Sie in dem Feld **Steuersätze drucken** unter **von:** die Startzahl und unter **bis:** die Endezahl ein. In dem Fall, daß nur die ersten zehn Datensätze gedruckt werden sollen, wäre das also in dem Feld **von:** *1* und in dem Feld **bis** *10.*

Es gibt aber auch andere Möglichkeiten, aus einer Steuerdatei gezielt Datensätze für einen Seriendruck herauszufiltern. Sie können beispielsweise festlegen, daß bei einer Kundendatei nur Kunden ein Schreiben erhalten sollen, die in dem Postleitzahl-Bereich 2000 - 6000 wohnen und/oder die einen Umsatz von mehr als DM 100.000,-- haben. Sie können dabei ganz individuell festlegen, mit welchem Wert die zu selektierenden Datensätze verglichen werden sollen. Word für Windows gestaltet Ihnen die Selektion insofern einfach, als daß Sie in der Dialogbox des Befehls **DATEI SERIENDRUCK Seriendruck** über die Schaltfläche **Datensätze selektieren:.** in einer Dialogbox alle Selektionskriterien festlegen können (siehe Abbildung 4.14.10).

In dem Listenfeld **Feldname** finden Sie alle Feldnamen, die in der Steuerdatei vorkommen. Daneben finden Sie eine Anzahl von Operatoren, die den markierten Feldnamen mit dem unter **vergleichen mit** festgelegten Kriterium verknüpfen können. Haben Sie also unter **Feldname** das Datenfeld *PLZ* markiert, können Sie den Operator **größer gleich** auswählen und dann im Textfeld **vergleichen mit** den Wert *2000* eintragen. Wenn Sie nun auf die Schaltfläche **Bedingung hinzufügen** klicken, wird die Bedingung *PLZ ist größer oder gleich 2000* unter der Option **Auswahlbedingungen** aufgelistet. Jetzt können weitere Bedingungen hinzugefügt werden. Sobald mehr als eine Bedingung verwendet wird, müssen Sie sich über die Option **Auswahl-Bedingungen** entscheiden, ob diese neue Bedingung mit der anderen durch ein logisches **und** oder ein logisches **oder** verknüpft werden soll. Ein logisches **und** bedeutet, daß alle Datensätze ausgewählt werden, die der ersten und der zweiten Bedingung entsprechen. Sobald nur eine der Bedingungen erfüllt ist, wird der Datensatz nicht mit einbezogen. Erst die **oder**-Verknüpfung bietet die Möglichkeit, alle Datensätze, die entweder der einen oder der anderen Bedingung entsprechen, in den Seriendruck einzubeziehen.

Abb. 4.14.10: Die Dialogbox zum gezielten Selektieren von Daten in der Steuerdatei

Zwei der Bedingungen sollten hier noch gesondert erwähnt werden. Die Bedingungen **leer** und **nicht leer** untersuchen, ob der besagte Feldname einen Inhalt hat oder nicht. Wenn Sie also möchten, daß alle Datensätze, die z.B. unter dem Feldnamen Titel keinen Eintrag haben, nicht mit ausgedruckt werden sollen (weil der Serienbrief vielleicht nur an Professoren gehen soll), so verwenden Sie bei diesem Feldnamen die Bedingung **nicht leer**. Diese Bedingung bewirkt, daß nur Datensätze, die unter Titel einen Eintrag haben, für den Seriendruck verwendet werden.

Bedingter Seriendruck

Durch eine Sonderanweisung - das Feld WENN - wird ermöglicht, die variablen Textelemente aus der Steuerdatei in Abhängigkeit von bestimmten Kriterien in die Serientextdatei einzufügen. Das Feld WENN eignet sich dazu, festzulegen, daß Textelemente aus der Steuerdatei oder auch frei definierte Werte nur eingetragen werden, wenn eine von Ihnen festgelegte Bedingung erfüllt wird.

Ein WENN-Feld wird in der Serientextdatei in geschweiften Feldklammern (Strg + F9) dort positioniert, wo ein bestimmter Eintrag erfolgen soll. Beim Seriendruck wird der Inhalt dieses Feldeintrages geprüft. Trifft die WENN-Bedingung zu (WERT), so wird der erste Wert (Positivbedingung), der hinter der Bedingung im Feld steht, gedruckt. Trifft die Bedingung nicht zu, wird der zweite Wert (Negativbedingung) hinter der Bedingung gedruckt. Die allgemeine Syntax des WENN-Feldes lautet:

{WENN Feldname Operator WERT "Positivbedingung"
"Negativbedingung"}

Wichtig ist bei der Anwendung von WENN-Feldern, daß zwischen den Operatoren (Feldname und Operator sowie Operator und Wert) ein Leerzeichen stehen muß, anderenfalls kann Word für Windows den Feldinhalt nicht richtig interpretieren. Insbesondere in Serienbriefen gibt es drei Möglichkeiten, um einen bestimmten Zustand mit einer WENN-Bedingung zu überprüfen. Es kann überprüft werden, ob ein Feldeintrag in der Steuerdatei überhaupt vorhanden ist, ob ein Feldeintrag mit einem in der WENN-Bedingung genannten Wert identisch ist oder ob ein Feldeintrag (z.B. Zahlenangaben) ein bestimmtes Kriterium erfüllt (größer oder kleiner einem bestimmten Wert). Für die WENN-Bedingung stehen deshalb die in Tabelle 4.12.1 genannten Operatoren zur Verfügung.

Für unsere Beispiel-Einladung aus der Datei EINLADG.DOC könnte man nun statt der Spalte mit dem Feld Titelzeile, das auf die Spalte Titelzeile in der Steuerdatei zugreift, auch ein WENN-Feld positionieren und die Datenfelder TITELZEILE in der Steuerdatei ganz wegfallen lassen. Anhand der nachfolgenden Übung können Sie das Erstellen des dazu notwendigen WENN-Feldes nachvollziehen.

Operator	Bedeutung
=	IST GLEICH
<	KLEINER ALS
>	GRÖSSER ALS
<>	UNGLEICH
<=	KLEINER ODER GLEICH
>=	GRÖSSER ODER GLEICH

Tab.4.12.1:   Operatoren in WENN-Feldern

Öffnen Sie die Datei EINLADG1.DOC von der Beispieldiskette. Markieren Sie das Feld {TITELZEILE}, und löschen Sie es mit Entf . Löschen Sie außerdem das Leerzeichen zwischen *Geehrte* und dem nachfolgenden Feld {ANREDE}. Positionieren Sie nun die Einfügemarke hinter der ersten Feldklammer des Feldes {ANREDE} und schreiben Sie WENN. Drücken Sie die Leertaste, setzen Sie ein Gleichheitszeichen, und drücken Sie noch einmal die Leertaste. Schreiben Sie *"Herr"* in Anführungsstrichen und danach die Positivbedingung dafür, daß das Feld {ANREDE} diesen Textblock (*Herr*) enthält. Wenn Sie hier *r* in Anführungsstrichen schreiben, wird als Feldinhalt immer dann ein *r* hinter das Wort *geehrte* gesetzt, wenn der Inhalt des Datenfeldes ANREDE *Herr* ist. Als Negativbedingung setzen Sie einfach leere Anführungsstriche, denn für den Fall, daß in dem Datenfeld nicht *Herr* steht, nehmen wir *Frau* oder *Fräulein* an, und deshalb muß kein *r* hinter *geehrte* gedruckt werden. Sie können Ihre Einträge anhand der Datei EINLADG2. DOC auf der Beispieldiskette überprüfen.

Sie sehen anhand dieses Beispieles, daß Sie sich die Erstellung des Feldes TITELZEILE in der Steuerdatei dank des WENN-Feldes durchaus hätten sparen können, denn die Frage *r oder nicht r* kann hier durch eine variable Abfrage mit Hilfe eines WENN-Feldes genauso gut beantwortet werden.

Für den bedingten Seriendruck leistet ein weiteres Feld - das Feld ÜBERSPRINGEN - sehr gute Dienste. Es ermöglicht den gezielten Ausdruck von Serienbriefen mit nur denjenigen Datensätzen, in denen ein

Datensatzfeld eine bestimmte Bedingung erfüllt. Wenn das Feld ÜBER-SPRINGEN als erstes Feld in den Serientext positioniert wurde, wird ein Datensatz beim Seriendruck ausgelassen, wenn die Bedingung des ÜBERSPRINGEN-Feldes erfüllt wird.

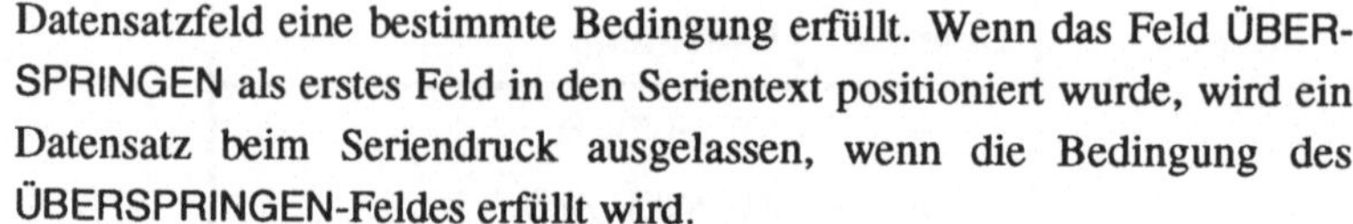

Dieser Vorgang läßt sich ab der Version 2.0 allerdings leichter mit dem oben beschriebenen Auswählen von Datensätzen durchführen. Das Feld ÜBERSPRINGEN wurde in Version 2.0 aber beibehalten und kann weiterhin verwendet werden. Stellen Sie sich vor, Sie wollen mit einer vorhandenen Kundendatei, in denen unter anderem das Alter der Kunden in jedem Datensatz gespeichert wurde einen Serienbrief erstellen. Der Serienbrief soll aber nur an Kunden verschickt werden, die *älter als 50* sind. Um dies zu erzielen, reicht es aus, wenn Sie hinter dem Steuerdateifeld ein Feld positionieren, das eine Überspringen-Anweisung für Kunden enthält, bei denen im Datenfeld Alter eine Zahl *größer 50* steht.

{ÜBERSPRINGEN *Alter > 50*}

Achten Sie auch beim ÜBERSPRINGEN-Feld unbedingt darauf, daß sich zwischen dem Feldnamen und dem Operator (Alter und >) sowie zwischen dem Operator und dem Vergleichswert (> und 50) jeweils ein Leerzeichen befindet, da Word für Windows sonst nicht mit dem Feldinhalt arbeiten kann. Auch im ÜBERSPRINGEN-Feld können Sie mit allen Operatoren (>, <, =, >=, <= und <>) sowie mit Textelementen und Zahlenwerten als Vergleichswerten arbeiten.

Sonderabfragen während des Seriendrucks

Die Serienbrief-Funktion von Word für Windows ist durch die Möglichkeit, Felder einzusetzen, sehr flexibel. Insbesondere dann, wenn Sie als Steuerdatei eine Datenbankdatei benutzen, an deren Feldstruktur Sie leider nichts mehr ändern können (also z.B. zusätzliche Felder erzeugen), bieten sich durch den Einsatz der beiden Felder BESTIMMEN und FRAGE sehr geschickte Umgehungsmöglichkeiten.

Stellen Sie sich den Fall vor, daß Sie bei einem Serienbrief auf eine fest strukturierte Datenbankdatei als Steuerdatei zugreifen, die Sie von einem Kollegen aus den USA erhalten haben. Sie können die Adressen gut gebrauchen, aber leider steht in dem Feld ANREDE in der Datenbank immer gemischt *Fa.* oder *Fr.* oder *Firma* oder *INC.* Sie wollen nun im Serienbrief für Einheitlichkeit sorgen, können (oder dürfen) aber nicht die Datensätze in der Steuerdatei ändern. Dieses Problem können Sie meistern, in dem Sie einfach hinter dem Steuerdateifeld ein Feld positionieren, daß dafür sorgt, daß in allen Serienbriefen als Inhalt des Feldes ANREDE die Bezeichnung *FIRMA* gedruckt wird. Das Feld würde lauten:

{Bestimmen ANREDE Firma} bzw. {Bestimmen Textmarke Daten}

Die Sonderanweisung BESTIMMEN führt also in diesem Beispiel dazu, daß der eigentlich variable Inhalt des Datenfeldes ANREDE für den Seriendruck mit einem festen Wert (dem Wort *FIRMA*) ausgetauscht wird. In diesem Fall bezieht sich die Textmarke also auf ein Datenfeld in der Steuerdatei. Die Elemente des Feldinhaltes müssen nicht in Anführungsstriche gesetzt werden, müssen aber unbedingt durch Leerzeichen voneinander getrennt sein. Erst dann, wenn ein Feldelement aus mehreren Worten besteht, sollten diese durch Anführungsstriche eingeschlossen werden.

{BESTIMMEN TEXTMARKE "*Neuer Feldinhalt*"}

Sie können ein BESTIMMEN-Feld auch unabhängig von den Textmarken der Steuerdatei positionieren. Stellen Sie sich vor, Sie verschicken einmal im Monat eine mehrseitige Werbeabhandlung, dessen Text Sie so universell verfaßt haben, daß eigentlich immer nur der Produktname ausgetauscht werden müßte. Natürlich könnten Sie jetzt den alten Produktbegriff mit der Ersetzen-Funktion im gesamten Dokument durch den neuen Begriff austauschen und dann den Seriendruck starten. Sie sind jedoch flexibler, wenn Sie in der gesamten Werbeabhandlung für den

Produktnamen ein Feld mit einer Textmarke plazieren und einfach nur am Anfang des Serientext-Dokumentes BESTIMMEN, welche Produktbezeichnung heute im Serientext-Dokument ausgedruckt werden soll. Eine Textmarke in einem BESTIMMEN-Feld muß sich also keineswegs auf eine Textmarke beziehen, die in der Steuerdatei vorhanden ist, sondern kann sich auch auf eine Textmarke beziehen, die in dem Serientext-Dokument plaziert wurde. Abschließend wäre noch anzumerken, daß Sie auch mehrere BESTIMMEN-Felder in einem Serientext-Dokument plazieren können und auf diese Weise auch mehrere Variablen in einen Serienbrief einfügen können, die sich nicht unbedingt in der Steuerdatei befinden müssen.

Noch flexibler als mit dem BESTIMMEN-Feld können Sie mit dem FRAGE-Feld arbeiten. Die Positionierung eines FRAGE-Feldes am Anfang des Serientext-Dokumentes in der Form

{FRAGE RABATTSATZ "*Eingabeaufforderung*"}

führt dazu, daß Sie für jeden Datensatz, für den der Serienbrief gedruckt wird, den Inhalt des Feldes RABATTSATZ frei bestimmen können. Sie könnten also beispielsweise ohne weiteres einen Serienbrief für eine Verkaufsaktion verschicken und während des Ausdrucks jedem Kunden aus Ihrer Datenbank (Steuerdatei) einen spezifischen Rabattsatz einräumen. Das Feld FRAGE führt nämlich dazu, daß vor jeder Version des Serienbriefdokumentes (also für jeden Datensatz) der Inhalt einer Textmarke (in diesem Fall RABATTSATZ) neu abgefragt wird.

Ein Problem taucht bei diesem Beispiel natürlich auf: Sie werden zwar für jeden Datensatz (Kunden) nach dem Rabattsatz gefragt, wissen aber nicht, welcher Kunde das nun gerade ist, denn in der Statuszeile wird höchstens die Nummer des jeweiligen Datensatzes angezeigt. Aus diesem Grunde möchten wir Ihnen zum Abschluß einen besonderen Leckerbissen, der mit dem FRAGE-Feld verbunden ist, nicht vorenthalten. Dabei legen wir die folgenden Daten für das Serientext-Dokument und die Steuerdatei zugrunde.

<table>
<tr><td>

Serientextdatei

FRAGE.DOC

</td><td>

{Steuerdatei ADRES.DOC}

{Frage Rabattsatz "Normaler Rabattsatz für den Kunden {FIRMA1}

ist {Rabattsatz} - Rabattsatz ändern und RETURN,

ABBRECHEN, wenn alter Rabattsatz."}

{Firma1}

{Strasse}

{PLZ} {Ort}

Wir gewähren ihnen einen Rabatt von {Rabattsatz}.

</td></tr>
<tr><td>

Steuerdatei

ADRES.DOC

</td><td>

Firma1;Strasse;PLZ;Ort;Rabattsatz

Meier GmbH;Lönsweg 17;2000;Hamburg;"9,3 %"

Steinsdorffer AG;Heerweg 19;3000;Hannover;"8,5 %"

Hick-Auf INC;Eichhof 12;1000;Berlin; 6 %

SKOLL-GmbH & CO KG;Gansweg 7;7000;Stuttgart;"2,5 %"

</td></tr>
</table>

Abb.4.14.11: Serientext- und Steuerdatei für das Beispieldokument

Die Syntax des Feldes FRAGE lautet nämlich in allgemeiner Form {FRAGE Textmarke *Dialogboxtext*}. Sie können also den Dialogbox-Text einer FRAGE unabhängig von der Textmarkenkennung definieren. Die Besonderheit dabei ist, daß Sie auch im Dialogbox-Text wieder Felder des aktuellen Datensatzes anzeigen können. Wenn Sie also das Feld

{FRAGE RABATTSATZ "Normaler Rabattsatz für den Kunden {FIRMA1}
ist {RABATTSATZ} - Rabattsatz ändern und RETURN, - ABBRECHEN,
wenn alter Rabattsatz."}

am Anfang der Serientextdatei positionieren, werden Sie für jeden Kunden nach einem Rabattsatz gefragt, wobei Sie durch die Feldvariablen FIRMA1 und RABATTSATZ in dem Dialogbox-Text sehen, um welchen Kunden es sich gerade handelt (siehe Abbildung 4.14.12).

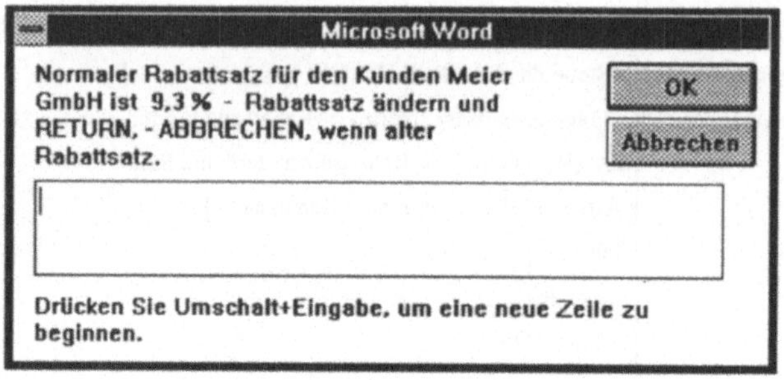

Abb.4.14.12: FRAGE-Felder sind extrem flexibel

Wenn Sie das Feld FRAGE ohne jeden Parameter einfügen, wird es vor jedem Exemplar des Seriendruckes aktiviert und Sie können den neuen Wert eingeben. Das ist häufig sehr nützlich, manchmal jedoch muß man den Inhalt einer Textmarke für alle Serienbriefe gleich bestimmen. In diesem Falle können Sie das Feld FRAGE und den Parameter "\o" erweitern, der dann bewirkt, daß lediglich einmal der Inhalt dieser Textmarke bestimmt wird. Da es sich hier nicht mehr um eine individuelle Abfrage des Rabattsatzes handelt, würde dem obigen Beispiel folgend, dieses Feld genügen:

{Frage Rabattsatz "*Geben Sie bitte den Rabattsatz ein*" \o}

Da sich die Syntax des Feldes BESTIMMEN und FRAGE außerdem immer auf eine Textmarke bezieht, die nicht zwingend in der Steuerdatei vorhanden sein muß, sollte damit deutlich geworden sein, daß Sie keineswegs jedesmal die Steuerdatei ändern oder erweitern müssen, wenn Sie in einem Serientext-Dokument zusätzliche variable Datensatzeinträge benötigen, die in der Steuerdatei nicht vorhanden sind, sondern stattdessen genauso gut mit den Feldern BESTIMMEN oder FRAGE arbeiten können.

Sehr ähnlich funktioniert das Feld EINGEBEN. Es hat die Syntax {EINGEBEN "*Eingabeaufforderung*"} und produziert ebenfalls eine Dialogbox. Der hier eingetippte Text wird dann an der Stelle des EINGEBEN-Feldes in das Seriendokument eingefügt. Auch hier gilt: ohne jeden Parameter wird die Dialogbox bei jedem neuen Seriendruck-Exemplar eingespielt und Sie können für jeden einzelnen Serienbrief individuelle

Eingaben machen. Wollen Sie die Eingabe für alle gültig machen, verwenden Sie bitte wieder den Schalter "\o":

{Eingeben "*Geben Sie bitte den Grund des Schreibens ein*" \0}

Andere Einsatzfelder der Seriendruck-Funktion

Prinzipiell können Sie dank der bedingten Felder Word für Windows auch als eine Datenbank einsetzen. Sie können sich nämlich aus Steuerdateien auch Listen erstellen wie z.B. Kundenlisten, in denen ein Datensatz direkt unter dem nächsten aufgelistet wird. Wenn Sie mit bedingten Feldern arbeiten, können Sie aus einer größeren Datenbank auch einfach nur bestimmte Datensätze selektieren. Bei einem solchen Seriendruck ist die Option **Druck in eine Datei** natürlich äußerst hilfreich. Etwas störend wirkt dabei zwar ein Absatzumbruch, der nach jedem Datensatz eingefügt wird, aber mit dem Befehl **BEARBEITEN ERSETZEN** können Sie dieses Manko leicht beseitigen. Verwenden Sie einfach den Befehl **BEARBEITEN ERSETZEN,** suchen Sie nach den Abschnittsumbrüchen (Suchbegriff: ^b) und ersetzen Sie diese durch Leerzeichen oder, wenn nötig, durch eine Absatzendemarke (Ersetz-Begriff: ^a).

Erstellen von Adressaufklebern

Insbesondere beim Erstellen von Formbriefen besteht häufig die Anforderung, daß Adressaufkleber gedruckt werden sollen, weil sich Fensterumschläge für den Versand nicht verwenden lassen. In Word für Windows läßt sich das Drucken von Adressaufklebern ebenfalls mit der Serienbrief-Funktion realisieren. Auch hier müssen Sie zunächst eine Steuerdatei erstellen, die die variablen Adressdaten enthält. Die Serientextdatei muß dagegen die Kennungen der Adressfelder sowie die für den Druck erforderlichen Seitenrand- und Positionsangaben enthalten.

Das Problem beim Drucken von Adressaufklebern besteht zunächst einmal darin, daß Word für Windows die Anwendung des nächsten Da-

tensatzes mit einem Seitenumbruch verbindet, weil normalerweise für
jeden Datensatz ein neues Exemplar eines Serientext-Dokumentes gedruckt werden soll. Dieser Effekt ist beim Drucken von Adressaufklebern natürlich unerwünscht, weil die Anforderung besteht, daß mehrere
Datensätze auf einer Seite gedruckt werden müssen. Um den Seitenumbruch für den nächsten Datensatz verhindern zu können, gibt es das Feld
NÄCHSTER. Die Anwendung dieses Feldes erfolgt so, daß Sie die Felder
für die Adressen so oft auf einer Seite positionieren müssen, wie Sie im
Ausdruck auf einer Seite erscheinen sollen und die Ansteuerung des
nächsten Datensatzes auf derselben Seite dadurch hervorrufen, daß Sie
vor jeder Adresse ein Feld mit der Feldart NÄCHSTER positionieren
(siehe Abbildung 4.14.13).

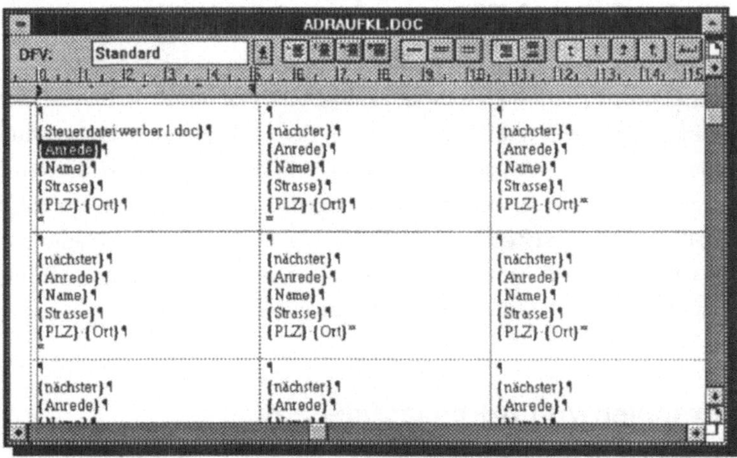

Abb.4.14.13: Anwendung des Nächster-Feldes in einer Tabelle

Mit der folgenden Übung können Sie die Anwendung des NÄCHSTER-
Feldes in einer Tabelle für den 3-spaltigen Ausdruck von Adressaufklebern auf einem Laser-Drucker mit Einzelblatteinzug nachvollziehen.

Erstellen Sie zunächst eine neue Datei über **DATEI NEU** (Alt + D ,
N). Erstellen Sie sich mit **TABELLE TABELLE EINFÜGEN** eine
Tabelle, die in Spalten- und Zeilenanzahl mit der Anzahl der auf einem

DIN A4-Blatt vorhandenen Adressaufkleber übereinstimmt. Positionieren Sie die Einfügemarke in der ersten Zelle, und wählen Sie **DATEI SERIENDRUCK Steuerdatei beifügen,** um das aktuelle Dokument mit einer Steuerdatei zu verknüpfen. Positionieren Sie dann die Felder für eine Adresse in derselben Zelle. Natürlich können Sie auch auf die Schaltfläche **Datenfeld einfügen** klicken und die jeweiligen Felder aus der Liste heraus auswählen. Wenn Sie eine Zelle vervollständigt haben, markieren Sie den gesamten Inhalt der Zelle, und kopieren Sie ihn mit Strg + Einfg in die Zwischenablage. Wechseln Sie mit der ⭢-Taste in die nächste Zelle, und fügen Sie den Inhalt der Zwischenablage mit ⇧ + Einfg ein. Gehen Sie nun an den Anfang dieser zweiten Zelle, drücken Sie Strg + F9, und erstellen Sie ein NÄCHSTER-Feld, in dem Sie innerhalb der Feldklammern einfach *NÄCHSTER* schreiben. Den Inhalt dieser Zelle können Sie nun wiederum kopieren und in die anderen Zellen der Tabelle einfügen. Eine vollständige Datei für den 3-spaltigen Serienausdruck von Adressaufklebern finden Sie unter dem Dateinamen ADRAUFKL.DOC auf der Beispieldiskette.

Wenn die Position der einzelnen Zellen der Tabelle nicht mit den Positionen der Adressaufkleber auf dem Papier übereinstimmt, benutzen Sie die Befehle **FORMAT RAHMEN** und **FORMAT POSITIONSRAHMEN,** um das tatsächliche Papierformat der Tabelle anzugleichen. Das erfolgreiche Ausdrucken von Adressaufklebern ist sehr stark von ihrem Drucker abhängig und macht daher meistens einige Testausdrucke notwendig.

Zusammenfassung

In diesem Kapitel haben Sie gelernt, wie man sich das Erstellen von **Adressdateien** und **Serienbriefen** in Word für Windows erleichtern kann. Wir haben besprochen, was **Serientextdateien** und **Steuerdateien** sind, und eine Einführung in die Arbeit mit Tabellen gegeben. Sie haben den neuen **Serienbrief-Manager** kennengelernt und wurden anhand von Beispielen an seine Arbeitsweise herangeführt. Außerdem haben wir anhand zahlreicher Beispiele besprochen, wie Sie bedingte Serienbriefe erzeugen können und wie Sie die **Feldfunktionen** für ausgeklügelte Serienbrief-Aktionen mit besonderen, benutzerindividuellen Abfragen einsetzen können.

Wie man dieses Buch am besten benutzt

Das vorliegende Buch besteht aus 6 Teilen, von denen sich der 1. und 2. Teil vorwiegend mit den Grundlagen von Windows 3.1 und Word für Windows beschäftigen. Während Sie in diesen beiden Teilen in Ruhe "stöbern" und sich einen ersten Eindruck von dem Funktionsumfang und der Arbeitsweise mit diesen beiden Programmen verschaffen können, sind die nachfolgenden Teile 3, 4 und 5 als Lehr- und Übungskapitel konzipiert. Im 6. und letzten Teil werden schließlich die neuen Zusatzprodukte von Word für Windows 2.0 erläutert.

Wenn Sie sich vor dem Arbeiten mit Word für Windows zunächst einmal einen Überblick über die Funktionsweise von Windows 3.1 verschaffen möchten, so können Sie dies im 1. Teil des Buches tun. Sollten Sie dagegen bereits Erfahrung im Umgang mit Windows 3.1 haben und lediglich Word für Windows auf Ihrem Computersystem neu installiert haben, so können Sie theoretisch die ersten beiden Teile des Buches überspringen und sich in Form eines Schnelleinstiegs mit dem 3. Teil und den Grundlagen der Dokumenterstellung in Word für Windows vertraut machen. Sind Sie dagegen Anfänger im Umgang mit Windows und Word für Windows, so sollten Sie sich zunächst im 1. und 2. Teil mit den Grundlagen dieser beiden Programme beschäftigen. Im übrigen haben wir uns bemüht, dem Anwender von Windows 3.1 in dem recht umfangreichen ersten Teil einige wertvolle Hinweise zu der neuen Version auch im Hinblick auf die neue TrueType Schriftentechnologie zu geben, die über das unbedingt notwendige Basiswissen hinausgehen.

Teil 1, - Die Basis: Einstieg in Windows 3.1

Wir erläutern im 1. Teil des Buches die historische Entstehung von Windows von den Kinderschuhen bis zur heutigen Version 3.1 und versuchen, Ihnen dabei die Philosophie der Windows-Technologie noch näherzubringen. Auch dann, wenn Sie mit der Windows-Arbeitsweise schon vertraut sind und von einer älteren Windows-Version auf Windows 3.1 umgestiegen sind, erfahren Sie interessante Details und erhalten einen Überblick über die Neuerungen von Windows 3.1. Die wichtigsten Merkmale und Grundlagen für das Arbeiten mit Schriftarten und Druckern werden eingehend erläutert, im letzten Kapitel dieses Teiles besprechen wir anhand eines Beispieles, wie man Drucker und Schriftarten richtig installiert.

Teil 2, - Grundlagen von Word für Windows

Im 2. Teil des Buches erläutern wir zunächst, welche Voraussetzungen ihr Computersystem erfüllen muß, damit Sie mit Word für Windows arbeiten können. Anschließend erklären wir, wie man Word für Windows richtig installiert. Sie lernen dann Grundlegendes zur Arbeitsweise mit Tastatur und Maus und erhalten einen Überblick über den Grundaufbau des Word für Windows Bildschirmes. Abschließend geben wir eine kurze Einführung in die Hilfefunktionen und das Lernprogramm von Word für Windows 2.0.

Teil 3, - Erstellung von Dokumenten

Im dritten Teil des Buches besprechen wir die grundlegenden Funktionen, die man bei der Dokumenterstellung in Word für Windows benötigt. Das Formatieren von Zeichen und Absätzen wird eingehend erläutert und anhand zahlreicher Tips und Tricks besprochen. Der Dokumentspeicherung und der Dateiorganisation wurden vor dem Hintergrund wachsender Archivierungsprobleme in der Anwendungspraxis von Textverarbeitungssystemen eigene Kapitel gewidmet. Als Umsteiger auf Word für Windows erfahren Sie desweiteren, wie Sie Ihre alten Dateien mit Word für Windows weiterverarbeiten können. Zum Schluß des 3. Teiles beschreiben wir die verschiedenen Arten der Bildschirmdarstellung und das Drucken von Dokumenten.

Teil 4, - Weiterführende Funktionen

Als fortgeschrittener Anwender, der seine ersten "Gehversuche" mit Word für Windows bereits erfolgreich absolviert hat, können Sie im 4. Teil schließlich nachlesen, wie man mit den erweiterten Funktionen von Word für Windows arbeitet. Das Bewegen im Text sowie das Suchen und Ersetzen bilden dabei den Einstieg. Sie können nachlesen, wie man Druckformate erstellt und werden mit dem Einsatz von Textbausteinen und Tabulatoren vertraut gemacht. Die Anwendung von Dokument-Vorlagen wird in einem eigenen Kapitel vertiefend behandelt. Sie lernen das Rechnen im Text, das Erstellen von Gliederungen sowie alle besonderen Merkmale für den Einsatz von Word für Windows in der Gruppenarbeit kennen. Zum Schluß erfahren Sie, wie man die Grundkonfiguration von Word für Windows 2.0 an eigene Bedürfnisse anpassen kann und außerdem die Grundlagen der Makro-Programmierung mit Hilfe von WordBasic kennenlernen.

Teil 5, - Gestaltung von Dokumenten

Im 5. Teil haben wir den Schwerpunkt auf alle Merkmale der Dokumentgestaltung gelegt. Neben der Dokument- und Abschnittsformatierung für Mehrspaltensatz besprechen wir Kopf- und Fußzeilen und den Einsatz von Fußnoten. Den neuen Tabellenfunktionen und dem Mischen von Text und Grafik wurde ein jeweils eigenes Kapitel gewidmet, - insbesondere der kombinierte Einsatz von Excel-Tabellen und Excel-Grafiken mit Word für Windows wird in allen wichtigen Details durchgearbeitet. Den Abschluß dieses Teiles bildet die Beschreibung des Thesaurus, der Trennhilfe sowie der Rechtschreibkontrolle.

Teil 6, - Word für Windows Zusatzprogramme

In letzten Teil erläutern wir die neuen Zusatzprogramme von Word für Windows 2.0. Sie erlernen die Grundlagen des Zeichnens mit Microsoft Draw, das Erstellen von einfachen Businessgrafiken mit WinGraph, das professionelle Erzeugen mathematischer und wissenschaftlicher Formeln und Gleichungen mit dem Formel-Editor sowie das Gestalten von Schriftarten und das Erzeugen von Schrifteffekten mit WordArt.

Alles in Allem ...

Auch wenn Sie bereits fortgeschrittener Anwender von Word für Windows sind, eignet sich dieses Buch sehr gut zum Nachschlagen einer bestimmten Funktion. Ein alphabethisches Befehlsverzeichnis und ein umfangreiches Sachwortverzeichnis am Ende des Buches sind beim schnellen Finden eines Begriffes behilflich. Als fortgeschrittener Anwender werden Sie darüberhinaus aber auch eine Reihe nützlicher Tips und Tricks finden. Die Anfänger unter Ihnen sollten jedoch eines nicht erwarten: Nach dem Durcharbeiten des Buches werden Sie leider nicht alle Funktionen von Word für Windows beherrschen, denn Word für Windows ist so mächtig, daß man selbst nach zwei Jahren täglicher Arbeit damit immer wieder neue Kniffe und Tricks für noch geschicktere Anwendungen herausfindet. Die immense Vielfalt der Funktionen und unser Wunsch nach einer klaren Buchstruktur waren somit auch ausschlaggebend für unsere Entscheidung, der Beschreibung von Feldern, Feldtypen und Makrofunktionen sowie der Programmiersprache Word-Basic ein detaillierteres zweites Buch zu widmen, mit dessen Hilfe Sie dann zu einem echten Voll-Profi in der Anwendung von Word für Windows 2.0 werden können.

Symbole, die in diesem
Buch benutzt werden

Wenn Sie dieses Symbol am Seitenrand entdecken, findet sich ein wichtiger Hinweis oder die Beschreibung einer Vorgehensweise. Es weist zugleich auf Hintergrundeinstellungen des Programms hin, die für die aktuell beschriebene Lösung unbedingte Voraussetzung sind.

Immer, wenn Sie dieses Symbol am Seitenrand finden, wird eine Übung durchgearbeitet. Vollziehen Sie die beschriebene Vorgehensweise Stück für Stück nach und Sie erzielen als Ergebnis die exakte Lösung einer zuvor beschriebenen Problemstellung.

Mit diesem Symbol wird ein Querverweis auf ein anderes Kapitel des Buches markiert. Die Beschreibung einer wichtigen Technik oder Vorgehensweise, die Voraussetzung für eine gerade beschriebene Funktion oder Lösungsmöglichkeit ist, erfolgt ausführlich an der im Querverweis genannten Stelle des Buches.

Tips und Tricks für schnelles und effizientes Arbeiten verraten wir, wenn Sie den symbolischen Zauberhut am Seitenrand entdecken. Gleichzeitig erinnern wir damit von Zeit zu Zeit an bestimmte, besonders trickreiche Funktionen, die bereits an anderer Stelle des Buches besprochen worden sind.

Neuerungen und veränderte Verfahrensweisen von Word für Windows 2.0 gegenüber Word für Windows 1.0 oder 1.1 kennzeichnen wir mit diesem Symbol. Sofern sich ein Verfahren grundsätzlich geändert hat, wird auf die entsprechende Stelle des Buches verwiesen, an der das neue Verfahren erläutert wird.

Schreibweisen und Verfahren

Zugunsten der Übersichtlichkeit und um Ihnen die Arbeit mit diesem Buch zu erleichtern, verwenden wir zur Darstellung von Befehlen oder Beispieltexten Schrifttypen, die sich vom übrigen Text abheben. Alle Beschreibungen für ein bestimmtes Vorgehen oder eine Arbeitsweise setzen dabei voraus, daß Sie mit den vollständigen Befehlsmenüs arbeiten, die Sie über den Befehl **ANSICHT GANZE MENÜS** aktivieren können.

Menübezeichnungen und Menübefehle erscheinen im Text in Fettschrift und mit großen Buchstaben in der Schriftart Helvetica. Beispiel: "Text können Sie mit dem Befehl **FORMAT ZEICHEN** formatieren."

Bei der Beschreibung eines Befehls oder einer Tastenkombination, die zur Ausführung eines Befehls zu drücken ist, bedeutet ein Pluszeichen (+) zwischen zwei Tasten, daß Sie diese beiden Tasten gleichzeitig drücken müssen. Ein Komma (,) zwischen zwei Tasten bedeutet dagegen, daß die Tasten nacheinander gedrückt bzw. die Befehle nacheinander ausgeführt werden müssen.

Die Bezeichnungen für Tasten, die zu drücken sind, erscheinen entweder als Abbildung oder in Kapitälchen-Schreibweise. Beispiel: "Drücken Sie ⇧ + F3 " oder "Benutzen Sie dazu den Befehl **DRUCKFORMAT ZUORDNEN** mit den Tasten Strg + C ". Bei den Abbildungen der Tasten gehen wir stets davon aus, daß Sie mit einer deutschsprachigen Tastatur arbeiten.

Beispiele finden Sie in Form der Schriftart Helvetica in kursiver Darstellung. Ein Beispiel wäre Text, zu dessen Eingabe Sie bei einer Übung aufgefordert werden: "Geben Sie *Datum* ein." Wir haben uns bemüht, zu jeder Befehls- oder Leistungsbeschreibung ein Beispiel mit Ihnen durchzuarbeiten. Nicht immer können wir dabei jede Einzelheit der Eingabe mit Ihnen durchspielen, d.h. ein Teil der Eingaben erfolgt nach Ihren persönlichen und individuellen Vorstellungen. Zum Beispiel werden Sie bestimmt eigene Dateinamen vergeben, wenn Sie ein Dokument abspeichern. Für diese Fälle verwenden wir im Text einen allgemeinen Begriff, den wir in der Schriftart Helvetica und kursiv darstellen. Beispiel: "Benutzen Sie dazu das zuvor erstellte Druckformat *Druckformatname*."

Übungen, die Sie im Verlauf des Buches durcharbeiten können, erkennen Sie zum einen an dem Sinnbild für Übungen in der Marginalie und zum anderen an einem linken Einzug des Absatzes von 1 cm sowie der Schriftart Times Roman mit dem Schriftgrad 9 Punkt. Im Verlauf des Textes wird auch immer wieder auf bestimmte Dateinamen verwiesen. Sie erkennen einen DATEINAMEN an der abgesetzten Schriftart Times Roman und der Schreibweise in Versalien (Großbuchstaben).

Word für Windows besitzt besondere Feld-Funktionen, mit denen wir Sie im Verlauf des Buches und der Übungen bekannt machen werden. Felder haben verschiedene Namen, mit denen Sie dann arbeiten können. Diese Feldnamen stellen wir im Text in Großbuchstaben und der Schriftart Helvetica dar. Beispiel: "INDEX". Wenn Sie beim Durcharbeiten einer Übung ein Feld eingeben müssen, wird darauf z.B. mit Strg + F9 , {FELDNAME *Variable*} hingewiesen. Hierbei ist FELDNAME eine bestimmte Feldart und *Variable* ein von Ihnen frei oder individuell einzugebender Text wie z. Beispiel das Tagesdatum, eine mathematische Gleichung oder der Name eines Freundes. Eine Feldart ist ein eindeutiges Schlüsselwort zur Identifizierung einer Aktion, die Word für Windows ausführen soll. Sie müssen deshalb stets darauf achten, daß die Feldnamen richtig geschrieben sind, sonst funktioniert ein bestimmtes Vorgehen wahrscheinlich nicht. Durch Drücken der Tasten Strg + F9 werden dabei die geschweiften Klammern gesetzt, also <u>nicht</u> durch die Zeichen auf Ihrer Tastatur. Die Arbeit mit Feldern werden Sie im Verlauf der Beispiele und Übungen stufenweise erlernen.

Word für Windows stellt Befehle auch in Form von Dialogboxen zur Verfügung, in denen Sie zwischen verschiedenen Optionen auswählen können. Die dazugehörigen Befehlsnamen sowie die Optionen selbst stellen wir im Text fett und in der Schriftart Helvetica dar. Beispiel: "Benutzen Sie die Option **Maßeinheit Punkte** des Befehls **EXTRAS EINSTELLUNGEN**."

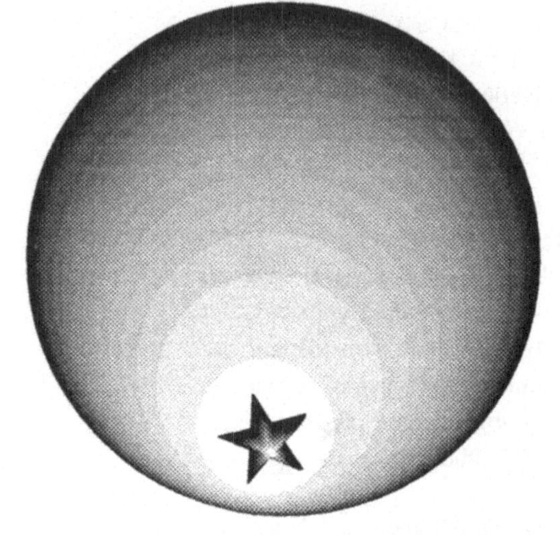

Dokument-

gestaltung

TEIL 5

dokumentformatierung und paginierung

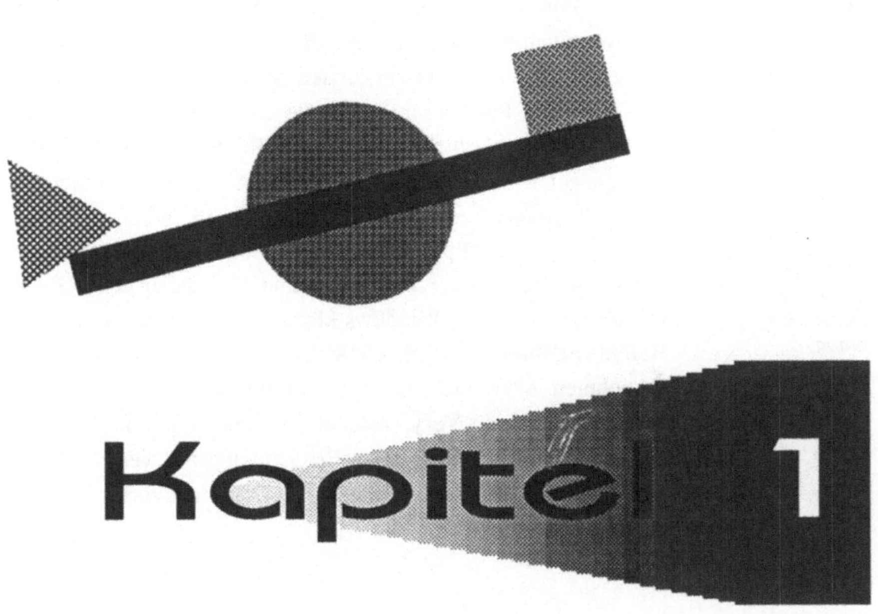

In diesem Kapitel besprechen wir alle Möglichkeiten, die Ihnen bei der Formatierung von Dokumenten und bei der Layoutgestaltung Ihrer Seiten zur Verfügung stehen. Sie lernen, wie Sie das Papierformat und den Satzspiegel einstellen, und wie man erreicht, daß die Seitenränder auf linken und rechten Seiten vertauscht werden (Buchform). Wir besprechen, wie Sie die Druckposition von Seitenzahlen verändern können und wie sich "Hurenkinder" und "Schusterjungen" in einem Dokument verhindern lassen.

Einrichten der Dokumentseiten

Die Optionen des Befehls FORMAT DOKUMENT in Version 1.1 sind in Version 2.0 auf verschiedene andere Befehle wie z.B. FORMAT SEITE EINRICHTEN, EXTRAS EINSTELLUNGEN DRUCKER und DATEI DOKUMENTVORLAGE verteilt worden.

Bei der Formatierung eines Dokumentes geht es darum, alle Einstellungen vorzunehmen, die sich auf das gesamte Dokument - also auf den Text von der ersten bis zur letzten Seite - beziehen. In der Regel sind dies z.B. das Papierformat und die Bestimmung des tatsächlich zum Schreiben zur Verfügung stehenden Raumes - des Satzspiegels. Der Satzspiegel wird für viele Dokumenttypen meistens durch äußere Rahmenbedingungen vorgegeben. Manche von Ihnen werden z.B. die Bedingungen aus Diplomprüfungsordnungen kennen, in denen es häufig heißt, daß Seitenränder von 5,5 cm und Heftränder von 2,5 cm einzuhalten sind. In Word für Windows können Sie diese Einstellungen über den Befehl **FORMAT SEITE EINRICHTEN** für jedes Dokument einzeln vornehmen oder auch als Standard für die Dokumentvorlage NORMAL.DOT setzen. Verschiedenen Dokumenttypen können Sie bzgl. des Seitenrandes ein einheitliches Erscheinungsbild verschaffen, wenn Sie die Seiteneinstellungen verschiedenen Dokumentvorlagen speichern.

Seiten- und Papierränder

Als Seitenränder bezeichnet man in Word für Windows den freien Raum rund um den Textkörper einer Seite. Seitenränder werden am Bildschirm sichtbar, wenn Sie in der **ANSICHT DRUCKBILD** arbeiten und unter

EXTRAS EINSTELLUNGEN Ansicht die Option **Textbegrenzungen** eingeschaltet haben. Die Festlegung von Seitenränder hat innerhalb des Seiten-Layouts vielfältige Funktionen.

Seitenränder begrenzen das Textfeld auf einer Seite. Textkörper und Abbildungen befinden sich stets innerhalb dieser Begrenzungen und können nicht darüber hinausreichen, es sei denn Sie arbeiten mit absoluten Positionierungen für Marginalien wie wir in unserem Buch oder aber mit negativen Zeilen- bzw. Absatzeinzügen. Linke und rechte Standardabsatzeinzüge werden am Nullpunkt des Seitenrandes ausgerichtet. Der Nullpunkt des Lineals befindet sich deshalb in der Standardeinstellung am linken Seitenrand. Auch die Tabstopp-Positionen werden anhand der Seitenränder ausgerichtet.

Wenn Sie Kopf- und Fußzeilen auf einer Seite einrichten, werden die Positionen anhand des festgelegten unteren und oberen Seitenrandes errechnet. Die Größe des unteren Seitenrandes bestimmt außerdem den Raum, der für Fußnoten freigehalten wird.

Die Vorgabewerte für die Seitenränder bzw. für den Satzspiegel werden von Word für Windows immer anhand des Papierformates errechnet. Wie die meisten Drucker, die im Bürobereich eingesetzt werden, arbeitet Word für Windows von Haus aus mit dem DIN A4-Format, das einer Papierlänge von 29,7 cm und einer Papierbreite von 21 cm entspricht. Während in Version 1.1 die Basiswerte des Papierformates aus der Systemsteuerung übernommen wurden, können Sie in Version 2.0 das Papierformat unabhängig von den Werten in der Systemsteuerung direkt über den Befehl **FORMAT SEITE EINRICHTEN** vornehmen (siehe Abbildung 5.1.1). Das Papierformat bestimmen Sie mit Hilfe der Dialogfelder **Breite** und **Höhe** in der Dialogbox **FORMAT SEITE EINRICHTEN** unter der Option **Größe und Ausrichtung.**

In Version 2.0 können Sie das Papierformat auch unabhängig von den Einstellungen in der Systemsteuerung direkt in Word für Windows verändern.

Um das Papierformat für ein Word für Windows-Dokument zu bestimmen, können Sie entweder eines der Standardformate aus dem Listenfeld **Papiergröße** auswählen oder direkt in den Textfeldern **Breite** und **Höhe** positive Dezimalwerte entsprechend der Breite und Höhe des Papiers, auf dem Ihr Dokument ausgedruckt werden soll, eintragen bzw. mit Hilfe der Pfeiltasten auswählen. Die folgende Tabelle gibt Ihnen Auskunft darüber, welche Maße die beiden am häufigsten verwendeten Standard-DIN-Formate verwenden.

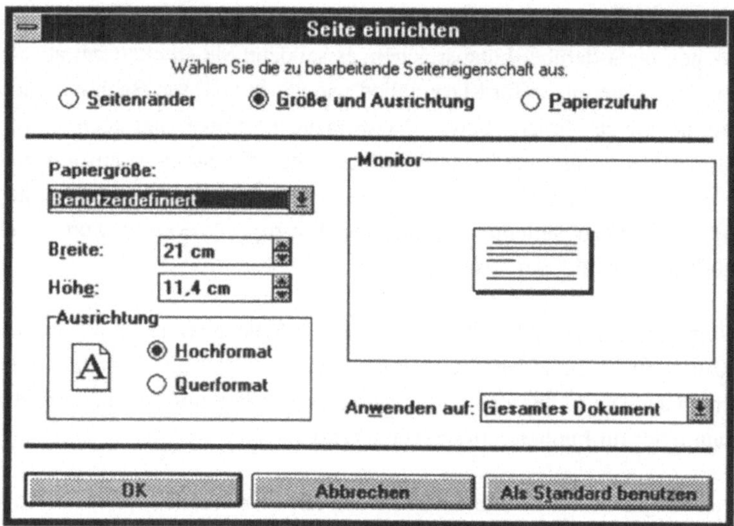

Abb.5.1.1: Das Papierformat muß in Version 2.0 nicht mehr in der Systemsteuerung eingestellt werden, sondern kann direkt in Word für Windows bestimmt werden

Über die Einstellung der Seitenlänge können Sie eine ganze Reihe unerwünschter Effekte, die beim Drucken immer wieder entstehen, verhindern. Laserdrucker können in den meisten Fällen die Randbereiche in einer Breite bzw. Höhe von *0,5 cm* nicht bedrucken. Wenn Sie also ein Dokument mit geringeren Seitenrändern als *0,5 cm* erstellen, so sollten Sie von vornherein das Papierformat um diese *0,5 cm* verkleinern. Die Breite würde bei DIN A4 also *20 cm* und die Höhe *28,7 cm* betragen.

Auch beim Drucken mit NEC-Matrixdruckern kommt es z.B. immer wieder zu Problemen, weil die älteren Modelle im Einzelblatteinzug einen Bereich von 2,5 cm am oberen und unteren Papierrand nicht bedrucken können und diesen Bereich durch einen entsprechenden Seitenvorschub automatisch ausgleichen. Da diese Voreinstellung aber mit dem

NEC-Druckertreiber für Windows nicht ausgeglichen bzw. eingestellt werden kann, müssen Sie in Word für Windows den oberen Seitenrand auf *0 cm* stellen und den unteren Seitenrand um *2,5 cm* erhöhen, wenn Sie im Ausdruck einen tatsächlichen oberen Seitenrand von *2,5 cm* erzielen möchten und die ganze Seite ausgedruckt werden soll. Wie Sie sehen, können Sie Word für Windows über **FORMAT SEITE EINRICH-TEN** stets ein anderes Papierformat suggerieren, als Sie im Drucker tatsächlich benutzen.

	DIN A 5	DIN A 4
Papierbreite	14,8 cm	21,0 cm
Papierhöhe	21,0 cm	29,7 cm
Linker Seitenrand	3,0 cm	3,0 cm
Rechter Seitenrand	3,0 cm	3,0 cm
Oberer Seitenrand	2,0 cm	2,0 cm
Unterer Seitenrand	2,0 cm	2,0 cm
Satzspiegelbreite	8,8 cm	15,0 cm
Satzspiegelhöhe	17,0 cm	25,7 cm

Tab.5.1.1:   Standardmaße der gängigsten DIN-Formate

Die Dialogbox **FORMAT SEITE EINRICHTEN** von Word für Windows 2.0 demonstriert ein neues Prinzip. Am oberen Rand sehen Sie, daß Sie den Inhalt der Dialogbox durch die drei Optionsfelder **Seitenränder, Größe und Ausrichtung** und **Papierzufuhr** verändern können. Damit können Sie innerhalb einer Dialogbox die verschiedensten Einstellungen vornehmen, ohne daß Sie einen neuen Befehl aufrufen müssen. Ebenfalls neu ist das Listenfeld **Anwenden auf,** daß unter jeder der drei Optionen vorhanden ist. Dieses kleine Pull-Down-Menü bringt in der praktischen Arbeit eine Reihe von Erleichterungen. Wenn Sie auf den kleinen Pfeil neben dem Textfeld klicken, sehen Sie, daß man zwischen den Optionen

Gesamtes Dokument und **Markierter Text** auswählen kann. Besonders interessant ist hier die Option **Markierter Text**. Wenn Sie vor dem Aufrufen des Befehles **FORMAT SEITE EINRICHTEN** einen Textbereich markieren und dann die Option **Anwenden auf: Markierter Text** anklikken, können Sie für den zuvor markierten Textbereich ein eigenes Papier- und Seitenformat einrichten. Word für Windows fügt in diesem Fall automatisch einen Seiten- und einen Abschnittsumbruch ein. Das Einfügen des Abschnittsumbruches erfolgt, weil für unterschiedliche Papierformate innerhalb eines Dokumentes auch unterschiedliche Abschnitte benötigt werden. Sie sehen durch dieses kleine Beispiel, daß es in Version 2.0 sehr einfach geworden ist, innerhalb eines Dokumentes mit unterschiedlichen Papierformaten (auch Hoch- und Querformat) zu arbeiten (siehe Abbildung 5.1.2).

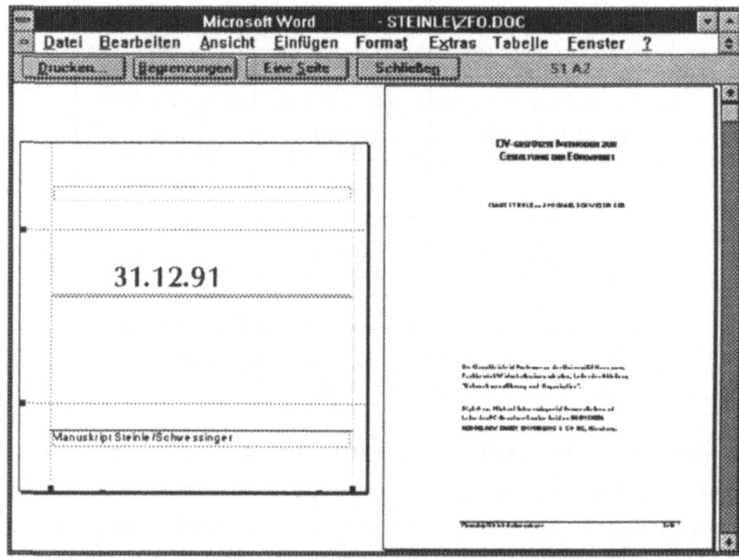

Abb.5.1.2: Das Papier- und Seitenformat kann in Version 2.0 innerhalb eines Dokumentes unterschiedlich sein

Festlegen der Seitenränder

Um die oberen, unteren, linken und/oder rechten Seitenränder zu bestimmen, rufen Sie einfach den Befehl **FORMAT SEITE EINRICHTEN** auf und klicken auf die Option **Seitenränder**. Tragen Sie den Abstand der Seitenränder vom Papierrand in die jeweiligen Textfelder ein oder bestimmen Sie die Werte mit Hilfe der kleinen Pfeiltasten. Beim direkten Eintragen von Werten reicht es aus, wenn Sie nur die Zahlenwerte eintragen, die Maßeinheit wird automatisch aus dem Feld **Maßeinheit** der Dialogbox **EXTRAS EINSTELLUNGEN Allgemein** übernommen.

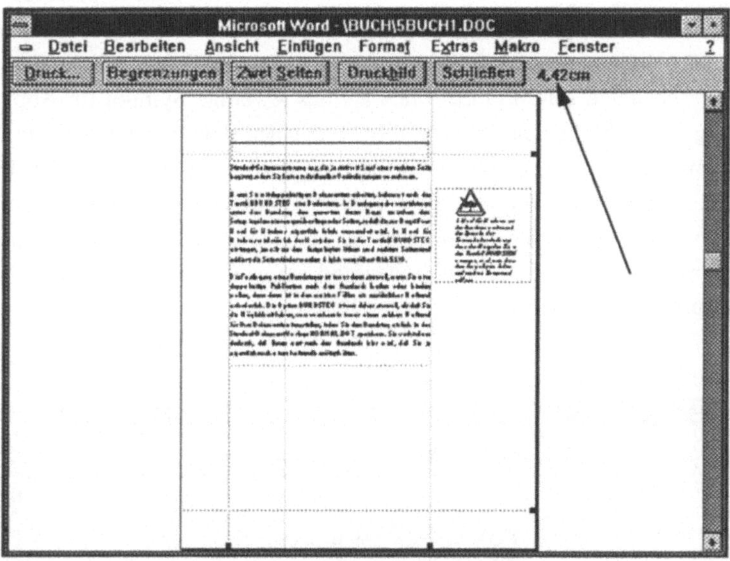

Abb.5.1.3:　Seitenränder können Sie in der Datei-
　　　　　Seitenansicht mit der Maus verändern

Die in **FORMAT SEITE EINRICHTEN** festgelegten Seitenränder lassen sich auch nachträglich mit der Maus in der **DATEI SEITENANSICHT** sehr einfach verändern. Klicken Sie einfach in der **DATEI SEITENANSICHT** auf die Schaltfläche **Begrenzungen**. An den nun sichtbaren Seitenrändern sind kleine Anfasser zu sehen, auf denen sich der Mauszeiger zu einem Kreuz verwandelt. Wenn Sie hier mit der linken Maustaste klicken und diese festhalten, können Sie durch das Verschieben der Maus nicht nur die linken und rechten, sondern auch die oberen und unteren Seitenränder verschieben. In der oberen Statuszeile sehen Sie dabei, an welcher Seitenposition (in der Standard-Maßeinheit) sich der zu verschiebende Seitenrand gerade aktuell befindet. Die endgültige Position der Seitenränder bestimmen Sie einfach durch das Loslassen der Maustaste (siehe Abbildung 5.1.3).

Ein andere Möglichkeit zur Veränderung der linken und rechten Seitenränder ist in Version 2.0 durch die Zoomfunktion sehr einfach geworden. Sie müssen dazu die **ANSICHT DRUCKBILD** einschalten und die Ansicht auf Ihr Dokument auf ca. 75% stellen. Klicken Sie jetzt ganz links im eingeschalteten Lineal einige Male auf das jeweilige Symbol (in Abbildung 5.1.4 die beiden Dreiecke), bis unter der Bemaßung die eckigen Klammern auftauchen. Wenn Sie jetzt mit der linken Maustaste auf die linke eckige Klammer klicken und die Maustaste gedrückt halten, so können Sie durch einfaches Verschieben der Maus den linken Seitenrand verändern. Um den rechten Seitenrand zu verändern, verfahren Sie entsprechend mit der rechten eckigen Klammer.

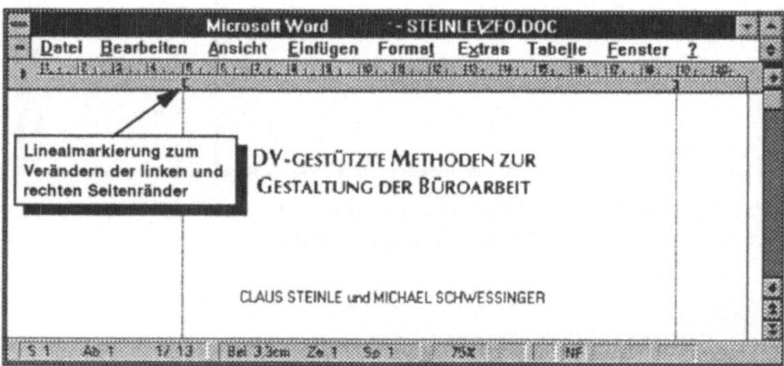

Abb.5.1.4:   Linke und rechte Seitenränder lassen sich in der ANSICHT DRUCKBILD auch über das Lineal verändern

Absolute und relative Seitenränder

Seitenränder lassen sich in Word für Windows *absolut* und *relativ* festlegen. In die Textfelder **Oben, Unten, Links** und **Rechts** lassen sich nämlich sowohl negative als auch positive Dezimalwerte zur Bestimmung der Seitenränder eintragen. Absolute (negative) Werte in diesen Textfeldern sorgen dafür, daß die festgelegten Seitenränder immer eingehalten werden, während relative (positive) Werte eine gewisse Flexibilität zulassen, die z.B. bei Kopf- oder Fußzeilen eine Rolle spielen kann.

Mit dem oberen Seitenrand legen Sie den Abstand vom oberen Papierrand und dem oberen Ende der ersten Textzeile fest. Ein positiver Wert legt dabei wie gesagt einen relativen Seitenrand fest. Wenn Sie beispielsweise mit Kopfzeilen arbeiten, die mehrzeilig sind, muß ein entsprechend großer Raum für diese Zeilen zur Verfügung stehen. Word für Windows arbeitet so, daß der Raum für Kopfzeilen automatisch erweitert wird, wenn der Inhalt der Kopfzeile mehrzeilig ist. Damit sich nun der Inhalt der Kopfzeile und der Textkörper innerhalb der Seitenrandbegrenzungen nicht überlappen, wird bei einem entsprechendem Umfang der Kopfzeile automatisch der Seitenrand verschoben. In manchen Fällen kann dieser Effekt natürlich unerwünscht sein. Aus diesem Grund ermöglicht Word für Windows die Eingabe von negativen (absoluten) Werten in die Textfelder für Seitenränder. Würden Sie einen negativen (absoluten) Wert als oberen Seitenrand festlegen und mit einer mehrzeiligen Kopfzeile arbeiten, würden der Text der Kopfzeile und der Textkörper innerhalb der Seitenränder übereinander gedruckt (siehe Abbildung 5.1.5).

Auch für den unteren Seitenrand kann die Eingabe von negativen Werten in bestimmten Fällen nützlich sein. Mit der Festlegung des unteren Seitenrandes bestimmen Sie zunächst einmal den Abstand zwischen dem unteren Papierrand und dem unteren Ende der letzten Zeile. Ein positiver Wert führt dazu, daß sich der untere Seitenrand bei großen Fußzeilen, bei großen Anmerkungstexten oder bei großen Fußnotentexten automatisch verändert. Ein negativer Wert setzt den Seitenrand dagegen absolut fest. Auch hier würden sich folglich Textkörper innerhalb des Seitenrandes und zum Beispiel mehrzeiliger Fußnotentext, der unten auf der Seite gedruckt werden soll, überlappen.

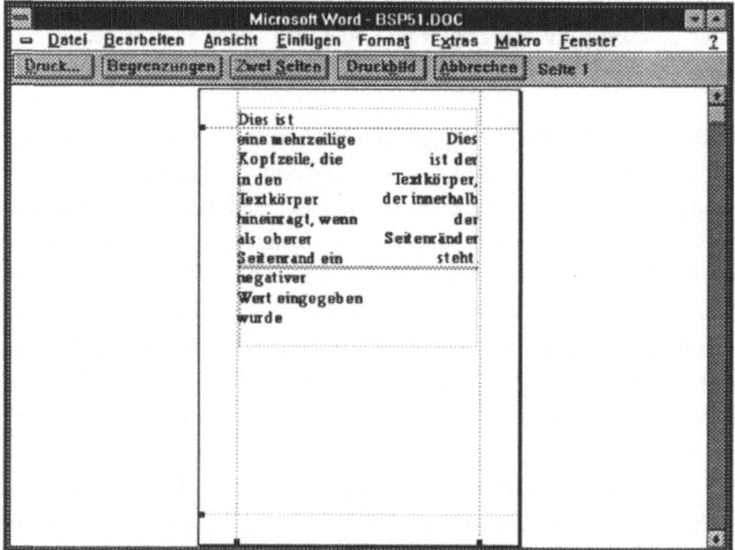

Abb.5.1.5: Kopfzeilentext und Textkörper können sich überlappen, wenn absolute Seitenränder festgelegt werden

Auch für die Textfelder **Links** und **Rechts** gilt, daß Sie positive oder negative Dezimalwerte eintragen können. Durch Dezimalwerte in dem Textfeld **Links** legen Sie den Abstand zwischen dem linken Papierrand und dem linken Rand des Textes fest. Mit einem Dezimalwert in dem Textfeld **Rechts** legen Sie den Abstand zwischen dem rechten Papierrand und dem rechten Rand des Textes fest. Wenn die Option **Gegenüberliegende Seiten** angekreuzt ist, ändern sich die Textfeldbezeichnungen **Links** und **Rechts** in **Innen** und **Außen**.

Doppelseitige Dokumente

In Word für Windows können Sie einen buchähnlichen Ausdruck erhalten, bei dem die linken und rechten Seitenränder von Seite zu Seite vertauscht werden, indem Sie die Option **Gegenüberliegende Seiten** unter der Option **Seitenränder** des Befehls **FORMAT SEITE EINRICHTEN** ankreuzen. Mit dieser Option ändern sich die Optionsbezeichnungen **Links** und **Rechts** der Optionsgruppe **Seitenränder** in die Bezeichnungen **Innen** und **Außen**. Sie brauchen nun lediglich die gewünschten Werte für innere und äußere Seitenränder in die entsprechenden Textfelder einzutragen und mit **OK** zu bestätigen, um mit einem doppelseitigen Dokument arbeiten zu können.

Word für Windows arbeitet so, daß ungerade Seiten stets als rechte Seiten behandelt werden und (der innere Seitenrand ist also der linke Seitenrand), während gerade Seiten stets die linken Seiten eines Dokumentes sind (der innere Seitenrand ist also der rechte Seitenrand). Die Bezeichnung für ungerade und gerade Seiten geht hierbei von der Standard-Seitenumerierung aus, die ja stets mit *1* auf einer rechten Seite beginnt, sofern Sie keine individuellen Veränderungen vornehmen.

Wenn Sie mit doppelseitigen Dokumenten arbeiten, bekommt auch das Textfeld **Bundsteg** eine Bedeutung. Im Druckgewerbe versteht man unter dem Bundsteg den gesamten freien Raum zwischen dem Satzspiegel zweier gegenüberliegender Seiten, so daß dieser Begriff von Word für Windows eigentlich falsch verwendet wird. In Word für Windows wird nämlich der Wert, den Sie in das Textfeld **Bundsteg** eintragen, jeweils zu dem festgelegten linken bzw. rechten Seitenrand addiert, die Seitenränder werden folglich vergrößert (siehe Abbildung 5.1.6).

Die Festlegung eines Bundsteges ist immer dann sinnvoll, wenn Sie eine doppelseitige Publikation nach dem Ausdruck heften oder binden wollen, denn dann ist meistens ein zusätzlicher Heftrand erforderlich. Sie können einen solchen Heftrand für Ihre Dokumente fest einstellen, indem Sie den Bundsteg einfach in der Standard-Dokumentvorlage NORMAL. DOT speichern. Die Speicherung in dieser Dokumentvorlage erreichen Sie durch ein Klicken auf die Schaltfläche **Als Standard benutzen**.

In Word für Windows ist der Bundsteg nicht nach der Sprache der Satztechniker definiert, denn der Wert, den Sie in das Textfeld BUNDSTEG eintragen, wird jeweils zu dem festgelegten linken und rechten Seitenrand addiert.

Wenn Sie der aktuellen Datei eine eigene Dokumentvorlage zugeordnet haben, fragt Word für Windows beim Klicken auf die Schaltfläche ALS STANDARD BENUTZEN, ob diese Werte in der gerade aktuellen Dokumentvorlage gespeichert werden sollen.

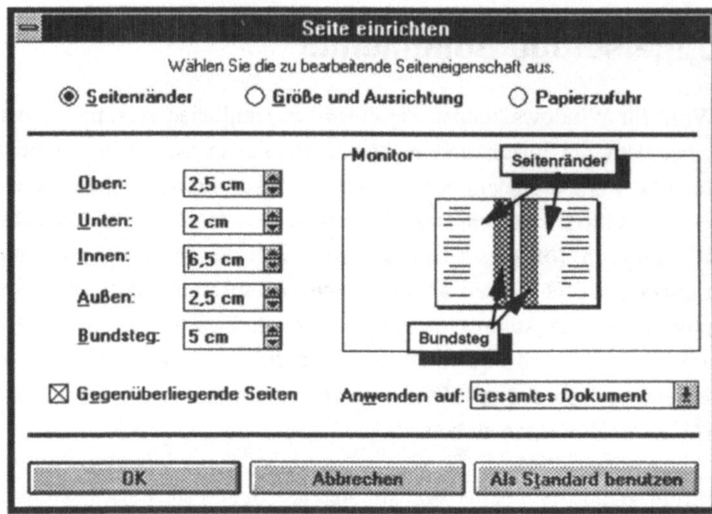

Abb.5.1.6: Definition von Bundsteg und Seitenrand in Word für Windows

Formatierung von Titelseiten

In Word für Windows ist es ohne weiteres möglich, ein doppelseitiges Dokument zu erstellen, bei dem z.B. die linken und rechten Seitenzahlen jeweils am äußeren Rand positioniert sind, das Titelblatt ein anderes Format erhält und die Kopf- und Fußzeilen auf der linken und rechten Seite unterschiedlich sind.

Wenn Sie eine Titelseite erstellen möchten, die von Abschnittsformatierungen (Spaltenanzahl etc.) unabhängig ist, so positionieren Sie die Einfügemarke am Ende der ersten Seite und rufen den Befehl **EINFÜGEN Manueller Umbruch** (Alt + E , U) auf. Markieren Sie die Option **Abschnittswechsel Nächste Seite** (Alt + N) und bestätigen mit **OK**. Bewegen Sie die Einfügemarke in den ersten Abschnitt oberhalb der Abschnittstrennlinie (doppelt gepunktete Linie in der **ANSICHT NORMAL**) und formatieren Sie die erste Seite mit den Befehlen **FORMAT SEITE EINRICHTEN, FORMAT SPALTEN** oder **FORMAT ABSCHNITT** nach Ihren Wünschen.

Ein Dokument läßt sich in Word für Windows auch so erstellen, daß auf der Titelseite eines einseitigen oder eines doppelseitigen Dokumentes eine andere Kopf- und Fußzeile erscheint als auf den nachfolgenden Seiten. Sie brauchen dazu lediglich den Befehl **ANSICHT KOPF-/FUSSZEILE** aufzurufen und die Option **Erste Seite anders** einzuschalten. Nun können Sie wählen, ob Sie die **Erste Kopfzeile**, die (Dokument-)**Kopfzeile**, die (Dokument-)**Fußzeile** oder die **Erste Fußzeile** bearbeiten möchten. Nachdem Sie die entsprechende Kopf- oder Fußzeile nach Ihren Wünschen gestaltet haben, schließen Sie den zusätzlichen Dokumentausschnitt und kehren zu Ihrem Dokument zurück (⇧ + F10 , S). Wenn Sie mit einem doppelseitigen Dokument arbeiten, kann man bei der Bearbeitung der Dokument-Kopf-/oder Fußzeilen zwischen der Bearbeitung der geraden und der ungeraden Kopfzeilen unterscheiden, sofern Sie den Befehl aufgerufen haben, als sich die Einfügemarke im Dokument-Abschnitt und nicht auf der Titelseite befand.

Seiteneinrichtung in Dokumentvorlagen

Wenn Sie ein Dokument neu erstellen, werden als Standardwerte für die Seiteneinrichtung stets die Werte vorgegeben, die in der Standard-Dokumentvorlage NORMAL.DOT gespeichert sind. Grundsätzlich gilt jede Änderung des Seitenformates also nur für das Dokument, das Sie gerade bearbeiten. Sofern Sie Sie eine neue Datei erstellen, werden wieder zunächst die Werte aus der Datei NORMAL.DOT zugrundegelegt.

Wenn Sie erreichen wollen, daß andere, individuelle Werte als Standardwerte zugrundegelegt werden, müssen Sie entweder die Datei NORMAL.DOT öffnen und die Grundwerte für die Seiteneinrichtung ändern oder aber in einem Dokument, das auf der Standard-Dokumentvorlage NORMAL.DOT basiert, auf die Schaltfläche **Als Standard benutzen** in der Dialogbox **FORMAT SEITE EINRICHTEN** klicken. Erst dann, wenn Sie auf die Schaltfläche **Als Standard benutzen** klicken, werden Veränderungen am Seitenformat auch in der zugrundeliegenden Dokumentvorlage gespeichert.

Das Arbeiten mit Kopf- und Fußzeilen wird auch in Teil 5, Kapitel 3 besprochen.

Das Bearbeiten von Kopf- und Fußzeilen erfolgt in Version 2.0 nicht mehr über das Menü BEARBEITEN, sondern über den Befehl ANSICHT KOPF-/FUSS-ZEILE.

Änderungen an einer Dokumentvorlage gelten nur für alle Dokumente, die Sie in der Zukunft neu erstellen. In bereits erstellten Dokumenten, die mit "alten" Werten einer Dokumentvorlage erstellt wurden, wirken sich nachträgliche Änderungen an Dokumentvorlagen nicht aus.

In Version 1.1 konnten Sie über den Befehl **FORMAT DOKUMENT** im Verzeichnisfeld **Vorlage** überprüfen, welche Dokumentvorlage dem aktuellen Dokument zugeordnet war. Die Zuordnung der Dokumentvorlage erfolgt ab Version 2.0 über den Befehl **DATEI DOKUMENTVOR-LAGE**.

Seitenumbruch

Die Gestaltung und das Layout eines Dokumentes steht und fällt mit dem Seitenumbruch. Im Normalfall führt Word für Windows immer dann einen automatischen Seitenumbruch durch, wenn der untere Seitenrand erreicht ist. Word für Windows überprüft nämlich automatisch, ob die Satzspiegelhöhe voll ausgenutzt wird oder nicht. Bereits am Bildschirm können Sie überprüfen, ob der Seitenumbruch an der richtigen Stelle erfolgt ist. Immer dann, wenn eine Seite komplett mit Text und Grafiken gefüllt ist, erscheint am Bildschirm entweder eine neue Seite (**ANSICHT DRUCKBILD**) oder eine gepunktete Linie (**ANSICHT KONZEPT** und **ANSICHT NORMAL**). An dieser Linie erkennen Sie, wann im Druck ein Seitenwechsel erfolgen würde. Gleichzeitig wird der Seitenzähler in der Statuszeile um einen Wert erhöht.

Seitenumbrüche werden von Word für Windows immer dann automatisch und im Hintergrund durchgeführt, wenn im Menü **EXTRAS EIN-STELLUNGEN Allgemein** die Option **Seitenumbruch im Hintergrund** angekreuzt ist. Während Sie den Text erfassen, ermittelt Word für Windows automatisch, ob eine Seite ausgefüllt ist. Ist das der Fall, wird während der Textbearbeitung der Seitenumbruch durchgeführt.

Sie können den Seitenumbruch im Hintergrund ausschalten, indem Sie einfach die entsprechende Option im Menü **EXTRAS EINSTELLUNGEN Allgemein** ausschalten. Word für Windows führt daraufhin einen Seitenumbruch für das gesamte Dokument nur noch durch, wenn Sie diesen über den Befehl **EXTRAS SEITENUMBRUCH** anfordern. Alle Seiten des

Dokumentes werden durch diesen Befehl neu berechnet und die neuen Seitenzahlen lassen sich in der Statuszeile ablesen. Der Seitenumbruch wird außerdem immer dann automatisch durchgeführt, wenn Sie in die **DATEI SEITENANSICHT** wechseln oder einen Druckauftrag erteilen.

Wie Sie sehen, ist der Seitenumbruch im Normalfall Sache von Word für Windows, so daß Sie sich nicht darum zu kümmern brauchen. Es gibt aber auch Fälle, bei denen der automatische Seitenumbruch unerwünscht ist, wo man also ganz bewußt einen "harten" Seitenumbruch erzwingen möchte, der auch nicht durch eine Neuberechnung der Seitenaufteilung angetastet werden soll. Harte Seitenumbrüche lassen sich in Word für Windows durch die Tasten Strg + ← oder aber über den Menübefehl **EINFÜGEN MANUELLER UMBRUCH** mit der Option **Seitenumbruch** erzwingen. Bewegen Sie einfach die Einfügemarke zu der Position, an der der Seitenumbruch zwingend erfolgen soll, und betätigen Sie diesen Befehl. Harte Seitenumbrüche lassen sich durch Markieren und Drücken von Entf aus dem Dokument entfernen.

Seitenumbrüche durch Absatzformatierung

Sie können einen harten Seitenumbruch in Word für Windows auch durch eine Absatzformatierung erzwingen. Wenn Sie einem Absatz unter **FORMAT ABSATZ** die Option **Seitenwechsel oberhalb** zuweisen, erzwingen Sie, daß ein Absatz ganz oben auf einer Seite steht, also vor dem Absatz ein harter Seitenumbruch durchgeführt wird. Einen ähnlichen Effekt erzielen Sie bei der Absatzformatierung, wenn Sie die Option **Zeilen nicht trennen** im Menü **FORMAT ABSATZ** ankreuzen. Sie erreichen dadurch, daß ein Absatz auf keinen Fall durch einen Seitenumbruch auseinandergerissen wird, sondern stets zusammengefaßt auf einer Seite erscheint. Einen Schritt weiter geht die Option **Absätze nicht trennen** bei der Absatzformatierung. Sie sorgt dafür, daß der aktuelle und der nachfolgende Absatz in jedem Fall zusammenhängend auf einer Seite erscheinen.

Wenn Sie mit mehrspaltigem Text arbeiten (FORMAT SPALTEN), wird eine Spalte bezüglich des Seitenumbruchs wie eine Seite behandelt. STRG+RETURN führt also dazu, daß der nachfolgende Text in einer neuen Spalte beginnt.

Bei eingeschalteter automatischer Absatzkontrolle hält Word für Windows am unteren Seitenrand häufig einen Raum von ca. 1,5 cm automatisch frei.

Die Absatzkontrolle wurde in Version 1.1 über FORMAT DOKUMENT gesteuert und ist in Version 2.0 in EXTRAS EINSTELLUNGEN DRUKKEN verlegt worden.

Hurenkinder und Schusterjungen

In Word für Windows läßt sich festlegen, daß für ein Dokument eine automatische Absatzkontrolle vorgenommen wird. Häufig kommt es in mehrseitigen Dokumenten vor, daß Absätze über den Seitenumbruch hinweg unglücklich auseinandergerissen werden, so daß z.B. der größte Teil eines Absatzes auf *Seite 5* unten steht und die letzte Zeile auf der nachfolgenden Seite oben erscheint. Genauso findet sich der umgekehrte Fall, bei dem die erste Zeile eines Absatzes am unteren Seitenrand erscheint und der Rest des Absatzes auf der nächsten Seite. Bei solchen Effekten spricht man von *Hurenkindern* und *Schusterjungen*. Word für Windows bietet mit der Option **Absatzkontrolle** im Menü **EXTRAS EINSTELLUNGEN Drucken** eine Möglichkeit an, solche Effekte für das aktuelle Dokument zu vermeiden. Kreuzen Sie diese Option an, wenn Sie verhindern wollen, daß die erste oder letzte Zeile eines Absatzes allein auf eine Seite gedruckt wird. Als Vorgabe ist die Option eingeschaltet.

Paginierung

Die automatische Seitennumerierung - auch Paginierung genannt - erfolgt in Word für Windows standardmäßig immer in den Kopf- oder Fußzeilen und über den Einsatz von Feldern. Um die Seiten Ihres Dokumentes automatisch numerieren zu lassen, müssen Sie ein Feld mit der Feldart SEITE als Teil Ihrer Kopf- oder Fußzeile einfügen. Einfügen können Sie ein Feld mit der Feldart SEITE auf zwei Wegen.

➯ Sie benutzen den Befehl **EINFÜGEN SEITENZAHLEN**

➯ Sie arbeiten mit dem Befehl **BEARBEITEN KOPF-/FUßZEILE**

Der Befehl **EINFÜGEN SEITENZAHLEN** greift auf dieselben Elemente eines Dokumentes zu, wie die Optionen für Seitenzahlen im Befehl **ANSICHT KOPF/FUSSZEILE**. Die Benutzung des Befehls **EINFÜGEN SEITENZAHLEN** ist besonders schnell und immer dann von Vorteil, wenn außer den Seitenzahlen nichts in den Kopf- oder Fußzeilen stehen soll.

Sollen neben den Seitenzahlen aber z.B. auch Kapitelüberschriften in den Kopf- oder Fußzeilen erscheinen, so sollten Sie mit dem Befehl **AN-SICHT KOPF-/FUßZEILE** operieren und die Felder für Seitenzahlen "von Hand" einfügen.

Um eine automatische Seitennumerierung einzufügen, ist es am einfach-sten, den Befehl **EINFÜGEN SEITENZAHLEN** (Alt + E , S) aufzuru-fen. In der Dialogbox bestimmen Sie dann, ob die Seitenzahlen in der Kopf- oder in der Fußzeile stehen sollen. Ohne daß Sie Tabulatoren setzen oder sich um die Absatzausrichtung kümmern müssen, können Sie sehr einfach die horizontale Ausrichtung bestimmen: **Links** (Alt + L) für linksbündig, **Zentriert** (Alt + Z) für zentriert oder **Rechts** (Alt + R) für rechtsbündig ausgerichtete Seitenzahlen. Sobald Sie mit **OK** be-stätigen, fügt Word für Windows ein Feld für die Seitenzahl in die Kopf- oder Fußzeile ein.

Wenn Sie vor dem Aufruf des Befehls **EINFÜGEN SEITENZAHLEN** bereits eine Kopf- oder Fußzeile in Ihrem Dokument positioniert hatten, werden Sie von Word für Windows gefragt, ob die bestehende Kopf- oder Fußzeile ersetzt werden soll. Sie können dies mit **Ja** bestätigen oder den Befehl **EINFÜGEN SEITENZAHLEN** mit **Nein** rückgängig machen. Wenn Sie bestehende Kopf- oder Fußzeilen erhalten und trotzdem Sei-tenzahlen darin positionieren möchten, müssen Sie die Kopf- oder Fuß-zeile über den Befehl **ANSICHT KOPF-/FUßZEILE** manuell bearbeiten.

In Version 2.0 können Sie über die Schaltfläche FORMAT in der Dialog-box des Befehls EINFÜ-GEN SEITENZAHLEN die Seitenzahlen auch gleich formatieren. Sie brauchen also für die Formatierung nicht mehr extra die Kopf-/Fußzeilen zu bearbeiten.

Nachträgliche Seitenzahl-Positionierung

Das nachträgliche Positionieren von Seitenzahlen in der Kopf- oder Fußzeile ist im Prinzip sehr einfach, denn es kann über Sinnbilder in einem eigenen Textfenster des Befehls **ANSICHT KOPF-/ FUßZEILE** erfolgen, wenn Sie in der **ANSICHT NORMAL** arbeiten. In der Dialogbox **ANSICHT KOPF-/ FUßZEILE** markieren Sie **Kopfzeile** oder **Fußzeile** und klicken Sie dann auf die Schaltfläche **Seitenzahlen**. Positionieren Sie die Einfügemarke in dem Textfeld **Neu beginnen mit** und tragen Sie die Zahl ein, die auf der ersten Seite stehen soll. In dem Verzeichnisfeld **Format** können Sie außerdem das gewünschte Zahlenformat auswählen.

Neu ist in der Dialogbox SEITENZAHLEN auch die Option FORTSET-ZUNG VOM VORHER-GEHENDEN AB-SCHNITT. Sie bewirkt, daß Seiten über Ab-schnittswechsel hinweg fortlaufend numeriert werden.

Ein Dokument darf für die automatische Seitennumerierung nicht mehr als 32766 Seiten umfassen.

Sobald Sie mit **OK** bestätigen, wird am Bildschirm ein eigener Textausschnitt geöffnet, in dem Sie den Inhalt der Kopf- oder Fußzeile bearbeiten können (siehe Abbildung 5.1.7). Positionieren Sie nun die Einfügemarke dort, wo die Seitenzahl stehen soll, und klicken Sie auf das Sinnbild mit dem Lattenkreuz (Seitenzahl) oder benutzen Sie die Tasten Alt + ⇧, T. Wenn die Seitenzahl in der Seitenmitte stehen soll, positionieren Sie bitte den Cursor vor der Seitenzahl, und betätigen Sie einmal die →| -Taste, mit einem nochmaligen Betätigen der →| -Taste erscheint die Seitenzahl am rechten Seitenrand. Diese Tabulatorpositionen sind in der Kopf- und Fußzeile automatisch vordefiniert. Über das Lineal oder **FORMAT TABULATOREN** können Sie sie natürlich jederzeit verändern. Sie beenden die Bearbeitung der Kopf- oder Fußzeile mit einem Klicken auf die Schaltfläche **Schließen**.

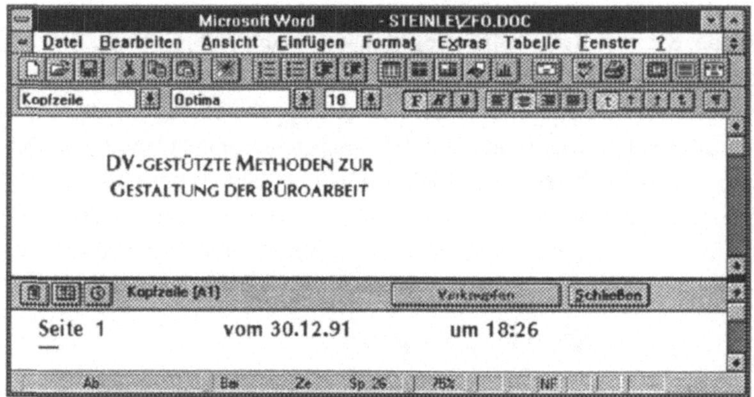

Abb.5.1.7:   In der ANSICHT NORMAL öffnet sich ein eigenes Textfenster zum Bearbeiten der Kopf- oder Fußzeile

In Version 2.0 können Sie Feldergebnisse am Bildschirm sichtbar machen, obwohl die Option ALLES ANZEIGEN des Befehls EXTRAS EINSTELLUNGEN ANSICHT eingeschaltet ist.

Beachten Sie bitte, daß es sich bei der eingefügten Seitenzahl um ein Feld handelt. Sie können Feldergebnisse in Version 2.0 ganz einfach am Bildschirm sichtbar machen, denn Sie brauchen lediglich die **ANSICHT FELDFUNKTIONEN** auszuschalten. Um die Seitenzahl zu löschen, verfahren Sie wie bei jedem anderen Feld: Markieren Sie das gesamte Feld und entfernen Sie es mit Entf.

Individuelle Seitennumerierung

Etwas Probleme bereitet es auf den ersten Blick, auf einer Seite zwei unterschiedliche Seitenzahlen zu positionieren. Eine häufige Praxisforderung besteht ja darin, daß am oberen Seitenrand (Kopfzeile) die tatsächliche Seitenzahl steht (z.B. eine *1*) und am unteren Rand eine Seitenzahl, die auf die nachfolgende Seite (Seite *2*) hinweist. Während es in Word für DOS dafür einen eigenen Textbaustein gibt, sucht man diesen in Word für Windows vergeblich. Es gibt allerdings einen einfachen Trick über ein verschachteltes Feld, um denselben Effekt zu erzielen. Um auf der tatsächlichen *Seite 1* am unteren Seitenrand eine *2* als Seitenzahl erscheinen zu lassen, positioniert man in der Fußzeile einfach ein Feld mit der Seitenzahl. Markieren Sie das gesamte Feld, und drücken Sie noch einmal [Strg] + [F9], um eine zweites Feld darum herum zu positionieren. Tragen Sie hinter der ersten Feldklammer ein Gleichheitszeichen ein, damit Word für Windows weiß, daß ein Berechnung erfolgen soll. Hinter dem Feld SEITE schreiben Sie *+1*, um zu jeder Seitenzahl den *Wert 1* zu addieren. Bei der tatsächlichen Seite 1 lautet das Feldergebnis von {={SEITE}*+1*} damit logischerweise *2*.

Eine andere Praxisforderung besteht darin, innerhalb eines Dokumentes in aufeinanderfolgenden Kapiteln mit unterschiedlichen Seitennumerierungen zu arbeiten, so daß beispielsweise jedes Kapitel mit der Seitenzahl *1* beginnt. In Word für Windows erreichen Sie das, indem Sie mit Abschnittsumbrüchen arbeiten. Bewegen Sie dazu die Einfügemarke hinter den Text der letzten Seite des Abschnittes, dem ein Kapitel mit einer neuen Seitennumerierung folgen soll. Rufen Sie den Befehl **EINFÜGEN MANUELLER UMBRUCH** ([Alt] + [E], [U]) auf, markieren Sie die Option **Abschnittswechsel Nächste Seite** ([Alt] + [N]) und bestätigen Sie mit [↵]. In diesem neuen Abschnitt positionieren Sie nun am besten über den Befehl **ANSICHT KOPF-/FUßZEILE** eine neue Seitennumerierung. Achten Sie dabei darauf, daß die Option **Erste Seite anders** ausgeschaltet ist. Klicken Sie auf die Schaltfläche **Seitzenzahlen** und vergewissern Sie sich, daß unter der Option **Neu beginnen mit** eine *1* steht. Sobald Sie zweimal mit **OK** bestätigen, fügt Word für Windows das Feld für Seitenzahlen ein und beginnt durch den Abschnittsumbruch mit einer neuen Seitennumerierung.

Zwei Seitenzahlen auf einer Seite positionieren Sie nacheinander in der Kopf- und Fußzeile. Für einen Hinweis auf fortlaufende Seiten plazieren in der Fußzeile das Feld {= {seite} + 1}.

Eine Seitennumerierung ist immer nur für einen Abschnitt verpflichtend. Durch Abschnittsumbrüche können Sie Seitenzahlen individualisieren.

Zusammenfassung

In diesem Kapitel haben wir fast alle Möglichkeiten besprochen, die Ihnen bei der Formatierung von Dokumenten und bei der **Layoutgestaltung** Ihrer Seiten zur Verfügung stehen. Sie haben gelernt, wie Sie das Papierformat und den Satzspiegel einstellen, und wie man erreicht, daß die **Seitenränder** auf linken und rechten Seiten vertauscht werden (Buchform). Es wurde erklärt, wie Sie **Seitenzahlen** auch über verschiedene Dokumentabschnitte verwalten und erzeugen können und wie sich **"Hurenkinder"** und **"Schusterjungen"** in einem Dokument verhindern lassen. Gleichzeitig haben wir Ihnen erläutert, auf welche Befehle die Einstellungsmöglichkeiten des Word für Windows 1.1 Befehles **FORMAT DOKUMENT** in Version 2.0 verteilt worden sind.

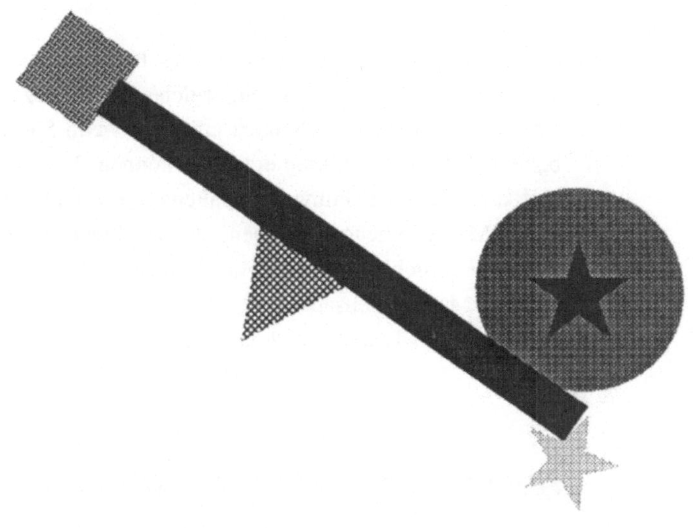

formatierung von abschnitten und spalten

In diesem Kapitel besprechen wir das Erzeugen und die Formatierung von Abschnitten. Sie erfahren, welche Gestaltungsmöglichkeiten sich z.B. für mehrspaltigen Fließtext eröffnen, wenn Sie mit Abschnitten arbeiten, und wie Sie diesen erzeugen können. Wir besprechen dabei die vertikale Textausrichtung in Spalten und zeigen Ihnen, wie Sie sich einen Makro erzeugen können, der es Ihnen ermöglicht, einen Abschnittsumbruch über die Tastatur einzufügen. Abschließend erläutern wir den Mehrspaltensatz in Abschnitten und beschäftigen uns mit dem automatischen Textausgleich in Spalten.

Abschnitte in Word für Windows

Abschnitte dienen in Word für Windows dazu, um bestimmte Formatierungsmerkmale auf einen Dokumentabschnitt oder ein Kapitel anwenden zu können. Die Unterteilung eines Dokumentes in verschiedene Abschnitte eröffnet Ihnen z.B. die Möglichkeit, die Fußnoten in jedem Abschnitt mit einer neuen Numerierung beginnen zu lassen oder aber das erste Kapitel in einspaltigem Satz und ein nachfolgendes in zwei- oder dreispaltigem Text zu erstellen. Zeilennummern können ebenfalls abschnittsweise positioniert werden, und Sie können einen Textbereich vertikal auf den Seiten eines Abschnittes ausrichten. Das Erstellen neuer Abschnitte bietet daneben den Vorteil, daß Sie in jedem Kapitel das Erscheinungsbild und den Inhalt der Kopf- und Fußzeilen unterschiedlich gestalten und variieren können.

Wenn Sie mit mehrspaltigem Text nur auf einigen Seiten Ihres Dokumentes arbeiten wollen, müssen Sie Word für Windows mitteilen, von welcher Seite bis zu welcher Seite die Layoutänderung bzgl. des Spaltensatzes erfolgen soll. Spaltensatz ist vom Vorhandensein verschiedener Abschnitte abhängig. Solange Sie keinen Abschnittsumbruch eingefügt haben, arbeitet Word für Windows im (stets vorhandenen) Abschnitt 1 mit einspaltigem Text. Erst wenn Sie einen Abschnittsumbruch einfügen, können Sie sich für die Seiten dieses neuen Abschnittes ein anderes (mehrspaltiges) Layout über den Befehl **FORMAT ABSCHNITT** erstellen.

Wenn der mehrspaltige Bereich enden soll, fügen Sie einen weiteren Abschnittsumbruch ein und bestimmen ebenfalls über **FORMAT SPAL-TEN**, daß dieser dritte Abschnitt wieder einspaltig erscheinen soll. Durch das Einfügen eines Abschnittsumbruches können Sie also einen Wechsel im Layout eines Dokumentes erreichen. Neue Abschnitte müssen dabei aber keineswegs auch auf einer neuen Seite beginnen, sondern können auch auf der gleichen Seite fortlaufend erstellt werden.

Erzeugen eines Abschnittsumbruchs

Um einen neuen Abschnitt zu erzeugen, müssen Sie zunächst die Einfügemarke dort positionieren, wo der neue Abschnitt beginnen soll. Rufen Sie dann den Befehl **EINFÜGEN MANUELLER UMBRUCH** auf und bestimmen Sie die Art des einzufügenden Umbruchs.

Sie können wählen, ob der dem Abschnittswechsel folgende Text auf der nächsten Seite, auf der nächsten geraden Seite, auf der nächsten ungeraden Seite oder auf derselben Seite erscheinen soll. Diese Festlegungen treffen Sie mit den Optionen der Optionsgruppe **Abschnittswechsel**.

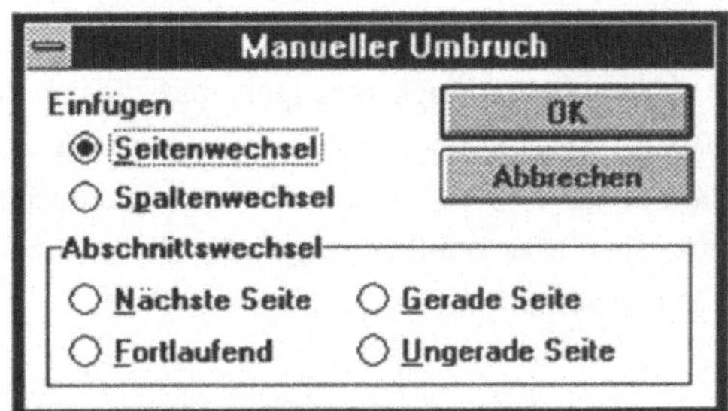

Abb.5.2.1: Um mit Abschnitten arbeiten zu können, muß zunächst ein Abschnittswechsel eingefügt worden sein

Mit den Optionen der Optionsgruppe **Abschnittswechsel** können Sie bestimmen, wo der nächste Abschnitt beginnen soll. Das Ankreuzen der Option **Nächste Seite** bewirkt, daß ein erzwungener Seitenumbruch eingefügt wird, wobei die nachfolgende Seite automatisch mit einem neuen Abschnitt beginnt. Wenn Sie die Option **Gerade Seite** ankreuzen, beginnt der nächste Abschnitt auf einer neuen Seite mit einer geraden Seitennummer (z.B. *2, 4, 6* usw.). Wenn Sie die Option **Ungerade Seite** ankreuzen, beginnt der nächste Abschnitt auf einer neuen Seite einer ungeraden Seitennummer. Der Abschnittsumbruch erfolgt dabei nach den vorhandenen Seiten, wobei aber zu beachten ist, daß die Seitennumerierung und der Abschnittsumbruch korrespondieren. Wenn Sie beispielsweise bestimmt haben, daß ein Abschnittsumbruch auf einer ungeraden Seite erfolgen soll und in diesem bestimmen, daß die Seitennumerierung mit *4* beginnen soll, beginnt sie mit *5*, weil im Abschnittsumbruch festgelegt ist, daß der Abschnittsumbruch vor der nächsten ungeraden Seite erfolgen soll. Mit der Option **Fortlaufend** fügen Sie einen Abschnittswechsel an der aktuellen Cursorposition ein, ohne daß ein Seitenwechsel erfolgt.

Einfügen eines Abschnittsumbruches über Tastatur

Zur Makro- Programmierung und Änderung der Tastenbelegung finden Sie weitere Hinweise in Teil 4, Kapitel 12 und 13.

Word für Windows erlaubt in der Standardeinstellung nicht, einen Abschnittsumbruch über einen Tastenschlüssel (Hot-Key) einzufügen. Sie können sich dank der hohen Flexibilität von WordBASIC aber einen Makro für den Abschnittsumbruch erzeugen und diesem Makro einen eigenen Tastenschlüssel zuordnen. Um beispielsweise einen **fortlaufenden Abschnittsumbruch** mit der Tastatur erzeugen zu können, müssen Sie sich zunächst einen Makro aufzeichnen oder programmieren, dessen Code wie folgt lauten sollte:

```
Sub MAIN
EinfügenManuellerUmbruch .Art = 3
End Sub
```

Rufen Sie den Befehl **EXTRAS MAKRO AUFZEICHNEN** auf, und tragen Sie in das Textfeld **Aufzuzeichnender Makro** einen selbstgewählten Makronamen (z.B. *UmbruchFortlaufend*) ein. Wählen Sie dann die Tasten aus, mit denen Sie später den Abschnittsumbruch bzw. den Makro ausführen möchten. Sollte der von Ihnen gewählte Tastenschlüssel bereits belegt sein, so wird Ihnen im Bereich **Aktuelle Belegung** die Belegung dieser Tastenkombination angezeigt (siehe Abbildung 5.2.2).

Bei der Makroaufzeichnung können Sie in Version 2.0 direkt Tastenschlüssel für den Makroaufruf bestimmen.

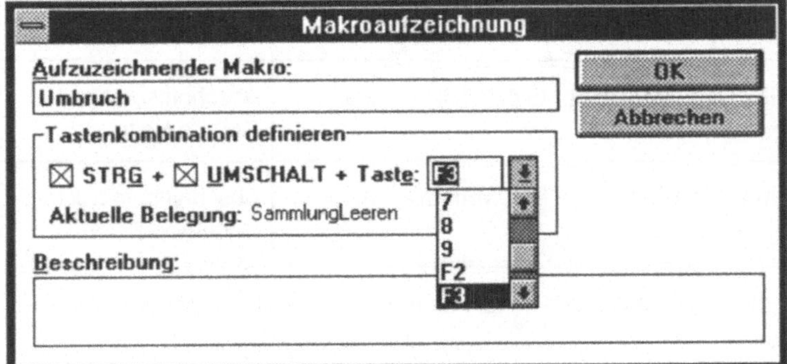

Abb.5.2.2:　　Einem aufzuzeichnenden Makro kann direkt
　　　　　　　ein Tastenschlüssel zugeordnet werden

Nach dem Festlegen des Tastenschlüssels bestätigen Sie mit **OK** und führen den Befehl **EINFÜGEN MANUELLER UMBRUCH** mit der Option **Fortlaufend** aus. Im Anschluß daran stoppen Sie die Makroaufzeichnung über den Befehl **EXTRAS AUFZEICHNUNG BEENDEN**. Ihr Makro für einen manuellen fortlaufenden Umbruch steht nun unter dem von Ihnen gewählten Tastenschlüssel bereit und kann jederzeit angewendet werden. Durch Verändern der Ziffern in dem Makrocode bestimmen Sie die Art des zu erzeugenden Umbruches. Die Ziffernzuordnung für die Umbruchsarten können Sie der nachfolgenden Tabelle 5.3.1 entnehmen.

Befehl	Aktion
EINFÜGENMANUELLERUMBRUCH .Art = 0	Seitenumbruch
EINFÜGENMANUELLERUMBRUCH .Art = 1	Spaltenumbruch
EINFÜGENMANUELLERUMBRUCH .Art = 2	Abschnittsumbruch Nächste Seite
EINFÜGENMANUELLERUMBRUCH .Art = 3	Abschnittsumbruch Fortlaufend
EINFÜGENMANUELLERUMBRUCH .Art = 4	Abschnittsumbruch Gerade Seite
EINFÜGENMANUELLERUMBRUCH .Art = 5	Abschnittsumbruch Ungerade Seite

Tab.5.2.1:   Makrobefehle für das Einfügen von Umbrüchen

Formatieren von Abschnitten

Sie können das Seitenformat in einem Dokument nicht über Abschnitte wie in Word für DOS variieren. Arbeiten Sie stattdessen mit FORMAT POSITION und den Absatzeinzügen.

Für das Arbeiten mit Abschnitten gibt es in Word für Windows mehrere Gründe. Wenn Sie sich beispielsweise dieses Buch ansehen, werden Sie feststellen, daß immer auf einer ungeraden Seite ein neues Kapitel beginnt, wobei manchmal auch eine Seite am Ende des vorhergehenden Kapitels (für Notizen) freibleibt. Natürlich könnten die notwendig werdenden Leerseiten über einen erzwungenen Seitenumbruch erzeugt werden. Allerdings hätte das den Nachteil, daß man vorher bereits genau wissen muß, ob ein Kapitel auf einer geraden oder einer ungeraden Seiten endet. Wenn man nachträglich Text einfügt und sich dadurch das Kapitelende auf eine gerade Seite verschiebt, so muß der erzwungene Seitenumbruch wieder gelöscht werden. Durch die Formatierung eines Abschnittes und die Festlegung, wo ein nachfolgender Abschnitt beginnen soll, nimmt Ihnen Word für Windows diese Überlegungen ab.

Wenn Sie den Befehl **FORMAT ABSCHNITT** aufrufen, können Sie mit den Optionen des Verzeichnisfeldes **Abschnittsbeginn** festlegen, wo der Abschnittsumbruch erfolgen soll (siehe Abbildung 5.2.3). Wenn Sie die Option **Fortlaufend** auswählen, beginnt der aktuelle Abschnitt sofort nach dem letzten Abschnitt, es erfolgt kein Seitenumbruch. Sie können so auf einer Seite beispielsweise im oberen Bereich mit zweispaltigem Text und im unteren Bereich mit vierspaltigem Text arbeiten. Wenn der vorherige Abschnitt eine andere Spaltenanzahl hatte, werden diese Spalten erst ausgeglichen, bevor der neue Abschnitt erscheint.

Mit der Option **Neue Spalte** können Sie bestimmen, daß der neue Abschnitt in einer neuen Spalte beginnt. Diese Option sollte nicht verwechseln werden mit dem Einfügen eines Spaltenumbruches. Wenn Sie einen Spaltenumbruch erzwingen, richtet sich die Länge der Spalten des Abschnittes nach dem Textinhalt der längsten Spalte, wobei Word für Windows einen automatischen Spaltenausgleich vornimmt. Bedenken Sie beim Auswählen der Option **Neue Spalte** auch, daß ein automatischer Spaltenausgleich im vorhergehenden Abschnitt vorgenommen wird. Der neue Abschnitt beginnt folglich im Normalfall in einer neuen Spalte am linken Seitenrand, weil die Spalte, in der für den neuen Abschnitt die Option **Neue Spalte** eingestellt wurde, automatisch an den rechten Seitenrand rückt.

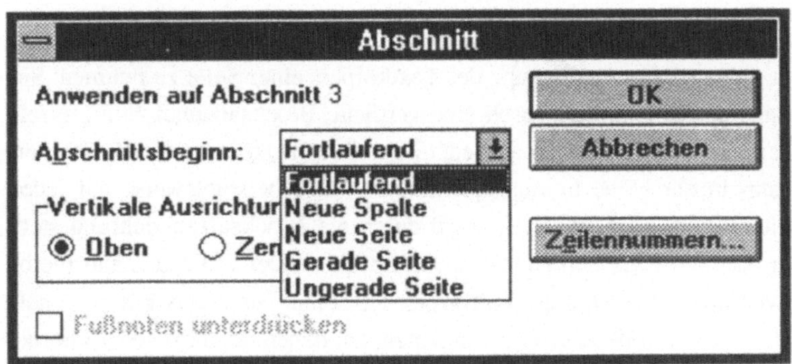

Abb.5.2.3: Auch nachträglich kann man den Abschnittsbeginn über FORMAT ABSCHNITT festlegen

Die am häufigsten benutzte Auswahl ist die Option **Neue Seite**. Nach einem Abschnittsumbruch wird ein Seitenwechsel durchgeführt, wobei für den neuen Abschnitt zunächst die Formatierungsmerkmale des vorhergehenden Abschnittes übernommen werden (z.B. zweispaltig). Mit den Optionen **Gerade Seite** und **Ungerade Seite** haben Sie nochmals nachträgliche Eingriffsmöglichkeiten, um festzulegen, ob der aktuelle Abschnitt auf einer geraden oder auf einer ungeraden Seite beginnen soll.

Durch Einschalten der OPTION FUßNOTEN UNTERDRÜCKEN können Sie den Ausdruck von Fußnoten von einem Abschnitt in den nächsten verschieben. Zum Arbeiten mit Fußnoten finden Sie weitergehende Hinweise in Teil 5, Kapitel 4.

Fußnoten in Abschnitten

Mit den Optionen des Befehls **FORMAT ABSCHNITT** haben Sie auch Einflußmöglichkeiten auf die Druckposition von Fußnoten. Sofern Sie in einem Dokument Fußnoten eingefügt haben, können Sie mit der Option **Fußnoten unterdrücken** bestimmen, ob die Fußnoten ausgedruckt werden sollen. Wenn Sie diese Option einschalten, bewirkt das, daß Fußnoten erst am Ende des Abschnittes ausgedruckt werden, bei dem die Option **Fußnoten unterdrücken** eingeschaltet ist. Ist diese Option bei keinem der laufenden Abschnitte eingeschaltet, werden die Fußnoten erst am Ende des Dokumentes gedruckt.

Schalten Sie bei vertikaler Ausrichtung eines Abschnittes zwischendurch immer wieder zur Kontrolle in die DATEI SEITENANSICHT. In den anderen Ansichten sehen Sie die vertikale Ausrichtung nicht.

Vertikale Textausrichtung

Mit dem Befehl **FORMAT ABSCHNITT** wird Ihnen ermöglicht, Einfluß auf die vertikale Ausrichtung des Textkörpers einer Seite zu nehmen. Sie können beispielsweise durch eine vertikale Blocksatzausrichtung erreichen, daß der Textkörper auf jeder Seite ihres Dokumentes den gleichen Raum in der Höhe in Anspruch nimmt - also beispielsweise auf jeder Seite *22 cm* hoch ist. Dabei wird durch die Blocksatzausrichtung stets der Abstand zwischen den Absätzen erweitert. Der Zeilenabstand bleibt unverändert. Die Option **Zentriert** ist z.B. dann besonders gut geeignet, wenn Sie sich Folien erstellen möchten, bei denen der Text- oder Grafikkörper mittig auf den Seiten ausgerichtet sein soll.

Um den Text innerhalb eines Abschnittes auf den Seiten vertikal auszurichten, positionieren Sie die Einfügemarke in dem betreffenden Abschnitt, und rufen Sie den Befehl **FORMAT ABSCHNITT** auf. Markieren Sie die Option **Oben**, wenn der Textkörper am oberen Rand ausgerichtet werden soll, die Option **Zentriert**, wenn der Textkörper zentriert ausgerichtet werden soll oder **Block**, wenn die erste Textzeile am oberen Seitenrand und die unterste Textzeile am unteren Seitenrand erscheinen soll.

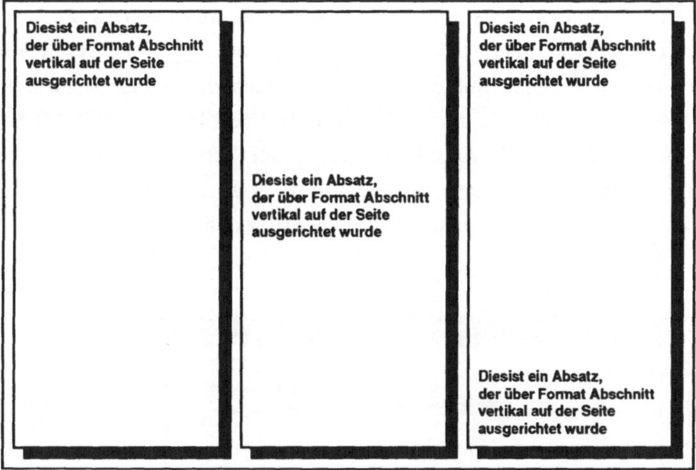

Abb.5.2.4:   Vertikale Textausrichtungen über FORMAT ABSCHNITT

Die Zeilennumerierung

Sie können in Word für Windows festlegen, daß in einem Abschnitt am linken Rand des Textbereiches vor den jeweiligen Zeilen Zeilennummern erscheinen. Dabei können Sie entscheiden, ob jede Zeile oder aber z.B. nur jede fünfte Zeile numeriert werden soll. Um die Zeilennumerierung zu aktivieren, rufen Sie den Befehl **FORMAT ABSCHNITT** auf und klicken auf die Schaltfläche **Zeilennummern**. Für die Art der Zeilennu-

Die Zeilennummern eines Abschnittes können Sie am Bildschirm nur in der DATEI SEITENANSICHT sehen.

merierung lassen sich dann verschiedene Formatierungsmerkmale festlegen (siehe Abbildung 5.2.5).

Erst das Ankreuzen der Option **Zeilennummern hinzufügen** bewirkt, daß die Zeilennumerierung für den aktuellen Abschnitt aktiviert wird und Sie die Optionen für die Formatierung der Zeilennumerierung nutzen können. Wenn Sie die Standardeinstellung beibehalten, werden alle Zeilen des Haupttextes des aktuellen Abschnittes fortlaufend beziffert. Nicht beziffert werden Kopf- und Fußzeilen, Fußnoten, Anmerkungen und Seitennummern. Da stets die tatsächlich vorhandenen Zeilen gezählt werden, bleiben Anfangs- und Endeabstände für Absätze natürlich unberücksichtigt. Leerzeilen, die durch Drücken von ⏎ erzeugt worden sind, werden dagegen mitgezählt, was Sie sich durch das Sichtbarmachen der Sonderzeichen am Bildschirm über den Befehl **EXTRAS EINSTELLUNGEN Ansicht Absatzmarken** verdeutlichen können. Jede Zeile, in der sich ein Zeichen befindet (und sei es nur eine Absatzendemarke), wird bei der Zeilennumerierung berücksichtigt.

Der Wert für den Abstand der Zeilennummern VOM TEXT muß kleiner sein als der linke Seitenrand, sonst werden die Zeilennummern nicht gedruckt.

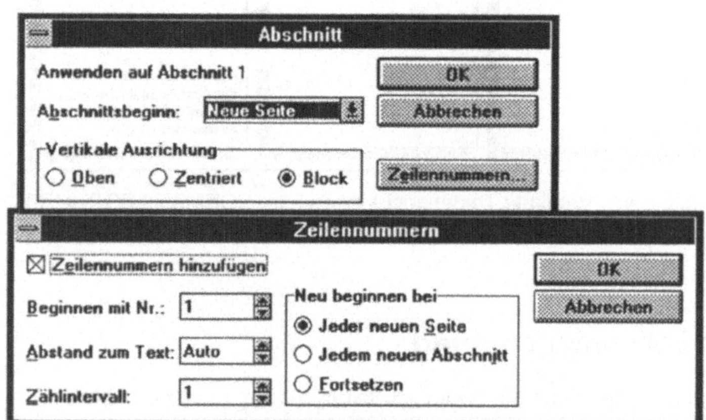

Abb.5.2.5:   In FORMAT ABSCHNITT läßt sich die
              Zeilennumerierung aktivieren und formatieren

Über einen kleinen Trick können Sie allerdings erreichen, daß bestimmte Absätze (z.B. Leerzeilen, die durch ⏎ erzeugt wurden), bei der

Numerierung ausgeklammert werden. Markieren Sie den Absatz (bzw. die Leerzeile), dessen Zeilen Sie von der Numerierung ausklammern möchten und rufen Sie den Befehl **FORMAT ABSATZ** auf. Klicken Sie die Option **Zeilennummern unterdrücken** an und bestätigen Sie mit **OK**.

Durch die Option **Beginnen mit Nr.** können Sie festlegen, mit welcher Ziffern die Zeilennumerierung starten soll. Word für Windows beginnt die Numerierung in der Standardeinstellung mit der Ziffer 1. Mit der Option **Zählintervall** können Sie das Inkrement - den Abstand der anzuzeigenden Zeilennummern - festlegen. Wenn Sie hier z.B. eine *5* eintragen, bedeutet das, daß an jeder *fünften* Zeile eine Zeilennummer erscheint (z.B. *10, 15, 20* usw.). Das Ankreuzen der Option **Neu beginnen bei: Jeder neuen Seite** bewirkt, daß die Zeilennumerierung auf jeder Seite neu mit der in dem Textfeld **Beginnen mit Nr.** eingetragenen Ziffer beginnt. Mit der Option **Neu beginnen bei: Jedem neuen Abschnitt** bewirken Sie, daß die Zeilennumerierung in jedem Abschnitt von vorne beginnt. Die Option **Fortsetzen** bewirkt dagegen, daß die Zeilennumerierung über die verschiedenen Abschnitte und Seiten hinwegläuft (wenn im letzten Abschnitt die letzte Zeile auf einer Seite die *Zeile 95* war, ist die erste Zeile des neuen Abschnittes auf der nächsten Seite die *Zeile 96*).

Kopf- und Fußzeilen in Abschnitten

Das Arbeiten mit Abschnitten bietet den Vorteil, daß man innerhalb eines Dokumentes mit verschiedenen Kopf- und Fußzeilen arbeiten kann. In diesem Buch äußert sich dieser Vorteil z.B. darin, daß in jedem Kapitel (Abschnitt) ein anderer Inhalt in der Kopfzeile zu finden ist. Wenn Sie den Befehl **ANSICHT KOPF-/FUßZEILE** aufrufen, bezieht sich dieser Befehl immer auf die Kopf- oder Fußzeile des aktuellen Abschnittes. Word für Windows verknüpft in der Standardeinstellung die Kopf- und Fußzeilen eines neuen Abschnittes mit den Kopf- und Fußzeilen des vorhergehenden Abschnittes. Das bedeutet, daß ein neuer Abschnitt automatisch die Kopf- und Fußzeile des vorhergehenden Abschnittes erhält.

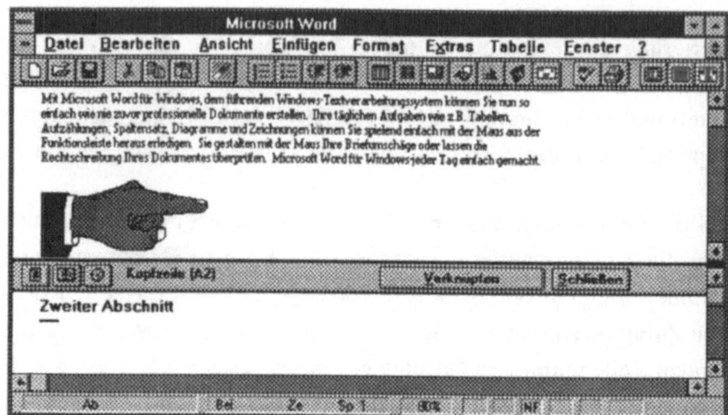

Abb.5.2.6:   Kopf- und Fußzeilen lassen sich verknüpfen, sofern man nicht in der ANSICHT DRUCKBILD arbeitet

Wenn ein nachfolgender Abschnitt eine andere Kopf- und Fußzeile erhalten soll, müssen Sie die Einfügemarke irgendwo in diesem Abschnitt positionieren und **ANSICHT KOPF-/FUßZEILE** aufrufen. Formatieren Sie die Kopf-/Fußzeile nach Ihren Wünschen und bestätigen Sie mit **Schließen,** sofern Sie nicht bereits in der **ANSICHT DRUCKBILD** arbeiten. Wenn Sie eine Kopf- oder Fußzeile in einem nachfolgenden Abschnitt geändert haben, können Sie sie nachträglich noch mit der Kopf- oder Fußzeile des vorhergehenden Abschnittes verknüpfen (siehe Abbildung 5.2.6). Denken Sie daran, daß der Ausschnitt für das Bearbeiten von Kopf- und Fußzeilen in der **ANSICHT DRUCKBILD** nicht erscheint, sondern daß Sie durch den Befehl **ANSICHT KOPF-/FUßZEILE** direkt an die entsprechenden Positionen auf der Seite geführt werden.

Mehrspaltensatz in Word für Windows

Zum Arbeiten mit Tabellen finden Sie Hinweise in Teil 5, Kapitel 7.

Sie können einen Spaltensatz auf zwei verschiedene Möglichkeiten erzeugen. Sie können nebeneinanderstehende Spalten durch Tabellen erzeugen, oder Sie können einen Abschnitt mit mehrspaltigem Fließtext versehen, indem Sie den Abschnitt über **FORMAT SPALTEN** oder über die Funktionsleiste mit mehreren Spalten versehen.

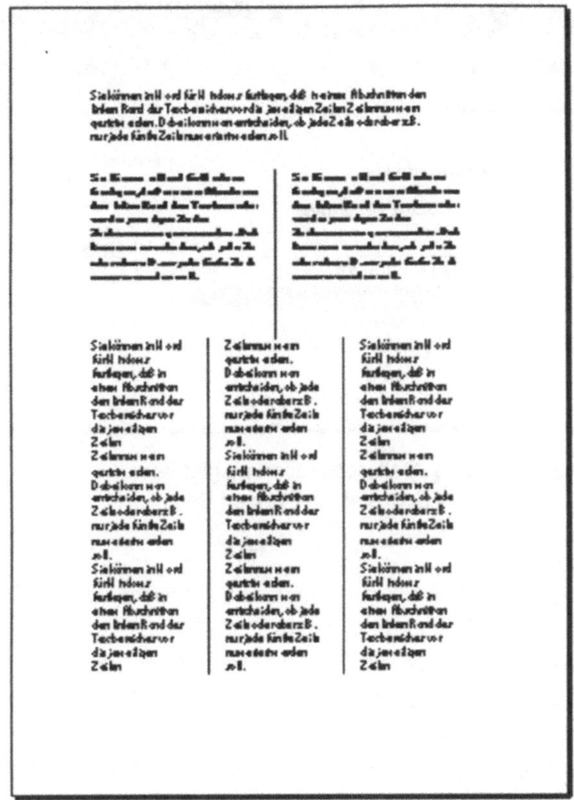

Abb.5.2.7. Auf einer Seite können verschiedene Abschnitte mit unterschiedlicher Spaltenanzahl definiert sein

Normalerweise benötigt man mehrspaltigen Text in Form eines Fließtextes, sodaß es sich empfiehlt, mehrere Spalten über den Befehl **FORMAT SPALTEN** zu erzeugen. Wenn Sie einen Abschnitt mit mehreren Spalten versehen, erscheint der Text in den Spalten am Bildschirm in der tatsächlichen Breite der Spalten. In der **ANSICHT NORMAL** und in der **ANSICHT KONZEPT** sehen Sie dabei jeweils eine Spalte links am Bildschirm. Wenn Sie **ANSICHT DRUCKBILD** oder die **DATEI SEITENANSICHT** benutzen, sehen Sie die Spalten nebeneinander so, wie Sie auch im Ausdruck erscheinen und können diese in der **ANSICHT DRUCKBILD** auch bearbeiten.

In Version 2.0 gibt es für die Spaltenformatierung einen eigenen Befehl.

Abb.5.2.8:   Für die Spaltenformatierung gibt es
             in Version 2.0 einen eigenen Befehl

Um die Spaltenanzahl für die Seiten eines Abschnittes bestimmen zu können, müssen Sie über den Befehl **FORMAT SPALTEN** im Textfeld **Spaltenanzahl** die gewünschte Spaltenanzahl auswählen oder eintragen. Die maximale Anzahl der Spalten in einem Abschnitt ist vom Seitenrand, dem Spaltenabstand, den Absatzeinzügen und dem Papierformat abhängig. Insgesamt ist die maximale Spaltenanzahl in einem Abschnitt theoretisch auf 100 Spalten begrenzt. Durch die Eingabe oder Auswahl eines Wertes im Textfeld **Abstand dazwischen** können Sie den Abstand des Freiraumes zwischen mehreren Spalten bestimmen.

Man kann in Version 2.0 alle Abschnitte auf einmal formatieren.

Wenn Sie die Option **Neue Spalte beginnen** einschalten, fügt Word an der aktuellen Cursorposition einen Spaltenumbruch ein und beginnt eine neue Spalte. Einen Neuling der Version 2.0 stellt die Optionsgruppe **Anwenden auf** dar. Die Option **Gesamtes Dokument** bewirkt, daß sich die aktuell von Ihnen vorgenommene Abschnittsformatierung auf das gesamte Dokument auswirkt. Mit der Option **Aktueller Abschnitt** begrenzen Sie die vorgenommenen Formatierungen auf den Abschnitt, in dem sich die Einfügemarke vor dem Aufruf des Befehls befand. Die Option **Von hier an** bewirkt, daß an der Position der Einfügemarke ein Abschnittsumbruch erfolgt und die aktuellen Formatierungen für den neuen Abschnitt gelten.

Spaltensatzabruf aus der Funktionsleiste

In Version 2.0 können Sie einen Abschnitt auch mit der Maus sehr komfortabel im Spaltensatz formatieren. Sie brauchen dazu lediglich die Funktionsleiste einzuschalten und können dann mit der Maus auf die 13. Symboltaste von links klicken (siehe Abbildung 5.2.9). Halten Sie die linke Maustaste fest und ziehen Sie den Mauszeiger nach rechts. In dem heruntergeklappten Menü können Sie nun die Spaltenanzahl abrufen, indem Sie einfach den Mauszeiger entsprechend weit ziehen. Word für Windows versieht den Text des aktuellen Abschnittes dann automatisch mit entsprechend vielen Spalten. Die Anzahl der möglichen Spalten ist dabei von Ihrer eingestellten Papierbreite abhängig, bei einem DIN A4-Blatt geht Word für Windows in der Funktionsleiste von maximal 6 Spalten aus.

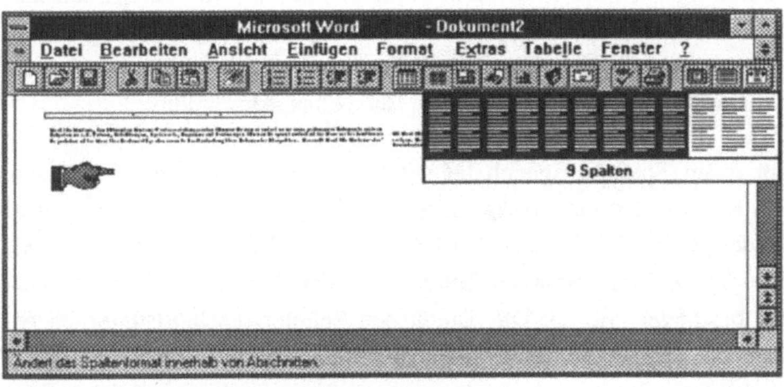

Abb.5.2.9: Spaltensatz kann auch über die
Funktionsleiste abgerufen werden

Einfügen eines Spaltenumbruchs

Wenn Sie in einem Abschnitt mit mehreren Spalten arbeiten, können Sie durch das Ankreuzen der Option **Neue Spalte** in der Dialogbox des Befehls **EINFÜGEN MANUELLER UMBRUCH** erreichen, daß innerhalb des aktuellen Abschnittes (mit mehreren Spalten) ein Spaltenumbruch für den Textkörper durchgeführt wird, d.h. der nachfolgende Text in der nächsten Spalte beginnt. Über die Tastatur erzeugen Sie einen Spaltenumbruch mit [Strg]+[⇧]+[⏎] . Sie können aber auch die Option **Neue Spalte beginnen** in **FORMAT ABSCHNITT** einschalten, um an der aktuellen Cursorposition einen Spaltenumbruch einzufügen und eine neue Spalte zu beginnen. Sie erkennen den Spaltenumbruch in der **ANSICHT DRUCKBILD** daran, daß hinter dem Text der letzten Zeile der Spalten eine gepunktete Linie fortgeführt wird, wenn Sie in über den Befehl **EXTRAS EINSTELLUNGEN Ansicht** die Option **Textbegrenzungen** ankreuzen.

Textausgleich im Spaltensatz

Mit einem Spaltenausgleich ermöglichen Sie, daß die Spalten auf einer Seite die gleiche Länge haben. Das ist vor allem dann sinnvoll, wenn Sie mehrere Spalten auf einer Seite formatiert haben. Um die Spalten auszugleichen, teilt Word für Windows die Inhalte so gut wie möglich auf alle vorhandenen Spalten auf. Word für Windows unterstützt dabei einen automatischen Spaltenausgleich am Ende eines Abschnittes.

Um einen Spaltenausgleich bei einem Seitenumbruch durchzuführen, positionieren Sie die Einfügemarke am Ende eines Abschnittes. Rufen Sie den Befehl **EINFÜGEN MANUELLER UMBRUCH** auf, markieren Sie eine der Optionen **Nächste Seite**, **Ungerade Seite** oder **Gerade Seite** und bestätigen Sie mit **OK**. Durch den Seiten-/Abschnittsumbruch beginnt der nächste Abschnitt automatisch auf der nächsten Seite, sodaß für den vorstehenden Abschnitt automatisch ein Spaltenausgleich auf die Seite bezogen durchgeführt werden kann.

Um einen Spaltenausgleich in fortlaufenden Abschnitten durchzuführen, brauchen Sie lediglich die Einfügemarke am Ende eines Abschnittes zu positionieren und den Befehl **EINFÜGEN MANUELLER UMBRUCH** aufzurufen. Markieren Sie die Option **Fortlaufend** und bestätigen Sie mit **OK**. Die Spalten vor dem Abschnittsumbruch werden dann automatisch ausgeglichen.

Wenn ein Abschnitt im Mehrspaltensatz eine Überschrift haben soll, die über die verschiedenen Spalten läuft, so positionieren Sie die Überschrift entweder in der Kopfzeile oder aber Sie fügen einen Positionsrahmen über die Funktionsleiste ein und vergrößern den Rahmen so, daß er über beide Spalten geht (siehe Abbildung 5.2.10). Das Vergrößern des Positionsrahmens erfolgt mit der Maus in der **ANSICHT DRUCKBILD**.

Weitere Hinweise zum Arbeiten mit Positionsrahmen finden Sie in Teil 5, Kapitel 5.

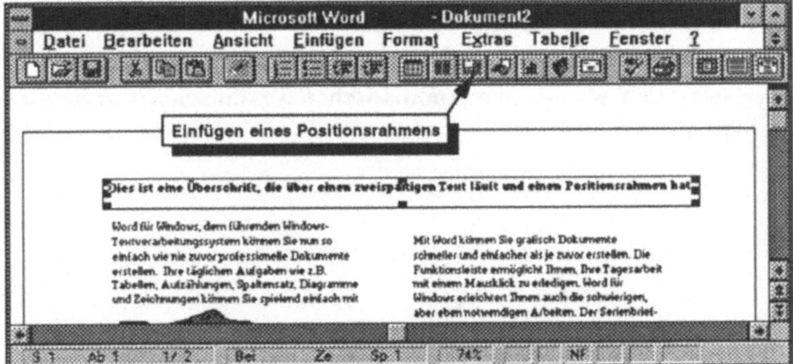

Abb.5.2.10: Durch Positionsrahmen kann eine Überschrift auch über mehrspaltigen Text laufen

Zwischenlinien im Spaltensatz

Wenn Sie eine Spaltenanzahl von mindestens *zwei Spalten* festgelegt haben, können Sie bestimmen, daß zwischen den Spalten eines Abschnittes eine Trennlinie gezogen wird. In der Dialogbox des Befehls **FORMAT SPALTEN** müssen Sie dazu die Option **Zwischenlinie** ankreuzen und mit **OK** bestätigen. Die erzeugte Linie ist jeweils so lang wie die längste Spalte auf der Seite. Sie sehen die Zwischenlinie im Spaltensatz direkt im Monitor der Dialogbox und im Text, sofern sich in beiden Spalten Textkörper oder Grafiken befinden und/oder Sie einen Spaltenumbruch erzwungen haben. Am Bildschirm werden Zwischenlinien nur in der **DATEI SEITENANSICHT** dargestellt.

Zusammenfassung

In diesem Kapitel haben wir das Erzeugen und die Formatierung von **Abschnitten** und **Spalten** besprochen. Sie haben erfahren, welche Gestaltungsmöglichkeiten sich z.B. für **mehrspaltigen Fließtext** eröffnen, wenn Sie mit Abschnitten arbeiten, und wie Sie diesen erzeugen können. Wir haben dabei die vertikale Textausrichtung in Spalten besprochen und Ihnen gezeigt, wie Sie sich einen Makro erzeugen können, der es Ihnen ermöglicht, einen **Abschnittsumbruch** über die Tastatur einzufügen. Abschließend haben wir den **Mehrspaltensatz** in Abschnitten erläutert und uns mit dem **automatischen Textausgleich in Spalten** beschäftigt.

kopf- und fußzeilen

Kapitel 3

In diesem Kapitel besprechen wir die Kopf- und Fußzeilen von Word für Windows. Sie lernen, wie man Kopf- und/oder Fußzeilen erstellt und formatiert. Wir erläutern den Bildschirmausschnitt für Kopf- und Fußzeilen in der **ANSICHT NORMAL** und in der **ANSICHT KONZEPT** sowie die Sinnbilder dieses Ausschnittes. Sie erfahren, wie man unterschiedliche Inhalte für Kopf- und/oder Fußzeilen auf linken und rechten Seiten eines Dokumentes erzeugt und wie man Seitenzahlen oder Grafiken in den Kopf- und/oder Fußzeilen positioniert.

Kopf- und Fußzeilen

Wenn Sie eine Textverarbeitung dazu nutzen, um längere Abhandlungen wie Diplomarbeiten, Gutachten oder Abschlußberichte zu erstellen, stehen Sie zwangsläufig irgendwann vor der Aufgabe, ein Dokument "zum Leben zu erwecken". In langen Dokumenten muß sich der Leser schnell zurechtfinden. Er will wissen, auf welcher Seite und/oder in welchem Kapitel oder Abschnitt er gerade liest. Diese Informationen bezieht der Leser in längeren Dokumenten in der Regel aus einer Kopf- oder Fußzeile. Im Druckgewerbe spricht man von "lebenden Kolumnentiteln", die normal die Seitenzahlen und die Kapitelüberschriften enthalten und evtl. durch eine Linie vom eigentlichen Textkörper getrennt werden.

Kopf- und/oder Fußzeilen können in Word für Windows Textteile oder Grafiken beinhalten, die an den oberen oder unteren Rändern einer Seite positioniert werden und über mehrere oder alle Seiten eines Dokumentes automatisch erscheinen. Auch im Büro-Alltag lassen sich Kopf- und Fußzeilen selbst bei der Erstellung von Briefen einsetzen. In einer Kopfzeile kann man z.B. den Absender und das Firmenlogo unterbringen, in die Fußzeile vielleicht die Bankverbindungen oder die Seitenzahl.

Während in Büchern die Kolumnentitel in der Regel als Kopfzeilen erzeugt werden, gibt es in Gutachten oder Diplomarbeiten häufig die Anforderung, daß die Seitenzahlen in einer Fußzeile erscheinen. In Word für Windows können Sie sowohl Kopf- als auch Fußzeilen einzeln oder

Weitere Hinweise zu Kopf- und/oder Fußzeilen finden Sie in Teil 5, Kapitel 1.

gleichzeitig auf den Seiten eines Abschnittes erstellen. Zusätzlich lassen sich unterschiedliche Inhalte für die Kopf- und/oder Fußzeilen auf linken und rechten Seiten sowie für die erste Seite eines Dokumentes festlegen. Die Formatierung von Kopf- und Fußzeilen erfolgt genauso wie die Formatierung von normalem Textkörper, d.h. (fast) alle Formatierungsmöglichkeiten von Word für Windows stehen Ihnen auch in Kopf- und/oder Fußzeilen zur Verfügung.

Das Konzept von Kopf- und Fußzeilen

Kopf- und/oder Fußzeilen korrespondieren in Word für Windows mit Abschnitten. Durch das Einfügen von Abschnitten wird Ihnen ermöglicht, innerhalb eines Dokumentes mehrere verschiedene Kopf- bzw. Fußzeilen zu erzeugen, wobei In jedem Abschnitt eine neue Kopf- und/ oder Fußzeile definiert werden kann.

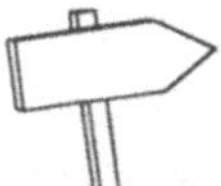

Zum Arbeiten mit Abschnitten finden Sie Hinweise in Teil 5, Kapitel 2.

Kopfzeilen werden standardmäßig zwischen dem oberen Papierrand und dem oberen Seitenrand positioniert, wobei zunächst ein Abstand von *1,71 cm* vom oberen Papierrand vorgegeben wird. Fußzeilen werden *1,25 cm* vom unteren Papierrand entfernt positioniert. Die Standardposition von Kopf- und/oder Fußzeilen können Sie mit Hilfe der Textfelder **Abstand vom Rand Kopfzeile** bzw. **Abstand vom Rand Fußzeile** im Befehl **ANSICHT KOPF-/FUßZEILE** verändern. Die neuartigen kleinen Pfeiltasten erlauben Ihnen auch hier, Werte komfortabel mit der Maus auszuwählen oder die gewünschten Werte "von Hand" einzutragen.

Die Dialogbox für Kopf- /Fußzeilen wurde in Version 2.0 vereinfacht, die Optionen sind weggefallen, stattdessen können Sie über SEITENZAHLEN direkt die Seitenzalen formatieren.

Denken Sie beim Arbeiten mit Kopf- und/oder Fußzeilen daran, daß Seitenränder in Word für Windows absolut und relativ festgelegt werden können. Die Art des Seitenrandes kann nämlich Auswirkungen auf die Kopf- und/oder Fußzeilen haben. Wenn Sie z.B. einen negativen (absoluten) oberen Seitenrand festgelegt haben und ein mehrzeiliger Text in der Kopfzeile plaziert wird, kann es unter Umständen dazu kommen, daß sich der Textkörper der Seite und der Textkörper der Kopfzeile überlappen. Legen Sie dagegen relative Seitenränder fest, so verschiebt sich der Textkörper der Seite entsprechend der Größe des Inhaltes der Kopf- und/oder Fußzeile.

Das Bearbeiten von Kopf-/Fußzeilen erfolgt in Version 2.0 nicht mehr über BEARBEITEN KOPF-/FUßZEILE, sondern über ANSICHT KOPF-/FUßZEILE.

Kopf- und Fußzeilen werden nicht mehr über das Menü BEARBEITEN, sondern über das Menü ANSICHT erzeugt.

Die Option RÄNDER SPIEGELN des Befehls FORMAT DOKUMENT aus Version 1.1 findet sich in Version 2.0 in FORMAT SEITE EIN-RICHTEN GEGEN-ÜBERLIEGENDE SEITEN.

Erstellen von Kopf- und Fußzeilen

Um eine Kopfzeile zu erstellen, brauchen Sie lediglich den Befehl **AN-SICHT KOPF-/FUßZEILE** aufzurufen. Es öffnet sich zunächst eine Dia-logbox (siehe Abbildung 5.3.1), in der Sie auswählen können, ob Sie die Kopf- oder die Fußzeile bearbeiten möchten. Wenn Sie im Menü **FOR-MAT SEITE EINRICHTEN** die Option **Gegenüberliegende Seiten** ein-geschaltet haben und mit einem zweiseitigen Dokument arbeiten, ist au-tomatisch die Option **Gerade/Ungerade Seiten unterschiedlich** ange-kreuzt. Durch diese Option können Sie zusätzlich auswählen, ob Sie die ungerade Kopfzeile (rechte Seite) oder die gerade Kopfzeile (linke Seite) bearbeiten möchten. Neben diesen Auswahlmöglichkeiten im Verzeich-nisfeld **Kopf-/Fußzeile** finden Sie in der Dialogbox die Option **Erste Seite anders**. Durch diese Option ist es möglich, die Kopf- und/oder Fußzeilen der ersten Seite eines Dokumentes anders zu behandeln als die nachfolgenden.

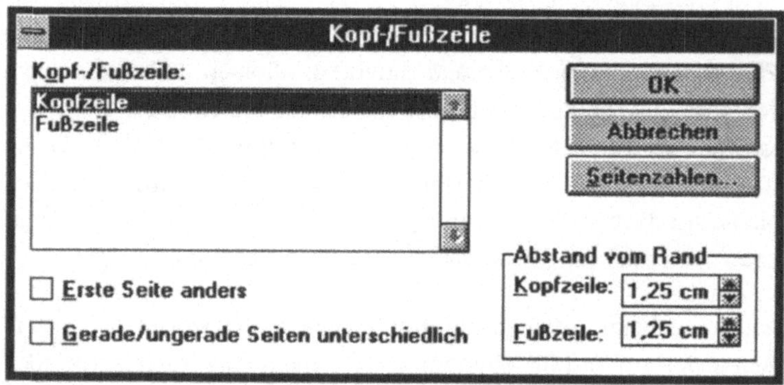

Abb.5.3.1:   Die Dialogbox für Kopf- oder Fußzeilen

Sobald Sie die Dialogbox mit **OK** verlassen, teilt Word für Windows den Bildschirm in zwei Ausschnitte, sofern Sie nicht in der **ANSICHT DRUCKBILD** arbeiten. Der neue, untere Bildschirmausschnitt ermöglicht das Bearbeiten der zuvor ausgewählten Kopf- und/oder Fußzeile (siehe Abbildung 5.3.2). Den Ausschnitt für Kopf- oder Fußzeilen können Sie genauso vergrößern oder verkleinern wie einen normalen zweiten

Bildschirmausschnitt oder z.B. den Bildschirmausschnitt für Anmerkungen. Im Ausschnitt selbst können Sie den Kopfzeilentext erfassen oder auch Grafiken und Felder positionieren. Wenn Sie den Inhalt der Kopfzeile bestimmt haben, können Sie den Ausschnitt über das Anklicken der Schaltfläche **Schließen** verschwinden lassen.

Dieser zusätzliche Bildschirmausschnitt öffnet sich allerdings nur, wenn Sie das Bearbeiten der Kopf- und/oder Fußzeilen <u>nicht</u> aus der **ANSICHT DRUCKBILD** heraus aufgerufen haben. Wenn Sie in dieser Ansicht den Befehl **ANSICHT KOPF-/FUßZEILE** aufrufen, springt die Einfügemarke an die "echte" Seitenposition der Kopf- oder Fußzeile. Sie können mit der Tastatur sowohl in dieser Ansicht als auch in den anderen Ansichten stets mit der Funktionstaste F6 zurück zum Textkörper springen.

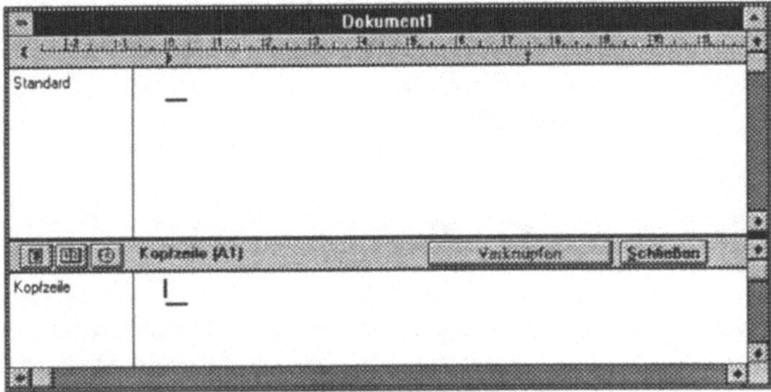

Abb.5.3.2: Der Kopf-Fußzeilen Ausschnitt

Am oberen Rand des Bildschirmausschnittes für die Bearbeitung von Kopf- und/oder Fußzeilen finden Sie ein spezielle Sinnbildleiste, mit deren Symboltasten Sie besonders schnell und komfortabel Felder für Seitenzahlen, das aktuelle Datum oder die Uhrzeit plazieren können (siehe Abbildung 5.3.3). Durch ein Anklicken des ganz linken Symbols mit dem Lattenkreuz plazieren Sie ein Feld für Seitenzahlen. Die zweite Symboltaste mit dem aufgeschlagenen Taschenkalender fügt ein Feld für das aktuelle Tagesdatum ein und die dritte Symboltaste mit der Uhr führt zum Einfügen eines Feldes für die aktuelle Uhrzeit.

Wenn Sie den Bildschirmausschnitt zur Bearbeitung der Kopf- und/oder Fußzeilen geöffnet haben, können Sie die Seitenzahl auch über die Tastatur einfügen, indem Sie ⇧ + F10 , T drücken. Das aktuelle Datum fügen Sie durch den Tastenschlüssel ⇧ + F10 , D ein und die aktuelle Uhrzeit mit den Tasten ⇧ + F10 , Z . Wenn Sie den Befehl **ANSICHT KOPF-/FUßZEILE** in der Ansicht Druckbild aufgerufen haben, können Sie das Feld für die Seitenzahl über den Tastenschlüssel Alt + ⇧ , T abrufen, das Feld für die Uhrzeit mit Alt + ⇧ , Z und das Feld für das Datum mit Alt + ⇧ , D .

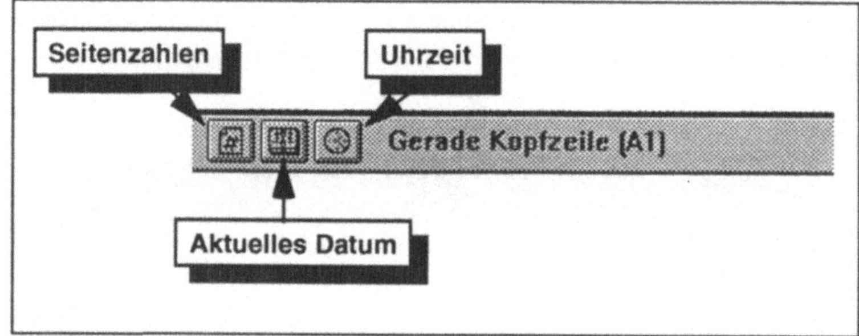

Abb.5.3.3: Symboltasten erleichtern das Erstellen von Kopf- und Fußzeilen

Die Symboltasten in der Sinnbildzeile greifen auf Makrobefehle von Word für Windows zu, die Sie über den Befehl **EXTRAS MAKRO Befehle bearbeiten** verändern können. Damit haben Sie die Möglichkeit, die Funktionen der Symboltasten in der Sinnbildzeile zu verändern. Die Makrobefehle, auf die die Symboltasten zurückgreifen, heißen

EinfügenFeldSeite
EinfügenFeldDatum und
EinfügenFeldZeit.

Wenn Sie z.B. erreichen wollen, das durch ein Anklicken der Lattenkreuz-Symboltaste Ihr Firmenlogo eingefügt wird und nicht die Seitenzahl, rufen Sie den Befehl **EXTRAS MAKRO Bearbeiten** auf und klicken Sie auf die Option **Befehle**. Markieren Sie dann den Befehl EINFÜGEN-

FELDSEITE und ändern Sie den Makrocode des Makrobefehles. Ersetzen Sie die Zeile *SUPER* EINFÜGENFELDSEITE einfach durch einen anderen Befehl (z.B. EINFÜGENGRAFIK *DATEINAME*), und speichern Sie den Makro. Wenn Sie das nächste Mal beim Bearbeiten der Kopf- und/oder Fußzeile auf die Lattenkreuz-Symboltaste klicken, wird der von Ihnen in den Makrocode integrierte Befehl ausgeführt.

Erweiterte Funktionen von Kopf- und/oder Fußzeilen

Seitenabhängige Kopf- und/oder Fußzeilen

Vor allem in der Publizistik ist es oft nötig, die Kopf- und/oder Fußzeilen der geraden Seiten unterschiedlich zu denen der ungeraden Seiten zu gestalten. Das Buch, das vor Ihnen liegt, ist ein Beispiel dafür. Wenn Sie unterschiedliche Kopf- und/oder Fußzeilen für die aufeinanderfolgenden Seiten eines Dokumentes erzeugen möchten, rufen Sie den Befehl **AN-SICHT KOPF-/FUßZEILE** auf und schalten die Option **Gerade/ungerade Seiten unterschiedlich** an. In dem Verzeichnislistenfeld **Kopf-/Fußzeile** wird jetzt ermöglicht, die geraden und ungeraden Kopf- und Fußzeilen separat zu bearbeiten.

Oft soll die erste Seite eines Dokumentes eine andere Kopf-und/oder Fußzeile erhalten als der Rest des Abschnittes (Dokumentes). Wenn Sie diesen Effekt mit Word für Windows erzielen möchten, kreuzen Sie die Option **Erste Seite anders** an. Das Verzeichnislistenfeld erweitert sich um die Möglichkeiten **Erste Kopfzeile** und **Erste Fußzeile**. Wenn Sie eine dieser Optionen auswählen, können Sie den Inhalt der Kopf- und/oder Fußzeile der ersten Seite des Abschnittes erfassen. Oft wird auf der ersten Seite gar keine Kopf- oder Fußzeile gewünscht, da es sich um ein Deck- oder Titelblatt handelt. Wenn dies in Ihrem Dokument der Fall sein soll, so kreuzen Sie die Option **Erste Seite anders** an und lassen Sie die Kopf- oder Fußzeile der ersten Seite einfach leer.

Optionen der Kopf- und/oder Fußzeilen

Wie bereits erwähnt, werden Kopf- und/oder Fußzeilen nach Abschnitten verwaltet. Sie können für jeden Abschnitt im Dokument neue Kopf- und/oder Fußzeilen festlegen, auch für die jeweils ersten Seiten des Abschnittes. In manchen Büchern finden Sie z. B. die Seitenzahlen der Einleitung oder des Vorwortes in römischen Ziffern, die der restlichen Publikation dagegen in arabischen Ziffern. Wenn dies in Ihrem Dokument der Fall sein soll, dao erzeugen einfach nach dem Vorwort einen zweiten Abschnitt und formatieren Sie die Seitenzahlen im ersten Abschnitt römisch und im zweiten Abschnitt arabisch. Das Formatieren der Seitenzahlen können Sie entweder über entsprechende Feldschalter vornehmen oder aber über die Schaltfläche **Seitenzahlen** des Befehls **ANSICHT KOPF-/FUßZEILE**. Hier können Sie u.a. das Format der Seitennumerierung für jeden Abschnitt separat bestimmen (siehe Abbildung 5.3.4), wobei es darauf ankommt, in welchem Abschnitt sich die Einfügemarke befand, als Sie den Befehl aufgerufen haben.

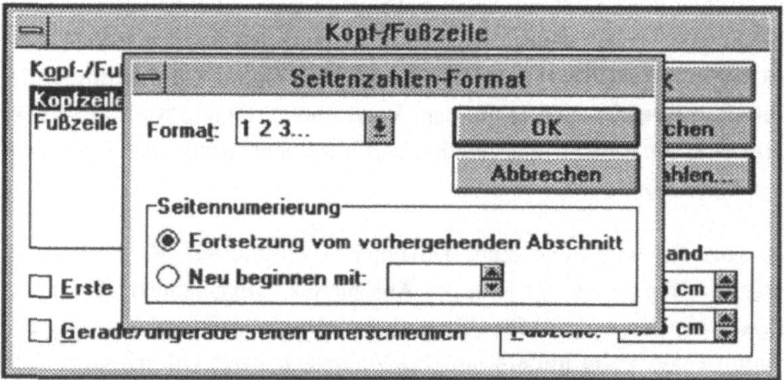

Abb.5.3.4:   Über die Schaltfläche SEITENZAHLEN erfolgt die
            Formatierung von Seitenzahlen in Kopf-/Fußzeilen

Vielleicht ist Ihnen schon einmal aufgefallen, daß in vielen Büchern die Seiten, auf denen das Vorwort und die Einleitung steht, zwar oft mitgezählt werden, aber die Seitenzahlen nicht erscheinen. Die optische Seitennumerierung beginnt beim eigentlichen Buchbeginn beispielsweise auf *Seite 13*. In Word für Windows erzielen Sie diesen Effekt, indem Sie nach dem Vorwort einen Abschnittsumbruch einfügen und die Kopf- und/oder Fußzeilen des ersten Abschnittes frei lassen. Im zweiten Abschnitt lassen Sie die Seitennumerierung über die Schaltfläche **Seitenzahlen** des Befehls **ANSICHT KOPF-/FUßZEILE** erst mit der *Zahl 13* beginnen, indem Sie in das Textfeld **Neu beginnen mit** eine *13* eintragen.

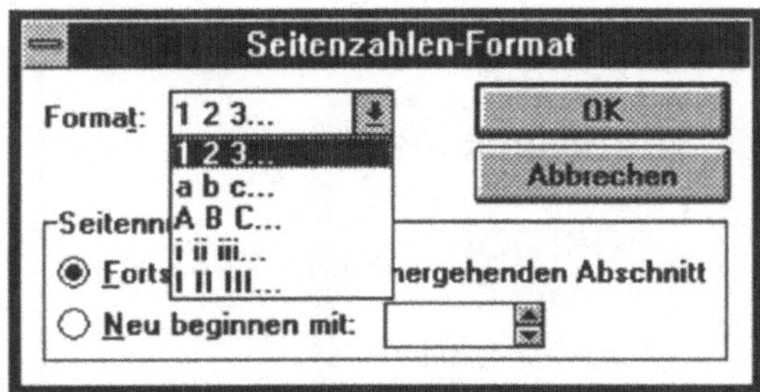

Abb.5.3.5:   Für jeden Abschnitt ist ein neues
                    Format der Seitenzahlen möglich

Positionierung von Kopf- und/oder Fußzeilen

Durch Kopf- und Fußzeilen eröffnet sich ihnen eine Vielzahl von Gestaltungsmöglichkeiten für Ihre Dokumente. Die vielfältigen Formatierungsmöglichkeiten von Kopf- und/oder Fußzeilen erlauben es beispielsweise, eine neben dem Text stehende Kopf- und/oder Fußzeile zu erzeugen (siehe Abbildung 5.3.6). Sie brauchen dazu lediglich den Absatz in der Kopf- und/oder Fußzeile mit Hilfe der neuen Funktionsleiste oder mit dem Befehl **FORMAT POSITIONSRAHMEN** neben dem Text als Marginalie zu positionieren. Wenn Sie dem Absatz einen Positionsrahmen zugeordnet haben, schließen Sie den Bildschirmausschnitt für die Bearbeitung von Kopf-/Fußzeilen und wechseln in die **ANSICHT DRUCKBILD**. Wenn Sie nun noch den Bildschirmausschnitt so verschieben, daß die Kopf-/oder Fußzeile sichtbar wird, so ist es mit der Maus eine Kleinigkeit, die Größe und Position des Rahmens so zu verändern, daß Sie eine neben dem Textkörper stehende Kopf-/Fußzeile erzeugen.

Durch die neuen Positionsrahmen können Sie die Position einer neben dem Text stehenden Kopfzeile ganz einfach mit der Maus in der ANSICHT DRUCKBILD bestimmen.

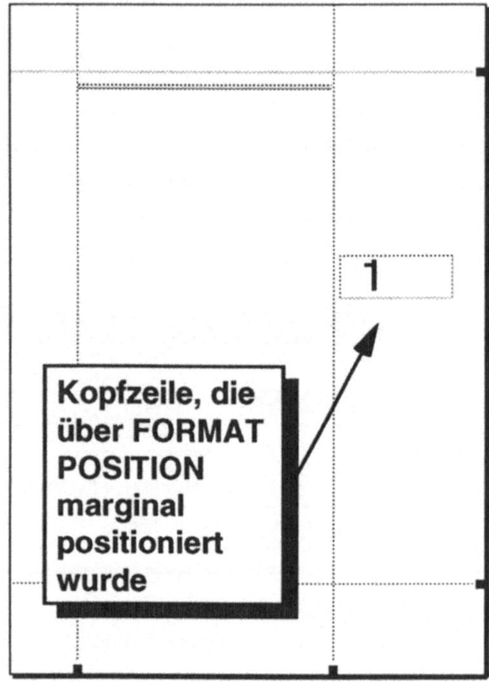

Abb.5.3.6:   Kopf- und/oder Fußzeilen können
auch neben dem Textkörper stehen

Zusammenfassung

In diesem Kapitel haben wir die **Kopf- und Fußzeilen** von Word für Windows besprochen. Sie haben gelernt, wie Sie Kopf- und/oder Fußzeilen erstellen können, und wie Sie die Inhalte formatieren können. Wir haben den Bildschirmausschnitt für Kopf- und Fußzeilen in der **ANSICHT NORMAL** und in der **ANSICHT KONZEPT** sowie die Sinnbilder dieses Ausschnittes erläutert. Abschließend haben Sie erfahren, wie Sie unterschiedliche Inhalte für Kopf- und/oder Fußzeilen auf linken und rechten Seiten eines Dokumentes festlegen können und wie Sie **Seitenzahlen** oder Grafiken in den Kopf- und/oder Fußzeilen plazieren.

Kapitel 4

 fußnoten

In diesem Kapitel lernen Sie, wie man in Word für Windows Fußnoten in
ein Dokument einfügt. Wir erklären, wie die Numerierung von Fußnoten
gesteuert wird und wie selbsterstellte Fußnotenzeichen verwendet werden können. Sie erfahren, wie Sie die Position, den Inhalt oder die Formatierung eines Fußnotenzeichens oder des Fußnotentextes ändern
können, und welche Rolle dabei Druckformate spielen. Abschließend
besprechen wir, welche Möglichkeiten man hat, um die Druckposition
von Fußnoten in einem Dokument bzw. in einzelnen Abschnitten zu
steuern.

Fußnoten in Word für Windows

Bei längeren Dokumenten ist es manchmal unvermeidlich, den Haupt-
text durch Fußnotenzeichen und Fußnotentext zu ergänzen. Entweder
fügt man Fußnote mit einer zusätzlichen Erläuterung ein, um den Lese-
fluß nicht zu unterbrechen oder aber man gibt Hinweise auf Zitat-Quel-
len. Vor allem im wissenschaftlichen Bereich sind Fußnoten unverzicht-
bar. Wer Diplomarbeiten mit der Schreibmaschine geschrieben hat, weiß,
wie mühselig es ist, den notwendigen Platz am unteren Seitenrand für
den Fußnotentext zu errechnen oder aber die Walze zu verdrehen, damit
das Fußnotenzeichen hochgestellt werden kann.

Mit Word für Windows ist es sehr einfach, die Verwaltung von Fußnoten
dem PC zu überlassen. Sie fügen einfach nur ein Fußnotenzeichen mit
dem Befehl **EINFÜGEN FUßNOTE** in Ihren Text ein, und Word für
Windows öffnet ein Fenster, in dem Sie den Text der Fußnote erfassen
können. Die Numerierung und die Seitenrandberechnung mit dem für die
Fußnotentexte benötigten Raum übernimmt Word für Windows für Sie.

Fußnoten setzen sich zusammen aus einem hochgestellten Fußnotenzeichen im Text (meistens eine Zahl) und dem Fußnotentext, der entweder
unten auf der Seite oder am Ende des Kapitels (Abschnitts) bzw. des
gesamten Dokumentes positioniert werden kann. In der Regel sind Fußnotenzeichen und -text kleiner als der "normale" Text formatiert. Fußno-

ten können in Word für Windows jedoch in der Formatierung genauso geändert werden wie jeder andere Text auch.

Fußnoten-Druckformate

Die Standardformatierung von Fußnoten können Sie ändern, indem Sie einfach das Druckformat des Fußnotenzeichens oder des Fußnotentextes über den Befehl **FORMAT DRUCKFORMAT** verändern und spezifisch für eine Dokumentvorlage oder aber **Global** für die Standard-Dokumentvorlage NORMAL.DOT speichern.

Die Möglichkeiten zur Definition von Druckformaten und damit von Fußnoten sind in Version 2.0 vielfältiger geworden.

Abb.5.4.1: Das Standard-Druckformat von
Fußnoten kann verändert werden

Rufen Sie dazu einfach den Befehl **FORMAT DRUCKFORMATE** auf, und markieren Sie in dem Listenfeld **Druckformatname** das Druckformat **Fußnotentext** oder **Fußnotenreferenz** (siehe Abbildung 5.4.1), und nehmen Sie über die Schaltflächen **Zeichen**, **Absatz**, **Rahmen**, **Positionsrahmen**, **Sprache** oder **Tabulatoren** Ihre Änderungen vor.

Einfügen von Fußnoten

Um eine Fußnote zu erstellen, bewegen Sie die Einfügemarke an die gewünschte Stelle im Text und rufen einfach den Befehl **EINFÜGEN FUßNOTE** auf (Alt + E , F). In der Dialogbox (siehe Abbildung 5.4.2) können Sie über die Schaltfläche **Optionen** individuelle Einstellungen für die Fußnoten vornehmen oder auch einfach mit **OK** bestätigen, wenn Sie die Standardeinstellung für Fußnoten von Word für Windows beibehalten wollen.

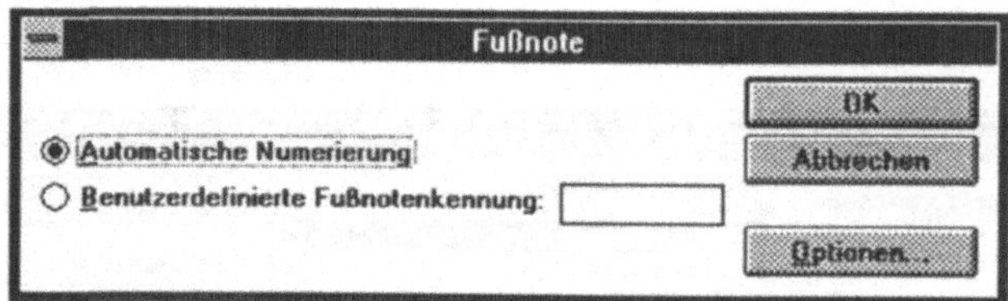

Abb.5.4.2:   Die Dialogbox zum Einfügen von Fußnoten

Word für Windows numeriert normalerweise die Fußnoten automatisch durch. Die automatische Numerierung hat den Vorteil, daß Sie eine Text-Passage, die Fußnotenzeichen enthält, jederzeit an eine andere Stelle des Dokumentes verschieben können, ohne daß die Numerierung der Fußnoten durcheinander gerät. Word für Windows aktualisiert nämlich automatisch die Bezifferung aller Fußnoten und sorgt für die korrekte Numerierung. Wenn Sie allerdings ein individuelles Zeichen für die Fußnote gewählt haben (z.B. einen *), werden diese Fußnotenzeichen von Word für Windows bei der automatischen Numerierung nicht berücksichtigt. Wenn Sie also den Vorteil der automatischen Aktualisierung von Fußnotenziffern nicht missen möchten, belassen Sie es bei der Standard-Vorgabe, in dem Sie die Dialogbox einfach mit **OK** bestätigen, d.h. die Option **Automatische Numerierung** angekreuzt lassen. Möchten Sie als Fußnotenzeichen ein eigenes Zeichen oder ein eigene Numerierungsart verwenden, so klicken Sie auf die Option **Benutzerdefinierte Fußnotenkennung** und tragen Sie in das Textfeld Ihr individuelles Fußnotenzeichen ein.

Variationen der Fußnoten-Trennlinie

Zwischen dem normalen Textkörper und dem Fußnotentext, der sich im Normalfall unten auf der Seite des Fußnotenzeichens befindet, zieht Word für Windows im Standardfall eine Trennlinie, damit der Fußnotentext besser vom normalen Textkörper abgehoben wird. Word für Windows zieht automatisch eine durchgehende Linie von 5 cm Länge zwischen Textkörper und Fußnotentext. Über die Schaltfläche **Optionen** in der Dialogbox des Befehls **EINFÜGEN FUßNOTE** haben Sie die Möglichkeit, diese Trennlinie zu verändern (siehe Abbildung 5.4.3). In dem Ausschnitt, der sich nach dem Klicken auf die Schaltfläche **Trennlinie** öffnet, können Sie beliebige Zeichen und auch Grafiken verwenden, um den Fußnotentext vom Textkörper der Seite abzutrennen. Wenn Sie auf die Schaltfläche **Standardvorgabe** des Fensterausschnittes klicken, werden alle individuell eingetragenen Zeichen oder Grafiken gelöscht und durch den Vorgabewert der 5 cm langen Linie ersetzt.

Auch Grafiken lassen sich verwenden, um Fußnotentext vom Textkörper der Seite abzutrennen.

Wenn Sie auf einer Seite ein Fußnote erstellen, errechnet Word für Windows vom unteren Seitenrand ausgehend den Bereich, der für den Fußnotentext benötigt wird. Dieser Bereich wird mit jeder eingefügten Fußnote automatisch vergrößert. Stößt der obere Rand des Bereiches für den Fußnotentext an ein Fußnotenzeichen, wird der Fußnotentextbereich nicht mehr weiter vergrößert, sondern der Fußnotentext, der nicht mehr auf die Seite paßt, wird auf die nächste Seite verschoben. Der Text der Fußnote wird also auf zwei Seiten verteilt. Damit man solche Fußnotenumbrüche von normalen Fußnotenbereichen unterscheiden kann, gibt es in Word für Windows eine sogenannte Fortsetzungstrennlinie auf der nächsten Seite. Die Fortsetzungstrennlinie kann sich von der normalen Trennlinie unterscheiden. Die Schaltfläche **Fortsetzungstrennlinie** öffnet einen Ausschnitt, in dem Sie die Fortsetzungstrennlinie genauso bearbeiten können wie die normale Fußnotentrennlinie. Die Vorgabe für eine Fortsetzungstrennlinie ist eine ca. 10 cm lange durchgehende Linie.

Sie können als Fortsetzungshinweis ein Seitenfeld mit einem erhöhten Zähler plazieren, wie z.B. Fortsetzung auf Seite {={SEITE}+1}.

Für den Fall, daß Sie auf die Aufteilung eines Fußnotentextes noch besonders hinweisen möchten, können Sie auf die Schaltfläche **Fortsetzungshinweis** klicken. In diesem Fensterausschnitt kann ein Hinweistext erfaßt werden, der am Ende des Fußnotentextbereiches gedruckt wird und im Falle von getrennten Fußnotentextbereichen immer automatisch erscheint. Wenn Sie hier einen Seitenverweis auf die nächste Seite geben möchten, plazieren Sie ein Feld, das zu der aktuellen Seite die Zahl 1 addiert (auf *Seite 1 würde also z.B. stehen: Fortsetzung siehe Seite 2*). Der Hinweis mit dem Feld könnte lauten: *Fortsetzung siehe {={SEITE}+1}*.

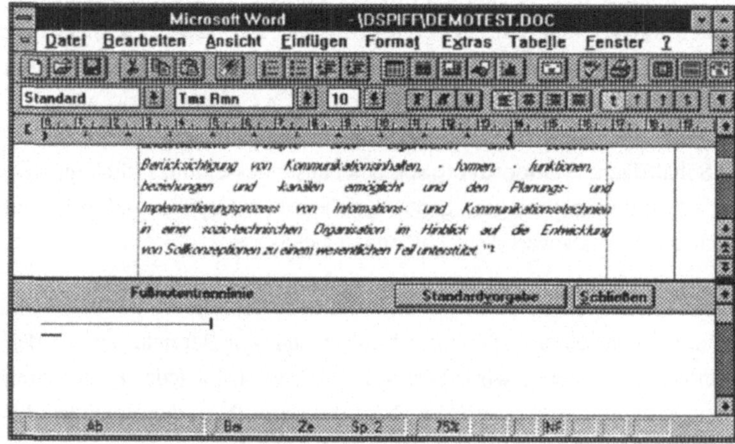

Abb.5.4.3:   Für das Bearbeiten der Fußnoten-Trennlinie
             öffnet sich ein eigener Ausschnitt

Der Fußnotenausschnitt

Sofern Sie nicht in der **ANSICHT DRUCKBILD** arbeiten, öffnet Word für Windows beim Einfügen einer Fußnote einen eigenen Fensterausschnitt, in dem der Fußnotentext bearbeitet werden kann (siehe Abbildung 5.4.4). In der **ANSICHT DRUCKBILD** springt die Einfügemarke dagegen direkt an den unteren Seitenrand zu der Stelle, an der die Fußnoten auch im Ausdruck erscheinen.

Sofern Sie nicht in der **ANSICHT DRUCKBILD** arbeiten, öffnet sich wie gesagt ein Fensterausschnitt, in dem Sie den Fußnotentext erfassen und bearbeiten können. In diesem Fenster können Sie Text und Grafik genauso bearbeiten wie im eigentlichen Dokumentfenster. Sobald Sie mit dem Erstellen der Fußnote fertig sind, können Sie den Textbereich weiter bearbeiten, indem Sie einfach die Einfügemarke mit der Maus im Textbereich positionieren oder die Funktionstaste F6 drücken. Der Fensterausschnitt für den Fußnotentext bleibt dann allerdings geöffnet.

Um den Fußnotenausschnitt zu schließen, haben Sie verschiedene Möglichkeiten. Entweder führen Sie einen Doppelklick auf dem Fußnotenzeichen vor dem Fußnotentext oder aber auf dem Bildschirmteilerbereich in der Bildlaufleiste oberhalb des Pfeilsymbols aus (siehe Abbildung 5.4.4). Wenn Sie an dieser Stelle die linke Maustaste drücken und festhalten, läßt sich der Fußnotenausschnitt im übrigen durch Ziehen der Maus vergrößern oder verkleinern.

Der Textkörper im oberen Ausschnitt und der Fußnotentextbereich im unteren Ausschnitt rollen synchron, d.h. Sie sehen im Fußnotenausschnitt immer den Fußnotentext derjenigen Fußnote, deren Fußnotenzeichen im oberen Ausschnitt zu sehen ist.

Mit dem Doppelklick können Sie nur arbeiten, wenn Sie mit der automatischen Numerierung von Fußnoten arbeiten.

Abb.5.4.4:   Der Fußnotenausschnitt kann mit der Maus
             besonders schnell geschlossen werden

Während Sie sich in der **ANSICHT DRUCKBILD** lediglich an den unteren Seitenrand bewegen müssen, um den Fußnotentextbereich bearbeiten zu

können, ist der Fußnotentextbereich in den anderen Ansichten zunächst von der Bearbeitung ausgeschlossen. Um den Ausschnitt für die Bearbeitung des Fußnotentextes wieder zu öffnen, müssen Sie auf dem Fußnotenzeichen einen Doppelklick mit der linken Maustaste ausführen. Ein zweiter - sehr eleganter - Weg besteht darin, den Bildschirm über den Bildschirmteiler in der Bildlaufleiste zu splitten. Allerdings müssen Sie dabei die ⇧-Taste drücken, da Sie sonst nur ein normales Splitten des Bildschirmes für einen zweiten Dokumentausschnitt bewirken.

Arbeiten mit Fußnoten

Fußnoten können innerhalb des Dokumentes beliebig kopiert, verschoben und gelöscht werden. Hierbei arbeitet Word für Windows allerdings so, daß nicht der Fußnotentext bearbeitet wird, sondern das jeweilige Fußnotenzeichen. Wenn Sie eine Fußnote also von *Seite 1* auf *Seite 10* kopieren wollen, genügt es, wenn Sie das Fußnotenzeichen im Text markieren und dieses Zeichen wie ein beliebiges anderes Zeichen auf die *Seite 10* kopieren oder verschieben. Auch das Löschen einer Fußnote erfolgt stets dadurch, daß Sie das Fußnotenzeichen löschen. Für das Aktualisieren der automatischen Fußnotennumerierung reicht es nicht aus, wenn Sie nur den Fußnotentext löschen, Sie müssen mit der Funktionstaste F9 einmal alle Felder des Dokumentes aktualisieren.

Position von Fußnoten

Die Druckposition von
Fußnoten wird in Ver-
sion 2.0 über die OP-
TIONEN des Befehls
EINFÜGEN FUßNOTE
bestimmt.

Die Position von Fußnoten ist in Word für Windows variabel. Fußnoten können entweder am unteren Seitenrand, am Ende eines Kapitels, am Ende eines Dokumentes oder direkt unter dem Text positioniert werden. Sie bestimmen die Position von Fußnoten allerdings nicht individuell für jede Seite, sondern immer für ein ganzes Dokument. Während die Position von Fußnoten in Version 1.1 über den Befehl **FORMAT DOKUMENT Fußnoten:Druckposition** bestimmt wurde, können Sie in Version 2.0 die Druckposition nun direkt in den **Optionen** des Befehls **EINFÜGEN FUßNOTE** festlegen (siehe Abbildung 5.4.5).

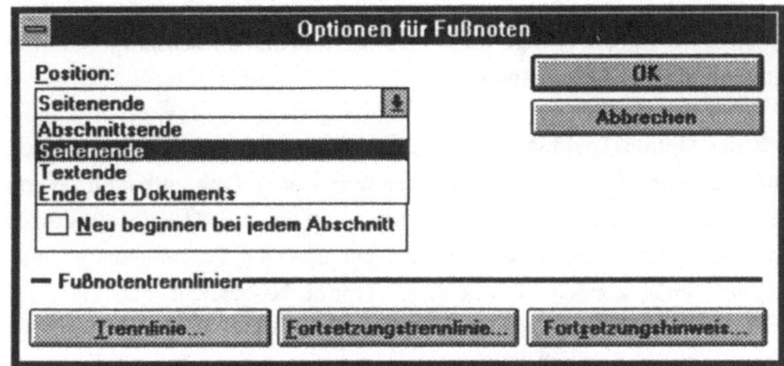

Abb.5.4.5: Die Position von Fußnoten wird in Version 2.0 in den
OPTIONEN des Befehls EINFÜGEN FUßNOTE bestimmt

In der Standardeinstellung positioniert Word für Windows den Fußnotentext am unteren Ende der Seite, auf der das Fußnotenzeichen steht.
Wenn Sie als Druckposition die Option **Seitenende** bestimmen, wird der
Fußnotentext auf derselben Seite am unteren Seitenrand positioniert,
wobei der benötigte Raum sich vom unteren Seitenrand aus bis an den
Textkörper erweitert. Die Erweiterung des benötigten Raumes nach oben
erfolgt solange, bis im Textkörper ein Fußnotenzeichen erreicht wird. Ist
das der Fall, wird der Fußnotentext auf der nächsten Seite im Fußnotentextbereich fortgesetzt.

Mit der Option **Abschnittsende** bestimmen Sie, daß Fußnoten am Ende
eines Abschnittes, den Sie mit dem Befehl **EINFÜGEN UMBRUCH Abschnittsumbruch** eingefügt haben, gedruckt werden. Diese Option
empfiehlt sich vor allem dann, wenn Sie mit Kapiteln arbeiten, die Sie in
Word für Windows mit Hilfe von Abschnitten verwalten. Fußnoten werden dann immer direkt unter das Ende des Textkörpers eines Abschnittes
gedruckt. Die automatische Numerierung erfolgt abschnittsweise, sofern
Sie die Option **Neu beginnen bei jedem Abschnitt** in den **Optionen** des
Befehls **EINFÜGEN FUßNOTE** angekreuzt haben.

Mit der Option **Ende des Dokuments** legen Sie fest, daß Fußnoten
durchgängig über das gesamte Dokument hinweg durchnumeriert werden, sofern Sie mit der automatischen Numerierung arbeiten. Der Aus-

druck der Fußnoten erfolgt direkt im Anschluß an den Textkörper auf der letzten Seite des Dokumentes.

Mit der Option **Textende** sind Sie schließlich für den Fall gewappnet, daß die Seiten Ihres Dokumentes nur sehr wenig Text enthalten. Wenn der Freiraum nach dem Textkörper sehr groß ist und deshalb ein großer Zwischenraum zwischen dem Textkörper und den Fußnotentexten entstehen würde, können Sie mit dieser Option bestimmen, daß die Fußnotentextbereiche auf jeder Seite direkt an die letzte Zeile des Textkörpers anschließen (durch eine evtl. von Ihnen definierte Trennlinie abgesetzt).

Numerierung von Fußnoten

Die Steuerung der Fuß-notennumerierung erfolgt in Version 2.0 in den OPTIONEN des Befehls EINFÜGEN FUßNOTE.

Während die Steuerung der Fußnotennumerierung in Version 1.1 über den Befehl **FORMAT DOKUMENT** erfolgte, ist diese in Version 2.0 aus Gründen der höheren Übersichtlichkeit in die **Optionen** des Befehls **EINFÜGEN FUßNOTE** verlegt worden. Mit den Optionen und Textfeldern der Optionsgruppe **Numerierung** können Sie bestimmen, mit welcher Zahl die automatische Fußnotennumerierung beginnen soll. Gerade besonders lange Dokumente wie z.B. Diplomarbeiten oder Dissertationen, in denen viele Abbildungen vorhanden sind, werden auf Computern mit geringerer Rechenleistung meistens auf verschiedene Dateien aufgeteilt. Damit die automatische Fußnotennumerierung über die verschiedenen Dateien hinweg in einer durchgehenden Numerierung erfolgt, können Sie mit der Option **Beginnen mit** festlegen, mit welcher Zahl die Fußnotennumerierung beginnen soll. Wenn also z.B. in *Datei 4* Ihrer Abhandlung die letzte Fußnotenziffer die *267* ist, tragen Sie in das Textfeld **Beginnen mit** der nachfolgenden *Datei 5* die *268* ein.

Haben Sie in einem Dokument mit verschiedenen Abschnitten gearbeitet, so können Sie durch ein Ankreuzen der Option **Neu beginnen mit jedem Abschnitt** bewirken, daß die automatische Fußnotennumerierung in jedem Abschnitt von vorne beginnt. Beachten Sie aber, daß die Fußnotennumerierung in jedem Abschnitt mit der Zahl startet, die in das Textfeld **Beginnen mit** eingetragen wurde.

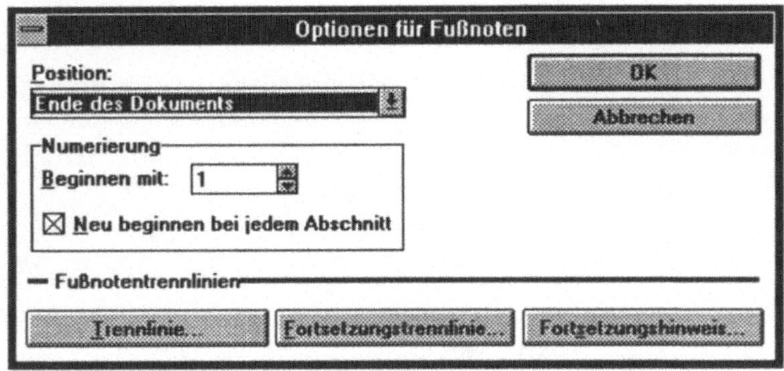

Abb.5.4.6: Die Steuerung der Fußnotennumerierung erfolgt in
Version 2.0 in den OPTIONEN des Befehls EINFÜGEN
FUßNOTE

Zusammenfassung

In diesem Kapitel haben Sie gelernt, wie man in Word für Windows **Fußnoten** in ein Dokument einfügt. Wir haben erklärt, wie die Numerierung von Fußnoten gesteuert wird, und wie **selbsterstellte Fußnotenzeichen** verwendet werden können. Sie haben erfahren, wie Sie die Position, den Inhalt oder die Formatierung eines Fußnotenzeichens oder des Fußnotentextes ändern können, und welche Rolle dabei Druckformate spielen. Abschließend wurde besprochen, welche Möglichkeiten man hat, um die Druckposition in einem Dokument bzw. einzelnen Abschnitten zu steuern.

formatierung von rahmen und positionsrahmen

In diesem Kapitel zeigen wir Ihnen, wie Sie Absätze, Tabellen, Grafiken und andere Elemente in einem Word für Windows-Dokument umrahmen und schattieren können. In diesem Zusammenhang erläutern wir auch, was es in Word für Windows mit Positionsrahmen auf sich hat und welche Möglichkeiten Sie haben, um Absätze, Tabellen oder Grafiken auf einer Seite fest zu positionieren. Wir zeigen ihnen, wie Sie fest positionierte Objekte mit der Maus verschieben können, und wie Sie die Positionen von Objekten mit den Einstellungsmöglichkeiten des Befehls **FORMAT POSITIONSRAHMEN** bestimmen können.

Absatzrahmen und Schattierungen

Anders als in Vorgängerversionen kann ab der Version 2.0 von Word für Windows ein Absatz geradezu beliebig umrahmt und schattiert werden. Während Sie in Version 1.x lediglich auswählen konnten, ob ein Kasten oder eine Linie links oder oben bzw. unten den Absatz verziert, können Sie jetzt sehr viel individueller arbeiten. In der Dialogbox des Befehls **FORMAT RAHMEN** (siehe Abbildung 5.5.1) finden Sie eine Vielzahl an Auswahlmöglichkeiten.

Ab der Version 2.0 haben Sie sehr viel mehr Formatierungsmöglichkeiten bzgl. Absatzrahmen und Schattierungen

Wenn Sie nur eine einzelne Linie erzeugen möchten, können Sie in dem Feld RAHMEN die jeweilige Linie anklicken und dann eine Formatierung vornehmen.

Das Erstellen eines Rahmens ist denkbar einfach. Um zum Beispiel einen Absatz zu umrahmen, müssen Sie diesen zunächst markieren und dann den Befehl **FORMAT RAHMEN** aufrufen. In der Dialogbox dieses Befehles finden Sie links oben das Optionsfeld **Rahmen**, in dem Ihnen die Auswirkung aller Befehle, die Sie ausführen, angezeigt wird. Hier können Sie die Linie oben, unten, recht oder links auch einzeln anklicken, wenn Sie nur eine einzelne Linie erzeugen bzw. formatieren möchten. In dem Auswahlfeld **Linie** können Sie die Art der Linie sowie die Strichstärke bestimmen, und zwar für jede Linie separat, sofern Sie diese im Optionsfeld **RAHMEN** gerade angeklickt haben. Wollen Sie dem Absatz einen Gesamtrahmen zuweisen, klicken Sie ganz unten links auf die Option **Kasten**. Die daneben stehende Option **Schattiert** zeichnet einen leichten Schatteneffekt. Mit der Option **Farbe** können Sie die Farbgebung des Rahmens bzw. der einzelnen Rahmenseiten beeinflussen.

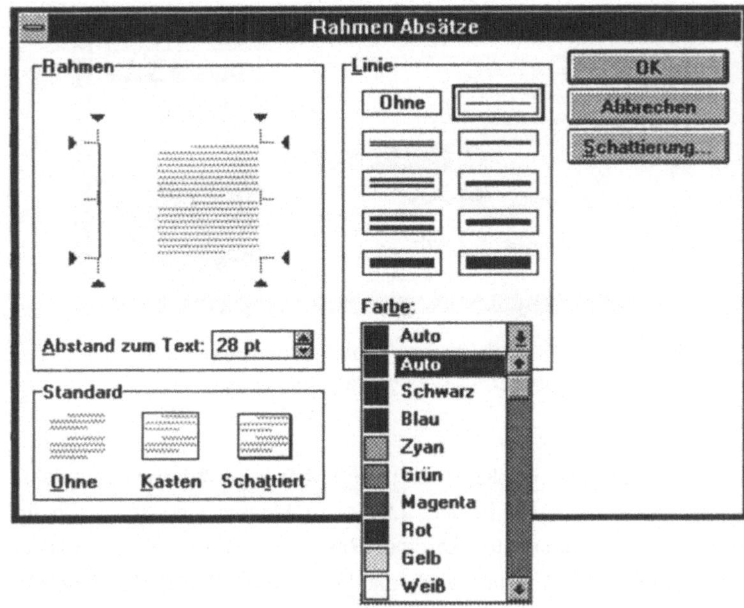

Abb. 5.5.1: Die Dialogbox zum Umrahmen von Absätzen

Wenn Sie mehrere Seiten eines Rahmens bearbeiten wollen, stellt sich im Auswahlfeld **Rahmen** das Problem, daß das Markieren einer Seite die vorherige Markierung des Gesamtrahmens auflöst. Sie können den Gesamtrahmen reaktivieren, indem Sie die Taste ⇧ gedrückt halten und dann mit der linken Maustaste klicken.

Schattieren eines Absatzes

Anders als das oben beschriebene Schattieren des Rahmens meint die Schattierung über die Schaltfläche **Schattierung** die Hinterlegung des Absatz-Hintergrundes mit einer Farbe und/oder einem Raster. Wenn Sie auf die Schaltfläche **Schattierung** in der Dialogbox **FORMAT RAHMEN** klicken, öffnet sich folgende Dialogbox (siehe Abbildung 5.5.2):

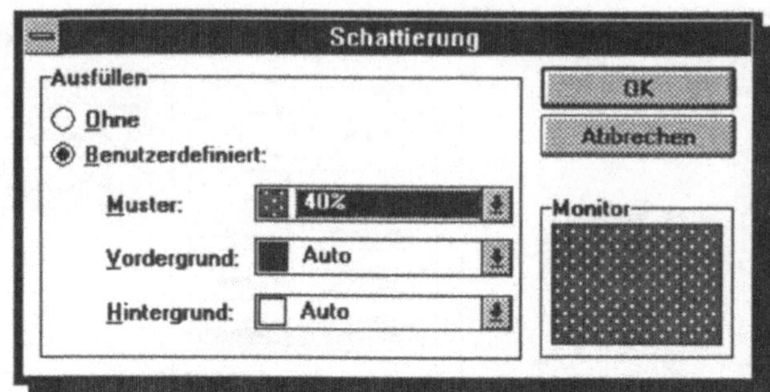

Abb. 5.5.2: Die Schattierung hinterlegt den gesamten
Absatz mit dem gewählten Muster

Sie können hier die Vordergrund- und die Hintergrundfarbe einer Schattierung bestimmen und in dem Listenfeld **Muster** eine entsprechende Rasterung oder Graustufe. Ab einer Rasterung oder Graustufe von ca. 40% sollten Sie allerdings auch die Schriftfarbe (**FORMAT ZEICHEN Farbe**) ändern (z.B. gelb oder weiß), da sich sonst eine schwarze Schrift nicht mehr von der Schattierung abhebt und damit nicht mehr oder nur schlecht lesen läßt.

Positionieren von Objekten

Wenn Sie mit einer Textverarbeitung ein Dokument erstellen, brauchen Sie sich normalerweise um die Position der einzelnen Textabschnitte keine Gedanken zu machen. Eine Überschrift steht über dem Text und eine Abbildung folgt z.B. dem fünften Absatz. Die logische Reihenfolge der einzelnen Elemente richtet sich danach, wie Sie die einzelnen Dokumentbestandteile erfaßt und eingegeben haben. Es gibt aber auch durchaus Fälle, bei denen die Position eines bestimmten Elementes feststehen soll. Aus Zeitschriften kennen Sie einen solchen Fall vielleicht durch ein graues Kästchen mitten auf der Seite, in dem ein bestimmter Begriff erklärt wird. Insbesondere in der Publizistik werden fest positionierte Absätze gern benutzt, um das Erscheinungsbild einer Seite aufzulockern.

Auch in Word für Windows haben Sie die Möglichkeit, die Position eines oder mehrerer Absätze - oder die Position von Grafiken oder Tabellen - millimetergenau festzulegen. Sie brauchen dazu lediglich die Einfügemarke in den betreffenden Absätzen zu plazieren und den Befehl **EINFÜGEN POSITIONSRAHMEN** aufzurufen. Das zuvor markierte Element erhält jetzt einen frei beweglichen, unsichtbaren Rahmen, der das Verschieben dieses Elementes mit der Maus erlaubt.

Wenn Sie sich beim Abrufen eines Positionsrahmens nicht in der **ANSICHT DRUCKBILD** befinden, so erscheint die Abfrage der nachstehenden Abbildung 5.5.3. Es empfiehlt sich, die Abfrage mit **JA** zu antworten, um alle Vorzüge der Arbeit mit Positionsrahmen auskosten zu können. In der **ANSICHT DRUCKBILD** können Sie nämlich die so formatierten Absätze und Grafiken (oder auch Tabellen) direkt im Text mit der Maus anklicken und verschieben.

Ein Positionsrahmen kann besonders einfach über die Funktionsleiste eingefügt werden.

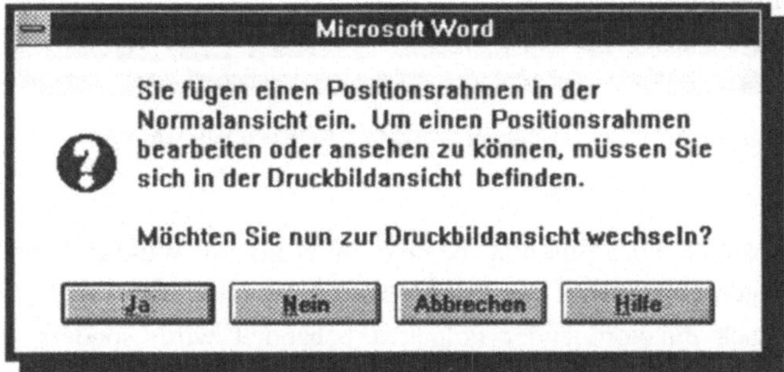

Abb. 5.5.3: Das Verschieben von positionierten Objekten mit der Maus erfolgt in der ANSICHT DRUCKBILD

Wenn Sie die Maus über den Text bewegen, werden Sie feststellen, daß der Mauszeiger an den Rändern der Bereiche, die in einen Positionsrahmen eingebunden sind, eine andere Form annimmt: ein Kreuz aus vier Pfeilen. Wenn Sie jetzt die linke Maustaste drücken, wird der gesamte Positionsrahmen angezeigt. Sie können nun mit der linken Maustaste klicken und diese gedrückt halten, um das ausgewählte Element durch Verziehen der Maus zu verschieben.

Um aber einem Positionsrahmen eine millimetergenaue Positionsanweisung zu geben, müssen Sie den Befehl **FORMAT POSITIONSRAHMEN** aufrufen (siehe Abbildung 5.5.4). Als Grundregel müssen Sie dabei wissen, daß sich die feste Positionierung immer auf einen Absatz bezieht, d.h. den gesamten aktiven Absatz betrifft.

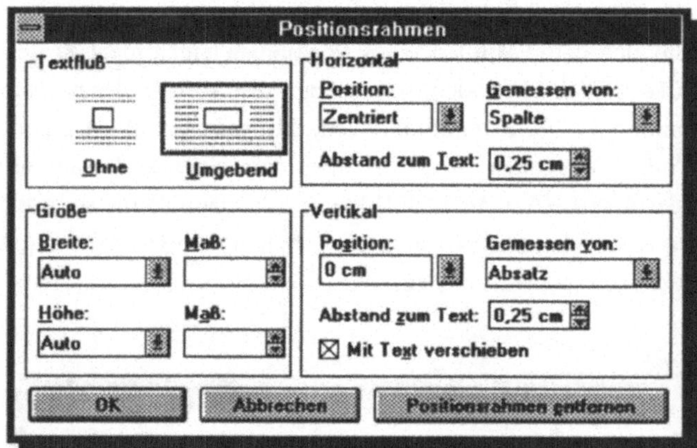

Abb.5.5.4:   Die Dialogbox FORMAT POSITIONSRAHMEN

Eine absolute Positionierung bewirkt in Word für Windows, daß das betreffende Objekt (ein Textblock, eine Grafik oder eine Tabelle) nicht als logisch einzuordnender Folgetext behandelt wird, sondern einem festen Punkt auf der Seite zugewiesen wird. Feste Positionen ändern sich auch dann nicht, wenn vor oder nach dem Text in der logischen Reihenfolge, die in der **ANSICHT KONZEPT** am deutlichsten wird, weitere Textelemente eingefügt werden. Die fest positionierten Objekte bleiben an der festgelegten Seitenposition stehen, während der übrige Text darum herumfließt.

Horizontale Ausrichtung

Wenn Sie die Einfügemarke in einem Absatz positioniert und **FORMAT POSITIONSRAHMEN** aufgerufen haben, sehen Sie in dem rechten oberen Teil der Dialogbox die Optionsgruppe **Horizontal**. Hier können Sie nun die horizontale (waagerechte) Ausrichtung sowie den Bezugspunkt der Ausrichtung festlegen. Die Liste des Verzeichnisfensters läßt sich mit ⌈Alt⌋ + ⌊↓⌋ oder mit einem Mausklick auf dem Pfeil öffnen.

Alle Optionen aus dem Verzeichnisfeld können auf einen der Bezugspunkte **Seite**, **Seitenrand** oder **Spalte** fixiert werden. Wenn Sie eine horizontale linke Ausrichtung mit dem Bezugspunkt **Seite** bestimmen, wird das betreffende Objekt linksbündig am Papierrand positioniert. Sie haben dadurch die Möglichkeit, ein Objekt fest außerhalb der Seitenränder (also als Marginalie) zu plazieren. Sollte das Objekt zu nahe am Seitenrand stehen, können Sie über den Befehl **FORMAT ABSATZ** einen entsprechenden Absatzeinzug festlegen, um den linken Rand der Abbildung etwas vom Papierrand abzurücken.

Mit dem Bezugspunkt **Seitenrand** orientiert sich das Objekt an dem Seitenrand, der von Ihnen über den Befehl **FORMAT SEITE EINRICH-TEN** festgelegt wurde. Durch die Option **Spalte** legen Sie fest, daß der Spaltenrand als Bezugspunkt benutzt wird. Diese Option ist vor allem dann interessant, wenn Sie mit dem Befehl **FORMAT SPALTEN** mehrere Spalten definiert haben. Wenn Sie beispielsweise in einem Bereich mit zwei Spalten in der linken Spalte ein Objekt linksbündig mit dem Bezugspunkt zur Spalte positionieren, wird die Grafik in dieser Spalte links ausgerichtet.

Eine Besonderheit gilt es bei der Positionierung eines Objektes mit dem Bezugspunkt **Spalte** zu beachten. Genauso wie bei Grafiken, die in einem Absatz mit einem festen Zeilenabstand eingefügt werden, unterscheidet sich auch hier die Bildschirmdarstellung vom Ausdruck, wenn die Grafik breiter ist als die Spalte. Ist eine in eine Spalte eingefügte Abbildung breiter als die Spalte, so verschwindet der in die zweite Spalte hineinragende Teil der Abbildung in der Bildschirmdarstellung (siehe Abbildung 5.5.5). Im Ausdruck wird aber nicht die Grafik vom Text überlappt, sondern genau umgekehrt, der Text der zweiten Spalte von der Abbildung in der ersten Spalte. Anders als bei der Ausrichtung der Grafik mit dem Bezugspunkt Seitenrand, wird die Textaufteilung nicht neu berechnet, sondern die Grafik wird einfach über den Text gedruckt.

Die Optionen des Auswahlfeldes **Position** sind **Rechts, Links, Zentriert** sowie **Innen** und **Außen**. Sie bestimmen nahezu analog zur Absatzausrichtung die horizontale Position eines fest positionierten Absatzes, wobei mit der Option **Links** eine linksbündige, mit der Option **Rechts** eine rechtsbündige und mit der Option **Zentriert** eine zentrierte Ausrichtung der zuvor markierten Objekte erfolgt.

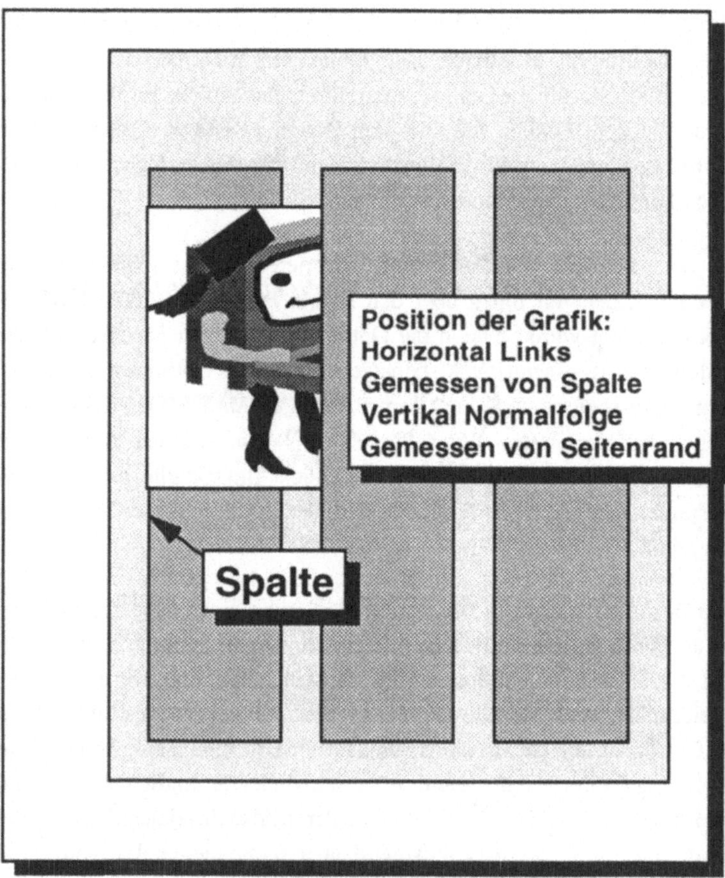

Abb.5.5.5:   Mögliche Bildschirmdarstellung mit dem Bezugspunkt Spalte

Die Optionen **Innen** und **Außen** stehen für das Arbeiten mit doppelseitigen Dokumenten (Option **Ränder spiegeln** in **FORMAT SEITE EIN-RICHTEN**) zur Verfügung. Im Normalfall sind hier die geraden Seiten linke Seiten und die ungeraden Seiten reche Seiten. Doppelseitige Dokumente besitzen damit einen inneren (auf linken Seiten der rechte und auf rechten Seiten der linke Rand) und einen äußeren Blattrand (auf linken Seiten der linke und auf rechten Seiten der rechte Rand). Das Auswählen einer dieser Optionen erspart Ihnen damit z.B. beim Arbeiten mit Marginalien im Buchsatz, darauf zu achten, ob Sie sich gerade auf einer linken oder einer rechten Seite befinden.

Eine Besonderheit der Positionsformatierung ist, daß Sie in die Verzeichnislistenfelder **Horizontal** und **Vertikal** einfach Zahlenwerte (Maßangaben) eintragen können anstatt eine der vorgeschlagenen Optionen zu markieren. Wollen Sie beispielsweise eine Grafik *7 cm* vom linken Seitenrand entfernt positionieren, geben Sie in das Textfeld **Horizontal** einfach *7 cm* ein und bestimmen unter den Optionen **Gemessen von** die Option **Seitenrand**. Auch in der vertikalen Ausrichtung können Sie millimetergenaue Positionsangaben machen.

Sie können auch einfach Zahlenwerte (z.B. 7 cm) in die Textfelder HORIZONTAL und VERTIKAL eingeben.

Vertikale Position

Wenn Sie ein Objekt horizontal positioniert haben, bleibt es trotz der Anwendung des Befehls **FORMAT POSITIONSRAHMEN** in der logischen Reihenfolge der erfaßten Textelemente und Abbildungen. Sobald Sie vor dem horizontal positionierten Element weiteren Text einfügen, wird auch das fest positionierte Objekt weiter nach unten verschoben, lediglich die horizontale Ausrichtung bleibt erhalten. Wenn Sie einen Effekt erzielen möchten, bei dem der eigentliche Text um das fest positionierte Element herumläuft, müssen Sie auch in der Vertikalen eine feste Position bestimmen. Sie können dies tun, indem Sie entweder eine der vordefinierten Optionen auswählen (siehe Abbildung 5.5.6) oder aber einen frei definierten Wert in das Textfeld eintragen.

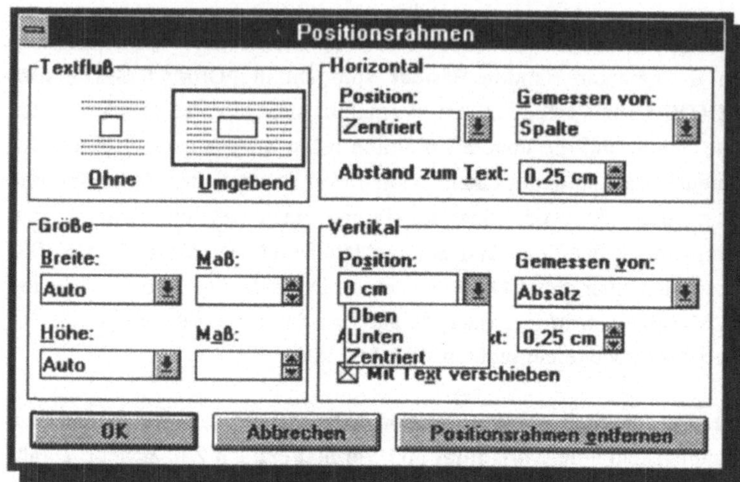

Abb.5.5.6:   Die Möglichkeiten der vertikalen Positionierung

Solange die Option **0cm** und in diesem Fall als Bezug **Absatz** ausgewählt ist, bleibt die logische Reihenfolge des markierten Objektes erhalten und das Objekt wird nach oben oder unten verschoben, wenn vor dem Element Text eingefügt oder entfernt wird. Mit den Optionen **Zentriert, Oben** und **Unten** können Sie dagegen die senkrechte Position eines Elementes auf einer Seite festlegen. Als Bezugspunkt kann entweder der im Menü **FORMAT SEITE EINRICHTEN** definierte Seitenrand oder aber der Papierrand (Seite) dienen. Auch in dieses Textfeld können Sie freie Werte (Maßangaben) eintragen. Wenn z.B. eine Adresse *5 cm* vom oberen Papierrand entfernt sein soll, müßten Sie hier *5 cm* eintragen und als Bezugspunkt die Option **Gemessen von Seite** auswählen.

Wenn eine Grafik von Text umflossen werden soll, so fällt dem Feld **Breite** in der Dialogbox **FORMAT POSITIONSRAHMEN** eine hohe Bedeutung zu. In Abbildung 5.5.7 sehen Sie eine Grafik, die zentriert in der Mitte der Seite positioniert ist und etwa *5 cm x 5 cm* groß ist. Wenn Sie erreichen wollen, daß der Text um die Grafik herumfließt, sollten Sie in das Auswahlfeld **Breite** die Option **Genau** anklicken und daneben unter **Maß** einen Wert eingeben, der sich an der tatsächlichen Breite der Grafik orientiert. Wenn Sie den Standardvorgabewert **Auto** beibehalten, wird als Absatzbreite die benötigte Breite genommen und das kann durchaus auch die gesamte Spalte (bei einzeiligem Text die Breite des Seitenrandes) sein. Das wiederum würde dazu führen, daß der Bereich links und rechts der Abbildung nicht von Text in Anspruch genommen werden kann. Den Abstand, den der Text zur Grafik einhalten soll, können Sie in den Feldern **Abstand vom Text** der beiden Optionsgruppen **Vertikal** und **Horizontal** festlegen. Word für Windows vergrößert dabei den Abstand des Bildes von einem imaginären Rahmen, der um die Abbildung (den Absatz) läuft und stellt als Vorgabewert automatisch *0,25 cm* ein.

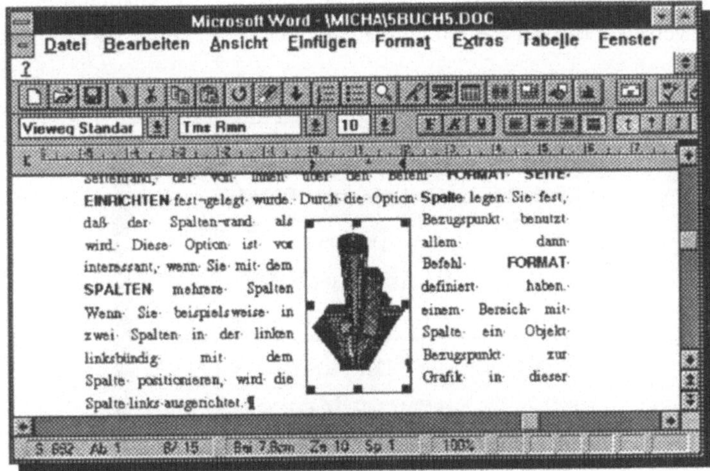

Abb.5.5.7: Durch eine feste Positionierung kann Text von Grafik umflossen werden

Die tatsächliche Positionierung können Sie am Bildschirm nur dann sehen, wenn Sie in der **ANSICHT DRUCKBILD** bzw. in der **DATEI SEITENANSICHT** arbeiten. In den anderen Ansichten sehen Sie lediglich die logische Position des Elementes in der Abfolge der verschiedenen Absätze, die Sie in Ihrem Dokument erfaßt haben. Eine weitere Möglichkeit, den Textfluß zu beeinflussen, bietet, wie schon der Name vermuten läßt, das Auswahlfeld **Textfluß** links oben in der Dialogbox. Hier können Sie den Bereich links und rechts des Rahmens freigeben oder sperren, in dem Sie entsprechend **Umgebend** oder **Ohne** anklicken.

Seit der Version 2.0 kann man positionierten Text mit der Maus in der AN-SICHT DRUCKBILD verschieben.

Positionieren mit der Maus

Seit der Version 2.0 kann man positionierten Text auch mit der Maus direkt in der editierfähigen Ansicht Druckbild verschieben. Mit dem Befehl **ANSICHT DRUCKBILD** können Sie diesen Bildschirmmodus einschalten. Wenn Sie die Maus über den positionierten Bereich führen, sehen Sie, wie der Mauszeiger sich in ein Kreuz aus vier kleinen Pfeilen verwandelt. Klicken Sie nun mit der linken Maustaste in diesen Bereich, halten Sie sie gedrückt und verschieben Sie den Postitionsrahmen. Alternativ dazu können Sie auch erst in den Rahmen hineinklicken, bis er als Rahmen dargestellt und mit den kleinen schwarzen sogenannten Anfassern versehen ist (siehe Abbildung 5.5.8).

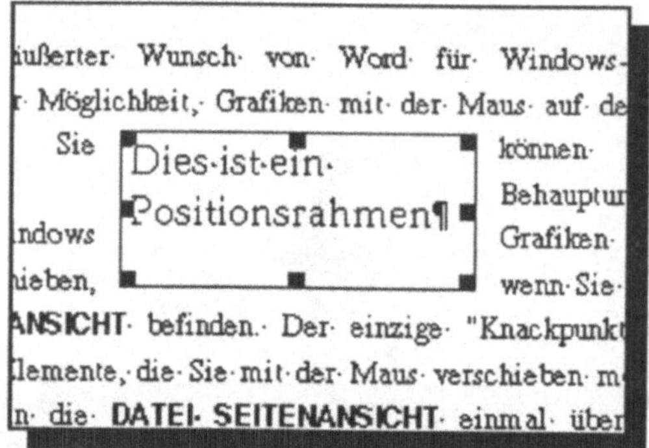

Abb. 5.5.8: Der Rahmen "zum Anfassen"

Bewegen Sie nun die Maus auf den Rahmen, so ändert sich die Mauszeigerform in ein Pfeil-Kreuz und Sie können den ganzen Rahmen verschieben. Zielen Sie hingegen auf einer der schwarzen Anfasser, wird ein Doppelpfeil aus dem Mauszeiger, der Ihnen das Vergrößern und Verkleinern von Positionsrahmen ermöglicht.

Einfügen von leeren Positionsrahmen

Es kann nicht nur nachträglich ein Positionsrahmen für einen schon bestehenden Absatz, eine Grafik oder Tabelle vergeben werden. Sie können auch einen leeren Rahmen einfügen und ihn später mit Inhalten füllen. Schalten Sie dazu am besten zuerst in die **ANSICHT DRUCK-BILD**. Wählen Sie dann den Befehl **EINFÜGEN POSITIONSRAHMEN** oder klicken Sie auf das entsprechende Symbol in der Funktionsleiste. Der Mauszeiger wird nun zu einem kleinen Kreuz, mit dem Sie an beliebiger Stelle einen Rahmen in der gewünschten Größe aufziehen können. Sobald Sie die linke Maustaste loslassen, springt die Einfügemarke in das Innere dieses neuen Rahmens und Sie können daran gehen, denselben inhaltsschwer zu beladen.

Zusammenfassung

In diesem Kapitel haben wir besprochen, welche Möglichkeiten Sie in Word für Windows haben, um **Absätze, Tabellen** oder **Grafiken zu umrahmen und mit Schattierungen zu hinterlegen und auf einer Seite fest zu positionieren**. Wir haben demonstriert, wie Sie fest positionierte Objekte in der gezoomten **ANSICHT DRUCKBILD** mit der Maus verschieben können und wie Sie die Positionen von Objekten mit den Einstellungsmöglichkeiten des Befehls **FORMAT POSITIONSRAHMEN** bestimmen können.

grafiken und
tabellen

Kapitel 6

In diesem Kapitel führen wir Sie in das Arbeiten mit Grafiken und Abbildungen sowie in die Tabellentechnik von Word für Windows ein. Dabei besprechen wir insbesondere das Zusammenspiel zwischen der Tabellenkalkulation Excel und Word für Windows. Wir erklären, wie Sie Daten zwischen diesen beiden Programmen austauschen können und gehen dabei insbesondere auf den automatisierten Datenaustausch mit OLE und DDE ein.

Grafiken, Diagramme und Abbildungen

Grafiken können in Version 2.0 auch als Objekte aus einem OLE-Programm eingefügt werden.

Eines der interessantesten Merkmale von Word für Windows ist die WYSIWYG-Bearbeitung von Grafiken in Textdokumenten. Sie können in Word für Windows Text und Bilder in einer Datei zusammen bearbeiten bzw. speichern, die Größe von Abbildungen verändern und Rahmen um Abbildungen legen. Alles zusammen läßt sich dann in einem Word für Windows-Dokument ausdrucken. Abbildungen und Diagramme lassen sich aus der Windows Zwischenablage einfügen oder aber als Datei über die Befehle **EINFÜGEN GRAFIK** bzw. **EINFÜGEN OBJEKT** in ein Dokument integrieren. Die Arbeitsweise dieser Befehle entspricht prinzipiell dem Vorgehen beim Einfügen eines Feldes, allerdings greift Word für Windows beim Einfügen von Grafiken auf sogenannte Grafikformatfilter zurück, um die Abbildungen für die Bildschirmanzeige darstellbar zu machen.

Word für Windows wird mit Grafikformatfiltern für gescannte Vorlagen (Tiff-Dateiformat), Lotus-Pic-Dateien (1-2-3 Graphics), HPGL-Dateien, Computer Graphics Metafile (CGM), AutoCAD Format 2-D, AutoCAD Plot File, PC-Paintbrush, DrawPerfect, Micrografx Designer/Draw, Encapsulated DrawPerfect und Windows Metafile ausgeliefert. Mit dem PCX-Filter sind farbige Paintbrush-Dateien importierbar. Der Grafikfilter für Dateien im HPGL-Format ist noch einmal verbessert worden, so daß Sie problemlos Grafikdateien einlesen können, die größer als 64 KB sind (siehe Abbildung 5.6.1).

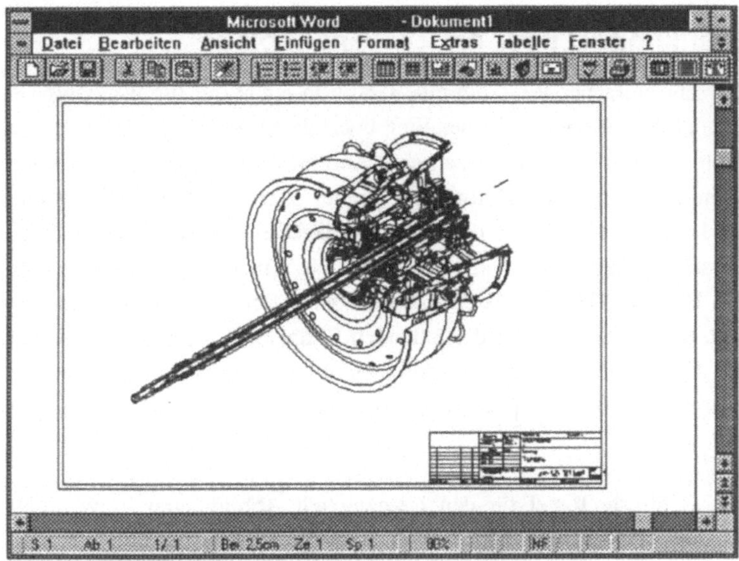

Abb. 5.6.1: Grafik-Dateien mit einer Dateigröße über
64 KB wie z.B. CAD-PLOTS können über
EINFÜGEN GRAFIK eingelesen werden

Über den dynamischen Datenaustausch von Windows lassen sich Abbildungen mit einer Word für Windows-Datei fest verknüpfen, d.h. Sie als Anwender erhalten in Ihrem Text-Dokument immer die aktuelle Ansicht eines Diagrammes oder einer Abbildung, die ein Kollege mit einem Grafik- oder Tabellenkalkulations-Programm erstellt. Genug Speicher vorausgesetzt (2 MB empfohlen, wenn mehrere Programme gleichzeitig geöffnet sind), läßt sich über eine doppelte DDE-Verknüpfung z.B. das Erscheinungsbild eines Excel-Diagrammes, das in Word für Windows importiert wurde, direkt von Word für Windows aus verändern, ohne daß man Word für Windows verlassen muß. Absätze, Bilder und Tabellen können frei und auf zehntel Millimeter genau auf der Seite positioniert werden - Fließtext um Grafiken oder andere fest positionierte Absätze ist ebenfalls möglich.

Grafikimport über die Zwischenablage

Ein sehr einfacher Weg, um eine Grafik in ein Word für Windows-Dokument zu integrieren, ist der Weg über die Windows-Zwischenablage. Stellen Sie sich vor, Sie haben eine Abbildung in einem Windows Zeichenprogramm (z.B. Paintbrush, Designer oder Arts & Letters) erstellt. Sie kopieren diese über den Befehl **BEARBEITEN KOPIEREN** in die Zwischenablage und betätigen in Word für Windows nur noch den Befehl **BEARBEITEN EINFÜGEN.** Hier können Sie nun die Abbildungen bzgl. der Größe oder des darstellenden Bildbereiches noch nachbearbeiten. Für das Nachbearbeiten der Abbildungen in Word für Windows müssen allerdings ein paar Regeln beachtet werden, die wir nun besprechen wollen.

Die wichtigste Regel für den Umgang mit Abbildungen in Word für Windows besagt, daß Grafiken in einem Dokument als ein einzelnes Zeichen behandelt werden. Die Behandlung von Grafiken als ein Text- bzw. Absatzelement bereitet vor allem Word für Windows-Anfängern zu Anfang Probleme. An einem kleinen Beispiel sollen deshalb die notwendigen Kniffe erläutert werden.

Nehmen wir an, Sie möchten in einem Textabschnitt eine Grafik aus der Zwischenablage positionieren. "Ganz einfach", sagen Sie, "einfach die Einfügemarke an der gewünschten Stelle positionieren und den Befehl **BEARBEITEN EINFÜGEN** benutzen". "Stimmt", sagen wir - "aber ...". ... doch beginnen wir mit den Grundlagen.

Formatierung von Grafiken

Wenn Sie ein Bild in ein Word für Windows Dokument eingefügt haben, können Sie es nur am Bildschirm sehen, wenn Sie in **EXTRAS EIN-STELLUNGEN Ansicht** die Option **Platzhalter für Grafiken** <u>nicht</u> eingeschaltet haben und <u>nicht</u> in der **ANSICHT KONZEPT** arbeiten. In dieser Ansicht werden Grafiken und Abbildungen immer nur als leere Rahmen gezeigt. Wollen Sie die Grafik am Bildschirm sehen, müssen Sie in der **ANSICHT NORMAL,** der **ANSICHT DRUCKBILD** oder in der **DATEI SEI-TENANSICHT** arbeiten.

In diesen Ansichten können Sie eine Abbildung prinzipiell jederzeit verkleinern oder vergrößern, entweder über den Befehl **FORMAT GRAFIK** oder auch ganz einfach mit der Maus. Wenn Sie eine Abbildung durch einen Mausklick markieren, erscheinen 8 sogenannte Anfasser an dem Element, mit denen Sie über die Maus das Bild beliebig vergrößern oder verkleinern können (siehe Abbildung 5.6.2). Auf diesen Anfassern wird der Mauszeiger zu einem doppelten Pfeil. Klicken Sie einfach mit der linken Maustaste auf einen dieser Anfasser und halten Sie die Maustaste gedrückt. Sie können nun die Abbildung durch einfaches Verschieben der Maus beliebig vergrößern oder verkleinern.

Das Vergrößern und Verkleinern erfordert nicht mehr das Festhalten der SHIFT-Taste wie in Version 1.x.

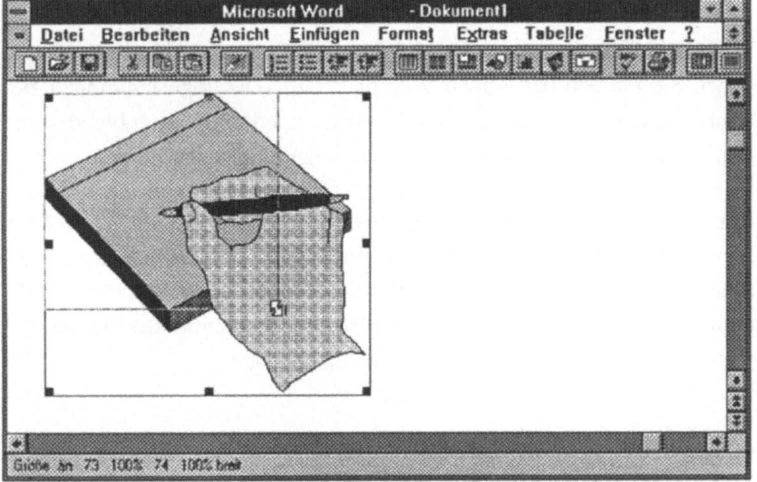

Abb. 5.6.2: Die Anfasser ermöglichen das Vergrößern und Verkleinern von Grafiken.

Wenn Sie einen der vier Eck-Anfasser benutzen, verändern Sie die Größe gleichzeitig nach oben und zur Seite. Die unteren, oberen bzw. seitlichen Anfasser verändern jeweils nur die horizontale oder vertikale Größe der Abbildung. Während einer Größenveränderung sehen Sie die Informationen zur gerade aktuellen Abbildungsgröße in der Statuszeile am unteren Bildschirmrand.

Wenn Sie nicht die Größe einer Abbildung verändern möchten, sondern den darzustellenden Ausschnitt eines Bildes, so müssen Sie die $\boxed{\Uparrow}$ -Taste gedrückt halten, während Sie mit der Maus einen der Anfasser verschieben. Durch das Drücken der $\boxed{\Uparrow}$ -Taste verändern Sie die Größe des Ausschnittes, den Word für Windows für die Darstellung der Grafik bereithält - Sie "beschneiden" das Bild (siehe Abbildung 5.6.3). Diese *Cropping*-Funktion für Grafiken ist dann nützlich, wenn lediglich ein bestimmter Ausschnitt einer Grafik benötigt wird. Durch die Veränderung des Ausschnittrahmens beschneiden Sie einfach die Ansicht der Abbildung. Sollte Ihnen das Arbeiten mit der Maus zu ungenau sein, können Sie sowohl die proportionale Größenänderung als auch die Rahmenänderung auch über den Befehl **FORMAT GRAFIK** vorgehen und dort in die Textfelder exakte Werte der Änderung eintragen. Falls Sie nachträglich dieses Beschneiden wieder rückgängig machen möchten, gehen Sie einfach den selben Weg rückwärts. Die abgeschnittenen Bereiche werden nicht richtig gelöscht, sondern lediglich ausgeblendet und können deshalb auf Anforderung auch wieder dargestellt werden.

Mit der Option **Größenänderung** in der Dialogbox **FORMAT GRAFIK** können Sie die Größe einer Grafik verändern, ohne das Bild zu beschneiden. Positive, ganzzahlige Werte in Prozent verändern eine Abbildung (proportional) zur Ursprungsgröße. Sie können Werte für die gewünschte Höhe oder Breite der Abbildung angeben.

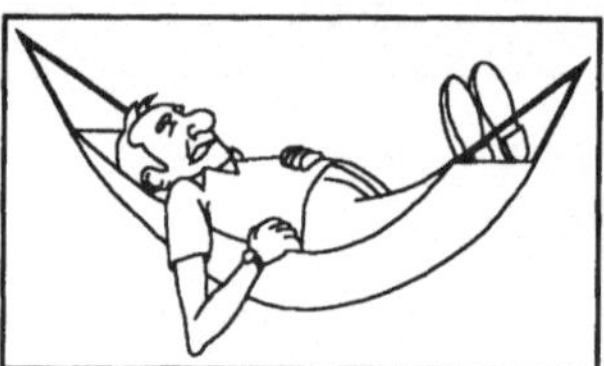

Abb. 5.6.3:   Links ein (proportional) in der Größe verkleinertes Bild, rechts das beschnittene, im Rahmen verkleinerte Bild

Wie eine Abbildung am Bildschirm gezeigt wird, ist davon abhängig, welchen Drucker Sie in der Systemsteuerung eingestellt haben und welche Auflösung der Drucker unterstützt. Generell gilt, daß Sie über das Lineal die Originalgröße der Abbildung im Ausdruck überprüfen können, wenn Sie im Menü **EXTRAS EINSTELLUNGEN Ansicht** die Option **Zeilenwechsel und Schriftarten wie beim Ausdruck** angeschaltet haben. Diese Option ist allerdings nur aktivierbar, wenn Sie den Befehl **EXTRAS EINSTELLUNGEN** nicht aus der **ANSICHT DRUCKBILD** heraus aufrufen, da Sie in dieser Ansicht sowieso schon das Druckbild sehen.

Ihr Bildschirmtyp und der eingestellte Drucker haben Auswirkungen auf Größenveränderungen von Abbildungen in Word für Windows. Die Größe einer Abbildung erscheint in den Dialogboxen nämlich nach den Bildschirmmaßeinheiten, abhängig davon, ob die Option **Zeilenwechsel und Schriftarten wie beim Ausdruck** eingeschaltet ist. Wenn Sie eine Abbildung eingefügt haben, die eine Originalgröße von *10 cm* hat und diese über die Dialogbox auf *5 cm* verkleinern, zeigt Ihnen die Dialogboxeinstellung den Wert *5 cm* nur an, wenn die Option **Zeilenwechsel und Schriftarten wie beim Ausdruck** eingeschaltet ist und der eingestellte Drucker derselbe ist, der eingestellt war, als Sie die Abbildung eingefügt haben. Wenn Sie einen anderen Drucker einstellen, ändern sich die Positions- und Größenangaben für die Bildschirmdarstellung im Menü **FORMAT GRAFIK** automatisch. Die maximale Bildgröße in Word für Windows beträgt ca. 55 cm.

Jede Abbildung in einem Word für Windows-Dokument hat einen Rahmen. Sie sehen ihn allerdings nur, wenn Sie auf die Grafik klicken. Der Rahmen bleibt solange unsichtbar, bis Sie über den Befehl **FORMAT RAHMEN** der Grafik einen sichtbaren Rahmen verpassen.

In das Textfeld **Rahmenänderung** der Dialogbox **FORMAT GRAFIK** können Sie positive oder auch negative dezimale Werte für den Abstand des Abbildungsrahmens zu dem eigentlichen Bild eintragen. Ein negativer Wert vergrößert den Abbildungsrahmen mit den Anfassern und läßt rund um das Bild weißen Freiraum erscheinen. Sie können den Freiraum separat für den oberen, unteren, linken und rechten Rand einer Abbildung bestimmen.

In Version 2.0 können Sie den Freiraum zwischen Text und Abbildung separat für den oberen, unteren, linken und rechten Rand bestimmen.

Das Eintragen von negativen Werten in ein Textfeld kennen Sie sicher bereits von der Bestimmung des Zeilenabstandes in einem Absatz. Ein negativer Zeilenabstandswert (z.B. *-1ze*) bedeutet ja, daß ein 1-zeiliger Zeilenabstand in jedem Fall beibehalten wird - auch wenn ein Zeichen in dem Absatz einen höheren Schriftgrad besitzt. Im Gegensatz dazu paßt sich der Zeilenabstand automatisch an die Zeichenhöhen an, wenn ein positiver Wert als Zeilenabstand eingetragen wurde. Was passiert nun aber mit einer Grafik, wenn Sie dem gerade gültigen Absatzformat zuvor einen festen Zeilenabstand über den Befehl **FORMAT ABSATZ Abstand Zeile**: *-1 CM* zugeordnet haben? Von Ihrer Grafik sehen Sie nichts außer dem unteren Rand. Die Grafik wird nämlich genau an den Zeilenabstand angepasst und kann deshalb nicht in ihrer vollen Höhe gezeigt werden. An diesem Beispiel zeigt sich recht deutlich, daß Grafiken in Word für Windows nicht nur über den Befehl **FORMAT GRAFIK**, sondern auch über die Befehle **FORMAT ABSATZ** und **FORMAT POSITIONSRAHMEN** manipulierbar sind.

Bei einem festen Zeilen-abstand überlappt der Text eine Grafik. Im Aus-druck wird die Grafik in voller Höhe gedruckt und überlappt den Text.

Eine Grafik sollte also in Word für Windows immer bei einem Absatz-Zeilenabstand mit der Einstellung *AUTO* oder einem positiven Wert für den Zeilenabstand eingefügt werden. Wenn Sie einen absoluten Zeilen-abstand durch ein negatives Vorzeichen vor dem Zeilenabstandsmaß für ein Absatzformat festlegen (z.B. *-1ze*), so gilt dieser feste Zeilenabstand auch für die Grafik, der Zeilenabstand paßt sich nicht automatisch an die Zeichenhöhe an.

Grafiken und Diagramme positionieren

Sie haben nun gelernt, daß Grafiken in Word für Windows in das Doku-ment als ein Zeichen und damit in das gerade angewendete Absatzformat integriert werden. Wenn Sie also den Cursor mitten in einem Absatz positionieren, so versucht Word für Windows, eine einzufügende Grafik (bzw. das Zeichen) in die aktuelle Zeile zu bringen. Gelingt das nicht, wird die Grafik entsprechend den Regeln für den automatischen Zeilen-umbruch in die nächste Zeile verschoben. Die Grafikbehandlung als ein Zeichen bedeutet, daß Sie die Position einer Grafik also auch über die Zeichenpositionierung **HOCH-** und **TIEFGESTELLT** verändern können oder aber ein Absatz-Druckformat zuordnen können. Kurz gesagt: fast jede Zeichen- oder Absatzformatierung, die Word für Windows erlaubt, ist prinzipiell auch für eine Grafik möglich (außer Schriftart- und Schriftgradveränderungen).

Durch die Vielfältigkeit, die Word für Windows bei der Zeichen- und Absatzformatierung zuläßt, eröffnen sich also auch für die Grafikformatierung eine Vielzahl von Manipulationsmöglichkeiten. Die Arbeitsweise ist aber für den Anfänger zugegebenermaßen etwas gewöhnungsbedürftig, denn bei einer grafischen Oberfläche versucht man z.B. sofort, eine Abbildung mit der Maus anzuklicken und zu verschieben.

Wen Sie eine Grafik mit der Maus verschieben wollen, müssen Sie noch einen Schritt weitergehen. Sie müssen Word für Windows anweisen, die Grafik quasi freizugeben. Das erreichen Sie, indem Sie ihr einen Positionsrahmen zuweisen. Markieren Sie dazu die Grafik und wählen Sie dann **EINFÜGEN POSITIONSRAHMEN** oder fügen Sie einen Positionsrahmen mit der Maus aus der Funktionsleiste heraus ein. Falls Sie sich nicht in der **ANSICHT DRUCKBILD** befinden, fragt Word für Windows Sie jetzt, ob Sie in diese Ansicht wechseln möchten, da die Vorzüge des Positionsrahmens erst dort zur Geltung kommen. Antworten Sie mit **JA**. Jetzt können Sie die Grafik mit der Maus anklicken und direkt im Text verschieben.

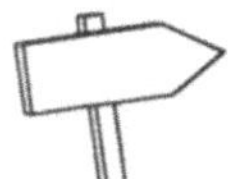

Mehr über Positionsrahmen und verschiebbare Objekte erfahren Sie in Teil 5 Kapitel 5.

Derartig positionierte Absätze werden am Bildschirm allerdings nur in der **ANSICHT DRUCKBILD** und in der **DATEI SEITENANSICHT** an den jeweils zugeordneten Positionen dargestellt. Wenn Sie einen Absatz mit einer geringen Absatzbreite (z.B. *5 cm*) in eine feste Seitenposition bringen, fließt der "normale" Textkörper, dem keine bestimmte Position zugeordnet wurde, automatisch um den positionierten Absatz herum.

Grafiken und Diagramme nebeneinanderstellen

Ein häufiger Anwendungsfall findet sich in der Praxis darin, daß man zwei Abbildungen nebeneinanderstellen möchte, z.B. weil man durch einen Vergleich etwas deutlich machen möchte. In Word für Windows

2.0 ist das mit den Positionsrahmen zwar sehr viel einfacher geworden, aber dennoch nicht immer ein einfaches Unterfangen. Wenn die Abbildungen aus irgendeinem Grunde ein unterschiedliches Absatzformat haben müssen, ist es sogar fast unmöglich. Es gibt allerdings ein einfaches Hilfsmittel für das Nebeneinanderstellen von Abbildungen mit unterschiedlichen Absatzformaten - die Word für Windows Tabellen. Da sich in Tabellenfelder auch Abbildungen einfügen lassen, brauchen Sie nichts weiter zu tun, als eine Tabelle, bestehend aus einer Zeile und zwei Spalten einzufügen und die Abbildungen in die Zellen der Tabelle einzufügen. Wenn Sie die Abbildungen nun auf der Seite ausrichten oder positionieren möchten, müssen Sie allerdings darauf achten, daß die Tabelle und nicht die Grafik markiert ist, wenn Sie den Befehl **FORMAT POSITIONSRAHMEN** anwenden.

Grafikimport über Felder

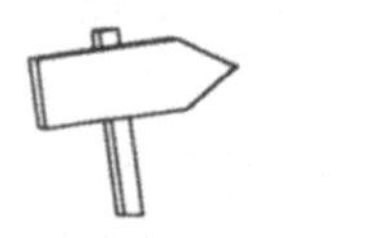

Mehr über Felder finden Sie in Teil 4, Kapitel 10.

Neben dem Grafikimport über die Windows-Zwischenablage gibt es in Word für Windows noch eine zweite Möglichkeit, um Grafiken in ein Dokument zu integrieren - den Befehl **EINFÜGEN GRAFIK**. Wenn Sie eine Abbildung über diesen Befehl in ein Dokument einfügen, geschieht zunächst nichts anderes, als daß ein Feld der Feldart IMPORT in den Text eingefügt wird.

WORD SETUP erlaubt auch nachträgliches Einrichten von Grafik- und Text-Import-Filtern, wie in Teil 2, Kapitel 2 beschrieben wurde.

Die Grafikintegration das Menü **EINFÜGEN GRAFIK** hat verschiedene Vor- und Nachteile: Sie können nur diejenigen Grafiken importieren, die in einem der oben genannten Formate vorliegen, der Ausdruck der Abbildung erfolgt dafür aber in höherer Qualität. Das liegt daran, daß Word für Windows verschiedene Dateiformate über sogenannte Grafikfilter konvertieren kann und damit die Grafikdateien ohne Qualitätsverlust direkt, also ohne den Umweg über die Zwischenablage, in ein Dokument integrieren kann. Voraussetzung für den Grafikimport über Felder ist jedoch, daß die benötigten Filter bei der Installation von Word für Windows auf die Festplatte kopiert und für die Arbeit mit Word für Windows bereitgestellt worden sind. Diese Bereitstellung erfolgt über die Konfigurationsdatei WIN.INI (siehe Abbildung 5.6.4). Wenn Sie bei der Installation von Word für Windows keine Grafikfilter ausgewählt haben, müssen Sie das Installationsprogramm von Word für Windows noch einmal aufrufen und dabei lediglich die gewünschten Grafikfilter installieren.

```
[MS Graphic Import Filters]
Windows Metafile(.WMF)=D:\WIN30\MSAPPS\GRPHFLT\wmfimp.flt,WMF
DrawPerfect(.WPG)=D:\WIN30\MSAPPS\grphflt\wpgimp.flt,WPG
Micrografx Designer/Draw(.DRW)=D:\WIN30\MSAPPS\grphflt\drwimp.flt,DRW
AutoCAD Format 2-D(.DXF)=D:\WIN30\MSAPPS\grphflt\dxfimp.flt,DXF
HP Graphic Language(.HGL)=D:\WIN30\MSAPPS\grphflt\hpglimp.flt,HGL
Computer Graphics Metafile(.CGM)=D:\WIN30\MSAPPS\grphflt\cgmimp.flt,CGM
Encapsulated DrawPerfect(.EPS)=D:\WIN30\MSAPPS\grphflt\epsimp.flt,EPS
Tagged Image Format(.TIF)=D:\WIN30\MSAPPS\grphflt\tiffimp.flt,TIF
PC Paintbrush(.PCX)=D:\WIN30\MSAPPS\grphflt\pcximp.flt,PCX
Lotus 1-2-3 Graphics(.PIC)=D:\WIN30\MSAPPS\grphflt\lotusimp.flt,PIC
AutoCAD Plot File(.PLT)=D:\WIN30\MSAPPS\grphflt\adimport.flt,PLT
```

Abb. 5.6.4: Der Abschnitt in der WIN.INI, in dem die installierten Grafikfilter aufgelistet werden

Um eine Grafik nun direkt in Word für Windows zu importieren, müssen Sie lediglich den Befehl **EINFÜGEN GRAFIK** (siehe Abbildung 5.6.5) aufrufen. In der Dialogbox können Sie in der Dateiliste das Verzeichnis, das Laufwerk und den Namen der zu importierenden Datei bestimmen. Achten Sie darauf, daß Word für Windows hier nur die Grafiken anzeigt, die Sie in dem Listenfeld **Aufzulistender Dateityp** angeklickt haben. In der Liste finden Sie alle Dateiformate, für die Grafikfilter zur Verfügung stehen. Wenn Sie sich nicht ganz sicher sind, ob es sich bei einer ausgewählten Grafik um die Richtige handelt, können Sie über die Schaltfläche **Vorschau** einen Blick darauf werfen. Wenn Sie die gewünschte Grafik gefunden haben, bestätigen Sie mit **OK**. Die Grafik wird eingefügt und Sie können Sie in der Form bearbeiten, wie wir beschrieben haben.

Wenn Sie **Verknüpfen** anklicken und dann mit **OK** bestätigen, wird ein Feld mit der Feldart IMPORT und dem entsprechenden Dateinamen in Ihr Dokument eingesetzt, das z.B. wie folgt aussehen könnte:

```
{IMPORT C:\\WINWORD\\MONIQUE.TIF \* FormatVerbinden}
```

Wenn Sie nicht die Grafik, sondern diese Feldfunktion am Bildschirm sehen, müssen Sie die **ANSICHT FELDFUNKTIONEN** (z.B. mit ⇧ + F9) ausschalten. Haben Sie in der Dialogbox die Option **Verknüpfen** nicht angeklickt, so wird nur die Grafik eingefügt, ohne das IMPORT-Feld.

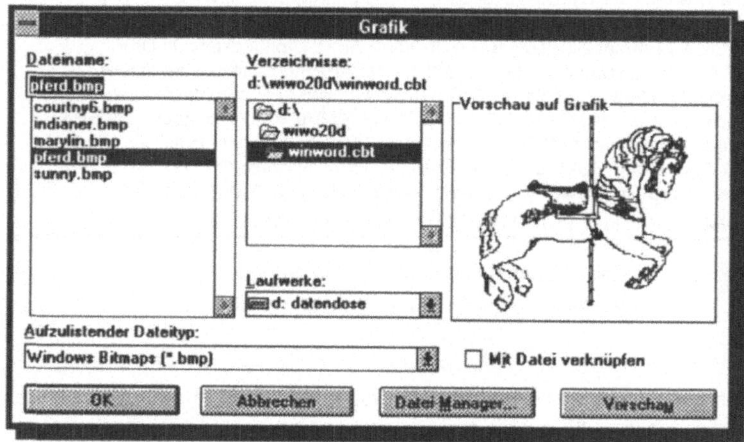

Abb. 5.6.5:   Die Dialogbox EINFÜGEN GRAFIK

Der Unterschied zwischen den beiden Möglichkeiten, also Verknüpfen oder Nichtverknüpfen, liegt auf der Hand. Wird die Abbildung mit Verknüpfung eingefügt, wird die Grafik mit einem Verweis auf die Originaldatei eingefügt. Wenn sich jetzt nach dem Einfügen in Word für Windows die Original-Grafikdatei ändert, genügt ein Aktualisieren des IMPORT-Feldes (mit der Taste F9), um die neueste Version auf Knopfdruck zu erhalten. Haben Sie die Grafik nicht mit Verknüpfung eingefügt, müssen Sie den ganzen Importvorgang (**EINFÜGEN GRAFIK** usw.) wiederholen, sofern Sie die aktuelle Grafik sehen möchten.

Zu diesem Thema haben wir noch eine kleine Übung für Sie vorbereitet, für die Sie bitte die Beispieldiskette in das Laufwerk Ihres Computers schieben:

Öffnen Sie ein neues Dokument mit DATEI NEU. Vergewissern Sie sich, daß unter **EXTRAS EINSTELLUNGEN Ansicht** die Option **Platzhalter für Grafiken** *nicht* eingeschaltet ist. Vergewissern Sie sich ebenfalls, daß Sie sich *nicht* im Bildschirmmodus **ANSICHT KONZEPT** befinden. Importieren Sie nun mit dem Befehl **EINFÜGEN GRAFIK** (Alt + E , G) die auf der Diskette vorhandene Grafik CAD-WELLE.PLT. Markieren Sie dazu zuerst in dem Verzeichnisfeld **Laufwerke** Ihr Diskettenlaufwerk. Wählen Sie dann in dem Listenfeld **Aufzulistender Dateityp** das HPGL-Format (*.PLT) aus. Nun zeigt Ihnen Word für Windows in dem Listenfeld **Dateiname** die Datei CAD-WELLE.PLT an. Markieren Sie diese und bestätigen Sie mit **OK**.

Tabellen und Diagramme mit Excel und Word für Windows

Datenaustausch zwischen Excel und Word für Windows

Sehr gut kooperieren Word für Windows und das Tabellenkalkulations-Programm Microsoft Excel miteinander. Natürlich gibt es auch andere Tabellenkalkulations-Programme, die unter Windows laufen, aber Word für Windows und Excel dürften wohl am besten aufeinander abgestimmt sein, weil sie von einem Hersteller kommen. Für den Import von Kalkulationsblättern, Kalkulationsblatt-Bereichen oder Diagrammen aus Excel gibt es in Word für Windows allerdings die verschiedensten Möglichkeiten. Wir werden alle Varianten nacheinander mit ihren jeweiligen Vor- und Nachteilen vorstellen und besprechen.

Import einer Excel-Tabelle

Ein Excel-Kalkulationsblatt können Sie, ähnlich wie eine Grafik, über den Befehl **EINFÜGEN DATEI** in Word für Windows importieren. Da Word für Windows einen Konvertierungsfilter für Excel-Tabellen hat, können Excel-Tabellen direkt von der Festplatte oder Diskette gelesen werden. Wenn Sie in der Dialogbox für das Einfügen der Datei (siehe Abbildung 5.6.6) die Option **Verknüpfen** ankreuzen, wird die Datei als Feld importiert. Dieser Import bietet die Möglichkeit, ähnlich beim DDE immer mit den neuesten Daten zu arbeiten.

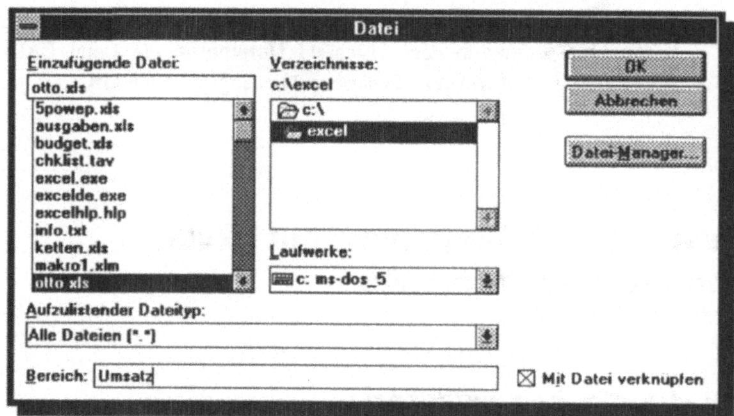

Abb. 5.6.6:   Über EINFÜGEN DATEI lassen sich
              MS-Excel-Tabellen einfügen

Die Besprechung des Dynamischen Daten-austausches (DDE) erfolgt an späterer Stelle dieses Kapitels.

Diese Aktualisierung erfolgt allerdings nicht automatisch wie beim DDE, dafür aber auf Anforderung durch einfachen Drücken der Taste F9 für die Feldaktualisierung. Der Import einer Excel-Tabelle als Feld könnte dann z.B. wie folgt aussehen:

{EINFÜGEN C:\\EXCEL\\KOSTEN.XLS}

Daneben können Sie mit der Option **Bereich** festlegen, daß nur ein bestimmter Teil der Tabelle importiert wird, dem Sie in Excel zuvor mit dem Befehl **FORMEL NAMEN FESTLEGEN** einen Namen zugeordnet haben. Mit dem Befehl **EINFÜGEN DATEI** können Sie allerdings keine Diagramme aus Excel einfügen. Diese müssen Sie über die Zwischenablage importieren.

Sehr interessant ist diese Datenimport-Variante aber auch deshalb, weil man in Excel-Dateien mit Hilfe des Befehls **DATEI SPEICHERN UNTER Optionen** mit einem Paßwort schützen kann. Fügt man eine derart paß-wortgeschützte Datei in Word für Windows mit dem Befehl **EINFÜGEN DATEI** ein, wird die Paßwortabfrage für das Öffnen der Datei an Word für Windows weitergeleitet. Man wird also beim Aktualisieren bzw. Ein-fügen des Feldes nach dem Paßwort für die zu öffnende Excel-Datei ge-fragt (siehe Abbildung 5.6.7). Diese Abfrage erfolgt in gewissem Sinne auch, wenn man eine Excel-Datei z.B. über ein DDE-Feld einfügt. Sie wird allerdings nicht direkt an Word für Windows übergeben. Stattdes-sen wird eine DDE-Zeitlimitüberschreitung gemeldet und erst, wenn man Word für Windows als Sinnbild ablegt, sieht man das Excel-Sinn-bild blinken und die Paßwortabfrage wird nach dem Anklicken des Sinn-bildes als Dialogbox von Excel gezeigt. Nach dem Eingeben des Paß-wortes wird die Excel-Datei geladen und man kann wieder zu Word für Windows wechseln, um dort erneut die Aktualisierung anzufordern, die dann auch ausgeführt wird.

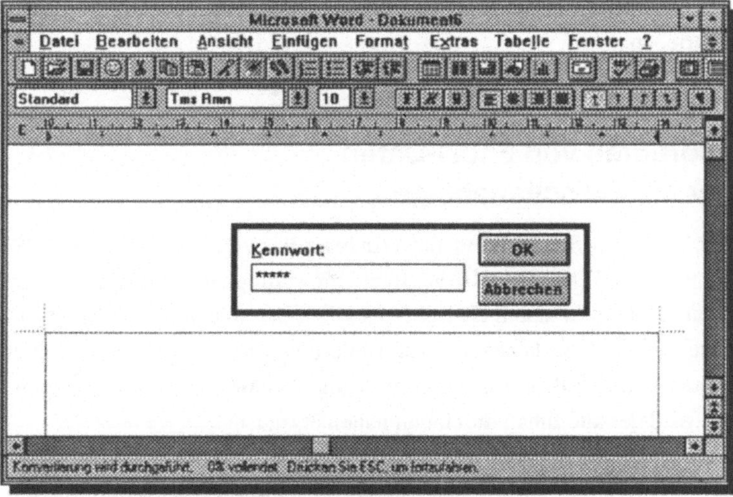

Abb. 5.6.7: Eine Paßwortabfrage in Word für Windows
             für eine in Excel geschützte Datei

Dateien, die über den Befehl **EINFÜGEN DATEI** mit der Option **Verknüpfung** eingefügt worden sind, arbeiten hier sehr viel unkomplizierter, denn sie produzieren lediglich die nachstehend abgebildete Abfrage.

Mit der nachstehenden Übung können Sie das Einfügen einer Datei über den Befehl **EINFÜGEN DATEI** noch einmal selbst nachvollziehen.

Legen Sie die Übungsdiskette zu diesem Buch in Ihr Diskettenlaufwerk ein und wählen Sie den Befehl **EINFÜGEN DATEI**. Wählen Sie aus dem Listenfeld **Aufzulistender Dateityp** die Option **Alle Dateien (*.*)**. Wählen Sie nun unter **Laufwerk** das Diskettenlaufwerk und markieren Sie in dem Listenfeld die Datei WERBER1.XLS. Bestätigen Sie mit **OK.**

Bei dem Befehl EINFÜ-
GEN DATEI steht Ihnen
auch der Datei-Manager
zur Verfügung.

Beachten Sie dabei, daß Ihnen in dieser Dialogbox auch der neue Dateimanager zur Verfügung steht. Mit der Schaltfläche **Datei-Manager** können Sie ihn starten und seine vielfältigen Suchmöglichkeiten bei der Suche nach einer bestimmten Datei in Anspruch nehmen. Ist die Suche erfolgreich, brauchen Sie nur auf der gewünschten Datei in der Ergebnisliste des Datei-Managers einen Doppelklick auszuführen. Die Datei wird automatisch in die Eingabezeile der Dialogbox **EINFÜGEN DATEI** geschrieben.

Importieren von Excel-Daten über die Zwischenablage

Jeder Text, den Sie in Word für Windows über **BEARBEITEN KOPIEREN** und **BEARBEITEN AUSSCHNEIDEN** verdoppeln oder verschieben möchten, landet in einem Zwischenspeicher, der sogenannten Zwischenablage. Diese Zwischenablage kann allerdings immer nur eine Einheit verwalten, also z.B. *einen* Kopiervorgang. Sobald etwas neues kopiert wird, wird der alte Inhalt durch den neuen ersetzt.

Das Schöne an der Zwischenablage ist, daß Sie für alle Windows-Programme zur Verfügung steht. Das bedeutet, daß Sie alles, was von einem anderen Windows-Programm in die Zwischenablage kopiert wurde, in Word für Windows aus derselben in ein Dokument einfügen können. Im folgenden werden wir die vielen Möglichkeiten des Datenimportes in Word für Windows über die Zwischenablage näher betrachten, denn hier bietet Word für Windows eine Vielzahl von Variationsmöglichkeiten.

Um diese Variationsmöglichkeiten bzgl. des Datenimportes von Excel-Daten aus der Zwischenablage in Word für Windows kennenzulernen, sollten Sie zunächst Sie Word für Windows als Ikone ablegen und dann über den Programm-Manager Excel aufrufen. Kopieren Sie in Excel einige Zellen einer Tabelle über **BEARBEITEN KOPIEREN** in die Zwischenablage und legen Sie dann Excel als Ikone ab. Kehren Sie dann zu Word für Windows zurück.

Der naheliegendste Weg, den Inhalt der Zwischenablage in Word für Windows einzufügen, besteht in dem einfachen Aufruf von **BEARBEITEN EINFÜGEN**. Aus den Excel-Daten wird jetzt in Word für Windows eine Tabelle aufgebaut, die der aus Excel äußerst ähnlich sieht (siehe Abbildung 5.6.8). Die Formatierungen bleiben größtenteils erhalten.

	1991 Plan	1991 Ist
Gehälter	192.000DM	282.625DM
Büromaterial	95.000DM	93.897DM
Fertigungskosten	87.000DM	91.840DM
Gesamt	374.000DM	468.362DM
Umsatz	995.000DM	995.000DM

Abb. 5.6.8: Eine über **BEARBEITEN EINFÜGEN** in
Word für Windows eingefügte Excel-Tabelle

Inhalte der Zwischenablage einfügen

Den variantenreichen Zugriff auf die Zwischenablage von Windows erhalten Sie in Word für Windows nicht über **BEARBEITEN EINFÜGEN**, sondern über **BEARBEITEN INHALTE EINFÜGEN**. Mit der Dialogbox dieses Befehles kommen Sie weit über das hinaus, was Sie normalerweise von der Zwischenablage gewohnt sind (siehe Abbildung 5.6.9).

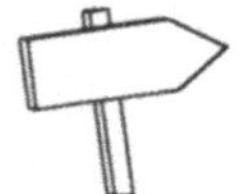

*Die Schaltfläche VER-
KNÜPFUNG EINFÜGEN
wird in Teil 5, Kapitel 7
im Zusammenhang mit
den OLE-Funktionen
besprochen.*

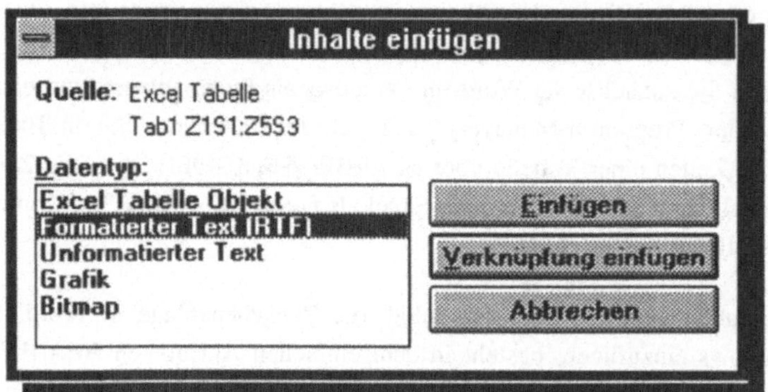

Abb. 5.6.9:   Die Dialogbox BEARBEITEN INHALTE EINFÜGEN

Fangen wir mit der untersten Option, dem **Einfügen als Bitmap** an. Diese Option ermöglicht das Einfügen des in Excel vor dem Kopieren markierten Bereiches als eine Art Bildschirmkopie (siehe Abbildung 5.6.10). Um den Inhalt der Zwischenablage in einem bestimmten Format in Ihr Word für Windows-Dokument einzufügen, müssen Sie generell so vorgehen, daß Sie nach der Auswahl des entsprechenden Formates die Schaltfläche **Einfügen** betätigen.

	A	B	C
1		1991 Plan	1991 Ist
2	Gehälter	192.000DM	282.625DM
3	Büromaterial	95.000DM	93.897DM
4	Fertigungskosten	87.000DM	91.840DM
5			
6	Gesamt	374.000DM	468.362DM
7			
8	Umsatz	995.000DM	995.000DM

Abb. 5.6.10: Als BITMAP eingefügte Tabelle aus Excel

Das Feine an dem Einfügen als <u>Grafik</u> ist, daß Sie durch einen Doppelklick auf die Abbildung sofort in Microsoft Draw starten und das Bild
bearbeiten können. Eine ähnliche Option wie **Einfügen als Bitmap** ist
Einfügen als Grafik. Das Ergebnis ist auch hier eine Grafik, die in etwa
dem entspricht, was Excel ausdrucken würde (siehe Abbildung 5.6.11).

	1991 Plan	1991 Ist
Gehälter	192.000DM	282.625DM
Büromaterial	95.000DM	93.897DM
Fertigungskosten	87.000DM	91.840DM
Gesamt	374.000DM	468.362DM
Umsatz	**995.000DM**	**995.000DM**

Abb. 5.6.11: Einfügen als Grafik erzeugt ein Abbild
dessen, was Excel drucken würde

Die dritte Möglichkeit, das Einfügen als **unformatierter Text**, fügt die
Werte der Excel-Tabelle ein, und verzichtet dabei auf jegliche Formatierung. Auch die Tabellenstruktur wird übergangen, die einzelnen Felder
sind durch Tabstopps voneinander getrennt (siehe Abbildung 5.6.12).
Diese Option kann vor allem dann interessant sein, wenn Sie Daten in
eine schon bestehende Word für Windows-Tabelle einfügen möchten.

```
  →     1991·Plan    →      1991·Ist¶
Gehälter→192.000DM    →      282.625DM¶
Büromaterial   →   95.000DM    →      93.897DM¶
Fertigungskosten→87.000DM    →      91.840DM¶
  →         →       ¶
Gesamt→374.000DM    →      468.362DM¶
  →         →       ¶
Umsatz→995.000DM    →      995.000DM¶
```

Abb. 5.6.12: Beim Einfügen als unformatierter Text
werden Formatierungen vernachlässigt

Die letzte Möglichkeit des Datenimportes als **formatierter Text** bewirkt als Ergebnis genau dasselbe, was Sie erhalten würden, wenn Sie die Daten über den Befehl **BEARBEITEN EINFÜGEN** anstatt **BEARBEITEN INHALTE EINFÜGEN** einfügen würden.

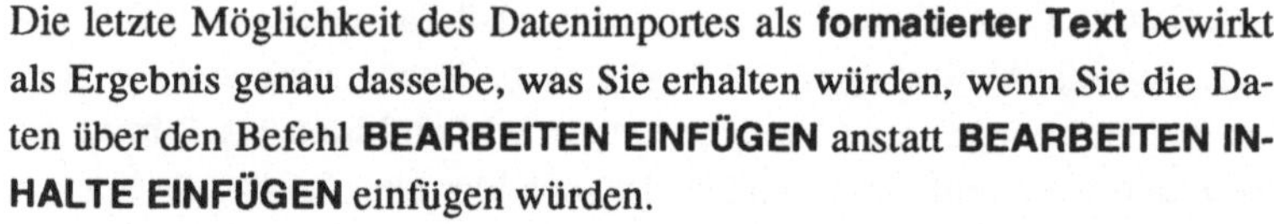

Alle bisher besprochenen Möglichkeiten aus der Dialogbox **BEARBEITEN INHALTE EINFÜGEN** haben eines gemeinsam: sie können anstelle der bisher besprochenen Schaltfläche **Einfügen** auch die darunterliegende wählen, die Schaltfläche **Verknüpfung einfügen**. Die Auswirkung aller vier Optionen ist die gleiche. Mit diesen Verknüpfungen ist eine neue Technologie verbunden, das sogenannte OLE: Object Linking and Embedding (=Objekte verknüpfen und einbetten), dem wir uns im nächsten Kapitel intensiv widmen werden.

Die OLE-Technik wird ausführlich in Teil 5, Kapitel 7 beschrieben.

Zusammenfassung

In diesem Kapitel haben wir die zahlreichen Möglichkeiten besprochen, die in Word für Windows verwendet werden können, um **über die Zwischenablage Daten zu importieren**. Weiter haben wir gezeigt, wie Tabellen und Grafiken auch direkt als Dateien eingelesen werden können und wie Sie **Grafiken formatieren** können. Sie haben gelernt, wie man Grafiken in Größe und Ausdehnung manipulieren kann und wie sie nebeneinander positioniert werden können.

ole und dynamischer datenaustausch

Kapitel 7

In diesem Kapitel werden wir auf die vielfältigen Möglichkeiten des Datenaustausches zwischen Word für Windows und anderen Windows-Applikationen eingehen. Hinsichtlich des OLE (Object Linking and Embedding) zeigen wir den Unterschied zwischen **Verknüpfen** und **Einbetten** und erläutern, wie man solche Verbindungen herstellen, modifizieren und wieder auflösen kann. Abschließend besprechen wir die Möglichkeiten des Dynamischen Datenaustausches (DDE), die Ihnen mit Word für Windows zur Verfügung stehen.

Object Linking and Embedding

Der Import von Daten über die Zwischenablage wird in Teil 5, Kapitel 6 besprochen.

Word für Windows als Textverarbeitung erreicht natürlich dann seine Grenzen, wenn Sie komplexe Grafiken erstellen möchten oder Tabellen-Berechnungen im Stile einer Tabellenkalkulation durchführen möchten. Die Tatsache, daß Word für Windows ein Windows-Programm ist, hilft hier jedoch enorm, können doch Daten aus anderen Windows-Programmen, die die Fähigkeiten für die Erstellung von Grafiken oder Tabellen besitzen, problemlos über die Zwischenablage importiert werden. Über dieses einfache Einfügen aus der Zwischenablage hinaus gibt es jedoch noch die Technik des OLE (Objekt Linking and Embedding), die sich durch eine enorme Effizienz auszeichnet.

Verknüpfung von Daten verschiedener Programme

Mit der OLE-Technik sind die Begriffe **Verknüpfen** und **Einbetten**, die auch als Word für Windows Feldtypen zur Verfügung stehen, ganz eng verbunden. Widmen wir uns zunächst der Verknüpfung. Neben den im vorherigen Kapitel besprochenen Möglichkeiten des Daten-Imports über die Zwischenablage gibt es die Möglichkeit, mit den Daten eine Verknüpfung zur Quell-Datei einzufügen. Die Verknüpfung hat den Vorteil, daß sich, sobald sich die Quell-Datei (bspw. eine Excel-Tabelle) ändert, auch die Daten in Word für Windows entsprechend ändern können, ohne daß Sie sich als Anwender darum kümmern müssen. Desweiteren gilt, daß ein Doppelklicken mit der Maus auf die mit der Verknüpfung in Word für Windows eingefügten Daten direkt das Quell-Programm startet und zwar mit den eingefügten Daten. Jetzt können Sie Ihre Daten mit den Werkzeugen des Quell-Programmes editieren und bearbeiten. Sobald Sie das Quell-Programm wieder verlassen, werden die neuen Werte in Word für Windows zurückgeschrieben.

Daten mit Verknüpfung einfügen

Um Daten mit einer Verknüpfung einzufügen, müssen diese erst in dem Quell-Programm erstellt und dann in die Zwischenablage kopiert worden sein. Um den Weg deutlich zu machen, werden wir ein kleines Beispiel mit dem Tabellenkalkulationsprogramm Excel und Word für Windows durcharbeiten. Verknüpfungen und Einbettungen lassen sich jedoch genauso gut auch mit anderen Programmen erstellen, die die OLE-Technik unterstützen.

Markieren Sie also in Excel einen Teil einer Tabelle, kopieren Sie ihn mit **BEARBEITEN KOPIEREN** und schließen Sie Excel wieder. Fügen Sie die Daten in ein Word für Windows-Dokument mit **BEARBEITEN INHALTE EINFÜGEN** ein (siehe Abbildung 5.7.1).

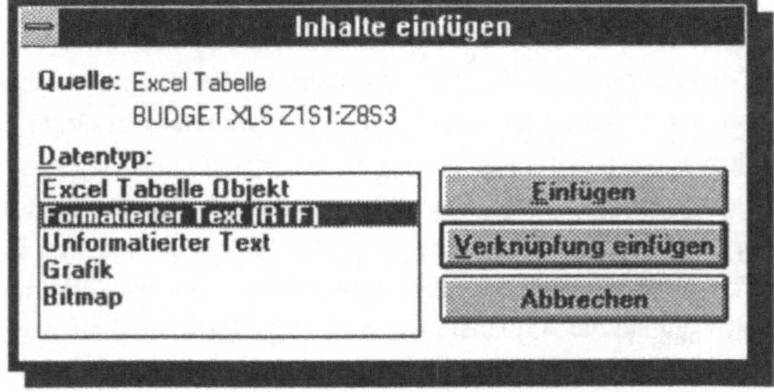

Abb. 5.7.1: Die Dialogbox zum Einfügen mit Verknüpfung

Die Unterschiede zwischen den verschiedenen Formaten werden in Teil 5, Kapitel 6 besprochen.

Einen Doppelklick können Sie nur ausführen, wenn Sie das Objekt als Grafik oder als Bitmap mit seinen Inhalten eingefügt haben.

In der Dialogbox können Sie auswählen, ob die Daten als **Excel Tabelle Objekt**, **formatierter Text** oder **unformatierter Text**, als **Grafik** oder als **Bitmap** eingefügt werden sollen. Der Inhalt dieses Verzeichnisfensters ist aber abhängig von dem Format der Daten in der Zwischenablage. Eine Grafik kann natürlich nicht als Text, egal ob formatiert oder nicht, eingefügt werden. Die erste Option (**Excel Tabelle Objekt**), werden wir im Zusammenhang mit der Funktion **Einbetten** besprechen, hier soll es zunächst um die vier unteren Optionen gehen, denn nur sie können mit Verknüpfungen arbeiten.

Alle vier unteren Optionen, **Bitmap, Grafik, unformatierter Text** sowie **formatierter Text** in der Dialogbox **BEARBEITEN INHALTE EINFÜGEN** lassen sich mit einer Verknüpfung zur Quell-Datei versehen. Was das bedeutet, sehen Sie, wenn Sie einen Doppelklick auf das Ergebnis des Einfügevorganges ausführen. Beachten Sie aber bitte, daß Sie einen Doppelklick nur ausführen können, wenn Sie das Objekt als Bitmap oder als Grafik verknüpft haben. Excel erscheint vor Ihnen auf dem Bildschirm und zwar mit den Originaldaten, aus denen das Objekt der Word für Windows-Datei erstellt wurde (siehe Abbildung 5.7.2). Jetzt können Sie die Daten mit den Werkzeugen des Quell-Programmes des Objektes beliebig ändern. Wenn Sie die Original-Datei nach den Änderungen wieder schließen und Excel verlassen, finden Sie die vollzogenen Änderungen auch in ihrem Word für Windows Dokument.

Änderungen eines Objektes in einem Word für Windows-Dokument finden Sie übrigens unabhängig davon, in welchem Format Sie das Objekt verknüpft haben, nach einer Aktualisierung immer vor. Egal, ob Sie ein Objekt als formatierten Text (**formatierter Text**), als unformatierten Text oder als einen der beiden Grafik-Typen (**Bitmap** oder **Grafik**) eingefügt haben, auch der Inhalt von als **Grafik** eingefügten Objekten ändert sich entsprechend. Der Unterschied zwischen den Einfügeformaten besteht letzten Endes vor allem darin, daß Sie auf **Grafik**- und **Bitmap**-Objekte einen Doppelklick ausführen können, der die Original-Datei öffnet, während die Aktualisierung von **Text**-Objekten ähnlich wie eine DDE-Verknüpfung im Hintergrund arbeitet und Sie mit einem Doppelklick auf das Objekt nicht die Original-Datei öffnen können.

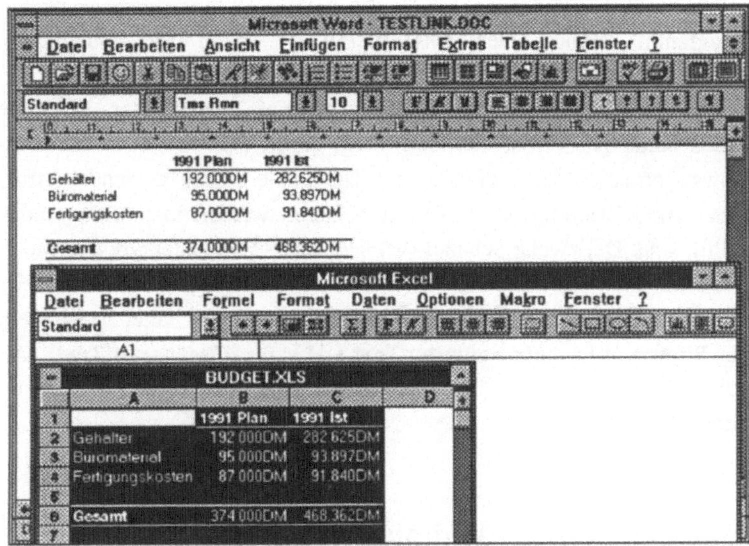

Abb. 5.7.2: Zum Bearbeiten eines Objektes läßt sich das
Quell-Programm mit den Objektdaten starten

Nach dem Einfügen eines verknüpften Objektes in ein Word für Windows-Dokument kann es Ihnen passieren, daß nicht die Daten, sondern der Feldcode der Verknüpfung dargestellt wird. Das kann zwei Gründe haben: entweder Sie haben unter **ANSICHT** die **FELDFUNKTIONEN** eingeschaltet oder Sie haben unter **EXTRAS EINSTELLUNGEN Ansicht** die Option **Textanzeige mit Feldfunktionen** aktiviert. Wenn Sie die **ANSICHT** der **FELDFUNKTIONEN** eingeschaltet haben, sehen Sie, was sich hinter der Verknüpfung eines Objektes verbirgt.

{VERKNÜPFUNG ExcelWorksheet C:\\EXCEL\\BUDGET.XLS Z1S1:Z8S3
* FormatVerbinden \p \a}

Erst dieser neue Feldtyp von Word für Windows 2.0 macht die ganze Verknüpfung möglich. Felder können nämlich durch ihre Steueranweisungen neue Ergebnisse produzieren, wie auch das DDE-Feld deutlich macht. In dem Feld **Verknüpfung** steht zuerst der Feldtyp Verknüpfung, dann das Quell-Programm EXCELWORKSHEET (wäre es eine Excel-

Mehr zu Feldern erfahren Sie in Teil 4, Kapitel 10.

Diagramm, stünde hier EXCELCHART), dann die Quell-Datei (BUDGET.XLS), und der Zellbereich in dieser Quell-Datei, der kopiert wurde (Z1S1:Z8S3). Danach folgen sogenannte Feldschalter. Der erste Feldschalter (* FormatVerbinden) sorgt dafür, daß die Word für Windows Formatierungen, die Sie auf das Feldergebnis anwenden, trotz einer Aktualisierung des Feldes beibehalten werden bzw. immer noch gültig sind. Der zweite Schalter (\p) bezeichnet den Datentyp, den Sie in der Dialogbox **BEARBEITEN INHALTE EINFÜGEN** gewählt haben. Haben Sie hier den Typ **Grafik** gewählt, erscheint der Schalter \p (\b)steht für **Bitmap**, \t für **unformatierter Text** und \r für **formatierter Text)**. Der letzte Schalter ist der Schalter \a, der für eine automatische Aktualisierung sorgen kann.

Manipulation von Verknüpfungen

Den Feldcode einer eingefügten Verknüpfung können Sie von Hand bearbeiten oder aber mit Hilfe benutzerfreundlicher Dialogboxen ändern. Im Menü **BEARBEITEN** findet sich im unteren Teil ein Befehl, der solange nicht aktiv, d.h. grau hinterlegt ist, solange in dem aktuellen Dokument keine Verknüpfung vorhanden ist. Wenn Sie den Befehl **BEARBEITEN VERKNÜPFUNGEN** anklicken, erscheint die nachstehend abgebildete Dialogbox, mit der Sie die Verknüpfungen bearbeiten können (siehe Abbildung 5.7.3).

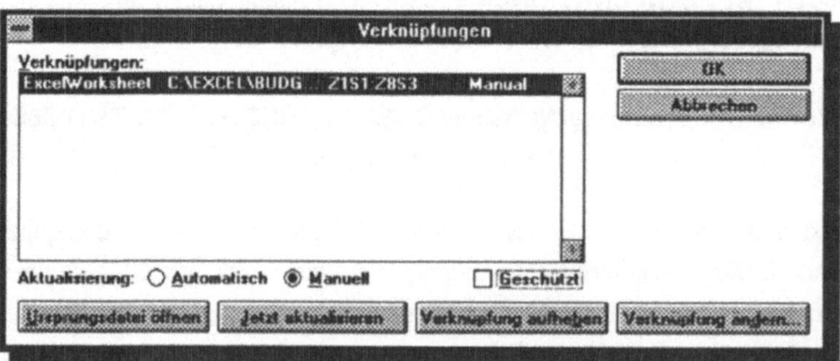

Abb. 5.7.3: Mit BEARBEITEN VERKNÜPFUNG kann auf die einzelnen Verknüpfungen im Dokument Einfluß genommen werden

Schauen wir uns diese Dialogbox etwas genauer an. Ganz oben sehen Sie eine Auflistung aller im Dokument vorhandenen Verknüpfungen mit Angabe der Quelle. Wenn Sie eine Verknüpfung bearbeiten möchten, müssen Sie sie in diesem Listenfenster anklicken bzw. markieren. Darunter finden Sie die Optionszeile **Aktualisierung:**. Hier können Sie festlegen, ob die importierten Daten automatisch (d.h. bei jeder Änderung der Objektdaten) oder jeweils manuell (z.B. über die Schaltfläche **Jetzt aktualisieren** in dieser Dialogbox) durchgeführt werden soll. Daneben gibt es noch die Möglichkeit, die Option **Geschützt** zu wählen. Sie verhindert einfach jede Aktualisierung, bis Sie die Sperre durch nochmaliges Anklicken dieser Option wieder aufheben.

Die Möglichkeit, eine Verknüpfung zu schützen, kann unter Umständen sehr nützlich sein, denn die Ursprungsdaten stehen schließlich in einer anderen Datei unter Excel und können von anderen Anwendern aus verschiedenen Gründen verändert werden. Wenn Sie die Option **Geschützt** wählen, bewahren Sie sich davor, daß ein eingefügtes Objekt beim Öffnen der Word für Windows-Datei verändert und an die Ursprungsdaten angepaßt wird. Das Anpassen eines Objektes an seine Ursprungsdaten erfolgt auch bei einer automatischen Verknüpfung nur nach Beantwortung einer Sicherheitsabfrage, die erscheint, wenn Sie das Word für Windows-Dokument öffnen, das das Objekt enthält.

Wollen Sie die Verknüpfung ganz lösen, so tun Sie das mit der Schaltfläche **Verknüpfung lösen**. Die Schaltfläche **Verknüpfung ändern** bietet schließlich die Möglichkeit, den Zugriff auf die Quell-Datei selbst zu modifizieren (siehe Abbildung 5.7.4).

Abb. 5.7.4: Die Dialogbox VERKNÜPFUNG ÄNDERN

In der Dialogbox steht unter der Option **Anwendung** der Name des so-
genannten Servers, d.h. des Programmes, das die verknüpften Daten zur
Verfügung stellt. Unter der Option **Dateiname** finden Sie den Datei-
namen der verknüpften Datei und unter der Option **Element** steht der
Zellbereich oder der Name, in dem sich die Objektdaten in der in Excel-
Datei befinden. Durch das simple Eintippen von anderen Zellbereichen,
Namen, Dateien oder Programmen könnten Sie also den Bereich, auf den
sich die Verknüpfung erstreckt, erweitern oder verringern, die Quell-
Datei wechseln oder gar die sogenannte Server-Applikation.

Auflösen einer Verknüpfung

Manchmal soll das Ergebnis einer Verknüpfung nicht weiter aktualisiert
werden, weil das Objekt als fester Bestandteil des Dokumentes erhalten
werden soll und eine Anpassung an aktuelle Daten nicht notwendig ist.
Zu diesem Zweck können Sie eine Verknüpfung auflösen. Die Auflösung hat zur Folge, daß das letzte Feldergebnis direkt in den Text übernommen wird und daß der Feldcharakter der Verknüpfung gelöscht wird.
Ein Auflösen der Feldverknüpfung erreichen Sie, indem Sie das Objekt
markieren und die Tastenkombination $\boxed{\text{Strg}}$ + $\boxed{⇧}$ + $\boxed{\text{F9}}$ drücken.

Wenn Sie eine Verknüpfung auflösen, wird das Objekt in eine Grafik
umgewandelt, sofern Sie es mit der Option **GRAFIK** oder **BITMAP** eingefügt haben. Das hat zur Folge, daß durch einen Doppelklick nicht die
ursprüngliche Server-Applikation gestartet wird, sondern Microsoft
Draw, mit dem Sie die Grafik als Abbildung bearbeiten können. Hatten
Sie das Objekt mit **Formatierter Text** eingefügt und verknüpft, so ist das
Ergebnis der Feldauflösung eine Word für Windows-Tabelle.

Einbetten von Daten

Die Option, die wir in der Dialogbox des Befehls **BEARBEITEN IN-
HALTE EINFÜGEN** bis jetzt ausgelassen haben, war die Option **Excel
Tabelle Objekt**. Wenn Sie diese Option wählen, heißt das, daß keine

Verknüpfung aufgebaut wird, sondern eine sogenannte **Einbetten**-Verbindung. Die Einbetten-Funktionen, die wiederum als Word für Windows-Feldtyp vorhanden ist, arbeitet so, daß die Quell-Daten in ein eigenes Datenblatt geschrieben werden, auf das <u>nur</u> von Word für Windows zugegriffen werden kann.

Wenn Sie die Schaltfläche **Einfügen** betätigen, nachdem Sie die Option **Excel Tabelle Objekt** ausgewählt haben, wird zwar wieder die Tabelle eingefügt, aber diesmal wie ein Bild in einem Rahmen mit Anfassern zur Größenänderung. Den Unterschied zur Verknüpfen-Funktion erkennen Sie vor allem dann, wenn Sie auf diesem Objekt einen Doppelklick mit der linken Maustaste ausführen (was Sie bei einem VERKNÜPFEN-Feld nur tun können, wenn Sie das Objekt als Grafik oder Bitmap eingefügt haben). Durch den Doppelklick wird Excel gestartet, aber nicht mit dem Arbeitsblatt der Quell-Datei, sondern mit einem Arbeitsblatt, das quasi zu Word für Windows gehört. Von Excel aus kann auf dieses Arbeitsblatt auch nicht als Datei zugegriffen werden (siehe Abbildung. 5.7.5).

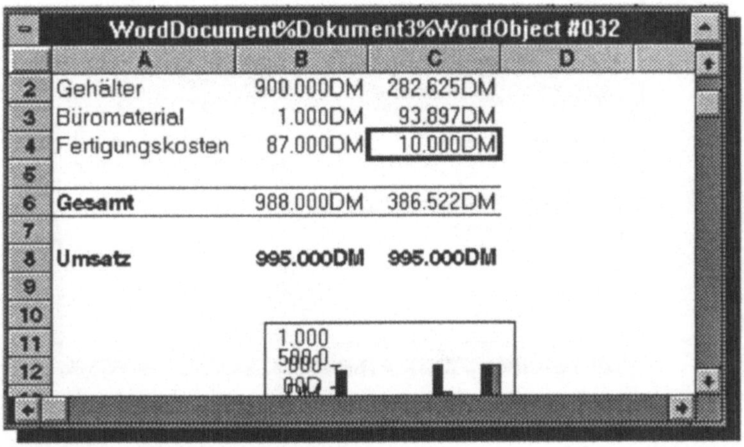

Abb.5.7.5:   Das OLE-Fenster in Excel

In diesem Fenster können Sie die Daten des Objektes mit den Werkzeugen des Programmes bearbeiten, in dem die Quell-Datei einmal erstellt worden ist. Sobald Sie dieses Fenster oder Excel schließen, erscheinen die veränderten Daten automatisch in dem Word für Windows Dokument. Wenn Sie die Daten erneut bearbeiten wollen, klicken Sie einfach wieder auf das in Word für Windows eingefügte Objekt. Der Unterschied zum Verknüpfen besteht also vor allem darin, daß Sie mit dem Doppelklick auf das eingebettete Objekt eine Kopie des Objektes in einem eigenen Arbeitsblatt an Excel übergeben, während Sie mit dem Doppelklick auf ein als Grafik verknüpftes und eingefügtes Objekt die Original-Datei öffnen und bearbeiten können.

Einbetten eines neuen Objektes

Der gleiche Vorgang, den Sie eben bereits über den Befehl **BEARBEITEN INHALTE EINFÜGEN** unter der Option **Excel-Tabelle Objekt** kennengelernt haben, vollzieht auch, wenn Sie mit dem Befehl **EINFÜGEN OBJEKT** arbeiten. Mit diesem Befehl können Sie die verschiedensten neuen OLE-Objekte in Ihre Word für Windows-Dokumente einbetten. In der Dialogbox des Befehls (siehe Abbildung 5.7.6) können Sie auswählen, welche Applikation Sie als OLE-Server verwenden möchten.

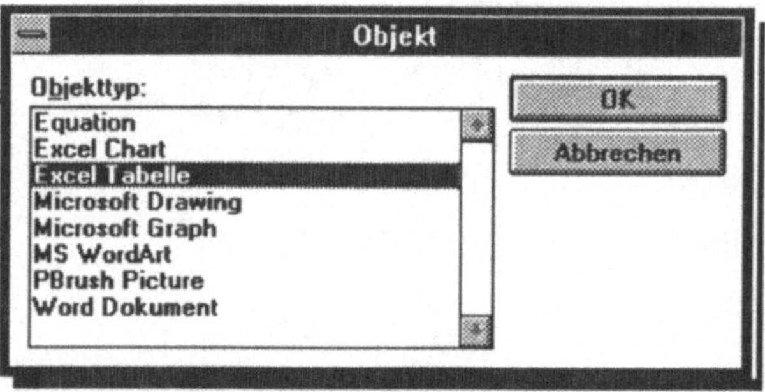

Abb. 5.7.6: Die Dialogbox zum Auswählen des OLE-Servers

Hier finden Sie alle OLE-fähigen Programme, die Word für Windows in der WIN.INI beim Programmstart gefunden hat. Sobald Sie sich eines der Programme ausgewählt haben, wird das entsprechende Programm gestartet und Sie können Ihre Daten mit Hilfe der Werkzeuge dieser Applikation erfassen. Sobald Sie das Server-Programm schließen, erscheint eine Dialogbox, in der Sie bestimmen, ob das Objekt in Ihr Word für Windows-Dokument eingebettet werden soll (siehe Abbildung 5.7.7).

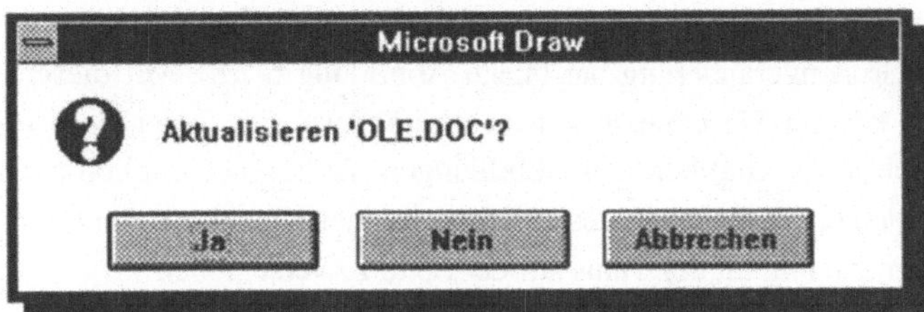

Abb.5.7.7:   Die Sicherheitsabfrage bei eingebetteten Objekten

Hier können Sie die Bearbeitung eines bereits vorhandenen Objektes rückgängig machen, indem Sie die Schaltfläche **Nein** betätigen. Klicken Sie auf **JA,** so werden die Daten mitsamt allen Formatierungen übertragen und in Word für Windows abgebildet bzw. eingebettet. Es kann auch hier passieren, daß nach dem Einfügen des Objektes nicht das Objekt, sondern nur der Feldcode des Objektes dargestellt wird. Auch hier kann es daran liegen, daß Sie entweder unter **ANSICHT** die **FELDFUNKTIO-NEN** eingeschaltet haben oder daß Sie unter **EXTRAS EINSTELLUNGEN Ansicht** die Option **Textanzeige mit Feldfunktionen** aktiviert haben. Das Feld EINBETTEN lautet in seiner Syntax wie folgt:

{EINBETTEN MSDraw   * FormatVerbinden}

Der Syntax nach muß hier zunächst der Feldtyp EINBETTEN und dann die Serverapplikation (*MSDraw*) erscheinen. Zusätzlich finden Sie in obigem Beispiel einen Formatschalter (*FormatVerbinden), der die Anweisung gibt, daß jede Formatierung, die Sie in Word für Windows an dem Objekt durchführen (Größenänderung usw.) auch nach einer erneuten Bearbeitung des Objektes in der Serverapplikation beibehalten wird. Die Daten eines eingebetteten Objektes werden in Word für Windows selbst abgespeichert, die Serverapplikation stellt Ihnen nur die Werkzeuge zur Verfügung, die Sie benötigen, um die Daten zu bearbeiten und gibt das Objekt nach der Bearbeitung wieder an Word für Windows zurück.

Bearbeiten eines eingebetteten Objektes

Wenn Sie <u>einmal</u> mit der Maus auf ein in ein Word für Windows-Dokument eingebettetes Objekt klicken, sehen Sie, daß sich ein feiner, grauer Rahmen darum legt, der die schon von Grafiken bekannten Anfasser für die Größenveränderung hat (siehe Abbildung 5.7.8). Mit diesen Anfassern können Sie Objekte genauso verändern, d.h. vergrößern und verkleinern wie Grafiken und Abbildungen. Es bereitet folglich auch keine Probleme, ein eingebettetes Objekt mit einem Positionsrahmen zu versehen und dann mit der Maus auf der Seite zu verschieben.

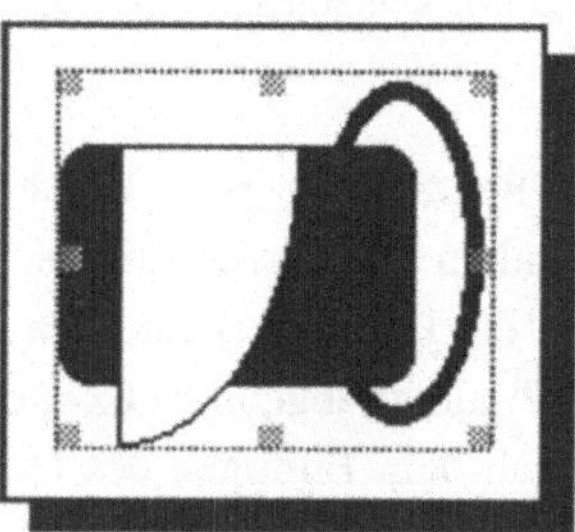

Abb. 5.7.8:   Eingebettete Objekte können wie Grafiken mit der Maus vergrößert und verkleinert werden.

Auflösen einer Einbettung

Manchmal soll das Ergebnis einer Einbettung nicht weiter aktualisiert werden, weil das Objekt als fester Bestandteil des Dokumentes erhalten werden soll und eine Anpassung an aktuelle Daten nicht notwendig ist. Zu diesem Zweck können Sie eine Einbettung auch auflösen. Die Auflösung hat zur Folge, daß das letzte Feldergebnis direkt in den Text übernommen wird und daß der Feldcharakter der Einbettung gelöscht wird. Ein Auflösen der Feldverknüpfung erreichen Sie, indem Sie das Objekt markieren und die Tastenkombination ⌜Strg⌟ + ⌜⇧⌟ + ⌜F9⌟ drücken.

Wenn Sie eine Einbettung auflösen, wird das Objekt in eine Grafik umgewandelt, was zur Folge hat, daß durch einen Doppelklick nicht die ursprüngliche Server-Applikation gestartet wird, sondern Microsoft Draw, mit dem Sie die Grafik als Abbildung bearbeiten können.

Dynamischer Datenaustausch zwischen Excel und Word für Windows

Zum Ende unseres Kapitels über Verknüpfungen, Einbettungen und Datenaustausch möchten wir Sie in die Geheimnisse des dynamischen Datenaustausches (DDE) einweihen. Der dynamische Datenaustausch, der bereits von Word für Windows 1.x unterstützt wurde, ermöglicht Ihnen das automatische Aktualisieren eines Elementes oder einer Datei, die Sie in ein Word für Windows-Dokument eingefügt haben. Durch DDE wird eine feste Verbindung zu einem Element in einem anderen Programm geschaffen. So sehen Sie in Ihrem Dokument stets den aktuellen Stand einer mit einem anderen Programm erstellten Abbildung oder Tabelle. DDE ist der Verknüpfen-Funktion des OLE besonders ähnlich.

Wenn Sie aus einem Programm, das DDE unterstützt, eine Abbildung in die Zwischenablage eingefügt haben, erschien in früheren Versionen in dem Word für Windows 1.x Menü **BEARBEITEN** der Befehl **VERKNÜPFEN UND EINFÜGEN**. Dieser Befehl hatte dieselbe Funktion wie der Befehl **BEARBEITEN EINFÜGEN**, fügte aber das Element mit einem DDE-Feld für dynamischen Datenaustausch ein. Dieser Befehl ist in Version 2.0 aus dem Menü entfernt worden und durch den Befehl **INHALTE EINFÜGEN** ersetzt worden, wobei dieser nur unter bestimmten Voraussetzungen ein DDE- bzw. DDEAUTO-Feld einfügt.

Obwohl das Verknüpfen und Einbetten in Word für Windows 2.0 eine besonders hohe Bedeutung erhalten hat, können DDE-Felder weiterhin benutzt werden. Damit der dynamische Datenaustausch funktioniert, müssen die beiden Programme, die über DDE verknüpft worden sind, aktiv im Arbeitsspeicher sein, d.h. sie müssen laufen. Ist das nicht der Fall, und Sie fordern eine Aktualisierung der Abbildung oder Tabelle an, erscheint eine Dialogbox mit der Anfrage, ob das andere Programm gestartet werden soll.

Um eine DDE-Verknüpfung z.B. mit Excel herzustellen, müssen Sie verständlicherweise mit einer Windows-Komplettversion arbeiten. Unser folgendes Beispiel soll demonstrieren, wie Sie über eine doppelte DDE-Verknüpfung ein in Word für Windows eingefügtes Excel-Diagramm direkt in Word für Windows ändern können, ohne daß Sie Word für Windows verlassen müssen.

DDE mit Excel funktioniert nur, wenn in Excel in der Dialogbox OPTIONEN ARBEITSBEREICH die Option FERNANFRAGEN IGNORIEREN ausgeschaltet ist.

Erstellen Sie sich dazu zunächst eine kleine Tabelle innerhalb von Word für Windows, die einige Zahlenwerte beinhaltet. Markieren Sie die Zahlenwerte bzw. die Tabelle, wählen Sie den Befehl **BEARBEITEN KOPIEREN** und rufen Sie dann Excel auf. Dort markieren Sie einen entsprechend den Zahlenwerten in Word für Windows großen Zielbereich und wählen nun den Befehl **BEARBEITEN VERKNÜPFEN UND EINFÜGEN**. Drücken Sie dann F11, um ein Diagramm zu erstellen und wählen Sie dann den Befehl **DIAGRAMM DIAGRAMM AUSWÄHLEN**. Drücken Sie nun die ⇧-Taste und halten Sie diese gedrückt. Kopieren Sie das Diagramm mit **BEARBEITEN BILD KOPIEREN** in die Zwischenablage und wechseln Sie zu Word für Windows.

Word für Windows erkennt automatisch, daß sich ein DDE-Element in der Zwischenablage befindet, denn über den Befehl **BEARBEITEN INHALTE EINFÜGEN** wird nur der Datentyp **Grafik** angeboten. Sie können nun das Diagramm über die Schaltflächen **Einfügen** und **Verknüpfung einfügen** in Ihr Word für Windows-Dokument integrieren. Über die Schaltfläche **Einfügen** wird das Diagramm als Grafik eingefügt, die Sie durch einen Doppelklick auf das Diagramm dann in Microsoft Draw bearbeiten können. Der "Leckerbissen" kommt zum Tragen, wenn Sie das Diagramm über die Schaltfläche **Verknüpfung einfügen** in Ihr Word für Windows-Dokument integrieren. Das Diagramm wird dann nämlich als DDEAUTO-Feld in Ihr Dokument integriert, was Sie sich ansehen können, wenn Sie die **ANSICHT FELDFUNKTIONEN** aktivieren. Das Diagramm ändert sich nun automatisch bei jeder Wertänderung in der Tabelle. Sie haben nun eine doppelte DDE-Verknüpfung hergestellt und können das Aussehen des Diagrammes dadurch verändern, daß Sie einfach einen Wert in den Word für Windows Tabellenwerten ändern (siehe Abbildung 5.7.9).

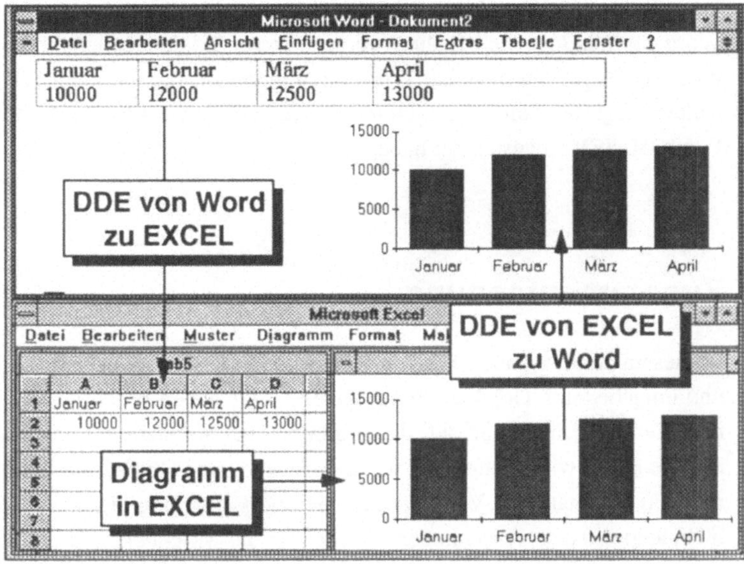

Abb.5.7.9: Über eine doppelte DDE-Verknüpfung kann man in
Word für Windows ein Diagramm verändern, ohne
daß das Programm verlassen werden muß

Sie können den gleichen Effekt auch erzielen, indem Sie mit dem Befehl
EINFÜGEN FELD ein Feld einfügen und die Feldart DDEAUTO einstellen. Hinter der Feldart muß der Dateiname der einzufügenden Abbildung
erscheinen, wobei der vollständige Pfadname vor dem Dateinamen eingegeben werden sollte. Wie bei dem folgenden Beispiel müssen Sie
doppelte umgekehrte Schrägstriche verwenden, um in dem Feld den
Pfadnamen von Feldschaltern zu unterscheiden. Wenn die Daten aus
einer Microsoft Excel-Tabelle stammen, können Sie hinter dem Pfadnamen außerdem direkt einen Tabellenbereich eingeben. Hierbei können
Sie das Format $Z1S1$ verwenden, um sich auf die Zeilen- und Spalten-
nummern eines Tabellenfeldes zu beziehen.

{DDEAUTO excel c:\\kunden\\budget.xls z2s1:z10s8 * FormatVerbinden}.

Der Schalter * FormatVerbinden bewirkt dabei, daß alle Formatierungen,
die in der Excel-Tabelle vorgenommen worden sind, beim Import in

Word für Windows beibehalten werden. Wenn Sie den Tabellenbereich oder das Diagramm in Ihrem Word für Windows-Dokument nicht sehen sollten, liegt das wahrscheinlich nur daran, daß Sie die **ANSICHT FELD-FUNKTIONEN** eingeschaltet haben.

Zusammenfassung

In diesem Kapitel haben Sie den Unterschied zwischen Verknüpfungen und eingebetteten Objekten kennengelernt. Wir haben beschrieben, wie man Verknüpfungen aufbaut, damit arbeitet und sie manipulieren kann. Ebenso haben wir beschrieben, wie die eingebetteten Objekte funktionieren, und wie man eine Verknüpfung oder die Einbettung eines Objektes rückgängig macht. Abschließend haben wir die Möglichkeiten des Dynamischen Datenaustausches (DDE) besprochen, die Ihnen mit Word für Windows zur Verfügung stehen.

tabellentechnik in
word für windows

Kapitel 8

In diesem Kapitel lernen Sie, was es mit den Tabellenfunktionen von Word für Windows auf sich hat und für welche Einsatzgebiete Tabellen besonders gut geeignet sind. Nach einer ausführlichen Einweisung in die Grundlagen der Tabellenerstellung können Sie sich intensiv mit der Formatierung von Tabellen und deren Inhalten auseinandersetzen. Wir geben eine Reihe von Tips und Tricks, mit denen Sie die Tabellen von Word für Windows z.B. für das Erstellen von Formularen verwenden können. Den Formatierungshinweisen folgt ein Abschnitt darüber, wie Sie bereits vorhandenen Text nachträglich in eine Tabelle umwandeln können, und wie Sie vorhandene Tabellen (z.B. aus einer Tabellenkalkulation) in Text umwandeln können. In einem weiteren Abschnitt lernen Sie, wie in Tabellen mit Zellreferenzen gerechnet werden kann, und wie sich Felder und Textmarken in Tabellen geschickt und elegant einsetzen lassen.

Einführung in Tabellen

Eine der zeit- und nervensparendsten Funktionen von Word für Windows ist die Tabellen-Funktion. In den meisten anderen Textverarbeitungssystemen lassen sich Tabellen leider nur recht umständlich mit Hilfe von Tabulatoren und Tabstopps und durch das Ziehen von Linien erstellen. In Word für Windows lassen sich zwar keine Linien ziehen, dafür sind die ausgefeilten Tabellen-Funktionen und deren Formatierungsmöglichkeiten beim sachgemäßen Einsatz eine sehr viel bessere Hilfe, denn eine Tabelle läßt sich mit Rändern in Word für Windows mit nur einem einzigen Befehl erstellen.

Eine Tabelle besteht zunächst einmal aus einer bestimmten Anzahl von Spalten und Zeilen. Das Besondere an den Word für Windows Tabellen ist, daß jede Zelle eigenständig formatiert werden kann und man die einzelnen Zellen sogar baukastenartig über- und nebeneinander anordnen kann. Mit diesem Merkmal bietet Word für Windows für Tabellen sogar mehr Formatierungsmöglichkeiten an als eine Tabellenkalkulation (siehe Abbildung 5.8.1).

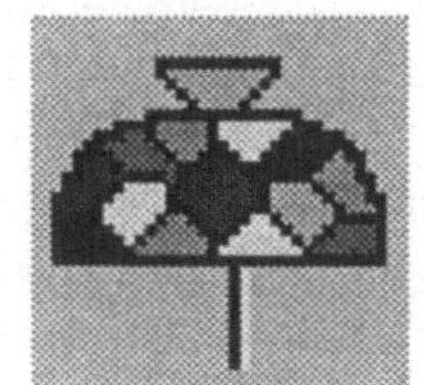

Abb.5.8.1: Eine Tabelle kann verschiedene Spaltenbreiten aufweisen
und die Zellen können Text und/oder Grafiken beinhalten

Einsatzgebiete von Tabellen

Die Einsatzmöglichkeiten von Tabellen in Word für Windows sind vielfältig, denn Tabellen können Zahlenkolonnen, Texte, Felder und Grafiken beinhalten. Ein besonderes Merkmal der Tabellen in Word für Windows ist der automatische Zeilenumbruch innerhalb der einzelnen Zellen. Sobald ein Text an den Rand einer Zelle stößt, wird ein Zeilenumbruch durchgeführt und die Zelle wird automatisch nach unten erweitert.
In jeder Zelle kann dabei mit eigenständigen Absatz- und Zeichenformatierungen gearbeitet werden (siehe Abbildung 5.8.1). Dank dieses
Leistungsmerkmales sind Tabellen insbesondere für den Mehrspaltensatz
äußerst interessant.

Mehrspaltensatz kann in Word für Windows zwar auch über die Ab-
schnittsformatierung erreicht werden (**FORMAT ABSCHNITT: Spalten:
Anzahl**). Bei der Anwendung dieses Befehles wird aber der Text in jeder
Spalte bis zum unteren Ende der Seite (bzw. des definierten Abschnittes)
geführt, um sich dann in der zweiten bzw. dritten Spalte vom oberen
Seitenrand her fortzusetzen (siehe Abbildung 5.8.2).

Beim Mehrspaltensatz mit Hilfe von Tabellen lassen sich im Gegensatz dazu einzelne Absätze auf verschiedene Art und Weise auf der Seite anordnen, so daß z.B. auch ein relativ wirklichkeitsnahes Zeitungslayout möglich ist (siehe Abbildung 5.8.2). Dieses Merkmal macht Tabellen zu einem wichtigen Instrument für das Gestalten von Dokumenten.

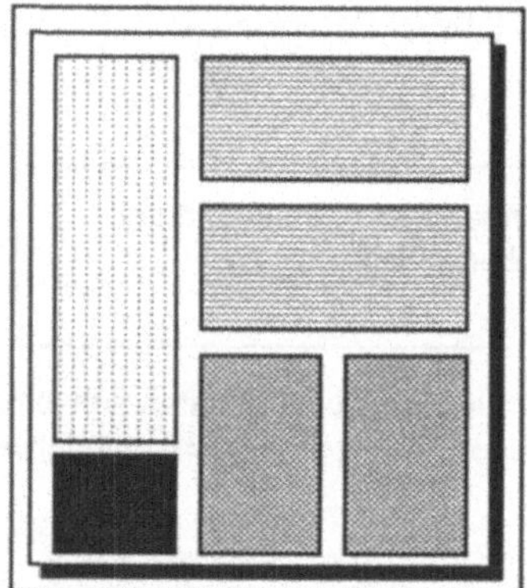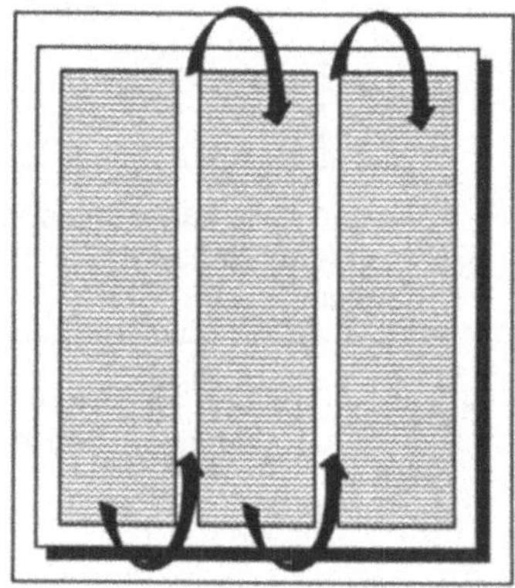

Abb.5.8.2: Spaltensatz mit einer Tabelle und für die ganze Seite mit einer Abschnittsformatierung

Eine weitere beachtenswerte Fähigkeit der Word für Windows Tabellen ist, daß in den Tabellen gerechnet werden kann. Wie in einer Tabellenkalkulation können Sie beispielsweise Summen aus den Werten bestimmter Zelleninhalte errechnen lassen. Sie erreichen damit, daß sich die Ergebnisse einer Berechnung automatisch neu berechnen (mit einem Tastendruck von F9) bzw. aktualisieren, sobald sich die Werte in den - der Formel zugrundeliegenden Zellen - ändern. Word für Windows beherrscht zwar nicht annähernd soviele Formeln wie eine Tabellenkalkulation, für eine Textverarbeitung sind die integrierten Berechnungsarten allerdings ganz beachtlich.

Mit der Version 2.0 sind unter dem Befehl TABELLE alle Befehle, die mit Tabellen zusammenhängen zusammengefaßt.

Grundlagen von Tabellen

Vorab eine kleine Anmerkung. Waren in den Vorgängerversionen 1.x von Word für Windows noch die ganzen Befehle zur Tabellenerstellung und Bearbeitung bunt auf einige Menüs verteilt, gibt es seit der Version 2.0 einen eigenen Hauptmenü-Punkt **TABELLE**, unter dem sich alle Befehle, die mit Tabellen zusammenhängen, wiederfinden.

Das Erstellen von Tabellen ist in Word für Windows auf zwei Arten möglich. Zum einen können Sie mit dem Befehl **TABELLE TABELLE EINFÜGEN** eine leere Tabelle erzeugen. Der andere Weg besteht darin, einen bereits vorhandenen Text oder eine Zahlenkolonne zu markieren und diese Elemente dann von Word für Windows in eine Tabelle umwandeln lassen. Wir werden beide Varianten im folgenden besprechen.

Einfügen einer Tabelle

Wenn Sie den Befehl **TABELLE TABELLE EINFÜGEN** wählen, erscheint die Dialogbox aus Abbildung 5.8.3. Sie können nun in den Textfeldern der Dialogbox festlegen, wieviele Zeilen und Spalten die Tabelle, die Sie erstellen möchten, haben soll. Diese Eintragungen sind jedoch nicht endgültig. Sie können auch später noch Zeilen und/oder Spalten hinzufügen. Spalten sind in Tabellen die vertikalen und Zeilen die horizontalen Reihen.

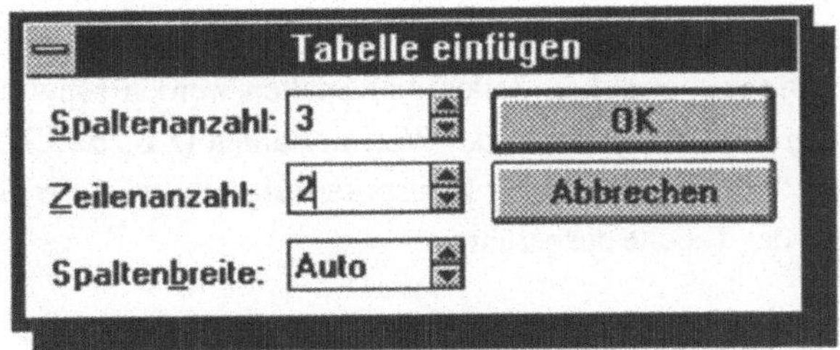

Abb.5.8.3:   Die Dialogbox zum Erstellen von Tabellen

Es gibt allerdings für Mausbenutzer einen weitaus schnelleren, komfortableren Weg. In der Funktionsleiste gibt es ein eigens für das Einfügen von Tabellen zuständiges Symbol (siehe Abbildung 5.8.4).

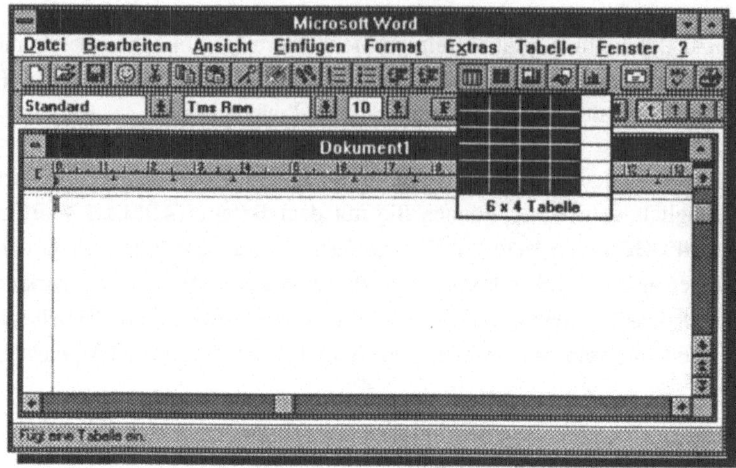

Abb. 5.8.4: Das Symbol zum Einfügen von Tabellen

Beachten Sie, daß dies Symbol eine andere Funktion bekommt, wenn sich die Einfügemarke innerhalb oder direkt unter eine Tabelle befindet.

Sobald Sie auf dieses Symbol klicken, klappt ein kleines Fensterchen auf, in dem eine kleine Tabelle aus 5 Spalten und vier Zeilen dargestellt wird. Hier können Sie auswählen, wieviel Spalten und Zeilen Ihre Tabelle haben soll. Klicken Sie mit der Maus in das Kästchen links oben, halten Sie die linke Maustaste gedrückt und ziehen Sie sie soviele Spalten nach links und soviel Zeilen nach unten, wie Sie wünschen. Sobald Sie über die Grenzen des kleinen Fensterchens geraten, wird dieses entsprechend erweitert. Sie müssen nur in die gewünschte Richtung ziehen. Die ausgewählten Zeilen und Spalten werden schwarz markiert und unten wird noch einmal der Wert in Zahlen (z.B. *6x3 Tabelle*) angegeben. Sobald Sie die linke Maustaste loslassen, wird der Befehl zum Einfügen der Tabelle ausgeführt.

Die Gitternetzlinien

Wenn Sie Word für Windows den Befehl zum Einfügen einer Tabelle mit beispielsweise 3 Spalten und 2 Zeilen gegeben haben, wird eine leere Tabelle auf dem Bildschirm aufgebaut, die sich ungefähr so wie in Abbildung 5.8.5 darstellt.

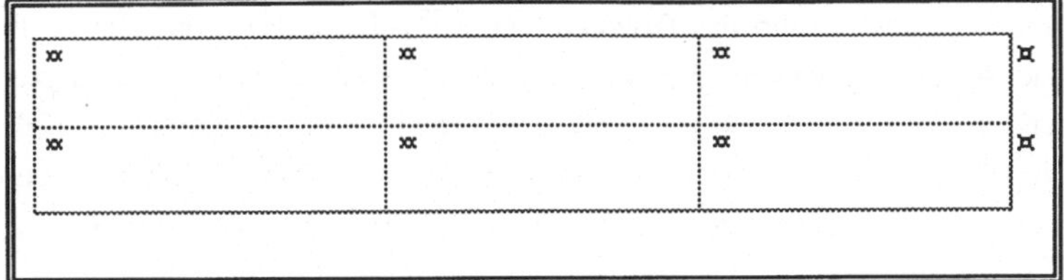

Abb.5.8.5:   Eine leere Tabelle bei eingeschalteten Gitternetzlinien

Sollten Sie nach der Ausführung des Befehls **TABELLE TABELLE EIN-FÜGEN** keine derartige Tabelle am Bildschirm sehen, liegt das wahrscheinlich daran, daß Sie im Menü **TABELLE** die **GITTERNETZLINIEN** nicht eingeschaltet haben. Diese Gitternetzlinien sind zum Ausfüllen und Bearbeiten von Tabellen äußerst hilfreich, denn sie zeigen die Umrisse der Zellen an. Gitternetzlinien werden nicht ausgedruckt, sondern dienen lediglich als optische Hilfslinien für den Aufbau von Tabellen am Bildschirm.

Wenn Sie die Tabelle am Bildschirm sehen, können Sie daran gehen, die einzelnen Zellen mit Inhalten zu füllen. Positionieren Sie die Einfügemarke in der ersten Zelle und geben Sie einfach Ihren Text oder Ihre Zahlenwerte ein. Beim Schreiben brauchen Sie nicht auf den Zeilenumbruch zu achten, denn diesen erledigt Word für Windows auch in den Zellen automatisch. Wenn Sie eine Zelle weiter springen wollen, benutzen Sie die ⎯⊣ -Taste, wollen Sie eine Zelle zurückspringen, drücken Sie ⇧ + ⎯⊣ .

Textbearbeitung in einer Tabelle

Die Eingabe von Text innerhalb von Tabellen funktioniert also genauso wie das Schreiben außerhalb von Tabellen. Sie können in einer Tabelle auch beliebig formatieren, denn (fast) alle gewohnten und bekannten Funktionen wie die Absatzendemarke (⎘), ein erzwungener Zeilenumbruch (⇧ + ⎘) oder der automatische Zeilenumbruch bleiben erhalten. Eine Ausnahme bildet allerdings der Tastenschlüssel für das Setzen von Tabulatoren.

Tabulatoren werden in Tabellen anders gesetzt.

In einer Tabelle führt das Drücken der ⟮→⟯-Taste dazu, daß Sie in die nächste Zelle gelangen. Wenn Sie innerhalb einer Zelle einen Tab setzen wollen, müssen Sie ⟮Ctrl⟯+⟮→⟯ drücken. Das Positionieren der Tabstopps funktioniert hingegen genauso wie außerhalb von Tabellen, entweder mit dem Lineal oder mit den Befehl **FORMAT TABULATOR**.

Bewegen in einer Tabelle

Zum Bewegen innerhalb der einzelnen Tabellenfelder können Sie dieselben Tasten- oder Mausaktionen benutzen, die Sie vom normalen Text her gewohnt sind. Wenn Sie allerdings am Ende einer Zelle angelangt sind und die Tasten ⟮→⟯ bzw. ⟮↓⟯ drücken, springt die Einfügemarke in die nächste Zelle rechts bzw. unterhalb der aktuellen Zelle. Befinden Sie sich mit der Einfügemarke am Anfang einer Zelle und drücken die Tasten ⟮←⟯ oder ⟮↑⟯, springt die Einfügemarke in die Zelle links bzw. oberhalb des aktuellen Tabellenfeldes.

Damit sind wir auch schon bei den Bewegungstasten, mit denen Sie sich innerhalb der Tabelle von Zelle zu Zelle bewegen können. Wie schon erwähnt, gelangen Sie mit ⟮→⟯ bzw. ⟮↑⟯+⟮→⟯ jeweils eine Zelle vor oder zurück. Sie können aber durchaus auch größere Sprünge machen. In die erste Zelle der aktuellen Zeile gelangen Sie mit ⟮Alt⟯+⟮Pos1⟯, mit ⟮Alt⟯+⟮Ende⟯ erreichen Sie die letzte Zelle einer Tabellenzeile. Um aus der Mitte einer Tabelle in das oberste Feld der aktuellen Spalte zu gelangen, müssen Sie die Tasten ⟮Alt⟯+⟮Bild↑⟯ drücken. Analog dazu bewegen Sie die Einfügemarke in die unterste Zelle der aktuellen Spalte mit den Tasten ⟮Alt⟯+⟮Bild↓⟯.

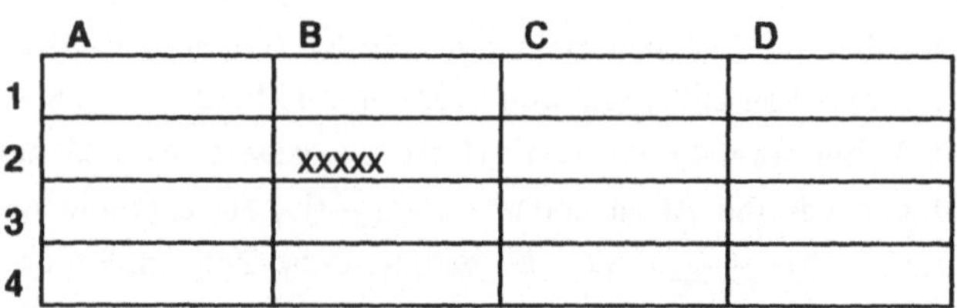

Abb.5.8.6:   Beispieltabelle mit Zeilen- und Spaltenköpfen

Am besten lernen Sie das Bewegen mit Tastenschlüsseln in einer Tabelle, indem Sie anhand unserer kleinen Beispieltabelle die folgenden Vorgehensweisen nachvollziehen. Unsere Ausgangsposition ist die einzige Zelle, in der Text steht (*B2*). Um in die ganz rechte Zelle in der untersten Zeile (*D4*) zu gelangen, drücken Sie ⟮Alt⟯ + ⟮Ende⟯ und danach ⟮Alt⟯ + ⟮Bild↓⟯. Um in die Zelle *C3* zu gelangen, bewegen Sie die Einfügemarke zuerst mit ⟮Ende⟯ an das Ende der Zelle. Dann gehen Sie mit der ⟮→⟯-Taste zunächst in die Zelle *C3* und dann mit ⟮↑⟯ ein Stockwerk nach oben. Sie finden in der Abbildung 5.8.6 eine Auflistung aller Tastenschlüssel, mit denen Sie sich innerhalb von Tabellen bewegen können. Als Mäuseliebhaber können Sie sich etwas einfacher durch einfaches Anklicken der Zielzelle zum gewünschten Ort bewegen.

Markieren in einer Tabelle

Das Markieren von Texten oder Abbildungen folgt in einer Tabelle etwas anderen Regeln, als Sie es von der bisherigen Arbeit mit Word für Windows gewohnt sind (siehe Tabelle 5.8.1). Innerhalb einer einzelnen Zelle bleibt alles beim Alten, die Tastatur- und Maustastenkombinationen zum Markieren von Wörtern oder Sätzen sind fast identisch mit denen des Arbeitens außerhalb von Tabellen. Es gibt allerdings auch ein paar Ausnahmen.

Die Funktionen zum Markieren von Absätzen gelten in Tabellen nicht mehr. Wenn Sie innerhalb einer Tabelle einen Absatz mit den gewohnten Befehlen markieren, markieren Sie stets die gesamte Zelle. Dieser Effekt hat Vor- und Nachteile. Wenn Sie gerade eine Zelle als Ganzes kopieren oder verschieben möchten, werden Sie ihn begrüßen, wollen Sie aber innerhalb einer Zelle zwei Absätze mit einander vertauschen, werden Sie sich mit den zur Verfügung stehenden Alternativen (beispielsweise mit dem Markieren von Sätzen) begnügen müssen.

Taste(nkombination)	bewegt die Einfügemarke
[→|]	Zum nächsten Tabellenfeld und markiert es
[⇧] + [→|]	Zum vorigen Tabellenfeld und markiert es
[Alt] + [Pos1]	Zum ersten Tabellenfeld in der Zeile
[Alt] + [Ende]	Zum letzten Tabellenfeld in der Zeile
[Alt] + [Bild ↑]	Zum obersten Tabellenfeld in der Spalte
[Alt] + [Bild ↓]	Zum untersten Tabellenfeld in der Spalte
[↑], [↓], [→], [←]	Innerhalb Textes in einem Tabellenfeld und zwischen Tabellenfeldern oder aber in eine Tabelle hinein oder aus ihr heraus, wenn die Einfügemarke am Rand der Tabelle steht.
[F8], [↑], [↓], [→], [←] (Erweiterungsmodus)	Tabellenfelder im Erweiterungsmodus markieren
[Esc]	Erweiterungsmodus beenden
[Alt] + [5] (numerische Tastatur)	Gesamte Tabelle markieren

Tab.5.8.1: Tastenkombinationen zum Bewegen und Markieren in Tabellen

Zeilen- und Spaltenmarkierung mit der Maus

Eine etwas andere Arbeitsweise als außerhalb von Tabellen besteht auch bei der Markierung von ganzen Spalten oder Zeilen. Sicher kommt es in der Praxis häufig vor, daß die Breite für eine ganze Spalte oder die Schriftart einer ganzen Zeile geändert werden soll. Mausbenutzer können in diesen Fällen besonders schnell arbeiten. Führen Sie einfach einen Doppelklick außerhalb der Tabelle auf der Höhe der Zeile, die Sie markieren wollen, in der Markierungs-Spalte durch. Wollen Sie eine Spalte markieren, genügt es, wenn Sie an irgendeiner Stelle innerhalb der gewünschten Spalte mit der <u>rechten</u> Maustaste einmal klicken. In beiden Fällen wird eine Erweiterung der Markierung durch Festhalten der jeweiligen Maustaste und gleichzeitiges Ziehen der Maus über den gewünschten Bereich erreicht.

Spalten- und Zeilenmarkierung mit der Tastatur

Um mit der Tastatur eine ganze Zeile zu markieren, müssen Sie die Einfügemarke zuerst an den Anfang der ersten Zelle in dieser Zeile bewegen. Dann drücken Sie ⇧ + Alt und benutzen die Tastenkombination, die Sie sonst zum Bewegen an das Ende oder den Anfang der Zeile nehmen, nämlich Ende oder Pos1 Sie können die Markierung nun durch Drücken von ⇧ und Ende , ⇧ + Pos1 oder ⇧ + ← bzw. → zellenweise erweitern oder verkürzen.

Verwenden Sie <u>nicht</u> die Tastenkombination Alt , ⇧ und ← bzw. → (obwohl das zweifelsohne naheläge). Sie ist schon von der Gliederungsfunktion mit dem Umstellen von Gliederungsebenen belegt und weist der aktuellen Markierung beim zugeordneten Druckformat STANDARD das Druckformat der *Gliederungsebene 2* zu.

Markieren über das Menü

Seit der Version 2.0 gibt es auch die Möglichkeit, Zeilen oder Spalten über einen Menübefehl zu markieren. Ausgehend von der Position der Einfügemarke, markiert der Befehl **TABELLE ZEILEN MARKIEREN** die aktuelle Zeile, der Befehl **TABELLE SPALTEN MARKIEREN** die aktuelle Spalte und **TABELLE TABELLE MARKIEREN** die gesamte Tabelle.

Seit der Version 2.0 gibt es auch die Möglichkeit, Zeilen oder Spalten über einen Menübefehl zu markieren.

Markierung erweitern in einer Tabelle

Eine elegante Methode, um mit der Tastatur in einer Tabelle zu markieren, stellt die Funktionstaste F8 dar. Allerdings gelten auch hier etwas andere Regeln als beim Arbeiten außerhalb von Tabellen. Durch einma-

Die Funktionstaste F8 bewirkt, daß man mit den Cursortasten die Zellenmarkierung erweitern kann.

liges Drücken von F8 schalten Sie in den Erweiterungsmodus um, der in Tabellen bewirkt, daß jedes weitere Drücken der Richtungstasten zu einer Markierung der nächsten Zelle führt.

Ein zweimaliges Drücken von F8 führt genauso wie beim Arbeiten außerhalb von Tabellen zu einer wortweisen Markierung. Dreimaliges Drücken markiert die gesamte Zelle und durch viermaliges Drücken wird das gesamte Dokument markiert. Das Ausschalten des Erweiterungsmodus erfolgt durch Drücken von Einfg . Wollen Sie die gesamte Tabelle markieren, drücken Sie Alt + 5 (auf der numerischen Tastatur), wenn sich die Einfügemarke innerhalb der Tabelle befindet.

Erweitern von Tabellen

Tabellenerweiterung am Ende einer Tabelle

Oft kommt es vor, daß eine Tabelle nachträglich um einige Zeilen oder Spalten erweitert werden soll. Falls Ihnen am Ende einer Tabelle auffällt, daß Sie noch eine weitere Zeile benötigen, löst sich das Problem fast von selbst. Sie müssen nur so tun, als ob Sie in die nächste Zelle springen wollten und die Taste →| drücken. Word für Windows fügt beim Arbeiten in Tabellen eine neue Tabellenzeile hinzu. Die neue Zeile wird als eine exakte Kopie der Formatierungsmerkmale aus der vorhergehenden Zeile erstellt. Spaltenbreiten werden genauso wie die Formatierungsmerkmale der einzelnen Zellen aus der Zeile darüber übernommen.

Tabellenerweiterung über der Einfügemarke

Beim Arbeiten mit Tabellen werden Sie vielleicht einmal vor dem Problem stehen, daß mitten in einer Tabelle eine zusätzliche Zeile benötigt wird. Um eine Zeile nachträglich in eine Tabelle einzufügen, bewegen Sie die Einfügemarke in die Zeile, über der Sie die neue Zeile einfügen wollen. Wählen Sie nun den Befehl **TABELLE ZELLEN EINFÜGEN**. Es erscheint die Dialogbox aus Abbildung 5.8.7.

Abb.5.8.7: Die Dialogbox zum Einfügen von Zeilen und Spalten

Wählen Sie nun **Ganze Zeile einfügen** und dann die Schaltfläche **OK** oder drücken [←]. Beachten Sie bei dieser Arbeitsweise bitte, daß hierbei eine Zeile immer <u>über</u> der jeweiligen Position der Einfügemarke eingefügt wird.Sobald Sie eine ganze Zeile markiert haben, lautet der erste Befehl im Menü **TABELLE** nicht mehr **ZELLEN EINFÜGEN** sondern **ZEILEN EINFÜGEN**. Er bewirkt, daß genau eine Zeile eingefügt wird, ohne Abfrage. Haben Sie zwei Zeilen markiert, fügt er zwei Zeilen ein, haben Sie vier markiert, vier usw..

Einfügen einer neuen Spalte

Um eine neue Spalte einzufügen, gehen Sie genauso vor wie beim Einfügen einer neuen Zeile. Sie wählen in derselben Dialogbox lediglich die Option **Ganze Spalte einfügen**. Beachten Sie hierbei, daß die Spalten immer <u>links</u> von der aktuellen Position der Einfügemarke hinzugefügt werden. Sobald Sie eine ganze Zeile markiert haben, lautet der erste Befehl im Menü **TABELLE** nicht mehr **ZELLEN EINFÜGEN** sondern **SPALTEN EINFÜGEN**. Er bewirkt, daß genau eine Spalte eingefügt wird, ohne Abfrage. Haben Sie zwei Zeilen markiert, fügt er zwei Zeilen ein, haben Sie vier markiert, vier usw..

Wollen Sie eine neue Spalte am rechten Rand einer Tabelle hinzufügen, klicken Sie mit der linken Maustaste direkt rechts neben die Tabelle. Um diese Position mit der Tastatur zu erreichen, bewegen Sie die Einfügemarke bis hinter das letzte Zeichen in einer der ganz rechts in der Tabelle stehenden Zellen und drücken dann [→]. Die Einfügemarke befindet sich nun in einem Bereich neben der Tabelle, in dem Sie nicht schreiben oder etwas löschen können. Diese Position dient lediglich zum Erweitern von

Tabellen. Wählen Sie **TABELLE ZELLEN EINFÜGEN**, und fügen Sie mit der Option **Ganze Spalte einfügen** eine Spalte der Tabelle hinzu.

Löschen von Zeilen und Spalten

Genauso einfach wie das Einfügen von Zeilen oder Spalten ist es, Zeilen und Spalten zu löschen. Markieren Sie die zu löschende Zeile/Spalte und wählen den Befehl **TABELLE ZELLEN LÖSCHEN**. Klicken Sie dann auf **Ganze Spalte-** bzw. **Ganze Zeile löschen.** Auch hier gilt, daß das vorherige Markieren einer ganzen Spalte/Zeile den Vorgang beschleunigt. Sie können dann nämlich den Befehl **TABELLE ZEILE** (oder auch **SPALTE) LÖSCHEN** verwenden.

Einfügen oder Löschen von einzelnen Zellen

Word für Windows bietet Ihnen auch die Möglichkeit, in eine bestehende Tabelle einzelne Zellen einzufügen. Dazu bewegen Sie die Einfügemarke in die Zelle, neben der oder über der eine neue Zelle eingefügt werden soll und benutzen wiederum den Befehl **TABELLE ZELLE EINFÜGEN** (siehe Abbildung 5.8.7). In der sich öffnenden Dialogbox wählen Sie die Option **Zellen Nach rechts verschieben** oder **Zellen nach unten verschieben.** Wählen Sie die erste Option, wird der Zeile eine neue Zelle hinzugefügt, im anderen Fall der Spalte.

Verschieben von Zeilen und Spalten innerhalb einer Tabelle

Wenn die "Ziehen-und-Ablegen"-Funktion aktiviert ist, können Sie eine Tabellenzeile auch mit der Maus verschieben.

Es mag vorkommen, daß Sie während der Arbeit an einer Tabelle feststellen, daß der Inhalt einer Zeile oder Spalte besser an einem anderen Ort in der Tabelle stünde. Wenn an der gewünschten Stelle schon eine leere Zeile/Spalte vorhanden ist, genügt es, einfach die zu verschiebende Zeile/Spalte zu markieren, mit dem Befehl **BEARBEITEN AUSSCHNEI-DEN** auszuschneiden und an der gewünschten Stelle über den Befehl **BEARBEITEN EINFÜGEN TABELLENFELD** einzufügen.

Beachten Sie beim Ausschneiden die Zusammenarbeit zwischen Word für Windows Tabellen und der Zwischenablage (siehe Abbildung 5.8.8). Sie erkennen die besondere Tabellen-Behandlung in der Zwischenablage daran, daß nach dem Ausschneiden einer Tabelle (oder einzelner Zellen) im Menü **BEARBEITEN** der Befehl **EINFÜGEN TABELLENFELD** auftaucht. Diese ersetzt die normale Einfügen-Funktion, solange sich in der Zwischenablage eine Tabelle (oder Zellen einer Tabelle) befindet.

Sie können auch eine Zeile oder Spalte, die schon einen Inhalt hat, überschreiben. Kopieren Sie dazu die zu verschiebende Zeile oder Spalte und markieren dann die Spalte/Zeile, die überschrieben werden soll. Wählen Sie nun im Menü **BEARBEITEN** den Befehl **EINFÜGEN TABELLEN-FELD**. Die markierte Spalte/Zeile wird vom Inhalt der Zwischenablage ersetzt, wenn Sie über den Befehl **EXTRAS EINSTELLUNGEN Allgemein** die Option **Überschreiben einer Markierung** eingestellt haben.

Das Einfügen funktioniert allerdings nur, wenn die Anzahl der Zellen, die kopiert oder verschoben werden sollen, mit der Anzahl der Zellen im Zielbereich übereinstimmt. Ist die Anzahl der Zellen oder die Zellstruktur anders (beispielsweise nicht vier Zellen untereinander, sondern nur drei untereinander und eine daneben), gibt Word für Windows eine Fehlermeldung aus.

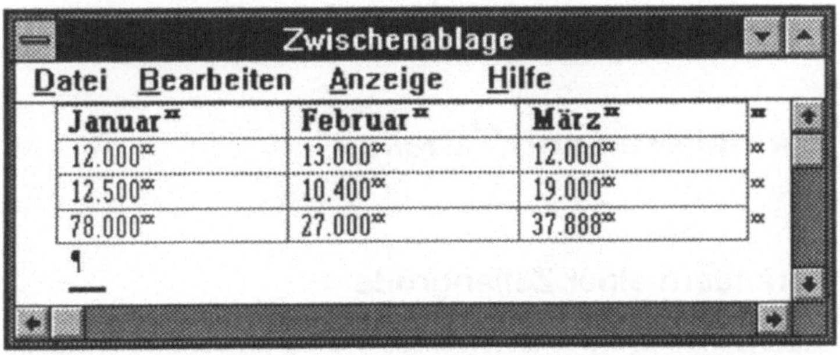

Abb.5.8.8:   Tabellen haben ein spezielles Zwischenablageformat

Verbinden und Teilen von Tabellenfeldern

Eine weitere Möglichkeit, eine Tabelle nachträglich zu verändern, steht Ihnen über die Option **TABELLE ZELLEN VERBINDEN** und das Pendant **TABELLE ZELLEN TEILEN** zur Verfügung. Die beiden Optionen erscheinen stets alternierend (also im Wechsel), denn es können nur Felder geteilt werden, die zuvor verbunden worden sind. Um zwei oder mehrere Felder miteinander zu verbinden, markieren Sie diese und wählen den Befehl **TABELLE ZELLEN VERBINDEN**.

Word für Windows verschmilzt nun die markierten Tabellenfelder zu einem einzigen, das die Größe der zusammengefügten Felder einnimmt, und schreibt die Zelleninhalte von Absatzmarken getrennt untereinander. Wenn Sie drei leere Zellen miteinander verbinden, können Sie das gut sehen. Die neue Zelle nimmt den Platz ein, den die drei Zellen vorher innehatten, und ist dreimal so hoch, da sie jetzt drei Absätze untereinander enthält. Es können stets nur nebeneinanderliegende Felder verbunden werden. Wenn Sie zwei untereinanderliegende Felder markieren und **TABELLE** wählen, ist **ZELLEN VERBINDEN** nicht anwählbar.

Das Teilen von Zellen ist nur mit Zellen möglich, die zuvor zusammengefügt wurden. Erst wenn Sie eine solche markieren, erscheint in dem Menü **TABELLE** anstelle des Befehls **ZELLEN VERBINDEN** der Befehl **ZELLEN TEILEN**. Er ist die genaue Umkehrung der Verbinden-Option.

Formatieren von Tabellen

Verändern einer Zellengröße

Die einzelnen Zellen in einer Tabelle können in Word für Windows für Windows beliebig verändert werden. Während Sie in einer Tabellenkalkulation im Normalfall nicht die Breite einer einzelnen Zelle, sondern nur die Breite einer Spalte ändern können, lassen sich in Word für Windows-Tabellen einzelne Zellen unabhängig von darüber- oder darunterliegenden Zellen in der Breite verändern (siehe Abbildung 5.8.9).

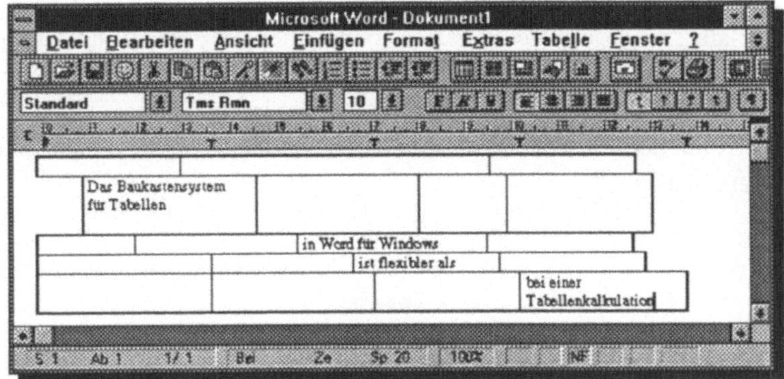

Abb.5.8.9: Zellen können unabhängig voneinander
in der Breite variiert werden

Verändern einer Spaltenbreite

Die Spaltenbreite einer Tabelle ist in Word für Windows völlig variabel.
Es gibt drei Möglichkeiten zur Veränderung von Spaltenbreiten, wobei
Mausbesitzer mit zweien von ihnen sehr elegant und flott arbeiten können. Positionieren Sie die Einfügemarke genau in der Zelle, die Sie ver-
ändern wollen. Markieren Sie diese Zelle. Eine einzelne Zelle markieren
Sie, indem Sie mit dem Mauszeiger von rechts an ihren linken Rand
heranfahren, bis dieser (wie bei der Absatzmarkierung) nach rechts kippt.
Drücken Sie nun kurz die linke Maustaste und die Zelle wird markiert.
Bewegen Sie nun die Maus auf den Zellenrand, den Sie verschieben
möchten. Sobald sich der Mauszeiger genau über dem Rand befindet,
nimmt er eine neue Form an, bestehend aus zwei senkrechten, dünnen
Doppelstrichen, von denen links und rechts je ein kleiner Pfeil abgeht.
Drücken Sie nun die linke Maustaste und ziehen Sie mit niedergehalte-
ner Maustaste den Zellenrand in die gewünschte Breite. Sie können auch
die im Lineal abgebildeten kleinen **T**-Fasser anklicken und verziehen
(siehe Abbildung 5.8.10), der Erfolg ist derselbe.

Falls im Lineal die **T**-Fasser nicht vorhanden sind, schalten Sie sie ein,
indem Sie Schalter links neben dem Lineal betätigen. Er wechselt zwischen Absatzgrenzen, Spaltengrenzen und Seitengrenzen. Die Ab-
satzeinzugsmarken im Lineal wandeln sich spätestens nach einem Dop-

pelklick in sogenannte **T**-Fasser (siehe Abbildung 5.8.10) um, die die Begrenzungen der einzelnen Spalten einer Tabelle symbolisieren. Durch einfaches Anklicken, Festhalten und Verziehen der **T**-Fasser können Sie jetzt mit der Maus die Spaltenränder der markierten Spalten oder Zellen verschieben.

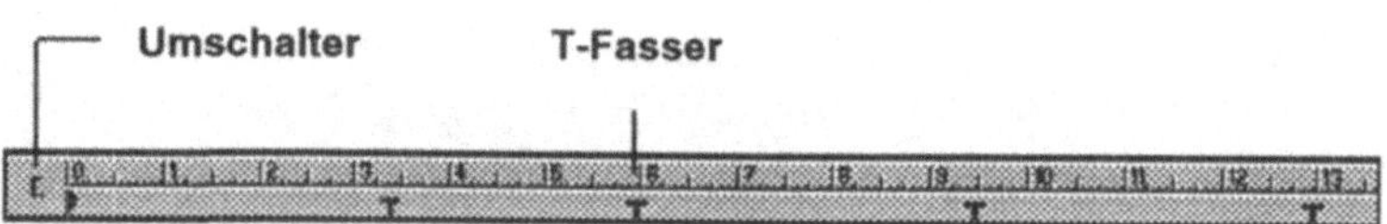

Abb.5.8.10: Umschaltbereich und T-Fasser im neuen Lineal

Als Tastaturbenutzer können Sie die **T**-Fasser im Lineal leider nicht benutzen, sondern müssen die Breite von Tabellenspalten über einen Menübefehl verändern. Wählen Sie dazu den Befehl **TABELLE SPALTENBREITE**. In der sich öffnenden Dialogbox (siehe Abbildung 5.8.11) können Sie die Spaltenbreite festlegen

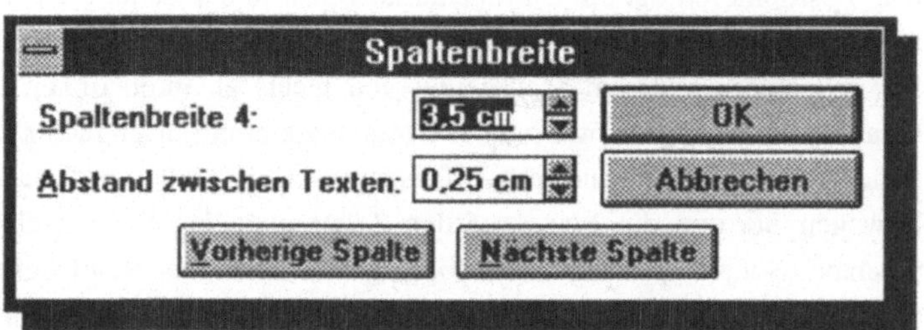

Abb 5.8.11: Dialogbox zum Formatieren von Tabellen

Stellen Sie in der Dialogbox mit der Option **Spaltenbreite** n (n steht für die Nummer der Spalte) die gewünschte Breite ihrer Zelle(n) ein. Als Erleichterung für den Fall, daß Sie die Formatierung auf weitere Spalte ausdehnen wollen, müssen Sie nicht einmal aus der Dialogbox heraus, um die Markierung zu erweitern. Sie haben unten in der Dialogbox zwei Schaltflächen, **Nächste Spalte** und **Vorherige Spalte**, mit denen Sie die vorhergehende (n-1) oder die nächste (n+1) Spalte bearbeiten können.

Die oben beschriebenen Befehle zum Verändern der Spaltenbreite wirken sich auf die gesamte Spalte aus, sobald Sie vor Ausführung des Befehls die gesamte Spalte markiert haben.

Abstand zwischen den Spalten festlegen

Der Abstand zwischen den Spalten einer Tabelle ist der Zwischenraum zwischen den beiden Absatzgrenzen nebeneinanderliegender Spalten. Er erleichtert die Formatierung gerade bei Mehrspaltensatz ungemein, denn Sie müssen nicht mühsam die Einzüge der beiden nebeneinander liegenden Absätze einzeln aufeinander einstellen, sondern können Word für Windows anweisen, einen Abstand von z.B. *1 cm* zwischen den Spalten einzuhalten.

Wenn Sie zwei Zellen oder Spalten durch einen Rahmen voneinander trennen, wird der Rahmen jeweils genau in der Mitte zwischen dem Abstand der Zellen eingefügt. Bei dem oben erwähnten Beispiels-Abstand also *0,5 cm* von jeder Absatzgrenze entfernt. Word für Windows gibt als Standardabstand zwischen zwei Zellen *0,25 cm* vor.

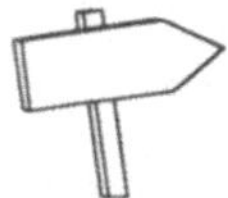

Vergleiche hierzu auch den Abschnitt RAHMEN-FUNKTION an späterer Stelle in diesem Kapitel.

Zeileneinzüge und Absatzeinzüge

Tabellen werden in Word für Windows immer am linken Seitenrand ausgerichtet. Als ganz linke Spaltenbegrenzung einer Tabelle finden Sie im Lineal allerdings das gleiche Symbol wie für den Absatzeinzug. Obwohl das Symbol gleich aussieht, hat es aber eine andere Wirkung als der Absatzeinzug, denn es bezieht sich auf den Zeileneinzug der Tabelle. Sie können sich den Unterschied deutlich machen, wenn Sie einer Tabelle einen Rahmen geben - ein Rahmen erscheint dann zunächst am linken Seitenrand.

Über den Befehl **TABELLE ZEILENHÖHE** können Sie den Zeileneinzug einer Tabellenzeile mit der Option **Einzug von links** festlegen. Ein Absatz- bzw. Zeileneinzug des Textes, der sich in einer Zeile oder einer Zelle befindet, wird dagegen über den Befehl **FORMAT ABSATZ** mit der Option **Einzüge** festgelegt. Den Unterschied dieser beiden Formatierungen können Sie sich mit Abbildung 5.8.12 verdeutlichen. Achten Sie beim Verschieben des Einzugssymboles im Lineal immer genau darauf, welcher Linealmodus gerade aktiv ist. Sie erkennen den Tabellenmodus an den **T**-Fassern im Lineal .

Diese Zelle beginnt am linken Seitenrand (kein Zelleneinzug der Tabelle). Der Text hat keinen Absatzeinzug	Text, zwo drei vier..
Diese Zelle beginnt am linken Seitenrand (kein Zelleneinzug der Tabelle) und der Text hat über FORMAT ABSATZ einen Absatzeinzug	
Diese Zelle hat über TABELLE ZEILENHÖHE einen Zelleneinzug und der Text hat keinen Absatzeinzug	
Diese Zelle hat über TABELLE ZEILENHÖHE einen Zelleneinzug und der Text über FORMAT ABSATZ einen Absatzeinzug	

Abb.5.8.12: Absatzeinzüge über FORMAT ABSATZ
und Zeileneinzüge über TABELLE ZEILENHÖHE
können in Tabellen getrennt festgelegt werden

Die minimale Zeilenhöhe

Normalerweise richtet sich die Höhe einer Zeile immer nach der Höhe der Zelle, in der am meisten Text steht. Wenn in einer Zelle ein Text von vier Zeilen steht, in den anderen Zellen aber nur zwei Zeilen Text vorhanden sind, so sind trotzdem alle Zellen dieser Zeile vier Zeilen hoch.

Unabhängig von dieser Ausrichtung können Sie die Zeilenhöhe in einer Tabelle jedoch auch festlegen. Die Standard-Vorgabe *Auto* in dem Textfeld der Dialogbox **TABELLE ZEILENHÖHE** (siehe Abbildung 5.8.13) sorgt dafür, daß sich die Zellenhöhe immer an der Textmenge orientiert, die sich in einer Zelle befindet. Durch die Angabe eines Wertes unter **Maß** (z.B. *3 cm*) können Sie die Zeilenhöhe der Tabelle aber auch als Mindestwert oder ganz genau festlegen. Dazu wählen Sie unter **Zeilenhöhe *n*** anstelle von **Auto** entweder **Mindestens** oder **Genau**. Genauso wie bei der Unterscheidung des Zeileneinzuges in Tabellen und der Absatzformatierung des Textes, der sich in der Zelle befindet, können Sie auch die Zeilenabstände der Zeilen einer Tabelle und den Zeilenabstand des Textes, der sich in ein Zelle befindet, unabhängig voneinander formatieren.

Die erlaubten Werte, die für die minimale Zeilenhöhe eingegeben werden können, liegen zwischen 0 und 135 Zeilen (was max. 55,87cm entspricht). Der Wert von 55,87 cm ergibt sich aus der einfachen Tatsache, daß Word für Windows maximal Blätter in der Größe von DIN A3 bedrucken kann.

Die Festlegung einer Zeilenhöhe im Text wird in Teil 3, Kapitel 3 besprochen.

In einer Zelle, deren Zeilenhöhe mit beispielsweise mit *genau 3 cm* definiert ist, wird folglich nur soviel Text angezeigt, wie in den Raum von *3 cm* paßt. Diese Festlegung ist also vor allem dann sinnvoll, wenn eine Tabelle beispielsweise als Formular benutzt werden soll. Text, der über die minimale Zeilenhöhe einer Tabelle hinausgeht, wird einfach nicht mehr angezeigt bzw. ausgedruckt. Physikalisch bleibt er jedoch im Dokument erhalten und wird auch mit abgespeichert.

Absolute Zeilenabstände (durch die Wahl von GENAU) in einer Tabelle sind vor allem beim Erstellen von Formularen am Bildschirm sehr nützlich.

Arbeiten mit der minimalen Zeilenhöhe

Stellen Sie sich vor, Sie hätten die Aufgabe, eine Preisliste zu erstellen, die pro Seite in jedem Fall nur *15* gleichhohe Zeilen haben soll. Da Word für Windows ja im Normalfall die Tabellen je nach Inhalt in der Höhe ausdehnt, wäre es äußerst aufwendig und umständlich, eine Tabelle, in der in jeder Zeile unterschiedlich viel Text stehen könnte, genau anzupassen.

Um sich eine solche Tabelle als Formular zu erstellen, können Sie einfach vor dem Erstellen der Tabelle die Seitenhöhe durch *15* teilen. Legen Sie diesen Wert als minimale Zeilenhöhe einer Tabelle mit *15* Zeilen fest, und Sie haben für jede Tabellenzeile gleich viel Platz eingeräumt. Bei der Eingabe des Textes werden Sie dann feststellen, ob der gewählte Schriftgrad zu groß für die jeweilige Zelle ist. Sie können nun durch die Variation des Schriftgrades oder eine Textverkürzung gezielt reagieren und dabei sicherstellen, daß auf jeden Fall immer genau *15* Zeilen auf einer Seite stehen.

Eine vergleichbare Situation entsteht im übrigen auch dann, wenn Sie eine einzelne Tabellenzelle größer werden lassen, als die Seitenhöhe ist. In diesem Falle wird der Text, der innerhalb der Zelle über die Höhe einer Seite hinausgeht, "unterschlagen". Wenn Sie die Tabelle nicht in der **ANSICHT DRUCKBILD** erstellen und den Seitenumbruch im Hintergrund ausgeschaltet haben, kann dadurch z.B. der Eindruck entstehen, daß bestimmter Text von Word für Windows unterschlagen wird. Schalten Sie in solchen Fällen in der Druckbildansicht die Anzeige der Gitternetzlinien ein, um herauszufinden, wie eine Tabelle evtl. formatiert worden ist.

Tabellen und Zellen umrahmen

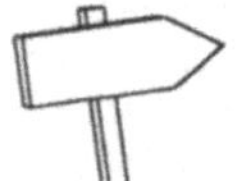

Die Dialogbox FORMAT RAHMEN wurde ausführlich in Teil 5, Kapitel 5 beschrieben.

Als weitere Formatierungsmöglichkeit einer Tabelle können Sie einzelne Zellen oder die ganze Tabelle mit Rahmen versehen. Markieren Sie dazu die Zelle(n), die mit einem Rahmen versehen werden sollen und wählen den Befehl **FORMAT RAHMEN** (siehe Abbildung 5.8.13). Sie kennen diese Dialogbox schon aus der Besprechung des Befehls **FORMAT RAHMEN** in Teil 5, Kapitel 5. Lediglich ganz unten ist unter dem Stichwort **Standard** eine neue Option aufgetaucht, die Option **Gitternetz**, die allerdings nur auftaucht, wenn sich die Markierung über mehrere Felder einer Tabelle erstreckt. **Gitternetz** hat zur Folge, daß alle Zwischenlinien mit ausgedruckt werden und nicht nur ein Rahmen um die gesamte Tabelle. Wählen Sie hier, wie gewohnt, die Rahmenarten und - muster, die Sie wünschen.

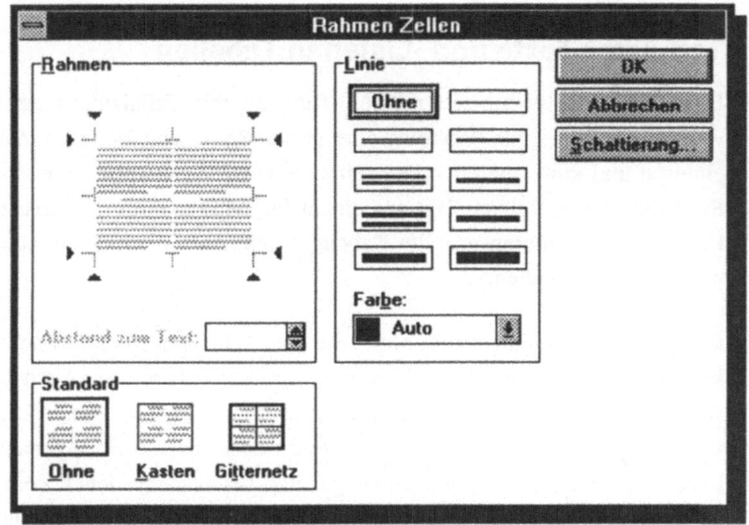

Abb.5.8.13: Die Möglichkeiten, in Tabellen mit
Rahmen zu arbeiten, sind vielfältig

Texte und Tabellen umwandeln

Bei der Arbeit mit Tabellen wird man im Regelfall zunächst eine Tabelle
erstellen, in die anschließend Zahlenwerte oder Textelemente eingegeben werden. Word für Windows bietet daneben aber die Möglichkeit,
bereits erfaßten Text nachträglich in eine Tabelle umzuwandeln. Die
Befehlsfolge hierfür ist genau dieselbe wie beim Erstellen von leeren
Tabellen.

Um Text in eine Tabelle umzuwandeln, müssen Sie den Text, den Sie in
eine Tabelle umwandeln wollen, zunächst markieren. Wählen Sie dann
den Befehl **TABELLE TEXT IN TABELLE**. Sofort wird der markierte
Text in eine Tabelle verwandelt, wobei jeder Absatz in eine Zelle ge-
stopft wird.

Tabulator-Texte und -Listen in Tabellen

In vielen Textprogrammen müssen Tabellen mit Tabulatoren erstellt werden. Da Word für Windows eine ganze Reihe von Fremdformaten einlesen und konvertieren kann, ergibt sich möglicherweise einmal die Situation, daß Sie einen Text aus einem Fremdprogramm, der eine mit Hilfe von Tabulatoren erstellte Tabelle enthält, in Word für Windows nachbearbeiten wollen.

Eine Tabelle darf nicht mehr 31 Spalten beinhalten.

Die gleiche Situation entsteht, wenn Sie eine Tabelle aus einer Tabellen-kalkulation wie Lotus oder Multiplan importieren möchten. Auch hier werden beim Import die Zellentrennzeichen der Tabellen-Kalkulation von Word für Windows durch Tabulatoren oder aber durch sogenannte Listentrennzeichen interpretiert bzw. ersetzt. Listentrennzeichen können dabei entweder Kommata oder Strichpunkte sein, je nachdem, was Sie in den Ländereinstellungen von Windows eingestellt haben. Die Tabelle, die Word für Windows nach einem Import darstellt, ist eine Zahlenliste, in der die Zahlen durch Tabulatoren bzw. Listenzeichen getrennt sind.

Genauso wie Word für Windows aus Texten, die durch das Trennkriterium der Absatzendemarke gekennzeichnet sind, Zellen einer Tabelle erstellen kann, können auch Listen, in denen Texte oder Zahlen durch Tabulatoren bzw. durch Listenzeichen getrennt ist, in Tabellen umgewandelt werden. Um einen solchen Textbereich in eine Tabelle umzuwandeln, wählen Sie den Befehl **TABELLE TEXT IN TABELLE.**

Tabellen entfernen

Wenn Sie eine Tabelle entfernen möchten, müssen Sie die gesamte Tabelle markieren und dann **TABELLE ZEILEN LÖSCHEN** aufrufen. Die Tabelle wird dann samt ihrem Inhalt aus dem Dokument entfernt.

Umwandeln einer Tabelle in Text

Word für Windows ist bei den Tabellen so flexibel, daß Sie nur die Formatierung als Tabelle löschen können, der Inhalt aber beibehalten wird. Sie müssen dazu genauso vorgehen, als wenn Sie eine Tabelle aus vorhandenem Text erstellen möchten. Markieren Sie zunächst die gesamte Tabelle und öffnen das Pull-Down-Menü **TABELLE**. Anstelle des Befehls **TEXT IN TABELLE** erscheint jetzt der Befehl **TABELLE IN TEXT**. In der Dialogbox dieses Befehles (siehe Abbildung 5.8.14) können Sie nun festlegen, ob die Inhalte der einzelnen Zellen in dem Text, der aus den Tabelleninhalten erstellt wird, durch Tabulatoren, durch das entsprechende Listenzeichen der Systemsteuerung oder durch Absätze voneinander getrennt werden sollen.

Abb.5.8.14: Die verschiedenen Möglichkeiten
beim Umwandeln von Tabellen in Text

Rechnen in Tabellen

Auch innerhalb von Tabellen können sie den gesamten Funktionsumfang von Word für Windows ausnutzen. Gerade in Tabellen ergibt sich in Verbindung mit den Feldfunktionen interessante Möglichkeiten, denn wie in einer Tabellenkalkulation können durch den Aufbau von Zellreferenzen Berechnungen durchgeführt werden. Diese Berechnungen in Tabellen sind zusätzlich zum normalen Rechnen im Text als Leistungsmerkmal in Word für Windows vorhanden. Da wir den Feldern und dem Rechnen im Text ein eigenes Kapitel (Teil 4, Kapitel 10) gewidmet haben, möchten wir an dieser Stelle nur einen kurzen Überblick über die Rechenfunktionen von Word für Windows geben und uns hauptsächlich auf die Rechenfunktionen in Tabellen konzentrieren.

Die gesamte Palette der Feldfunktionen wird ausführlich in Teil 4, Kapitel 10 besprochen.

Im Prinzip beherrscht Word für Windows nur die vier Grundrechenarten **Substraktion, Addition, Multiplikation** und **Division**. Dazu gesellt sich noch die **Potenzrechnung** und mit dieser das **Wurzelziehen**. Im kombinierten Einsatz von Tabellen und Feldern ergibt aber sich die Möglichkeit, in Tabellen einzelne Zellen zu adressieren. Wie in einer Tabellenkalkulation können Sie Word für Windows anweisen, den Wert in der Zelle X mit dem Wert der Zelle y z.B. zu multiplizieren. Zusätzlich lassen sich bestimmte Zellen oder Zellenblöcke aus beliebigen Tabellen mit Textmarken versehen, wobei diese Textmarken wiederum als Bestandteile einer Berechnung fungieren können.

Das Adressieren von Zellen

Beginnen wir mit einem einfachen Beispiel, in dem die folgende, einfache Tabelle erstellt werden soll:

Anzahl der Besucher	Eintrittserlöse	Ausgaben	Monat (1990)
266		4700	April
230		4500	Mai
245		5699	Juni
Summe Einn.		Summe Ausg.	

Abb.5.8.15: Eine Beispieltabelle für das Rechnen mit Zellreferenzen

Stellen wir uns vor, eine Kleinbühne möchte die Eintrittserlöse den Ausgaben gegenüberstellen. Dazu werden die verkauften Eintrittskarten gezählt und mit den Preisen multipliziert. Diese Werte werden den Ausgaben in einer Tabelle gegenübergestellt. In der Beispieltabelle ist die Spalte mit den Eintrittserlösen noch leer. In Spalte 2 soll eine Formel eingetragen werden, die die Anzahl der verkauften Eintrittskarten mit dem Preis der Karten multipliziert.

Um in einer Tabelle Berechnungen durch Zellreferenzen durchführen zu können, müssen wir zunächst einen kleinen Ausflug in die Welt der Felder machen. Felder in Word für Windows sind im Prinzip Formeln oder Steueranweisungen, die an einer bestimmten Stelle im Text (also auch in Tabellen) eine bestimmte Funktion ausführen. Das Besondere an Feldern ist, daß sie variabel sind, sich also den jeweiligen Umständen und aktuellen Werten anpassen. Nicht variabel wäre z.B. die fixe Anweisung: "Liebes Programm, multipliziere mir an dieser Stelle 25 mit 123".

Ein Feld kann dagegen die Anweisung enthalten: "Multipliziere mir an dieser Stelle 25 mit dem Wert, der in der Tabelle in der obersten Zelle links steht." Ein Feld bietet somit den Vorteil, daß Sie in der oberen linken Zelle einen beliebigen Wert eingeben können und das Ergebnis entsprechend den variablen Werten automatisch neu berechnet wird.

Felder haben in Word für Windows zwei Erscheinungsformen bzw. Darstellungsarten am Bildschirm. Die eine besteht in der Formel selbst, die bearbeitet werden kann und im Normalfall auch nicht ausgedruckt werden soll. Gedruckt werden soll stattdessen das Ergebnis der Formel, die zweite Erscheinungsform eines Feldes. Man muß aber beides sehen und bearbeiten können muß, also die Syntax der Formel bearbeiten und das Ergebnis anschauen. Zu diesem Zweck kann man mit dem Tastenschlüssel ⬆ + F9 zwischen den beiden Darstellungsarten hin- und herschalten.

Sehen wir uns ein Feld für das Rechnen mit Zellreferenzen einmal etwas näher an. Das Feld zur Berechnung der Verkaufserlöse (Multiplikation des Preises mit der Besucheranzahl) in unserer Beispieltabelle würde wie folgt aussehen:

$$\{ = \text{PRODUKT} \, (\mathit{[z2S1];25)}\}$$

Die beiden geschweiften Klammern am linken und rechten Rand signalisieren Word für Windows, daß es sich bei dem ganzen Gebilde um ein Feld handelt, diese Klammern sind auch nicht über die Tastatur mit AltGr + } oder AltGr + { einzugeben, sondern über die Tastenkombination Strg + F9 oder den Befehl **EINFÜGEN FELD**. Das Gleichheitszeichen bezeichnet den Feldtyp. Insgesamt stehen in Word für

Windows 56 verschiedene Feldtypen zur Verfügung, die für alle möglichen Zwecke eingesetzt werden können. Die Feldart, mit der wir in diesem Beispiel zu tun haben und die für Berechnungen zuständig ist, stellt nur eine dieser 56 Feldtypen dar. Nach dem Gleichheitszeichen kommt die eigentliche Formel oder Berechnung. Grundsätzlich gibt es für Berechnungen nun zwei Möglichkeiten. Wenn Sie beispielsweise eine Summe aus zwei konstanten Zahlen wollen, errechnen Sie diese durch die Formel {=3+4}.

Wollen Sie aber - wie in unserem Beispiel - mit Zellreferenzen in einer Tabelle (Zeilen, Spalten) arbeiten, müssen Sie eine Funktion verwenden. Funktionen sind auch in Tabellenkalkulationsprogrammen gebräuchlich. Sie haben den Aufbau: "=FUNKTION()", wobei in den Klammern Zahlen oder Zellreferenzen als Argumente stehen können. Die Funktionen, die Word für Windows zur Verfügung stellt, finden Sie in Tabelle 5.8.2.

Eine Zellreferenz muß beim Rechnen in Tabellen von eckigen Klammern [] eingeschlossen sein. Sie ist quasi die "Hausnummer" der Zelle, mit der gearbeitet werden soll und errechnet sich aus einem einfachen Koordinatensystem, das über die gesamte Tabelle gelegt wird. Die Numerierung des Koordinatensystems beginnt in der Zelle oben links. Die oberste Zelle in der ersten Spalte von links hat demnach die "Hausnummer" [Z1S1] (Zeile1Spalte1). In unserem Beispiel ([Z2S1]) benötigen wir eine Zellreferenz zur ersten Spalte in der zweiten Zeile.

Innerhalb einer Funktion müssen die einzelnen Argumente durch Strichpunkte oder Kommata voneinander getrennt werden. Das zu benutzende Trennzeichen ist von den Ländereinstellungen der Windows-Systemsteuerung abhängig, das dort eingestellte Listenzeichen muß verwendet werden. Haben Sie als Listenzeichen den "Strichpunkt" eingestellt (was automatisch geschieht, wenn Sie bei der Installation als Land *Deutschland* angegeben haben), müssen Sie auch einen Strichpunkt als Trennzeichen zwischen den Argumenten der Feldfunktion verwenden.

Erstellen von Feldern

In Word für Windows können zwei verschiedene Wege gewählt werden, um Felder zu erstellen. Der eine führt über das Menü **EINFÜGEN FELD**, wobei hier in einer Dialogbox die verschiedenen Feldtypen aus einer Liste ausgewählt werden können. Die zweite Methode setzt voraus, daß die Syntax des Feldcodes bekannt ist. Sie stellt in der praktischen Handhabung den schnelleren Weg dar.

Diese Methode wird in Teil 4, Kapitel 10 ausführlich beschrieben.

Die geschweiften Klammern, durch die ein Feld eingeschlossen wird, werden durch die Tastenkombination Ctrl + F9 erzeugt. Die geschweiften Klammern auf einer 102-Tasten Tastatur (AltGr + 7 oder AltGr + 0) können nicht benutzt werden, denn diese sind für Word für Windows Zeichen wie alle anderen auch. Wenn Sie die geschweiften Klammern nach dem Drücken von Strg + F9 nicht am Bildschirm sehen, liegt das wahrscheinlich daran, daß Sie die **ANSICHT FELDFUNKTIONEN** ausgeschaltet haben. Im Normalfall befindet sich die Einfügemarke nach dem Betätigen von Ctrl + F9 innerhalb der Feldklammern, und Sie können die notwendigen Einzelheiten - die sogenannten "Feldanweisungen" - eingeben.

Aktualisieren des Feld-Ergebnisses

Nachdem Sie die Formel von Hand eingegeben haben, schalten Sie zunächst mit ⇧ + F9 in die Ansicht der Feldergebnisse um. Unabhängig davon, ob Sie eine Formel neu eingefügt haben oder ob sich nur ein Wert, den die Formel verarbeitet (also beispielsweise eine Zelle, auf die die Formel sich bezieht) geändert hat, müssen Sie immer die Taste F9 betätigen, um Word für Windows zu veranlassen, das Ergebnis der Feldfunktion (neu) zu errechnen. Word für Windows aktualisiert (aus Speicherplatzgründen) nicht jedes Feld automatisch neu, sobald sich ein variabler Wert der zugrundeliegenden Referenzen geändert hat. Das Ergebnis einer Feldfunktion wird immer erst dann aktualisiert, wenn Sie die Funktionstaste F9 drücken.

Feldfunktionen in Tabellen

Kommen wir zurück zu unserem Beispiel. Um die Einnahmen automatisch berechnen zu lassen, müssen in die Spalte *Eintrittserlöse* Feldfunktionen mit den Zellreferenzen eingetragen werden. Die Formeln für das Beispiel sehen bei einem Kartenpreis von *DM 15,--* wie folgt aus:

Anz. Besucher	Eintrittserlöse	Ausgaben	Monat (1990
266	{=produkt([z2s1];15)}	4700	April
230	{=produkt([z3s1];15)}	4500	Mai
245	{=produkt([z4s1];15)}	5699	Juni
Summe der Einnahmen	{=summe([s2])}	Summe der Ausgaben	{=summe([s3])}

Abb.5.8.16: Die Formeln zur Berechnung der Beispieltabelle

Die Formel {=Produkt*([ZnS1];15)*} multipliziert jeweils den Preis der Eintrittskarte (*15*) mit der Anzahl der in dem jeweiligen Monat verkauften Eintrittskarten ([ZnS1.]). Werden dabei die Klammern (),[] nicht eingeben, funktioniert die Berechnung nicht. Für alle Berechnungen mit Zellreferenzen müssen außerdem stets die Funktionen SUMME oder PRODUKT verwendet werden. Die Operatoren: +; -; /; * arbeiten nur mit konstanten Zahlen und nicht mit Zellreferenzen.

*Für alle Berechnungen mit Zellreferenzen müssen außerdem stets die Funktionen SUMME oder PRODUKT verwendet werden. Die Operatoren: +; -; /; * arbeiten nur mit konstanten Zahlen und nicht mit Zellreferenzen.*

Einen kleinen Fehler haben wir in die obige Tabelle bei der Berechnung der gesamten Eintrittserlöse (Summe([s2]) bewußt eingebaut. Wenn Sie die Summe der Eintrittserlöse durch einmaliges Drücken von F9 berechnen lassen, so stimmt das Ergebnis. Mit jedem weiteren Drücken von F9 verdoppelt sich jedoch das Gesamtergebnis, da nun immer die Summe selbst zum Gesamtergebnis hinzugerechnet wird. Nach der eingegebenen Formel ist das auch richtig, denn die Formel berechnet als Ergebnis die Summe aller Werte in *Spalte 2*. Soll sich die Summenberechnung nur auf die Eintrittserlöse der *3 Monate* beschränken, müßte die Formel richtig lauten:

{=SUMME([z2s2:z4s2)]}.

Der Doppelpunkt dient hierbei zur Trennung der ersten und der letzten Zelle desjenigen Zellenbereiches, der bei der Berechnung der Summe zugrundeliegen sollen. Zur Verdeutlichung der Verwendung von Zellenbereichen gleich ein weiteres Beispiel: Sollte in der obigen Beispieltabelle die Summe aller Zellen berechnet werden, müßte die Formel lauten:

{=SUMME([z1s1:z5s4])}.

Spalten- und Zeilenreferenzen

Ebenso, wie für Zellen Adressen vergeben werden können, können auch für Zeilen und Spalten Referenzen angegeben werden. Die Formel in Zelle *Z4S2* (Zeile4Spalte2) berechnet die Summe aus allen Werten der *Spalte 2*. Bei der Berechnung mit F9 werden nur Zahlen verwendet. Steht irgendwo in der Spalte Text, kümmert sich Word für Windows einfach nicht darum. Besonders vorteilhaft ist aber, daß Sie mit Währungsformaten in einer Zelle arbeiten können. Das Ergebnis wird dann ebenfalls mit dem Währungsformat ausgegeben. Achten Sie bei der Verwendung von Währungsformaten allerdings darauf, welches Währungsformat in der Systemsteuerung von Windows eingestellt wurde und ob das Währungssymbol den Zahlenwerten standardmäßig vor- oder nachgestellt wird.

Jetzt haben Sie schon zwei Funktionen kennengelernt, die Word für Windows zur Verfügung stellt, PRODUKT und SUMME. Die anderen Funktionen, die Word für Windows zur Verfügung stellt, finden Sie in Tabelle 5.8.2. MULTIPLIKATION und ADDITION sind die am häufigsten verwendeten Funktionen, denn Sie sind ebenso für die DIVISION und die SUBTRAKTION zuständig.

Funktion	Beschreibung
Summe ()	Summe aller Zahlen in dem angegebenen Bereich
Produkt ()	Produkt aller Zahlen in dem angegebenen Bereich
Mittelwert ()	Berechnet den Mittelwert der Zahlen aus dem angegebenen Bereich
Max ()	Ermittelt die größte Zahl aus dem angegeben Bereich
Min ()0	Ermittelt die kleinste Zahl aus dem angegeben Bereich
Runden (x;y)	Rundet die Zahl x auf y Stellen hinter dem Komma
Ganzzahl (x)	Gibt Zahl x ohne Stellen nach dem Komma aus, ohne zu runden)

Tab.5.8.2:   Die Funktionen der Zellreferenzberechnungen

In Tabellen von Word für Windows Version 1.x war es leider nicht möglich, Zellreferenzen innerhalb einer Formel mit einfachen Operatoren zu verwenden (*z.B.*{=[z1s2]-[z2s4]}. Das Rechnen mit Zellreferenzen war nur im Zusammenhang mit den Funktionen der Tabelle in Tabelle 5.8.2 möglich. Um eine Substraktion mit Zellreferenzen durchzuführen, mußte also (etwas umständlich) die Summen-Funktion angewandt werden:

$${=}\text{SUMME}\,(\textit{[z1s2]}) - \text{SUMME}\,(\textit{[z3s4]})\}$$

Ab Version 2.0 können Sie in eine Zelle auch direkt die Formel {=summe ([Z1S1];[Z2S2]) ohne Verschachtelungen eingeben.

Das hat sich inzwischen geändert, jetzt können Sie auch direkt die Formel {=SUMME([Z1S1];[Z2S2]} eingeben. Die alte Klammer-Verschachtelung, die auf den ersten Blick ein wenig unhandlich wirkte, hat bei genauerem Hinsehen einen großen Vorteil, denn dank der Möglichkeit mit Verschachtelungen arbeiten zu können, lassen sich mehrere Funktionen miteinander verknüpfen, wie das nachfolgende Beispiel demonstriert:

{=PRODUKT*([z1S1];[z3s4])*0,2*MITTELWERT(b[z2s2: z6s5])}

Diese Formel multipliziert die Werte miteinander, die in der aktuellen Tabelle in *Z1S1* und *Z3S4* stehen. Dann greift sie auf eine andere Tabelle, die mit der Textmarke *b* versehen ist, zu und errechnet dort den Mittelwert aus allen Zellen, die im Bereich zwischen *Z2S2* und *Z6S5* stehen. Das Ergebnis der Berechnung in der Tabelle mit der Textmarke *b* wird mit 0,2 und dem Ergebnis der Multiplikation in der aktuellen Tabelle multipliziert.

Das Rechnen mit Zellreferenzen eröffnet also eine Reihe von Möglichkeiten, solange die einfachen Grundregeln, die sich von dem Arbeiten in Tabellenkalkulation etwas unterscheiden, beachtet werden. Bedenkt man, daß beim Rechnen in Tabellen auch Brüche, Dezimalzahlen und Textmarken verwendet werden können *(1/5 wäre Ein Fünftel)*, bleiben für einfache Berechnungen in Word für Windows Tabellen eigentlich kaum noch Wünsche offen.

Textmarken in Formeln

Die Verwendung von Textmarken in Berechnungen hat den Vorteil, daß sich bei einer Berechnung auch auf andere Tabellen oder aber einfache Textteile zugreifen läßt. In unserem Beispiel könnte man der Summe der Kartenverkäufe die Textmarke *Umsatz* geben und der Summe der Kosten die Textmarke *Kosten*. Später ließe sich an einer beliebigen Stelle im Text das Gesamtergebnis wie folgt berechnen:

"Im Geschäftsjahr 1990 betrugen die Reinerlöse aus
den Kartenverkäufen abzüglich der laufenden Kosten
DM {=UMSATZ - KOSTEN}."

Textmarken können für eine beliebige Zahl, eine Zeile der Tabelle oder eine ganze Tabelle vergeben werden. Insbesondere der letztere Fall eröffnet reizvolle Möglichkeiten. Sie können eine Zelladressierung [ZnSn] auch mit den Textmarken-Namen von Tabellen verknüpfen und so in einer Formel, die beispielsweise in Tabelle *X* steht, auf Werte in einer Tabelle *Y* zugreifen:

$$\{=\text{TEXTMARKE1}\,[ZnSn] + \text{TEXTMARKE2}\,[ZnSn]\}$$

Bei Tabellenkalkulationen gibt es eine ähnliche Funktion. Dort können Sie einzelne Zellen oder Bereiche einer Tabelle mit Namen belegen. In Word für Windows erledigen Sie das über Textmarken und können so auf die entsprechenden Werte in den entfernt voneinander stehenden Formeln zugreifen.

Zum Schluß möchten wir Sie noch einmal erinnern: Vergessen Sie nicht, mit der Taste F9 zu aktualisieren, wenn Sie etwas an den Formeln geändert haben. Sie sollten ein Feldergebnis immer aktualisieren, bevor Sie mit ⇧ + F9 in den Ergebnismodus umschalten, denn sonst führt das Aktualisieren dazu, daß Sie erneut im Bearbeitungsmodus landen und noch einmal in die Feldansicht umschalten müssen.

Wenn Sie sich mit Formeln und Feldfunktionen tiefergehend beschäftigen möchten, schlagen Sie bitte in Teil 4, Kapitel 10 nach.

Zusammenfassung

In diesem Kapitel haben Sie gelernt, was es mit den **Tabellenfunktionen** von Word für Windows auf sich hat und für welche Einsatzgebiete Tabellen besonders gut geeignet sind. Nach einer ausführlichen Einweisung in die Grundlagen der Tabellenerstellung konnten Sie sich intensiv mit der **Formatierung von Tabellen** und deren Inhalten auseinandersetzen. Wir haben außerdem eine Reihe von Tips und Tricks gegeben, mit denen Sie die Tabellen von Word für Windows z.B. für das Erstellen von Formularen verwenden können. Den Formatierungshinweisen folgte ein Abschnitt darüber, wie Sie bereits vorhandenen **Text nachträglich in eine Tabelle umwandeln** können, und wie Sie **vorhandene Tabellen** (z.B. aus einer Tabellenkalkulation) **in Text** umwandeln können. In einem weiteren Abschnitt haben Sie gelernt, wie in **Tabellen mit Zellreferenzen gerechnet** werden kann, und wie sich **Felder und Textmarken in Tabellen** geschickt und elegant einsetzen lassen.

thesaurus

Kapite 9

In diesem Kapitel besprechen wir ein gern vergessenes Kind bei der Anwendung eines Textverarbeitungssystems - den Thesaurus oder das heimliche Lexikon von Word für Windows. Er eignet sich nicht nur gut, um ungeliebte Wortwiederholungen zu vermeiden, sondern kann im Hinblick auf den europäischen Binnenmarkt auch gut als fremdsprachliches Dictionary im Sekretariat verwendet werden. In der Version 2.0 ist der Thesaurus noch einmal erheblich erweitert worden und ermöglicht Ihnen nun im Zusammenspiel mit der Sprachenformatierung auch sehr viel einfacher das Überprüfen und Nachschlagen fremdsprachiger Begriffe in einem mehrsprachigen Dokument.

Der Thesaurus

Ein Thesaurus oder auch Synonymwörterbuch ist eine Sammlung von Stichwörtern zu einem Substantiven, Verben oder Adjektiven oder - kurz gesagt eine Ansammlung von sinngemäß verwandten Worten und Begriffen. Word für Windows stellt Ihnen einen sehr ausgefeilten Thesaurus zur Verfügung, in dem man allerdings eine Weile geschnüffelt haben sollte, um die doch recht vielfältigen Fähigkeiten besser einschätzen zu können. Der Thesaurus sorgt außerdem bei der täglichen Arbeit immer wieder für allgemeine Heiterkeit, denn für viele Begriffe werden recht originelle Synonyme bereitgestellt.

So ist der Word für Windows Thesaurus beispielsweise nicht sehr emanzipiert, denn als Synonym einer *Gattin* gilt auch die *Hausfrau*. Schon an diesem Beispiel sehen Sie, daß Sie den Thesaurus also gut dazu benutzen können, um die Wortwahl in Ihrem Dokument zu überprüfen und/oder Ihrem Text den letzten Schliff in der Formulierung zu geben (siehe Abbildung 5.9.1).

In Version 2.0 ist der Thesaurus noch einmal erheblich erweitert worden. Sie können nun ähnlich komfortabel wie im englischen Thesaurus der Version 1.1 arbeiten und außerdem auch fremdsprachige Begriffe in mehrsprachigen Dokumenten nachschlagen, sofern Ihnen die fremdsprachigen Thesaurus-Dateien zur Verfügung stehen.

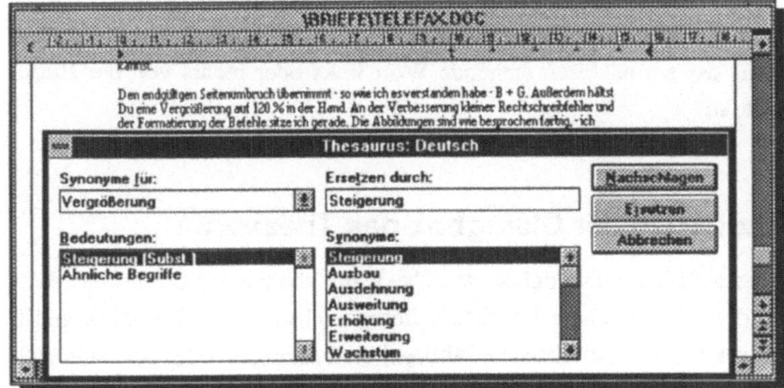

Abb.5.9.1:   Der Thesaurus schlägt synonyme
Begriffe für einen markierten Text vor

Arbeiten mit dem Thesaurus

Ein markiertes Wort nachschlagen

Wenn Sie ein Wort markieren und den Befehl **EXTRAS THESAURUS** aufrufen bzw. ⇧ + F7 drücken, überprüft Word für Windows den markierten Text darauf, ob Synonyme für das markierte Wort im Synonymwörterbuch vorhanden sind. Haben Sie mehrere Worte markiert, liest der Thesaurus das erste markierte Wort und sucht Synonyme dafür bzw. schlägt dessen Bedeutung nach.

Nachschlagen beim Schreiben

Wenn Sie keinen Textbereich markiert haben, sucht Word für Windows nach dem Wort, das die Einfügemarke enthält oder benutzt das Wort links von der Einfügemarke, sofern sich rechts davon die Absatzendemarke befindet. Sie können also sehr komfortabel direkt beim Schreiben von Texten eine nicht ganz glückliche Wortwahl nachschlagen. Wenn Ihnen eine gerade geschriebenes Wort nicht ganz geheuer vorkommt, drücken Sie einfach ⇧ + F7, und der Thesaurus bietet Ihnen Synonyme an bzw. zeigt Ihnen die Bedeutung des Begriffes. Wenn Sie sich mitten im Text oder zwischen zwei Wörtern befinden, benutzt der Thesaurus das am nächsten stehende Wort links oder rechts von der Einfügemarke.

Arbeiten in der Dialogbox des Thesaurus

Ein Begriff läßt sich schneller nachschlagen, wenn Sie einen Doppelklick auf einen Begriff in den Dialogfeldern der Dialogbox durchführen.

In der geöffneten Dialogbox des Thesaurus können Sie bestimmte Wörter oder sinnverwandte Begriffe beliebig nachschlagen. Sie bleibt geöffnet, bis Sie die Schaltfläche **Abbrechen** bestätigen oder Sie sich entschließen, ein Wort Ihres Textes durch ein ausgewähltes Synonym mit der Schaltfläche **Ersetzen** ersetzen zu lassen.

Der Thesaurus gibt für einen nachgeschlagenen Begriff in dem Dialogfeld **Bedeutungen** in Klammern an, um welche Wortart es sich handelt. Ein Adjektiv wird durch das Kürzel (Adj.) beschrieben, während Substantive durch (Subst.) und Verben durch (Verb) gekennzeichnet werden. In jedem Dialogfeld der Dialogbox **THESAURUS** können Sie auf den verschiedenen Begriffen einen Doppelklick ausführen, um weitere Synonyme nachzuschlagen. Es ist z.B. problemlos möglich, sich bei einem Nachschlagen des Begriffes *Nach* durch immer neue Synonyme, sinnverwandte Begriffe oder ähnlich lautende Wörter so durch den Thesaurus zu bewegen, daß Sie sich plötzlich dabei ertappen, die Bedeutung des Wortes *Metapher* nachzuschlagen.

Abb.5.9.2:   Alle im Verlauf einer Sitzung nachgeschlagenen Begriffe werden aufgezeichnet

Der neue Thesaurus dokumentiert allerdings Ihren (Irr-)Weg durch das Lexikon. Zu jedem Zeitpunkt Ihres Nachschlagens können Sie zu jedem Begriff, den Sie nachgeschlagen haben, zurückkehren. Das Dialogfeld **Synonyme für** beinhaltet nämlich ein kleines Pull-Down-Menü, daß Sie über den kleinen Pfeil öffnen können. In diesem Verzeichnislistenfeld werden alle im Verlauf der Thesaurus-Sitzung nachgeschlagenen Begriffe festgehalten, sodaß Sie zu jedem Zeitpunkt jeden Begriff erneut nachschlagen können (siehe Abbildung 5.9.2).

Im neuen Thesaurus werden alle im Verlauf einer Sitzung nachgeschlagenen Begriffe aufgezeichnet.

Synonyme eines Begriffes suchen

Um ein Synonym für ein Wort nachzuschlagen, rufen Sie den Befehl **EXTRAS THESAURUS** mit Alt + X , T oder ⇧ + F7 auf. Sie können nun entweder Synonyme für das zuvor markierte Wort nachschlagen oder ein beliebiges anderes Wort, in dem Sie dieses Wort einfach in das Textfeld **Ersetzen durch** eintragen und dann auf die Schaltfläche **Nachschlagen** klicken.

Ersetzen eines Begriffes durch ein Synonym

Wenn Sie im Thesaurus einen Begriff gefunden haben, der Ihnen besser als Ihre eigene Schöpfung gefällt, so markieren Sie zunächst das Wort, das Sie ersetzen möchten, im Verzeichnislistenfeld **Synonyme für**. Klicken Sie dann auf die Schaltfläche **Nachschlagen** und markieren Sie in dem Dialogfeld **Bedeutungen** oder **Synonyme** auf das Wort, das ihren Begriff ersetzen soll. Klicken Sie dann auf die Schaltfläche **Ersetzen** oder drücken Sie ⏎ . Wenn Sie den neuen Begriff vor dem Ersetzen noch variieren möchten, weil Sie ihn z.B. im Plural benötigen, so können Sie die Einfügemarke durch einen Mausklick in dem Dialogfeld **Ersetzen durch** positionieren und dort den einzusetzenden Begriff noch beliebig verändern.

Verwendung eines fremdsprachigen Thesaurus

Besonders interessant sind die Möglichkeiten, die sich ergeben, wenn man mit einem fremdsprachigen Thesaurus arbeitet. In der deutschen Version von Word für Windows können Sie beispielsweise den englischsprachigen Thesaurus genauso verwenden wie den dänischen oder den norwegischen.

Um einen fremdsprachigen Thesaurus zu verwenden, sollten Sie sich zunächst eine Sicherungskopie des deutschsprachigen Thesaurus anlegen. Gehen Sie dazu in den Datei-Manager von Windows 3.1 und markieren Sie das Word für Windows-Verzeichnis. Benutzen Sie dann den Befehl **DATEI KOPIEREN,** und kopieren Sie die Datei TH_GE.LEX auf einen anderen Datei-Namen. Kopieren Sie dann die Datei des fremdsprachigen Thesaurus (z.B. TH_AM.LEX für den englischen Thesaurus) von Ihrer Diskette in das Word für Windows-Verzeichnis.

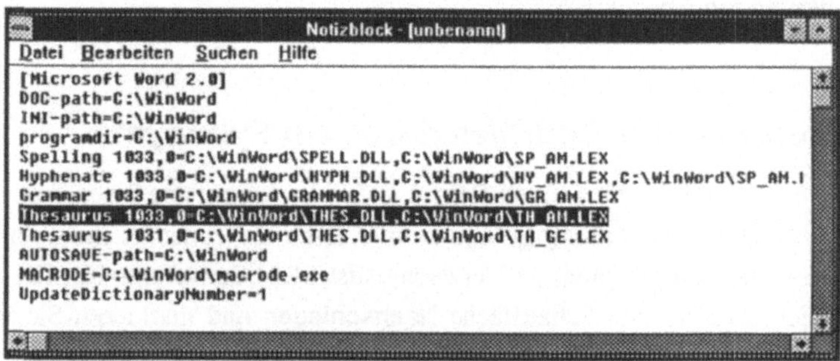

Abb.5.9.3:   Die Verwendung eines fremdsprachigen Thesaurus muß in der WIN.INI vermerkt sein

Sie können nun ohne weiteres einen fremdsprachigen Textbereich über den Befehl **FORMAT SPRACHE** mit einem anderen Sprachattribut versehen (z.B. englisch) und dann den Thesaurus mit diesem Textbereich arbeiten lassen. Entsprechend der Sprachformatierung zieht Word für Windows automatisch den Thesaurus in der entsprechenden Sprache heran. Der korrekte Zugriff auf den entsprechenden Thesaurus erfolgt über einen Eintrag in der Datei WIN.INI, den sich Word für Windows allerdings automatisch anlegt. Im Normalfall brauchen Sie sich um diesen Eintrag nicht zu kümmern. Sollten Sie jedoch Probleme haben, so überprüfen Sie die WIN.INI auf korrekte Einträge entsprechend unserem Beispiel aus Abbildung 5.9.3.

Da der englischsprachige Thesaurus eine sehr gute Qualität hat, eignet er sich hervorragend dazu, um englische Begriffe, deren Bedeutung man nicht genau kennt, wie in einem Dictionary bzw. Lexikon nachzuschlagen oder sich Synonyme für ein bestimmtes Wort vorschlagen zu lassen (siehe Abbildung 5.9.4). Ganz nebenbei kann man auf diese Weise mit Word für Windows einen Kurs für die Vertiefung der eigenen Englisch-Kenntnisse machen.

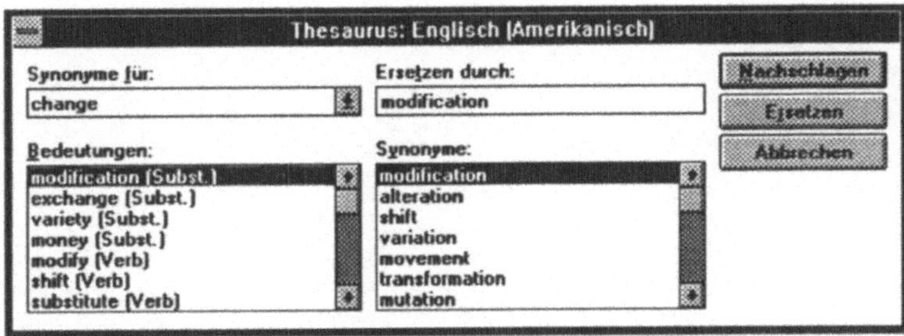

Abb.5.9.4: Auch fremdsprachige Begriffe können über die entsprechenden Thesaurus-Dateien nachgeschlagen werden

Zusammenfassung

In diesem Kapitel haben wir den **Thesaurus** oder das heimliche Lexikon von Word für Windows besprochen und Tips für den Einsatz dieses mächtigen Instrumentes gegeben. Wir haben außerdem erläutert, wie man einen **fremdsprachigen Thesaurus** verwenden kann, und welche Schritte notwendig sind, um diesen zu installieren.

silbentrennung

In diesem Kapitel besprechen wir die automatische Silbentrennung von Word für Windows, mit der Sie durch die verbesserte Raumausnutzung und die Vermeidung unschöner freier Bereiche in einer Zeile Ihr Dokument im Layout verbessern können. Wir erklären, was es mit geschützten Leerzeichen und geschützten Trennstrichen auf sich hat, und wie Sie Einfluß auf die Silbentrennung durch das Verändern der Silbentrennzone ausüben können. Zwischendurch gehen wir auf die Neuerungen der mehrsprachigen Silbentrennung mit automatischer Rechtschreibkorrektur der Version 2.0 ein.

Die automatische Silbentrennung

Nach der Eingabe und Formatierung eines Textes ist die Gestaltungsarbeit eines Dokumentes im Normalfall noch nicht ganz beendet. Vor allem beim Verwenden des Blocksatzes finden sich zum Beispiel sehr oft unerwünscht große Lücken in einer Zeile, da Wörter im Blocksatz so gesetzt werden, daß sie links und rechts an den Rand der Zeile stoßen. Auch beim Flattersatz finden sich oft sehr unregelmäßige Zeilenenden, die das Schriftbild negativ beeinflussen. Hier kann das Trennen der Wörter am Ende der Zeile Abhilfe schaffen. Die Trennung von Wörtern kann natürlich manuell durch das Einfügen eines Trennstriches geschehen. Word für Windows bietet aber auch eine automatische Silbentrennung an, die diese lästige Arbeit für Sie erledigen kann. Sie finden die Silbentrennung im Menü **EXTRAS** als vierten Befehl (**EXTRAS SILBENTRENNUNG**).

Die Version 2.0 von Word für Windows trennt jetzt auch ck in k-k, d.h. die Silbentrennung erfolgt mit einer automatischen Rechtschreibkorrektur.

Grundsätzlich läßt sich zur Trennhilfe von Word für Windows sagen, daß sie silbenorientiert arbeitet und eine Vielzahl von Eingriffsmöglichkeiten bietet. In der neuen Version 2.0 sind die Trennvorschläge sehr zuverlässig und hilfreich, denn in der neuen Version erfolgt auch automatisch eine Rechtschreibkorrektur, die z.B. beim Trennen von *ck* in *k-k* notwendig wird. Selbst *Schiff-fahrt* bzw. *Schiffahrt* ist ein der Trennhilfe bekannter Begriff, denn beim Trennen dieses Wortes erhält die zweite Silbe automatisch das zusätzlich notwendige *f*.

Die halbautomatische Silbentrennung

Die Trennhilfe wird über über den Befehl **EXTRAS SILBENTRENNUNG**
(Alt + X , H) aufgerufen. In der Dialogbox (siehe Abbildung 5.10.1)
können Sie nun Einstellungen zum Trennvorgang vornehmen.

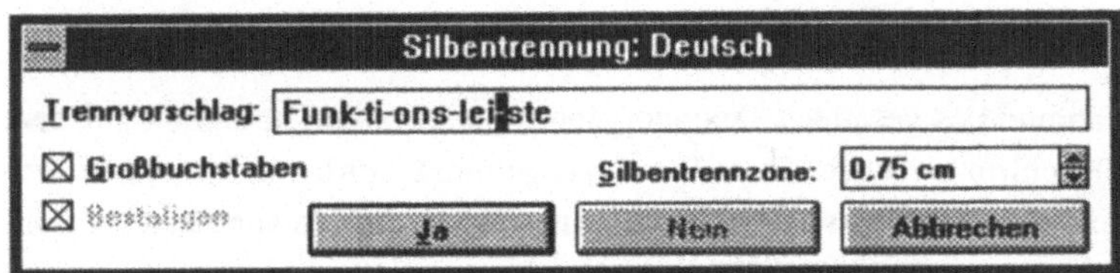

Abb.5.10.1: Die Dialogbox der Silbentrennung

Die Option **Großbuchstaben** schalten Sie ein, wenn Sie auch Worte, die
nur aus Großbuchstaben (z.B. UNO) bestehen, trennen möchten. Die
Silbentrennzone ist der Bereich am rechten Zeilenrand, in dem Wörter
getrennt werden. Je kleiner der Bereich definiert ist, desto mehr Tren-
nungen können vorgenommen werden. Kleine Silbentrennzonen haben
deshalb den Nachteil, daß Worte durch den extrem kleinen Trennbereich
auch an unerwünschten Stellen getrennt werden können (z.B.
Re-gentraufe). Word für Windows legt deshalb als Standard 0,75 cm
fest.

Die Option **Bestätigen** legt fest, ob die Silbentrennung automatisch oder
nur halbautomatisch funktionieren soll. Wenn Sie die Option **Bestäti-
gung** ausschalten, haben Sie die automatische Version gewählt, und
Word für Windows nimmt die Silbentrennungen im gesamten Dokument
eigenständig vor, wobei Sie keinerlei Eingriffsmöglichkeiten während
des Trennvorganges haben. Kreuzen Sie dagegen die Option **Mit Bestä-
tigung** an, so hält Word für Windows bei jedem Trennvorschlag an und
stellt Ihnen Eingriffsmöglichkeiten zur Verfügung. (siehe Abbildung 5.10.2)

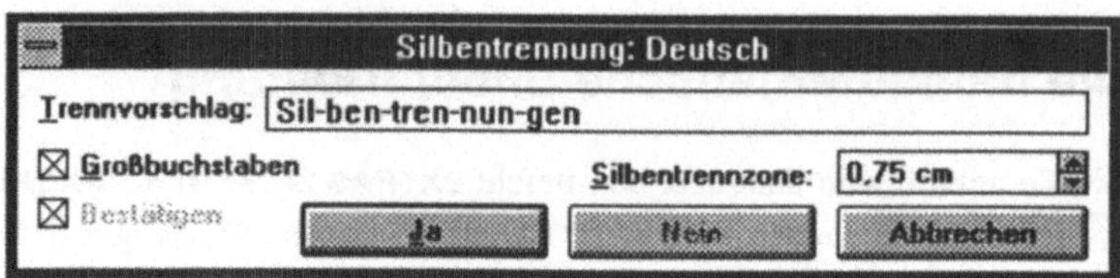

Abb.5.10.2: Mit der Maus kann aus den verschiedenen Trennstellen die beste ausgewählt werden.

Beachten Sie bitte, daß die Dialogbox verschoben werden kann und im Hintergrund immer die aktuelle Textstelle angezeigt wird.

Während des gesamten Trennvorganges bleibt diese Dialogbox auf dem Bildschirm zu sehen. Jedes Wort, das getrennt werden soll, wird in dem Textfeld **Trennvorschlag** dargestellt. Wenn das entsprechende Wort mehr als eine Trennmöglichkeit aufweist, werden neben der vorgeschlagenen auch die alternativen Trennstellen angezeigt. Bei den meisten Worten sehen Sie außerdem einen senkrechten, gepunkteten Balken. Dieser Balken zeigt Ihnen an, nach welcher Länge das Wort automatisch in die nächste Zeile verschoben wird, d.h. wonach das Wort also in den aktuellen Zeilen nicht mehr getrennt wird. Durch einfaches Anklicken mit der Maus können Sie die gewünschte Trennstelle auswählen. Bestätigen Sie den Trennvorschlag mit **Ja** oder klicken auf die Schaltfläche **Nein**, um zum nächsten Wort zu gelangen.

Wurde der Trennvorgang abgeschlossen, so kann die gesamte Trennung mit dem Befehl BEAR-BEITEN RÜCKGÄNGIG rückgängig gemacht werden.

Word für Windows beginnt mit dem Trennvorgang stets an der Position der Einfügemarke. Wenn das Ende des Textes erreicht ist, wird der Trennvorgang unterbrochen und gefragt, ob der Trennvorgang am Anfang des Textes fortgesetzt werden soll. Haben Sie den Trennvorgang abgeschlossen, kann mit dem Befehl **BEARBEITEN RÜCKGÄNGIG** (Alt + ←) die gesamte Trennung rückgängig gemacht werden.

Die manuelle Silbentrennung

Natürlich kann es in Einzelfällen auch nötig und sinnvoll sein, nicht die automatische Silbentrennung von Word für Windows zu verwenden, sondern die Trennstriche von Hand einzufügen. Sie können hierzu den einfachen Bindestrich benutzen. Allerdings hat dieser den Nachteil, daß ein mit diesem Bindestrich getrenntes Wort immer mit diesem Trennstrich ausgedruckt wird, auch wenn es durch eingefügten Text plötzlich nicht mehr am Ende der Zeile steht. Sie können aber trotzdem manuell trennen und einfach den optionalen Trennstrich benutzen, der mit Ctrl + – erreicht wird. Diesen Trennstrich benutzt auch die Silbentrennung von Word für Windows. Er wird, sobald er ein Wort nicht trennt, das nicht mehr in der Trennzone steht, einfach nicht ausgedruckt.

Mit der neuen Version können Sie sogar einzelne Begriffe, die nicht in der Silbentrennzone stehen, über den Befehl **EXTRAS SILBENTREN-NUNG** mit optionalen Trennstrichen versehen. Auf jedes beliebige Wort, daß Sie markiert haben, läßt sich die Silbentrennung anwenden. Wenn Sie die Silbentrennung für ein Wort aufrufen, daß nicht in der Silben-trennzone steht, macht die Trennhilfe trotzdem einen Trennvorschlag und setzt in der Dialogbox ein Gleichheitszeichen als Trennstrich ein. Solange das Wort nicht in der Silbentrennzone steht, hat dieser optionale Trennstrich keine Auswirkung, d.h. er erscheint nicht im Ausdruck. Fügen Sie aber nachträglich Text ein, so daß das betroffene Wort in die Silbentrennzone gerät, so wird das Wort an der zuvor ausgewählten Stelle getrennt.

Geschützte Trennstriche

Natürlich kommt es auch vor, daß ein Wort einen Bindestrich enthält und Sie gar nicht wollen, daß das Wort am Zeilenende getrennt wird. Diesen Fall gibt es z.B. bei Doppel-Wörtern oder bei Zahlen, die durch Bindestriche miteinander verbunden sind (23-45-65, PC-WORLD o.ä.). Sie können in solchen Fällen einen Bindestrich und ein Wort trotzdem vor einer Trennung in der Silbentrennzone schützen, indem Sie einfach einen geschützten Bindestrich mit ⇧ + Ctrl + – erzeugen.

Geschützte Leerzeichen

Ähnlich wie bei geschützten Bindestrichen verhält es sich in manchen Fällen auch mit Leerzeichen. Haben Sie beispielsweise irgendwo im Text einen Verweis auf ein bestimmtes Kapitel (*siehe auch Kapitel 5*), wäre es ärgerlich, wenn nach dem Wort *Kapitel* ein Zeilenumbruch durchgeführt würde. In Word für Windows haben Sie deshalb die Möglichkeit, einen Zeilenumbruch vor einem Leerzeichen zu verhindern. Sie können ein geschütztes Leerzeichen mit ⇧ + Ctrl + Leert. erzeugen. Es bewirkt, daß die beiden Wörter, zwischen denen es steht, immer in ein und derselben Zeile auftauchen, also in die nächste Zeile verschoben werden, wenn sie sich im Bereich der Silbentrennzone befinden.

Mehrsprachige Silbentrennung

Word für Windows 2.0 erlaubt nunmehr auch die Silbentrennung in einem mehrsprachigen Dokument. Das Besondere daran ist, daß automatisch die richtige Silbentrennung für die entsprechende Sprache verwendet wird. Die einzige Bedingung ist, daß die entsprechenden fremdsprachigen Textbereiche mit dem Befehl **FORMAT SPRACHE** in der jeweiligen Sprache formatiert sein müssen und daß Sie die jeweilige Sprache mit einem der Proofing Tools Kit´s erworben haben.

Wenn in einem dänischen Absatz eine dänische Silbentrennung vorgenommen werden soll, so markieren Sie einfach den Absatz und formatieren Sie ihn über den Befehl **FORMAT SPRACHE** in *DÄNISCH*. Rufen Sie dann den Befehl **EXTRAS SILBENTRENNUNG** auf und nehmen Sie die Silbentrennung nach Ihren Wünschen genauso vor, als wenn Sie mit der deutschen Silbentrennung arbeiten. Die Verwendung der fremdsprachigen Silbentrennung erkennen Sie an der Titelleiste der Dialogbox (siehe Abbildung 5.10.3).

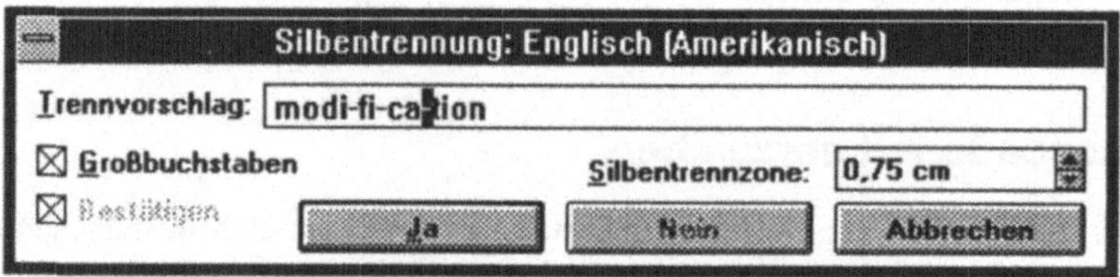

Abb.5.10.3: Rechtschreibkontrolle, Trennhilfe und Thesaurus können in jeder Srache als Proofig Tool Kit erworben

Zusammenfassung

In diesem Kapitel haben wir die **automatische Silbentrennung** von
Word für Windows besprochen. Sie haben gelernt, wie Sie Ihr Dokument
im Layout verbessern können, indem Sie einfach eine automatische Silbentrennung durchführen lassen. Wir haben außerdem erklärt, was es mit
geschützten Leerzeichen und geschützten Trennstrichen auf sich hat, und
wie Sie Einfluß auf die Silbentrennung durch das Verändern der Silbentrennzone ausüben können.

rechtschreibkontrolle
Kapitel 11

In diesem Kapitel besprechen wir, welche Möglichkeiten Word für Windows 2.0 mit der neuen automatischen Rechtschreibkontrolle bietet. Sie lernen, wie Sie das gesamte Dokument auf korrekte Rechtschreibung überprüfen lassen können. Wir erklären, wie Sie die Rechtschreib-Wörterbücher bearbeiten, verändern und zusammenführen können, und wie Sie ein mehrsprachiges Dokument auf korrekte Rechtschreibung in den einzelnen Sprachen prüfen können.

Die Rechtschreibkontrolle

Word für Windows 2.0 beinhaltet ein vollständig neue automatische Rechtschreibprüfung. Sie finden diese im Menü **EXTRAS RECHT-SCHREIBUNG**. Bevor wir aber die Vorgehensweise im Einzelnen erläutern, erlauben Sie uns ein paar grundsätzliche Bemerkungen zu dieser Funktion. Unter den Informatikern und Physikern herrscht schon seit geraumer Zeit ein Streit, der sich um die Lernfähigkeit von Maschinen dreht. Die einen behaupten, es wäre möglich, intelligente Maschinen zu bauen, die anderen streiten dies vehement ab. Wer von ihnen recht haben wird, steht noch in den Sternen. Eines steht aber fest: Die Rechtschreibprüfung von Word für Windows 2.0 ist nicht maschinenintelligent, sie wurde aber von (ziemlich intelligenten) Menschen gemacht.

Die Rechtschreibprüfung basiert in Word für Windows auf einem bzw. mehreren Wörterbüchern, die man als Anwender beliebig erweitern kann. Beim Prüfvorgang wird der zu prüfende Text mit dem Inhalt der Wörterbücher verglichen. Falls ein Begriff nicht gefunden wird, werden alternative Wörter, die einen ähnlichen Wortstamm haben, vorgeschlagen. Dabei ist die Rechtschreibprüfung so intelligent, daß auch sogenannte "Dreher" erkannt werden, also Verdrehungen, die häufig beim schnellen Tippen auftreten, wie z.B. *aslo* anstelle von *also*.

Die Rechtschreibprüfung erkennt außerdem Fehler der Groß- und Kleinschreibung. Wenn es sich bei einem klein geschriebenen Wort um ein Substantiv handelt, das eigentlich groß geschrieben werden muß, wird es zur Korrektur angeboten. Wörter, bei denen alle Buchstaben groß geschrieben werden müssen (z.B. *UNO*) können ebenso Gegenstand der Korrektur sein wie Wortwiederholungen (*die die*). Nicht als Rechtschreibfehler erkannt werden können Schreibfehler grammatikalischer Art. Es gibt nämlich eine Reihe von Fehlern, die nur im Kontext als solche erkannt werden können. Wenn Sie z.B. das Wort *Sie* als Anrede gebrauchen, müssen Sie es groß schreiben. Da es aber auch ein kleingeschriebenes *sie* gibt, kann Word für Windows solche Fälle naturgemäß nicht zur Korrektur der Groß- und Kleinschreibung anbieten.

Rechtschreibkontrolle eines Dokumentes

Für die Überprüfung eines Dokumentes auf korrekte Rechtschreibprüfung spielt es in Word für Windows 2.0 keine Rolle mehr, wo sich die Einfügemarke befindet. Die Prüfung erfolgt stets ab der Position der Einfügemarke bis zum Ende eines Dokumentes, Word für Windows fragt sie dann, ob die Prüfung vom Anfang des Dokumentes weiter geführt werden soll. Wenn Sie den Befehl **EXTRAS RECHTSCHREIBUNG** aufrufen, startet die Kontrolle ohne jede Vorwarnung und stoppt nur dann mit einer Dialogbox, wenn ihr ein Wort falsch erscheint. Die Grundeinstellungen zur Rechtschreibprüfung, die in alten Version über eine Dialogbox-Schaltfläche vorgenommen wurden, werden in Version 2.0 über den Befehl **EXTRAS EINSTELLUNGEN Rechtschreibung** vorgenommen. Hier können Sie z.B. das Wörterbuch auswählen, das für die Prüfung benutzt werden soll.

Erscheint der Rechtschreibkontrolle ein Wort falsch, so wird eine Dialogbox (siehe Abbildung 5.11.1) am Bildschirm geöffnet, in der verschiedene Befehle und Vorgehensweisen abrufbar sind.

Das besondere an dieser Dialogbox ist, daß Sie sie jederzeit in geöffneten Zustand verlassen können, um Ihren Text weiterzubearbeiten oder eine Zwischenspeicherung vorzunehmen. Wenn Sie während der geöffneten Dialogbox einfach mit der Maus in Ihren Textbereich klicken, können Sie im Text problemlos weiterarbeiten. Die Dialogbox **EXTRAS RECHTSCHREIBUNG** können Sie also zwischendruch getrost in eine

Ecke schieben, um sie erst bei Bedarf wieder hervorzuholen. Wenn Sie mit der Rechtschreibkontrolle weitermachen möchten, klicken Sie einfach wieder auf die Schaltfläche **Beginn**.

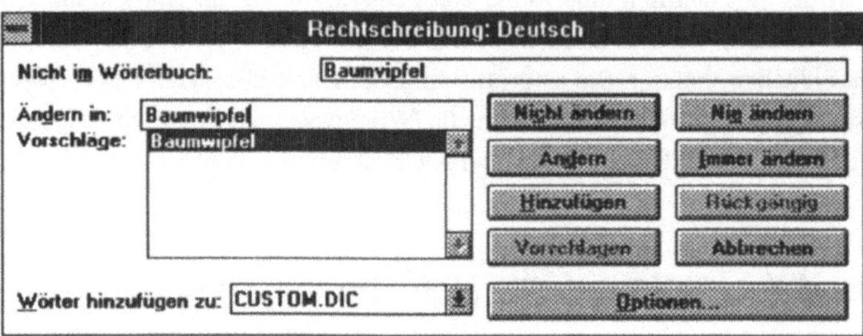

Abb.5.11.1: Die neue Rechtschreibprüfung von Word für Windows 2.0

Wenn Sie vor dem Aufrufen des Befehls ein Wort markieren, über dessen Schreibweise Sie sich nicht sicher sind, so wird zunächst nur dieses eine Wort überprüft. Stolpert die Rechtschreibkontrolle über die Schreibweise, so erscheint die Dialogbox. Ist die Schreibweise nach Meinung der automatische Kontrolle korrekt, so erscheint nur noch eine Dialogbox, in der Ihnen mitgeteilt wird, daß die Überprüfung der Markierung abgeschlossen ist. Gleichzeitig werden Sie gefragt, ob die Überprüfung für den Rest des Dokumentes auch durchgeführt werden soll.

Wenn Sie einen Prüfvorgang für das gesamte Dokument starten, so wird jedes Wort, das nicht im Standard-Wörterbuch oder im gerade aktuellen Benutzer-Wörterbuch enthalten ist, von Word für Windows als wahrscheinlicher Fehler angezeigt. Sofern Sie die Option **Korrekturvorschläge** unter den **EXTRAS EINSTELUNGEN Rechtschreibung** angekreuzt haben, werden für diese "Stolpersteine" in der Dialogbox alternative Schreibweisen angezeigt.

Wenn einer der angebotenen Schreibweisen in den Korrekturvorschlägen richtig ist, brauchen Sie lediglich auf dem alternativen Begriff im Textfeld **Vorschläge** einen Doppelklick auszuführen, um das falsch geschriebene Wort im Originaldokument durch den alternativen Begriff auszutauschen. Falls Sie das Wort in eines der Wörterbücher aufnehmen wollen, so markieren Sie im Verzeichnisfeld **Wörter hinzufügen zu** das Wörterbuch aus, das um diesen Begriff ergänzt werden soll. Klicken Sie dann auf die Schaltfläche **Hinzufügen.** Soll die Schreibweise nicht korrigiert werden und der Prüfvorgang fortgesetzt werden, so klicken Sie auf die Schaltfläche **Nicht ändern.**

Neu ist in Version 2.0 in der Dialogbox die Schaltfläche **Immer ändern.** Sie führt die Rechtschreibkontrolle einen Schritt näher an die Maschinenintelligenz, denn durch diese Schaltfläche können Sie eine einmal vorgenommene Korrektur im gesamten Dokument mit nur einem Befehl ausführen lassen. Was auf den ersten Blick banal erscheint, ist in der Praxis eine riesige Hilfe, denn man stelle sich vor, daß die Version 1.1 an jedem gleichen Schreibfehler angehalten hat, auch wenn Sie ihn schon zehnmal verbessert hatten. Umgekehrt arbeitet die Schaltfläche **Nie ändern.** Sollte die Rechtschreibkontrolle eine Schreibweise als falsch erkennen, die nicht falsch ist, so können Sie durch das Klicken auf diese Schaltfläche erreichen, daß die Rechtschreibkontrolle nicht bei jedem Vorkommen des Wortes stoppt.

Die Schaltfläche IMMER ÄNDERN erlaubt mit einem Befehl, wiederkehrende Schreibfehler im gesamten Dokument zu ändern.

Extrem nützlch ist auch die neue Schaltfläche **Rückgängig.** Mit ihr wird es möglich, eine bereits gelaufene Rechtschreibkontrolle rückwärts zu durchblättern, d.h. bis an den Anfang zurückzuverfolgen. Wenn Sie also bspw. nach 10 korrigirten begriffen merken, daß eine Korrektur am Anfang des Dokumentes falsch gewesen ist, so klicken Sie einfach auf die Schaltfläche **Rückgängig.** Die Rechtschreibkontrolle "wandert" daraufhin begriffsweise zurück und macht dabei jede vorgenommene Korrektur wieder rückgängig.

Ein einzelnes Wort nachschlagen

In Version 2.0 muß man nicht erst eine Dialogbox aufrufen, um die Kontrolle für ein einzelnes Wort zu starten.

Oft kommt es vor, daß man sich über die Schreibweise eines einzelnen Wortes nicht sicher ist. In solchen Fällen können Sie in Word für Windows 2.0 ein einzelnes Wort sehr schnell überprüfen lassen. Das fragliche Wort muß nicht erst in einer Dialogbox erfaßt werden, sondern es reicht aus, das Wort im Text mit einem Doppelklick zu markieren. Rufen Sie dann einfach den Befehl **EXTRAS RECHTSCHREIBUNG** auf.

Statt des Befehls **EXTRAS RECHTSCHREIBUNG** können Sie auch die Funktionstaste F7 drücken, um die Rechtschreibkontrolle zu starten. Wenn Sie ein einzelnes Wort markieren und F7 drücken, werden Sie lediglich noch in der Statuszeile darauf hingewiesen, daß der Prüfvorgang läuft. Ist das Wort falsch geschrieben, öffnet sich die Dialogbox mit Korrekturvorschlägen, sofern die Option angekreuzt wurde. Ist das markierte Wort laut Wörterbuch richtig geschrieben, so werden Sie in einer Dialogbox darauf hingewiesen, daß der Prüfvorgang beendet wurde. Gleichzeitig können Sie entscheiden, ob die Kontrolle für den Rest des Dokumentes fortgesetzt werden soll oder ob es bei der Kontrolle des einzelnes Wortes bleiben soll.

Optionen der Rechtschreibkontrolle

Optionen zur Rechtschreibkontrolle lassen sich entweder aus der Dialogbox des Befehls **EXTRAS RECHTSCHREIBUNG** über die Schaltfläche **Optionen** einstellen oder direkt über den Befehl **EXTRAS EIN-STELLUNGEN Rechtschreibung**.

Die Option **Korrekturvorschläge** bewirkt, daß für jeden Fehler eine Reihe ähnlicher Begriffe bzw. Schreibweisen vorgeschlagen werden. Das Suchen nach ähnlichen Begriffen nimmt natürlich etwas Zeit in Anspruch, sodaß die Rechtschreibkontrolle noch schneller arbeiten kann, wenn diese Option ausgeschaltet ist. Auch in diesem Fall müssen Sie nicht jede Schreibweise "von Hand" korrigieren. Über die Schaltfläche **Vorschlagen** in der Dialogbox **EXTRAS RECHTSCHREIBUNG** können Sie sich trotzdem noch alternative Schreibweisen vorschlagen lassen, wenn Sie sich bei einem einzelnen Begriff über die korrekte Schreibweise nicht sicher sind. Vor diesem Hintergrund ist es ratsam, die Option **Korrekturvorschläge** abzuschalten und sich über die Schaltfläche **Vor-schlagen** nur dann alternative Schreibweisen vorschlagen zu lassen, wenn man eine korrekte Schreibweise wirklich nicht weiß.

Wenn Sie einen Text bearbeiten, in dem viele ungewöhnliche Groß-
schreibungen wie z.B. technische Bezeichnungen vorkommen, sollten
Sie die Option **Wörter in Großbuchstaben** aus der Gruppe **Ignorieren**
einschalten. Die Rechtschreibkontrolle unterdrückt dann die Kontrolle
von Wörtern in Versalien wie z.B. *UNO*. Das Anschalten dieser Option
hat übrigens keine Auswirkungen, wenn Sie einen Begriff über **FORMAT
ZEICHEN** in Großbuchstaben formatiert haben. Die Rechtschreibkontrolle stoppt dann trotzdem.

Neu ist die Option **Wörter mit Zahlen**. Wenn Sie diese Option anschalten, stoppt die Rechtschreibkontrolle nicht mehr bei Wörtern, die Zahlen
enthalten wie z.B. AS/400 oder 3SAT.

Das Anschalten dieser Option hat keine Auswirkungen, wenn Sie einen Begriff über FORMAT ZEICHEN in Großbuchstaben formatiert haben.

Die Wörterbücher

Die Rechtschreibhilfe arbeitet für die Kontrolle mit verschiedenen Wörterbüchern. Einige Wörterbücher sind im Lieferumfang von Word für
Windows 2.0 enthalten, andere kann man separat zu dem Programmpaket dazukaufen und schließlich kann man sich auch selbst Wörterbücher
erstellen und individuell anwenden. Das mitgelieferte Wörterbuch der
deutschen Version von Word für Windows kontrolliert Ihren Text automatisch in Englisch und Deutsch in Abhängigkeit von der Sprachformatierung Ihres Textes und kann nicht bearbeitet werden. Alle selbsterstellten Wörterbücher können Sie dagegen wie eine Datei bearbeiten und
verändern. Selbsterstellte Wörterbücher werden als Dateien mit der
Endung .DIC gespeichert.

Das Wörterbuch der deutschen Version von Word für Windows kon- trolliert Ihren Text auto- matisch in Englisch und Deutsch in Abhängigkeit von der Sprachformatie- rung Ihres Textes.

Das Erstellen oder Eröffnen eines eigenes Wörterbuches erfolgt im
Normalfall über den Befehl **EXTRAS EINSTELLUNGEN Rechtschreibung** (siehe Abbildung 5.11.2). Sie brauchen lediglich auf die Schaltfläche **Hinzufügen** zu klicken und in der zweiten Dialogbox einen Dateinamen zu vergeben. Sobald Sie mit **OK** bestätigen, steht Ihnen das neue
Wörterbuch zur Verfügung. Das Modul **EXTRAS EINSTELLUNGEN
Rechtschreibung** erreichen Sie aber auch über die Schaltfläche **Optionen** in der Dialogbox des Befehls **EXTRAS RECHTSCHREIBUNG**.

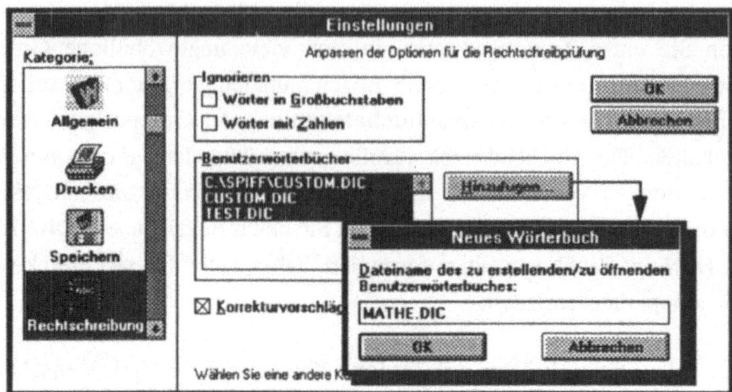

Abb.5.11.2:　Erstellen eigener Wörterbücher über EXTRAS
　　　　　　　EINSTELLUNGEN RECHTSCHREIBUNG

Wenn Sie eine Rechtschreibkontrolle also schon gestartet haben und
Ihnen einfällt, daß Sie aus den nicht bekannten Begriffen ein eigenes
Fachwörterbuch erstellen möchten, so klicken Sie in der Dialogbox **EX-
TRAS RECHTSCHREIBUNG** einfach auf die Schaltfläche **Optionen** und
legen sich wie eben beschrieben ein Wörterbuch an. Nun müssen Sie nur
noch bestimmen, daß die nicht gefundenen Begriffe in diesem neuen
Wörterbuch gespeichert werden sollen, indem Sie in dem Listenfeld
Wörter hinzufügen in das entsprechende Wörterbuch auswählen.

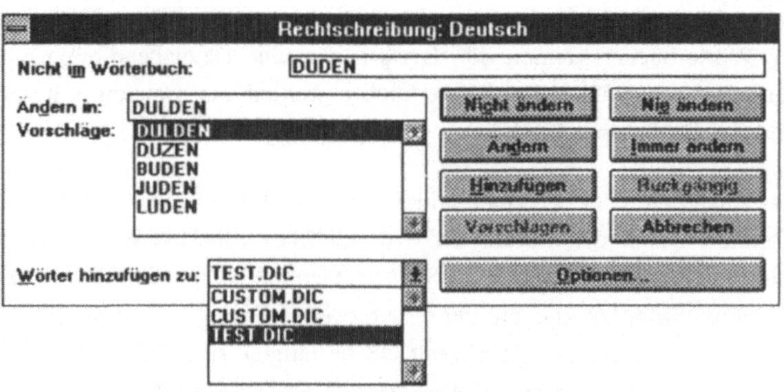

Abb.5.11.3:　Man kann bestimmen, in welchem Wörterbuch
　　　　　　　ein Begriff gespeichert werden soll

Arbeiten mit Wörterbüchern

Die Aufnahme neuer Wörter in ein Wörterbuch ist einfach. Sobald Word für Windows über ein unbekanntes Wort "stolpert", das in Ihren Texten häufig vorkommt und deshalb in das Wörterbuch aufgenommen werden soll, klicken Sie auf **Hinzufügen**. Der Begriff wird in der ausgewählten Wörterbuch-Datei gespeichert und bei der nächsten Kontrolle, die mit diesem Wörterbuch arbeitet, automatisch mit kontrolliert.

Die Wörterbuch-Dateien von Word für Windows können wie normale Text-Dateien geöffnet und bearbeitet werden. Rufen Sie dazu den Befehl **DATEI ÖFFNEN** auf, und schreiben Sie in die Eingabezeile *.DIC anstelle der automatischen Vorgabe *.DOC. Wählen Sie in der Listenbox darunter das Verzeichnis, in dem sich die Wörterbücher befinden (ab Version 2.0 das Verzeichnis *c:\windows\msapps\proof\...*). Die Wörterbücher werden allerdings unformatiert abgespeichert, folglich müssen Sie sie erst in das Word für Windows-Format konvertieren lassen. In geöffneten Wörterbuchdateien können Sie nun Wörterbücher zusammenführen, korrigieren, Begriffe daraus löschen usw. usw. Achten Sie beim Speichern nur darauf, daß Sie das Original-Wörterbuch nicht im Word für Windows-Format, sondern als **Reinen Text** abspeichern.

Mehrsprachige Rechtschreibkontrolle

Wie wir bereits angedeutet haben, können Sie mit Version 2.0 auch ein mehrsprachiges Dokument auf korrekte Rechtschreibung in den verschiedenen Sprachen überprüfen lassen. Von Haus aus kann die deutsche Version von Word für Windows 2.0 bereits englische und deutsche Rechtschreibung korrigieren, wenn Sie weitere Sprachen benötigen, können Sie die jeweilige Sprache mit einem Proofing Tools Kit separat bei Microsoft käuflich erwerben. Die automatische Rechtschreibkontrolle ist in der Lage, innerhalb eines Kontroll-Laufes automatisch das richtige Sprachwörterbuch zu verwenden, d.h. er schaltet während der Überprüfung automatisch auf die entsprechende Sprache um. Diese Umschaltung ist allerdings davon abhängig, daß Sie den fremdsprachigen Text in der entsprechenden Landessprache formatieren. Die Formatierung des

Die Rechtschreibkontrolle schaltet während der Überprüfung automatisch auf die entsprechende Sprache um.

Textes in einer bestimmten Sprache erfolgt **FORMAT SPRACHE** (siehe Abbildung 5.11.4).

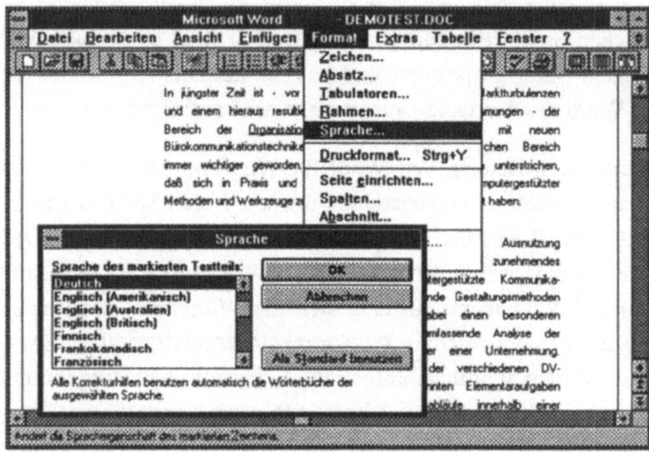

Abb.5.11.4:   Die jeweiligen Sprachen können
separat erwoben werden

Wenn Sie bspw. den ersten Absatz Ihres Dokumentes über **FORMAT SPRACHE** in Dänisch formatieren und den zweiten in Deutsch, benutzt die Rechtschreibkontrolle beim ersten Absatz das dänische Wörterbuch und schaltet beim zweiten Absatz automatisch auf das deutsche um.

Zusammenfassung

In diesem Kapitel haben wir besprochen, welche Möglichkeiten Word für Windows 2.0 mit der neuen automatischen **Rechtschreibkontrolle** bietet. Sie haben gelernt, wie Sie das gesamte Dokument oder auch einzelne Wörter bzgl. der korrekten Rechtschreibung überprüfen können. Abschließend habeb wir besprochen, wie Sie die **Rechtschreib-Wörterbücher bearbeiten**, verändern und zusammenführen können, und wie sich **fremdsprachige Wörterbücher** benutzen lassen.

Word für Windows

Zusatz-

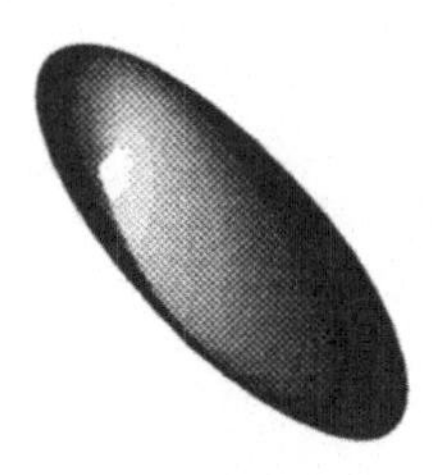

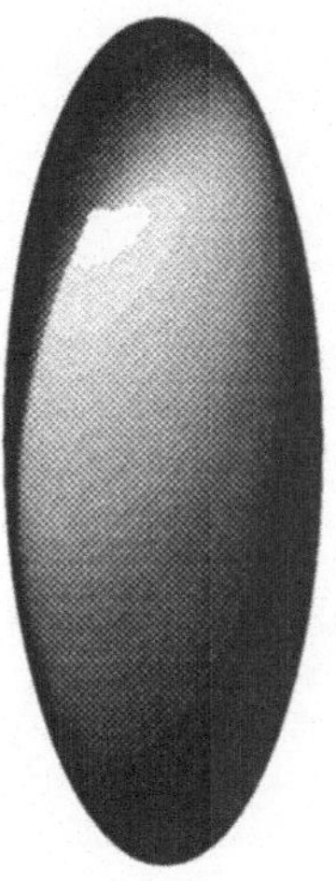

programme

TEIL 6

microsoft
draw

Kapitel 1

In diesem Kapitel besprechen wir, wie das Zeichenprogramm Microsoft Draw gestartet wird und wie darin Zeichnungen und Grafiken erstellt werden können. Sie lernen die einzelnen Werkzeuge kennen und erhalten einen Überblick darüber, wie sich Grafiken aus anderen Programmen in Microsoft Draw importieren lassen.

Einführung in Microsoft Draw

Eines der Zusatzprogramme, die mit Word für Windows 2.0 ausgeliefert werden, ist das Zeichenprogramm Microsoft Draw. Microsoft Draw ist ein Programm, mit dem sich neue Zeichnungen erstellen lassen, Grafiken aus der mitgelieferten ClipArt-Bibliothek von Word für Windows bearbeiten und auch Zeichnungen aus anderen Anwendungen importieren und bearbeiten lassen. Draw ist insbesondere auf die OLE-Technik abgestimmt, d.h. die damit erstellten Zeichnungen/Grafiken werden als sogenannte Objekte in Word für Windows-Dokumente eingebettet. Ein Doppelklick auf dieses Objekt ruft sofort Microsoft Draw auf und Sie können dort die Grafik weiter bearbeiten. Microsoft Draw ist in diesem Sinne zwar ein eigenständiges Programm, Sie können es jedoch nicht aus dem Programm Manager von Windows heraus aufrufen. Mit Microsoft Draw läßt sich nur arbeiten, wenn auch Word für Windows gestartet wurde und Microsoft Draw von Word für Windows aus aufgerufen wurde.

Starten und Beenden von Microsoft Draw

Um Microsoft Draw zu starten, haben Sie generell zwei Möglichkeiten. Wenn Sie eine bereits im Dokument vorhandene Grafik bearbeiten möchten, genügt ein Doppelklick auf diese Grafik und Microsoft Draw startet automatisch mit der angeklickten Grafik. Wenn Sie jedoch eine neue Zeichnung erstellen möchten, müssen Sie den Menü-Befehl **EIN-FÜGEN OBJEKT** ausführen und dort die Option **Microsoft Drawing** anklicken (siehe Abbildung 6.1.1). Sobald Sie hier mit **OK** bestätigt haben, wird Microsoft Draw gestartet.

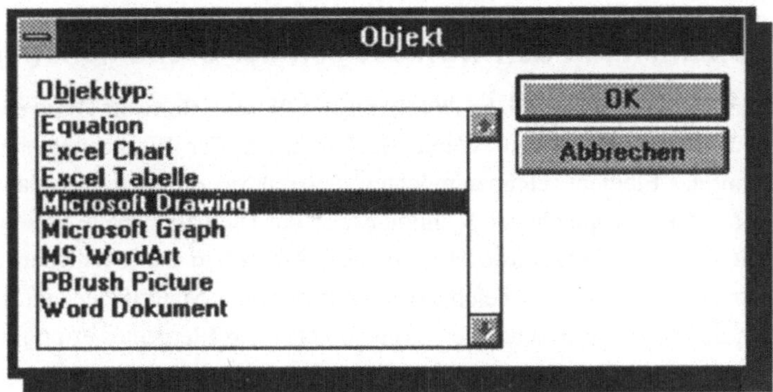

Abb.6.1.1: Über EINFÜGEN OBJEKT kann
Microsoft Draw aufgerufen werden

Um nach der Bearbeitung der Zeichnung in Word für Windows zurückzukehren, wählen Sie den Befehl **DATEI BEENDEN UND ZURÜCKKEHREN ZU** (Dateiname). Wenn Sie eine Zeichnung verändert haben, erscheint automatisch eine Dialogbox, mit der Sie gefragt werden, ob die Änderungen in Word für Windows aktualisiert bzw. übernommen werden sollen.

Wenn Sie eine Zeichnung aktualisieren, heißt das, Sie speichern die aktuelle Version der Zeichnung in dem Word für Windows-Dokument, ohne dabei Microsoft Draw zu beenden. Diese Zwischenspeicherung erzielen Sie über den Befehl **DATEI AKTUALISIEREN**. In Microsoft Draw kann eine Aktualisierung nicht rückgängig gemacht werden.

Arbeiten mit Microsoft Draw

Der Bildschirm von Microsoft Draw besteht aus mehreren Bereichen: der Utensilienspalte, der Farbpalette und der Arbeitsfläche, die zum eigentlichen Zeichnen dient. Als erstes wollen wir uns mit der Utensilienspalte beschäftigen, die Voraussetzung für das Erstellen eigener Zeichnungen ist.

Microsoft Draw

Zeichnen mit den Werkzeugen der Utensilienspalte

Die Utensilienspalte (siehe Abbildung 6.1.2) von Microsoft Draw enthält neun Zeichenutensilien. Wenn Sie mit einem der Werkzeuge ein bestimmtes Element zeichnen möchten, müssen Sie zunächst den Mauszeiger auf die entsprechende Symboltaste in der Utensilienspalte setzen und mit der linken Maustaste klicken. Das Symbol in der Utensilienspalte wird unterlegt und im Zeichenbereich nimmt der Mauszeiger eine Form an, die Ihnen das Zeichnen eines entsprechenden Elementes ermöglicht.

Bedeutung	Symbol
Pfeil	
Vergrößern/Verkleinern	
Linie	
Ellipse/Kreis	
Abgerundetes Rechteck/Quadrat	
Rechteck/Quadrat	
Bogen	
Freihand	
Text	

Abb.6.1.2: Die Utensilienspalte

Der **Pfeil** dient zum Markieren von Objekten. Wenn Sie bei eingeschaltetem Pfeil beispielsweise ein Quadrat anklicken, wird dieses markiert und alle weiteren Befehle gelten für dieses Quadrat. Sie können den Pfeil aber auch als eine Art Lasso benutzen. Wenn Sie nach dem Auswählen des Pfeils mit der Maus in die Arbeitsfläche klicken, die linke Maustaste gedrückt halten und dann die Maus in eine beliebige Richtung ziehen, wird ein Rahmen entsprechend der Mausbewegung geöffnet. Ziehen Sie diesen Rahmen über den Bereich auf der Arbeitsfläche, die Sie markieren möchten. Es werden dann alle Objekte markiert, die der Rahmen <u>vollständig</u> eingeschlossen hat. Wollen Sie eine Markierung wegnehmen, ohne ein neues Objekt auszuwählen, so klicken Sie einfach in einen leeren Bereich des Zeichenblattes.

Das Hilfsmittel **Linie** dient zum Zeichnen gerader Linien. Wenn Sie eine Linie mit der Maus ziehen möchten, so klicken Sie mit der Maus in der Utensilienspalte auf die Linie. Setzen Sie den Mauszeiger an die Stelle, an der die Linie beginnen. Halten Sie die Maustaste gedrückt und ziehen Sie mit der Maus die gewünschte Linie. Wenn Sie die Maustaste loslassen, wird die Linie beendet.

Sie können eine Linie auch ausgehend von ihrem Mittelpunkt zeichnen. Halten Sie dazu die [Strg]-Taste gedrückt, während Sie die Maus ziehen. Um eine Linie in einem 45-Grad-Winkel (0°, 45°, 90°, 135° usw.) zu zeichnen, halten Sie die [⇧]-Taste gedrückt, während Sie die Maus ziehen. Um eine Linie ausgehend von ihrem Mittelpunkt und in einem 45-Grad-Winkel zu zeichnen, halten Sie die [Strg]-Taste und die [⇧]-Taste gedrückt, während Sie mit der Maus die Linie zeichnen.

Mit dem Werkzeug **Ellipse/Kreis** können Sie Ellipsen und Kreise zeichnen. Klicken Sie dazu zunächst auf die entsprechende Symboltaste in der Utensilienspalte. Wenn Sie nun den Mauszeiger auf das Arbeitsblatt führen, mit der linken Maustaste klicken und diese gedrückt halten, können Sie von hier ausgehend einen Kreis oder eine Ellipse zeichnen.

Auch eine Ellipse können Sie ausgehend von ihrem Mittelpunkt zeichnen, indem Sie die [Strg]-Taste gedrückt halten, während Sie die Maus ziehen. Wenn Sie einen proportionalen Kreis zeichnen möchten, so halten Sie die [⇧]-Taste gedrückt, während Sie die Maus ziehen. Wenn Sie Kreise ausgehend von ihrem Mittelpunkt zeichnen möchten, halten Sie die [Strg] + [⇧] gedrückt, während Sie die Maus ziehen.

Das Werkzeug mit dem abgerundetes **Rechteck/Quadrat** dient zum Zeichnen von Rechtecken und Quadraten mit abgerundeten Ecken. Um ein Rechteck oder ein Quadrat zu zeichnen, klicken Sie mit der Maus auf die Symboltaste in der Utensilienspalte. Führen Sie die Maus auf das Zeichenblatt, klicken Sie mit der linken Maustaste und halten Sie diese gedrückt. Ziehen Sie ein Rechteck mit der Maus und lassen Sie die Maustaste los, wenn das Rechteck die gewünschte Größe hat. Auch Rechtecke und Quadrate können Sie ausgehend von ihrem Mittelpunkt zeichnen, die Arbeitsweise ist hierbei genauso wie beim Zeichnen von Kreisen und Ellipsen. Analog verhält es sich mit dem Zeichnen von Rechtecken und Quadraten ohne abgerundete Ecken.

Eine besondere Funktion hält Draw für Sie mit dem Symbol des **Bogens** bereit. Mit dem Bogen können Sie Bögen zeichnen, die 90-Grad-Segmenten (Quadranten) von Ellipsen entsprechen. Ein mit Farbe gefüllter Bogen sieht dabei wie ein Keil aus. Wenn Sie im Zeichenblatt die Maustaste gedrückt halten und den Bogen ziehen, bestimmen Sie mit der Richtung, in die Sie die Maus ziehen, welchen Quadranten einer Ellipse Sie zeichnen (oben links, unten rechts usw.).

Sie können auch einen Bogen zeichnen, der Teil eines Kreises ist. Halten Sie dazu die Taste ⬆ gedrückt, während Sie die Maus ziehen. Um einen Bogenwinkel zu ändern (das heißt, einen Bogen, der mehr oder weniger als 90° einer Ellipse mißt), können Sie den gewünschten Bogen markieren und dann mit dem Befehl **BEARBEITEN BOGEN** verändern.

Über die Utensilienspalte steht Ihnen in Draw auch eine Freihand-Zeichenfunktion zur Verfügung. Mit dieser Funktion, deren Symboltaste die Form eines **"aufgerissenen" Blattes Papier** hat, können Sie geschlossene oder offene Figuren in beliebiger Form erstellen. Wenn Sie frei zeichnen möchten, müssen Sie, nachdem Sie das Symbol der Utensilienspalte ausgewählt haben, die linke Maustaste gedrückt halten, während Sie im Zeichenblatt zeichnen. Um gerade Linien zu zeichnen, klicken Sie an die Stelle, an der die Linie beginnen soll, und lassen Sie die Maustaste wieder los. Bewegen Sie die Maus an den Endpunkt der Linie und klicken Sie dort noch einmal auf die linke Maustaste. Wenn Sie die Maus weiterbewegen, sehen Sie, daß eine neue Linie erzeugt wird, ausgehend vom Endpunkt der letzten Linie. Um aus dem Freihand-Modus herauszukommen, wählen Sie entweder ein neues Hilfsmittel oder drücken Sie die Taste Esc oder führen Sie einen Doppelklick mit der linken Maustaste aus.

Arbeiten mit Texten

Sie können in Draw auch mit Textelementen arbeiten, wobei ein Textbereich aber wie ein Grafikobjekt mit einer Textzeile behandelt wird. Während der Texteingabe können Sie auf die von Word für Windows bekannten Korrekturmöglichkeiten für einzelne Zeichen zurückgreifen. Um einen Text einzufügen, müssen Sie zunächst mit der linken Maustaste in der Utensilienspalte auf das Werkzeug für **Text** klicken. Klicken Sie im Zeichenbereich an die Stelle, an der der Text beginnen soll. Wenn die Texteinfügemarke erscheint, geben Sie den Text einfach ein. Um den Textmodus zu beenden, drücken Sie ⏎ oder Esc oder klicken auf einen freien Bereich auf dem Arbeitsblatt. Es erscheinen schwarze Markierungspunkte um das neue Textobjekt und zeigen an, daß Sie den gesamten Textkörper mit der Maus auf der Arbeitsfläche verschieben und beliebig positionieren können. Mit der Farbpalette können Sie die Textfarbe eines fertiggestellten Textobjekts ändern und mit den entsprechenden Befehlen im Menü **TEXT** lassen sich Schriftstil, Ausrichtung, Schriftart und Schriftgröße variieren.

Arbeiten mit Farbzuordnungen

Unterhalb des Arbeitsblattes befindet sich die **Farbpalette** von Microsoft Draw. Sie teilt sich auf in zwei Farbleisten, wobei eine zuständig ist für die Linienfarben und die andere für Füll-Farben. Wenn Sie Farbe z.B. eines Rechteckes ändern möchten, so markieren Sie zunächst das Rechteck, indem Sie darauf klicken. Wählen Sie dann die gewünschte Farbe ebenfalls durch Anklicken aus. Falls Sie nicht die richtigen Farben angezeigt bekommen, können Sie über die Schaltfläche **ANDERE** eigene Farben mischen oder auf andere Farbpaletten wie z. B. die Genigraphics Farbpalette, die auch von Microsoft PowerPoint verwendet wird, zurückgreifen (siehe Abbildung 6.1.3). Verwenden Sie dazu den Befehl **FARBPALETTE VERWENDEN** und wählen Sie in der Dialogbox die gewünschte Farbpaletten-Datei aus.

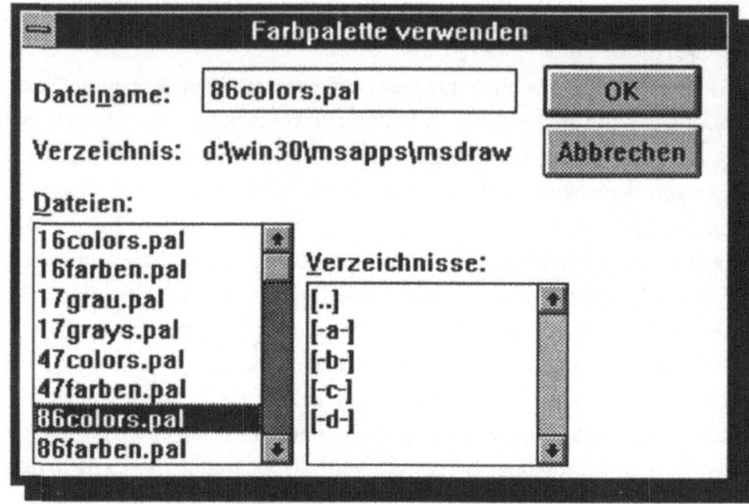

Abb. 6.1.3: Mehrere Farbpaletten stehen zur Verfügung

Arbeiten mit Zeichen-Objekten

Bevor Sie ein Objekt einer Draw-Zeichnung verändern können
(bearbeiten, verschieben, Größe ändern), müssen Sie es markieren. Ein
markiertes Objekt erkennen Sie an schwarzen kleinen Anfassern an den
Ecken des Objektes. Mit diesen Anfassern können Sie die Größe eines
Objektes ändern. Wählen Sie dazu zunächst die Symboltaste mit dem
Pfeil in der Utensilienspalte und führen Sie dann die Mauszeigerspitze
genau auf einen der Anfasser. Klicken Sie mit der linken Maustaste und
halten Sie diese gedrückt. Der Mauszeiger nimmt die Form eines Pfeiles
ohne eine Pfeil-Linie an. Wenn Sie nun die Maus verschieben, verändern
Sie die Größe des angeklickten Objektes.

Auch die Position eines Objektes in einer Zeichnung kann beliebig verändert werden. In Microsoft Draw gibt es verschiedene Möglichkeiten
dazu. Um das gesamte Objekt an einen anderen Platz zu verpflanzen,
klicken sie mitten hinein, halten die linke Maustaste gedrückt und schieben Sie es an die gewünschte Stelle. Wenn Sie mehrere komplexe Objekte markiert haben und verschieben möchten, müssen Sie die

Maustaste etwas länger gedrückt halten, bevor Sie die Maus verschieben. Mit den Befehlen **ZEICHNEN DREHEN/KIPPEN** kann ein Objekt gedreht sowie vertikal und horizontal gespiegelt (gekippt) werden.

Wenn Sie ein Objekt direkt auf ein anderes ziehen, wird eines der beiden vom anderen überlagert und (vielleicht nur zum Teil) verdeckt. Welches Objekt oben liegt und welches unten, hängt davon ab, welches der beiden zuerst eingefügt wurde. Das "jüngste" Objekt liegt immer zuoberst. Diese Reihenfolge kann jedoch mit den Befehlen **BEARBEITEN IN DEN VORDERGRUND** sowie **BEARBEITEN IN DEN HINTERGRUND** verändert werden.

Markieren und Gruppieren von Objekten

In der Praxis kommt es häufig vor, daß man eine Farbzuordnung oder eine Positionsverschiebung für mehrere Objekte gleichzeitig ausführen möchte. Damit Sie nun den entsprechenden Befehl nicht für jedes einzelne Objekt durchführen müssen, können Sie auch mehrere Objekte gleichzeitig markieren. Halten Sie dazu einfach die Taste ⇧ gedrückt, während Sie auf die gewünschten Objekte klicken.

Wenn Sie mehrere Objekte markiert haben und nun den ganzen Komplex an eine andere Stelle verschieben möchten, ohne dabei die Anordnung der Objekte zu verändern, sollten Sie die Einzelobjekte zunächst zu einer Gruppe zusammenfügen. Dazu markieren Sie die gewünschten Objekte (siehe oben) und wählen dann den Befehl **ZEICHNEN GRUPPIEREN**. Die so erstellte Gruppe kann nun wie ein einzelnes Objekt verschoben und bearbeitet werden. Um eine Gruppierung rückgängig zu machen, wählen Sie den Befehl **ZEICHNEN GRUPPIERUNG AUFHEBEN**.

Raster und Führungslinien und Zoomfunktion

Wenn es darum geht, Objekte genau zu positionieren, so stellt Ihnen Microsoft Draw wertvolle Hilfsmittel zur Verfügung. Über den Menübefehl **ANSICHT** steht Ihnen eine Zoomfunktion zur Verfügung, mit der

Sie die Ansicht auf Ihre Zeichenblatt-Objekte auf bis zu 800% vergrößern können. Zusätzlich gibt es in Microsoft Draw ein unsichtbares Raster, das ein- und ausgeschaltet werden kann. Wenn das Raster aktiv ist, können Sie es zwar immer noch nicht sehen, aber alle Objekte und Objektgruppen, die Sie erstellen, verschieben oder vergrößern/verkleinern, werden am nächsten Rasterpunkt ausgerichtet, sie "rasten" regelrecht ein. Zum Ein- und Ausschalten des Rasters wählen Sie den Befehl **ZEICHNEN AM RASTER AUSRICHTEN**.

Desweiteren lassen sich in Microsoft Draw (genauso wie in PowerPoint) sogenannte Führungslinien einblenden. Wenn eine Seite oder der Mittelpunkt eines Objekts in die Nähe einer Führungslinie gerät, wird diese Seite oder der Mittelpunkt automatisch von der Führungslinie angezogen. Um ein Objekt von dieser Führungslinie zu lösen, bedarf es einem etwas stärkeren Mausziehen. Wenn Sie eine Führungslinie anklicken und verschieben, gibt ein eingeblendeter Wert die Entfernung von der oberen linken Ecke des Zeilenbereiches an. Dadurch können Sie mit Hilfe der Führungslinie Objekte in präziser Entfernung von jedem beliebigen Punkt positionieren.

Um die Entfernung von einem beliebigen Startpunkt mit Hilfe der Führungslinie zu messen, halten Sie die ⸤Strg⸥-Taste gedrückt, während Sie die Führungslinie ziehen. Die Führungslinien werden ein- und wieder ausgeschaltet mit dem Befehl **ZEICHNEN FÜHRUNGSLINIEN EINBLENDEN** (bzw. ⸤Ctrl⸥ + ⸤H⸥).

Um die Entfernung zwischen zwei Punkten zu messen, setzen Sie die Führungslinie zuerst an den Startpunkt. Drücken Sie nun die ⸤Ctrl⸥-Taste und führen Sie die Führungslinie dabei an den Zielpunkt (um den Zielpunkt genauer treffen zu können, schalten Sie besser das Raster aus).

Wie bereits gesagt, können Sie über den Menübefehl **ANSICHT** den Vergrößerungsgrad der Ansicht des Zeichenblattes bestimmen. Es stehen sieben Stufen zur Auswahl: 25%, 50%, 75%, Originalgröße (100%), 200%, 400% und 800%. Diese sieben Stufen können Sie auch mit Hilfe des **Lupen-Symboles** in der Utensilienspalte nacheinander anfordern. Klicken Sie dazu einfach mit der linken Maustaste auf dieses Symbol und führen Sie im Zeichenblattbereich den Mauszeiger auf die Stelle, die vergrößert dargestellt werden soll. Mit jedem Klicken wird der Mauszeiger zu einer Lupe und stellt die nächste Stufe des Vergrößerungsgrades ein. Wenn Sie die Ansicht verkleinern möchten, drücken Sie ⬆ zusammen mit der Maustaste. Es wird immer derjenige Punkt in der Mitte des Fensters ausgerichtet, den Sie im Zeichenblatt angeklickt haben.

Datei-Import in Microsoft Draw

Sie können Dateien, die in anderen Grafikanwendungen erstellt wurden, in Microsoft Draw importieren. Die eingefügten Grafiken können nach dem Import mit den Draw-Werkzeugen bearbeitet werden. Um eine Grafik eines anderen Programmes zu importieren, wählen Sie den Befehl **DATEI GRAFIK IMPORTIEREN**. Suchen Sie im Listenfeld **Verzeichnisse** das Laufwerk und/oder Verzeichnis mit der zu importierenden Datei heraus und klicken Sie im Listenfeld **Dateien** die gewünschte Datei an. In diesem Feld werden nur Dateien angezeigt, die von Draw importiert werden können. Die Objekte in der Datei werden "zerlegt" und als Mehrfachauswahl in Microsoft Draw eingefügt. Wie die importierte Datei in einzelne Objekte zerlegt wird, hängt von der Art der Objekte ab und von dem Programm, in der die Grafik erstellt wurde.

Zusammenfassung

In diesem Kapitel haben wir besprochen, wie das **Zeichenprogramm Microsoft Draw** gestartet wird und wie darin Zeichnungen und Grafiken erstellt werden können. Sie haben die einzelnen Werkzeuge kennengelernt und einen Überblick erhalten, wie sich Grafiken aus anderen Programmen in Microsoft Draw importieren lassen.

microsoft
graph

In diesem Kapitel erfahren Sie alles, was Sie zur Erstellung und Bearbeitung von Microsoft Graph-Diagrammen wissen müssen. Graph ist eines der neuen Microsoft Word für Windows OLE-Programme und erlaubt Ihnen das Erstellen von Flächen-, Säulen-, Kreis-, Punkt-, Linien- und Verbund-Diagrammen, wobei Sie auch dreidimensionale Effekte erzeugen können. Wir besprechen, wie Sie Tabellen und Diagramme erzeugen und formatieren können und wie Sie Graph-Objekte in Ihre Word für Windows-Dokumente einfügen können.

Überblick über Microsoft Graph

Microsoft Graph ist ein eigenes, sehr leistungsfähiges OLE-Programm, das nur direkt von Word für Windows aus aufgerufen werden kann. Als OLE-Programm ist es aber nicht nur im Lieferumfang von Word für Windows 2.0 enthalten, sondern auch im Microsoft PowerPoint-Paket. Es ermöglicht, numerische Daten zu Präsentations- oder Analysezwecken in Diagramme umzuwandeln.

Wenn Sie Graph starten, erscheinen zwei Fenster, eine Tabelle mit Beispieldaten und eines mit einem Beispieldiagramm aus den Daten der Tabelle. Die Zahlenwerte im Tabellenfenster lassen sich bearbeiten oder auch durch vollkommen neue Daten ersetzen. Sie können aber auch Daten aus einer anderen Datei importieren, wobei diese Daten z.B. mit Multiplan, Lotus 1-2-3 oder mit Microsoft Excel erstellt worden sein können. Wenn Sie die Daten in der Tabelle ändern, erstellt Graph im Diagrammfenster automatisch das entsprechende Diagramm. Die Diagrammart und nahezu alle anderen Elemente im Diagrammfenster können Sie nach eigenen Wünschen formatieren und ändern.

Ein mit Microsoft Graph erstelltes Diagramm kann in ein Word für Windows-Dokument nur als ein "embedded object" eingefügt werden. Diese Tatsache beeinträchtigt jedoch nicht die Weiterverwendbarkeit des Diagrammes, denn es kann von hier aus wie jedes andere Element auch über die Zwischenablage in andere Programme kopiert und übertragen werden. Wenn Sie jedoch das Diagramm selbst oder die zugrundeliegenden Zahlenwerte verändern möchten, müssen Sie Microsoft Graph starten. Für den Start von Microsoft Graph genügt allerdings ein Doppelklick mit der linken Maustaste auf ein in das Word für Windows Dokument eingefügte Graph-Diagramm.

Starten von Microsoft Graph

Der einfachste Weg, ein Diagramm aus einem Word für Windows-Dokument heraus zu erstellen, besteht darin, sich in Word für Windows zunächst einmal ein Tabelle zu erstellen, die die notwendigen Zahlenwerte für das spätere Diagramm enthält. Ziehen Sie einfach das Tabellensymbol der Funktionsleiste auf und bestimmen Sie mit der Maus die gewünschte Tabellengröße. In die einzelnen Zellen tragen Sie die für das Diagramm gewünschten Zahlenwerte und Beschriftungen ein. In Abbildung 6.2.1 sehen Sie eine kleine Beispieltabelle, auf die wir später bei der Diagrammerstellung noch zurückkommen werden. Führen Sie nun den Mauszeiger über die erste Spalte der Tabelle und klicken Sie mit der rechten Maustaste. Halten Sie diese fest und ziehen Sie die Maus nach rechts, bis die gesamte Tabelle markiert ist. Nun brauchen Sie nichts weiter zu tun, als den Befehl **EINFÜGEN OBJEKT** aufzurufen und in der Dialogbox als Programm MICROSOFT GRAPH mit einem Doppelklick auszuwählen.

Aus Word für Windows heraus wird nun Graph gestartet. Die Daten, die Sie zuvor mit der Tabelle markiert haben, werden automatisch an Graph übergeben. Da Graph aber von Haus aus mit Beispielwerten gestartet wird, kann es einen Moment dauern, bis diese Beispieldaten gelöscht und die Werte aus Ihrer Word für Windows Tabelle in das Tabellenblatt von Microsoft Graph übertragen werden. Aus den Daten der Tabelle wird nun in dem zweiten Fenster automatisch ein Säulendiagramm erstellt. Sowohl Diagramm als auch Zahlenwerte in der Tabelle lassen sich beliebig verändern und formatieren.

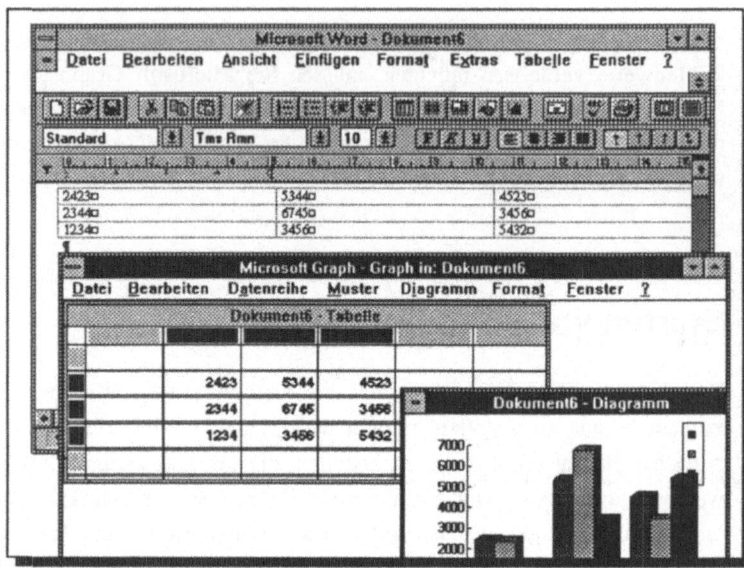

Abb.6.2.1:   Tabellen aus Word für Windows können
             direkt an Graph übergeben werden

Der soeben beschriebene Weg ist sicherlich der einfachste, um Daten eines Dokumentes in ein Diagramm zu verwandeln. Sie können Graph aber auch starten, ohne vorher Daten in Ihrem Dokument erfaßt zu haben. Rufen Sie einfach den Befehl **EINFÜGEN OBJEKT** auf, ohne vorher einen Textbereich oder Zahlenwerte markiert zu haben. Graph wird dann mit Beispielwerten in der Tabelle gestartet, die Sie wiederum beliebig nach Ihren Wünschen ändern und ersetzen können.

Um Graph zu beenden, klicken Sie auf den Befehl **DATEI BEENDEN UND ZURÜCKKEHREN**. In einer Dialogbox werden Sie gefragt, ob die Änderungen in Ihr Dokument übernehmen werden sollen. Wenn Sie das Diagramm in Ihr Dokument übernehmen wollen, klicken Sie auf die Schaltfläche **Ja**. Graph wird geschlossen, und Ihr Diagramm erscheint in Ihrem Dokument. Wenn Sie Graph beenden wollen, ohne die vorgenommenen Änderungen zu übernehmen, klicken Sie in der Abfrage auf die Schaltfläche **Nein**. Graph wird dann geschlossen, und alle Änderungen, die Sie seit der letzten Aktualisierung vorgenommen haben, gehen verloren.

Das Diagramm und die Daten werden in Microsoft Graph nicht gespeichert. Erst wenn Sie das Word für Windows-Dokument speichern, werden auch das Diagramm und dessen Daten gespeichert, und zwar in derselben Datei wie das Dokument.

Arbeiten mit dem Tabellenfenster

Die Beschriftungen für die einzelnen Achsen und die Datenreihen eines
Diagrammes müssen in der ersten Zeile und der ersten Spalte des Tabellenblattes stehen. Die erste und die zweite Spalte des Tabellenblattes
bleiben immer eingeblendet, so daß Sie die Beschriftungen auch dann
sehen können, wenn Sie durch die Daten blättern. Spalten lassen sich
außerdem in der Breite verändern, sodaß auch große Zahlenwerte beden-
kenlos eingegeben werden können. In der folgenden Abbildung 6.2.2
werden die einzelnen Elemente das Tabellenblattes erläutert.

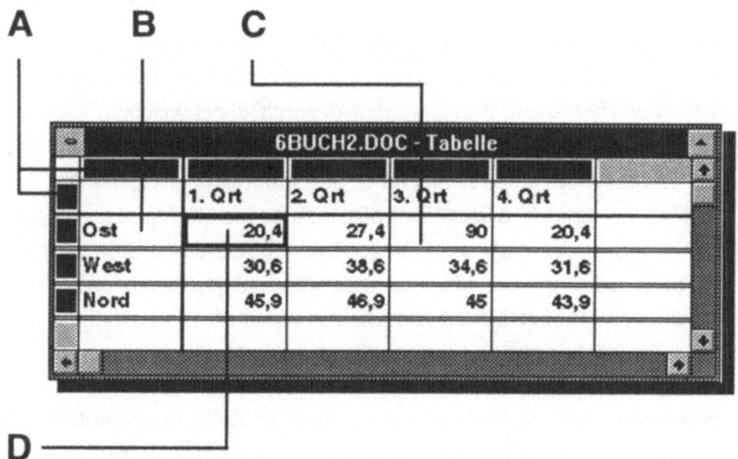

A   *Rahmenschaltflächen, schwarz, wenn betreffende Zeile / Spalte
Inhalt hat, sonst grau. Dient auch zum Markieren der Zeile /
Spalte*

B   *Feld*

C   *Doppellinien zwischen Zeilen zeigen an, daß Datenreihen in Zeilen angeordnet sind*

D   *Aktives Feld*

Abb.6.2.2:   Die Elemente des Tabellenblattes

Sie müssen für jede Datenreihe einen Namen, für jede Rubrik von Datenpunkten eine Beschriftung und für jeden im Diagramm darzustellenden Wert eine Zahl eingeben. Wenn Ihre Datenreihen (z.B. *Umsatzentwicklung im Verlauf eines Jahres*) in Zeilen vorliegen, so müssen die Datenreihennamen in der erste Spalte der Tabelle in den entsprechenden Zeilen (z.B. *Umsatz Meier, Umsatz Schulze* usw.) stehen und die Rubrikenbeschriftungen (z.B. *Januar, Februar* usw.) in der erste Zeile über der jeweiligen Spalte mit den entsprechenden Zahlenwerten. Bei Datenreihen in Spalten stehen die Datenreihennamen in der ersten Zeile und die Rubrikenbeschriftungen in der ersten Spalte.

Um in die Zellen der Tabelle Daten einzugeben oder Daten darin zu bearbeiten, stehen Ihnen zwei Möglichkeiten zur Verfügung. Der einfachste Weg ist, eine Zelle zu markieren, einfach die jeweiligen Zahlenwerte zu schreiben und die ⟵-Taste zu drücken. Die in einer Zelle vorher vorhandenen Daten werden dadurch überschrieben. Der andere Weg besteht darin, den Mauszeiger auf eine Zelle zu führen und mit der linken Maustaste einen Doppelklick auszuführen oder die Funktionstaste F2 zu drücken. In diesem Fall öffnet sich eine Dialogbox, die den aktuellen Inhalt der Zelle zeigt. In der Dialogbox müssen Sie lediglich die Einfügemarke mit der Maus in dem Textfeld positionieren und Ihren Zahlenwert eintragen. Nach Eingabe des Zahlenwertes bestätigen Sie mit **OK** oder drücken ⟵ .

Wenn eine Zahl zu lang ist, um sie in einer Zelle mit Standardzahlenformat (dem vorgegebenen Zahlenformat) anzuzeigen, speichert Graph den Wert zwar wie eingegeben, zeigt die Zahl in der Tabelle aber in Exponentialschreibweise an. Die Zahl 250.000.000 würde in der Standardbreite beispielsweise als 2,5E+08 angezeigt. Wenn die Zahl auch in der Exponentialschreibweise noch zu lang ist, oder die Zelle ein anderes Zahlenformat als das vorgegebene aufweist, werden die Zahlen durch eine Reihe von Lattenkreuzen (######) angezeigt. Wenn Sie diesen Effekt vermeiden wollen, so verbreitern Sie einfach die Spaltenbreiten, bis die Zahlenwerte vollständig angezeigt werden.

Wenn die Spaltenbreite zu gering für Ihren Zahlenwert war und der Wert in Exponentialschreibweise dargestellt wurde, so müssen Sie das Zahlenformat der Zelle ändern, wenn die Zahl nach dem Verbreitern der Spalte

richtig dargestellt werden soll. Stellen Sie in diesen Fällen das Zahlenformat auf normale Schreibweise, indem Sie den Befehl **FORMAT ZAH-
LENFORMAT** aufrufen und das Zahlenformat 0 oder 0,00 auswählen.

Die einzelnen Spalten des Tabellenblattes können bis zu 255 Zeichen
breit sein. Die Standardbreite beträgt neun Zeichen. Um die Breite einer
Spalte zu ändern, führen Sie die Spitze des Mauszeigers auf die vertikale
Linie rechts neben dem Spaltenkopf. Auf der Linie nimmt der Mauszeiger die Form eines senkrechten Strichs mit nach rechts und links zeigenden Pfeilen an. Wenn Sie nun mit der linken Maustaste klicken, diese
gedrückt halten und die Maus nach rechts ziehen, so verbreitern Sie die
Spalte, ziehen Sie die Maus nach links, so wird die Spalte entsprechend
schmaler. Wenn Sie die Breite einer Spalte ganz genau bestimmen wollen, so können Sie auch eine Spalte markieren und die Veränderung der
Spaltenbreite über den Menübefehl **FORMAT SPALTENBREITE** vornehmen. Hier haben Sie auch die Möglichkeit, die Standardbreite einer
Spalte wiederherzustellen.

Einfügen von Zeilen und Spalten

Das Tabellenblatt hat eine maximale Größe von 4000 Zeilen und 256
Spalten. In der Regel wird man diesen Raum zum Erstellen eines Diagrammes nicht ausnutzen, aber es kann durchaus vorkommen, daß man
beim Erstellen der Datenreihen einmal eine Zeile oder Spalte vergißt und
deshalb nachträglich einfügen muß. Wenn Sie Zeilen oder Spalten in die
Tabelle einfügen müssen, so markieren Sie mit der Maus die Anzahl von
Zeilen oder Spalten, die Sie einfügen wollen. Klicken Sie dazu mit der
linken Maustaste in die Rahmenschaltfläche und halten Sie die Maustaste gedrückt. Ziehen Sie dann die Maus soweit nach unten, oben, links
oder rechts, bis entsprechend viele Zeilen oder Spalten markiert sind.
Rufen Sie Sie dann den Befehl **BEARBEITEN ZEILE/SPALTE EINFÜ-
GEN** auf. Wenn Sie vor dem Aufrufen dieses Befehles keine kompletten
Zeilen oder Spalten markiert haben, werden Sie in einer Dialogbox
gefragt, ob Sie Spalten oder Zeilen einfügen wollen. Zeilen werden oberhalb der markierten Zeile und Spalten links der markierten Spalte
eingefügt.

Zeilen/Spalten aus dem Diagramm ausblenden

Geschickte Manipulation von Diagrammen können Sie in Graph sehr einfach vornehmen. Wenn Sie z.B. eine ganze Datenreihe (mit den Spitzenumsatzzahlen Ihres schärfsten Konkurrenten) lieber nicht in Ihrem Diagramm darstellen möchten, so brauchen Sie nur auf der Rahmenschaltfläche der Zeile mit dieser Datenreihe einen Doppelklick auszuführen. Die Zahlenreihe wird daraufhin aus der Tabelle ausgeblendet und die Änderung im Diagrammfenster direkt sichtbar. Die Zahlenwerte bleiben dabei aber erhalten. Durch ein erneutes Doppelklicken auf die Rahmenschaltfläche der Zeile werden die Zahlenwerte wieder eingeblendet. Über das Menü erzielen Sie dieselben Effekte über **DATENREIHE MIT ZEILE/SPALTE** bzw. **DATENREIHE OHNE ZEILE/SPALTE**.

Importieren von Daten aus anderen Dateien

Der einfachste Weg, Daten aus einer anderen Datei in Graph zu importieren ist der Weg über die Windows Zwischenablage über die Befehle **BEARBEITEN KOPIEREN** und **BEARBEITEN EINFÜGEN**. Dieser Weg ist allerdings nur dann sicher, wenn das Quellprogramm ein Windows-Programm ist (z.B. Microsoft Excel) und die Daten aus einem Tabellenkalkulationsprogramm stammen.

Der andere Weg erfolgt über den Graph-Befehl **DATEI DATEN IMPORTIEREN**. Über diesen Befehl importiert Graph Daten über sogenannte Konvertierungsfilter in das Tabellenblatt. Graph kann über diese Filter Daten aus Lotus 1-2-3 Version 1A, Microsoft Works, Lotus 1-2-3 Version 2.0, Symphony, Microsoft Excel (Tabellen und Diagramme) und Microsoft Mutiplan importieren.

Um Daten über einen der Importfilter in Graph einzufügen, müssen Sie zunächst die Zelle markieren, die den Wert in der linken oberen Zelle der zu importierenden Datei enthält. Rufen Sie dann den Befehl **DATEI DATEN IMPORTIEREN** auf. Nachdem Sie ggfs. im Feld Verzeichnisse in das Verzeichnis gewechselt haben, in der sich die zu importierende Datei befindet, markieren Sie im Feld **Dateien** die gewünschte Datei. Wenn Sie sämtliche Daten einer Datei importieren möchten, so markieren Sie das

Optionsfeld **Alle**. Wenn Sie nur einen Teil der Daten importieren möchten, so klicken Sie mit der Maus in das Feld **Bereich** und geben Sie den Datenbereich oder einen Bereichsnamen ein. Wenn die Tabellenkalkulation mit Buchstaben als Spaltenbezeichnungen und Zahlen als Zeilenbezeichnungen arbeitet, so geben Sie zum Beispiel *A1:B5* im Feld **Bereich** ein, um die Werte aus den ersten beiden Spalten A und B und den ersten 5 Zeilen zu importieren. Den Importvorgang starten Sie durch Klicken auf die Schaltfläche **OK**, oder durch Drücken von ⬅ .

Um ein Diagramm aus Microsoft Excel zu öffnen, müssen Sie nicht den Befehl **DATEI DATEN IMPORTIEREN**, sondern **DATEI EXCEL-DIAGRAMM ÖFFNEN** ausführen. Im Feld **Dateien** markieren Sie die gewünschte Datei und starten dann den Importvorgang durch Klicken auf die Schaltfläche **OK** oder Drücken ⬅ . Alle vorhandenen Zahlenwerte in dem Tabellenblatt und alle Diagrammformatierungen werden durch die importierten Daten und Diagrammformate vollständig ersetzt.

Sie können in Graph auch direkt Excel-Diagramme importieren.

Löschen von Daten, Zeilen und Spalten

Zahlenwerte in den Zellen und Formatierungen der Zellen in der Tabelle können mit einem Befehl oder unabhängig voneinander separat gelöscht werden. Dabei lassen sich sowohl einzelne Zellen als auch ganze Zeilen oder Spalten löschen. Markieren Sie dazu einfach die Zellen oder Zeilen/Spalten, die Sie löschen möchten. Rufen Sie dann den Befehl **LÖSCHEN** aus dem Menü **BEARBEITEN** auf. Wenn Sie nur die Daten löschen möchten, markieren Sie in der Dialogbox das Optionsfeld **Daten löschen**. Möchten Sie nur die Formatierung löschen und die Daten erhalten, so markieren Sie die Option **Format löschen**. Sollen sowohl Formatierung als auch Datenwerte gelöscht werden, so markieren Sie die Option **Beides löschen** und klicken Sie auf **OK**.

Auch in Graph können Sie gelöschte Daten wiederherstellen, indem Sie den Befehl Rückgängig machen aus dem Menü Bearbeiten wählen, wenn Sie noch keinen anderen Befehl ausgeführt haben.

Auch das Löschen von ganzen Zeilen oder Spalten erfolgt über das Menü **Bearbeiten**. Sie müssen dazu zunächst die Zeilen oder Spalten, die Sie löschen wollen, über die Rahmenschaltflächen markieren. Dabei können Sie mehrere Zeilen oder Spalten markieren, indem Sie den Mauszeiger über die entsprechenden Zeilen- oder Spaltenköpfe ziehen. Rufen Sie dann **BEARBEITEN ZEILE/SPALTE LÖSCHEN** auf.

Erstellen von Diagrammen

Um ein Diagramm mit Graph zu erstellen, können Sie Zahlenwerte entweder - wie bereits beschrieben - aus Ihrer Word für Windows Tabelle übernehmen oder aber direkt in das Tabellenfenster in Graph eingeben. Zusätzlich erlaubt Graph, Daten aus anderen Programmen wie z.B. Lotus 1-2-3, Multiplan oder Excel zu importieren. Prinzipiell werden von Graph alle Daten des Tabellenblattes automatisch für das Diagramm verwendet. Das Tabellenblatt arbeitet dabei ganz ähnlich wie z.B. das Kalkulationsblatt von Microsoft Excel mit dem Unterschied, daß Sie in den einzelnen Zellen keine Formeln hinterlegen können.

Mit den Daten in der Tabelle können Sie sieben verschiedene Diagrammarten erstellen: Flächen-, Balken-, Säulen-, Linien-, Kreis-, Punkt- und Verbunddiagramme. Da jede Diagrammart mit mehreren Optionen verbunden ist, stehen Ihnen aber tatsächlich über 40 verschiedene Diagrammarten zur Verfügung. Unter Optionen können Sie dabei Bezugslinien, Spannweitenlinien, Winkel der einzelnen Kreisdiagrammsegmente und dreidimensionale Effekte verstehen. Zwischen den verschiedenen Diagrammarten wechseln Sie mit Hilfe des Menübefehls **MUSTER**.

Flächendiagramme werden in der Regel dazu benutzt, um darzustellen, wie sich Werte über einen bestimmten Zeitraum hinweg im Verhältnis zum Gesamtwert ändern. **Balkendiagramme** eignen sich am besten, um bestimmte Zahlenwerte zu einem Zeitpunkt miteinander zu vergleichen, wobei aber weniger Wert auf den zeitlichen Ablauf gelegt wird als in einem Säulendiagramm. Gestapelte und 100% Balkendiagramme zeigen Beziehungen von Zahlenwerten zu einer Gesamtheit. **Säulendiagramme** zeigen besonders schön Schwankungen einer Datenreihe über einen Zeitraum oder dienen als Vergleichsgrundlage verschiedener Zahlenwerte, wobei aber mehr Betonung auf dem zeitlichen Charakter liegt. **Liniendiagramme** dienen in der Regel zur Darstellung von Trends oder Entwicklungen einer Datenreihe über einen bestimmten Zeitraum hinweg. **Kreis-** oder **Tortendiagramme** zeigen dagegen Beziehungen oder Verhältnisse von Teilen gegenüber einer Grundgesamtheit (100%). Sie enthalten stets nur eine Datenreihe und empfehlen sich zur Hervorhebung eines wichtigen Sachverhaltes durch einen Anteilswert. **Punktdiagramme** werden benutzt, um Beziehungen oder einen Grad der Beziehung zwischen Zahlenwerten in unterschiedlichen Gruppen darzustellen. Sie sind zweckmäßig zur Ermittlung von Mustern oder Trends und zur Bestimmung, ob Variablen voneinander unabhängig sind oder ob sie sich gegenseitig beeinflussen.

Welche Diagrammform für Ihre Zahlenwerte am besten geeignet ist, müssen Sie letztendlich selbst entscheiden. Die Auswahl einer Diagrammform nehmen Sie über den Befehl **MUSTER** vor. Interessant sind dabei vor allem auch die Wahlmöglichkeiten der dreidimensionalen Darstellungsformen. Formatierungen wie z.B. Farb- oder Rasteränderungen eines einzelnes Datenpunktes oder einer Datenreihe nehmen Sie über die Befehle des Menüs **FORMAT** vor. Um eine Datenreihe in der Farbe zu ändern, brauchen Sie nichts weiter zu tun, als einen Doppelklick auf dieser Datenreihe (bzw. einer der Datensäulen der entsprechenden Reihe) auszuführen und in der Dialogbox die Formatierung nach Ihren Wünschen vorzunehmen. Wollen Sie dagegen einen einzelnen Datenpunkt in der Farbe ändern, so müssen Sie die [Strg]-Taste gedrückt halten und dann den entsprechenden Datenpunkt mit der linken Maustaste anklicken.

Die Größe des Diagrammfensters beim Verlassen von Graph bestimmt die Größe des Diagrammes bei der Übernahme in das Word für Windows Dokument.

Dreidimensionale Diagramme

Besonders interessant sind auch die Formatierungsmöglichkeiten, die Ihnen über den Befehl **FORMAT 3-D ANSICHT** zur Verfügung stehen (siehe Abbildung 6.2.3). Die Schaltfläche dieser Dialogbox erlauben es Ihnen nämlich, die dreidimensionale Ansichtsform Ihres Diagramme zu verändern. Durch mehrmaliges Klicken auf die Schaltflächen **Betrachtungshöhe** und **Drehung** ist es z.B. eine Kleinigkeit, Ihr Diagramm einmal von unten etwas näher zu betrachten. Wenn Sie außerdem noch auf die Option **Rechtwinklige Achsen** verzichten, können Sie über die Option **Perspektive** Ihr Diagramm auch noch perspektivisch darstellen.

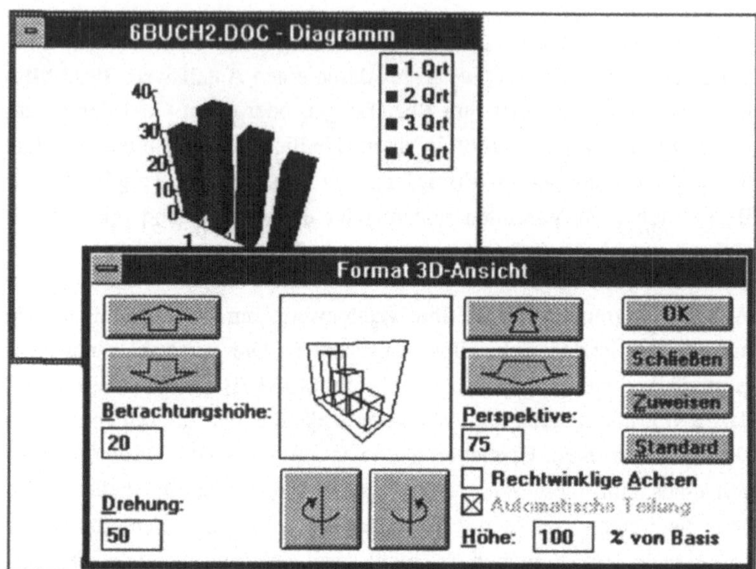

Abb.6.2.3:   Auch perspektische 3-D-Ansichten sind mit Graph möglich

Die Option **Betrachtungshöhe** bestimmt die Höhe, von der aus Sie die Daten betrachten und wird in Grad gemessen. Bei allen Diagrammen mit Ausnahme von Kreis- und Balkendiagrammen liegt die Betrachtungshöhe zwischen Minus 90 (das Diagramm erscheint, als ob Sie direkt unterhalb der Diagrammfläche stehen) und Plus 90 Grad (das Diagramm erscheint, als ob Sie direkt oberhalb der Diagrammfläche stehen). Bei 3D-Balkendiagrammen muß der Wert zwischen 0 und 44 liegen. Bei Kreisdiagrammen reicht die Betrachtungshöhe von 10 (die Höhe der Kreissegmente ist besser sichtbar) bis 80 Grad (die Oberfläche des Kreises ist besser sichtbar).

Sofern Sie die Option **Rechtwinklige Achsen** ausschalten,, können Sie mit der Option **Perspektive** bestimmen, inwieweit das Diagramm perspektivisch dargestellt wird. Größere Perspektivenwerte lassen die Datenpunkte im Hintergrund des Diagramms kleiner erscheinen als die im Vordergrund, wodurch dem Diagramm mehr Tiefe verliehen wird. Der Perspektivenwert bestimmt das Verhältnis zwischen dem Vorder- und Hintergrund des Diagramms und kann zwischen 0 und 100 liegen. Beträgt die Perspektive Null, wird der hinterste Rand der Diagrammfläche genauso breit dargestellt wie die vorderste Kante, das heißt ohne Perspektive.

Die Option **Drehung** bestimmt die Drehung der Diagrammfläche um die vertikale Achse (Z-Achse). Die Drehung wird in Grad angegeben und kann zwischen 0 und 360 liegen (bei 3D-Balkendiagrammen zwischen 0 und 44). Beträgt die Drehung Null, erscheint das Diagramm so, als würden Sie es von der Position der X-Achse aus betrachten. Bei einer Drehung von 180 Grad wird das Diagramm so angezeigt, als würden Sie es von der entgegengesetzten Seite oder von hinten betrachten, wodurch die Reihenfolge, in der die Datenreihen gezeichnet werden, umgekehrt wird. Wenn die Drehung 90 Grad beträgt, sehen Sie das Diagramm praktisch von der Seite.

Die Option **Höhe % von Basis** bestimmt die Höhe der Z-Achse und der Flächen im Verhältnis zur Länge der X-Achse (der Breite des Diagramms). Die Höhe wird als Prozentsatz der X-Achsenlänge berechnet. Bei einem Wert von 200 % ist das Diagramm zum Beispiel doppelt so hoch wie die X-Achse lang ist. Die Option **Automatische Teilung** kann Ihnen von Nutzen sein, wenn Sie ein 2D-Diagramm in ein 3D-Diagramm umwandeln. Wenn Sie dies tun, kann es dazu kommen, daß in der 3-D Ansicht das Diagramm etwas verkleinert erscheint. Bei Diagrammen mit rechtwinkligen Achsen und einer Drehung von weniger als 45 Grad teilt die Option **Automatische Teilung** das 3D-Diagramm so auf, daß es der Größe der 2D-Version näherkommt.

Zusammenfassung

In diesem Kapitel haben wir alles besprochen, was Sie zur Erstellung und Bearbeitung von Microsoft Graph-Diagrammen wissen müssen. Sie haben erfahren, wie Sie mit Graph Flächen-, Säulen-, Kreis-, Punkt-, Linien- und Verbund-Diagrammen erstellen können, wobei Sie auch dreidimensionale Effekte erzeugt haben. Zusätzlich haben wir besprochen, wie Sie Tabellen und Diagramme formatieren können und wie Sie Graph-Objekte in Ihre Word für Windows-Dokumente einfügen können.

Kapitel 3

In diesem Kapitel besprechen wir den neuen Formel-Editor von Word für Windows 2.0. Sie erfahren, wie Sie den Formel-Editor starten und beenden können und lernen, wie man eine erstellte Formel in ein Word für Windows-Dokument integriert. Dabei gehen wir auch auf die Schriftarten ein, die der Formel-Editor für die Erstellung von Formeln benutzt und zeigen Lösungsmöglichkeiten für mögliche Probleme beim Drucken oder bei der Bildschirmdarstellung auf.

Einführung in den Formel-Editor

Das dritte der Zusatzprogramme, die mit Word für Windows 2.0 ausgeliefert werden, ist der Formel-Editor. Der Formel-Editor ist ein Programm, mit dem sich mathematische Formeln und Gleichungen erstellen lassen, wobei verschiedene Schriftarten und alle mathematischen Sonderzeichen zur Verfügung stehen. Der Formel-Editor ist insbesondere auf die OLE-Technik abgestimmt, d.h. die mit dem Programm erstellten Formeln und Grafiken werden als sogenannte Objekte in Word für Windows-Dokumente eingebettet. Ein Doppelklick auf dieses Objekt ruft sofort den Formel-Editor auf und Sie können dort die Formel wieder bearbeiten. Der Formel-Editor ist in diesem Sinne zwar ein eigenständiges Programm, Sie können es jedoch nicht aus dem Programm-Manager von Windows heraus aufrufen. Mit dem Formel-Editor läßt sich nur arbeiten, wenn auch Word für Windows gestartet wurde und der Formel-Editor von Word für Windows aus aufgerufen wurde.

Starten und Beenden des Formel-Editors

Um den Formel-Editor zu starten, haben Sie zwei Möglichkeiten. Wenn Sie eine bereits im Dokument vorhandene Formel bearbeiten möchten, genügt ein Doppelklick auf diese Formel und der Formel-Editor startet automatisch. Wenn Sie jedoch eine neue Formel erstellen möchten, müssen Sie den Menü-Befehl **EINFÜGEN OBJEKT** ausführen und dort die Option **Equation** anklicken (siehe Abbildung 6.1.1). Sobald Sie hier mit **OK** bestätigt haben, wird der Formel-Editor gestartet.

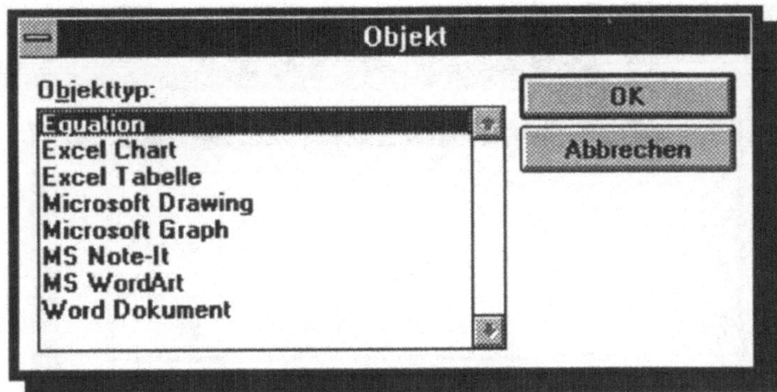

Abb.6.1.1: Über EINFÜGEN OBJEKT kann der
Formel-Editor aufgerufen werden

Um nach der Bearbeitung einer Formel in Word für Windows zurückzukehren, wählen Sie den Befehl **DATEI Beenden und zurückkehren zu**
(Dateiname). Wenn Sie eine Formel verändert haben, erscheint automatisch eine Dialogbox, mit der Sie gefragt werden, ob die Änderungen in
Word für Windows aktualisiert bzw. übernommen werden sollen. Wenn
Sie eine Formel aktualisieren, heißt das, Sie speichern die aktuelle Version der Formel in dem Word für Windows-Dokument, ohne dabei den
Formel-Editor zu beenden. Diese Zwischenspeicherung erzielen Sie über
den Befehl **DATEI AKTUALISIEREN**. Im Formel-Editor kann eine Aktualisierung nicht rückgängig gemacht werden.

Wenn Sie nur einzelne Teile einer Formel in Ihr Word für Windows-
Dokument übernehmen möchten, können Sie auch die Windows-Zwi-
schenablage zum Datenaustausch verwenden. Markieren Sie den Teil der
Formel, der in Ihrem Dokument erscheinen soll, indem Sie mit der linken
Maustaste an den Anfang klicken und die Maus bei gedrückter Maustaste
über den entsprechenden Teil der Formel ziehen. Wählen Sie dann den
Befehl **BEARBEITEN AUSSCHNEIDEN** oder **BEARBEITEN KOPIEREN**,
um die Formel in die Zwischenablage zu übertragen. Klicken Sie auf Ihr
Dokument, damit es zum aktuellen Fenster wird und wählen Sie den Befehl **BEARBEITEN EINFÜGEN**, um den Formelteil in Ihr Dokument zu
setzen.

*Über die Zwischenablage
können Sie Formel übri-
gens auch in Microsoft
Excel oder andere Pro-
gramm übertragen. Von
Excel wird dabei auch die
Doppelklick-Funktion des
OLE unterstützt.*

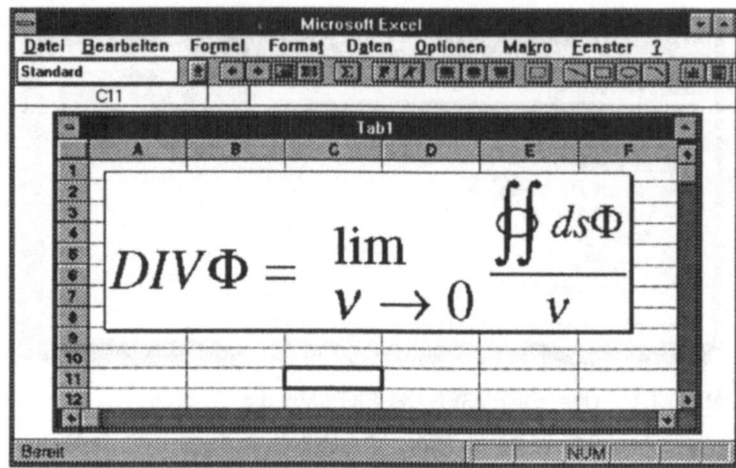

Abb.6.3.2:   Formeln lassen sich über die Zwischenablage auch
in andere Programme als Objekte übertragen

Arbeiten mit dem Formel-Editor

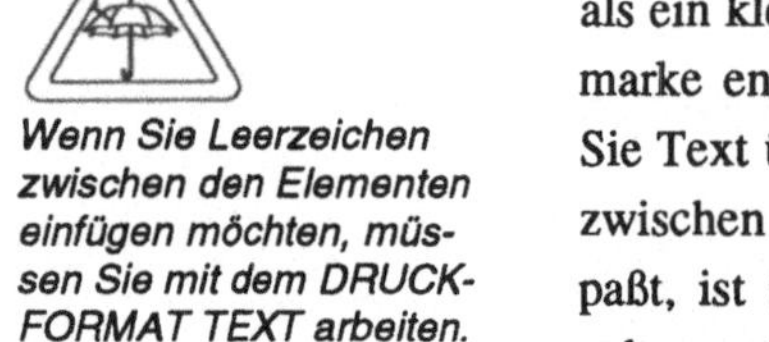

*Wenn Sie Leerzeichen
zwischen den Elementen
einfügen möchten, müs-
sen Sie mit dem DRUCK-
FORMAT TEXT arbeiten.*

Beim Öffnen des Formel-Editor-Fensters wird ein einzelnes, leeres Feld
als ein kleiner gepunkteter Kasten angezeigt, der die blinkende Einfügemarke enthält. Immer wenn die Einfügemarke angezeigt wird, können
Sie Text über die Tastatur eingeben. Da der Formel-Editor die Abstände
zwischen Zahlen, Buchstaben und Symbolen in Formeln automatisch anpaßt, ist allerdings die Leertaste funktionslos. Um Leerzeichen einzugeben, müssen Sie aus der Leerzeichenpalette (zweite Palette von links
in der oberen Reihe) Symbole auswählen, die für verschiedene Arten von
Leerzeichen stehen. Falls Sie anstelle von Formeln Text eingeben möchten, können Sie für das Eingeben von Leerzeichen dann die Leertaste
verwenden, wenn Sie das aktuelle Druckformat des Formel-Editors in
TEXT ändern.

Formelstellung mit Symbolen und Vorlagen

Wenn der Formel-Editor gestartet ist, können Sie praktisch direkt mit der Formelerstellung beginnen. Sie benutzen dazu die kleinen Paletten-Pull-Down-Menüs, aus denen Sie die einzelnen Formel- und Gleichungselemente direkt abrufen können. Der Formel-Editor unterscheidet bei den verschiedenen Elementen, aus denen Sie eine Formel erstellen können, zwischen Symbolen und Vorlagen. Symbole sind einzelne Zeichen wie logische Zeichen, Mengenlehre-Zeichen und griechische Zeichen. Vorlagen sind mit einem oder mit mehreren leeren Feldern kombinierte Symbole, die einen Rahmen zur Erstellung von grundlegenden mathematischen Termen wie Brüchen und Integralen bereitstellen. Sie arbeiten mit Vorlagen so, daß Sie zunächst eine Vorlage aus dem Palettenmenü heraus einfügen und dann deren leere Felder ausfüllen.

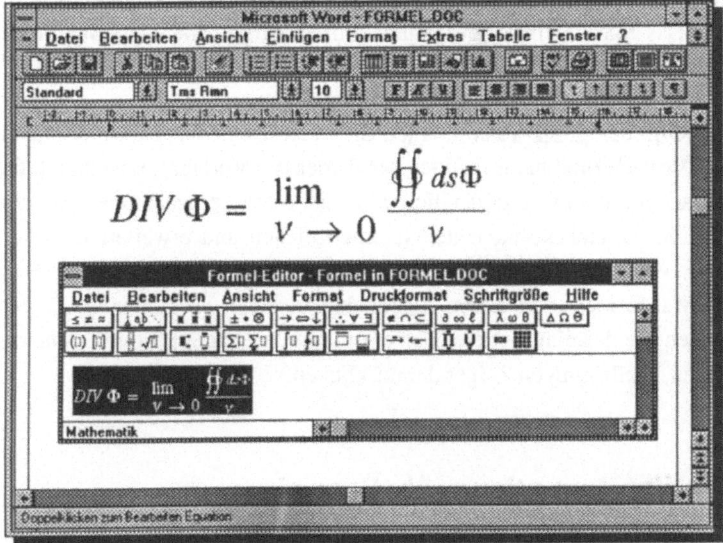

Abb.6.3.3: Beispielformel aus der Vektoranalysis mit dem Formel-Editor

Um ein Symbol oder eine Vorlage aus einer Palette einzufügen, führen Sie den Mauszeiger zunächst über die gewünschte Zeichen- oder Vorlagenpalette. Drücken Sie dann die linke Maustaste und halten Sie sie gedrückt, um den Inhalt der Palette zu sehen. Halten Sie die Maustaste weiterhin gedrückt, während Sie den Mauszeiger zu dem Element (Symbol oder Vorlage) ziehen, das Sie einfügen möchten. Wenn das gewünschte Element (Symbol oder Vorlage) hervorgehoben erscheint, lassen Sie die Maustaste los.

Markieren von Formelelementen

Bevor Sie ein Symbol oder eine Vorlage ändern oder formatieren können, müssen Sie das entsprechende Element immer erst markieren. Wenn Sie einen komplexen Befehl ausführen müssen, der für alle Elemente gilt, müssen Sie Ihre gesamte Formel markieren, einschließlich der Teile, die nicht sichtbar sind, da sie sich außerhalb des Fensterrahmens befinden. Das Markieren der gesamten Formel erfolgt über den Befehl **BEARBEITEN ALLES MARKIEREN**.

Mit Hilfe der [Strg]-Taste können Sie auch Elemente markieren, die in eine Vorlage (und nicht in eines der Felder der Vorlage) eingebettet sind und andernfalls nicht zugänglich wäre. Zu diesen eingebetteten Elementen zählen Zeichenornamente, Summenzeichen und erweiterbare Klammern. Wenn Sie die [Strg]-Taste gedrückt halten, ändert sich die Form des Mauszeigers von einem diagonalen in einen vertikalen Pfeil. Nun können Sie das eingebettete Element markieren, indem Sie mit dem vertikalen, pfeilförmigen Zeiger darauf klicken.

Schriftenformatierung in Formeln

Welche Schriftarten bei der Erstellung einer Formel angewendet werden, bestimmen die Druckformate des Formel-Editors. Die Statuszeile am unteren Rand des Formel-Editor-Fensters zeigt das jeweils aktuelle Druckformat an. Druckformate lassen sich im Formel-Editor mit Schriftarten Ihrer Wahl definieren. Im allgemeinen wird dem Druckformat *Vari-*

able eine Schriftart im Zeichenformat *Kursiv* und dem Druckformat *Matrix/Vektor* eine Schriftart im Zeichenformat *Fett* zugeordnet. Das Druckformat *Mathematik* verwendet eine Kombination der beiden Druckformate *Variable* und *Funktion*. Die einzelnen Druckformaten können Sie im Formel-Editor selbst zusammenstellen und konfigurieren. Dabei können Sie auch ohne weiteres eine Schriftart zuweisen, die in keiner Druckformatdefinition verwendet wird.

Bei der Erstellung von Formeln ordnet der Formel-Editor den verschiedenen Arten von Feldern automatisch verschiedene Schriftgrößen zu. Die verwendeten Schriftgrößen sind im Menü **SCHRIFTGRÖßE** aufgelistet. Ein Häkchen im Menü **SCHRIFTGRÖßE** zeigt jeweils an, welche Schriftgröße den Zeichen im aktuellen Feld zugeordnet ist. Wenn Sie Formeln erstellen, wechselt der Formel-Editor bei Bedarf jeweils automatisch die zu der entsprechenden Schriftgröße. Im Menü **SCHRIFTGRÖßE** können Sie den Grundelementen einer Formel Schriftgrößen Ihrer Wahl zuordnen. Vorgegebene Schriftgrößen können Sie außer Kraft setzen, indem Sie im Menü **SCHRIFTGRÖßE** eine andere Option wählen oder eine nicht in den Schriftgrößendefinitionen verwendete Schriftgröße festlegen.

Texte in Formeln einfügen

In einer Formel können Sie natürlich auch ganz normalen Text verwenden, der nicht aus dem Bereich der Mathematik stammen muß. Wenn Sie zum Beispiel einen Ausdruck wie *für alle* in eine Formel integrieren möchten, so sollten Sie **DRUCKFORMAT TEXT** verwenden. Bei Verwendung dieses Druckformates werden alphabetische Zeichen als unformatierter Text formatiert, und die Leertaste ist wie in einem Textverarbeitungsprogramm aktiviert. Um einen Text zu erfassen, setzen Sie die Einfügemarke an die Stelle, an der er erscheinen soll. Wählen Sie dann den Befehl **DRUCKFORMAT TEXT**. Über die Tastatur können Sie nun den Text erfassen. Nach der Texteingabe wechseln Sie wieder zum Druckformat **Mathematik**, indem Sie den Befehl **DRUCKFORMAT MATHEMATIK** ausführen.

Justieren und Ausrichten von Formeln

Der Formel-Editor ist so flexibel, daß Sie mit Hilfe sogenannter Justierungsbefehle Anpassungen am Layout einer Formel vornehmen können. Sie können zum Beispiel eine Hoch- oder Tiefstellung, die Grenzen einer Summenbildung oder den Balken über einem **X** in 1-Pixel-Schritten (Pixel = Bildpunkt) horizontal oder vertikal verschieben. Wenn Sie eine Feinjustierung vornehmen möchten, müssen Sie zunächst das entsprechende Element Ihrer Formel markieren. Nun können Sie das Element verschieben, indem Sie die [Strg]-Taste drücken und festhalten und dann mit den Richtungstasten arbeiten. Um zum Beispiel ein Element um 1 Pixel nach links zu verschieben, drücken Sie [Strg]+[←] usw..

Im Formel-Editor können Sie die Zahlen einer Spalte an ihren Dezimalzeichen oder eine Serie von Formeln in mehreren Zeilen an ihren Gleichheitszeichen oder auch links- oder rechtsbündig bzw. zentriert ausrichten. Dazu benutzen Sie die Ausrichtungsbefehle des Menüs **FORMAT**. Die Ausrichtungsbefehle des Formel-Editors beziehen sich dabei auf sogenannte *Folgen* von Zahlen oder Formeln, die durch das Drücken von [←] am Ende eines Formelausdrucks erstellt werden. Eine Folge können Sie dabei auch innerhalb eines Vorlagenfeldes (z.B. dem Feld zwischen geschweiften oder eckigen Klammern) erstellen, so daß eine Formel mehrere Folgen enthalten kann. Um eine Folge von Elementen auszurichten, müssen Sie diese zunächst markieren. Wählen Sie dann den entsprechenden Ausrichtungsbefehl aus dem Menü **FORMAT**.

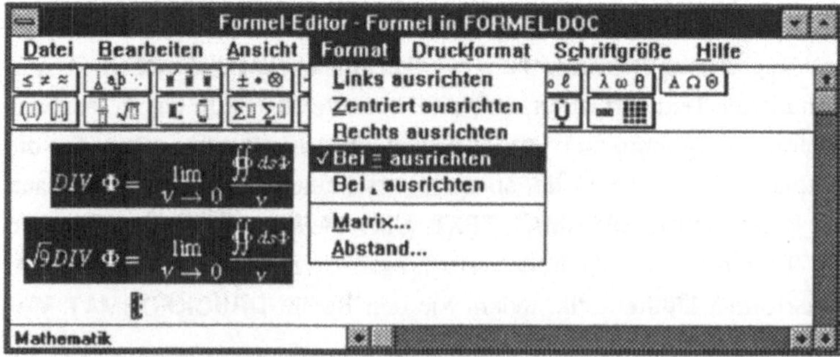

Abb.6.3.4:   Formelfolgen können verschieden ausgerichtet werden

Bildschirm- und Druckerschriftarten des Formel-Editors

Bildschirmschriftarten

Nachdem Import einer Formel in ein Dokument kann es vorkommen, daß diese vielleicht in anderen Schriftarten, Druckformaten oder Schriftgrößen dargestellt wird, als Sie im Formel-Editor verwendet haben. Dies kann daran liegen, daß Sie eine der für die Formel benötigten Bildschirm- oder Druckerschriftarten in der Windows-Systemsteuerung zwischenzeitlich entfernt haben. Das Fehlen einer Bildschirmschriftart hat aber keine schwerwiegenden Konsequenzen, die Formel wird trotzdem korrekt gedruckt. Fehlt allerdings eine Druckerschriftart, so müssen Sie diese zunächst neu installieren. Vielleicht haben Sie aber auch die Bildschirmschriftarten des Formel-Editors (FENCES oder MTEXTRA) versehentlich entfernt oder eine neue Bildschirmauflösung für Windows installiert. In diesem Fall sollten Sie die Formel-Editor-Schriftarten für Ihren Bildschirm installieren, indem Sie den Formel-Editor mit Hilfe von **WORD SETUP** neu installieren.

Zu Bildschirmschriftarten finden Sie weitere Hinweise in Teil 1, Kapitel 5.

Bei den Bildschirmschriftarten von Windows erscheinen kursive Schriftarten gegenüber nicht kursiven Zeichen leicht nach rechts versetzt. Beim Ausdruck sind kursive Zeichen allerdings nicht versetzt. Innerhalb des Formel-Editors wird die Versetzung kursiver Zeichen auf dem Bildschirm durch eine spezielle Codierung korrigiert. Im Formel-Editor-Fenster sehen Sie eine Formel also genau in der Form, in der sie ausgedruckt wird. Nur wenn Sie eine Formel in einem Word für Windows-Dokument oder in einem anderen Programm plazieren, kann es sein, daß kursive Zeichen am Bildschirm verschoben erscheinen.

Die verzerrte Darstellung einer Formel in einem Dokument kann aber auch darauf zurückzuführen sein, daß bei der Erstellung der Formel ein anderer Drucker ausgewählt war als der aktuell ausgewählte Drucker. Wenn auf dem aktuellen Drucker die von der Formel verwendeten Schriftarten nicht verfügbar sind, wird die Formel möglicherweise falsch dargestellt. Diesen "Fehler" können Sie beheben, indem Sie entweder den Standard-Drucker ändern, die Schriftarten für den aktuellen Drucker installieren oder die Formel bearbeiten und andere Schriftarten benutzen.

Schriftarten und Drucker

Die Schriftarten des Formel-Editors müssen Sie für jede Drucker/Anschluß-Kombination, über die Sie Formeln drucken möchten, getrennt installieren. Falls Sie eine Meldung **Schriftarten auf Standard-Drucker nicht verfügbar** erhalten, wurden die Schriftarten des Formel-Editors nicht für den aktuellen Drucker, der in der Systemsteuerung von Windows als Standard-Drucker eingestellt ist, installiert. Dies ist mit größter Wahrscheinlichkeit darauf zurückzuführen, daß Sie den als Standard-Drucker deklarierten Drucker nach der Installation des Formel-Editors installiert haben. In diesem Fall sollten Sie den Formel-Editor mit Hilfe von **WORD SETUP** neu installieren, denn dadurch werden auch die Schriftarten installiert. Es kann aber auch sein, daß Sie in der Systemsteuerung einfach nur mit dem falschen Drucker arbeiten und dann ist Ihnen möglicherweise auch schon damit geholfen, daß Sie den Standard-Drucker in der Systemsteuerung in einen Drucker ändern, für den die Schriftarten des Formel-Editors installiert wurden.

HP LaserJet Drucker
und Formel-Editor Schriftarten

Mit Ausnahme des LaserJet III unterstützen LaserJet-Drucker keine frei skalierbaren Schriftarten. Für jede Schriftgröße, die Sie drucken möchten, benötigen Sie deshalb eine eigene LaserJet-Schriftart. Der Formel-Editor wird allerdings bereits mit einer Reihe von Schriftarten mit mathematischen Zeichen in verschiedenen Schriftgrößen geliefert.

Auch für die verschiedenen Schriftgrößen der Text-Schriftart, die Sie für Funktionen und Variablen verwenden, benötigen Sie verschiedene ladbare Schriftarten, damit Ihre Hoch- und Tiefstellungen sowie Untertiefstellungen in der entsprechenden Größe dargestellt werden können. Um

Formeln auf einem LaserJet-Drucker drucken zu können, müssen Sie die ladbaren LaserJet (PCL)-Schriftarten (Softfonts) des Formel-Editors auf Ihre Festplatte kopiert und für den gewünschten Drucker installiert haben. Wenn Sie Word für Windows mit dem Formel-Editor installieren, werden die für das Drucken von Formeln benötigten ladbaren Schriftarten normalerweise automatisch für alle in Windows installierten Drucker installiert. Falls Sie aber nach der Installation von Word für Windows einen neuen Drucker installiert haben, sind für diesen die Schriftarten für den Formel-Editor nicht vorhanden. Da zum damaligen Zeitpunkt keine Notwendigkeit dazu bestand, sind diese nicht mit installiert worden und stehen deshalb nicht zur Verfügung.

Um dieses Problem zu beheben, besteht der sicherste Weg darin, den Formel-Editor mit Hilfe des Installationsprogramms **WORD SETUP** neu zu installieren. Wenn die Neuinstallation keinen Erfolg gehabt haben sollte, so haben Sie wahrscheinlich Ihren Drucker in Windows nicht korrekt installiert oder die Schriftarten (Softfonts) sind in der Datei WIN.INI nicht im richtigen Abschnitt eingetragen worden. Überzeugen Sie sich davon, daß im Druckerabschnitt für HP/PCL in der WIN.INI die entsprechenden Softfonts deklariert sind (vgl. Softfont-Installation im Abschnitt POSTSCRIPT).

Bei den mit dem Formel-Editor gelieferten Schriftarten handelt es sich um ladbare Schriftarten, die in den Drucker geladen werden müssen, wenn ein mit Formeln versehenes Dokument gedruckt werden soll. Sie können festlegen, daß eine Schriftart jeweils beim Druck eines Dokuments geladen wird (temporäres Laden) oder daß sie beim Starten Ihres Computers über DOS-Befehle in Ihrer Datei AUTOEXEC.BAT geladen wird (permanentes Laden). Das Installationsprogramm für Word für Windows installiert ladbare Schriftarten als temporär ladbare Schriftarten. Die Schriftarten werden also jeweils beim Druck eines mit Formeln versehenen Dokuments an den Drucker gesendet.

Sofern Sie im Besitz eines HP-LaserJet oder kompatiblen Druckers sind, kann es Ihnen außerdem passieren, daß Sie sich über einen falschen Formelausdruck auf dem Papier wundern, weil die Formel zum Beispiel in einer falschen Schriftgröße gedruckt wird. Ein solcher Fehler ist in der

Regel darauf zurückzuführen, daß der Drucker keinen Zugriff auf die
benötigten Schriftarten hat. Da LaserJet-Drucker (mit Ausnahme des
LaserJet III) Schriftarten im Gegensatz zu PostScript-Druckern nicht frei
skalieren können, müssen Sie sicherstellen, daß dem Drucker die angeforderte Schriftgröße in der betreffenden Schriftart zur Verfügung
steht. Sind angeforderte Schriften in Ihrer Druckerausstattung standardmäßig nicht verfügbar, so können Sie ladbare Schriftarten als sogenannte
SOFTFONTS oder Schriftarten einer zusätzlichen Schriftartenkassette
verwenden.

Desweiteren müssen Sie beachten, daß der Formel-Editor von Word für
Windows auf einem HP LaserJet Schriftarten nur im Hochformat bereitstellt. Diese Einstellung können Sie im Installationsdialogfeld des Laser-
Jet-Druckertreibers ändern. Sie können aber auch das Druckformat neu
definieren und darin auf eine andere Schriftart verweisen. Verwenden Sie
dazu den Befehl **DRUCKFORMAT DEFINIEREN**.

PostScript-Drucker und
Formel-Editor Schriftarten

PostScript-Drucker verfügen über integrierte frei skalierbare Schriftarten.
Auch der Formel-Editor benutzt Schriftarten, die Sie in der Größe frei
skalieren, d.h. beliebig vergrößern und verkleinern können. Der Einsatz
von PostScript-Druckern ist gerade bei der Arbeit mit dem Formel-Editor
von besonderem Vorteil, weil Sie für Formeln Zeichen verschiedener
Größe verwenden können und weil diese Drucker über eine bessere
Grafikfähigkeit verfügen. Die mit dem Formel-Editor erstellten Formeln
können Sie nur dann auf einem PostScript-Drucker drucken, wenn Sie
die PostScript-Schriftarten bzw. Softfonts des Formel-Editors auf Ihre
Festplatte kopiert und für den gewünschten Drucker installiert haben.
Normalerweise werden die für das Drucken von Formeln benötigten
Softfonts automatisch für alle in Windows installierten Drucker instal-

liert. Probleme kann es allerdings geben, wenn Sie einen Drucker nachträglich in Windows installieren oder wenn Sie Schriftarten gelöscht haben.

Wenn Sie den Standard-Drucker über die Systemsteuerung von Windows geändert oder Schriftarten installiert (oder entfernt) haben, könnte es beim Starten des Formel-Editors allerdings passieren, daß Ihnen eine Fehlermeldung mitteilt, daß eine bestimmte Schriftart auf dem Standard-Drucker nicht verfügbar ist und durch eine andere ersetzt wird. Hintergrund dieser Fehlermeldung ist, daß der Formel-Editor eine in der Definition seiner Druckformate verwendete Schriftart in der Datei WIN.INI im Druckerabschnitt des gerade aktuellen Druckers nicht finden kann. Da die Wahl eines Standard-Druckers Einfluß darauf hat, welche Schriftarten verfügbar sind, genügt es möglicherweise, in der Systemsteuerung einen anderen Drucker einzustellen, der die benötigten Schriftarten zur Verfügung stellt.

Zur Druckerinstallation finden Sie weitere Hinweise in Teil 1, Kapitel 5 und Teil 3, Kapitel 9.

Zu der beschriebenen Fehlermeldung kann es aber auch kommen, wenn Sie nach der Installation von Word für Windows 2.0 einen Drucker an Ihr System anschließen, für den die Schriftarten noch nicht installiert sind. Wenn Sie "aufgestiegen" sind und einen PostScript-Drucker Ihr eigen nennen können, sollten Sie den Formel-Editor neu installieren, wozu Sie das Installationsprogramm **WORD SETUP** verwenden können. Sollte die Fehlermeldung nach der Installation immer noch erscheinen, so müssen Sie allerdings Handarbeit anlegen und die WIN.INI überprüfen. Der Formel-Editor reagiert nämlich sehr empfindlich auf eingetragene SOFTFONTS im Drucker-Abschnitt des aktuellen Druckers. Er benötigt in der WIN.INI für die korrekte Arbeitsweise PFM- und PFB-Dateien, in denen die Schriftartbeschreibung für den jeweiligen Drucker festgehalten ist. Für einen PostScript-Drucker müssen in der WIN.INI Einträge in der Form vorhanden sein, wie Sie sie der nachstehenden Abbildung 6.3.5 entnehmen können.

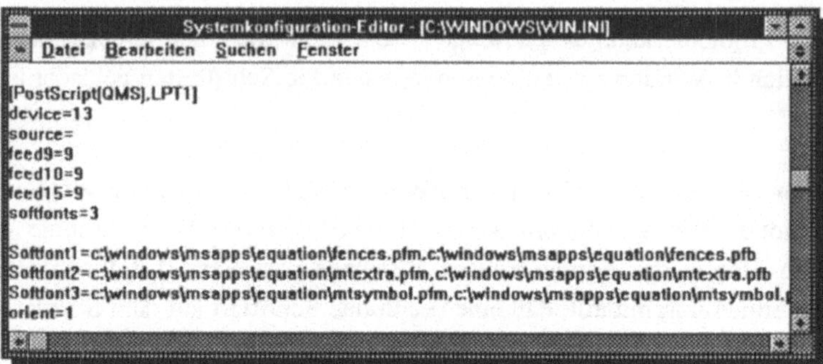

Abb.6.3.5: Die Schriftarten für den Formel-Editor müssen
            im Druckerabschnitt des gewünschten
            Druckers in der WIN.INI stehen

Zusammenfassung

In diesem Kapitel haben wir den neuen **Formel-Editor** von Word für
Windows 2.0 besprochen. Sie haben erfahren, wie Sie den Formel-Editor
starten und beenden können und konnten lernen, wie man eine erstellte
Formel in ein Word für Windows-Dokument integriert. Wir sind dabei
auch auf die Schriftarten eingegangen, die der Formel-Editor für die
Erstellung von Formeln benutzt und haben Lösungsmöglichkeiten für
mögliche Probleme beim Drucken oder bei der Bildschirmdarstellung
aufgezeigt.

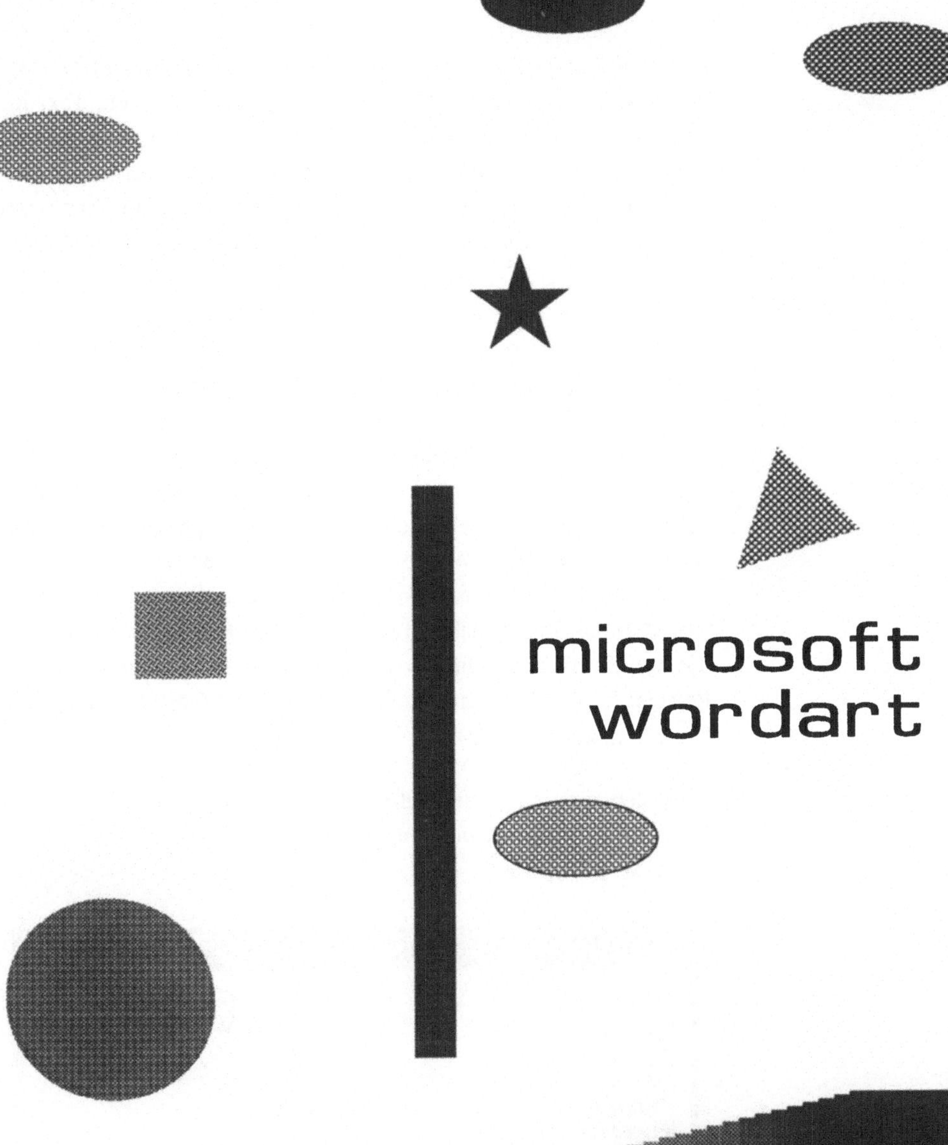
microsoft
wordart

Kapitel 4

In diesem Kapitel besprechen wir das neue Zusatzprogramm zu Word für Windows 2.0 Microsoft WordArt. WordArt erlaubt Ihnen, Text in den verschiedensten Schriftarten als Grafik zu formatieren. Sie können nicht nur zwischen 19 anderen Schriftarten auswählen, sondern auch die verschiedensten Effekte wie z.B. schräggestellten Text in 45 Grad-Schritten oder Text in Form eines Ansteck-Buttons erzeugen.

Aufrufen von Microsoft WordArt

Microsoft WordArt ist eigentlich ein vollständig eigenes Programm. Allerdings kann man es nicht als solches eigenständig aufrufen, denn Microsoft WordArt ist eine sogenannte Client-Applikation. Im Klartext bedeutet das, daß man WordArt nur aus Word für Windows heraus aufrufen kann. Die Objekte, die man mit WordArt erzeugt hat, lassen sich aber über die Zwischenablage in jedes andere Programm übertragen und dort weiterverarbeiten. Im Verlauf dieses Kapitels werden wir ein kleines Beispiel für den Datenaustausch eines WordArt-Objektes mit Microsoft Draw besprechen.

Normalerweise erfolgt der Aufruf von WordArt über den Befehl **EINFÜGEN OBJEKT** (siehe Abbildung 6.4.1).

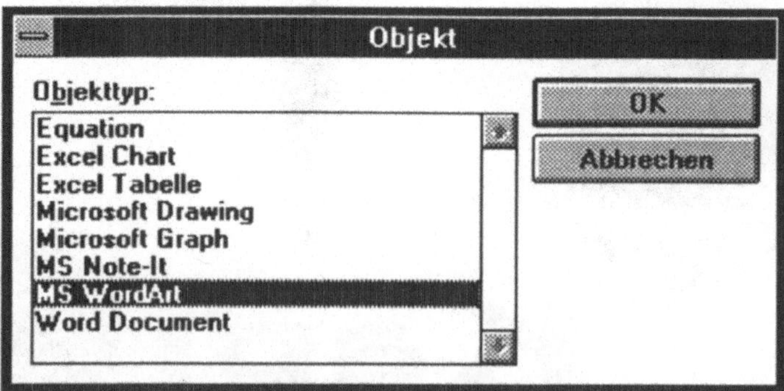

Abb.6.4.1:   Über EINFÜGEN OBJEKT kann man WordArt starten

Den Aufruf von WordArt vereinfachen

Der Aufruf von WordArt läßt sich über einen kleinen Makro aber auch erheblich vereinfachen und sogar in die Funktionsleiste mit einer Symboltaste integrieren bzw. verlagern. Im folgenden besprechen wir, wie ein solcher Makro aussehen muß. Erstellen Sie sich einen kleinen Makro, der den folgenden Makrocode enthält.

```
Sub MAIN
EinfügenObjekt .Typ = "WordArt"
End Sub
```

Wie Sie sehen, gibt es zu dem Befehl **EINFÜGEN OBJEKT** noch eine Reihe von Schaltern, die es erlauben, bestimmte Client-Applikation direkt anzusprechen und aufzurufen. Der Schalter .TYP "WordArt" bewirkt hierbei den direkten Aufruf von Microsoft WordArt. Über den Befehl **EXTRAS EINSTELLUNGEN Funktionsleiste** können Sie diesen Makro nun in die Funktionsleiste integrieren. Damit haben Sie aus der Funktionsleiste heraus den direkten Zugriff auf Microsoft WordArt, was Ihnen den etwas umständlichen Weg über den Befehl **EINFÜGEN OBJEKT** für die Zukunft erspart.

Achten Sie darauf, daß sich zwischen OBJEKT und dem Punkt sowie vor und hinter dem Gleichheitszeichen jeweils eine Leerstelle befindet.

Verfeinern können Sie den Makro durch die folgenden Ergänzungen. Der vorgeschaltete Befehl **BEARBEITEN KOPIEREN** bewirkt, daß ein zuvor markiertes Wort in die Zwischenablage kopiert wird. Interessant ist der nachgeschaltete Befehl **SendKeys "^V"**, mit dem Sie den Inhalt der Zwischenablage direkt in WordArt einfügen. Wenn Sie vor dem Aufruf des Makros also ein Wort markieren, wird mit dem nachfolgenden Makro direkt WordArt aufgerufen und das zuvor markierte Wort wird eingefügt, in der Praxis ein schneller und eleganter Weg, wenn Sie einen Begriff mit WordArt formatieren wollen.

Beachten Sie, daß das Caret-Zeichen (Hut) erst erscheint, wenn Sie direkt danach die Taste V gedrückt haben.

```
Sub MAIN
BearbeitenKopieren
EinfügenObjekt .Typ = "WordArt"
SendKeys "^v"
End Sub
```

Sie können Ihren Makro über den Befehl **EXTRAS EINSTELLUNGEN Funktionsleiste** sehr einfach in die Funktionsleiste integrieren. Klicken Sie in der Dialogbox auf den kleinen Pfeil rechts neben dem Verzeichnisfeld **Zu Änderndes Symbol** und wählen Sie durch einen Mausklick aus der Liste den Befehl einen Leerraum zwischen zwei Symbolen aus. (z.B. zwischen **EinfügenDiagramm** und **EinfügenZeichnung**). Wählen Sie dann mit der Maus aus der Liste **Symbole** ein Symbol aus, das für Ihre neue Symboltaste verwendet werden soll. Klicken Sie dann auf die Option **Anzeigen Makro** und markieren Sie Ihren Makro. Klicken Sie dann mit der linken Maustaste auf die Schaltfläche **Ändern**. In dem Verzeichnislistenfeld **Zu Änderndes Symbol** und auch in der Original-Funktionsleiste sehen Sie nun, wie das neue Symbol mit Ihrem Makro in die Funktionsleiste an der gewünschten Stelle aufgenommen wurde.

Mit WordArt arbeiten

Nach dem Aufruf von WordArt befinden Sie sich mit der Einfügemarke in einem Texteingabefeld. Text, den Sie in das obere Textfeld eingeben, erscheint spätestens nach einem Klicken auf die Schaltfläche Zuordnen in dem Feld **Ansicht**. In dem Textfeld können Sie ohne weiteres mehrere Zeilen Text eingeben, WordArt versucht, den Text optimal in dem vorhandenen Rahmen unterzubringen. Das Drücken von ⟵ bewirkt, daß Sie eine neue Zeile beginnen. Das Klicken auf die Schaltfläche **Zuordnen** bewirkt zusätzlich, daß das aktuelle WordArt-Objekt in Ihr zur Zeit im Hintergrund gerade aktives Word für Windows-Dokument eingefügt wird.

Über die Verzeichnisfelder **Schriftart**, **Schriftgröße** und **Schrifteffekte** etc. können Sie den WordArt-Text beliebig formatieren und verändern. Während Sie verschiedene Optionen markieren bzw. auswählen, wird die WordArt-Anzeige im Feld **Ansicht** aktualisiert, um Ihnen zu zeigen, wie der Text aussehen wird.

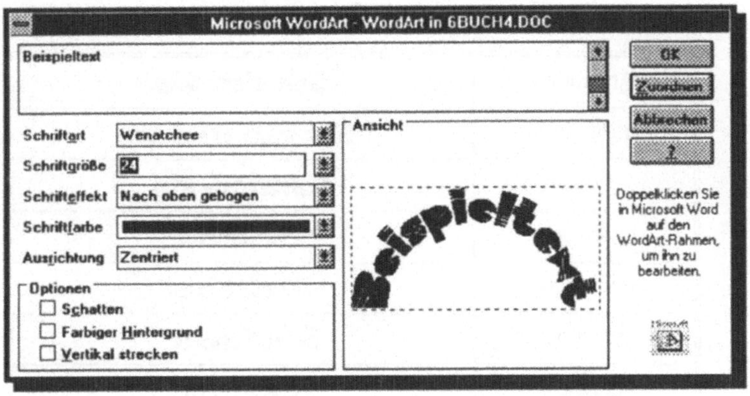

Abb.6.4.2:   Mit WordArt lassen sich Schrifteffekte erzeugen

Schriftarten von Microsoft WordArt

Microsoft WordArt stellt Ihnen insgesamt 19 verschiedene Schriftarten
zur Verfügung. Alle Schriftarten sind allerdings nur in WordArt verfügbar, es handelt sich nämlich nicht um echte Schriftarten, sondern um aus
Schriftzeichen umgesetzte Vektorgrafiken.

Die nachfolgende Tabelle gibt einen kleinen Überblick über die verschiedenen Schriftarten von Microsoft WordArt. Alle Schriftbeispiele,
die Sie in der Tabelle sehen, sind auf die Schriftgröße 10 Punkt gebracht
worden. Neben den voreingestellten Werten können Sie nämlich Schriftgrößen auch direkt in dem Verzeichnisfeld anfordern, indem Sie einfach
in das Textfeld **Schriftgröße** klicken und den entsprechenden Wert für
Ihre gewünschte Schriftgröße eintragen. Wenn Sie auf die Schaltfläche
Anpassen klicken, wird die Schriftgröße ausgesucht, die den Rahmen
am besten ausfüllt.

Anacortes	**Schrifteffekte**
Bellingham	**Schrifteffekte**
Duvall	**Schrifteffekte**
Ellensburg	Schrifteffekte
Enumclaw	Schrifteffekte
Inglewood	Schrifteffekte
Langley	Schrifteffekte
Longview	Schrifteffekte
Marysville	Schrifteffekte
Mineral	Schrifteffekte
Omak	Schrifteffekte
Sequim	**Schrifteffekte**
Snohomish	Schrifteffekte
Touchet	Schrifteffekte
Tupelo	Schriftcffskts
Vancouver	**Schrifteffekte**
Vashon	**Schrifteffekte**
Walla Walla	**Schriftcffcktc**
Wenatchee	**Schrifteffekte**

Tab. 6.4.1: Schriftarten von Microsoft WordArt

Design-Effekte für Schriftarten

WordArt erlaubt aber nicht nur die Auswahl zwischen 19 verschiedenen Schriftarten, sondern auch zwischen verschiedenen Design-Effekten, die

Sie über das Verzeichnisfeld **Schrifteffekte** abrufen können. Sie können
Ihren Text z.B. **nach oben gebogen** oder auch **kopfüber** darstellen oder
einen Ansteck-Button bzw. **Knopf** erzeugen. Wenn Sie einen der Effekte
aus der Liste auswählen, ändert sich die Darstellung entsprechend Ihrer
Anforderung im Feld **Ansicht.**

Einen ganz besonderen Bonbon hält WordArt mit dem Schrifteffekt
Knopf bereit. Ein Knopf besteht aus drei Textzeilen, je eine am oberen
und unteren Rand und eine in der Mitte des Knopfes. Solange Sie nur
eine Textzeile eingeben, erscheint auch in allen drei Textzeilen des
Knopfes dergleiche Text. Sie können aber auch 2 oder 3 Zeilen angeben
und damit das Erscheinungsbild der Textzeilen im Knopf ändern. Um
drei verschiedene Textzeilen einzugeben, brauchen Sie lediglich den
Zeilentext zu schreiben und nach der ersten bzw. zweiten Zeile (←) zu
drücken. Wenn Sie nur zwei Textzeilen eingeben, wird die zweite Zeile
wiederholt. Sie können auch eine Zeile leer zu lassen, indem Sie in die
betreffende Zeile ein Leerzeichen eingeben und (←) drücken.

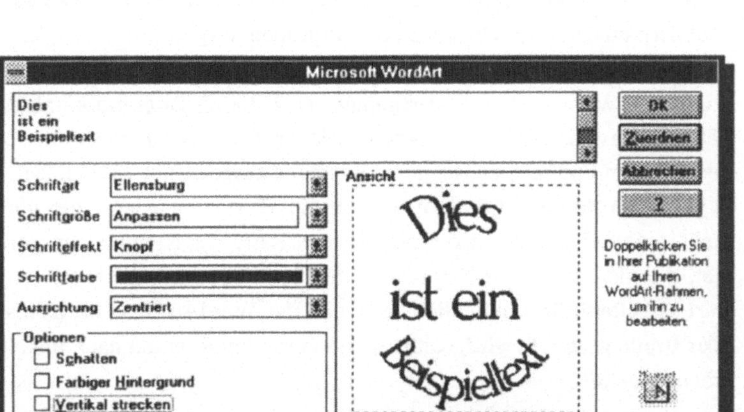

Abb. 6.4.3: Textzeilen in einem KNOPF können unterschiedlich sein

Mit den Optionen des Verzeichnisfeldes **Schriftfarbe** können Sie die
Farbe für Ihren WordArt-Text bestimmen. Wenn Sie weißen Text auf
einem schwarzen Hintergrund plazieren möchten, so müssen Sie aus der
Liste der Farben das weiße Feld auswählen und dann unter **Optionen** auf

das Kontrollkästchen **Farbiger Hintergrund** klicken. WordArt stellt die Farben automatisch zusammen und verwendet dabei für weiße Schrift einen schwarzen Hintergrund. Wenn Sie die Farben des WordArt-Objektes selbst zusammenstellen möchten, so müssen Sie das WordArt-Objekt später in Microsoft Draw bearbeiten, die Beschreibung der hierzu notwendigen Vorgehensweise finden Sie am Ende des Kapitels.

Die Optionen des Verzeichnisfeldes **Ausrichtung** wirken sich in erster Linie dann aus, wenn Sie eine besondere Schriftgröße angefordert haben, d.h. die Option **Anpassen** im Verzeichnisfeld **Schriftgröße** nicht eingeschaltet ist. Wenn Sie keine Ausrichtung auswählen, wird der WordArt-Text automatisch im Rahmen zentriert. Haben Sie dagegen eine kleinere Schriftgröße gewählt, so können Sie mit der Option **Links** den Text linksbündig ausrichten, mit der Option **Zentriert** zentrieren und mit der Option **Rechts** den WordArt-Text am rechten Rand des Rahmens ausrichten.

Die Optionen des Verzeichnisfeldes AUS-RICHTUNG wirken sich nur dann aus, wenn Sie im Verzeichnisfeld SCHRIFTGRÖßE nicht die Option ANPASSEN ausgewählt haben.

Sofern Sie im Verzeichnisfeld **Schriftgröße** nicht die Option **Anpassen**, sondern eine der verschiedenen Schriftgrößen ausgewählt haben, können Sie mit den Optionen des Verzeichnisfeldes **Ausrichtung** die Ausrichtung des WordArt-Textes bestimmen. Die Option **Buchstabenabstand ändern** bewirkt, daß die Zeichen in jeder Zeile gleichmäßig zwischen dem linken und rechten Rand des Rahmens ausgerichtet werden. Mit der Option **Wortabstand ändern** werden die Wörter in jeder Zeile gleichmäßig zwischen dem linken und rechten Rand des Rahmens ausgerichtet, d.h. der Wortabstand wird entsprechend variiert. Die Option **WordArt strecken** führt schließlich dazu, daß der WordArt-Text horizontal in der Breite gestreckt wird, damit er den gesamten Rahmen nach links und rechts ausfüllt.

Das Kontrollkästchen **Schatten** im unteren Teil der Dialogbox erzeugt hinter Ihrem WordArt-Text einen Schatten, der je nach Farbe des Textes eine helle oder dunkle Farbe annimmt. Das Kontrollkästchen **Farbiger Hintergrund** bewirkt, daß der Rahmen, der das WordArt-Objekt enthält, mit einer Farbe ausgefüllt wird. Die Farbe, die erscheinen wird, hängt von der Farbe ab, die Sie für den WordArt-Text ausgewählt haben. Mit dem Kontrollkästchen **Vertikal strecken** erreichen Sie, daß der WordArt-Text vertikal gestreckt wird, d. h. den Rahmen in der Höhe ausfüllt. Alle

Buchstaben werden also nach oben lang gezogen, bis der obere und untere Rand des Rahmens erreicht ist.

Als in der Praxis sehr nützlich erweist sich die Schaltfläche **Zuordnen**. Wenn Sie auf diese Schaltfläche klicken, wird die aktuelle Darstellung in der Dialogbox von WordArt direkt in Ihrem Dokument im Hintergrund angewendet, ohne daß Sie WordArt verlassen müssen. Da Sie alle Dialogboxen in Word für Windows - also auch WordArt - durch einen Mausklick in der Titelzeile am Bildschirm verschieben können, indem Sie in die Titelleiste klicken, die Maustaste festhalten und mit der Maus die Dialogbox verschieben, können Sie sich in Ihrem Dokument davon überzeugen, ob Ihr WordArt-Objekt tatsächlich Ihren Vorstellungen über das spätere Original entspricht.

Durch Klicken auf die Schaltfläche **Abbrechen** gelangen Sie dagegen ganz in Ihr Dokument zurück, ohne das aktuelle WordArt-Objekt in Ihr Dokument einzufügen bzw. ein bereits vorhandenes WordArt-Objekt zu ändern. Mit dem Klicken auf die Schaltfläche **OK** schließen Sie die Dialogbox von WordArt ganz und fügen das erstellte WordArt-Objekt in Ihr Dokument ein.

WordArt-Objekte in Word für Windows

Ein Microsoft WordArt Objekt erhält wie jedes andere Objekt auch in Word für Windows einen hellgrauen Rahmen, der es Ihnen einfach macht, OLE-Objekte von anderen Abbildungen und Grafiken zu unterscheiden. Wenngleich Ihnen ein Objekt den Aufruf eines Programmes, mit dem Sie die Abbildung bearbeiten können, wesentlich einfacher macht, können Sie trotzdem jedes Objekt ganz normal in die Zwischenablage kopieren und von dort aus in andere Programme einfügen. Objekte lassen sich also nicht nur in dem Programm bearbeiten, in dem Sie erstellt worden sind, sondern auch in anderen Programmen.

Dazu müssen sie lediglich kopiert werden, dann muß das andere Programm aufgerufen werden und der Inhalt der Zwischenablage mit **BE-ARBEITEN EINFÜGEN** dort hineinkopiert werden. Anschließend steht Ihnen die programmtypischen Befehle wie gewohnt zur Verfügung.

Zusammenfassung

In diesem Kapitel haben wir das neue Zusatzprogramm **Microsoft WordArt** besprochen. Sie haben gelernt, wie Sie mit WordArt Text in den verschiedensten **Schriftarten als Grafik formatieren** können. Wir haben die 20 verschiedenen Schriftarten und die verschiedensten Effekte wie z.B. schräggestellten Text in 45 Grad-Schritten sowie das Erstellen eines Textes in Form eines Ansteck-Buttons besprochen. Zwischendurch konnten Sie anhand eines Makros lernen, wie man den direkten Aufruf von Microsoft WordArt in die Funktionsleiste integrieren und damit erheblich schneller arbeiten kann.

Anhang A

Word für Windows 2.0
Tastaturbelegung
für IBM AT und Kompatible

Taste(n)	Funktion

Funktionstasten

F1	Hilfe zum momentanen Befehl oder zur Dialogbox
⇧ + F1	Mauszeiger für Hilfe
Alt + F1	identisch mit F11 (nächstes Feld)
Alt + ⇧ + F1	identisch mit UMSCHALT+F11 (vorheriges Feld)
F2	Verschieben
⇧ + F2	Kopieren ohne Zwischenablage
Strg + F2	Schriftart vergrößern
Strg + ⇧ + F2	Schriftart verkleinern
Alt + F2	identisch mit der Funktionstaste F12 (Datei Speichern untern)
Alt + ⇧ + F2	identisch mit UMSCHALT+F12 (Datei Speichern)
F3	Textbausteinnamen erweitern
⇧ + F3	Groß-/Kleinschreibung
Strg + F3	Sammlung
Strg + ⇧ + F3	Sammlung leeren
F4	Letzte Bearbeitungs- oder Formatierungsaktion wiederholen
⇧ + F4	Suchen oder Gehe zu wiederholen
Strg + F4	Dateifenster schließen
Alt + F4	Anwendungsfenster schließen

Taste(n)	Funktion
F5	Bearbeiten GEHE ZU
⇧ + F5	Zurückgehen zur vorhergehenden Stelle Einfügemarke(bis zu drei Stellen zurück)
Strg + F5	Dateifenster wiederherstellen
Strg + ⇧ + F5	Einfügemarke einfügen
Alt + F5	Anwendungsfenster wiederherstellen
F6	Nächster Ausschnitt
⇧ + F6	vorhergehender Ausschnitt
Strg + F6	Nächstes Dateifenster
Strg + ⇧ + F6	vorhergehendes Dateifenster
Alt + F6	Nächstes Dateifenster
Alt + ⇧ + F6	vorhergehendes Dateifenster
F7	Rechtschreibprüfung im markierten Feld
⇧ + F7	Thesaurus
Strg + F7	Dateifenster verschieben
Strg + ⇧ + F7	Quelle für EINFÜGEN-Feld aktualisieren
Alt + F7	Anwendungsfenster oder Dialogfeld verschieben
F8	Markierungserweiterung
F8 + →, ←, ↑, ↓	In der Tabelle: Felder markieren
⇧ + F8	Markierung verkleinern
Strg + F8	Größe des Dateifensters ändern
Strg + ⇧ + F8	Spalten- (Block) Markierung
Alt + F8	Größe der Anwendungsfenster ändern

Taste(n)	Funktion
F9	Feldinhalt aktualisieren
⇧ + F9	Kippschalter für Feldansicht (Ergebnisse oder Anweisungen)
Strg + F9	Feld einfügen
Strg + ⇧ + F9	Feldverknüpfung lösen; durch Ergebnis ersetzen
Alt + F9	Anwendungsfenster minimieren, Sinnbild
Alt + ⇧ + F9	Feldaktion ausführen
F10	Menüzeile aktivieren
⇧ + F10	Sinnbildzeilenmodus z.B. bei der Gliederungsansicht
Strg + F10	Dateifenster maximal vergrößern
Strg + ⇧ + F10	Absatzlineal aktivieren
Alt + F10	Anwendungsfenster maximieren
F11	Nächstes Feld
⇧ + F11	vorgeheriges Feld
Strg + F11	Feld sperren
Strg + ⇧ + F11	Feldsperrung lösen
F12	Datei speichern unter
⇧ + F12	Datei speichern
Strg + F12	Datei öffnen
Strg + ⇧ + F12	Datei drucken

Taste(n)	**Funktion**

Richtungstasten

←	Um ein Zeichen nach links
←	Im Absatzlineal: Linealmarke etwas nach links verschieben
⇧ + ←	Um ein Zeichen nach links erweitern (Markierung)
⇧ + ←	Im Absatzlineal: Linealmarke über den 0-Punkt nach links verschieben
Strg + ←	Um ein Wort nach links
Strg + ←	Im Absatzlineal: Linealmarke weit nach links verschieben
Strg + ⇧ + ←	Ein Wort nach links erweiternd (Markierung)
Alt + ←	Um ein Wort nach links
Alt + ⇧ + ←	In der Gliederungsansicht: Eine Gliederungsebene höher setzen
→	Um ein Zeichen nach rechts
	Im Absatzlineal: Linealmarke etwas nach rechts verschieben
⇧ + →	Um ein Zeichen nach rechts erweitern (Markierung)
Strg + →	Um ein Wort nach rechts
Strg + →	Im Absatzlineal: Linealmarke weit nach rechts verschieben
Strg + ⇧ + →	Um ein Wort nach rechts erweitern (Markierung)
Alt + →	Um ein Wort nach rechts
Alt + ⇧ + →	In der Gliederungsansicht: Eine Gliederungsebene tiefer setzen

Taste(n)	Funktion
↑	Um eine Zeile nach oben
	Im Verzeichnisfeld: Markierung zur vorhergehenden Option
⇧ + ↑	Um eine Zeile nach oben erweitern (Markierung)
Strg + ↑	Um einen Absatz nach oben
Strg + ⇧ + ↑	Um einen Absatz nach oben erweitern (Markierung)
Alt + ↑	Im Druckbild: Vorhergehender Bereich
Alt + ⇧ + ↑	In der Gliederungsansicht: Einen Absatz nach oben verschieben
↓	Um eine Zeile nach unten
	Im Verzeichnisfeld: Markierung zur nächsten Option
⇧ + ↓	Um eine Zeile nach unten erweitern (Markierung)
Strg + ↓	Um einen Absatz nach unten
Strg + ⇧ + ↓	Um einen Absatz nach unten erweitern (Markierung)
Alt + ↓	In der Druckbildansicht: Nächster Bereich
Alt + ↓	Im Verzeichnisfeld: Verzeichnisfeld vergrößern, bei 2maligen Betätigen wieder zurücksetzen
Alt + ⇧ + ↓	In der Gliederungsansicht: Um einen Absatz nach unten verschieben

Taste(n)	Funktion
[Pos1]	Einfügemarke zum Zeilenanfang
	Im Absatzlineal: Zum Nullpunkt des Absatzlineals
[⇧] + [Pos1]	Bis zum Zeilenanfang erweitern (Markierung)
[Strg] + [Pos1]	Einfügemarke zum Dateianfang
[Strg] + [⇧] + [Pos1]	Bis zum Dateianfang erweitern (Markierung)
[Alt] + [Pos1]	In der Tabelle: Zum ersten Feld der Zeile
[Alt] + [⇧] + [Pos1]	In der Tabelle: bis zum Zeilenanfang erweitern (Markierung)
[Ende]	Einfügemarke zum Zeilenende
	Im Absatzlineal: Linealmarke zum Ende
[⇧] + [Ende]	Bis zum Zeilenende erweitern (Markierung)
[Strg] + [Ende]	Ende des Dokumentes
[Strg] + [⇧] + [Ende]	Bis zum Dokumentende erweitern (Markierung)
[Alt] + [Ende]	In der Tabelle: Zum letzten Feld der Zeile
[Alt] + [⇧] + [Ende]	In der Tabelle: bis zum Zeilenende erweitern (Markierung)

Taste(n)	Funktion
[Bild ↑]	Eine Fensteransicht nach oben
[⇧] + [Bild ↑]	Um eine Fensteransicht nach oben erweitern (Markierung)
[Strg] + [Bild ↑]	Einfügemarke zum Anfang der Fensteransicht
[Strg] + [⇧] + [Bild ↑]	Bis zum Anfang der Fensteransicht erweitern (Markierung)
[Alt] + [Bild ↑]	In einer Tabelle: Bis zum obersten Feld in der Spalte
[Alt] + [⇧] + [Bild ↑]	In einer Tabelle: Bis zum obersten Feld in der Spalte erweitern (Markierung)
[Bild ↓]	Eine Fensteransicht nach unten
[⇧] + [Bild ↓]	Um eine Fensteransicht nach unten erweitern (Markierung)
[Strg] + [Bild ↓]	Einfügemarke zum Ende der Fensteransicht
[Strg] + [⇧] + [Bild ↓]	Bis zum Ende der Fensteransicht erweitern (Markierung)
[Alt] + [Bild ↓]	In einer Tabelle: Bis zum untersten Feld in der Spalte
[Alt] + [⇧] + [Bild ↓]	In einer Tabelle: Bis zum untersten Feld in der Spalte erweitern (Markierung)

Taste(n)　　　　　　　Funktion

Numerisches Tastaturfeld

Strg + 5　　　　　　　Ganzes Dokument markieren
　　　　　　　　　　　im sep. Zahlenblock

Alt + 5　　　　　　　In der Tabelle: Ganze Tabelle
　　　　　　　　　　　markieren im sep. Zahlenblock

Alt + ⇧ + 5　　　　　Druckformat STANDARD zuordnen
　　　　　　　　　　　im sep. Zahlenblock

Alt + ⇧ + 5　　　　　In der Gliederungsansicht:
　　　　　　　　　　　ZuTextkörpern herunterstufen
　　　　　　　　　　　im sep. Zahlenblock

+　　　　　　　　　　In der Gliederungsansicht: Gliederung
　　　　　　　　　　　erweitern (im sep. Zahlenblock)

−　　　　　　　　　　In der Gliederungsansicht:Gliederung
　　　　　　　　　　　reduzieren (im sep. Zahlenblock)

*　　　　　　　　　　In der Gliederungsansicht: Alle Ebenen
　　　　　　　　　　　zeigen (im sep. Zahlenblock)

Alphanumerische Tasten

Strg + A　　　　　　　Schriftart zuordnen,
　　　　　　　　　　　bei zweimaliger Betätigung öffnet sich
　　　　　　　　　　　das Dialogfeld FORMAT ZEICHEN

Alt , A　　　　　　　Menü ANSICHT anzeigen

Alt + ⇧ + A　　　　　In der Gliederungsansicht: Kippschalter:
　　　　　　　　　　　Alles oder /Nur Überschriften anzeigen

Alt , F , A　　　　　Alle vorhandenen Fenster anordnen

Taste(n)	Funktion
Strg + B	Ausrichtung Block
Alt , B	Menü BEARBEITEN anzeigen
Alt + ⇧ + B	Datei Bearbeiten Steuerdatei Im Makro: Beginnen
Strg + C	Bearbeiten, Kopieren
Strg + D	Doppelt unterstreichen
Alt , D	Menü DATEI anzeigen
Alt + ⇧ + D	Datumsfeld einfügen
E	Im Absatzlineal: Setzt erste Zeile auf Linealmarke
Strg + E	Absatz zentrieren
Alt , E	Menü EINFÜGEN anzeigen
Alt + ⇧ + E	Einfügen Seriendruck Feld
Alt + ⇧ + E	In der Gliederungsansicht: Erste Textzeile zeigen/gesamten Text unter Überschrift zeigen
Strg + F	Schriftart Fett
Alt , F	Das Menü FENSTER anzeigen
Strg + G	Absatzeinzug
Strg + H	Hochgestellt

Taste(n)	Funktion
Strg + ⇧ , I	Datei Seriendruck in Datei
Strg + K	Kursiv
L	Im Absatzlineal: Setzt linken Einzug auf Position des Linealmarke
Alt + L	Menü TABELLE öffnen
Strg + L	Linksbündig ausrichten
Strg + M	Absatz Rückeinzug
Strg + M	Bei Suchen und Ersetzen: Durchstreichen
Alt , M	Menü MACRO anzeigen
Strg + N	Wechsel zwischen Groß- und Kleinbuchstaben
Strg + O	Verborgener Text
Strg + P	Schriftgröße zuordnen, bei zweimaliger Betätigung öffnet sich das Dialogfeld FORMAT ZEICHEN
Alt + ⇧ + P	Datei Seriendruck Prüfen
Alt + ⇧ + P	Im MAKRO: Protokoll
Strg + Q	Kapitälchen

Taste(n)	Funktion
R	Im Absatzlineal: Setzt rechten Einzug auf Linealmarke
Strg + R	Rechtsbündig ausrichten
Alt + ⇧ , R	Datei Seriendruck, Drucker
Strg + S	Standard Absatz
Alt + ⇧ + S	Ausschnitt schließen
Alt + ⇧ + S	Im Makro: Schritt
Strg + T	Tief gestellt
Alt , T	Menü FORMAT anzeigen
Alt + ⇧ + T	Feld SEITE einfügen
Strg + U	Unterstreichen (durchgehend)
Alt + ⇧ + U	Im MAKRO: SUB1 Schritt
Strg + V	Bearbeiten, Einfügen
Alt + ⇧ + V	Im Makro: Die Variablen zeigen
Strg + W	Wort unterstreichen
Alt + ⇧ + W	Im Makro: Weiter
Strg + X	Bearbeiten, Ausschneiden
Alt , X	Menü EXTRAS anzeigen
Strg + Y	Format, Druckformate

Taste(n)	Funktion
$\boxed{Strg} + \boxed{Z}$	Bearbeiten, Rückgängig
$\boxed{Alt} + \boxed{\Uparrow} + \boxed{Z}$	Feld ZEIT einfügen
$\boxed{Alt}, \boxed{?}$	Menü HILFE anzeigen
$\boxed{1}$	Im Absatzlineal: wählt für anschließend gesetzte Tabstopps linksbündige Ausrichtung aus
$\boxed{Strg} + \boxed{1}$	Zeilenabstand einzeilig
$\boxed{Alt} + \boxed{1}$	In der Gliederungsansicht: Ebene 1 anzeigen
$\boxed{2}$	Im Absatzlineal: wählt für anschließend gesetzte Tabstopps zentrierte Ausrichtung aus
$\boxed{Strg} + \boxed{2}$	Zeilenabstand zweizeilig
$\boxed{Alt} + \boxed{2}$	In der Gliederungsansicht: Ebene 2 anzeigen
$\boxed{3}$	Im Absatzlineal: wählt für anschließend gesetzte Tabstopps rechtsbündige Ausrichtung
$\boxed{Alt} + \boxed{3}$	In der Gliederungsansicht: Ebene 3 anzeigen
$\boxed{4}$	Im Absatzlineal: wählt für anschließend gesetzte Tabstopps Dezimalausrichtung
$\boxed{Alt} + \boxed{4}$	In der Gliederungsansicht: Ebene 4 anzeigen
$\boxed{Strg} + \boxed{4}$	Negativer Einzug rückgängig

Taste(n)	Funktion
Strg + 5	Zeilenabstand 1,5-zeilig
Alt + 5	In der Gliederungsansicht: Ebene 5 anzeigen
Alt + 6	In der Gliederungsansicht: Ebene 6 anzeigen
Alt + 7	In der Gliederungsansicht: Ebene 7 anzeigen
Alt + 8	In der Gliederungsansicht: Ebene 8 anzeigen
Alt + 9	In der Gliederungsansicht: Ebene 9 anzeigen
Strg + Leert.	Formatierungen löschen, die nicht durch das Druckformat definiert sind
Strg + ⇧ + Leert.	Geschütztes Leerzeichen
Alt + Leert.	Word STEUERUNGSMENÜ anzeigen
←	Zeichen links von Einfügemarke löschen
Strg + ←	Wort links von Einfügemarke löschen
Alt + ←	Rückgängig
↵	Neuer Absatz (Absatzmarke)
↵	Im Dialogfeld: Markierte Optionen werden ausgeführt
Strg + ↵	Seitenumbruch
⇧ + ↵	Zeilenumbruch
Strg + ⇧ + ↵	Spaltenumbruch
Alt + ↵	Wiederholen

Taste(n)	Funktion
[Einfg]	Einfügen/Überschreiben
[Einfg]	Im Absatzlineal: Setzt einen Tabstopp an der Position der Linealmarke
[Strg] + [Einfg]	In die Zwischenablage kopieren
[⇧] + [Einfg]	Aus der Zwischenablage einfügen
[Entf]	Rechtes von der Einfügemarke löschen, oder Markiertes löschen
[Entf]	Im Absatzlineal: Löscht alle Tabstopps an der Position der Linealmarke in allen Absätzen
[Strg] + [Entf]	Wort oder Markierung löschen
[⇧] + [Entf]	Durch Ausschneiden in die Zwischenablage übertragen
[→]	Tabzeichen einfügen
[→]	In der Tabelle: Einfügemarke zum nächsten Feld bewegen
[→]	Im Dialogfeld: Zur nächsten Option bewegen
[Strg] + [→]	In der Tabelle: Tabzeichen einfügen
[⇧] + [→]	In der Tabelle: Zum vorherigen Feld
[⇧] + [→]	Im Dialogfeld: Zur vorhergehenden Option
[Alt] + [→]	Zum nächsten Anwendungsfenster

Taste(n)	Funktion
⊟	Normaler Trennstrich
Strg + ⊟	Bedingter Trennstrich
Strg + ⇧ + ⊟	Geschützter Bindestrich
Alt + ⊟	Menü DATEISTEUERUNG anzeigen
Alt + ⊟	In der Gliederungsansicht: Gliederung reduzieren
Strg + ⇧ + ⊡ (im Textbereich)	Alle Sonderzeichen anzeigen
Alt + ⊡	In der Gliederungsansicht: Alle Ebenen der Gliederung anzeigen
Esc	Erweiterungsmodus beenden (siehe Funktionstaste F8)
Esc	Im Dialogfeld: Dialogfeld schließen ohne einen Befehl auszuführen
Alt + Esc	Zum nächsten Anwendungsfenster und durch alle geladenen Anwendungsprogramme
Alt + unterstrichener Buchstabe in Option	Im Dialogfeld: Zu dieser bestimmten Option bewegen

Anhang B

Mausfunktionen

Der Mauszeiger

Der Mauszeiger nimmt in den Windows-Anwendungsprogrammen je nach Art des Programms und der Zeigerposition auf dem Bildschirm verschiedenen Formen an. In der folgenden Tabelle finden Sie die häufigsten Zeigerformen, auf denen in den verschiedenen Bildschirmpositionen umgeschaltet wird. Außerdem beschreibt die Tabelle die mit jeder Zeigerform verbundene Mausaktion.

Zeigerform	Bildschirmposition	Mausaktion
(weiß)	In Menüleiste und Bildrolleisten.	Verwenden Sie diese Zeigerform zum Zeigen und Markieren. Oder auch um eine Grafik zu vergrößern oder zu verkleinern.
	Jede beliebige Stelle, an der Text bearbeitet werden kann.	Klicken Sie bei dieser Zeigerform, um die Einfügemarke an die Stelle zu setzten, an der Sie mit der Bearbeitung von Text oder Zahlen beginnen wollen.
	Entlang des Fensterrahmens.	Ziehen Sie diese Zeigerform, um die Größe des Fensters vertikal oder horizontal zu ändern.
	Ein beliebiger Bildschirmbereich.	Warten Sie, bis der Befehl oder die Aktion ausgeführt worden ist.

Zeigerform	Bildschirmposition	Mausaktion
	An den Fensterecken.	Ziehen Sie diese Zeigerform, um die Größe des Fensters gleichzeitig vertikal und horizontal zu ändern.
	Nahe der Bildschirmmitte, wenn Sie die Tastenkombination Umschalttaste+F1 drücken, um Hilfe aufzurufen.	Wählen Sie den Befehl, oder klicken Sie auf dem Bildschirmbereich, für den Sie Hilfe benötigen.
	Im Hifefenster auf einem mit einer gepunkteten oder durchgehenden Linie unterstrichenen Wort.	Drücken Sie die Maustaste auf dem Wort oder dem Ausdruck mit der gepunkteten Unterstreichung, um seine Definition anzuzeigen; klicken Sie auf das Wort oder den Ausdruck mit der durchgehenden Unterstreichung, um zu den zugehörigen Informationen zu "springen".
	In der Seitenansicht, wenn Sie die Kopf-/ Fußzeile oder die Seitenränder verschieben möchten.	Mit gedrückter Maustaste können Sie nun die Position des Seitenrandes oder der Kopfzeile ändern.

Zeigerform	Bildschirmposition	Mausaktion
↗	In der Markierungs-leiste am linken Rand des Fensters oder in der Druck-formatleiste.	Markiert durch ein- oder mehrmaliges Klicken der Maustaste Zeile, Absatz oder auch ganzes Dokument.
↥	Bei dem Befehl DA-TEISTEUERUNGS-MENÜ TEILEN oder wenn der Mauszei-ger auf dem Bild-schirmteiler in der vertikalen Bildlauf-leiste steht.	Durch Klicken der Maus-taste können Sie jetzt den Bildschirm teilen. Falls sich das Zeichen jedoch in der vertikalen Bildrolleiste befindet, können Sie durch Drücken der Maustaste die Teilung nach oben schieben und somit wieder aufheben.
◄‖►	Auf der Teilungslinie der Druckformat-anzeige und auf den Spalten der Gitter-netzlinien einer Tabelle	Durch Drücken der Maus-taste kann man nun die Teilungslinie der Druck-formatanzeige verschie-ben oder die Spaltenbreite von Tabellen oder einzel-nen Zellen ändern.
↖ (durchsichtig)	Während der Auf-zeichnung eines Makros.	Im Dokumentfenster kann mit dem Mauszeiger nun nicht gearbeitet werden, nur in der Menüleiste werden durch Klicken der Maustaste Befehle ausgeführt.
↓	In der Tabelle, wenn der Zeiger über einer Spalte steht.	Durch Klicken der rechten Maustaste wird die Tabel-lenspalte markiert.

Zeigerform	Bildschirmposition	Mausaktion
⊕	Nach dem Befehl STEUERUNG BEWEGEN oder STEUERUNG GRÖßE ÄNDERN.	In STEUERUNG BEWEGEN wird durch Drücken der Maustaste das Fenster in eine neue Position bewegt. In STEUERUNG GRÖßE ÄNDERN wird durch Drücken der Maustaste die Größe geändert.
✛	In der Gliederungsansicht, wenn der Zeiger auf dem Sinnbild einer Gliederungsüberschrift positioniert ist.	Kann durch Drücken der Maustaste und Bewegen des Mauszeigers, Überschriften auf gewünschte Gliederungsebenen setzen.
↔	In der Gliederungsansicht.	Durch Drücken der Maustaste kann eine Überschrift nach links oder rechts verschoben werden,- gibt der Überschrift eine neue Position.
↕	In der Gliederungsansicht.	Durch Drücken der Maustaste kann eine Überschrift nach oben oder unten verschoben werden,- gibt der Überschrift eine neue Position.
↰ (weiß)	In der Tabelle, wenn der Zeiger auf einer Markierungsleiste steht.	Durch ein- oder mehrmaliges Klicken der Maustaste wird ein Tabellenfeld oder eine Tabellenzeile markiert.

Doppelklick-Tricks bei der Mausanwendung

Sie können einige Aktionen mit der Maus abkürzen, indem Sie auf bestimmten Stellen im Word für Windows- oder im Dokumentfenster einen sogenannten "Doppelklick" (zweimal kurz hintereinander die linke Maustaste drücken) ausführen.

Stelle zum Doppelklicken	Gewählter Befehl oder ausgeführte Aktion
Lineal unter den Zahlen der Maßeinheit	(Setzt einen Tabstopp), danach **FORMAT TABULATOR**
An einer beliebigen Stelle im Lineal, außer auf einem Sinnbild	**FORMAT ABSATZ**
Formatierungsleiste, außer auf einem Sinnbild	**FORMAT ZEICHEN**
Statuszeile	**BEARBEITEN GEHE ZU**
Abschnittsmarke	**FORMAT ABSCHNITT**
Grafik	**FORMAT GRAFIK**
Funktionsleiste zwischen den Symbolen	**EXTRAS EINSTELLUNGEN Funktionsleiste**

Stelle zum Doppelklicken	Gewählter Befehl oder ausgeführte Aktion
Fußnotenzeichen im Dokument	**ANSICHT FUßNOTEN**
Fußnotenzeichen im Fußnotenausschnitt	Schließt den Fußnotenausschnitt
Anmerkungszeichen im Dokument	**ANSICHT ANMERKUNG**
Anmerkungszeichen im Anmerkungsausschnitt	Schließt den Anmerkungsausschnitt
Druckformatanzeige links vom Text	**FORMAT DRUCKFORMAT** (markiert außerdem den aktuellen Absatz)
Eingefügtes Objekt über den Befehl **EINFÜGEN OBJEKT**	Startet das Programm, mit das Objekt bearbeitet werden kann
WORD-STEUERUNGSMENÜ	Beendet Word
Sinnbild für Gliederungsüberschrift	Erweitert bei Reduzierung; reduziert bei Erweiterung
In Druckbild: Seitenecken	**FORMAT SEITE EINRICHTEN**
In Druckbild: Rahmen von positioniertem Element	**FORMAT POSITIONSRAHMEN**

Sachverzeichnis

Vieweg Software-Trainer MS-DOS 5.0

von Bernd Kretschmer und Michael Gerding

1992. XVI, 612 Seiten mit Diskette. Gebunden.
ISBN 3-528-05197-3

Das Buch bietet eine umfassende, reich illustrierte und leicht nachvollziehbare Einführung in die Welt des Betriebssystems MS-DOS in seiner aktuellen Version 5.0.

Hierbei zeichnet sich das Werk durch eine gründliche und didaktisch sorgfältig aufbereitete Darstellung aus. Besondere Aufmerksamkeit widmen die Autoren praxisgerechten und aktuellen Gesichtspunkten des Betriebssystems wie Datenorganisation, Datensicherung sowie den Möglichkeiten des Betriebssystems in lokalen Netzen. Mit seinem umfangreichen Anhang und dem reichhaltigen Glossar eignet sich das Werk gleichermaßen als Arbeitsbuch wie auch als ergiebiges Nachschlagewerk. Wohltuend ist der kurze und prägnante Stil der Autoren sowie die Vermeidung unnötiger Fremdworte.

Verlag Vieweg · Postfach 58 29 · D-6200 Wiesbaden

Effektiv Starten mit Turbo C++

Professionelle Programmierung von Anfang an

von Axel Kotulla

1991. X, 208 Seiten inkl. Diskette. Gebunden.
ISBN 3-528-05131-0

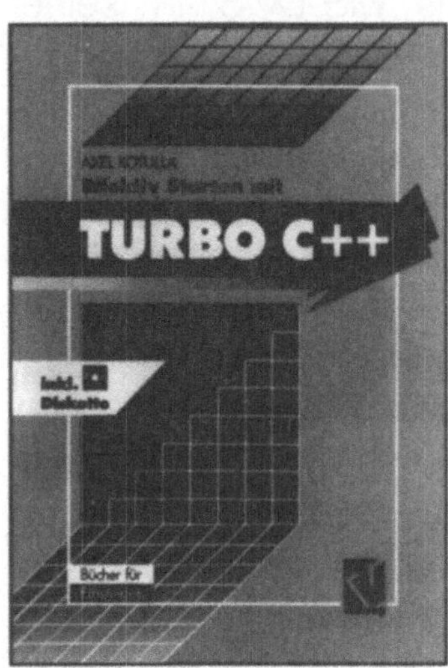

Das Buch ist das Ergebnis mehrsemestriger Lehrtätigkeit des Autors in VHS-Kursen. In wohlabgestimmten Schritten und doch „lockerem Stil", durchsetzt mit vielen Beispielen, Illustrationen und Hinweisen, eignet sich das Buch vor allem für das Selbststudium, aber auch für den Einsatz in Programmierkursen. Dem Buch liegt eine Diskette bei, die alle Programme des Buches und zusätzliches Programmaterial enthält.

Verlag Vieweg · Postfach 58 29 · D-6200 Wiesbaden 1

Das Vieweg-Buch zu Visual Basic

Eine umfassende Anleitung zur Anwendungsentwicklung
unter Windows

von Andreas Maslo

1992. Ca. 400 Seiten mit Diskette. Gebunden.
ISBN 3-528-05203-1

In diesem Buch werden grundlegende und fortgeschrittene Verfahren zur Entwicklung von unter Windows lauffähigen Programmen mit Hilfe von Visual Basic dargestellt. Zunächst beschreibt und erklärt das Buch die zukunftsweisende Entwicklungsumgebung von Visual Basic. Nachdem grundlegende Programmkonzepte vorgestellt wurden, widmet sich das Werk mehr und mehr denjenigen Features, die den fortgeschrittenen Programmierer ansprechen. In nützlichen Beispielanwendungen wird das erworbene Wissen direkt umgesetzt. Mit diesem Werk bleibt die Entwicklung komplexer Anwendungen unter Windows nicht länger hochspezialisierten Fachleuten vorbehalten.

Verlag Vieweg · Postfach 58 29 · D-6200 Wiesbaden

Arbeiten mit Microsoft Excel Version 3.0

von The Cobb Group

1992. XVIII, 946 Seiten. Gebunden.
ISBN 3-528-14683-4

Sorgfalt, Sachverstand und vielfältige Insidertips machen das Buch zu einem wichtigen Begleiter in der alltäglichen aber auch in der professionellen Arbeit mit Excel 3.0.

The Cobb Group ist ein bewährtes und erfolgreiches Autorenteam, dessen profundes Know-how direkt von „der Quelle" stammt.

Verlag Vieweg · Postfach 58 29 · D-6200 Wiesbaden